现代遗传学
——前沿与启迪

乔中东　主编

科学出版社
北京

内 容 简 介

本书系统介绍了遗传学的发展，包括经典遗传学、分子遗传学和数量遗传学的概念、发展历程以及分析方法，特别注重科学概念的形成过程。在此基础上，还展示了大量近年来遗传学研究的新进展，更新了遗传学的知识框架。书中每一章的开头，都围绕本章主题讲述一位中国遗传学家的故事，让读者可以直接站在科学研究的前沿来学习和掌握相关知识。

本书可供高等院校生命科学相关专业的本科生、研究生学习参考，也可作为遗传学研究工作者的参考书。

图书在版编目（CIP）数据

现代遗传学：前沿与启迪/乔中东主编. —北京：科学出版社，2022.10
ISBN 978-7-03-070795-6

Ⅰ. ①现⋯　Ⅱ. ①乔⋯　Ⅲ. ①遗传学　Ⅳ. ①Q3

中国版本图书馆CIP数据核字（2021）第249401号

责任编辑：王海光　田明霞 / 责任校对：郑金红
责任印制：吴兆东 / 封面制作：北京图阅盛世文化传媒有限公司

科 学 出 版 社 出版
北京东黄城根北街 16 号
邮政编码：100717
http://www.sciencep.com
北京建宏印刷有限公司 印刷
科学出版社发行　　各地新华书店经销
*
2022 年 10 月第 一 版　　开本：787×1092 1/16
2022 年 10 月第一次印刷　　印张：56 1/4
字数：1 334 000
定价：450.00 元
（如有印装质量问题，我社负责调换）

序

要谈论遗传学，还得从经典遗传学说起，如同经典力学有牛顿三大定律一样，经典遗传学也有三大定律，即分离定律、自由组合定律和连锁定律。前两个定律是奥地利神父孟德尔（Mendel）发现的，第三个定律是美国科学家摩尔根（Morgan）发现的。孟德尔通过 8 年的豌豆杂交实验发现来自父母的遗传性状（遗传因子）在后代是分离的，而在后代分离的遗传性状（遗传因子）又是相互自由组合的。1865 年孟德尔在奥地利的布隆自然科学协会会议上报告了他的研究结果，并于 1865 年以德文发表了论文《植物杂交实验》。可惜孟德尔划时代的工作在当时并未引起人们的注意，直到 1900 年才被奥地利、荷兰和德国的三位科学家重新发现。1909 年，摩尔根在美国哥伦比亚大学通过对果蝇眼色的遗传分析，把遗传因子（基因）定位在染色体上。他发现位于同一条染色体上的基因是连锁的，而分别来自父母的同源染色体上的基因又是可以相互交换的，这就是连锁定律，摩尔根于 1926 年发表了名著《基因论》。

经典遗传学的历史公认是从 1900 年孟德尔定律被重新发现算起的。10 多年后，中国陆续出现了介绍孟德尔工作的文章，分别刊载于 1913 年《进步》、1914 年《东方杂志》和《中华教育界》。秉志、过探先等学者相继撰文或译文在 1915 年创刊的《科学》杂志上介绍孟德尔的生平及学说。1920～1921 年《学艺》杂志分 5 期刊登了顾复翻译的孟德尔论文《植物杂交实验》。1922 年，在孟德尔诞辰 100 周年之际，《学灯》（上海《时事新报》副刊）分两期出版了"孟德尔百年纪念号"。

遗传学被系统地介绍到中国并在国内发展，得益于早年一大批海外留学的先进知识分子。这些海外学子当年怀揣一颗爱国之心漂洋过海，学习西方的科学知识，学成回国后撑起了中国遗传学大旗，并在国内开设了遗传学课程，培养了一大批遗传学专业人才。在早年的遗传学教学工作中，代表性人物有陈桢、李汝祺、李先闻、谈家桢、李景均等。在遗传学研究方面，早年回国的学子在国内艰苦的条件下，克服各种困难，开展了多方面的遗传学研究，取得了不少国际瞩目的成果。他们的科研工作有一个显著的特点，即不局限于在国外学习和从事的研究内容，而是回国后根据中国的情况开辟新的研究领域，坚持自主创新。例如，陈桢在美国留学时做的是果蝇实验，回国后从事金鱼变异、遗传与进化研究，1925 年发表了研究论文《金鱼外形的变异》，对金鱼起源于中国浙江的论证至今仍为该领域的经典。李汝祺于 1927 年发表在美国《遗传学杂志》首期首页的论文《果蝇染色体结构畸变在发育上的效应》是发育遗传学的经典文献。李汝祺回国后开展了动物遗传学研究，发现了中国马蛔虫和欧洲马蛔虫染色体数目的差异。李先闻在美国学习玉米遗传学，回国后从事小麦和粟类等多种作物遗传育种研究，绘制了多种作物的染色体图，是国际公认的植物细胞遗传学开拓者之一。谈家桢在摩尔根的实验室做果蝇种内和种间染色体结构变化的研究，1936 年他发表的论文《果蝇常染色体的遗传图》加深了人们对果蝇进化机制的理解，谈家桢回国后致力于亚洲异色瓢虫色斑的遗传变异研究，他发现的"异色瓢虫色斑镶嵌显性"现象成为遗传学教科书中的范例。这里特别要提出的是，他们的一些最杰出的研究成果是在抗日战争的艰苦岁月中完成的。李先闻带领他的弟子李竞雄和鲍文奎在炮火纷飞的年代，仍专心致力于麦类、粟类作物的细胞遗传学独创性研究；谈家桢在抗日战争期间，随浙江大学迁至贵州遵义，在湄潭县一个破旧不堪的唐家祠堂做研究并培养出多名杰出的遗传学家（那时的浙江大学被英国著名学者李约瑟赞誉为"东方的剑桥"）。

新中国成立后，特别是改革开放以来的 40 多年，中国遗传学取得了长足进步，获得了不少国际领先、世人瞩目的科研成果。以双杂交水稻为代表的作物遗传育种、转基因动植物育种和生物反应器研究都走在国际前列。作物遗传育种学家袁隆平和李振声先后获得了国家最高科学技术奖；袁隆平、李家洋和张启发因在作物遗传学领域的贡献荣获未来科学大奖的"生命科学奖"。在人类医学遗传学方面，对疾病基因的克隆和功能研究、急性早幼粒细胞白血病的治疗和相关基因调控研究、不同民族人群的区分和人群源流研究等都取得了国际领先的成果。中国参与完成了人类基因组计划，并率先完成多种动植物基因组测序，使中国基因组学研究步入国际先进行列。

国内的遗传学教学在早年大多直接使用国外的教材。李景均先生于 1940 年在康奈尔大学获得博士学位后，1941 年起先后到金陵大学等多所大学的农学院开设"群体遗传学"课程，他编著的《群体遗传学导论》（英文版）被称为群体遗传学领域的经典名著，李景均也因此成为国际群体遗传学的先驱。新中国成立以后，各大学都开始编写教材，可惜除谈家桢先生发现的"镶嵌显性"现象外，很少有国内学者的研究成果被写进遗传学教材中。

乔中东教授主编的《现代遗传学——前沿与启迪》共 21 章，涵盖了经典遗传学、分子遗传学和数量遗传学等各个方面。在内容的选取上有两个特点。①每章开头都有一个压题故事，介绍一位中国科学家在该研究领域中做出的贡献，并配有相应的图片说明。这样就会给读者树立一个榜样，同时还展示了中国科学家的研究成果。②尽可能详尽地介绍每个术语或者遗传学原理被发现的历程，尤其特别重视科学假说提出后验证过程的描述。书中提供了很多科学家如何提出假说，又如何通过艰苦的工作去验证这些假说的案例。

该书具有系统性、前沿性和科学性，我深信读者通过阅读该书，一定会在牢固地掌握遗传学、分子生物学和基因操作的基本原理与方法的同时，还能了解现代遗传学的发展趋势和进展，促进中国遗传学事业的发展。

中国工程院院士

2021 年 10 月于上海市北京西路

前　言

　　遗传学开始于 20 世纪初,主要研究性状是如何从亲本向子代遗传的。在 20 世纪中期之前,人们还不知道遗传物质的本质是什么,但当时科学家们已经认识到遗传物质的一些特点。首先,遗传物质应该可以复制,这样遗传信息就能够一代一代地传递下去;其次,遗传物质所携带的遗传信息可以表达,以指导细胞或生物的发育、行为和功能;第三,遗传物质所携带的遗传信息可以发生改变,世界上的万物因此才有了差异和进化。1953 年,沃森(Watson)和克里克(Crick)提出了 DNA 双螺旋结构理论,为人们更好地理解遗传的机制奠定了基础,包括理解遗传物质是如何复制、表达的,又是怎样突变的。此后,遗传学进入了分子水平的新时代。

　　近几十年来,遗传学发展迅猛,变化巨大。无论基因组多么庞大,如今人们都可以比较轻松地解析它;对于任何一个新基因,都可以使用一系列的技术和方法对其详加分析;人们还可以将外源基因或修饰过的基因引入到物种之中,产生新的表型;也可以将各种功能基因整合到一起,用于一些特定的医学目的。所有这些遗传学进展,都对农业、医学和社会进步产生了巨大的影响,遗传学已经成为生命科学领域中一门关键学科。

　　改革开放以来,中国在生命科学领域,特别是遗传学领域取得了令世人瞩目的成就。鉴于此,上海交通大学生命科学领域的老师们计划编写一本遗传学教学参考书,以反映遗传学,特别是中国科学家,包括上海交通大学的学者在经典遗传学、分子遗传学和数量遗传学等领域所取得的成果。也许这些成果与国际同行相比还有一些差距,但是差距正在逐渐缩小,甚至在某些方面,中国的科学家已经走在了世界的前列。

　　为了让读者了解中国科学家做出的杰出贡献,书中每章都以一个压题故事开头,介绍中国科学家的研究发现。让读者领略大师风采的同时,从现代遗传学的视角体会大自然的奥妙,认识到现代遗传学方法可以让世界变得更加多彩缤纷,让生活变得更加美好! 因此,我们编写本书的目的是给读者以启迪,让读者在获得知识的同时,获得快乐与满足!

　　本书面向生命科学各专业的本科生和研究生,以及遗传学和分子生物学相关领域的研究人员。希望通过阅读本书,他们可以牢固掌握遗传学、分子生物学的基本原理,了解现代遗传学的发展趋势和进展,掌握基因工程的基本操作方法,树立积极向上的学习和工作态度,为在各行各业的工作岗位上报效祖国进行有效的知识储备。

　　为了体现上海交通大学"起点高、基础厚、要求严、重实践、求创新"的办学传统,结合遗传学的教学特点,书中第一次补充了单分子测序等以往教科书没有的内容,将2021 年的最新研究成果融入相应章节中。本书在内容设置中体现了新颖性、系统性和交叉性,具体特点如下。

（1）聚焦遗传学基本原理：通过细致透彻地介绍经典遗传学、分子遗传学和群体遗传学的重要概念，阐述遗传学的基本原理。我们深信，只有更深、更广、更扎实地掌握了遗传学基本知识，才能理解遗传学的最新进展和实际应用价值，才能将日新月异的遗传学知识融会贯通，并站在更高的角度去理解和运用。

（2）聚焦科学过程：我们更热衷于向读者展示一个观察、验证和发现的渐进过程，书中通过一个个案例详细阐述了遗传学概念、原理的产生和发展历程，相信这些经典案例能给读者以启示和灵感。

（3）聚焦人类遗传学：人们对自身的遗传现象更感兴趣，从人类遗传学的角度出发，可以更容易地理解复杂的遗传现象和概念。因此，书中通过展示人类遗传性疾病的实例以及遗传学与社会发展之间的关系，来介绍人类遗传学和医学知识，进而阐述遗传学原理。书中还介绍了人类基因组计划、人类基因组作图、遗传疾病、遗传咨询、基因诊断和基因治疗，以及遗传普查、DNA 指纹、基因工程、体细胞克隆、干细胞等研究所面临的社会、法律和伦理学争论。相信通过对这些内容进行讨论，读者会获得更系统、更深入的知识体系。

（4）聚焦创新型思维能力：遗传学有别于生物学的其他分支，它总是在解决各种生物学问题中前进。在本书的内容设置中，我们力图用各种方式分析遗传特征，如经典遗传学原理的发展历程、分子遗传学实验的设计和实践、群体遗传学的计算和解析。通过这种教学方式，学生将领悟到遗传学关键概念发展过程中观察和验证的逻辑关系。每章之后的习题也侧重于总结各章的重点内容、概念，分析其逻辑关系。我们尤其鼓励学生们在课后通过实验课、大学生创新项目等方式，深入到各个课题组，在老师的指导下自己查阅文献，运用学到的遗传学知识提出问题、解决问题。这也是我们开设现代遗传学课程的最主要目的。

（5）突出中国科学家的贡献：遗传学是在西方发展起来的一门学科，虽然科学是无国界的，但科学家是有祖国的。很多前辈怀揣着科学救国的梦想，远渡重洋，刻苦求学。回国后，他们将自己学到的知识奉献给了祖国，促进了祖国科学技术的进步。我们有必要了解这些科学家的贡献，并且继承和发扬他们默默奉献、忘我工作的精神。因此，本书的一大特点就是讲述中国科学家自己的故事，让读者在学习知识的同时，感受先辈的力量。

本书内容包括绪论，孟德尔遗传，基因的自由组合，真核生物染色体重组与作图，细菌及病毒的遗传学，基因相互作用，染色体数目和结构变异，DNA 的结构和复制，RNA 的转录和加工，蛋白质及其合成，动态的基因组：转座子，突变、修复和重组，基因分离和操作，细菌及其病毒中的基因表达调控，真核生物中的基因表达调控，发育的遗传调控，基因组与基因组学，群体遗传学，复杂性状的遗传机制，基因和性状的进化，癌症的分子遗传学等共 21 个章节。

本书凝集了上海交通大学生命科学技术学院、农业与生物学院、系统生物医学研究院、上海医学遗传研究所等 23 位科学家的辛勤劳动和努力工作，他们都在遗传学领域取得了很好的成绩。王艳池老师精心绘制了每一幅插图；我的学生史诗、朱子珏、王一成和我一起讨论并完成了封面图案的设计。著名遗传学家曾溢滔院士为本书欣然作序。上海交通大学生命科学技术学院和上海交通大学教务处均对本书的出版给予了经费资助。在此对各位同仁的辛勤付出和支持表示由衷的感谢。

　　本书尽可能系统、全面地反映国际上遗传学的研究进展，特别是中国科学家在现代遗传学领域的研究现状，期望本书的出版对中国遗传学教学和研究工作能够起到积极的促进作用。

乔中东

2021 年 4 月 17 日于致远湖畔

鱼跃龙门，完美蜕变

《现代遗传学——前沿与启迪》封面故事

龙是中华民族的图腾，每一个中国人都称自己是"龙的传人"。

在中国，有一个广为流传的民间故事——鲤鱼跃龙门。相传在很久很久以前，海里有很多鲤鱼。有一天，鲤鱼爷爷对大家说，在海的尽头有一座龙门，谁要能够越过去，谁就会变成龙。有一条金色小鲤鱼对大家说："我要去找龙门"。它经历了千辛万苦找到了龙门，然后一遍一遍地尝试，一次一次地努力，终于跃过了龙门，变成了龙。

从遗传学的角度来说，鲤鱼变成龙，是有可能的。虽然"龙"这个形象或者说这个物种在自然界是不存在的，但是我们祖先运用自己的聪明智慧，综合了多种动物的特点，创造了龙的形象。龙具有虾（眼）、鹿（角）、牛（嘴）、狗（鼻）、鲇（须）、狮（鬃）、蛇（尾）、鱼（鳞）、鹰（爪）等九种动物的体貌特征。象征聪明才智的宽阔前额、代表威严的剑形眉，以及标志着荣华富贵、健康长寿、腾云驾雾的狮鬃、鹿角、鹰爪……成就了中国龙的独特形象——威严但不恐怖，神秘但不魔幻。

类似龙这样集多种动物形象于一身的艺术表现，在其他文明中也是存在的，如古埃及的狮身人面像、丹麦安徒生童话中的美人鱼。自然界中，也有很多物种间基因融合的现象。比如，世界三大粮食作物之一的小麦，就是由三种不同杂草多次杂交最终形成的。一万多年前，具 AA 染色体组的野生一粒小麦与具 BB 染色体组的拟斯卑尔脱山羊草自然杂交，产生了野生二粒小麦（染色体组 AABB）；野生二粒小麦驯化为栽培二粒小麦，再与具 DD 染色体组的粗山羊草自然杂交，才产生了普通小麦（染色体组 AABBDD）。因此，通过基因融合产生新物种在自然界是有可能发生的。如果不考虑生命伦理学，仅从技术角度出发，我们今天是可以通过现代分子遗传学技术，将决定龙的体貌特征的基因转移到鲤鱼体内，创造出一条中国龙的！

中华民族在过去 5000 多年的发展史中，各民族不断融合，将其优秀基因汇集到中华民族的基因库中，成就了今天和而不同、和睦相处的中华民族大家庭。

在科学技术发展的过程中，每一门科学都是在东西方各种文化碰撞产生的火花中、在前人工作丰富积累的基础上产生并发展的，遗传学的发展更是全人类智慧的结晶。

因此，我们愿意把"鲤鱼跃龙门"的故事展现在《现代遗传学——前沿与启迪》的封面上。我们的学生多生于普通家庭，他们通过自己刻苦学习，用知识改变了命运，成就了生活中的"鲤鱼跃龙门"。同时我们也希望，学生们在学习了现代遗传学知识后，喜欢上遗传学，能为人类社会的发展贡献自己的力量。我们更希望，通过一代代年轻人的努力，让中国龙更加彰显新的生命力，实现中华民族伟大复兴的中国梦！

目　　录

第1章

绪　论

学　习　目　标

学习本章后，你将可以掌握如下知识。

· 　描述现代遗传学的发展方式。

· 　列出参与基因表达的主要细胞成分。

· 　给出一些遗传学影响现代医学、农业和进化的例子。

· 　提出遗传学的发展对哲学、伦理学、法律以及社会发展等方面影响的见解。

科学无国界，科学家有祖国

中国有很多谚语，如"种瓜得瓜，种豆得豆""龙生龙，凤生凤，老鼠的儿子会打洞"等，形象地描述了遗传的现象。但是，对于遗传的规律是什么，遗传的物质是什么并不清楚。1865年，奥地利的传教士孟德尔在布隆（现为捷克布尔诺）发表了有关豌豆的研究论文，他自己大概做梦也没有想到，他的这篇文章会影响整个生命科学［图1-1（a）］。孟德尔的发现在当时并没有引起很多人的注意。直到1900年，荷兰的德·弗里斯（de Vries）、德国的科伦斯（Correns）和奥地利的契马克（Tschermak）几乎同时独立地"重新发现"了孟德尔的遗传定律，遗传学（genetics）才由此诞生。

遗传学诞生之后，人们就猜测，什么是遗传物质。尽管有种种假说，但公认的是：①遗传物质必须能够复制，这样就能够将遗传信息一代一代地准确传递下去；②遗传物质必须能够表达，这样遗传信息才能具有功能；③遗传信息必须能够改变，这样物种才可以进化。美国科学家奥斯瓦德·艾弗里（Oswald Avery）在1944年通过肺炎双球菌的转化（transformation）实验证实遗传物质是DNA，而不是蛋白质。在这之后，有关DNA的研究风起云涌。美国青年詹姆斯·沃森（James Watson）大学毕业后听了一场有关DNA的学术报告，立志研究DNA。他在美国没有找到合适的研究机构，就越过大西洋到英国求学，在剑桥大学遇到了弗朗西斯·克里克（Francis Crick）。两个志同道合的年轻人，凭着对科学的热情，研究了大量已发表文献，并凭着丰富的想象力，最终提出了DNA

右手双螺旋结构的理论，从根本上解释清楚了遗传的机制［图 1-1（b）］。从此遗传学的研究进入了分子遗传学时代。

图 1-1　遗传学的里程碑

（a）从遗传学之父孟德尔的修道院隔着栅栏向孟德尔博物馆的院子望去，可以看到孟德尔的雕像。人们按照孟德尔豌豆杂交实验所获得的遗传模式将红色和白色秋海棠种植在角落里。（b）英国剑桥大学老鹰酒吧的招牌。在这个酒吧里，沃森和克里克经常与其他科学家辩论以获得灵感

　　20 世纪 80 年代中期，美国科学家提出了人类基因组计划，包括中国在内的 6 个国家积极参与了这一计划，2001 年完成了 24 条人类染色体的测序，并于 2004 年绘制出了草图。从此，遗传学进入了后基因组时代。

　　遗传学诞生的时候，中华民族正处于危难时期。很多仁人志士怀揣着"科学救国"的理想，远渡重洋，向西方学习先进的科学知识和技术。科学无国界，科学家有祖国。1936 年，正在美国学习的谈家桢（师从遗传学大师摩尔根）才 27 岁，就应邀在国内的杂志上介绍遗传学，第一次将 gene 翻译成"基因"，基因这个词无论是读音还是含义都非常贴切，让人们听到以后很容易理解遗传的本质，谈家桢日后成为中国遗传学的领军人物。虽然当时中国处于艰难时期，很多如谈家桢一样学有所成的年轻科学家都返回了这片生养他们的土地，无论遇到什么样的困难，他们都义无反顾地运用他们所学到的知识改变着祖国面貌。

引　言

　　遗传学（genetics）阐明了遗传物质如何影响生物体的发育、功能和行为。简言之，遗传学就是研究遗传物质如何影响生命的进程。在这门学科形成之前，人们曾主观地认为通过生殖的方式可以将某种物质从父母传递给子女，并且这些物质影响了子女的某些方面。通过假定的遗传物质，人们能够解释为什么父母和孩子可以有相似的鼻子或者相同的眼睛颜色，也可以解释为什么兄弟姐妹看上去那么相像！

遗传物质就是一种代与代之间的物质联系，子女从父母那里接受它，他们的子女又从他们那里接受它。然而，子女绝对不是父母的精确复制品，兄弟姐妹也不完全相像。遗传物质在传递途径和传递方式上影响了子女的特征，也导致了个体差异。遗传物质既可以解释个体间的相似性，也可以解释个体间的差异性。

在本书中，我们将研究遗传物质的化学结构、它在活组织中的位置，以及它的组成。

在第一章，我们将简要回顾遗传学的发展历史，包括过去 100 多年发现的遗传学的一些基本概念，并会列举一些例子，说明基因分析如何应用于生物学、农业和人类健康。我们还会讲述现代遗传学研究是如何在最新的技术进步下，重新定义几十年前发现的概念的。你还将看到，今天的遗传学是一个动态的研究领域，在这个领域里，新的分支正在不断增进我们对生物世界的理解。

1.1 遗传学的诞生

遗传学是研究遗传信息传递方式的一种科学。遗传学家试图在三个层次了解遗传信息的传递规律：在家族内部从父母到后代、在细胞内部和细胞之间的基因表达（gene expression）及基因的活动规律、在生物种群中许多代之间的传递。这三种遗传学分别被称为经典（传递）遗传学、分子遗传学和群体遗传学。本书将分三个部分分别介绍遗传学的这三个领域。

遗传学规律的发现应该归功于奥地利的传教士孟德尔于 1865 年发表的文章《植物杂交实验》（图 1-2）。但是，大家都认为遗传学的诞生应该是在 1900 年，那一年孟德尔的文章被重新发现。从那以后，遗传学深刻地改变了我们对生命的理解，无论是单细胞

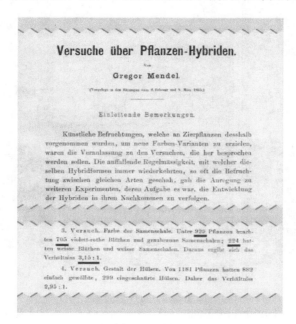

图 1-2 孟德尔于 1865 年发表的论文

水平还是经历了数百万年进化的生物体水平。1900 年,英国著名生物学家威廉·贝特森(William Bateson)有先见之明地写道:"对遗传规律的精确确定,可能比任何其他可以预见的自然知识的进步,更能改变人类对世界的看法。"纵览本书,你将能看到贝特森的预言成真。

1.1.1 人类认识遗传学的过程

纵观人类历史,人们很早就知道了"龙生龙,凤生凤,老鼠的儿子会打洞"。《东周列国志》在评论春秋韩原之战时写道:"种瓜得瓜,种豆得豆",这些一直流传于民间的口头语,其实就是古人对生物遗传现象的具体描述。王充在《论衡·奇怪篇》中写道:"万物生于土,各似本种",在《论衡·讲瑞篇》中则写道:"龟生龟,龙生龙。形、色、大小不异于前者也,见之父,察其子孙,何为不可知?"这些叙述表明,生物亲代的遗传特性(如颜色、形状、大小等)都能稳定传给子代,得知某种生物,就可知道该生物的后代是什么样的。人们还知道,从树上结出的香甜可口的果实,种到地里又会长成一棵结满了相同美味果实的大树。《齐民要术·养牛马驴骡》则描述了"母长则受驹,父大则子壮",我们在动物的种群中也能看到这些现象,如不同种类的鸡个体间也极尽相似(图 1-3)。尽管人们观察到了这些遗传现象,但是遗传的机制是什么?则一直没有得到很好的回答,甚至有了一些借助神灵的解释。例如,美国西南部的美洲原住民霍皮族人(Hopi tribe)认为,如果他们在田地里撒下红色玉米粒,就会长出一种也会产生红色玉米粒的植物,同样,他们撒下蓝色、白色或黄色玉米粒也会收获相同颜色的玉米。他

(a) (b) (c)
(d) (e) (f)

图 1-3 不同种类的鸡

不同种类的鸡在羽毛的色彩及鸡冠的性状上都不相同。(a)北京油鸡,(b)芦花鸡,(c)浦东鸡,(d)清远麻鸡,(e)丝毛乌骨鸡,(f)乌骨鸡

们由此认为玉米种子是霍皮族农民向地球的众神传达了希望收获的玉米类型的信息，众神收到这个消息后，会忠实地还给他们一个产生所需颜色的植物。

在对生物遗传现象有所认识的基础上，中国古代的学者还进一步对遗传机制做了初步的理论探讨。王充在《论衡·物势篇》中指出，万物"因气而生，万物生天地之间皆一实也"，在《论衡·初禀篇》中进一步指出："草木生于实核，出土为栽蘖稍生茎叶，成为长、短、巨、细，皆由核实。"在 19 世纪的欧洲，园艺家、动物育种家和生物学家也试图解释父母和后代之间的相似性。他们普遍的观点是遗传的融合理论（blending theory），或者认为遗传的原理就像是混合不同颜料一样，红色和白色颜料混合后，会变成粉红色；所以父母一个高一个矮，孩子可能会长到中等高度。虽然融合理论似乎有时起作用，但也很明显有例外，如父母也可以生出高于自身平均身高的孩子。

1.1.2　教堂花园里的传教士孟德尔

虽然遗传学的融合理论可以解释一部分遗传现象，但是遗传的本质人们还不是很清楚。奥地利的传教士孟德尔（图 1-4）在布隆（现位于捷克）的修道院后花园里，用豌豆努力寻找性状从亲本传递到后代的规律。1856～1863 年，孟德尔对豌豆植物的不同品种进行了杂交授粉，他将紫色花朵的豌豆品种与白色花朵的豌豆品种进行杂交。孟德尔发现，第一代杂交的后代都开紫色花，就像它们的父母一样，没有混合。然后，孟德尔又将第一代杂交豌豆进行了自花授粉，并培育出第二代。在第二代中，除了开紫色花的豌豆，还有开白色花的豌豆。在他记录的 929 个植株中，有 705 个植物开紫色花，另外 224 个植物开白色花。他第一次用数学的方法计算出，每出现 1 株白花植物，大约伴随 3 株紫花植物。

图 1-4　孟德尔雕像
雕像位于圣托马斯修道院旁边孟德尔博物馆院落里

　　根据自己的实验结果，孟德尔提出了花的颜色是由一种颗粒（我们今天将这个颗粒称为基因）控制的，在每个豌豆细胞（体细胞，somatic cell）中具有两个控制花色的颗粒。当植物形成性细胞或配子（gamete，卵子和精子）时，只有一个颗粒的拷贝进入这些生殖细胞中。然后，当配子（卵子和精子）形成合子后，它们又具有了控制花色的两个颗粒的拷贝。由于在第一代植物中没有浅紫色的花，因此，用融合理论显然是解释不了的。因为用融合理论预测，第一代的杂交植物应该是浅紫色的花。对此，孟德尔又进一步解释道：由于控制花色的基因有不同的形式［现在称为等位基因（allele）］，一种让花成为紫色，另一种对花的颜色不产生影响，所以花呈白色。他认为，紫色等位基因对白色等位基因具有显性（dominant），因此只要有一个紫色的等位基因，花的颜色就会是紫色的。只有两个都是白色等位基因，花才会呈现白色（图1-5）。孟德尔由此得出了两个结论：①自由组合定律，在杂合子中，两个等位基因可以不一样，它们可以分别进入不同配子中；②显性定律，在杂合子中，一个等位基因可以屏蔽掉另一个等位基因的作

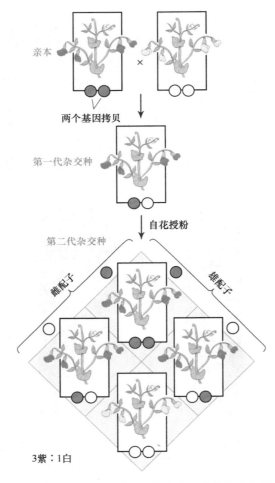

图 1-5　孟德尔有关紫色和白色豌豆花的杂交实验
紫色和白色圆圈分别表示控制紫色花和白色花的基因。每个配子携带一个基因拷贝，植物携带两个基因拷贝。
"×"表示紫花植物和白花植物之间的授粉过程

用。显性定律显然可以解释杂交后的第一代杂交植株中没有浅紫色的花，以及在第二代的植株中白花再现，并且紫花植物与白花植物的比例为 3∶1。有关遗传学的基本原理及孟德尔的革命性工作，我们将在第 2 章详细讨论。

为什么孟德尔之前的许多人都没有得出遗传学的规律? 首先，孟德尔选择了一个良好的、可以自花授粉的植物；其次，他研究的性状都是由单个基因控制的，假如他选择的性状是由几个基因控制的，他就不会如此"容易"地发现遗传规律；再次，孟德尔是一个细心的观察者，他对自己的每个实验都有详细的记录；最后，孟德尔还是一个有创造力的思想家，他首先将符号应用到了遗传学的研究中，然后将数学引入了生物学的研究，这样他所得出的结果和结论不容易被推翻。他的推理能力远远超出了他所在的那个时代的水平。

关键点：孟德尔是如何证明基因是颗粒而不是液体的?

1.1.3　孟德尔理论的重新发现

1900 年，英国生物学家威廉·贝特森（图 1-6）登上开往伦敦的火车，他大概没有想到在这个短暂的旅程中，他的世界观会发生深刻的变化。贝特森随身携带了孟德尔 1865 年关于植物杂交的论文。当时贝特森已经知晓，德国、荷兰和奥地利的生物学家各自独立地重复出了孟德尔 3∶1 比例的实现，他们每个人都引用了孟德尔的原创性工作。这三个人几乎同时重新发现了孟德尔的遗传定律。贝特森认真阅读了孟德尔的论文，当他从火车上下来的时候，他发现自己已经有了新的人生使命，他明白遗传的奥秘已经被发现了，他将成为孟德尔遗传定律的忠实信徒。1905 年，贝特森创造了新的术语"遗传学"（genetics），遗传革命开始了。

图 1-6　英国生物学家威廉·贝特森（William Bateson）

他提出了遗传学这一术语，并促进了遗传学的发展

从 1900 年开始，大量新的有关遗传学的思维和理念开始涌现。孟德尔主义成为许多生物学家的行事原则。关于遗传的很多新的问题亟待解决。在表 1-1 中，我们总结了有关遗传学的开创性的大事件。

表 1-1　遗传学发展大事年表

时间	事件
1865 年	孟德尔证实了性状是由不同的颗粒（今天称为基因）控制的
1869 年	Friedrich Miescher 从脓细胞中分离出了核酸
1903 年	Walter Sutton 和 Theodor Boveri 假设遗传元件存在于染色体上
1905 年	贝特森创造了遗传学这个术语
1908 年	G. H. Hardy 和 Wilhelm Weinberg 建立了哈迪-温伯格定律，开创了群体遗传学
1910 年	摩尔根证实了基因位于染色体上
1913 年	Alfred Sturtevant 绘制了果蝇 X 染色体遗传图谱，这是第一张染色体图
1918 年	Ronald Fisher 提出可以用孟德尔理论解释多基因控制的连续性状，奠定了数量遗传学的基础
1931 年	Harriet Creighton 和 Barbara McClintock 证实染色体交换是基因重组的原因
1941 年	Edward Tatum 和 George Beadle 提出了"一个基因一个酶"的假说
1944 年	Oswald Avery、Colin MacLeod 和 Maclyn McCarty 提供了细菌中 DNA 是遗传物质的强有力的证据
1946 年	Joshua Lederberg 和 Edward Tatum 发现了细菌接合
1948 年	Barbara McClintock 发现了可移动元件（转座子）
1950 年	Erwin Chargaff 证实了 DNA 中 A、C、G 和 T 之间相对量的简单规律
1952 年	Alfred Hershey 和 Martha Chase 提出了 DNA 分子编码遗传信息
1953 年	沃森和克里克确立了 DNA 右手双螺旋的结构
1958 年	Matthew Meselson 和 Franklin Stahl 实验证明了 DNA 的半保留复制
1959 年	Jérôme Lejeune 发现唐氏综合征是由于多了一条 21 号染色体
1961 年	François Jacob 和 Jacques Monod 提出了基因表达调控的操纵子模型
1961～1967 年	Marshall Nirenberg、Har Gobind Khorana、Sydney Brenner 和 Francis Crick 等确定了遗传密码
1968 年	Motoo Kimura 提出了分子进化的中性理论
1977 年	Fred Sanger、Walter Gilbert 和 Allan Maxam 创建了 DNA 序列分析法
1980 年	Christiane Nüsslein-Volhard 和 Eric F. Wieschaus 确定了调控果蝇体节发育的基因复合物
1985 年	Kary Banks Mullis 发明了聚合酶链反应（polymerase chain reaction，PCR）技术
1989 年	Francis Collins 和 Lap-Chee Tsui 发现了控制囊性纤维瘤发病的基因
1993 年	Victor Ambrose 及其同事描述了微 RNA（microRNA）的功能
1995 年	第一张活的生物——流感嗜血杆菌（*Haemophilus influenzae*）基因组图谱问世
1996 年	第一个真核生物——酿酒酵母（*Saccharomyces cerevisiae*）基因组序列发表
1998 年	第一个动物——秀丽隐杆线虫（*Caenorhabditis elegans*）基因组序列发表
2000 年	第一个植物——拟南芥（*Arabidopsis thaliana*）基因组序列公布
2001 年	人类基因组序列第一次公布
2006 年	Andrew Fire 和 Craig Mello 因发现双链 RNA 基因沉默机制而获得了诺贝尔生理学或医学奖
2006 年	Roger D. Kornberg 因真核基因表达调控机制的研究而获得了诺贝尔化学奖
2009 年	吴际等 发现成年哺乳动物卵巢内存在具有自我更新和分化潜能的生殖干细胞
2012 年	John Gurdon 和 Shinya Yamanaka 因发现体细胞核重编程转变为干细胞而获得了诺贝尔生理学或医学奖
2015 年	Tomas Lindahl、Paul Modrich 和 Aziz Sancar 因发现 DNA 修复机制而获得了诺贝尔化学奖
2016 年	Yoshinori Ohsumi 因发现自噬（autophagy）的机制而获得了诺贝尔生理学或医学奖
2017 年	Jacques Dubochet、Joachim Frank 和 Richard Henderson 因发展了冷冻电子显微镜技术而获得了诺贝尔化学奖

续表

时间	事件
2017 年	Jeffrey C. Hall、Michael Rosbash 和 Michael W. Young 因发现了调控昼夜节律的分子机制而获得了诺贝尔生理学或医学奖
2018 年	James Allison 和 Tasuku Honjo 因在肿瘤免疫治疗中的重大发现而获得了诺贝尔生理学或医学奖
2018 年	Frances H. Arnold、George P. Smith 和 Gregory P. Winter 因在酶的定向演化以及用于多肽和抗体的噬菌体展示技术方面做出突出贡献而获得了诺贝尔化学奖
2019 年	William G. Kaelin Jr、Sir Peter J. Ratcliffe 和 Gregg L. Semenza 因发现细胞如何感知以及对氧气供应的适应性而获得了诺贝尔生理学或医学奖
2020 年	Emmanuelle Charpentier 和 Jennifer Doudna 因对新一代基因编辑技术 CRISPR-Cas9 的贡献而获得了诺贝尔化学奖
2020 年	Harvey J. Alter、Michael Houghton 和 Charles M. Rice 因发现丙型肝炎病毒而获得了诺贝尔生理学或医学奖

孟德尔所说的遗传颗粒（基因）存在于细胞的什么地方?美国哥伦比亚大学的摩尔根在 1910 年证实了基因位于染色体上，他提出了遗传的染色体理论（chromosome theory）。其实在摩尔根之前，外科医生沃尔特·萨顿（Walter Sutton）在研究蝗虫的时候于 1903 年就提出了染色体遗传的理论，他在文章中首次详细地描述了蝗虫具有成对确定的、可识别的，又彼此不同的同源染色体，并在文章末尾提出假说，染色体携带遗传单位，而遗传单位在性细胞的染色体分离时的行为就是孟德尔遗传定律的物质基础。同时德国生物学家特奥多尔·博韦里（Theodor Boveri）也独立提出了这一观点。这个假说直到 1910 年摩尔根才用果蝇证明。在第 4 章，我们将回顾摩尔根的实验，看看他是怎样证明基因和染色体的关系的。

虽然对于花色这样的简单特征可以直接观察到 3∶1 的分离比，但是许多性状在第二代杂种中显示出连续的值范围，并没有像 3∶1 那样的简单比例。例如，人的身高这样的连续变量（图 1-7）也符合孟德尔的遗传规律吗？1918 年，英国数学家和遗传学家罗纳德·费希尔（Ronald Fisher）提出，这些连续的变量是由多个基因控制的，在第 19 章中，我们将剖析费希尔的假说、数学模型和实验证据。

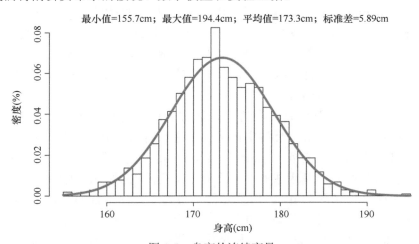

最小值=155.7cm；最大值=194.4cm；平均值=173.3cm；标准差=5.89cm

图 1-7　身高的连续变量

人类的身高是由多个基因控制的连续变量，图中显示了上海交通大学 2014 级部分新入学男生的身高分布。从中可以看出身高最矮者为 155.7cm，最高者为 194.4cm。其中 173.3cm 的人数最多。整个样本人群中身高呈正态分布

基因是如何在细胞内发挥作用的？基因又是如何控制花色等表型的？1941 年，爱德华·塔特姆（Edward Tatum）和乔治·比德尔（George Beadle）用 X 射线照射粗糙脉孢霉（*Neurospora crassa*），并通过大量的筛选，证明了基因编码酶，且这些酶在细胞的代谢过程中发挥着重要的作用（图 1-8）。因此，他们提出了"一个基因一个酶"的假说。我们会在第 6 章详细描述他们是如何验证这个假说的。

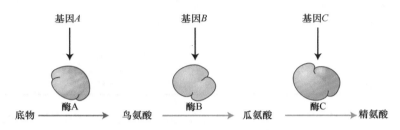

图 1-8　一个基因一个酶的模型

一个基因一个酶的模型假设在细胞中基因编码的酶发挥其生化功能。塔特姆和比德尔提出的这个模型基于对粗糙脉孢霉（*Neurospora crassa*）中精氨酸生物合成的研究

基因的物理性质是什么?基因是由蛋白质、核酸或其他物质组成的吗?1944 年，奥斯瓦德·艾弗里（Oswald Avery）、科林·麦克劳德（Colin MacLeod）和麦克林恩·麦卡蒂（Maclyn McCarty）给出了第一个令人信服的实验证据，他们通过肺炎双球菌的转化实验证明了遗传物质是由脱氧核糖核酸（DNA）组成的。他们的研究表明，细菌的毒力是由 DNA 携带的。我们将在第 8 章详细讨论他们是如何证明这一点的。

DNA 分子是如何存储信息的？20 世纪 50 年代初，遗传学家和化学家进行了一场比赛。最终，在英国剑桥大学工作的沃森和克里克于 1953 年赢得了胜利。他们提出了 DNA 的分子结构是右手双螺旋：两个 DNA 并排反向缠绕成螺旋状。DNA 的双螺旋就像一个扭曲的梯子（图 1-9），梯子的两侧由脱氧核糖和磷酸盐组成。梯子的横板由 4 种碱基：腺嘌呤（adenine，A）、胸腺嘧啶（thymine，T）、鸟嘌呤（guanine，G）和胞嘧啶（cytosine，C）组成。碱基面向一个虚拟的中心，每个碱基通过氢键与互补（complementary）链的碱基配对。腺嘌呤总是通过两个氢键与胸腺嘧啶配对，而鸟嘌呤总是通过三个氢键与胞嘧啶配对。A、T、G 和 C 的序列代表 DNA 分子携带的编码信息。我们将在第 8 章学习这个问题。

染色体上携带的基因是如何表达的？这种表达又是如何被调控的?在特定的发育时期，在特定的细胞和组织类型中，基因表达有特定的开关机制。1961 年，法国微生物学家弗朗索瓦·雅各布（François Jacob）和雅克·莫诺（Jacques Monod）对大肠杆菌中乳糖代谢必需基因进行了深入研究，他们发现基因表达需要有调控基因表达的调节元件参与（图 1-10）。调节元件是与调节蛋白结合的特定 DNA 序列，当这些调控序列上结合了特定的蛋白质以后，基因表达将被激活或被抑制。我们将在第 14 章探索 Jacob 和 Monod 在大肠杆菌中获得的奥秘，并在第 15 章探讨真核生物中基因表达调控的细节。

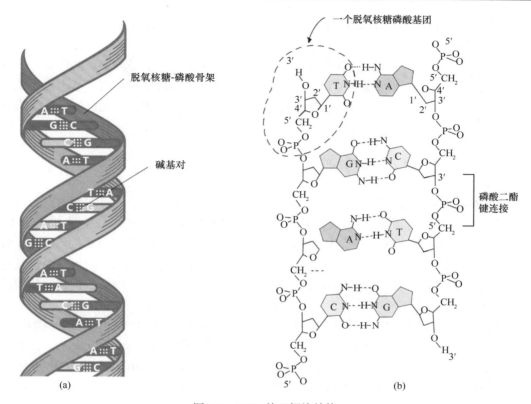

图 1-9　DNA 的双螺旋结构

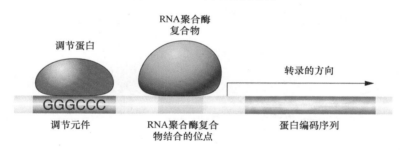

图 1-10　基因具有调控区和编码区

蛋白质编码基因的结构显示了调节蛋白结合的调节元件（GGGCCC）、RNA 聚合酶复合物结合启动转录的
启动子区域和蛋白质编码区域

　　如何将 DNA 中存储的遗传信息表达为执行其功能的蛋白质？这也是一个非常重要的问题。虽然 DNA 双螺旋结构的发现是生物学的一个分水岭，但许多细节还不清楚。确切地说，如何将遗传信息编码到 DNA 中，以及如何将其解码成某种发挥生物学功能的蛋白质，仍然未知。1961～1967 年，几个国家的分子遗传学家和化学家共同破解了遗传密码。这意味着他们可以推断出串联排列的核苷酸代表什么含义，4 种脱氧核糖核苷酸（简称脱氧核苷酸）是怎样编码组成蛋白质的 20 种不同氨基酸的。科学家还发现，在 DNA 和蛋白质之间还有一种由核糖核酸（RNA）构成的信息分子，它将细胞核中 DNA 的信息传递到细胞质中，在细胞质中进行蛋白质的合成。1967 年，人们已经清

楚了遗传信息在细胞内部传递的基本流程图，这个流程图就是现在大家耳熟能详的分子生物学的中心法则。

关键点：孟德尔定律的重新发现开启了遗传学的新时代，很多关于基因性质和细胞内遗传信息流动的基本问题也得到了解决。在这个时代，遗传学家知道了基因位于染色体上，基因的化学本质就是脱氧核糖核酸（DNA）的不同排列形式。在细胞内基因的编码产物就是蛋白质。

1.1.4 分子生物学的中心法则

1958 年，克里克用"中心法则"这一专业术语来表示从 DNA 到 RNA 再到蛋白质的细胞内遗传信息的流动趋势。我们用一个简单的图来总结这些关系，见图 1-11（a），在左侧可以看到 DNA 和一个代表 DNA 复制（DNA replication）的圆形箭头，这是生成 DNA 拷贝的过程。由于有了这个过程，细胞分裂产生的两个子细胞中的每一个都具有了和亲本细胞完全一样的 DNA 拷贝。在第 9 章中，我们将学习 DNA 结构及其复制的详细过程。

从 DNA 连接到 RNA 的箭头［图 1-11（b）］，象征着基因（DNA）中碱基对的序列被转录为 RNA 分子。从 DNA 模板合成 RNA 的过程叫作转录（transcription）。通过转录产生的 RNA 分子中，有一些是信使 RNA（messenger RNA，mRNA）。mRNA 是蛋白质合成的模板。在第 9 章中，我们将了解转录是如何完成的。

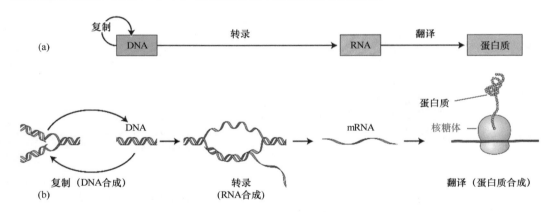

图 1-11 生物分子的信息传递

（a）克里克的中心法则，展示了生物分子之间的信息流。圆形箭头表示 DNA 复制，中心直箭头表示 DNA 到 RNA 的转录，右侧箭头表示 RNA 到蛋白质的翻译。（b）更详细的示意图显示了 DNA 双螺旋的两条链是如何独立复制的，两条链是如何分离以进行转录的，以及信使 RNA（mRNA）是如何在核糖体上被翻译成蛋白质的

在图 1-11（b）中的最后一个箭头将 mRNA 和蛋白质连接在一起，该箭头表示蛋白质合成，或 mRNA 中碱基特定序列中的信息被翻译（translation）成构成蛋白质的氨基酸序列。蛋白质是细胞中发挥功能的物质，包括各种酶、细胞的结构组分和细胞信号转导的分子等。翻译过程发生在细胞质中的核糖体上。我们将在第 10 章中学习密码子（codon）的三个字母组成的遗传密码。密码子是 mRNA 中的一组三个连续

核苷酸序列，它们可以被翻译成蛋白质中特定的氨基酸，如 CGC 对应精氨酸、AGC 对应丝氨酸等。

除了克里克提出的中心法则，科学家还发现了遗传信息流的其他途径。我们现在知道细胞内有很多不编码蛋白质的 RNA，也知道转录后的产物需要进一步编辑 mRNA，以及从 RNA 反转录回 DNA 的情况（见第 9 章、第 10 章和第 11 章）。

1.2　遗传学的发展

遗传规律在 20 世纪 60 年代末被基本理解后，整个生命科学进入了应用遗传学分析方法解决生物学问题的新时代。科学家投入了大量的精力和时间开发解决这些问题的方法和工具。遗传学家利用被称为"模式生物"（model organism）的物种进行遗传分析。他们还开发了一系列实用、可行的程序和工艺来操作与分析 DNA。

1.2.1　模式生物

遗传学家专门使用模式生物进行遗传分析。模式生物是实验生物学中使用的物种，人们假设从这些物种的分析中得到的结果适用于其他物种，尤其是与其关系密切的物种。Jacques Monod 夸张地表达了在生物学中使用模式生物的基本原理："在大肠杆菌中发现的任何理论都适用于大象。"

随着遗传学的成熟和对模式生物的关注，孟德尔的豌豆被抛弃了，但摩尔根的果蝇却声名鹊起，成为基因研究中最重要的模式生物之一。还有很多新的物种被添加到模式生物的名单当中。不起眼的拟南芥（*Arabidopsis thaliana*）、生活在土壤中的秀丽隐杆线虫（*Caenorhabditis elegans*）都成了发育生物学中用于遗传分析的明星（图 1-13）。

模式生物应该具有以下特征：①为易于操作、便于研究、价格低廉的小型生物，所以人们选择果蝇，不选择蓝鲸。②繁殖时间短，因为需要不同的品系来研究它们的第一代和第二代杂交后代的表型，繁殖时间越短，实验越容易完成。③基因组越小越好。正如我们将在第 11 章中学到的，根据 DNA 碱基对的总和，有些物种具有大的基因组，而另一些具有小的基因组。大型的基因组中具有很多重复的 DNA 元件。假如我们想在基因组中寻找某个基因，那么在较小的基因组中，或具有较少重复元件的基因组中，可能更容易发现这些基因。④易于杂交和交配，能产生大量后代的生物。

当你通读本书时，你会一次又一次地遇到某些生物。例如，反复使用到的大肠杆菌、酿酒酵母、拟南芥、秀丽隐杆线虫、果蝇和小鼠等，在这些生物体内，我们揭示了大部分遗传现象。这些模式生物分别位于生命树的不同分支上（图 1-12），分别代表细菌、真菌、植物、无脊椎动物和脊椎动物。这种多样性使每位遗传学家都能够使用最适合的模式生物去研究特定的问题。从每种模式生物中得到的研究结果，大家可以通过网络资源共享，从而促进彼此的研究。

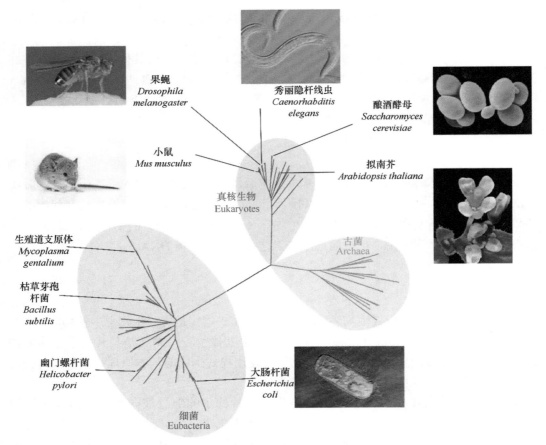

图 1-12　在生命树上模式生物是散在分布的
该树显示了主要生物群之间的进化关系，包括细菌、古菌和真核生物（植物、真菌和动物）

　　孟德尔的实验结果是可信的，因为他有几种不同的豌豆品种，每种豌豆都有不同的遗传变异，如紫花与白花、绿色种子与黄色种子，植株高与矮。而对于每种模式生物，遗传学家已经获得了大量具有特殊遗传特征的品种（也称为品系或种群），这可以让科学家在研究工作中各取所需，例如，红色与白色眼睛的果蝇品系、可以发展成为特定形式的癌症或其他疾病状况（如糖尿病）的小鼠品系。在粗糙脉孢霉中，科学家寻找到近5000 个基因缺失的品系，这些品系使遗传学家能够通过检查某个基因被移除后粗糙脉孢霉受影响的方式来研究每个基因的功能。由于粗糙脉孢霉的基因组中仅有约 6000 个基因，因此这 5000 个基因的缺失基本覆盖了其基因组中的绝大多数。

1.2.2　遗传分析工具

　　遗传学家和生物化学家还发明了一系列的工具来表征和操纵 DNA、RNA 与蛋白质。这些工具我们将在第 13 章或与之相关的其他章节进行描述。这里提一下几个要点。

　　第一，遗传学家利用细胞自身的机器进行复制、粘贴、切割和转录 DNA，这样研究人员就能够在试管内完成这些反应。科学家纯化了各种在活细胞中执行这些功能的酶。DNA 聚合酶（DNA polymerase）可以以互补序列作为模板，催化聚合核酸和脱氧单核苷酸的反应；限制性内切核酸酶（restriction endonuclease）可以切割特定位置的 DNA 分子；核酸酶（nuclease），则可以将 DNA 分子降解为单个的核苷酸；连接酶（ligase）可以将两个 DNA 分子端对端地连接在一起。通过使用 DNA 聚合酶或其他酶，我们也可以用荧光染料或放射性元素"标记"DNA，然后可以使用荧光或辐射检测器检测标记了的 DNA。

第二，遗传学家已经开发出克隆 DNA 及其编码基因的方法。克隆是指制备 DNA 分子的许多拷贝（克隆）的过程，常见方法是从感兴趣的生物体中分离相对较小的 DNA 分子（长度达数千碱基对），这些 DNA 分子可以是整个基因也可以是基因的一部分，将该分子插入宿主生物（通常是大肠杆菌）中，利用宿主的 DNA 聚合酶将其复制多次。拥有许多基因拷贝在表征和操作它的时候非常重要。

第三，遗传学家已经开发出将外源 DNA 分子插入许多物种基因组的方法，包括所有模式生物的基因组，这个过程称为转化。例如，有可能将一个物种的基因插入另一个物种的基因组，然后受体物种变成基因修饰生物（genetically modified organism，GMO）。在烟草中插入来自萤火虫的基因，这样，烟草就能够在黑暗中发光（图 1-13）。

第四，遗传学家已经开发了一系列基于 DNA 分子彼此杂交（或 RNA 分子杂交）的方法。双螺旋中的两条互补 DNA 链通过氢键结合在一起，G≡C 或 A=T，这些键可以通过在水溶液中加热（变性）被破坏，得到两个单链 DNA 分子 [图 1-14（a）]。当溶液在受控条件下冷却时，具有互补链的 DNA 分子将优先彼此杂交。DNA 杂交方法在实践中得到了广泛的应用。例如，克隆的基因可用荧光染料标记，然后与固定在载玻片上的染色体杂交，从而显示基因在染色体上的位置 [图 1-14（b）]。

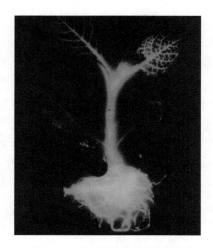

图 1-13　被遗传修饰的烟草

这株被遗传修饰的烟草，其基因组中插入了一个来自萤火虫的基因，它可以被激发发出绿色荧光

第五，遗传学家和生物化学家已经开发出很多种方法来确定生物体的基因组、染色体或基因中所有的核苷酸确切顺序。用于解读 DNA 分子中 A、C、G 和 T 的确切顺序的过程称为 DNA 测序（DNA sequencing），这样，遗传学家就能够阅读生命语言。

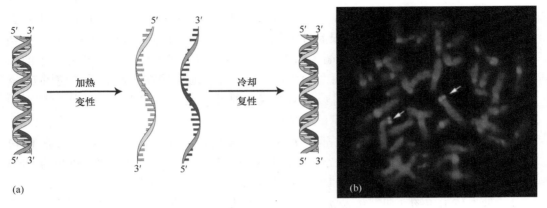

图 1-14　核酸链杂交形成互补双链

（a）DNA 双螺旋的两股链在溶液中通过加热解链。冷却后，链与它们的互补链重新结合或杂交。（b）用绿色荧光染料标记人 *BAPX1* 基因的克隆拷贝，然后使荧光标记的 DNA 变性并使其与单个细胞中的染色体杂交。荧光标记的克隆与基因所在的染色体上的位置（绿色荧光区域）杂交

　　第六，在过去的 20 年里，研究人员还创造了很多数学工具来分析各种生物体的整个基因组。这些结果催生了基因组学（genomics）——研究整个基因组的结构和功能（见第 17 章）。基因组学的研究使遗传学家能够收集大量模式生物的遗传信息，包括它们的基因组完整 DNA 序列、所有基因的种类、各种基因突变的名录、表达每个基因的细胞和组织类型的数据等。要了解可用的内容，可以尝试浏览美国国家医学图书馆的网站 https://www.ncbi.nlm.nih.gov/。

1.3　遗传学的今天

　　尽管 19 世纪和 20 世纪有颠覆性的发现，但遗传学至今仍然充满了很多未知的谜，人们对新思维和新技术的渴望从未如此强烈。孟德尔、摩尔根、费希尔、沃森、克里克等许多前辈的研究工作奠定了遗传学的基础。但在这个基础之上的很多细节人们仍然不是很清楚，如人类受精卵中 6 英尺①长的 DNA 携带了该细胞发育为个体所需的全部遗传信息，但我们对这个发育过程的细节还缺乏了解。

　　在本节中，我们将回顾遗传学最近取得的一些进展。这些进展将揭示有关生命的奥秘，并强调我们如何应用遗传学知识解决社会问题。本书将向每一位读者传达双重信息——遗传学已经深刻地改变了我们的生活，但它也是一个充满活力的，还在继续发展的年轻学科。

1.3.1　从经典遗传学到医学基因组学

　　一位名叫路易丝·本奇（Louise Benge）的患者年轻时患上了一种致命的疾病。她从 20 多岁开始，只要多走一会儿，腿部就开始剧烈疼痛。为了治疗疾病，她先后看了

---

① 1 英尺=0.3048m。

很多医生，进行了一系列的化验和 X 射线检查。结果发现她的主动脉到腿部的动脉都钙化了，有些血管被磷酸钙沉积物堵塞了（图 1-15）。这种疾病医生既无法给出名称，也无法给出治疗方案，是一种不能被确诊的疾病。主治医师只好将本奇转诊到位于马里兰州贝塞斯达的美国国立卫生研究院，他们有一个未确诊疾病计划（UDP）。

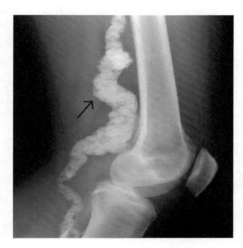

图 1-15 X 射线检查显示路易丝·本奇的腿部动脉异常钙化

UDP 的目标是调动美国国立卫生研究院所有医学领域的科学家去解决最具挑战性的问题。UDP 团队对本奇进行了几乎所有测试，很快他们发现了导致她患病的潜在缺陷。本奇体内一种称为 CD73 的酶水平非常低。这种酶参与细胞之间的信号转导，尤其发出阻止动脉钙化的信号。UDP 医生将本奇的疾病命名为"由 CD73 缺乏引起的动脉钙化"（arterial calcification due to deficiency of CD73，ACDC）。

让 UDP 团队感兴趣的是，本奇并不是唯一患这种疾病的人，她有两个兄弟和两个姐妹，他们都有动脉钙化。但是本奇的父母并未受到影响。此外，本奇和她的兄弟姐妹都有孩子，这些孩子也都没有动脉钙化。这种遗传模式表明潜在的原因可能是基因。具体来说，本奇和她的所有兄弟姐妹都遗传了 CD73 或影响 CD73 表达的基因的两个缺陷拷贝——一个来自母亲，一个来自父亲。具有一份正常拷贝和一份有缺陷拷贝的人可能是正常的，但如果一个人的两份拷贝都有缺陷，那么就会缺乏该基因提供的功能。这种情况就像孟德尔的白花豌豆一样，由于功能性等位基因对功能失调的等位基因呈显性作用，ACDC 只有在个体携带两个缺陷等位基因时才会出现。

UDP 团队深入研究了本奇的家族史，并了解到本奇的父母是第三代堂兄妹（图 1-16）。这一发现非常符合基因缺陷的成因。当丈夫和妻子是近亲，如第三代堂兄妹时，他们都有可能从他们的共同祖先那里继承相同版本的缺陷基因，并且他们都会将这种有缺陷的基因传给他们的孩子。携带一个缺陷基因拷贝的儿童通常是正常的，但是从父母双方遗传缺陷拷贝的儿童则可能患有遗传性疾病。

在图 1-16 中，我们可以看到，本奇的母亲和父亲（图中的个体 V-1 和 V-2）拥有相同的高祖父母（I-1 和 I-2）。如果高祖父母中的一个有 CD73 的突变基因，那么它可能已经传承了几代人直到本奇的母亲和父亲（按照红色箭头）。之后，如果本奇收到她母亲和她父亲的突变拷贝，那么她的两份副本都会有缺陷。本奇的每个兄弟姐妹也需要从父母那里继承两份突变体，这样就可以解释他们有 ACDC 的事实。所有这一切发生的可能性都非常小。如果本奇的父母都有一个突变体拷贝，那么本奇和她的 4 个兄弟姐妹都会从父母双方获得突变体拷贝的概率只有 1/1024。在第 2 章中，我们将学习如何计算这些概率。

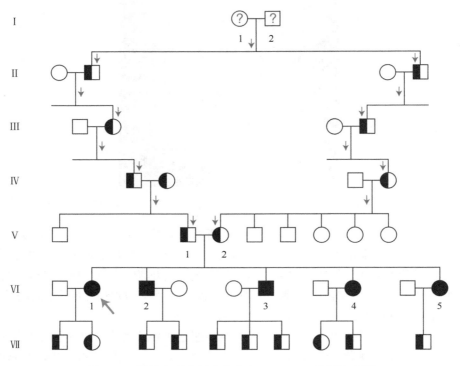

图 1-16　通过家系分析确定致病（ACDC）基因的来源

家系分析显示由 CD73 缺陷引起异常的动脉钙化。正方形是男性，圆形是女性。连接男女的水平线表示婚配对连接到其后代。垂直线将婚配对连接到其后代。罗马数字代表世代；阿拉伯数字代表世代内的个体。半填充的正方形或圆圈表示携带一个突变基因拷贝的个体。完全填充的正方形或圆圈表示具有两个突变基因拷贝并具有 ACDC 的个体。个体 I-1 或 I-2 必须携带突变基因，但是哪一个携带它是不确定的，所以用 "?" 表示。蓝色箭头所指为路易丝·本奇。红色箭头表示突变基因通过世代的路径

　　根据家族史的这一线索，UDP 团队现在知道该从哪里查找突变基因在基因组中的位置。他们需要在其中一条染色体上寻找一个片段，本奇从母亲那里继承的拷贝与她从父亲那里继承的拷贝相同。此外，本奇的每个兄弟姐妹也必须拥有与本奇相同的两个副本。这些区域在人群中罕见，除非他们的父母有亲缘关系，就像本奇的情况一样，因为她的父母是第三代堂兄妹。一般来说，母亲和父亲给我们的遗传拷贝，即使是长度只有几百碱基对的染色体片段，它们之间的 A、C、G 和 T 的序列也会有一些差异。这些差异称为单核苷酸多态性（SNP）（延伸阅读 1-1）。

延伸阅读 1-1：单核苷酸多态性

　　遗传变异是同一基因或 DNA 分子的两个拷贝之间的任何差异。在单个核苷酸位点可以观察到的最简单的遗传变异是单个碱基的差异，无论是腺嘌呤、胞嘧啶、鸟嘌呤还是胸腺嘧啶。这些类型的变异称为单核苷酸多态性（single nucleotide polymorphism，SNP），并且它们是大多数生物中最常见的变异类型。图 1-17 显示了来自染色体相同区域的 DNA 分子的两个拷贝。注意，除了一条 DNA 链上具有 CG 对而另一条具有 TA 对，两条 DNA 链的其余碱基对都是相同的。如果我们读取两条 DNA 链，那么上面的分子在 SNP 位点具有"G"而下面的分子具有"A"。

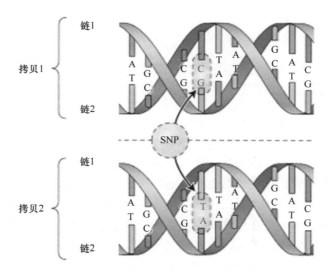

图 1-17　相同的基因或 DNA 分子上可以出现各种遗传变异

可以观察到的最简单的遗传变异可能是单个核苷酸位点的变异。这些变化我们称之为单核苷酸多态性（SNP）。图中显示了染色体同一个区域的 DNA 分子的两个拷贝。注意在这两个分子上除了上面的 GC 被下面的 TA 碱基对替换，其他序列都是相同的。假如我们读取两个分子，上面的碱基是 G，下面的碱基则为 A。

　　UDP 团队使用了一种称为 DNA 微阵列的新基因组技术（参见第 17 章），这使他们能够研究整个基因组中的 100 万个碱基对位置。在染色体的这些碱基对位置中，研究人员可以看到本奇的两个染色体片段在哪里是相同的，以及本奇的所有兄弟姐妹是否也在该片段中携带了两个相同的拷贝。对于本奇来说，她的基因组中只有 1/512 的概率会有两个完全相同的拷贝，并且她的 4 个兄弟姐妹也有相同的两个拷贝的概率要小得多。

　　通过查看全基因组的 SNP 数据，UDP 团队确切地找到了他们正在寻找的染色体片段的类型。在本奇的一条染色体上有一小段，她和她的兄弟姐妹都有两个相同的拷贝。此外，他们发现编码 CD73 的基因位于该区段。该结果表明本奇和她的兄弟姐妹都有相同缺陷的 CD73 编码基因的两个相同拷贝。该团队似乎已经找到了线索；然而，还有最后一个实验要做，那就是确定本奇及其兄弟姐妹遗传有特定的缺陷 CD73 基因。在确定了来自本奇及其兄弟姐妹的 CD73 基因的 DNA 序列后，研究小组发现了该基因的缺陷，缺陷基因只编码一个短的或截短的蛋白质。若编码丝氨酸的密码子 TCG 突变为 TAG，则标志着蛋白质翻译的提前终止。本奇版本的 CD73 基因表达的蛋白质被截短，因此它不能用信号通知动脉中的细胞以保持钙化途径关闭。

从本奇第一次经历腿部疼痛到了解她患有一种名为 ACDC 的新疾病的过程很漫长。整合经典遗传学和基因组学，使她的疾病诊断成为了可能。当医生了解疾病发生的原因是 CD73 缺陷时，医生给本奇使用了依替膦酸盐，这种药物可以替代细胞中的 CD73，以保证关闭了钙化途径。

关键点：经典遗传学为现代医学遗传学奠定了基础。经典遗传学和基因组技术的整合可以很容易地确定遗传性疾病的原因。

1.3.2 突变研究和疾病风险

遗传学建立后不久，德国医生威廉·温伯格（Wilhelm Weinberg）报告说，在德国家庭中，最小的孩子患软骨发育不全的概率似乎高于最大的孩子。几十年后，英国遗传学家霍尔丹（Haldane）又观察到了另一种不同寻常的遗传模式。他通过家系研究发现，血友病的新突变更多地发生在男性身上。这两个观察结果表明，随着父母年龄的增长，儿童罹患遗传性疾病的风险更大，而且父亲比母亲更有可能为其子女提供新的突变。

在随后的几十年中，Weinberg 和 Haldane 的观察结果得到了其他研究的支持，但人们并不能得出结论。在父亲与母亲之间追踪孩子的新突变充满了不确定性，并且缺乏适合研究父母年龄与新突变之间联系的家庭。这些因素阻碍了人们进一步将父母年龄与新发突变联系在一起。

2012 年，基因组学和 DNA 测序技术的发展（见第 13 章）让这一切具有了实现的可能，人们通过家庭内新突变起源的非常详细的证据开始证明 Weinberg 和 Haldane 的假设是正确的。这项工作是这样完成的。冰岛的一个遗传学家团队研究了 78 个"三人组"：父母及孩子组成的家庭组合（图 1-18）。对于某些家庭来说，是三代人的数据，包括一个孩子及其父母和至少一组祖父母。研究人员从 219 个个体的基因组序列入手，用从血细胞中分离的 DNA 确定每个个体的完整基因组序列。由于每条染色体存在两个拷贝（即人类基因组的两个拷贝），因此实际上有 438 个基因组序列。

有了这些基因组序列，研究人员就可以梳理新的或从头突变的数据。这是一种独特的 DNA 变异，存在于儿童身上，但不存在于其父母身上。他们研究的重点是点突变（point mutation），或 DNA 代码中一个字母的变化，以及 DNA 复制过程中可能发生的变化（见第 8 章和第 12 章）。例如，腺嘌呤（A）变为鸟嘌呤（G）。

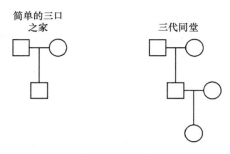

图 1-18　家系

方块代表男性，圆圈代表女性。水平线表示婚配，垂直线将婚配连接到后代

　　图 1-19 概述了冰岛遗传学家发现过程的逻辑，显示了三人家庭中每个成员的 DNA 片段。每个人都有片段的两个拷贝。请注意，母亲中的拷贝 M1 具有 SNP（绿色字母），可将其与拷贝 M2 区分开来。类似地，有两个 SNP（紫色字母）区分父亲的这个片段的两个拷贝。比较孩子和父母，可以看到孩子从母亲那里继承了拷贝 M1，并从父亲那里复制了 F2。仔细看看孩子的两个拷贝，会注意到一个新发生的情况——有一个独特的突变（红色字母）发生在孩子身上而不在父母身上。这是一种全新的点突变，即从鸟嘌呤（G）到胸腺嘧啶（T）的突变。我们可以看到该点突变出现在父亲身上，因为它出现在 F2 拷贝上。

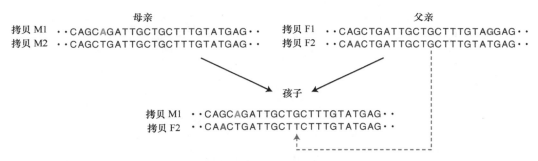

图 1-19　新突变位点的来源

显示了一条染色体的短片段 DNA。每个人都有两个片段的拷贝。在母亲中，这些被标记为 M1 和 M2；在父亲中被标记为 F1 和 F2。这个孩子继承了母亲的 M1 拷贝和父亲的 F2 拷贝。孩子中的 F2 拷贝带有新的点突变（红色）。区分不同拷贝的单核苷酸多态性（SNP）以绿色（母亲）和紫色（父亲）显示

　　新突变是在何时何地出现的？我们身体的大部分都是由体细胞组成的，这些体细胞构成了从大脑到血液的一切身体组成部分。然而，我们还有一种称为种系的特殊细胞系，它们分裂产生卵子和精子。在生长和发育过程中分裂的体细胞中出现的新突变不会传递给后代。然而，种系中发生的新突变可以传递给后代。图 1-19 中描述的突变出现在父亲的生殖细胞中。

　　根据三人家庭的基因组序列数据，冰岛遗传学家有了一些非常惊人的发现。首先，在研究的 78 名儿童中，他们共观察到 4933 个新的点突变。每个孩子携带大约 63 个其父母没有的新点突变。其中大部分发生在基因组的安全区域，只有很小的概率会造成健康风险，但 4933 个突变中的 62 个突变可以导致基因发生潜在的破坏性变化，它们改变

了蛋白质的氨基酸序列。其次，在可以归属于父母的点突变中，平均有 55 个点突变来自父亲，有 14 个来自母亲。这些孩子继承了父亲近乎四倍于母亲的新突变。冰岛团队确认了 Haldane 在 90 年前提出的预测。

基因组序列的结果还允许团队验证 Weinberg 的另一个预测，即突变的频率随着父母年龄的增长而增加。对于每个三人家庭，研究人员都知道受孕时母亲和父亲的年龄。当控制父亲的年龄一致时，他们的研究没有发现突变的频率会随着母亲年龄的增长而上升。年龄较大的母亲并没有产生比年轻母亲更多的新的点突变（已知年龄较大的母亲比年轻母亲产生更多的染色体畸变，如导致唐氏综合征的 21 号染色体的额外拷贝，见第 7 章）。研究人员又在母亲年龄一致的基础上，观察了突变与父亲年龄的关系。结果显示，父亲年龄越大，新点突变的频率越高（图 1-20）。二者之间具有显著的统计学意义。事实上，父亲的年龄每长一岁，孩子将多获得两个新的突变。一位 20 岁的父亲将为他的每个孩子传递大约 25 个新点突变，但是一位 40 岁的父亲将传递大约 65 个新突变。Weinberg 在 100 年前的观察也得到了证实。

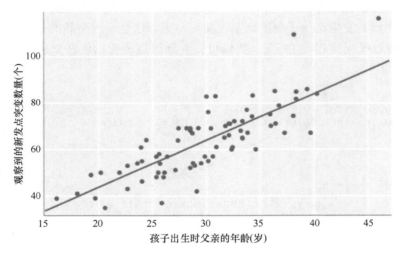

图 1-20　父亲年龄与新发点突变的相关性
圆点代表被研究儿童。对角线表示随父亲年龄增长的新发点突变频率

为什么父亲的年龄很重要，而母亲的年龄似乎对新的点突变频率没有影响？答案在于男性和女性形成配子的方式不同。卵子生成的过程大部分发生在女性出生之前。因此，当一个女孩儿出生时，在她的卵巢中有一组卵子前体细胞，这些前体细胞将进一步成熟为卵细胞而无须 DNA 复制。对于一个女性，从受精卵到其卵巢内卵子的形成，大约经历了 24 轮细胞分裂，其中 23 轮有染色体（DNA）复制，有机会出现复制错误或突变，这 23 轮染色体复制都发生在女性出生前，因此在她出生后 DNA 并不复制，并且随着年龄的增长没有其他突变的机会。因此，年龄较大的母亲不会比年轻的母亲带来更多新的点突变。

精子的产生过程则完全不同。产生精子的细胞分裂在男性的一生中都会持续存在，并且精子形成的细胞分裂比卵子形成次数更多。20 岁男性所产生的精子从受孕开始，经历了约 150 次 DNA 复制，几乎是 20 岁女性产生卵子的 7 倍。当一个人 40 岁时，他的精子 DNA 的复制可能将超过同一年龄妇女的卵子复制次数的 25 倍。因此，随着父亲年龄的增长，在这些多余的细胞分裂和 DNA 复制期间发生新的突变的风险更大。

冰岛遗传学家所做的卓越研究最后有一个转折点。他们选择研究的 78 个三人家庭中，大多数的孩子都患有遗传性疾病，包括 44 名患有自闭症的儿童和 21 名患有精神分裂症的儿童。对于所有的这些孩子，他们的亲属中没有这些疾病的其他病例，这表明他们的病情是因为新突变而产生的。正如预期的那样，研究人员观察到父亲的年龄与疾病风险之间存在相关性，即年长的父亲更容易生出患有自闭症和精神分裂症的孩子。在一些情况下，儿童和父母的 DNA 数据也使研究人员能够识别可能导致疾病的基因的特定新突变。例如，一名自闭症儿童遗传了生产促红细胞素的肝细胞（erythropoietin-producing hepatocellular，EPH）受体 B2（*EPHB2*）基因的新突变，该基因在神经系统中起作用，并且在已确诊的自闭症儿童中发现了该突变。

诸如此类的研究对个人和社会产生了重要影响。一些打算推迟育儿的男性可能会选择在年轻时冷冻他们的精子。这项研究还告诉我们，社会的变化会影响进入人类基因库的新突变的数量。如果男性选择推迟成为父亲，那么他们孩子有新突变的数量就会相应增加。众所周知，不孕症的发生率随着年龄的增长而上升，正如人们经常说的那样，一旦女性过了青春期，她的生物预警钟就会嘀嗒作响。冰岛遗传学家研究表明，男性的生物预警钟同样一直在嘀嗒报警。

关键点：对父母及其子女基因组序列的研究阐明了导致新点突变的因素。父亲对其后代的新突变贡献是母亲的 4 倍。父亲传给孩子的新突变的数量随着父亲年龄的增长而增加。

1.3.3　现代遗传学在农业生产中的应用

1.3.3.1　为什么有的水稻不感染褐飞虱

褐飞虱 *Nilaparvata lugens* 属于半翅目（Homoptera）飞虱科（Delphacidae）。褐飞虱可以远距离迁徙飞行，是我国和许多其他亚洲国家水稻上的首要害虫。褐飞虱为单食性害虫，只能在水稻和普通野生稻上取食与繁殖后代（图 1-21）。褐飞虱对水稻的危害主要表现在以下三方面。①直接吸食为害：以成虫、若虫群集于稻丛基部，通过口器刺吸茎叶组织汁液。虫量大，水稻受害重时稻株瘫痪倒伏，俗称"冒穿"，导致严重减产或失收。②产卵为害：产卵时，刺伤稻株茎叶组织，形成大量伤口，促使水分由刺伤点向外散失，同时破坏疏导组织，加重水稻的受害程度。③传播或诱发水稻病害：褐飞虱不仅是传播水稻病毒病——草状丛矮病和齿叶矮缩病的虫媒，也有利于水稻纹枯病、小球菌核病的侵染为害。取食时排泄的蜜露由于富含各种糖类、氨基酸，覆盖在稻株上时，极易招致煤烟病菌的滋生。由于褐飞虱是一种迁飞性害虫，每年可发生数代，自北而南递增，是水稻生产中发生面积最广、危害最严重的害虫，也是防治难度大的农业害虫之一。

图 1-21　褐飞虱及褐飞虱感染后的水稻

（a）　水稻植株上的两只褐飞虱。（b）白色箭头所示褐飞虱取食水稻时口器穿过水稻组织留下的痕迹（取食鞘）。（c）褐飞虱感染后，水稻成片倒伏死亡

　　有趣的是，有些野生稻在进化过程中具有广谱的抗虫性。武汉大学何光存团队发现，有些野生稻和传统农家稻种很少感染褐飞虱。他们通过分子遗传学方法将水稻抗褐飞虱基因定位到染色体特定区域，应用图位克隆法成功克隆了第一个抗褐飞虱基因 *Bph14*。其后，又持续克隆了 *Bph6*、*Bph15*、*Bph9* 和 *Bph30*。他们发现，抗褐飞虱基因在水稻染色体上成簇分布，他们在 12 号染色体上的抗褐飞虱基因热点区域先前定位了 8 个抗褐飞虱基因，经克隆后发现这些基因是同一基因的等位变异，由此揭示了抗虫基因多样的等位变异是水稻应对褐飞虱致害性变异的重要遗传机制。

　　褐飞虱在取食水稻的过程中，分泌唾液进入植物组织来帮助取食。褐飞虱唾液中的特定蛋白效应子能被水稻中抗褐飞虱基因编码的细胞膜表面受体或细胞内受体特异性地识别，从而激活抗虫信号途径。例如，抗褐飞虱基因 *Bph14* 编码的蛋白质受褐飞虱取食激活后，形成同源复合体，与转录因子 WRKY46 和 WRKY72 相互作用，增强转录因子的稳定性，激活水稻细胞中防御信号通路，上调胼胝质合成酶基因表达。胼胝质在筛板中大量沉积，堵塞被取食的筛管，导致褐飞虱不能取食而死亡。BPH6 与胞泌复合体（exocyst）亚基 EXO70E1 互作，调控细胞分泌，增加了水稻细胞壁厚度。在抗虫水稻中，褐飞虱取食信号经过传递，最后诱导水稻细胞壁增厚和筛管中胼胝质积累，使飞虱不能取食而饿死。

　　抗褐飞虱基因蕴藏于野生稻和传统农家稻种中。由于野生稻和传统农家稻种产量低，很难将其育种并广泛种植。何光存团队通过分子标记育种将抗虫原始材料中的抗褐飞虱基因转育和聚合到现代品种中，实现了抗虫性与高产、优质性状的聚合，创制了农艺性状优良的抗虫新种质，在全国各育种单位广泛应用。利用这些新种质、基因和分子

标记，相关单位培育了一批通过审定的抗褐飞虱水稻新品种，并大面积推广应用（图1-22）。种植抗褐飞虱水稻品种能有效控制褐飞虱，使田间褐飞虱虫口密度降低了90%，可少打农药或不打农药，产生了显著的经济效益和生态效益。

图 1-22　抗褐飞虱水稻品种的田间抗性

图中'珞红 4A'是带有抗褐飞虱基因 *Bph14* 和 *Bph15* 的水稻不育系；CK 是受体品种'珞红 3A'。
在 CK 被褐飞虱危害致死时，'珞红 4A'生长正常

由于飞虱科昆虫寄主广泛，何光存团队抗褐飞虱的研究成果也可以推广到小麦、大麦、玉米、高粱、甘蔗等其他禾本科经济作物上。

1.3.3.2　水稻开花时机与丰收

高等植物的生殖生长对其繁衍后代和人类的生产生活都具有重要意义。植物的生殖器官，如果实和种子，是人类长期种植的重要农作物如水稻、小麦、大麦、大豆等的主要收获器官。因此，研究植物的生殖生长规律、提供改造植物生殖生长的方法、提高植物生殖器官的产量，成为育种学家和植物学家的目标。植物的生殖发育分为几个重要的步骤：首先，植物从营养生长到生殖生长的转变是植物生命周期中的一个关键事件，这一生物学过程称为"开花"或"抽薹"，其核心转变是茎顶端分生组织转化为花序分生组织，产生了花原基；接着，花原基继续发育，产生不同的花器官，即花萼、花瓣、雄蕊和雌蕊；在雄蕊和雌蕊中，植物的雄配子体和雌配子体发生和发育，产生雄配子精子和雌配子卵细胞；下一步是传粉和受精，花粉在柱头萌发，花粉管向胚珠延伸，雌雄配子接近并融合，产生受精卵（合子）和受精极核；最后开始合子的发育和种子的成熟过程。合子的正常发育伴随着营养物质在种子中的积累，发育完好的种子富含大量的淀粉、蛋白质和其他营养物质，种子的丰收为人类带来丰盛的食物。

在植物生殖发育过程中，开花是第一个步骤，对整个生殖发育至关重要，开花过早或过晚对植物的生长发育和繁殖后代都非常不利。开花过早，植物的营养物质积累还不充足，无法应对开花所需的大量营养物质消耗，会导致植物耗尽养分而死亡。这一现象因为箭竹开花后死亡使得以箭竹为生的大熊猫因食物不足陷入危机而广为人知。开花过

晚，错过了合适的季节，植物将无法在光照与气温合适的时间内完成生殖生长，并使后代（种子）不能足够成熟以应对即将到来的不利环境，也会造成植物或植物的后代死亡。例如，人类主粮作物之一的水稻，若开花过晚，种子成熟时是深秋季节，很可能会遇到霜冻，造成大量减产。因此，植物开花时间受到非常精密的调控。

已知参与控制高等植物开花时间的 4 种主要信号通路分别是自主途径、光周期途径、春化途径和赤霉素（gibberellin，GA）途径。自主途径指的是植物体内 miRNA156 的积累水平随着植物年龄的增长而降低，miRNA156 对开花的抑制作用解除，植物就在足够成熟之后开花。光周期途径指的是部分植物的开花需要适宜的光照条件，长日照植物要在光照时数足够长或黑暗时数足够短的环境下才能开花，短日照植物则相反；有一些植物在长短光照时数下都可开花，但在合适的光照下能提前开花，称为兼性日照植物；还有一些植物对光照条件不敏感，光照条件不影响其开花与否以及开花早晚。春化途径也称为低温途径，指的是有些植物需要经过低温环境才能解除开花抑制因子的抑制作用以完成开花。植物激素赤霉素（GA）促进开花。模式植物拟南芥的 GA 受体 GID1 以 GA 依赖性方式与抑制因子 DELLA 蛋白（GAI、RGA 或 SLR1）相互作用，将 DELLA 蛋白泛素化，并使之降解。DELLA 蛋白的降解激活了下游的 GA 信号途径。GA 信号途径中的关键组分都直接影响开花时间。

在水稻中，控制抽穗期或开花时间的光周期途径中的基因已被鉴定出来，GA 信号途径以及 DELLA 蛋白的功能也与拟南芥相似。上海交通大学农业与生物学院的薛红卫研究员团队从水稻的突变体群体中鉴定出了水稻早花突变体 el1（earlier flowering1）。在 12h 光照/12h 黑暗的条件下，el1 突变体比野生型早开花 5～6 天（图 1-23）。遗传实验结果显示后代分离比为 3∶1，表明 el1 是隐性单基因突变。

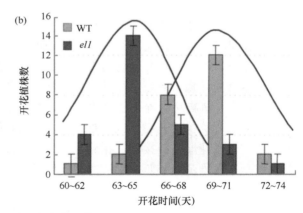

图 1-23　el1 突变体早花

（a）el1（黄色水稻）与野生型对照（WT，绿色水稻）相比，开花明显提前。（b）统计结果显示，大部分 el1（红色曲线）在 63～65 天开花，大部分野生型对照（蓝色曲线）在 69～71 天开花，el1 比野生型开花提前 6 天

GA 可以显著且快速地抑制 EL1 表达，表明 EL1 蛋白的活性以 GA 依赖性方式被调节，从而参与 GA 信号途径影响水稻开花时间。水稻中 GA 信号转导中的关键抑制因子 DELLA 蛋白 SLR1 是 EL1 的底物，EL1 和 SLR1 可以直接互作。EL1 作为一种酪蛋白激酶可在体外和体内磷酸化 SLR1，稳定 SLR1 并维持其体内活性，从而负调控 GA 信号转导（图 1-24）。

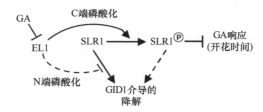

图 1-24 GA 信号途径调控水稻开花过程中 EL1 的功能模式图

人为调控 EL1 的表达，也可以影响 SLR1 的活性，达到调控水稻开花时间的目的。相对于改变光周期和温度信号通路，改变激素信号通路是人为调节植物生长发育的一个较为便捷的途径，激素及其抑制剂的处理、激素信号通路关键组分的改变，可显著改变植物的生长发育，调节开花时间，以避过灌浆季节后期可能发生的低温霜冻等自然灾害。

1.3.3.3 植物如何直立生长

植物演化史上一件非常重要的事件就是植物由水生生长转向陆生生长，陆生植物改变了陆地生态系统，最终使陆地变成了适合人类居住的环境。植物要脱离水环境就必须具有一系列适应陆地生活的组织。生活在水中的植物，可以借助水体的浮力直立生长。但脱离了水环境，陆生植物必须具有坚实的组织，才能使自身保持直立状态。传统的观点认为，维管束是支撑陆生植物直立生长的组织。但人们之前对植物如何直立生长并不清楚。

通过遗传学分析，上海交通大学生命科学技术学院张大兵教授团队用水稻作为研究材料，筛选了不能直立生长的突变体，通过基因图位克隆和功能研究揭开了植物直立生长分子机制的面纱。他们使用甲基磺酸乙酯（ethyl methane sulfonate，EMS）诱变剂对野生型的水稻材料进行随机诱变，在突变体库中筛选到幼苗、根、花序等器官都不能直立生长的水稻突变体 *rice morphology determinant*（*rmd*，图 1-25）。

图 1-25 水稻微丝结合蛋白 *rmd* 突变体的发育表型

（a）野生型（WT）和 *rmd-1* 突变体苗期生长表型；（b）野生型（WT）和 *rmd-1* 突变体成年植株表型；（c）野生型（WT）和 *rmd-1* 突变体花序表型；（d）野生型（WT）和 *rmd-1* 突变体花器官表型；（e）野生型（WT）和 *rmd-1* 突变体种子表型。可见与野生型相比，*rmd-1* 突变体器官呈现扭曲生长的异常表型。比例尺：（a）8mm；（b）20cm；（c）2cm；（d）2mm；（e）2mm

在随后的研究中，他们克隆了 *RMD* 基因，其编码一个Ⅱ型形成蛋白（formin）家族的微丝结合蛋白（RMD），它是微丝成核、帽化和成束的重要调节因子。该基因的突变引起细胞骨架（相当于楼房中的钢架结构）搭建异常，不能正确地感应光照和重力信号。通过生化和功能分析进一步发现，RMD 定位在细胞的淀粉粒表面，在根中可以通过调控淀粉粒的运动来影响根系的向地性感应过程，使其发生向地的直立生长。而在植株地上部分，RMD 以光响应因子 OsPIL16 介导的光依赖形式参与调控水稻幼苗内皮层内部淀粉粒的运动和负向重性反应，确保植株的直立生长（图 1-26）。这些研究说明基因的突变和功能分析是我们认识自然界的强有力手段。

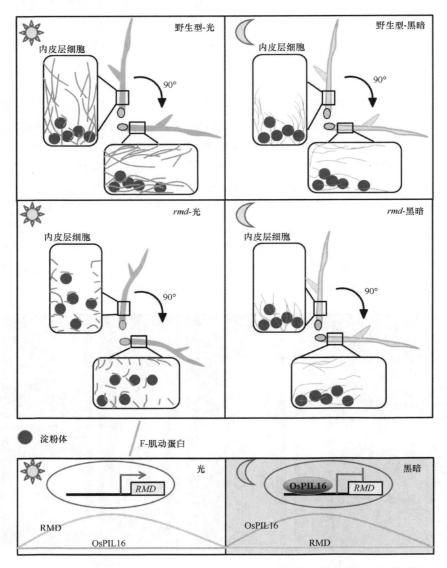

图 1-26　微丝结合蛋白（RMD）参与光介导的茎负向重性反应的工作模式图

野生型水稻在黑暗条件下培养，OsPIL16 积累并且作为转录抑制子抑制 *RMD* 基因的表达，暴露到光下培养时，OsPIL16 被降解导致 RMD 表达增多，从而通过 RMD 介导淀粉粒的运动来调控茎负向重性反应

关键点：遗传学和基因组学在改良农作物方面发挥着主导作用。在遗传学课程中学习到的遗传学的基本原理是农作物改良进步的基础。

1.3.4　现代人类的进化

遗传学的一个目标是研究规律，这些规律决定了基因和它们编码的信息如何在几代人中发生变化。由于一些环境因素的变化，人群中的基因也随时间而发生了变化。正如我们看到的，生殖种系中产生的新的突变或等位基因可以在下一代中产生相应的表型，而自身不存在。另一个因素是自然选择，这是达尔文首先描述的。简言之，如果具有某种基因突变的个体比缺乏该变体的个体为下一代贡献了更多的变异后代，则该突变在群体中的频率将随着时间的推移而上升。有关群体遗传学的内容，我们将在本书的第 18、19 和 20 章重点关注。

在过去 10 年中，进化遗传学家已经非常详细地描述了遗传变异如何使人类适应全球不同地区的生活条件。这项工作揭示了三种因素在不同人群中产生的基因突变：①疟疾或天花等病原体；②当地气候条件，包括太阳辐射、温度和海拔；③饮食，如食用的肉类、谷物或乳制品的相对含量。在第 20 章中，我们将看到血红蛋白基因中的遗传变异如何使非洲人适应疟疾的肆虐。这里，我们简要地看一下人类对气候（高海拔）适应的例子。

在西班牙殖民南美洲安第斯山脉的过程中，西班牙殖民者在当地人定居点附近的山区建立了城镇。不久，他们就发现了新的问题——西班牙殖民者不能生育孩子。在位于海拔 4000m 的玻利维亚波托西建立 53 年后，西班牙殖民者才生了第一个孩子。正如西班牙牧师科博神父所指出的那样："印第安人最健康，他们可以在这些寒冷的高海拔地区生育。而西班牙人则正好相反，大多数人在这些地区无法生育"。与安第斯山脉的当地人不同，西班牙人正在经历慢性高山病（chronic mountain sickness，CMS），这是由于他们无法从稀薄的空气中获取足够的氧气。

遗传学家随后在南美洲、我国西藏和埃塞俄比亚人群适应高海拔方面投入了大量精力。是什么让这些地区的居民能够繁衍后代，而新搬到高海拔地区的低地人则会遭受 CMS 严重影响？让我们来看看我国西藏的情况，当地居民居住在海拔 4000m 的高度（图 1-27）。大约在 3000 年前，藏族先民从中国内地迁徙过去，他们是汉族人的后代。然而，在高海拔地区，藏族人远比汉族人更不容易遭受 CMS 和肺动脉高压等相关疾病的侵扰。

为了解藏族人如何适应高海拔生活，科学家们将藏族人与汉族人的基因组进行了分析，他们发现了超过 500 000 个 SNP 位点。由于藏族人和汉族人关系密切，每个 SNP 位点在两组中应该以大致相同的频率发生。如果 SNP 的 T 突变在汉族人中以 10% 的频率发生，那么藏族人的 T 突变频率也应该在 10% 左右。可是，如果该突变与高海拔地区人们的健康状况有关，那么自从他们迁徙到青藏高原以后，在藏族人中发生的突变频率就会逐渐上升，因为拥有这种突变位点的藏族人可能更健康，生育的孩子更多。在这里，自然选择将会发挥作用。

图 1-27　幸福的藏族小朋友（朱建程摄影）

当研究小组分析他们的 SNP 数据时，一个基因的 SNP 脱颖而出。该基因被称为 *EPAS1*，这个 SNP 位点在藏族人（87%）和汉族人（9%）中以极大的差异存在，如图 1-28 所示。在图 1-28 中，编号为 1～22 的人类染色体为 x 轴，藏族人和汉族人之间 SNP 频率的差异为 y 轴，每个点代表一个 SNP。在水平红线之上的是那些藏族人和汉族人之间差异很大的 SNP，这些 SNP 附近的基因一定为青藏高原的人们提供了一些生存优势。其中，*EPAS1* 中的 SNP 显然远远高于此水平线。

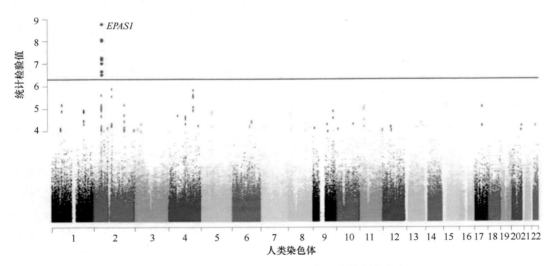

图 1-28　藏族人的 *EPAS1* 基因有一个特别的突变

从左到右排列了 22 条人类染色体。y 轴显示了藏族人和汉族人之间 SNP 频率是否存在显著性差异的统计检验结果。每个小点代表一个 SNP。水平红线上方的 SNP 显著不同。*EPAS1* 基因中的 SNP 显示出最显著的差异

这些结果表明藏族人有一种特殊的 *EPAS1* 突变位点，可以帮助他们适应高海拔地区的生活。为了更好地理解这一点，我们首先回顾一下有关 *EPAS1* 的知识，该基因参与调

节红细胞（RBC）生成的数量，它通过调节 RBC 的数量以响应机体中的氧分压。当组织中的氧含量很低时，*EPAS1* 会向骨髓发出信号，生成更多的红细胞。

为什么当组织中的氧含量很低时，*EPAS1* 会引导身体产生更多的红细胞？*EPAS1* 对低氧的反应可能是身体应对贫血（血红蛋白含量太低）的反应。红细胞计数低的人，他们的组织中获得的氧气也非常少，因此 *EPAS1* 可以指示骨髓生成红细胞以纠正贫血。这种机制就可以解释为什么在低海拔地区生活的人需要 *EPAS1* 基因。

现在，让我们考虑一下如果在高海拔地区生活，低海拔地区的人如何做出反应。由于高海拔地区空气稀薄，他们的组织由于氧分压比较低，会出现类似于贫血的症状，这时，*EPAS1* 将通过特有的信号途径生成更多的红细胞来纠正这个问题。但是，由于这不是贫血，且血液中有足够的红细胞，因此血液中的红细胞过多，过多的红细胞可引起肺动脉高压和血液凝固，这是 CMS 形成的基础条件。

一个新的 *EPAS1* 突变是如何帮助藏族人避免 CMS 并适应高海拔的呢？这个问题的答案尚不清楚。与低海拔地区的人不同，藏族人在高海拔地区维持相对正常的红细胞水平，并且与新近迁徙到高海拔地区的人相比，他们形成血栓和患肺动脉高压的风险较低。因此，藏族人的 *EPAS1* 可能不再导致高海拔地区的人过量生成 RBC，同时又提供另一种应对稀薄空气的机制。*EPAS1* 的突变将有助于藏族人在高海拔地区生活而不会患有 CMS。

这个例子突出地显示了人类是如何根据生活条件（如可获得的食物和气候）来进化的。在本书的第 18、19 和 20 章中，我们将学习遗传学家是如何根据环境变化来研究进化的理论和方法、基因的变化是如何将正常细胞转变为肿瘤细胞。我们还将学习如何收集 SNP 数据，如何计算突变的频率，以及如何进行比较以研究不同群体中发生的基因变异的类型及其影响。通过这些分析，进化遗传学家已经知道了很多关于不同种类的植物、动物、真菌和微生物是如何进化以适应它们的生活环境的。

关键点：进化遗传学提供了一些工具来记录有益基因变异在群体中的频率上升，并使群体中的个体更好地适应他们所生活的环境。

1.4　社会遗传学

现代社会在很大程度上依赖基础科学研究中发明的技术。我们的制造业和服务行业建立在大规模生产过程中，以及实时通信和出色的信息处理技术之上，我们的生活方式也高度依赖这些技术。从根本上说，现代社会依靠技术来提供食物和医疗保健，当然这也包括遗传学领域的各种技术。但是，遗传学也以其他方式影响着社会。一是经济层面，基因研究吸引了生物技术行业无数的商业投资，销售药品和诊断试剂，或提供 DNA 分析等服务的公司为全球经济增长做出了贡献。二是与伦理和法律相关的层面。近百年前，受亲上加亲思想的影响，很多地区还有近亲结婚的风俗。随着遗传学的发展和人们对近亲结婚的危害逐渐了解，这种现象已几乎不复存在。

DNA 序列因人而异，我们通过分析这些差异，可以精准地鉴别个体。现在，这种分析方法已应用于多种场景，如亲子鉴定、鉴定罪犯或为无辜者洗脱嫌疑、鉴定遗产所有权者及死者身份等。现在，基于 DNA 分析的证据在世界各地的法庭上都普遍采用。

然而，遗传学的影响已然超出了社会的物质、商业和法律等层面。它触及了我们生存的核心，因为 DNA 是遗传学的主题，也是我们至关重要的部分。遗传学的发现给人们提出了深刻的、难以回答的，有些是令人不安的生存问题：我们是谁？我们来自哪里？我们的基因构成决定我们的本性、天赋、学习能力和行为吗？它在我们的风俗习惯方面起作用了吗？它会影响我们组织社会的方式吗？它会影响我们对他人的态度吗？我们对于基因的了解和认知会影响我们关于道德与正义、清白与犯罪、自由与责任这些观念吗？这些知识会改变上述这些观念对于人类的意义吗？无论我们喜欢与否，这些探索性问题都在不久的将来等待着我们。

关键点：遗传学的种种发现正在改变农业和医学的实践与进程。遗传学的进步引发了伦理、法律、政治、社会和哲学等问题。

总　　结

当你开始研究遗传学时，你可以将自己想象成一个在旅途中休息的游客。让我们回顾一下过去 100 多年来，人类所见证的生物系统是如何组成以及如何运作的，并且是如何创造惊人的知识革命的。遗传分析回答了许多关于遗传信息在家庭内部、细胞内以及进化时间内传播的基本问题。然而，正如您将要了解的那样，遗传学中的发现过程从未像现在这样充满活力，知识增长的步伐从未如此之大，没有答案的问题比比皆是。

- 基因组中的所有基因是如何协同工作将受精卵转化为成体生物的？
- 细胞如何能够无缝地协调其中极其复杂的相互作用和生化反应？
- 数百甚至数千种基因的遗传变异如何控制作物的产量？
- 遗传学如何指导预防和治疗癌症、自闭症与其他疾病？
- 基因如何赋予人类语言和意识？

未来 100 年遗传学的发展有望帮助回答更多这样的问题。

（乔中东）

练　习　题

一、看图回答问题

1. 如果将图 1-5 中的白花亲本品种与该图中的第一代杂交植物杂交，那么您期望看到哪种子代，比例是多少？

2. 在孟德尔 1865 年的论文（图 1-2）中，他报告了 705 朵紫花后代和 224 朵白花后代。他获得的比例是紫色：白色为 3.15∶1。您如何看待他解释比例不精确为 3∶1 的事实？

3. 在图 1-7 中，假设学生有 17 个不同的身高等级。如果一个基因只能控制一个性状的两个类别（如紫色或白色的花朵），那么最少需要多少个基因才能参与控制这些学生的 17 个身高等级？

4. 图 1-8 显示了粗糙脉孢霉中精氨酸合成的简化途径。假设您有一种特殊的粗糙脉孢霉菌株，可以生产瓜氨酸而不是精氨酸，这种的特殊菌株中哪些基因可能是突变的或缺失的？您有另外一种粗糙脉孢霉菌株，既不生产瓜氨酸也不生产精氨酸，但是生产鸟氨酸，该菌株中哪些基因突变或缺失了？

5. 请指出图 1-9（a）。

a. 蓝色和淡紫色的曲面代表什么？

b. 粉色和深紫色的横板代表什么？

c. 您是否同意 DNA 结构像梯子这样的类比？

6. 在图 1-9（b）中，您能否确定腺嘌呤和胸腺嘧啶之间的氢键数目与胞嘧啶和鸟嘌呤之间的氢键数目相同？您认为 A＋T 含量高的 DNA 分子比 G＋C 含量高的 DNA 分子更稳定吗？

7. 图 1-12 中生命树的三个主要群体（域）中的哪个不是模式生物？

8. 图 1-14（b）显示了单个细胞中的人类染色体。绿点表示 *BAPX1* 基因的位置。这个图中的细胞是性细胞（配子）吗？请解释您的答案。

9. 图 1-16 显示了患有 ACDC 的路易丝·本奇（个体Ⅵ-1）的家谱，她有 *CD73* 基因的两个突变拷贝。她有 4 个兄弟姐妹（Ⅵ-2、Ⅵ-3、Ⅵ-4 和Ⅵ-5）出于相同的原因患有这种疾病。本奇和她兄弟姐妹的 10 个孩子是否都具有相同数量的 *CD73* 基因突变拷贝，或者对于 10 个孩子中的一些孩子来说，这个数字可能不同吗？

二、基础知识问答

10. 以下是短 DNA 分子的单链序列。在一张纸上，重写此序列，然后在其下方书写互补链的序列。

GTTCGCGGCCGCGAAC

比较两条链，您是否发现了它们之间的关系？

11. 孟德尔研究了豌豆的高大品种，其茎长为 20cm，茎秆矮小的植株茎长只有 12cm。

a. 根据混合理论，您期望第一代和第二代杂种的茎长为多少？

b. 在孟德尔规则下，并假设茎长由单个基因控制，如果所有第一代杂种都很高，那么您希望在第二代杂种中观察到什么？

12. 如果一个长度为 100 个碱基对的 DNA 双螺旋具有 32 个腺嘌呤，那么它必须具有多少个胞嘧啶、鸟嘌呤和胸腺嘧啶？

13. 双螺旋中的 DNA 互补链通过氢键（G≡C 或 A＝T）连接在一起。这些键可以在水溶液中通过加热产生两个单链 DNA（变性）［图 1-15（a）］。DNA 双螺旋中 GC 与

AT 碱基对的相对量会如何影响变性所需的热量？碱基对中 DNA 双螺旋的长度如何影响变性所需的热量？

14. 图 1-19 显示了三口之家（母亲、父亲和孩子）的其中一条染色体的一部分的 DNA 序列。您能发现孩子带有的新发生的点突变吗？突变发生在父亲身上还是母亲身上？

三、拓展题

15. a. 每个密码子有三个核苷酸，并且每个核苷酸可以是 4 种碱基之一。有多少个可能的独特密码子？

b. 如果 DNA 只有两种碱基而不是 4 种，那么编码全部 20 种不同氨基酸的密码子需要有多少种？

16. 父亲比母亲对孩子的贡献更多。您可能会从一般生物学中知道，人有性染色体，女性有两条 X 染色体，男性有一条 X 染色体和一条 Y 染色体。男女都有常染色体（A）。

a. 您认为在种群的各个世代中每个碱基对上具有最大数目的新突变的基因应该位于哪种染色体（A、X 或 Y）上？为什么？

b. 您认为在哪种类型的染色体上每个碱基对的新突变数最少？为什么？

c. 如果男性突变率是女性突变率的两倍，您能计算出 X 染色体和 Y 染色体上基因每个碱基对的新突变数吗？

17. 对于 20 岁的年轻男性，其精子产生过程进行了约 150 轮 DNA 复制，而 20 岁的女性产生卵子的过程中只有 23 轮 DNA 复制。这意味着细胞分裂的次数增加了 5.5 倍，并且相应增加了点突变概率。然而，平均而言，20 岁的男性对其后代的新点突变的贡献仅是女性的两倍。您如何解释这种差异？

18. 在计算机科学中，一个比特存储有 0 或 1 这两种状态。一个字节是 8 个比特，具有 $2^8 = 256$ 种可能的状态。现代计算机文件的大小通常为兆字节（10^6 字节），甚至千兆字节（10^9 字节）。人类基因组大约有 30 亿个碱基对。编码一个字节需要多少个核苷酸？与人类基因组存储相同数量的信息需要多少计算机文件？

19. 人类基因组的大小约为 30 亿个碱基对。

a. 使用标准的 A4（210mm×297mm）纸，1in[1] 的页边距，12 磅[2] 字体大小，单倍行距，单面打印出人类基因组需要多少张纸？

b. 500 张纸厚约 5cm。打印人类基因组的纸叠到一起有多厚？

c. 您是否需要用背包、购物车或半挂牵引车拖运这些纸？

---

① 1in（英寸）=2.54cm。

② 1 磅=0.35mm，12 磅即小四号字。

第2章

孟德尔遗传

学 习 目 标

学习本章后，你将可以掌握如下知识。

· 通过观察单基因遗传突变体的比例，发现一系列影响生物特性的基因。

· 在特定杂交后代中认识单基因遗传的表型比例(单倍体 1 : 1;二倍体 3 : 1、1 : 2 : 1 和 1 : 1)。

· 通过减数分裂中染色体的行为解释单基因遗传比例。

· 通过父母本特定的杂交组合预测单基因遗传后代的表型比例。

· 从分子水平解释显性与隐性等位基因可能的作用方式。

· 应用单基因遗传规律对人类系谱进行分析，并判断性状是常染色体隐性或显性遗传，还是 X 连锁的显性或隐性遗传。

· 计算后代从祖先遗传到一个突变等位基因的风险。

揭秘百年遗传之谜

人类家族性 A1 型短指（趾）症是 1903 年发现的第一例符合孟德尔遗传规律的常染色体显性遗传病（图 2-1）。在全世界各地，均有因遗传因素造成的骨骼发育不全的患者，A1 型短指（趾）症只是其中一种。患者的手指和脚趾比正常人短一指节，在 X 射线下，手指中间指节短得几乎看不出来，甚至还会与远端指（趾）节融合。该病长期以来作为典型案例出现在各国遗传学和生物学教科书中，世界各国科学家都在根据自己掌握的病例家系来寻找致病基因，却屡遭失败，被称为"百年遗传之谜"。

贺林研究团队自 1999 年起，对分布在我国贵州、湖南等地的 3 个 A1 型短指（趾）症家系进行了系统研究，2000 年首先将 A1 型短指（趾）症基因定位在人类 2 号染色体长臂的特定区域，2001 年发现和克隆了导致这一病症的基因——*IHH* 基因，发现它的三个不同突变位点均能导致 A1 型短指（趾）症的发生，在世界上首次揭示了该基因的

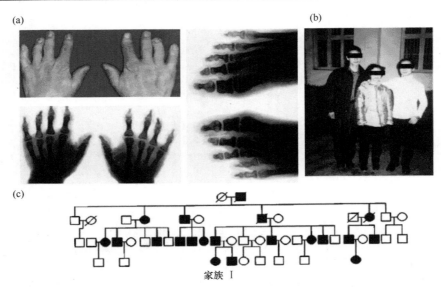

图 2-1　人类家族性 A1 型短指（趾）症——1903 年发现的第一例常染色体显性遗传病

患者的中间指（趾）节缩短，甚至与远端指（趾）节融合（a），且短指（趾）症患者身高显著低于正常同胞（b）。图 c 为 A1 型短指（趾）代表性家系图谱，其中完全填充的正方形为男性患者，完全填充的圆形为女性患者，无填充表示个体表型正常，斜杠表示该个体已经过世

致病机制。在随后的数年，团队通过对短指（趾）小鼠模型的"体内"和细胞的"体外"研究，发现了 A1 型短指（趾）症致病基因 *IHH* 的点突变，造成骨骼组织中 Hedgehog 信号能力和信号范围发生改变，最终导致中间指（趾）节的严重缩短甚至消失。

引　言

　　人们对生命的研究是力图理解生物如何从一个受精卵发育为一个个体，换言之，就是生命是如何形成的。一般情况下，科学家会将生命的研究分解成对单个生物特性的研究，如植物花的颜色、动物的运动或者营养的摄取，生物学家也会从整体上进行研究，如细胞的功能。

　　遗传学家如何分析生物学特性？遗传学家通过发现影响这些特性的基因组中的单个基因来分析生物的特性，这一过程有时称为基因发现（gene discovery）。鉴别出基因后，其细胞学功能就能被更深入地阐释了。发现基因有几种不同的分析方法，但最常用的一种方法依赖于寻找"单基因遗传模式（single-gene inheritance pattern）"，这是本章的主题。

　　所有生物的遗传特性，从某种角度讲都是基于可遗传的变异。遗传学研究的基本方法就是比较和对照变异的特征，并通过这些比较演绎出基因的功能。这与通过改变机器运行部分的结构或位置，或去掉某些部分来了解机器的功能的方式是相同的。每个变异代表了一个生物功能的轻微调整（tweak），从中可以演绎出其功能。

　　遗传学中，生物在野生或自然状态下的表现被称为野生型（wild type）。相对的，生物被观察到的与野生型不同的可遗传变异称为突变体（mutant），表示个体表现出某些不正常的特性。图 2-1 中列出了一些生物的野生型与突变体的表现。这些交替出现的生物特性称为表型（phenotype）。遗传分析中，我们需要区分野生状态下的表型和突变的表型。

相对于野生型而言，突变体是稀少的。我们知道突变体来源于"突变（mutation）"的过程，这一过程产生了一个基因 DNA 片段的可以遗传的改变。一个基因发生变异又可称为基因突变。突变并不总是对生物不利，有时突变是有利的，但很多突变对表型不产生影响。有关突变的机制参见第 6 章，总体来说突变产生于细胞周期中 DNA 复制时发生的错误。

大多数自然种群表现出的多态性（polymorphism）被定义为一个生物学特性在种群中同时存在两种或两种以上的表型，如在野生山莓群体中同时存在红色和橘黄色的果实。遗传分析也可以利用多态性，但多态性也有缺点，即它们通常不涉及研究人员感兴趣的生物学特性。因此突变体更有用，它们允许研究人员从零开始研究任何生物学特性。

简言之，通过基因发现进行功能分析的一般步骤如下。

1）获得感兴趣的突变体。

2）将突变体与野生型杂交，观察其后代中野生型与突变体的比例是否符合单基因遗传的特征。

3）在分子水平上推断突变基因的功能。

4）推导基因是如何与其他基因相互作用，产生这种性状的。

本章讨论的问题只涉及 1）和 2）两个步骤。

基因发现起始于收集突变体，相对于野生型，这些突变体中的特性发生变化或者消失。突变体很稀少，但可以用诸如射线或化学试剂处理生物体，以增加生物突变率，经过处理，最直接的方式是观察大量的个体以辨别突变体。还可以用多种其他筛选方式实现对突变体的辨别。

获得了一系列影响目的特性的突变体后，人们希望每个突变体都是由一个基因，或者一个基因控制的一个完整的基因通路或基因网络所控制。但是，并非所有的突变体都由一个基因的突变产生（有些原因更复杂），因此，首先要观察每个突变体是否确实由一个单基因的突变所引起。

单基因遗传检测是将表现突变体特性的个体与野生型个体杂交，然后分析子一代和子二代个体的表现。例如，一个白花突变体和一个红花的野生型个体杂交。分析杂交后子一代，子一代个体杂交后产生子二代，检测每一代的植株产生红花植株和白花植株的比例，就可以发现这种花颜色的产生是否受单基因控制。如果是受单基因控制，野生型应该被基因的野生型编码，突变体由同一个基因编码，只不过是基因的 DNA 序列发生了突变。其他影响花颜色的突变（可能是紫色、斑点或条纹等）可以用同样的方法分析，获得一系列"花色基因"。这种利用突变体进行遗传分析的方式称为遗传剖析（genetic dissection），因为突变体就像一把解剖刀，将这种被研究的生物学特性（此例中的花色）从它的遗传背景中剥离出来。每个影响这种特性的单个基因都可以通过突变体辨别出来。

用这种方法定义了一系列关键基因后，可以用几种不同的分子方法来分析每个基因的功能。这些方法在后面的章节中有详细的叙述。因此，遗传学被用于分析产生生物学特性（如此例中的花色）的基因功能。

这种发现基因的方式称为正向遗传学（forward genetics），正向遗传学是从表型入手研究遗传规律的科学，可以通过随机的单基因突变发现表型的变化，再寻找相应的突变基因并研究其 DNA 序列。在后面的章节，我们还会看到反向遗传学（reverse genetics）是如何工作的。简言之，反向遗传学是从 DNA 的序列着手，先研究 DNA 序列的变化，比如定点突变一些调控生物学特性的候选基因，再观察表型是否也发生了相应的变化。

关键点：遗传学方法中研究生物学特性是为了发现控制这种生物学特性的基因。而发现基因的一种途径是分离突变体并检查每个突变体的单基因遗传模式（尤其是分析突变体与正常野生型杂交后代中正常个体和突变体的比例）（图 2-2）。

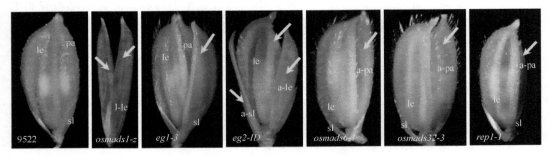

图 2-2　水稻小穗基因突变导致表型改变

从左向右依次为野生型 9522（又名 '武运粳七号'），以及 *osmads1-z*、*eg1-3*、*eg2-1D*、*osmads6-1*、*osmads32-3* 和 *rep1-1* 突变体。图中的缩写及其含义：a-le. 异常外稃；a-pa. 异常内稃；a-sl. 异常不育外稃；l-le. 叶状外稃；le. 外稃；pa. 内稃；sl. 不育外稃

遗传学研究的方法不仅对认识生物的发生发展规律很重要，在实际应用中也很重要。在农业中，遗传学研究的方法可以让人们更好地理解生物的经济特性，如某种蛋白质含量。在医学中，遗传学研究的方法可以了解一个特定疾病涉及的基因功能或者遗传背景，从而为治疗提供有用的信息。

奥地利的传教士孟德尔于 1865 年最先揭示了单基因遗传的规律，他的工作是在布隆的修道院里完成的。孟德尔发现单基因的方法沿用至今。虽然孟德尔是首次发现单基因的人，但他当时并不知道基因是什么，也不知道基因是如何影响生物性状的，更不清楚基因在细胞水平上是如何遗传的。现在基因通过蛋白质发挥作用已经成为常识。我们也知道基因位于染色体上，并且染色体在传代过程中可以精确地分离，这些内容都会在后面章节中阐述。

2.1　单基因遗传模式

遗传剖析的第一步是获得生物学特性的各种变异类型并仔细检查。假设我们已经获得了相关突变体的集合，下一个问题是每个突变是否为单基因遗传。

2.1.1　孟德尔的开创性实验

孟德尔是最先应用单基因分析的方法来发现基因的，他的这种遗传分析方法成为遗传学研究遵循的经典方法。孟德尔选择了豌豆（*Pisum sativum*）作为研究对象。研究对象的选择对生物学研究是非常关键的，孟德尔的选择是非常巧妙的，因为豌豆容易生长繁殖。但是请注意，孟德尔并没有着手寻找豌豆突变体，相反，他利用了其他人发现的突变体。不仅如此，孟德尔对豌豆的某些特性还进行了深入的遗传剖析。他将目光聚焦于影响这些特性并且能代代遗传的遗传单位。用这样的方法，孟德尔推导出了遗传规律，并奠定了在现代遗传学分析方法中鉴别单基因遗传模式的基础。

孟德尔选择性地对豌豆的 7 个特性：豌豆颜色、豌豆形状、豆荚颜色、豆荚形态、花的颜色、植株的高度及花生长位置的遗传特征进行了比较。在遗传学中，特性（character）、性状（trait）这两个名词是同义的，它们都是属性（property）的意思。这7 个相对性状，都是他将从供应商那里获得的豌豆种子种植后获得的。这些相对性状见图 2-3。幸运的是，孟德尔在剔除了不能分析的数据以后，从最后选取的 7 种性状中获得了相同的结果。孟德尔是幸运的，他选用的豌豆为自交品系，即所有性状的种系均为纯种，也就是在世代传递的过程中，表型不变。例如，黄色的豌豆，其后代植株所结豌豆均为黄色种子。

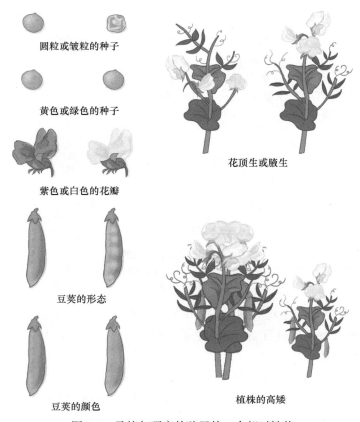

圆粒或皱粒的种子

黄色或绿色的种子

紫色或白色的花瓣

花顶生或腋生

豆荚的形态

豆荚的颜色

植株的高矮

图 2-3　孟德尔研究的豌豆的 7 个相对性状

7 个表型均考察其相对性状，如种子的形状：圆粒或皱粒；种子的颜色：黄色或绿色；花瓣的颜色：紫色或白色；成熟豆荚的形态：扁平或饱满；成熟豆荚的颜色：绿色或黄色；花着生的位置：顶生或腋生；植株的高矮：长茎或短茎

　　孟德尔对豌豆的遗传分析扩展到了杂交方式的应用。为了实现豌豆植株之间的杂交，将一株的花粉转移到另一株花的柱头上即可。一株植株之内的杂交为自交（自花授粉），就是一株植株的花粉只允许落在同一植株的柱头上。杂交和自交的方式如图 2-4 所示。孟德尔在第一次杂交时将黄色种子品系的植株与绿色种子品系的植株进行杂交。在他的整个杂交培育过程中，这些品系称为亲本（parental generation），缩写为 P。在豌豆中，种子的颜色是由种子的遗传构成决定的，因此通过杂交获得的豌豆是有效的后代，并且可以方便地通过表型进行分类，而不需要等待其长成植株。无论哪种种子品系作为父本或母本，两个不同纯种品系杂交产生的后代豌豆种子均为黄色，这一杂交后代称为子一代（first filial generation，或者 F_1）。单词 filial 来源于拉丁词 *filia*（女儿，daughter）和 *filius*（儿子，son）。因此这两种亲本互换的杂交方式表示如下（×表示杂交）：

黄色种子母本×绿色种子父本

F_1 代均为黄色

绿色种子母本×黄色种子父本

F_1 代均为黄色

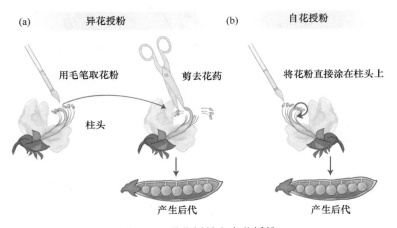

图 2-4　异化授粉和自花授粉

在豌豆植株的杂交（a）中，花粉从一株植物的花药中转移到另一株植物的柱头上。在自交（b）中，花粉从花药转移到同一植株的柱头上

　　在两种正反交的后代中观察到的结果相同，因此我们可以将其视为同一种杂交。孟德尔将 F_1 代的种子种植后进行自交，产生子二代，用 F_2 表示。F_2 代共产生 6022 粒黄色种子，2001 粒绿色种子。

黄色种子 F_1×黄色种子 F_1

F_2　　　6022 粒黄色种子；2001 粒绿色种子

　　孟德尔注意到结果非常接近数学比例：3/4（75%）黄色，1/4（25%）绿色。简单计算如下：6022/8023=0.751 或者 75.1%，2001/8023=0.249 或 24.9%。因此，黄色与绿色的比例为 3∶1。有趣的是，绿色种子的表型在 F_1 代中消失了，在 F_2 代中又出现了 1/4 的个体。这显示决定绿色的遗传物质尽管不表达，但必定存在于黄色的 F_1

代中。

为了更加深入地研究 F_2 代植株，孟德尔将 F_2 代的种子进行种植并自交。结果发现了三种不同的表型。从绿色 F_2 代的种子长成的植株经过自交后结出的种子皆为绿色；然而，从黄色种子长成的植株经过自交后结出的种子中有两种表型，1/3 的种子可以纯种繁殖为黄色种子，但有 2/3 的种子获得了不同的后代：3/4 的黄色种子和 1/4 的绿色种子，这个结果与 F_1 代的植株表现相同。总结结果如下：

F_2 代中 1/4 结绿色种子，并且自交后全部结绿色种子。

F_2 代中 3/4 结黄色种子，这些种子中有 1/3 自交后全部结黄色种子，2/3 的种子自交后结 3/4 的黄色种子和 1/4 的绿色种子。

因此，从另一个角度看，F_2 代合起来即为 1/4 纯种结绿色种子，1/4 纯种结黄色种子，1/2 与 F_1 代相同（可结两种种子）。

因此，3∶1 的比例来源于更加基础的比例 1∶2∶1。

孟德尔做了进一步的实验，将 F_1 代结黄色种子的植株与结绿色种子的植株杂交。后代表现为一半结黄色种子，一半结绿色种子。

$$F_1 \text{ 代黄色种子×绿色种子}$$

$$\downarrow$$

$$1/2 \text{ 黄色种子，} 1/2 \text{ 绿色种子}$$

F_1 代自交及 F_1 代与结绿色种子植株之间杂交这两种方式都产生了黄色种子和绿色种子，但它们的比例不同，如图 2-5 所示。请注意，这些比例仅在少量豆荚中是同时出现的。

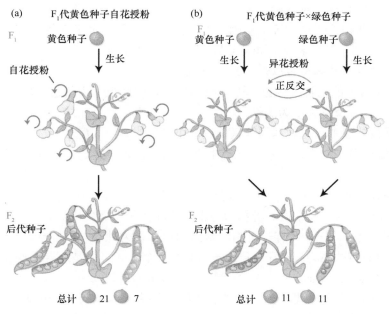

图 2-5　孟德尔杂交结果显示出特殊的表型比例

孟德尔在他的 F_1 代自花授粉中得到了 3∶1 的表型比（a），在他的 F_1 代与绿色种子植株杂交中得到了
1∶1 的表型比（b）。样本大小是任意的

这种在豌豆种子颜色上发现的 3∶1 与 1∶1 的比例在豌豆其他 6 个性状的杂交实验中也被发现，见表 2-1。

表 2-1　孟德尔杂交组合及其结果

亲本表型	F₁ 代	F₂ 代	F₂ 代比例
1 圆粒×皱粒种子	均为圆粒	5474 圆粒，1850 皱粒	2.96∶1
2 黄色×绿色种子	均为黄色	6022 黄色，2001 绿	3.01∶1
3 紫色×白色花瓣	均为紫色	705 紫色，224 白色	3.15∶1
4 饱满×扁平豆荚	均为饱满	882 饱满，299 扁平	2.95∶1
5 绿色×黄色豆荚	均为绿色	428 绿色，152 黄色	2.82∶1
6 腋生花×顶生花	均为腋生	651 腋生，207 顶生	3.14∶1
7 长茎×短茎	均为长茎	787 长茎，277 短茎	2.84∶1

2.1.2　孟德尔分离定律

一开始，孟德尔对这种精确重复的数学比例的含义并不清楚，但他的实验设计及对实验结果进行计算的研究模式非常了不起，甚至开启了遗传学研究的新纪元。孟德尔使用的种子颜色的例子可以用现代术语来描述。

1）一个称为基因的遗传因子对种子颜色的产生是必需的。

2）每个植株都有一对这种基因。

3）基因的两种形式称为等位基因。如果把这个基因称为 Y 基因，那么这两个等位基因可以用 Y（表示黄色表型）和 y（表示绿色表型）表示。

4）一个植株的基因型可以是 Y/Y、y/y 或者 Y/y。

5）对含有 Y/y 的植株，等位基因 Y 是显性的，因此表型为黄色；Y/y 植株中，等位基因 Y 为显性，等位基因 y 为隐性。

6）在减数分裂中，这对基因等量地进入子细胞中，形成配子（卵子或精子）。这种等量分离的规律我们称为孟德尔第一定律或者分离定律。因此，一个配子中仅含有等位基因中的一个。

7）在受精过程中，配子之间的结合是随机的，无论等位基因所控制的性状如何。

这里，我们介绍一些术语。受精卵是指雌雄配子结合后生成后代的第一个细胞，也称为合子（zygote）。一个含有一对相同基因的植株称为纯合子（homozygote）；而含有一对不同基因的植株称为杂合子（heterozygote）。一个个体可能是纯合显性（homozygous，Y/Y）、杂合（heterozygous，Y/y）或纯合隐性（homozygous recessive，y/y）。在普通遗传学中，等位基因在各种表型中所对应的各种组合称为基因型（genotype）。因此，Y/Y、Y/y 和 y/y 均指基因型。

图 2-6 和图 2-7 显示了孟德尔的假设所揭示的图 2-5 中的后代比例。纯种繁育的

品系是纯合子，包括 Y/Y 和 y/y。因为每个品系只产生 Y 型配子或 y 型配子，只能纯种繁育。当两种性状的植株杂交时，Y/Y 和 y/y 之间产生的 F_1 代都是杂合子个体（Y/y）。因为 Y 是显性，所以所有的 F_1 代个体均表现黄色表型。F_1 代个体自交可以认为是 Y/y 之间的杂交，有时称为单基因杂种杂交（monohybrid cross）。F_1 代杂合子等位基因中的 Y 和 y 均等地分离为雌配子与雄配子，一半是 Y，一半是 y。在繁殖过程中雄配子和雌配子随机结合，就形成了图 2-6 所显示的结果：F_2 代的组合中 3/4 的黄色种子及 1/4 的绿色种子，形成 3∶1 的比例。F_2 代中 1/4 的绿色种子为纯种，基因型为期望的 y/y。然而，F_2 代黄色种子中有两种类型：2/3 为杂合子 Y/y，1/3 为显性纯合子 Y/Y。

F_2 代

表型		基因型	基因型比例	表型比例
黄		Y/Y	1/4	3/4
		Y/y	2/4	
绿		y/y	1/4	1/4

图 2-6　单基因遗传对表型的影响

图中显示 2/4 的杂合子 Y/y，表现为显性性状，可以看出显性等位基因对表型的影响

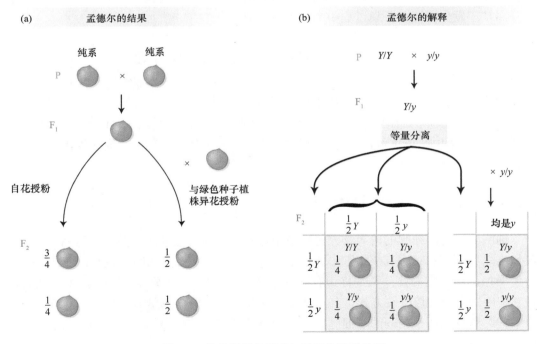

图 2-7　单基因遗传模式与孟德尔遗传比例

孟德尔的结果（a）由一个单基因模型（b）解释，该模型假定基因对的成员在配子中平等地分离

因此，我们可以看出，F_2 代中 3∶1 的表型比例实际上是由 1∶2∶1 的基因型比例所形成的。

一般描述一个显性表现个体的等位基因为 $Y/–$；后面的横线可以代表 Y 或者 y。注意等量分离仅仅可在杂合子的减数分裂中检测到。因此，Y/y 可以产生一半 Y 型配子和一半 y 型配子。尽管等量分离也发生在纯合子中，但 $1/2Y$ 或 $1/2y$ 的分离比例在基因水平是不可检测并且没有意义的。

我们现在也能够解释 F_1 代中黄色种子（Y/y）和绿色种子（y/y）所产生的植株杂交后代的结果。在这个例子中，等量分离在 F_1 代的黄色杂合子产生 $1/2Y$∶$1/2y$ 的比例，而 y/y 父母只能产生 y 型配子，因此，后代的表型只依赖于它们从 Y/y 父母获得的等位基因的种类。从杂合子来的 $1/2Y$∶$1/2y$ 的配子比例产生 $1/2Y/y$∶$1/2y/y$ 的基因型比例，相对地产生 1∶1 的黄色种子对绿色种子的表型比例，如图 2-7 所示。

值得注意的是，孟德尔通过定义他实验中成对出现的表型，已经鉴别出了按比例影响种子颜色的基因。这种对基因的鉴别并不是孟德尔最初的研究目标，但我们可以看出，这种寻找一个单基因遗传模式的过程是一种发现和鉴别出某种基因的有效程序，通过这个程序我们可以鉴别出影响一个生物学特性的单个基因。

关键点：所有的 1∶1、3∶1 和 2∶1 的基因比例都是单基因特有的遗传模式，是基于一个杂合子等位基因的等量分离。

孟德尔的研究在 19 世纪中期并未受到科学界的关注，直到 1900 年，同样的观察结果被几个研究者同时发现。接着，人们用其他种类的植物、动物、真菌和藻类进行研究，证实了孟德尔的等量分离规律可以应用于所有的有性繁殖的真核生物，并且，这种等量的分离基于发生在减数分裂过程中的染色体的分离。

2.2 单基因遗传模式的染色体基础

孟德尔等量分离的观点认为基因在配子形成过程中是等量分离的。他并不了解细胞分裂及配子形成过程中细胞亚结构发生的变化。现在我们了解到基因成对位于染色体对上，在减数分裂过程中，染色体携带着基因发生分离，因此基因对之间的分离在生物的有性繁殖过程中是不可避免的。

2.2.1 二倍体中的单基因遗传

细胞分裂时，细胞的内容物，包括细胞核及染色体必定分离。要理解基因的分离，我们首先要理解和对比真核细胞中两种不同类型的核分裂。体细胞分裂时，细胞分裂后数量增加，相对应的核分裂，称为有丝分裂（mitosis），有丝分裂是所有真核细胞周期性、程序性的一种核分裂方式。有丝分裂可以发生在二倍体或单倍体细胞中，结果是一个亲代细胞变成两个相同的子细胞。因此，染色体的倍数也增加了，由 $2n$ 变成 $2n+2n$，或者由 n 变成 $n+n$。

这个过程中细胞中染色体的数目是恒定不变的，因为每条染色体的 DNA 都进行了自我复制，形成了两条相同的染色体，这两条染色体形态相同，称为姐妹染色单体（sister chromatid）。每条姐妹染色单体在有丝分裂时被拉到细胞的两端，当细胞分裂时，每个子细胞就得到了一整套亲代染色体。

同时，多数真核生物存在性周期，在这些生物中，另外存在特殊的二倍体细胞，称为生殖母细胞。生殖母细胞分裂后可以产生生殖细胞，如植物和动物的精子、卵子，真菌或藻类的有性孢子。在生殖母细胞中，发生两次分裂，并伴随两次核分裂，称为减数分裂（meiosis）。因此每个生殖母细胞发生两次分裂，形成 4 个细胞。减数分裂只发生在二倍体细胞，产生的配子（动植物的精子和卵子）是单倍体。因此，减数分裂的模式为：$2n$ 变为 $n+n+n+n$（图 2-8）。

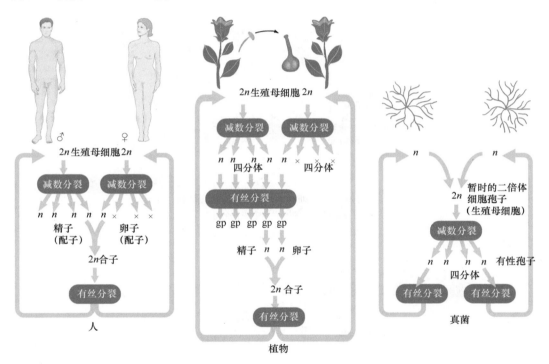

图 2-8　一般生命周期中的细胞分裂

图中分别显示了人类、植物和真菌生命周期中的有丝分裂和减数分裂。注意，在人类和许多植物的雌性中，四分体中有三个减数分裂后的细胞被吸收。缩写 n 表示单倍体细胞，$2n$ 表示二倍体细胞；gp 代表配子体，这是由单倍体细胞组成的小结构，它将产生配子。在许多植物中，如玉米，雄配子体的细胞核与雌配子体的两个细胞核融合在一起，形成三倍体（$3n$）细胞，然后进行复制形成胚乳，胚乳是一种围绕着胚（从 $2n$ 的合子发育得来）的营养组织

减数分裂过程中染色体整体减半是因为染色体复制了一次但分裂了两次。与有丝分裂相同，每条染色体复制了一次，在第一次减数分裂过程中，发生了同源染色体的配对与分离，姐妹染色单体不分开，每对姐妹染色单体在细胞分裂时到达细胞的两端。在第二次减数分裂时，姐妹染色单体分离到两个子细胞中。图 2-8 表明了动植物及真菌的细胞有丝分裂发生的时期。

有丝分裂与减数分裂的遗传特性见图 2-10。为了对照更简便，两个过程都显示的是二倍体细胞。在有丝分裂过程中，一个细胞分裂为两个子细胞，这两个子细胞有完全一

样的基因组结构。首先注意在有丝分裂的间期染色体复制，在 DNA 水平，这个时期是 DNA 合成期，或称为 S 期（图 2-10），发生了 DNA 的复制。复制产生了两条相同的姐妹染色单体，可在细胞分裂的前期看到。当细胞分裂时，姐妹染色单体分开，分别到两个子细胞中，保证子细胞具有一套功能完整的遗传信息。因此，每个子细胞具有与亲代细胞相同的染色体。

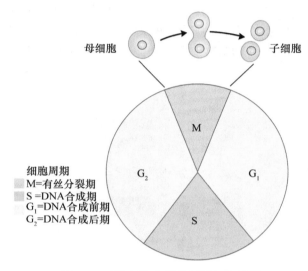

图 2-9　真核细胞有丝分裂的细胞周期

图中显示了细胞周期中的各个时期

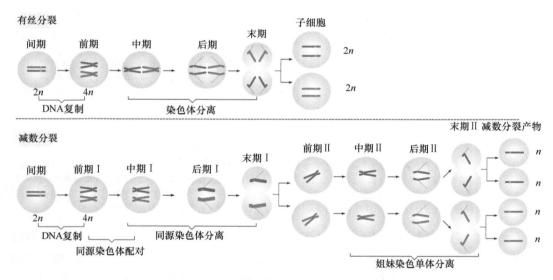

图 2-10　二倍体细胞有丝分裂和减数分裂时期模式图（$2n$，二倍体；n，单倍体）

与有丝分裂相同，减数分裂之前，染色体复制产生姐妹染色单体，并在减数分裂时可以观察到。在这个阶段着丝粒不分开，但在有丝分裂中分开。另外，与有丝分裂相比，在减数分裂的前期，同源染色体配对的过程中，同源的姐妹染色单体 4 条染色体聚集在一起，形成一种同源的复合体。这种同源染色体对联合在一起称为联会（synapsis）。联会的形成基于形成染色体的 DNA 大分子纵向结合形成联会复合体（synaptonemal complex，SC）。姐妹染色单体称为二分体（dyad，来源于希腊语"二"）。联会的二分体形成一对二价体（bivalent）。二价体中的 4 条染色单体称为四分体（tetrad，希腊语中的"四"），用于描述联会过程中 4 条同源的染色体。

二价体 { SC ┌─二分体─────┐ 四分体
　　　　　　　└─二分体─────┘

四分体时期同源染色体发生了交换。交换改变了一些基因的结构，但并不直接影响单基因遗传模式，这部分内容我们将在第 4 章详细讨论。

在减数分裂过程中，二价体中所有染色体都移动到细胞的赤道板，当细胞分裂时，二分体由着丝粒上黏附的纺锤丝牵引，分别移动到一个新的细胞中。在第二次减数分裂过程中，着丝粒分裂，二分体中的每条染色体移动到一个子细胞中。因此，尽管减数分裂的起始过程与有丝分裂相同，但两次完整的分离产生了 4 个单倍体细胞。每个单倍体细胞含有减数分裂产生的联会四分体中的一个染色单体，因此，这 4 个细胞群也常被称为四分体。减数分裂的过程可以描述如下。

起始：两条同源染色体

复制：形成两个二分体

配对：形成四分体

第一次分裂：形成两个子细胞，每个子细胞中含有一个二分体

第二次分裂：形成 4 个子细胞，每个子细胞中含有一条染色体

最近的细胞生物学研究表明，纺锤丝牵拉使染色体分离的物质是微管蛋白的复合物。牵拉的产生是由于一种解聚（depolymerization）作用和黏附在染色体着丝粒上的微管蛋白缩短。

减数分裂过程中染色体的行为清楚地解释了孟德尔的分离定律。对一个杂合子的一般类型 A/a，对照上述染色体的变化，我们可以简单地总结这对等位基因在减数分裂中的行为：

起始：一个杂合子携带一个 A，一个 a

复制：形成二分体，一个 AA，一个 aa

配对：形成四分体，A/A/a/a

由图 2-11 可以看出，一个 A/a 的杂合子性母细胞，减数分裂的产物是 1/2A 和 1/2a，这个精确的比例在解释孟德尔第一定律时是必要的。

注意我们对减数分裂关注的重点是如何解释单基因遗传。

2.2.2　单倍体中的单基因遗传

我们已经知道了等位基因分离定律的细胞学基础是第一次减数分裂中同源染色体的分离。动物和植物的杂交实验显示的后代比例，也说明动物和植物减数分裂过程中等

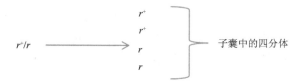

图 2-11　杂合子 A/a 减数分裂的过程与结果示意图

第一次减数分裂：产生两个子细胞，一个细胞 AA，另一个细胞 aa（如果发生交换，可能产生两个 Aa，但不影响最终的比例）；第二次减数分裂：产生 4 个子细胞，两个 A，两个 a

位基因是等量分离的。这些研究（包括孟德尔的研究）中涉及的配子来自许多不同的生殖母细胞。然而，在一些生物中，它们特殊的生命周期可以用来解释一个细胞的减数分裂。这些生物称为单倍体，通常是真菌与藻类。它们的生活周期中大部分是单倍体，但单倍体可以形成一个暂时的二倍体的性细胞。在一些物种中，由单个的二倍体减数分裂形成的四分体短时间内在一个囊膜内排列在一起。

　　酿酒酵母（*Saccharomyces cerevisiae*）是一个很好的例子（见第 15 章的延伸阅读 15-1）。真菌类有一种形式简单的有性繁殖。如酿酒酵母有两种繁殖类型，杂交仅发生在两个不同类型之间。让我们来看看具有某个突变的酿酒酵母的杂交。正常的野生型酿酒酵母的菌落是白色的，但偶尔会发生生化合成途径的突变，产生腺嘌呤，使菌落变成红色。我们用红色的突变来研究一个生殖母细胞中发生的等量分离。我们把这个突变的红色等位基因简称 r。在遗传学中，野生型的基因通常用"+"表示。这个符号作为上标附加到突变型等位基因上，因此野生型等位基因可以标识为 r^+，但常用"+"来简单地表示野生型。将红色突变体与野生型杂交来观察单基因的分离。杂交模式为 $r^+ \times r$ 不同交配型的细胞结合，就形成了一个二倍体细胞，称为性母细胞。在这个例子中，性母细胞为杂合子 r^+/r。r^+ 和 r 的复制与分离将产生一个由两次减数分裂产生的基因型为 r^+ 和 r 的四分体，它们都在一个囊膜中，称为一个子囊。

$$r^+/r \longrightarrow \begin{matrix} r^+ \\ r^+ \\ r \\ r \end{matrix} \quad \text{子囊中的四分体}$$

　　详细的过程见图 2-12。如果把 4 个孢子从一个子囊中分离（分别代表四分体中的染色体），并对其进行菌落培养，则一个性母细胞的等量分离则直接表现为两个白色菌落和两个红色菌落。如果我们分析从许多性母细胞中随机产生的孢子，可以发现 50%的红色菌落与 50%的白色菌落。

　　注意这种单倍体中单基因遗传的简单性：分析一个杂交只要分析一个性母细胞的减数分裂；相反，分析二倍体的杂交需要考虑父本与母本的减数分裂。这种简单性也是将单倍体细胞作为模式生物的一个重要原因。另一个原因是，在单倍体中，所有的等位基因表现为表型，因为没有同源的显性等位基因掩盖隐性基因的表现。

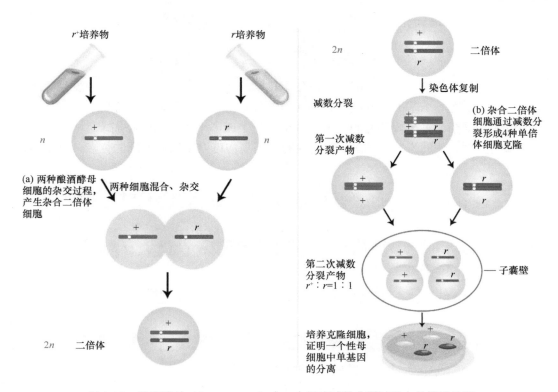

图 2-12　酿酒酵母（*S. cerevisiae*）中一个细胞减数分裂过程中的等量分离

一个从杂交组合+ × *r* 中获得的子囊，产生两种野生型（+）和两种突变体（*r*）

2.3　孟德尔遗传模式的分子基础

当然，孟德尔对他所研究的性状的分子本质是完全不了解的。在本部分内容中，我们可以从分子的角度来理解孟德尔的概念。让我们从等位基因开始。我们在没有给出分子水平的定义之前就已经在使用等位基因的概念了，那么野生型等位基因与突变型等位基因在分子水平的结构有何不同？它们在蛋白质水平有什么功能上的区别？用突变型等位基因我们可以研究单基因遗传模式，而不需要了解它们的结构或功能的性质。然而，研究单基因从一开始就是为了发现基因的功能，我们必须掌握野生型和突变体两者的分子结构与功能。

2.3.1　等位基因之间分子结构的不同

孟德尔假设基因有不同的形式，我们现在称之为等位基因。在分子水平的等位基因是什么？当用现代科技从 DNA 水平检查等位基因如 *A* 和 *a* 时就会发现，它们的大部分序列是相同的，在构成基因的成百上千个核苷酸序列中，可能只有一个或几个核苷酸不同。因此，我们知道了等位基因只是同一个基因的不同变异型。下图表示一个基因的两个等位基因，字母 X 表示一个基因中的不同核苷酸序列。

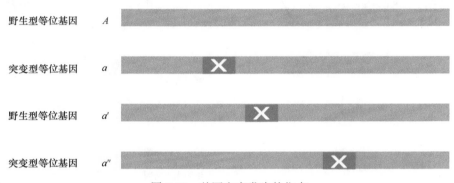

等位基因1

等位基因2 X

如果一个等位基因的核苷酸序列发生了化学改变，就会产生一个新的突变体。这种变化可以发生在一个基因核苷酸序列的任何部位。例如，一个突变可能是单个核苷酸的改变或者是一个或多个核苷酸的缺失，甚至是一个或多个核苷酸的添加。

基因发生突变的方式有很多。突变性的基因损伤可以发生在不同的位点，如图 2-13 所示。

野生型等位基因   *A*

突变型等位基因   *a*   X

野生型等位基因   *a'*   X

突变型等位基因   *a''*   X

图 2-13   基因突变发生的位点

图中的 X 表示在基因上发生突变的位点

2.3.2   基因传递的分子基础

在细胞分裂过程中等位基因在分子水平发生了什么？我们知道每条染色体的基本组成是 DNA 分子。DNA 分子在有丝分裂和减数分裂的 S 期都发生了复制。我们在第 7 章会了解到，DNA 复制是一个非常精确的过程，所有的遗传信息均被复制。例如，如果一个突变是由一个碱基对发生变化引起的，从 GC（野生型）变为 AT（突变体），那么，在一个杂合子中，复制会是如下情景：

同源的GC ⟶ 复制 ⟶ 染色体GC
           染色体GC

同源的AT ⟶ 复制 ⟶ 染色体AT
           染色体AT

单倍体和二倍体有丝分裂前的 DNA 复制与染色单体的形成见图 2-14。由图 2-14 可见，我们所认为的遗传机制，其本质是 DNA 分子在细胞分裂过程中的移动。

2.3.3   分子水平的有丝分裂和减数分裂

DNA 在 S 期复制产生了每个等位基因的拷贝，*A* 和 *a*，它们可以分配到两个独立的细胞中。基因在真核生物有丝分裂和减数分裂中的传递详见图 2-15。

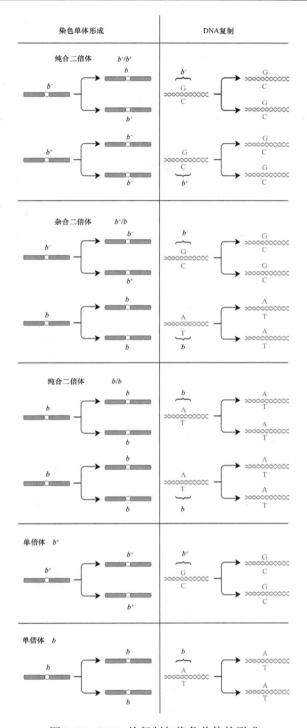

图 2-14　DNA 的复制与染色单体的形成

每条染色体纵向分为两条染色单体（左）；在分子水平（右），每条染色体的单个 DNA 分子进行复制，产生两个 DNA 分子，形成两个染色单体。图中还显示了野生型等位基因 b^+ 和突变型等位基因 b 的不同组合，这是由一个碱基对从 GC 到 AT 的变化引起的。注意，在 DNA 水平上，染色体复制产生的两个染色单体总是彼此相同，并且与原始染色体相同

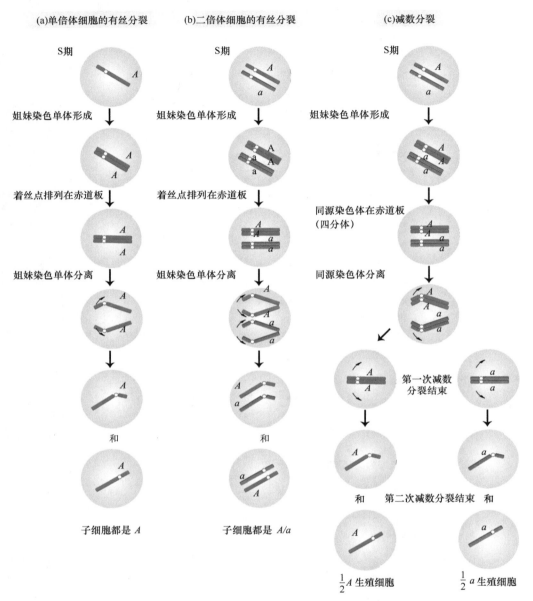

图 2-15　基因在真核生物有丝分裂和减数分裂中的传递

图中显示了细胞有丝分裂和减数分裂的 S 期与主要阶段。有丝分裂［(a) 和（b)］保留原细胞的基因型。在（c）中，在生命周期的有性阶段发生的两个连续的减数分裂，产生了染色体数目减半的净效应。一个基因的等位基因 A 和 a 被用来显示基因型是如何在细胞分裂中传递的

2.3.4　染色体在分子水平的分离证明

我们已经解释了单基因遗传模式与减数分裂过程中染色体上 DNA 分离的关系。有什么方式可以直接显示 DNA 分离（与表型的分离相对应）？大部分的研究直接对亲本和有丝分裂产物的等位基因（A 和 a）测序，结果应该是一半的产物含有 A 的 DNA 序

列，另一半的产物含有 a 的 DNA 序列。同样的情况也适用于染色体中不同的 DNA 序列，包括那些不一定在等位基因中与已知表型相关的 DNA 序列，如红花基因和白花基因。因此，我们了解了孟德尔所描述的分离定律不仅可以应用于控制性状的基因，也适用于染色体上任何 DNA 序列。

关键点：染色体上的任何 DNA 序列都符合孟德尔遗传，包括基因和其等位基因，以及一些不一定与生物功能有必然联系的分子标记。

2.3.5　染色体水平的等位基因

在分子水平，一个基因的主要表型是它所产生的蛋白质。怎样解释蛋白质的不同功能对一个生物野生型与突变体的不同影响？让我们用人类的疾病苯丙酮尿症（phenylketonuria，PKU）来探讨这个问题。我们在后面的章节可以看到分析苯丙酮尿症疾病的家系遗传图谱，分析出此病为孟德尔隐性遗传疾病。这个疾病是由编码苯丙氨酸羟化酶（phenylalanine hydroxylase，PAH）的基因缺陷引起的。PAH 可将食物中的苯丙氨酸转化为酪氨酸。

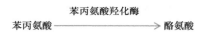

基因发生突变，导致酶活性位点的氨基酸序列发生变化，使酶不能结合苯丙氨酸，苯丙氨酸无法转变为酪氨酸，因此苯丙氨酸在体内积累，并转化为苯丙酮酸。苯丙酮酸影响神经系统的发育，并导致神经系统发育迟缓。

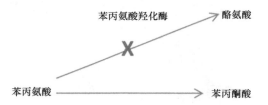

目前已经对婴儿进行了这一反应缺陷的常规检测。如果检测出存在缺陷，可用特殊的饮食来保留苯丙氨酸，阻断疾病的发展。

PAH 由单个蛋白质分子构成，在 PKU 患者体内基因发生了怎样的突变？这种基因水平的变化是如何影响蛋白质的功能并产生疾病的？对一些 PKU 患者突变的等位基因进行测序，揭示了苯丙氨酸羟化酶基因不同位点的突变增加，主要集中在蛋白编码序列区段或外显子区段，如图 2-16 所示，从图 2-16 中可以看出 DNA 的一系列变化，但大部分都是很小的变化，可能只影响了基因结构中几千核苷酸对中的一对。这些突变的等位基因通常编码一个有缺陷的蛋白质，没有 PAH 活性。通过改变一个或多个氨基酸，这些突变体都不具有酶的活性。对酶活性的影响取决于基因发生突变的位点。基因的重要功能区段就是编码酶活性的位点，而基因的这一区段是突变的敏感区段。另外，在内含子区段也发现少量的突变，这些突变常通过阻碍主要 RNA 的转录而影响酶的表达。苯丙氨酸羟化酶基因的一些蛋白质水平的突变见图 2-17。

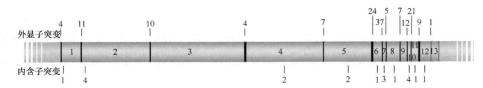

图 2-16　苯丙氨酸羟化酶基因的突变位点

图示已知人类苯丙氨酸羟化酶基因的许多突变导致该酶功能障碍。外显子或蛋白编码序列（黑色区域）的突变区域编号列在基因的上方。内含子区域（蓝色，编号 1～13）突变可改变剪接的编号列在基因下面

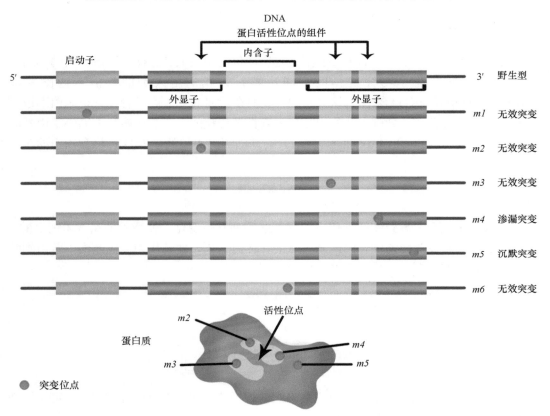

图 2-17　基因突变对酶活性位点的影响

基因突变发生在酶活性位点的部分时突变导致酶失去功能，称为无效突变（null mutation）。有的基因部位的突变可能对酶功能没有影响，称为沉默突变（silent mutation）。图中启动子是转录起始的重要位点

　　许多等位基因的突变产生的蛋白质完全没有 PAH 的活性，这类突变的等位基因称为无效等位基因（null allele）。另外一些等位基因的突变体降低了酶的功能，称为渗漏突变（leaky mutation），野生型功能"渗漏"变为突变体表型。有些 DNA 序列发生了改变，但完全不影响功能，表现为野生型。因此，当看到"野生型""突变体"的术语时，我们要小心地应用。

　　关键点：大部分的基因突变改变了蛋白质产物的氨基酸序列及表型，导致了蛋白质功能的降低或缺失。

　　我们曾经认为发现一系列影响我们所研究的生物学特性的基因结构是遗传学的主

要目标，因为这些结构是遗传物质的本质。然而，在研究等位基因突变的表型机制时常遇到挑战，要求我们不但要鉴别出这些基因的蛋白质产物，还要通过详细的细胞学或生理学研究来衡量这些突变的影响。不仅如此，发现一系列基因之间的相互作用又是另一个水平的挑战，这部分内容我们将在第 6 章的开始部分进行讨论。

2.3.6　显性与隐性

理解了基因是如何通过蛋白质产物表现出作用的，我们就能更好地理解显性与隐性。在本章的前面我们已经定义了显性就是杂合子的表型，所以显性和隐性应该是指表型，但有时在实际应用上，遗传学家常将显隐性的概念用于等位基因。这种定义没有分子内容，但显性和隐性都可在分子水平进行简单的解释。我们这里介绍的内容还可在第 6 章中有进一步的讨论。

等位基因怎样显示显性或隐性？隐性是观察到的单倍功能充足的（haplosufficient）无义突变基因，可认为一个基因拷贝就足够产生野生型的生物性状。尽管一个野生型的二倍体在正常情况下有两个功能全面的基因拷贝，但一个单倍功能充足的基因就可提供足够的基因产物（通常是蛋白质），用于维持正常的细胞功能。在杂合子（如+/m，这里的 m 是无义的）中，+等位基因单个的基因拷贝编码的产物对维持细胞正常功能就足够了。举一个简单的例子，假设细胞需要最少 10 个蛋白质分子可维持正常功能，每个野生型等位基因产生 12 个蛋白质拷贝，那么，一个纯合野生型+/+将产生 24 个蛋白质分子，杂合子+/m 将产生 12 个，超出了最小需求 10 个，因此当突变等位基因为隐性时，不会对杂合子产生影响。

另一些基因是单倍功能不足的（haploinsufficient），这些情况下，一个无义突变的等位基因会表现为显性，因为在杂合子（+/P）中，一个野生型的等位基因不能产生足够产物使表型正常。再举一个例子，我们假定细胞需要最少 20 个蛋白质分子，一个野生型等位基因产生 12 个蛋白质分子，一个纯合的野生型+/+产生 24 个蛋白质分子，超过了最少需要量，而一个杂合子（+/P）只能产生 12 个蛋白质分子，因而这个杂合子就导致了产物的功能不足和一个突变的显性表型。

在某些情况下，突变导致基因的新功能，这样的突变可能是显性的，因为在杂合子中，野生型等位基因不能掩盖这个新功能。

从上面的简要分析中可以看到，在描述或测量所研究的孟德尔遗传过程中所谓的表型，是基于等位基因的功能正常或异常表现的方式。在研究一个性状的表型时所描述的显性和隐性也同样是一种基因的表现方式。

2.4　一些由观察分离率异常而发现的基因

现代基因分析的一个普遍的目标是通过探索影响某种生物学特性的一套单基因来解剖并仔细分析这一生物学特性。识别这些基因的一个重要方法是分析由这些基因突变而产生的表型分离率——常常是 1∶1 和 3∶1 的比例，这两种比例的产生都以由孟德尔所定义的等量分离规律为基础。

我们来看看把孟德尔式的研究方法延伸到现代科学实验中的一些例子。通常情况下，研究人员会碰上一大批有趣并且会影响利益属性的具有突变表型的个体（如图 2-2 中描绘的），而且他们现在需要知道这些个体是否以单突变体等位基因的方式遗传。突变型等位基因既可以是显性的也可以是隐性的，取决于它们的表现，所以在进行分析时也要考虑显性表现的问题。

进行实验的标准程序是将突变型个体和野生型个体进行杂交（若突变体不育，则需要采用另一种方法）。我们首先分析三种几乎囊括所有可能性结果的例子，然后再对一般情况进行分析，并可利用分离规律预测后代表型比例及亲代的基因型：①有繁殖能力，但花瓣内没有任何色素的花的突变体（如与表型为红色花瓣相对的白色花瓣）；②有繁殖能力，但表型为小翅的突变型果蝇；③有繁殖能力，但产生过多菌丝分支的突变型霉菌（高支化突变型霉菌）。

2.4.1　花颜色形成中的基因活性

植物中用白花和普通的野生型红花杂交以开始整个过程，所有的子一代都是红花，在 500 株子二代的样本中，378 株是红花，122 株是白花。在样本有误差的情况下，子二代的表型比例很接近 3/4∶1/4 或者 3∶1。由于这个比例可以指示单基因遗传，因此我们可以得出突变是由单基因内的隐性突变引起的结论。根据基因系统命名法的一般规则，指导产生白色花瓣个体的突变型等位基因应被标注为 *alb*（albino 的缩写），野生型等位基因应被标注为 *alb*$^+$或者仅仅用+（基因系统命名法的习俗在不同的生物中有略微的不同）。

我们推测野生型等位基因在植物产生有颜色的花瓣的过程中扮演着很重要的角色，有颜色的花瓣几乎是植物为吸引传粉者到花前所必须具备的属性。这个基因可能牵涉到色素的生化合成，或者作为提醒花细胞合成色素的信号系统的一部分，又或者是一些需要被探究的其他可能性。单纯从基因的角度来说，这种杂交可象征性地表示为：

P	+/+	×	*alb/alb*
F$_1$	全+或全 *alb*		
F$_2$	1/4 +/+		
	1/2 +/*alb*		
	1/4 *alb/alb*		

或者也可以用图 2-18 来表示（同样的表述方式在图 2-7 中也可看到）。这种显示配子和配子结合方式的方格被称为庞纳特方格（Punnett square），以一位早年的遗传学家——庞纳特（Punnett）的名字命名。无论是庞纳特方格还是简单的表示法，它们都是解释基因比例的有用工具。我们会在随后的讨论中更多地提及。

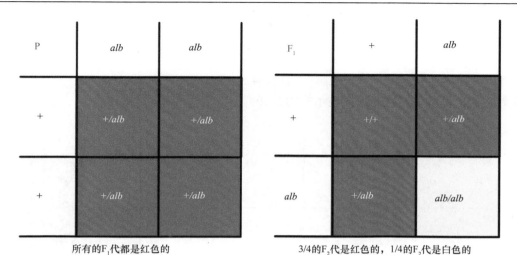

图 2-18　植物花色遗传的庞纳特方格

图示为植物两个纯种亲本 P：+/+ 和 *alb/alb* 杂交过程中配子与配子结合形成 F$_1$ 代，以及 F$_1$ 代相互杂交过程中雌雄配子相互结合形成 F$_2$ 代的过程与结果。通过分析可以看出白色突变基因 *alb* 对野生型+为完全隐性

2.4.2　与果蝇翅膀形成有关的基因

在果蝇的例子当中，突变型短翅果蝇和野生型长翅果蝇杂交产生了 788 只子代果蝇，以如下方式分类：

196 只短翅雄性果蝇

194 只短翅雌性果蝇

197 只长翅雄性果蝇

201 只长翅雌性果蝇

总体上，后代中有 390 只短翅果蝇，398 只长翅果蝇，非常接近 1：1 的比例。这个比例在雌性和雄性内相同，同样也在误差范围之内。因此，从这些结论中可以得出，短翅的突变型果蝇个体很有可能是由一个显性突变产生的。请注意，若想要一个显性突变基因能够表达，这个突变基因必须是单拷贝的；因此，在大部分情况下，当突变型个体初次出现时，它会处于杂合状态（而对于前文提及的植物例子的隐性突变来说这个并不正确，因为隐性突变一定要是纯合的才能表达，并且它一定要由先前世代中未识别的杂合子植株的自交而来）。

当长翅后代杂交时，后代全部都是长翅，正如隐性野生型等位基因预期的那样。当短翅的后代杂交时，它们后代的表型显示出 3/4 短翅与 1/4 长翅的比例。

显性突变用大写的字母或单词来表示：在当前的例子中，将突变型等位基因命名为 SH，代表"短翅"，由此它们的杂交能够用符号以如下的方式表示：

P　　　　+/+　　×　　*SH*/+

F$_1$　　　1/2 +/+

　　　　　1/2 *SH*/+

F$_1$　　　+/+　　×　　+/+

　　　　　全部+/+

$$F_1 \qquad SH/+ \quad \times \quad SH/+$$
$$1/4 \; SH/SH$$
$$1/2 \; SH/+$$
$$1/4 \; +/+$$

或者它们也可以以表格的形式显示（图2-19）。

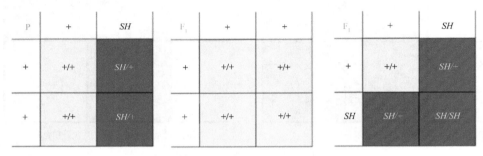

图2-19　果蝇短翅与长翅遗传的庞纳特方格

亲本分别为野生型+/+与 SH/+时，杂交后代 F$_1$ 形成过程中亲本配子的结合方式；F$_1$ 代的两个杂交组合：+/+与+/+杂交，或 SH/+与 SH/+杂交产生 F$_2$ 代时分别产生的配子及配子结合产生后代的情况；通过庞纳特方格分析不难发现：SH 为显性突变，相对的野生型为完全隐性

对突变型果蝇的分析识别出了一种基因，这种基因是对普通野生型果蝇翅膀产生非常重要影响的一系列基因集合子集中的一部分。这个结果开启了进一步研究果蝇翅膀精确发育的细胞学机制的大门，一旦发现了这种机制，就可以揭示野生型等位基因在发育时间轴上的表现。

2.4.3　与真菌菌丝分支形成有关的基因

一种高度分支化的真菌突变体和一种野生型的普通稀疏分支真菌进行杂交，在300个后代样本中，152个是野生型的，148个是高度分支化的，比例非常接近1∶1。我们从这种由单基因遗传而产生的比例可以推测真菌高度分支化的变异是由单一基因控制的。在单倍体中，标记显性通常是不可能的，但为了方便，我们可以把高度分支化等位基因称为 hb，把野生型称为 hb$^+$或者+。杂交的发生过程一定是这样的：

$$P \qquad\qquad + \quad \times \quad hb$$
二倍体减数分裂细胞 $\qquad +/hb$
$$F_1 \qquad\qquad 1/2+ \quad 1/2hb$$

变异和遗传的分析揭示了这个基因的功能，它的野生型等位基因对于真菌正常控制产生分支具有重要作用，能够产生分支是真菌分散和获取营养的重要手段。现在需要对突变株进行研究来观察突变如何阻碍了正常的发育顺序。这一信息能够揭露出正常的等位基因在细胞中的活动时间和位置。

有时，突变型显性个体显性过于严重会使得真菌无法增殖，从而使其无法完成生活周期。单基因遗传控制的不育突变体是如何展现出来的呢？在二倍体生物中，一个不育的隐性突变体能以杂合子的形式增殖，而后这一杂合子能够通过自交来产生预期中25%的隐性纯合子突变体用于研究。不育的显性突变体是遗传致死的个体，不能进行有性生殖。但植物和真菌中这种类型的突变体能够很轻易地进行无性生殖来繁衍后代。

如果将野生型和突变体进行杂交后，它们产生后代的比例不是本章中讨论的 3 : 1 或 1 : 1，而是其他的比例呢？这样一种结果可能归咎于几个基因的互相影响，又或者可能是环境因素造成的影响。其中的一些可能性在第 6 章讨论。

2.4.4　通过应用单基因遗传的原理来推测后代占比或亲本基因型

我们可以总结基因发现分析的方向如下：观察后代表型的比例 → 推论得出亲本的基因型（A/A、A/a 或 a/a）。

然而，相同的遗传原理（特别是孟德尔的基因分离定律）也能应用于推测已知亲本基因型的后代的表型比例。这些亲本来自研究者保存的生物种类。杂交后代的基因型种类和占比能够很轻易地被推测出来，如 $A/A \times a/a$、$A/a \times A/a$ 和 $A/a \times a/a$。总结如下：

已知基因型的亲本杂交 → 推测后代表型比例

这种分析方法被普遍地应用于培育能用于研究或农业中的基因型。它在预测有家族单基因遗传病病史的人婚配后会产生不同后代的可能性上也有很大的作用。

在单基因遗传模式建立后，需要检测显性表型个体的基因型是纯合子还是杂合子。通过杂交表型为 $A/?$ 的个体和隐性实验体 a/a 来进行该实验，如果前者是杂合子，则后代会出现 1 : 1 的比例（$1/2A/a$、$1/2a/a$），如果前者是纯合子，则所有的后代都会呈现显性性状（全部都是 A/a）。总体来说，一个未知的杂合个体（可能为一个基因或更多基因）和一个完全隐性的个体的杂交被称为测交（testcross），而该隐性纯合子个体被称为检测者（tester）。我们在随后的章节会经常碰到测交，它们在推测双杂合子和三杂合子这些更加复杂的基因型在减数分裂时发生的变化方面非常有用。完全隐性的检测者的使用意味着减数分裂时检测者亲本能够被忽略，因为它所有的配子都是隐性的，不会影响到后代的表型。可以替代此方法来进行杂合子检测的方法（当没有隐性检测基因，且该生物体能够发生自交时）就是简单地将不确定基因型的个体进行自交，假如检测出来是杂合子，则后代中会出现 3 : 1 的比例，这样的实验在常规基因分析中是非常有用且常见的。

关键点：遗传定律（如分离定律）可以在两个方向上应用：①从表型比例推断基因型；②预测已知基因型父母后代的表型比例。

2.5　与性别有关的单基因遗传规律

到目前为止我们分析的染色体都是常染色体，是那些正常包含大部分人体基因序列的染色体。然而，很多动物和植物有一对与性别有关的特殊染色体，称为性染色体。性染色体也能正常等量分离，但是后代表型的比例通常和常染色体的比例不同。

2.5.1　性染色体

大多数的动物和很多植物会表现出两性异形，换句话说，个体非雄即雌。在大部分的这些个例当中,性别由一对特殊的性染色体(sex chromosome)决定。我们来以人类举例。人类体细胞有 46 条染色体:22 对同源的常染色体,加 2 条性染色体。女性有两条相同的性染色体,它们被称为 X 染色体(X chromosome)。而男性有一对不相同的性染色体:一条 X 染色体和一条 Y 染色体。Y 染色体(Y chromosome)比 X 染色体要短很多。因此,如果我们把常染色体记作 A,则女性为 44A+XX,男性为 44A+XY。

在雌性个体进行减数分裂时,两条 X 染色体像常染色体一样配对、分离,因此每个卵细胞都得到一条 X 染色体。考虑到伴性遗传时,配子只有一种,因此雌性被称为同配性别(homogametic sex)。雄性个体进行减数分裂时,X 染色体和 Y 染色体只在很小的一段区域内进行配对,这保证了 X 染色体和 Y 染色体能够分离来确保有两种精子,一半精子有 X 染色体,一半精子有 Y 染色体。因此,雄性被称为异配性别(heterogametic sex)。

性染色体上基因的遗传规律和常染色体的不同。伴性遗传规律最早是 20 世纪初在伟大的遗传学家摩尔根的实验室里被发现的。摩尔根使用了黑腹果蝇(*Drosophila melanogaster*)。这种昆虫是用来研究遗传规律的最重要的生物之一,其生命周期短,仅有三对常染色体加上一对性染色体,其性染色体也为 X 染色体和 Y 染色体。与哺乳动物一样,雌性果蝇为 XX,而雄性果蝇为 XY。然而,哺乳动物和果蝇决定性别的机制有些不同。果蝇常染色体的倍数与 X 染色体的个数之比是性别的决定因素:当二者之比为 1 时为雌性,小于 1 时为雄性。而在哺乳动物当中,Y 染色体在雄性中出现,而雌性缺失 Y 染色体。然而,值得注意的一点是,果蝇和哺乳动物尽管在性别决定机制上有些许不同,但它们性染色体上的单基因遗传规律是非常相似的。

维管植物显示出多种性别决定方式。雌雄异株的物种显示出和动物相同的两性异形,这意味着这些植物雌花只含有子房,而雄花只含有花药(图 2-20)。

2.5.2 性连锁的遗传模式

细胞遗传学家把 X 染色体和 Y 染色体分成同源区和非同源区。以人类为例(图 2-21),非同源区包含大部分的基因,在相对的性染色体中没有对应的基因。因此,在男性中,非同源区的基因被称为半合子(hemizygous 或 half zygous)。X 染色体的非同源区包含数百个基因,这些基因大多不参与性别相关的功能,它们影响着人类的许多特性。Y 染色体只包含很少的基因,其中一些基因在 X 染色体上有对应的基因,但大多数没有,后者参与男性性别相关的功能。其中一个基因 *SRY* 决定了男性性别。其他一些基因是雄性精子产生的特定基因。

一般来说,非同源区的基因被认为显示了一种遗传模式,称为性连锁(sex linkage)。在 X 染色体的非同源区的突变等位基因显示了一种称为 X 连锁(X linkage)的单基因遗传模式。Y 染色体非同源区少数基因的突变等位基因显示出 Y 连锁(Y linkage)。一个与性别连锁的基因可以在不同性别中显示不同的表型比例。在这方面,与性别有关的遗传模式和常染色体中基因的遗传模式形成对比,常染色体上基因的遗传模式在每种性

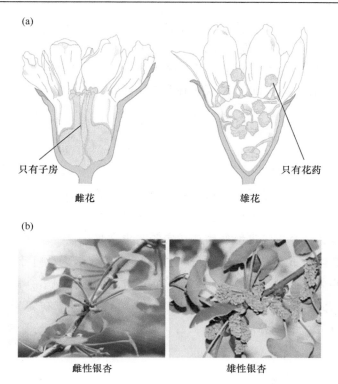

(a)

只有子房

只有花药

雌花　　　　　　　　雄花

(b)

雌性银杏　　　　　　　雄性银杏

图 2-20　雌性与雄性植物

雌雄异株的例子是银杏（*Ginkgo biloba*），（a）雌花与雄花示意图。（b）雌性和雄性银杏

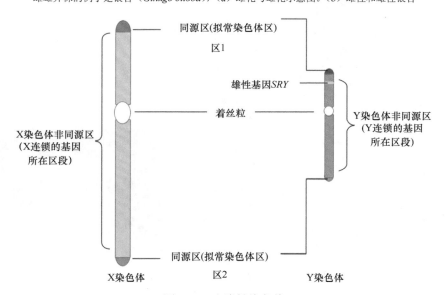

同源区(拟常染色体区)

区1

雄性基因 *SRY*

着丝粒

X染色体非同源区
（X连锁的基因
所在区段）

Y染色体非同源区
（Y连锁的基因
所在区段）

同源区(拟常染色体区)

X染色体　　　　　区2　　　　Y染色体

图 2-21　人类性染色体

人类性染色体包含一个非同源区和两个配对区（同源区）。这些区域是通过观察染色体在减数分裂过程中配对或没有配对
的位置来定位的

别中都是相同的。如果一个基因在基因组中的位置未知，那么其与性别相关的遗传模式
可表明这个基因位于性染色体上。

人类的 X 染色体和 Y 染色体有两个短染色体同源区，两端各一个（图 2-21）。因为这些区域是同源的，它们的表现与常染色体上的基因相似，所以被称为拟常染色体区 1 和 2。减数分裂时，X 染色体与 Y 染色体的区 1 或者区 2 同源配对，并接着产生交叉（见第 4 章交换的相关细节）。因此，X 染色体和 Y 染色体可以作为一对，并等量分离到相同数量的精子中去。

延伸阅读 2-1：模式生物——黑腹果蝇

黑腹果蝇是最早应用于遗传学的模式生物之一，其容易获得，生活史短，易于培养和杂交（图 2-22）。性别由 X 染色体和 Y 染色体决定（XX = 雌性，XY = 雄性）。雄性和雌性很容易区分。突变型群体可在实验室中常规培养，通过辐射或化学物质处理可以增加突变体的出现频率。它是一种二倍体生物，有 4 对同源染色体（$2n=8$）。在唾液腺和某些部位组织细胞中，DNA 多轮复制，染色体却不分离，形成"巨大的多线染色体"，每条染色体都有独特的条带模式，为遗传学家研究染色体图和基因重排提供了遗传地标。果蝇有许多种和亚种，也是研究生物进化的重要生物。

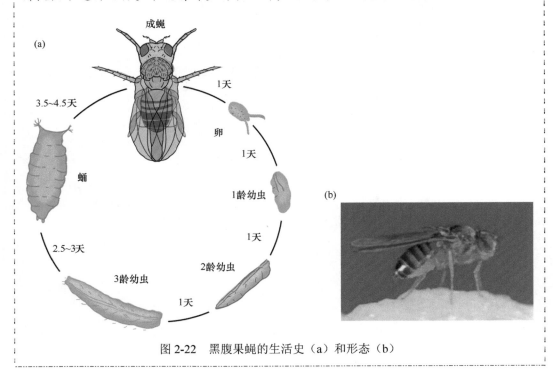

图 2-22　黑腹果蝇的生活史（a）和形态（b）

2.5.3　X 连锁遗传

果蝇复眼的颜色是 X 连锁研究很好的例子（图 2-23）。野生型果蝇的复眼颜色是暗红色的，但也有白色的纯种品系。

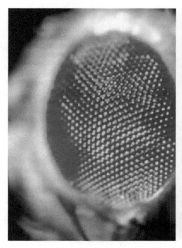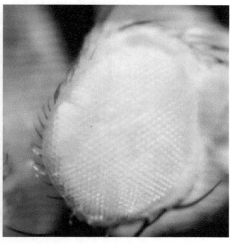

图 2-23　果蝇的红眼与白眼
红眼果蝇为野生型，白眼果蝇为突变体

　　这种表型差异是由位于 X 染色体非同源区的两个等位基因决定的。突变型等位基因 w 为白眼（小写字母表示该等位基因为隐性），对应的野生型等位基因 w^+ 为红眼。当白眼雄性与红眼雌性杂交时，F_1 代都是红眼，说明白眼等位基因是隐性的。把这些红眼的 F_1 代雄性果蝇和雌性果蝇杂交，得到的 F_2 代红眼果蝇和白眼果蝇的比例是 3：1，但所有的白眼果蝇都是雄性。图 2-24 解释了这种遗传模式，它显示了性别之间的明显差异。这种遗传模式的基础是所有的 F_1 代果蝇都从它们的母亲那里获得一个野生型等位基因，而 F_1 代的雌性果蝇也从它们的父亲那里获得一个白眼等位基因。因此，F_1 代雌性均为杂合野生型（w^+/w），F_1 代雄性均为杂合野生型（w^+）。F_1 代的雌性会把白眼等位基因传给一半的雄性后代，雄性后代表达白眼等位基因，而雌性后代则不表达白眼等位基因，因为它们必须从父亲那里继承野生型等位基因。

　　正反交给出了不同的结果。白眼雌性和红眼雄性之间交配产生的 F_1 代中，所有雌性都是红眼，而所有雄性都是白眼。在这种情况下，每个雌性从父亲的 X 染色体中继承了显性的 w^+ 等位基因，而每个雄性从其母亲遗传了隐性的 w 等位基因。F_2 代由一半的红眼和一半的白眼果蝇组成。因此，在性连锁中，我们不仅看到两性之间不同的比例，正反交的结果也不同。

　　注意果蝇眼睛的颜色与性别决定无关，因此，我们得到一个规律，性染色体上的基因不一定与性别相关的功能有关，这点在人类遗传上也是如此。在本章后面对人类系谱分析的讨论中，我们将看到许多与 X 染色体有关的基因，但很少有被解释为与性功能有关的。

　　果蝇中与白眼相关的异常等位基因是隐性的，但是 X 染色体上显性的异常等位基因也会出现，如果蝇突变体毛翅（Hw），在这种情况下，野生型等位基因（Hw^+）是隐性的。显性异常等位基因表现的遗传模式与前面例子中红眼的野生型等位基因相类似，得到的比例是相同的。

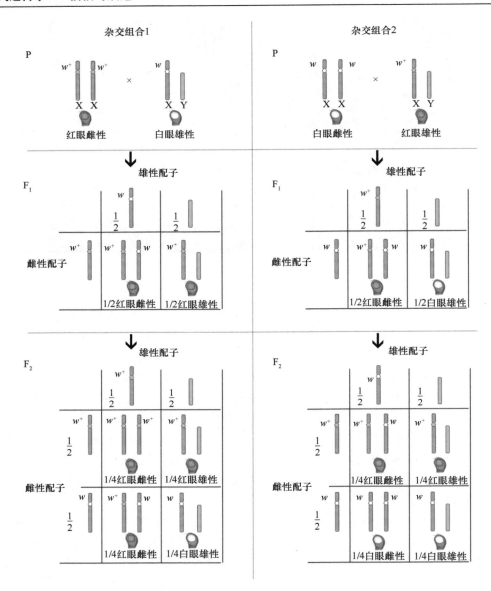

图 2-24 X 连锁遗传

红眼果蝇和白眼果蝇的正反交结果不同。等位基因是 X 连锁的，而 X 染色体的遗传解释了观察到的表型比例，与常染色体基因不同。在果蝇和许多其他实验系统中，一个上标加号被用来表示正常或野生型等位基因。在这里，w^+ 表示红眼基因，w 表示白眼基因

关键点：性连锁遗传通常表现为子代两性表型比例不同，正反交的比例也不相同。

在 20 世纪早期的几十年里，摩尔根证明了果蝇的白眼基因是 X 连锁遗传的，这是基因位于染色体上的一个关键证据，因为其遗传模式与一个特定的染色体对相对应。这个理论被称为"染色体遗传理论"而广为人知。那个时期的研究表明，在许多生物体中，性别是由 X 和 Y 染色体的类型决定的，XX 为雌性，XY 为雄性，而决定后代性别的为雄性。在雄性中 X、Y 染色体在减数分裂时等量分离，使下一代的雄性和雌性数量相等。

摩尔根认识到控制眼睛颜色的等位基因的遗传与 X 染色体在减数分裂中的遗传相关联。因此，控制眼睛颜色的基因很有可能位于 X 染色体上。白眼基因的这种遗传模式可以扩展到具有其他突变基因的异型染色体遗传模式中。根据这种新情况，由异型染色体的分离仍然有可能预测基因遗传模式。摩尔根的这些预测都被证明是正确的，也是对染色体理论的一个令人信服的检验。

其他的遗传分析显示，在鸡和飞蛾中，性连锁遗传仅在雌性中可以显现，这是因为在这些生物中，雌性染色体为 ZW，雄性为 ZZ。

2.6　人类家系分析

与实验动物类似，人类的婚配提供了许多单基因遗传的实例。然而，人类的婚配无法像实验动物一样被控制，因此，遗传学家必须通过仔细检查医疗记录，以获得婚配的信息（如单基因的杂交信息），用来推断单基因的遗传，这种方式称为家系分析（pedigree analysis）。在家系中最先被发现异常的成员称为先证者（propositus）。先证者表现出一定的异常表型，或者是某种疾病状态。研究者通过先证者的家庭跟踪这种表型的发生发展过程，并用如图 2-25 所示的标准符号画出人类家系或系谱。

研究单基因的遗传，家系中的模式必须根据孟德尔的分离定律加以解释，但人类通常后代较少，后代中 3∶1 或 1∶1 的比例通常不会出现，除非将许多同样的家系加以合并。

家系分析方法也取决于先证者表型是一种罕见的疾病，还是一种很常见的表型（在这种情况下，后者被称为多态性的"变种"）。大部分的家系是因为医疗而被绘制，因此常与一些疾病有关，这些疾病通常都是罕见病。这种情况下，就有两种表型：发病或不发病。我们首先看看由隐性等位基因造成的常染色体控制的隐性疾病。

2.6.1　常染色体隐性疾病

常染色体隐性疾病的表型受隐性等位基因控制，因而，相对应的正常表型则受显性等位基因控制。例如，前面讨论过的人类疾病苯丙酮尿症（PKU），其是受隐性单基因控制的表型，等位基因 p 表现 PKU，等位基因 P 表现正常。因此患者的基因型为 p/p，而正常人的基因型为 P/P 或 P/p。再次提醒，野生型这一名词不用于人类遗传学，对人不可能定义野生型。

什么类型的家系可以揭示常染色体隐性遗传？两个要点是：①父母正常而后代表现缺陷；②后代中表现缺陷的个体有男有女。当我们知道后代中男女都患病时，通常就可以推断该疾病是常染色体上孟德尔单基因遗传，而不是受性染色体上的基因控制。下面的典型系谱说明了正常父母出生的患病孩子的要点，图 2-25 则列出了人类家系分析中常用的符号。

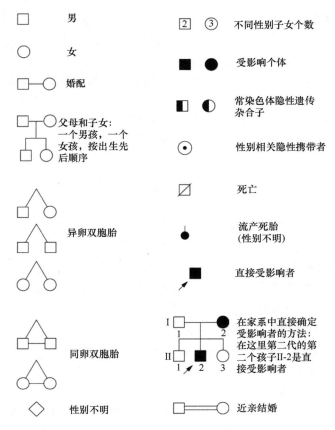

图 2-25 人类家系或系谱分析中使用的各种符号

从图 2-26（a）中，我们可以推断出一个简单的单因子杂交，隐性等位基因是造成表型异常的原因（用黑色表示）。系谱中父母双方必定为杂合子，如 A/a，双方必定都有一个 a 等位基因，因为他们都提供了一个 a，使孩子表现异常；双方必定都有一个 A 等位基因，因为他们都表现正常。我们可以鉴别出孩子们的基因型为 $A/-$、a/a、a/a 和 $A/-$，因此，系谱也可以写成图 2-26（b）的样子：

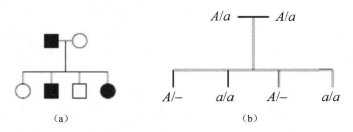

图 2-26 人类系谱分析举例

这个系谱不支持 X 连锁的隐性遗传，因为在性连锁的假设下，受影响的女儿必定有一个杂合子的母亲和一个半合子的父亲，这是不可能的，因为这样父亲就会表现出疾病的隐性性状。

　　注意，在家庭系谱中，尽管孟德尔规律是适合的，也不一定能观察到孟德尔比例，因为样品的数量过少。在前面的例子里，我们在后代的单因子杂交中观察到了 1：1 的表型比例。如果这对夫妇有 20 个孩子，应该是 15 个正常的孩子和 5 个患 PKU 的孩子（比例约 3：1），但他们只有 4 个孩子，任何比例都有可能，也确实常常发现各种比例。

　　这种常染色体隐性疾病家系看起来比较稀少，只有不多的几个黑色的标记。这种隐性性状在群体中多表现在半同胞之间，在他们之前或之后的成员看起来没有受到影响。为了理解这种情况发生的原因，需要了解这个群体的遗传结构。如果群体中发病个体较少见，说明大部分的个体不携带这种不正常的等位基因，而且即使是携带了这种不正常的等位基因，也是杂合子，而不是纯合子。基本的原因就是杂合子比隐性纯合子更常见，因为纯合子个体需要父母双方均携带隐性等位基因 a，而杂合子的父母只需要其中一位有隐性等位基因即可。

　　受影响个体的出生常常因为父母都是没有亲缘关系的杂合子而不表现。然而，近亲结婚（亲戚之间的婚配，或有血缘关系的个体之间的婚配）增加了杂合个体之间婚配的概率，如图 2-27 显示的表亲之间的婚姻。个体Ⅳ-2 与Ⅳ-4 是一对表兄妹婚配后产生的两个罕见等位基因的纯合后代。由图 2-27 可以看出，一个杂合的祖先可能产生许多杂合子后代。因此两个表亲之间可能携带来自共同祖先的相同的罕见等位基因。对于两个未显现罕见性状的杂合子，他们将分别从他们的家庭获得罕见等位基因，才可能获得隐

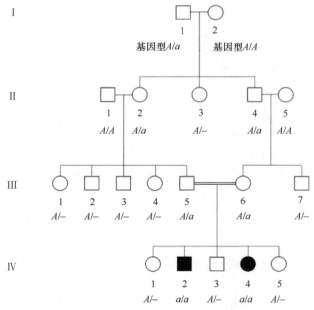

图 2-27　近亲婚配产生的隐性纯合子

图中所示为隐性等位基因 a 所决定的一种罕见隐性表型的家系。基因符号通常不包括在家系图中，但这里插入基因型是为了参考。Ⅱ-1 和Ⅱ-5 结婚进入家庭，他们被认为是正常的，因为这种遗传病是罕见的。还请注意，不能确定某些正常表型的人的基因型，这样的人的基因型用 A/–表示。Ⅲ-5 和Ⅲ-6 是第四代产生隐性性状的来源，他们是表亲，他们都从祖父母 Ⅰ-1 或 Ⅰ-2 那里获得隐性等位基因

性纯合子的患病后代。因此，近亲之间的婚配产生隐性疾病个体的风险要远高于没有亲缘关系的个体。因此，表兄妹或堂兄妹婚配产生隐性疾病个体的概率大大增加。

人类各条染色体上的一些隐性疾病的例子见图 2-28。囊性纤维化是一种由 7 号染色体单基因控制的隐性遗传疾病，主要症状是肺部分泌大量的黏液，患者可因为综合原因

 1	早发性帕金森病(*PARK7*)，常染色体隐性遗传，神经退行性病变	13	乳腺癌(BRCA2)，常染色体显性遗传，肿瘤抑制基因缺陷
 2	埃勒斯-当洛斯综合征(COL3A1)，常染色体显性遗传，全身弹力纤维发育异常	14	肥厚型心肌病 (MYH7)，常染色体显性遗传，心肌缺损
 3	尿黑酸尿症(HGD)，常染色体隐性遗传，黑色尿	15	泰-萨二氏病，常染色体隐性遗传，神经退行性疾病
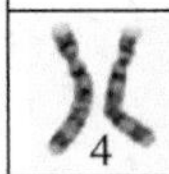 4	亨廷顿病(HTT)，常染色体显性遗传，迟发性神经退行性病变	16	多囊肾病(PKD1)，常染色体显性遗传，进行性的囊性病变破坏肾脏的结构
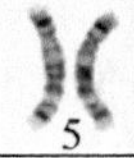 5	柯凯因综合征(ECRC8)，常染色体隐性遗传，身材矮小，早衰	17	卡纳万病，海绵样脑病，常染色体隐性遗传，严重的脑白质病及神经精神损害等
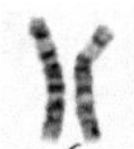 6	枫糖尿病(BCKDH)，常染色体隐性遗传，分支酮酸脱羟酶缺陷所致	18	遗传性出血性毛细血管扩张(MADH4)，常染色体显性遗传，毛细血管扩张导致出血
 7	囊性纤维化(CFTR)，常染色体隐性遗传，异常氯和钠转运；有慢性阻塞性肺部病变、胰腺外分泌功能不良和汗液电解质异常升高的特征	19	假性软骨发育不全(COMP)，常染色体显性遗传，一种矮小症
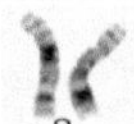 8	沃纳综合征(WRN)，常染色体隐性遗传，过早老化	20	克-雅病(朊病毒病)(PRNP)，常染色体显性遗传，导致神经退行性病变
 9	指甲-髌骨综合征(LMX1B)，常染色体显性遗传，指甲与膝盖软骨发育不良	21	卢伽雷氏病(SOD1)，常染色体显性遗传，进行性肌肉变性
 10	克鲁宗综合征(FGFR2)，常染色体显性遗传，颅骨骨缝和面部骨缝过早闭合以后，引起的颅骨和面部复合性畸形	22	2型神经纤维瘤(NF2)，常染色体显性遗传，神经系统的非癌性肿瘤
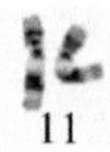 11	镰状细胞贫血(HBB)，常染色体隐性遗传，血红蛋白缺陷导致的红细胞形态和功能障碍	X	血友病(F8)，X连锁隐性遗传，凝血因子缺如
 12	苯丙酮尿症(PAH)，常染色体隐性遗传，苯丙氨酸代谢障碍，导致精神功能受损	Y	男性不育(USP9Y)，Y连锁，精子生成障碍

图 2-28　人类隐性单基因遗传疾病及其在染色体上的位置

图中显示了一些隐性单基因遗传病中突变基因在人类的 23 对染色体中的位置。每条染色体都有一个特征带型。X 和 Y 是性染色体（女性为 XX，男性为 XY）。与每种疾病相关的基因的信息显示在方框中

死亡，但主要是由于呼吸道感染。黏液可以用胸部按压器排出，肺部的感染可以用抗生素治疗。经过治疗，囊性纤维化患者可以活到成年。1989 年发现的囊性纤维化基因（和它的突变等位基因）是首个在 DNA 水平被分离的人类疾病基因之一。后来的研究最终揭示了这种疾病是由一个有缺陷的蛋白质造成的，这个蛋白质的作用是将氯离子跨细胞膜运输。该蛋白质缺陷改变了盐平衡，最终导致黏液的产生。对这类基因在患者及正常人中功能的最新了解能帮助人们更有效地治疗相关疾病。

人类的白化病也是一种典型的常染色体隐性遗传疾病。正常的等位基因可以正常合成皮肤、头发与视网膜中的黑色素，等位基因的突变使皮肤、头发与视网膜中无法形成黑色素产生白化（图 2-29）。

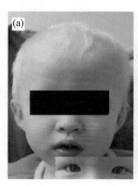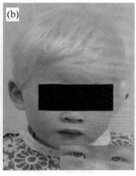

图 2-29　基因突变引发的白化病

图中白化是由非功能性的皮肤色素基因变异导致色素缺乏而产生的。在这种情况下，两个等位基因都发生了突变

关键点：在人类家系中，一个常染色体隐性基因控制的疾病通常是通过正常父母产生了患病的男性与女性后代所揭示的。

2.6.2　常染色体显性疾病

什么样的家系模式可以预测常染色体显性疾病？正常的等位基因是隐性的，缺陷的等位基因是显性的。看起来好像是矛盾的，罕见病可能是显性的，但请注意显性还是隐性是由杂合子中表现出的特性决定的，而不是根据其在人群中是否常见来定义的。一个典型的罕见显性单基因遗传的例子是假性软骨发育不全，其是矮小症的一种（图 2-30）。对这个基因来说，表型正常的人的基因型是 *d/d*，矮小表型是 *D/D* 或 *D/d*，但 *D/D* 基因型中，两 *D* 等位基因被认为会产生非常严重的影响，以至于这种基因型是致死的。如果这种说法是正确的，则所有矮小的个体都是杂合子。

在家系分析中，发现常染色体显性遗传疾病为孟德尔遗传模式的主要线索是这种表型往往出现在家系的每一代，受影响的父亲或母亲将表型传给儿子和女儿。并且，两种性别中有疾病后代的比例相似排除了通过性染色体遗传的可能。这种表型在每一代都有，一个个体所携带的非正常基因一定来源于一个前一代的父母辈（非正常等位基因也可以由突变引起，这种情况下出现的病变并不来源于父母）。一个典型的常染色体显性疾病的遗传模式见图 2-31。在此请注意，孟德尔比例在观察的家族中并不一定出现。与常染色体隐性疾病相同，一个人携带一个拷贝的罕见基因 A 的情况远比同时携带两个拷贝（A/A）常见，因此大部分患病个体是杂合子，显然，所有产生这种显性疾病的婚配方式是 $A/a \times a/a$。如果都是这种婚配的后代，则不患病个体（a/a）与患病个体（A/a）的比例为 $1:1$。

图 2-30　假性软骨发育不全表型

图中显示了一个人类假性软骨发育不全家族中的 5 个姐妹和两个兄弟。表型是由显性等位基因决定的，称为 D，该基因干扰了长骨的生长。这张照片是一家人在第二次世界大战结束后抵达以色列时拍摄的

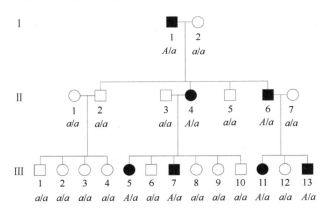

图 2-31　常染色体显性疾病的遗传模式

常染色体显性疾病由显性等位基因决定显性表型。在此系谱中，所有的基因型都被推断出来了

亨廷顿病也是由单个显性基因决定的性状。这种疾病是由神经系统退化引起的，患者会发生抽搐和过早死亡。民谣歌手伍迪·格思里患了亨廷顿病。这种疾病很不寻常，因为它出现的时间较晚，症状通常在人达到生育年龄后才出现（图 2-32）。当父母被诊断出这种疾病时，每个已经出生的孩子都有 50% 的机会遗传等位基因和相关疾病。这种悲剧性的模式激发了人们通过巨大的努力，去寻找方法来识别那些在发病前携带异常等位基因的人，现在有了分子诊断方法来识别携带亨廷顿病等位基

因的人。其他一些罕见的常染色体显性疾病有多指（趾）畸形（图 2-33）、斑驳病（piebaldism）（图 2-34）。

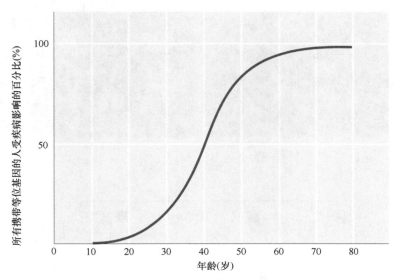

图 2-32　亨廷顿病的晚期发病
携带等位基因的人通常在达到生育年龄后才会患这种疾病

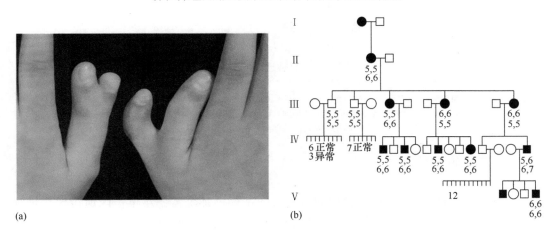

(a)　　　　　　　　　　　　　　　　　　(b)

图 2-33　多指（多趾）畸形
多指（多趾）畸形是人类手和脚的一种罕见的显性表型，(a) 多指（趾），以手指畸形、脚趾畸形或两者为特征，由等位基因 P 决定。(b) 系谱中的数字给出了手指数（上面一行数字）和脚趾数（下面一行数字）（注意 P 等位基因的差异表达）

关键点：孟德尔常染色体显性疾病的系谱显示在每一代中都有受影响的男性和女性，并且受影响的男性和女性将这种情况传递给他们的儿子和女儿的机会各半。

斑驳病不是白化病的一种，斑驳病患者的细胞有产生黑色素的潜力，但由于他们缺乏黑色素细胞，不能启动产生黑色素的程序。真正的白化病，患者细胞缺乏产生黑色素的细胞（斑驳病是一种原癌基因 *c-kit* 的突变产生的）。斑驳病是一种自愈性常染色体显性疾病。

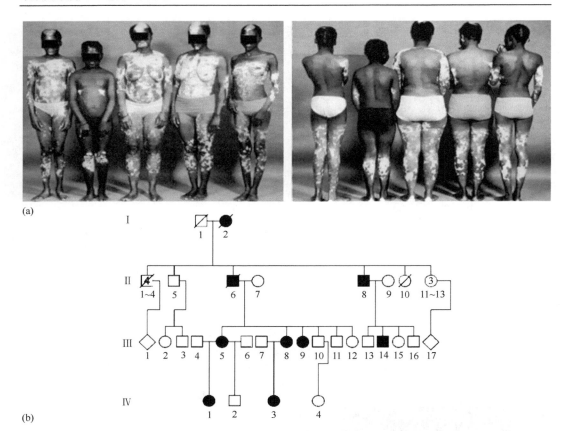

图 2-34 显性遗传的斑驳病

斑驳病是人类的一种显性罕见性状。这种表型零星地发生在各类人中，常在黑肤色人中显示。(a) 这些照片显示了家系（b）中患者IV-1、IV-3、III-5、III-8 和III-9 的前面和背面。注意家族成员中杂色基因表达的不同。这种情况被认为是在个体发育过程中，显性等位基因与黑色素细胞（产生黑色素的细胞）迁移相互作用产生的。前额上大片的白色火焰状花纹是一种特别的特性，常伴随着花白的头发

2.6.3 常染色体多态性基因

一种生物的群体中多态性表型的基因常按常染色体上孟德尔单基因遗传模式进行遗传。在许多人类遗传形态中二态（两种形态，是多态中最简单的）的情况比较常见：棕色和蓝色的眼睛、褐色和金色的头发、能够闻到香雪兰（一种芳香的花）香和无法闻到这种香味、美人尖（发际线呈"V"形）有或无、黏性耳垢和干燥耳垢、耳垂附着于面颊或游离。这些可遗传的相对性状都是由显性等位基因决定的。

对多态性性状的家系描述与罕见病有些不同，因为多态的情况更常见。我们来看一个有趣的例子。大多数人对化学物质苯硫脲（phenylthiocarbamide，PTC）的尝味能力有两种：一种是尝出苦涩的味道，另一种是完全尝不出味道。在图 2-35 的家系中，我们可以看出两个能品尝味道的人有时会生出无法品尝味道的孩子，这就说明控制可以尝味的等位基因是显性的，控制不能尝味的等位基因是隐性的。注意图 2-35 中，几乎所有结婚的人都是携带隐性等位基因的杂合子或纯合子。这样的家系与那些罕见常染色体隐

性疾病的家系不同，在那些家系中通常假设与家族成员结婚的个体是正常的纯合子。因为苯硫脲尝味等位基因在人群中常见，所以家系中结婚的家族成员至少携带一个这种隐性等位基因的情况就不奇怪了。

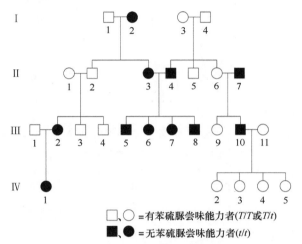

　　□、○=有苯硫脲尝味能力者(T/T或T/t)
　　■、●=无苯硫脲尝味能力者(t/t)

图 2-35　二态基因（苯硫脲尝味能力）的遗传家系

　　多态性是一种有趣的遗传学现象。群体遗传学家很惊讶地发现动植物群体中自然存在如此多的多态性。尽管遗传学上的多态性简单明了，但是只有很少的一部分多态性能充分地解释不同形态同时存在的原因。多态性在遗传学分析的各个层次都广泛存在，甚至在 DNA 水平。在 DNA 水平检测到的多态性称为遗传标记，可帮助遗传学家寻找了解复杂生物染色体的方式。这部分内容在第 4 章详细叙述。多态性的种群和进化遗传学在第 18 章和第 19 章论述。

　　关键点：动植物群体（包括人类）的多态性非常普遍，多态性状的遗传模式与单基因的遗传模式相同。

2.6.4　X 连锁的隐性疾病

　　让我们看看由位于 X 染色体上罕见的隐性等位基因造成的疾病。这类典型家系显示下列特性。

　　1）男性患者多于女性。原因是只有女性的父亲和母亲都携带致病等位基因时，她才会表现出疾病表型（如父母分别为 $X^A X^a$ 和 $X^a Y$），而男性只要母亲携带这种等位基因，他就可能会具有这种患病表型。如果这种隐性等位基因罕见，那么所有患者可能均为男性。

　　2）患病男性的后代均不患病，但他所有的女儿都是携带者，是携带这种被掩盖的隐性基因的杂合子。在下一代，携带者女儿的儿子有一半会出现这种表型（图 2-36）。

　　3）患病男性的儿子均不患病，他们也不会将这种情况传递给下一代。这种缺乏男性遗传的背后原因是儿子仅可以从他的父亲那里获得一条 Y 染色体，而不能从父亲处再获得一条 X 染色体。男男遗传模式，是用来诊断常染色体遗传疾病的有用线索。

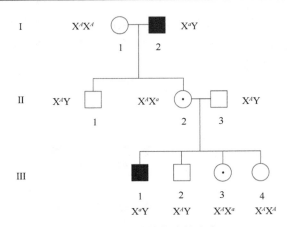

图 2-36 X 连锁的隐性疾病

通常情况下，X 连锁的隐性等位基因仅在男性中表达。这些等位基因由下一代的女儿携带而不表达，在下下代儿子身上再次表达出来。注意III-3 和III-4 不能区分表型

在分析罕见 X 连锁的隐性疾病家系时，一个不知道基因型的女性若要被认定为纯合子，就必须有非常清楚的排除证据。

人们比较熟悉的 X 连锁的隐性疾病是红绿色盲。红绿色盲的人无法分辨绿色与红色。人们已经从分子水平认识了控制颜色视觉的基因。颜色视觉的产生基础是视网膜上的 3 种不同锥细胞，分别对红色、绿色和蓝色波长敏感。决定红色与绿色视觉的基因位于 X 染色体上，红绿色盲的人这两个基因其中一个发生了突变，像其他 X 连锁隐性疾病一样，男性患病多于女性。

另一个熟悉的例子是血友病（凝血障碍）。凝血过程中有许多蛋白质参与，血友病最常见的原因是凝血因子Ⅷ失活。一个著名的血友病系谱是欧洲皇室相互联姻的系谱（图 2-37）。系谱中血友病可能来源于维多利亚女王父母或者她本人生殖细胞一个偶然的突变。

进行性假肥大性肌营养不良是一种致死的 X 连锁的隐性疾病，表现为肌肉的消瘦和萎缩。一般在 6 岁发病，12 岁需要坐轮椅并在 20 岁死亡。控制这个病的基因无法正确编码一种抗肌肉营养不良蛋白而致病，这一认知有助于我们更好地理解疾病的生理情况，并为最终的治疗带来了希望。

睾丸女性化综合征是一种罕见的 X 连锁的隐性疾病，研究认为，该疾病是因为性别发育受到影响，男性发病率为 1/65 000。这种患者具有男性的染色体，44 条常染色体，加上 X 染色体和 Y 染色体，但他们发育为女性。他们有女性的外生殖器，不完全的阴道，没有子宫。睾丸可能存在于阴唇或腹部。尽管许多人结婚，但都不育。这种病症不能通过雄激素治疗，有时又称为雄激素不敏感综合征。这种不敏感的原因是雄激素受体基因突变，产生了没有活性的雄激素受体，雄激素不能作用于靶器官而产生女性化表型。

2.6.5 X 连锁的显性疾病

图 2-38 所示的系谱中 X 连锁的显性疾病的遗传模式显示出下列特征。

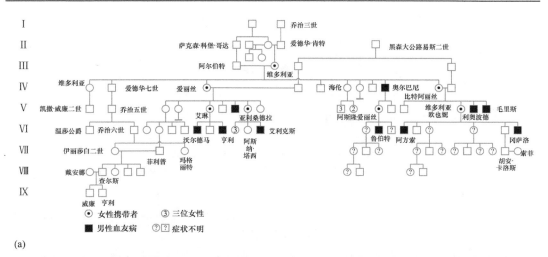

图 2-37　欧洲皇室血友病的遗传

欧洲皇室家族 X 连锁的隐性疾病血友病的系谱。血友病（凝血障碍）可能来源于维多利亚女王父母或她本人的一个生殖细胞突变。血友病基因通过联姻蔓延到其他皇室家族。（a）系谱显示患病男性和携带者女性（杂合子）。为了简化，大部分加入家族的配偶从系谱中省略了。你能推断出现在英国皇室家族携带隐性等位基因的成员吗？（b）维多利亚女王被她的子孙后代围绕的图画

1）患病男性将他们的疾病遗传给所有的女儿但不遗传给儿子。

2）杂合子患病女性与正常男性结婚将症状遗传给儿子与女儿的概率是 50%。

这种遗传的模式不常见，一个例子是低磷酸盐血症，另一个例子是维生素 D 抵抗的佝偻病。一些低磷酸盐血症的症状（过多的体毛与面部多毛）显示 X 连锁的显性遗传。

2.6.6　Y 连锁遗传

男性之间遗传的基因位于人类 Y 染色体的特异区段，基因只能在父亲和儿子之间遗

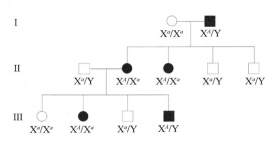

图 2-38　X 连锁的显性疾病的遗传模式

X 连锁显性表型的男性的所有女儿都表现显性疾病表型。女性杂合的 X 连锁的显性等位基因会将这种表型遗传给一半的儿子和一半的女儿

传。对男性化起首要作用的是 *SRY* 基因，又称为睾丸决定因子（testis-determining factor）。基因组分析确定了 *SRY* 基因位于 Y 染色体的特异区段。因此，与男性化相关的基因 Y 连锁，并显示出了预期的绝对男男相传模式。一些男性不育是由于 Y 染色体上含有精子激活基因的区段缺失。男性不育不遗传，但有趣的是，这些男性的父亲有正常的 Y 染色体，显示这些缺失是新发生的。

没有合适的例子说明与性别无关的变异与 Y 染色体相关，毛耳缘（图 2-39）被推测是有可能的，但仍有争议。这种表型在大多数国家罕见，但在印度却常见。在一些家族，毛耳缘只在父子之间传递。

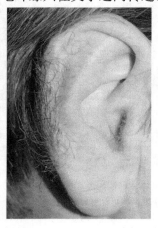

图 2-39　毛耳缘——Y 连锁的性状表型

毛耳缘被认为是由 Y 连锁的等位基因突变引起的

关键点：依据男性与女性不对等的遗传模式可以认定基因与性染色体有关。

2.6.7　家系分析中计算患病风险

当知道了一个家族中有单基因遗传疾病时，可以用基因遗传模式的知识来预测父母生孩子患病的可能性。举例来说，某夫妇各有一个患泰-萨二氏病的叔叔。泰-萨二氏病是一种严重致死的常染色体隐性疾病，患病的原因是己糖胺酶 A（hexosaminidase A）失活。这种障碍导致神经细胞中脂肪堆积，造成患者瘫痪及早期死亡。家系图如图 2-40 所示。

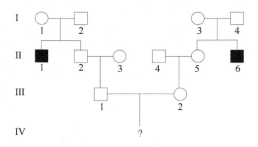

图 2-40　患泰-萨二氏病家族系谱

这对夫妇III-1 和III-2 的第一个孩子患泰-萨二氏病的可能性可以按下列方式计算。因为夫妇双方都不患病，所以只能是正常纯合子或杂合子。如果二者都是杂合子，就有机会将隐性基因传递给孩子，孩子才可能患病。因此，我们必须计算他们二者都是杂合子的概率，以及将基因传递给孩子的概率。

1）丈夫的祖父母必须都是杂合子（T/t），因为他们生下了一个 t/t 的孩子（丈夫的叔叔）。因此，他们是典型的单基因杂合模式。丈夫的父亲一定是 T/T 或 T/t，在 3/4 的正常后代中相对的基因型概率分别是 1/4 或 1/2（单基因杂交后代的比例是 $1/4T/T$、$2/4T/t$、$1/4t/t$），因此，父亲是杂合子的概率是 2/3（杂合子占正常表型的比例是 2/4 除以 3/4）。

2）由于丈夫的母亲嫁进了这个具有罕见病致病等位基因的家庭，因此可以假设丈夫的母亲的基因型是 T/T。再假设丈夫的父亲的基因型是 T/t，那么二人婚配即为 T/T × T/t，并且后代的基因型比例（包括这位丈夫）就应该是 $1/2T/T$、$1/2T/t$。

3）丈夫是杂合子的概率应该用统计学上的乘法定律来计算。

乘法定律的内容为：两个独立事件同时发生的概率为它们单独发生概率的乘积。

基因在世代之间传递是独立事件，我们可以计算丈夫为杂合子的概率是他父亲为杂合子的概率（2/3）乘以他父亲生出杂合子儿子（1/2）的概率，即 2/3×1/2=1/3。

4）同样地，妻子为杂合子的概率也是 1/3。

5）如果他们都是杂合子（T/t），他们的婚配形成一个标准的单基因杂交模式，因此他们生出一个 t/t 孩子的概率为 1/4。

6）总结起来，如果这对夫妇生出一个患病孩子，则双方均为杂合子，并且同时将隐性缺陷等位基因传递给孩子。这些事件都是独立的，因此，我们可以计算总的概率为 1/3×1/3×1/4=1/36。也就是说，他们有 1/36 的概率生出一个患泰-萨二氏病的孩子。

在一些犹太人的社区，泰-萨二氏病的等位基因在人群中并不罕见。这种情况下，其他人群中的人与这些社区的人结婚，都可以视作正常人（如丈夫的母亲和妻子的父亲），但他们的基因型也不能完全看作是 T/T。若已知这个社区人群中 T/t 杂合子的概率，就应该将这一概率按乘法定律计算出丈夫与妻子为杂合子的概率，而不能直接计算丈夫的母亲和妻子的父亲 T/t 杂合子的概率。现在已经有了诊断泰-萨二氏病的分子检测方法，这些检测方法的应用已经大大降低了一些社区中泰-萨二氏病的发病率。

总　　结

在体细胞分裂中，基因组通过有丝分裂进行遗传物质的传递。在这个过程中，每条染色体复制为一对染色体，然后再分开到细胞两端，形成两个子细胞（有丝分裂在二倍体或单倍体中都可发生）。在生殖细胞发生的减数分裂中，每条染色体复制为一个二价体，然后两个二价体配对形成一个四分体，并在两次细胞分裂中分离。结果是形成四个单倍体细胞或配子。减数分裂只能在二倍体细胞中发生，因此单倍体生物通过结合形成一个二倍体的性母细胞来完成生活周期中有性生殖的部分。

用手指代替染色体，按照图 2-41 显示的方式进行变动，很容易记住减数分裂的过程。

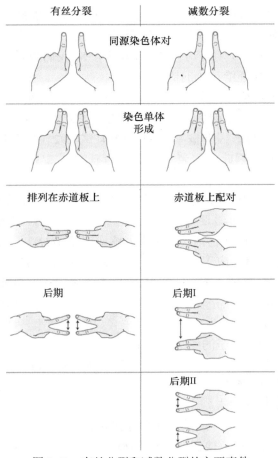

图 2-41　有丝分裂和减数分裂的主要事件

　　遗传剖析一个生物学特性是从得到突变体开始的。每个突变体都必须被检测是否为单基因遗传。这个遗传剖析的过程从孟德尔时代到如今基本没有改变，孟德尔分析更注重表型分析。这种分析建立在杂交后观察后代一个特殊表型的比例基础之上。一种典型的情况是，$A/A \times a/a$ 产生 F_1 代，F_1 代均为 A/a，当 F_1 代自交或 F_1 代个体之间杂交时，在 F_2 代就产生了 $1/4\ A/A：1/2\ A/a：1/4\ a/a$ 的基因型比例。表型比例为 $3/4\ A/-：1/4\ a/a$。这三种基因型是纯合显性、杂合（单因子杂合）以及纯合隐性。如果一个 A/a 个体与一个 a/a 个体杂交（测交），则后代出现 $1：1$ 的比例。这种 $1：1$、$1：3$ 和 $1：2：1$ 的比例起源于等量分离规律，是因为 A/a 减数分裂形成 $1/2A$ 和 $1/2a$。细胞水平上的等位基因的等量分离基于减数分裂过程中同源染色体的分离。单倍体的真菌可用于显示有丝分裂中单基因的等量分离（子囊中 $1：1$ 的比例）。

　　减数分裂过程中染色体产生的分子基础是 DNA 复制。减数分裂中染色体的分离可以在分子水平直接观察到，染色体分离的分子力是解聚作用和附着在染色体着丝粒上的微管蛋白缩短。在二倍体生物中，隐性突变常发生在单倍功能充足的基因上，而显性突变常发生在单倍功能不足的基因上。

对于许多生物，性别是由性染色体的类型决定的，一般 XX 是雌性，XY 是雄性。X 染色体上的基因在 Y 染色体上没有相对应的等位基因，并且在两性别个体中表现不同的单基因遗传模式，常在雄性后代与雌性后代中显示不同的比例。

孟德尔单基因分离规律对于鉴别许多人类疾病的突变基因很有用。对系谱进行分析可以揭示常染色体或 X 连锁的显性或隐性疾病。在应用孟德尔遗传学时应当特别注意的是人类后代的数量少，在大型样本中应该出现的典型表型比例在人类中不一定出现。如果已知一个家系中存在单基因遗传的疾病，利用孟德尔单基因分离规律可以预测孩子患遗传疾病的可能性。

（方心葵）

练　习　题

一、例题

例题 1　两个纯系 A 和 B 兔子杂交，A 系为雄性，B 系为雌性，F_1 代个体之间杂交产生 F_2 代。3/4 的 F_2 代兔子是白色皮下脂肪，1/4 是黄色皮下脂肪。接着，检测 F_1 个体发现是白色皮下脂肪。几年后，人们试图用相同的 A 系雄性和 B 系雌性重复这个实验。这时，F_1 代和 F_2 代（22 只）都是白色皮下脂肪。与原始实验相比，唯一不同的是原始实验给兔子饲喂的是新鲜蔬菜，而重复实验饲喂的是商业性的兔粮。解释实验结果并检验你的想法。

参考答案：起初实验完成后，实验者完全判断并假设决定白色与黄色皮下脂肪的是一对等位基因，因为数据明显与孟德尔的豌豆实验结果相一致。白色为显性，用 W 表示，黄色为 w。结果可以表达如下。

P　　　　　　　$W/W \times w/w$
F_1　　　　　　W/w
F_2　　　　　　$1/4\,W/W$
　　　　　　　　$1/2\,W/w$
　　　　　　　　$1/4\,w/w$

毫无疑问，如果将亲本兔子宰杀后，一个亲本为白色皮下脂肪，另一个为黄色皮下脂肪。幸运的是亲本兔子没有被宰杀，而是重新进行了杂交，导致了一个非常有趣的不同实验结果。在科学实验中，出乎意料的观察结果可能引出一个新的理论，而不是转向别的情况，对这种不一致的实验结果的解释是非常有用的。因此，为什么 3∶1 的比例消失了？这里对原因做了些解释。

第一，可能亲本动物的基因型发生了变化。这种偶然的变化会影响整个动物，或至少是性腺，这种情况不太可能，因为常识告诉我们，有机体趋向于保持稳定。

第二，在重复实验中，F_2 代中的 22 只兔子没有出现任何含有黄色皮下脂肪的情况（所谓的坏运气），因为样品含量足够多，抽样误差的情况不可能存在。

第三，基于基因不会在真空中起作用的原理，它们的作用受到环境的影响。因此"基因型+环境=表型"是个有用的公式。用公式可以推导出下列必然的结果，基因在不同环境中的作用不同。因此，基因型1+环境1=表型1，基因型1+环境2=表型2。

我们的问题中，不同的饮食构成了不同的环境，因此对这个结果一个可能的解释是隐性纯合子 w/w 只有在饲喂新鲜蔬菜时才会产生黄色皮下脂肪。这个结果是可以验证的。一种验证的方法是用新鲜蔬菜作为食物重新进行实验。但亲本可能已经死亡。另一种方便的方法是继续用 F_2 代个体进行育种。根据原始实验，它们中的一部分个体是杂合子，如果它们的后代用新鲜蔬菜饲喂，黄色皮下脂肪应该显示出孟德尔比例。例如，如果 W/w 与 w/w 杂交，后代应该有1/2的白色皮下脂肪，1/2的黄色皮下脂肪。

如果结果不是这样，后代中没有黄色皮下脂肪，就会回到第一、二个解释。第二个解释可以用增大样本的数量进行检验，如果解释不成功，则只剩下第一个解释，但第一个解释很难检验。

就像你可能猜测的那样，实际上，食物是主要原因。具体细节完美地说明了环境的影响。新鲜蔬菜含有黄色物质，称为叶黄素，显性等位基因 W 赋予兔子一种能力，可以分解这种物质，从而显示白色；然而 w/w 兔子缺乏这种能力，叶黄素在皮下脂肪中沉积显示黄色。饲料中不含叶黄素，$W/–$ 和 w/w 两种兔子都会形成白色脂肪。

例题2 苯丙酮尿症（PKU）是一种人类的遗传病，患者无法处理从食物中摄取的苯丙氨酸。PKU 患者在幼儿时发病，如果不治疗，一般会精神发育迟滞。PKU 是由一个简单的孟德尔隐性等位基因控制的。一对夫妇想生孩子，但丈夫有一个患 PKU 的姐妹，妻子有一个患 PKU 的兄弟，家族中没有其他人患病，他们询问遗传学专家他们第一个孩子患病的概率有多大？

参考答案： 我们把导致 PKU 的等位基因定为 p，相对应的正常等位基因为 P，则这对夫妇患病的姐妹和兄弟一定是 p/p。若产生患病的后代，则该夫妇的父母应该都是杂合子。系谱可以总结如下：

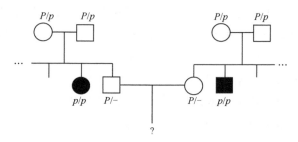

做出这样的推论后，就可用乘法定律来解决问题。这对夫妇生育一个 PKU 孩子的

唯一可能就是双方均为杂合子（他们的表型均正常）。孩子的祖父母辈的婚配是简单的单因子个体杂交，会产生如下比例的后代：

这对夫妇均表现正常，因此他们为杂合子的概率均为 2/3，因为，在 *P*/– 类别中，2/3 是 *P*/*p*，1/3 是 *P*/*P*。该夫妇同时是杂合子的概率是 2/3×2/3=4/9。如果该夫妇均为杂合子，他们的后代中有 1/4 的概率为 PKU，因此他们第一个孩子为 PKU 的概率是父母为杂合子的概率及他们孩子为 PKU 概率的乘积，即 4/9×1/4=1/9。

例题3 在一个家族中发现一种罕见病，家族发病的情况见下列系谱。

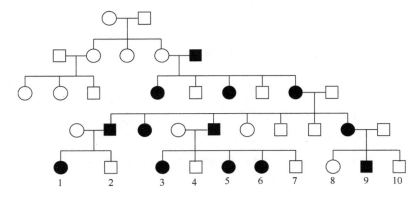

a. 判断疾病遗传的方式。

b. 系谱中下列表兄妹之间结婚的结果怎样？1×9、1×4、2×3 和 2×8

参考答案： a. 最可能是 X 连锁的显性疾病。我们假定患病的表型是显性，由第二代的男性带入系谱，并在各个世代中显现。我们假定表型为 X 连锁是因为父亲没有将疾病传递给儿子。如果是常染色体显性，则父亲到儿子的传递会很常见。

理论上，常染色体隐性疾病也会遗传给后代，但这里是不可能的。需要特别注意的是，家族中患病个体与家族外正常个体的婚配，如果是常染色体隐性疾病，只有与家族成员结婚的家族外个体是杂合子，后代中才会出现患病个体，婚配的类型为 *a*/*a* × *A*/*a*，但我们被告知疾病是罕见病，在这种情况下杂合子的情况不多见。X 连锁的隐性遗传也不可能，因为患病女性与正常男性不会生出患病的女儿。因此我们用 *A* 表示患病等位基因，*a* 表示正常等位基因。

b. 1×9：成员 1 一定是杂合子 *A*/*a*，因为她一定是从她正常的母亲那里获得了一个 *a*。成员 9 一定是 *A*/Y，因此，婚配组合为 *A*/*a* ♀ × *A*/Y ♂。

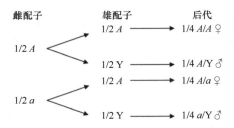

1 × 4：婚配组合为 A/a ♀ × a/Y ♂

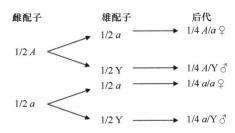

2 × 3：婚配组合为 a/Y ♂ × A/a ♀（与 1 × 4 后代情况相同）。

2 × 8：婚配组合为 a/Y ♂ × a/a ♀（所有的后代都正常）。

二、看图回答问题

1. 在图 2-5（a）中，红色箭头显示 F_1 代单个花的自花授粉。如果两个不同的 F_1 代植株异花授粉，产生的 F_2 代是否也是同样的结果？

2. 在图 2-5（b）中，植株显示 11：11 的比例，你认为是否可能发现在一个豆荚中都是黄色种子或都是绿色种子，请解释。

3. 陈述表 2-1 中的 7 种隐性表型。

4. 考虑图 2-15，可以用"配对-复制-分离-分离"来描述减数分裂吗？

5. 指出图 2-15 中所有的二价体、二分体和四分体。

6. 在图 2-15 中，假定（在玉米中）A 等位基因编码花粉中的淀粉，而 a 不能，碘溶液可以将淀粉染成黑色，你怎样用这个系统证明孟德尔第一定律？

7. 根据图 2-17，如果你有一个双突变体 $m3/m3m5/m5$，你能期望表型突变体吗？（这个品系在同一编码序列将有两个突变位点）

8. 如果你假定图 2-21 也应用于小鼠，给雄性精子照射 X 射线（可灭活基因），为了获得一个睾丸决定基因失活的个体，你应该寻找什么样的后代？

9. 参考图 2-22，在黑腹果蝇生活史的哪个阶段可以发现减数分裂的产物？

10. 在图 2-24 中，左下角方格中 3：1 的比例与孟德尔的 3：1 比例有何不同？

11. 在图 2-27 中，假定这是一个小鼠的系谱，可做任何杂交，如果你将Ⅳ-1 与Ⅳ-3 杂交，后代中出现隐性性状个体的概率是多少？

12. 在图 2-31 中，哪部分系谱很好地证明了孟德尔第一定律？

13. 图 2-38 中的系谱可以解释常染色体显性疾病吗？请解释。

三、基础知识问答

14. 名词解释：染色体、基因、基因组。

15. 豌豆（*Pisum sativum*）是二倍体，2n=14，真菌链孢霉为单倍体，n=7，如果你分离了这两种生物的基因组 DNA，并用电泳的方式按分子大小来区分，两个物种的 DNA 条带分别可以看到几条？

16. 蚕豆（*Vicia faba*）是二倍体，2n=18。每条染色体约含 4m 长的 DNA，在有丝分裂中期，染色体的平均长度为 13μm，DNA 在中期的平均包装比（包装比=染色体长度/DNA 分子的长度）是多少？这种包装是如何实现的？

17. 如果我们将每个基因组 DNA 的量称为 "x"，命名二倍体生物每个细胞中的 DNA 含量：a. x　　b. $2x$　　c. $4x$

18. 说出有丝分裂的主要功能。

19. 说出减数分裂的两个主要功能。

20. 设计一个不同的核分裂，可以得到与减数分裂相同的结果。

21. 在未来某种可能情况下，雄性的生育率为零，幸运的是，科学家发明了一种女性处女生宝宝的方法，卵母细胞不经过减数分裂，直接转化为受精卵，用常规方法植入子宫，对社会产生的短期和长期影响有哪些？

22. 减数分裂的第二次分裂与有丝分裂的区别是什么？

23. 用概略图的方式来记忆减数分裂 I 的 5 个时相及有丝分裂的 4 个时相。

24. 为了简化减数分裂过程，疯狂的科学家发展出一种系统，其可以阻止细胞进入减数分裂前的 S 期，细胞只进行一次分裂，包括染色体配对、交换和分离。如果这个系统成功，那么产物与现有的系统有何不同？

25. 西奥多·博威伊说过：细胞核没有分裂，其实已经分裂了，他得到了什么启示？

26. 弗朗西斯·高尔顿是一位孟德尔时代的遗传学家，他认为我们的遗传物质分别来源于父母的一半，1/4 来源于祖父母，1/8 来源于曾祖父母，以此类推，说法正确吗？请解释。

27. 如果孩子的基因均来源于他的父母的各一半，为什么同胞之间会有差别？

28. 分别叙述蕨类、苔藓、开花植物、松树、蘑菇、青蛙、蝴蝶和蜗牛的哪些细胞发生有丝分裂，哪些细胞发生减数分裂。

29. 人类的正常细胞有 46 条染色体，在下列细胞时期，描述细胞核中 DNA 分子数：

a. 有丝分裂中期

b. 减数分裂 I 中期

c. 有丝分裂末期

d. 减数分裂 I 末期

e. 减数分裂 II 末期

30. 下列事件发生在减数分裂和有丝分裂，但只有一个属于减数分裂，是哪一个？① 染色体形成；②纺锤丝形成；③染色质浓缩；④染色体移动到两极；⑤联会。

31. 在玉米中，等位基因 f' 引起粉状胚乳，等位基因 f'' 引起坚硬胚乳。$f'/f'♀ × f''/f''♂$ 的后代中都是粉状胚乳，但在反交中，后代都是坚硬胚乳。可能的解释是什么？

32. 孟德尔第一定律的内容是什么？

33. 如果你有一只果蝇，性状表型为 A，如何检测果蝇的基因型是 A/A 还是 A/a？

34. 在检查有大量酵母克隆的培养皿时，遗传学家发现了一个很小的不正常的克隆，将小克隆与正常克隆杂交后，将杂交产物铺到另一块板上，结果有 188 个正常克隆和 180 个小克隆。

a. 从结果中我们可以得出小克隆表型具有什么遗传特性？

b. 杂交的子囊应该是什么样的？

35. 两只黑色的豚鼠交配，几年后产生了 29 只黑色后代和 9 只白色后代，解释这个结果，并给出亲本和后代的基因型。

36. 一种真菌有 4 个子囊孢子，一个突变的等位基因 lys-5 产生白色子囊孢子，而野生型 lys-5$^+$ 产生黑色的子囊孢子（子囊孢子是有丝分裂产生的 4 个产物）。画出下列杂交的一个子囊孢子。

a. lys-5 × lys-5$^+$
b. lys-5 × lys-5
c. lys-5$^+$ × lys-5$^+$

37. 对一个二倍体生物的特定基因，8 个单位蛋白质产物有正常的功能，每个野生型等位基因产生 5 个单位。

a. 如果产生一个无效突变等位基因，你认为这个等位基因是显性还是隐性。

b. 做出什么样的假设才能解释 a 的情况？

38. 一个位于平皿边缘的链孢霉克隆比正常克隆稀疏，这个克隆被认为可能是一个突变体，将克隆转移并与野生克隆杂交，获得了 100 个后代克隆，均不表现稀疏，都看起来正常。这个结果最简单的解释是什么？怎样检验这个解释？（注意链孢霉是单倍体）

39. 大量筛选大锦龙花(Collinsia grandiflora)可以发现一种少见的 3 个子叶的变种，该变种与正常纯种的野生型杂交后，获得了 600 粒种子，这些种子种植后有 298 棵产生 2 个子叶，302 棵产生 3 个子叶。对该遗传现象可以做出什么样的推断？用基因符号来解释你的推断。

40. 遗传学家对拟南芥（Arabidopsis thaliana）的表皮毛状物的发育感兴趣。通过大量筛选，获得了两个表皮无毛的突变植株（A 和 B），如果有毛与无毛突变性状为单基因遗传，对表皮毛的发育有研究价值。两种植株分别与野生型杂交，F$_1$ 代中均有正常的野生型，当 F$_1$ 代植株自交后，F$_2$ 代的结果如下：

从突变体 A 得到的 F_2：602 株正常，198 株有毛

从突变体 B 得到的 F_2：267 株正常，93 株有毛

a. 这些结果说明了什么？用所有植株的基因型进行回答。

b. 在你对 a 进行回答时，能预测突变体 A 和 B 杂交后的 F_1 代表型吗？

41. 你有三个骰子，一个红色（R），一个绿色（G），一个蓝色（B），三个骰子一起抛出，计算下列结果的概率：

a. 6（R）、6（G）、6（B）

b. 6（R）、5（G）、6（B）

c. 6（R）、5（G）、4（B）

d. 没有 6

e. 所有骰子数字不同

42. 在下列系谱中，黑色符号表示一种罕见的血液疾病。如果没有其他信息，你认为这种疾病是显性遗传还是隐性遗传？说出你的理由。

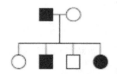

43. a. 能尝出化学物质苯硫脲是一种常染色体显性表型，不能尝出的是隐性。如果女性可品尝者与一位不能品尝的男性结婚，男性前面的婚姻有一个不能品尝的女儿，这个婚姻出生的孩子将是：

（1）一个不能品尝的女孩儿

（2）一个可以品尝的女孩儿

（3）一个可以品尝的男孩儿

b. 他们的第二个孩子品尝的情况及性别怎样？

44. 约翰与玛莎想要一个孩子，但约翰的兄弟患有半乳糖血症（一种常染色体隐性疾病），玛莎的曾祖母也有半乳糖血症。玛莎有一个姐妹，其有三个孩子，都没有此病，约翰与玛莎的第一个孩子患半乳糖血症的概率是多少？

（1）这个问题可以用系谱来描述吗？如果可以，将系谱画出。

（2）这个问题可以用旁纳特方格表示吗？

（3）这个问题可以用分支图来表示吗？

（4）在系谱中，鉴别出一个符合孟德尔第一定律的婚配。

（5）定义问题中涉及的所有名词，并寻找你不确定的其他名词。

（6）要回答这个问题应该做哪些假设？为什么？

（7）哪个没有提到的家族成员必须要考虑？为什么？

（8）会涉及哪些统计学定律？这些定律在什么情况下用？这种情况有什么问题？

（9）关于人群中常染色体隐性疾病的两个概括是什么？

（10）罕见病的表型与系谱分析的关联是什么？从这个问题我们能推断出什么？

（11）在这个家族中，谁的基因型是确定的，谁的不确定？

（12）约翰这边的系谱与玛莎那边的系谱有什么不同？这种不同怎样影响了你的计算？

（13）问题中有什么无关紧要的信息？

（14）解决类似问题与成功解决此问题的相同方法是什么，不同的方法是什么？

（15）你能基于这个问题中人类的困境编一个小故事吗？

现在努力解决这个问题，如果不行，试着找出难点，用一两句话描述你的困难。然后返回扩展问题，看看是否与你的难点相关？

45. 正常荷斯坦牛是黑白花。一个农民卖掉一头优秀的黑白花公牛——查理，价格是 10 000 美元。查理繁殖的后代都是正常外形。然而，它的一对后代，近交后产生了红白花表型，比例是 25%。查理随后从育种名单中被去除。用符号来解释原因。

46. 一对夫妻都是隐性疾病白化病的杂合子，如果他们有一对异卵双生的双胞胎，双胞胎都有色素沉着表型的概率是多少？

47. 植物蓝眼玫瑰生长在加拿大不列颠哥伦比亚省的温哥华岛。有的植株叶片上有二态性的紫色斑块，有的植株没有。靠近加拿大纳奈莫，生长着叶片有斑块的植株，这个植株还没有开花，被挖出并带到了实验室，进行自交，收集种子并种植。对后代叶片进行了随机选择，并显示在下图。

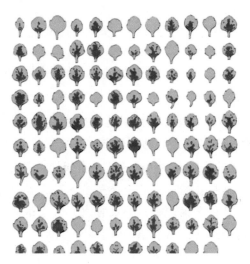

a. 推导出一个遗传假设来解释这个结果。用符号来表示各种类群的基因型。

b. 你怎样检测你的假设？

48. 是否能证明一个动物不携带一个隐性的等位基因？详细解释说明。

49. 自然界中，植物短刺海雀（*Plectritis congesta*）的果实是二态性的，即无翅果或有翅果，如图所示。

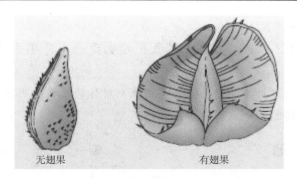

无翅果　　　　　　　　　有翅果

从自然界收集开花前的植物，并杂交或自交，获得了如下结果。

授粉类型	后代数目	
	有翅	无翅
有翅（自花授粉）	91	1*
有翅（自花授粉）	90	30
无翅（自花授粉）	4*	80
有翅×无翅	161	0
有翅×无翅	29	31
有翅×无翅	46	0
有翅×有翅	44	0

*可能产生了一个无法用遗传学知识解释的结果

　　解释这些结果，并用符号导出这种果型表现的遗传模式。如何解释表格中带星号的表型？

50. 下面系谱中表现的是一种罕见的与湿度相关的皮肤遗传病。

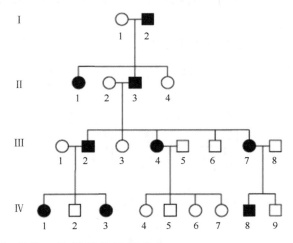

a. 这种疾病如何遗传？请解释你的答案。

b. 给出系谱中个体的基因型（用你自己给出的等位基因符号）。

c. 考虑Ⅲ-4和Ⅲ-5夫妻的4个未患病子女。在已知父母基因型的情况下，4个孩子都不患病的概率是多少?

51. 在下面 4 个人类的系谱中,黑色符号表示一个简单孟德尔模式的非正常表型。

a. 叙述每个系谱中的疾病是显性还是隐性? 对你的答案进行推理。

b. 尽可能多地描述每个系谱中个体的基因型。

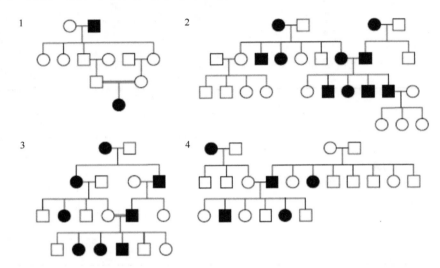

52. 泰-萨二氏病是一种罕见的人类疾病,由有毒物质在神经细胞中的沉积引起。这种隐性等位基因控制的疾病属于孟德尔简单遗传。一位女性计划与其表兄结婚,但这对夫妇发现他们共同的祖父的姐妹在幼儿时期就死于泰-萨二氏病。

a. 画出相关的系谱,并尽可能地指出所有人的基因型。

b. 这对表兄妹的第一个孩子患泰-萨二氏病的概率是多少(假设与这个家族结婚的人都是正常的纯合子)?

53. 下列系谱表示一种罕见的肾脏疾病。

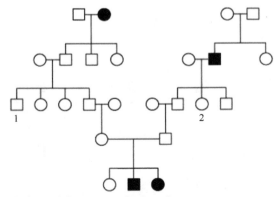

a. 推断这种情况的遗传模式,叙述你的理由。

b. 如果个体 1 和 2 结婚,那么他们的第一个孩子患有这种肾脏疾病的概率是多少？

54. 亨廷顿病是一种后发的神经系统疾病，在相关的系谱中，斜杠表示家族中已经死亡的个体。

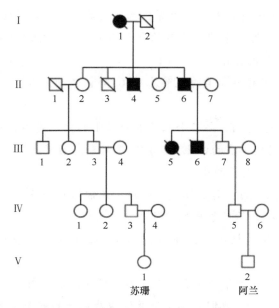

a. 该系谱与本章中描述的亨廷顿病的遗传模式是否相同？

b. 考虑一下系谱中两个分支的新生儿，苏珊和阿兰，研究一下图 2-32，形成关于他们是否会发展成亨廷顿病的观点与看法（假设孩子的父母为 25 岁）。

55. 考虑下面系谱中表现的常染色体隐性疾病——PKU。

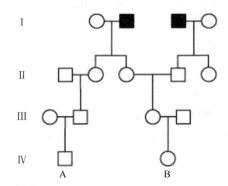

a. 尽可能多地列出家族成员的基因型。

b. 如果 A 和 B 结婚，他们第一个孩子患 PKU 的概率是多少？

c. 如果他们的第一个孩子正常，第二个孩子患 PKU 的概率是多少？

d. 如果第一个孩子患病，第二个孩子患病的概率是多少？

（假设所有与家族结婚的个体都缺乏不正常的等位基因）

56. 一个男性是黏附耳垂，而他的妻子是游离耳垂，他们的第一个孩子是男孩，并且黏附耳垂。

　　a. 如果这个表型受一对等位基因控制，这个基因是否是 X 染色体连锁？

　　b. 能否肯定黏附耳垂是显性还是隐性？

　　57. 囊性纤维化是一种罕见的隐性等位基因决定的孟德尔遗传疾病，一个父亲患病但本人表现正常的男性娶了家族外正常的女子为妻。这对夫妇想生一个孩子。

　　a. 画出尽可能详尽的系谱。

　　b. 如果这个群体中的杂合子的概率是 1/50，那么这对夫妻第一个孩子患病的概率是多少？

　　c. 如果第一个孩子患病，第二个孩子表现正常的概率是多少？

　　58. 等位基因 c 引起小鼠的白化（C 控制正常毛色为黑色）。杂交组合 $C/c \times c/c$ 产生了 10 个后代，其中黑色毛色的比例是多少？

　　59. 一个隐性等位基因 s 引起果蝇的小翅，正常翅的等位基因为 s^+，这个基因是 X 连锁遗传。如果一个小翅雄性与野生雌性杂交，后代 F_1 中雌雄个体正常与小翅的比例是多少？如果 F_1 代的果蝇相互交配，F_2 代中各表型的比例是多少？如果 F_1 代雌性回交，F_2 代中各表型的比例如何？

　　60. 一个 X 连锁的显性等位基因引起了人的低磷酸盐血症。一个低磷酸盐血症的男子与一个正常的女子结婚，他们的儿子为低磷酸盐血症的概率是多少？

　　61. 杜氏肌营养不良是性连锁的疾病，通常只影响男性。患者在生命早期开始逐渐变弱。

　　a. 一个有兄弟患有杜氏肌营养不良的女子生一个患此病孩子的概率是多少？

　　b. 如果一个人的母亲的兄弟（他的舅舅）患有杜氏肌营养不良，他获得这个等位基因的概率是多少？

　　c. 如果一个人的父亲有一个患病的兄弟（他的叔叔），他获得这个等位基因的概率是多少？

　　62. 一对新婚夫妇发现他们各自有个叔叔患有黑尿酸尿症，该病是一种由常染色体上的隐性等位单基因控制的罕见遗传疾病。他们孩子患黑尿酸尿症的概率是多少？

　　63. 一种罕见牙科遗传疾病——釉质发育不全症的系谱如下。

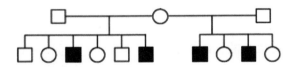

　　a. 这个性状传递的遗传模式是什么？

　　b. 根据你的假设，写出家族成员的基因型。

　　64. 一对想结婚的未婚夫妇研究他们家族历史发现，两个家族表现正常的祖父母有患囊性纤维化（一种罕见的常染色体隐性等位基因控制的疾病）的同胞。

　　a. 如果这对夫妇结婚后有一个孩子，这个孩子患囊性纤维化的概率是多大？

b. 如果他们有 4 个孩子，这些孩子正常与患病精确地符合孟德尔 3∶1 比例的机会怎么样？

c. 如果他们的第一个孩子患囊性纤维化，后三个孩子表现正常的概率是多少？

65. 人类一个性连锁的隐性等位基因 c 控制红绿色盲性状，一个父亲是红绿色盲的正常女子，与一个红绿色盲的男子结婚。

a. 这个红绿色盲男子的母亲的基因型可能是什么？

b. 结婚后他们第一个孩子是男性红绿色盲的概率是多少？

c. 如果这对父母生女孩儿，女孩儿患红绿色盲的概率是多少？

d. 无论性别，这对父母生正常孩子的概率是多少？

66. 雄性家猫体色有黑色或橘黄色，雌性家猫体色有黑色、橘黄色或白色。

a. 如果花色表型是由性连锁的基因控制，怎样解释观察到的情况？

b. 用合适的符号表示橘黄色雌性与黑色雄性杂交后代。

c. 一个杂交组合产生的雌性一半是白色，一半是黑色；雄性中一半是橘黄色，一半是黑色。杂交亲本的基因型和表型是什么？

67. 下列系谱中包含一种致残但不致死的罕见疾病。

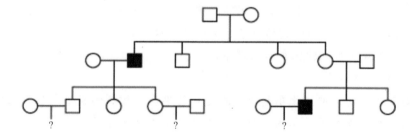

a. 这种疾病最可能的遗传模式是什么？

b. 根据你对此病遗传模式的推断，写出家族成员的基因型。

c. 如果你是这个家庭的医生，你对这个家族第三代产生患病孩子的情况有什么建议？

68. 玉米中等位基因 s 产生甜的胚乳，而 S 控制产生淀粉。下列杂交组合产生怎样的结果？

a. s/s 雌性 × S/S 雄性

b. S/S 雌性 × s/s 雄性

c. S/s 雌性 × S/s 雄性

69. 一个植物遗传学家有两个纯系，一个是紫色花瓣，另一个是蓝色花瓣。他假设这种表型由一对等位基因控制，为了检验这个想法，他想在 F_2 代中看到 3∶1 的比例，他将两个品系杂交，发现 F_1 代是紫色，F_1 代自交后，获得了 400 个 F_2 代个体，其中 320 个紫色花瓣个体，80 个蓝色花瓣个体。这些实验结果是否适合他的假设，如果不适合，给出原因。

70. 一个男子的祖父患有半乳糖血症，一种因无法利用半乳糖而发生的疾病，由常染色体上的隐性基因控制。该疾病导致肌肉、神经和肾脏功能障碍。这个男子与一个姐姐有半乳糖血症的女子结婚。

a. 画出所描述的系谱。

b. 他们第一个孩子患病的概率是多少？

c. 如果第一个孩子患半乳糖血症，那么第二个孩子患病的概率是多少？

四、拓展题

71. 一个遗传学家研究豌豆，他有一株单基因杂种 Y/y（黄色种子），通过这个植株的自花授粉，想产生 y/y 基因型的植株作为检测者。要获得95%的置信度，至少要获得多少后代植株？

72. 人有一个多态性性状是能够将舌头卷成"槽状"。有的人能做这个小动作，而有的人不能，这是一个二态性性状的实例。在一个家庭中，一个男孩不能卷舌，但是他的姐姐、父母、祖父、外祖父、一个祖叔父和一个祖姑母可以卷舌，一个祖姑母和一个祖叔父不能卷舌。

a. 画出这个家族的系谱，设定遗传符号，尽可能地推断家族成员的基因型。

b. 你画出的关于卷舌遗传的系谱，毫无疑问是符合既有的遗传机制的。然而，有学者在对33对同卵双胞胎的研究中发现，有18对可以卷舌，8对不能卷舌，另外7对双胞胎中的一个能卷舌，另一个不能。同卵双胞胎来源于一个受精卵，发育为两个胚胎，双胞胎的两个人必定有相同的遗传物质，但这7对双胞胎的卷舌表现却不同。用你的系谱来解释为什么这7对双胞胎卷舌表现不同？

73. 红头发在家族中的表现，如系谱所示。

a. 系谱中红头发是按孟德尔简单方式遗传的单基因控制的显性或隐性性状吗？

b. 你认为红头发的等位基因在这个人群中是常见还是罕见？

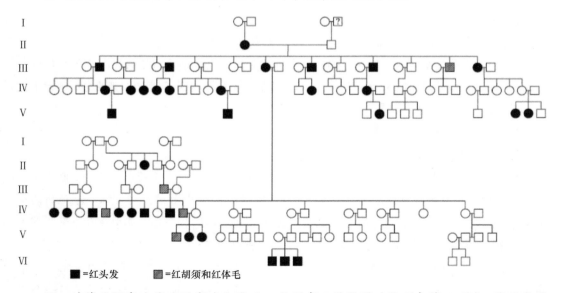

■=红头发　▨=红胡须和红体毛

74. 对苯硫脲尝味能力的家庭分类后，发现有三种类型（见下表第1列），其后代的统计结果如下所示。

父母	孩子		
	家庭数	能品尝的人	不能品尝的人
品尝者×品尝者	25	929	130
品尝者×不能品尝者	89	483	278
不能品尝者×不能品尝者	6	5	218

假设能品尝苯硫脲由显性基因（P）控制，不能品尝由隐性基因（p）控制，婚配后代的三种表型比例是多少？

75. 18 世纪，发现一个患有鱼鳞病的男孩儿，患者皮肤变得很厚并形成一种松散的刺，并不断地脱落。当男孩长大结婚后，有 6 个儿子，都患病，但几个女儿都正常。几个世代中，这种疾病在父亲与儿子之间传递。根据这种现象，你对控制此病的基因能做出什么样的假设？

76. 一种野生型尺蛾（W）的翅膀上有大的斑点，但种群中另一种个体（L）的斑点很小。两种品系杂交后的结果如下。

杂交	♀	♂	后代	
			F_1 代	F_2 代
1	L	W	♀W	♀1/2L、1/2W
			♂W	♂W
2	W	L	♀L	♀1/2W、1/2L
			♂W	♂1/2W、1/2L

对两种杂交结果准确地进行解释，显示所有个体的基因型。

77. 下面是关于一个人类罕见病的系谱。这种遗传模式最好的解释是 X 连锁的隐性基因控制还是常染色体显性等位基因控制并限于男性？

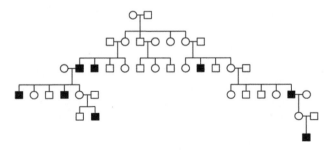

78. 人类一种特定的耳聋是 X 连锁的隐性遗传性状。一位耳聋男性与一位正常女性结婚，结果发现他们是远亲。部分系谱显示如下。

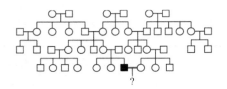

这对父母生一个耳聋儿子、耳聋女儿、正常儿子或正常女儿的概率是什么？确切地陈述你的假设。

79. 下面系谱显示的是一种确实存在的不常见的遗传模式。显示了所有的后代，但略去了所有的父亲来集中这种特殊的模式。

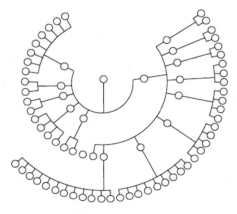

a. 简明地叙述这个系谱的不寻常处。

b. 这种模式能用孟德尔遗传来解释吗？

第 3 章
基因的自由组合

学 习 目 标

学习本章后，你将可以掌握如下知识。

· 设计二倍体生物的杂交实验产生一个双基因杂合子，分析自交后代的表型，评估这两个基因是否存在自由组合；或用单倍体设计实验产生一个瞬时的二倍体双杂合子 $AaBb$，用单倍体子代来评估两个基因是不是自由组合。

· 在双基因杂合子自由组合的杂交中，预测杂交后代基因型比例和表型比例，使用卡方检验分析观察到的表型比是否符合自由组合的假设。用减数分裂染色体行为来解读双基因自由组合的比例。

· 分析杂种后代的比例来定义重组率（RF），并应用重组率来断定基因的自由组合。

· 拓展双基因自由组合原则到三杂合子或更多基因的杂合子中；设计二倍体生物杂交实验生成两个或两个以上的基因纯种繁殖（纯合子）的品系。

· 拓展双基因自由组合原则到多基因控制的性状，由于多基因同时作用于同一性状，使性状表现出连续的表型分布。

· 应用特定评判方法来评估突变是否存在于细胞器的基因中。

杂交水稻之父——袁隆平

　　说到杂交水稻，人们就会联想到一位可敬的老人——袁隆平（图 3-1），他是中国递给世界的一张名片，用一生的心血帮助人类远离饥饿。他利用杂交方式不断培育杂交水稻新品种，一次又一次创造了人类粮食生产的新高度。仅在中国，从 2002 年起，杂交水稻种植面积就达 2.5 亿亩[①]，种植面积占全国水稻总种植面积的 57%，产量占全国水

---

① 1 亩≈666.7m²。

稻总产量的 65%。2017 年，袁隆平团队培育的超级杂交稻平均亩产 1149.02kg，即每公顷 17.2t，创造了世界水稻单产的最高纪录。

图 3-1 中国工程院院士袁隆平在田间工作

人们从 20 世纪 20 年代就开始利用不同品系作物杂种优势提高作物产量，但水稻因严格的自花授粉而被断定无法利用杂种优势。袁隆平早在 20 世纪 60 年代就敏锐地意识到，杂交水稻的成功关键在于雄性不育系，并开始了水稻不育系的培育和杂交实验。袁隆平团队从寻找田间天然不育稻株开始，逐渐发展到培育光敏、温敏等特征的不育水稻品系，并在"不育系"和"保持系"的基础上进行测交筛选与杂交实验。1987 年，袁隆平提出"杂交水稻的发展战略"，即以三系法为主的品种间杂种优势利用、以两系法为主的籼粳亚种杂种优势利用、以一系法为主的远缘杂种优势利用。从 20 世纪 70 年代至今，袁隆平带领的科学家团队育成的"超级稻"亩产达 1149.02kg，而目前全世界水稻平均单产为 300kg，在农业科技发达的日本，平均亩产也只有 450kg，"超级稻"不仅产量高，品质更优，是名副其实的超级稻。除此之外，袁隆平团队还育成了"超级稻+再生稻"，可种一茬收获两回，亩产达 1500kg；还有"巨型稻"，植株高达 1.7m，根系发达，不仅高产，秸秆还可用于制作青贮饲料。袁隆平团队还培育了超耐盐碱的"海水稻"和适于在沙漠与干旱地区种植的"旱稻"。这些特殊水稻的培育和种植将为缓解全世界的粮食短缺问题做出更加巨大的贡献。

引　言

本章将要讲述的是两个或两个以上的单基因同时进行遗传时的规律。这些规律在植物和动物育种中的应用非常重要。例如，利用作物杂交方式，1960～2000 年，世界粮食产量翻了一番，引发了以增产为标志的绿色革命。是什么让绿色革命成为可能？部分原因在于农业实践的进步，但更重要的是植物遗传学家对作物优良基因的发现与应用。育种者一直在寻找能显著增加作物产量或营养价值的单基因突变。这种突变出现在世界各地不同地区的不同植物品系中。例如，在世界主要粮食作物之一的水稻中发生的以下突变在绿色革命中至关重要。

sd1：这种隐性等位基因导致植株矮小，使植物对在风雨中倒伏更有抵抗力；它也使植物输送到种子中的能量相对增加。

se1：这种隐性等位基因改变了植物对特定日长的要求，使它能在不同的纬度生长。

Xa4：这种显性等位基因能够抵抗细菌枯萎病。

bph2：这种等位基因会对褐飞虱（一种农业害虫）产生抗性。

为了产生真正优良的基因型，将这些等位基因组合到一个品系中显然是可取的。为了实现这样的组合，突变品系必须一次做两个杂交。例如，一个植物遗传学家可能会从一个 *sd1* 纯合子和另一个 *Xa4* 纯合子开始杂交。这个杂交的 F_1 代将同时携带这两个突变，但处于杂合状态。然而，因为纯种可以有效地传播并分配给农民，农业上大多数都使用纯种。为了获得纯种繁殖的双突变型 *sd1/sd1·Xa4/Xa4* 品系，F_1 代必须进一步繁殖，以允许等位基因"分配"到理想的组合中。图 3-2 所示即为此类育种的一些产品。这里有什么相关的原则？这在很大程度上取决于这两个基因是在相同的染色体对上还是在不同的染色体对上，在后一种情况下，不同的染色体对在减数分裂时独立配对、分离，并自由组合（independent assortment）。

本章解释了如何识别基因的自由组合，以及无论是在农业上还是在基础遗传学研究中，如何将独立分配的原则用于种系构建（第 4 章讨论了适用于同一对染色体上的杂合基因对的类似原理）。

我们也将看到一系列多重基因的自由组合是形成连续表型的基本遗传机制。这些特性，如身高或体重，不能进行显著分类的性状，常常受到多重基因的影响，统称为多基因（polygene）。我们将研究自由组合在受这种多基因影响的连续性表型遗传中的作用。我们将看到多基因的自由组合可以在子代之间产生连续的表型分布。

最后，我们将介绍一种不同类型的独立遗传，即线粒体和叶绿体中基因的遗传。与核染色体不同，这些基因位于细胞器上，属于细胞质遗传，与核基因或染色体的遗传模式不同。

我们首先关注与核基因自由组合有关的分析程序，这种分析程序最早是由遗传学之父孟德尔发明的。所以，我们再一次把他的工作作为一个原始例子。

图 3-2　水稻的不同品系

水稻等优良基因型使农业发生了革命性变化。这张照片显示了水稻育种计划中一些含有关键基因型的品系

3.1　孟德尔的自由组合定律

在孟德尔最初的豌豆杂交工作中，他还分析了同时有两个性状的纯种植物杂交后代的表型。下面的符号一般用来表示包括两个基因的基因型。如果两个基因在不同的染色体上，基因对被分号隔开，如 A/a；B/b，一条同源染色体上的等位基因则被写在相邻的位置，没有标点符号，并且通过斜杠（如 AB/aB 或 Ab/aB）与另一条同源染色体上的等位基因分离。在不知道基因是在同一条染色体上还是在不同染色体上的情况下，并没有形成统一的表示符号。对于本书中未知位置的情况，我们使用一个点来分离基因，如 $A/a·B/b$。回想一下第 2 章，单基因（如 A/a）的杂合子有时被称为单杂合子，因此，有两个杂合等位基因的个体（如 $A/a·B/b$）有时被称为**双杂合子**（double heterozygote）。通过研究**二元杂种杂交**（dihybrid cross）（$A/a·B/b × A/a·B/b$），孟德尔发现了他的第二个重要定律——自由组合定律（law of independent assortment），有时称为孟德尔第二定律（Mendel's second law）。

他开始研究的两个性状是豌豆种子形状和种子颜色。我们已经了解种子颜色的单因子杂种杂交（$Y/y × Y/y$），后代的比例为 3 黄色：1 绿色。种子形状表型（图 3-3）是圆粒（取决于等位基因 R）和皱粒（取决于等位基因 r）。单因子杂种杂交 $R/r × R/r$ 的后代比例为 3 圆粒：1 皱粒，像预期的那样（表 2-1）。为了进行双因子杂交，孟德尔从两个纯亲本品系开始，一个是皱粒黄色种子，因为孟德尔没有基因位于染色体的概念，我们必须使用点表示，将组合的基因型写成 $r/r·Y/Y$；另一个为圆粒绿色种子，基因型为 $R/R·y/y$。当这两个品系杂交时，它们分别产生了 rY 和 Ry 两种配子。因此，F_1 代种子必定是双杂合子，基因型为 $R/r·Y/y$。孟德尔发现 F_1 代种子是圆形和黄色的。这一结果表明，R 对 r 的显性及 Y 对 y 的显性不受 $R/r·Y/y$ 双杂合子中其他基因对的影响。换句话说，无论种子的颜色、形状如何，R 仍然对 r 是显性，而 Y 仍然对 y 是显性。

接下来，孟德尔将双杂合子 F_1 代进行自交，以获得 F_2 代。F_2 代种子有 4 种类型，比例如下：

9/16 圆粒，黄色

3/16 圆粒，绿色

3/16 皱粒，黄色

1/16 皱粒，绿色

图 3-4 描述了孟德尔所得结果的实际数字。这一最初意想不到的 9：3：3：1 的比例对于这两个性状似乎比单杂合子杂交简单的比值 3：1 要复杂得多。然而，9：3：3：1 的比例被证明是豌豆的一种遗传模式。作为证据，孟德尔还对几个其他性状的品系进行杂交，发现所有的双杂合子 F_1 代个体在 F_2 代中均产生了 9：3：3：1 的比例。如何来解释这种新的遗传模式呢？

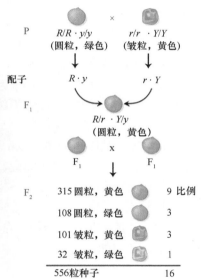

图 3-3　豌豆的圆粒与皱粒

这张照片来自孟德尔博物馆，多数豌豆是皱粒的（r/r）

图 3-4　孟德尔的双杂交实验

孟德尔合成了一个双杂合子，双杂合子自交后产生 F_2 代的比例为 9：3：3：1

首先，让我们检查图 3-4 中孟德尔所获得的观察数据，以确定是否可以在 F_2 代中找到单杂合子的 3：1 的比例。在种子形状方面，有 423 个圆粒种子（315 + 108）和 133 个皱粒种子（101 + 32）。这个结果是接近 3：1 的比例（3.2：1）。接下来，在种子的颜色方面，有 416 个黄色种子（315 + 101）和 140 个绿色种子（108 + 32），也非常接近 3：1 的比例（几乎完全是 3：1）。这两个隐藏在 9：3：3：1 比例中的 3：1 比例无疑是孟德尔可用来解释 9：3：3：1 比例的来源，因为他意识到，这只是两种不同的 3：1 比例随机组合。将这两个比例的随机组合可视化的一种方法是使用一个分支图，如下所示。

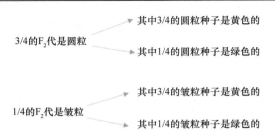

4 种可能结果的概率是用乘法定律（两个独立事件同时发生的概率为它们各自概率的乘积）计算出来的。因此，我们沿着图中这些分支相乘。例如，3/4 的种子是圆粒的，3/4 的圆粒种子是黄色的，所以一个种子同时是黄色圆粒的概率为 3/4×3/4，等于 9/16。这些乘法给出了以下 4 个比例：

$$3/4×3/4 =9/16 \quad 圆粒，黄色$$
$$3/4×1/4 =3/16 \quad 圆粒，绿色$$
$$1/4×3/4 =3/16 \quad 皱粒，黄色$$
$$1/4×1/4 =1/16 \quad 皱粒，绿色$$

这些比例构成了我们要解释的 9：3：3：1 比例。这看起来像是数字游戏，这两种 3：1 比例相结合从生物学的角度来看有什么意义？孟德尔解释他描述的方式实际上是一种生物机制，构成了我们所熟知的自由组合定律（孟德尔第二定律）。他总结道：不同的基因对在配子形成过程中是独立的。因此，对于两个杂合的基因对 A/a 和 B/b 来说，B/b 等位基因中的 b 与 A/a 中的 a 等位基因或 A 等位基因形成配子时进入同一个配子中，B 等位基因也是如此。我们现在知道，在很大程度上，这个定律适用于位于不同染色体上的基因，同一条染色体上的基因通常不自由组合，因为它们是由染色体本身连接在一起的。

关键点：孟德尔第二定律（自由组合定律）说明不同染色体对上的基因对在减数分裂过程中是独立的。

3.2 基因的分离和自由组合的普适性

孟德尔对这一规律的表述是，不同的等位基因是独立的，因为他显然没有遇到（或忽视了）任何可能导致基因连锁的例外。

我们将 9：3：3：1 的表型比例解释为两个随机 3：1 表型比例的组合。但考虑到配子的比例，我们能否得出 9：3：3：1 的比例呢？让我们考虑 F_1 代双杂交 R/r；Y/y（分号表示我们现在接受基因在不同染色体上的观点）产生的配子。同样，我们将使用分支图来表示，因为它直观地说明了基因的独立性。结合孟德尔的分离定律和自由组合定律，我们可以预测：

根据乘法定律，沿分支的乘法运算得到了配子比例：

$$1/4 \quad R; \ Y$$
$$1/4 \quad R; \ y$$
$$1/4 \quad r; \ Y$$
$$1/4 \quad r; \ y$$

这些比例是两种孟德尔定律应用的直接结果：分离定律和自由组合定律。然而，我们仍然没有得到 9∶3∶3∶1 的比例。下一步我们要认识到，由于雄配子和雌配子在形成过程中遵守相同的规律，雄配子和雌配子都会呈现相同的比例，这 4 种雌配子将与这 4 种雄配子随机结合得到 F_2 代。展示杂交结果最好的方式是使用一个 4×4 的网格图形，称为庞纳特方格（Punnett square），如图 3-5 所示。我们已经看到网格对于数据的可视化很有用。庞纳特方格的用处是可以直接根据 F_1 代配子的概率计算 F_2 代基因型的概率，再根据显隐性，得出 F_2 代表型比例。例如，在图 3-5 的庞纳特方格中，绘制了 4 行和 4 列，对应的是 4 个雌配子和 4 个雄配子的基因型。我们看到有 16 个格子代表不同的配子融合，每个格子是网格总面积的 1/16。根据乘法定律，每个 1/16 是 1/4 概率的雌配子和 1/4 概率的雄配子同时存在的概率结果。正如庞纳特方格所示，F_2 代包含多种基因型，但只有 4 种表型，其比例为 9∶3∶3∶1。所以我们看到，当通过配子概率直接计算后代表型比例时，我们仍然得到 9∶3∶3∶1 的结果。因此，孟德尔定律不仅解释了 F_2 代表型，还解释了在 F_2 代表型比例下配子和子代的基因型。

孟德尔接着在许多方面测试了他的自由组合定律。最直接的方法集中在由 F_1 代双杂合子 $R/r; \ Y/y$ 生产 1∶1∶1∶1 的配子比例的假设上，因为这个比例直接来自他的自由组合定律，如庞纳特方格所示，其是 F_2 代中 9∶3∶3∶1 的生物学基础。为了验证 1∶1∶1∶1 的配子比例，孟德尔使用了一个测交。他用基因型为 $r/r; \ y/y$，且只产生具有隐性等位基因配子（$r; \ y$）的植株作为检测者与双杂合子 F_1 代杂交。他推测，如果双杂合子产生的 4 种配子 $R; \ Y$、$R; \ y$、$r; \ Y$、$r; \ y$ 比例确实是 1∶1∶1∶1，那么杂交后代的比例应该直接对应双杂交产生的配子比例，即

$$1/4 \ R/r; \ Y/y \rightarrow \text{圆粒，黄色}$$
$$1/4 \ R/r; \ y/y \rightarrow \text{圆粒，绿色}$$
$$1/4 \ r/r; \ Y/y \rightarrow \text{皱粒，黄色}$$
$$1/4 \ r/r; \ y/y \rightarrow \text{皱粒，绿色}$$

这些比例是他得到的结果，完全符合他的期望。他得到了所有其他双杂交的相似结果，这些测试和其他类型的测试都表明，他设计了一个强有力的模型来解释在他的不同豌豆杂交中观察到的遗传模式。

20 世纪初，孟德尔的这两种定律都被广泛应用于真核生物。这些实验结果表明，孟德尔定律是普遍适用的。孟德尔比例（如 3∶1、1∶1、9∶3∶3∶1、1∶1∶1∶1）被广

泛报道，表明基因的分离和自由组合是自然界中的基本遗传过程。孟德尔定律不仅仅是关于豌豆的定律，它们还是适用于真核生物遗传的基本规律。

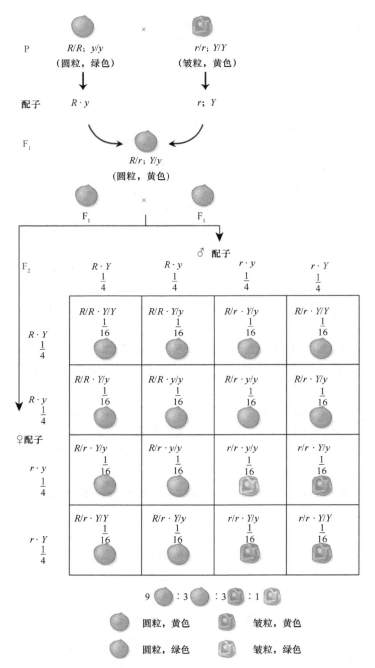

图 3-5　用庞纳特方格表示表型比 9∶3∶3∶1 中的基因型

我们可以用庞纳特方格来预测双杂合子杂交的结果。这个庞纳特方格显示了预测的双杂交后代 F_2 代基因型和表型

作为自由组合定律普遍适用的一个例子，我们可以检验它在单倍体中的作用。如果

分离定律是全面有效的，那么我们应该能够观察到它在单倍体中的作用，因为单倍体也要进行减数分裂。事实证明，在单倍体杂交组合 A；$B \times a$；b 中确实可以观察到自由组合。在单倍体中，亲代细胞的融合产生了短暂的二倍体性母细胞，其为一个双杂合子 A/a；B/b，减数分裂（性孢子如真菌中的子囊孢子）的随机产物为 1/4 A；B、1/4 A；b、1/4 a；B 和 1/4 a；b。

因此，在单倍体生物中，我们看到了与二倍体生物的双杂合子测交相同的比例，这个比例也是两个独立进行的单杂交 1∶1 比例的随机组合。

关键点：根据 1∶1∶1∶1 和 9∶3∶3∶1 的比例可以分别判断一个双杂合子性母细胞和两个双杂合子性母细胞中基因是否进行了自由组合。

3.3　自由组合定律的应用

在这一节中，我们将检查几个分析过程，这些分析过程作为遗传学研究日常工作的一部分，都是基于基因自由组合的观念，用来分析性状的表型比例。

3.3.1　预测后代表型比例

可以从两个方向进行遗传学研究：①通过后代表型比例预测未知的亲本基因型；②通过亲本基因型预测后代表型比例。后者是遗传学中重要的一部分，用于预测杂交后代的类型，并计算它们的预期频率或概率。这不仅对模式生物的研究有用，而且对预测人类遗传学中的婚配结果也有用。例如，在遗传咨询中，人们常常需要做特定的风险评估。我们已经研究了两种预测的方法：庞纳特方格图和分支图。庞纳特方格可以显示基于一个基因对、两个基因对或更多基因对的遗传模式。这些网格是以图形方式表示后代的很好方式，但是绘制它们是很耗时的。分支图更易于创建，适用于表型、基因型或配子比例的计算，图 3-6 为双杂合子 A/a；B/b 杂交过程的分支图。

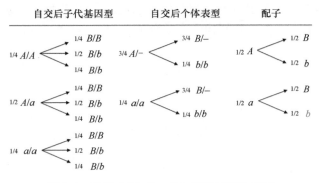

图 3-6　双杂合子 A/a；B/b 杂交过程分支图

借用分支图，将含两对等位基因的配子形成过程及配子之间自由组合形成的后代的基因型清晰地表现出来，再根据等位基因之间的显隐性关系，推导出后代表型

然而要注意的是，即使在这个简单的例子中，基因型分支的"树"也是相当笨拙的，

这个例子使用了两个基因对，有 $3^2 = 9$ 个基因型。对于三个基因对，则有 $3^3 = 27$ 个可能的基因型。为了简化这个问题，我们可以使用一种统计方法，即第三种方法，计算来自杂交的特定表型或基因型的概率（预期频率）。需要用到的两个统计规则是乘法定律（在第 2 章中介绍）和加法定律，我们将一起考虑这两个定律。

　　关键点：乘法定律规定独立事件同时发生的概率是它们各自概率的乘积。

　　同时掷两个骰子的可能结果遵循乘法定律，因为一个骰子的结果与另一个的结果无关。作为一个例子，让我们来计算投掷一对 4 的概率 P。一个骰子中 4 的概率是 1/6，因为骰子有 6 个面，只有 1 个面代表 4，即

$$P（投掷出一个 4）=1/6$$

利用乘法定律，两个骰子都出现 4 的概率是 $1/6 \times 1/6 = 1/36$，即

$$P（投掷出两个 4）=1/36$$

　　关键点：加法定律规定出现两个相互排斥的事件中一个或另一个的概率是它们各自出现概率之和。（注意，在乘法定律中，关注的结果是 A 和 B，在加法定律中，关注的结果是 A′或者 A″）

　　也可以用骰子来说明加法定律。我们已经计算出同时掷出两个 4 的概率是 1/36，用同样的计算方法，同时掷出两个 5 的概率也是 1/36。现在我们可以计算出同时掷出 2 个 4 或 2 个 5 的概率，因为这两种结果是互斥的，适用加法定律，答案是 1/36 + 1/36，也就是 1/18，即

$$P（投掷出两个 4 或两个 5 的概率）=1/36+1/36=1/18$$

　　特定基因型的后代占多大比例？现在我们可以转向遗传学的例子。假设我们有两种基因型的植物：

$$A/a；b/b；C/c；D/d；E/e$$
$$A/a；B/b；C/c；d/d；E/e$$

通过这两种植物之间的杂交，我们想获得一个子代基因型为 a/a；b/b；c/c；d/d；e/e 的植物（目的可能是用作测交的品系）。这个基因型的子代的比例应该是多少？如果我们假设所有的基因对都是互相独立的，那么就可以通过乘法定律很容易地计算出来。将这 5 个不同的基因对单独考虑，就好像 5 个单独的杂交，然后将获得每个基因型的单个概率相乘，得到答案：

$$A/a \times A/a，1/4 \text{ 的子代会是 } a/a$$

$$b/b \times B/b，\frac{1}{2} \text{ 的子代会是 } b/b$$

$$C/c \times C/c，1/4 \text{ 的子代会是 } c/c$$

$$D/d \times d/d，\frac{1}{2} \text{ 的子代会是 } d/d$$

$$E/e \times E/e，1/4 \text{ 的子代会是 } e/e$$

因此，获得基因型 a/a；b/b；c/c；d/d；e/e 子代的总体概率（或预期频率）就是 5 对等位基因后代概率的乘积：$1/4 \times 1/2 \times 1/4 \times 1/2 \times 1/4 = 1/256$。这种概率计算可以推广到预测表型频率或配子频率上。事实上，在遗传分析中这种方法还有许多其他用途，我们将在后

面的章节中遇到一些。

我们需要产生多少子代？用前面的例子进一步分析，假设我们需要估计种植多少子代植物才能有合理的机会获得所需的基因型 a/a；b/b；c/c；d/d；e/e。我们首先计算的是该基因型的子代的比例。正如刚才所示，我们了解到，需要检查至少 256 个子代，才能有机会获得所需基因型的 1 株植物。

理论上获得一个"成功"植株（完全隐性的植株）的概率是 1/256，但这只是成功的平均概率，在实际工作中，如果我们分离和测试 256 个子代，很可能会因为运气不好而没有成功。从实践的角度来看，更有意义的问题是，我们需要多大的样本容量才能保证在 95% 的置信度下至少能获得一次成功（95% 置信度是科学的标准）？进行这种计算最简单的方法是通过考虑完全失败的概率来接近它，即不获得理想基因型的个体的概率。在我们的示例中，对于每一个孤立的个体，它不是期望类型的概率是 $1-(1/256)=$ 255/256。把这个概念扩展到 n 个样本，我们看到 n 个样本中没有成功的概率是 $(255/256)^n$（这个概率是乘法定律的一个简单应用：255/256 乘以自身 n 次），因此，获得至少一个成功植株的概率是所有可能结果的概率（这个概率是 1）减去总失败的概率 $(255/256)^n$，即 $1-(255/256)^n$。为了满足 95% 的置信度，我们必须将这个表达式设为 0.95（相当于 95%）。即

$$1-(255/256)^n=0.95$$

解这个方程得到 $n=765$，765 即为保证成功需要的子代的数目。注意这个数字和我们单纯地期望在 256 个子代中获得成功的差异。这种计算方法在遗传学中很有用，也可以在其他许多实验都需要结果成功的情况下应用。

一个杂交会产生多少个不同的基因型？概率规则可以很容易地用来预测复杂亲本后代的基因型或表型的数量（这种计算方法通常用于遗传学研究、子代分析和品系构建）。例如，在四元杂合子（tetrahybrid）A/a；B/b；C/c；D/d 的自交后代中，每个基因对有三种基因型，如对于第一个基因对，三种基因型是 A/A、A/a 和 a/a。因为总共有 4 个基因对，所以有 $3^4=81$ 种不同的基因型。在这样一个四元杂合子的测交中，每个基因对测交（如 A/a 和 a/a），后代将有两种基因型，在后代中总共有 $2^4=16$ 种基因型。因为我们假设所有的基因都在不同的染色体上，所以所有这些测交基因型都会以 1/16 的概率出现。

3.3.2 用卡方检验分析单因子杂交和双因子杂交的比值

一般来说，在遗传学领域，研究人员通常会面临接近期望比例的结果，但不完全相同。这样的比例可能来自单因子杂种、双因子杂种，或更复杂的基因型，取决于基因之间独立与否。但如何知道接近预期的结果是足够接近的？对这些观察数字与预期之间需要进行统计检验——卡方检验（chi-square test）或 χ^2 检验即能满足这个要求。

χ^2 检验能普遍适用在哪些实验？一般情况是将观察到的结果与通过一个假设预测的结果进行比较。举一个简单的遗传例子，假设你培育了一株植物，你根据前面的分析假设是杂合子 A/a。来检验这个假设，你将这个杂合子与一个基因型 a/a 的检测者杂交，

然后统计后代中基因型为 $A/-$ 和 a/a 的表型数量，然后计算两种表型的比例是否为预计的 1：1 比例。如果结果很接近，则假设被认为与结果一致；如果结果差异很大，则假设被拒绝。在这个过程中，我们必须对观察到的数字是否足够接近这些预期做出判断。非常接近的相近和明显的不一致通常没有问题，但不可避免有一些灰色区域，即比例虽然相近但不明显。

χ^2 检验是用一个简单的方式来量化预期的各种偏差，并以此进行判断假设是正确的可能性。考虑前面的简单假设预测为 1：1 比例的例子，即使假设是正确的，我们也很少能期望得到一个精确的 1：1 比例。我们可以用桶中有同样数量的红色和白色石子来模拟这个想法。如果我们随机取出 100 个石子，根据概率，我们期望获得 52 红色：48 白色这样的小偏差样本比较常见；而偏差较大，如 60 红色：40 白色一般比较少见。即使 100 个都是红色石子的结果也有可能，但其概率非常低，为$(1/2)^{100}$。然而，理论上，任何结果在一定程度上都是可能发生的，如果假设是真的，我们怎么能否定这样的一个假设呢?按照小概率不可能发生的原则，一个普遍的科学惯例是，如果观察到的可能发生的事件和预期相同的概率小于 5%，那么这个事件发生的假设就可以被认为是假而被否定。即使在这种情况下，事件发生的假设仍然可能是正确的，但是我们必须在某个地方做决定，5%是常规的决定线。这意味着，即使结果在5%如此小的概率下真的发生了，我们也通常将在 5%的情况下选择否定假设，认为事件不会发生，我们愿意冒险接受这个错误的机会（这 5%与之前95%的置信度相反）。

让我们看一些真实的数据，我们来检验之前假设植物是杂合子的例子。假设 A 代表红色花瓣，a 代表白色花瓣，我们通过建立一个假设来检验这个假设是否真的成立。首先预测一个测交的结果，假设测交的是杂合子，在这个假设的基础上，根据分离定律，应该有 50%的 A/A 和 50%的 a/a。假设在现实中，我们获得了 120 个子代，发现 55 个是红色的，65 个是白色的。这些数字与准确的预期有所不同，即 60 个红色和 60 个白色。结果似乎与预期的比例相差甚远，这增加了不确定性，所以我们需要使用 χ^2 检验。通过下列公式计算 χ^2 值：

$$\chi^2 = \Sigma(O - E)^2/E$$

式中，E 为某个表型的预期数量（理论值）；O 为某个表型的观察值；Σ 表示总和。χ^2 值将提供一个数值用来估计预期（假设）和观察结果（实际）之间的差异，χ^2 值越高，二者之间有差异的可能性越大。计算最简单的方法是使用 χ^2 检验分析的表格（表 3-1）。

表 3-1　χ^2 检验分析表

分类	O	E	$(O - E)^2$	$(O - E)^2/E$
红色	55	60	25	25/60 = 0.42
白色	65	60	25	25/60 = 0.42
				总和= χ^2 = 0.84

现在要在表 3-2 中找到我们想要的可能的 χ^2 值。表 3-2 中的行列出了不同的自由度（df）下关键概率对应的 χ^2 值。自由度是数据中自变量的数量。在我们的案例中，自变

量的数量是表型的数量减去 1。在这种情况下，df = 2–1 = 1。所以我们只看 df 是 1 的一行。我们看到 χ^2 值 0.84 位于 P=0.5 和 P=0.1 之间，即概率为 10%～50%。这个概率值比 5% 的阈值大得多，所以我们接受观察到的结果与假设相符，即这个植物为杂合子。

以下是关于 χ^2 检验应用的一些重要注意事项。

1）概率值实际上是什么意思?概率是指如果假设是正确的，观察与预期结果的偏差至少大到是基于随机误差（不完全是这个偏差）的概率。

表 3-2　χ^2 分布的关键值

df	P								
	0.995	0.975	0.9	0.5	0.1	0.05	0.025	0.01	0.005
1	0.000	0.000	0.016	0.455	2.706	3.841	5.024	6.635	7.879
2	0.010	0.051	0.211	1.386	4.605	5.991	7.378	9.210	10.597
3	0.072	0.216	0.584	2.366	6.251	7.815	9.384	11.345	12.838
4	0.207	0.484	1.064	3.357	7.779	9.488	11.143	13.277	14.860
5	0.412	0.831	1.610	4.351	9.236	11.070	12.832	15.086	16.750
6	0.676	1.237	2.204	5.348	10.645	12.592	14.449	16.812	18.548
7	0.989	1.690	2.833	6.346	12.017	14.067	16.013	18.475	20.278
8	1.344	2.180	3.490	7.344	13.362	15.507	17.535	20.090	21.955
9	1.735	2.700	4.168	8.343	14.684	16.919	19.023	21.666	23.589
10	2.156	3.247	4.865	9.342	15.987	18.307	20.483	23.209	25.188
11	2.603	3.816	5.578	10.341	17.275	19.675	21.920	24.725	26.757
12	3.074	4.404	6.304	11.340	18.549	21.026	23.337	26.217	28.300
13	3.565	5.009	7.042	12.340	19.812	22.362	24.736	27.688	29.819
14	4.075	5.629	7.790	13.339	21.064	23.685	26.119	29.141	31.319
15	4.601	6.262	8.547	14.339	22.307	24.996	27.488	30.578	32.801

2）我们的结果通过了 χ^2 检验，而 P > 0.05 并不意味着这个假设是绝对正确的，它仅仅意味着结果与假设是兼容的。但是，如果得到 P < 0.05 的值，我们将被迫拒绝这个假设。

3）我们必须对假设措辞谨慎，以免其中含有其他不明确的含义。目前的假设就是一个恰当的例子，如果要仔细地陈述，就必须说，"被测者是一个杂合子 A/a，这些等位基因在减数分裂中表现出等量分离，A/a 和 a/a 子代具有同等的生存能力"。我们将在第 6 章研究环境对基因表达的影响，但目前必须记住这里可能存在的复杂性，因为生存差异会影响各种表型群体的大小。问题是，如果拒绝一个原因不明的假设，我们就不知道是哪个因素影响了结果。例如，在上述花瓣颜色的例子中，如果被迫拒绝假设 χ^2 检验的结果，那么我们就不知道红色与白色的表型不符合分离定律，还是环境使结果偏离，或者是两者兼而有之。

4）χ^2 检验的结果在很大程度上依赖于样本量（后代中不同表型的数量）。因此，测试必须使用实际的数字，而不是比例或百分比。此外，样本越大，检验的结果越准确。

在本章或第 2 章中讨论过的常见孟德尔比例可以使用 χ^2 检验进行验证，如 3∶1

（df=1）、1∶2∶1（df=2）、9∶3∶3∶1（df=3）和 1∶1∶1∶1（df=3）。我们将在第 4 章介绍 χ^2 检验更多的应用。

3.3.3 合成纯系

纯系是遗传学的基本工具之一。首先，只有这些纯系能够表达隐性等位基因，但纯系主要用于保持遗传稳定。纯系的个体可以保留并使其相互交配，从而成为实验基因型的稳定来源。对于大多数模式生物来说，都有国际性的库存中心保存纯系供研究使用。类似的库存中心也可以提供用于农业生产研究的动植物品系。

植物或动物的纯系是通过不断重复地自交而形成的（在动物中，自交是具有相同基因型的动物进行交配，通常采用近交，即有亲缘关系的个体之间交配）。我们选择一种单杂交植物来表明纯系形成的过程。假设从一个基因型都是 A/a 的群体自交开始，应用孟德尔第一定律预测，在下一代中，将会有 1/4 A/A、1/2 A/a 和 1/4 a/a。注意杂合度（杂合子的比例）已经减半，从 1 到 1/2。如果在下一代重复这个自交过程，所有纯合子的后代都将是纯合子，同样，杂合子的比例减半至 1/4，如图 3-7 所示。

图 3-7　纯系形成过程

以一对等位基因 A/a 为例，通过杂合子之间的自交或近交，后代纯合子的比例不断增加，杂合子的比例不断下降，达到群体基因纯化的目的

经过 8 代自交，杂合子的比例减少到 $(1/2)^8$，即 1/256，或 0.4%。让我们以一种稍微不同的方式看看这个过程：假设用在 256 个基因对上杂合的基因型群体开始这样一个过程，各基因对之间不连锁，在自交了 8 代之后，会得到一个基因型的系列，256 对基因中，每对基因平均只有一个杂合基因（即 1/256）。换句话说，用这种方法可以使群体中的纯合子个体越来越多，并最终创建一个有大量纯合子的纯系群体。

我们可以把这一原则应用到选择农业品系上，正如在这一章开始提到的那样，可以用查尔斯·桑德斯在 20 世纪早期选择马奎斯小麦的例子来说明。桑德斯的目标是开发高产的小麦品系，这个品系生长时间更短，可在加拿大和俄罗斯等北方国家大面积种植，将其作为世界上另一种主要粮食作物。他将具有优良谷物品质的小麦品系 Red Fife 与另一个产量和品质较差但成熟期早 20 天的品系 Hard Red Calcutta 杂交，产生的 F_1 代可能是含多个控制小麦品质的基因的杂合子。桑德斯从 F_1 代开始进行不断地自交与选择，最终形成了一个纯系，该纯系具有良好的品质、谷物优质和早熟。该品系称为'马奎斯'，它很快在世界许多地方被种植。

类似的方法也可以应用到这一章开始提到的水稻育种上。所有的单基因突变都通过杂交集中到杂合子 F_1 代中，F_1 代植株可自交或与其他的 F_1 代植株进行杂交。让我们用 *1~4* 四个突变基因来证明。一个育种计划可能如图 3-8 所示，其中，突变等位基因和它们相对应的野生型总是以相同的顺序排列（"+"表示野生型）：

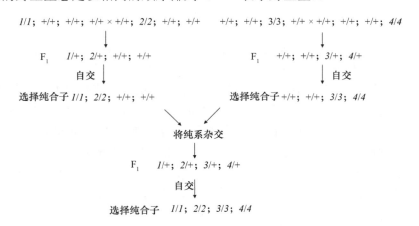

图 3-8　水稻新品种育种过程

1~4 四个突变分别发生在 4 个水稻品系：*1/1*；+/+；+/+；+/+、+/+；*2/2*；+/+；+/+、+/+；+/+；*3/3*；+/+、+/+；+/+；+/+；*4/4*。利用非等位基因之间的自由组合，将 4 个品系通过一系列自交与杂交，并加以选择，培育出具有 *1~4* 四个突变基因的纯系水稻新品种：*1*、*2*、*3*、*4* 分别表示 *1~4* 四个突变基因，+表示野生型

这种育种方法已经应用于许多其他作物品种。图 3-9 所示为商业中使用的各种五彩缤纷的南瓜。

图 3-9　众多南瓜品种中的一部分

南瓜育种产生了各种不同基因型和表型的品系

注意，通常当一个多杂合子自交时，会有不同程度的纯合子产生。例如，*A/a*；*B/b*；*C/c*，每个基因对都有两个纯合子（对于第一个基因来说，纯合子是 *A/A* 和 *a/a*），所以

三个基因对就有 $2^3=8$ 个不同的纯合子，如 *A/A*；*b/b*；*C/C*、*a/a*；*B/B*；*c/c* 等。每个纯合子都可以是一个新的纯系的开始。

关键点：重复自交使纯合子的比例增加，这一过程可用于创建纯系或其他应用。

3.3.4 杂种优势

我们一直在考虑合成用于研究和农业生产的优良纯系。纯系的基因型在年复一年的繁殖中性状保持不变，便于研究和应用。然而，农民和园丁使用的大部分商业种子为杂交种子。奇怪的是，在许多情况下，两种完全不同的植物（或动物）品系的特性在 F_1 代杂合子（假定杂合子）中结合在一起，这种杂合子表现出比这两种亲本品系更大的尺寸和活力（图 3-10）。这种多杂合子的普遍优势称为杂种优势（hybrid vigor）。杂种优势的分子机制目前尚不清楚，但这一现象是不可否认的，对农业的发展做出了巨大的贡献。杂交育种的一个不利方面是，每一季两个亲本必须分开种植，然后互相杂交，以生产杂交种子。这个过程比保持纯系更复杂，保持纯系只需要让植物自交，因此，杂交种子比纯系种子更珍贵。

图 3-10 玉米中的杂种优势

由两个纯系杂交后形成的玉米多基因杂合子。左边为玉米植株；右边为相对应植株的玉米果实

从农民的角度来看，杂合子的应用还有另一个缺点，当一种杂交植物已经种植并生产出可供出售的作物后，留种并期望它第二年同样充满活力是不现实的。原因是，当杂种经历减数分裂时，各种基因对是自由组合的，将形成许多不同的等位基因组合，而这些组合中只有很少一部分是亲本的基因型。例如，前面描述的四重杂交，自交时产生 81 种基因型，其中只有一小部分是四元杂合子。如果我们假设基因对自由组合，则自交将产生一半的杂合子。*A/a*→1/4*A/A*、1/2*A/a* 和 1/4*a/a*，在这个四元杂合子杂交中有 4 个基

因对，后代中与亲本基因型相同的四元杂合子 A/a；B/b；C/c；D/d 的比例等于（1/2）^{4} = 1/16。

关键点：某些遗传特性不同的品系之间的杂合子显示出杂种优势。然而，当杂交子代经历减数分裂时，基因的自由组合会破坏有利的等位基因组合，使有利的等位基因组合比例下降，杂种优势消失。

3.4　自由组合的染色体基础

如同基因的等量分离，位于不同染色体上的基因对也可以用减数分裂时染色体的行为变化来解释。一条染色体，我们暂时称之为 1，它的同源染色体分别称为 1′和 1″。如果染色体排列在赤道板上，1′可能位于"北方"，1″位于"南方"，或者它们的位置相反。同样的，另一条染色体 2，同源染色体为 2′和 2″，2′可能在"北方"，2″可能在"南方"，或者相反。因此染色体 1′在细胞分裂时可能与染色体 2′或 2″一起到细胞的一端，这取决于哪两条染色体被拉到同一端。

自由组合难以在显微镜下直接观察到来加以证明，因为染色体 1′和 1″看起来没有什么差别，尽管它们可能携带的基因序列有少量的不同。但我们可以找到一些特殊的可观察到的自由组合例子。其中一个例子在染色体理论的历史发展中起到了重要作用。

1913 年，埃莉诺·卡罗瑟斯（Elinor Carothers）在一种蝗虫中发现了特殊的染色体情况，可用来直接检测不同的染色体是否确实独立地分离。在对蝗虫精巢减数分裂的研究中，她发现一个蝗虫的两条染色体长短不同，无法配对，被称为异形染色体（heteromorphic chromosome）。这对染色体可能只显示部分的同源性，同时，她发现这种蝗虫还有另外一条与其他染色体不配对的染色体。卡罗瑟斯用这些不寻常的染色体作为可见的细胞学标记来研究减数分裂过程中染色体的行为。她观察筛选了许多减数分裂，发现了两种不同的模式，如图 3-11 所示。另外，她发现了两种模式的分离比例相同。总结起来，如果先保留这对异形染色体对不变（图中红色），则不配对的染色体（图中蓝色）到细胞两端的概率相同，一半机会与红色染色体对中长的染色体一起，一半机会与短的染色体一

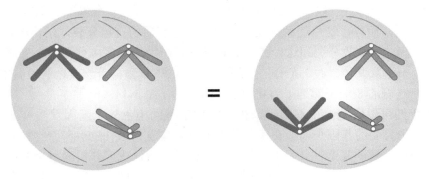

图 3-11　不同染色体的自由组合

卡罗瑟斯观察到的两种模式分离比例相同，其中一对异形配对的染色体（红色），另一条不配对的
染色体（蓝色）在减数分裂过程中形成配子

起。换言之,蓝色与红色的染色体是独立分离的。尽管她观察到的染色体不是典型的染色体,但结果有力地说明不同染色体在第一次减数分裂中的自由组合。

3.4.1 二倍体生物中的自由组合

图 3-12 显示了两对不同的染色体的分离行为,以及获得自由组合定律中 1:1:1:1 的孟德尔配子比例。假设细胞有 4 条染色体,一对同源染色体 A/a(蓝色与青色);另一对同源染色体 B/b(红色与橙色)。性母细胞的基因型为 A/a 和 B/b,分别有两对等位基因 A/a 和 B/b 位于不同的染色体对上。图 3-12 中的 4 与 4'显示了自由组合的关键步骤,即两种相同概率的等位基因的分离模式,一个在 4 中显示,另一个在 4'中显示。一种情况是,等位基因 A/A 和 B/B 被拉到同一个子细胞,同时,a/a 和 b/b 被拉到另一个子细胞;另一种情况是等位基因 A/A 和 b/b 组合到同一个子细胞,同时等位基因 a/a 和 B/B 组合到另一个子细胞。这两种模式发生的概率与减数分裂前期 I 纺锤丝附着在着丝粒上的概率相同。减数分裂从这两种分离模式中产生 4 种不同基因型的细胞。因为 4 和 4'分离的模式普遍,减数分裂产生细胞的基因型为 A;B、a;b、A;b、A;b 四种,且概率相同。换言之,每种基因型产生的概率为 1/4。这种配子类型的分布就是孟德尔假设的双因子杂交。对任意两对独立的等位基因,配子的随机结合产生了 9:3:3:1 的表型比例。

3.4.2 单倍体生物中的自由组合

在子囊菌中,我们可以直接检查单个性母细胞的产物来显示自由组合。让我们用一种丝状真菌(粗糙脉孢霉)来展示这一点。像我们前面看到的,在真菌中,两种相对性状的单倍体真菌亲本混合杂交。与酵母的杂交方式相同,杂交类型由一对等位基因中的一个决定,分别称为 MAT-A 和 MAT-α。杂交的方式见图 3-13。

真菌中减数分裂的产物是有性孢子。子囊菌纲(包括粗糙脉孢霉和酵母)真菌有一个特性,任何性母细胞通过减数分裂产生的孢子都会集中在一个膜状结构中,称为子囊(ascus)。因此,这种生物的单个减数分裂过程可以直观地进行检测。在粗糙脉孢霉中,减数分裂 I 和 II 的纺锤丝在雪茄型的子囊中不重叠,因此一个母细胞的产物排成一列[图 3-14(a)],而且,这里随后会发生一个减数分裂后的有丝分裂,纺锤丝也不重叠,原因未知。因此,减数分裂和这种特别的有丝分裂产生了顺序排列在一个子囊中的 8 个子囊孢子,一个八联体。对于杂合的母细胞 A/a,如果基因与着丝点之间没有发生交换,那么两个相连着的 8 个子囊孢子为 4 个 A 和 4 个 a[图 3-14(b)]。

现在我们可以研究一个双因子杂种。将位于不同染色体上基因发生突变的个体杂交。如果发生突变的基因与其所在染色体的着丝点位置很近,位点和着丝粒之间发生交换会增加分析问题的复杂性。为了避免这种复杂性,假设我们分析的两个基因远离着丝点。第一个突变为白化(a),相对性状是正常粉红色的野生型(a⁺),第二个突变是紧凑的圆饼状克隆性状(b),相对性状表现为扁平铺开的野生型(b⁺),我们假设这两种是相对的配对性状,因此,杂交是 a;b⁺×a⁺;b。

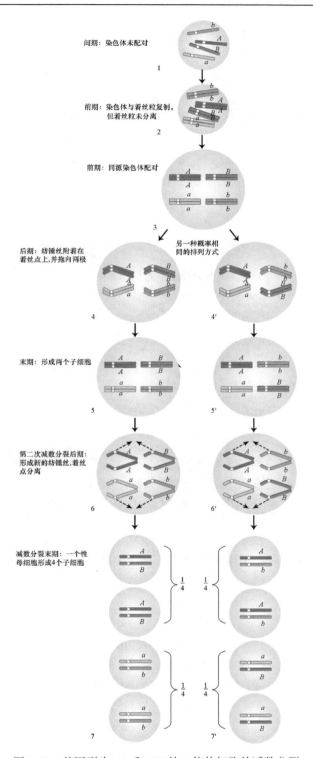

间期：染色体未配对

前期：染色体与着丝粒复制，但着丝粒未分离

前期：同源染色体配对

另一种概率相同的排列方式

后期：纺锤丝附着在着丝点上，并拖向两极

末期：形成两个子细胞

第二次减数分裂后期：形成新的纺锤丝，着丝点分离

减数分裂末期：一个性母细胞形成4个子细胞

图 3-12 基因型为 *A/a* 和 *B/b* 的二倍体细胞的减数分裂

减数分裂时染色体的自由组合解释了孟德尔比例。图中显示不同染色体对如何分离并组合，产生了 1∶1∶1∶1 的孟德尔配子比例

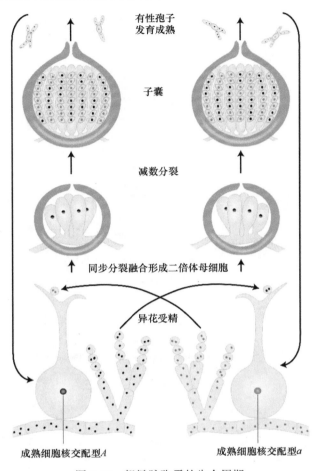

图 3-13 粗糙脉孢霉的生命周期

这种生物不能自体受精，有两种交配型，分别由等位基因 *A* 和 *a* 控制，两种交配型都可作为"雌性"。相对交配型的无性孢子分别与受精毛融合，孢子中的细胞核通过受精毛进入相对交配型的成熟孢子中与其中的细胞核配对。*A* 和 *a* 配对后进行同步的有丝分裂，最终结合为二倍体母细胞

因为纺锤丝随机附着在不同的着丝点上，产生两种不同八联体的概率相同：

a^+；b	a；b
a^+；b	a；b
a^+；b	a；b
a^+；b	a；b
a；b^+	a^+；b^+
a；b^+	a^+；b^+
a；b^+	a^+；b^+
a；b^+	a^+；b^+
50%	50%

这两种类型的相同概率是自由组合出现在单个性母细胞中的令人信服的证明。

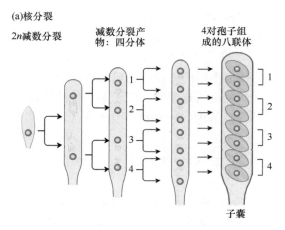

(a)核分裂

2n减数分裂　　　减数分裂产　　　4对孢子组
　　　　　　　　　物：四分体　　　成的八联体

　　子囊

第1次　　第2次　　减数分裂　　有性孢子的发育
减数分裂　减数分裂　后的有丝分裂　（子囊孢子）

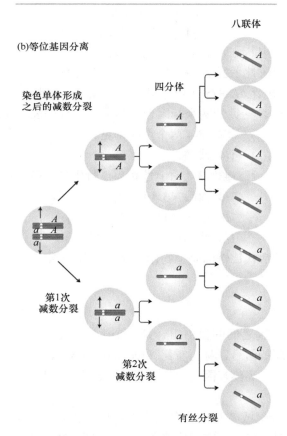

(b)等位基因分离

染色单体形成
之后的减数分裂

第1次
减数分裂

第2次
减数分裂

有丝分裂

四分体

八联体

图 3-14　粗糙脉孢霉的减数分裂进程

子囊孢子是研究减数分裂中等位基因分离的理想模式系统。（a）减数分裂的 4 个产物（四分体）接着进行有丝分裂形成一
个八联体。这些产物都在一个子囊中。（b）一个 *A/a* 母细胞进行减数分裂后接着进行有丝分裂，产生了相同数量的 *A* 和 *a*，
证明了等量分离

3.4.3 常染色体与性连锁相结合的自由组合

自由组合定律在分析常染色体上的基因与性连锁基因杂合个体的基因型时也非常有用。常染色体与性染色体由不同的纺锤丝随机附着在着丝点上独立地移动,与两对不同的常染色体相同,但会产生一些有趣的双因子杂合体的比例。我们来看一个果蝇的例子,残翅雌性(常染色体隐性基因,vg)和白眼雄性(X 连锁的隐性基因,w)杂交。用符号表示为

$$vg/vg;\ +/+♀ \times +/+;\ w/Y♂$$

F_1 代为

雌性基因型:$+/vg$;$+/w$

雄性基因型:$+/vg$;$+/Y$

这些 F_1 代果蝇之间杂交后获得 F_2 代,因为常染色体上的残翅基因是单因子杂交,所以 F_2 代为

3/4 +/-(野生型)

1/4 vg/vg(残翅)

对于 X 连锁的白眼基因,F_2 代表型比例应该是

雌性 1/2 +/+ 和 1/2 +/w (都为野生型)

雄性 1/2 +/Y(野生型)和 1/2w/Y(白眼)

如果将常染色体与 X 连锁的两个基因合并起来,F_2 代的表型比例应该是

雌性 3/4 两个性状都是野生型

1/4 残翅

雄性 3/8 两个性状都是野生型 (3/4 × 1/2)

3/8 白眼(3/4 × 1/2)

1/8 残翅(1/4 × 1/2)

1/8 残翅白眼 (1/4 × 1/2)

因此,我们看到的后代比例清楚地揭示了常染色体和 X 连锁遗传的本质。

3.4.4 重组

减数分裂过程中基因之间的自由组合是一个生物等位基因之间产生新组合的主要方式。等位基因之间新的组合,称为重组(recombination)。

人们已经达成共识,等位基因之间产生新的组合为自然选择奠定了基础,并有利于生物的进化。

基因之间的独立分配或者基因的自由组合产生基因之间的重组是一个非常重要的遗传学规律,基因重组不仅与生物进化有关,还可用于遗传分析中,特别是用于分析多基因表型的遗传模式。在这部分,我们通过实验结果来认识基因重组的方式并定义重组的概念,展开对基因重组的分析和解释。

在生物界广泛地观察到了基因以及染色体重组的现象,目前,我们已经将重组的定

义与减数分裂相关联。

减数分裂重组（meiotic recombination）是指在减数分裂过程中产生携带新的基因组合的单倍体，这些单倍体会结合形成性母细胞。

定义看起来很简单，我们通过比较减数分裂前后投入与产出的情况检测重组（图 3-15）。减数分裂前投入两个单倍体细胞形成二倍体母细胞，接着二倍体母细胞进行减数分裂。对于人类，投入的是两个亲本的卵子和精子，两者结合形成一个二倍体的受精卵，受精卵分裂产生所有身体的细胞，包括性腺中的母细胞。产出的是减数分裂的单倍体产物。对于人类，单倍体产物是卵子和精子。任何含有由两个投入的基因型产生一个新的等位基因组合的减数分裂产物，均可定义为重组体（recombinant）。

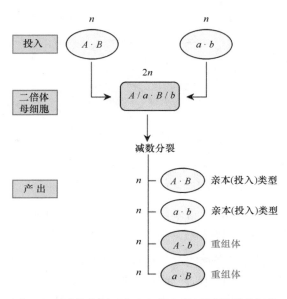

图 3-15　减数分裂后产出与投入的不同类型重组体

减数分裂中重组类型的产物（橙色）与二倍体组成型的单倍体细胞（淡黄色）是不同的。注意基因 A/a 和 B/b 用点分开，是因为它们可能位于相同的染色体上或不同的染色体上

关键点：减数分裂产生的重组是在减数分裂过程中产生携带新的基因组合的单倍体（配子），这些单倍体配子结合形成合子（受精卵）。

让我们看看怎样用实验的方法检测重组。用单倍体如真菌或者酵母生命周期检测生物的基因重组是直观的。单倍体生命周期中投入与产出的类型是个体基因型，而不是配子类型，可以直接推断出表型。图 3-15 总结了用单倍体生命周期简单检测重组过程。检测二倍体生物生命周期中的重组有些困难。在二倍体生命周期中投入与产出都是配子，因此我们必须知道在二倍体生命周期中用来检测重组的投入与产出配子的基因型。尽管我们不能直接检测投入与产出配子的基因型，但是我们可以采用合适的方法进行推断。

为了掌握投入的配子类型，我们可以用纯种的二倍体亲本，因为它们只能产生一种基因型的配子。

为了检测产出的重组型配子，我们用测交来观察二倍体的后代（图 3-16）。

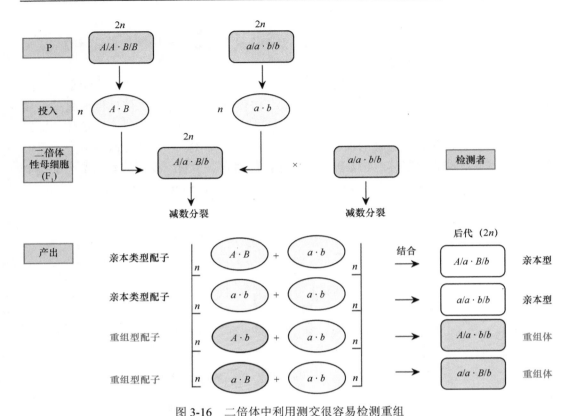

图 3-16　二倍体中利用测交很容易检测重组

二倍体减数分裂的产物大部分可用杂合子与检测者杂交来检测。注意图 3-15 在此图中重复了一部分

　　一个产生于减数分裂重组产物的测交后代，也称为重组体。注意，测交允许我们专注于一个减数分裂并避免了模糊不清。例如，图 3-16 中来自一个自交的 F_1 代，在不进行测交之前，一个重组体 $A/A·B/b$ 后代不能与 $A/A·B/B$ 加以区分。

　　重组分析最核心的部分是重组。关注重组率的一个原因是它的数值便于检测，无论两个基因是否在不同的染色体上。重组体产生于两个不同的细胞过程：不同染色体上基因的自由组合（此章讨论）和一条染色体上基因之间的交换（见第 4 章）。重组率是这里的关键，因为检测值可以告诉我们基因是否位于不同的染色体上。此处我们只讨论自由组合。

　　对不同染色体上的基因，重组体由自由组合产生，如图 3-17 所示。我们再一次看到了 1∶1∶1∶1 的比例，但现在这些测交后代被分成重组体和亲本（P）类型。用这种方法，重组体的概率明显是 1/4+1/4=1/2，或所有后代的 50%。因此，我们看到减数分裂过程中自由组合产生了 50% 的重组体。如果我们在一个测交中观察到 50% 的重组率，则可以推断所研究的这两个基因是独立的。对自由组合最简便和常见的解释是两个基因位于不同的染色体上。然而，我们必须意识到，位于相同染色体上距离很远的两个基因能够发生实际的自由组合，并产生相同的结果，见第 4 章。

　　关键点：50% 的重组率表明，基因是自由组合的，很可能位于不同的染色体上。

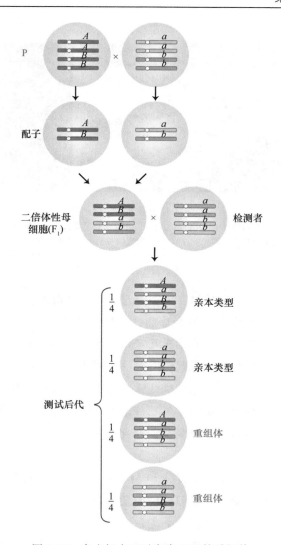

图 3-17　自由组合可以产生 50%的重组体

图显示了分别有两对等位基因（A，a）（B，b）的两对染色体的二倍体，自由组合产生重组体的概率为 50%。注意我们可以通过去除亲代（P）和检测者来显示单倍体的情况

延伸阅读 3-1：模式生物——脉孢霉（*Neurospora* spp.）

粗糙脉孢霉（*Neurospora crassa*）是第一个由遗传学家驯化的真核生物类的模式生物。它是一种单倍体的真菌（*n*=7），可在世界上很多地方的腐烂菜或甘蔗上观察到〔图 3-18（a）〕。在无性孢子状态下，它会产生管状结构，并快速生长，生出许多侧枝，形成大量的菌丝，形成一个克隆。菌丝没有侧壁，因此一个克隆基本是含有许多单倍体核的一个细胞。一个克隆可以产生百万计的无性孢子，孢子可分裂并重复这个无性的生命周期。

图 3-18 粗糙脉孢霉

（a）生长在甘蔗上的橙色菌落。在自然界中，粗糙脉孢霉菌落在火灾后最常见，火灾等极端条件可激活休眠的子囊孢子（在收获甘蔗茎之前，人们常火烧甘蔗以除去叶片）。（b）野生型与一个携带水母绿色荧光蛋白融合基因工程化组蛋白菌株杂交后产生的八联体孢子。八联体孢子显示出了预期的绿色荧光蛋白基因 4∶4 分离的孟德尔比例。在一些孢子中，细胞核分裂成两个，最终，每个孢子都包含几个核。

在实验室可以容易又廉价地培养无性克隆，只需要用无机盐和能量物质如葡萄糖配制特定培养基（培养基中需要添加琼脂，使培养基产生有一定硬度的平面）。事实上，粗糙脉孢霉只要利用简单的培养基就可以化学合成它所需的所有物质，这种特性使遗传学家选择它研究生物的合成代谢路径（最早开始于 George Beadle 和 Edward Tatum，见第 6 章），遗传学家通过在粗糙脉孢霉中引入突变并观察其影响，研究与突变基因相关的合成代谢路径。遗传学家已经总结出对粗糙脉孢霉的单倍体进行诱变，并对突变等位基因产生的影响进行观察的研究方法，因为这些突变的等位基因总是直接通过表型显示。

粗糙脉孢霉有两种交配型，*MAT-A* 和 *MAT-α*，可以简单地认为是不同的"性别"。当不同交配型克隆相互接触时，它们的细胞壁和细胞核相结合，形成许多瞬时二倍体核，这些二倍体核进入减数分裂，每个减数分裂形成的 4 个单倍体产物形成一束，称为子囊。每个减数分裂的产物进行一次有丝分裂，在每个子囊中形成八联体子囊孢子［图 3-18（b）］。子囊孢子出芽生长，并产生与无性孢子相同的克隆。因此子囊菌是研究单个减数分裂中基因分离与重组的理想材料。

3.5 多基因遗传

本书前文主要专注于单基因性状，分析表现截然不同的相对表型，如红色花瓣对白色花瓣、光滑种子对皱缩种子、果蝇的长翅对残翅。然而，自然界中发现的变异许多是连续性的表型，如高度、体重、颜色深浅等可以测量的表型可能是两个极端之间的任何数字。一般情况下，将一个自然群体中不同个体的测量值出现的频率绘制成图，分布曲线为钟形（图 3-19）。钟形形状的产生是由于位于平均值的个体数总是最多，极端值的个体数稀少。起初，能看出孟德尔遗传模式如何影响连续性分布的性状是困难的，毕竟所有的孟德尔分析都是固定的、用清晰而不同的分类方式进行的。然而，我们在这一节中应该可以看出几个或多个杂合子基因的自由组合能够影响连续性状的表现，并产生钟形曲线。

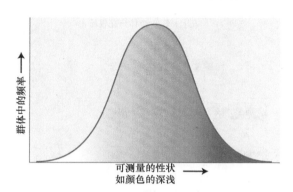

图 3-19　自然群体中表型的连续变化

在一个自然群体中，一个诸如颜色深浅的度量性状可以具有许多值。因此，分布是平滑曲线的形式，群体中表现最常见的值代表曲线的高点，曲线是对称的，表现为钟形

当然，许多连续性变异受环境影响较大，受基因影响较小。例如，在遗传上相同的一个植物群体生长在一块地里，其高度常表现为一个钟形曲线，矮小的植株通常分布在地块的边缘，而高大些的植株分布在中间。这种变异只能通过环境来分析原因，如水分、施肥等。然而许多连续性状确实有遗传基础。人类皮肤颜色是这样一个例子，在世界各地的人群中，可以观察到不同肤色的人，这种变异明显是受遗传控制的。

这种人类肤色的差异，有几个到多个等位基因通常对性状的表现起到或多或少的加性效应。这些由相互作用累加产生可遗传连续性变异的基因成为多基因（polygene）或者数量性状位点[①]（quantitative trait locus，QTL，又称数量性状基因座）。控制相同性状的多基因或 QTL 分布在整个基因组中，大多数情况下，它们位于不同的染色体上，并表现出自由组合。

让我们看看几个杂合的多基因（甚至是两个）产生钟形分布曲线的情况。我们可以考虑一种简单的模型，起先用于解释小麦种粒红色到白色的不同程度。这个工作是由赫尔曼·尼尔森-埃勒（Hermann Nilsson-Ehle）在 20 世纪早期完成的。假设两对自由组合的基因 R_1/r_1 和 R_2/r_2，R_1 和 R_2 都形成小麦种粒的红色，每个等位基因的"剂量"（dose）是叠加的，就意味着增加了红色的程度。在两个双杂合子（R_1/r_1 和 R_2/r_2）杂交的例子中，各种基因型的雌雄配子将显示如下的表型：

R_1；R_2　　2 剂量的红色

R_1；r_2　　1 剂量的红色

r_1；R_2　　1 剂量的红色

r_1；r_2　　0 剂量的红色

① "数量性状位点"定义需要确定的是：数量（quantitative）与连续性意义相近；性状（trait）与特性（character）、属性（property）同义；位点（locus），文字的意思是指染色体位置，与基因同义。

总体而言，在这个配子群体中，有1/4的2剂量，1/2的1剂量，1/4的0剂量。雌雄配子联合表现显示在图3-20的阵列中，后代的剂量数从4（R_1/R_1；R_2/R_2）到0（r_1/r_1；r_1/r_1），范围之内的所有值也展示在图中。

R_1/r_1；R_2/r_2 个体自花授粉

♀配子 \ ♂配子	2剂量 $\frac{1}{4}$	1剂量 $\frac{1}{2}$	0剂量 $\frac{1}{4}$
2剂量 $\frac{1}{4}$	4剂量 $\frac{1}{16}$	3剂量 $\frac{2}{16}$	2剂量 $\frac{1}{16}$
1剂量 $\frac{1}{2}$	3剂量 $\frac{2}{16}$	2剂量 $\frac{4}{16}$	1剂量 $\frac{2}{16}$
0剂量 $\frac{1}{4}$	2剂量 $\frac{1}{16}$	1剂量 $\frac{2}{16}$	0剂量 $\frac{1}{16}$

后代中各种剂量的总和	4剂量 $\frac{1}{16}$	3剂量 $\frac{4}{16}$	2剂量 $\frac{6}{16}$	1剂量 $\frac{4}{16}$	0剂量 $\frac{1}{16}$

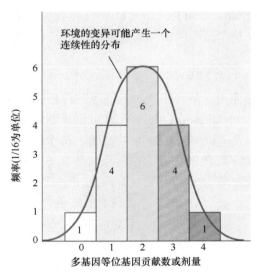

图3-20　多基因在双杂合子自交后代中的表现

两个多基因的双杂合子自交后代可以表达为加性的等位基因“剂量”

图3-20网格中的比例可以画成直方图，如图3-21所示。直方图的形状可以被认为是一个支架，是钟形分布曲线的基础。对小麦种粒红色的性状进行初步分析，发现其内

图3-21　多基因在双杂合子自交后代群体中表现的直方图

图3-20所示的后代可以用多基因等位基因（剂量）的频率直方图代替

部存在变异的类群，代表各种多基因"剂量"水平。这些类群内个体之间的变异可以假定是环境差异的结果。因此，我们可以看到，环境在某种程度上起到钝化了条形图棱角的作用，从而产生一个钟形平滑曲线（直方图上的红线）。如果后代的数量增加，直方图的柱更加接近一个平滑的连续分布。如果是一个由三个基因决定的性状，则直方图如图 3-22 所示。

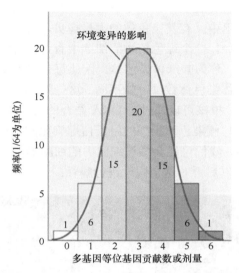

图 3-22　多基因在三杂合子自交后代群体中表现的直方图
多基因的三杂合子自交的后代可用多基因等位基因（剂量）的频率直方图表示

我们描述了双杂合子自交后代群体表现的直方图是如何产生的。但我们的例子与自然群体之间有什么关系呢？毕竟不是所有的杂交都是这个类型。然而，如果每个基因对中的等位基因在交配中频率近似相等（如 R_1 和 r_1 一样常见），那么双杂交可以被说成是两个多基因组合种群的平均杂交。

鉴别多基因并且理解它们的行为和相互作用，对 21 世纪的遗传学家而言是个挑战。鉴别多基因在医学中特别重要，许多人类的常见疾病，如动脉粥样硬化和高血压，被认为由多基因控制。如果是这样的话，那么对影响大部分人类群体的这些多基因的遗传及功能需要做更多的研究，以便对这些疾病有更全面的理解。目前，一些分子方面的研究可以用于发现这些多基因，我们将在后面的章节中讨论。注意，多基因并不是一个特殊的基因类群，它们只是被鉴别出具有能控制连续性变异的一些等位基因。

关键点：变异和多基因的自由组合可以在群体中产生连续性变异。

3.6　细胞器基因：独立于核基因的遗传模式

迄今为止，我们都在研究位于不同染色体上的核基因是如何独立分配的。然而，尽管细胞核中包含了真核生物的大多数基因，但在线粒体或植物的叶绿体上，人们也发现了一种截然不同的、特殊的基因组分。这些基因组分的遗传独立于核基因组，因此它们形成了一种特殊的独立遗传，称为核外遗传（extranuclear inheritance）。

线粒体和叶绿体是细胞质中的特殊细胞器，它们具有小的环状染色体，携带一些特定的基因。线粒体基因与线粒体功能相关，同样的，叶绿体基因是叶绿体进行光合作用所必需的。但是，细胞器基因并不能满足细胞器所有的功能，还要大量地依赖细胞核基因。为什么细胞器中除了具有必要的基因，另外需要的基因位于细胞核？这仍然是个未解谜。

细胞器基因另外的特性是在一个细胞中存在大量拷贝，因为细胞中细胞器具有大量的拷贝，而且，每个细胞器中又有其染色体的大量拷贝，所以，每个细胞中都含有成百上千的细胞器染色体。例如，一个绿色植物的细胞中有许多叶绿体，每个叶绿体中有许多相同的环状 DNA 分子，称为叶绿体染色体。因此每个细胞中的叶绿体染色体可能上千，而且不同细胞的叶绿体染色体数量可能不同。这些染色体有时会包装到一个亚结构中，称为拟核（nucleoid）。拟核可以通过与 DNA 结合的染料染色观察（图 3-23）。染色体折叠成拟核，但不具有与核染色体相同的组蛋白螺旋化的典型结构。这种排列在线粒体中是真实存在的。今后，我们可能会假设细胞内的细胞器染色体的所有拷贝都是相同的，但目前，我们不得不以后再对这个假设进行解释。

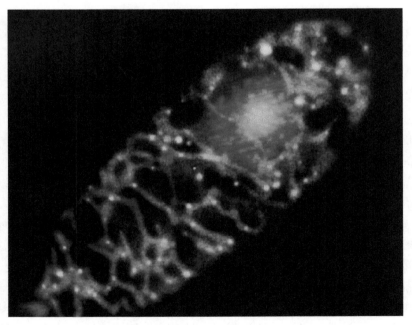

图 3-23　在细胞的线粒体中可见拟核

小眼虫（*Euglena gracilis*）细胞的荧光染色，细胞中线粒体包围着细胞核。由于使用了 DNA 染料，细胞核中因含有大量 DNA 而呈红色，线粒体显示绿色荧光，线粒体内，线粒体 DNA 呈黄色（拟核）

许多细胞器染色体目前已经被测序。一些线粒体 DNA（mtDNA）和叶绿体 DNA（cpDNA）的基因组大小与基因间距举例见图 3-24。细胞器基因间距较小，在一些生物中，细胞器基因可能包括非翻译区，称为内含子（intron）。注意有多少基因参与细胞器本身的生化反应，如参与叶绿体光合作用和线粒体氧化磷酸化作用。

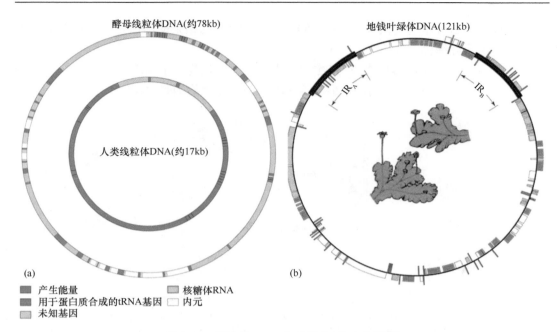

图 3-24　线粒体 DNA 与叶绿体 DNA 的图谱

许多细胞器基因（蓝色）编码的蛋白质被证明与能量产生相关，橘红色和橘黄色基因表示编码 tRNA 和核糖体 RNA 的基因。（a）酵母线粒体和人类线粒体 DNA 图谱。注意人类图谱绘制的尺度与酵母图谱不同。（b）地钱（*Marchantia polymorpha*）121kb 的叶绿体 DNA 图谱。内圈显示顺时针转录的基因，外圈显示逆时针转录的基因。中心上方是雄性地钱植株，下方是雌性地钱植株。IR$_A$(inverted repeat region A)，反向重复区 A；IR$_B$(inverted repeat region B)，反向重复区 B

3.6.1　细胞器遗传模式

　　细胞器基因有其特殊的遗传模式，称为单亲遗传（uniparental inheritance）：后代只从一个亲本获得细胞器基因。大部分情况下，单亲是指母本，称为母系遗传（maternal inheritance）。为什么是母本？答案基于这样的事实：细胞器染色体位于细胞质中，父本和母本对受精卵细胞质的贡献并不同。对于细胞核基因，父本和母本对受精卵的贡献相同，而卵子贡献了绝大部分的细胞质，精子几乎不提供细胞质，因此后代无法从父本中获得细胞器基因。

　　一些表型变异体是由细胞器基因突变产生的，我们可以用这些突变来检查细胞器的遗传模式。我们先暂时假设这些突变的基因存在于细胞器染色体的所有拷贝中，这种情况确实比较常见。在一个杂交组合中，突变如果存在于母本，则传递给后代，但如果存在于父本，就不会传递给后代。因此，一般情况下，细胞器遗传表现如下模式：

突变型母本 × 野生型父本 → 后代都是突变型

野生型母本 × 突变型父本 → 后代都是野生型

　　确实，这种遗传模式可以用于断定细胞器遗传，尤其是当一个突变基因在基因组的位置未知时。

　　母系遗传可以通过真菌的特定突变清楚地证明。例如，在真菌脉孢霉（*Neurospora* spp.）中，一种突变称为小菌落（poky colony），是一种真菌生长缓慢的表型。脉孢霉的杂交可以显示出母系遗传模式（图 3-25）。下列正反交的结果提示这种突变基因位于线粒体（真菌无叶绿体）：

$$小菌落母本 \times 野生型父本 \rightarrow 后代均为小菌落$$
$$野生型母本 \times 小菌落父本 \rightarrow 后代均为野生型$$

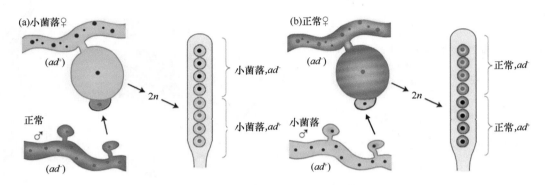

图 3-25　线粒体遗传的突变表型——小菌落母系遗传

脉孢霉小菌落与野生型正反交因为亲本提供的细胞质不同而产生了不同的结果。母本提供了后代绝大多数的细胞质。蓝色表示带有线粒体基因小菌落突变的细胞质，紫色代表野生型线粒体。注意（a）中后代均为小菌落，而（b）中所有的后代均为正常。因此，两种交配均显示母系遗传。核基因 ad^+（黑色）和 ad^-（红色）用于证明核基因的分离是这种单倍体期望的 1∶1 的孟德尔比例

测序显示小菌落表型是由线粒体 DNA 中一个核糖体 RNA 的基因发生突变引起的。它的遗传模式见图 3-25。这个杂交包括一对不同的核等位基因（ad^- 和 ad^+）作用于小菌落。注意在控制这个小菌落表型的基因中，核基因的孟德尔遗传模式与母系遗传相互独立。

关键点：由细胞质中细胞器基因突变引起的表型变异为母系遗传，与核基因所显现的孟德尔遗传模式相互独立。

3.6.2　细胞质的分离

在一些情况下，细胞同时具有正常和突变的细胞器，这种细胞称为胞质基因杂合细胞（cytohet）或者异质体（heteroplasmon）。在这些杂合体中，可以检测到胞质分离（cytoplasmic segregation）现象，其中正常和突变两种类型的细胞器按比例进入不同的子细胞。这个过程多半可能开始于不同类型细胞器分开进入细胞分裂的过程。植物为这种遗传模式提供了很好的实例。植物中控制叶绿素产生与沉积的基因位于叶绿体染色体上，当该基因发生突变时，枝叶会缺乏叶绿素而呈现白色。因为叶绿素对植物生长是必需的，所以这种突变是致死的，并且白色植物无法获得并进行杂交实验。然而，一些植物的枝叶是杂色的，具有绿色和白色的斑块，这种植物是可以生长繁殖的，说明枝叶中同时存在含有正常与突变基因的两种叶绿体。因此，这种杂色的植物提供了一种证明胞质分离的证据。图 3-26 中的紫茉莉显示了一种常见的杂色叶片和枝条表型，证明了叶绿体基因突变的表现方式。

突变基因使叶绿体为白色，反过来，叶绿体的颜色决定了细胞的颜色，从而决定了枝条的颜色。杂色的枝条是全绿细胞和全白细胞的混杂。绿色、白色或杂色的枝条上都能形成花，花中细胞含有所在枝条的叶绿体基因。因此，如图 3-27 所示，一个杂交种

图 3-26　叶绿体基因突变产生的杂色植株

紫茉莉（*Mirabilis jalapa*）的杂色枝叶。花可以在任何枝条（杂色的、绿色的或白色的）上产生，这些花可以用于杂交

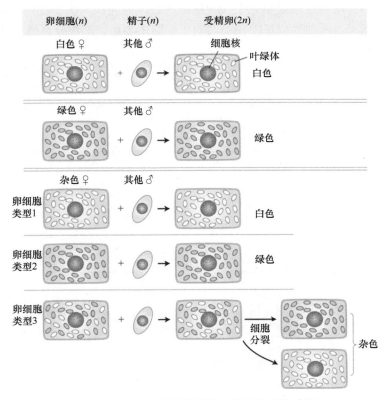

图 3-27　叶绿体基因突变产生杂色叶片的过程

紫茉莉杂交的结果可以用叶绿体自发遗传来解释。大的圆粒代表细胞核，小的代表叶绿体，其中有绿色和白色。假定每个卵细胞含有许多叶绿体，每个精子不含叶绿体，前面两个杂交展示了严格的母系遗传。然而，如果母体枝条是杂色的，可以产生三种受精卵，取决于卵细胞是否只含有白色、绿色或两种都有的叶绿体。在后面的例子中，受精卵可以产生绿色和白色的组织，因此就产生了杂色的植株

植株，花中的雌配子（卵细胞）决定了后代植株叶片和枝条的颜色。例如，如果卵细胞来自一个绿色枝条上的花，则所有的后代均为绿色，无论花粉来源于何种枝条上的花。一个白色枝条会有白色的叶绿体，造成后代所有植株均为白色（因为致死，白色的后代将无法成活，只有种子）。

在图 3-27 中也能看到，杂色的受精卵（图 3-27 的底部）证明了胞质分离现象。这些杂色的后代来源于细胞质杂合的卵细胞。有趣的是，当这种杂色后代分裂时，白色和绿色的叶绿体通常也分裂，也就是说它们将会分配到不同的细胞，产生截然不同的绿色和白色部分，并形成杂色的枝条，直接证明了胞质分离。

如果一个细胞中某种细胞器的许多分子组成一个群体，那么细胞是如何使所有这种细胞器中的某个基因同时发生突变，从而获得一个"纯的"突变细胞，即只含有突变基因的染色体呢？很可能这种纯的突变体以一种无性细胞分裂的方式产生。突变体产生于单个染色体上的单个基因突变，然后，在一些情况下，含有突变基因的染色体可能偶然增加了比例，这个过程称为遗传漂变（genetic drift）。一个细胞质杂合的细胞，如具有60%的 A 型染色体和40%的 a 型染色体，当细胞分裂时，有时所有的 A 型染色体都到了一个子细胞中，同时所有的 a 型染色体都到了另一个子细胞（只是偶然的）。这种 A 与 a 完全分离到不同细胞通常需要几个代次细胞分裂才能完成（图 3-28）。因此，作为这种偶然事件的结果，两种等位基因在不同的子细胞中表达，这种分离通过这些细胞的后

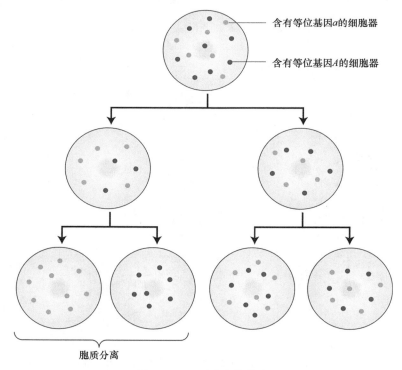

图 3-28　胞质分离的模式

偶然的机会，含有不同基因的细胞器可以在一系列连续的细胞分裂中分离到不同的细胞。红色和蓝色的圆点分别代表遗传上可区分的细胞器（ a 或 A ），如有或没有突变的线粒体，胞质分离后形成仅含 a 或仅含 A 细胞器的细胞

代持续下去。注意，胞质分离不是一个有丝分裂的过程，虽然确实发生了细胞的分裂，但与有丝分裂无关。在叶绿体中，前面提到过的，胞质分离是产生杂色植株（绿色和白色）的一种常见机制。在真菌的突变中，如脉孢霉的小菌落突变体，一个线粒体 DNA 分子的起始突变必须累积，并通过胞质分离来产生表现小菌落症状的品系。

关键点：含有两种遗传特征的不同染色体的细胞器群体，在细胞分裂时常进入不同的子细胞而显示分离，这个过程称为胞质分离。

在特定的系统中，如真菌或藻类，人们已经获得了"双因子杂种"细胞质杂合体（例如，*AB* 在一个细胞器染色体上，而 *ab* 在另一个细胞器染色体上）。在一些情况下，会发生罕见的类似交换的过程，但这种现象必然是一种少见的遗传学现象。

关键点：位于细胞器染色体上的等位基因有以下几个特点：①在有性繁殖过程中，遗传现象只发生在一个亲本（一般是母本），因此不会显示与核基因相同的分离比例；②在无性繁殖的细胞中可显示胞质分离；③在无性繁殖的细胞中偶尔显示类似的交换现象。

3.6.3　人类的细胞质突变

人类有细胞质突变吗？一些人类的系谱显示的一些罕见疾病只通过母亲来传递，从不通过父亲传递，这种模式强烈地暗示了细胞质遗传，并指出了线粒体 DNA（mtDNA）突变时这种表型产生的原因。肌阵挛癫痫伴破碎红纤维综合征（myoclonic epilepsy with ragged red fiber，MERRF）就是这样一种表型，是由 mtDNA 上一个碱基突变引起的，这种疾病的症状还伴随视力和听力的障碍。另一个例子是卡恩斯 - 塞尔综合征（Kearns-Sayre syndrome，KSS），其包含一系列的症状，影响到眼睛、心脏、肌肉和大脑，是由丢失了一部分 mtDNA 引起的。这种疾病中，有的患者细胞中含有正常染色体和突变染色体的混合体，它们通过胞质分离进入后代细胞的比例是变化的，同一个人，可能在不同的组织和时间会有不同的比例。特定类型的线粒体突变可随时间进行积累，并最终导致衰老。

图 3-29 显示了人类线粒体基因的一些突变，这些突变通过遗传漂变和胞质分离，在一定程度上导致细胞功能受损，从而导致疾病。

一个人类线粒体突变疾病的家系遗传如图 3-30 所示。注意，这种情况总是由母亲传给后代，而不是父亲。有时，母亲会生出一个未受影响的孩子（未显示），可能是由于配子形成过程中产生了胞质分离。

3.6.4　mtDNA 进化研究

物种间同源 mtDNA 序列的差异和相似性被广泛地用于构建进化树。此外，利用从已灭绝生物的遗骸中获得的 mtDNA 序列，如博物馆里的皮肤和骨骼，将一些已灭绝生物引入进化树中是可能的。mtDNA 的进化相对较快，因此这种方法在绘制人类和其他灵长类动物的进化树时最为有用。

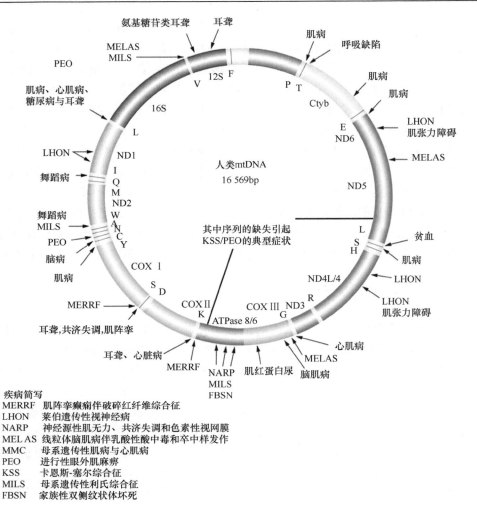

疾病简写
MERRF 肌阵挛癫痫伴破碎红纤维综合征
LHON   莱伯遗传性视神经病
NARP   神经源性肌无力、共济失调和色素性视网膜
MEL AS 线粒体脑肌病伴乳酸性酸中毒和卒中样发作
MMC   母系遗传性肌病与心肌病
PEO   进行性眼外肌麻痹
KSS   卡恩斯-塞尔综合征
MILS   母系遗传性利氏综合征
FBSN   家族性双侧纹状体坏死

图 3-29　人类 mtDNA 图谱显示了导致细胞病变的突变位点

圈内的单个字母表示突变的氨基酸缩写，其他缩写：ND = NADH 脱氢酶；COX = 细胞色素 c 氧化酶；12S 和 16S 表示
核糖体 RNA，表示突变的关键酶或核糖体 RNA；ATPase. ATP 酶

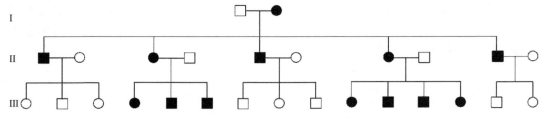

图 3-30　一个人类线粒体突变疾病的家系遗传

这一家系表明人类线粒体突变疾病只遗传自母亲

　　一个非常重要的发现是人类 mtDNA 进化树的"根"在非洲，这表明智人起源于非洲，并从那里散布到世界各地（见第 17 章）。

总　　结

遗传研究和动植物育种常常需要合成新的基因型，这些基因型是来自不同等位基因的复杂组合。这些基因可以在同一条染色体上或在不同的染色体上，后者是本章的主题。

在最简单的例子——两个基因对在不同的染色体对上的双杂合子杂交中，每个单独的基因对在减数分裂过程中表现出与孟德尔第一定律预测的一样的分离。由于核纺锤体在减数分裂时随机地附着在着丝点上，这两个基因对自由组合到减数分裂后的子细胞中。这种自由组合的原则称为孟德尔第二定律，因为孟德尔是第一个观察到这个规律的人。双杂合子 A/a；B/b，产生 4 种基因型的减数分裂产物，即 A；B、A；b、a；B、a；b，每种基因型频率都是 25%。因此，在双杂合子与双隐性的测交中，子代的各表型比例也均为 25%（1∶1∶1∶1）。如果这种双杂合子自交，子代的表型为 9/16 $A/-$；$B/-$、3/16 $A/-$；b/b、3/16 a/a；$B/-$ 和 1/16 a/a；b/b。1∶1∶1∶1 和 9∶3∶3∶1 的比例都是基因自由组合的判断依据。

由基因自由组合组成的更复杂的基因型可以被视为单基因分离的扩展。总的基因型比例、表型比例或配子比例是应用乘法定律来计算的，也就是单个基因相关的比例的乘积。通过应用加法定律，就是将每种子代发生的概率相加，计算出几种子代发生的概率。用简写方式表示，乘法定律表示为"A 和 B"，加法定律记为"A 或 B"。χ^2 检验可以用来测试各种类别遗传分析的观察比例是否符合预期的遗传假说，如是否符合单基因或双基因遗传的假说。如果计算出的概率值小于 5%，则必须否定该假设。

按照等量分离和自由组合的原则（如果基因在不同的染色体上），连续世代的自交增加了纯合子的比例。因此，通过自交可以组合一些期望的突变性状，用来建立一些复杂的纯系。

减数分裂时染色体的自由组合可以通过异形染色体（显示结构差异的染色体对）进行细胞学观察。X 染色体和 Y 染色体就是这样一种情况，但是其他可以找到并用于演示的情况很少见。在子囊菌中可以观察到单个细胞水平的基因的自由组合，因为形成的子囊可以显示两种相同比例的表型。

减数分裂的主要作用之一是产生重组体，即性母细胞中的等位基因组合，通过减数分裂形成单倍体基因型，再形成新的组合。自由组合是基因重组的主要来源。在显示自由组合的双因子测交实验中，重组率为 50%。

像颜色强度这样的可度量性状在一个群体中是连续分布的。连续分布基于环境变异、多基因变异或两者的组合。人们提出一个简单的遗传模型，分析了多效基因（或称为多基因）对可度量性状的表现起到了或多或少的作用。在对多基因杂合个体自交后代的分析中，后代各种表型比例的直方图显示接近钟形曲线，这是连续性变异的典型特征。

在线粒体和叶绿体中发现的基因组是独立于核基因组遗传的。这些细胞器 DNA 中的突变通常与细胞质一起显示母系遗传，因为细胞器位于细胞质中。在具有混合遗传特性细胞质（胞质杂合体）的细胞中，这两种基因型（野生型和突变型）通常通过一种被称为胞质分离的鲜为人知的过程分配到不同的子细胞中。

人类线粒体突变导致的疾病表现为身体组织中的胞质分离并在有性生殖过程中表现为母系遗传。

（方心葵　曹　勇）

<h2 align="center">练 习 题</h2>

一、例题

例题 1　两只长着正常（透明，长）翅膀的果蝇进行了交配。在后代中，出现了两种新的表型：暗翅（有半透明的外观）和剪断的翅膀（有方的末端）。子代如下。

雌性	雄性
179 透明长翅	92 透明长翅
58 透明剪翅	89 暗长翅
	28 透明剪翅
	31 暗剪翅

a. 从染色体水平解释这一结果的遗传模式，并指出这种遗传模式下亲代和所有子代的基因型。

b. 为你的遗传模式设计一个检测方法。

参考答案：

a. 第一步是说明数据有什么特性，第一个显著特征是出现了两个新的表型。我们在第 2 章中遇到过这种现象，可解释为隐性等位基因被它们的显性等位基因所掩盖。所以，首先，我们可以假设一个或两个亲本果蝇具有两个不同基因的隐性等位基因。通过观察发现，某些后代只表达了一种新的表型，这就增强了这种推断的可能性。如果新的表型总是同时出现，我们可能会认为相同的隐性等位基因决定了两者。

然而，数据的另一个显著特征，我们无法用第 2 章的孟德尔法则来解释两性之间存在明显的差异，虽然雄性和雌性的数量大致相等，但雄性却有 4 个表型，而雌性只有 2 个表型。这一事实应该立即暗示某种与性别有关的遗传。当我们研究这些数据时发现，在雄性和雌性中，长翅和剪翅的表型符合分离规律，且只有雄性具有暗翅的表型。这些观察结果表明，翅膀透明度的遗传不同于翅膀外形的遗传。首先，长翅和剪翅在雄性和雌性的比例都是 3∶1，如果双亲都是常染色体基因的杂合子，

132

则可以解释这个比例；我们用字母 L/l 代表长翅与剪翅这对相对性状的基因，L 表示长翅，l 表示剪翅。

做了这些部分分析后，我们发现只有翅膀透明度的遗传与性别有关。最明显的可能性是透明翅（D）和暗翅（d）的等位基因位于 X 染色体上，因为我们在第 2 章中看到，位于 X 染色体上的基因是与性别相关的遗传模式。如果这个假设是正确的，那么母本一定携带 d 等位基因，因为如果雄性有 d 等位基因，就会表现暗翅，而我们被告知雄性有透明翅。所以，母本为 D/d，而父本为 $D/-$。让我们看看这个假设是否为真的，如果这是真的，那么所有的雌性后代将会从父本继承 D 等位基因，所以所有的雌性后代都是透明翅，正如我们观察到的那样。一半的雄性后代是 D（透明），一半是 d（暗）。

所以，总的来说，我们可以把母本表示为 D/d；L/l，父本为 $D/-$；L/l。那么后代就是：

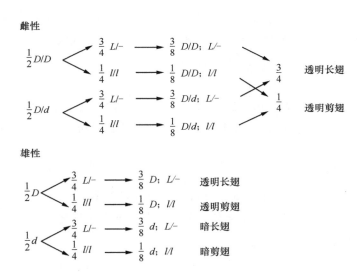

b. 一般来说，测试这种模型的一个好方法是做一个杂交并预测结果。但用哪种杂交，我们必须预测后代的某种比例，因此重要的是做一个从中可以得到独特表型比例的杂交。请注意，使用一个雌性后代作为父母本并不符合我们的要求，我们不能通过观察任何一个雌性的表型来判断它的基因型是什么。有透明翅的雌性可能是 D/D 或 D/d，长翅的雌性可能是 L/L 或 L/l。如果用原来的母本与一个暗剪翅的雄性后代杂交，就可获得一些有用的结果，因为这两种果蝇所有的完整基因型都在我们假定的模型下。根据我们的模型，这个杂交是

$$D/d;\ L/l \times d/-;\ l/l$$

从这个杂交中，我们可以预期后代的表型，雌性与雄性分别为：

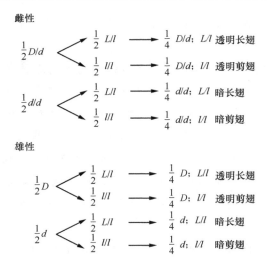

例题 2 假设有三颗黄色的圆形豌豆，分别标记为 A、B 和 C。每一颗豌豆都被培育成一种植株，并与一颗长有绿色皱纹的豌豆杂交。从每个杂交组合中获得的 100 颗豌豆被分成不同的表型，三颗豌豆的后代分别标记为 A′、B′ 和 C′，如下所示。

A′：51 黄，圆；49 绿，圆

B′：100 黄，圆

C′：24 黄，圆；26 黄，皱；25 绿，圆；25 绿，皱

A、B、C 的基因型是什么？（使用你自己选择的基因符号，写出后代的所有基因型）

参考答案：

注意下面的这个杂交组合：

黄，圆 × 绿，皱 → 后代表型

因为 A、B、C 都与同一植株杂交，所以这三个子代种群之间的所有差异一定要归因于 A、B、C 的潜在基因型差异。

你可能还记得这一章的很多分析，这很好，但是让我们看看我们能从数据中推断出多少。关于显性的情况怎样呢？获得显性性状的关键杂交亲本是 B。这里的遗传模式为

黄，圆 × 绿，皱 → 后代均为黄，圆

所以黄色和圆形一定是显性表型，因为显性是由杂合子的表型定义的。现在我们知道了，在每一个杂交组合中的绿色、皱粒的亲本必须是完全隐性的，这里就有一个比较容易判断的情况，它意味着每个杂交组合都是测交。

再看 A 的后代，我们看到黄色和绿色的比例是 1∶1。这个比例是孟德尔第一定律（分离定律）的一个证明，并且，对于颜色这个性状，杂交组合一定是杂合子×纯合隐性。用 Y 代表黄色，y 代表绿色，我们可以得到：

$$Y/y \times y/y \rightarrow \frac{1}{2} Y/y\ （黄），\frac{1}{2} y/y\ （绿）$$

对于种粒形状，因为所有的后代都是圆的，杂交组合一定是纯合显性×纯合隐性。

用 R 表示圆粒, r 表示皱粒, 我们可以得到:

$$R/R \times r/r \to R/r \text{（圆粒）}$$

结合这两个字符, 得到:

$$Y/y; \ R/R \times y/y; \ r/r \to \frac{1}{2} Y/y; \ R/r, \ \frac{1}{2} y/y; \ R/r$$

现在产生 B′ 的杂交组合变得非常清晰, 而且一定是:

$$Y/Y; \ R/R \times y/y; \ r/r \to Y/y; \ R/r$$

在 C′ 中, 我们看到了 50 黄 : 50 绿（1 : 1）和 49 圆 : 51 皱（1 : 1）的比值, 因此 C 豌豆中两个基因一定都是杂合状态, 杂交组合为:

$$Y/y; \ R/r \times y/y; \ r/r$$

这很好地证明了孟德尔第二定律（不同基因的自由组合）。

遗传学家如何分析这些杂交组合？基本上, 和我们刚才做的一样, 只是少了一些干预步骤。可能是这样的, "黄色和圆形是显性, 单基因在 A 中分离; B 是纯合显性的; C 中两个基因自由组合"。

二、看图表回答问题

1. 使用表 3-2, 回答下列关于概率值的问题。

a. 如果 χ^2 值为 17, 在自由度 df=9 时, 近似概率值是多少？

b. 如果 χ^2 值为 17 , 在自由度 df=6 时, 近似概率值是多少？

c. 你在前两项计算中看到了什么趋势（"规则"）？

2. 检查图 3-12, 哪个减数分裂阶段会产生孟德尔第二定律所描述的情况？

3. 在图 3-13 中,

a. 识别二倍体核。

b. 找出图中的哪一部分说明了孟德尔第一定律。

4. 观察图 3-14, 如果发生了一种罕见的情况, 在减数分裂后的有丝分裂过程中, 2 中的一个细胞核从 2 的位置滑落到 3 的位置, 那么形成的子囊中的八联体的结果是什么？你怎样测算这种罕见事件的概率？

5. 在图 3-15 中, 如果投入的基因型是 $a\cdot B$ 和 $A\cdot b$, 橘红色的基因型会是什么？

6. 在图 3-17 所示的后代中, 它们的深蓝色、浅蓝色和绿色染色体起源是什么？

7. 在图 3-22 中, 能找到基因型 $R_1/r_1 \cdot R_2/r_2 r_3/r_3$ 是直方图中的哪个条柱吗？

8. 查看图 3-24, 你认为酵母和人的 mtDNA 大小不同最主要的原因是什么？

9. 在图 3-25 中, 哪种颜色表示细胞质包含正常表型的线粒体？

10. 在图 3-26 中, 顶端的花产生的后代叶片类型是什么？

11. 从图 3-30 的家系来看, 你能否推断出父亲对线粒体突变疾病的遗传遵循什么原则？

三、基础知识问答

12. 假设基因是自由组合的，从双杂合子 A/a；B/b 植物开始

a. 自交产生的表型比是多少？

b. 自交产生的基因型比是多少？

c. 测交产生的表型比是多少？

d. 测交产生的基因型比是多少？

13. 正常的有丝分裂发生在基因型为 A/a；B/b 的二倍体细胞中。下列哪个基因型代表可能的子细胞？

a. A；B b. a；b c. A；b d. a；B e. A/A；B/B f. A/a；B/b g. a/a；b/b

14. 在 $2n=10$ 的二倍体生物中，假设你可以标注所有源自母细胞的着丝粒，所有的着丝粒都来自父本。当这种生物产生配子时，配子中有多少雄性和雌性标记的着丝粒组合？

15. 用一束微弱的光束瞄准一个细胞核，被吸收的光量与细胞中 DNA 含量是成比例的。用这种方法，对玉米植株不同类型的细胞的细胞核中 DNA 的含量做了对比。下面的数字表示这些不同类型的细胞中 DNA 的相对数量：0.7、1.4、2.1、2.8 和 4.2。

这些用来测量的细胞分别是哪种类型？（注：在植物中，种子的胚乳部分往往是三倍体 $3n$）

16. 绘制基因型为 a^+；b 的单倍体的有丝分裂过程。

17. 在苔藓中，基因 A 和 B 仅在配子体中表达。一个基因型 A/a；B/b 的孢子体可产生配子体。

a. A；B 型配子体的比例是多少？

b. 如果生殖是随机的，下一代将是 A/a；B/b 孢子体的比例是多少？

18. 三个基因分别在不同染色体对上的细胞，基因型是 A/a；B/b；C/c，有丝分裂后子细胞的基因型是什么？

19. 在酿酒酵母（*Saccharomyces cerevisiae*）的单倍体中，有两种交配型——MAT-a 和 MAT-α。将一个紫色（ad^-）交配型 a 和一个白色（ad^+）交配型 α 进行杂交。如果 ad^- 和 ad^+ 是一对等位基因，a 和 α 是在另一个单独的染色体对上独立遗传的等位基因，那么杂交后代的类型及比例分别是什么？

20. 在小鼠中，侏儒症是由 X 连锁的隐性等位基因引起的，粉红色的皮毛（通常为棕色）是由常染色体显性等位基因引起的。如果一个矮小型纯种品系的雌性与一个纯种的粉红色品系的雄性小鼠杂交，F_1 代和 F_2 代每个性别的表型比例是多少？（自己定义相关的基因符号）

21. 假设你在人类男性核型分析中发现了两个有趣的罕见的细胞学异常（核型是指总的可见的染色体组成）：染色体对 4 其中一条上有一个额外的片段（卫星），同时染色

体对 7 其中一条染色异常。假设这个男性的所有精子都是可成活的，他的孩子有多大比例还是他的核型？

22. 假设单倍体生物瞬时二倍体阶段染色体数目是 n，减数分裂后，一个从减数分裂产生的单个单倍体细胞拥有一套完整的亲本细胞着丝粒的比例是多少（一套完整的着丝粒是指一套完全来自一个或另一个亲本细胞的着丝粒）？

23. 假设今年是 1868 年。你是个在维也纳工作的有技术的年轻镜头制造商。用你的新镜片，你刚刚造了一台分辨率比任何其他可用的都更高的显微镜。在你测试这个显微镜的时候，你一直在观察蝗虫睾丸中的细胞，你看到细胞分裂时奇怪的细长结构，并一直被这种结构吸引。有一天，在图书馆里，你读到最近的一篇文章，是孟德尔关于假设"因子"的期刊论文，他声称这些"因子"可以解释某些豌豆杂交的结果。灵光乍现时，你会被你的蝗虫研究和孟德尔豌豆研究之间的相似之处所震撼，然后你决定给他写封信，你会写什么？

24. 假定测交 $A/a \times a/a$，A 代表红色，a 代表白色，使用 χ^2 检验检测下列可能的结果中哪一个符合预期。

    a. 120 红色，100 白色   b. 5000 红色，5400 白色

    c. 500 红色，540 白色   d. 50 红色，54 白色

25. 看看图 3-5 中的庞纳特方格，

    a. 16 个方格中显示了多少种不同的基因型？

    b. 9 : 3 : 3 : 1 的表型比例中基因型比例是多少？

    c. 你能想出一个简单的计算公式来计算双杂合子、三杂合子及四杂合子的后代基因型和表型的数量吗？

    d. 孟德尔预测，庞纳特方格中除了黄色圆粒，还会有其他几种表型。特别是，他进行了许多杂交来鉴别圆粒和黄色种粒表型下的基因型。试着展示两种不同的方法来鉴别圆粒和黄色种粒表型下的基因型（记住，所有圆形的黄豌豆看起来都一样）。

26. 假设所有基因都自由组合，推算出 n 个基因对的杂合子自交后各种表型和基因型的计算公式。

27. 一位遗传学家对拟南芥（*Arabidopsis thaliana*）叶片上毛状体（小的突起）的发育感兴趣。通过一定量的筛选，得到两个没有毛状体的突变植株（A 和 B），这些突变体似乎对研究毛状体的发展有潜在的帮助（如果它们是由单基因突变引起的，那么找到这些基因的正常和异常功能将是有益的）。每一种突变体植株都与野生型杂交；在这两种情况下，F_1 代有正常的毛状体。当 F_1 代自交后，F_2 代的结果如下。

    突变体 A 的 F_2 代：602 正常；198 没有毛状体

    突变体 B 的 F_2 代：267 正常；93 没有毛状体

a. 这些结果说明了什么？写出所有植株的基因型。

b. 假设这些基因位于不同的染色体。原始的突变体 A 与原始的突变体 B 杂交产生了 F_1 代，F_1 代又进行了测交，测交后代中没有毛状体的比例是多少？

28. 在狗身上，黑色皮毛比白色皮毛更占优势，短毛发比长毛发占优势。假设这些效应是由两个自由组合的基因控制的。如下表所示，做了 7 个杂交，其中 D 和 A 分别代表黑色和白色皮毛表型，S 和 L 代表短毛发和长毛发表型。

亲本的表型	后代数量			
	D, S	D, L	A, S	A, L
a. D, S × D, S	88	31	29	12
b. D, S × D, L	19	18	0	0
c. D, S × A, S	21	0	20	0
d. A, S × A, S	0	0	29	9
e. D, L × D, L	0	31	0	11
f. D, S × D, S	45	16	0	0
g. D, S × D, L	31	30	10	10

写出每个杂交组合中亲本的基因型，使用符号 C 和 c 表示黑色和白色皮毛等位基因，符号 H 和 h 分别表示短毛发和长毛发的等位基因。假定亲本是纯合子，除非另有证据。

29. 在番茄中，一个基因决定了植株是否有紫色（P）或绿色（G）茎，另一个独立的基因决定了叶片是否"切样"（cut，C）或"土豆样"（potato，Po）。下面是 5 种番茄杂交组合及后代表型数量的结果。

杂交组合	亲本表型	后代数量			
		P, C	P, Po	G, C	G, C
1	P, C × G, C	323	102	309	106
2	P, C × P, Po	220	206	65	72
3	P, C × G, C	723	229	0	0
4	P, C × G, Po	405	0	389	0
5	P, Po × G, C	71	90	85	78

a. 哪些等位基因是显性的？

b. 每一个杂交组合中，亲本最可能的基因型是什么？

30. 小鼠的突变等位基因会导致弯曲的尾巴。6 对小鼠杂交。它们的表型和后代的表型见下表。N 是正常的表型；B 是弯曲表型。推导出弯尾的遗传模式。

杂交组合	亲本		后代	
	母本	父本	雌性	雄性
1	N	B	所有都是 B	所有都是 N
2	B	N	1/2B、1/2N	1/2B、1/2N
3	B	N	所有都是 B	所有都是 B
4	N	N	所有都是 N	所有都是 N
5	B	B	所有都是 B	所有都是 B
6	B	B	所有都是 B	1/2B、1/2N

a. 控制小鼠弯尾性状的基因是隐性的还是显性的？

b. 控制小鼠弯尾性状的基因在常染色体上还是在性染色体上？

c. 表中杂交组合中所有亲本和后代的基因型是什么？

31. 果蝇正常的眼睛颜色是红色，但也有果蝇品系为棕色眼睛；同样，翅膀通常很长，但也有短翅的品系。一个棕眼和短翅纯系雌性，与一个正常纯系的雄性杂交。F_1 代由正常的雌性和短翅雄性组成。然后通过 F_1 代之间的交配产生 F_2 代。F_2 代的雄性和雌性果蝇的表型如下：

3/8 红眼，长翅

3/8 红眼，短翅

1/8 棕眼，长翅

1/8 棕眼，短翅

使用你自己的基因符号，推断这些表型的遗传。说明所有三代的基因型以及 F_1 代和 F_2 代的基因型比例。

对 31 题的扩展，在回答 31 题之前，试着回答以下问题。

（1）在这个问题中，"正常"是什么意思？

（2）在这个问题中使用了品系和纯系。它们是什么意思，它们是可以互换的吗？

（3）画出两只亲代果蝇的眼睛、翅膀和性别差异。

（4）这个问题有多少个不同的性状？

（5）在这个问题中有多少种表型，哪些表型与哪些性状相结合？

（6）F_1 代雌性的全部表型称为"正常"是什么意思？

（7）F_1 代雄性的全部表型称为"短翅"是什么意思？

（8）列出你在问题 4）中找到的每个性状的 F_2 代表型比例。

（9）F_2 代表型比例能告诉你什么？

（10）性别相关的遗传模式与常染色体遗传模式有什么主要的区别？

（11）F_1代数据是否达到了一个显著的水准？

（12）F_2代数据是否达到了一个显著的水准？

（13）你能从F_1代和F_2代的显性表现中学到什么？

（14）关于野生型符号，你可以用什么规则来决定为这些杂交发明等位基因符号？

（15）"推断这些表型的遗传"是什么意思？

现在试着解决这个问题。如果你做不到，那就把你不明白的事情列出来。检查本章开头的学习目标，问自己哪些与你的问题相关。如果这个方法不起作用，检查这一章的关键概念，问问自己哪个可能与你的问题相关。

32. 在一年生植物的自然种群中，只有一个植株长得病恹恹的，叶片呈淡黄色。把该植株挖出来，带回实验室。发现该植株的光合速率非常低。用普通深绿色植株的花粉使淡黄色植株的雌花受精。结果获得了 100 颗种子，其中只有 60 颗种子发芽，所有的植株在外观上都是病态的淡黄色。

a. 提出遗传模式对这个现象进行遗传解释。

b. 建议对您的模型进行简单的测试。

c. 试说明导致植株光合作用减弱、镰状、外观呈淡黄色的原因。

33. 紫茉莉叶片中绿白相间的颜色变化的遗传基础是什么？如果对紫茉莉做如下的杂交：

杂色植株花（雌）× 绿色植株花（雄）

预测可以产生哪些子代类型？反交的结果中，子代的类型有哪些？

34. 在脉孢霉中，*stp*突变体表现为不稳定地停止或开始生长。已知突变位点位于mtDNA中。

如果一个*stp*品系在杂交中作为母本，正常脉孢霉作为父本，那么可以期望得到什么类型的子代？反交的后代类型如何？

35. 有人研究了两种玉米植株。一种是具有抗性的（R），另一种是对某种致病真菌敏感的（S）。他做了如下的杂交，获得的结果如下：

$$S♀ × R♂ →\ 所有后代均为\ S$$
$$R♀ × S♂ →\ 所有后代均为\ R$$

根据结果能否推测出R和S基因在基因组中的位置？

36. 假设一只果蝇的双杂合子 B/b；F/f，用b/b；f/f进行测交（B=黑体；b=棕色体；F=分叉的刚毛；f=未分叉刚毛）。结果是，黑色、分叉的个体为 230 个；棕色、分叉的个体为 240 个；黑色、未分叉的个体为 210 个；棕色、未分叉的个体为 250 个。用 χ^2 检验来确定这些结果是否符合双因子测交实验的预期。

37. 假定一种植物是两个自由组合基因的双杂合子，H/h；R/r（H=毛叶；h=光滑叶；

R＝圆形子房；r＝长形子房）。下面的子代数是否与该植物自交所期望的结果一致，解释你的答案。

毛叶，圆形子房 178；光滑叶，圆形子房 56；

毛叶，长形子房 62；光滑叶，长形子房 24

38. 一只黑雌蛾与一只黑雄蛾交配。所有的雄性后代都是黑色的，但一半的雌性后代是浅色的，其余的是黑色的。对这种遗传模式给出解释。

39. 在脉孢霉中，一种叫作 stopper（stp）的突变株自发产生，与野生型菌株的不间断生长相比，stopper 突变株生长不稳定。在杂交中，我们发现了以下结果：

♀stopper ×♂野生型 　→　所有后代均为 stopper

♀野生型×♂stopper 　→　所有后代均为野生型

a. 根据这些杂交结果，你对于 stopper 突变位点在基因组中的位置有什么建议？

b. 根据你关于 a 部分提出的遗传模型，下列杂交中，如何预期包括位于 6 号染色体上的突变 nic3 杂交后代的类型和比例？

♀stp·nic3 　×　野生型♂

40. 在下列多基因自交系统中，对应多基因"剂量"有多少种表型类型？

a. 有 4 个杂合多基因的种系？

b. 有 6 个杂合多基因的种系？

41. 在多基因三杂合子 R_1/r_1；R_2/r_2；R_3/r_3 自交系统中，使用乘法定律和加法定律来计算一个多基因"剂量"子代的比例。

42. 在地中海葫芦藓（Funaria mediterranea）和湿地葫芦藓（F. hygrometrica）之间进行了互交和自交。下图显示了孢子体和配子体的叶子。

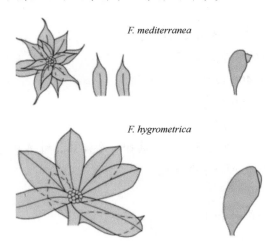

F. mediterranea

F. hygrometrica

杂交后代的表型如下图所示。

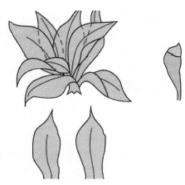

杂交1：*F. mediterranea* ♀×*F. hygrometrica* ♂　　杂交2：*F. hygrometrica* ♀×*F. mediterranea* ♂

a. 描述上面的结果，并总结主要发现。

b. 对上述结果产生的原因进行分析。

c. 如何用实验来检测你对结果产生原因的分析？并说明与其他可能的原因有什么区别。

43. 假设二倍体植物 A 的细胞质与三倍体植物 B 的细胞质在遗传上是不同的。为了研究细胞核与细胞质关系，你希望获得一个植物具有 A 的细胞质遗传特性和核基因组为植物 B 的遗传特性占主导地位的植物，你该怎样获得这样一种植物。

44. 假如你正在研究一种同时含有绿色和白色组织的植物。你认为这种现象是由于本章所考虑的叶绿体突变产生的，还是由于某种抑制叶绿素产生的显性核基因突变，从而使植物的某些组织层因为抑制叶绿素产生的白色覆盖了绿色组织而出现的现象。概述解决这个问题的实验方法。

四、拓展题

45. 请思考下列三个与概率相关的问题。

a. 你有三个装弹珠的罐子，如下。

罐子1：600 红色和 400 白色

罐子2：900 蓝色和 100 白色

罐子3：10 绿色和 990 白色

如果你闭目从每个罐子里按下列方式选择一个弹珠，计算获得的概率。

（1）1 个红色、1 个蓝色和 1 个绿色。

（2）3 个白色。

（3）1 个红色、1 个绿色和 1 个白色。

（4）1 个红色和 2 个白色。

（5）1 个有颜色的和 2 个白色。

（6）至少 1 个白色。

b. 在某种植物中，$R=$ 红色，$r=$白色。你将一个红色的 R/r 杂合子自交，目的是得到一株白色的植株做实验。你至少要种多少种子才能保证至少 95% 的概率获得一个白色植株?

　　c. 当一名妇女被注射体外受精的卵子时,其成功植入的概率是 20%。如果该妇女同时被注射 5 个卵子,她怀孕的可能性是多少?

　　46. 在番茄中,果实红色相对于黄色为显性,结双果的相对于结多果为显性,高茎相对于矮茎为显性。一个育种学家有两种品系:红色果实、结双果、矮茎和黄色果实、结多果、高茎。用这两个纯系,他想生成一个新商业化品系:黄色果实、结双果和高茎植株,他到底该怎么做呢?指出他所用的杂交类型,并指出杂交后代的表型。

　　47. 我们研究基因的自由组合主要研究了两个基因,但同样的原理也适用于两个以上的基因。考虑下面的杂交组合。

　　A/a；B/b；C/c；D/d；$E/e \times a/a$；B/b；c/c；D/d；e/e,假设 5 个基因都是自由组合的。

　　a. 杂交后代中与下列亲代表型相同的比例是多少:①与第一个亲代表型相同;②与第二个亲代表型相同;③与两个亲代表型相同;④与两个亲代表型都不同?

　　b. 杂交后代中与亲代基因型相同的比例是多少:①与第一个亲代基因型相同;②与第二个亲代基因型相同;③与两个亲代基因型相同;④与两个亲代基因型都不同?

　　48. 下列系谱显示了人类两种罕见疾病的遗传模式:白内障和垂体性侏儒。患有白内障的家庭成员的左半边涂黑;垂体性侏儒患者为右半部分涂黑。

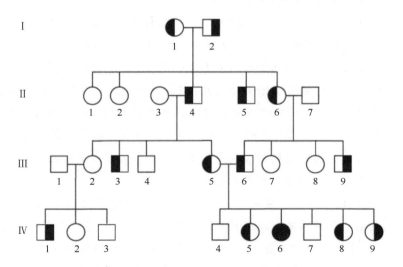

　　a. 每种疾病最可能的遗传模式是什么? 解释一下。

　　b. 尽可能列出第三代家族成员的基因型。

　　c. 如果Ⅳ-1 和Ⅳ-5 婚配,他们第一个孩子患白内障的可能性是多少? 生一个表型正常的孩子的可能性是多少?

49. 玉米遗传学家有三个纯系，基因型为 a/a；B/B；C/C、A/A；b/b；C/C 和 A/A；B/B；c/c。由 a、b、c 决定的所有表型都会增加玉米的经济价值，所以遗传学家想把它们结合成 a/a；b/b；c/c 基因型的纯系。

a. 概述可用于获得 a/a；b/b；c/c 纯系的有效杂交过程。

b. 详细说明在每个阶段将选择哪个表型，并给出它们的预期频率。

c. 获得所需基因型的方法不止一种吗？哪一种是最好的方法？

假设三个基因对是自由组合的。（注：玉米容易自花授粉或异花授粉）

50. 人类的色觉依赖于基因编码的三种色素。R（红色色素）和 G（绿色色素）基因在 X 染色体上紧密相连，而 B（蓝色色素）基因位于常染色体上。这些基因中的任何一个隐性突变都可能导致色盲。假设一个色盲的男性娶了一个色觉正常的女性。他们的 4 个儿子都是色盲，5 个女儿都正常。说明父母及其子女最可能的基因型，解释你的推理。（系谱图可能会有帮助）

51. 考虑伴随下列系谱出现的一种罕见的人类肌肉疾病。

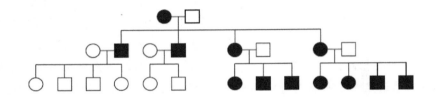

a. 这一系谱与本章前面研究的系谱有何不同之处？

b. 你认为导致这种表型的突变 DNA 位于细胞的什么地方？

52. 对纤细单冠菊（*Haplopappus gracilis*，2n=4）的体细胞进行外培养，在有丝分裂间期 S 期将放射性核苷酸加入新合成的 DNA 中。然后清洗细胞，将放射性物质去除，并允许进行有丝分裂，细胞中含有放射性物质的染色体或染色单体可以通过加入感光剂进行检测。含放射性物质的染色体或染色单体被感光剂中的银色斑点所覆盖，如同染色体自发光，可以观察到，或用特殊的方法获得图片。绘制在放射性物质处理后的第一次和随后的第二次有丝分裂的前期和末期染色体。如果它们具有放射性，就会在你的图片中显示，如果存在几种可能性，也展示出来。

53. 在 52 题的物种的减数分裂中，也可以在减数分裂前的 S 期向花药引入放射性物质。用它们的染色体画出减数分裂的 4 个产物，并显示出哪些是放射性的。

54. 纤细单冠菊的二倍体（2n = 4）有一对长染色体和一对短染色体。下面的图（编号为 1~12）表示纤细单冠菊细胞减数分裂或有丝分裂的"分离"阶段。该植物为双杂合子，两对等位基因（A/a；B/b）位于不同的染色体上。图中的线代表染色体或染色单体，V 的点代表着丝点。请指示该图中每一种情况是否表示减数分裂Ⅰ、减数分裂Ⅱ或有丝分裂中的细胞。如果该图显示了某些不可能情况，请指出。

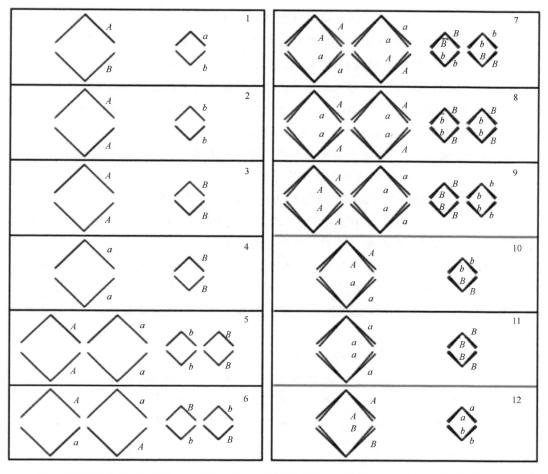

55. 下面的系谱显示了一个家族中一种罕见的神经系统疾病（大黑色符号）的发病情况，小黑色符号表示胎儿自然流产（斜线表示这个人已经死亡）。根据有缺陷的线粒体胞质分离的规律解释系谱中的情况。

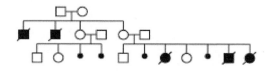

56. 一个人是短指（非常短的手指，罕见的常染色体显性性状），而他的妻子不是。两人都能尝到苯硫脲（常染色体显性等位基因控制），但他们的母亲不能。

给出这对夫妇的基因型。如果这对夫妇有4个孩子，这两对基因是自由组合的，则：

a. 4个孩子都是短指的概率是多少？

b. 4个孩子都不是短指的概率是多少？

c. 4个孩子都能品尝到苯硫脲的概率是多少？

d. 4个孩子都不能尝到苯硫脲的概率是多少？

e. 4 个孩子都是短指并能品尝到苯硫脲的概率是多少?

f. 4 个孩子都不是短指并能品尝到苯硫脲的概率是多少?

g. 至少有一个孩子是短指并能品尝到苯硫脲的概率是多少?

57. 玉米雄性不育的一种形式是母系遗传。雄性不育系的植株与正常植株杂交，正常植株花粉授给雄性不育系。此外，一些玉米品种含有核内显性的恢复等位基因（Rf），该等位基因能在雄性不育系中恢复花粉的繁殖能力。

a. 有研究表明，在雄性不育系中引入恢复等位基因不会改变或影响雄性不育细胞质因子的特性。什么样的研究结果会得出这样的结论?

b. 雄性不育植株与来自 Rf 纯合子植株的花粉杂交，F_1 代的基因型是什么?表型是什么?

c. b 部分的 F_1 代植株作为雌性与一个正常植株的花粉（rf/rf）进行测交，测交的结果是什么?给出基因型和表型，并指定细胞质的种类。

d. 已经描述的恢复等位基因可以被称为 Rf-1，另一个主要的恢复等位基因 Rf-2 已经被发现。Rf-1 和 Rf-2 位于不同的染色体上。一个或者两个恢复等位基因都会使花粉产生繁殖能力。使用雄性不育植株作为测交亲本，与下列作为父本时会产生什么样的结果?

（1）具有两个恢复基因对的杂合子。

（2）一个恢复位点上的显性纯合而另一个恢复位点是隐性纯合的个体。

（3）一个恢复位点上杂合，另一个恢复位点隐性纯合的个体。

（4）一个恢复位点上杂合，另一个恢复位点显性纯合的个体。

第4章
真核生物染色体重组与作图

学 习 目 标

学习本章后，你将可以掌握如下知识。

· 对双杂交与测交子代进行定量分析，以评估这两个基因是否在同一染色体上连锁。

· 将相同类型的分析扩展到多个基因座，以绘制染色体上的基因座相对位置的图谱。

· 在子囊真菌中，绘制着丝粒到其他连锁位点的图谱。

· 在子囊中，预测交换的异源双链模式特定步骤所产生的等位基因比例。

中国现代遗传学教育的奠基人——谈家桢

中国现代遗传学教育的奠基人之一谈家桢院士（1909—2008），1930 年毕业于东吴大学，1932 年获燕京大学硕士学位后，赴美国留学，师从染色体遗传理论的奠基人摩尔根教授，他的博士论文《果蝇常染色体的遗传图》受到了摩尔根等同行的赞赏，为中国科学界赢得了荣誉。1937 年，他放弃了国外的优厚待遇，毅然返回祖国。

归国后谈家桢先生致力于亚洲异色瓢虫色斑的遗传变异研究及种内种间遗传结构的演变研究。发表了《异色瓢虫色斑遗传中的镶嵌显性》论文，系统地总结了异色瓢虫鞘翅色斑的遗传特点，发现了十几个决定黄底型鞘翅色斑的 S 等位基因，提出了"镶嵌显性"遗传理论，引起了国际遗传学界的轰动。这一理论的提出对孟德尔遗传理论做了重要补充，对经典遗传学理论的发展具有重要意义。很多遗传学的教科书将"镶嵌显性"作为经典的遗传规律进行介绍。他还利用瓢虫的多态性研究群体遗传学和进化遗传学，揭示瓢虫色斑的形成是基因和环境相互作用的结果。

谈家桢先生从事遗传学教学和研究 70 年（图 4-1），他的研究工作主要涉及细胞遗传、群体遗传、辐射遗传、毒理遗传、分子遗传及遗传工程等。他先后教过普通生物学、脊椎动物比较解剖学、胚胎学、遗传学、细胞学、实验进化学、细胞遗传学、达尔文主义、辐射遗传学、原生动物学等课程，先后发表了百余篇研究论文。

图 4-1 1978 年谈家桢在中国科学院上海细胞生物学研究所（现为中国科学院生物化学与细胞生物学研究所）做遗传工程学术报告

谈家桢先生把毕生精力贡献给了遗传学。他建立了中国第一个遗传学专业，创建了第一个遗传学研究所，组建了第一个生命科学学院，为我国培养了一大批遗传学研究优秀人才。他还设立了"谈家桢生命科学奖"，用于鼓励在遗传学领域有创新性成果的学者。由于谈家桢先生为中国遗传学教育和科研事业做出的杰出贡献，1999 年国际编号 3542 号小行星被命名为"谈家桢星"。

引　言

遗传学家想要回答的一些关于基因组的问题是：基因组中有哪些基因？它们有什么功能？它们在染色体上占据什么位置？他们对第三个问题的探讨被广泛称为作图。作图是本章的主要重点，但是我们将看到，这三个问题是相互关联的。

在日常生活中，地图可以帮助我们寻找某个地方，而同时使用多个地图，则会更加便捷地找到目的地。例如，在上海这样街道和建筑都很密集的城市，想找到某一个地铁站并乘坐地铁，需要将街道地图与地铁地图结合使用，街道地图可显示具体的街道地址，而地铁地图则显示站点的大概位置及乘坐线路。这与本章重点表达的内容相关，当染色体图被用于定位某个特定基因时（可以把这个基因看作地图中要找的目的地），我们将看到三个与地图的相似之处：第一，几种不同类型的染色体图常常是必要的，须结合使用；第二，单纯的染色体作图反映不了真正的遗传距离，但是却可以反映染色体上两个基因的连锁关系；第三，绘制出染色体图上的许多位点，有助于将焦点对准其他真正感兴趣的位点。

在过去 80 年左右的时间里，在染色体上获得基因位置是数千名遗传学家所做的努力。为什么这么重要？有以下几个原因。

1）基因位置是构建复杂基因型所需的关键信息，用于实验或应用于商业。例如，在第 6 章中，我们将看到的例子是必须将特殊的等位基因组合放在一起来探索基因的相互作用。

2）了解基因所占据的位置，为发现基因的结构和功能提供了一种途径。一个基因的位置可以在 DNA 水平上定义它。反过来，野生型基因或其突变等位基因的 DNA 序列是推断其潜在功能的必要部分。

3）近缘物种中的基因和它们在染色体上的排列常常略有不同。例如，相当长的人类 2 号染色体在类人猿中分成两个较短的染色体。通过比较这些差异，遗传学家可以推断出进化的遗传机制，因此，染色体图可用于解释进化的遗传机制。

基因在染色体上的排列以线性的染色体图（chromosome map）表示，显示的基因位置，称为基因座（locus），基于某种尺度的基因座之间的距离。目前有两种基本类型的染色体图用于遗传学研究，它们是通过完全不同的方式产生的，但它们在使用上是互补的。本章的主题是基于重组的遗传图谱，通过单基因遗传的突变表型鉴定出基因位点。物理图谱（见第 14 章）显示了基因是沿着构成染色体的长 DNA 分子排列的片段。这些图谱从不同的视角显示了基因组，但是，就像上海的地图一样，它们可以一起用来理解在分子水平上基因的功能是什么，以及这个功能是如何影响表型的。

关键点：遗传图谱对于建立菌株、解释进化机制以及发现基因未知功能都很有用。通过整合基于重组的遗传图谱和物理图谱的信息，有助于发现基因的功能。

4.1　连　锁　分　析

染色体的重组图谱（recombination map）通常用连锁分析的方法，即每次同时分析两个或三个基因之间的关系。当遗传学家研究表明两个基因是连锁的（linked），就意味着这些基因的位点是在同一条染色体上，因此，任何一个同源染色体上的等位基因之间都是通过 DNA 序列连接在一起的（连锁）。

4.1.1　利用重组率识别连锁

早在 20 世纪初，贝特森（Bateson）和庞纳特（Punnett）研究了香豌豆的两个基因的遗传。在标准的双杂交 F_1 代、F_2 代没有显示出预期的 9：3：3：1 比例的自由组合定律。事实上，贝特森和庞纳特指出某些等位基因的组合常比预期的多，它们几乎以某种物理的方式连接。然而，他们并没有解释这个发现。

后来，摩尔根在研究果蝇两个常染色体基因时发现了类似的背离孟德尔第二定律的现象。摩尔根提出连锁的假设来解释等位基因组合的现象，让我们来看看摩尔根的一些数据。影响眼睛颜色的基因之一（pr，紫色；pr^+，红色）和影响翅膀长度的基因（vg，残翅；vg^+，正常翅）（残翅与野生型相比非常小），野生型等位基因是显性的。摩尔根进行了杂交获得了双杂合子，然后接着做了测交。

P　　　$pr/pr \cdot vg/vg \times pr^+/pr^+ \cdot vg^+/vg^+$

↓

配子　　　$pr \cdot vg$　　　　$pr^+ \cdot vg^+$

↓

F_1　　　　$pr^+/pr \cdot vg^+/vg$

测交：$pr^+/pr \cdot vg^+/vg$♀ $\times pr/pr \cdot vg/vg$♂（F_1代双杂交雌性测交雄性）

重要的是摩尔根使用了测交，因为测交亲本的配子仅带有隐性等位基因，子代的表型直接地显示出由双杂合子的配子贡献的等位基因，如第 2 章、第 3 章所述。因此，分析者能集中于一个亲本（双杂合子）的减数分裂，基本上忽略另一亲本（检测者）的减数分裂。相反，自交 F_1 代有两组减数分裂，在子代分析中要考虑两组减数分裂：一组在雌性亲本中，一组在雄性亲本中。摩尔根的测交结果如下（从双杂交中列出配子的类别）。

$pr^+ \cdot vg^+$	1339
$pr \cdot vg$	1195
$pr^+ \cdot vg$	151
$pr \cdot vg^+$	154
共计	2839

显然，这些数据明显地偏离了孟德尔所预期的 1：1：1：1 分离比（4 个类别中每个应近似 710），在摩尔根的结果中，我们看到前两个等位基因组合占绝大多数，清楚地表明它们是有关联的或"连锁"的。

另一种有用的评估测交结果的方法是考虑重组体在后代中的百分比。当前杂交中的重组体是两种类型 $pr^+ \cdot vg$ 和 $pr \cdot vg^+$，它们不是由最初纯合亲本果蝇的双杂交（更准确地说是通过它们的配子）提供的 F_1 代。我们看到两个重组体的数量几乎相等（151 和 154）。总数是 305，其频率为（305/2839）× 100=10.7%。同摩尔根一样，我们清楚了这些数字意思，假设这些基因是在同一条染色体上连锁的，所以亲本等位基因的组合在大多数子代中是结合在一起的。在双杂交中，等位基因的构成如下。

$$\frac{pr^+ \qquad vg^+}{pr \qquad vg}$$

如图 4-2 所示，连锁等位基因倾向于作为一个整体遗传。

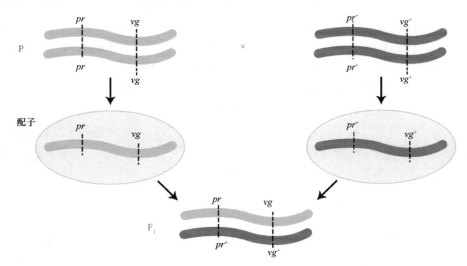

图 4-2　连锁等位基因倾向于作为一个整体遗传

位于一对染色体上的两个基因的简单遗传。在亲本和子代中相同的基因一起出现在一条染色体上

我们来看摩尔根的另一个杂交实验，利用相同的等位基因但组合不同，在这个杂交中，每个亲本两对等位基因都由一个野生型纯合子和一个突变纯合子组成，然后杂交 F_1 代的雌雄进行测交。

P　　　　　　　　$pr^+/pr^+ \cdot vg/vg$　　×　　$pr/pr \cdot vg^+/vg^+$

$\downarrow$

配子　　　　　　　$pr^+ \cdot vg$　　　$pr \cdot vg^+$

$\downarrow$

F_1　　　　　　　　　$pr^+/pr \cdot vg^+/vg$

测交　　　　$pr^+/pr \cdot vg^+/vg\,♀ × pr/pr \cdot vg/vg\,♂$（$F_1$ 代双杂合子雌性测交雄性）

测交获得的子代如下。

$pr^+ \cdot vg^+$	157
$pr \cdot vg$	146
$pr^+ \cdot vg$	965
$pr \cdot vg^+$	1067
共计	2335

这些结果更不接近 $1:1:1:1$ 的孟德尔分离比例。然而现在重组体的种类与第一次分析的相反，是 pr^+vg^+ 和 $pr\,vg$。但是注意到它们的频率几乎是相同的：$(157 + 146) / 2335 × 100 = 12.9\%$。又一次提示存在连锁，但是在此例中，$F_1$ 代双杂合子一定如下。

$$\frac{pr^+ \qquad vg}{pr \qquad vg^+}$$

双杂合子测交的结果就像刚才提到的，在遗传学中也是常见的。

两个相同频率的非重组类型总计大于 50%。

两个相同频率的重组类型总计小于 50%。

关键点：当在同一条染色体上的两个基因紧密连接在一起时（即它们是连锁的），它们不是自由组合，而是产生了小于 50% 的重组率。因此，重组率小于 50% 被认为是连锁的。

4.1.2　连锁的基因如何交换产生重组

连锁的假设解释了为什么亲代等位基因的组合在遗传给后代时保持在一起：基因之间是通过染色体片段而连接在一起的。但是当基因是连锁的时候又是如何产生了重组体呢？摩尔根认为，同源染色体在减数分裂时偶尔发生断裂，在此过程中发生部分交换（crossing over）。图 4-3 描述了染色体片段的物理交换。两个新的重组体称为交换产物（crossover product）。

交换能否通过显微镜观察到？在减数分裂时，当复制的同源染色体配对时——用遗传学术语来说，当两个二分体组合作为二价体时——交叉形状的结构［称为交叉（chiasma）］，常出现在两个非姐妹染色单体间。交叉如图 4-4 所示。对于摩尔根来说，交叉的现象直观地证实了交换的概念（交叉似乎表明染色单体，而不是未复制染色体，参与了交换。我们稍后会回到这一点）。

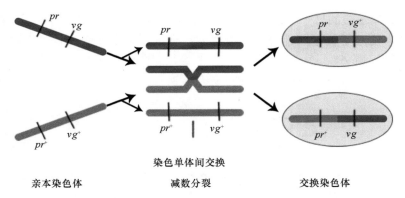

图 4-3　交换产生新的等位基因组合

通过进行部分交换可以产生配子染色体，其等位基因组合不同于亲本组合

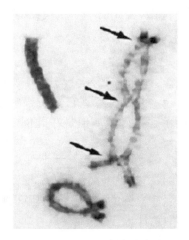

图 4-4　交叉是交换的痕迹

蝗虫睾丸减数分裂过程中几个交叉

关键点：对于连锁基因，通过交换产生重组。交叉显示出可见的交换。

4.1.3　连锁的符号和术语

摩尔根的工作显示双交换中的连锁基因出现两种基本构象之一：一种是两个显性或野生型等位基因，存在于相同的同源染色体上（图 4-3），这种排列称为顺式构象（*cis* conformation）（*cis* 即相邻的），又称为互引相；另一种是它们在不同的同源染色体上，称为反式构象（*trans* conformation）（*trans* 即相反的），又称为互斥相。两种构象如下所示。

顺式　　AB/ab 或 $++/ab$

反式　　Ab/aB 或 $+b/a+$

常用的有关连锁的符号如下。

1）在同源染色体上的等位基因之间没有标点符号。

2）斜线符号将两个同源染色体分开。

3）等位基因总是以相同的顺序写在每条同源染色体上。

4）正如前面的章节，已知存在于不同染色体上的基因（未连锁的基因）用分号分隔，如 A/a；C/c。

5）在本书中，未知连锁的基因用一个点分开，如 $A/a·D/d$。

4.1.4　交换是断裂-重接过程的证据

通过同源染色体之间的某种物质交换产生重组体的想法是令人信服的。但是有必要通过实验来验证这个假设。第一步是在显微镜下发现染色体之间部分交换的情况。几个研究人员用同样的方法解决了这个问题。他们的分析之一如下。

1931 年，Harriet Creighton 和 Barbara McClintock 正研究玉米位于 9 号染色体上的两个基因，一个基因影响种子的颜色（C，有色；c，无色），另一个基因影响胚乳的成分（Wx，糯质；wx，淀粉质），植株为互引相结构的双杂合子。然而，在某一株植物上发现，9 号染色体携带了等位基因 C 和 Wx，C 的末端罕见地携带一个大的、染色深的成分（称为结节），在 Wx 的末端有一个长的片段的染色体；因此，杂合子是

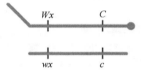

在这种植物的测交子代中，比较它们的重组体和亲本基因型。他们发现所有的重组体遗传了以下两条染色体中的一条，依赖于它们的重组体组成：

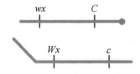

因此，出现重组体的遗传事件和染色体交换事件存在着精确的相关性。交叉似乎是交换的位点，这个设想直到 1978 年才被接受。

关于交换事件中染色体交换的分子机制是什么？简单的回答是，交换是 DNA 断裂和重接的结果。两个亲本染色体的 DNA 在同一位置断裂，然后每个片段与另一染色体上相邻的片段相接。在 4.8 节中，我们会看到交换的分子机制，DNA 以精确的方式断裂和重接，这样生物就不会丢失或获得遗传物质。

关键点：交换是两个 DNA 分子在相同位置上的断裂并在两个相互重组的组合中重新连接。

4.1.5　在 4 条染色单体阶段发生交换的证据

如图 4-3 所示，交换发生在减数分裂的 4 条染色单体阶段；换言之，交换发生在非姐妹染色单体之间。两条染色体发生的交换可能是在 DNA 复制之前。这种不确定性是

通过对生物体的遗传分析来解决的，其减数分裂的 4 条染色单体保持在一起，称为四分体（tetrad）。我们在第 2 章和第 3 章中提到的这些生物是真菌和单细胞藻类。一个四分体减数分裂的产物能被分离出来，这相当于从单个减数分裂细胞中分离出全部的 4 条染色单体。连锁基因的四分体分析显示出许多四分体含有 4 种不同的等位基因组合。例如，杂交 *AB* × *ab*，某些（非全部）四分体含有 4 种基因型：*AB*、*Ab*、*aB*、*ab*。

此结果能解释为交换仅发生在 4 条染色单体阶段，因为如果交换发生在两条染色体阶段，一个四分体中最多只能有两种不同的基因型，这个推断如图 4-5 所示。

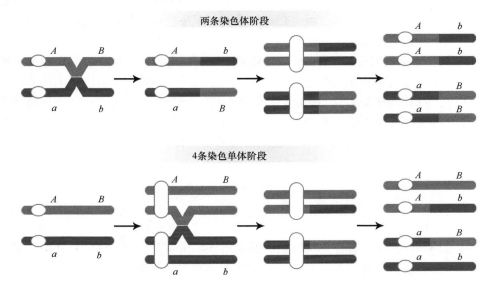

图 4-5　交换发生在 4 条染色单体之间，而非两条染色体阶段

交换发生在 4 条染色单体阶段。因为在一些四分体中可以看到多于两种不同的减数分裂产物，交换不可能发生在两条染色体阶段（在 DNA 复制之前）。白色圆圈表示着丝粒的位置。当姐妹染色单体可见时，着丝粒似乎未复制

4.1.6　多重交换可以发生在两条以上的染色单体之间

四分体分析也能显示出交换的另两个重要特征：第一，在某些个别的减数分裂细胞中，沿着一对染色体可能发生几次交换；第二，在任何一个减数分裂细胞中，这些多次交换能交换两条以上染色单体之间的物质。考虑到这个问题，我们需要看最简单的情况——双交换。研究双交换，需要三个连锁的基因，如果三个基因都在一个交叉中连锁，如：*ABC* × *abc*，可能有许多不同的四分体类型，但某些情况下，在这样的连锁中会表现出更多的变化，因为它们只能由两条以上的染色单体参与的双交换来解释。如图 4-6（a）所示的四分体基因型，这个四分体必须由三条染色单体参与的两次交换来解释。图 4-6（b）所示的四分体类型显示出在同一减数分裂中，全部 4 条染色单体都参与了交换。因此，在单个性母细胞中，任何一对同源染色体，两条、三条或四条染色单体都能发生交换。但请注意，任何一次交换都是在两条染色单体之间进行的。

关于姐妹染色单体间的交换，发生过但很罕见。它们不产生新的等位基因组合，所以通常不被考虑。

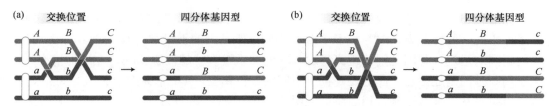

图 4-6   多重交换可以发生在两条以上的染色单体之间

多重交换发生在三条染色单体（a）或四条染色单体（b）之间

4.2   重组率作图

通过交换产生的重组率是染色体作图的关键。真菌四分体分析表明，对于任何两个特定的连锁基因，在减数分裂细胞中它们之间都会发生交换，但并非全部（图 4-7）。基因之间的距离越远，就越有可能发生交换，重组体的比例也就越高。因此，重组体的比例是确定染色体图上分离的两个基因之间距离的线索。

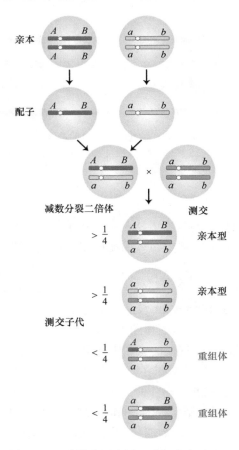

图 4-7   对连锁基因来说，重组率小于 50%

测交结果表明，连锁基因之间交换所产生的重组率小于 50%

如前所述，关于摩尔根的数据，重组率明显低于 50%，具体来说是 10.7%。图 4-7 显示连锁的一般情况下重组率小于 50%。不同连锁基因的重组率在 0～50%，依赖于它们的距离的远近。基因之间的距离越远，它们的重组率就越接近 50%，在这种情况下，无法判断基因是连接在一起的还是位于不同的染色体上。重组率会大于 50%吗？答案是这种重组率从未被观察到，稍后将被证明。

在图 4-8 中，一次交换产生了交互重组的产物，可以解释为什么交互重组型在频率上大致相等。正如摩尔根所观察到的，两个亲本的非重组型的频率也一定是相等的。

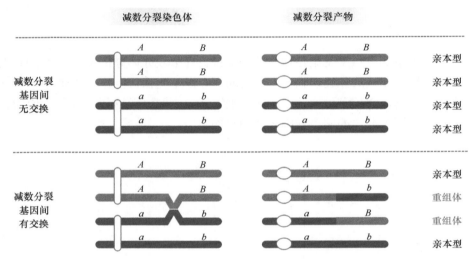

图 4-8　重组体是交换的产物

重组体来源于减数分裂，交换发生在非姐妹染色单体之间

4.2.1　图距单位

利用重组率进行基因作图的基本方法是由摩尔根的学生设计出来的。随后摩尔根研究了越来越多的连锁基因，他发现重组体的比例差异很大，取决于研究的是哪些连锁基因，他认为这种重组率差异可能在某种程度上表明了染色体上基因之间的实际距离。摩尔根把这个测量工作分配给了一个本科生——Alfred Sturtevant，他日后也成为了颇有成就的遗传学家。摩尔根要求 Sturtevant 设法弄清楚不同连锁基因之间交换数据的意义。一天晚上，Sturtevant 发明了一种基因作图方法，至今仍在使用。用 Sturtevant 自己的话来说，"1911 年下半年，在与摩尔根的谈话中我突然意识到摩尔根已经将连锁强度的差异归因于基因空间距离的差异，这提供了确定染色体线性序列方向的可能性。我回家后，花了大半个晚上（而忽视了我的本科作业）来绘制第一张染色体图"。

按照 Sturtevant 的逻辑利用摩尔根的 *pr* 和 *vg* 测交的结果，他计算出重组率为 10.7%。Sturtevant 建议可以将这一重组率作为遗传图谱上这两个基因之间线性距离的定量指标，遗传图谱有时称为连锁图（linkage map）。

这里的基本思想很简单。设想有两个特定的基因定位在一个固定的距离上，想象一下在配对的同源染色体上随机交换。在某些减数分裂中，非姐妹染色单体偶然地在这些基因之间的染色体区进行交换，产生了重组体。在另一些减数分裂中，这些基因之间没有交换，没有产生重组体（图 4-8）。Sturtevant 假设了一个大致的比例：连锁基因的距离越远，基因之间的区域交换的可能性越大，因此，重组率越大。于是，通过确定重组率，可以测量基因之间的距离。Sturtevant 定义了一个遗传图距（m.u.）单位［genetic map unit（m.u.）］，指 100 次减数分裂中发生 1 次重组，即 1% 重组率，为基因之间的距离。例如，摩尔根获得的 10.7% 的重组率（recombination frequency，RF）被定义为 10.7m.u.。为纪念摩尔根，图距单位有时被称为"厘摩"（centimorgan，cM）。

这种方法产生的线性图谱是否与染色体线性相对应？Sturtevant 预测，在一个线性图谱中，如果分开的基因 *A* 和 *B* 之间的距离是 5cM，基因 *A* 和 *C* 之间的距离为 3cM，那么基因 *B* 和 *C* 之间的距离应为 8cM 或 2cM（图 4-9）。Sturtevant 发现他的预言是正确的。换言之，他的分析有力地表明，基因是按某种线性顺序排列的，图距相加（稍后我们会看到，有些次要的但不是毫无意义的例外）。因为我们现在从分子分析中得知染色体是单一 DNA 分子，其基因沿着它排列。因此我们了解到基于重组率的图谱是线性的，它反映了基因的线性排列。

通常，在发现第一个突变等位基因之后，就会把这个控制眼睛颜色的等位基因的位点简称为"pr 位点"。但是在这里，我们指的是在染色体上任意一个可以找到这个等位基因的位置，无论是突变型还是野生型。

$$pr \xleftrightarrow{\quad 11\ cM \quad} vg$$

通常，以第一次发现突变等位基因命名，我们把控制眼睛颜色的基因位点简称为"*pr* 基因座"，但是在染色体上的任何等位基因的位置都会发现这个基因的突变型或野生型。

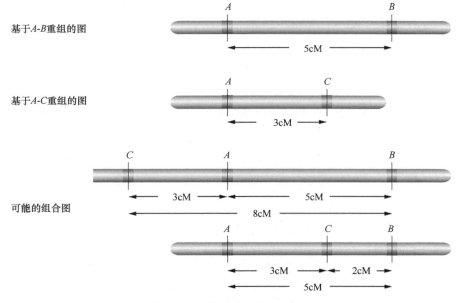

图 4-9　图距是相加后的结果

含有 3 个连锁基因的染色体区段。因为图距是相加的，由 *A-B* 和 *A-C* 的距离则就可计算 *B-C* 距离

正如第 2 章和第 3 章所描述的，基因分析可以应用于两个相反的方向。这个原理可应用在重组率上。在一个方向上，重组率可用于作图。在另一个方向上，当确定了一个遗传距离时，我们可以预测不同类别子代的重组率。例如，果蝇的 *pr* 和 *vg* 基因位点之间的遗传距离约为 11cM。所以我们知道互引相的雌性双杂合子的测交子代中有 11%的重组体（*pr vg/pr⁺vg⁺*）。这些重组体包括两个频率相等的交互重组体：5.5%的 *pr vg⁺* 和 5.5%的 *pr⁺vg*。我们也知道 11%是重组体，89%是非重组体：44.5% *pr⁺vg⁺* 和 44.5% *pr vg*（注意，在书写这些基因型时，忽略了测交贡献的 *pr vg*）。

有一种强烈的暗示，连锁图上的"距离"是染色体上的物理距离，摩尔根和 Sturtevant 无疑想要说明这一点。但是我们应该认识到，连锁图完全是由遗传分析构成的一个假设实体。即使不知道染色体存在，也可以导出连锁图。此外，在我们讨论的这一点上，我们不能确定用重组率计算的"遗传距离"是否代表染色体上的实际物理距离。然而，物理图谱表明，遗传距离实际上与重组率大致成比例。也有一些例外是由重组热点引起的，这些位点发生交换比一般的位点发生交换的频率高。重组热点的存在导致图谱某些区域的重组率增大。具有相反效果的重组也是已知的。

图 4-10 概述了在图谱中交换重组的方法。交换在染色体对上或多或少是随机发生的。一般来说，在较长的染色单体区域，交换的平均数目较高，因此获得重组体的概率更高，转换成较长的图距。

关键点：连锁基因之间的重组率可用来定位它们在染色体上的距离。1 个图距单位（1cM）被定义为 1%的重组率。

4.2.2 三点测交

到目前为止，我们研究了双杂交（双杂合子）中的连锁与双隐性测交的关系。下一个复杂程度是一个三杂合子（三重杂合子）与三隐性测交。这种杂交称为三点测交（three-point test cross）或三因子杂交（three-factor cross），常用于连锁分析。目的是推断这 3 个基因是否连锁，如果它们是连锁的，推断出它们的顺序和它们之间的图距。

例如，果蝇有突变等位基因 *v*（vermilion，朱红眼色）、*cv*（crossveinless，翅无横脉）和 *ct*（cut wing 或 snipped wing，截翅）。通过以下杂交进行分析。

P   *v⁺/v⁺·cv /cv·ct /ct*   × *v /v·cv⁺/cv⁺·ct⁺/ct⁺*

                        ↓

配子   *v⁺·cv·ct*   *v·cv⁺·ct⁺*

F₁   *v/v⁺·cv/cv⁺·ct/ct⁺*

F₁ 代三杂合子雌性与三隐性雄性进行测交：

v/v⁺·cv /cv⁺·ct /ct⁺♀   ×   *v/v·cv/cv·ct/ct*♂

在任何三杂合子中，只有 2×2×2＝8 种基因型的配子。它们的基因型在测交子代中能被观察到。表 4-1 显示了 1448 个子代果蝇样本中 8 种配子基因型的数目。右侧纵列显示重组（R）基因型的位点，每次取两个位点。我们必须仔细分类亲本和重组类型。注意，三杂合子的亲本基因型是 *v⁺·cv·ct* 和 *v· cv⁺·ct⁺*，除这两种组合外，任何组合都是重组体。

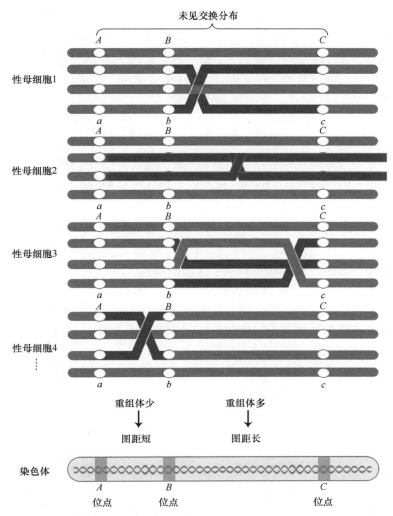

图 4-10　较长的染色单体发生更多的交换，产生更高的重组率

交换产生重组的染色单体，重组率可用于定位染色体上的基因。较长的染色单体产生更多的交换。
紫色显示了这个区间的重组

表 4-1　果蝇三点测交结果

配子		重组基因型的位点		
配子类型	配子个数	v-cv	v-ct	cv-ct
$v\ cv^+\ ct^+$	580			
$v^+\ cv\ ct$	592			
$v\ cv\ ct^+$	45	R		R
$v^+\ cv^+\ ct$	40	R		R
$v\ cv\ ct$	89	R	R	
$v^+\ cv^+\ ct^+$	94	R	R	
$v\ cv^+\ ct$	3		R	R
$v^+\ cv\ ct^+$	5		R	R
	1448	268	191	93

我们从 *v* 和 *cv* 两个基因开始，一次只分析其中的两个基因，换言之，我们只观察前两个纵列中的"配子"，把第三个掩盖住。因为这对亲本的基因型是 $v^+ \cdot cv$ 和 $v \cdot cv^+$，根据定义，重组体是 $v \cdot cv$ 和 $v^+ \cdot cv^+$，有 45 + 40 + 89 + 94 = 268 个，RF 为 18.5%。

v 和 *ct* 基因，重组体是 $v \cdot ct$ 和 $v^+ \cdot ct^+$。在 1448 个果蝇中有 89 + 94 + 3 + 5 = 191 个重组体，所以 RF = 13.2%。

ct 和 *cv* 基因，重组体是 $cv \cdot ct^+$ 和 $cv^+ \cdot ct$。在 1448 个果蝇中有 45 + 40 + 3 + 5 = 93 个重组体，所以 RF = 6.4%。

显然，所有的基因都是连锁的，因为 RF 值都远小于 50%。因为 *v* 和 *cv* 基因有最大的 RF 值，它们一定相距最远，因此，*ct* 基因一定位于它们之间。如下所示。

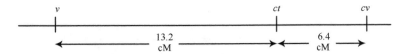

测交可以重写如下，现在我们知道了连锁的排列。

$$v^+\, ct\, cv / v\, ct^+\, cv^+ \times v\, ct\, cv / v\, ct\, cv$$

注意几个要点。第一，我们推导出表中所列的不同于子代基因型的基因顺序。因为目的是确定这些基因的连锁关系，最初的位置必然是任意的；在分析数据之前根本不知道顺序。此后，这些基因必须按照正确的顺序书写。

第二，我们已经确定了 *ct* 是在 *v* 和 *cv* 之间。在图中，我们任意地把 *v* 放在左边，*cv* 放在右边，但是在绘制图谱时，它们的位置是可以倒置的。

第三，连锁图只是使用标准图距单位绘制的基因之间相对位置的图谱。我们不知道这些位点在染色体上的位置，甚至不知道它们在哪条特定的染色体上。在随后的分析中，随着更多的位点与这三个位点相关，完整的染色体图将变得"充实"。

关键点：三点（或更多）测交使遗传学家能够评估三个（或更多）基因之间的连锁，并确定基因的顺序，所有这些都是在一个杂交中进行的。

第四，两个较小的图距，13.2cM 和 6.4cM，相加为 19.6cM，大于计算出的 *v* 和 *cv* 的距离 18.5cM。为什么？这个问题的答案在于我们如何对待两种最罕见的 *v* 和 *cv* 的重组子代（总计 8 种）。有了图谱，我们能看到这两种罕见的类型实际上是双重组体，来自双交换（图 4-11）。然而，当我们计算 *v* 和 *cv* 的 RF 值时，我们没有对 $v\, ct\, cv^+$ 和 $v^+\, ct^+\, cv$ 基因型进行统计；毕竟，关于 *v* 和 *cv*，它们是亲本组合（$v\, cv^+$ 和 $v^+\, cv$）。然而，根据图谱我们发现，这种疏忽导致我们低估了 *v* 和 *cv* 基因位点之间的距离。我们不仅应该计

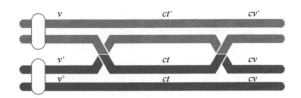

图 4-11　双重组体源自双交换

两条染色单体之间的双交换。双交换产生的双重组体染色单体在外部位点具有亲本等位基因组合。着丝粒的位置不能从数据中确定。它是为了完整性而添加的

算两个最罕见的类型，还应该对它们每个进行两次计数，因为每一个都代表了双重组体。因此，我们可以通过增加数字来修正这个值 45 + 40 + 89 + 94 + 3 + 3 + 5 + 5 = 284。总共有 1448 个，这个数字正好是 19.6%，与两个分量值之和相同（实际上，我们不需要做这个计算，因为这两个较短的距离的总和给出了总距离的最佳估计值）。

4.2.3　通过检验推断基因顺序

现在我们已经对三点测交有了一些了解，我们可以回顾子代的列表，并看到三杂合子的连锁基因顺序通常可以通过检测推导出来，没有重组率分析。通常，对于连锁基因来说，有 8 种基因型频率：两个高频率，两个中频率，两个不同中频率，两个罕见频率。

三个基因只可能有三种排列序列，每种排序在中间位置有不同的基因。一般来说，双重组体是最少的，如上所述。只有一种排序与最少的双交换形成的类型相一致，如图 4-12 所示，即只有排序为 $v\ ct\ cv^+$ 和 v^+ct^+cv 的基因型是双重组体。推导中间基因的一个简单的经验法则是在双重组体中间的等位基因对可以上下互换位置。

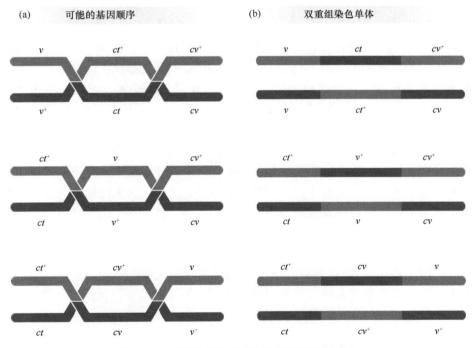

图 4-12　不同的基因序列源自不同的双重组体

（a）三种可能的基因顺序，（b）6 个双交换的产物。只有第一个与文中的数据相符合。注意，只有参与双交换的非姐妹染色单体才会显示出来

4.2.4　干涉

知道了双交换的存在我们就可以对其可能的相互依赖提出问题。我们可以问，相邻染色体区域的交换是独立的事件还是一个区域中的交换会影响相邻区域存在交换的可

能性？答案是，通常在称为干涉（interference）的交互作用中，交换会相互抑制。双重组体可以用来推断这种干涉的程度。

干涉可以用以下方法测量。如果两个区域的交换是独立的，我们可以使用乘法定律来预测双重组体的频率，这个频率等于相邻区域的重组率的乘积。在 *v-ct-cv* 的重组数据中，*v-ct* 的 RF 值是 0.132，*ct-cv* 的 RF 值是 0.064；如果没有干涉，可预期双重组体的 RF 值为 $0.132 \times 0.064 = 0.0084$（0.84%）。在 1448 个果蝇样本中，预期有 $0.0084 \times 1448 = 12$ 个双重组体。但实际观察数据只显示为 8 个。如果连续观察到双重组体的这种缺陷，则这两个区域不是独立的，并表明交换的分布有利于单交换而非双交换。换言之，有某种干涉：一次交换可以降低相邻区域的交换概率。干涉是通过并发系数［coefficient of coincidence（c.o.c.）］来量化的，为观察到的双交换数与预期的比例。干涉（*I*）被定义为 1–c.o.c.。因此，

$$I = 1 - \frac{\text{观察到的双交换数或频率}}{\text{预期的双交换数或频率}}$$

在我们的例子中

$$I = 1 - \frac{8}{12} = \frac{4}{12} = \frac{1}{3}, \quad \text{或33\%}$$

在某些区域，从来没有观察到双重组体。在这些情况下，c.o.c.=0，因此 *I*=1，干涉完成。在不同的区域和不同的生物中，0 到 1 之间的干涉值都存在。

你可能想知道我们为什么总是用杂合的雌性果蝇做测交？其原因在于雄性果蝇特有的特征。例如，当 *pr vg/pr⁺vg⁺* 雄性果蝇和 *pr vg/pr vg* 雌性果蝇杂交时，只获得 *pr vg/pr⁺vg⁺* 和 *pr vg/pr vg* 子代。此结果表明果蝇雄性中没有交换。然而，在一种性别中没有交换的现象仅限于某些物种，并不是所有物种的雄性（或者异配性别）都是如此。在其他生物中，XY 雄性和 WZ 雌性之间存在交换。雄性果蝇中没有交换的原因是它们有一个不寻常的减数分裂前期 I，没有联会复合体。另外，人类性别之间也存在重组差异。在相同的常染色体位点女性的重组率高于男性。

基于重组技术，已经绘制了数千个基因图谱，这些基因的变异（突变）表型已经被鉴定出来。图 4-13 是一个简单的染色体图谱示例。番茄染色体如图 4-13（a）所示，它们的编号如图 4-13（b）所示，图 4-13（c）为基于重组的染色体图。图片显示了在显微镜下的染色体，以及根据各种等位基因对的连锁分析得出的染色体图谱及其表型。

4.2.5　利用比例进行分析

比例分析是遗传学的支柱之一。在本书中我们已经遇到了许多不同的比例，它们的推导在几个章节中展开。识别各种比例并将其用于遗传系统分析是普通遗传学的一部分，让我们回顾一下到目前为止我们所讨论的主要比例。如图 4-14 所示，你可以从一行中的彩色框的相对宽度中读取比例。图 4-14 所示为单因子杂种、双因子杂种（具有自由组合和连锁）和三因子杂种（所有基因都具有自由组合和连锁）的自交与测交。

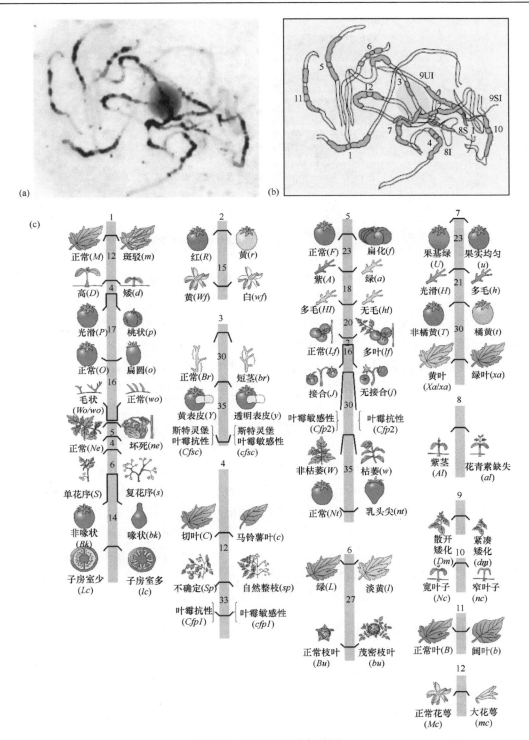

图 4-13　12 对番茄染色体图

（a）花药减数分裂前期 I（粗线期）的显微照片，显示 12 对染色体。（b）部分 12 对染色体的说明，染色体由目前使用的染色体组编号系统识别。着丝粒用橙色表示，侧翼为深绿色（异染色质）。（c）每个基因座的两侧都有正常表型和变异表型的图形。基因座间的距离以图距单位表示

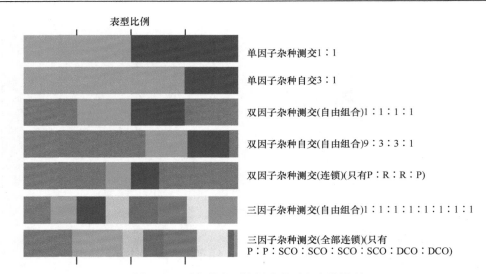

图 4-14　后代的表型比例诠释了杂交的类型
P = parental（亲本），R = recombinant（重组体），SCO = single crossover（单交换），DCO = double crossover（双交换）

一个没有描述的情况是三因子杂种，三个基因中只有两个是连锁的；你可能从这种情况中推断出必须包括在这种图中的一般模式。注意，关于连锁，这些模式的确定取决于图距的大小。遗传学家以如下的方式推断未知的基因状态：9∶3∶3∶1 的比例很可能是由双因子杂种自交产生的，其中基因位于不同的染色体上。

4.3　分子标记作图

在本章中，我们已经通过计数由所涉及的各种等位基因产生的可见表型计算的 RF 值来定位基因位点。然而，两个染色体之间的 DNA 也存在差异，这些差异不会产生明显不同的表型，或者这些 DNA 差异不位于基因中，或者它们位于基因中，但是不改变蛋白质产物。这种序列差异可以被认为是分子标记（molecular marker）。基因位点可以通过 RF 值定位，就像产生可见表型的等位基因一样。分子标记数量非常多，因此是非常有用的基因组标记，可以用来定位目的基因。

用于作图的两种主要分子标记是单核苷酸多态性和简单序列长度多态性。

4.3.1　单核苷酸多态性

测序表明，正如预期的那样，一个物种中个体的基因组序列基本是相同的。例如，对不同个体的基因组序列进行比较，发现我们的基因组序列大约有 99.9% 是相同的。剩余 0.1% 的差异基于单核苷酸的差异。例如，在一个个体中，一个局部序列可能是：

····AAGGCTCAT····

····TTCCGAGTA····

在另一个个体中可能是：

　　····AAAGCTCAT····

　　····TTTCGAGTA····

此外，这些局部序列中有很大一部分是多态性的，这意味着两个分子"等位基因"在人群中都很常见。个体之间的这种差异被称为单核苷酸多态性（single nucleotide polymorphism，SNP）。在人类中，大约有 300 万个 SNP，每 300～1000 个碱基中有 1 个。

其中一些 SNP 存在于基因内，而许多 SNP 不存在于基因内。在第 2 章中，我们看到单核苷酸对的变化可以产生新的等位基因，而导致突变表型。野生型和突变型这两对核苷酸是 SNP 的例子。然而，大多数 SNP 并没有产生不同的表型，要么是因为它们不存在于基因中，要么是因为它们存在于基因中，但两种情况的基因产生了相同的蛋白质产物。

有两种检测 SNP 的方法。第一种方法是对同源染色体上的 DNA 片段进行序列分析，并对同源片段进行比较，找出差异所在。第二种可能的方法是利用位于限制性酶切位点的 SNP，这些 SNP 是限制性片段长度多态性（restriction fragment length polymorphism，RFLP）。在这种情况下，会有两个 RFLP "等位基因"，其中一个具有限制性内切酶位点，另一个则没有。限制性内切核酸酶将在目标 SNP 上切割 DNA，而忽略其他 SNP。然后在凝胶上检测到不同的 SNP 带。RFLP 位点可能位于基因之间或在基因内。

4.3.2　简单序列长度多态性

令人惊奇的是，分子基因组分析表明，大多数基因组含有大量的重复 DNA。此外，重复 DNA 有许多类型。在分子基因组分析光谱的一端是相邻的多个短而简单的 DNA 序列。这些重复的起源并不清楚，但它们有用的特征是，在不同的个体中，往往有不同数量的拷贝。因此，这些重复被称为简单序列长度多态性（simple sequence length polymorphism，SSLP），它们有时也被称为可变数目串联重复（variable number tandem repeat，VNTR）。

SSLP 位点通常具有多个等位基因，在 SSLP 位点已发现多达 15 个等位基因。因此，有时可以在系谱中跟踪 4 个等位基因（每个亲本 2 个）。有两种 SSLP 可用于作图和其他基因组分析：小卫星标记和微卫星标记（卫星一词指的是当用物理技术分离出基因组 DNA 时观察到重复序列通常形成一个物理上与其余部分分开的部分，因为它与主体相分离，所以称它是一个卫星部分）。

4.3.2.1　小卫星标记

小卫星标记（minisatellite marker）是基于 15～100 个核苷酸长度变化的串联重复。在人类基因组中，重复单位的总长度为 1～5kb。具有相同重复单位但重复序列数目不同的小卫星标记分散在整个基因组中。

4.3.2.2　微卫星标记

微卫星标记（microsatellite marker）是基于更简单序列的可变数目串联重复，通常是少量的核苷酸，如二核苷酸。最常见的类型是 CA 及其配对碱基 GT 的重复，如下例所示。

5′ C-A-C-A-C-A-C-A-C-A-C-A-C-A-C-A 3′

3′ G-T-G-T-G-T-G-T-G-T-G-T-G-T-G-T 5′

4.3.2.3 简单序列长度多态性的检测

通过利用含有不同数量串联重复序列的同源区段的长度不同，来检测简单序列长度多态性。获得这些差异的一个常用步骤是在 PCR 分析中使用侧翼序列作为引物。使用 PCR 对 DNA 序列进行扩增，直到它们有足够的体积用于进一步分析。扩增后的 PCR 产物的长度可以通过电泳凝胶上不同序列的迁移率来检测。对于小卫星标记，凝胶上产生的带型有时被称为 DNA 指纹（DNA fingerprint）（这些指纹是高度个体化的，因此在法医学中有很大价值，详见第 18 章）。

4.3.3 利用分子标记进行重组分析

在基因图谱中，当我们绘制一个基因的位置时，这个基因的表型是由单个核苷酸的差异决定的。我们实际上是在绘制一个 SNP。用于绘制基因座的技术同样也可以用于绘制不确定表型的 SNP。

假设一个个体在一条染色体的 DNA 5658 位置上有一个 GC 碱基对，在另一条同源染色体上的 DNA 5658 位置有一个 AT 碱基对。这样的个体是该 DNA 位置的分子杂合子（"AT/GC"）。这在作图中很有用，因为分子杂合子（"AT/GC"）可以像表型杂合子 A/a 一样被定位。通过分析重组率，可以将一个分子杂合子的位点插入染色体图中，其方式与插入杂合子"表型"等位基因的方式完全相同。即使变异通常是沉默的（也许不是在基因中），这个原则仍然成立。

分子标记有助于研究者寻找目的基因，它们本身不被关注，但在告诉你离目的地的距离时非常有用。假设我们想知道一个致病基因在小鼠染色体中的位置，分子标记也许就是一种锁定它在 DNA 序列中位置的方法。我们进行了一些杂交，在每一个杂交中，我们将携带致病基因的个体与携带一系列不同分子标记的个体进行杂交，这些分子标记的图谱位置是已知的。利用 PCR 技术，对已知图谱位置的亲本和子代的分子标记进行记录，然后进行重组分析，以确定目的基因是否与其中任何一种分子标记连锁。这些杂交结果可能表明，其中一个分子标记与致病基因的遗传距离为 2cM，我们称该分子标记为 M。因此，这一过程给出了致病基因在染色体上大致的位置。人类疾病囊性纤维化基因的位置最初是通过与已知位于 7 号染色体上的分子标记的连锁而被发现的。这一发现促进了对该基因的分离和测序，并进一步发现它编码囊性纤维化穿膜传导调节蛋白（cystic fibrosis transmembrane conductance regulator，CFTR）。亨廷顿病基因也以这种方式被定位，并发现它编码一种肌肉蛋白，现在称为亨廷顿蛋白。

假设的实验过程如下，设 A 和 a 为致病基因等位基因，M_1 和 M_2 为特定分子标记位点的等位基因。假设杂交是 $A/a \cdot M_1/M_2 \times a/a \cdot M_1/M_1$，是一种测交，子代将首先得到 A 基因和 a 基因的表型，然后从每个个体中提取 DNA，并对其进行测序或其他评估，以确定分子是标记位点的等位基因。假设我们得到以下结果。

$$A/a \cdot M_1/M_1 \quad 49\% \qquad A/a \cdot M_2/M_1 \quad 1\%$$

$$a/a \cdot M_2/M_1 \ 49\% \qquad a/a \cdot M_1/M_1 \ 1\%$$

这些结果告诉我们，测交必须是以下组合：

$$A \ M_1/a \ M_2 \times a \ M_1/a \ M_1$$

在上列右边的两个子代基因型一定是重组体，A/a 位点与分子标记位点 M_1/M_2 之间的图距为 2cM。因此，我们现在知道了基因在基因组中的大概位置，并且可以通过更精细的方法缩小基因间的距离。此外，不同的分子标记可以相互作图，创建一个图谱，这个图谱可以用来研究某些表型值得关注的基因。

虽然利用有效的测交来绘制分子标记是最简单的信息分析类型，但在许多分析中（如在人类中），分子标记不能用测交图来绘制。然而，因为每个分子等位基因都有自己的特征，可以从任何减数分裂中识别重组产物和非重组产物，所以即使是在非测交的杂交中也能加以区分。这种分析如图 4-15 所示。

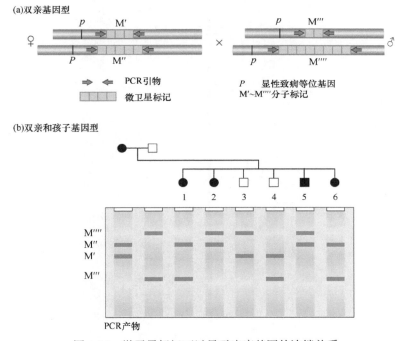

图 4-15　微卫星标记可以显示疾病基因的连锁关系

PCR 扩增条带显示一个有 6 个孩子的家庭分子标记的模式，用图的顶部 4 个不同大小的微卫星 "等位基因" M′～M″″来解释。其中一个标记（M″）可能以互引相与致病等位基因 P 连锁（注意：这种婚配并不是测交，依然包含了连锁的信息）

图 4-16 包含了一些真实的数据，显示了分子标记如何使人类染色体图变得充实。你可以看到，被定位的分子标记的数量大大超过了具有突变表型的基因数量。请注意，由于 SNP 的密度更高，因此无法在图 4-16 所示的整个染色体图上表示。1cM 的人类 DNA 是一个巨大的片段，估计为 1Mb（1Mb = 100 万碱基对，或 1000kb）。因此，需要对紧密包装的分子标记进行精细的分析，确定更小的距离。注意，1cM 等量的 DNA 在不同物种之间差异很大，如在疟原虫中，1cM=17kb。

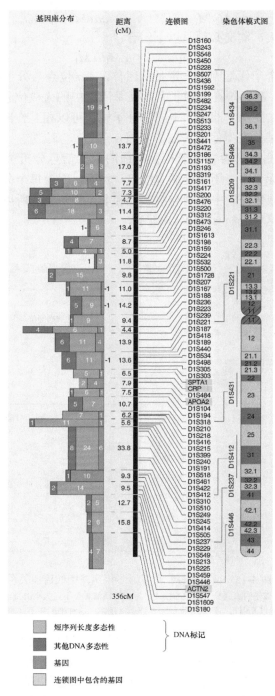

图 4-16　人类 1 号染色体的表型和分子标记图谱

这张图显示了所有与 1 号染色体对应的遗传差异的分布情况。一些分子标记是已知表型的基因(用绿色方块中的数字表示),但大多数是多态性 DNA 标记(以淡紫色方块和蓝色方块中的数字代表两类不同的分子标记)。根据本章所述类型的重组率分析,绘制了一张显示这些分子标记的间隔良好的连锁图,位于插图的中心。图距用厘摩(cM)表示。1 号染色体全长 356cM,是人类最长的染色体。通过使用本章后面描述的技术,一些标记也被定位在 1 号染色体的模式图上(右侧图)。在不同的图谱上有共同的分子标记,可以在每个图谱上估计其他基因和分子标记的位置

关键点：任何 DNA 杂合性的位点都可以被定位并作为分子标记或"里程碑"。

4.4　线性四分子的着丝粒作图

着丝粒不是基因，但它们是 DNA 的区段，生物体的有序繁殖完全依赖于这些区段，因此在遗传学上对它们非常关注。在大多数真核生物中，重组分析不能用于定位着丝粒的位点，因为它们没有杂合性，不能作为标记。然而，在产生线性四分子的真菌中（见第 3 章），着丝粒可以被定位。我们以真菌脉孢霉（*Neurospora* spp.）为例。回想一下，在单倍体真菌，如脉孢霉中，来自每个亲本的单倍体核融合形成一个短暂的二倍体，这个二倍体沿着子囊的长轴进行减数分裂，因此每个减数分裂细胞产生一个由 8 个子囊孢子组成的线性阵列，称为八分子（octad）。这 8 个子囊孢子构成减数分裂（四分子）和减数分裂后的有丝分裂的 4 个产物。

着丝粒作图最简单的形式是考虑一个基因位点，并寻找这个位点离它的着丝粒有多远，即在由基因和着丝粒之间交换的减数分裂引起的线性四分子或八分子中出现不同的等位基因模式。考虑两个脉孢霉之间的杂交，每个个体在一个位点上都有一个不同的等位基因（如 *A×a*）。孟德尔的分离定律指出，在八分子中，总有 4 个 *A* 基因型的子囊孢子和 4 个 *a* 基因型的子囊孢子，但如何排列呢？如果 *A/a* 和着丝粒之间的区段没有交换，则在线性八分子中有两组相邻的 4 个子囊孢子（图 3-14）。然而，如果在该区段中存在交换，那么八分子中就会有 4 个不同的模式之一，每个模式显示两个相邻的相同等位基因区段。表 4-2 显示了 *A×a* 实际交换的一些数据。

表 4-2　脉孢霉 *A/a* 基因型子囊孢子在线性八分子中的排列

A	*a*	*A*	*a*	*A*	*a*
A	*a*	*A*	*a*	*A*	*a*
A	*a*	*a*	*A*	*a*	*A*
A	*a*	*a*	*A*	*a*	*A*
a	*A*	*A*	*a*	*a*	*A*
a	*A*	*A*	*a*	*a*	*A*
a	*A*	*a*	*A*	*A*	*a*
a	*A*	*a*	*A*	*A*	*a*
126	132	9	11	10	12

合计 300

左边的前两列来自减数分裂，在 *A* 位点和着丝粒之间的区段没有交换。字母 M 代表减数分裂的一种分离类型。前两列的模式称为 M_I 模式（M_I pattern），或第一次分裂分离模式（first-division segregation pattern）。因为两个不同的等位基因在第一次减数分裂时分离成两个子核。其余 4 列均来自具有交换的减数分裂细胞，这些模式称为第二次分裂分离模式（second-division segregation pattern）或 M_{II} 模式（M_{II} pattern）。由于在着丝粒到基因位点区段有交换，在第一次减数分裂时，*A* 和 *a* 等位基因仍在细胞核中（图

4-17），没有第一次分裂分离。然而，第二次减数分裂 *A* 和 *a* 等位基因进入不同的细胞核中。其他模式的产生类似，不同之处在于染色单体在第二次分裂时向不同方向移动（图 4-18）。

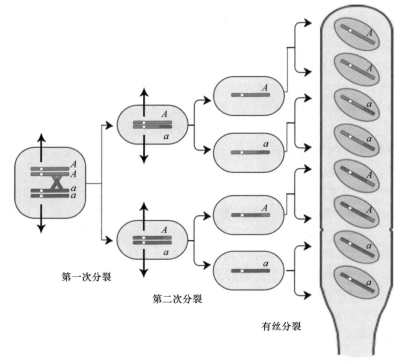

图 4-17　真菌八分子的第二次分裂分离模式

当着丝粒和 *A* 位点交换时，在第二次减数分裂中，*A* 和 *a* 分离进入不同的细胞核中

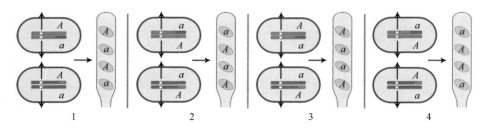

图 4-18　4 种不同的纺锤体附着模式产生了 4 种不同的第二次分裂分离模式

在第二次减数分裂中，着丝粒随机附着到纺锤体上，产生 4 种排列方式，这 4 种排列方式的频率相同

可以看到，具有 M_{II} 模式的八分子频率应该与着丝粒—*A/a* 区段的大小成正比，并且可以用来衡量该区段的大小。在我们的例子中，M_{II} 模式频率为 42/300 = 14%。这个百分比是否意味着 *A/a* 位点与着丝粒的距离是 14cM？答案是否定的，但是这个值可以用来计算图距单位的数量。14%是减数分裂的百分比，不是图距单位。图距单位被定义为减数分裂产生的重组染色单体的百分比。因为在任何减数分裂中交换只会产生50%的重组染色单体（8 个中有 4 个，见图 4-17），我们必须将 14%除以 2，将 M_{II} 模式频率（减

数分裂的频率）转换成图距单位（染色单体的重组率）。因此，这个区段的长度是 7cM，这个测量可以被引入染色体图中。

4.5　利用卡方检验推断连锁

连锁的标准遗传实验是双因子杂种测交。考虑这种类型的常规杂交，基因是否连锁是未知的：

$$A/a \cdot B/b \times a/a \cdot b/b$$

如果没有连锁，即基因是自由组合的，那么我们从本章和第 3 章的讨论中就可以看出以下子代预期的表型比例：

A B	0.25
A b	0.25
a B	0.25
a b	0.25

在 200 个子代样本中得到了以下表型。

A B	60
A b	37
a B	41
a b	62

显然这与没有连锁关系的预测有偏差（后代数将是 50：50：50：50）。结果表明，双杂交种是连锁基因的顺式构象——AB/ab，因为子代 AB 和 ab 占多数。重组率为 (37+41)/200＝78/200＝39%，或 39cM。

然而，由取样误差导致的概率偏差可以提供类似于遗传过程所产生的结果，因此，我们需要 χ^2（卡方）检验来帮助我们从 1：1：1：1 的比例中计算这个概率偏差的大小。

首先，检查两个位点的等位基因比例。A：a 为 97：103，B：b 为 101：99。这些数字接近孟德尔第一定律预期的 1：1 等位基因比例。因此，该等位基因比例不能与预期的 50：50：50：50 有相当大的偏差。

我们必须应用 χ^2 检验来检验没有连锁的假设。如果假设被否决，我们就能推断出连锁（无法直接检验连锁假设，因为我们无法预测要检测的重组率）。缺乏连锁的检验计算如下。

观察的（O）	预期的（E）	O–E	(O–E)²	(O–E)² / E
60	50	10	100	2.00
37	50	−13	169	3.38
41	50	−9	81	1.62
62	50	12	144	2.88
			$\chi^2=\Sigma\ (O{-}E)^2/E=9.88$	

由于有 4 个基因型类别，我们必须使用 4−1=3 个自由度。参考第 3 章的卡方表，我们看到自由度为 3 时，9.88 对应的 P 值为 0.025 或 2.5%，小于 5%的标准临界值。所以我们可以否定无连锁的假设。因此，我们得出的结论是，这些基因很可能是连锁的，大约相距 39cM。

注意，重要的是确保等位基因 1:1 分离，以避免 1:1 等位基因比例和无连锁的复合假设。如果我们拒绝这种复合假设，我们会不知道是哪一部分造成了假设的否决。

4.6　解释不可见的多重交换

在三点测交的讨论中，一些亲本（非重组体）染色单体是由双交换产生的。这些交换最初无法计算在重组率中，影响了结果的准确性。这种情况导致了令人担忧的想法，即基于重组率的所有图距都可能低估了物理距离，因为可能发生了未被检测到的多重交换，其中一些产物没有重组。有几种创新性的数学方法被设计出来解决多重交换问题。我们将研究两种方法。首先，我们研究了霍尔丹在早期遗传学中提出的一种方法。

4.6.1　作图函数

霍尔丹的方法是设计一个作图函数（mapping function），将观察到的重组率与多重交换校正后的图距形成一个相关的公式。该方法的工作原理是 RF 与发生在每一次减数分裂的染色体片段中交换的平均数 m 联系起来，然后推导出这个 m 值应该产生的图距。

为了找到 RF 与 m 的关系，必须首先考虑各种交换可能性的结果。在任何染色体区段，我们可以预期减数分裂有 0、1、2、3、4 或更多的交换。令人惊讶的是，唯一至关重要的一类是零交换类型。要了解原因，请考虑以下内容。这是一个奇怪但非直观的事实，在这些减数分裂中，任何次数的交换都可以产生频率为 50%的重组体。图 4-19 证明了单交换和双交换的这种说法，但是对于任何次数的交换来说都是正确的。因此，RF 真正的决定因素是没有交换的（零交换类型）与具有任何非零次交换类型的相对大小。

现在的工作是计算零交换类型的大小。交换发生在染色体特定区段中的现象可以用统计学中的泊松分布（Poisson distribution）来描述，泊松分布一般描述在平均成功概率较低的情况下样本中"成功"的分布情况。例如，把小孩玩的渔网浸在鱼塘里，大多数情况下不会舀出鱼，小概率会有一条鱼，更小概率会有两条鱼，以此类推。这个类比可以直接应用于染色体区段，将有 0、1、2 次等在不同的减数分裂中交换"成功"。这里给出的泊松分布公式，将告诉我们具有不同交换次数类型的频率：

$$f_i=(e^{-m}m^i)/i!$$

式中，e 为自然对数的底（约为 2.7）；m 为定义样本大小的平均成功数；i 为该大小的样本中交换成功的实际数目；f_i 为具有 i 个交换成功样本的频率；! 为阶乘符号（例如，5! =5×4×3×2×1）。

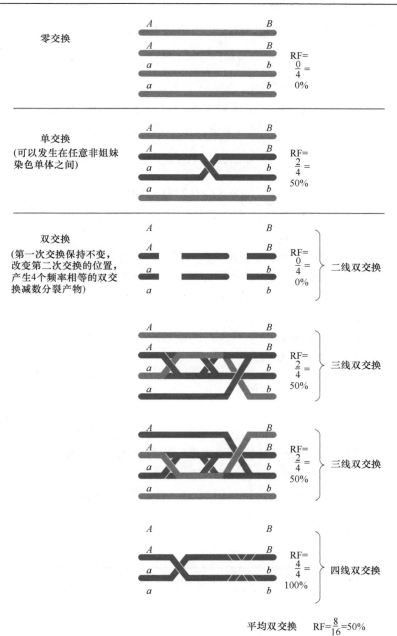

图 4-19　任意的交换次数都可以产生 50% 的重组体

证明减数分裂的平均 RF 值是 50%，其中交换的次数不是零。重组染色单体是蓝色的。双链双交换产生所有亲本类型，染色单体都是红色的。注意，所有的交换都发生在非姐妹染色单体之间

　　泊松分布告诉我们 $i=0$ 交换类型（关键之一）的频率是 $e^{-m}\dfrac{m^{0}}{m!}$，因为 m^{0} 和 $0!$ 都等于 1，所以由公式得出 $i=0$ 交换类型的频率是 e^{-m}。

　　现在我们可以写出一个 RF 值与 m 相关的函数。具有任何非零次交换类型的频率为

$1-e^{-m}$，在这些减数分裂中，50%（1/2）的产物是重组的，所以，

$$RF = \frac{1}{2}(1 - e^{-m})$$

这个公式是我们一直在寻找的作图函数。

例如，其中 RF 值被转换成一个通过多次交换校正的图距。假设，在测交中，我们获得的 RF 值为 27.5%（0.275）。把这个值代入函数，我们就可以解出 m：

$$0.275 = \frac{1}{2}(1 - e^{-m})$$

$$e^{-m} = 1 - (2 \times 0.275) = 0.45$$

用计算器求出 0.45 的自然对数（ln），我们可以推导出 $m = 0.8$，即在染色体这段区域中，每次减数分裂平均有 0.8 个交换。

最后一步是将这种交换频率转换为校正的图距，就是把计算出的平均交换频率乘以 50，转换成正确的图距单位，因为，平均而言，交换产生的重组率为 50%。因此，在前面的数值例子中，0.8 的 m 值可以被转换成 0.8×50＝40cM 的校正重组部分。我们确实看到了，这个值比我们从 RF 值推断出的 27.5cM 大得多。

请注意，作图函数清楚地解释了为什么连锁基因的最大 RF 值为 50%。当 m 变大时，e^{-m} 趋于零，RF 趋于 1/2，即 50%。

4.6.2 珀金斯公式

对于真菌和其他产生四分子的生物，有另一种方式来补偿多重交换，特别是双交换（最常见的预期类型）。在四分子分析的"双杂交"中，当根据产物中存在的亲本基因型和重组基因型进行分类时，通常可能只有 3 种四分子。

四分子的分类基于是否存在两种基因型（二型）或 4 种基因型（四型）。在二型中有两种类型：亲本（显示两个亲本基因型）和非亲本（显示两个非亲本基因型）。在 $AB \times ab$ 杂交中，它们是：

亲二型（PD）	四型（T）	非亲二型（NPD）
$A \cdot B$	$A \cdot B$	$A \cdot b$
$A \cdot B$	$A \cdot b$	$A \cdot b$
$a \cdot b$	$a \cdot B$	$a \cdot B$
$a \cdot b$	$a \cdot b$	$a \cdot B$

如果基因是连锁的，绘制它们之间距离的一个简单方法可使用以下公式：

$$图距 = RF = 100（1/2T + NPD）$$

这个公式给出了所有重组体的百分比。然而，20 世纪 60 年代，大卫·珀金斯（David Perkins）提出了一种补偿双交换效应的公式。因此，珀金斯公式提供了更准确的图距估计。

$$校正的图距 = 50（T + 6 NPD）$$

我们不推导这个公式，只是基于来自减数分裂中产生的 0 次、1 次和 2 次的交换中所预期的 PD、T 和 NPD 类型的总和。例如，在假设的 $AB×ab$ 杂交中，观察到四分子类型的频率是 0.56PD、0.41T 和 0.03 NPD。通过使用珀金斯公式，我们发现 a 和 b 位点之间的校正图距是

$$50×[0.41 +（6×0.03）]= 50×0.59 = 29.5cM$$

我们将这个值与直接从 RF 值中得到的未修正值进行比较。通过使用相同的数据，发现

$$未校正的图距 = 100（1/2T + NPD）$$
$$=100×（0.205 + 0.03）$$
$$=23.5cM$$

利用未校正的双交换得到的遗传图距比用珀金斯公式得到的遗传图距少 6cM。

另外，在处理非连锁基因时，预期 PD 值、NPD 值和 T 值是什么？PD 和 NPD 类型大小与自由组合的结果是相等的。T 型只能由两个位点中的任意一个和它们各自的着丝粒之间的交换产生，因此，T 型的大小将取决于位于基因位点和着丝粒之间的两个区域的总大小。然而，1/2T + NPD 应该总是得到 0.50，表明基因是自由组合的。

关键点：通过使用作图函数（在任何生物体中）和珀金斯公式（在产生四分子的生物体中，如真菌），可以避免多重交换导致遗传图距被低估的倾向。

4.7　重组图谱与物理图谱的结合

重组图谱一直是本章的主题。它们显示了已发现的突变等位基因（及其突变表型）的位点。这些基因位点在图谱上的位置是根据减数分裂时的重组率来确定的。假设重组率与染色体上两个位点的距离成正比，则重组率成为图距单位。这种依据基因的重组与已知突变表型的作图已经被研究了近一个世纪。我们已经看到分子杂合位点（与突变表型无关）是如何被整合到这样的重组图谱中的。像任何分子杂合位点一样，这些分子标记通过重组绘制成图谱，然后用于定位一个有生物学意义的基因。我们做了一个完全合理的假设：重组图谱代表染色体上基因的排列，但是，如前所述，这些图谱实际上是假设的结构。相反，物理图谱是科学所能得到的最接近真实基因组的图谱。

物理图谱（physical map）的内容将在第 13 章中更详细地讨论，但是我们可以在这里做个铺垫。物理图谱就是一个真实基因组的图谱，一个非常长的 DNA 核苷酸序列，显示出基因在哪里、它们的序列是什么、它们有多大、它们之间有什么，以及其他有意义的标志。物理图谱上的距离单位是 DNA 碱基数，为了方便起见，以千碱基对为单位。DNA 分子的完整序列是通过对大量的小基因组片段进行测序，然后将它们组合成一个完整的序列来获得的。然后用计算机扫描该序列，编程后通过特定的碱基序列寻找类似基因的片段，包括已知的转录起始和终止信号序列。当计算机的程序发现一个基因时，将它的序列与在其他生物体中发现有功能的已测序基因的公共数据库进行比较。在许多情况下，会"命中"（"hit"），换句话说，这个序列与

另一个物种的已知功能基因非常相似。在这种情况下，这两个基因的功能也可能是相似的。序列相似性（通常接近100%）是由某些共同祖先基因遗传下来的，可由功能序列进化过程中普遍的保守性来解释。计算机发现的其他基因则与已知功能的任何基因都没有序列相似性。因此，这么做可以被认为是"寻找有功能的基因"。当然，现实中是研究者而不是基因在寻找和必须找到基因的功能。对一个群体中的不同个体基因组进行测序也可以找到分子杂合位点，就像在重组图谱中一样，它们在物理图谱中作为定位标记。

因为大多数主要的模式生物的物理图谱现在都可以获得，我们真的需要重组图谱吗？重组图谱过时了吗？答案是，在确定基因功能"定位"时，这两种图谱是相互结合使用的，早前就用上海地图阐述了这一原理。一般方法如图4-20所示，它显示了基因组同一区域的物理图谱和重组图谱。这两个图谱都含有基因和分子标记。在图4-20的下半部分，我们看到了重组图谱的一部分，发现并绘制出突变表型的基因位置。并不是所有的基因都包含在该片段中。其中一些基因的功能可能是在生化或其他突变株研究的基础上发现的，蛋白质A和B的基因就是例子。中间的基因是一个目的基因，研究者发现这个基因会影响发育的方向。要确定它的功能，可利用物理图谱。物理图谱中的基因在重组图谱上的目的基因区域成为候选基因（candidate gene），其中任何一个都可能是目的基因。需要进一步研究，将选择范围缩小到一个目的基因。如果这个基因是其他生物体已知功能的基因，则认为该目的基因具有功能。以这种方式可以将重组图谱上的表型与从物理图谱推导出来的功能联系起来。两个图谱上的分子标记（图4-20没有显示）可以对齐，以帮助实现研究目标。因此，我们看到两个图谱都包含功能元素：物理图谱显示了一个基因在细胞水平上可能的作用，而重组图谱包含了与基因在表型水平上的作用相关的信息。在某些阶段，这两种基因必须结合起来才能理解基因对生物体发育的贡献。

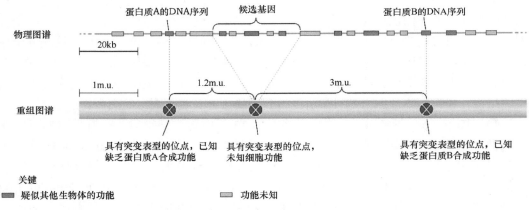

图4-20　物理图谱和重组图谱的比对

物理图谱和重组图谱上相对位置的比较可以将表型与未知的基因功能联系起来

关键点：重组图谱和物理图谱的结合可以由突变表型鉴定出基因的生化功能。

4.8 交换的分子机制

在本章中，我们分析了细胞学上可见的交换过程的遗传结果，而不考虑交换的机制。然而，交换的分子机制是非常重要的，两个大的 DNA 卷曲分子如何能精确地交换片段而不丢失或获得核苷酸？

对真菌八分子的研究提供了线索。大多数八分子显示预期的 4：4 等位基因的分离，如 4A：4a，一些罕见的八分子显示出异常的比例。例如 5：3 八分子（5A：3a 或 5a：3A）。这个比例有两个特别之处。首先，一个等位基因的孢子太多，另一个等位基因的孢子太少。其次，有一个不完全相同的姐妹孢子对（nonidentical sister-spore pair）。通常，减数分裂后的有丝分裂会产生以下相同的姐妹孢子对：A A a a 四分子变成 A-A A-A a-a a-a（连字符显示姐妹孢子对）。而异常的 5A：3a 八分子变成 A-A A-A **A-a** a-a，即有一个不相同的姐妹孢子对（粗体表示）。

对不相同的姐妹孢子对的观察表明，最后 4 个减数分裂同源染色体之一的 DNA 含有异源双链 DNA（heteroduplex DNA）。异源双链 DNA 是指在基因中存在不匹配的 DNA 核苷酸对。其逻辑如下：如果在 A×a 的杂交中，一个等位基因（A）为 G:C，另一个等位基因（a）为 A:T，则这两个等位基因通常会准确地复制。然而，只有很少形成了异源双链 DNA，其是一个错配的核苷酸对，如 G:T 或 A:C（实际上是一个 DNA 分子同时携带 A 和 a 信息）。注意，异源双链 DNA 仅涉及一个核苷酸位置：周围的 DNA 片段可能如下所示，其中异源双链 DNA 位点以粗体显示：

GCTAAT**G**TTATTAG

CGATTA**T**AATAATC

在复制形成八分子时，G:T 异源双链 DNA 将分离并准确地复制，G 与 C 成键，A 与 T 成键。结果为 G:C（等位基因 A）和 A:T（等位基因 a）不相同的姐妹孢子对。

研究发现不完全相同的姐妹孢子对（和异常的八分子）与基因区域的交换相关，这提供了一个重要的线索，即交换可能是基于异源双链 DNA 的形成。

在目前被接受的模型中（图 4-21），异源双链 DNA 和交叉都是由参与交换的一个染色单体的 DNA 双链断裂（double-strand break）产生的。分子研究表明，DNA 的断裂端将促进不同染色单体之间的重组。染色单体的两条链在同一位置断裂（步骤 1）。从断裂开始，DNA 每个断裂链的 5′端碱基部分脱落，留下 3′端单链（步骤 2）。其中一条单链"侵入"另一个参与染色单体的 DNA，也就是说，它以其同源序列进入螺旋和碱基对中心（步骤 3），取代了另一条链。然后，侵入链的末端使用相邻的序列作为新聚合的模板，其通过迫使螺旋的两个链分开来进行（步骤 4）。移位的单链环与另一条单链（图中蓝色的那条）以氢键相连。如果侵入链和链移位跨越一个杂合子位点（如 A/a），则形成异源双链 DNA 的区域。复制也从另一个单链端进行，以填补侵入链留下的空隙（也显示在图 4-21 步骤 4 的上蓝色链上）。复制的末端是密封的，最终的结果是一个奇怪的结构，其中两个单链连接被称为霍利迪连接体（Holliday junction），其是以最初的提议者 Robin Holliday 名字命名的。这些连接点是单链断裂和重接的潜在位点，图中的箭头显示了两个这样的事件，导致一个完整的双链交换（步骤 5）。

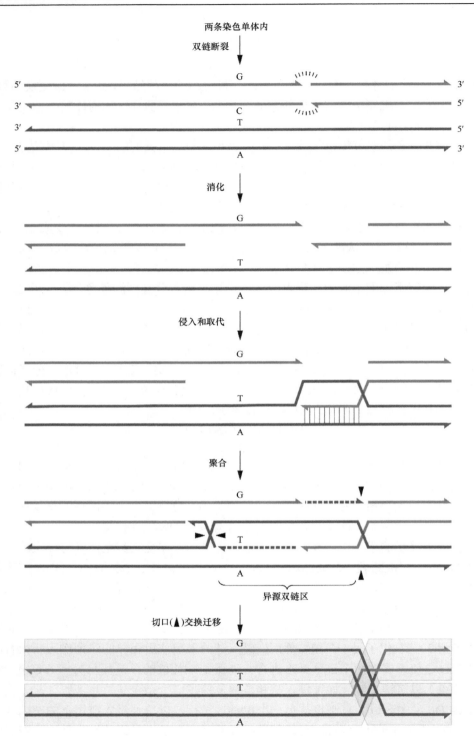

图 4-21　交换产生了异源双链 DNA

交换的分子模型，只显示参与交换的两条染色单体（蓝色和红色）。为了清楚起见，将 3′-5′链放置在两链的内侧。染色单体上等位基因不同，在 GC 位点（等位基因可能是 A），AT 在另一个位点（等位基因可能是 a）。只显示错配的异源双链 DNA 和交换的结果。最后的交换结果是黄色和蓝色的阴影

当侵入链使用被侵入的 DNA 作为复制模板时，将自动产生侵入序列的额外拷贝，从而解释偏离预期的 4∶4 比例。

这种类似的重组发生在许多不同的染色体位点上，在这些位点，侵入链和链移位不会跨越杂合子位点。在这里将形成异源双链 DNA，因为它由每条参与的染色单体组成，但是不会有错配的核苷酸对，由此产生的八分子只包含相同的姐妹孢子对。那些罕见的侵入链和聚合跨越杂合子位点的情况只是幸运的例证，为交换机制提供了线索。

关键点：交换是由减数分裂时染色单体 DNA 的双链断裂引起的。随后发生了一系列分子事件，最终产生交换的 DNA 分子。此外，如果交换位点恰好位于减数分裂的 DNA 杂合位点附近，则可能会产生杂合子位点异常的非孟德尔等位基因比例。

总　　结

在果蝇的双杂合体测交中，摩尔根发现了一个偏离自由组合定律的现象。他推测这两个基因位于一对同源染色体上。这种关系称为连锁。

连锁解释了为什么亲本基因组合在一起，而不是自由组合，以及如何产生重组（非亲本）组合。摩尔根假设，在减数分裂过程中，可能存在着染色体部分的物理交换，这个过程现在被称为交换。染色体部分的物理断裂和愈合发生在减数分裂的 4 条染色单体阶段。因此，减数分裂重组有两种类型。自由组合导致的重组率为 50%。交换导致的重组率通常小于 50%。

当摩尔根研究更多的连锁基因时，他发现了许多不同的重组率，并想知道这些重组率是否与染色体上基因之间的实际距离相关。摩尔根的学生 Sturtevant 开发了一种基于测定基因之间 RF 值的方法来确定连锁图上基因之间的距离。测量 RF 值最简单的方法是使用双杂合体或三杂合体的测交。以百分比计算的 RF 值可作为图距单位，用于构建显示所分析的基因在染色体上定位的图谱。在子囊菌中，也可以通过测量第二次分裂分离模式频率在图谱上定位着丝粒。

单核苷酸多态性（SNP）是 DNA 序列中的单核苷酸差异。简单序列长度多态性（SSLP）是重复单位数的差异。SNP 和 SSLP 可作为基因定位的分子标记。

虽然连锁的基本实验是偏离自由组合的，但这种偏差在测交中可能不明显，需要进行统计检验。χ^2 检验可用于说明观察结果通常是偶然地偏离预期，在确定基因位点是否连锁时非常有用。

一些多重交换会产生非重组的染色单体，导致低估了基于 RF 值的图距。作图函数纠正了这一差异，适用于任何有机体。珀金斯公式在校正真菌四分子分析时有同样的作用。

在遗传学中，通常把基于重组的突变表型位点的图谱与具有完整 DNA 序列并显示所有类似基因的序列的物理图谱结合使用。了解基因在这两个图谱中的位置可以使细胞功能与基因对表型的影响相结合。

交换被认为从染色单体的 DNA 双链断裂开始。碱基脱落留下单链的末端。一条单链侵入另一条染色单体的双螺旋，导致异源双链 DNA 的形成。通过聚合填充裂口，这种分子结构的形式在 DNA 水平上形成一个完整的双链交换。

（赵耕春）

练 习 题

一、例题

例题 1 人类谱系显示了一个患有罕见的指甲-髌骨综合征（指甲和膝盖畸形）的人，并给出了每个人的 ABO 血型基因型。这两个位点均位于常染色体上。研究下面的谱系。

a. 指甲-髌骨综合征是显性还是隐性的表型？给出理由来支持你的答案。

b. 是否有证据表明指甲-髌骨基因和 ABO 血型基因之间存在连锁？为什么？

c. 如果有连锁的证据，则在祖父母的相关同源染色体上绘制等位基因。如果没有连锁的证据，则在两个同源染色体对上绘制等位基因。

d. 根据你的模型，哪个第二代的后代是重组体？

e. RF 值的最佳估计是什么？

f. 如果男性Ⅲ-1 和一位 O 型血的正常女性结婚，他们的第一个孩子患指甲-髌骨综合征及 B 型血的概率是多少？

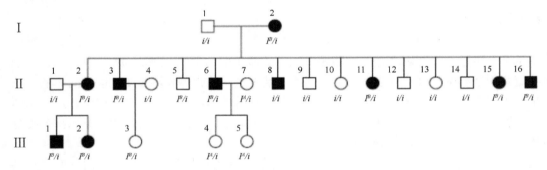

参考答案：a. 指甲-髌骨综合征最有可能是显性的。这是一种罕见的异常，因此，没有患病的人是不可能携带一个假定的指甲-髌骨综合征隐性等位基因的。设 N 为致病等位基因。那么所有患有该综合征的人都是杂合子 N/n，因为所有的人（可能包括祖母）都是与 n/n 正常人婚配的结果。注意，这种综合征出现在所有三代人身上，这是显性遗传的另一种表现。

b. 有连锁的证据。大多数患者——携带 N 等位基因的人——也携带 I^B 等位基因；最有可能的是，这些等位基因是在同一条染色体上连锁的。

c.

（祖母必须携带两个隐性等位基因才能产生 i/i 和 n/n 基因型的后代）

d. 祖父母的婚配等同于测交，因此第 2 代的重组体是 Ⅱ-5：nI^B/ni 和 Ⅱ-8：Ni/ni，而其他的都是非重组体，即 NI^B/ni 或 ni/ni。

e. 祖父母婚配和第 2 代的前两个婚配是相同的，是测交。18 个后代中有三个是重组体（Ⅱ-5、Ⅱ-8 和Ⅲ-3）。Ⅱ-6 与Ⅱ-7 的婚配不是测交，但Ⅱ-6 的染色体可以推断为非重组的，因此，RF＝3/18，即 17%。

f.

两个亲本类型的频率总是相等的，两个重组类型也是如此。因此，第一个孩子患指甲-髌骨综合征和 B 型血的概率是 41.5%。

例题 2　果蝇的等位基因 b 为黑体，b^+ 为野生型棕色体。等位基因 wx 为蜡质翅，wx^+ 为野生型非蜡质翅，第三个基因 cn 为朱砂眼，cn^+ 为野生型红眼。对这三个基因的雌性杂合子进行测交，1000 个子代中有：5 个野生型；6 个黑体，蜡质翅，朱砂眼；69 个蜡质翅，朱砂眼；67 个黑体；382 个朱砂眼；379 个黑体，蜡质翅；48 个蜡质翅；44 个黑体，朱砂眼。可以通过只列出突变体表型来指定子代群体。

a. 解释这些数字。

b. 在三杂合子染色体上的适当位置绘制等位基因。

c. 如果你的解释是合理的，计算干涉。

参考答案：a. 写出可能从表型推断的基因型。测交的杂交类型为

$$b^+/b \cdot wx^+/wx \cdot cn^+/cn \times b/b \cdot wx/wx \cdot cn/cn$$

在频率方面有不同成对的子代类型。我们已经可以猜到两个最大的类型代表亲本染色体，两个平均约 68 的类型代表一个区域中的单交换，两个平均约 45 的类型代表另一个区域中的单交换，并且两个平均约 5 的类型代表双交换。我们可以把子代作为雌配子衍生出来的类群，分组如下。

$b^+ \cdot wx^+ \cdot cn$	382	$b \cdot wx \cdot cn$	44
$b \cdot wx \cdot cn^+$	379	$b \cdot wx \cdot cn$	6
$b^+ \cdot wx \cdot cn$	69	$b^+ \cdot wx^+ \cdot cn^+$	5
$b \cdot wx \cdot cn^+$	67	共计	1000
$b^+ \cdot wx \cdot cn^+$	48		

以这种方式列出每种类型，确认每个类型实际上是由 0 次、1 次或 2 次交换产生的交互基因型。

一开始，由于我们不知道雌性三杂合子的亲本，因此我们似乎不能应用重组的定义，将配子基因型与形成单个果蝇的两个亲本基因型进行比较。但是对于所提供的数据，唯一有意义的亲本类型是 $b^+/b^+ \cdot wx^+/wx^+ \cdot cn/cn$ 和 $b/b \cdot wx/wx \cdot cn^+/cn^+$，因为这些类型代表最常见的配子类型。

我们可以计算重组率。

对于 $b\text{-}wx$，

$$RF = \frac{69 + 67 + 48 + 44}{1000} = 22.8\%$$

对于 $b\text{-}cn$，

$$RF = \frac{48 + 44 + 6 + 5}{1000} = 10.3\%$$

对于 $wx\text{-}cn$，

$$RF = \frac{69 + 67 + 6 + 5}{1000} = 14.7\%$$

因此，图为：

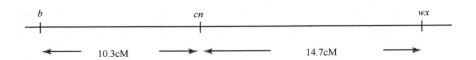

b.三杂合子中的亲本染色体是：

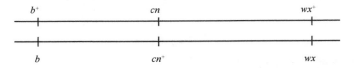

c.双重组体的预期为 $0.103 \times 0.147 \times 1000 = 15.141$。观察到的数量是 $6 + 5 = 11$，因此，干涉为 $I = 1 - (11/15.141) = 1 - 0.727 = 0.273 = 27.3\%$。

例题 3 脉孢霉单倍体菌株，$nic^+ \cdot ad$ 和 $nic \cdot ad^+$ 进行杂交。从这个杂交中，分离出有 1000 个线性子囊并分类，如下表所示。将 ad 和 nic 位点与着丝粒的相互关系作图。

1	2	3	4	5	6	7
$nic^+ \cdot ad$	$nic^+ \cdot ad^+$	$nic^+ \cdot ad^+$	$nic^+ \cdot ad$	$nic^+ \cdot ad$	$nic^+ \cdot ad^+$	$nic^+ \cdot ad^+$
$nic^+ \cdot ad$	$nic^+ \cdot ad^+$	$nic^+ \cdot ad^+$	$nic^+ \cdot ad$	$nic^+ \cdot ad$	$nic^+ \cdot ad^+$	$nic^+ \cdot ad^+$
$nic^+ \cdot ad$	$nic^+ \cdot ad^+$	$nic^+ \cdot ad$	$nic \cdot ad$	$nic \cdot ad^+$	$nic \cdot ad$	$nic \cdot ad$
$nic^+ \cdot ad$	$nic^+ \cdot ad^+$	$nic^+ \cdot ad$	$nic \cdot ad$	$nic \cdot ad^+$	$nic \cdot ad$	$nic \cdot ad$

续表

1	2	3	4	5	6	7
$nic \cdot ad^+$	$nic \cdot ad$	$nic \cdot ad^+$	$nic^+ \cdot ad^+$	$nic^+ \cdot ad$	$nic^+ \cdot ad^+$	$nic^+ \cdot ad$
$nic \cdot ad^+$	$nic \cdot ad$	$nic \cdot ad^+$	$nic^+ \cdot ad^+$	$nic^+ \cdot ad$	$nic^+ \cdot ad^+$	$nic^+ \cdot ad$
$nic \cdot ad^+$	$nic \cdot ad$	$nic \cdot ad$	$nic \cdot ad^+$	$nic \cdot ad^+$	$nic \cdot ad$	$nic \cdot ad^+$
$nic \cdot ad^+$	$nic \cdot ad$	$nic \cdot ad$	$nic \cdot ad^+$	$nic \cdot ad^+$	$nic \cdot ad$	$nic \cdot ad^+$
808	1	90	5	90	1	5

参考答案：我们可以利用哪些原则来解决这个问题？首先，计算两个位点到着丝粒的距离。我们不需要知道 ad 和 nic 位点是否连锁。每个位点的 M_{II} 模式的频率给出从位点到着丝粒的距离（我们可以稍后担心是否是同一着丝粒）。

从 nic 位点和着丝粒之间的距离开始。我们要做的就是添加子囊类型 4、5、6 和 7，因为它们都是 nic 位点的 M_{II} 模式，为总数 1000 个子囊中的 $5+90+1+5=101$，RF=10.1%。在本章中，我们看到要把这个百分比转换成图距单位，必须除以 2，即 5.05cM。

对于 ad 位点做法相同。M_{II} 模式类型为 3、5、6 和 7，是总数 1000 个子囊中的 $90+90+1+5=186$，RF=18.6%，即 9.30cM。

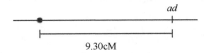

现在我们必须把这两者结合起来，在下面的选项之间做出决定，所有这些选项都和前一个位点到着丝粒的距离相一致。

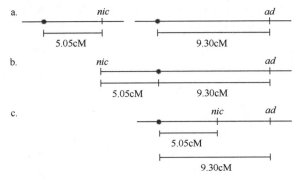

常识和简单分析的结合告诉我们哪一种选择是正确的。首先，对子囊的检查发现，最常见的单一类型是标记为 1 的类型，其中包含超过 80% 的子囊。这一类型只含有 $nic^+ \cdot ad$ 和 $nic \cdot ad^+$ 基因型，它们是亲本基因型。因此我们知道重组是相当低的，而且位点确实是

连锁的。这排除了选项 a。

现在考虑另一个 c，如果这个选项是正确的，那么在着丝粒和 *nic* 位点之间的交换不仅产生一个该位点的 M$_{II}$ 模式，也产生一个 *ad* 位点的 M$_{II}$ 模式，因为它离着丝粒比 *nic* 更远。

在选项 c 中，*nic* 和着丝粒之间交换产生的子囊类型应该是：

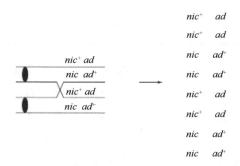

nic 位点在子囊类型 4、5、6 和 7（总共 101 个子囊）中显示 M$_{II}$ 模式，其中，类型 5 是我们正在讨论的，包含 90 个子囊。因此，选择 c 似乎是正确的，因为子囊类型 5 占 *nic* 位点的 M$_{II}$ 模式子囊的 90% 左右。如果选项 b 是正确的，那么这种关系就不成立了，因为着丝粒两侧的交换将产生 *nic* 和 *ad* 位点独立的 M$_{II}$ 模式。

从 *nic* 到 *ad* 的图距是简单的 9.30 − 5.05 = 4.25cM 吗?接近，但不完全是。计算基因位点图距的最佳方法总是通过测量重组率。我们可以计数所有重组的子囊孢子，但使用公式 RF = 1/2T + NPD 更简单。T 子囊为 3、4 和 7 类型，NPD 子囊为 2 和 6 类型。因此，RF = [1/2×100 + 2]/1000 = 5.2%，即图距为 5.2cM，更好的图是：

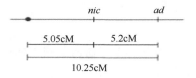

从 M$_{II}$ 模式频率计算出的 *ad* 到着丝粒距离被低估的原因是发生了双交换，它可以产生 *ad* 的 M$_I$ 模式，如在子囊类型 4 中：

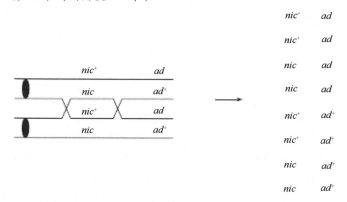

二、看图回答问题

1. 在图 4-3 中，是否存在减数分裂中没有交换的减数分裂产物?如果是的话，它们会是什么颜色呢?

2. 在图 4-6 中，为什么没有显示发生在相同的两条染色单体（如两个内侧染色单体）之间交换的减数分裂?

3. 在图 4-8 中，一些减数分裂产物被标记为亲本型。被引用的是哪个亲本?

4. 在图 4-9 中，为什么只有 A 位点显示在恒定位置上?

5. 在图 4-10 中，A—B 区域每次减数分裂的平均交换频率是多少? B—C 区域呢?

6. 在图 4-11 中，是否可以这样说，杂交产物 $v·cv^+$ 可以有两个不同的来源?

7. 在图 4-14 中，在底部一行有 4 种颜色被标记为 SCO。为什么它们的大小（频率）不一样?

8. 画出图 4-15（b）中亲本和子代的基因型。
$$P\,M'''/p\,M' \times p\,M'/p\,M''''$$

9. 在图 4-17 中，在一个类似的减数分裂中画出一个八分子的等位基因的排列，其中第一次分裂分离的上部产物在第二次分裂时以颠倒的方式分离。

10. 在图 4-19 中，在 A/a 和 B/b 之间的 RF 值是什么，在纯粹偶然的交换中，所有的减数分裂在该区域都有四链双交换吗?

11. a. 在图 4-21 中，GC=A 和 AT=a，画出真菌八分子最终结构。

b. （有挑战性地）将一些紧密连锁的侧翼标记插入图中，如 P/p 在左边，Q/q 在右边（假设顺式或反式排列）。假设这些位点都没有孟德尔分离，然后根据图 4-22 最下面的结构绘制最终八分子。

三、基础知识问答

12. 一植株的基因型 $\dfrac{A \quad\quad B}{a \quad\quad b}$ 与 $\dfrac{a \quad\quad b}{a \quad\quad b}$ 测交，如果两个位点相距 10cM，则 AB/ab 子代的比例是多少?

13. A 位点和 D 位点是紧密连锁的，没有观察到它们之间重组。如果 Ad/Ad 与 aD/aD 杂交，F_1 代自交，F_2 代中会出现什么表型，比例是多少?

14. R 和 S 位点相距 35cM。如果植株的基因型为 $\dfrac{R \quad\quad S}{r \quad\quad s}$，植株自交，那么会出现什么后代表型，比例是多少?

15. $E/E\ F/F$ 和 $e/e\ f/f$ 杂交，F_1 代与隐性亲本回交。子代基因型是从表型推断出来的。写出杂合亲本配子，子代的基因型比例如下。

$$E \cdot F \frac{2}{6} \quad E \cdot f \frac{1}{6} \quad e \cdot F \frac{1}{6} \quad e \cdot f \frac{2}{6}$$

解释这些结果。

16. 基因型为 $H \cdot I$ 的脉孢霉与基因型为 $h \cdot i$ 的菌株杂交，子代有一半为 $H \cdot I$，另一半为 $h \cdot i$，解释该结果的可能性。

17. 雌性动物的基因型为 $A/a \cdot B/b$，与双隐性的雄性（$a/a \cdot b/b$）杂交。它们的子代含有 442 $A/a \cdot B/b$、458 $a/a \cdot b/b$、46 $A/a \cdot b/b$ 和 54 $a/a \cdot B/b$。解释这些结果。

18. 如果 $A/A \cdot B/B$ 与 $a/a \cdot b/b$ 杂交，F_1 代测交，测交子代为 $a/a \cdot b/b$ 的比例是多少？两个基因是：（a）未连锁；（b）完全连锁（没有交换）；（c）相距 10cM；（d）相距 24cM？

19. 在单倍体生物中，C 和 D 位点相距 8cM。$Cd \times cD$ 杂交，给出下列子代类型的比例：（a）CD；（b）cd；（c）Cd；（d）所有重组体的结合。

20. 基因型 BR/br 的果蝇与 br/br 测交。在 84% 的减数分裂中，连锁基因之间没有交叉；在 16% 的减数分裂中，基因间有一个交叉。子代为 Br/br 的比例是多少？

21. 做玉米的三点测交。结果和重组分析如下所示：经典的三点测交（p = 紫色叶，+ = 绿色叶；v = 抗病毒幼苗，+ = 敏感性；b = 种子中部褐色，+ = 白色胚乳）。研究显示如下，回答问题 a～c。

亲本　　　+/+ · +/+ · +/+　　×　　$p/p \cdot v/v \cdot b/b$

配子　　　+ · + · +　　　　　　$p \cdot v \cdot b$

a. 确定哪些基因是连锁的。

b. 画出图显示图距单位。

c. 如果适合，计算干涉。

序号	子代表型	F_1 配子	数量	重组位点		
				p-b	p-v	v-b
1	gre sen pla	+ + +	3 210			
2	pur res bro	$P\,v\,b$	3 222			
3	gre res pla	+ v +	1 024		R	R
4	pur sen bro	P + b	1 044		R	R
5	pur res pla	Pv +	690	R		R
6	gre sen bro	+ + b	678	R		R
7	gre res bro	+ $v\,b$	72	R	R	
8	pur sen pla	P + +	60	R	R	
			10 000	1 500	2 200	3 436

详解 21 题

（1）画出 P、F₁ 和实验玉米植株，利用箭头显示你将如何进行这个实验，显示种子从哪里获得。

（2）为什么所有的 "+" 看似相同，却是不同的基因？为什么这不会引起混淆？

（3）怎样同时为紫色叶和种子中部褐色？举例说明。

（4）基因顺序 p-v-b 的写法有什么意义？

（5）测试的植物是什么？为什么利用其进行分析？

（6）为什么表格使用 "子代表型"？在类型 1 中，准确地说出 "gre sen pla" 的含义？

（7）标示出的 "配子" 表示什么，与表格中 "F₁ 配子" 有何不同？以什么方式比较与重组有关的这两种类型的配子？

（8）哪个减数分裂是需要重点研究的？在你的图中标出。

（9）为什么测试植物产生的配子没有显示？

（10）为什么只有 8 种基因型？有遗漏吗？

（11)如果所有的基因都位于不同的染色体上，预期将会有什么基因型(什么比例)？

（12）这 4 对基因型多少（非常多，介于两者之间，非常少）说明什么？

（13）仅通过检查表型种类和它们的重组率，你能知道基因顺序吗？

（14）如果只有两个基因是连锁的，预期的表型是什么？

（15）在三点测交中，"点" 指的是什么?这个词的用法是否意味着连锁？四点测交会是什么样的？

（16）重组的定义是什么？它在这里是如何应用的？

（17）表格中 "重组位点" 是什么意思？

（18）为什么表格中只有三列 "重组位点"？

（19）R 的意思是什么？它是如何被确定的？

（20）纵列总数意味着什么？它是如何被使用的？

（21）连锁的判断实验是什么？

（22）什么是图距单位？它与厘摩一样吗？

（23）在这个三点测交中，为什么 F₁ 代和玉米植株在计算重组时不被认为是亲本？（从某种意义上说，它们是亲本）

（24）干涉的公式是什么？并发系数公式中 "预期" 频率是如何计算的？

（25）为什么问题 c 说 "如果适合"？

（26）在玉米中获得如此大量的子代需要多少工作？这三个基因中哪一个最重要？大约有多少子代是由一个玉米穗产生的？

22. 你有一个果蝇品系，它是纯合子，常染色体隐性等位基因 a、b 和 c 按这个顺序连锁。该品系雌性与雄性纯合野生型杂交。然后 F₁ 代杂合子雄性与 F₁ 代杂合子雌性杂交。你获得了下列 F₂ 代的表型（字母表示隐性表型，加号表示野生型表型）：1364 +++，365 abc，87 ab+，84 ++c，47 a++，44 +bc，5 a+c 和 4 +b+。

a. a 和 b 之间的重组率是多少？b 和 c 之间的重组率是多少？（记住，雄性果蝇没有交换）

b. 相对应的并发系数是什么？

23. R. A. Emerson 杂交了两个不同纯种品系的玉米，获得了野生型的杂合子 F₁，杂合子中含有决定隐性表型的三个等位基因：an，花药；br，短枝；f，细枝。与三个隐性纯合子测交后代中有：88 个野生型；55 个花药、短枝、细枝；21 个细枝；17 个花药、短枝；2 个短枝；2 个花药、细枝。

a. 亲本品系基因型是什么？

b. 画出三个基因的连锁图（包括图距）。

c. 计算干涉值。

24. 玉米 3 号染色体携带三个基因位点（b 为植物增色，v 为淡绿色，lg 为无木质）。携带三个隐性基因的玉米与 F₁ 代杂合子测交，得到具有以下基因型的子代：305 +v lg，275 b++，128 b+ lg，112 +v+，74 ++ lg，66 bv+，22 +++，18 bv lg。写出染色体上的基因序列，计算基因之间的图距及并发系数。

25. Groodies 是虚构的单倍体生物，是纯粹的遗传工具。野生型 Groodies 为肥体、长尾和有鞭毛。已知突变体为瘦体、无尾和无鞭毛。Groodies 可以相互交配并产生重组体。野生型 Groodies 与瘦体、无尾、无鞭毛个体交配，产生的 1000 个 Groodies 幼虫分类如下图所示。确定基因型，并绘制三个基因图谱。

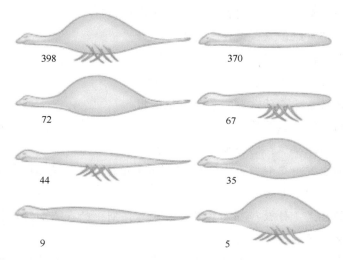

26. 在果蝇中，等位基因 dp⁺ 决定长翅，dp 决定短（"短粗"）翅。在不同的位点上，e⁺ 决定灰体，e 决定黑檀体。两个位点都位于常染色体上。进行了以下杂交，从纯种亲本开始：

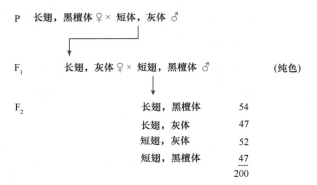

用 χ^2 检验来确定这些位点是否连锁。

a. 做出假设。

b. 计算 χ^2 值。

c. 获得概率 p 值。

d. p 值意味着什么？

e. 你的结论是什么？

f. 推断亲本、F_1 代、检验者果蝇和 F_2 代的染色体组成。

27. 有 10 个孩子家庭的母亲是 Rh^+ 血型。她还患有一种罕见的疾病（椭圆红细胞增多症，表型 E），红细胞呈椭圆形而非圆形，但不会产生临床上的症状。父亲为 Rh^- 血型（缺乏 Rh^+ 抗原），具有正常的红细胞（表型 e）。孩子分别为 1 个 Rh^+ e，4 个 Rh^+ E 和 5 个 Rh^- e。母亲的双亲是 Rh^+ E 和 Rh^- e。10 个孩子之一（Rh^+ E）与 Rh^+ e 的人结婚，他们有一个 Rh^+ E 的孩子。

a. 画出这个家族的系谱。

b. 该家系是否与 Rh^+ 等位基因为显性、Rh^- 为隐性的假设一致？

c. 椭圆红细胞增多症的遗传机制是什么？

d. 决定 E 和 Rh 表型的基因可能在同一条染色体上吗？如果是，预测它们之间的图距，并评论你的结果。

28. A/A·B/B × a/a·b/b 杂交的 F1 代为 A/a·B/b，F1 与 a/a·b/b 测交。测交子代结果如下：

F1 代测交	A/a·B/b	a/a·b/b	A/a·b/b	a/a·B/b
1	310	315	287	288
2	36	38	23	23
3	360	380	230	230
4	74	72	50	44

对于每一组后代，使用 χ^2 检验来判断基因是否存在连锁。

29. 在下图的两个家系中，符号中的垂直线代表类固醇硫酸酯酶缺乏症，而水平线代表鸟氨酸氨甲酰基转移酶缺乏症。

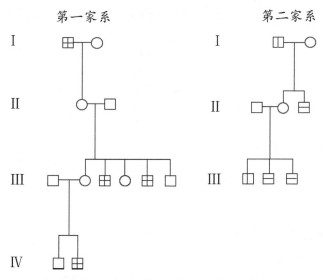

第一家系   第二家系

a. 是否有证据表明这些家系中控制缺陷的基因是连锁的？

b. 如果基因是连锁的，有没有任何证据表明它们之间存在交换？

c. 尽可能地分析出这些个体的基因型。

30. 在下图系谱中，垂直线代表红色盲，水平线代表绿色盲。这些是不同条件导致的不同颜色的色盲，每一个都由一个不同的基因决定。

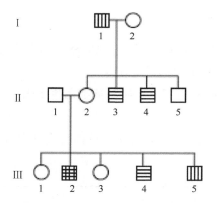

a. 是否有证据表明该系谱中这些控制色盲的基因是连锁的？

b. 如果有连锁，是否有任何交换的证据？请你用图及符号 a 和 b 来解释答案。

c. 你能计算出这些基因之间的重组率吗？这种重组是自由组合还是交换？

31. 在玉米中，获得了带有突变等位基因 s（皱缩）、w（白糊粉）和 y（糯质胚乳）的三杂合子，它们均与正常野生型等位基因配对。对三杂合子进行了测交，子代包含：116 皱缩、白糊粉；4 野生型；2538 皱缩；601 皱缩、糯质胚乳；626 白糊粉；2708 白糊粉、糯质胚乳；2 皱缩、白糊粉、糯质胚乳；113 糯质胚乳。

a. 确定这三个基因是否有连锁，如果有，计算图距。

b. 利用测交，写出在三杂合子染色体上等位基因的排列顺序。

c. 如果有重组的话，计算干涉值。

32. a. 小鼠 $A/a·B/b × a/a·b/b$ 杂交组合，子代为

$$25\% \ A/a·B/b \quad 25\% \ a/a·b/b$$
$$25\% \ A/a·b/b \quad 25\% \ a/a·B/b$$

用简化的减数分裂图来解释这些比例。

b. 小鼠 $C/c·D/d × c/c·d/d$ 杂交组合，子代为

$$45\% \ C/c·d/d \quad 45\% \ c/c·D/d$$
$$5\% \ c/c·d/d \quad 5\% \ C/c·D/d$$

用简化的减数分裂图来解释这些比例。

33. 在小型模式植物拟南芥中，隐性等位基因 hyg 使种子对药物潮霉素产生抗性，而 Her 是另一种不同的隐性等位基因，使种子对除草剂产生抗药性。一株纯合的 $hyg/hyg·her/her$ 拟南芥与野生型杂交，F_1 代自交。F_1 代自交的种子被放置在含有潮霉素和除草剂的培养皿中。

a. 如果这两个基因没有连锁，预期种子生长的百分比是多少？

b. 事实上，13%的种子生长了。这个百分比支持没有连锁的假设吗？请解释。如果不是，则计算各位点之间的图距。

c. 在你的假设下，如果 F_1 代测交，那么在含有潮霉素和除草剂的培养基上能生长的种子的比例是多少？

34. 二倍体生物的基因型为 A/a；B/b；D/d，基因分别位于不同的染色体对上。下面的两个图显示了单个细胞的后期（"分离"阶段）。说明每一张图是否代表有丝分裂、减数分裂Ⅰ或减数分裂Ⅱ，或不可能是该基因型的分裂图。

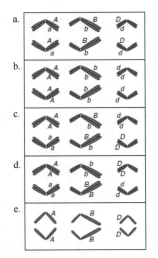
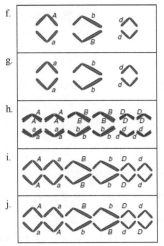

35. 对脉孢霉 *al-2*⁺ 和 *al-2* 进行杂交。线性四分子分析表明，第二次分裂分离模式的频率为 8%。

a. 画出该杂交中第二次分裂分离模式的两个例子。

b. 利用 8% 可以计算什么？

36. 在真菌杂交 *arg-6·al-2* × *arg-6*⁺·*al-2*⁺ 中，无序四分体中孢子基因型是：

（a）亲本二型（b）四型（c）非亲本二型

37. 对于某一染色体区域，减数分裂时交换的平均次数被计算为每次减数分裂交换两次。在该区域，预计有多少比例的减数分裂会：

（a）没有交换（b）有一个交换（c）有两个交换

38. 脉孢霉杂交中，携带交配型等位基因 *A* 和突变等位基因 *arg-1* 的菌株，与另一携带交配型等位基因 *a* 和野生型等位基因 *arg-1*（+）的菌株杂交。分离出 400 个线性八分子，它们属于下表给出的 7 个类别（为简单起见，显示为四分子）。

a. 推导连锁的交配型位点和 arg-1 位点的排列。绘图标出着丝粒或多个着丝粒，用图距单位标出所有基因间距。

b. 绘制导致第 6 类别的减数分裂图。标记清楚。

1	2	3	4	5	6	7
A·arg-1	*A·+*	*A·arg-1*	*A·arg-1*	*A·arg-1*	*A·+*	*A·+*
A·arg-1	*A·+*	*A·+*	*a·arg-1*	*a·+*	*a·arg-1*	*a·arg-1*
A·+	*a·arg-1*	*a·arg-1*	*A·+*	*a·arg-1*	*A·+*	*A·arg-1*
A·+	*a·arg-1*	*a·+*	*a·+*	*a·+*	*a·arg-1*	*a·+*
127	125	100	36	2	4	6

详解 38 题

（1）真菌一般是单倍体还是二倍体？

（2）脉孢霉子囊中有多少个子囊孢子？你的答案与这个问题中的数字相符吗？解释任何不一致之处。

（3）什么是真菌的交配型？你认为它是如何通过实验确定的？

（4）符号 *A* 和 *a* 与显性和隐性有什么关系吗？

（5）符号 *arg-1* 是什么意思？你将如何测试这种基因型？

（6）符号 *arg-1* 与符号 "+" 有什么关系？

（7）野生型表达的是什么意思？

（8）突变这个词是什么意思？

（9）所显示等位基因的生物学功能与这个问题的解决有关系吗？

（10）线性八分子分析是什么意思？

（11）一般来说，从线性四分子分析中还能学到什么，而不能从无序四分子分析中学到?

（12）真菌如脉孢霉如何进行杂交? 解释如何分离子囊和单独的子囊孢子。

（13）减数分裂发生在脉孢霉生命周期的哪个时期? 在生命周期图上标示出来。

（14）38 题与减数分裂有什么关系?

（15）你能写出这两个亲本菌株的基因型吗?

（16）为什么每个类别中只有 4 种基因型?

（17）为什么只有 7 个类别? 你有多少种方法来对四分子进行分类? 这些分类中的哪一个可以应用于线性四分子和无序四分子? 你能把这些分类应用于这个问题中的四分子吗（尽可能多地对每一类别进行分类）? 在这个杂交中你能想出更多的可能性吗? 如果是，为什么没有显示出来?

（18）你认为每个类别有几个不同的孢子顺序吗?为什么这些不同的孢子顺序不会改变类别?

（19）为什么下面的类别没有列出?

$$a \cdot + \qquad A \cdot arg$$
$$a \cdot + \qquad A \cdot arg$$

（20）连锁排列表达的是什么意思?

（21）什么是基因间距?

（22）为什么问题强调"着丝粒或多个着丝粒"而不只是单个"着丝粒"? 在四分子分析中着丝粒作图的一般方法是什么?

（23）什么是子囊孢子 $A \cdot +$ 总频率? 你是利用公式还是 χ^2 检验来计算这个频率的? 这是一个重组基因型吗? 如果是，这是唯一的重组基因型吗?

（24）前两个类别是最常见的，频率几乎相等。该信息告诉你什么? 它们的亲本和重组基因型是什么?

39. 遗传学家研究了脉孢霉的 11 对不同的基因座，做了 $a \cdot b \times a^+ \cdot b^+$ 的杂交，然后从每个杂交中分析了 100 个线性子囊。为了便于制作表格，遗传学家将数据组织起来，就好像所有 11 对基因座都有相同的名称——a 和 b，如下表所示。对于每个杂交，绘制基因座之间和基因座到着丝粒的图。

子囊的基因型						
$a \cdot b$	$a \cdot b^+$	$a \cdot b$	$a \cdot b$	$a \cdot b$	$a \cdot b^+$	$a \cdot b^+$
$a \cdot b$	$a \cdot b^+$	$a \cdot b^+$	$a^+ \cdot b$	$a^+ \cdot b^+$	$a^+ \cdot b$	$a^+ \cdot b$
$a^+ \cdot b^+$	$a^+ \cdot b$	$a^+ \cdot b^+$	$a^+ \cdot b^+$	$a^+ \cdot b^+$	$a^+ \cdot b$	$a^+ \cdot b^+$
$a^+ \cdot b^+$	$a^+ \cdot b$	$a^+ \cdot b$	$a \cdot b^+$	$a \cdot b$	$a \cdot b^+$	$a \cdot b$

杂交	各子囊类型的数量						
1	34	34	32	0	0	0	0
2	84	1	15	0	0	0	0
3	55	3	40	0	2	0	0
4	71	1	18	1	8	0	1
5	10	6	24	22	8	10	20
6	31	0	1	3	61	0	4
7	95	0	3	2	0	0	0
8	6	7	20	22	12	11	22
9	69	0	10	18	0	1	2
10	16	14	2	60	1	2	5
11	51	49	0	0	0	0	0

40. 基于无序四分体分析了三个不同脉孢霉的杂交。每个杂交都结合了不同对的连锁基因。结果如下表所示：

杂交	杂交亲本	亲本二型（%）	四型（%）	非亲本二型（%）
1	$a \cdot b^+ \times a^+ \cdot b$	51	45	4
2	$c \cdot d^+ \times c^+ \cdot d$	64	34	2
3	$e \cdot f^+ \times e^+ \cdot f$	45	50	5

计算每个杂交的

a. 重组率（RF）。

b. 根据 RF 值，获得未校正的图距。

c. 根据四分体频率，获得校正的图距。

d. 根据作图函数，获得校正的图距。

41. 在脉孢霉 4 号染色体上，*leu3* 基因正好位于着丝粒的左侧，总是在第一次分裂时分离，而 *cys2* 基因位于着丝粒的右侧，显示出第二次分裂分离模式的频率为 16%。在 *leu3* 菌株和 *cys2* 菌株之间的杂交中，计算下列线性四分子的 7 个类别的预期频率。其中 *l = leu3* 和 *c = cys2*。（忽略双交换和多次交换）

(i) *l c*	(ii) *l +*	(iii) *l c*	(iv) *l c*	(v) *l c*	(vi) *l +*	(vii) *l +*
l c	*l +*	*l +*	*+ c*	*+ +*	*+ c*	*+ c*
+ +	*+ c*	*+ +*	*+ +*	*+ +*	*+ c*	*+ +*
+ +	*+ c*	*+ c*	*l +*	*l c*	*l +*	*l c*

42. 水稻育种者获得了携带 3 个隐性等位基因的三杂合子：白化花（ *al* ）、棕色芒（ *b* ）和绒毛叶（ *fu*)，隐性等位基因均与正常的野生型等位基因配对。这个三杂合子测交后，子代表型是：

170　野生型　　　　　　　　　710　白化花

150　白化花，棕色芒，绒毛叶　　698　棕色芒，绒毛叶

5　棕色芒　　　　　　　　　42　绒毛叶

3　白化花，绒毛叶　　　　　38　白化花，棕色芒

a. 基因有任何连锁吗？如果有，画图标出图距。（不必用多次交换校正）

b. 三杂合子是来源于两个纯系的杂交。它们的基因型是什么？

43. 在真菌中，脯氨酸突变体（ *pro* ）与组氨酸突变体（ *his* ）杂交。非线性四分子分析结果如下。

	+	+	+	+	+	*his*
	+	+	+	*his*	+	*his*
	pro	*his*	*pro*	+	*pro*	+
	pro	*his*	*pro*	*his*	*pro*	+
总和	6	8	2	1	1	2

a. 基因是不是连锁的？

b. 画一张图（如果连锁）或两张图（如果不连锁），根据简单的重组率在适当的地方显示出图距。

c. 如果有连锁，请校正多重交换位点的图距（选择一种方法）。

44. 在真菌脉孢霉中，硫胺素营养缺陷型（突变等位基因 *t* ）菌株与甲硫氨酸营养缺陷型（突变等位基因 *m* ）菌株杂交，分离出线性子囊，并分为以下几组。

孢子对	子囊类型					
1 和 2	*t* +	*t* +	*t* +	*t* +	*t m*	*t m*
3 和 4	*t* +	*t m*	+ *m*	+ +	*t m*	+ +
5 和 6	+ *m*	+ +	*t* +	*t m*	+ +	*t* +
7 和 8	+ *m*	+ *m*	+ *m*	+ *m*	+ +	+ *m*
数量	260	76	4	54	1	5

a. 确定这两个基因与其着丝粒和彼此之间的连锁关系，标明基因之间的图距。

b. 画图显示最初子囊的类型，只用一个代表性的（右边第二个）。

45. 玉米遗传学家希望获得具有三种显性表型的玉米植株：花青素（ *A* ）、长穗（ *L* ）和矮化植株（ *D* ）。在他收集的纯系中，只有 *AA LL dd* 和 *aa ll DD* 两种株系带有这些等位基因。他也有完全隐性的品系 *aa ll dd*。他将前两个品系杂交，并测交得到杂种，以

获得想要的表型的植株（基因型必须是 *Aa Ll Dd*）。他知道这三个基因是按书写顺序连锁的，*A/a* 和 *L/l* 位点之间的距离是 16cM，*L/l* 和 *D/d* 位点之间的距离是 24cM。

a. 绘制亲本、杂种和被测品系的染色体图。

b. 绘制产生所需基因型的交换图。

c. 测交后代中有多大比例是他所需要的表型？

d. 你做了什么假设（如果有的话）？

46. 在模式生物拟南芥中，以下等位基因用于杂交。

T = 毛状体   *t* = 毛状体的缺失

D = 高株   *d* = 矮株

W = 蜡质层   *w* = 非蜡质层

A = 紫色花青素色素   *a* = 缺失（白色）

T/t 和 *D/d* 位点在 1 号染色体上是连锁的，相距 26cM，而 *W/w* 和 *A/a* 位点在 2 号染色体上相距 8cM。

一个双纯合隐性无毛状体无蜡质层植株与另一个双纯合隐性矮化白色植株杂交。

a. F_1 代是什么表型？

b. 绘制亲本和 F_1 代 1 号与 2 号染色体的示意图，显示等位基因的排列。

c. 如果 F_1 代进行测交，则子代中 4 种隐性表型的比例是多少？

47. 在玉米的 *WW ee FF* × *ww EE ff* 杂交中，三个位点是连锁的，如下所示：

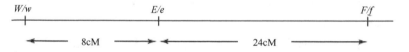

假设没有干涉。

a. 如果 F_1 代测交，子代 *ww ee ff* 的比例是多少？

b. 如果 F_1 代自交，子代 *ww ee ff* 的比例是多少？

48. 真菌 +·+ × *c·m* 杂交，收集非线性（无序）四分子，结果如下。

+ +	+ +	+ *m*
+ +	+ *m*	+ *m*
c m	*c* +	*c* +
c m	*c m*	*c* +
总和 112	82	6

a. 从这些结果中，计算一个简单的重组率。

b. 比较霍尔丹作图函数和珀金斯公式，将 RF 值转换成校正的图距。

c. 在推导珀金斯公式时，仅考虑了具有零次、一次和两次交换的减数分裂的可能性。

这个限制可以解释你的计算值的差异吗？简要解释（不需要计算）。

49. 在小鼠中，以下等位基因用于杂交。

W = 华尔兹步态　　　　*w* = 非华尔兹步态

G = 正常的灰色　　　　*g* = 白化

B = 弯尾　　　　　　　*b* = 直尾

华尔兹步态灰色弯尾小鼠与非华尔兹步态白化直尾小鼠杂交，几年后，得到子代的总数如下总和为 100。

华尔兹步态	灰色	弯尾	18
华尔兹步态	白色	弯尾	21
非华尔兹步态	灰色	直尾	19
非华尔兹步态	白色	直尾	22
华尔兹步态	灰色	直尾	4
华尔兹步态	白色	直尾	5
非华尔兹步态	灰色	弯尾	5
非华尔兹步态	白色	弯尾	6

a. 两个杂交亲本的基因型是什么？

b. 画出亲本染色体图。

c. 如果你推导出连锁，请说明图距单位或值，并显示它们是如何获得的。

50. 脉孢霉杂交 +; + × *f*; *p*

众所周知，+/*f* 位点非常接近 7 号染色体的着丝粒——事实上，如此的接近几乎没有任何第二次分裂分离模式。+/*p* 位点位于 5 号染色体上，在这样的距离上，通常平均有 12% 的第二次分裂分离模式。在下列情况下，八分子的比例是多少？

a. 亲二型显示两个位点的 M_I 模式

b. 非亲二型显示两个位点的 M_I 模式

c. 四型显示 +/*f* 的 M_I 模式和 +/*p* 的 M_{II} 模式

d. 四型显示 +/*f* 的 M_{II} 模式和 +/*p* 的 M_I 模式

51. 在二倍体真菌中，基因 *al-2* 和 *arg-6* 在 1 号染色体上相距 30cM，基因 *lys-5* 和 *met-1* 在 6 号染色体上相距 20cM。在杂交 *al-2* +; + *met-1* × + *arg-6*; *lys-5* + 中，子代为野生型 ++; + + 的比例是多少？

52. 隐性等位基因 *k*（肾形眼而非野生型圆形）、*c*（深红色眼而非野生型红色）和 *e*（黑檀体而非野生型灰色）是确定在果蝇 3 号染色体上的三个基因。肾形、深红色眼雌性与黑檀体雄性交配后产生的 F_1 代个体为野生型。当 F_1 代雌性个体与三隐性雄性个体测交时，后代类型如下。

k	c	e	3
k	c	+	876
k	+	e	67
k	+	+	49
+	c	e	44
+	c	+	58
+	+	e	899
+	+	+	4
总和			2000

a. 确定基因顺序和它们之间的图距。

b. 画出亲本和 F_1 代的染色体图。

c. 计算干涉值并说出你对它的重要性的看法。

53. 由亲本基因型 $A/A \cdot B/B$ 和 $a/a \cdot b/b$ 产生了一个双杂合子。在双杂合子的测交中，获得下列 7 个子代。

$A/a \cdot B/b$ $a/a \cdot b/b$ $A/a \cdot B/b$ $A/a \cdot b/b$

$a/a \cdot b/b$ $A/a \cdot B/b$ $a/a \cdot B/b$

这些结果是否提供了令人信服的连锁证据？

四、拓展题

54. 在测得 RF = 5%、10%、20%、30%和40%的情况下，利用霍尔丹作图函数来计算校正的图距，根据校正后的图距绘制 RF 与校正后的图距，并用它来回答什么时候应该使用作图函数的问题？

55. 有 4 个基因的杂合子个体 $A/a \cdot B/b \cdot C/c \cdot D/d$ 与 $a/a \cdot b/b \cdot c/c \cdot d/d$ 测交，根据杂合子亲本的配子贡献将 1000 个子代分类如下。

$a \cdot B \cdot C \cdot D$ 42
$A \cdot b \cdot c \cdot d$ 43
$A \cdot B \cdot C \cdot d$ 140
$a \cdot b \cdot c \cdot D$ 145
$a \cdot B \cdot c \cdot D$ 6
$A \cdot b \cdot C \cdot d$ 9
$A \cdot B \cdot c \cdot d$ 305
$a \cdot b \cdot C \cdot D$ 310

a. 哪些基因是连锁的？

b. 如果两个纯种品系杂交产生杂合的个体，它们的基因型是什么？

c. 画出连锁基因的连锁图，在连锁图上显示基因顺序和遗传图距。

d. 如果有连锁的话，计算干涉值。

56. 人类的一个常染色体等位基因 N 会引起指甲和髌骨（膝盖）的异常，称为指甲-髌骨综合征。考虑婚姻中的一个配偶有指甲-髌骨综合征和血型 A，而另一个配偶有正常的指甲、髌骨和血型 O。这对夫妇生出了一些患有指甲-髌骨综合征和血型 A 的孩子。假设这个表型群体中没有血缘关系的孩子长大、通婚并有孩子。在第二代中，观察到 4 种表型的百分比如下。

指甲-髌骨综合征，血型 A　　66%

正常指甲-髌骨，血型 O　　16%

正常指甲-髌骨，血型 A　　9%

指甲-髌骨综合征，血型 O　　9%

分析这些数据，解释 4 种表型的相对频率。

57. 假设发现了果蝇的 3 对等位基因：x^+ 和 x、y^+ 和 y、z^+ 和 z。如符号所示，每个非野生型等位基因相对于野生型是隐性的。在这 3 个位点是杂合性的雌性与野生型雄性杂交，产生的子代具有以下基因型：1010 个 $x^+ \cdot y^+ \cdot z^+$ 雌性，430 个 $x \cdot y \cdot z$ 雄性，441 个 $x^+ \cdot y \cdot z^+$ 雄性，39 个 $x \cdot y \cdot z$ 雄性，32 个 $x^+ \cdot y^+ \cdot z$ 雄性，30 个 $x^+ \cdot y \cdot z^+$ 雄性，27 个 $x \cdot y \cdot z^+$ 雄性，1 个 $x^+ \cdot y \cdot z$ 雄性，0 个 $x \cdot y^+ \cdot z^+$ 雄性。

a. 果蝇哪条染色体上携带这些基因？

b. 画出杂合雌性亲本相关的染色体图，显示等位基因的排列。

c. 计算基因之间的图距和并发系数。

58. 下表中给出的 5 组数据表示使用具有相同等位基因但组合不同的亲本测交的结果。通过检查来确定基因的顺序，不计算重组值。隐性表型用小写字母表示，显性表型用加号表示。

三点测交观察到的表型	1 组	2 组	3 组	4 组	5 组
+ + +	317	1	30	40	305
+ + c	58	4	6	232	0
+ b +	10	31	339	84	28
+ b c	2	77	137	201	107
a + +	0	77	142	194	124
a + c	21	31	291	77	30
a b +	72	4	3	235	1
a b c	203	1	34	46	265

59. 根据下表给出的（1）a、b、c 和（2）b、c、d 两个三点测交的表型数据，确定 4 个基因 a、b、c、d 的顺序以及它们之间的图距。隐性表型用小写字母表示，显性表型

用加号表示。

测交1		测交2	
+++	669	b c d	8
a b +	139	b + +	441
a + +	3	b + d	90
+ + c	121	+ c d	376
+ b c	2	+ + +	14
a + c	2280	+ + d	153
a b c	653	+ c +	65
+ b +	2215	b c +	141

60. 在某二倍体植物中，A、B 和 C 三个位点是连锁的，如下所示。

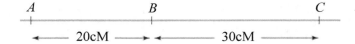

一种植物可供你使用（称它为亲本植株），它的组成是 $Ab c/aBC$。

a. 假设没有干涉，如果植株自交，子代基因型是 $a b c/a b c$ 的比例是多少？

b. 同样，假设没有干涉，如果亲本植株与 $a b c/a b c$ 杂交，子代中会发现哪些基因型种类？如果有 1000 个子代，它们的比例是多少？

c. 重复 b 的部分，假设各区域之间的干涉为 20%。

61. 下面的谱系显示一个家族有两个罕见的异常表型：蓝色硬化症（脆性骨缺损），以黑色边框符号表示；血友病，以黑色中心符号表示。由全黑色符号表示的成员同时患有两种疾病。某些符号中的数字是这些类型的个体数。

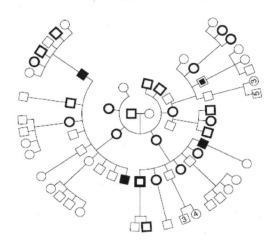

a. 这个谱系中的每一种疾病都显示的是什么遗传模式？

b. 尽可能多地提供家庭成员的基因型。

c. 有连锁的证据吗？

d. 有自由组合的证据吗？

e. 这些成员中的任何一个能被判断为重组体（即至少由一个重组配子形成）吗？

62. 人类的色盲和血友病基因都在 X 染色体上，它们的重组率约为 10%。致病基因与相对不致病的基因的连锁可用于遗传预后。这里显示的是一个更大系谱的一部分。黑色符号表示血友病，叉形符号表示色盲。提供给Ⅲ-4 和Ⅲ-5 关于她们的儿子患有血友病的可能性的信息是什么？

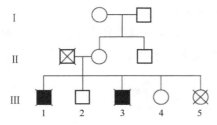

63. 遗传学家做了两个三点测交。首先杂交的纯系是 $A/A·B/B·C/C·D/D·E/E$ × $a/a·b/b·C/C·d/d·E/E$。

遗传学家通过 F_1 代与隐性被测品系杂交，并根据 F_1 代的配子贡献对后代进行分类。

$A·B·C·D·E$	316
$a·b·C·d·E$	314
$A·B·C·d·E$	31
$a·b·C·D·E$	39
$A·b·C·d·E$	130
$a·B·C·D·E$	140
$A·b·C·D·E$	17
$a·B·C·d·E$	13
共计	1000

第二次杂交的纯系是 $A/A·B/B·C/C·D/D·E/E$ × $a/a·B/B·c/c·D/D·e/e$。

遗传学家从这个杂交中得到的 F_1 代与隐性被测品系杂交获得：

$A·B·C·D·E$	243
$a·B·c·D·e$	237
$A·B·c·D·e$	62
$a·B·C·D·E$	58
$A·B·C·D·e$	155
$a·B·c·D·E$	165
$a·B·C·D·e$	46
$A·B·c·D·E$	34
共计	1000

遗传学家也知道基因 D 和 E 是自由组合的。

a. 画出这些基因的图谱，有可能的话显示基因之间的遗传图距。

b. 是否有任何干涉的证据？

64. 在植物拟南芥中，控制豆荚长度（L，长；l，短）和果毛（H，有毛；h，光滑）的基因是连锁的，在同一染色体上相距16cM。做了以下杂交：

（1）$LH/LH \times lh/lh \rightarrow F_1$

（2）$Lh/Lh \times lH/lH \rightarrow F_1$

如果杂交（i）的 F_1 代和杂交（ii）的 F_1 代杂交，

a. 预期 lh/lh 子代的比例是多少？

b. 预期 Lh/lh 子代的比例是多少？

65. 在玉米（$Zea\ mays$）中，4号染色体部分的遗传图如下所示，w、s 和 e 表示影响花粉颜色和形状的隐性突变等位基因。

如果进行杂交：$+++/+++ \times wse/wse$，F_1 代与 wse/wse 测交，假设在这个染色体区域没有干涉，子代是下列基因型的比例是多少？

a. $+$ $+$ $+$ e. $+$ $+$ e

b. w s e f. w s $+$

c. $+$ s e g. w $+$ e

d. w $+$ $+$ h. $+$ s $+$

66. 每个周五的晚上，遗传学专业的学生张晓甜都会去学生会的保龄球馆放松一下。但是即使在那里，她也会被基因研究所困扰。普通的保龄球道上只有4个保龄球：两个红色和两个蓝色。她把球投向保龄球瓶，然后保龄球被收集起来，以随机的顺序沿着球道返回，在终点停下来。傍晚时分，她注意到在终点静止时4个球的熟悉模式。她数着不同的模式。她看到了什么模式？它们的频率是什么？这件事与遗传学有什么关系？

67. 在四分体分析中，p 和 q 位点的连锁排列如下所示：

假设：

在区域 i 中，88%的减数分裂没有交换，12%的减数分裂只有一个交换；

在区域 ii 中，80%的减数分裂没有交换，20%的减数分裂只有一个交换；

没有干涉（即一个区域的情况不会影响另一个区域）。

下列类型的四分体的比例是多少？

（a）$M_I M_I$，PD；（b）$M_I M_I$，NPD；（c）$M_I M_{II}$，T；（d）$M_{II} M_I$，T；（e）$M_{II} M_{II}$，

PD；（f）$M_{II}M_{II}$，NPD；（g）$M_{II}M_{II}$，T。

（注：M 模式与 p 基因位点有关）

提示：解决这个问题最简单的方法是先计算子囊的频率，区域 i 内、区域 ii 内和两个区域之间都没有交换。然后确定 M_I 模式和 M_{II} 模式的结果。

68. 对于单倍体酵母实验，你有两种不同的培养细胞。每种都能在添加精氨酸的基本培养基上生长，但只有基本培养基的话都不会生长（基本培养基是无机盐加葡萄糖）。使用适当的方法，诱导两种培养细胞接合，然后二倍体细胞进行减数分裂，形成无序的四分体，一些子囊孢子会在基本培养基上生长。你将大量的这些四分体归类为表型 ARG（需要精氨酸）和 ARG^+（无需精氨酸），并记录以下数据。

$ARG : ARG^+$	频率（%）
4 : 0	40
3 : 1	20
2 : 2	40

a. 使用你自己选择的符号，写出两个亲本培养细胞的基因型。对于这三种分离类型中的每一种，写出分离的细胞的基因型。

b. 如果有多个控制需要精氨酸的位点，这些位点是否连锁？

69. 使用 RFLP 分析两个纯系 $A/A \cdot B/B$ 和 $a/a \cdot b/b$ 表明，前者为一个长 RFLP 等位基因（l）的纯合子，后者为短 RFLP 等位基因（s）的纯合子。两者杂交形成 F_1 代，然后与第二个纯系回交。1000 个子代计数如下。

$Aa\ Bb\ ss$	9	$Aa\ bb\ ss$	43
$Aa\ Bb\ ls$	362	$Aa\ bb\ ls$	93
$aa\ bb\ ls$	11	$aa\ Bb\ ls$	37
$aa\ bb\ ss$	358	$aa\ Bb\ ss$	87

a. 这些结果告诉我们有连锁吗？

b. 如果有连锁的话，画一张图。

c. 将 RFLP 片段加入你的图中。

第 5 章
细菌及病毒的遗传学

学习目标

学习本章后，你将可以掌握如下知识。

· 区分有关细菌三种主要基因交换方式的实验步骤和分析策略。

· 通过中断杂交来绘制细菌基因组图谱。

· 利用重组率来绘制细菌基因组图谱。

· 利用基因连锁来评估双重转化实验结果。

· 利用具有普遍性或限制性转导能力的噬菌体来预测转导实验结果。

· 通过噬菌体双重感染细菌过程中的重组来绘制噬菌体基因组图谱。

· 设计实验来定位由转座子突变所产生的突变位点。

· 预测细菌杂交过程中质粒的基因和功能的可遗传性。

汤飞凡：两次以身试毒，率先分离出沙眼衣原体

汤飞凡（1897—1958）是我国著名的微生物学家、病毒学家，中国微生物学会首任理事长（图 5-1）。他早年先后在美国哈佛大学医学院和英国国立医学院学习与进修，1937年回国后相继推动了牛痘疫苗、天花疫苗、鼠疫菌减毒活疫苗、黄热减毒活疫苗、脊髓灰质炎疫苗和麻疹疫苗等的研制。1949 年汤飞凡在北京迎接新中国的到来，并担任卫生部生物制品研究所首任所长。

沙眼有三四千年的流行史，是一种慢性传染性结膜角膜炎，可严重影响视力甚至造成失明。沙眼的病原曾经是医学、微生物学历史上一个长期悬而未决的难题。1887 年，微生物学奠基人之一科赫最早提出了沙眼的"细菌病原说"；1912 年，尼古拉提出了沙眼的"病毒病原说"。早在 1933 年，汤飞凡第一次将美国保存的野口英世分离的"颗粒杆菌"接种到包括他自己在内的 12 名志愿者的眼睛里，证明该细菌不致病。1954 年，他和助手利用卵黄囊接种以及添加链霉素、青霉素抑制杂菌生长等手段，成功分离得到世界上第一株"沙眼病毒"TE8，后来许多国外实验室把它

称为"汤氏病毒"。遵循"科赫法则"，他们证实 TE8 能在鸡胚中继续传代，用它感染猴子能造成典型的沙眼，而且能从受感染的猴子眼里再次分离出来，并得到"纯培养物"。1957 年，他第二次将病原物接种进自己的一只眼睛，形成了典型的沙眼，并且为了记录整个发病过程，40 多天后他才接受治疗，明确了 TE8 对人类的致病性。"沙眼病毒"的成功分离在国际上引起了巨大反响，并快速推动了沙眼研究、治疗和预防，使我国的沙眼发病率从将近 95%降至 10%以内。1970 年，国际上将"沙眼病毒"等几种大小介于病毒和细菌之间的、对抗生素敏感的微生物命名为衣原体，汤飞凡被称为"衣原体之父"。著名的中国科学技术史专家李约瑟院士称赞他是"预防医学领域里一位顽强的战士"。当今许多微生物学、病理学教科书都写道"汤飞凡，一个必须写在世界医学史上的中国人"。

图 5-1　专心工作的汤飞凡教授

引　言

近年来遗传学的发展突飞猛进，DNA 技术功不可没。DNA 技术的提升已经使得数百个物种的全基因组序列被测定。无论是人类、鱼类、昆虫、植物还是真菌，取得如此惊人的成果，都应归功于能够使小 DNA 片段得以分离、在细胞间传递、扩增获得大量纯的样品的各种方法。这些能够操作任何生物 DNA 的复杂体系几乎都来源于细菌及病毒。因此，现代遗传学发展到如今的认知高度，很大程度上依赖于细菌遗传学的发展。

细菌占据重要的生态位，它们是地球上数量最多的生物，参与生态系统中氮、硫、碳等营养物质的循环。有些细菌是人类、动物、植物病害的病原，有些在我们的口腔和肠道内共生。此外，许多类型的细菌还被用于工业化生产多种有机产品。因此，细菌遗传学解析和多细胞生物遗传学解析的内在动力是一致的，都是为了理解它们的生物学功能。

细菌属于原核生物（prokaryote），蓝绿藻（分类归入蓝细菌，cyanobacteria）也属于原核生物。原核生物的关键特征是，其 DNA 不被具有膜的细胞核所包裹。和高等生物类似，细菌也拥有众多位于染色体上呈长串排列的基因。但是，它们的遗传物质的排列在有些方面是很独特的。大多数细菌的基因组是闭合环状的单分子双链 DNA。另外，自然环境中的细菌常含有额外的 DNA——质粒（plasmid）。多数质粒也是环状 DNA，但比细菌基因组 DNA 小得多。

细菌可被特定的病毒（virus）寄生，这些病毒称为噬菌体（bacteriophage，phage）。噬菌体和其他病毒与我们所学过的生物非常不同。病毒和生物体有些共同点，如它们的遗传物质是 DNA 或 RNA，形成小"染色体"。但是，多数生物学家认为病毒不是活体，因为它们不是细胞，也没有自己的代谢。因此，要研究病毒的遗传学，就必须在其宿主生物细胞内进行病毒的增殖。

当科学家开始研究细菌和噬菌体时，他们很自然地对其遗传系统感兴趣。细菌和噬菌体显然具有遗传系统，因为它们的代与代之间表现出稳定的表型和功能（子代和亲本一致）。那这些遗传系统是怎么运行的呢？和单细胞真核生物一样，细菌通过细胞生长和分裂进行无性繁殖，由一个细胞变成两个细胞。这种无性繁殖很容易用实验来展示。但是，是否存在不同类型的细胞组合来进行有性繁殖？另外，更小的噬菌体是怎么繁殖的？它们会不会为了有性繁殖形成聚集体？本章将探讨这些问题。

我们将会看到细菌和噬菌体各种各样的遗传方式。这些遗传方式非常有趣，既因为细菌和噬菌体的基础生物学特征，也因为它们可作为模型，被用于深入探究所有生物中的遗传过程。遗传学家对细菌和噬菌体感兴趣，是因为它们个体很小，可以大量培养。所以，可以在细菌和噬菌体中检测与研究稀有的遗传现象，这在真核生物中很困难，甚至不可能。

原核生物里有什么遗传过程呢？无性繁殖和有性繁殖都有。无性细胞突变的发生和真核生物一样，突变等位基因的研究方法也与真核生物的相似。我们以前一章中的相同方式来探讨等位基因。

当细菌细胞进行无性繁殖时，基因组 DNA 复制并分配给子代细胞，但分配方法和有丝分裂非常不同。

在有性繁殖中，不同来源的两个 DNA 分子结合到一起。但是，与真核生物所不同的是，在细菌中很少有两条完整的染色体结合到一起。通常情况下，一条完整的染色体和另一条染色体的部分片段相结合。这种情况可能发生的多种方式见图 5-2。

接合（conjugation）是我们第一个学习的遗传方式，即两个不同细菌细胞的接触和融合。融合后，其中一个称为供体（donor）的细胞将基因组 DNA 转移到另一个细胞中。被转移的 DNA 一般是部分染色体片段，很少是整条染色体。有时若供体细胞中存在一条或多条能够自主复制的染色体外 DNA，即质粒，它们也会被转移。这些质粒能够携带染色体 DNA 进入受体（recipient）细胞。无论用何种方法转移入受体细胞的基因组片段，都会与受体细胞的染色体进行重组。

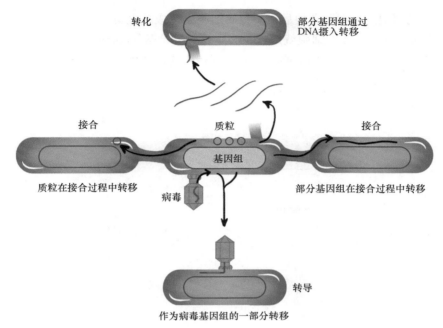

图 5-2　细菌 DNA 交换的多种方式

细菌通过多种方式交换 DNA：质粒的转移接合，部分基因组转移接合，转化和转导

细菌细胞也可以从外界环境中获取一段 DNA 并将其整合到自己的染色体中，此过程叫作转化（transformation）。另外，某些噬菌体会从一个细菌细胞里获取一段 DNA 并注入另一个细菌细胞，这段 DNA 会整合到受体细胞的染色体中，这个过程称为转导（transduction）。

通过转化或转导进行质粒所携带的 DNA 的转移过程，称为水平传递（horizontal transmission）。这种基因转移过程不需要细胞分裂，以区别于通过细菌传代来传递 DNA 的垂直传递（vertical transmission）。像疾病传播一样，水平传递在细菌群体中通过细胞接触迅速扩散 DNA，为细菌提供了适应环境的强有力手段。

当两种不同基因型的噬菌体感染同一个细菌细胞时，它们之间可以发生重组，称为噬菌体重组（phage recombination）。

在分析这些基因交换的方式之前，让我们先考虑一下操作细菌的有效方法，这与操作多细胞生物的方法差别很大。

5.1　细菌操作方法

由于细菌分裂快速且占据空间小，因此非常适合作为遗传研究的模式生物。只要提供基本的营养物质，细菌就可以在液体培养基或固体培养基（如琼脂凝胶）表面生长。每个细菌细胞通过无性繁殖进行分裂：1→2→4→8→16→……，直到营养物质被耗尽或有毒代谢物积累到抑制群体生长的浓度。将少量的液体培养物转移到固体培养基上，然后用无菌涂布棒涂均匀，该过程称为涂布（plating）（图 5-3）。由于细菌在固体培养基表面不能移动得很远，细胞分裂后，所有的细胞仍然成簇聚集在一起。当分裂的细胞数超过 10^7 个时，这些成簇的细胞就形成了肉眼可见的菌落（colony）。固体培养基平板上每个单菌落都来源于单个原始细胞。因为具有相同的遗传信息，一个菌落中的所有细胞被称为细胞克隆（cell clone）。

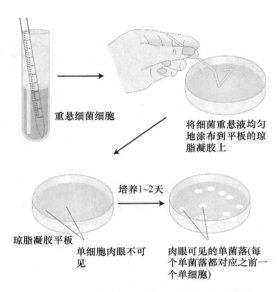

图 5-3　来源于单个原始细胞的细菌单菌落

通过菌落来鉴定细菌的表型。先将细菌细胞在含有营养物质的液体培养基中培养，随后将少量细菌重悬液均匀涂布到平板的琼脂凝胶上。每个细胞将产生一个单菌落。每个单菌落中的所有细胞均含有相同的基因型和表型

细菌的突变体是很容易获得的，营养型突变体就是一个很好的例子。野生型细菌是原养型（prototroph），它们可以在只含无机盐、提供能量的碳源、水的基本培养基（minimal medium）上生长和分裂。从原养型培养物中可以获得营养缺陷型（auxotroph）突变株：这些突变株只有在含有特定的一种或几种生长因子（如腺嘌呤、苏氨酸或生物素）的培养基上才能生长。另一种有用的突变体类型是与野生型在使用特定能量来源的能力上不同。例如，野生型（ lac^+ ）细菌可以利用乳糖生长，而突变株（ lac^- ）则不能。图 5-4 显示了一种使用染料区分 lac^+ 和 lac^- 细菌的方法。还有一种突变株类型，其中野生型对抑制剂（如链霉素）敏感，而抗性突变株（resistant mutant）可在抑制剂的存在下分裂并形成菌落。所有这些类型的突变株可以让遗传学家区分不同的菌株，从而提供了遗传标记（genetic marker）（也称标记等位基因）在实验中追踪基因组和细胞。表 5-1 总结了一些细菌的突变株表型及其遗传标记。

接下来的章节将描述各种细菌基因组重组方式的发现历程。这些经典方法本身就很有趣，同时还服务于多种重组方式以及迄今为止还在使用的各种分析技术的介绍。

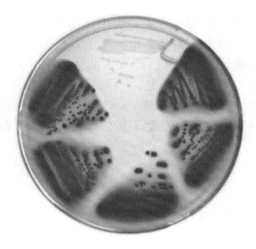

图 5-4　利用红色染料鉴别 *lac⁺* 和 *lac⁻* 细菌

当染料存在时，野生型细菌（*lac⁺*）可利用乳糖作为碳源而被染红。未被染红的细胞是不能利用乳糖的突变株（*lac⁻*）

表 5-1　细菌遗传学中使用的一些突变株表型及其遗传标记

符号	与符号相关的性状和表型
bio⁻	需要在基本培养基中添加生物素
arg⁻	需要在基本培养基中添加精氨酸
met⁻	需要在基本培养基中添加甲硫氨酸
lac⁻	不能利用乳糖作为碳源
gal⁻	不能利用半乳糖作为碳源
*str*ʳ	对链霉素有抗性
*str*ˢ	对链霉素敏感

注：基本培养基是指没有补加营养物质的用于细菌生长的基础合成培养基

5.2　细菌的接合

最早的细菌遗传学研究揭示了出人意料的细菌接合过程。

5.2.1　接合现象的发现

细菌有类似于有性生殖和基因重组的过程吗？Joshua Lederberg 和 Edward Tatum 在 1946 年通过一个简单而又巧妙的实验回答了这个问题。他们发现在大肠杆菌中存在着一个类似于有性生殖的过程，从此大肠杆菌就成为了细菌遗传学的主要模式生物。他们研究两种营养缺陷型突变菌株。菌株 A⁻只能在添加甲硫氨酸和生物素的培养基中生长，菌株 B⁻只能在添加苏氨酸、亮氨酸和硫胺素的培养基中生长。因此，可以将这两株菌定义如下。

菌株 A⁻：*met⁻bio⁻thr⁺leu⁺thi⁺*
菌株 B⁻：*met⁺bio⁺thr⁻leu⁻thi⁻*

图 5-5（a）简述了他们的实验方案。当把菌株 A⁻ 和 B⁻ 混合培养一段时间后，铺在任意一个突变株都不能生长的基本培养基上。他们发现少数细胞（10^7 个中有 1 个）可以像原养型细菌一样生长，因此应该是重新获得了在没有添加营养物质情况下具有生长能力的野生型菌株。但是，当培养皿中仅接种菌株 A⁻ 或菌株 B⁻ 作为对照时，并没有原养型细菌的产生。图 5-5（b）更加详细地说明了该实验。这些结果暗示，在两种菌株的基因组之间发生了某种形式的基因重组，导致了原养型细菌的产生。

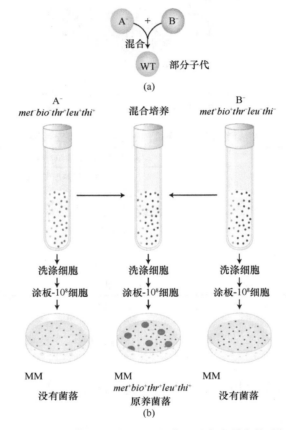

图 5-5　混合培养基因型不同的细菌可以产生稀有的重组体

利用这种方法，Lederberg 和 Tatum 证明细菌基因组之间的重组是可能的。（a）基本概念：将两种营养缺陷型培养物（A⁻ 和 B⁻）混合，产生原养型细菌（WT）。（b）A⁻ 或 B⁻ 菌株不能在未添加特定营养物质的基本培养基（MM）上生长，因为 A⁻ 和 B⁻ 各自携带导致不能合成细胞生长所需的营养成分的突变。当 A⁻ 和 B⁻ 混合培养几小时后，然后铺平板，但琼脂平板上只出现几个菌落。这些菌落来源于单细胞的遗传物质交换，因此它们能够合成所有的必需代谢成分

有人可能会争辩说，这两个菌株并没有真正交换基因，而是其中一株吸收了另外一株泄漏的物质并用于生长。这种"交叉喂养"的可能性被 Bernard Davis 排除了。他构建了一个 U 形管，管子的两个臂之间被一个薄的滤膜隔开。滤膜的孔很小，细菌细胞无法通过，但是任何溶解的物质都可以通过（图 5-6）。在 U 形管的一个臂中放入菌株 A⁻，另一个臂中放入菌株 B⁻。在菌株已经孵育一段时间后，Davis 对两臂中的培养物进行测

试，检查是否有原养型细菌生长，但根本没有发现。换言之，两种菌株之间的物理接触（physical contact）是原养型细菌形成所必需的。因此，看起来好像发生了某种基因组的结合，并且产生了真正的重组体。在电子显微镜下可以观察到细菌细胞的物理结合，这种现象称为接合（图 5-7）。

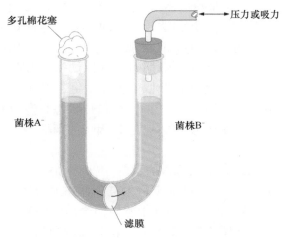

图 5-6　细胞无接触时无法产生重组体

营养缺陷型菌株 A⁻ 和 B⁻ 在 U 形管的两侧生长。通过施加压力或吸力，液体可以在两臂之间通过，但细菌细胞不能通过滤膜。培养和涂布后，在基本培养基上没有重组菌落的生长

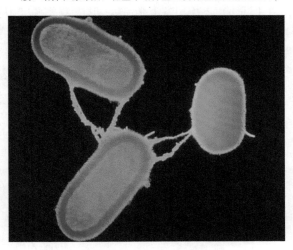

图 5-7　细菌通过菌毛发生接合

供体细胞伸出一个或多个菌毛，附着到受体细胞并将两个细胞拉在一起

关键点：大肠杆菌在接合过程中遗传物质的转移不是相互的。供体细胞将其基因组的一部分转移到另一个细胞中，另一个细胞则充当受体。

5.2.2　F 因子的发现

1953 年，William Hayes 在上述的"杂交"现象中发现，参与接合的亲本细胞并不

均衡（稍后我们将看到证明这种不均衡的方法）。其中一个亲本（并且只有此亲本）似乎将其部分或全部基因组转移到另一个亲本中。因此，一个亲本充当供体，另一个充当受体。这个"杂交"与真核生物的杂交完全不同，真核生物亲本平等贡献核基因组给后代个体。

Hayes无意中发现了一株原始供体菌株的突变体，它在与受体菌株杂交时不会产生重组体。显然供体菌株丧失了转移遗传物质的能力，并已变为受体型菌株。在研究这种"不育的"供体突变体时，Hayes发现它可以通过与其他供体菌株的联合来重新获得作为供体的能力。事实上在接合期间，这种供体能力在菌株之间会快速而有效地传递。一些因子的"传染性转移"似乎正在发生。他认为这种供体能力是被致育因子（fertility factor，F因子）所赋予的一种遗传状态。携带F因子的菌株可以为其他细菌提供基因，因此被命名为F$^+$。缺乏F因子的菌株不能提供基因，只能作为受体菌株，因此被称为F$^-$。

我们现在对F因子已经有了很深入的了解。F因子是一个典型的小的、非必需的环状DNA分子——质粒，它可以独立于宿主染色体在细胞质中复制。图5-8显示了细菌如何转移F因子等质粒。F因子指导细胞表面突出物菌毛的合成，菌毛起始与受体细胞的接触并将其拉近（图5-7，图5-8）。供体细胞中的F因子DNA通过滚环复制（rolling circle replication）的独特机制形成单链版本。环状质粒在"滚动"过程中形成了一条类似于"钓鱼线"的单链质粒DNA。这条单链质粒DNA通过细胞膜上的孔进入受体细胞，在那里合成另一条互补链，形成双螺旋。因此供体细胞中仍然保留F因子的一个拷贝，受体细胞获得另一个拷贝（图5-8）。请注意图5-8中大肠杆菌基因组被描绘为单个环状染色体（我们稍后将提及相关证据）。大多数细菌基因组是环状的，这是一个与真核细胞核染色体完全不同的特征。这个特征带来了细菌遗传学的许多特点。

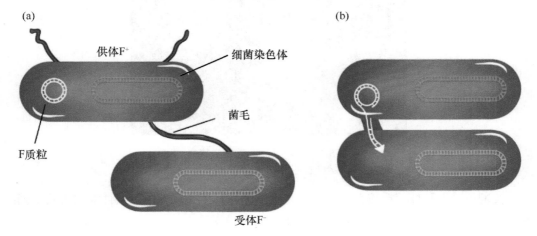

图 5-8　在接合过程中 F 质粒的转移

（a）在接合过程中，菌毛将两个细菌拉在一起。（b）接下来，在两个细胞之间形成菌毛。在供体细胞中形成单链质粒DNA拷贝，然后进入受体细菌，并作为模板指导双螺旋DNA的形成

5.2.3　Hfr 菌株

Luca Cavalli-Sforza 发现 F⁺菌株的一个衍生菌株具有两个不同寻常的特性，由此带来了遗传学上的一个重大突破。

1）在与 F⁻菌株杂交时，新菌株产生的重组体的数量是正常 F⁺菌株的 1000 倍。Cavalli-Sforza 将此衍生菌株命名为 Hfr（high frequency of recombination）菌株，以表示其具有促进高频率重组的能力。

2）在 Hfr×F⁻杂交实验中，几乎没有任何 F⁻亲本转化为 F⁺或 Hfr，这一结果与 F⁺×F⁻杂交结果相反。在 F⁺×F⁻杂交实验中，F 因子的感染性转移导致大部分 F⁻亲本变成 F⁺。

很明显 Hfr 菌株是由 F 因子整合到 F⁺菌株染色体中产生的（图 5-9）。我们现在可以解释 Hfr 菌株的第一个特殊性质。在接合过程中，插入染色体上的 F 因子可以高效地带动部分甚至整条染色体进入 F⁻菌株。然后，进入的染色体片段可以与受体染色体进行重组。Lederberg 和 Tatum 在 F⁺×F⁻杂交中观察到极少重组体，是由于在 F⁺培养物中自发但罕见地形成了 Hfr 菌株。Cavalli-Sforza 从 F⁺培养物中分离出这些稀有细菌，并且发现它们是真正的 Hfr 菌株。

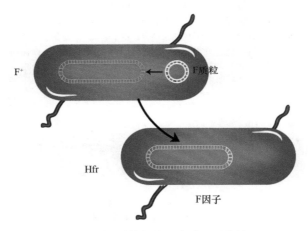

图 5-9　F 质粒整合后产生 Hfr 菌株
在 F⁺菌株中，游离的 F 质粒偶尔会整合到大肠杆菌染色体中，产生 Hfr 菌株

Hfr 菌株在将其染色体片段供给 F⁻菌株后会死亡吗？答案是否定的。就像 F 因子一样，在接合过程中 Hfr 菌株的染色体会以单链形式转移到 F⁻菌株中。如图 5-10 所示，单链 DNA 的转移情况可以通过使用特殊菌株和抗体进行直接观察。染色体的复制确保了杂交后供体细胞中染色体的完整性。被转移的单链 DNA 在受体细胞中转化为双螺旋，供体细胞基因可能通过遗传交换的方式整合到受体细胞的染色体中，形成重组细胞（图 5-11）。如果没有重组，则转入的 DNA 片段在细胞分裂过程中被丢失。

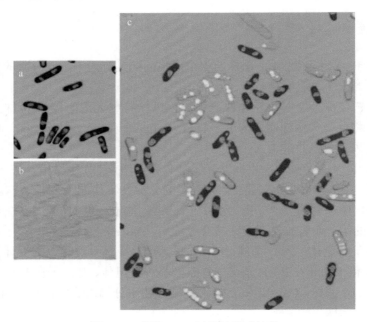

图 5-10　供体 DNA 以单链形式转移

通过使用特殊的荧光抗体，这些照片显示了大肠杆菌接合过程中单链 DNA 的转移。黑色的亲本 Hfr 菌株（a）含有红色 DNA。红色的产生是由于抗体与某种 DNA 结合蛋白的相互结合。由于引入了水母的绿色荧光蛋白基因，受体 F⁻ 菌株（b）呈现绿色；同时由于受体细胞的特定基因突变，它们的 DNA 结合蛋白不与抗体结合。（c）Hfr 菌株和带有转入的黄色 DNA 的接合子（经历过接合的细胞）。当 Hfr 供体的单链 DNA 进入受体时，它促进 DNA 结合蛋白的非典型结合，发出黄色荧光。在图中依然可见一些未参与杂交的 F⁻ 菌株

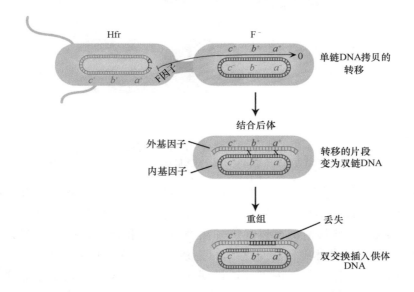

图 5-11　遗传交换使部分转入的供体细胞片段发生整合

接合之后，来自供体细胞的基因片段通过遗传交换整合到受体细胞的染色体中，并成为其基因组的稳定部分

延伸阅读 5-1：模式生物——大肠杆菌

　　17 世纪的显微镜学家 Antony van Leeuwenhoek 可能是第一个看到细菌细胞并认识到它们如此微小的人。他说："人的口腔牙垢中的生命数量比整个王国的男人都多。"然而，细菌学直到 20 世纪才开始被人们认真研究。20 世纪 40 年代，Joshua Lederberg 和 Edward Tatum 的发现将细菌学引入了新兴遗传学领域。他们发现，在某些细菌中存在一种类似遗传交换的有性阶段。他们为这个实验选择的生物不仅成为了原核生物遗传学的模式生物，而且在某种意义上成为了所有遗传学的模式生物，这就是大肠杆菌（*Escherichia coli*）（图 5-12），以其发现者德国细菌学家 Theodore Escherich 的名字来命名。

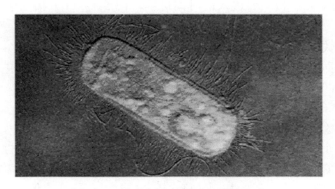

图 5-12　大肠杆菌的电子显微镜照片
图中可以看到用于运动的长鞭毛以及在将细胞锚定到动物组织中发挥重要作用的菌毛（照片没有显示性菌毛）

　　选择大肠杆菌是非常幸运的，它的许多特性非常适合遗传学研究，而且由于生存于人类和其他动物的肠道，因此很容易获得。在肠道中，它是一种良性共生体，但偶尔会导致尿路感染和腹泻。

　　大肠杆菌具有一个长度为 4.6Mb 的环状染色体。在其 4000 个无内含子的基因中，约 35%的功能是未知的。染色体外的 F 质粒赋予其"雄性"特征并使其具有一定的有性阶段。其他质粒所携带的基因如耐药基因有利于细菌在特定环境生存。这些质粒已被改造成基因载体，它们是基因的传送者，形成了现代基因工程中最核心的基因转移的基础。

　　大肠杆菌是一种单细胞生物，通过简单的细胞分裂而生长。由于体积小（长约 1μm）、繁殖快，常被用于密集筛选和寻找罕见的遗传事件。对大肠杆菌的研究代表了遗传学中"黑匣子"推理时代的开始：通过对突变体的选择和分析，可以推断出细胞遗传机器的工作原理。菌落大小、耐药性、碳源利用和色素产生等表型显而易见。

5.2.4 *Hfr* 基因从某一定点开始的线性转移

1957 年，当 Elie Wollman 和 François Jacob 通过杂交研究 *Hfr* 基因向 F⁻细胞的转移模式时，对 Hfr 菌株的行为有了更加清晰的了解。将 Hfr *azi*ʳ *ton*ʳ *lac*⁺ *gal*⁺ *str*ˢ 和 F⁻*azi*ˢ *ton*ˢ *lac*⁻ *gal*⁻ *str*ʳ（上标"r"和"s"分别代表抗性和敏感性）进行杂交。在混合一定时间后，他们将样品放入厨房搅拌器中搅拌几秒钟来分开杂交的细胞。这个过程称为中断杂交（interrupted mating）。然后将样品涂布于含有链霉素的培养基上以杀死具有链霉素敏感性等位基因 *str*ˢ 的 Hfr 供体细胞。然后在存活的 *str*ʳ 细胞中检测是否存在来自供体 Hfr 基因组的等位基因。任何带有供体等位基因的 *str*ʳ 细胞都必定参与了接合过程，这种细胞称为接合子（exconjugant）。图 5-13（a）显示了每个供体等位基因 *azi*ʳ、*ton*ʳ、*lac*⁺ 和 *gal*⁺ 进入的时间进程，图 5-13（b）描绘了 *Hfr* 等位基因转移的时序过程。

这些结果的关键要素有以下几点。

1）在杂交开始后，每个供体等位基因在特定的时间出现在受体中。

2）多个供体等位基因以特定的顺序出现。

3）较晚进入的供体等位基因较少地存在于受体细胞中。

综合上述现象，Wollman 和 Jacob 认为，在参与接合的 Hfr 菌株中，单链 DNA 从供体染色体上的一个固定点开始转移，称为起点（origin，O），并以线性方式连续转移。现在已经明确了 O 点是 F 质粒插入染色体的位点。染色体上的基因离 O 点越远，它转移到 F⁻中的时间越晚。在最远的基因转移之前，转移过程往往就停止了，导致这些基因只存在于在较少的接合子中。基于标记基因进入受体细胞的时间，可以以分钟为单位绘制其染色体图。例如，图 5-13 的图谱是：

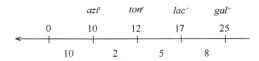

我们如何解释 Hfr 杂交的第二个特殊性质，即 F 接合子很少转化为 Hfr 或 F⁺？Wollman 和 Jacob 将 Hfr×F⁻杂交时间延长到 2h，他们发现实际上有些接合子被转换成了 Hfr。换句话说，F 因子携带供体功能的片段最终以很低的频率被转移到受体细胞中。Hfr 接合子的罕见表明，插入的 F 因子是作为线性染色体的最后一个部分被转移的。我们可以用以下一般类型的图谱总结转移顺序，其中箭头表示从 O 开始的转移方向。

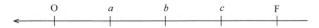

因为 F 因子是被最后转移的，并且转移过程往往在到达该位点之前就停止了，所以几乎没有 F⁻受体被转换为 Hfr 或 F⁺。

关键点：最初为环状的 Hfr 染色体将其自身的一个拷贝解开，并以线性方式转移到 F⁻受体，而且 F 因子是最后进入受体细胞的。

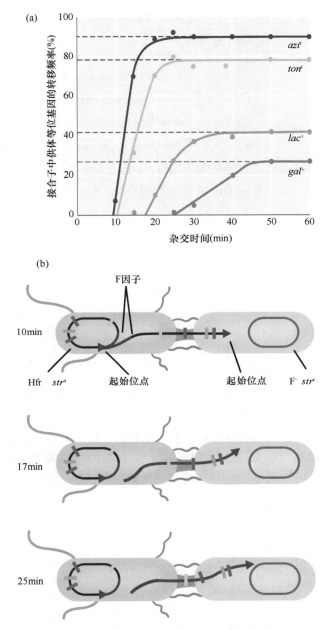

图 5-13　通过追踪标记基因进入的时间来绘制染色体图

在隔离培养的杂交接合实验中，将具有链霉素抗性而且 *azi*、*ton*、*lac* 和 *gal* 基因发生突变的 F⁻菌株与对链霉素敏感并携带相应野生型等位基因的 Hfr 菌株孵育不同的时间。（a）接合子中供体等位基因的转移频率与杂交时间的关系图。（b）随着时间的推移，标记基因（以不同颜色显示）转移的示意图

5.2.5　推断 F 因子的整合位点和染色体的环形状态

　　Wollman 和 Jacob 继续阐述了 F 质粒是如何整合及在何处整合以形成 Hfr 菌株的，并同时推断该染色体是环状的。他们用多个不同的、衍生关系不一样的 Hfr 菌株进行了

中断杂交实验。值得注意的是，等位基因的转移顺序在菌株与菌株之间很不一样，例如，

Hfr菌株	
H	O *thr pro lac pur gal his gly thi* F
1	O *thr thi gly his gal pur lac pro* F
2	O *pro thr thi gly his gal pur lac* F
3	O *pur lac pro thr thi gly his gal* F
AB312	O *thi thr pro lac pur gal his gly* F

每个基因排列可以被认为是显示染色体上等位基因顺序的图谱。乍一看，似乎基因是随机排列的。但是，当将某些 Hfr 图谱反过来看时，这些序列之间的关系就变得非常清晰了。

Hfr菌株	
H (反向书写)	F *thi gly his gal pur lac pro thr* O
1	O *thr thi gly his gal pur lac pro* F
2	O *pro thr thi gly his gal pur lac* F
3	O *pur lac pro thr thi gly his gal* F
AB312 (反向书写)	F *gly his gal pur lac pro thr thi* O

如果每个图谱都是一个圆环的一段，就可以解释这些序列之间的关系了。这也是首次表明细菌染色体是环状的。此外，针对不同 Hfr 图谱的产生原因，Allan Campbell 提出了一个惊人的假说。他提出，如果 F 因子是环状的，那么 F 因子的插入应该是 F 因子和细菌染色体之间简单的单交换过程（图 5-14）。既然如此，将 F 因子在任意位置以及方向插入染色体，都可以简单地构建出线状 Hfr 染色体（图 5-15）。

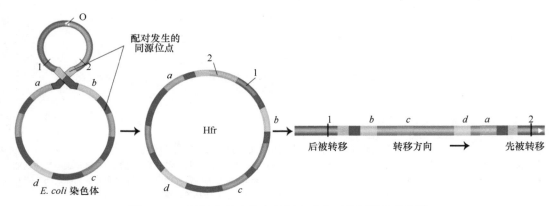

图 5-14　F 因子在特定位点的插入决定了基因转移的顺序

F 因子的插入形成了 Hfr 菌株。在 F 因子上标记 1 和 2 来描绘其插入的方向。起点（O）是插入大肠杆菌染色体中的起始位点；交换区域与大肠杆菌染色体上的区域是同源的；*a~d* 是大肠杆菌染色体中的代表性基因。交换区域（深蓝色）在 F 因子和染色体上是相同的。它们来源于称为插入序列的可移动元件（参见第 11 章 11.3.1）。在这个例子中，通过插入 F 因子产生的 Hfr 菌株将按照 *a*、*d*、*c*、*b* 的顺序转移它的基因

Campbell 假说又衍生了几个有数据支持的假说。

1）整合的 F 因子的一端是 Hfr 染色体开始转移的起点。转移的终点（terminus）是 F 因子的另一端。

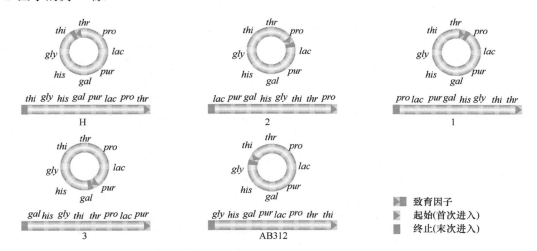

图 5-15　Hfr 菌株中 F 因子的整合位点决定了基因转移的顺序

5 种大肠杆菌 Hfr 菌株，分别含有不同的 F 因子插入位点和方向。所有菌株的基因在大肠杆菌染色体中顺序相同。F 因子的趋向决定了最先进入受体细胞的基因。离末端最近的基因最后进入

2）F 因子的插入方向决定了供体等位基因进入受体的顺序。如果环状染色体上包含基因 a、b、c 和 d，F 因子以不同的方向在 a~d 插入会得到 abcd 或 dcba 的不同顺序。检查图 5-15 中 F 因子的不同插入方向。

F 因子如何整合到不同位点呢？如果 F 因子含有一个与细菌基因组的几个特定区域同源的片段，则该片段会作为配对区域介导遗传交换。这些同源区域是可移动元件的主要部分，称为插入序列。我们将在第 11 章对插入序列进行详细介绍。

致育因子以两种状态存在。

1）质粒状态：细胞质中游离的元件，F 因子容易转移到 F⁻受体中。

2）整合状态：作为环状染色体的一段，仅在接合末期进行转移。

大肠杆菌接合过程总结在图 5-16 中。

5.2.6　细菌染色体图绘制

5.2.6.1　根据供体等位基因进入受体细胞的时间绘制大尺度染色体图

Wollman 和 Jacob 认识到，如果想通过中断杂交结果来绘制染色体图，以杂交后供体等位基因在受体细胞中第一次出现的时间作为"距离"标尺可能容易一些。在这种情况下，图谱距离的单位是分钟（min）。例如，如果在 a^+ 进入 F⁻细胞 10min 后 b^+ 开始进入 F⁻细胞，那么 a^+ 和 b^+ 之间相隔 10 个单位距离。像通过遗传交换绘制的真核细胞染色体图一样，这样的染色体图最初仅仅能显示遗传框架。在最初绘制这些图谱的时候，还没有方法能够检测其物理图谱。

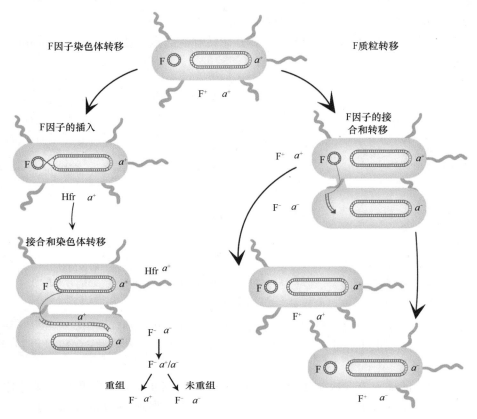

图 5-16　在接合过程中可以发生两种类型的 DNA 转移

接合过程可发生含有 F 因子染色体的部分转移或独立的 F 因子转移

5.2.6.2　根据重组率绘制精细染色体图

接合子内的供体基因如果要变成受体基因组的稳定组成部分，供体细胞的染色体片段就必须与受体细胞的染色体发生重组。但是，此前介绍的图谱不是根据重组率，而是根据供体等位基因进入受体细胞的时间所绘制的，其距离单位是分钟，而不是重组率。然而，重组率可以用于更加精细的细菌染色体图的绘制。接下来我们进行介绍。

首先，我们需要了解细菌中重组事件的一些特征。像在真核生物中一样，重组不会在两个完整的基因组之间发生。重组事件发生在一个来自 F⁻细胞的完整基因组（称为内基因子，endogenote）和一个来自 Hfr 供体细胞的不完整基因组（称为外基因子，exogenote）之间。这个时期的细胞具有某个 DNA 片段的两个拷贝，一个来自内基因子，一个来自外基因子，因此是部分二倍体，被称为部分合子（merozygote）。细菌遗传学就是部分合子遗传学。如果部分合子中发生单交换，环状染色体就会被打断，因此不会产生活的重组体（图 5-17）。因此，为了保持环状染色体的完整性，遗传交换事件必须是偶数。在偶数次交换发生后，能够形成一个环状的完整染色体和一个 DNA 片段。虽然这样的重组方式被简称为双交换，但是它的实际分子机制与双交换有所不同，更类似于外基因子的一部分侵入内基因子中。"双交换"产生的 DNA 片段则随着细胞生长而丢失了，即重组事件的两个产物中只有一个保留了下来。因此，细菌重组的另一个特征是，多数情况下我们不再考虑相互交换产物。

图 5-17　单交换无法产生存活的重组体
部分合子中如果发生外基因子和内基因子之间的单交换，会形成一个线性的部分二倍体染色体，这个细胞不能存活

关键点：接合过程中发生的基于双交换的重组事件会产生相互重组体，但只有一个重组体能够存活。

有了这样的认识后，我们来认识一下重组作图。例如，我们想计算三个相近位点（*met*、*arg* 和 *leu*）的图谱距离，要想检测这些基因之间的重组，我们需要含有所有三个供体基因的接合子，即"三杂交体"。假设中断杂交实验表明这三个基因的排列顺序依次是 *met*、*arg* 和 *leu*，那么 *met* 先进入，*leu* 最后进入。要想获得三杂交体，我们需要如下的部分合子。

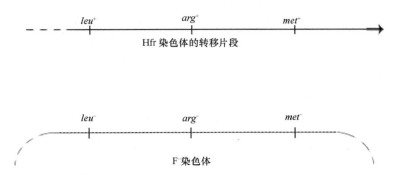

为了获得这样的部分合子，我们首先要选择能够稳定携带最后进入受体细胞的供体等位基因作为标记，在这里是 *leu*⁺。为什么呢？因为在 *leu*⁺ 接合子中，*leu* 是最后一个供体等位基因，这就意味着所有的标记基因都已经被转入了受体细胞。而且我们还知道至少 *leu*⁺ 标记已经被插入了内基因子之中。如果我们知道了另外两个标记的整合频率，就可以测定由双交换导致的 *met*⁺ 和 *arg*⁺ 丢失的重组事件的次数。

接下来就是计算不同位置的交换频率。需要说明的是，现在与利用中断接合分析时的情形不同了。在通过中断接合绘制图谱时，我们检测的是单个基因进入受体细胞的时间，而且该基因的稳定遗传必须通过与受体细胞染色体的双交换来实现。但是，在重组率分析中，我们以特定选择的三杂交体为出发点，因此就必须考虑这三个供体等位基因之间所有可能的双交换组合，而且这些双交换可以在不同间距上发生。

在确定了标记基因 *leu*⁺ 进入受体细胞并且成功插入基因组后，由于双交换发生的位置不同，我们不能确定 *leu*⁺ 重组体中是否整合有其他等位基因。因此，在实验中先选择 *leu*⁺ 接合子，之后对大量样本进行分离和检测，确定其他两个基因的整合情况。

让我们来看一个例子，在 Hfr *met⁺arg⁺leu⁺str*ˢ × F⁻*met⁻arg⁻leu⁻str*ʳ 的杂交实验中，我们先选择 *leu⁺* 的重组体，然后检测作为非选择性标记（unselected marker）的 *met⁺*、*arg⁺* 两个等位基因的存在情况。图 5-18 显示了可能存在的不同种类的双交换事件。其中一个交换必定发生在 *leu⁺* 的左侧，另一个发生在其右侧。我们假设 *leu⁺* 接合子具有以下类型及对应频率。

leu⁺arg⁻met⁻   4%

leu⁺arg⁺met⁻   9%

leu⁺arg⁺met⁺   87%

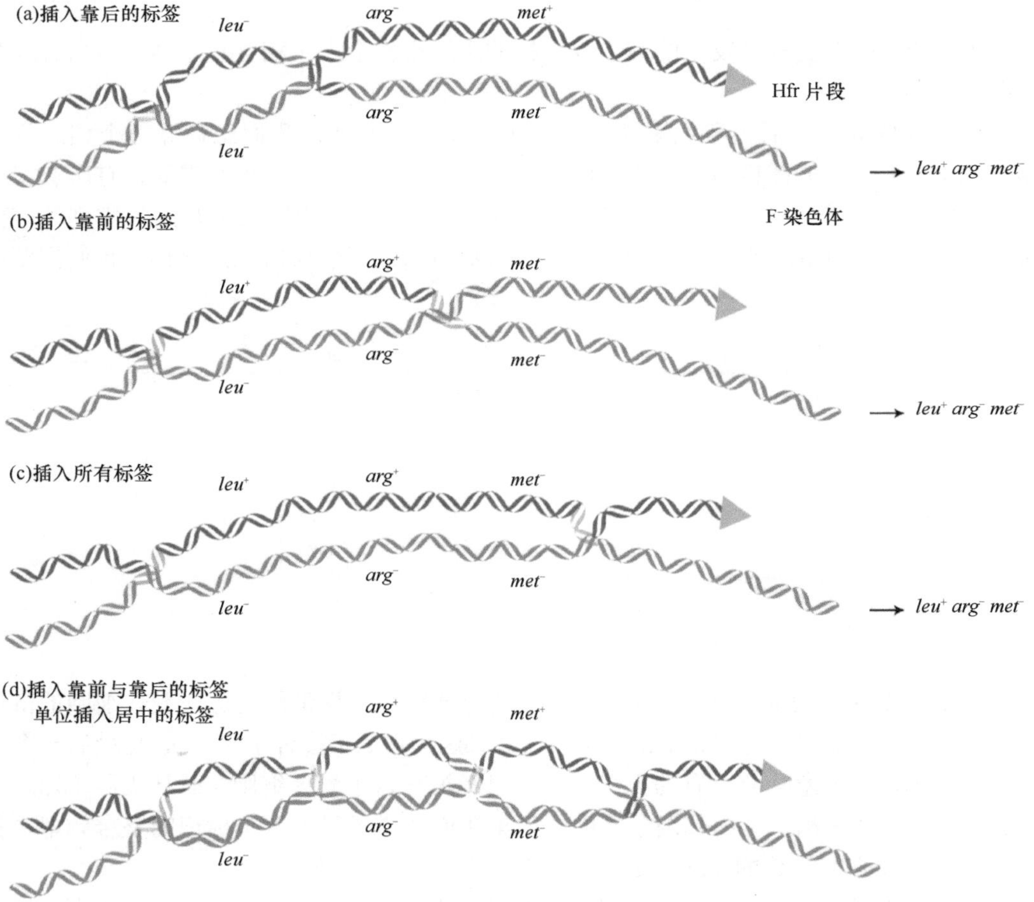

图 5-18　在不同区域的交换产生多种重组体

本图展示在大肠杆菌中如何通过重组来定位基因。在接合子中，选择最后进入受体的 *leu⁺* 作为部分合子的标记。较早进入的标记 *arg⁺* 和 *met⁺* 是否插入染色体中，取决于 Hfr 片段和 F⁻基因组的重组事件发生的位置。（a）和（b）图示重组能够用于获取 *leu-arg*、*arg-met* 的间距大小。需要注意的是，在每种情况下只有插入染色体的 DNA 才能保留，另一个片段被遗失

双交换产生的不同基因型如图 5-18 所示，前两种是我们要关注的重点，这两种重组类型分别需要在 *leu-arg*、*arg-met* 之间发生交换才能产生，因此它们出现的相对频率与基因间距离的大小相对应。由此我们能够得出 *leu-arg* 间距为 4cM，*arg-met* 间距为 9cM。

在上述的杂交实验中，具有基因型 *leu⁺arg⁻met⁺* 的重组体需要经过 4 次交换，而不是两次［图 5-18（d）］。与其他种类的重组体相比，这种重组率极低，因此很少能够获得这种重组体。

5.2.7　F 质粒携带基因组片段

Hfr 菌株中的 F 因子往往稳定存在于插入位点，但是 F 因子有时会通过插入重组过程的逆过程，完全地从细菌基因组中脱离出来。F 因子插入位点两侧的同源配对区域重新配对，发生一次交换后就将 F 质粒释放了出来。但有些时候，F 因子并不能完全地环出，而是携带了一部分细菌染色体。这种携带有细菌基因组 DNA 的 F 质粒称为 F′质粒。

1959 年，Edward Adelberg 和 François Jacob 的实验首次证实了这一过程。他们发现在一个 Hfr 菌株中，F 因子插入 *lac⁺* 位点附近。以这个 Hfr *lac⁺* 菌株为材料进行杂交，他们发现一株 F⁺ 衍生菌株能够以极高的频率将 *lac⁺* 转移到 F⁻*lac⁻* 受体菌中（这些转移子可以在含有乳糖的培养基上生长，正常情况下只有 *lac⁺* 菌株可以生长）。这些转入的 *lac⁺* 并没有整合到受体细胞的染色体上，因为细胞中还含有 *lac⁻* 等位基因，证据在于这些 F⁺ *lac⁺* 的接合子会以 $1×10^{-3}$ 的频率产生 F⁻ *lac⁻* 子代细胞。因此这些受体菌的基因型是 F′*lac⁺*/ F⁻ *lac⁻*，也就是说 *lac⁺* 接合子中含有一个携带了供体染色体片段的 F′质粒。F′质粒的来源如图 5-19 所示。需要注意的是，错误切割的发生，是因为 F 因子附近存在另一个可与原始序列进行配对的同源区域。在我们的例子中，因为 F′质粒携带的宿主染色体片段中含有 *lac⁺* 基因，所以称它为 F′*lac*。F′质粒也能够携带许多其他不同的染色体基因，并做相应的命名。例如，携带 *gal* 和 *trp* 的 F′质粒分别被命名为 F′*gal* 和 F′*trp*。因为 F′*lac⁺*/ F⁻ *lac⁻* 的细胞是 *lac⁺* 表型，所以我们知道了 *lac⁺* 相对于 *lac⁻* 是显性性状。

借助 F′菌株所形成的部分二倍体对常规细菌遗传学的一些研究很有帮助，例如，研究显性性状或等位基因间的相互作用。另外，一些 F′菌株能够携带很长的细菌染色体片段，有时候长达染色体的 1/4。

关键点： F′质粒的 DNA 由致育因子和细菌基因组两部分组成，并且 F′质粒的转移速度很快。利用 F′质粒建立的部分二倍体菌株，可以研究基因显隐性和等位基因间的相互作用。

5.2.8　R 质粒

20 世纪 50 年代，在日本医院的研究中首次发现了多重耐药志贺氏菌的惊人属性。志贺氏菌引起细菌性痢疾。最初，这个细菌对用于控制该病的多种抗生素敏感。但是，从痢疾患者体内分离出的志贺氏菌能够同时抵抗多种抗生素，包括青霉素、四环素、磺胺、链霉素和氯霉素。这种多重抗药性可以以一个"遗传包"的形式进行遗传，而且能够以传染的方式进行传播，既能够转入抗生素敏感型志贺氏菌，也能够转入其他相关种属的细菌中。类似于大肠杆菌的 F 质粒的可移动能力，这个特性对于病原菌来讲非常有利，可以使抗性在一个种群内飞速扩散。这个细菌性疾病突然对临床上使用的多种药物产生了抗性，由此给医学带来了极其严重的冲击。

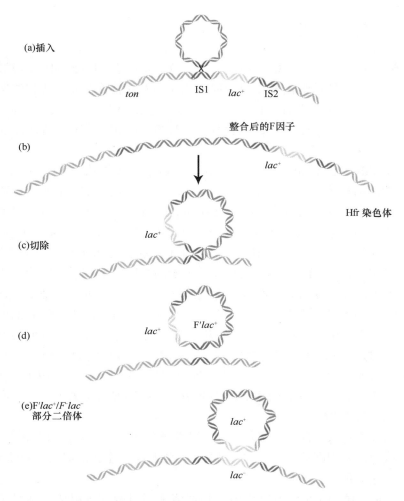

图 5-19 错误环化形成的 F′质粒：一种携带有染色体 DNA 的 F 质粒

当 F 因子从染色体上脱离时，能够携带部分染色体片段。(a) F 因子插入位于 *ton* 和 *lac*⁺ 之间的重复序列 IS1（插入序列 1）之中。(b) F 因子插入后。(c) 与 IS2 之间发生的交换导致了携带有 *lac* 位点的质粒不正常环出。(d) F′*lac*⁺质粒。(e) F′ *lac*⁺ 质粒转入 F⁻*lac*⁻受体中，形成 F′*lac*⁺/F⁻ *lac*⁻部分二倍体

但是从遗传学家的角度来看，这种传播机制很有趣，同时也对遗传工程有利。这类携带有多重抗性的载体是另外一类质粒，被定义为 R 质粒（R plasmid）。与大肠杆菌中的 F 质粒类似，它们也能够通过细胞间的接合被快速转移。

事实上，志贺氏菌中的 R 质粒是众多相似的遗传元件中最早被发现的。这些相似的遗传元件都以质粒的形式存在于细胞质中，它们能够携带许多不同种类的基因。表 5-2 展示了不同质粒所控制的性状。图 5-20 展示了一个从乳品行业分离得到的、在细菌之间广为传播的质粒。

表 **5-2**　质粒决定的遗传性状

质粒种类	性状
F、R1、Col	育性
Col、E1	细菌素产物
R6	重金属抗性
Ent	合成肠毒素
Cam	分解樟脑
T1（在农杆菌中）	植物的致瘤性

　　pBR322 和 pUC（见第 13 章）等是 R 质粒的工程化衍生物，已经成为所有生物 DNA 分子克隆的首选质粒。R 质粒的抗生素抗性等位基因可以作为标记，来跟踪载体在不同细胞间的移动情况。

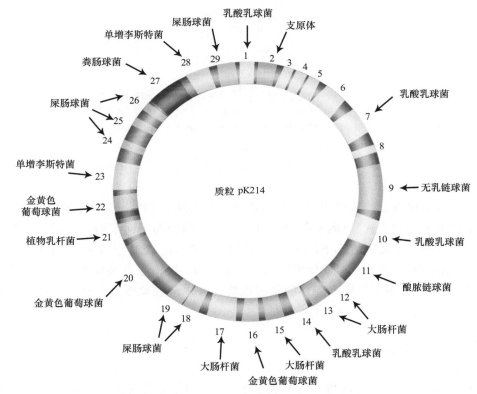

图 5-20　含有来源于多个细菌宿主遗传片段的质粒
乳酸乳球菌质粒 pK214 的基因来源于许多不同的细菌

　　在 R 质粒中，抗生素抗性等位基因一般存在于转座子之中（图 5-21）。转座子是独特的 DNA 片段，它能够通过转座过程移动到基因组的不同位点（转座在大部分物种中均有发生，其机制将在第 11 章进行介绍）。当一个转座子移动到基因组的新位点时，有时会在它的两个末端之间携带各种类型的基因，如抗药等位基因，并把它们插入新的位点。有时，转座子也会把抗生素抗性等位基因携带到另一个质粒，由此产生一个 R 质粒。和 F 质粒相似，许多 R 质粒是可接合的，也就是说它们能够通过接合有效地转移到受体细胞中；即便有些 R 质粒是不可接合的，它们也不能离开宿主细胞，但是它们仍然能通过转座过程将抗生素抗性等位基因转移到一个可接合的质粒中。因此，通过质粒，抗生素抗性等位基因可以在整个细菌群体中迅速传播。虽然 R 质粒的扩散是细菌生存的有效策略，但这为疾病治疗带来了很大困难。就像此前提到的，不管发明了哪一种新抗生素药物，在用于人类疾病治疗不久后，细菌群体都能够很快产生抗生素抗性。

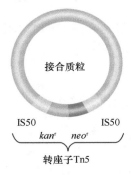

图 5-21　R 质粒的抗生素抗性等位基因插入一个转座子之中

Tn5 等转座子能够获得几个抗生素抗性等位基因（如含有卡那霉素和新霉素抗性基因），并且可以通过质粒迅速传播，导致抗生素抗性等位基因以"遗传包"的形式进行传染性转移。插入序列 50（IS50）形成 Tn5 的两翼

5.3　细菌的转化

一些细菌可以直接吸收来自外界培养基中的 DNA 片段，这种吸收是细菌间进行基因交换的另一种方式。DNA 的来源可以是同一物种的不同细胞，也可以是不同物种的不同细胞。在某些情况下，DNA 来自死亡的细胞；在其他情况下，DNA 可以是活的细菌细胞分泌出来的。受体细胞所吸收的 DNA 均被整合到染色体中。如果这种 DNA 与受体的基因型不同，受体的基因型将会被永久性地改变，这一过程被巧妙地称为转化。

5.3.1　转化的本质

Frederick Griffith 于 1928 年在肺炎双球菌中发现了转化现象。1944 年，Oswald T. Avery、Colin M. MacLeod 和 Maclyn McCarty 证实"转化的物质"是 DNA。这两个结果是阐明基因分子本质的里程碑。我们在第 8 章会更详细地了解这个发现。

转化的 DNA 会通过类似于 Hfr × F 杂交中的双交换过程整合到细菌染色体中。在接合过程中，DNA 从一个细胞转移到另一个细胞需要细胞间的紧密接触，而在转化过程中，单独的外源 DNA 片段会穿过细胞壁和细胞膜被细胞吸收。图 5-22 显示了该过程发生的一种方式。

在细菌研究的许多领域，转化是一种很方便的工具，因为通过合适的 DNA 片段的转化，菌株的基因型就可以被定向改变。例如，转化在基因工程中就被广泛应用。而且，真核细胞也可以通过十分类似的方式被转化，这对于真核细胞的改造是非常有价值的（见第 13 章）。

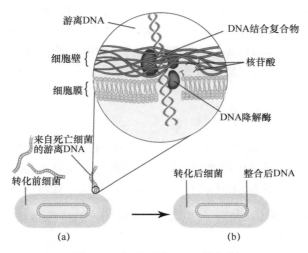

图 5-22　细菌吸收 DNA 的机制

一个正在进行转化的细菌（a）吸收了由死亡细菌所释放的游离 DNA。当细菌表面的 DNA 结合复合物吸收 DNA 时，DNA 降解酶会将一条链降解为核苷酸，另一条链的衍生物会被整合到细菌染色体上（b）

5.3.2　利用转化绘制染色体图

转化可以用来测量细菌染色体上两个基因间的距离。当提取细菌染色体 DNA 用于转化实验时，不可避免地会使一些 DNA 断裂成小碎片。如果两个供体基因在染色体上比较靠近，那么它们就有很大概率被同一段转化的 DNA 所携带。因此，两者会被同时吸收，导致双重转化（double transformation）。相反，如果两个基因在染色体上离得很远，它们一般会被不同的转化片段所携带。一个受体基因组理论上可以通过独立的过程相继获得两个片段而形成双重转化子，但是这种可能性几乎不存在。因此，对于分开很远的两个基因，双重转化子的获得频率与单一转化子的获得频率相同。通过检测与乘法定律的偏离度大小可以检测基因的紧密连锁程度。换句话说，如果两个基因是连锁的，那么双重转化子的频率将大于单一转化子频率的乘积。

不幸的是，由于多种因素的影响，情况会变得更加复杂。其中最重要的因素是，在细菌种群中并非所有的细胞都能被转化。在本章的最后，假定受体细胞 100% 可以被转化。

关键点：细菌能够从周围培养基中吸收 DNA 片段。在细胞内，这些片段可以被整合到染色体上。

5.4　噬菌体遗传学

噬菌体指的是细菌病毒，意思是"食细菌者"。这些病毒能够寄生并杀死细菌。20世纪中叶噬菌体遗传学的开创性工作，为近期的致瘤病毒和其他种类动植物病毒的研究奠定了基础。因此，细菌病毒是一种重要的遗传分析模式系统。

这些病毒可被用于两种不同类型的遗传分析。第一，两个不同基因型的噬菌体之间的杂交可以用来测量重组率，并据此绘制遗传图谱。通过这种方式来绘制病毒基因组图谱是本节的主题。第二，噬菌体可以将细菌基因放在一个细胞内，从而进行基因连锁及其他遗传研究。我们将在第 5.5 节中探讨噬菌体在细菌研究中的应用。此外，正如我们将在第 13 章中看到的，在 DNA 技术中噬菌体可以被用作外来 DNA 的载体。在了解噬菌体遗传学之前，必须首先了解噬菌体的感染周期。

5.4.1 噬菌体对细菌的感染

大多数细菌容易受到噬菌体的攻击。噬菌体由蛋白质分子包裹一条核酸"染色体"（DNA 或 RNA）组成。噬菌体的类型不是以物种而是以符号来命名的，如 T4 噬菌体、λ 噬菌体等。图 5-23 和图 5-24 显示了 T4 噬菌体的结构。如图 5-23 所示，在感染过程

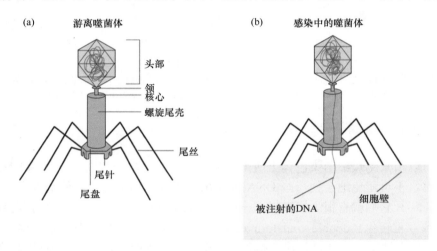

图 5-23　T4 噬菌体的结构和功能

一个正在感染的噬菌体通过它的核心结构将 DNA 注入细胞中。（a）游离的 T4 噬菌体和 T4 噬菌体的主要结构组成成分。（b）正在感染大肠杆菌细胞的 T4 噬菌体

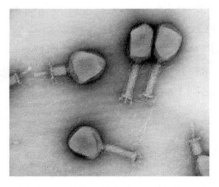

图 5-24　T4 噬菌体的电子显微镜照片

放大大肠杆菌 T4 噬菌体可以观察到其头部、尾部和尾丝的细节

中，噬菌体附着在细菌上，并将其遗传物质注入细菌细胞质中。图 5-25 是该过程的电子显微镜照片。随后，通过关闭细菌组件的合成与将细菌合成机器导向噬菌体组件制造，噬菌体的遗传信息接管了细菌细胞机器。每个新形成的噬菌体头部均填充有噬菌体的染色体拷贝。最终，产生了许多噬菌体后代，并在细菌细胞壁破裂时被释放出来。这种破裂过程被称为裂解（lysis）。所有的噬菌体后代统为噬菌体裂解物（lysate）。

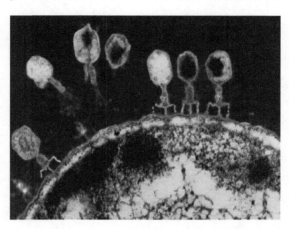

图 5-25　噬菌体感染过程的电子显微镜照片

噬菌体感染过程的几个阶段，包括附着和 DNA 注入

噬菌体太小，只能在电子显微镜下才能看见，我们该如何研究噬菌体遗传呢？我们不能通过涂布方式产生肉眼可见的菌落，但可以利用噬菌体的一些特性实现噬菌体的可视化放大。

让我们来看看噬菌体感染单个细菌细胞的后果。图 5-26 显示了噬菌体感染细菌的循环过程，最终导致细胞裂解及子代噬菌体的释放。裂解后，子代噬菌体又可以感染邻近的细菌。通过渐进的多轮感染，这个循环被不断重复，并导致裂解细胞的数量呈指数增长。在单个噬菌体粒子感染单个细菌细胞后的 15h 内，在固体培养基平板表面的不透明菌苔上，会出现一个肉眼可见的透明区域，称为噬菌斑（plaque）（图 5-27）。噬菌体的基因型不同，所形成的噬菌斑或大或小、或模糊或清晰。因此，噬菌斑形态是可以在遗传水平上分析的噬菌体性状。另一种我们可以进行遗传分析的噬菌体性状是其宿主范围，因为不同的噬菌体会感染和裂解不同的菌株。例如，一株特定的细菌菌株可能对噬菌体 1 免疫，但对噬菌体 2 敏感。

5.4.2　利用噬菌体杂交绘制遗传图

与生物杂交的方式相似，两种基因型的噬菌体也可以杂交。Alfred Hershey 最早研究了 T2 噬菌体的杂交，他使用的亲本基因型为 $h^- r^+$ 和 $h^+ r^-$。等位基因对应以下表型。

h^-：可以感染两种不同的大肠杆菌菌株（称为菌株 1 和菌株 2）。

h^+：只能感染菌株 1。

r^-：快速裂解细胞，产生大噬菌斑。

r^+：缓慢裂解细胞，产生小噬菌斑。

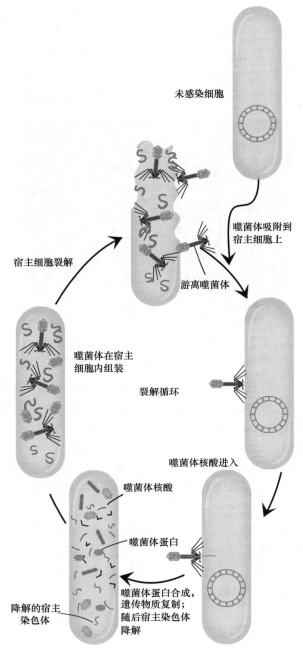

未感染细胞

噬菌体吸附到
宿主细胞上

宿主细胞裂解

游离噬菌体

噬菌体在宿主
细胞内组装

裂解循环

噬菌体核酸进入

噬菌体核酸

噬菌体蛋白

噬菌体蛋白合成，
遗传物质复制；
随后宿主染色体
降解

降解的宿主
染色体

图 5-26　噬菌体的宿主细胞裂解周期

单个噬菌体的感染指挥宿主细胞内机器制造子代噬菌体，并在宿主细胞裂解时释放

　　在杂交实验中，菌株 1 同时被两个不同基因型的亲本 T2 噬菌体感染，这种感染称为混合感染（mixed infection）或双重感染（double infection）（图 5-28）。在适当温育一段时间后，将含有子代噬菌体的噬菌体裂解物涂布到由菌株 1 和 2 的混合物所组成的菌苔上，可以形成 4 种噬菌斑类型（图 5-29）。大噬菌斑显示快速裂解（r^-），小噬菌斑显

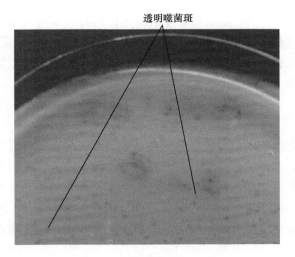

图 5-27　噬菌斑透明区域

通过重复感染和产生子代噬菌体，单一噬菌体会在不透明的菌苔上产生噬菌斑透明区域

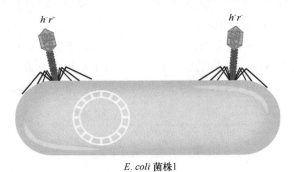

图 5-28　通过两个亲本噬菌体对宿主细胞的双重感染实现噬菌体杂交

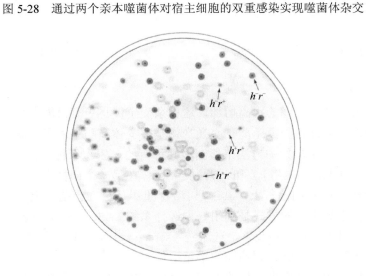

图 5-29　重组型和亲本型子代噬菌体形成的噬菌斑

h^-r^+ 和 h^+r^- 杂交后代可以区分出 4 种噬菌斑表型，即两个亲本型和两个重组型

示缓慢裂解（r^+）。带有等位基因 h^- 的噬菌斑可以同时感染两类宿主，从而形成清晰的噬菌斑，而具有等位基因 h^+ 的噬菌斑仅能感染一类宿主，由此形成浑浊噬菌斑。因此，这 4 种基因型可以很容易地被分为亲本基因型（h^-r^+ 和 h^+r^-）和重组基因型（h^+r^+ 和 h^-r^-），重组率公式如下。

$$RF = \frac{(h^+r^+)\text{噬菌体数} + (h^-r^-)\text{噬菌体数}}{\text{全部噬菌体数}}$$

如果我们假设重组的噬菌体染色体是线状的，那么单交换将会产生两个有活性的产物。然而，分析噬菌体杂交会复杂一些。首先，在宿主内可以发生多轮交换，在同一细胞中或在随后的感染周期中，感染后不久产生的重组体可以进一步重组。其次，重组也可能发生在遗传上相似或者不同的噬菌体之间。因此，假定 P_1 和 P_2 是常见的亲本基因型，除了 $P_1 \times P_2$ 杂交外，还可能发生 $P_1 \times P_1$ 和 $P_2 \times P_2$ 杂交。因此噬菌体杂交所产生的重组体是多种交换的结果，而不是明确的单交换的结果。然而，在所有其他条件相同的情况下，RF 可以作为计算噬菌体连锁图距离的有效指数。

由于大量的噬菌体可以用于噬菌体重组分析，一些罕见的杂交事件才可以被检测到。20 世纪 50 年代，Seymour Benzer 利用这些罕见的杂交事件确定了 T4 噬菌体的 $r\,II$ 基因内的突变位点（$r\,II$ 是控制裂解的基因）。对于自发产生的不同的 $r\,II$ 突变等位基因，突变位点通常位于基因内的不同位置。因此，当两个不同的 $r\,II$ 突变体杂交时，突变位点之间可能会发生一些稀有交换，产生野生型重组体，如下所示。

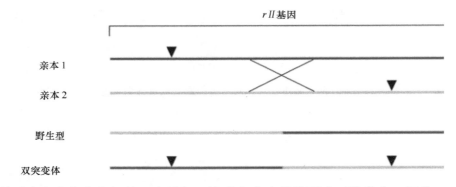

随着两个突变位点之间的距离增加，这种杂交事件将更有可能发生。因此，$r\,II^+$ 重组体的频率可以表征该基因内距离（交换产物是突变体，与亲本不可区分）。

Benzer 利用了一个巧妙的方法来检测极其稀有的 $r\,II^+$ 重组体。由于 $r\,II$ 突变体不会感染大肠杆菌菌株 K，他先将 $r\,II$ 和 $r\,II$ 两类突变体在另一个菌株上杂交，然后将噬菌体裂解物涂布在含菌株 K 的菌苔上，其中只有 rII^+ 重组体会在该菌苔上形成噬菌斑。这种发现罕见的遗传重组事件的方式是利用一种选择系统（selective system），但是只有所预期的罕见事件才可被发现。相反，筛选系统（screen system）只能像"大海捞针"一样，通过大量样品的筛选才能够找到预期的罕见事件。

如果有一种生物可以提供大量的细胞，而且能够区分野生型和突变体的表型，那么这种筛选系统同样可以用于该生物基因内突变位点的定位。然而，由于 DNA 测序中廉价化学法的出现，这种基因内突变位点定位策略已经被逐渐取代，可以通过序列测定来直接定位突变位点。

关键点：噬菌体染色体之间的重组研究，首先需要通过混合感染将两个亲本噬菌体染色体引入一个宿主细胞。子代噬菌体可以用于研究亲本和重组体基因型。

5.5　转　　导

一些噬菌体能够捕获细菌基因并将它们从一个细菌细胞传递到另一个细菌细胞，这一过程称为转导。因此，转导连同 Hfr 染色体转移、F'质粒转移和转化，形成了细菌间遗传物质转移的系列模式。

1951 年，Joshua Lederberg 和 Norton Zinder 使用在大肠杆菌中已经获得成功的技术来测试鼠伤寒沙门氏菌（*Salmonella typhimurium*）的遗传重组。他们使用了两种不同的多位点营养缺陷型菌株：一种不能合成苯丙氨酸、色氨酸和酪氨酸，即 *phe⁻ trp⁻ tyr⁻*；另一种不能合成甲硫氨酸和组氨酸，即 *met⁻ his⁻*。当将这两种菌株单独涂布到基本培养基上培养时，没有野生型菌株出现。但当将两个菌株混合培养后，却发现了原养型的菌落，其出现的频率约为 10^{-5}。此结果与大肠杆菌的重组类似。

虽然 U 形管的滤膜将其两臂分开，防止了接合的发生，他们仍然在 U 形管实验中得到了重组体（图 5-6）。他们推测可能存在一些介质携带了基因从一个细菌转移到另一个细菌中。通过改变过滤器的孔径大小，他们发现这些基因转移的介质的大小与已知的鼠伤寒沙门氏菌噬菌体 P22 大小一致。而且这个可通过过滤器的介质和 P22 具有同样的抗血清敏感性及抗水解酶活性。因此，Lederberg 和 Zinder 发现了一种新型的由噬菌体介导的基因转移方式，并首次称其为"转导"。在裂解循环中，这些噬菌体颗粒有时会十分罕见地包裹细菌基因，并在感染另一个宿主时将这些基因转入。在此之后，在许多细菌中陆续发现了转导过程。

为了理解转导的过程，我们需要区分两种类型的噬菌体循环。烈性噬菌体（virulent phage）能够直接裂解并杀死宿主。温和噬菌体（temperate phage）可以在宿主细胞内存在一段时间而不杀死细胞。温和噬菌体的 DNA 或整合到宿主染色体中与其同时复制，或和质粒一样在细胞质中自主复制。将自身 DNA 整合到宿主菌 DNA 中的噬菌体称为原噬菌体（prophage）。含有原噬菌体的细菌称为溶源性细菌（lysogen，lysogenic bacterium），一直维持沉寂的原噬菌体的状态称为溶源化。偶尔，溶源化细菌中沉寂的噬菌体会变得活跃，发生自我复制，导致宿主细胞的自发裂解。温和噬菌体的存在赋予宿主抵抗同类型其他噬菌体感染的能力。

温和噬菌体可以进行两种转导：普遍性转导（generalized transduction）和特异性转导（specialized transduction）。普遍性转导中噬菌体可携带细菌染色体的任何部分，而特异性转导中噬菌体仅可携带细菌染色体的特定部分。

关键点：烈性噬菌体不能成为原噬菌体，它们发生复制并立即裂解宿主细胞。温和噬菌体可以在细菌细胞内以原噬菌体的形式存在，它们的宿主以溶源化细菌的形式存活，它们偶尔也能导致细菌裂解。

5.5.1 普遍性转导

噬菌体通过什么机制进行普遍性转导呢？1965 年，H. Ikeda 和 J. Tomizawa 在对大肠杆菌噬菌体 P1 的一些实验中揭示了这个机制。他们发现，当供体细胞被 P1 裂解时，细菌染色体断裂成小片段。在偶然情况下，新形成的噬菌体颗粒会错误地将一段细菌 DNA 包装入噬菌体头部，而不是噬菌体 DNA。这就是转导噬菌体的起源。

携带细菌 DNA 的噬菌体可以感染另一个细菌细胞。然后，这段带入的细菌 DNA 通过重组被整合到受体细胞的染色体中（图 5-30）。因为供体细胞基因组任何一个片段上的基因都能够被转导，所以这种转导属于普遍性转导。噬菌体 P1 和 P22 都属于普遍性转导噬菌体。P22 的 DNA 可以插入宿主染色体，而 P1 的 DNA 游离存在于细胞质中，与大质粒类似。但这两种都可以通过噬菌体头部的错误包装来实现转导。

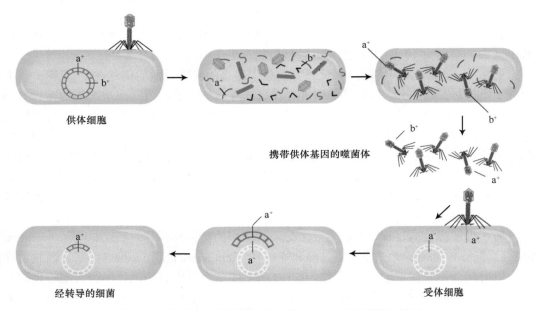

图 5-30　噬菌体头部随机包装细菌 DNA，形成普遍性转导

新形成的噬菌体携带着宿主细胞的 DNA（图上部），然后将其注入新细胞（右下）。注入的 DNA 可以通过重组插入新宿主的染色体中（左下）。实际上，只有极少数（1/10 000）的子代噬菌体可以携带供体基因

当两个或多个基因的距离足够近时，噬菌体可以通过同一个 DNA 片段将它们携带并转导。因此，普遍性转导可用于获得细菌基因的连锁信息。例如，假设我们想研究在大肠杆菌中 *met* 和 *arg* 之间的遗传连锁距离。我们可以用 *met*⁺*arg*⁺ 供体菌株培养噬菌体 P1，然后用这个菌株裂解物的噬菌体 P1 感染 *met*⁻*arg*⁻ 受体菌株。首先，确定一个供体等位基因，如 *met*⁺。然后计算同时也是 *arg*⁺ 表型的 *met*⁺ 菌落的百分比。同时转导了 *met*⁺ 和 *arg*⁺ 的菌株称为共转导子（cotransductant）。共转导频率越大，两个遗传标记的距离越接近（与大多数图谱绘制方法相反）。连锁值通常以共转导频率表示（图 5-31）。

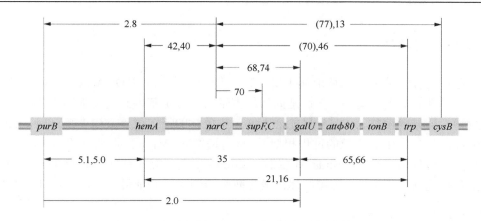

图 5-31 通过共转导频率来推测基因间的连锁关系

该图显示了通过噬菌体 P1 共转导实验确定的大肠杆菌 *purB—cysB* 区域的遗传图谱。数字表明不同次实验中获得的平均共转导频率。括号中的数值不可靠

通过拓展这个方法，我们可以估计噬菌体所能携带的宿主染色体片段的大小，如以噬菌体 P1 为材料的实验所示：

供体 *leu⁺ thr⁺ azi*ʳ → 受体 *leu⁻ thr⁻ azi*ˢ

在这个实验中，用在 *leu⁺ thr⁺ azi*ʳ 供体菌株上生长的噬菌体 P1 感染 *leu⁻ thr⁻ azi*ˢ 受体菌株。该策略是在受体菌株中选择一个或多个供体等位基因，然后计算在这些转导子中未选择的等位基因的出现频率（表 5-3）。

表 5-3 特定 P1 转导中伴随转移的遗传标记

实验	选择性标记	非选择性标记
1	*leu⁺*	50%是 *azi*ʳ；2%是 *thr⁺*
2	*thr⁺*	3%是 *leu⁺*；0 是 *azi*ʳ
3	*leu⁺* 和 *thr⁺*	0 是 *azi*ʳ

实验 1 表明，*leu* 与 *azi* 距离相对较近但与 *thr* 距离较远，由此推断存在两种可能性：

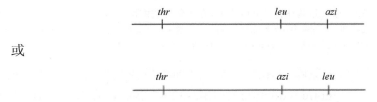

或

实验 2 表明，*leu* 与 *azi* 更接近，所以遗传图谱应为：

实验 3 中，通过在转导噬菌体中同时选择 *leu⁺* 和 *thr⁺* 两个标记，我们发现转导片段中未包含 *azi* 基因，这是因为噬菌体头部无法包含如此大的 DNA 片段。P1 仅可共转导在大肠杆菌遗传图谱上距离小于约 1.5min 的基因。

5.5.2 特异性转导

普遍性转导噬菌体，如噬菌体 P22，随机携带断裂的宿主 DNA 片段。而其他一些表现为特异性转导的噬菌体，它们是如何只携带宿主特定基因到受体细胞中的呢？简言之，特异性转导噬菌体的 DNA 只能插入细菌染色体的特定位点。当它离开时，会发生错误的环出（与产生 F′质粒的过程相似），从而携带并转导该位点邻近的相关基因。

特异性转导最早是由 Joshua 和 Esther Lederberg 在研究一种称为 lambda（λ）的大肠杆菌温和噬菌体时提出的。λ噬菌体已成为研究最深入、表征最彻底的噬菌体。

5.5.2.1 原噬菌体的行为

将 λ 噬菌体的溶源化细菌用于杂交时，λ 噬菌体表现出不同寻常的效应。在未感染的 Hfr 细菌与溶源化 F⁻受体细菌杂交[Hfr×F⁻（λ）]时，很容易得到含有 Hfr 基因的溶源性 F⁻接合子。然而，在 Hfr（λ）×F⁻回交中，可以得到 Hfr 染色体的早期基因的接合子，但是无法得到晚期基因的接合子，而且也没有得到溶源化的接合子。这是为什么呢？如果原噬菌体表现得像细菌染色体上的基因一样，就好理解这个现象了。因此，在 Hfr（λ）×F⁻杂交中，原噬菌体将在对应于其染色体所在位置的特定时间进入 F⁻细菌。之所以能够获得早期基因的接合子，是因为它们比原噬菌体更早进入受体细胞。而没能获得晚期基因接合子的原因是，受体细胞已经被裂解了。在中断杂交实验中，原噬菌体事实上总是在特定时间进入 F⁻细菌中，而且与 *gal* 基因紧密连锁。

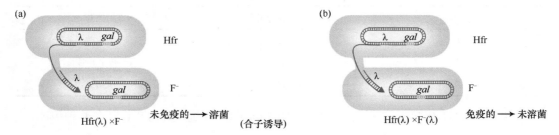

图 5-32 接合过程中进入的 λ 原噬菌体会引发细菌裂解

在接合过程中 λ 原噬菌体可以被转移到受体细胞中（无原噬菌体存在），原噬菌体会引发细胞裂解，这个过程称为合子诱导（a）。如果受体细胞中有原噬菌体，则对外源噬菌体免疫（b）

在 Hfr（λ）×F⁻杂交中，λ 原噬菌体的进入会立即引发原噬菌体进入裂解循环，这个过程称为合子诱导（zygotic induction）（图 5-32）。然而，在两个溶源细胞的 Hfr（λ）× F⁻（λ）杂交中，不存在合子诱导现象。任何原噬菌体的存在都会阻止另一种病毒的感染及其所引起的细胞裂解。这是因为原噬菌体会产生抑制病毒增殖的细胞质因子（噬菌体编码的阻遏蛋白的存在，可以很好地解释溶源性细菌的免疫性，因为一个噬菌体会立即遭遇阻遏蛋白并被灭活）。

5.5.2.2 λ插入（λ insertion）

迄今为止的中断杂交实验均显示 λ 原噬菌体是溶源性细菌染色体的一部分。那么，

λ 原噬菌体是如何插入细菌基因组的？1962 年，Allan Campbell 提出，它可能是通过环形 DNA 和大肠杆菌环形染色体之间的单交换来实现的（图 5-33）。交换可能发生在 λ 噬菌体 DNA 的特定位点，即 λ 附着位点（λ attachment site），以及大肠杆菌染色体基因 *gal* 和 *bio* 之间的附着位点，λ 噬菌体整合在大肠杆菌染色体的这个位置。

　　Campbell 假说的精彩之处在于，其后的推断都可以被遗传学家所验证。例如，原噬菌体在 *E. coli* 染色体上的整合应该会增加两侧细菌基因的遗传距离（如图 5-33 中的 *gal* 和 *bio*）。研究表明，溶源性的确增加了基因进入受体的时间和细菌基因之间的重组距离。λ 原噬菌体的独特整合导致了其特异性转导。

　　作为原噬菌体，λ 噬菌体总是在宿主染色体 *gal* 区域和 *bio* 区域之间插入（图 5-33），同样地，在转导实验中 λ 噬菌体也只能转导 *gal* 和 *bio* 基因。

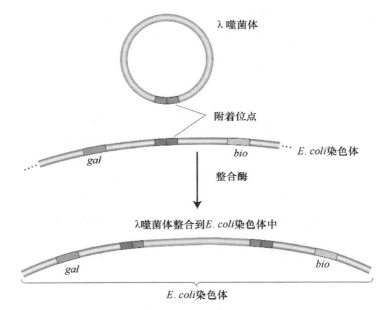

图 5-33　噬菌体通过单交换插入大肠杆菌染色体的特定位点
交换发生在环状 λ 噬菌体 DNA 的特定附着位点和大肠杆菌染色体的附着位点之间，后者位点
位于基因 *gal* 和 *bio* 之间

　　λ 噬菌体是如何转移邻近基因的呢？类似于前面所讲的 F′ 质粒的形成，可以用 Campbell 插入机制的逆过程来解释。在 λ 噬菌体与细菌染色体的特定区域之间的重组通常由一个特定的噬菌体编码的酶系负责催化，这类酶一般将 λ 附着位点作为底物，并决定了 λ 噬菌体只能整合到染色体 *gal* 和 *bio* 之间的特定位点 [图 5-34（a）]。此外，在裂解期间，λ 原噬菌体通常能够从正确的位点精确切除并产生环状的 λ DNA [图 5-34（b）（i）]。但是错误的环出事件也会导致极少的异常切除。在这种情况下，环出的噬菌体 DNA 会携带附近的基因而留下一些噬菌体基因 [图 5-34（b）（ii）]。由于遗留了部分基因，新产生的噬菌体基因组存在一定的缺陷，但它们同时也获得了 *gal* 或 *bio* 基因。携带邻近细菌基因的异常 DNA 会被包装入噬菌体头部，生成噬菌体粒子，随后可感染其他细菌。这些噬菌体通常被表示为 λdgal（λ 缺失 *gal*）或 λdbio。当在双重感染过程存在一个

正常噬菌体粒子时，λdgal 可以整合到染色体上的 λ 附着位点［图 5-33（c）］。以这样一种方式，*gal* 基因被转导入第二个宿主。

关键点：转导过程中新形成的噬菌体携带供体基因并转移到其他细菌中。普遍性转导可以转移任何宿主基因，通常是噬菌体错误包装了细菌 DNA 而不是噬菌体 DNA。特异性转导是由于细菌染色体上的原噬菌体的错误环出，使新噬菌体同时包装了噬菌体基因和细菌基因。转导噬菌体只能转移特定的宿主基因。

(a)溶源性细菌的形成

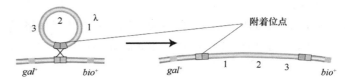

(b)初始裂解产物的产生

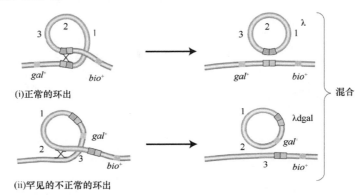

(c)初始裂解产物转导

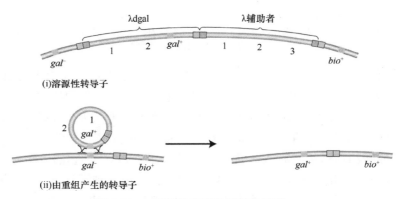

图 5-34　λ 噬菌体的特异性转导过程

（a）在特定附着位点的交换产生了溶源性细菌。（b）溶源性细菌可产生正常的 λ 噬菌体（i）或者极微量的含有 *gal* 基因的转导颗粒 λdgal（ii）。（c）*gal*+转导子不仅可以由（i）λdgal 和 λ 辅助者的协作产生，也可以通过（ii）*gal* 基因两侧的交换过程产生（比较罕见）。蓝色方块是细菌附着位点，紫色方块是 λ 噬菌体附着位点，蓝色和紫色方块对是杂合整合位点，部分来自大肠杆菌，部分来自 λ 噬菌体

5.6 物理图谱和遗传图谱的比对

通过中断杂交、重组作图、转化和转导等多种图谱绘制技术的结合，已经获得了多个细菌的非常详细的染色体图。今天，通过中断杂交技术可以初步将新的遗传标记定位在一个 10～15min 的片段上。然后，通过 P1 共转导或重组技术，可以在更精确的尺度上定位紧密连锁的遗传标记。

到 1963 年，大肠杆菌基因组的遗传图谱（图 5-35）中已经有约 100 个基因被精确定位。27 年后，1990 年已经定位了 1400 多个基因。图 5-36 展示了 1990 版图谱的一个 5min 片段（调整为 100min 范围）。图谱的复杂程度显示了基因分析的强大和复杂。这些遗传图谱和真实的物理图谱的吻合度如何呢？1997 年，含有 4 639 221 个碱基对的整个大肠杆菌基因组 DNA 序列测序完成，使我们能够将基因在遗传图谱上的确切位置和

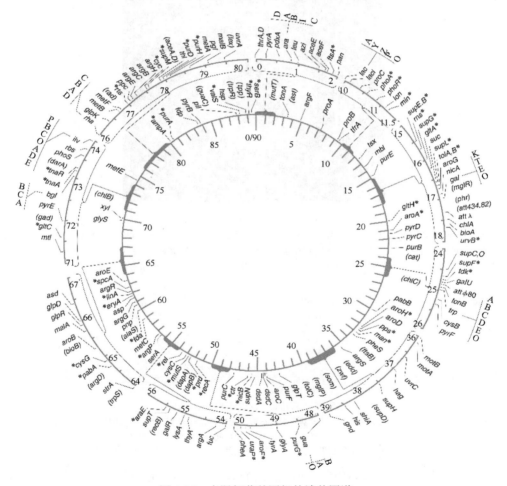

图 5-35　大肠杆菌基因组的遗传图谱

1963 版带有突变表型的大肠杆菌遗传图谱。单位是 min，基于中断杂交和重组作图。星号和括号标出的基因
表明其位置不精确

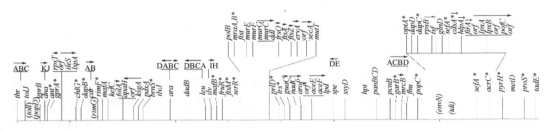

图 5-36　通过测序获得的部分大肠杆菌基因组物理图谱

1990 版遗传图谱中一个 5min 片段的遗传图谱。括号和星号表示到发表时为止还不知道确切位置的标记。
基因和基因群上方的箭头表示转录方向

线性 DNA 序列（物理图谱）的对应编码序列位置进行比对。图 5-37 展示了整个图谱。图 5-38 将两个图谱的片段进行了比较。很明显，遗传图谱和物理图谱非常匹配。

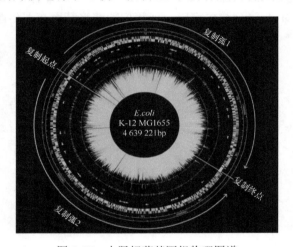

图 5-37　大肠杆菌基因组物理图谱

这张图来源于 DNA 测序和基因位点图。由外向里的组成部分是：标记的 DNA 复制起点和终点；DNA 碱基对或分钟（min）两种标识；橙黄色和黄色柱状图显示两条不同 DNA 链的基因分布；箭头代表 rRNA 基因（红色）和 tRNA 基因（绿色）；中心"星芒"是每种基因的柱状图，线段长度代表预测的转录水平高低

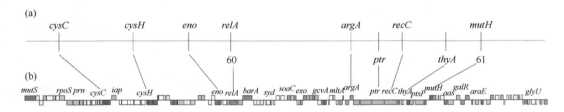

图 5-38　遗传图谱和物理图谱的比较

（a）1990 版遗传图谱中 60～61min 的标记。（b）基于大肠杆菌基因组的完整序列所确定的基因位点（简单起见，不是每个基因都被命名）。长盒是基因和可能的基因。每种颜色代表不同的功能类型。例如，红色代表调控功能，深蓝色代表 DNA 复制、重组、修复功能。（a）和（b）间的线连接两个图谱中的同一个基因

第 4 章讲述了利用物理图谱（通常是整个基因组序列）定位新突变的方法。在细菌中，插入突变（inerstional mutagenesis）技术是在已知物理图谱上迅速定位突变的另一种方法。这项技术通过外源 DNA 片段的随机插入来引起突变。通过中断转录单元，这

些插入片段使插入位置的基因失活。转座子是细菌等模式生物的插入突变实验中非常有用的元件。定位一个新突变的方法如下所示。通过转化过程，携带抗生素抗性等位基因或其他筛选标记的转座子 DNA 被引入没有活性转座子的受体细胞。转座子近似随机地插入染色体，当插入基因内部时即引起突变（图 5-39）。一部分突变株具有与所研究的生理遗传过程相关的表型，这些表型是分析的重点。

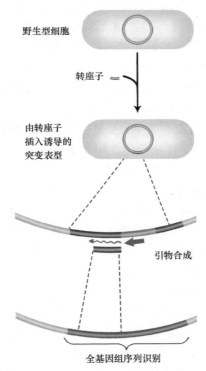

图 5-39　转座子可用于定位基因组中的突变位点
转座子的插入导致一个未知位置和功能的基因发生突变。转座子旁边的片段被扩增、测序并与完整的基因
组序列中的一个片段进行比较

　　转座子插入的美妙之处在于它们的序列是已知的，可以用来定位和测序突变基因。根据转座子的已知序列可以设计 DNA 复制的引物（见第 13 章），利用这些引物从转座子向外扩增到周围基因，从而进行插入位置的序列分析。将得到的短序列输入计算机与完整基因组序列对比，就可以定位该基因并获得其完整序列。该基因的同源基因的功能可能在其他生物中已知。因此可见这是另一种（第 4 章介绍过）可以将突变表型、遗传位置、可能的功能等相关联的方法。

<h1 style="text-align:center">总　　结</h1>

　　过去 60 年细菌遗传学和噬菌体遗传学的发展为分子生物学和克隆技术（后面章节会讨论）奠定了基础。在早期，科学家发现不同细菌菌株之间可以发生基因转移和重组。但在细菌中，遗传物质仅单向传递。例如，在大肠杆菌中，从供体细胞（F$^+$或 Hfr）传递到

受体细胞（F$^-$）。细菌中质粒 F 因子的存在与否决定了细胞的供体能力。F$^+$细菌里游离的 F 因子有时可以整合到大肠杆菌的染色体中，由此形成 Hfr 细菌。此时，供体染色体的片段会转移进入受体细胞，随后与受体染色体重组。因为 F 因子可以插入宿主染色体的任何一处，所以早期的研究者通过众多转移片段的拼接来证明大肠杆菌的染色体是一个单环。在不同时刻转移过程的中断，为遗传学家提供了构建大肠杆菌和其他类似细菌的单染色体连锁图的非传统方法（中断杂交），该图谱以时间（min）为单位。作为这种技术的延伸，进入受体细胞的不同遗传标记间的重组率可以提供更为精细的遗传图距。

除了 F 因子，细菌中还存在其他几种质粒。R 质粒所携带的抗生素抗性等位基因常常位于转座子内部。质粒的迅速扩散引起了细菌种群对重要临床药物的抗性。这些天然质粒的衍生物是重要的克隆载体，被广泛用于各种生物的基因分离和其他研究。

以细胞吸收外界环境的 DNA 片段的方式也可以实现遗传性状从一个细菌转移到另一个细菌。细菌的转化过程首次表明 DNA 是遗传物质。转化的发生需要 DNA 进入受体细胞，以及进入的 DNA 与受体染色体之间发生重组。

细菌可以被噬菌体感染。在其中一种感染过程中，噬菌体 DNA 进入细菌，然后利用细菌代谢机器产生子代噬菌体并导致宿主细胞裂解。新产生的噬菌体又可以感染别的细胞。如果两种不同基因型的噬菌体感染了同一个宿主，噬菌体的 DNA 之间就会发生重组。在另一种溶源性细菌感染过程中，注入的噬菌体是休眠的。在许多情况下，休眠的噬菌体（原噬菌体）整合进入宿主染色体并一起复制。在自然状态或合适的刺激下，原噬菌体会离开休眠状态并裂解宿主细胞。

噬菌体可以把供体细菌的基因带到受体中。在普遍性转导中，宿主 DNA 在裂解过程中被随机包装入噬菌体头部；在特异性转导中，原噬菌体从特定的染色体位置错误环化，导致噬菌体头部包装了特定的宿主基因和噬菌体 DNA。

如今，我们可以得到许多种类细菌的完整基因组物理图谱。用这个物理图谱可以精确定位目标突变。首先，通过转座子的插入获得突变（插入突变）。接着，获得插入转座子周围的 DNA 序列，并与物理图谱的序列比对。这项技术可以提供目标基因的位置、序列甚至功能。

（白林泉）

练 习 题

一、例题

例题 1　假设一个细胞不能进行普遍性重组（generalized recombination，*rec$^-$*）。那么，在普遍性转导（generalized transduction）和特异性转导（specialized transduction）中，该细胞作为受体将如何表现？首先，比较每种类型的转导，其次分别说明 *rec$^-$* 突变对每种转导过程中基因遗传的影响。

参考答案：普遍性转导需要将供体菌染色体片段转移到噬菌体头部，来感染受体菌株。

这些供体菌染色体片段随机转移到噬菌体头部，因此细菌宿主染色体上的任何标记均可通过普遍性转导转移到另一株细菌。相反，在特异性转导中，噬菌体DNA只能整合到受体菌染色体上的特定位点，而且只有整合位点附近的染色体标记可以被整合到噬菌体基因组中。因此，只有宿主染色体上噬菌体特定整合位点附近的那些标记可以被转导。

在普遍性转导和特异性转导中，遗传标记是通过不同的途径进行遗传的。在普遍性转导中，噬菌体将供体染色体上的片段转移到受体中。借助受体的重组系统，该片段会通过重组的方式整合到受体的染色体上。因此，rec⁻受体无法整合DNA片段，也就无法通过普遍性转导来遗传这些遗传标记。另外，通过特异性转导进行标记遗传的主要途径是将特定的转导颗粒整合到宿主染色体上特定的噬菌体整合位点。这种有时需要其他野生型噬菌体协助的整合方式是由独立于正常重组酶的噬菌体特异性酶系统来实现的。因此，rec⁻受体仍然可以通过普遍性转导来遗传这些遗传标记。

例题2 在大肠杆菌中，4株Hfr菌株按以下顺序转移其遗传标记。

菌株1: Q W D M T
菌株2: A X P T M
菌株3: B N C A X
菌株4: B Q W D M

这些Hfr菌株都衍生于同一F⁺菌株，这些遗传标记在原始F⁺菌株环状染色体上的排列顺序是什么？

参考答案： 两步方法很有效。①确定基本原理；②绘制简图。此处的原理很明显，每株Hfr菌株从环状染色体的固定点开始转移其遗传标记，那么最先出现的遗传标记被转移的次数最多。因为并非每株Hfr菌株都转移了所有遗传标记，所以每株Hfr菌株只能转移早期遗传标记。因此，每株菌株的信息帮助我们画出以下示意图。

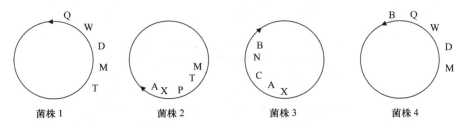

菌株1　　　　菌株2　　　　菌株3　　　　菌株4

从这些信息中，我们可以知道这些遗传标记在原始F⁺菌株的环状染色体上的顺序为Q、W、D、M、T、P、X、A、C、N、B、Q。

例题3 在Hfr×F⁻杂交中，*leu*⁺作为第一个遗传标记出现，但其他遗传标记的顺序是未知的。假设，对于每个相关遗传标记而言，Hfr是野生型且F⁻是营养缺陷型。当*leu*⁺重组体被筛选时，假设27%的有*ile*⁺标记，13%的有*mal*⁺标记，82%的有*thr*⁺标记，1%的有*trp*⁺标记，那么相关遗传标记的顺序是什么？

参考答案： 回想一下，自发断裂会产生自然的传递梯度，这使得受体越来越少地获得其他遗传标记。因为我们筛选了本次杂交中最先转移的遗传标记，所以其他重组体出现的频率代表了相关遗传标记的转移顺序。因此，我们可以查看 *leu*⁺重组体中其他遗传标记重组体的百分比，来确定遗传标记的顺序。因为 *thr*⁺重组体是最多的，所以 *thr*⁺一定是 *leu* 后第一个获得的遗传标记。遗传标记的完整顺序为 *leu*、*thr*、*ile*、*mal*、*trp*。

例题 4 *met*⁺ *thi*⁺ *pur*⁺的 Hfr 菌株和 *met*⁻ *thi*⁻ *pur*⁻的 F⁻菌株杂交。中断杂交实验表明 *met*⁺最后进入受体，因此在仅含有 *pur* 和 *thi* 添加剂的培养基上选择 *met*⁺重组体，来检验这些重组体中 *thi* 和 *pur*⁻等位基因的存在。其中各基因型个体数如下。

met⁺ *thi*⁺ *pur*⁺	280
met⁺ *thi*⁺ *pur*⁻	0
met⁺ *thi*⁻ *pur*⁺	6
met⁺ *thi*⁻ *pur*⁻	52

a. 选择培养基中为什么不加甲硫氨酸（Met）？

b. 基因顺序是什么？

c. 重组单元的图距有多大？

参考答案：

a. 不加 Met 是为了筛选 *met*⁺重组体。因为 *met*⁺是最后进入受体的遗传标记，所以 *met*⁺的筛选可确保我们在杂交中考虑的所有遗传标记都已进入每个重组体。

b. 我们知道 *met* 最后进入受体。如果第一个遗传标记在右边转移到受体内，则只有两种可能的基因顺序：*met*、*thi*、*pur* 或 *met*、*pur*、*thi*。我们如何区分这两种顺序呢？幸运的是，4 种可能的重组体之一需要两次额外的交换。每种可能的基因顺序会有由 4 次交换而不是两次交换产生的一种不同的类型。例如，如果基因顺序是 *met*、*thi*、*pur*，则 *met*⁺ *thi*⁻ *pur*⁺重组体是罕见的。如果基因顺序是 *met*、*pur*、*thi*，4 次交换产生的重组体为 *met*⁺ *pur*⁻ *thi*⁺。*met*⁺ *pur*⁻ *thi*⁺显然是 4 次交换产生的重组体。因此基因顺序为 *met*、*pur*、*thi*。

c. 请参考下图。

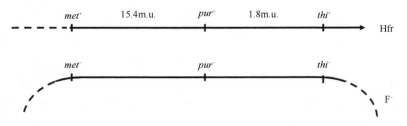

为了计算 *met* 和 *pur* 之间的距离，我们计算 *met*⁺ *pur*⁻ *thi*⁺的百分比，即 52/338 = 15.4 m.u.。同样，*pur* 和 *thi* 之间的距离为 6/338 = 1.8 m.u.。

例题 5 比较无法进行正常同源重组（*rec*⁻）的 F⁻细胞与 Hfr、F⁺和 F′*lac*⁺菌株杂交的 *lac*⁺基因的转移机制和遗传机制。无法进行正常同源重组（*rec*⁻）的 F⁻细胞与这三种菌株的杂交表现如何？细胞是否能够继承 *lac*⁺基因？

参考答案： 这三种菌株都通过接合作用来转移基因。在 Hfr 和 F⁺菌株中，宿主染色

体上的 *lac*⁺基因可以被转移。在 Hfr 菌株中，F 因子整合到每个细胞的染色体上，因此可以有效地转移染色体上的遗传标记，越靠近 F 因子整合位点的标记会越快被转移。F⁺细胞群体包含小部分 Hfr 细胞。在这些 Hfr 细胞中，F 因子被整合到染色体中。这些细胞负责了 F⁺细胞的基因转移。在 Hfr⁻和 F⁺介导的基因转移中，需要将转移的片段通过重组方式（记得需要两次交换）整合到 F⁻染色体中。因此，即使通过 Hfr 菌株或 F⁺菌株中的 Hfr 细胞将供体来源的遗传标记转入重组缺陷的 F⁻菌株，由于这些片段不能通过同源重组方式插入染色体，因此重组缺陷的 F⁻菌株不能被供体来源的基因所标记。由于在 F⁻细胞内这些片段不具有复制的能力，因此它们在细胞分裂过程中会被迅速稀释。

与 Hfr 细胞不同，F′细胞转移 F′因子所携带的基因。该过程不需要染色体转移。在这种情况下，与 F′因子相连的 *lac*⁺基因可以被高效转移。在 F⁻细胞中，不需要重组，因为 F′ *lac*⁺菌株可以复制并在分裂的 F⁻细胞群体中保持。因此，*lac*⁺基因即使在 *rec*⁻菌株中也可以遗传。

二、看图回答问题

1. 在图 5-2 中，在所示的 4 个过程中，哪一个表明了一个完整的细菌基因组可以从一个细胞转移到另一个细胞？

2. 在图 5-3 中，如果初始悬浮液中细菌细胞的浓度为 200 个/ml，将 0.2ml 接种到 100 个有盖培养皿，每个平板的预期平均菌落数是多少？

3. 在图 5-5 中，

a. 为什么 A⁻和 B⁻菌株本身不会在基本培养基上形成菌落？

b. 中间琼脂平板上的紫色菌落代表什么遗传事件？

4. 在图 5-10（c）中，黄点代表什么？

5. 在图 5-11 中，哪些供体等位基因成为了重组基因组的一部分？

6. 在图 5-13 中，

a. 哪个 Hfr 基因最后进入受体？哪个图表明它实际上正在进入？

b. 该基因转移的最大百分比是多少？

c. 哪些基因在 25min 已经进入受体？它们都能成为稳定的接合子基因组的一部分吗？

7. 在图 5-15 中，从 5 种 Hfr 菌株中转移到 F⁻菌株的最后一个基因是哪个？

8. 在图 5-16 中，以下每种基因型是如何产生的？

a. F⁺ *a*⁻

b. F⁻ *a*⁻

c. F⁻ *a*⁺

d. F⁺ *a*⁺

9. 在图 5-18 中，产生原养型接合子需要多少次交换？

10. 在图 5-19（c）中，该杂交为什么发生在 DNA 的橘黄色片段？

11. 在图 5-20 中，多少种不同的细菌转移其 DNA 给质粒 pK214？

12. 在图 5-26 中，你可以指出任何可以转导的噬菌体后代吗？

13. 在图 5-29 中，重组型噬菌体的噬菌斑的物理特征是什么？

14. 在图 5-30 中，b^+ 可以代替 a^+ 进行转导吗？那么 a^+ 能代替 b^+ 进行转导吗？

15. 在图 5-31 中，哪些基因表明了共转导的最高频率？

16. 在图 5-33 中，一半蓝色一半红色的片段代表什么？

17. 在图 5-34 中，初始裂解物中产生的最稀有的 λ 噬菌体基因型是哪个？

18. 在图 5-39 中，最终从基因组序列中精确鉴定的基因是哪个？

三、基础知识问答

19. 描述 Hfr、F^+ 和 F^- 菌株中 F 因子的状态。

20. F^+ 细胞培养液如何将遗传标记从宿主染色体转移至受体？

21. 关于基因转移以及转移的基因整合到受体基因组中，比较：

a. 通过接合作用和普遍性转导的 Hfr 杂交；

b. F' 衍生物如 F' lac 和特异性转导。

22. 为什么普遍性转导能够转移任何基因，但是特异性转导仅限于小部分基因？

23. 一位微生物遗传学家在大肠杆菌中发现了一个新突变，并希望将其在染色体上定位。他进行了 Hfr 菌株的中断杂交实验和噬菌体 P1 的普遍性转导实验。请说明每种技术本身不足以进行精确绘图的原因。

24. 在大肠杆菌中，4 株 Hfr 菌株按如下顺序转移其遗传标记。

菌株 1	M	Z	X	W	C
菌株 2	L	A	N	C	W
菌株 3	A	L	B	R	U
菌株 4	Z	M	U	R	B

所有这些 Hfr 菌株都衍生于相同的 F^+ 菌株。这些遗传标记在原始 F^+ 菌株环状染色体上的排列顺序如何？

25. 给你两株大肠杆菌。Hfr 菌株的遗传标记是 arg^+ ala^+ glu^+ pro^+ leu^+ T^s。F^- 菌株的遗传标记是 arg^- ala^- glu^- pro^- leu^- T^r。除 T 外，所有遗传标记均与营养相关。T 决定菌株对噬菌体 T1 是否敏感。遗传标记进入的顺序已知，其中 arg^+ 最先进入受体，T^s 最后进入受体。你发现，当这些菌株暴露在青霉素中时，F^- 菌株（pen^s）死亡，但是 Hfr 菌株（pen^r）没有。你如何确定 pen 基因座相对于 arg、ala、glu、pro 和 leu 在细菌染色体上的位置？请用合理且通俗易懂的步骤来阐述答案，并在可能的情况下绘制明确的示意图。

26. 两株大肠杆菌进行杂交：Hfr arg^+ bio^+ leu^+ × F^- arg^- bio^- leu^-。中断杂交实验表明 arg^+ 最后进入受体，因此在仅包含 bio 和 leu 的培养基上筛选 arg^+ 重组体，来检验这些重组体中 bio^+ 和 leu^+ 的存在。其中各基因型个体数如下：

arg^+ bio^+ leu^+	320
arg^+ bio^+ leu^-	8
arg^+ bio^- leu^+	0
arg^+ bio^- leu^-	48

a. 基因顺序是什么？

b. 用重组率表示的图距是多少？

27. Hfr 菌株中的连锁图以分钟（min）为单位进行计算（基因之间的分钟数表示第二个基因跟随第一个基因进行接合所花费的时间）。在制作此类图谱时，微生物遗传学家认为细菌染色体以恒定的速率从 Hfr 转移到 F^-。因此，假定在起始端附近相隔 10min 的两个基因与在 F^- 连接端附近相隔 10min 的两个基因具有相同的物理距离。请设计一项关键实验来测试该假设的有效性。

28. 在接合过程中，Hfr 菌株一般最后转移 pro^+。在该菌株与 F^- 菌株的杂交中，一些 pro^+ 重组体在杂交过程早期被发现。当这些 pro^+ 重组体与 F^- 菌株混合时，大多数 F^- 菌株被转化为带有 F 因子的 pro^+ 重组体。请解释这些结果。

29. 大肠杆菌中的 F' 菌株衍生于 Hfr 菌株。在某些情况下，这些 F' 菌株表现出高频率整合到第二株细菌的染色体中。此外，整合位点通常是原始 Hfr 菌株（在 F' 质粒释放之前）的致育因子所占据的位点。解释这些结果。

30. 你有两株大肠杆菌菌株，F^- str^s ala^- 和 Hfr str^s ala^+。其中 F 因子插入 ala^+ 附近。设计筛选实验来检测携带 F' ala^+ 的菌株。

31. 5 株 Hfr 菌株 A~E 衍生于单个大肠杆菌 F^+ 菌株。下表显示了在中断杂交实验中每株菌株前 5 个遗传标记进入 F^- 菌株所用的时间。

A	B	C	D	E
mal^+（1）	ade^+（13）	pro^+（3）	pro^+（10）	his^+（7）
str^s（11）	his^+（28）	met^+（29）	gal^+（16）	gal^+（17）
ser^+（16）	gal^+（38）	xyl^+（32）	his^+（26）	pro^+（23）
ade^+（36）	pro^+（44）	mal^+（37）	ade^+（41）	met^+（49）
his^+（51）	met^+（70）	str^s（47）	ser^+（61）	xyl^+（52）

a. 绘制 F^+ 菌株的染色体图谱，以 min 为单位指出所有基因的位置及其距离。

b. 指出每株 Hfr 菌株中 F 质粒的插入位点和方向。

c. 如果可以使用这些 Hfr 菌株中的任意一种菌株时，请说明你选择哪个等位基因来获得最高比例的接合子。

32. 基因型为 str^s mtl^- 的肺炎双球菌被基因型为 str^r mtl^+ 的供体 DNA 转化。此外，该细菌还被基因型为 str^r mtl^- 和 str^s mtl^+ 的两个 DNA 混合物转化。实验结果如下表所示。

转化 DNA	转化细胞百分比		
	$str^r\ mtl^-$	$str^s\ mtl^+$	$str^r\ mtl^+$
$str^r\ mtl^+$	4.3	0.40	0.17
$str^r\ mtl^-$ 和 $str^s\ mtl^+$	2.8	0.85	0.0066

a. 表格第一行告诉了你什么？为什么？

b. 表格第二行告诉了你什么？为什么？

33. 回想一下，在第4章中，我们讨论了一个杂交事件可能会影响另一个杂交事件。在T4噬菌体中，基因 a 与基因 b 的距离为1.0 m.u.，基因 b 与基因 c 的距离为0.2 m.u.。基因顺序是 a、b、c。在重组实验中，你从100 000个子代病毒中重新获得了5个 a 和 c 的双重交换体。基于该实验结果，得出该干扰是消极的结论是否正确？请解释你的答案。

34. 大肠杆菌被两株T4噬菌体感染了。其中，一种噬菌体的标记是微小（m）、快速裂解（r）和浑浊（t）；另一种噬菌体是上述三个标记的野生型。将感染的裂解产物涂布培养并进行分类。所得的10 343个噬菌斑有以下8种基因型。

$m\ r\ t$	3469	$m\ +\ +$	521
$+\ +\ +$	3727	$+\ r\ t$	475
$m\ r\ +$	854	$+\ r\ +$	171
$m\ +\ t$	163	$+\ +\ t$	963

a. m 与 r 之间、r 与 t 之间，以及 m 与 t 之间的连锁距离是多少？

b. 确定三个基因的连锁顺序？

c. 该杂交的并发系数是多少（请参阅第4章）？它意味着什么？

35. 使用P22作为在 $pur^+\ pro^+\ his^+$ 细菌供体上生长的普遍性转导噬菌体，用其感染基因型为 $pur^-\ pro^-\ his^-$ 的受体菌株。孵育一段时间后，在实验Ⅰ、Ⅱ和Ⅲ中分别筛选 pur^+、pro^+ 和 his^+ 的转导子。

a. 什么培养基可以用在每个筛选实验中？

b. 检查了转导子是否存在未选择的供体标记，结果如下。

实验Ⅰ	实验Ⅱ	实验Ⅲ
$pro^-\ his^-$ 86%	$pur^-\ his^-$ 44%	$pur^-\ pro^-$ 20%
$pro^+\ his^-$ 0	$pur^+\ his^-$ 0	$pur^+\ pro^-$ 14%
$pro^-\ his^+$ 10%	$pur^-\ his^+$ 54%	$pur^-\ pro^+$ 61%
$pro^+\ his^+$ 4%	$pur^+\ his^+$ 2%	$pur^+\ pro^+$ 5%

细菌基因的顺序是什么？

c. 哪两个基因最接近？

d. 根据你对c问题的回答，解释实验Ⅱ中观察到的基因型的相对比例。

36. 尽管大多数λ噬菌体介导的 gal^+ 转导子是可诱导的溶源性细菌，但实际上这些转导子中的小部分不是溶源性细菌（也就是说，它们不包含整合的λ噬菌体）。对照实验表明这些转导子不是通过突变产生的。那么，这些转导子可能的来源是什么？

37. 已知一个 *ade⁺ arg⁺ cys⁺ his⁺ leu⁺ pro⁺* 细菌菌株对新发现的噬菌体具有溶源性，但该原噬菌体的位置未知。细菌图谱如下所示。

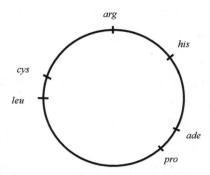

该溶源性菌株可以作为噬菌体的来源，并将噬菌体添加到基因型为 *ade⁻ arg⁻ cys⁻ his⁻ leu⁻ pro⁻* 的细菌菌株中。短暂孵育后，将这些细菌的样品接种到 6 种不同的培养基上。下表列出了相应的营养添加剂，并表明了在各种培养基上是否观察到菌落。

培养基	培养基中的营养补充剂						菌落情况
	Ade	Arg	Cys	His	Leu	Pro	
1	−	+	+	+	+	+	N
2	+	−	+	+	+	+	N
3	+	+	−	+	+	+	C
4	+	+	+	−	+	+	N
5	+	+	+	+	−	+	C
6	+	+	+	+	+	−	N

注："+"表示存在营养添加剂，"−"表示不存在营养添加剂，N 表示无菌落，C 表示有菌落。Ade. 腺嘌呤；Arg. 精氨酸；Cys. 半胱氨酸；His. 组氨酸；Leu. 亮氨酸；Pro. 脯氨酸。

a. 什么遗传过程在发挥作用？

b. 原噬菌体可能的位置是什么？

38. 在使用 P1 噬菌体的普遍性转导系统中，供体是 *pur⁺ nad⁺ pdx⁻*，受体是 *pur⁻ nad⁻ pdx⁺*。转导后，先筛选供体等位基因 *pur⁺*，然后检测 50 个 *pur⁺* 转导子中其他等位基因存在的情况。结果如下表所示。

基因型	菌落数量（个）
nad⁺ pdx⁺	3
nad⁺ pdx⁻	10
nad⁻ pdx⁺	24
nad⁻ pdx⁻	13
总计	50

a. *pur* 和 *nad* 的共转导频率是多少？

b. *pur* 和 *pdx* 的共转导频率是多少？

c. 哪个未筛选的基因座最接近 *pur*？

d. *nad* 和 *pdx* 是在 *pur* 的同侧还是两侧？请说明你的答案。

（绘制以任意顺序生成各种转导子所需的交换情况，来查看哪种情况需要最少的交换来生成获得的结果。）

39. 在普遍性转导实验中，从基因型为 *cys⁺ leu⁺ thr⁺* 的大肠杆菌供体菌株中收集噬菌体，并将该噬菌体用于转导基因型为 *cys⁻ leu⁻ thr⁻* 的受体。将孵育后的受体样品接种到含有亮氨酸和苏氨酸的基本培养基中，并获得了许多菌落。

a. 这些菌落的可能基因型是什么？

b. 将这些菌落影印接种到三种不同的培养基中：①含有苏氨酸的基本培养基，②含有亮氨酸的基本培养基，③基本培养基。从理论上讲，什么基因型可以在三种培养基上生长？

c. 在原始菌落中，观察到 56% 的细菌在 1 号培养基上生长，5% 在 2 号培养基上生长，3 号培养基上没有菌落。在 1 号、2 号和 3 号培养基上生长的菌落的实际基因型是什么？

d. 绘制一个图来表明三个基因的顺序以及两个外部基因中的哪个更靠近中间基因。

40. 推断以下大肠杆菌 1~4 的基因型。

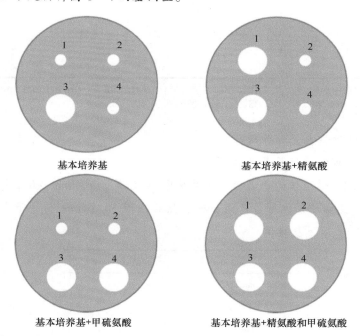

基本培养基　　　　　　　　　基本培养基+精氨酸

基本培养基+甲硫氨酸　　　基本培养基+精氨酸和甲硫氨酸

41. 在大肠杆菌的中断接合实验中，*pro* 基因在 *thi* 基因之后进入。将 *pro⁺ thi⁺* Hfr 菌株与 *pro⁻ thi⁻* F⁻ 菌株杂交，并将接合子接种在含有硫胺素但不含脯氨酸的培养基中。

培养一段时间后，总共观察到 360 个菌落，将其分离并在完全培养基上培养。随后，检验这些菌落在不含脯氨酸或硫胺素的培养基（基本培养基）上生长的能力，发现其中 320 个菌落能够生长，其余的不能生长。

　　a. 分析两种菌落的基因型。

　　b. 画出产生这些基因型所需的遗传交换事件。

　　c. 计算 *pro* 和 *thi* 基因之间的距离（以重组单位表示）。

　　42. 普遍性转导实验使用 $metE^+ pyrD^+$ 菌株作为供体，使用 $metE^- pyrD^-$ 菌株作为受体。筛选 $metE^+$ 转导子，然后检测 $pyrD^+$ 等位基因。实验结果如下所示：

$metE^+ pyrD^-$　　　857

$metE^+ pyrD^+$　　　　1

这些结果是否表明这些基因紧密相连？唯一的"双重"还有什么其他解释？

　　43. $argC^-$ 菌株被转导噬菌体感染了，其裂解液用于在含有精氨酸但不含甲硫氨酸的培养基中转导 $metF^-$ 受体。随后检测了 $metF^+$ 转导子对精氨酸的需求：大多数是 $argC^+$，但是小部分是 $argC^-$。绘制示意图来表明 $argC^+$ 和 $argC^-$ 菌株可能的来源。

四、拓展题

　　44. 4 种基因型 $a^+ b^-$ 的大肠杆菌菌株分别标记为 1、2、3 和 4。4 种基因型 $a^- b^+$ 菌株分别标记为 5、6、7 和 8。将两种基因型以所有可能的组合进行混合，并且（孵育后）平板接种来确定 $a^+ b^+$ 重组体的可能性。获得以下结果，其中 M 表示许多重组体，L 表示少量重组体，0 表示无重组体。

$a^- b^+$ 菌株	$a^+ b^-$ 菌株			
	1	2	3	4
5	0	M	M	0
6	0	M	M	0
7	L	0	0	M
8	0	L	L	0

　　根据这些结果，为每个菌株标记性别类型（Hfr、F^+ 或 F^-）。

　　45. 基因型为 $a^+ b^+ c^+ d^+ str^s$ 的 Hfr 菌株与基因型为 $a^- b^- c^- d^+ str^r$ 的菌株进行杂交实验。在不同时间，通过剧烈摇动培养基来分离杂交样品，然后将细胞接种在三种类型的培养基上，如下表所示。其中营养物 A 可使 a^- 细胞生长；营养物 B 可使 b^- 细胞生长；营养物 C 可使 c^- 细胞生长；营养物 D 可使 d^- 细胞生长。（"+"表示存在链霉素或营养物，"–"表示不存在。）

培养基类型	链霉素	A	B	C	D
1	+	+	+	–	+
2	+	–	+	+	+
3	+	+	–	+	+

a. 在每种培养基上筛选哪种供体基因？

b. 下表表明了在菌株混合后在不同时间采集的每种培养基上的菌落数。使用此信息来确定基因 a、b 和 c 的顺序。

取样时间（min）	不同培养基中的菌落数量（个）		
	1	2	3
0	0	0	0
5	0	0	0
7.5	102	0	0
10	202	0	0
12.5	301	0	74
15	400	0	151
17.5	404	49	225
20	401	101	253
25	398	103	252

c. 从每个培养 25min 的培养基中挑出 100 个菌落，并将其转移到含有除营养物 D 外所有营养成分的培养基中。在 1 型培养基上生长的菌落数量为 90 个，在 2 型培养基上生长的菌落数量为 52 个，在 3 型培养基上生长的菌落数量为 9 个。使用这些数据，将基因 d 拟合到 a、b 和 c 的序列中。

d. 你预计在什么采样时间在含有营养物 C 和链霉素但没有营养物 A 或营养物 B 的培养基上首先出现菌落？

46. 在 Hfr $aro^+ arg^+ ery^r str^s$ × F$^-$ $aro^- arg^- ery^s str^r$ 的杂交中，遗传标记按照给定的顺序进行转移（其中 aro^+ 最先进入），但是前三个基因非常靠近。将接合子接种在含有 Str（链霉素，可杀死 Hfr 细胞）、Ery（红霉素）、Arg（精氨酸）和 Aro（芳香族氨基酸）的培养基上。随后从这些培养基中分离得到 300 个菌落，并检测了它们在各种培养基上的生长情况：在仅含有 Ery 的培养基上，有 263 株菌株生长；在含有 Ery + Arg 的培养基上，有 264 株菌株生长；在含有 Ery + Aro 的培养基上，有 290 株菌株生长；在含有 Ery + Arg + Aro 的培养基上，有 300 株菌株生长。

a. 绘制基因型列表，并指出每种基因型的数量。

b. 计算重组率。

c. 计算 arg 到 aro 区域大小与 ery 到 arg 区域大小的比例。

47. 用对 4 种药物（A、B、C 和 D）有抗性的供体菌株和对 4 种药物敏感的受体菌株进行转化。随后，分离得到受体细胞群，并将其接种到含有多种药物组合的培养基上。结果如下表所示。

添加的药物	菌落数量（个）	添加的药物	菌落数量（个）
不添加	10 000	BC	50
A	1 155	BD	48
B	1 147	CD	785
C	1 162	ABC	31
D	1 140	ABD	43
AB	47	ACD	631
AC	641	BCD	35
AD	941	ABCD	29

a. 其中三个基因紧密相连，而剩余那个基因却离这三个基因很远。哪个是远处的基因？

b. 三个紧密相连的基因可能的排列顺序是什么？

48. 你有两种可以裂解大肠杆菌的 λ 噬菌体，其遗传图谱如下所示。

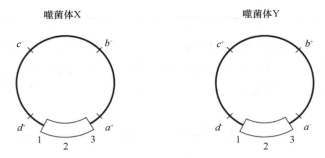

染色体底部显示的片段称为 1-2-3，是负责与大肠杆菌染色体配对和交换的区域（将标记保留在你的示意图上）。

a. 绘制示意图来描述菌株 X 插入大肠杆菌染色体的方式（使大肠杆菌被溶菌）。

b. 可以使用菌株 Y 来超级感染对菌株 X 具有溶源性的细菌。这些超级感染细菌中有一定比例会"双重"溶菌（对两个菌株都具有溶源性）。图解它如何发生（不必担心如何检测到双重溶源）。

c. 图解两个 λ 噬菌体如何配对。

d. 重新获得两个原噬菌体的交换产物。图解交换事件及其后果。

49. 你有三株大肠杆菌。菌株 A 为 F′ cys^+ $trp1/cys^+$ $trp1$（即质粒和染色体均携带 cys^+ 和 $trp1$，这是色氨酸必需的等位基因）。菌株 B 是 F⁻ cys^- $trp2$ Z（该菌株需要半胱氨酸才能生长，并携带 $trp2$，这是另一个导致色氨酸需求的等位基因；菌株 B

对普遍性转导噬菌体 Z 具有溶源性）。菌株 C 为 F⁻cys^+ *trp1*（它是菌株 A 的 F⁻衍生物，丢失了质粒）。你如何确定 *trp1* 和 *trp2* 是不是相同基因座的等位基因？请描述交换情况和预期结果。

50. 普遍性转导噬菌体被用于将 a^+ b^+ c^+ d^+ e^+ 供体转导到大肠杆菌的 a^- b^- c^- d^- e^- 受体菌株。将受体培养液接种到各种培养基上，结果如下表所示（请注意，a^- 表示需要 A 作为营养物，以此类推）。这些基因的连锁和顺序是什么？

培养基中添加的营养物种类	有（+）或无（−）菌落
CDE	−
BDE	−
BCE	+
BCD	+
ADE	−
ACE	−
ACD	−
ABE	−
ABD	+
ABC	−

51. 1965 年，Jon Beckwith 和 Ethan Signer 设计了一种获得带有 *lac* 区域的特异性转导噬菌体的方法。他们发现温和噬菌体 Φ80 的整合位点 *att80* 位于 *tonB* 附近。其中，*tonB* 基因对强毒噬菌体 T1 有抗性。

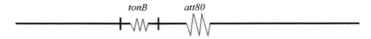

使用在高温下无法复制的 F′ lac^+ 质粒互补 *lac* 基因缺失的菌株。通过强迫细胞在高温下保持 lac^+，研究人员可以筛选质粒已整合到染色体上的菌株，从而在高温下维持 F′ *lac*。通过将这种筛选与针对 T1 噬菌体感染的抗性筛选相结合，他们发现存活菌株中的 F′ *lac* 整合到了 *tonB* 基因中，如下所示。

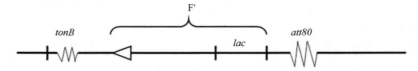

该结果表明 *lac* 区域出现在噬菌体 Φ80 的整合位点附近。请描述研究人员需要采取哪些后续步骤，来分离携带 *lac* 区域的噬菌体 Φ80 的特异性转导颗粒？

52. 野生型大肠杆菌吸收并浓缩了某种红色食用染料，使菌落呈现血红色。使用转座子诱变后，将细菌接种到食用染料上。大多数菌落是红色的，但是有些菌落没有吸收染料，而呈现了白色。在一个白色菌落中，通过使用与转座子序列末端部分相同的 DNA 作为复制引物，对转座子插入位点周围的 DNA 进行了测序，发现与转座子相邻的序列对应一个功能未知的基因，称为 *atoE*，其在染色体上的位置为 2.322～2.324Mb（从任意位置 0 开始编号）。请假设 *atoE* 的功能。用这种方法可以研究什么生物学过程？此外，还可以推测其他类型的白色菌落吗？

第6章
基因相互作用

学 习 目 标

学习本章后，你将可以掌握如下知识。

· 通过观察子代比例或者应用互补测验来设计实验，测试两个以上的等位基因突变。

· 根据杂合子的表型推断各种类型的显性。

· 识别基因型的外显率和表现度。

· 识别判断致死等位基因的存在。

· 根据修正的孟德尔比例推断不同基因的相互作用。

· 制定合理的分子水平假说来解释各种类型的基因相互作用。

鱼类的孟德尔遗传

遗传学家陈桢院士（1894—1957）于 1921 年获得哥伦比亚大学理学硕士学位。他随后成为摩尔根实验室的第一位中国留学生，在摩尔根的指导下，他掌握了杂交实验与细胞学研究相结合的方法。归国后，他选取中国特有的材料——金鱼进行遗传学研究。并将杂交实验和细胞学、胚胎学、统计学相结合，从多学科的角度来探讨遗传学上的一些重要问题。

1928 年，陈桢的论文《透明度和斑点，金鱼中的一例孟德尔遗传》在 *Genetics* 杂志发表（图 6-1）。该文证明，透明鳞取决于纯合的突变基因型（*TT*），正常鳞取决于纯合的隐性基因型（*tt*），而斑点鳞则取决于杂合的基因型（*Tt*）。这是国际上首次用金鱼证实基因的多效性和不完全显性遗传的研究工作。

1934 年，陈桢发表了《金鱼蓝色和紫色的遗传》一文，证明金鱼的蓝色由一对纯合的隐性基因决定，紫色由 4 对纯合的隐性基因决定。经杂交产生的 5 对基因的隐性纯合体则有蓝紫色，而且是一个不再分离的品种。

图 6-1　鱼类的孟德尔遗传

1928 年，陈桢在 *Genetics* 杂志上发表的《透明度和斑点，金鱼中的一例孟德尔遗传》研究论文的插图

　　1924 年陈桢在他编写的大学教科书《普通生物学》中，专门用一章系统讲述了孟德尔的遗传规律及遗传的物质基础、基因的线性排列、摩尔根的连锁互换规律等遗传理论。

引　言

　　如本书前述，遗传学家一般都从一组突变体开始，将每个突变体与野生型杂交，以观察单个基因突变体是否产生遗传性状，最终揭示该基因在遗传性状发育中所起的作用。在某些情况下，研究者也可以通过与其他生物的基因序列比对来分析该基因特定的生化功能。

　　那么，如何发现特定条件下的基因相互作用呢？通常，分子水平的策略是直接分析蛋白质在体外的相互作用，也就是说使用一种蛋白质作为"诱饵"，观察其他蛋白质与它的结合情况。与诱饵结合的蛋白质就是活细胞中与之相互作用的候选物。另一种分子方法是分析 mRNA 转录组。在特定的发育过程中互作基因可以表达相应的 RNA 转录物，全基因组表达谱芯片和转录组测序可以进行这种分析。遗传分析可以推断出基因相互作用的方式及其在表型中的意义，这也是本章的重点。

　　基因相互作用可分为两大类。第一类包括同一个位点的等位基因之间的相互作用，广义上说是显性的变异。本章除了完全显性和完全隐性外，我们还会介绍其他显性类型及其不同的细胞生物学基础。虽然不涉及基因功能范畴，但通过了解等位基因的相互作用，可以了解基因的相互作用。第二类包括两个或多个基因之间的相互作用。这些相互作用揭示了在特定生物学功能基础上基因的数量和类型。

6.1 单基因中等位基因间的相互作用：不同类型的显性

同源染色体的同一个位点上，可以存在两种以上的等位基因，遗传学上把这种等位基因称为复等位基因（multiple allele）。一个新的突变等位基因需要通过实验来判定其表型是显性还是隐性，这些信息也是深入了解该基因功能的重要一环。

显性是指单基因等位基因在杂合子中相互作用的一种表现形式。相互作用的等位基因可以是野生型和突变型等位基因（+/m）或两个不同的突变型等位基因（m1/m2）。已经发现几种类型的显性性状，每个性状都代表等位基因之间不同类型的相互作用方式。

6.1.1 完全显性和完全隐性

最简单的显性类型是完全显性，一个完全显性的等位基因将在表型中起主导作用，当只有一个拷贝存在时，如在杂合子中，与其对应的等位基因将呈现完全隐性。在完全显性的表型中，无法区分是显性纯合子还是杂合子，也就是说，在表型水平上，$A/A=A/a$。

苯丙酮尿症（PKU）和许多其他单基因病中突变型等位基因是完全隐性的，而野生型等位基因则是完全显性的。

以 PKU 为例，该病是由编码苯丙氨酸羟化酶（PAH）的基因缺陷引起的。在缺少具有活性的 PAH 时，从食物中摄入体内的苯丙氨酸无法分解，并不断积累。此时，苯丙氨酸会被转化成苯丙酮酸，并通过血液转运到大脑，阻碍正常发育，导致智力低下。通常，一个野生型等位基因 P 的"剂量"就能产生足够的 PAH 来降解进入体内的苯丙氨酸。因此，野生型 P/P（两倍剂量）和杂合子 P/p（单倍剂量）都有足够的 PAH 活性，从而维持细胞正常的生化反应。而 p/p 患者的 PAH 活性为零，就会患病。图 6-2 说明了这个概念。

其他单基因病如软骨发育不全的突变型等位基因是完全显性的，野生型等位基因是隐性的。那我们如何解释完全显性突变呢？显性有多种分子机制。常见的机制是野生型等位基因单倍剂量不足。在单倍剂量不足时，一个野生型等位基因的剂量无法产生正常水平的功能。假设某个正常生化反应需要 16 份基因产物，每个野生型等位基因可以产生 10 份基因产物。两个野生型等位基因将产生 20 份基因产物，这远超过反应所需的最小值。但是，当其中一个等位基因发生突变时，会产生一种无活性的蛋白质。那样杂合子只能产生 10 份基因产物，这又远低于最小值。因此，杂合子表现出显性突变的表型。例如，TBX1 编码转录调节蛋白（转录因子），其作用是调节咽部发育。若敲除小鼠中一个野生型等位基因，那么基因就会单倍剂量不足，导致调节蛋白浓度不足，最终引起咽动脉发育的缺陷。

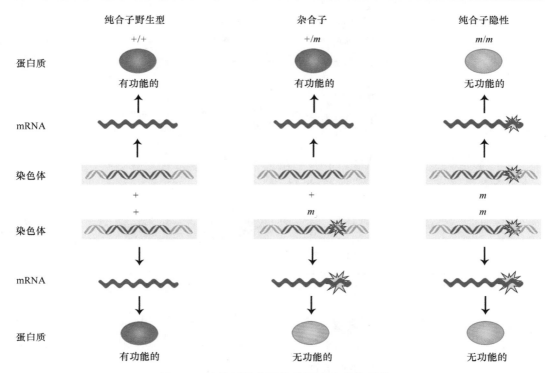

图 6-2　单倍剂量充足的基因突变是隐性的

在完全显性的杂合子中，即使突变拷贝的基因产生无效的蛋白质，其野生型拷贝也仍然可以产生足够的活性蛋白质以维持野生型的表型

另一种重要的显性突变称为显性抑制突变。具有这种突变的多肽起着干扰破坏作用。在某些情况下，同源二聚体共同组成有功能的蛋白质。在杂合子（+/M）中，突变多肽与野生型多肽结合，通过阻碍野生型蛋白与底物的作用来破坏二聚体功能。同样情况也会造成不同基因的多肽组成的异源二聚体的功能异常。

胶原蛋白基因就是一个显性抑制突变（dominant-negative mutation）的例子。该基因中的一些突变引起了人类成骨不全（脆骨病）的表型。胶原是一种结缔组织蛋白，由三个单体交织形成三聚体。在突变杂合子中，异常蛋白质单体包裹在一个或两个正常聚合物上形成异常的三聚体，导致功能紊乱。缺陷的胶原通过这种方式充当干扰器。图 6-3 说明了显性基因的单倍剂量不足和显性抑制两种突变的区别。

关键点：对于大多数基因来说，单个野生型拷贝足以行使完全的功能，突变是完全隐性的。单倍剂量不足的基因中有害突变往往呈现显性效应。而在同源二聚体或异源二聚体中基因突变可以表现为显性抑制，通过"干扰器"蛋白发挥作用。

6.1.2　等位基因变异和其影响的基因功能

等位基因的不同类型以不同的方式影响着表型。

孟德尔的研究证实了基因以不同的形式存在着。他根据豌豆的 7 个性状，如种子的形状、子叶的颜色、花的颜色、豆荚的形状、豆荚的颜色、花的位置和植株的高度等，

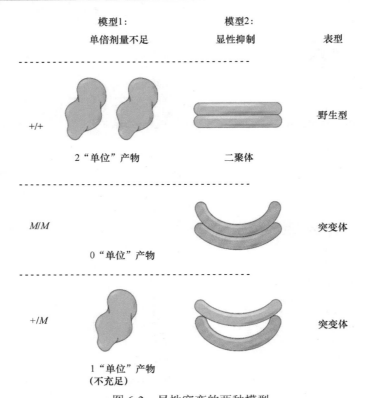

图 6-3　显性突变的两种模型

一个野生型等位基因不能产生足够的蛋白质产物来发挥适当的功能（左图），或者等位基因突变是显性抑制，产生"干扰器"蛋白（右图）

确定了两个等位基因，一个显性，一个隐性。这个发现提出了等位基因的简单功能二分法，一个等位基因不工作，另外一个等位基因决定表型的全部。然而，20 世纪初期的研究却表明这是一个极端简单的问题。基因可以以两个不同的等位基因状态存在，每个等位基因都对表型有不同的影响。

6.1.3　不完全显性和共显性

如果一个等位基因在杂合子中与在纯合子中具有同样的表型作用，那么它就是显性的，即基因型 *Aa* 和 *AA* 在表型上是没有差别的。然而有时候杂合子的表型与其相关的任一纯合子都不相同，金鱼草（*Antirrhinum majus*）花的颜色就是一个例子。白色和红色是同一等位基因的两种纯合子产生的，杂交后它们产生粉色花的杂合子。红花等位基因（*W*）对白花等位基因（*w*）呈不完全显性。最合理的解释就是这种花的色素强度依赖于颜色基因的特异性产物的量（图 6-4）。如果 *W* 等位基因产生这种特异性产物，而 *w* 不产生，则 *WW* 纯合子将有 *Ww* 杂合子 2 倍的基因产物，因此出现更深的颜色。而杂合子的表型介于两个纯合子之间，在这里，不完全显性（incomplete dominance）的等位基因有时被说成是半显性（semidominant）。

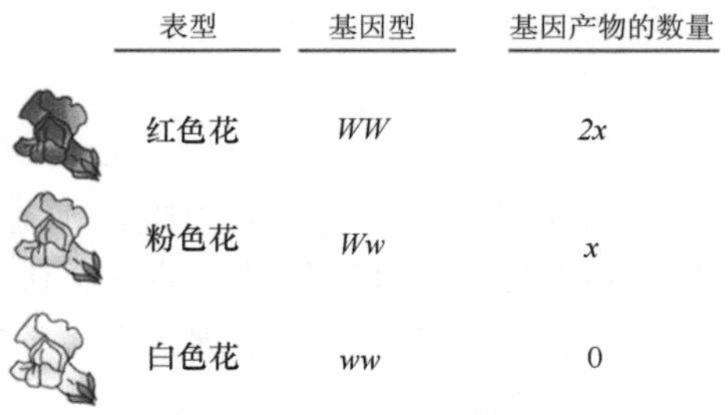

表型	基因型	基因产物的数量
红色花	*WW*	*2x*
粉色花	*Ww*	*x*
白色花	*ww*	0

图 6-4　金鱼草花色的遗传基础

等位基因 *W* 对 *w* 为不完全显性。表型间的差异可能是由于 *W* 等位基因产物的数量不同

与简单显性不同的另一个例外是杂合子显示的特征可以在每个相关的纯合子中看到。比如人的血型系统，可以通过测定血清中的抗原来确定。这种由免疫系统产生的因子可以特异地识别抗原。例如，一种叫作抗 M 的血清，仅能识别人血细胞中的 M 抗原；另一种叫作抗 N 的血清仅能识别人血细胞中的 N 抗原（图 6-5）。当用这些血清检测血型中的特异性抗原时，这些细胞凝集在一起，称为凝集（agglutination）。这样，通过不同的血清测试细胞凝集状态的医学技术，就能够确定哪种抗原存在而确定血型。

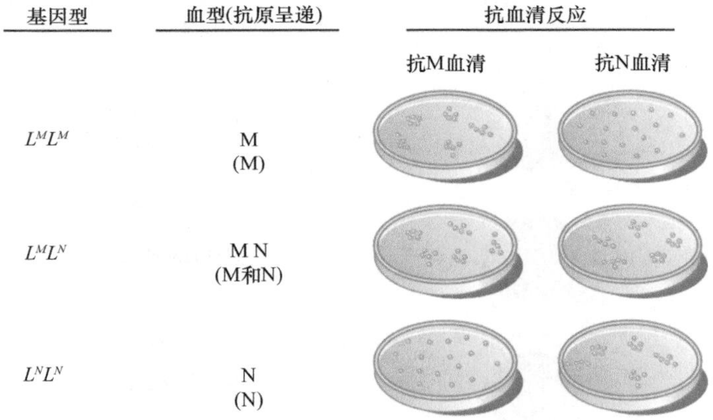

基因型	血型(抗原呈递)	抗血清反应	
		抗M血清	抗N血清
$L^M L^M$	M (M)		
$L^M L^N$	M N (M和N)		
$L^N L^N$	N (N)		

图 6-5　用特异性抗血清凝集法来检测红细胞的 M 抗原和 N 抗原

用抗 M 血清和抗 N 血清，可以鉴别出三种血型

产生 M 抗原或 N 抗原的能力是由一个基因的两个等位基因决定的。一个等位基因容许 M 抗原产生，另一个容许 N 抗原产生。*M* 等位基因的纯合子仅产生 M 抗原，*N* 等位基因的纯合子仅产生 N 抗原。然而携带这两个等位基因的杂合子产生这两种抗原。由于杂合子上的两个等位基因各自独立决定其表型，因此它们称为共显性（codominant）。共显性意味着等位基因有独自的功能。没有哪一个是显性的，甚至是超过其他的部分显性。因此，用上下位字母表示等位基因，而不像我们以前的例子里表示的那样。表示共显性的等位基因的符号写在基因的上方，如该基因使用字母 L，这是为了感谢血型的发现者 Karl Landsteiner。*M* 等位基因就写成 L^M，*N* 等位基因写成 L^N。图 6-5 展示了由 L^M 和 L^N 等位基因形成的三种可能的基因型及相关的表型。

6.1.4 复等位基因

孟德尔关于一个基因含有不超过两个等位基因的概念，由于发现基因中有 3 个、4 个或更多的等位基因而不得不被修正了。复等位基因的一个传统例子就是控制兔子毛色的基因（图 6-6）。用小写字母 c 表示的毛色决定基因，有 4 个等位基因，其中 3 个显性基因用上标表示：c（albino，白化的）、c^h（Himalayan）、c^{ch}（chinchilla，灰色）和 c^+（wild，野生型）。在纯合子中，每个等位基因都对毛色有特征性影响：cc，白毛覆盖整个身体；$c^h c^h$，肢体末端有黑毛，白毛遍及其他部位；$c^{ch} c^{ch}$，黑色末端的白毛覆盖全身；$c^+ c^+$，有色毛覆盖全身。由于大多数野生种群的兔子是 $c^+ c^+$ 纯合子，因此 c^+ 这个等位基因被认为是野生型的。在遗传学中，人们习惯在一个基因的字母后面跟一个上标的加号表示野生型。当背景清楚的时候，字母有的时候也可以省略，只写一个+，这样 c^+ 就可以简单地缩写成+。

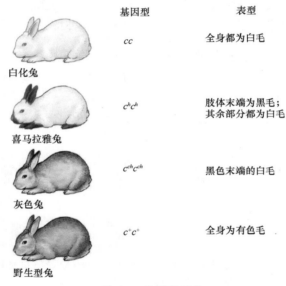

	基因型	表型
白化兔	cc	全身都为白毛
喜马拉雅兔	$c^h c^h$	肢体末端为黑毛；其余部分都为白毛
灰色兔	$c^{ch} c^{ch}$	黑色末端的白毛
野生型兔	$c^+ c^+$	全身为有色毛

图 6-6 兔子的毛色
不同的表型是由 c 基因的 4 个不同等位基因引起的

c 基因的其他等位基因就是突变型的，它是野生型等位基因的不同形式，在兔子的进化过程的某个时期出现。Himalayan 和 chinchilla 等位基因用上标表示，但 albino 等位基因却简单地用小写字母 c（colorless 无色的意思，albino 的其他表示法）表示。这种表示法显示了遗传学命名法的另一个习惯，基因常常用突变等位基因命名，一般为最不正常表型相关的等位基因。用突变等位基因命名的规则是我们在第 3 章讨论过的规则的继续，即用隐性等位基因命名，因为大多数突变等位基因是隐性的。然而有时候突变的基因也会是显性的，在这样的情况下，基因以它突变后的表型命名。例如，控制鼠尾长度的基因，这个基因的第一个突变等位基因是在杂合子中引起老鼠短尾现象。因此这个显性突变就以 T 表示，即尾长（tail-length）。这个基因的其他等位基因有很多，根据它们是显性还是隐性，用字母的上标或下标表示，不同的等位基因用上标彼此区分。

复等位基因的另外一个例子来源于人类血型，即 A、B、AB 和 O 血型，就像前面讨论过的 M、N 和 MN 血型一样，用不同的血清检测以确定血液标本。一个血清检测 A 抗原，另外一个血清检测 B 抗原。仅 A 抗原存在于细胞上的时候，血型是 A；仅 B 抗原存在的时候，血型是 B；两个抗原都存在的时候，血型是 AB；两个抗原都不存在的时候，血型是 O。A 抗原和 B 抗原与 M 抗原和 N 抗原完全独立。

产生 A 抗原和 B 抗原的基因用字母 I 表示。它有三个等位基因：I^A、I^B 和 i。I^A 等位基因特异性地产生 A 抗原，I^B 等位基因特异性地产生 B 抗原。然而 i 等位基因不编码任何抗原。在这 6 种可能的基因型中，有 4 种不同的表型：A、B、AB 和 O（表 6-1）。在这个系统中，I^A 和 I^B 等位基因是共显性的，因为在杂合子 I^AI^B 中，每个等位基因的作用是一样的，i 的等位基因对 I^A 和 I^B 是隐性的。所有这三个等位基因在人群中的频率都是可估计的，这样 I 基因就被称为多态的（polymorphic，希腊文有多种形式的意思）。遗传多态性的群体和进化特征我们将在第 20 章中讲述。

表 6-1　基因型、表型及 ABO 血型系统的频率

基因型	血型	A 抗原显示	B 抗原显示	美国白人群体中的频率（%）
I^AI^A 或 I^Ai	A	+	−	41
I^BI^B 或 I^Bi	B	−	+	11
I^AI^B	AB	+	+	4
ii	O	−	−	44

6.1.5　等位基因系列

通过纯合子之间的杂交生成的杂合子组合来研究一系列复等位基因的功能相关性。例如，兔子 c 基因的 4 个等位基因可以彼此组合成 6 种不同的杂合子：c^hc、$c^{ch}c$、c^+c、$c^{ch}c^h$、c^+c^h 和 c^+c^{ch}。这些杂合子使显性之间的关系研究成为可能（图 6-7）。在这个系列中，野生型的等位基因可以完全掩盖其他等位基因；c^{ch} 等位基因相对 c^h 和 c 等位基因呈不完全显性；c^h 则对 c 呈完全显性。这些显性关系就可以总结为：$c^+ > c^{ch} > c^h > c$。

注意等位基因的显性等级对毛色具有平行效应。一个好像最合理的解释就是 c 基因控制着皮毛黑色色素形成的一步。野生型的等位基因在这个过程中具有完全的功能，在全身产生有颜色的皮毛。c^{ch} 和 c^h 等位基因仅有部分功能，产生一些有颜色的皮毛。c 等位基因完全没有功能。没有功能的等位基因被说成是零（null）或无效（amorphic，希腊文），它们永远是完全隐性的。具有部分功能的等位基因称为亚效等位基因（hypomorphic allele），它们对更强大的等位基因如野生型等位基因是隐性的。这些差异的生物化学基础我们将在本章中随后讨论。

人类镰状细胞贫血则说明了基因共显性的不同组合方式。血红蛋白基因 Hb 编码血红蛋白分子，血红蛋白负责血液中的氧运输，是红细胞的主要组成成分，该基因有两种主要的等位基因 Hb^A 和 Hb^S，决定 3 种不同的表型，如图 6-8 所示。

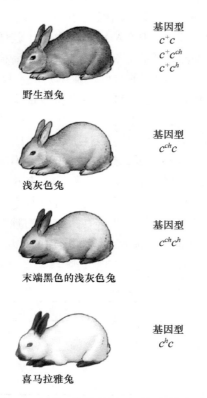

基因型
c^+c
c^+c^{ch}
c^+c^h

野生型兔

基因型
$c^{ch}c$

浅灰色兔

基因型
$c^{ch}c^h$

末端黑色的浅灰色兔

基因型
c^hc

喜马拉雅兔

图 6-7　兔子 c 等位基因不同组合的表型

这些等位基因形成一个系列，野生型等位基因 c^+ 对所有其他等位基因呈显性，而无效等位基因 c（白化）对所有其他等位基因都呈隐性；亚效等位基因 c^{ch} 对 c^h 为不完全显性

Hb^A/Hb^A：正常；红细胞不呈现镰刀状。

Hb^S/Hb^S：异常血红蛋白使红细胞呈现镰刀状，会导致严重、致命的贫血。

Hb^A/Hb^S：低血氧浓度下才有镰状红细胞，无贫血的表型。

图 6-8 为镰状红细胞的电镜照片。在杂合子中，单拷贝的 Hb^A 等位基因能够产生足够的功能性血红蛋白来防止贫血。然而，由于等位基因的不完全显性，在杂合子中会有许多细胞具有轻微镰刀形状。

等位基因 Hb^A 和 Hb^S 能同时编码两种不同形式的血红蛋白。这些血红蛋白仅存在一个氨基酸差异，可以用电荷将其分离（图6-9）。我们发现野生型的 Hb^A/Hb^A 电泳图中仅有一种血红蛋白条带（Hb^A），而在贫血患者的电泳图中出现一条移动较慢的血红蛋白条带（Hb^S）。在杂合子中，Hb^A 和 Hb^S 两个等位基因呈现共显性的特点，因此有两条大小不同的条带。

关键点：显性的类型是由等位基因的分子功能和分析水平决定的。一般来说，可以分为三种主要类型：完全显性、不完全显性和共显性。

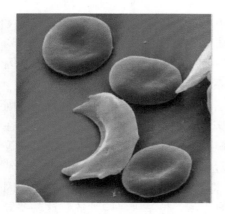

图 6-8　正常细胞及镰状红细胞

镰状红细胞是由血红蛋白基因中的单一突变引起的

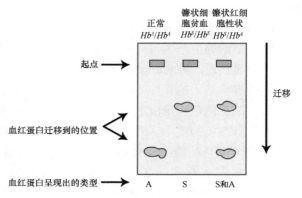

图 6-9　具有镰状红细胞性状的人（杂合子）、镰状细胞贫血患者和正常人的血红蛋白电泳图

6.1.6　隐性致死等位基因

能导致机体死亡的等位基因称为致死等位基因。在一组新发现的突变等位基因的鉴

定中，有时发现隐性突变是致死的。这一信息可能表明该新发现的功能未知基因对生物体的维持是必不可少的。

事实上，利用现代 DNA 技术，可以人为制造一个感兴趣的突变等位基因纯合子，以确定其是不是致死的，以及在何种环境条件下是致死的。

那怎么确定其致死性呢？小鼠的毛色等位基因是一个很好的案例。野生型小鼠的体表具有相当暗的整体色素沉着。一种被称为黄色（颜色较浅）的突变显示出一种奇怪的遗传模式。如果黄色小鼠与野生型小鼠交配，则在后代中总是观察到 1∶1 的黄色小鼠与野生型小鼠的比例。这一结果表明，黄色小鼠中黄色等位基因总是杂合的，而该等位基因对野生型是显性的。然而，如果两个黄色小鼠交配，结果总是如下。

黄色小鼠×黄色小鼠→2/3 黄色，1/3 野生型

那怎么解释 2∶1 这个比例呢？如果黄色等位基因的纯合子是致死的，那么就很好解释这个结果。黄色等位基因是一种被称为 A 的毛色基因，我们称之为 A^Y。因此，两个黄色小鼠杂交的子代结果是。

$A^Y/A \times A^Y/A$

1/4 　A^Y/A^Y 　　致死

1/2 　A^Y/A 　　黄色

1/4 　A/A 　　野生型

受精卵阶段，预期的后代比例为 1∶2∶1，但出生后实际观察到的后代为 2∶1，因为 A^Y/A^Y 基因型的子代不能存活。这一假设可以通过黄色小鼠与黄色小鼠杂交的怀孕母体子宫中有 1/4 的胚胎是致死性的来证实。

如图 6-10 所示，A^Y 等位基因对两个性状产生影响：毛色和存活率。然而，很有可能 A^Y 等位基因单倍剂量引起毛色变黄，而双倍剂量会导致小鼠死亡。

图 6-10　显性致死等位基因小鼠杂交试验
黄色小鼠杂交的子代小鼠毛色。该等位基因的纯合子是致死的，未能出生

猫的无尾表型（图 6-11）也由纯合子状态中致死的等位基因产生。单倍剂量的 *Max* 等位基因（*ML*）会严重干扰正常的脊柱发育，导致 *ML/M* 杂合子的猫没有尾巴。但是在 *mL/ml* 纯合子中，双倍剂量的基因在脊柱发育过程中由于产生极端的异常，胚

胎不能存活。

　　黄色体毛和 *ML* 等位基因在杂合子中会出现表型，但大多数隐性致死表型在杂合子中无法观察到。在这种情况下，通过观察 25% 的后代在某些发育阶段的死亡可以诊断隐性致死性。

　　等位基因是否致死往往取决于生物体发展的环境。例如，某些等位基因在几乎任何环境下都是致死的，而其他基因则在某种环境中不致死，但在另一个环境中是致死的。

图 6-11　猫的一个致死等位效应——无尾
一只无尾表型猫。无尾显性基因的纯合子是致死的。两种眼睛颜色的表型与无尾无关

　　遗传学家通常会遇到预期表型比例始终向一个方向偏离的状况，因为突变等位基因会降低生存能力。例如，有些基因的致死性仅在部分纯合子个体中得以显现。这是由基因本身、基因组的其余部分和环境因素共同作用造成的。

　　通过使用各种"反向遗传"方法来特异性地敲除某个基因，然后可以通过对基因组测序来确定该基因的无义等位突变。

　　关键点：可以通过观察造成功能缺失的突变个体是否致死来验证某个基因是否必需。

延伸阅读 6-1：模式生物——小鼠

　　实验小鼠是从家鼠（*Mus musculus*）繁殖而来的。现今使用的标准纯系小鼠都是经过几个世纪培育出来的。在模式生物中，小鼠的基因组最接近人类。其染色体数目是 40 条（人类为 46 条），并且基因组略小于人类（人类基因组为 3000Mb），包含数量大致相同的基因（当前估计约 2.5 万个）。此外，大部分的小鼠基因与人类基因有同源之处，且基因的排列方式与人类大致相同。

　　小鼠的孟德尔遗传学研究始于 20 世纪初。早期最重要的贡献之一是阐明控制毛色的模式基因。以小鼠为研究对象，在辐射和化学因素引起的突变上也开展了大量的工作。此外，人类遗传疾病中有相当一部分工作是在相关的小鼠（称为"小鼠模型"）上开展的。尤其是在目前我们对癌症基因的功能研究方面，小鼠发挥了特别重要的作用。

　　小鼠受精卵或体细胞基因组可以通过将特定的 DNA 片段插入来进行修饰。图 6-12 中的小鼠插入了来源于水母的绿色荧光蛋白（GFP）基因，使它们可在特定的波长下激发。

图 6-12　绿色发光的转基因小鼠
发光小鼠的染色体中插入了水母的绿色荧光蛋白基因。其他为正常对照小鼠

　　小鼠作为遗传学研究材料最主要的缺点是其成本比较高。此外，虽然小鼠与人类相比，繁殖周期比较短，但仍远不能与微生物的繁殖速度相比，这使得大规模遗传筛选变得几乎不可能。

6.2　外显率和表现度

　　如前所述，在单基因遗传分析中，有些突变的表型外显率（penetrance）是 100%。然而，许多突变表型外显不完全，不是每个基因型的个体都能表达出相应的表型。因此，外显率可以定义为具有与等位基因相应表型的个体百分比。

　　为什么机体具有特定的基因型而不表现相应的表型呢？

　　1）环境的影响。具有相同基因型的个体可能表现出不同的表型，这取决于环境。突变体和野生型个体的表型范围可能有所重叠，在某种特定环境中出现的突变体表型可能与在另外不同环境中野生型的表型类似。这种情况下，就无法区分突变体和野生型。

　　2）其他相互作用基因的影响。在基因组中，相关的修饰基因（modifier gene）、调控基因或抑制子基因均可以影响表型。

　　3）突变体表型的细微差别。由于我们缺乏对某些基因功能的深入了解，因此难以分辨表型之间细微的差别。

　　描述表型表现程度的另一种方法称为表现度（expressivity），是测量特定的等位基因表型呈现的程度；可以认为是指表型的强度。例如，"棕色"动物（基因型 b/b）种群中可能表现出褐色色素从浅色到深色不同的强度。不同的表现度可能是由于基因组中其他的等位基因不同或环境因素不同。图 6-13 说明了外显率和表现度之间的区别。图 6-14 说明了狗的不同表现度。

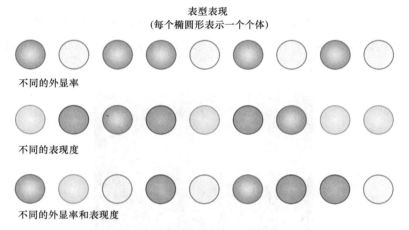

图 6-13　不同的外显率和表现度

假设所有显示的个体具有相同色素等位基因（P）并具有相同的产生色素的潜力。来自基因组的其余部分和环境的影响可能抑制或改变任何一个个体的色素产生。图中颜色表示表达的水平

图 6-14　不同的表现度

猎兔犬花斑的 10 种斑纹。这些狗都有等位基因 S^p，该等位基因决定狗斑纹。个体之间的差异是由其他位点的基因变异引起的

不完全的外显率和不同的表现度使得遗传分析变得更困难，包括人类家系分析和遗传咨询中的预测。例如，通常情况下，致病等位基因不是完全外显的。因此，有人可能存在致病的等位基因，但不发病。这样就很难在家系分析中提供一个清晰的遗传背景。另外，不同的表现度可以使遗传咨询复杂化，因为低表现度的人可能被误诊。

尽管外显率和表现度可以量化，但是概念仍然比较"模糊"。在没有大量其他研究支持的情况下很难确定导致变异的某一具体因素。

关键点：外显率和表现度的概念：通过改变环境和遗传背景来量化基因效应的变化；可以分别测量观察到表型的程度和其程度的百分比。

6.3　信号通路中的基因相互作用

基因可以调控细胞中的生化活动。20 世纪初，英国医生 Archibald Garrod 首次提出这种观点。Garrod 指出，人类一些隐性疾病正是由于新陈代谢过程存在缺陷，并以此为基础提出遗传疾病是"先天性代谢异常"的概念。

Garrod 研究了一种叫作尿黑酸尿症（AKU）的疾病。他发现在 AKU 患者尿液中有大量的高锗酸，这种物质暴露在空气中时会转变成黑色，最终导致尿液变黑。在正常人体内，高锗酸代谢为马来酰乙酸，因此他提出，在 AKU 患者体内，这种代谢途径存在缺陷，高锗酸积累。Garrod 进而提出细胞的生化途径是由一大组相互作用的基因调控的。Beadle 和 Tatum 后来在脉孢菌的生物合成实验中证明了这一论断的正确性。

6.3.1　脉孢菌生物合成途径中的基因相互作用

George Beadle 和 Edward Tatum 在 20 世纪 40 年代的研究中不仅阐明了基因的功能，而且证明了基因在生化途径中的相互作用。他们的研究被认为标志着分子生物学的开始。

他们采用了标准的正向遗传学方法，首先通过照射脉孢菌孢子产生突变，野生型孢子可以从无机营养物和培养基中合成细胞几乎所有的成分，而营养缺陷型突变体则不能。这些突变体需要额外提供营养才能生长，这表明突变体在一些正常合成步骤中是有缺陷的。

作为研究的第一步，Beadle 和 Tatum 以 *aux* 营养缺陷型突变体为例证实，每一个营养缺陷型都是由单基因突变造成的，因为每一个突变体与野生型杂交时子代表型的比例都是 1∶1。

第二步是确定每种营养缺陷型的特定营养需求。有些只提供脯氨酸才能生长，有些需要甲硫氨酸、吡哆醇、精氨酸等才能生长。Beadle 和 Tatum 决定专注于精氨酸营养缺陷型。他们发现，精氨酸营养缺陷基因位于三条染色体不同的基因座上，分别命名为 *ARG-1*、*ARG-2* 和 *ARG-3* 基因。如表 6-2 所示，当提供鸟氨酸、瓜氨酸或精氨酸时，*ARG-1* 突变体可以生长。当给予精氨酸或瓜氨酸时，*ARG-2* 突变体可以生长。当只提供精氨酸时，*ARG-3* 突变体才会生长。

Beadle、Tatum 及其同事提出了在脉孢菌进行这种转化的生化途径，见图 6-15（a）。

表 6-2　精氨酸营养缺陷型突变体添加不同营养成分后的生长状况

突变体	营养添加剂		
	鸟氨酸	瓜氨酸	精氨酸
ARG-1	+	+	+
ARG-2	−	+	+
ARG-3	−	−	+

注："+"表示生长；"−"表示不生长

这条通路很好地解释了表 6-2 所示的三类突变体。在模型中，*ARG-1* 突变体具有缺陷的酶 X，因此它们不能将前体转化为鸟氨酸作为产生精氨酸的第一步。然而，它们具有正常的酶 Y 和酶 Z，因此，如果同时提供鸟氨酸和瓜氨酸，*ARG-1* 突变体就能够产生精氨酸。同样，*ARG-2* 突变体缺乏酶 Y，而 *ARG-3* 突变体缺乏酶 Z。完整的生化模型如图 6-15（b）所示。

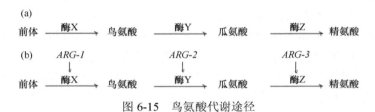

图 6-15　鸟氨酸代谢途径

在此基础上，他们提出了"一个基因一个酶"的假说：酶的功能是由基因决定的，而一个基因控制着生化途径中一种特定的酶。其他研究者也在其他生物合成途径中获得了类似的结果，这一假说很快就得到了普遍认可。所有的蛋白质，不管它们是不是酶，都是由基因编码的，因此这个假说也可以拓展成"一个基因一个多肽"。Beadle 和 Tatum 的假说为遗传学和生物化学两个主要研究领域之间提供了一个桥梁。

编码基因首先转录成信使 RNA（mRNA），然后翻译成蛋白质。由于 RNA 本身具有独特的功能，少数基因编码的 RNA 并未翻译成蛋白质，称为功能 RNA，如转移 RNA（tRNA）、核糖体 RNA（rRNA）、微 RNA（miRNA）等。

关键点：细胞中生物合成途径由一系列酶催化。编码代谢途径的酶基因构成基因组中存在相互作用的一组基因。

6.3.2　其他途径中的基因相互作用

在所有生物体中都有基因在通路中相互作用的模式。例如，苯丙酮尿症（PKU）是由常染色体隐性等位基因控制的。如图 6-16 所示，*PKU* 基因是苯丙氨酸代谢途径的重要基因，该途径中基因缺陷还会引起其他几种疾病，如前所述的 AKU。含 *PKU* 突变等位基因的纯合子婴儿不能将苯丙氨酸转化为酪氨酸，苯丙氨酸本身没有毒性，但是在体内积累后会转化为有毒的苯丙酮酸，最终通过影响大脑发育来损伤智力。

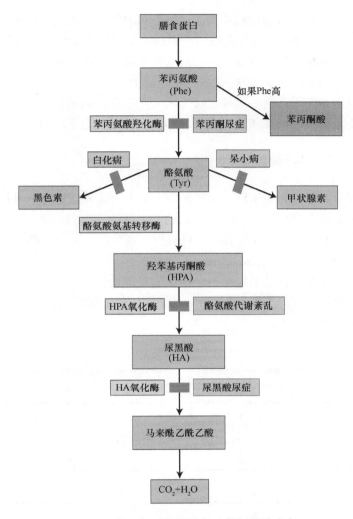

图 6-16 苯丙氨酸代谢途径及其相关的疾病

当苯丙氨酸羟化酶发生异常时，就产生了 PKU。苯丙氨酸的积累导致苯丙酮酸的增加，这干扰了神经系统的发育

当罹患 PKU 的婴儿饮食中有足够量的苯丙氨酸时，会导致其智力发育迟缓。不过如果进行了新生儿疾病筛查早期确诊，就可以通过低苯丙氨酸饮食来减少该病可能引起的临床症状，婴儿通常可以正常发育且没有严重的智力障碍。

6.4　基因间互相作用的检测

揭示控制特定生物学性状的基因相互作用对于了解生命的奥秘有着重要的意义。目前常用的研究方法包括以下步骤。

1）获得多个单基因突变体并进行显性检测。

2）检查等位基因突变体位于一个或几个位点。

3）观察双突变体（double mutants），观察基因是否存在直接的相互作用。

从双突变体的表型推断基因相互作用：如果基因之间存在相互作用，则表型不同于单基因突变表型的简单组合；如果在不同基因位点发生突变的情况下基因存在直接相互作用，那么我们推断在野生型情况下，它们也存在相互作用，这种情况下，两个突变体相互作用的表型比例会在经典的 9∶3∶3∶1 基础上发生一定的变化。

在检测基因相互作用之前必须确定每个突变是否在不同的位点（上面的步骤 2）。筛选突变体时可能无意中倾向某些基因突变。因此，需要确定基因所有的位点信息。

6.4.1　互补测验确定突变体

如何确定两个突变是否属于同一个基因呢？有几种方法。首先，对每个突变位点进行基因定位。如果两个突变定位到两个不同的染色体位点，它们很可能是不同的基因。但是，这种方法用于分析一组突变体的时候耗时、低效。一个更快的方法就是经常使用的互补测验（complementation test）。

在二倍体中，互补测验是通过对两个纯合的个体进行杂交以获得不同的隐性突变。接下来观察后代是否具有野生型。如下所示，将突变位点的基因命名为 a1 和 a2。图 6-17 所示的两种情况均为杂合子。

在不同染色体上：

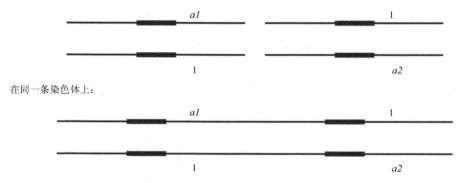

在同一条染色体上：

图 6-17　杂合子的两种情况

如果后代不是野生型，那么隐性突变肯定是发生在同一基因位点的突变。因为两个等位基因都是突变体，所以没有野生型表型。这些等位基因可能在同一个基因有不同位点发生突变，均形成如图 6-18 所示的无功能的基因杂合子 a′/a″。

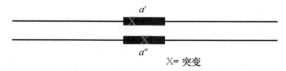

X= 突变

图 6-18　同一个基因在不同位点发生的突变

因此，互补性（complementation）就是指两个具有不同隐性突变的单倍体基因组合出现在同一细胞中产生野生型表型的现象。

下面用蓝铃花试验为例来说明互补测验。这种植物的野生型花色是蓝色的。我们首先筛选突变体，得到三株白色花瓣的突变体（分别命名为$、£和¥）。它们虽然表型一致，但不确定遗传背景是否相同。当突变体与野生型杂交时，每个突变体在 F_1 代和 F_2 代中出现相同表型。

白色$× 蓝色 → F_1，蓝色 → F_2，3/4 蓝色，1/4 白色

白色£× 蓝色 → F_1，蓝色 → F_2，3/4 蓝色，1/4 白色

白色¥× 蓝色 → F_1，蓝色 → F_2，3/4 蓝色，1/4 白色

这一结果表明，突变是由一个单一基因的隐性等位基因决定的。然而，它们是三个等位基因，还是一个基因、两个基因或者三个基因呢？因为突变体是隐性的，所以该问题可以通过互补测验来验证，看其是否与突变体互补。

接下来，通过下面的杂交实验来进行互补测验验证。三个突变体互相杂交的结果如下。

白色$× 白色£ → F_1，全部白色

白色$× 白色¥ → F_1，全部蓝色

白色£× 白色¥ → F_1，全部蓝色

从这组结果中，我们可以得出这样的结论：突变体$和£肯定是由一个基因的等位基因（如 w1）突变引起的，因为它们不是互补的；而突变体¥肯定是由另一个基因的等位基因（如 w2）突变引起的，因为¥与$和£都是互补的。

关键点：当两个产生隐性表型的突变体进行互补测验时，其等位基因不能产生互补表型，证明它们是同一基因的等位基因。

那互补是如何在分子水平上进行的呢？野生型蓝铃花的蓝色是由花青素形成的。蓝铃花的花青素可以吸收除蓝色之外所有波长的光，并最终进入观察者的眼睛中。然而，这种花青素是由非色素的化学前体合成的，这些前体不能吸收任何特定波长的光，仅简单地反射太阳白光，从而呈现出白色的外观。花青素是由这些非色素的化学物质经过一系列生化反应转化成的最终产物，其中每步都是由特定基因编码的特异性酶催化的。花青素生物合成途径如图 6-19 所示。

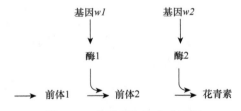

图 6-19 花青素生物合成途径

任何一个基因的纯合突变都会导致花青素生物合成途径中的前体积累，最终导致植物花瓣变白。基因型表示如下。

$ $w1/w1 \cdot w2^+/w2^+$

£ $w1/w1 \cdot w2^+/w2^+$

¥ $w1^+/w1^+ \cdot w2/w2$

因此，$×£杂交形成 F_1 代的基因型是 $w1/w1 \cdot w2^+/w2^+$。

这些 F_1 代植物具有 *w1* 的两个缺陷等位基因，因此花青素生物合成途径中步骤 1 中断。即便酶 2 功能是正常的，由于没有底物，也不会产生花青素，表型也是白色的。

然而，来自其他杂交的 F_1 代植物同时具有两种野生型等位基因，所以正常的酶可将中间体转化为最终的花青素。它们的基因型是 $w1^+/w1 \cdot w2^+/w2$。

因此，我们看到互补实际上是两个野生型等位基因协同作用的结果。图 6-20 总结了互补和非互补的白色突变体在遗传和细胞水平上的相互作用。

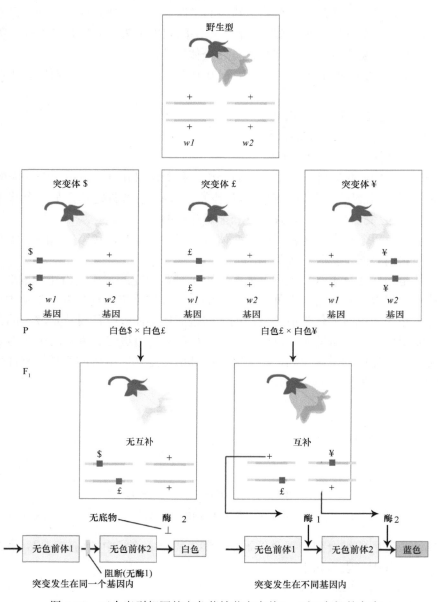

图 6-20　三个表型相同的白色蓝铃花突变体$、£和¥之间的杂交

同一基因的不同突变（如$和£位点）不能互补，因为 F_1 代有一个具有两个突变等位基因的基因。花青素合成途径中断，花是白色的。当突变发生在不同的基因（如£和¥位点）时，F_1 代杂合子中每个基因的野生型等位基因可以互补，可以合成花青素，花呈蓝色

6.4.2 随机突变中的双突变体分析

为了了解两个基因是否存在相互作用，我们需要检测双突变体的表型，看其是否不同于两个单个突变表型的组合。通过交叉杂交获得双突变体，作为互补测验的一部分得到 F_1 代；假如观察到表型互补，则提示存在不同的基因，F_1 代通过自交或交叉杂交获得两个突变的 F_2 代纯合子。这种双突变体可以通过孟德尔比例来鉴定。例如，如果获得标准的 9 : 3 : 3 : 1 孟德尔比例，那么仅在 1/16 的后代中存在双突变体的表型。然而，如果存在基因相互作用，则双突变体的表型可能不同于上述比例，而是表现为 9 : 3 : 4 或 9 : 7。下面将以不同的例子来进行说明。

6.4.2.1 后代中 9 : 3 : 3 : 1 比例的情况

如图 6-21（a）所示，蛇的天然颜色是一种重复的黑色和橙色伪装图案。该表型由两种单独的色素产生。一个基因决定橙色色素，分别是等位基因 o^+（橙色色素的存在）和 o（缺少橙色色素）。另一个基因决定黑色色素，分别是等位基因 b^+（黑色色素的存在）和 b（无黑色色素）。这两个基因相互独立存在。呈现野生型表型的基因型为 o^+/o；b^+/b。基因型 o/o；b^+/b 的蛇体色是黑色的，因为它缺少橙色色素［图 6-21（b）］，而基因型 o^+/o；b/b 的蛇体色是橙色的，因为它缺少黑色色素［图 6-21（c）］。基因型 o/o；b/b 为双隐性纯合子，则为白化［图 6-21（d）］。

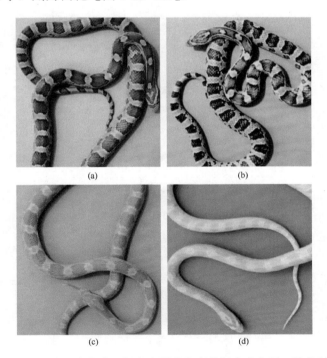

图 6-21　在玉米蛇中，橙色和黑色色素的组合决定了 4 种表型
（a）野生型黑色和橙色混合成的迷彩色的蛇。（b）黑蛇不合成橙色色素。（c）橙蛇不合成黑色色素。
（d）白化蛇均不合成黑色色素和橙色色素

如果纯合子橙蛇和纯合子黑蛇杂交，F_1 代是野生型，则表明存在互补。

$$♂ o^+/o^+；b/b（橙色）× ♀ o/o；b^+/b^+（黑色）$$

$$↓$$

F_1 代　　　　　　o^+/o；b^+/b（迷彩色）

但到 F_2 代表型就会发生 9：3：3：1 的分离比。

$$♂ o^+/o；b^+/b（迷彩色）× ♀ o^+/o；b^+/b（迷彩色）$$

$$↓$$

F_2 代　　9　　　o^+/o；b^+/b（迷彩色）

　　　　　3　　　o^+/o；b/b（橙色）

　　　　　3　　　o/o；b^+/b（黑色）

　　　　　1　　　o/o；b/b（白化）

9：3：3：1 比例产生的原因在于两种色素基因在细胞水平上可以单独发挥作用。

6.4.2.2　后代中 9：7 比例的情况

调控基因通常通过产生与靶基因上游的调控位点结合的蛋白质来发挥作用，促进基因的转录（图 6-22）。在缺乏调节蛋白的情况下，靶基因转录水平非常低，不足以满足细胞的需要，具体情况如表 6-3 所示，当 F_1 代自交产生 F_2 代时，其表型则为 9：7 的比例。

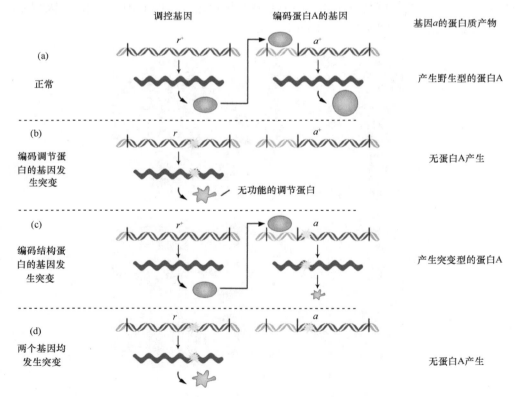

图 6-22　调节蛋白与靶位点的作用

等位基因 r^+ 编码调节蛋白，等位基因 a^+ 编码结构蛋白。两者均无突变才能编码有活性的蛋白 A

表 6-3　不同基因型的占比、表型、活性及比例

基因型	占比	是否产生活性蛋白 A	比例
$r^+/-$；$a^+/-$	9/16	是	9
$r^+/-$；a/a	3/16	否	
r/r；$a^+/-$	3/16	否	7
r/r；a/a	1/16	否	

关键点： F_2 代表型 9：7 的比例说明相关作用的基因位于同一个通路中，任何一个基因的缺陷都会导致通路中最终产物无法生成。

6.4.2.3　后代中 9：3：4 比例的情况

如果 F_1 代杂交后，在 F_2 代中出现 9：3：4 的比例，则说明两个基因之间存在一种称为上位（epistasis）的基因相互作用方式。这个词本意是"占位"，指双突变体仅显示其中一种突变表型而不显示另一种突变表型，出现压倒性优势的突变呈现上位效应，而被抑制的突变则为下位（hypostatic）。

上位效应也可来自同一通路上的基因。在一个简单的合成通路中，通路上游的一个基因携带突变，而下游的基因则无突变。因此，无论通路中后续发生突变与否，其上游基因的突变表型都将优先呈现出来。

以春琉璃草（*Collinsia parviflora*）花瓣色素合成为例，野生型为蓝色花瓣，两个突变株纯合子，一个为白色花瓣（w/w），另一个为洋红花瓣（m/m）。w 基因和 m 基因没有联系。F_1 代和 F_2 代的情况如下。

w/w；m^+/m^+（白色）× w^+/w^+；m/m（洋红）

$$\downarrow$$

F_1　w^+/w；m^+/m（蓝色）

F_1　w^+/w；$m^+/m \times w^+/w$；m^+/m

$$\downarrow$$

F_2　9　$w^+/-$；$m^+/-$（蓝色）　9

　　3　$w^+/-$；m/m（洋红）　3

　　3　w/w；$m^+/-$（白色）⎫
　　　　　　　　　　　　　　⎬ 4
　　1　w/w；m/m（白色）⎭

在 F_2 代中，9：3：4 的表型比例显示为隐性上位。4/16 必定是单突变（3/16）和双突变类（1/16）的组合。因此，双突变体仅呈现两种突变表型中的一种。根据定义，白色表型对于洋红表型是上位。为了确定该表型中的双突变体，要对白色 F_2 代单独进行侧交实验。这种相互作用称为隐性上位（recessive epistasis），因为隐性表型（白色）覆盖了其他表型。

关键点： 当一个基因的等位基因突变掩盖了另一个基因的等位基因突变的表型并呈现其自身的表型时，即为上位。

6.4.2.4　后代中 12：3：1 比例的情况

毛地黄（*Digitalis purpurea*）中决定花瓣颜色的两个基因之间没有直接关联，一个

基因影响花瓣中红色素的程度：等位基因 d 导致毛地黄自然群体中常出现的淡红色花瓣，而等位基因 D 是产生暗红色的突变等位基因。另一个基因决定细胞内色素的合成：等位基因 w 使得野生型在整个花瓣合成色素，但是突变型等位基因 W 使得色素合成限制到花冠内部。将 D/d；W/w 双突变体自交，F_2 代的表型比例如下。

$$
\left.
\begin{array}{ll}
9 & D/-;\ W/-（斑点白）\\
3 & d/d;\ W/-（斑点白）
\end{array}
\right\}12
$$

$$
\begin{array}{lll}
3 & D/-;\ w/w（深红色） & 3\\
1 & d/d;\ W/W（浅红色） & 1
\end{array}
$$

该比例说明，显性等位基因 W 具有上位效应，产生 12∶3∶1 的比例。比例中的 12 应该包括 9 份表型明显的白色双突变体。这显示出显性等位基因 W 的上位效应，这两个基因同在一个通路中起作用：W 阻止红色素的合成，但仅在花瓣主要区域的一类特殊细胞中，在花瓣其他部分色素可以合成，但合成的色素浓度不一。

6.4.3 抑制子

抑制子（suppressor）是突变等位基因可以逆转另一个基因突变的效果，产生野生型或近野生型的表型。抑制效应意味着靶基因和抑制子基因通常在一定水平上存在相互作用。例如，假定等位基因 a^+ 产生正常表型，而隐性突变等位基因 a 导致表型异常。另一个基因的隐性突变等位基因 s 抑制 a 的作用，因此基因型 $a/a \cdot s/s$ 品系将具有野生型的（a^+ 样）表型。在其他突变缺失的情况下，抑制子等位基因有时不起作用，在这种情况下，$a^+/a^+ \cdot s/s$ 的表型将是野生型。

抑制突变的筛选是相对简单的。选定一个代谢过程中的突变体，将该突变体暴露于高能辐射等诱变条件下，并筛选野生型的后代。

在二倍体中，抑制突变产生各种各样的 F_2 代比例，同时也可以通过这些比例来确定抑制突变。以果蝇为例，隐性等位基因 pd 在未受抑制的情况下产生紫眼。隐性等位基因 su 本身没有可观察到的表型，但抑制了非连锁的隐性等位基因 pd。因此，pd/pd；su/su 在外观表型上是野生型的，为红眼。遗传模式如下所示，紫眼纯合子果蝇与携带抑制子基因的纯合子红眼果蝇杂交。

$$pd/pd;\ su^+/su^+（紫眼） \times pd^+/pd^+;\ su/su（红眼）$$

$$\downarrow$$

F_1 $\qquad\qquad pd^+/pd;\ su^+/su（红眼）$

自交 $\quad pd^+/pd;\ su^+/su（红眼） \times pd^+/pd;\ su^+/su（红眼）$

$$\downarrow$$

F_2

$$
\left.
\begin{array}{lll}
9 & pd^+/-;\ su^+/- & 红眼\\
3 & pd^+/-;\ su/su & 红眼\\
1 & pd/pd;\ su/su & 红眼
\end{array}
\right\}13
$$

$$
\begin{array}{lll}
3 & pd/pd;\ su^+/- & 紫眼 \qquad 3
\end{array}
$$

在 F_2 代中的整体比例是红眼∶紫眼=13∶3。其中双突变体的表型也是野生型。在该比例情况下，其隐性抑制突变自身是没有观察到突变表型的。

抑制突变时常会与上位效应混淆。其关键区别在于抑制子基因抑制了突变等位基因的表型，并恢复到相应的野生型表型。此外，通常只存在两个表型分离现象（如前面的例子），而不是上位效应那样存在三个表型的分离现象。

抑制子基因是如何在分子水平上工作的呢？目前存在多种可能的机制，一种机制是细胞内基因产物之间的物理性结合，如蛋白质-蛋白质结合。假设两种蛋白质通常结合在一起才能提供细胞的某种功能，突变导致其中一种蛋白质的构型改变时，其不再与另一种蛋白质结合在一起，因此，功能丧失。然而，有时第二种蛋白质发生抑制突变可以弥补第一种蛋白质的构型改变，这样也可以恢复正常功能。如果是二倍体，则双基因杂种的 F_2 代是 14∶2 的表型比例，因为只有突变基因型为 $m/m \cdot s^+/s^+$（1/16）和 $m^+/m^+ \cdot s/s$（1/16），总计为 2/16。如果这是单倍体双杂交（如 $m^+ s^+ \times ms$），则为 1∶1 比例。一般通过这个比例可以推测出蛋白质直接的相互作用。

另外，在突变导致代谢途径受阻的情况下，抑制子基因可以通过其他方式绕过代谢途径中的受阻点，例如，通过阻遏点下游的中间体来规避代谢中的受阻点。如图 6-23 所示，抑制子基因通过合成代谢途径阻遏点下游中间体 B 来绕过受阻点，使得代谢正常。

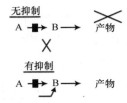

图 6-23　通过阻遏点下游的中间体来规避代谢中的受阻点

在一些生物体中，发现在 tRNA 基因中存在无义突变，产生的反密码子可以结合编码序列中由于突变产生的终止密码子。因此，抑制突变可以使翻译继续前进并通过阻遏点形成一个完整的蛋白质，而不是之前截短的蛋白质。这种抑制子基因突变对表型的抑制作用甚微。抑制突变的具体分子机制见图 6-24。

关键点：抑制子基因的等位基因突变抵消了另一个基因的等位基因突变的作用，产生野生型表型。

6.4.4　修饰基因

顾名思义，在第二个位点的修饰基因突变会改变第一个位点突变的基因表达水平。通常，调控蛋白通过结合靶基因起始位点上游的 DNA 序列进行转录水平上的调控。在功能互补测验中，调控基因的无义突变几乎完全阻止靶基因转录。然而，有些调控基因突变仅仅改变靶基因的转录水平，产生更多或更少的蛋白质。换句话说，调控蛋白中的突变可以下调或上调基因转录水平。例如，酵母的突变型调控基因 b，下调基因 A 的表

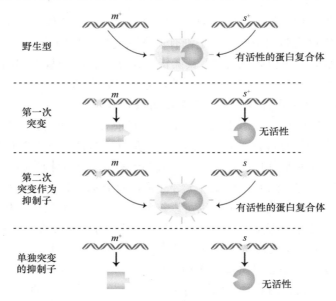

图 6-24 抑制突变的分子机制

第一次突变改变了一个蛋白质的结合位点，使其不再与伴侣蛋白结合。第二次突变伴侣蛋白中的抑制突变改变了结合位点，
使得两种蛋白质能够再次结合

达水平。我们观察到基因 b 对基因 A 的渗漏突变有影响。渗漏突变是具有低水平基因功能的突变。我们将一个渗漏突变基因 a 与调控基因突变 b 杂交：渗漏突变基因 $a·b^+$×低活性调控基因 $a^+·b$，结果如表 6-4 所示。

表 6-4 渗漏突变基因与调控基因突变 b 杂交子代基因型及表型

子代基因型	表型
$a^+·b^+$	野生型
$a^+·b$	缺陷型（转录水平低）
$a·b^+$	缺陷型（缺陷的蛋白 A）
$a·b$	彻底缺陷型（低水平缺陷的蛋白 A）

因此，修饰基因的作用可从 a 后代中两个突变表型的不同等级上体现出来。

6.4.5 合成致死

在某些情况下，可以存活的两个单突变体杂交，所产生的双突变体是致死的。在二倍体 F_2 代中，该结果将表现为 9∶3∶3 的比例，因为双突变体（比例中的 1）是致死的。这些合成致死物被认为是基因相互作用的一个特殊类型，其基因产物通过特定途径相互作用。例如，基因组分析揭示了进化过程中细胞产生了多个拷贝。这些拷贝的一个优点是提供"备份"。如果二倍体中的基因同时出现无义突变，由于没有备份，那么个体将因缺少维持生命的基本功能而死亡。在另外的例子中，代谢路径中一个环节的基因发生渗漏突变则可能导致整个途径减缓，但能够维持生命的基本功能。但是如果双突变体杂交，不同的步骤中都出现渗漏突变，则整个路径就会停止。如图 6-25 所示，这种相互作用存在于蛋白质系统中的两个突变体之间。

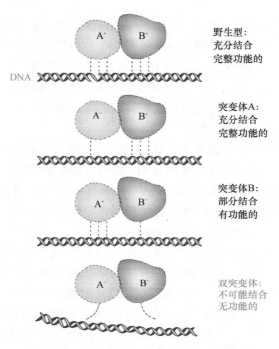

图 6-25 合成致死（synthetic lethal）模型

两种相互作用的蛋白质在某些底物（如 DNA）上起着重要的作用，但必须首先与之结合。其中一种蛋白质结合减弱将会造成功能低下，但若两者同时结合减弱则是致死的

图 6-26 对上文中叙述的各种类型的基因相互作用产生的比例进行了总结。

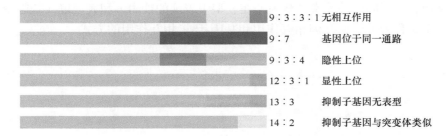

9：3：3：1 无相互作用
9：7 基因位于同一通路
9：3：4 隐性上位
12：3：1 显性上位
13：3 抑制子基因无表型
14：2 抑制子基因与突变体类似

图 6-26 基因相互作用的各种类型

一些类似的比例也可能由其他的相互作用产生

在前期讨论孟德尔比例改变时，均是双基因突变自交而成。大家可以测算下，如果是侧交，那么整个系统下来会是怎样的比例？

关键点：通过 F_2 代 9：3：3：1 分离比的改变能够鉴定出不同类型的基因相互作用方式。

总　　结

基因不是单独起作用的，而是与基因组中的许多其他基因协同作用。在正向遗传学分析中，推导这些复杂的相互作用是一个重要的研究内容。单个基因突变首先需要判定等位基因相互作用的显隐性关系。隐性突变通常是野生型等位基因单倍剂量充足（haplosufficiency）的结果，而显性突变往往是野生型的单倍剂量不足（haploinsufficiency）或突变为显性负性的结果。一些突变是致死突变。纯合隐性突变的致死性是判定基因是否在基因组中必不可少的一种方法。

不同基因的相互作用参与调节了各种合成、信号转导或发育的途径。剖析遗传学中基因相互作用常从感兴趣的性状突变体开始，通过互补测验确定两个不同的隐性突变是否位于同一个基因或两个不同的基因。在 F_1 代个体中突变基因型聚集在一起，如果表型是突变的，则没有发生互补，这两个等位基因肯定位于同一个基因上；如果表型是野生型，则发生互补，等位基因肯定位于不同的基因。

不同基因的相互作用可以通过双突变体来检测，因为等位基因相互作用往往体现在其产物在细胞水平上的相互作用。常见的基因相互作用方式有上位、抑制突变和合成致死等。上位是指一个基因突变产生的表型被另一个基因突变产生的表型所掩盖。上位效应常是研究相同的发育或合成途径的基因之间的作用方式。抑制突变是一种基因突变可以抵消另一种基因的突变，并将表型恢复成野生型，其机制是蛋白质或核酸在物理上相互作用。合成致死是单个存活的突变体杂交，形成的突变体组合往往是致死的。

不同基因相互作用方式所产生的 F_2 代比例是不同的，但都在 $9:3:3:1$ 比例基础上变动，如隐性上位效应的比例则为 $9:3:4$。

广义而言，不同的外显率（基因型在表型中表现的能力）和表现度（基因型在表型中表现的定量程度）揭示基因相互作用和基因-环境相互作用的方式。

（颜景斌）

练 习 题

一、例题

例题 1　多指（趾）畸形在大部分家系中呈现常染色体显性遗传，但在一些家系中不完全符合这种预期的遗传模式（菱形代表特定数量未受影响且性别未知的个体）。

a. 这个家系有什么不规律的地方？

b. 这个家系说明了什么样的遗传现象？

c. 推测一个基因相互作用机制来解释该家系，并注明相关的家庭成员的基因型。

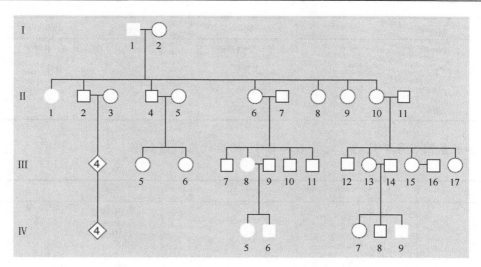

参考答案：常染色体显性遗传的结果是子代每个个体都受到亲本的影响，但在该家系中并未出现这种结果，怎么解释这种异常现象？

多指（趾）畸形是否可能由不同的基因引起，即还存在 X 连锁显性的基因？这种推测仍然不成立，因为我们无法解释为什么Ⅱ-6 和Ⅱ-10 没有这种情况。此外，假定隐性遗传，无论是常染色体还是性连锁，在家系中许多人必须是杂合子，这是不符合常规的，因为多指是一种罕见的病例。

因此，我们得出的结论是，多指有时是不完全外显。正如前所述，一些具有特定表型的基因型的个体不呈现出相应的表型。在这一家系中，Ⅱ-6 和Ⅱ-10 似乎属于这一类，这些个体携带从Ⅰ-1 遗传来的多指基因。

正如本章讨论的，环境因素造成的基因表达抑制也是造成不完全外显的一个因素。为此，我们需要提出一个遗传学假设来解释这种现象。那该做出一个什么样的假设呢？

关键是Ⅰ-1 个体将突变基因遗传给Ⅱ代，产生两种类型的表型，即以Ⅱ-1 为代表的突变表型，以及以Ⅱ-6 和Ⅱ-10 为代表的正常个体（从家系来看，我们不能判断Ⅰ-1 的其他孩子是否有突变等位基因）。

那这一过程中，遗传抑制起作用了吗？Ⅰ-1 个体因为有多指症，不具有抑制子基因，因此唯一可能存在抑制子基因的个体是Ⅰ-2。此外，Ⅰ-2 必须是抑制子等位基因的杂合子，因为她的子女中至少有一个多指（趾）畸形。这样就能推测出，抑制子等位基因必须是显性的。因此，我们做出如下一个假设。

Ⅰ代个体婚配是：（Ⅰ-1）$P/p \cdot s/s \times$（Ⅰ-2）$p/p \cdot S/s$

其中 S 是抑制子基因，而 P 是多指症的等位基因。根据假设，子代就有如下几种类型。

基因型	表型	个体
$P/p \cdot S/s$	正常（受到抑制）	II-6，II-10
$P/p \cdot s/s$	多指症	II-1
$p/p \cdot S/s$	正常	
$p/p \cdot s/s$	正常	

如果基因 S 是罕见的，则 II-6 和 II-10 的后代基因型如下。

基因型	个体
$P/p \cdot S/s$	III-13
$P/p \cdot s/s$	III-8
$p/p \cdot S/s$	
$p/p \cdot s/s$	

我们不排除 II-2 和 II-4 两个个体的基因型是 $P/p \cdot S/s$ 的可能性，也不排除后代受此影响的可能性。

例题 2 某些种类的甲虫翅膀有绿色、蓝色或绿松石青绿色的鳞片。从实验室多态性种群里挑出的甲虫幼虫，可以通过交配以研究确定翅膀鳞片颜色的遗传模式。杂交结果如下表所示。

杂交组	亲本	子代
1	蓝色×绿色	蓝色
2	蓝色×蓝色	3/4 蓝色：1/4 青绿色
3	绿色×绿色	3/4 绿色：1/4 青绿色
4	蓝色×青绿色	1/2 蓝色：1/2 青绿色
5	蓝色×蓝色	3/4 蓝色：1/4 绿色
6	蓝色×绿色	1/2 蓝色：1/2 绿色
7	蓝色×绿色	1/2 蓝色：1/4 绿色：1/4 青绿色
8	青绿色×青绿色	青绿色

a. 推断该种翅膀鳞片颜色的遗传基础。

b. 尽可能写出所有亲本和子代的基因型。

参考答案： 首先，这些数据看起来很复杂，但是如果我们一个一个考虑，那么遗传模式就变得清晰了。解决这些问题的一般原则，首先是查看所有的杂交试验并将结果分组得出相应的模式。

通过数据发现，所有的表型比例都符合一个基因产生的比例：没有证据表明有两个单独的基因参与。如何用单基因解释这种变异呢？答案是单基因本身存在变异，即多重等位基因。一个基因有三个等位基因突变位点，命名基因为 w（翅膀鳞片颜色），等位基因为 w^g、w^b 和 w^t。接下来需要确定这些等位基因的显隐性。

杂交组 1 中结果显示蓝色 × 绿色子代都是蓝色，因此蓝色相对于绿色是显性。同理，杂交组 5 中也说明这点，蓝色在子代占多数，呈显性。杂交组 3 中显示青绿色基因在亲本中存在但未表现出来，子代个体中出现了青绿色，这点说明绿色相对于青绿色是显性的。因此，我们可以推测的显隐性关系为 $w^b > w^g > w^t$。杂交组 7 中的结果表明，青绿色是在亲本蓝色 × 绿色杂交后才出现的表型，这点也说明 w^t 等位基因位于显隐性关系最底层。

现在，我们来推论具体个体的基因型。需要注意的是，亲本都是从多态性群体中挑取的，它们可能是纯合子也可能是杂合子。例如，具有蓝色鳞片的亲本可能是纯合的（w^b/w^b）或杂合的（w^b/w^g 或 w^b/w^t）。这就需要反复实验解决这个问题，接下来只需要细心和耐心。下面的基因型分析就可以很好地解释结果：短线代表等位位点中的第二个等位基因，其基因型可能是纯合的，也可能是杂合的。

杂交组	亲本	子代
1	$w^b/w^b \times w^g/{-}$	w^b/w^g 或 $w^b/{-}$
2	$w^b/w^t \times w^b/w^t$	$3/4\ w^b/{-} : 1/4\ w^t/w^t$
3	$w^g/w^t \times w^g/w^t$	$3/4\ w^g/{-} : 1/4\ w^t/w^t$
4	$w^b/w^t \times w^t/w^t$	$1/2\ w^b/w^t : 1/2\ w^t/w^t$
5	$w^b/w^g \times w^b/w^g$	$3/4\ w^b/{-} : 1/4\ w^g/w^g$
6	$w^b/w^g \times w^g/w^g$	$1/2\ w^b/w^g : 1/2\ w^g/w^g$
7	$w^b/w^t \times w^g/w^t$	$1/2\ w^b/{-} : 1/4\ w^g/w^t : 1/4 w^t/w^t$
8	$w^t/w^t \times w^t/w^t$	均为 w^t/w^t

二、看图回答问题

1. 在图 6-3 中，突变的多肽起到怎样的干扰作用，对表型有什么实际影响？

2. 在图 6-16 中，

a. 鉴于 HPA 氧化酶在 HA 途径中的位置较早，你认为患者会出现尿黑酸症的症状吗？

b. 如果是双突变体，你会认为酪氨酸代谢紊乱症是尿黑酸症上位吗？

3. 在图 6-20 中，

a. \$、£和¥的符号各自代表什么？

b. 为什么 F_1 代左侧的那个杂合子不能合成蓝色色素？

4. 在图 6-21 中，写出 4 种蛇的可能基因型。

5. 乳糖会被分解为半乳糖和葡萄糖。随后，半乳糖被半乳糖-1-磷酸尿苷酰转移酶（GALT）进一步分解。然而，在半乳糖血症患者中，GALT 没有活性，导致半乳糖大量积聚，导致神经发育迟缓。你认为这种疾病表型是显性还是隐性？根据其发病机制，请提供半乳糖血症的治疗方法？

三、基础知识问答

6. 根据以下代谢途径，苯丙酮尿症（PKU）是由反应步骤 A 中的酶缺乏引起的隐性疾病，而黑尿酸症（AKU）是由反应步骤 B 中酶失活引起的另一种隐性疾病。

$$苯丙氨酸 \xrightarrow{A} 酪氨酸 \xrightarrow{B} CO_2 + H_2O$$

假定一个 PKU 患者与 AKU 患者婚配，推测他们孩子有什么样的表型？

7. 马方综合征是一种遗传性结缔组织疾病，症状包括长而细的手指、眼缺陷、心脏病和长肢。

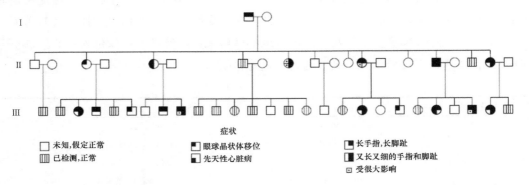

a. 根据上述家系，提出马方综合征的遗传模式。

b. 这个家系显示出什么遗传现象？

c. 推测这种现象的原因。

8. 以下为听障患者的遗传家系。

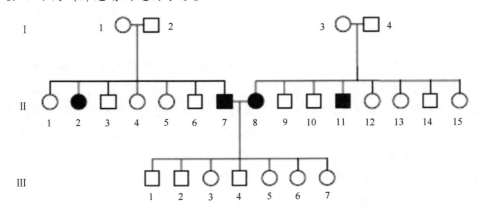

a. 为第 I 代和第 II 代两个家族中这种罕见疾病的遗传提供解释，显示尽可能多的人的基因型。

b. 为何第 III 代中只有正常人？确保你的解释与 a 部分的答案一致。

9. 以下为蓝色巩膜（眼睛为淡蓝色的外壁）和脆骨症患者的家系。

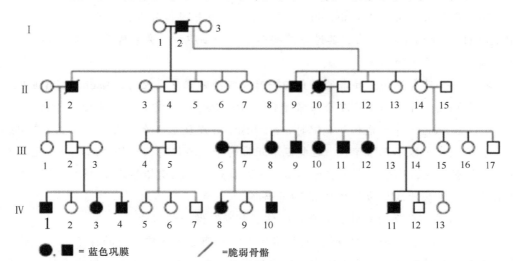

● , ■ = 蓝色巩膜　　　／ = 脆弱骨骼

a. 是一个基因还是多个独立的基因分别引起这两种异常？说明你的原因。

b. 基因位于常染色体还是 X 染色体上？

c. 该家系是否有证据显示不完全外显或表现度？如果是，最好计算一下。

10. 两个白化病患者结婚并有 4 个正常孩子。怎么解释这种可能？

11. 如果 AB 型血型的男性娶了 A 型血型的女性（其父亲血型为 O 型），那么他们的孩子会是什么血型？

12. 在产科病房，4 名婴儿意外地混在了一起。4 名婴儿已知为 O、A、B 和 AB 血型。4 个亲本的 ABO 血型已知为（a）AB×O，（b）A×O，（c）A×AB，（d）O×O。判断婴儿分别属于哪一组父母？

13. 下面的家系是由常染色体等位基因控制的显性表型。你能否推断出个体 A 的基因型？

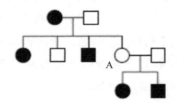

14. 在威斯康星州的狐狸牧场中，狐狸产生了一种"铂金"的毛色突变。铂金狐狸皮是非常受欢迎的，但饲养者不能培育出纯种狐狸品系。每次两组杂交时，后代总出现一些正常颜色的狐狸。例如，同一对铂金狐狸重复交配产生了 82 个铂金子代和 38 个正常子代。所有其他这样的交配都有相似比例。推测一个简明的遗传假说来解释这些结果。

15. 家兔毛色由多个等位基因位点控制：c^+ 编码刺鼠色，c^{ch} 编码灰鼠色（米色毛色），c^h 编码喜马拉雅兔的纯白毛色。在 $c^+/c^{ch} \times c^{ch}/c^h$ 的杂交中，显隐性关系为 $c^+ > c^{ch} > c^h$。

后代中灰鼠色兔的比例是多少？

16. 几年来，Hans Nachtsheim 研究了家兔白细胞遗传异常，称为佩尔格-韦特异常（Pelger-Huet anomaly）异常，其造成某些白细胞的细胞核的分裂停滞。但这种异常并没有给兔子带来严重的后果。

a. 当一只有 Pelger 异常的家兔与一只正常纯种家兔交配时，Nachtsheim 发现 217 个子代有 Pelger 异常以及 237 个正常子代。那么 Pelger 异常的遗传基础是什么？

b. 当 Pelger 异常兔相互交配时，Nachtsheim 发现 223 个正常子代，439 个 Pelger 异常子代，39 个极不正常子代。这些极不正常的子代不仅有缺陷的白细胞，还显示严重异常的骨骼系统，几乎所有这些个体出生不久就死亡。在遗传学方面，你认为这些极度缺陷的兔子代表什么？为什么只有 39 个呢？

c. 还需要什么样的额外实验来证明你在 b 部分做出的假设？

17. 卷羽鸡有很高的欣赏性，它的名字来源于羽毛不寻常卷曲的样子。不幸的是，卷羽鸡不会纯种繁殖，相互杂交子代为 50% 卷曲、25% 正常，以及 25% 有奇特的羊毛状羽毛，很快脱落，变成裸鸡。

a. 对这些结果进行遗传学解释，写出所有表型的基因型，并进行说明。

b. 如果你想大量生产卷羽鸡出售，最好用哪种类型进行繁殖？

18. 拥有纯种白化（一种常染色体隐性表型）狮子狗的女人想要白色的小狗。于是她把狗带到一个饲养员那里，饲养员把纯种雌狗和白化病雄狗进行交配。当 6 只幼崽出生时，全是黑色的，所以这个女人起诉饲养员，声称他用一只黑色的狗代替了白化病雄狗，给了她 6 只不想要的小狗。你作为专家证人，辩护人问你纯种隐性白化父母是否会产生黑色后代。你将如何回答？

19. 纯种棕狗与纯种白狗交配时，所有的 F_1 代幼崽都是白色的。F_1 代杂交产生的 F_2 代中有 118 个白仔、32 个黑仔、10 个褐仔。这些结果的遗传基础是什么？

20. 一个等位基因 A 纯合子导致大鼠有黄毛时是不致命的。单独分离的等位基因 R 会产生黑毛。A 和 R 一起产生灰毛，而 a 和 r 产生白毛。灰毛雄性与黄毛雌性杂交，F_1 代为 3/8 黄毛、3/8 灰毛、1/8 黑毛和 1/8 白毛，请问亲本的基因型是什么？

21. 小鼠每根毛发上通常都有一条黄带，但已知有两条或三条黄带的变种。具有一条黄带的雌性小鼠与具有三条黄带的雄性小鼠杂交（两种动物都不是纯系）。F_1 代雌性小鼠中 1/2 具一条黄带，1/2 具三条黄带；雄性小鼠中 1/2 具一条黄带，1/2 具两条黄带。

a. 对上述遗传表型进行解释。

b. 根据你的解释模型，推测子代中毛发是三条黄带的雌鼠与毛发是一条黄带的雄鼠杂交会出现什么结果？

22. 等位基因 B 控制小鼠呈黑色体色，b 为棕色体色。另一个独立作用的基因 e/e 可抑制 B 和 b 的表达，使体色变黄，而 $E/-$ 允许 B 和 b 的表达。在下面的系谱中，黑色符号表示黑色体色，粉红色符号表示棕色，白色符号表示黄色。

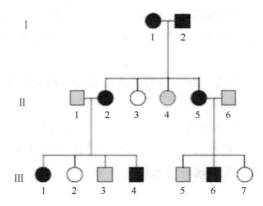

a. 这个例子中基因呈现怎样的相互作用？

b. 家系中小鼠个体的基因型是什么？如果有其他的可能性，请陈述。

23. 在果蝇中，常染色体隐性遗传基因 *bw* 引起棕色眼，常染色体隐性遗传基因 *st* 导致明亮的猩红眼。两个基因的纯合子导致白眼。因此，有以下基因型和表型之间的对应关系：

$$st^+/st^+；bw^+/bw^+ = 红眼（野生型）$$

$$st^+/st^+；bw/bw = 棕色眼$$

$$st/st；bw^+/bw^+ = 猩红眼$$

$$st/st；bw/bw = 白眼$$

假设一个生物合成途径，显示出基因产物如何相互作用，以及为什么不同的突变体组合具有不同的表型。

24. 两个看似正常的果蝇杂交，在后代中，雌性 202 只，雄性 98 只。

a. 这个结果正常吗？

b. 怎么解释这个不正常的结果？

c. 提供一个实验来验证你的假设。

25. 果蝇眼睛色素的合成需要显性等位基因 *A*，第二个独立的显性等位基因 *P* 将色素转化为紫色，但隐性等位基因使其变红。没有色素的果蝇为白眼。两个纯合子杂交结果如下。

P　　　　　红眼雌 × 白眼雄

　　　　　　　↓

F₁　　　　　紫眼雌；红眼雄

　　　　　　　F₁ × F₁

　　　　　　　↓

F₂ 雌雄一共：3/8 紫眼

　　　　　　　3/8 红眼

　　　　　　　2/8 白眼

解释这种遗传现象，并表示出亲本、F_1代和F_2代的基因型。

26. 在果蝇中，常染色体基因决定毛发的形状，B为直发，b为弯曲毛发。在另一条常染色体上，有一个显性基因I抑制毛发生成，所以该果蝇是无毛的（基因i则没有已知的表型效应）。

a. 如果纯系的直发果蝇与已知为抑制弯曲基因型的纯系无毛系的果蝇杂交，F_1代和F_2代的基因型和表型是什么？

b. 什么品系杂交会产生出4无毛：3直：1弯的比例？

27. 下图为三棱甲虫的眼部表型系谱。实心符号表示黑眼睛，空心符号表示棕眼睛，十字符号（×）表示完全没有眼睛的"无眼"表型。

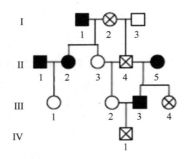

a. 从这些数据中，推断这三种表型的遗传模式。

b. 使用定义的基因符号，显示三棱甲虫Ⅱ-3的基因型。

28. 在甜豌豆中，紫色花瓣中花青素的合成受两个基因B和D的控制，合成途径为

$$白色中间物 \xrightarrow[酶]{基因B} 蓝色中间物 \xrightarrow[酶]{基因D} 花青素（紫色）$$

a. 合成反应第一步不能进行的纯种植物的花瓣应该是什么颜色？

b. 同理，第二步反应受阻的纯种植物花瓣是什么颜色？

c. 若上述a和b中的植物杂交，那么F_1代花瓣是什么颜色？

d. 在F_2代中花瓣颜色，紫色：蓝色：白色比例是多少？

29. 萝卜形状有长的、圆的或椭圆形的，颜色有红色、白色或紫色。将长的白色品种与圆的红色品种杂交，得到椭圆形紫色的F_1代。F_2代具有如下9种表型：9长，红色；15长，紫色；19椭圆形，红色；32椭圆形，紫色；8长，白色；16圆，紫色；8圆，白色；16椭圆形，白色；9圆，红色。

a. 提供这些结果的遗传学解释。确定亲本、F_1代和F_2代的基因型。

b. 预测一个长紫萝卜和椭圆紫萝卜杂交子代的基因型与表型比例。

30. 玫瑰红色色素合成通过下面途径完成。

$$无色中间物 \xrightarrow{基因P} 洋红色中间物 \xrightarrow{基因Q} 红色色素$$

a. 基因P无义突变的纯合子是什么表型？

b. 基因 Q 无义突变的纯合子是什么表型？

c. 基因 P 和 Q 无义突变的纯合子是什么表型？

31. 研究人员将两种白花纯品系金鱼草杂交，获得如下结果。

$$纯品系\ 1 \times\ 纯品系\ 2$$
$$\downarrow$$
$$F_1 \qquad 白色$$
$$F_1 \times F_1$$
$$\downarrow$$
$$F_2 \qquad 131\ 白色,\ 29\ 红色$$

a. 推断这些表型的遗传模式，使用明确定义的基因符号。给出亲本、F_1 代和 F_2 代的基因型。

b. 预测 F_1 代与每个亲本杂交的结果。

32. 因为金鱼草具有花青素，所以花瓣呈现红紫色。美国加利福尼亚州和荷兰培育出两种纯种无花青素的金鱼草，看起来完全一样，为白色（白化）花。然而，当两个品系的花瓣在一起研磨时，最初无色的溶液逐渐变红。

a. 在进一步分析之前，研究者应该进行哪些对照实验？

b. 溶液中红色产生的原因是什么？

c. 根据你对 b 部分的解释，这两个品系的基因型是什么？

d. 如果两个品系杂交，你会预测 F_1 代和 F_2 代的表型是什么？

33. 纯品系白色花瓣与纯品系紫色花瓣金鱼草杂交，所有的 F_1 代都是白色花瓣。F_1 代自交后，在 F_2 代观察到以下三种表型。

白色	240
紫色	61
斑点紫	19
总和	320

a. 对这些结果给出合理的解释，用自己定义的基因符号写出所有世代的基因型。

b. F_2 代中的白色与紫色金鱼草杂交，子代是：

白色	50%
紫色	25%
斑点紫	25%

那么 F_2 代中杂交金鱼草的基因型分别是什么？

34. 假设矮牵牛花瓣因为红色色素和蓝色色素混合而呈紫色。两种色素的生化合成路径如下图所示，上两排中的"白色"是指不是色素的化合物（完全缺乏色素导致白色的花瓣）。红色色素由黄色中间体形成。

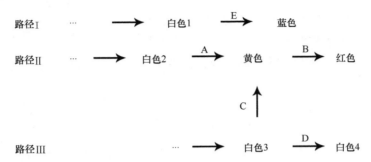

路径Ⅲ中的化合物不影响花瓣色素的合成，特别是蓝色色素和红色色素的合成途径。但是其任何一个中间体（如白色3）积累到一定浓度时，都可以转变成路径Ⅱ中的黄色中间体。在图中，字母A～E分别代表酶；相应的基因互不连锁，均以相同的字母表示。

假定野生型等位基因是显性的并且编码有功能的酶，隐性位点编码有缺陷的酶。请推断纯种亲本基因型的哪些组合可以杂交得到以下子代比例。

a. 9 紫色：3 绿色：4 蓝色

b. 9 紫色：3 红色：3 蓝色：1 白色

c. 13 紫色：3 蓝色

d. 9 紫色：3 红色：3 绿色：1 黄色

注意：蓝色与黄色混合得到绿色；假定没有任何一种情况是致死的。

35. 研究日本牵牛（*Pharbitis nil*）的花色生成发现，两个基因的显性等位基因单独时（A/– · b/b 或 a/a · B/–）产生紫色花瓣。A/– · B/–产生蓝色花瓣，a/a · b/b 产生猩红色花瓣。推断下面杂交中亲本和子代的基因型。

杂交组	亲本	子代
1	蓝色×猩红色	1/4 蓝色：1/2 紫色：1/4 猩红色
2	紫色×紫色	1/4 蓝色：1/2 紫色：1/4 猩红色
3	蓝色×蓝色	3/4 蓝色：1/4 紫色
4	蓝色×紫色	3/8 蓝色：4/8 紫色：1/8 猩红色
5	紫色×猩红色	1/2 紫色：1/2 猩红色

36. 春琉璃草（*Collinsia parviflora*）的花瓣通常是蓝色的，在自然界中发现两个颜色突变的纯系，品系一花瓣为粉红色，品系二花瓣为白色。各纯系之间进行了如下杂交。

亲本	F₁	F₂
蓝色×白色	蓝色	101 蓝色：33 白色
蓝色×粉红色	蓝色	192 蓝色：63 粉红色
粉红色×白色	蓝色	272 蓝色：121 白色：89 粉红色

a. 从遗传的角度解释这些结果，并写出亲本、F_1 代和 F_2 代的基因型。

b. 蓝色 F_2 代植株和白色 F_2 代植株之间的杂交后代中，3/8 是蓝色、1/8 是粉红色、1/2 是白色。这两个 F_2 代植株的基因型是什么？

37. 在普通小麦（*Triticum aestivum*）中，籽粒颜色是由多个重复的基因决定的，每个重复的基因都有一个 R 和 r 等位基因。任何数量的 R 等位基因都会产生红色，完全缺乏 R 等位基因会产生白色表型。将红色纯系和白色纯系杂交，F_2 代为 63/64 红色，1/64 白色。

a. 有多少个 R 基因被分离？

b. 显示亲本、F_1 代和 F_2 代的基因型。

c. 不同的 F_2 代植株与白色亲本杂交。举例说明在这些回交中，什么样的基因型可以得出以下后代比例：①1 红∶1 白，②3 红∶1 白，③7 红∶1 白。

38. 有种植物可能是两个自由组合基因（P/p, Q/q）自交的结果，产生的后代是：

88　$P/-$；$Q/-$　25　p/p；$Q/-$

32　$P/-$；q/q　14　p/p；q/q

这些结果能否说明最先的植物基因型是 P/p；Q/q？

39. 将产生圆盘形果实的南瓜纯种品系（见下图）与产生长果实的纯种品系杂交。F_1 代有圆盘形果实，但 F_2 代表现出新的表型，比例如下：

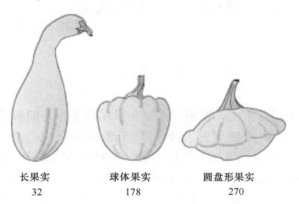

长果实　　　　球体果实　　　　圆盘形果实
32　　　　　　178　　　　　　　270

解释这些结果，说明亲本、F_1 代和 F_2 代的基因型。

第7章
染色体数目和结构变异

学 习 目 标

学习本章后，你将可以掌握如下知识。
- 了解染色体数目和结构变异与人类疾病、细胞遗传学的关系。
- 掌握细胞学技术在染色体研究中的应用。例如，以喹吖因、吉姆萨等染料染色可以产生用于鉴定细胞内每条染色体的带型。核型展示一个细胞中重复的染色体的排列以进行细胞遗传学分析。
- 结合目前的分子生物学检测技术，设计实验验证分析染色体结构的变异。
- 解释一些常见的染色体相关的遗传学疾病原理。

染色体易位和白血病

陈赛娟（中国工程院院士、发展中国家科学院院士）是细胞遗传学和分子遗传学专家，主要从事白血病的细胞遗传学和分子遗传学研究，曾在大量白血病核型（karyotype）分析的基础上发现了一组新的染色体易位的白血病；首先发现了急性早幼粒细胞白血病（acute promyelocytic leukemia，APL）变异型染色体易位（chromosome translocation）t（11；17）；克隆了 11 号染色体上的受累基因——早幼粒细胞白血病锌指蛋白（promyelocytic leukemia zinc finger，PLZF）基因；建成和发展了一整套白血病分子细胞遗传学和分子生物学诊断体系；建立了移植性和转基因白血病动物模型，为从细胞和个体水平研究白血病发生的分子机制及白血病诱导分化的机制提供了良好的模型（图7-1）。

恶性细胞的表型是否可能逆转？长期以来，科学家一直在研究一种肿瘤治疗的新途径，即通过启动恶性细胞的成熟和程序性死亡达到分化治疗的目的。急性早幼粒细胞白血病（APL）是应用分化诱导剂——全反式维甲酸（all-*trans*-retinoic acid，ATRA）治疗成功的第一个人类肿瘤。在人类白血病中染色体易位常常使两个独立的基因位点发生融

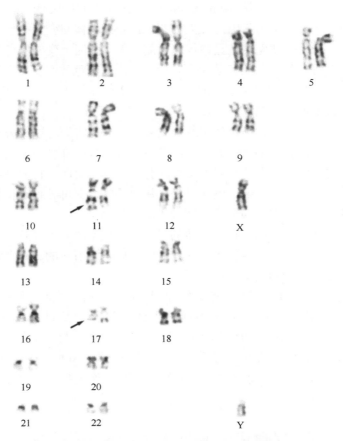

图 7-1　白血病患者的染色体易位研究（陈赛娟院士提供）
图中箭头分别指示发生易位的 11 号和 17 号染色体

合，其结果是表达一个新的融合基因产物，这样一个通常由两个转录因子杂交或一个转录因子与一个功能不明的蛋白质杂交而来的融合蛋白，导致两个野生型蛋白改变了结构和功能。因此，白血病的一个可能发病机制是：易位干扰了融合蛋白中一个或两个野生型蛋白的功能，融合蛋白过度表达而造成细胞转化。陈赛娟团队发现，急性早幼粒细胞白血病与两个变异的染色体易位 t（15；17）和 t（11；17）密切相关，即维甲酸 a 受体分别与急性早幼粒细胞白血病基因和 PLZF 基因发生融合，患者在接受了 3～4 周全反式维甲酸治疗后能够获得完全缓解。用一个相对副作用很小又能口服的药物完全缓解白血病，表明临床治疗获得了巨大成功，这也是运用分化疗法治疗人类肿瘤的第一个成功范例。

引　言

我们在本书的相关章节中介绍了基因突变是基因组序列变化的重要来源。然而，通过改变细胞中染色体结构或染色体数目，也可以更大规模地重塑基因组。这些大规模的变异称为染色体突变（chromosomal mutation），以区别于基因突变（gene mutation）。从广义上讲，基因突变被定义为基因内发生的变化，而染色体突变是指包含多个基因的染色体区段的变化。基因突变无法在显微镜下检测。带有基因突变的染色体在显微镜下看起来与携带野生型等位基因的染色体相同。相反，许多染色体突变可以通过显微镜、遗传或分子分析或所有技术的组合来检测。染色体突变在真核生物中得到了最好的特征描述，本章中的所有实例均来自真核生物。

从某些生物学角度来看，染色体突变很重要。第一，它们可以成为深入了解基因如何在基因组规模上协同作用的来源。第二，它们揭示了减数分裂和染色体结构的几个重要特征。第三，它们构成了实验基因组操作的有用工具。第四，它们是洞悉进化过程的源泉。第五，在人类中经常发现染色体突变，其中一些突变可导致遗传性疾病，本章开头所介绍的染色体易位与白血病就是一个较为典型的例子。

许多染色体突变导致细胞和机体功能的异常。这些异常大多数源于基因数目或基因位置的变化。在某些情况下，染色体突变是由染色体断裂引起的。如果断裂发生于基因内部，则结果是该基因的功能被破坏。

为方便起见，我们将染色体突变分为两组：染色体数目的变化和染色体结构的变化。这两组变化代表两种完全不同的事件。染色体数目的变化与细胞中任何DNA分子的结构改变无关。确切地说，这些DNA分子数目的变化是其遗传效应改变的基础。染色体结构的变化导致一个或多个DNA双螺旋内的序列发生改变。这两种类型的染色体突变是本章主题的总结。我们首先探讨染色体数目变化的性质和后果。

7.1 细胞学技术在染色体研究中的应用

遗传学家通常使用染料来鉴定特定的染色体并分析其结构。例如，使用某种染料对正在分裂的细胞进行染色，然后在显微镜下观察这些细胞以研究其染色体的数目和结构。对染色的染色体进行分析是细胞遗传学的主要工作。

细胞遗传学源于19世纪几位欧洲生物学家发现染色体并观察其在有丝分裂、减数分裂和受精过程中行为的研究。随着显微镜的改进和染色体制备与染色技术的提高，该研究于20世纪蓬勃发展。"基因位于染色体上"这一现象提高了人们对染色体研究的兴趣，并激发了人们开展染色体数目和结构的研究。如今，细胞遗传学有着重要的应用领域，尤其是在医学上，它被用于确定疾病是否与染色体异常有关。

7.1.1 有丝分裂染色体分析

研究人员采用分裂的细胞，通常是有丝分裂中期的细胞，来完成大多数细胞学分析。为富集这个阶段的细胞，传统上选用生长快速的材料，如动物胚胎或植物根尖。然而细胞培养技术的发展使得采用其他类型的细胞研究染色体成为可能（图 7-2）。例如，将不分裂的红细胞分离出去后，可从人类外周血中收集白细胞并进行培养。然后以化学试剂刺激这些白细胞分裂,在细胞分裂期间制备样品进行细胞学分析。通常的过程是以化学物质处理分裂的细胞使其无法形成有丝分裂(mitosis)过程中的纺锤体(spindle body)。这一干预的结果是在有丝分裂过程中最易看到染色体时将其捕获。分裂停滞的细胞在低渗溶液中通过渗透作用吸水而膨胀。每个细胞的内容物被额外吸入的水稀释,以至于当细胞在显微镜玻片上被挤压时,染色体能够以一种不混乱的形式分散开。这项技术极大地方便了后续的分析,尤其是在染色体数目巨大的情况下。很多年以来,人们一直错误地认为人类细胞包含 48 条染色体,46 条这个正确的数字是在细胞膨胀技术用于分离单个有丝分裂细胞的染色体之后才确定的。

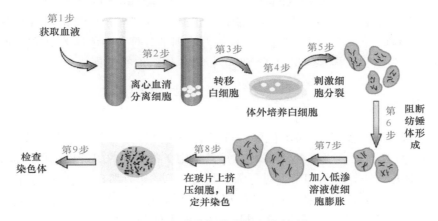

图 7-2 制备染色体的细胞准备过程

同时,人们也发现了一些非常好的非荧光染色技术。最常用的是吉姆萨(Giemsa)染料,是根据其发明者 Gustav Giemsa 命名的一种混合染料。在吉姆萨染色之前,需用胰蛋白酶处理染色体,该酶能够去除染色体上的某些蛋白质。吉姆萨染料与剩余的蛋白质相互作用,在染色体上呈现出特定的带型(G 带)。与喹吖因(quinacrine)染色一样(图 7-3),吉姆萨染色也可得到可重复的带型(图 7-4)。但是带型特征依赖于染色体染

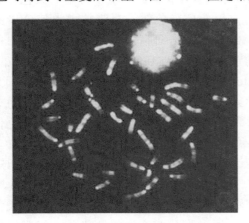

图 7-3 人结肠癌 394 细胞系细胞有丝分裂中期的 Q 带

人结肠癌 394 细胞系细胞经秋水仙碱处理后,细胞有丝分裂停滞在中期,根据图 7-2 的步骤制备染色体,再用喹吖因染色,紫外线为光源,显微镜下拍照

图 7-4　吉姆萨染色的亚洲麂成纤维细胞有丝分裂中期染色体

色前的准备。G 带染色方法得到的暗带相当于喹吖因染色得到的亮带（Q 带）；称为反带（R 带）技术的其他染色方法所得到的带型正好与 G 带相反，暗带相当于 G 带中的亮带。称为着丝粒异染色质带（C 带）的染色方法则是对每条染色体的着丝粒进行染色。这些显带技术为细胞遗传学家提供了详细分析染色体结构的工具。

7.1.2　人类核型

人类二倍体细胞含有 46 条染色体：44 条常染色体和 2 条性染色体，女性为 XX，男性为 XY。有丝分裂中期的 46 条染色体每条均由 2 条相同的姐妹染色单体构成。经染色后，可以根据大小、形状和带型对每条复制的染色体进行鉴别。细胞学分析中，通常对染色很好的中期分散相拍照，从中切下每条染色体的图像，根据带型匹配同源染色体对，并从大到小依次排列（图 7-5）。最大的常染色体是 1 号，最小的是 21 号（由于历史原因，第二小的常染色体被命名为 22 号）。X 染色体的大小居中，Y 染色体的大小与 22 号染色体相当。在显微镜下对染色体拍照后，根据大小排列后的图形称为核型（karyotype）。一个熟练的研究人员可以根据核型鉴别染色体数目和结构异常。在显带技术发明之前，很难将人的染色体彼此区分开。细胞遗传学家仅能够根据大小将染色体分成几个组，如最大的分到 A 组，然后是 B 组，等等。虽然他们能够认出 7 个不同的组，但在组内却几乎不可能鉴别特定的染色体。今天，得益于显带技术，我们可以常规地鉴定每一条染色体。显带技术也使分清染色体的每个臂并研究其中特定区域成为可能。着丝粒是细胞分裂时纺锤体附着并移动染色体的地方，通过着丝粒的位置可以确定臂长。着丝粒将染色体分为长臂（q）和短臂（p）。短臂用字母 p 表示（法语 petite，"小"的意思），长臂用 q 表示（因为字母表中 p 后面就是q）。由此，细胞遗传学家就能够简单地以 5p 来特指 5 号染色体的短臂。每条臂从着丝粒开始，特定区域用数字表示（图 7-6）。因此，在 5 号染色体的长臂中，有区域 1、2 和 3，每个区域又有不同的区带，用另一个数字表示。例如，35（读作"三，五"而非"三十五"）是指该染色体长臂末端的第 3 区 5 号带。该区带又包括三条亚带，每条亚带在一个点"."后用数字表示，如 35.1、35.2 和 35.3。然而，相邻区带 34 仅有一条带，则简单地表示为 34 而无须加点，也没有数字。染色体内的条带模式称为核型模式图（ideogram）。通过高分辨率吉姆萨染色，细胞遗传学家可以在整个人类核型中识别出大约 850 个条带。

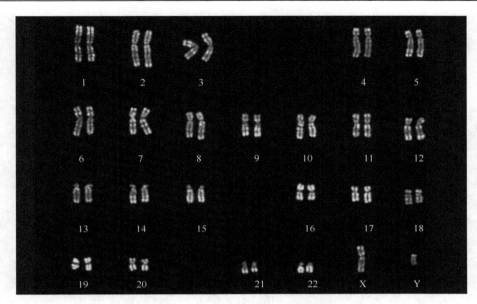

图 7-5　一位男性的核型

常染色体 1～22 编号并排序，X、Y 为性染色体

20 世纪 60 年代末期，科学家使用放射性标记的 DNA
或 28S rRNA 探针对染色体上的基因进行标记，从而发明
了原位杂交（*in situ* hybridization，ISH）技术。尽管同位
素标记的原位杂交技术具有较高的特异性和灵敏度，但是
由于放射性同位素的安全性低、空间分辨率低及同位素的
不稳定性等问题，并没有得到广泛的应用。随着小分子荧
光标记物的发现和使用，20 世纪 80 年代中期，科学家开
始利用异硫氰酸荧光素（fluorescein isothiocyanate，FITC）
来标记探针，并在荧光显微镜下进行观察分析，建立了荧
光原位杂交（fluorescence *in situ* hybridization，FISH）技术，
并将这一技术应用于微生物的检测（图 7-7）。随着科技的
迅速发展，荧光探针标记物越来越多，人们不仅可以使用
单一荧光标记探针对样品进行检测，还可以同时使用多种
不同的荧光标记探针进行检测，不仅可以检测分裂期的细
胞，而且可以检测间期的细胞。

7.1.3　细胞遗传变异总结

许多生物的表型受其细胞内染色体数目改变的影响，
有时染色体的部分改变也引起明显的表型变化。这些染色
体数目的变化通常被描述为生物倍性（ploidy，希腊文，
意为"倍数"）的改变。具有完整、正常一套染色体的生

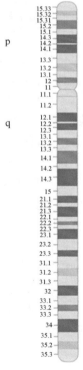

图 7-6　人类 5 号染色体带型图

每个臂内的区域从着丝粒开始连续编
号，亚区和各条带以附加于后的数字
表示。p 为短臂，q 为长臂

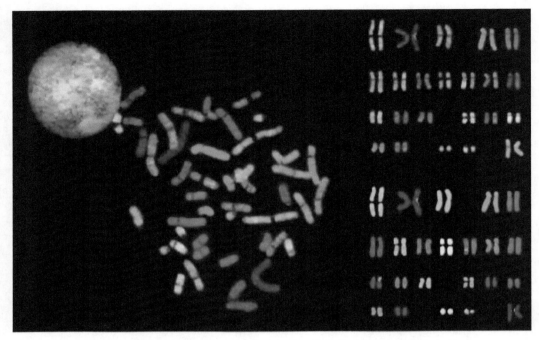

图 7-7　用多种荧光标记探针对人类细胞及染色体进行的荧光原位杂交

从人类 DNA 中提取的各种探针被不同的荧光标记，每个探针都能发出不同颜色荧光，以显示与这些探针互补的 DNA 序列
在染色体中的位置。图的左上角为细胞核，中间为染色体在荧光显微镜下的结构，右边为核型

物称为整倍体（euploid，希腊文，意为"好"和"倍"）。携带额外套数染色体的生物称为多倍体（polyploid，希腊文，意为"多"和"倍"），生物多倍体的水平被描述时是以基本染色体数目为基础的，通常用 n 表示。因此，具有 2 套基本染色体的二倍体有 $2n$ 条染色体，具有 3 套染色体的三倍体有 $3n$ 条染色体，具有 4 套染色体的四倍体（tetraploid）则有 $4n$ 条染色体，等等。具有增多或减少了某条特定染色体或染色体片段的生物，则为非整倍体（aneuploid，希腊文，意为"不"、"好"和"倍"）。因此这些生物将遭受一种特殊的遗传不平衡。非整倍体和多倍体之间的区别在于，非整倍体涉及基因组部分数目的改变，通常只是一条染色体；而多倍体涉及整套染色体数目的变化。非整倍体意味着遗传不平衡，而多倍体则通常遗传平衡。

　　细胞遗传学家也对生物的染色体结构变化进行了归类。例如，一条染色体的一段与另一条染色体融合，或者染色体的一个片段可以倒转到这条染色体的其他部位，这些结构变化称为重排（rearrangement）。由于某些重排在减数分裂过程中不规则分离，因此它们可能与非整倍体有关。后面的章节将涉及以下所有细胞遗传变异：多倍体、非整倍体和染色体重排。

7.2　多　倍　体

生物体的额外一套染色体能够影响其外观和生育力。

　　具有多余一套染色体的多倍体（polyploid）在植物中非常普遍，而在动物中却很少见。所有已知植物一半的属均有多倍体种，大约 2/3 的禾本科植物都是多倍体。这些物种中有些为无性生殖。在动物中，有性生殖是主要的繁殖方式，多倍体很少见，可能是由于这会干扰其性别决定机制。

多倍体的一般作用是使细胞体积变大。这种体积的增大常常与生物大小的整体增加相关。多倍体物种往往较其二倍体物种更大更强壮。这些特征对依赖于多种多倍体植物作为食物的人类来说具有实际意义。这些物种倾向于产生更大的种子和果实，因此在农业上提供更高的产量。小麦、咖啡、马铃薯、香蕉、草莓和棉花等都是多倍体作物。许多观赏性园林植物，如玫瑰、菊花和郁金香等也均为多倍体（图 7-8）。

图 7-8 常见的多倍体植物
（a）草莓（八倍体）；（b）菊花（四倍体）；（c）月季（三倍体）；（d）棉花（四倍体）；（e）香蕉（三倍体）；
（f）郁金香（三倍体）

7.2.1 不育多倍体

尽管具有粗壮的外观，但某些多倍体物种是不育的。额外整套染色体（染色体组）在减数分裂时可能会不规则地分离，导致配子严重失衡（即非整倍体）。如果这样的配子在受精时结合，产生的合子几乎总是死亡。这种合子无法存活的现象解释了为什么许多多倍体物种育性降低。

作为一个例子，让我们认识一下具有三套相同 n 条染色体的三倍体物种。该物种的染色体总数为 $3n$。当减数分裂发生时，每条染色体都试图与其同源染色体配对（图 7-9）。一种可能性其中的 2 条同源染色体随机配对（同源染色体长度相近的配对几率较大），留下没有配对的第 3 条，这条未配对的染色体称为单价体（univalent）。另一种可能性是所有 3 条同源染色体发生联会，形成每个成员都彼此部分配对的三价体（trivalent）。当染色体在第一次减数分裂后期分离时，上述两种情况下都很难预测染色体会如何移动。最可能的情况就是两条同源染色体移动到一极，另外一条同源染色体移动到另一极，产生的配子含有染色体的一个或两个拷贝。然而，所有 3 条同源染色体也可能移动到同一极，产生这条染色体的零拷贝或三个拷贝的配子。由于分离的不确定性适用于细胞中每条染色体的 3 条同源染色体，配子中的染色体总数就可能从 0 到 $3n$ 变化。因此，三倍体物种配子中的染色体总数将相差很大，其中绝大多数为非整倍体。

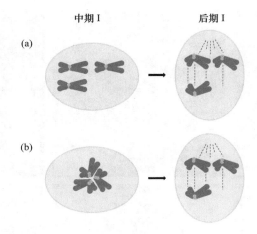

图 7-9　三倍体的减数分裂

（a）单价体的形成。3 条同源染色体中的两条联会，使单价体在后期分裂时自由移动至任一极；（b）三价体的形成。所有 3 条同源染色体联会形成三价体，这种情况下，当染色体在第一次减数分裂后期分离时，也可能导致非整倍体细胞的形成

这样的配子受精后形成的合子几乎一定会死亡，因此，大多数三倍体都是完全不育的。在农业和园艺业中，通过无性繁殖这些物种来避免这种不育。无性繁殖有多种方法，包括扦插（香蕉）、嫁接（醇露苹果、伏花皮苹果、赤龙苹果）和球茎种植（郁金香）等。在自然界中，某些多倍体植物也能进行无性繁殖。一种机制是无融合生殖（或单性生殖）（apomixis），其涉及一种改良的减数分裂，产生未减数的卵子，这些卵子随后形成种子，萌生出新的植株。蒲公英（*Taraxacum officinale*）是一种多倍体杂草，其以单性生殖的方式繁殖。

7.2.2　可育多倍体

发生于三倍体中的减数分裂的不确定性也会在具有 4 套完整染色体的四倍体中发生。因此，这样的四倍体也会具有较低的育性。然而，有些四倍体可以产生能生育的后代。仔细研究发现，这些物种含有 2 套不同的染色体，每套都是重复的。因此，在两个不同的但有亲缘关系的二倍体物种杂交产生的杂种中，似乎由染色体复制产生了可育的四倍体，这些物种通常具有相同或相似的染色体数目。图 7-10 显示了一个这种四倍体起源的合理机制。标记为 A 和 B 的两个二倍体杂交产生了一个从亲本物种各接受了一套

染色体的杂种。这样一个杂种可能不育，因为 A 和 B 的染色体无法互相配对。然而，如果该杂种的染色体被复制，减数分裂将相当规则地进行。A 和 B 的每条染色体都将有条完全同源的染色体与之配对。因此减数分裂将产生含有一整套 A 和 B 染色体的配子。在受精过程中，这些"二倍体"配子将结合形成能够存活的四倍体合子，因为其中来自每个亲本的染色体组都是平衡的。

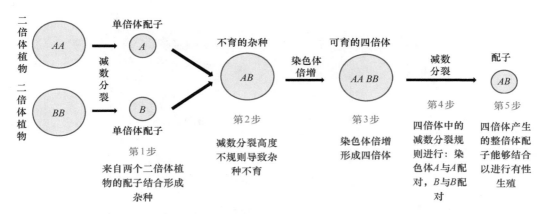

图 7-10　可育四倍体起源于两个二倍体之间的杂交及随后的染色体倍增

　　不同但有亲缘关系的物种间杂交之后染色体倍增的情况已被证明在植物进化过程中多次发生。某些情况下，该过程反复发生，产生具有多套不同染色体的复杂多倍体。最好的例子之一就是现代的普通小麦（*Triticum aestivum*）（图 7-11）。这个重要的农作物是六倍体，含有 3 套不同的染色体，每套染色体均已倍增。每套有 7 条染色体，在配子中共有 21 条，体细胞中则有 42 条。因此，现代的普通小麦似乎是通过两次杂交事件形成的。第一次涉及两个二倍体物种结合形成一个四倍体，第二次涉及该四倍体和另一个二倍体之间结合而产生了一个六倍体。细胞遗传学家已经在中东地区确定了可能参与该进化过程的原始谷类植物。2010 年，对普通小麦基因组进行了 DNA 测序。其基因组非常大，约为人类基因组的 5 倍。对这些 DNA 序列的分析将有助于我们了解普通小麦的进化史。

　　由于减数分裂过程中来自不同物种的染色体相互干扰的可能性较小，因此，不同物种之间杂交获得的多倍体就比单个物种通过染色体倍增形成的多倍体具有更高的繁殖力。不同物种之间杂交产生的多倍体称为异源多倍体（allopolyploid），在这些多倍体中，亲本贡献的基因组在性质上有差异。通过物种内染色体倍增形成的多倍体称为同源多倍体（autopolyploid），在这些多倍体中，单个基因组通过倍增创建了额外的染色体组。染色体倍增是多倍体形成中的关键事件。该事件的一种可能机制是细胞进行有丝分裂时未发生胞质分裂。这样的细胞将具有通常染色体数目的 2 倍。通过随后的分裂，它可能就会产生多倍体的细胞克隆，这可能有助于生物体的无性繁殖或配子的形成。需要注意的是，不同于动物种系细胞的命运在发育早期就已被决定，植物的生殖组织是在多轮细胞分裂后才开始分化的。如果在某次细胞分裂中染色体意外倍增，则生殖组织最终可能发育为多倍体。另一种可能的机制是，减数分裂产生了染色体数目为正常 2 倍的未减数配子，如果这样的配子参与了受精，将会形成多倍体合子，这些合子随后可能会发育为成熟的生物体，根据多倍体的性质，它们可能能够自己产生配子。

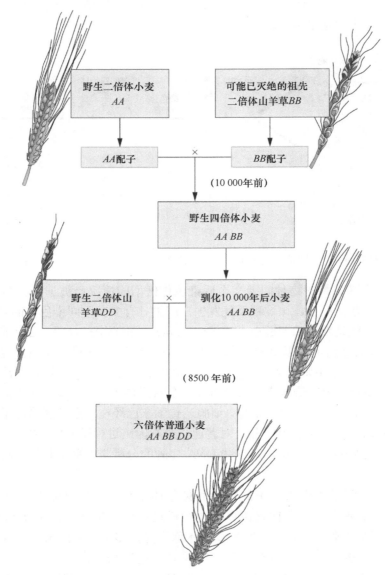

图 7-11　六倍体普通小麦起源于不同物种的依次杂交
现代普通小麦产生于祖先的两次双二倍性事件，首先是配子未减数，其次是一个不育的中间体

7.2.3　组织特异性多倍体和多线染色体

在某些生物中，其某些组织在发育过程中会变为多倍体，这种多倍体化可能是对每条染色体及其携带的基因需要多个拷贝的响应。产生这种多倍体细胞的过程称为核内有

丝分裂（endomitosis），涉及染色体复制及之后由复制而形成的姐妹染色单体的分离。然而，由于并未发生细胞分裂，额外的染色体组会在单个细胞核内积累。例如，人的肝脏和肾脏内一个完整的核内有丝分裂将产生四倍体细胞。有时多倍体化的发生并不伴随姐妹染色单体的分离。在这些情况下，复制的染色体彼此相邻堆积，形成一束平行排列的线，由此形成的染色体称为多线染色体（polytene chromosome）。多线染色体最壮观的例子是在果蝇幼虫唾液腺中发现的。每条染色体经历了大约 9 轮复制，每个细胞中总共产生了大约 500 个拷贝。所有这些拷贝紧密配对，形成一束粗大的染色质纤维，可在显微镜的低倍镜下看到。沿染色质纤维束长轴的不同盘绕导致染色质密度的变化。当用染料对这些染色质进行染色时，较密的染色质着色会更深一些，从而形成明暗相间的带型（图 7-12）。这个带型是高度可重复的，可以对染色体结构进行详细解析。

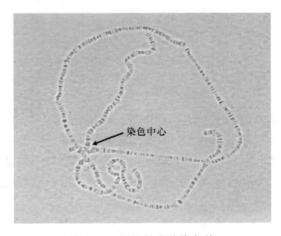

图 7-12　果蝇的多线染色体

　　果蝇的多线染色体还有其他 2 个特征。

　　1）同源的多线染色体配对。一般情况下，我们认为配对是减数分裂过程中染色体的特征；然而，在许多昆虫的体细胞中染色体也配对，这可能是核内染色体的一种组织方式。当果蝇的多线染色体配对时，大的染色质纤维束将变得更大，因为这种配对是沿染色体长轴的精确的点对点配对，两条同源染色体可以完全对齐，所以，每条染色体的带型都精准对齐，以至于几乎不可能区分成对染色体中的某条染色单体。

　　2）所有果蝇多线染色体的着丝粒凝结入一个称为染色中心（chromocenter）的小体中。着丝粒侧翼的物质也被拉入其中。结果造成染色体臂看上去似乎是从染色中心发出的。凝结在一起的这些臂由常染色质构成，常染色质是含有大部分基因的那部分染色体；染色中心则由异染色质组成，异染色质是一种围绕着丝粒的缺乏基因的物质，与由常染色质构成的染色体臂不同，这种着丝粒异染色质不会变成多线，因此，与常染色质相比，其复制量大大不足。

　　20 世纪 30 年代，C. B. Bridges 发表了多线染色体的详细图示（图 7-13）。Bridges 任意将每条染色体分成多个区段，并编上数字序号；每个区段再分成亚区，用字母 A～F 标记。每个亚区中，Bridges 又对其中所有的暗带进行了编号，沿染色体长轴为所有位点创建了一个字母数字目录。Bridges 的字母数字系统今天仍被用来描述这些不同寻常的染色体的特征。

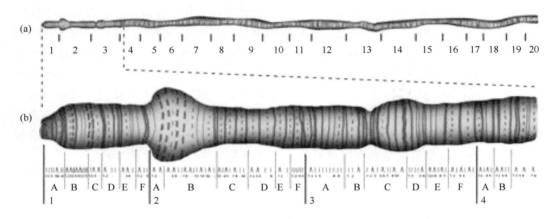

图 7-13　Bridges 的多线染色体图
（a）多线 X 染色体的带型。该染色体被分为 20 个标号的区段。（b）多线 X 染色体左端的详细视图，
展示了 Bridges 的条带命名系统

果蝇的多线染色体是停留于细胞周期中分裂间期的染色体。因此，尽管大多数细胞分析是在有丝分裂的染色体上进行的，但最彻底和最详细的分析是在多线间期染色体上进行的。这样的染色体在双翅目（Diptera）昆虫的许多物种中均被发现，包括苍蝇和蚊子。不幸的是，由于人类没有多线染色体，在果蝇身上可以进行的这种高分辨率细胞学分析就无法在我们自己身上进行。

7.3　非整倍性

整条染色体或其中某个片段拷贝数过高或过低都会影响表型。

非整倍性（aneuploidy）描述部分基因组的数量改变，通常是单条染色体剂量的变化。携带某条额外染色体，缺失某条染色体，或上述异常情况组合的个体均为非整倍体（aneuploid）。这个定义也适用于染色体片段的改变。因此，缺失某条染色体臂的个体也被认为是非整倍体。

非整倍性最初是在植物中被研究的，研究表明植物染色体的不平衡通常具有表型效应。经典的研究是由 Blakeslee Albert Francis 和 John Belling 进行的曼陀罗（*Datura stramonium*）种子的染色体异常分析。这个二倍体植物有 12 对染色体，体细胞共有 24 条染色体。Blakeslee 收集了具有表型改变的植物，并发现某些情况下这些表型以不规则的方式遗传。这些独特的突变体显然是由主要通过雌性传递的显性因子引起的。通过检查突变植物的染色体，Belling 发现每种情况都有一条额外染色体的存在。仔细分析发现每种突变体中的额外染色体均不相同。一共有 12 种不同的突变体，每种突变体对应于曼陀罗 12 条染色体中某条染色体的三体（图 7-14）。这样的一条染色体具有三个拷贝，称为三体性（trisomy）。这些突变的不规则传递是由减数分裂时染色体的异常行为所致。

　　Belling 还发现了三体表型通过雌性优先传递的原因。在花粉管生长过程中，非整倍体花粉（特别是具有 *n*+1 条染色体的花粉）并不能与整倍体花粉很好地竞争。结果，三体植物几乎总是从雌性亲本遗传它们的额外染色体。Belling 有关曼陀罗的工作证明，每条染色体都必须以适当的数目存在才能保证植物正常生长和发育。

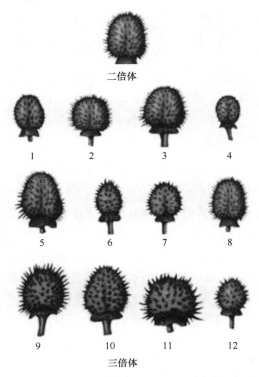

图 7-14　正常曼陀罗蒴果和三体曼陀罗蒴果
图示为 12 条染色体的每一个三体的蒴果

　　由于 Belling 的工作，非整倍体已在包括人类在内的多种物种中被发现。一条染色体或染色体片段剂量不足的生物称为亚倍体（hypoploid）。一条染色体或染色体片段剂量增加的生物称为超倍体（hyperploid）。这些术语中的每一个都涵盖了广泛的异常情况。

7.3.1　人类的三体

　　人类最著名和最常见的染色体异常是唐氏综合征（Down syndrome），这是一种与额外多出一条 21 号染色体有关的疾病［图 7-15（a）］。这种综合征最初在 1866 年由英国内科医生 Langdon Down 描述，但其染色体基础直到 1959 年才被清楚地了解。唐氏综合征患者通常身材矮小，关节松弛，尤其是踝关节，他们都有宽头骨、阔鼻孔、有明显沟纹的大舌头、短手并有一贯通掌纹，以及部分智力障碍。唐氏综合征患者的寿命比其他人要短得多。唐氏综合征患者通常在 40 岁或 50 岁时就会患上阿尔茨海默病（一种在老年人中相当常见的痴呆症），这比其他人要早得多。

唐氏综合征患者多余的 21 号染色体就是一个三体的例子。图 7-15（b）为一位女性唐氏综合征患者的核型。她一共有 47 条染色体，包括 2 条 X 染色体和一条多余的 21 号染色体。因此，该患者的核型写为 47，XX，+21。

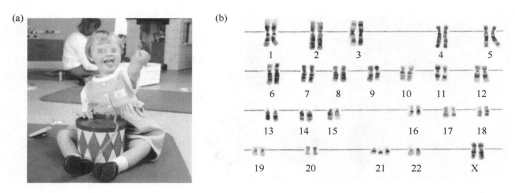

图 7-15　唐氏综合征患者及核型

（a）一位患唐氏综合征的小女孩儿；（b）一位女性唐氏综合征患者的核型（47，XX，+21），其中有 3 条 21 号染色体

21 三体可能是由某次减数分裂时染色体不分离所致（图 7-16）。染色体不分离事件在双亲中均有可能发生，但似乎更可能在女性多发。此外，不分离的频率随母亲年龄的增加而增加。因此，母亲的年龄低于 25 岁时，孩子患有唐氏综合征的风险大约是 1/1500，而母亲为 40 岁时，风险为 1/100。这种增加的风险归因于随女性年龄增长而产生的对减数分裂染色体有不利影响的因素增加。女性减数分裂始于胚胎期，但一直到卵受精后才完成。在受精前的很长一段时间内，减数分裂细胞一直停留于第一次减数分裂的前期。

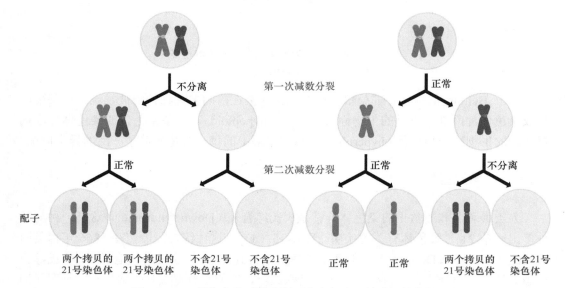

图 7-16　21 号染色体减数分裂不分离与唐氏综合征的起源

第一次减数分裂不分离不会产生正常配子，这些配子要么携带 2 个拷贝的 21 号染色体，要么不含 21 号染色体。第二次减数分裂不分离产生一个有 2 条 21 号姐妹染色单体的配子和一个不含 21 号染色体的配子

在这个暂停的阶段，染色体可能并没有配对。前期的时间越长，染色体不配对及随后不分离的机会就越大。因此，年长的女性比年轻的女性更有可能产生非整倍体的卵子。

也有关于 13 三体（多一条 13 号染色体）和 18 三体（多一条 18 号染色体）的报道。然而，这些三体较为少见，受影响的个体有严重的表型异常，寿命很短，通常在出生后的几周内死亡。在人类中观察到的另一种可存活的三体是 X 三体，核型为 47，XXX。这些个体得以存活是由于 3 条 X 染色体中的 2 条处于失活状态，减少了 X 染色体的剂量以至于接近一条 X 染色体的正常水平。X 三体为女性，表型正常或接近正常，有时她们会表现出轻微的智力障碍并且生育力低下。

人类的 47，XXY 核型也是一种可存活的三体。这些个体有三条性染色体，两条 X 染色体，一条 Y 染色体。表型上他们为男性，但也表现出一些女性的第二性征，而且通常不育。1942 年，H. F. Klinefelter 描述了与这种状态相关的异常，现在该三体称为克兰费尔特综合征（Klinefelter syndrome），异常表型包括小睾丸、大乳房、长四肢、O 型腿、发育不良的体毛。47，XXY 的核型源于异常的 XX 卵子与含 Y 染色体的精子受精，或者 X 卵子与异常的 XY 精子受精。47，XXY 核型占所有克兰费尔特综合征病例的 3/4。其他的克兰费尔特综合征涉及更为复杂的核型，如 48，XXYY、48，XXXY、49，XXXYY、49，XXXXY 和 50，XXXXXY。所有的克兰费尔特综合征患者的细胞中都有一个或多个巴氏小体，携带两条以上 X 染色体的患者通常都有一定程度的智力缺陷。

核型为 47，XYY 的个体是另外一种可存活的人类三体。这些个体均为男性，除了具有比正常男性身高更高的倾向外，并没有表现出一致的特征性综合征表型。人类所有的其他染色体三体均为胚胎期致死，证明正确基因剂量的重要性。与曼陀罗所有染色体的三体均可存活不同的是，人类不能耐受多种类型的染色体失衡（表 7-1）。

表 7-1　人类中染色体不分离导致的非整倍体

核型	染色体	临床综合征	估测出生率	表型
47，+21	$2n+1$	唐氏综合征	1/700	手短而宽，手掌具皱褶，身材矮小，关节高度柔韧，智力障碍，圆脸宽头，张嘴大舌，内眦赘皮
47，+13	$2n+1$	13 三体综合征（又称帕托综合征）	1/20 000	智力障碍，耳聋，轻微肌肉痉挛，唇腭裂，心脏异常，脚后跟突出
47，+18	$2n+1$	18 三体综合征（又称爱德华综合征）	1/8 000	多器官先天畸形，低耳位及畸形耳，小下颌，口鼻小，外观似精灵，智力障碍，马蹄肾或重复肾，胸骨短；90%患者在出生后的前 6 个月内死亡
45，X	$2n-1$	特纳综合征	1/2 500 女性	女性性发育迟缓，通常不育，身材矮小，颈部皮肤呈蹼状，心血管异常，听力损失
47，XXY	$2n+1$	克兰费尔特综合征	1/500 男性	男性不育，睾丸小，常出现女性乳房，声音女性化，膝外翻，四肢长
48，XXXY	$2n+2$	XXXY 综合征	1/50 000～1/17 000 男性	不育，智力障碍，发育迟缓，肌张力低
48，XXYY	$2n+2$	XXYY 综合征	1/40 000～1/18 000 男性	不育，智力障碍，身材很高
49，XXXXY	$2n+3$	XXXXY 综合征	1/85 000～1/100 000 男性	不育，智力障碍，发育迟缓，肌张力低
50，XXXXXY	$2n+4$	XXXXXY 综合征	很少见报道	—
47，XXX	$2n+1$	X 三体	1/700	女性，生殖器通常正常，生育能力低下，轻微智力低下

7.3.2 单体

二倍体个体的某条染色体缺失称为单体性（monosomy）。人类仅有一种可存活的单体，即 45，X 核型。这些个体有一条 X 染色体和完整的常染色体。在表型上她们为女性，但由于她们的卵巢发育不全，因此她们几乎不育。45，X 的个体通常身材矮小，有蹼状颈、听力障碍和严重的心血管异常。Herry H. Turner 于 1938 年首次描述了这种情况，因此目前其被命名为特纳综合征（Turner syndrome）。

45，X 个体可能源于缺失了性染色体的卵子或精子，也可能是在受精后某次有丝分裂过程中丢失了性染色体（图 7-17）。后一种可能性受到许多特纳综合征患者被发现为体细胞嵌合体的支持。这些人体内有两种细胞，一些核型为 45，X，其他则为 46，XX（或 46，XY）。这种核型嵌合现象显然是由 46，XX（或 46，XY）合子发育过程中一条 X（或 Y）染色体丢失所致。发生性染色体丢失的细胞所有的后代核型均为 45，X。如果丢失发生在发育早期，则人体细胞中相当一部分将为非整倍体，且该个体将表现出特纳综合征的特征。如果丢失发生在晚期，则非整倍体细胞数量将会很少，且特纳综合征的严重程度可能会减轻。

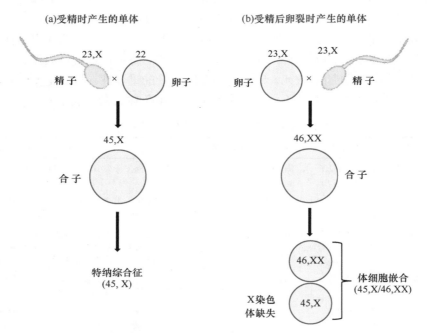

图 7-17　特纳综合征患者核型产生于受精时（a）或受精后卵裂时（b）

XX/XO 染色体嵌合也发生在果蝇上，这样的果蝇具有奇怪的表型。由于果蝇的性别由 X 染色体和常染色体的比例决定，因此这些果蝇部分为雄，部分为雌。XX 细胞向雌性方向发育，XO 细胞向雄性方向发育。同时具有雄性和雌性结构的果蝇称为雌雄嵌合体（gynandromorph，希腊文，意思是女人、男人和形态）。

有 45，X 核型的人的细胞里没有巴氏小体，提示仅存的一条 X 染色体没有失活。

那么，为什么特纳综合征患者具有与正常 XX 女性相同的活化的 X 染色体的数目，却有不正常的表型呢？答案可能涉及正常的 46, XX 女性两条 X 染色体上的少量基因仍都保持活化状态。这些未失活的基因显然需要以双倍的剂量维持正常生长和发育。至少有一些 X 连锁的特异性基因也存在于 Y 染色体上的发现将能够解释为什么 XY 雄性能够正常生长和发育。此外，46, XX 女性已经失活的 X 染色体会在卵子发生过程中重新被激活，因此推测 2 个 X 连锁基因的拷贝对正常卵巢发育是必需的。45, X 个体仅有这些基因的一个拷贝，不能满足对这些基因剂量的需求，因此是不育的。

奇怪的是，与特纳综合征相同的 XO 核型的小鼠却未表现出解剖学异常。这个发现意味着与特纳综合征有关的小鼠同源基因仅需一个拷贝即可满足 XO 小鼠的正常生长和发育。

7.3.3 染色体片段的缺失和重复

染色体片段的缺失称为删除（deletion）或缺失（deficiency）。通过研究染色体的带型，可以从细胞学上检测出大的删除，而小的缺失则无法检出。在二倍体生物中，一个染色体片段的删除导致部分基因组为亚倍体。这种亚倍体可能与表型效应有关，尤其当缺失的片段较大时。人类的猫叫综合征（cri-du-chat syndrome）是一个典型的例子（图 7-18）。该综合征是由 5 号染色体的短臂缺失引起的，缺失的大小各不相同。具有这种缺失的杂合子的核型为 46 del（5）（p14），括号中的内容表示一条 5 号染色体短臂（p）的 1 区 4 带缺失。这些患者有严重的智力和身体残疾，因其婴儿期悲伤的猫样叫声而得名猫叫综合征。

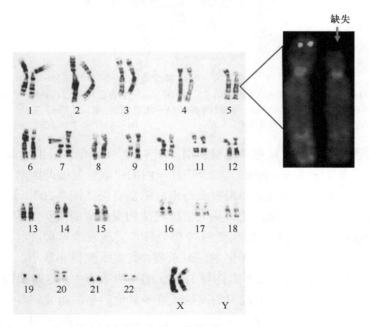

图 7-18 猫叫综合征患者（女性）的核型——46，XX del（5）（p14）

其中一条 5 号染色体短臂缺失。右上侧图片显示以基因特异的荧光探针标记的 5 号染色体。左侧的染色体有荧光信号，因为其携带特定的基因，而右侧的染色体没有荧光信号，因为该处的基因及其旁侧物质已经缺失，当存在缺失时，还有可能产生假显性（pseudo-dominant）效应，即一条染色体上的片段缺失允许另一同源染色体上的隐性等位基因表达，这种情况下隐性等位基因看上去是显性的，因此称为假显性

　　多出一段额外的染色体片段称为重复。这个额外的片段可能附着于某条染色体上，也可能作为一条新的染色体独立存在，即"游离重复"。上述两种情况具有相同的效应：生物体的基因组为部分超倍性。与缺失一样，这种超倍性也有其表型效应。

　　缺失和重复是染色体结构的两种畸变。大片段的畸变可以通过喹吖因或吉姆萨染色显带技术对有丝分裂染色体进行检查而检测出来。而小的畸变难以用这种方法检测到，通常需要用其他的遗传学和分子技术来识别。研究缺失和重复的最佳生物是果蝇，其多线染色体（polytene chromosome）为详细的细胞学分析提供了很好的机会。图 7-19（b）显示了果蝇唾液腺中两个成对同源染色体之一的缺失。由于两条染色体之间的间隔很小，我们能够看到下面一条染色体的一个区域有一小段缺失。

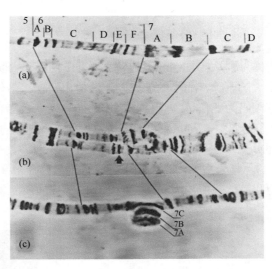

图 7-19　　果蝇多线染色体

（a）果蝇 X 染色体中部第 6 区和第 7 区的正常结构；（b）其中一条染色体存在 6F～7C 区缺失（箭头处）；（c）X 染色体上 6F～7C 区的反向串联重复。图（b）中上面一条染色体具有 7A～7C 之间的主带，而下面一条没有，表明后者存在缺失，图（c）中重复的序列从左到右读为 7C、7B、7A、7A、7B、7C

　　重复的片段也可在多线染色体中被识别。图 7-19（c）显示了果蝇 X 染色体中部一个片段的串联重复（tandem repeat）。由于该片段内的串联重复彼此配对，染色体看起来在该部位中间有一个结。果蝇的棒眼突变与串联重复有关（图 7-20）。这一 X 连锁显性突变改变了复眼的大小和形状，使其从大的球状结构变成窄的棒状结构。20 世纪 30 年代，C. B. Bridges 分析了携带棒眼突变的 X 染色体，发现眼睛形状决定基因所在的 16A 区被串联重复了。也观察到了 16A 区的三联重复，其复眼变得非常小，这种表型称为双棒眼。因此，突变型复眼表型的严重性与 16A 区的拷贝数有关，这是基因剂量在确定表型中的重要性的明确证据。在果蝇中还发现了许多其他的串联重复，多线染色体的分析使对其检测变得相对容易。如今，分子生物学技术已使检测多种生物中非常小的串联重复成为可能，如哺乳动物血红蛋白编码基因的串联重复，基因重复似乎相对常见，并为进化提供了一个重要的变异来源。

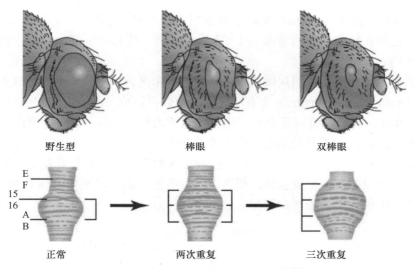

图 7-20 果蝇 X 染色体 16A 区串联重复对其眼睛大小的作用

7.4 染色体结构的重排

一条染色体可能在其内部重排，也可能与另一条染色体连接。

在自然界中，即使是亲缘关系非常近的生物之间，染色体的数目和结构也存在相当大的差异。例如，黑腹果蝇（*Drosophila melanogaster*）有 4 对染色体，包括 1 对性染色体，2 对大的中央着丝粒常染色体和 1 对小的点状常染色体。与其亲缘关系不太远的黑果蝇（*Drosophila virilis*）有 1 对性染色体，4 对近端着丝粒常染色体和 1 对点状常染色体。即使同为一个属，种间也可能具有不同的染色体排列。这些差异意味着在进化过程中，基因组的片段会重新排列。实际上，有关在某一物种的变异体中发现染色体重排的观察表明基因组不断地在重塑。这些重排可能改变染色体内某个片段的位置，也可能将来自不同染色体的片段连到一起。无论哪种情况，基因的顺序都会改变。细胞遗传学家已经鉴定出多种染色体重排。这里我们考虑两种类型：倒位，涉及染色体内部一个片段方向的倒转；易位，涉及来自不同染色体的片段的融合。人类染色体重排具有医学意义，因为其中一些与个体易患某些类型的癌症相关。

7.4.1 倒位

当一个染色体的片段被分离，翻转 180°，并重新附着到染色体的其他部分时，就会发生倒位（inversion），其结果是该片段上的基因顺序被颠倒了。这种重排能够在实验室中被 X 射线所诱导，X 射线可以将染色体打断为片段。有时，这些片段会重新连接，但在此过程中，某个片段发生翻转造成倒位。也有证据表明，倒位可以通过转座子的活性自然发生，转座子是能够从染色体的一个位置转移到另一个位置的一段 DNA 序列。有时，在移动过程中，这些转座子将染色体分解成一些片段，这些片段以错误的方式重新连接，从而产生了倒位。倒位也可能由于机械剪切产生的染色体片段的重新连接而产生，这可能是染色体在核内纠缠的结果。没有人真正知道上述每种机制在自然状态下引起倒位发生的比例。

细胞遗传学家根据倒位的片段是否含有着丝粒来区分两种类型的倒位（图 7-21）。臂间倒位（pericentric inversion）含有着丝粒，而臂内倒位（paracentric inversion）不含着丝粒。结果是，臂间倒位可能会改变染色体两臂的相对长度，而臂内倒位则没有这样的作用。如果一条近端着丝粒染色体在每个臂上都有断裂点（即臂间倒位），则可以将其转变为中着丝粒染色体。而当近端着丝粒染色体的两个倒位断裂点发生在染色体的长臂上（即臂内倒位）时，则染色体的形态不发生改变。因此，使用标准的细胞学方法，臂间倒位比臂内倒位更容易被检测到。

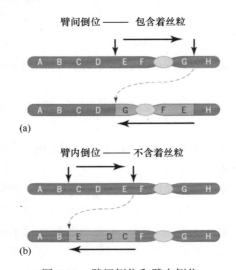

图 7-21　臂间倒位和臂内倒位

染色体在两个点断裂，其间的片段翻转。(a) 臂间倒位改变了染色体臂的长度，因为着丝粒包含在倒位中；(b) 臂内倒位不会改变染色体臂的长度，因为其不含着丝粒

一个个体的一条染色体发生了倒位，但其同源染色体并未发生，即为倒位杂合子。在减数分裂过程中，倒位的和未倒位的染色体沿其长轴点对点配对。然而，由于倒位，染色体必须形成一个环以使基因顺序颠倒的染色体区域配对。图 7-22 显示了这种配对的结构，仅一条染色体形成环，另一条染色体则环绕着这个环。实际倒位的和未倒位的染色体均可成环以使它们之间能最大限度地进行配对。然而，在倒位末端附近，染色体被拉伸，甚至有某种解联会（de-synapsis）的趋势。

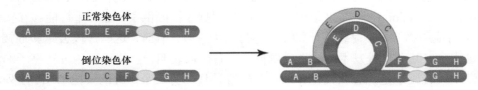

图 7-22　正常和倒位染色体之间的配对

7.4.2　易位

当一条染色体的一个片段被分离并重新连接到另一条非同源染色体上时，就会发生易位（translocation）。其遗传意义是一条染色体上的基因转移到了另一条染色体上。

当两条非同源染色体的片段发生了交换，且不伴随遗传信息丢失时，该事件称为相互易位（reciprocal translocation）。图 7-23（a）显示了两条大的常染色体之间的相互易位。这些染色体在其右臂上发生了交换。在减数分裂过程中，这些易位的染色体将与它们未易位的同源染色体以十字形或交叉的形式进行配对［图 7-23（b）］。两条易位的染色体以交叉为中心彼此相对，未发生易位的染色体也如此排列，为了最大限度地配对，易位的染色体与未易位的染色体彼此相间，形成了十字形的臂。这种配对结构可判断易位杂合子。不同的是，易位染色体为纯合子的细胞不形成十字交叉的结构，其中，易位染色体的每个部分均能和与其结构相同的同源染色体轻松配对。

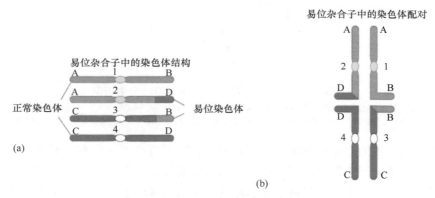

图 7-23　染色体间相互易位的结构和配对行为
（a）染色体易位后的结果；（b）配对发生在第一次减数分裂前期的染色体复制之后

由于十字交叉配对涉及 4 条染色体，在第一次减数分裂中，它们可能会，也可能不会等价地分配到相对的两极，易位杂合子中染色体不分离是一个不太确定的过程，易于产生非整倍体的配子。不分离事件共有三种可能性，如图 7-24 所示。该简图仅显示了每条染色体的两个姐妹染色单体之一。此外，每个着丝粒都被标记以跟踪染色体的移动；带有两个白色着丝粒的染色体是同源染色体（即源自相同染色体对），两条带有灰色着丝粒的染色体也是同源染色体。

如果着丝粒 2 和 4 移动到同一极，1 和 3 将移到另一极，则所有产生的配子均为非整倍体配子，因为有些染色体的片段将会缺失某些基因，其他的染色体片段则会是重复的［图 7-24（a）］。同样，如果着丝粒 1 和 2 移动到一极，3 和 4 移到另一极，也只会产生非整倍体配子［图 7-24（b）］。上述情况均称为相邻分离，因为在十字模型中着丝粒彼此相邻的染色体向同一极移动。当移到同一极的着丝粒来自不同的染色体时（即它们是异源的），这种分离称为相邻分离Ⅰ［图 7-24（a）］；当移动到同一极的着丝粒来自同一条染色体时（即同源的），该分离被称为相邻分离Ⅱ［图 7-24（b）］。还有另一种可能性是着丝粒 1 和 4 移动到同一极,驱使 2 和 3 移动到另一极,这种情况称为相间分离(alternate disjunction),产生的配子均为整倍体配子,尽管其中一半携带易位染色体 [图 7-24(c)]。

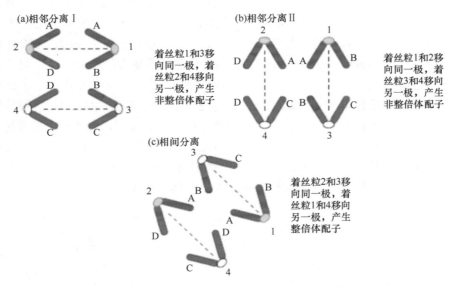

(a)相邻分离 I

着丝粒1和3移向同一极,着丝粒2和4移向另一极,产生非整倍体配子

(b)相邻分离 II

着丝粒1和2移向同一极,着丝粒3和4移向另一极,产生非整倍体配子

(c)相间分离

着丝粒2和3移向同一极,着丝粒1和4移向另一极,产生整倍体配子

图 7-24　第一次减数分裂期易位杂合子分离类型

为简单起见,只显示复制染色体的一条姐妹染色单体。(a)第一种相邻分离,其中同源着丝粒在分裂后期分别移向对极;(b)另一种形式的相邻分离,其中同源着丝粒在分裂后期向同极移动;(c)相间分离,其中同源着丝粒在分裂后期分别移向对极

相邻分离产生的非整倍体配子能够解释为什么易位杂合子生育力低下。当这样的配子与一个整倍体配子受精时,形成的合子通常是遗传不平衡的,因此不可能存活。在植物中,非整倍体配子本身通常是不能繁殖的,特别是雄配子,其产生的合子更少。易位杂合子中着丝粒的随机分离产生 50%的不平衡减数分裂产物,即 50%为不育的(半不育现象,semisterility)。

7.4.3　复合染色体和罗伯逊易位

有时,一条染色体会与其同源染色体融合,或者两条姐妹染色单体彼此相连,形成一个单独的遗传单位,即复合染色体。有唯一着丝粒的情况下,复合染色体能够在细胞中稳定存在;如果有两个着丝粒,则有可能在细胞分裂时被拉到不同的极,复合染色体就会分开。复合染色体也可以由同源染色体的片段结合而成。例如,果蝇的两条 2 号染色体的右臂可能会从其左臂脱离,并在着丝粒处融合,从而产生一个半复合染色体(compound half-chromosome)。细胞遗传学家有时称这种结构为等臂染色体(isochromosome),因为其两臂带有相等的遗传信息。复合染色体与易位的不同之处在于前者融合所涉及的是同源染色体片段,而后者总是涉及非同源染色体间的融合。

第一个复合染色体是摩尔根的妻子 Lillian Morgan 于 1922 年发现的。该复合染色体由果蝇的两条 X 染色体融合而成,产生了双 X 染色体或并联 X 染色体(attached X chromosome）。这一发现是通过遗传学实验而不是细胞学分析来完成的。Lillian Morgan将 X 连锁的隐性突变雌性纯合子与野生雄性杂交。这样一个杂交通常预期得到的结果是，所有的雌性子代均为野生型，而所有的雄性子代均为突变体。然而，摩尔根观察到的情况恰恰相反：所有的雌性子代均为突变体，所有的雄性子代均为野生型。进一步的工作确定了突变雌性中的 X 染色体已彼此融合。图 7-25 解释了这种结合的遗传学意义。X 染色体彼此融合的雌性产生两种卵子，即双 X 染色体和无 X 染色体的卵子，雄性产生两种精子，即含 X 和含 Y 的精子。这些配子所有可能的结合将产生两种可育的后代：突变的 XXY 雌性，从其母本遗传了融合的 X 染色体，从其父本遗传了一条 Y 染色体；表型上是野生型的 XO 雄性，从其父本遗传了一条 X 染色体，而从其母本未遗传性染色体。由于 Y 染色体为生育所必需，因此这些 XO 雄性均不育。Lillian Morgan 通过将 XXY 雌性与另一个种群的野生型 XY 雄性回交，使融合的 X 染色体得以传递。由于这些杂交的雄性后代从其母本遗传了 Y 染色体，因此它们是可育的，且能与其 XXY 姐妹杂交建立一个种群，融合 X 染色体可在该种群的雌性系中永久保留。

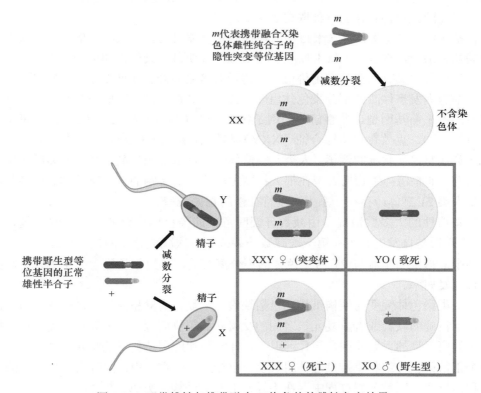

图 7-25　正常雄性与携带融合 X 染色体的雌性杂交结果

非同源染色体也可以在其着丝粒融合，从而形成一种称为罗伯逊易位（Robertsonian translocation）的结构，该结构得名于细胞学家 F. W. Robertson。例如，如果两个近端着丝粒染色体融合，它们将产生中着丝粒染色体；在此过程中，参与融合的染色体的短臂只是简单地丢失了。显然，这样的染色体融合在进化过程中经常发生。

染色体也有可能在其末端互相融合而形成一个具有两个着丝粒的结构。如果其中一个着丝粒被灭活，则融合的染色体将是稳定的。这种融合显然发生在我们人类的进化过程中。人类的 2 号染色体为中着丝粒染色体，其两臂就与类人猿两个近中着丝粒染色体相对应。详细的细胞学分析显示这两条染色体的短臂末端明显融合，形成了人类的 2 号染色体。

总　　结

多倍体是一种异常情况，其存在大于正常数量的染色体组。多倍体，如三倍体（3n）和四倍体（4n）在植物中很常见，甚至在动物中也存在。染色体组数为奇数的生物体是不育的，因为并非每条染色体在减数分裂期都有配对的染色体。未配对的染色体在减数分裂中随机附着于细胞的两极，导致生成的配子中含有不平衡的染色体组。这种不平衡的配子不会产生可存活的后代。在具有偶数染色体组的多倍体中，每条染色体都有其潜在的配对染色体，从而可以产生平衡的配子和后代。多倍体可以产生更大尺寸的生物体，这一发现使园艺植物和作物育种取得了重大进展。

在植物中，异源多倍体（来自不同物种的染色体组组合形成的多倍体）可以通过两个相关物种杂交，然后使用秋水仙碱或体细胞融合使目的染色体加倍制备而成。这些技术在作物育种中具有潜在的应用价值，因为异源多倍体结合了两个亲本的特征。

当细胞突发事件改变部分染色体组时，会产生非整倍体。非整倍体通常导致具有异常表型的不平衡基因型。非整倍体的例子包括单体（2n–1）和三体（2n+1）。唐氏综合征（21 三体）、克兰费尔特综合征（XXY）和特纳综合征（XO）是有大量文字资料证明的人类非整倍体状况的例子。人类非整倍体的自发水平相当高，且在人类遗传病中占很大比例。非整倍体生物的表型在很大程度上取决于受影响的特定染色体。在某些情况下，如人类 21 三体，存在一系列高度特征性的相关表型。

非整倍性的大多数情况是由减数分裂时意外的染色体错误分离引起的（包括不分离）。该错误是自发的且可在第一次减数分裂或第二次减数分裂的任何母细胞中发生。在人类中，母亲的年龄与 21 号染色体的不分离有关，导致年长母亲的孩子有更高的唐氏综合征发病率。

另一类染色体突变为结构重排，包括缺失、重复、倒位和易位。这些变化由染色体断裂和不正确的联会或者重复元素之间的交叉（非等位同源重组）导致。染色体重排是人群中健康不良的重要原因，并且可用于设计实验和应用遗传学的特殊生物品系。在具有一个正常染色体组和重排染色体组（杂合重排）的生物体中，同源染色体区域的强配对亲和力导致在减数分裂过程中存在不寻常的配对结构。例如，杂合倒位显示为环状结构，相互易位显示为十字形结构。这些结构的分离仅导致异常减数分裂产物——重排染色体。

缺失是染色体某部分的丢失，或是染色体断裂后相关区段丢失，或是由杂合易位或倒位中的分离所致。如果缺失的区域对生命至关重要，则该纯合缺失是致死的。杂合子缺失也可能因染色体不平衡或者因其表达了有害隐性等位基因而致死，也有可能是非致死的。缺失也可造成假显性。

重复通常产生于其他重排或异常交叉。它们还会造成遗传物质不平衡，产生有害的表型效应或有机体的死亡。然而，重复可以成为进化新材料的来源，因为功能可以保存在一个拷贝中，而另一个拷贝可以自由地进化新功能。

倒位是指染色体的一部分发生 180° 翻转。在纯合状态下，除非异染色质产生位置效应或其中一个断裂破坏基因，否则倒位可能对生物体几乎没有影响。倒位杂合子在减数分裂时显示倒位环，并且在环内交叉产生无法存活的产物。臂间倒位的交叉产物跨越着丝粒，与臂内倒位不同，后者不涉及着丝粒，但两者都表现出受影响区域的重组率降低且通常导致生物体生育力下降。

易位是染色体片段移动到了基因组中的另一个位置。一个简单的例子是相互易位，其中非同源染色体的部分进行了位置互换。在杂合状态下，易位产生重复和缺失的减数分裂产物，这可能导致生成染色体不平衡的受精卵。易位可以产生新的基因连锁。易位杂合子中存在半不育现象，因此其特征是生育力低下。

（许　杰）

练 习 题

一、基础知识问答

1. 自然种群中出现了一株较大的植株。从定性上看，除了形体更大之外，它看起来和其他的植株一样。它更可能是异源多倍体还是同源多倍体？你如何测试它是多倍体而不仅仅是在肥沃的土壤中生长？

2. 三倍体是非整倍体还是多倍体？

3. 在四倍体 *BBbb* 中，有多少四价（由 4 条同源染色体联会而成）可能的配对？请画出这些配对。

4. 有人告诉你，花椰菜是一种双二倍体。你同意吗？试着说明。

5. 为什么萝卜甘蓝是可育的，而它的祖先不是？

6. 在普通小麦基因组的命名中，字母 *B* 代表了多少条染色体？

7. 你会怎样从二倍体植物开始制作单倍体植株？

8. 三体 *AAa* 是否会产生一种基因类型 *a* 的配子？

9. 如果有的话，含以下性染色体的人是否有生育能力：XXX、XXY、XYY、XO？

10. 在倒位中，5′DNA 末端是否与另一个 5′端相连？试说明。

11. 为什么无着丝粒的染色体碎片会丢失？

12. 图解由重复 DNA 引起的易位。同样也解释缺失引起的易位。

13. 从真菌遗传库存中心可以获得大量的脉孢菌重排，你会选择哪种类型重排来合成具有 3 号染色体右臂复制品和 4 号染色体末端缺失的菌株？

14. 比较特纳综合征、威廉姆斯综合征（7q11.23 区域缺失导致的一种发育异常综合征）、猫叫综合征和唐氏综合征的起源。为什么它们被称为综合征？

15. 列出用于鉴定这些染色体改变的诊断特征（遗传学或细胞学）。

a. 删除   b. 复制

c. 倒位   d. 相互易位

16. 某个果蝇染色体上 9 个基因的正常序列是 123•456789，其中的点（•）代表着丝粒。一些果蝇被发现具有异常染色体，具有以下结构。

a. 123•476589   c. 1654•32789

b. 123•46789   d. 123•4566789

列出上述每种染色体重排的类型，并绘图表示每种染色体如何与正常染色体联会。

17. 一只果蝇被发现是臂内倒位的杂合子。然而，即使经过多次尝试，也无法获得该倒位的纯合子果蝇。对于这种无法产生倒位纯合子最有可能的解释是什么？

二、拓展题

18. 有一个可育的小鼠品系，已知其两种行为表型由一个基因座上的两个等位基因决定：v 导致小鼠以华尔兹步态移动，而 V 决定正常步态。在纯种的华尔兹步态移动小鼠和正常小鼠杂交之后，我们观察到大多数 F_1 代是正常的，但有一只华尔兹步态移动的雌鼠却是意外。我们将这只 F_1 代华尔兹步态移动雌鼠与两只不同的华尔兹步态移动雄鼠交配，并注意到它只生产华尔兹步态移动的后代。当将这只华尔兹步态移动雌鼠与正常的雄鼠交配时，其后代均为正常小鼠而没有华尔兹步态移动小鼠。我们将这只雌鼠的 3 只正常雌性后代与其两个兄弟交配，这些小鼠产生了 60 个后代，均为正常小鼠。然而，当我们将这 3 只雌性小鼠中的 1 只与第三个兄弟交配时，我们得到 8 只小鼠，有 6 只小鼠是正常的，而另 2 只则是华尔兹步态移动小鼠。通过思考 F_1 代华尔兹步态移动小鼠的亲本，我们可以考虑对这些结果的一些可能的解释。

a. 显性等位基因可能在其正常亲本中突变为隐性等位基因。

b. 在一个亲本中，第二个基因中可能存在显性突变以产生上位性等位基因，其起到阻止 V 基因表达的作用，导致华尔兹步态移动小鼠的产生。

c. 在减数分裂过程中正常亲本携带 V 基因的染色体未分离，可能导致产生可存活的非整倍体。

d. 正常亲本的性母细胞中可能存在包含 V 的可存活的缺失。

其中哪些解释是可能的，哪些是通过遗传分析可以排除的？详细解释。

19. 有一种玉米是相互易位的杂合子，因此是半不育的。将该玉米与染色体正常的株系杂交，该正常株系为 2 号染色体上矮化（b）等位基因隐性纯合子。然后将半不育的 F_1 代植株与纯合的矮化植株回交。获得的子代显示以下表型。

非矮化		矮化	
半不育的	可育的	半不育的	可育的
334	27	42	279

a. 如果携带矮化等位基因的染色体不参与易位，你会期望得到什么比例？

b. 你认为 2 号染色体参与易位了吗？解释你的答案，给出半不育 F_1 代的相关染色体的构象以及获得特定数字的原因。

第 8 章

DNA 的结构和复制

学 习 目 标

学习本章后，你将可以掌握如下知识。

- · 评估各类可被用于支持 DNA 是遗传物质的（历史的和现代的）证据。
- · 评价用于构建 DNA 双螺旋结构的数据。
- · 解释为什么双螺旋结构暗示了 DNA 的特殊复制机制。
- · 例证 DNA 复制的特征影响其复制的速度和准确性。
- · 解释为什么染色体的末端需要特殊的复制。
- · 预测末端复制缺陷对于人类健康可能的影响。

DNA 骨架的硫化修饰

自从 1868 年瑞士生物化学家米歇尔发现核酸以来，人们一直认为 DNA 是由五碳糖、含氮碱基和磷酸二酯键构成的，其化学组成为碳、氢、氧、氮和磷 5 种元素，很容易受到核酸酶的作用降解成单核苷酸或寡核苷酸。天然存在的含氮碱基修饰多发生在 tRNA 上，目前已发现多达 80 多种 tRNA 修饰。DNA 的碱基多为甲基化修饰（如 5-甲基胞嘧啶、5-羟甲基胞嘧啶等）。糖环的修饰目前仅发现 $2'$-O-甲基核糖一种形式。早在 30 多年前，微生物学家周秀芬、邓子新等在研究中就发现了异常的 DNA 降解现象，来自变铅青链霉菌的 DNA 在电泳过程中会发生特异性的降解，可是这种 DNA 却对多种核酸内切酶不敏感。经过多年探索，证明这种现象是由 DNA 骨架的硫化修饰引起的，同时研究人员发现这种修饰是由 5 个成簇的基因所调控的，具体表现为 DNA 磷酸骨架中的磷被硫取代，如图 8-1 所示，4 个蛋白质的复合物通过自由基反应将硫替换到 DNA 磷酸骨架上。随着研究的不断深入，DNA 硫化修饰的多重生理功能被逐一揭示：抗核酸酶降解，修饰限制功能，其硫骨架和磷酸骨架都具有清除细胞内氧自由基从而防止其他生物大分子被自由基攻击产生氧化损伤以及抗噬菌体攻击等多种功能。生物信息学分析揭示了这种 DNA 的遗传修饰现象在微生物界具有一定的普遍性，是继 DNA 甲基化后在 DNA 修饰研究中的重大发现。

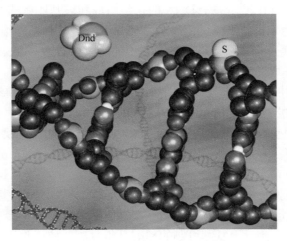

图 8-1　DNA 骨架的硫化修饰

Dnd：对 DNA 硫酰化修饰的 I 型酶系统

引　言

学动物学的美国青年沃森（Watson），大学毕业后听了一场有关 DNA 的报告，立志要研究 DNA 的结构。他跨过大西洋，来到伦敦，遇到了和他有一样志向的克里克（Crick）。两个人在一起，凭借自己聪明的大脑，互相切磋，运用别人的数据，在地下室里制作各种教具，终于在沃森 25 岁的时候，他们提出了 DNA 的右手双螺旋模型，如图 8-2 所示，这项成就的意义在于用化学术语定义了基因，为在分子水平上理解基因的活动和遗传物质的传递铺平了道路，从根本上解决了遗传的机制问题。邹承鲁先生曾说："我们今天用任何语言评价沃森和克里克的工作都不过分。"

这个故事开始于 20 世纪 40 年代，当时的几个实验结果使得科学界得出了 DNA 是遗传物质的结论，而不是其他生物分子，如碳水化合物、蛋白质或脂类。DNA 是一种由 4 种不同构件（4 种脱氧核苷酸碱基）组成的简单分子。因此，非常有必要理解这种非常简单的分子是如何构成一幅地球物种多样化的蓝图的。

图 8-2　上海交通大学生命科学技术学院大厅的 DNA 右手双螺旋模型

沃森和克里克提出的 DNA 右手双螺旋模型是建立在之前的科学家研究结果基础上的。他们依赖于 Chargaff 早期关于 DNA 的化学组成和碱基比例的发现。此外，DNA 的 X 射线衍射照片向他们训练有素的眼睛揭示了 DNA 是具有精确维度的双螺旋（double helix）。沃森和克里克的结论是 DNA 是由相连的脱氧核苷酸（deoxynucleotide）组成的两条链互相缠绕所形成的双螺旋。

同时，遗传物质的结构也暗示了它是如何组成基因的蓝图并将这个蓝图在生物中世代传递的。第一，制造生物的信息被编码在 DNA 双螺旋两条链中的核苷酸序列里。第二，根据沃森和克里克发现的碱基互补配对原则，一条链的序列决定另一条链的序列。在这种情况下，利用打开的两条链分别作为模板来合成新的 DNA 分子，DNA 序列中的遗传信息就能够被从前一代传递到下一代。

在本章，我们将聚焦 DNA、DNA 的结构以及 DNA 拷贝的产生，即被称为 DNA 复制的过程。实际上 DNA 是如何被复制的在双螺旋被发现的五十多年之后仍然是一个活跃研究的领域。我们当前对于复制机制的理解是将复制的核心作用归于一个被称作复制体（replisome）的蛋白质机器。这个蛋白复合体负责协调 DNA 进行快速准确复制所必需的众多反应。

8.1　DNA：遗传物质

在了解沃森和克里克是如何解析 DNA 的结构之前，让我们先共同回顾一下在他们开始历史性的合作之前关于基因和 DNA 人们都知道些什么。

1）基因——孟德尔所描述的"遗传因子"，被认为和特定的生物性状相关，但是其物理本质尚未被理解。同样地，人们已知突变可以改变基因的功能，但是突变的确切化学本质尚未被理解。

2）"一个基因一个多肽"假说（第 6 章里描述过）推测基因决定蛋白质和多肽的结构。

3）已知基因在染色体上。

4）染色体被发现由 DNA 和蛋白质组成。

5）20 世纪 20 年代的一系列实验结果表明 DNA 是遗传物质。接下来将会提到的这些实验表明一种表型的细菌可以被转化成不同表型的细菌，而导致这种转化的介质是 DNA。

8.1.1　转化的发现

Frederick Griffith 在 1928 年利用肺炎双球菌（*Streptococcus pneumoniae*）开展实验过程中的发现令人困惑。这种能导致人类肺炎的细菌通常可以使小鼠死亡。然而，这种细菌的一些菌株经演化毒性减弱（致病和致死的能力大大降低）。Griffith 的实验总结在图 8-3 中。在这些实验中，Griffith 使用了两种菌株，当它们在实验室培养基中生长时，可以通过菌落的外观区分。一种菌株是对大多数实验动物致死的正常毒性类型，该菌株的细胞被封装在多糖荚膜中，它的菌落具有光滑的外观，因此，该菌株被鉴定为 S 型。

Griffith 使用的另一种菌株是一种突变的非致死型，它同样可以在小鼠体内繁殖，但不致死。在这种菌株中，没有多糖荚膜，菌落粗糙，这个菌株被称为 R 型。Griffith 通过煮沸将致死的细菌杀死。然后将其注射给小鼠。这些小鼠能够存活，显示死亡的细菌不致死。但是，将热灭活的致死 S 型细菌和不致死 R 型细菌混合后感染小鼠，则会导致小鼠罹患肺炎死亡。从患病小鼠中分离得到的细菌为产生光滑菌落的 S 型肺炎双球菌，并且具备了让小鼠罹患肺炎的能力。经过煮沸产生的 S 型细菌的碎片可以使活着的 R 型细菌转变为 S 型细菌。这个过程在第 5 章中已经讨论论过，称为转化。

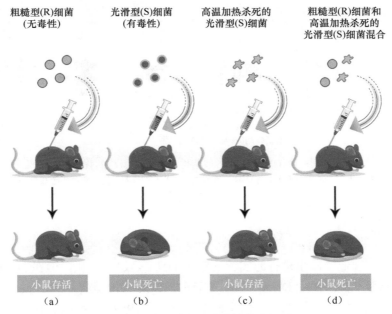

图 8-3　R 型肺炎双球菌转化为 S 型

加热杀死的致死 S 型细菌可以将不致死的 R 型细菌转化为 S 型细菌。（a）给小鼠注射粗糙型（R）细菌后，小鼠存活；（b）给小鼠注射光滑型（S）细菌后，小鼠死亡；（c）给小鼠注射高温加热杀死的光滑型（S）细菌后，小鼠存活；（d）给小鼠注射热灭活的 S 型细菌和活的 R 型细菌的混合物后，小鼠死亡。从死亡小鼠中分离到活的 S 型细菌，表明热灭活的 S 型菌株以某种方式将 R 型细菌转化为有毒性的 S 型细菌

　　下一步是确定已经加热死亡的供体细菌中的哪种化学成分导致了这种转化。该物质改变了受体菌株的基因型，因此可能成为遗传物质的候选物。这个问题在 1944 年由 Oswald Avery 及其两位同事 Colin MacLeod 和 Maclyn McCarty 的实验（图 8-4）解决了。他们解决这个问题的方法是用化学的方法逐个消化死细胞提取物中的各种类别的化学物质，并确定提取物是否失去了转化能力。致死细菌具有光滑的多糖荚膜，而不致死的细菌没有多糖荚膜；因此，多糖荚膜是转化剂的有力候选者。但是，当多糖荚膜被破坏后，混合物仍然可以转化细菌。类似的实验显示蛋白质、脂肪和核糖核酸（RNA）都不是转化剂。只有当供体混合物用脱氧核糖核酸酶（DNase）处理后，混合物才会丧失转化能力，脱氧核糖核酸酶会分解 DNA。这些结果强烈地提示了 DNA 是遗传物质。现在我们已经清楚地知道了有致死性的 DNA 片段进入了非致死性菌株中，从而完成了转化。

　　关键点：DNA 转化的研究首次证明了基因（遗传物质）由 DNA 组成。

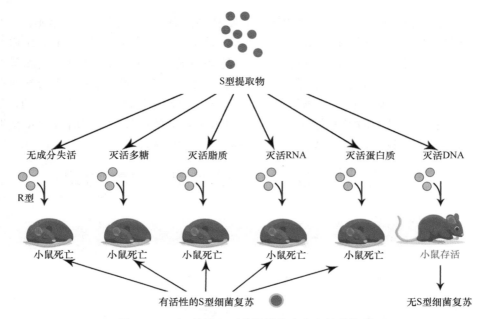

图 8-4　DNA 是将 R 型菌株转化为有毒株的物质

如果破坏了来自热灭活的 S 型菌株中的 DNA，则将热灭活的 S 型细菌和活的非致死性 R 型菌株的混合物
注射给小鼠，小鼠存活

8.1.2　Hershey-Chase 实验

虽然 Avery 和他的同事进行的实验证实了 DNA 是遗传物质，但在当时的情况下，很多科学家非常不愿意接受 DNA（而不是蛋白质）是遗传物质。DNA 这样一个复杂程度非常低的分子是如何编码地球上的生命多样性的？1952 年 Alfred Hershey 和 Martha Chase 提出了新的证据，他们对可以感染细菌的病毒 T2 噬菌体进行了研究。他们推测噬菌体感染细菌时，必定要向细菌内注入指导新病毒颗粒繁殖的特定信息。如果他们能够找出噬菌体注入细菌宿主的物质，将能够确定噬菌体的遗传物质是什么。噬菌体的分子结构相对简单，T2 噬菌体的结构类似于图 5-23～图 5-24 所示的 T4 噬菌体。它的大部分结构是蛋白质，其 DNA 包含在其 "头部" 的蛋白质鞘内。Hershey 和 Chase 决定使用不同的放射性同位素给 DNA 和蛋白质加上不同的标签，以便能够在感染期间跟踪这两种物质。磷是 DNA 的组成部分，不是蛋白质的组成成分；相反，硫存在于蛋白质中，但不存在于 DNA 中。Hershey 和 Chase 将磷（^{32}P）的放射性同位素掺入噬菌体 DNA 中，将硫（^{35}S）的放射性同位素掺入噬菌体蛋白质中。如图 8-5 所示，他们分别用标记有不同放射性同位素的噬菌体感染大肠杆菌：一些大肠杆菌接受用 ^{32}P 标记的噬菌体，另一些接受用 ^{35}S 标记的噬菌体。充分感染后，通过搅拌将空的噬菌体遗留物从细菌细胞上去掉。通过密度梯度离心，将细菌与噬菌体遗留物分开，然后测量两个部分的放射性同位素。

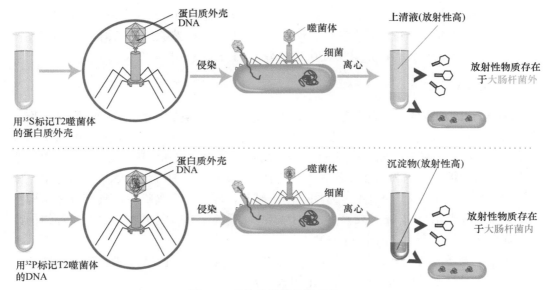

图 8-5 噬菌体的遗传物质是 DNA

Hershey-Chase 实验证明噬菌体的遗传物质是 DNA，而不是蛋白质。实验使用两组 T2 噬菌体：一组蛋白质外壳用放射性硫（^{35}S）标记，另一组 DNA 用放射性磷（^{32}P）标记，在大肠杆菌中只有 ^{32}P 可以检测到，说明 DNA 是新噬菌体复制必需的物质

当使用 ^{32}P 标记的噬菌体感染大肠杆菌时，大部分细菌细胞内可以检测到放射性，表明噬菌体 DNA 进入了细菌。当使用 ^{35}S 标记的噬菌体感染大肠杆菌时，大多数放射性物质存在于噬菌体遗留物中，表明噬菌体蛋白质并未进入细菌的细胞中。结论显然是：DNA 是遗传物质。噬菌体蛋白质仅仅是将病毒 DNA 传递进细菌细胞后被丢弃的结构包装。

8.2 DNA 结构

在阐明 DNA 结构之前，基因研究表明遗传物质必须具备三个必要性质。

1）由于生物体内的每个细胞基本上都具有相同的基因，因此在每个细胞分裂过程中遗传物质忠实地复制至关重要。DNA 的结构特征必须允许忠实地复制。这些结构特征将在本章的后面部分讨论。

2）因为遗传物质必须编码生物体表达的各类蛋白质，所以它携带的遗传信息必定能够表达。DNA 中编码的信息如何翻译成蛋白质将在第 9 章和第 10 章中叙述。

3）遗传变异，或称突变，为进化选择提供了原材料，因此遗传物质必须能够在特定条件下发生改变。尽管如此，但 DNA 的结构必须是稳定的，以便有机体可以依靠它编码的信息。我们将在第 12 章中考虑突变的机制。

8.2.1 早期 DNA 结构研究

为了破解 DNA 复杂的三维结构，沃森和克里克使用了"模型构建"的方法，最终通过一系列类似于搭积木的方法，最终提出了 DNA 双螺旋结构。在这个搭积木的过程中，沃森和克里克汇集了前期与正在获得的实验结果，拼成了双螺旋三维立体模型。为了理解他们是怎么做到的，我们首先需要知道 1953 年他们当时搭了哪些积木。

8.2.1.1 DNA 的组成成分

DNA 模型积木的第一部分是对于 DNA 基本组成模块的了解。作为一种化合物，DNA 非常简单。它包含三种化学成分：①磷酸盐；②称为脱氧核糖（deoxyribose）的五碳糖；③4 种含氮碱基（base），即腺嘌呤、鸟嘌呤、胞嘧啶和胸腺嘧啶。DNA 中的糖称为“脱氧核糖”，因为它在 2′碳原子处仅有一个氢原子（H），在 RNA 的组分中，核糖的这个位置上是羟基（—OH）基团。两个碱基，腺嘌呤和鸟嘌呤，具有双环结构特征，称为嘌呤类化合物（purine）。另外两个碱基，胞嘧啶和胸腺嘧啶，具有单环结构特征，称为嘧啶类化合物（pyrimidine）。

为便于表述，碱基中的碳原子按照一定的顺序标以阿拉伯数字。糖环中的碳原子也被标了数字，只不过糖环的数字右上角加撇（如 1′、2′等）。

DNA 是由脱氧核苷酸排列组成的聚合物，每个脱氧核苷酸由磷酸基团、脱氧核糖分子和 4 种碱基中的一种组成（图 8-6）。脱氧核苷酸的命名简洁地使用碱基英文名称的第一个字母：A、G、C 或 T。具有腺嘌呤碱基的核苷酸称为 5′-脱氧腺苷单磷酸，其中 5′是指磷酸基团所连接的糖环中碳原子的位置。

嘌呤脱氧核糖核苷酸

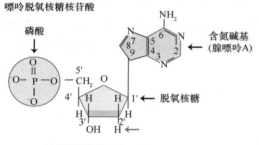

5′-脱氧腺苷单磷酸(dAMP)

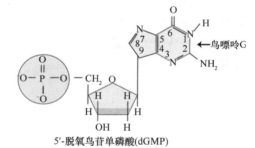

5′-脱氧鸟苷单磷酸(dGMP)

嘧啶脱氧核糖核苷酸

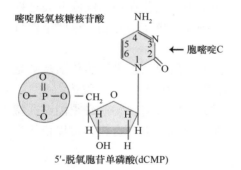

5′-脱氧胞苷单磷酸(dCMP)

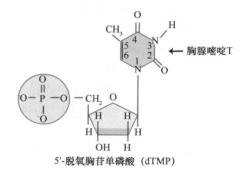

5′-脱氧胸苷单磷酸 (dTMP)

图 8-6　4 种脱氧核糖核苷酸的结构

脱氧核糖核苷酸，包括两种嘌呤脱氧核糖核苷酸和两种嘧啶脱氧核糖核苷酸，是 DNA 的基本组成成分。脱氧核糖是核糖脱氧（红色箭头指示的位置）后的变体

8.2.1.2　碱基的构成——Chargaff 原则

沃森和克里克使用的第二个积木来自 Erwin Chargaff 几年前完成的工作。通过对不同生物体的大量 DNA 的研究（表 8-1），Chargaff 建立了关于在 DNA 中 4 种核苷酸数量的组成规则。

1）嘧啶核苷酸（T+C）的总量总是等于嘌呤核苷酸（A+G）的总量。

2）T 的数量总是等于 A 的数量，而 C 的数量总是等于 G 的数量。但是，如表 8-1 的最右一列所示：A+T 的数量可以不等于 G+C 的数量。A+T 和 G+C 的比例在不同的生物体中是不同的，但在同一生物体的不同组织中几乎是相同的。

表 8-1　不同来源的 DNA 碱基

物种	组织	腺嘌呤 A	胸腺嘧啶 T	鸟嘌呤 G	胞嘧啶 C	（A+T）/（C+G）
大肠杆菌 *Escherichia coli*（K12）	—	26.0	23.9	24.9	25.2	1.00
肺炎双球菌 *Streptococcus pneumoniae*	—	29.8	31.6	20.5	18.0	1.59
结核分枝杆菌 *Mycobacterium tuberculosis*	—	15.1	14.6	34.9	35.4	0.42
酵母	—	31.3	32.9	18.7	17.1	1.79
海胆 *Paracentrous lividus*	精子	32.8	32.1	17.7	18.4	1.80
鲱鱼	精子	27.8	27.5	22.2	22.6	1.23
大鼠	骨髓	28.6	28.4	21.4	21.5	1.33
人	胸腺	30.9	29.4	19.9	19.8	1.52
人	肝	30.3	30.3	19.5	19.9	1.54
人	精子	30.7	31.2	19.3	18.8	1.62

注：4 种碱基对应的数据为每 100g 含磷原子的水解产物中含氮化合物的摩尔数

8.2.1.3　DNA 的 X 射线衍射分析

第三个也是最有争议的积木构件来自 Rosalind Franklin 在 Maurice Hugh Frederick Wilkins 实验室获得的 DNA 结构的 X 射线衍射图（图 8-7）。在这样的实验中，X 射线在 DNA 纤维上发光，并在胶片上观察来自纤维的射线散射产生的斑点。胶片上的

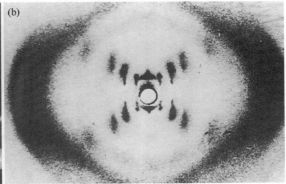

图 8-7　Rosalind Franklin（a）和她的 DNA X 射线衍射图（b）

每个点代表的散射角度给出了在 DNA 分子中原子或特定原子组的位置信息。这个过程执行（或解释）起来不容易，并且斑点图案的解析需要复杂的数学计算，这些知识超出了本书的范围。现有的数据表明 DNA 很长且很细，并且它有两个相互平行并等同于分子长度的部分。X 射线数据显示该分子是螺旋状的。Maurice 将 Rosalind Franklin 的最好的 X 射线照片展示给了沃森和克里克。正是这个关键性的结果，使得他们能够推测出符合 X 射线斑点图案的正确三维结构。

8.2.2　DNA 双螺旋

1953 年，沃森和克里克在 *Nature* 上发表的论文开头的两句话，开创了一个新的生物学时代："我们希望提出一种脱氧核糖核酸（DNA）的结构。这种结构具有新颖的特征，具有相当大的生物学意义。"自 1944 年 Avery 及其同事进行实验以来，DNA 的结构一直是一个极具争议的话题。正如我们所看到的，DNA 的一般组成是已知的，但这些部分如何装配在一起还不知道。该结构必须满足遗传分子的主要要求：具备存储信息的能力、复制能力和变异能力。

沃森和克里克提出的 DNA 三维结构是由两条并列的链扭曲形成的双螺旋结构（图 8-8）。两条核苷酸链通过单链碱基之间的氢键结合在一起，形成了像螺旋状楼梯一样的结构［图 8-9（a）］。每条链的骨架由交替的磷酸酯和脱氧核糖构成，脱氧核糖单元通过磷酸二酯键连接［图 8-9（b）］。我们可以详细描述一下核苷酸链是如何组成的。如上所述，糖基的碳原子编号为 $1'\sim5'$。磷酸二酯键将一个脱氧核糖的 $5'$ 碳原子连接到相邻脱氧核糖的 $3'$ 碳原子上。因此，每个脱氧核糖磷酸骨架被认为具有 $5'\rightarrow3'$ 的极性或方向性，同时 DNA 的这种极性或方向性对 DNA 的功能实现至关重要。在双链 DNA 分子中，两条链方向相反或反平行［图 8-9（b）］。

图 8-8　沃森和克里克与他们的 DNA 模型

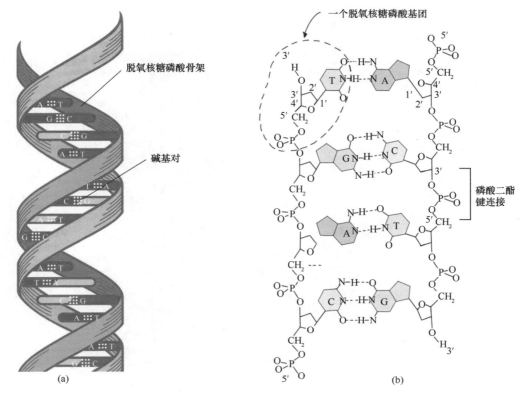

图 8-9　DNA 的双螺旋结构

（a）DNA 双螺旋的简易模型。条状代表碱基对，纽带代表两条反向平行链的脱氧核糖磷酸骨架。（b）一个精确的 DNA 双螺旋化学图，展开显示脱氧核糖磷酸骨架和阶梯出现的碱基对。脱氧核糖磷酸骨架以相反的方向排列；5′端和 3′端定义了脱氧核糖的 5′和 3′碳原子方向。每个碱基对有一个嘌呤碱基，腺嘌呤（A）或鸟嘌呤（G），以及一个嘧啶碱基，胸腺嘧啶（T）或胞嘧啶（C）；它们之间通过氢键连接（虚线）

　　每条链上脱氧核糖的 1′碳原子连接一个碱基，并朝向另一条链上的碱基。成对碱基之间的氢键将 DNA 分子的两条链结合在一起。氢键在图 8-9（b）中用虚线表示。

　　通过碱基对间的相互作用，两条互补的核苷酸链以反向平行（antiparallel）的方式自动形成双螺旋构象（图 8-10）。碱基对为平面结构，以螺旋轴为中心彼此堆叠［图 8-10（b）］。堆叠通过配对碱基之间空间的疏水作用力增加 DNA 分子的稳定性。碱基堆叠产生的最稳定的形式就是双螺旋，螺旋的延伸产生了大小不同的两条沟：大沟（major groove）和小沟（minor groove），位于图 8-10（a）和图 8-10（b）所显示的两条带和空间填充模型中。大多数 DNA-蛋白质作用于大沟中。单核苷酸链不具有螺旋结构；而 DNA 是一种右旋螺旋结构，DNA 螺旋的形成完全取决于反平行链中碱基的配对和堆叠。

　　双螺旋结构很好地符合了 X 射线衍射的数据，并成功诠释了 Chargaff 的研究结论。在制作 DNA 双螺旋结构模型过程中，沃森和克里克意识到，如果嘌呤碱基总是与嘧啶碱基（通过氢键结合）配对，则可以解释 X 射线衍射得到的双螺旋直径数据

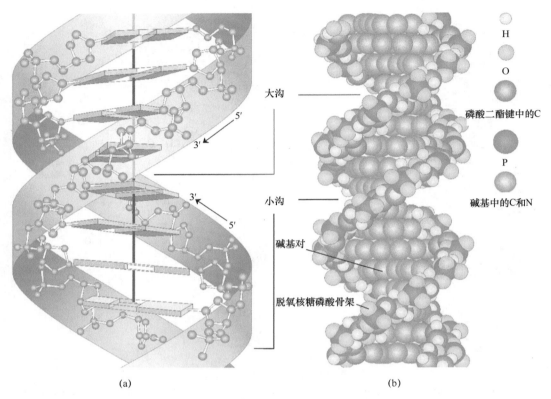

(a)　　　　　　　　　　　　　　　　(b)

图 8-10　DNA 双螺旋结构的两种表现形式

条带模型（a）重点突出了碱基配对的原理，而空间填充模型（b）则强调了大沟和小沟

（图 8-11）。这种配对方式也可以解释 Chargaff 观察到的（A＋G）＝（T＋C）规律性，同时预测 4 种可能的配对形式：T···A，T···G，C···A 和 C···G。可是，Chargaff 的数据表明 T 只可以与 A 配对，而 C 只可以与 G 配对。沃森和克里克由此得出结论：每

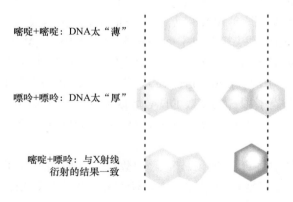

图 8-11　DNA 中配对的碱基

嘌呤与嘧啶的配对正好说明了由 X 射线衍射数据确定的 DNA 双螺旋的直径。该直径由垂直的虚线表示

个碱基对由一个嘌呤碱基和一个嘧啶碱基组成，其配对规则为：G 与 C 配对，A 与 T 配对。

请注意，G-C 之间有三个氢键，而 A-T 之间只有两个氢键 [图 8-9（b）]。由此我们假设含有 G-C 碱基对多的 DNA 比 A-T 碱基对多的 DNA 更稳定。这一假设得到了证实。加热可以使 DNA 双螺旋的两条链分开（称为 DNA 熔解或 DNA 变性），由于 G-C 碱基对之间的作用力更大，因此较高 G + C 含量的 DNA 需要有更高的温度来熔解。

关键点：DNA 是由两条核苷酸链组成的双螺旋，通过 A 与 T 和 G 与 C 的互补配对而连接在一起。

沃森和克里克发现 DNA 的结构被认为是 20 世纪最重要的生物学发现，并使他们在 1962 年与 Maurice Hugh Frederick Wilkins 一同获得了诺贝尔生理学或医学奖（Rosalind Elsie Franklin 于 1958 年因癌症去世，遗憾没有获奖）。这一发现的重要性在于，双螺旋模型除了与之前关于 DNA 结构的数据相一致，还满足了遗传物质所应具备的三个要素。

1）双螺旋结构表明遗传物质是如何决定蛋白质结构的。DNA 中核苷酸对的序列决定了该基因指定的蛋白质中的氨基酸序列。换句话说，遗传密码（genetic code）可以以核苷酸的不同排列方式写入 DNA 中，然后将其翻译成蛋白质中不同的氨基酸序列。这一过程如何完成将在第 10 章中展现。

2）如果 DNA 的碱基序列指定了氨基酸序列，则可以通过在一个或多个位置用一种碱基替换另一种碱基来进行突变。突变将在第 12 章中讨论。

3）正如沃森和克里克于 1953 年发表在 *Nature* 杂志中报道 DNA 双螺旋结构的文章结语所述："我们注意到我们假设的特定碱基配对表明了遗传物质的可能复制机制。"对于当时的遗传学家来说，这个陈述的含义很清楚，我们马上详细讨论。

8.3　半保留复制

沃森和克里克提到的复制机制称为半保留复制（semiconservative replication），如图 8-12 所示。脱氧核糖磷酸骨架由粗带表示，碱基对的序列是随机的。让我们想象一下，双螺旋线与拉链一样，可以从一端开始拉开。我们可以看到，如果这个拉链模型是可行的，那么两条链的展开就会暴露出每条链上的单个碱基。同时每个暴露的碱基都有可能与溶液中的游离核苷酸配对。因为 DNA 结构要求严格的配对，每个暴露的碱基将只与它的互补碱基（complementary base）配对，A 与 T 配对，G 与 C 配对。因此，两条单链中的每一条链将作为模板（template）来指导互补碱基的组装以重新形成与原始链相同的双螺旋。

如果这个模型是正确的，那么每个子 DNA 分子都应该包含一个亲本核苷酸链和一个新合成的核苷酸链。然而，有一点想法表明，至少有三种不同的合成方式可以以亲本 DNA 分子为模板合成子 DNA 分子。这些假设的复制包括半保留复制、全保留复制（conservative replication）和分散复制（图 8-13）。在半保留复制中，每个子 DNA 分子的双螺旋包含一条原始 DNA 链和一条新合成的链。在全保留复制中，亲本 DNA 分子是保留的，并且由两条新合成的链组成单独的子双螺旋。在分散复制中，子 DNA 分子由各自包含亲本 DNA 分子和新合成 DNA 片段的链组成。

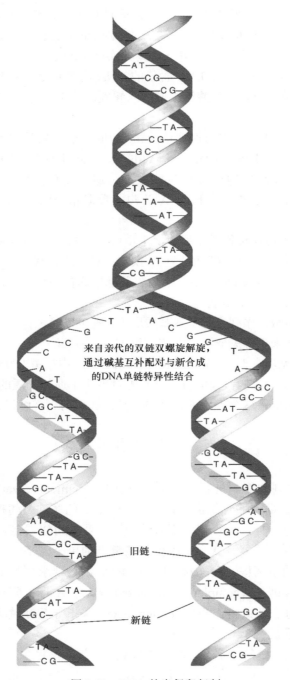

来自亲代的双链双螺旋解旋，通过碱基互补配对与新合成的DNA单链特异性结合

旧链

新链

图 8-12　DNA 的半保留复制

沃森和克里克提出的半保留复制基于碱基对的氢键特异性。以红色显示的亲本链作为 DNA 合成的模板。以蓝色显示的是新合成的链，以及各自与模板互补的碱基序列

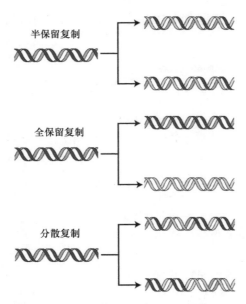

图 8-13　三种不同的 DNA 复制模型

在 DNA 复制的三种模型中，沃森和克里克提出的 DNA 复制模型为第一种（半保留）模型。蓝色线条代表新合成的链

8.3.1　Meselson-Stahl 实验

理解 DNA 复制的第一个问题是弄清复制机制是半保留复制、全保留复制，还是分散复制。1958 年，两位年轻的科学家 Matthew Meselson 和 Franklin Stahl 着手探索哪种模型正确描述了 DNA 复制。他们的想法是让含有一种密度核苷酸的亲本 DNA 分子在含有不同密度核苷酸的培养基中复制。如果 DNA 半保留复制，那么子代分子应该是一半旧的、一半新的，因此是中等密度。

在实验中，Meselson 和 Stahl 在含有重氮同位素（^{15}N）而不是正常轻氮同位素（^{14}N）的培养基中培养大肠杆菌细胞。重氮同位素会被插入碱基中，然后被掺入新合成的 DNA 链中。在含 ^{15}N 的培养基中进行多次细胞分裂后，细胞的 DNA 被重氮同位素标记了。然后将细胞从 ^{15}N 培养基中取出并放入 ^{14}N 培养基中，在一次和两次细胞分裂后，取样并从每个样品中分离 DNA。

Meselson 和 Stahl 能够通过氯化铯（CsCl）密度梯度离心的方法将不同质量的 DNA 彼此分离。如果氯化铯在离心机中以极高的速度（50 000r/min）旋转数小时，则铯离子和氯离子倾向于被离心力推向管的底部，最后会在离心管中建立一个离子密度梯度，底部的离子浓度最高，或密度最大。用氯化铯离心的 DNA 在与其梯度密度相同的位置形成条带（图 8-14）。不同质量的 DNA 将在不同的密度位置形成条带。最初在重氮同位素 ^{15}N 中生长的细菌显示出高密度的 DNA。该 DNA 在图 8-14（a）的左侧以红色显示。在轻氮同位素 ^{14}N 培养基中分裂一代后，可以看到具有中等密度的 DNA，在图 8-14（a）中间显示为一半蓝色（^{15}N）和一半红色（^{14}N）的杂合带。请注意，Meselson 和 Stahl 经过两代大肠杆菌的连续实验，就确定了是半保留复制还是分散复制。细菌培养两代后，可观察到中密度的 DNA 和低密度的 DNA［图 8-14（a）的右侧］，证实了沃森和克里克的半保留复制模型。

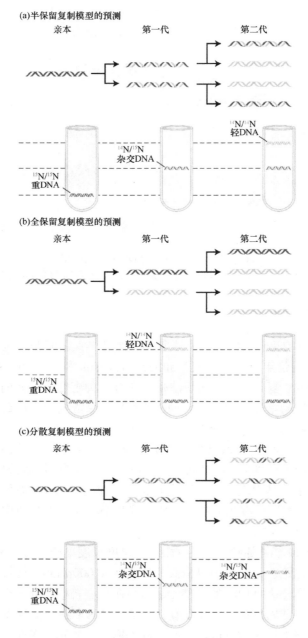

图 8-14　DNA 通过半保留的方式进行复制

Meselson-Stahl 实验证明了 DNA 是通过半保留复制方式复制的。在氯化铯（CsCl）密度梯中离心的 DNA 将根据其密度形成条带。（a）当将在 ^{15}N 培养基中生长的细胞转移到 ^{14}N 培养基中时，第一代产生单个中间 DNA 条带，第二代产生两个条带：一个中间条带和一个轻条带。该结果与 DNA 半保留复制模型的预测相符。（b）和（c）：没有发现预测的全保留复制或分散复制的结果

关键点：DNA 通过解开双螺旋的两条链并在原始双螺旋每条分离的链上构建新的互补链来完成复制。

8.3.2　复制叉

在沃森和克里克的 DNA 复制模型中，还有另一个假设，就是在复制过程中可以在 DNA 分子中发现复制拉链或复制叉（replication fork）。复制叉位于双螺旋解旋产生两个单链的位置，其中的每个单链充当复制的模板。1963 年，John Cairns 通过实验验证了这种猜测。他在细菌细胞复制过程中通过掺入氚标记胸腺嘧啶核苷（[^{3}H] thymidine），也就是通过一个放射性氢同位素（称为氚）标记的胸腺嘧啶核苷来观察 DNA 的复制过程。理论上讲，每个新合成的子链（daughter molecule）分子应该包含一个放射性（热）链（含 ^{3}H）和一种非放射性（冷）链。在"热"的培养基中，Cairns 通过改变间隔时间和复制循环次数，并仔细地裂解细菌，让细胞内容物沉降到用于电子显微镜观察的支架网上。最后，Cairns 用感光胶片覆盖在支架网上，并避光放置两个月，这种方法称为放射自显影技术。通过这种方法，Cairns 得到了一个 ^{3}H 在细胞中位置的图片。^{3}H 衰变时，会发射出一个 β 粒子（一种高能电子）。β 粒子撞击感光胶片的任何地方发生的化学反应都可以被检测到。然后感光胶片可以像照片一样显影，使得 β 粒子的发射轨迹以黑点或颗粒的形式呈现出来。在[^{3}H]胸腺嘧啶核苷完成一个复制周期后，在放射自显影胶片上就会出现一圈圆点。Cairns 将这个环解释为环形 DNA 分子中新形成的放射性链。显而易见的是，细菌染色体是环状的——这一事实也符合前面遗传分析所描述的（见第 5 章）。在第二个复制周期中，模型所预测的复制叉确实出现了。此外，根据三个片段中的颗粒密度可以做出如图 8-15 所示的解释：DNA 环内部出现的由黑点组成的粗线是新合成的子链，两条均为放射性链。随着复制叉的渐进移动，Cairns 在环的周围看到了各种大小呈现月亮形状的放射自显影图案。

8.3.3　DNA 聚合酶

除复制叉的形成之外，科学家更关心的一个问题就是碱基是如何添加到 DNA 双螺旋模板上的。尽管科学家在 Arthur Kornberg 从大肠杆菌中分离出 DNA 聚合酶（DNA Ploymerase），并且在体外验证了它的活性后推测 DNA 聚合酶参与了这一过程，但是这种可能性直到 1959 年才被证明。这种酶利用解旋后暴露出的单链 DNA 模板，将脱氧核苷酸添加到正在延伸的核苷酸链的 3′端（图 8-16）。DNA 聚合酶的底物是脱氧核苷酸的三磷酸盐形式：dATP、dGTP、dCTP 和 dTTP。每一个脱氧核苷酸先将三磷酸中的两个磷酸基团以 PPi 的形式除去，之后再被添加到 DNA 链上。这种高能磷酸键的断裂以及后续的焦磷酸盐水解成两个磷酸盐分子所产生的能量，有助于吸能的 DNA 聚合反应进行。

已知在大肠杆菌中有 5 种 DNA 聚合酶。Kornberg 分离出的第一个酶叫作 DNA 聚合酶Ⅰ或 polⅠ。这个酶有 3 个活性中心，分别出现在该分子的 3 个不同的结构域中：①聚合酶活性，催化 DNA 链由 5′端向 3′端方向延长；②3′→5′核酸外切酶活性，负责去除错配的碱基；③5′→3′核酸外切酶活性，负责降解单链的 DNA 或者 RNA。

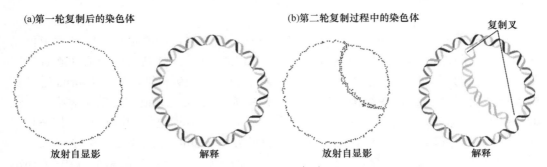

图 8-15   细菌染色体的复制

细菌染色体有 2 个复制叉。(a) 左侧：氚标记的胸腺嘧啶核苷培养基中，第一轮复制循环后的细菌染色体放射自显影结果；右侧：放射自显影结果的解释，绿色的螺旋为氚标记的链。(b) 左侧：氚标记的胸腺嘧啶核苷培养基中，第二轮复制过程中的细菌染色体放射自显影结果；右侧：放射自显影结果的解释，绿色的螺旋为氚标记的链

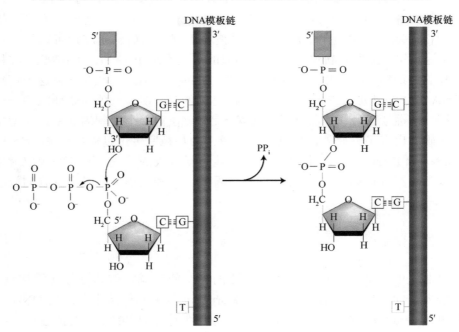

图 8-16   DNA 聚合酶催化的反应

DNA 聚合酶催化链延伸的反应。反应的能量来源于脱氧核苷酸三磷酸高能磷酸键的断裂

我们会在本章末再讨论这两种核酸外切酶活性的重要性。

尽管 DNA 聚合酶Ⅰ有催化 DNA 复制的功能，但一些科学家怀疑它不负责合成绝大多数的 DNA，因为它的速度太慢（约 20 个核苷酸/s），含量太多（约 400 个分子/细胞），而且它在合成 20～50 个核苷酸后就会从 DNA 上解离。1969 年，John Cairns 和 Paula DeLucia 发现当大肠杆菌 DNA 聚合酶Ⅰ有了一个碱基突变后，细菌仍能够

正常生长，并进行正常的 DNA 复制。他们由此得出结论，存在另外一种 DNA 聚合酶，也就是我们现在所说的 DNA 聚合酶Ⅲ（DNA polymerase Ⅲ），在复制叉中催化 DNA 的合成。

8.4　DNA 复制概况

当 DNA 聚合酶Ⅲ向前移动时, 双螺旋结构提前解链成单链从而充当 DNA 复制的模板（图 8-17）。DNA 双螺旋解旋，DNA 聚合酶Ⅲ在复制叉上发挥作用。然而 DNA 聚合酶只能在一段核苷酸的 3′端添加碱基，因此双螺旋中反向平行的两条链中，仅有一条链可以在复制叉中作为复制模板。对于这一条链来说，在复制叉的方向上 DNA 的合成以一种平滑持续的方式进行,这条新合成的链称为前导链（leading strand）。

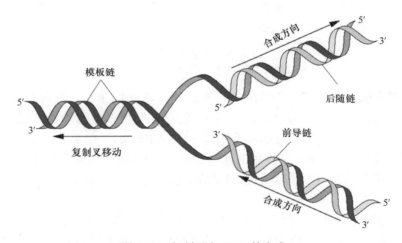

图 8-17　复制叉上 DNA 的合成

随着 DNA 双链的解旋，复制叉不断前移。前导链沿着复制叉的方向连续合成，而后随链合成方向与复制叉方向相反，故合成方向与前导链相反

另一条模板链上的合成也发生在 3′端，但这种合成是一种"错误"的方向，因为对于这条链而言，由 5′端到 3′端的复制方向与复制叉解旋方向相反（图 8-17）。正如我们看到的那样，两条链的合成都发生在复制叉区域。与复制叉形成方向相反的那条链不能合成较长的片段：DNA 聚合酶合成小的片段，然后移动到片段的 5′端，并开始新的合成，此时的复制叉处暴露出了新的模板。而这些短的（1000～2000 个核苷酸）新合成的 DNA 片段称为冈崎片段（Okazaki fragment）。

DNA 复制过程中还有另一个问题，那就是 DNA 聚合酶可以延长一个核苷酸链但不能连接两个游离的核苷酸。因此，前导链或每个冈崎片段的合成都必须由引物（primer）或短的核苷酸链来启动。引物或短核苷酸链能与模板链结合形成双链核苷酸片段。DNA 复制中的引物如图 8-18 所示。这些引物由一组叫作引发体（primosome）的蛋白质所合成，其中一个中心成分是一种称为引物酶（primase）的

RNA 聚合酶。引物酶先合成一段短的（8～12 个核苷酸）且能与染色体上的特定区域互补的 RNA 片段。在前导链上，只需要一个初始引物，因为在初始引物引发后，有不断延长的 DNA 链充当连续的引物。但是，在后随链（lagging strand）上，每个冈崎片段都需要一个引物。以 RNA 链作为引物，随后由 DNA 聚合酶Ⅲ催化延伸合成 DNA 链。

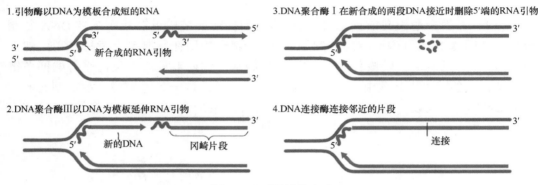

1.引物酶以DNA为模板合成短的RNA
3'   5'   5'
3'   5'
5'   新合成的RNA引物

2.DNA聚合酶Ⅲ以DNA为模板延伸RNA引物
3'
5'   新的DNA   冈崎片段

3.DNA聚合酶Ⅰ在新合成的两段DNA接近时删除5'端的RNA引物
3'
5'
3'

4.DNA连接酶连接邻近的片段
3'
5'   连接

图 8-18　后随链的合成
前导链是连续合成的，后随链是不连续合成的

DNA 聚合酶Ⅰ具有 5'→3'核酸外切酶活性，能够将 RNA 引物去除，并且具有 DNA 聚合酶活性，能够填补空隙。如前面所提到的，DNA 聚合酶Ⅰ是由 Kornberg 最初纯化的酶。而另一个酶，DNA 连接酶（DNA ligase），能够将冈崎片段之间的 3'端和 5'端连接起来。这样形成的新链称为后随链。DNA 连接酶可以催化一个片段的 5'磷酸末端和毗邻片段 3'羟基基团之间形成磷酸二酯键，从而将不连续的 DNA 片段连接起来。

DNA 复制的一个特点是精确性，即具有忠实性。总的来说，10^{10} 个核苷酸仅有一个错配。DNA 复制具有忠实性，是因为 DNA 聚合酶Ⅰ和 DNA 聚合酶Ⅲ有 3'→5' 核酸外切酶活性，它们可以将错误插入的错配碱基剪切掉，在 DNA 复制过程中起到校对功能。

鉴于校对对于 DNA 复制的重要性，让我们仔细研究一下它的工作原理。例如，DNA 聚合酶有时会在 C 对面插入 A 而不是 G，从而形成错配的碱基对。错误碱基的插入通常是由于碱基的互变异构化（tautomerization）产生的。DNA 中的每个碱基呈现出的是几种互变异构体中的一种，这些互变异构体包括原子位置的改变，以及原子之间键的差异，不同互变异构体处于动态平衡中。DNA 中出现的碱基通常是酮式（keto），但是有时也会出现含亚氨基（imino）或烯醇（enol）的碱基。亚氨基式和烯醇式的碱基通常会与错误的碱基匹配，从而形成错配（图 8-19）。当 C 转变成它的稀有亚氨基形式时，DNA 聚合酶会添加一个 A 而不是 G（图 8-20）。幸运的是，这种错配通常会被 3'→5'核酸外切酶识别并移除。一旦错配碱基被移除，DNA 聚合酶就可以添加一个正确的互补碱基 G。

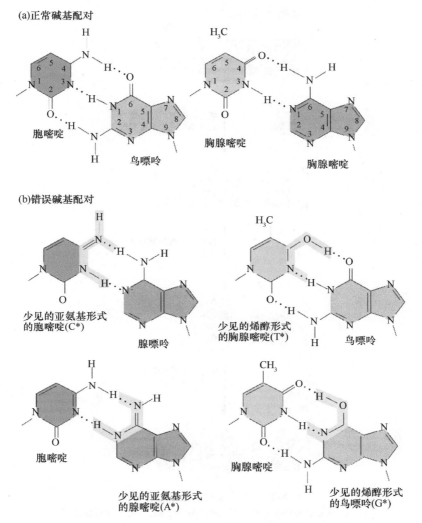

(a)正常碱基配对

胞嘧啶　　鸟嘌呤　　胸腺嘧啶　　胸腺嘧啶

(b)错误碱基配对

少见的亚氨基形式
的胞嘧啶(C*)　　腺嘌呤

少见的烯醇形式
的胸腺嘧啶(T*)　　鸟嘌呤

胞嘧啶

少见的亚氨基形式
的腺嘧啶(A*)

胸腺嘧啶

少见的烯醇形式
的鸟嘌呤(G*)

图 8-19　碱基可以通过偶然发生的互变异构化而发生错配

正常碱基配对与错误碱基配对的比较。（a）碱基的正常形式（酮式）。（b）碱基偶发的互变异构化导致的错配

可以预见，含有缺乏 3'→5'核酸外切酶活性 DNA 聚合酶的突变株具有较高的突变率。此外，因为引物酶（primase）没有校对功能，所以 RNA 引物比 DNA 引物更可能出现错误。DNA 复制有高忠实性，很大一部分原因是冈崎片段的 RNA 引物会被切除并替换为 DNA。只有当 RNA 引物去除后，DNA 聚合酶 I 才会催化 DNA 合成，去取代引物。DNA 修复的内容将在第 12 章中详细介绍。

关键点：DNA 的复制发生在复制叉处，特点是 DNA 双螺旋解旋，两条链分开。DNA 复制过程持续进行，前导链上的复制方向与复制叉的解旋方向相同。后随链上，DNA 的合成方向与复制叉的解旋方向相反。DNA 聚合酶需要一个引物或短的核苷酸链引发合成过程。

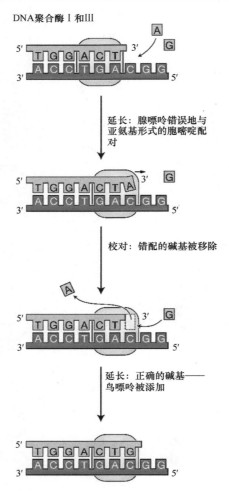

图 8-20　通过校对移除错配的碱基
DNA 聚合酶利用其 3′→5′核酸外切酶活性移除 A-C 错配碱基对

8.5　复制体：值得称道的复制机器

　　DNA 复制的另一个特点是速度快。大肠杆菌整个基因组的复制可以在短短的 40min 内完成。它的基因组有约 500 万个碱基对，所以延伸速度可以达到每秒复制 2000 个核苷酸。从 Cairns 的实验中，我们得知大肠杆菌复制其整个基因组时只出现两个复制叉。因此，每个复制叉必须能够以每秒 1000 个核苷酸的速度移动。DNA 复制的忠实性很高，且复制速度也很快，这是很值得称道的。考虑到复制叉处反应的复杂性，DNA 复制是如何同时保持快速性和准确性的呢？答案就是 DNA 聚合酶，作为大型"核蛋白"的一部分，其能够调节复制叉处的活动。这个复杂的"分子机器"称为复制体（replisome）。你会在后面的章节中遇到其他的例子。细胞中许多重要发现，如复制、转录、翻译，都是由大型的多亚基复合物来执行的，这些发现改变了我们对细胞的认识。要想更清楚地了解复制，就来让我们更仔细地探讨一下复制体。

　　大肠杆菌复制体中的一些相互作用的组分如图 8-21 所示。在复制叉处，DNA 聚合酶III的催化核心仅仅是 DNA 聚合酶III全酶（pol III holoenzyme）这一大的蛋白质复合体的一部分。DNA 聚合酶III全酶由两种具有催化作用的核心和许多辅助蛋白组成。其中一种催化核心负责前导链的合成，另一种负责后随链的合成。有些辅助蛋白（图 8-21 中未标识）可以将两个核心蛋白连接起来，从而协调前导链和后随链的合成。后随链为环状，这样复制体就可以同时沿着复制叉的方向移动合成两条链。其中一个重要的辅助

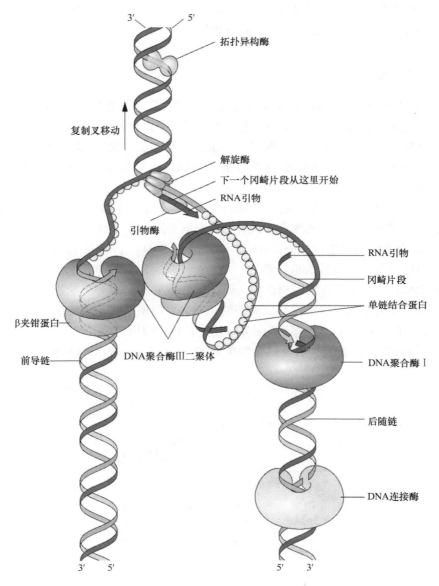

图 8-21　复制叉处的复制体和其他辅助蛋白

当 DNA 开始复制时，拓扑异构酶和解旋酶解开 DNA 双链。当双链被解开后，单链结合蛋白防止双螺旋重新形成。这个插图就是所谓的长号模型（因为后随链的环状与长号相似），可以看出复制体的两个催化核心是如何相互作用以协调前导链和后随链复制的

蛋白称为 β 夹钳蛋白，它可以像甜甜圈一样环绕着 DNA，使得 DNA 聚合酶Ⅲ与 DNA 分子牢牢结合。因此，DNA 聚合酶Ⅲ从只添加 10 个核苷酸就从 DNA 模板上脱落的酶（distributive enzyme，分配酶）转变为可以停留在复制叉合成数以万计的核苷酸的酶（processive enzyme，进行性酶）。总之，通过辅助蛋白的作用，前导链和后随链的合成能够快速并高度协调地完成。

合成 RNA 引物的引物酶（primase），并不接触 β 夹钳蛋白。因此，引物酶作为一种分配酶，在脱离模板前仅仅添加几个核苷酸。这种模型是合理的，因为引物只需延长到形成适合 DNA 聚合酶Ⅲ结合的起始位点就可以了。

8.5.1 双螺旋的解旋过程

对于 1953 年首次提出的 DNA 双螺旋模型的主要反对意见是，这种双螺旋结构的复制需要在复制叉处解开双链，并打开氢键。但是 DNA 如何做到快速地解链，即使可以，难道不会使复制叉后的 DNA 过度缠绕而一团乱吗？现在，我们已经知道复制体包含两类可以打开双螺旋和防止超螺旋的蛋白质，分别是解旋酶（helicase）和拓扑异构酶（topoisomerase）。

解旋酶是可以打开 DNA 双链间氢键的一类酶。与 β 夹钳蛋白类似，解旋酶就像围绕 DNA 的甜甜圈，可以迅速地在 DNA 合成前解开双螺旋。而双螺旋被解开后，单链 DNA 通过结合单链结合蛋白[single-strand-binding（SSB）protein]而得到稳定，同时单链结合蛋白也可以防止双链的重新形成。

环状 DNA 可以进一步扭曲和盘绕。通过解旋酶解开复制叉会导致在其他区域发生额外的扭曲，进而形成超螺旋以释放额外的扭曲力。但扭曲和超螺旋必须被移除，以允许 DNA 复制的继续进行。这种超螺旋可以被拓扑异构酶所消除，其中一个例子为 DNA 促旋酶（图 8-22）。拓扑异构酶通过切断单链 DNA 或双链 DNA 来松弛超螺旋 DNA，

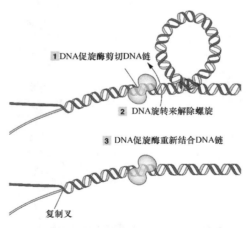

图 8-22　DNA 促旋酶消除额外的扭力

DNA 促旋酶（一种拓扑异构酶）可以在 DNA 复制过程中消除额外的扭力。DNA 复制时，额外扭曲（正超螺旋）的区域随着亲本链的分开在复制叉处不断累积。DNA 促旋酶通过切断 DNA 链，DNA 旋转，并且将切断处连接起来，以此过程移除了额外扭曲的区域

这可以使 DNA 旋转为松弛的分子，进而通过连接新的松弛的 DNA 分子来完成解旋过程。

关键点：一类被称为复制体的分子机器可以完成 DNA 的合成过程。它包括 2 个 DNA 聚合酶单元，主要负责每条链的合成，以及辅助蛋白，主要负责启动、双链解旋、单链稳定。

8.5.2　复制体的组装：复制起始

复制体的组装是一个有序的过程，并且在染色质的精确位点（称为 origin，复制起始位点）和特定的时间开始复制。例如，大肠杆菌的复制在一个固定的位点（称为 *oriC*）开始，然后在两个方向上进行，直到复制叉汇合。图 8-23 显示了复制起始的过程。第

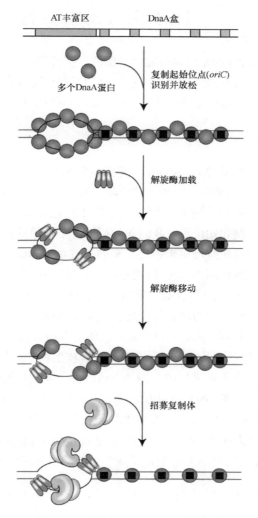

图 8-23　原核生物 DNA 复制的起始

原核生物 DNA 于复制起始位点起始合成。蛋白质结合到复制起始位点，之后双螺旋分开成两条链，并招募复制体元件到两个复制叉处

一步是将 DnaA 蛋白结合到特定 13bp 序列（称为 DnaA 盒），此序列在 *oriC* 中重复 5 次。DnaA 蛋白一旦结合，起始位点会在 A 和 T 碱基成簇处发生解旋。AT 碱基之间有 2 个氢键，而 GC 碱基之间有 3 个氢键。因此，在富含 A 和 T 碱基的 DNA 片段上打开双链（熔解）要相对容易一些。

一旦解链发生，额外的 DnaA 蛋白就会结合到解开的单链区域。当 DnaA 蛋白结合到复制起始位点后，两个解旋酶（DnaB 蛋白）会结合，并延 5′→3′ 方向解开复制叉处的双链。引物酶和 DNA 聚合酶Ⅲ全酶通过蛋白质与蛋白质间的相互作用被招募到复制叉，并开始 DNA 的合成。你可能会疑惑为什么 DnaA 蛋白在图 8-21（复制体分子机器）中没有标明。答案是，尽管它是复制体组装所必需的，但它并不是复制体的一部分。相反，它的职责是把复制体带到环状染色质的正确位置，并开始复制的起始。

8.6　真核生物的 DNA 复制

原核生物和真核生物的 DNA 复制都遵循半保留复制机制，并且存在前导链和后随链。因此，毫不奇怪真核生物的复制体元件与原核生物的复制体元件有很多相似之处。但是，由于有机体的复杂性，它们的复制体元件数目比原核生物的复制体元件数目要多一些。

8.6.1　真核生物的复制起始位点

细菌，如大肠杆菌通常在 20～40min 内完成复制周期，在真核生物，如酵母中这个周期是 1.4h，而培养的动物细胞复制周期为 24h，在一些其他细胞中，复制周期可以达到 100～200h。这是因为真核生物必须解决一个以上染色体复制的协调问题。

要了解真核生物的复制起始位点，我们先来探讨一下简单的真核生物——酵母。真核生物的复制起始位点最初是在酵母中被鉴定出来的，这是因为酵母的遗传分析比较简单。酵母的复制起始位点与大肠杆菌的 *oriC* 特别相似。长度 100～200bp 的复制起始位点拥有一个富含 AT 区域的 DNA 序列，当启动子蛋白结合到这些序列时，可以在这些位点发生解链。与原核生物不同，真核生物的每条染色体包含多个复制起始位点，从而保证基因组比较大的真核生物得以快速复制。酵母的 16 条染色体上大约分布有 400 个复制叉，人类的 46 条染色体上估计有成千上万个复制叉。所以，在真核生物中，染色体的 DNA 复制是从多个复制起始位点沿着两个方向进行的（图 8-24）。每个复制起始位点产生的双螺旋不断延长并最终彼此汇合。当两条 DNA 链复制完成后，两个子代 DNA 分子就产生了。

关键点：DNA 何时何地进行复制都受到在特定位置（复制起始位点）有序组装的复制体的严格控制。原核生物为环状 DNA，它的复制是在一个复制起始位点向两个方向进行。真核生物为线性染色体，它的 DNA 复制是从成千上万的复制起始位点向两个方向进行。

8.6.2　酵母细胞的复制起始和细胞周期

DNA 合成发生在真核生物细胞周期的 S 期（DNA 合成期）（图 8-25）。DNA 合成为什么仅仅发生在这一个阶段？在酵母细胞中，控制 DNA 合成的方法就是将复制体的

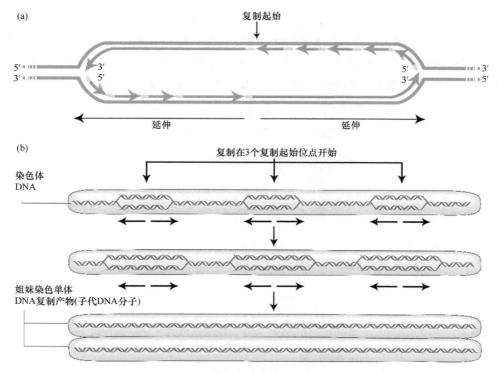

图 8-24　DNA 复制从复制起始位点的两个方向进行

黑色箭头表示子代 DNA 分子的复制方向。（a）从复制起始位点开始，DNA 聚合酶从两个方向向外移动。长粉色箭头代表前导链，短的粉色箭头代表后随链。（b）复制在染色质水平进行，本图中有 3 个复制起始位点

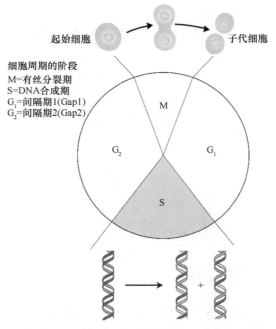

图 8-25　细胞周期的各个阶段

DNA 复制发生在真核生物细胞周期的 S 期

组装与细胞周期联系到一起。图 8-26 显示了这一过程。在酵母细胞中，复制体的组装需要三种蛋白质。起始位点识别复合物（ORC）首先与酵母复制起始位点的序列相结合，就像大肠杆菌中的 DnaA 蛋白一样。复制起始位点的 ORC 用于招募其他两个蛋白质——Cdc6 和 Cdt1。接着这两个蛋白质和 ORC 会招募解旋酶——微小染色体维持蛋白

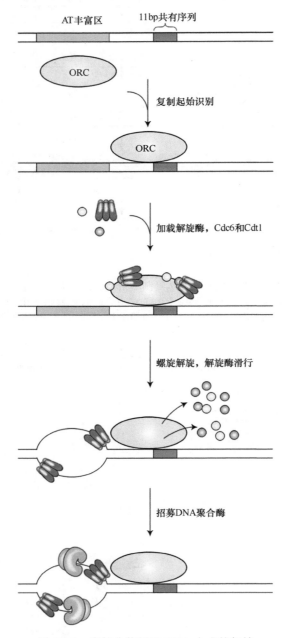

图 8-26　真核生物细胞 DNA 合成的起始

这个酵母的例子显示了真核生物在复制起始位点的 DNA 合成起始。像原核生物起始一样（见图 8-21），起始位点识别复合物（ORC）结合到复制起始位点，将此处的 DNA 双链打开，招募复制体成员。复制通过两个蛋白质 Cdc6 和 Cdt1 与细胞周期联系在一起

（minichromosome maintenance，MCM）复合物，以及其他的复制体元件。通过 Cdc6 和 Cdt1 蛋白，复制过程与细胞周期相关联。在酵母细胞中，这些蛋白质在有丝分裂后期和 G_1 期合成，并且当 DNA 合成起始后，很快被蛋白水解酶降解。这样，复制体仅仅在 S 期开始后被组装。当复制开始后，复制原点处并不会形成新的复制体，因为 Cdc6 和 Cdt1 在 S 期会被降解，不能再发挥作用。

8.6.3　高等真核生物的复制起始

就像前面所述，酵母中约 400 个复制起始位点中的绝大多数由类似的 DNA 序列（长度为 100～200bp）组成，这些序列可以被 ORC 亚基识别。有趣的是，尽管所有已知的真核生物具有类似的 ORC，但是高等真核生物中的复制起始位点相对长些，有几百到几千个碱基对，同时它们具有局限的序列相似性。尽管酵母中的 ORC 能够识别染色体上特定的 DNA 序列，但是，高等真核生物中对应的 ORC 识别的部分目前并不清楚，可能不是一段特定的 DNA 序列。这种不确定性在实践中意味着，从人类或其他高等生物中分离复制起始位点更加困难，因为科学家无法利用已分离出的一个复制起始位点的 DNA 序列来通过计算机搜索整个人类基因组序列，从而找到其他复制起始位点。

如果高等真核生物的 ORC 不能与散落在整个基因组的特定序列相互作用，那么，它们又如何找到复制起始位点呢？这些 ORC 被认为通过与其他的和染色体结合的蛋白质复合体协作，间接与复制起始位点相互作用。这种识别机制的进化使得高等真核生物能够调节 DNA 在 S 期复制的时间（关于常染色质和异染色质更详细的描述请参考第 15 章）。基因密集的染色体区域（常染色质）在 S 期早期进行复制，相对的，基因稀疏区域，包括高度折叠的异染色质，在 S 期晚期进行复制。如果 ORC 直接结合到弥散在染色体中的特定序列，那么 DNA 复制时间则不可控。相反，ORC 的间接结合可能使其对于开放染色质的复制起始位点具有高亲和力，首先结合到这些区域，然后在基因富集区域复制完成后结合压缩的染色质。

关键点：酵母的复制起始位点，像其他原核生物一样，包括了能够被 ORC 以及其他参与组装复制体的蛋白质所识别的保守 DNA 序列。相反，高等真核生物的复制起始位点由于更长以及更复杂，且不含保守的 DNA 序列，因此更加难分离和研究。

8.7　端粒和端粒酶：复制终止

真核生物的线性 DNA 分子的复制从复制起始位点向两边进行，如图 8-24 所示。大多数的染色体 DNA 由此过程复制，但是线性 DNA 分子的两端存在端粒（telomere）区域，前导链上的持续合成会进行到模板的末端。但是后随链的合成需要引物先行，于是，如果最后一个引物移除了，DNA 链的末端会有一段序列缺失。结果是，在一条子代的 DNA 分子上会留下一个短的单链（图 8-27）。如果带有此短链的子代染色体 DNA 继续复制，那么那个短链会在复制后变成一个截短的双链分子。在接下来的每一个复制循环后，这个 DNA 末端都会继续变短，直到重要的遗传信息丢失。

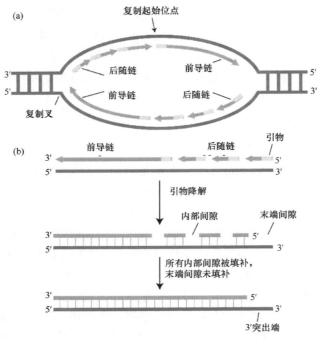

图 8-27　染色体末端复制

（a）后随链上冈崎片段的复制在插入引物后开始。（b）转录泡中末端链的复制结果。后随链上最后一个冈崎片段的引物去
除后，传统的复制无法填补产生的空缺。如果带有空缺的染色体继续复制，就会产生一条短的染色体

　　细胞进化产生一个特别的系统来避免这种损失的发生。进化的办法包括在染色体两端添加一些简单的非编码序列的拷贝。这样的话，每次染色体复制时会变短，但是只会丢失那些重复的不含遗传信息的序列。这些丢失的序列之后还会被继续添加到染色体的两端。

　　Elizabeth Blackburn 和 Joe Gall 在 1978 年发现这些染色体末端的重复序列是串联在一起的。他们当时正在研究一种叫作四膜虫的大细胞核单细胞纤毛虫的 DNA。像其他的纤毛虫一样，四膜虫有一个保守的小细胞核和一个不同寻常的大细胞核，在大细胞核中，染色体会分裂成上千个以基因为单位的片段，每个片段有新的末端。由于有这么多的染色体末端，四膜虫拥有大概 40 000 个端粒，因此成为研究端粒组成的完美的选择。Blackburn 和 Gall 利用 CsCl 密度梯度离心技术分离了包含核糖体 RNA（rRNA，见第 10 章核糖体介绍）的基因片段，这个技术是由 Meselson 和 Stahl 为了分离新复制的 E. coli 的 DNA 发展而来的。rDNA 片段的末端包含了 TTGGGG 的串联序列。事实上，我们知道了所有真核生物在染色体末端都有串联重复的短序列，但是这些序列并不尽相同。人类的染色体末端是以 10～15kb 的 TTAGGG 串联重复序列结尾的。

　　Elizabeth H. Blackburn 和 Carol Grieder 最终清楚地阐述了这些串联重复序列是如何在复制结束的时候加到染色体末端的。他们假设有一个酶参与催化了这个过程。同时他们再次利用四膜虫大细胞核的提取物分离到了一种酶，叫作端粒酶（telomerase），它能够在 DNA 的 3'端添加短序列。有趣的是，端粒酶携带了一个小的 RNA 分子，并以此RNA 的一部分作为模板合成端粒重复单元。在所有的脊椎动物中，包括人类，RNA 序列"AAUCCC"作为合成重复序列单元"TTAGGG"的模板，具体机制如图 8-28 所示。

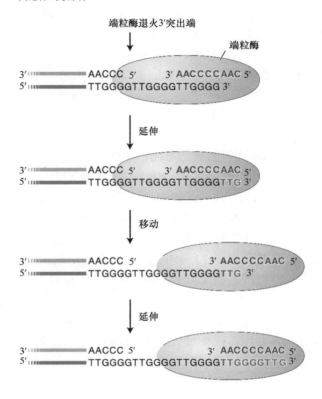

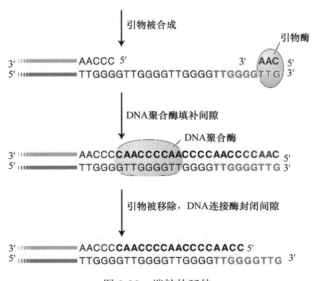

图 8-28　端粒的延伸

端粒酶携带一个短的 RNA 分子（红色字母）能够作为模板合成互补的 DNA 序列，这段序列会被加在 DNA 3′端（蓝色字母），为了加上另一段重复序列，端粒酶会向前移动到刚合成的序列末端。而这个延长的 3′端突出之后会再作为模板用于传统的 DNA 复制

简单来说，端粒酶 RNA 首先结合到 DNA 的 3′端，然后利用端粒酶的两部分：小 RNA（负责作模板）和蛋白质（负责聚合酶功能）开始延伸。在添加了一些核苷酸之后，端粒酶 RNA 会向前移动，于是 DNA 的 3′端可以继续延伸。最终 DNA 的 3′端通过端粒酶 RNA 的移动不断地向前延伸。引物酶和 DNA 聚合酶利用这个比较长的 3′突出端作为模板，将另外一条链的末端复制完整。Elizabeth Blackburn 的另一个同事 Jack Szostak 接着证明了端粒酶几乎存在于所有的酵母中。Blackburn、Grieder 和 Szostak 因端粒酶保护染色体不变短这一重大发现，而被授予了 2009 年的诺贝尔生理学或医学奖。

这一反应的显著特点就是 RNA 可以作为模板来合成 DNA。像第 1 章中所描述的那样（第 9 章会重述），以 DNA 为模板合成 RNA 的过程叫作转录。因此，端粒酶的聚合酶活性又叫作反转录活性。我们会在第 11 章和第 13 章再次复习。

除了避免遗传物质在每轮复制之后的缺失，端粒酶还会协同其他的蛋白质形成"帽子"形状的结构来保持染色体的完整性。这些帽子大概长达 100 个核苷酸，将 3′单链突出端保护起来（图 8-29）。如果没有这些帽子，细胞会误认为这些染色体 DNA 双链末端是双链缺口而进行错误的处理。我们将在第 12 章看到，双链缺口潜在风险很大，因为它们能够导致染色体的不稳定性，从而产生癌症和一系列伴随年龄增长的疾病。由于这个原因，当一个双链缺口被检测到时，细胞会做出一系列不同的反应，部分取决于细胞类型以及 DNA 被破坏的严重程度。例如，细胞会将一个双链缺口与另外的缺口融合到一起，或者停止细胞的分裂将损坏限制在局部组织，或者启动细胞死亡通路（叫作凋亡）。

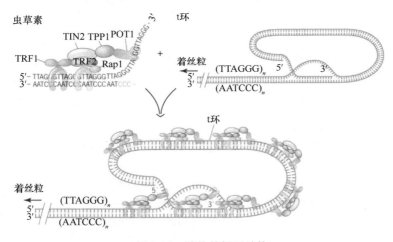

图 8-29　端粒的帽子结构

一个帽子结构保护染色体末端的端粒。3′突出端通过与一个上游的端粒重复区的互补链配对形成 t 环。虫草素包含 6 个蛋白质亚基，还有其他一些相关蛋白质（未示出）。TRF1 和 TRF2 是端粒重复结合因子 1 和 2，它们与双链重复序列特异结合。蛋白质 POT1 与单链 TTAGGG 重复序列特异性结合并被侵入的端粒 DNA 3′端取代。TIN2 和 TPP1 使 POT1 与 TRF1 和 TRF2 连接，并且与 TRF2 相关的 Rap1 帮助调节端粒长度

关键点：端粒是染色体末端的一个特殊结构，由一系列短 DNA 重复序列串联而成，被端粒酶添加到染色体的 3′端。端粒能够通过阻止每轮复制后基因组信息的丢失以及协同其他蛋白质形成一个帽子结构将染色体末端隐藏起来从而避免启动 DNA 修复机制来稳定染色体的结构。

　　奇怪的是，生殖细胞含有大量的端粒酶，但是体细胞却很少有端粒酶。因此，增殖过程中体细胞的染色体会随着细胞分裂逐渐变短，直到停止分裂进入衰老阶段。这一发现让很多研究者推测端粒变短和衰老之间存在着一定的联系。遗传学家研究导致人类过早老化的疾病时，揭示了一些证据支持这个联系。有沃纳综合征（Werner syndrome）的患者过早经历了一些老化事件，包括皮肤皱纹、白内障、骨质疏松、头发灰白及心血管疾病（图 8-30）。遗传与生化研究发现这些受折磨的人拥有比正常人较短的端粒，而这主要是由于一个 *WRN* 基因的突变，这个基因能够编码蛋白质（解旋酶）与其他的蛋白质共同组成端粒帽（TRF2，见图 8-29）。这个突变可能破坏了正常的端粒结构，导致染色体的不稳定性以及早衰的表型。另外一种叫作先天性角化不良的早衰患者也含有比健康人短的端粒和一些与端粒酶活性相关的基因突变。

图 8-30　维尔纳综合征引起早熟和衰老
一位维尔纳综合征女性患者在 15 岁和 48 岁时的照片

　　遗传学家对端粒和癌症的关联也比较感兴趣。与正常的体细胞不同，大多数癌细胞具有端粒酶活性。能够维持有功能的端粒可能是癌细胞可以在体外培养数十年并且不死亡的原因之一。因此，许多药企都在争取利用癌细胞和正常细胞的区别来开发药物，通过抑制端粒酶的活性选择性地靶向抑制癌细胞生长。

总　结

　　关于遗传物质的分子本质的研究证明了 DNA（而非蛋白质、脂类、碳水化合物）是真正的遗传物质。利用其他人得到的数据，沃森和克里克推理出了两条链相互缠绕、反向平行的 DNA 双螺旋模型。将两条链结合在一起的是碱基 A 与 T 以及碱基 G 与 C 之间的正确配对。AT 之间有两个氢键，GC 之间有三个氢键。

　　沃森和克里克的 DNA 复制模型展示了 DNA 是怎样有序地进行复制，这是作为遗传物质的基本条件。复制在原核生物和真核生物中都是以半保留的方式完成的。一个双螺旋可以复制成两个一模一样的双螺旋，它们的核苷酸都具有相同的线性顺序；每一个新生成的双螺旋都由一条新 DNA 链和一条旧 DNA 链组成。

DNA 双螺旋在复制叉的位置是分散的，每个单链可以作为模板用于游离脱氧核苷酸的聚合。脱氧核苷酸是在 DNA 聚合酶催化下进行聚合的，它只能被加到增长的 DNA 链的 3′端。由于脱氧核苷酸的添加只发生在 3′端，一条链上的 DNA 聚合是连续的，形成前导链，另外一条则是短的不连续的片段（冈崎片段），形成后随链。前导链和冈崎片段都是由一段小的 RNA 引物（由引物酶合成）起始合成的，RNA 引物为脱氧核苷酸的添加提供 3′端。

想要这一系列发生在复制叉处的事件能够准确、快速地进行，需要一个叫作复制体的生物机器。这个生物机器是一个蛋白质复合体，包括两个 DNA 聚合酶，一个用于合成前导链，另一个用于合成后随链。这样，耗时较多的后随链的合成和连接能够在时间上与合成相对简单的前导链相匹配。

此外，在染色体上存在叫作复制起始位点的序列，它高度有序地控制着复制发生的时间和位置。真核生物的基因组有成千上万个复制起始位点。复制体的组装仅发生在细胞周期的特定时刻。

线性染色体末端（端粒）的复制是一个重要问题，总有一条链延伸无法完全完成。端粒酶添加一系列短的重复序列来维持序列的长度。端粒酶会携带短的 RNA 作为模板用于合成这些端粒重复序列。这些不编码的端粒重复序列还可以与蛋白质协同形成端粒的帽子结构。在体细胞中，由于不再合成端粒酶，端粒会随着人年龄增长而变短。端粒缺陷的人会提前出现衰老的症状。

（于　明）

练　习　题

一、例题

例题 1　有丝分裂和减数分裂在第 2 章呈现。考虑到这章里面包含了和 DNA 复制相关的内容，画一个图表，展示一个细胞中，在有丝分裂和减数分裂过程中 DNA 的成分随着时间的变化。假设在一个二倍体的细胞中。

参考答案为此图

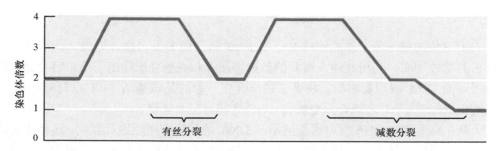

例题 2　如果一个 DNA 分子中，GC 含量的比例是 56%，那么 4 种碱基（A/T/G/C）

的比例分别是多少？

参考答案：如果 GC 含量是 56%，由于 G=C，那么 G 和 C 的含量都是 28%。AT 的含量就是 100%–56%=44%。由于 A=T，那么 A 和 T 的含量都是 22%。

例题 3　画图描述在 Meselson-Stahl 实验中，全保留复制后 CsCl 密度梯度离心后的条带是什么样的。

参考答案：参考图 8-14 进一步解释。在全保留复制中，如果细菌先在 ^{15}N 中生长，然后转到 ^{14}N，那么在第一轮复制结束后，一个 DNA 分子会全部是 ^{15}N，另一个是 ^{14}N，梯度中会出现一个重带，一个轻带。在第二轮结束后，^{15}N DNA 会产生一个 ^{15}N DNA 和一个 ^{14}N DNA，而 ^{14}N DNA 则全部产生 ^{14}N DNA。因此，只有两条链全部是 ^{15}N 或者 ^{14}N 的 DNA 分子，也就是有一条重带和一条轻带。

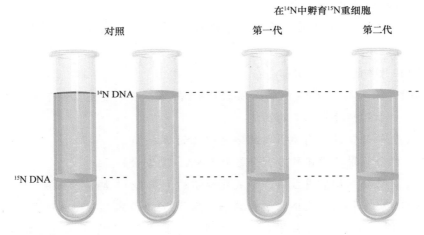

二、看图回答问题

1. 在表 8-1 中，前 4 行为什么没有组织来源？在最后 3 行中，对于人类 DNA 在 3 种不同组织来源的细微差别最可能的解释是什么？

2. 在图 8-8 中，你认识沃森和克里克的 DNA 模型的组成成分吗？你以前在哪里见过？

3. 结合图 8-21，回答下面的问题。

a. DNA 聚合酶 I 有什么作用？

b. 左边的 DNA 聚合酶Ⅲ持续合成 DNA 时需要哪些蛋白质？

c. 右边的 DNA 聚合酶Ⅲ持续合成 DNA 时需要哪些蛋白质？

4. 图 8-21 中的绿色解旋酶和图 8-22 中的黄色 DNA 促旋酶催化的反应有何不同？

5. 图 8-24（a）中，标出所有的前导链和后随链。

三、基础知识问答

6. 描述 DNA 双螺旋中化学键的种类。

7. 解释术语全保留复制和半保留复制的含义。

8. 引物是什么意思？为什么 DNA 复制需要引物？

9. 什么是解旋酶和拓扑异构酶？

10. 为什么 DNA 复制在一条链上是连续的，在另一条链上是不连续的？

11. 如果 4 种脱氧核苷酸的配对是不严格的（如 A 对 C、A 对 G、T 对 G 等），那么基因中的特定遗传信息在一轮轮的复制后还能正确保持吗？解释一下。

12. 如果在复制过程中解旋酶丢失了，那么复制过程会发生什么？

13. 如果在复制的时候，拓扑异构酶使 DNA 分子松弛后不能重新结合到 DNA 链上，会发生什么？

14. 下面哪些不是遗传物质的关键特征？

a. 必须能够正确复制。

b. 必须编码能够形成蛋白质和复杂结构的信息。

c. 必须能偶尔突变。

d. 必须在身体的每个组织都存在。

15. 冈崎片段末端的 RNA 引物必须被 DNA 取代，否则会发生以下哪一种事件？

a. RNA 会干涉拓扑异构酶的功能。

b. RNA 会包含错误，因为引物酶缺乏校正的功能。

c. DNA 聚合酶 III 二聚体的 β 钳会释放 DNA，复制会停止。

d. RNA 引物会互相形成氢键，形成复杂结构干涉 DNA 螺旋的正确信息。

16. 在 DNA 散开之前，DNA 聚合酶一般只加 10 个脱氧核苷酸到一条 DNA 链。但是，在复制期间，DNA 聚合酶 III 在一个复制叉就能够添加成千个脱氧核苷酸。这是怎么完成的？

17. 在每一个复制起始位点，DNA 在两个复制叉会双向复制。如果一个真核生物发生突变使得一个复制泡只有一个复制叉，下面哪一种情况会发生（见图）？

正常　　　　　　　突变

a. 复制完全没有改变。

b. 复制只会在一半的染色体上进行。

c. 复制只会完成前导链。

d. 复制会发生两次。

18. 一个二倍体细胞，2n=14，在细胞周期的下列阶段一共有多少端粒？

（a）G_1 期；（b）G_2 期；（c）有丝分裂前期；（d）有丝分裂末期。

19. 如果一个胸腺嘧啶占一个 DNA 分子的 15%,那么胞嘧啶的比例是多少?

20. 如果一个 DNA 分子的 GC 含量是 48%,那么 4 种碱基(A、T、G 和 C)的比例分别是多少?

21. 极端微生物是一种细菌,能够在温泉(如美国怀俄明州的黄石国家公园的老忠实泉)中生长,那么你认为这种极端微生物的 DNA 中是不是有更高比例的 GC 或者 AT 碱基?证明你的答案。

22. 假设一个细菌染色体只有一个复制起始位点。在细胞快速分裂的情况下,复制会在上一轮复制还没有完成的情况下开始。这种情况下,会有多少复制叉?

23. 第一组 DNA 分子在含有未标记的 GTP、CTP、TTP 和用 ^{32}P 标记的 ATP 溶液中复制,那么是不是两个子链都是放射性的?请详细叙述机制,并以第二组 DNA 分子为题目,回答相同的问题。

(1) 5′-AAAAAAAAAAAA-3′　　　　(2) 5′-ATATATATATATAT-3′
　　　3′-TTTTTTTTTTTTT-5′　　　　　　3′-TATATATATATATA-5′

24. 如果 Meselson 和 Stahl 在实验中用的是二倍体真核细胞,那么他们的实验还成立吗?

25. 考虑下面的 DNA 片段,它是染色体长臂的一部分。

5′···ATTCGTACGATCGACTGACTGACAGTC···3′
3′···TAAGCATGCTAGCTGACTGACTGTCAG···5′

如果 DNA 聚合酶从这个片段的右边开始复制,那么,

a. 哪个是前导链的模板?

b. 画一个 DNA 聚合酶刚好沿着这个片段复制一半时的分子。

c. 画出两个完整的子链。

d. 你在 b 部分画的图是否与常规的复制模型,即一个复制起始位点的双向复制相一致?

26. DNA 聚合酶位于下面的 DNA 片段(大的 DNA 分子的一部分)上,从右边向左边移动。我们假设这个片段会产生冈崎片段,这些片段的序列是怎样的?标记出它的 5′端和 3′端。

5′···CCTTAAGACTAACTACTTACTGGGATC···3′
3′···GGAATTCTGATTGATGAATGACCCTAG···5′

27. 染色体 DNA 上的每一个 N 都被标记了(每一个 N 都是 ^{15}N 取代了正常的 ^{14}N)的大肠杆菌在一个只有 ^{14}N 的环境下进行复制。用实线代表较重的多核苷酸链,用虚线代表较轻的多核苷酸链,画出下列几种描述。

a. 较重的亲代染色体 DNA 和放到 ^{14}N 溶液后第一轮复制的产物,假设这个染色体 DNA 是一个双联 DNA 并且是半保留复制。

b. 重复 a,前提是复制属于全保留复制。

c. 如果把在 ^{14}N 溶液中进行第一次复制得到的子代 DNA 用 CsCl 密度梯度离心, 得到一条带, 能排除 a 和 b 中的哪一种情况? 重新思考一下 Meselson-Stahl 实验, 如何证明?

四、拓展题

28. 如果一个细胞中的端粒酶发生了失活突变（端粒酶活性等于零）, 你觉得会发生什么后果?

29. 在罗摩行星上, DNA 有 6 种核苷酸类型: A、B、C、D、E 和 F。A 和 B 叫作 marzines, C 和 D 叫作 orsines, E 和 F 叫作 pirines。下面是罗摩 DNA 的碱基配对规则:

总的 marzines=总的 orsines=总的 pirines, A=C=E, B=D=F

a. 给该 DNA 准备一个结构模型。

b. 在罗摩行星上, 有丝分裂会产生 3 个子代细胞。记住这个事实, 构思一个 DNA 的复制模型。

c. 考虑一下罗摩行星上的减数分裂。你能提出什么样的结论?

30. 如果提取大肠杆菌噬菌体的 DNA, 你会发现, 它的组成是 25% 的 A, 33% 的 T, 24% 的 G 和 18% 的 C。根据 Chargaff 法则你觉得这样的组成合理吗? 你该怎样解释这个结果? 这样的一个噬菌体如何复制它的 DNA?

31. 在第 5 章中, 你会看到细菌能够通过接合的方式将 DNA 从同类的一个成员传递给另一个成员。最近发现, 这种 DNA 的转移并不局限于同类型的细菌。一个研究肺炎双球菌（*Diplococcus pneumonia*）的微生物学家提出假设, 这种微生物染色体的一部分来自结核分枝杆菌（*Mycobacterium tuberculosis*）。基于表 8-1 的数据, 转移 DNA 的哪个突出特点能够支持这一假设?

32. 基于你对端粒酶的结构和功能的了解, 提供一个合理的模型来解释为何一个物种会在它们的端粒上同时存在两种不同的重复序列（如 TTAGGG 和 TTGTGG）?

33. 细菌需要端粒酶吗? 为什么?

34. 沃森和克里克用了构建模型的办法推理出了 DNA 双螺旋的结构。这与传统实验室里采用的实验方法有何不同? 就这点而言, 为什么 Meselson 和 Stahl 的实验被认为如此重要?

第9章
RNA 的转录和加工

学 习 目 标

学习本章后，你将可以掌握如下知识。

- · 区别 RNA 结构与 DNA 结构的不同。
- · 区别细胞中不同类型的 RNA。
- · 理解启动子的功能和起始转录所需的特性。
- · 明确 RNA 分子从转录到出核的整个加工过程。
- · 理解自剪接内含子发现的重要性。
- · 掌握不同类型的非编码 RNA。

精子中非编码 RNA 的多功能性

生殖系细胞担负着遗传信息的世代传递，其基因组的完整性对个体生育能力及物种维持都至关重要。真核生物基因组中存在着大量外来入侵的转座子、逆转座子等可移动遗传元件，如转座子和它们的衍生序列就分别占了人和小鼠基因组的 46% 和 39%，这些可移动遗传元件是引发基因组 DNA 突变、导致基因组不稳定的主要因素。中国科学院生物化学与细胞生物学研究所刘默芳及其研究团队长期致力于 P 元件诱导的睾丸功能低下（P-element induced wimpy testis）以及 Piwi 相互作用 RNA（Piwi-interacting RNA，piRNA）调控通路在哺乳动物精子形成及男性不育中的功能机制研究。他们先后发现，piRNA 与 MIWI（小鼠 PIWI）形成复合物，指导精子细胞中 mRNA 的大规模降解，APC/C（anaphase-promoting complex/cyclosome）是一种泛素连接酶复合物，APC/C-泛素化通路介导的 PIWI 降解对精子形成至关重要。刘默芳团队揭示了 PIWI/piRNA 途径的代谢调控机制，同时发现 piRNA 通过诱导 MIWI 蛋白构象调控其泛素化修饰，提供了一种新型的蛋白质泛素化降解调控模式，并揭示 piRNA 除介导生殖细胞基因组转座子沉默外，还具有在特定发育阶段诱导其结合蛋白降解的新功能。该研究首次证明了 *Piwi* 基因突变致男性不育，并为此类男性不育症的精准治疗提供了理论基础和方法策略（图 9-1）。

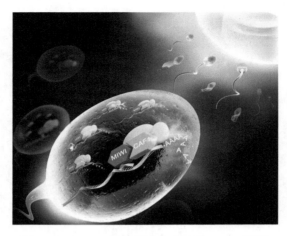

图 9-1　pi-RISC 指导精子发育后期 mRNA 降解

piRNA 以不完全配对方式识别靶 mRNA，通过其结合蛋白 MIWI（小鼠 PIWI）与脱腺苷化酶 CAF1 相互作用，形成功能复合物 piRNA 诱导沉默复合体（piRNA-induced silencing complex，pi-RISC），指导小鼠精子发育后期 mRNA 大规模降解

引　言

　　随着对基因组 DNA 序列了解的深入，科学家已经可以确定一些简单或复杂生物的基因数量，如大肠杆菌（*Escherichia coli*）有 4400 个基因，单细胞的真核生物酿酒酵母（*Saccharomyces cerevisiae*）有 6300 个基因，多细胞的真核生物黑腹果蝇（*Drosophila melanogaster*）有 13 600 个基因。科学家推测，越复杂的生物需要越多的基因。因此，最初人们估计人类基因组会有 100 000 个基因。2000 年，在一次基因组研究的研讨会上，科学家设立了一个非正式的称为 GeneSweep 的竞猜活动，对人类基因组的基因数目预测值最接近真实数目的人将获胜。人们预测的基因数为 26 000～150 000 个。

　　第一张基因组序列草图的公布使竞猜获胜者应运而生。令人惊讶的是，获胜者居然是最低基因数目（25 947 个）的预测者！人类（*Homo sapiens*）拥有复杂的大脑和精细的免疫系统，但其基因数目仅仅是蛔虫基因数目的两倍，并且几乎和第一个被测序的植物——拟南芥（*Arabidopsis thaliana*）的基因数目相同。这是怎么回事呢？问题的答案部分可以回溯到 20 世纪 70 年代末的一项重要发现：多种真核生物的蛋白质并不是由如细菌和酵母中一样的连续 DNA 串编码的，而是由片段化的 DNA 编码。因此，高等真核生物的基因是由称为外显子（exon，即编码区）的蛋白质编码区和称为内含子（intron，即间插区）的分隔外显子的片段构成。本章中即将学到，一个含有外显子和内含子的 RNA 分子是由基因编码的，一种生物机器——剪接体（spliceosome）可以去除内含子并把外显子连接起来（这个过程叫作 RNA 剪接），从而形成含有蛋白质合成所需要的连续信息的成熟 RNA 分子。

　　那么，外显子和内含子如何应对人类基因数目较低的问题呢？目前，已有足够证据表明，一个基因转录形成的 RNA 分子可以以不同方式进行剪接。尽管人类只有约 21 000 个基因，但是正是得益于 RNA 的可变剪接（alternative splicing）过程，这些基因才能编码出超过 100 000 个蛋白质。

还有一项更令人惊讶的发现：基因组上仅有一小部分 DNA 用于编码蛋白质（大多数多细胞生物中，蛋白质编码 DNA 仅占 2%左右）。后续章节中将进一步解析基因组中蕴含的信息。必须指出的是，尽管编码 DNA 仅占基因组很小的比例，但基因组的大部分 DNA 仍然可编码 RNA。关于非编码 RNA（non-coding RNA，ncRNA）的研究目前仍然在继续和不断深入。

遗传信息从基因向其产物传递包括几个步骤。第一步就是以 DNA 链为模板将信息拷贝到 RNA 链，这是本章的主要内容。每一个物种基因组的 DNA 序列中蕴含着编码该物种特异性基因产物的信息，以及何时、何处、怎样合成这些产物的信息。为了利用这些信息，基因就必须通过转录（transcription）合成其 RNA 拷贝。在原核生物中，蛋白质编码 RNA 一经合成就马上将信息"翻译（translation）"为氨基酸链，此即第二步，是本书第 10 章的内容。在真核生物中，转录和翻译过程在空间上被分隔开，转录发生在细胞核而翻译发生在细胞质。但是，在 RNA 分子被运输到细胞质进行翻译或行使其他功能前，它们还需要经过广泛的加工，包括去掉内含子、增加特殊的 5′帽子和 3′多腺苷酸尾巴。这样，一个经过完整加工的 RNA 分子就成了蛋白质合成的媒介，即信使 RNA（messenger RNA，mRNA）。在原核生物和真核生物中，除 mRNA 之外，还存在其他一些不被翻译的 RNA 类型，这些非编码 RNA（ncRNA）在细胞中也发挥着重要作用。

转录过程中 DNA 和 RNA 的功能依托以下两个原则。

1）碱基互补决定了转录过程中 RNA 转录本的序列。通过互补碱基的配对，DNA 中的编码信息传递到 RNA 上。由 ncRNA 与相关蛋白质结合形成的复合物结合到 RNA 的特定区域以调节 RNA 的表达。

2）特定的蛋白质可识别 DNA 和 RNA 的特定碱基序列。这些核苷酸结合蛋白结合在 DNA 和 RNA 上以发挥其功能。

我们将在本章和下一章有关转录和翻译的详细内容中来深入理解上述原则。

关键点：DNA 转录为 RNA 是依靠碱基的互补配对和多种蛋白质与 DNA 或 RNA 的特定区域的结合。

9.1　RNA 简介

早期的研究已表明遗传信息不能从 DNA 直接传递到蛋白质。在真核细胞中，DNA 位于细胞核，而蛋白质在细胞质中合成，可见需要一种中介物的存在。

9.1.1　早期的实验提示 RNA 作为中介物

1957 年，Elliot Volkin 和 Lawrence Astrachan 提出了一项重要发现，他们观察到，大肠杆菌（*E. coli*）被 T2 噬菌体侵染后出现的一项最显著的分子变化就是 RNA 合成的快速爆发，而且，这种噬菌体诱导的 RNA 又会快速发生"转变"，也就是说，RNA 的寿命很短，通常仅仅为几分钟。它的快速出现和消亡暗示，RNA 可能在 T2 噬菌体基因组表达以便产生更多病毒粒子的过程中发挥作用。

Volkin 和 Astrachan 利用脉冲追踪实验证实了 RNA 的快速转变。首先将被感染的细菌用放射性标记的尿嘧啶（一种 RNA 合成中需要但 DNA 合成中不需要的分子）培养，因此在细菌中合成的 RNA 均被放射性的尿嘧啶带上了同位素标记。孵育一小段时间后，放射性标记的尿嘧啶被洗脱掉并更换为没有放射性标记的尿嘧啶。利用这种方法就可以追踪 RNA 的标记，因为随着标记 RNA 的降解，新的 RNA 分子只能利用没有标记的前体进行合成，这样带着标记的核苷酸就逐渐被过量的非标记尿嘧啶稀释。实验中，脉冲后很快就回收到了携带标记的 RNA，再过一段时间后回收到的 RNA 就不带标记了，这表明 RNA 具有很短的寿命。

类似的实验也可以在真核细胞中进行。细胞首先被带放射性标记的尿嘧啶脉冲处理一小段时间，然后将细胞转移至含有非标记尿嘧啶的培养基中。在脉冲后采集的样本中，大量的放射性存在于细胞核；而在追踪阶段采集的样本中，带标记的 RNA 仅被发现于细胞质（图 9-2）。显然，在真核细胞中，RNA 在细胞核中合成，然后进入蛋白质合成的场所——细胞质。由此可见，RNA 可以作为 DNA 和蛋白质之间信息传递的一个候选中介物。

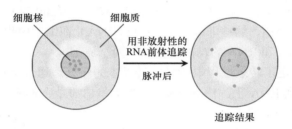

图 9-2　真核细胞 RNA 从核内移动到细胞质

脉冲追踪实验表明 RNA 移动到细胞质，红点代表含有放射性尿嘧啶的 RNA 的位置

9.1.2　RNA 的性质

尽管 RNA 和 DNA 都是核酸，但两者在以下几方面显著不同。

1）组成 RNA 的核苷酸中的糖是核糖，而 DNA 中是脱氧核糖。顾名思义，这两种糖的区别仅仅在于存在或缺失一个氧原子。RNA 的糖在 2′碳原子上结合一个羟基，而 DNA 的糖在 2′碳原子上结合一个氢原子。

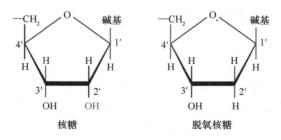

2）RNA 通常是一条单链的核苷酸链，而非 DNA 的双链螺旋结构。因此，RNA 分

子可形成比双链 DNA 更多样的、更复杂的三维构象。一条 RNA 链可以由一些碱基和另一些碱基配对而发生弯曲，这种分子内部的碱基配对正是决定 RNA 构象的重要因素。

本章后面的内容中会讲到，2'碳原子上存在的羟基促进了 RNA 分子在多种重要的细胞过程中发挥作用。

与 DNA 单链类似，一条 RNA 链也是由核糖磷酸骨架和共价结合在每一个核糖 1'位点的碱基构成。核糖和磷酸之间的连接也发生在核糖的 5'位点和 3'位点，因此，RNA 链也有 5'端和 3'端。

3）RNA 的核苷酸（称为核糖核苷酸）含有的碱基包括腺嘌呤（A）、鸟嘌呤（G）、胞嘧啶（C）和尿嘧啶（U），不含胸腺嘧啶（T）。

U 和 T 一样，可以和 A 形成两个氢键。图 9-3 显示了 RNA 中的 4 种核糖核苷酸。

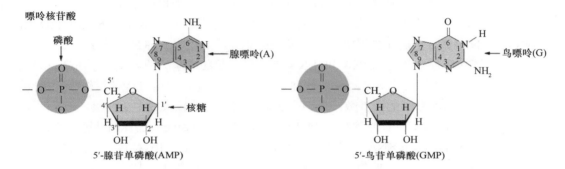

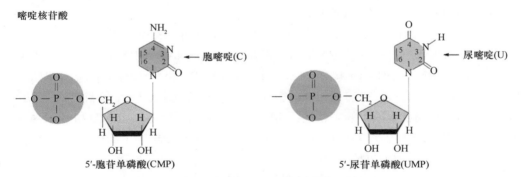

图 9-3 RNA 的 4 种核糖核苷酸

此外，U 也可以和 G 配对，但这种配对仅发生在 RNA 折叠中，而不发生在转录过程。U 和 G 之间形成的两个氢键比 U 和 A 之间的氢键弱。U 既能和 A 配对也能和 G 配对的能力也是 RNA 能形成大量复杂结构的主要原因之一，而这些高级结构决定了 RNA 分子的生物学功能。

4）RNA 可以催化生物反应。从这一点来说，RNA 更像蛋白质而非 DNA。核酶（ribozyme）这一名词即是指具有酶功能的 RNA 分子。

9.1.3 RNA 的种类

RNA 可被分为两大类。一类 RNA 可编码合成多肽链（蛋白质）所需的信息，称为信使 RNA（mRNA）。这类 RNA 分子正如"信使"一样，作为遗传信息从 DNA 向蛋白质传递的中介物。另一类 RNA 称为功能 RNA（functional RNA），它们不编码合成蛋白质的信息，它们自身就是最终的功能产物。

信使 RNA 基因产生表型的过程就是基因表达（gene expression）。对大多数基因来说，RNA 转录本仅是蛋白质合成所必需的一种中介物，而蛋白质才是控制表型的最终功能产物。

功能 RNA 随着对基因表达及其调控机制了解的日渐深入，人们已明确认识到功能 RNA 是一类高度变化的分子，功能多样。需要再一次强调的是，功能 RNA 是活跃的分子，但它们从不被翻译成蛋白质。

功能 RNA 主要参与遗传信息从 DNA 向蛋白质传递的各个步骤，参与加工其他 RNA 分子以及在 RNA 和蛋白质水平对细胞进行调节。在原核细胞和真核细胞中都广泛存在的两类功能 RNA 是转运 RNA（transfer RNA，tRNA）和核糖体 RNA（ribosomal RNA，rRNA）。tRNA 负责在翻译过程中携带正确的氨基酸到 mRNA。rRNA 是核糖体的主要组成部分。核糖体是一个由 mRNA 和 tRNA 来指导氨基酸链装配的巨型分子机器。tRNA 和 rRNA 由少数基因（几十个，最多几百个）编码。但是，尽管基因数量较少，rRNA 却占了细胞中 RNA 分子的大多数，原因是它们稳定且可被转录成多个拷贝。

还有一类真核细胞特有的参与 RNA 加工（RNA processing）过程的功能 RNA：核内小 RNA（small nuclear RNA，snRNA），它是真核细胞中加工 RNA 转录本的系统的一部分。一些 snRNA 和特定的蛋白质亚基结合形成一种核糖核蛋白加工复合物（即剪接体，spliceosome），将内含子从 mRNA 上去除。

最后一类功能 RNA 可在多种水平上抑制基因的表达并维持基因组的稳定。真核基因组的大部分可编码三种该类型 RNA：微 RNA（microRNA，miRNA）、干扰小 RNA（small interfering RNA，siRNA）和 Piwi 相互作用 RNA（Piwi-interacting RNA，piRNA）。miRNA 最近被认识到在调节蛋白质的数量方面有广泛的作用。siRNA 和 piRNA 有助于保护植物基因组和动物基因组的完整性。siRNA 可抑制病毒产生；siRNA 和 piRNA 可以分别阻止可移动元件传播到染色体的其他位点。siRNA 抑制植物中的可移动元件，而 piRNA 在动物中具有同种功能。

长链非编码 RNA（long noncoding RNA，lncRNA，或有时仅缩写为 ncRNA）最近也被发现可由人和其他动植物基因组的大部分区域转录而来。尽管一些 lncRNA 在剂量补偿等经典遗传现象中发挥作用，但大多数 lncRNA 的功能目前仍未可知。

由于蛋白质合成和 mRNA 加工在大多数细胞的整个生命周期中持续发生，因此 tRNA、rRNA 和 snRNA 持续被需要。这些分子通常连续被合成，它们的转录称为组成型的；相反，miRNA、siRNA、piRNA 和 lncRNA 只有在需要它们行使保护基因组、调节基因表达的功能时才阶段性地被转录，或由大的转录本加工而来。

关键点： RNA 可分为两大类：一类编码蛋白质（mRNA），另一类以 RNA 形式发挥功能（ncRNA）。功能 RNA 参与多项细胞内的过程，包括蛋白质合成（tRNA、rRNA）、RNA 加工（snRNA）、基因表达调控（miRNA）和基因组防御（siRNA、piRNA）。

9.2　转录的一般过程

遗传信息从 DNA 向蛋白质传递的第一步就是产生一条碱基序列和 DNA 序列匹配的 RNA 链，有时候还需要在这一步后进行 RNA 的修饰以使它更好地行使特定的功能。RNA 的产生就是一个复制 DNA 上核苷酸序列的过程，这个过程容易让人联想到誊写书面文字，因此 RNA 的合成称为转录（transcription）。DNA 被转录成 RNA，RNA 也称为转录本（transcript）。

9.2.1　DNA 是转录的模板

DNA 分子中编码的信息如何传递到 RNA 中？转录的进行依赖碱基的互补配对。拿组成一个基因的一个染色体片段来说，首先，DNA 双螺旋分子的两条链局部解旋，其中一条链作为 RNA 合成的模板。从整个染色体角度来看，DNA 的两条链都可以作为模板，但是，对任意一个基因来说，只有一条链而且通常是同一条链作为模板。转录始于模板的 3′端（图 9-4）。接下来，核苷酸即通过与模板的碱基互补配对而依次进行合成。核苷酸的碱基中，A 与 T 配对（DNA 中），G 与 C 配对，U 与 A 配对。每个核苷酸在 RNA 聚合酶（RNA polymerase）的催化下被定位于互补碱基的对面，这种酶结合在 DNA 上并沿着 DNA 移动，连接排列好的核苷酸而形成一条不断伸长的 RNA 分子，见图 9-5（a）。此处我们即可看到 RNA 转录的两条原则：碱基互补、核酸-蛋白质互相结合并发挥功能（这里的蛋白质是指 RNA 聚合酶）。

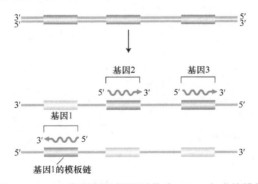

图 9-4　DNA 的两条链都可以作为 RNA 合成的模板

只有一条 DNA 链可作为一个基因转录的模板。转录都是从 DNA 模板链的 3′端开始的。因此，不同方向的基因转录就使用另外一条 DNA 链作为模板

RNA 有一个 5′端和一个 3′端。在合成过程中，RNA 通常以 5′→3′的方向延伸，换句话说，核苷酸总是添加在 3′延伸端。由于互补的核苷酸链是反向的，RNA 从 5′端向 3′端合成也就意味着模板链的方向是从 3′端向 5′端。

RNA 聚合酶沿着基因移动，它解开前面的 DNA 双螺旋从而使被转录的 DNA 解链。随着 RNA 分子逐渐延长，RNA 的 5′端从模板上脱离，RNA 聚合酶后面的转录泡（transcription bubble）闭合。一个 RNA 聚合酶合成一条 RNA 分子，这列"火车"沿着

基因不断向前移动（图 9-6）。

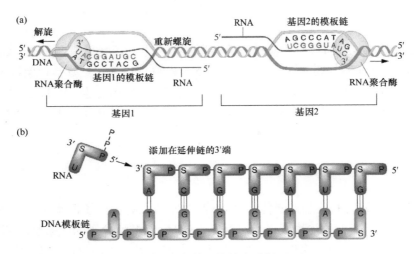

图 9-5　转录的基本过程

（a）两个基因以相反方向进行转录。基因 1 以下面一条链进行转录，RNA 聚合酶迁移到左侧，以 3′→5′方向阅读模板链并以 5′→3′方向合成 RNA。基因 2 以相反方向进行转录，上面一条链是模板，RNA 聚合酶移动到右侧。随着转录的进行，RNA 的 5′端被模板链取代，因为转录泡在 RNA 聚合酶后发生闭合。（b）基因 1 的转录过程中，正在进入的核苷酸（U）的 5′位磷酸基团与延伸的 RNA 链的 3′端接触并结合。S 代表核糖

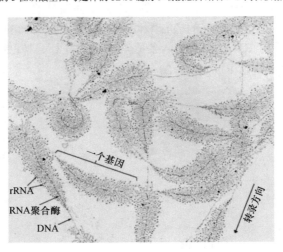

图 9-6　一个基因可以同时转录为多个 RNA

电镜照片展示了两栖动物 *Triturus viridescens* 细胞核中串联重复的 rRNA 基因的转录。每一个基因上，有多个 RNA 聚合酶沿着一个方向在转录。延伸着的 RNA 就像从 DNA 骨架上伸展出去的线头，短的转录本靠近转录起点，而长的转录本靠近基因的末端

　　转录本中的碱基和模板中的碱基是互补的，因此，RNA 中的核苷酸序列应该和 DNA 中非模板链的序列相同，除了以 U 代替 T（图 9-7）。在科学文献中引用 DNA 序列时，按照惯例会标出 DNA 非模板链的序列，因为这个序列和 RNA 的序列是一致的。正是由于这个原因，DNA 的非模板链通常被称为编码链（coding strand）。谈到转录时一定要牢记这一点。

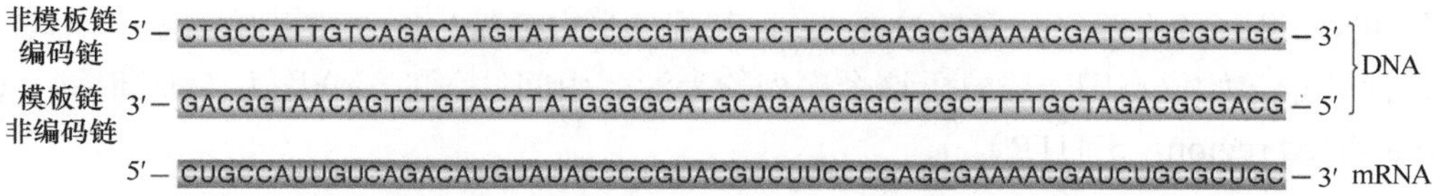

非模板链
编码链　5′ – CTGCCATTGTCAGACATGTATACCCCGTACGTCTTCCCGAGCGAAAACGATCTGCGCTGC – 3′ ｝DNA

模板链
非编码链　3′ – GACGGTAACAGTCTGTACATATGGGGCATGCAGAAGGGCTCGCTTTTGCTAGACGCGACG – 5′

5′ – CUGCCAUUGUCAGACAUGUAUACCCCGUACGUCUUCCCGAGCGAAAACGAUCUGCGCUGC – 3′ mRNA

图 9-7　DNA 序列和转录后的 mRNA 序列

mRNA 的序列与 DNA 模板链互补，因此就与非模板链一致（除在 mRNA 中用 U 代替了 T 外）。图示的序列来自
β-半乳糖苷酶基因

关键点：转录是不对称的，仅有一条 DNA 链用作转录的模板链，这条链是 3′→5′ 方向的，而 RNA 合成是 5′→3′ 方向。

9.2.2　转录的步骤

基因中的蛋白质编码序列仅占染色体 DNA 的一小部分。染色体上的 DNA 片段是如何转录成含有正确长度和核苷酸序列的单链 RNA 分子的？由于核苷酸是连续排列的，转录机器必须准确定位于要转录的基因的起始处，然后持续转录整个基因，最终在另一端停止转录。这三个步骤称为转录的起始、延伸和终止。原核生物和真核生物中转录的整体过程高度相似，但仍然存在一些重要区别。下面先介绍原核生物（以 *E. coli* 为例）中的这三个步骤，再介绍真核生物中的情况。

9.2.3　原核生物的转录

1. 起始

RNA 聚合酶是如何找到正确的转录起始位点的？在原核生物中，RNA 聚合酶通常结合到一段称为启动子（promoter）的特殊 DNA 序列上。启动子靠近转录起始位点，是一段重要的基因表达调控区域。前面已经提到，RNA 的转录开始于 5′端，然后按 5′→3′方向延伸，而常规上基因的方向也标为 5′→3′，因此，通常人们会显示非模板链的序列，将 5′端列在左侧而 3′端列在右侧。由于启动子通常邻近基因开始转录的一端，即 5′端，因此，启动子区域也被称为 5′调节区［图 9-8（a）］。

第一个被转录的核苷酸称为转录起始位点，启动子位于转录起始位点上游（指转录起始位点的 5′端方向），下游位点是指转录起始位点后面的序列。通常将第一个被转录的核苷酸标为+1，转录起始位点上游的核苷酸位置标为负值(−)，而下游则标为正值(+)。

图 9-8（b）展示了 *E. coli* 基因组中 7 个不同基因的启动子序列。由于一种 RNA 聚合酶结合在不同基因的启动子上，这些启动子序列非常相似也就不足为怪了。事实上，启动子上有两个区域在绝大多数情况下保持高度保守性。由于这两个区域分别位于第一个转录核苷酸上游的−35bp 和−10bp 处，因此它们被分别称为−35 区和−10 区，见图 9-8（b）中的红色区域。由图可见，不同基因的−35 区和−10 区并不需要完全一致，它们的大部分序列相同，这样的序列称为"保守序列"。图 9-8（b）的底部列出了 *E. coli* 启动子的保守序列。RNA 聚合酶的全酶结合在 DNA 的这个区域，然后解开 DNA 双螺旋并

开始 RNA 分子的合成。注意图 9-8（a），基因的蛋白质编码区通常开始于一个 ATG 序列，而转录起始位点则一般位于这个序列的上游。中间插入的部分称为 5'非翻译区（5' untranslated region，5' UTR）。

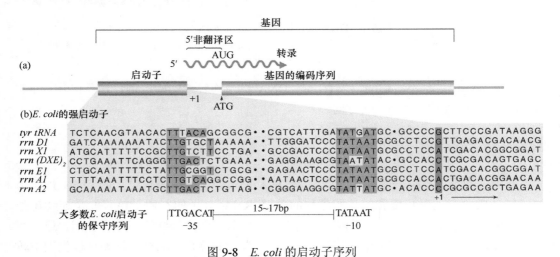

图 9-8 *E. coli* 的启动子序列

（a）启动子位于转录起始位点和编码序列的上游；（b）启动子有序列相似的区域，图中的红色阴影就显示了 *E. coli* 的 7 种不同启动子序列中的保守区域，序列中插入的空隙（圆点）是为了更好地比对共有序列

在细菌中，扫描 DNA 来寻找启动子序列的 RNA 聚合酶称为 RNA 聚合酶的全酶（图 9-9），这个多亚基的复合物是由组成核心酶的 5 个亚基（即两个 α 亚基、一个 β 亚基、一个 β'亚基和一个 ω 亚基）再加上另外一个称为 σ 因子（sigma factor）的亚基组成的。两个 α 亚基帮助酶的各亚基的装配以及促进酶和调节蛋白的相互作用；β 亚基具有催化活性；β' 亚基负责和 DNA 的结合；ω 亚基在酶的装配和基因表达调控中发挥作用；σ 因子可以结合到–10 区和–35 区，从而将全酶定位到正确的位点以便起始转录［图 9-9（a）］，σ 因子还具有解离–10 区附近 DNA 链的功能，使核心酶能够紧密结合在 DNA 上，为 RNA 合成做好准备。当核心酶与 DNA 结合后，转录开始，σ 因子即与酶的其他亚基解离［图 9-9（b）］。

和其他大多数细菌一样，*E. coli* 有几种不同的 σ 因子。其中一种叫作 σ^{70}，因为它的质量是 70kDa。σ^{70} 是最主要的一种 σ 因子，*E. coli* 的绝大多数基因都用它来起始转录。

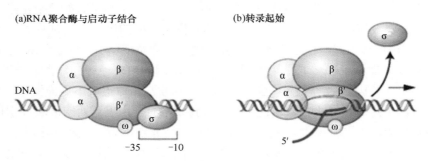

图 9-9 原核生物转录的起始

转录起始中 σ 因子起定位 RNA 聚合酶的作用。（a）σ 因子与–10 区和–35 区结合以定位 RNA 聚合酶的其他亚基；（b）RNA 合成开始后，σ 因子马上与其他亚基解离，核心酶继续转录

其他的 σ 因子各自识别不同的启动子序列。通过与不同的 σ 因子结合，同一个核心酶就可以识别不同的启动子序列从而转录不同的基因。

2. 延伸

RNA 聚合酶沿着 DNA 移动，解开前面的 DNA 双链，而已经完成转录的 DNA 又会重新结合，这样就会一直保持一段单链 DNA 区域，称为转录泡，从而使转录的模板链得以暴露。在转录泡里，RNA 聚合酶监控游离的核苷酸结合到 DNA 模板链暴露出来的下一个碱基，如果能够互补配对，就将它添加到 RNA 链上。核苷酸添加所需要的能量来源于解离高能三磷酸并释放出无机的焦磷酸。化学反应式如下。

$$NTP + (NMP)_n \xrightarrow[\substack{Mg^{2+} \\ RNA聚合酶}]{DNA} (NMP)_{n+1} + PPi$$

图 9-10（a）显示了延伸的过程。在转录泡中，最后 8～9 个核苷酸被添加到 RNA 链末端，由于和模板链碱基互补配对而形成了一个 RNA-DNA 杂合分子。随着 RNA 链的 3′端不断延长，5′端远远地被排出了 RNA 聚合酶。直到到达退出位点，碱基的互补配对被打破，单链 RNA 分子解离并被排出。

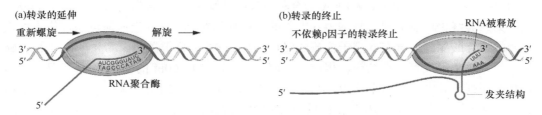

图 9-10 原核生物转录的延伸和终止

（a）转录的延伸：以 5′→3′方向合成与 DNA 模板链的单链区互补的 RNA 链。RNA 聚合酶前的 DNA 分子将被解螺旋，转录完成后又会重新螺旋。（b）转录的终止：细胞通过两种机制来终止 RNA 的合成并释放 RNA，图中所示的是内部终止子机制，发夹结构的形成启动了 RNA 的释放。无论内部终止还是 ρ 因子介导的终止，都需要先合成一段特殊的 RNA 序列

3. 终止

基因上的序列持续转录直到完成基因的蛋白质编码区的转录，然后在转录本的末端产生一个 3′非翻译区（3′ UTR）。当延伸进行到 RNA 聚合酶识别一段特殊的作为链终止信号的核苷酸序列时，就会引发新生的 RNA 和酶从模板上释放，从而终止转录［图 9-10（b）］。在 *E. coli* 及其他细菌中，终止主要有两种机制：内部终止子（intrinsic terminator）机制和 ρ 依赖终止子（rho dependent terminator）机制。

内部终止子机制可直接终止转录。终止子序列大约 40bp，末端有一串富含 GC 碱基的序列，后面还跟随着 6 个或更多个 A 碱基。由于模板中的 G 和 C 分别对应转录本中的 C 和 G，因此，在 RNA 中这段区域仍然是富含 GC 碱基的。这些 GC 碱基能够相互之间形成氢键，从而使 RNA 形成发夹结构（图 9-11）。由于 G-C 碱基之间可形成 3 个氢键，而 A-T 碱基之间仅形成 2 个氢键，因此 G-C 碱基对比 A-T 碱基对更稳定。那么，在颈部含有大量 G-C 碱基对的 RNA 发夹结构较含有大量 A-T 碱基对的发夹结构也要更

稳定。发夹结构后面跟随着一串由大约 8 个 U 组成的序列，它们和 DNA 模板链上的 A 互补。

图 9-11　细菌转录终止位点的结构

在 RNA 链上富含 GC 碱基的区域，由于碱基的互补配对形成了发夹结构。大部分的碱基配对是 G-C 配对，这里也有一个 A-U 配对

通常，在转录延伸过程中，如果转录泡中短的 DNA-RNA 杂合分子力量很弱，RNA 聚合酶将暂停并且后退以稳定杂合分子。在内部终止子中，RNA 聚合酶在合成了一串 U 后（A-U 形成了弱的 DNA-RNA 杂合分子）就终止前进了，后退的 RNA 聚合酶遇到发夹结构，这一路障便导致 RNA 从 RNA 聚合酶中释放以及 RNA 聚合酶与 DNA 模板的解离。

第二类终止机制需要一种称为 ρ 因子的蛋白质的帮助，这种蛋白质可识别作为终止信号的核苷酸序列。含有 ρ 因子依赖的终止信号的 RNA 分子在其 3′端并没有一串 U 碱基，而且通常也没有发夹结构，相反，它们含有一段 40～60nt 的富含 C 碱基而缺乏 G 碱基的序列，其中含有一个称为 *rut*（*rho utilization*）位点的上游片段。ρ 因子是一个由 6 个相同亚基组成的六聚物，它可以特异性地结合在新生 RNA 链的 *rut* 位点。*rut* 位点位于 RNA 聚合酶停止前进的区域的上游，这段序列一旦结合上 ρ 因子，便会促进 RNA 从 RNA 聚合酶中释放。因此，ρ 因子依赖型终止机制涉及 ρ 因子和 *rut* 位点结合、RNA 聚合酶停止前进以及 ρ 因子介导的 RNA 和 RNA 聚合酶的解离等步骤。

关键点：原核生物的转录起始于基因编码区的 5′端，RNA 聚合酶结合保守的启动子序列或者与 σ 因子结合从而将 RNA 聚合酶引导到启动子序列。转录的终止不论是内在型还是 ρ 因子依赖型都发生在编码区 3′端的一段特殊的序列处。

9.3　真核生物的转录

在第 8 章中已经讲过，真核生物的 DNA 复制尽管更加复杂，但基本原理与原核生物非常相似。转录也是类似情况，真核生物转录仍然具有与原核生物相同的起始、延伸和终止过程。但真核生物的转录更加复杂，这主要基于以下三个原因。

1）真核生物的基因组更大，有更多的基因需要识别和转录。细菌通常只有几千个基因，而真核生物具有上万个基因。此外，真核生物中有更多的非编码 DNA，它们由多种机制产生。尽管真核生物的基因多于原核生物，但这些基因大都是互相分隔的。例如，*E. coli* 的基因密度（指单位长度的 DNA 含有的平均基因数目）是 1400bp 一个基因，这个数字在果蝇中降到了每 9000bp 一个基因，而对人来说则是每 100 000bp 一个基因。这种低基因密度的现象使转录起始成为一个更复杂的过程。在多细胞的真核生物基因组中，找到基因的转录起始位点就好比是大海捞针。

真核生物有不同的方法来应对这种情况。

首先，转录这项工作被分配给了三种不同的聚合酶：① RNA 聚合酶Ⅰ，转录 rRNA（除 5S rRNA 外）基因；② RNA 聚合酶Ⅱ，转录所有的蛋白质编码基因（转录产物为 mRNA）；③ RNA 聚合酶Ⅲ，转录小的功能 RNA（如 tRNA、5S rRNA 和 snRNA）基因。本章我们将聚焦 RNA 聚合酶Ⅱ。

其次，真核生物需要在 RNA 聚合酶Ⅱ开始合成 RNA 之前装配多种蛋白质到启动子上。一些蛋白质称为通用转录因子（general transcription factor，GTF），它们先于 RNA 聚合酶结合到 RNA 上，而其他因子则在 RNA 聚合酶之后结合。GTF 的作用以及它们和 RNA 聚合酶的互作将在真核生物的转录起始部分进行讨论。

2）原核生物和真核生物另一个重大区别就是真核生物存在细胞核。原核生物没有核膜，RNA 上传递的信息会马上翻译成氨基酸链。在真核生物中，转录和翻译这两个过程在空间上是分隔的，转录发生在细胞核而翻译发生在细胞质（图 9-12）。

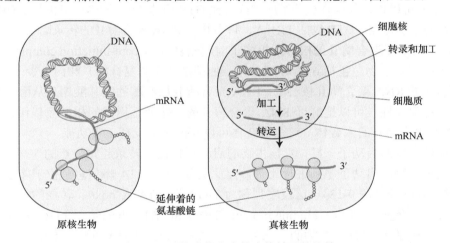

图 9-12　原核生物和真核生物转录的比较

原核生物中转录和翻译发生在相同的细胞区域，而真核生物中则不同。另一点不同于原核生物转录的是，真核生物的转录本需要经过大量的加工才能被翻译成蛋白质

在细胞核中合成的 RNA 将被运输到核外并进入细胞质以进行翻译。

RNA 在离开细胞核之前必须经过不同方式的修饰，这些修饰统称为 RNA 加工。为了区分加工前、加工后的 RNA，新合成的 RNA 分子称为初级转录本（primary transcript）或前信使 RNA（pre-mRNA），而 mRNA 则指经过完全加工、可以运输到细胞核外的 RNA 分子。当 RNA 的 3′端仍在合成时，其 5′端就已经开始进行加工，因此，RNA 聚合酶Ⅱ合成 RNA 的反应是和一系列加工事件偶联在一起的，这也是 RNA 聚合酶Ⅱ要比原核生物的 RNA 聚合酶更加复杂的原因之一。事实上，RNA 聚合酶Ⅱ也可以被视为一种分子机器。RNA 合成和加工的协同进行将在真核生物的转录延伸部分进行介绍。

3）真核生物转录的模板，也就是基因组 DNA，是被装配成染色质形式存在的，而在原核生物中基因组 DNA 基本是"裸露的"。染色质的这一特征与真核生物基因表达的复杂调控机制有关。有关染色质对 RNA 聚合酶 II 起始转录活性的影响将留到第 15 章进行介绍，这里我们重点讲解 RNA 聚合酶 II 结合到 DNA 模板后发生的事件。

9.3.1　真核生物的转录起始

如前所述，原核生物的转录开始于 RNA 聚合酶全酶的 σ 因子识别启动子的–10 区和–35 区。转录起始后，σ 因子解离，核心酶在转录泡中持续合成 RNA 并沿着 DNA 移动。与之类似，真核生物 RNA 聚合酶 II 的核心酶也不能独自识别启动子序列，而是需要在核心酶结合之前由 GTF 先结合到启动子区域。

真核生物的转录起始有一些特性与 DNA 复制的起始类似。第 8 章中已介绍过，有一些不属于复制体的蛋白质能够启动复制机器的装配，如 *E. coli* 中的 DnaA 和酵母中的起始位点识别复合物（ORC）就首先识别并结合到 DNA 复制起点。这些蛋白质又可以通过蛋白质之间的互作来招募 DNA 聚合酶 III 等复制酶的结合。类似地，GTF 也不参与 RNA 的合成，但它们可以识别并结合启动子序列或其他 GTF 招募 RNA 聚合酶 II 的核心酶定位到转录起始的正确位点。GTF 包括 TF II A、TF II B 等 RNA 聚合酶 II 的转录因子。

GTF 和 RNA 聚合酶 II 的核心酶组成了前起始复合物（pre-initiation complex，PIC），这是一个巨型复合物，包括 6 种 GTF（每一种都是多亚基复合物）和由至少 12 种蛋白质亚基组成的 RNA 聚合酶 II 核心酶。RNA 聚合酶 II 核心酶的氨基酸序列从酵母到人表现出一定的保守性。可以把酵母 RNA 聚合酶 II 的一些亚基用人的相应亚基代替来构建一个 RNA 聚合酶 II 的嵌合体，这个嵌合体可以在酵母中发挥正常功能。

和原核生物的启动子一样，真核生物的启动子也位于转录起始位点的 5′端（上游）。把不同真核生物的启动子序列进行比对，会发现有一个 TATA 序列总是位于转录起始位点的上游 30bp 处（图 9-13），这段序列称为 TATA 框（TATA box）。转录的第一个事件就是 TATA 结合蛋白（TATA-binding protein，TBP）和 TATA 框的结合。TBP 是 6 种 GTF 中的一种，也是 TF II D 复合物的一部分。当 TBP 结合到 TATA 框时，TBP 就会招募其他 GTF 和 RNA 聚合酶 II 核心酶结合到启动子，从而形成前起始复合物。转录起始后，RNA 聚合酶 II 即与其他 GTF 解离并延伸初级转录本。一部分 GTF 还会继续留在启动子处以招募下一个 RNA 聚合酶 II 核心酶。多个 RNA 聚合酶 II 就是这样同时合成一个基因的转录产物的。

RNA 聚合酶 II 是如何离开 GTF 而起始转录的呢？这个过程目前仍然阐释不清，人们已经了解的是，RNA 聚合酶 II 的 β 亚基含有一个蛋白质尾巴，称为 C 端结构域（carboxy terminal domain，CTD），它在此过程中发挥了关键作用。CTD 战略性地位于新生 RNA 从 RNA 聚合酶中露出头来的位置附近。转录起始后，CTD 被一种 GTF 磷酸化，然后延伸阶段才开始。这种磷酸化被认为可能会减弱 RNA 聚合酶和其他 PIC 的结合从而导致延伸的开始。除此之外，CTD 还参与 RNA 合成和加工的其他一些关键事件。

　　关键点：真核生物的启动子首先被通用转录因子（GTF）识别。GTF 的作用就是招募和定位 RNA 聚合酶Ⅱ，从而使 RNA 合成在转录起始位点开始。

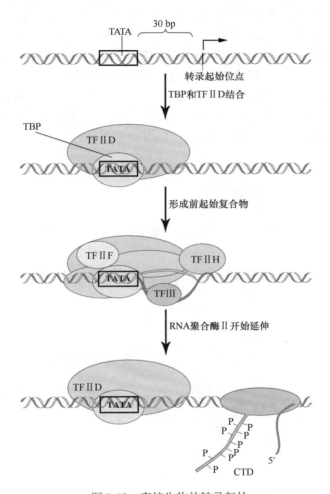

图 9-13　真核生物的转录起始

前起始复合物的形成开始于 TBP 与启动子的结合，然后招募其他转录因子（GTF）和 RNA 聚合酶Ⅱ结合于转录起始位点。当 RNA 聚合酶Ⅱ的 C 端结构域（CTD）被磷酸化后转录即开始

9.3.2　真核生物转录的延伸、终止和 pre-mRNA 的加工

　　原核生物和真核生物中的新生 RNA 有着不同的命运。原核生物中，当新生 RNA 的 3′端还在合成时，5′端就已经开始翻译。但是，在真核生物中，RNA 必须经过进一步加工才可以被翻译。加工过程包括：①在 5′端添加一个帽子；②剪切掉内含子；③在 3′端添加一个多腺苷酸［poly（A）］尾巴。

　　与 DNA 复制类似，合成 pre-mRNA 并将其加工成 mRNA 需要多个步骤快速、准确地完成。起初，人们认为 pre-mRNA 的大部分加工都是发生在 RNA 合成结束后，这种方式称为转录后加工。然而，现在的实验证据显示，加工过程实际上在 RNA 合成时就已经发生了，是共转录的，当部分合成的 RNA 分子从 RNA 聚合酶Ⅱ复合物中冒出头来的时候，加工反应就开始了。

真核生物 RNA 聚合酶Ⅱ的 CTD 在协调所有的加工事件中发挥着中心作用。CTD 由 7 个氨基酸的多次重复组成，这些重复序列可作为 RNA 加帽、剪接、加尾等过程需要的酶和蛋白质的结合位点。CTD 位于新生 RNA 从 RNA 聚合酶中退出的位置附近，这是一个精心策划加工所需要的蛋白质结合和释放的理想位置。在加工的各个阶段，CTD 的氨基酸可通过添加或去除磷酸基团（分别称为磷酸化和去磷酸化）而被可逆性地修饰。CTD 的磷酸化形式决定可结合哪一种加工蛋白，从而确定在 RNA 分子上进行哪一种加工任务。图 9-14 显示了加工过程以及 CTD 的作用。

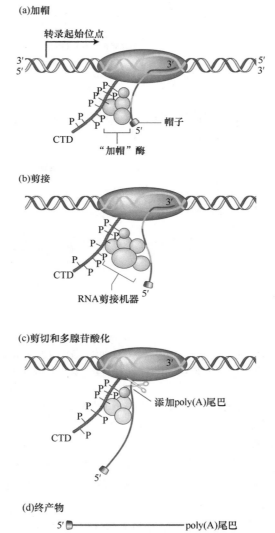

图 9-14 RNA 共转录加工的过程

RNA 的共转录加工受 RNA 聚合酶Ⅱβ 亚基 CTD 的调控。CTD 上氨基酸的可逆性磷酸化（图中标记为 P）可产生加工所需要的各种酶和因子的结合位点

（1）5′端和 3′端的加工

图 9-14（a）展示了一个蛋白质编码基因转录本 5′端的加工。当新生的 RNA 链刚刚从 RNA 聚合酶 II 中露出头来的时候，一些和 CTD 相互作用的蛋白质就催化在 5′端添加一个特殊的"帽子"结构。帽子由一个 7-甲基鸟嘌呤核苷组成，它以三磷酸与转录本相连。帽子具有两个功能：首先，它可以保护 RNA 在迁移至翻译位点的漫长旅途中不被降解；其次，我们在第 10 章中也会讲到，帽子结构对 mRNA 的翻译至关重要。

RNA 链进行延伸，直到遇到保守序列 AAUAAA 或 AUUAAA。有一种酶能够识别这段序列并在其下游约 20 个碱基处切断 RNA 链，形成 3′端。在 3′端末尾，还要添加一串由 150～200 个腺嘌呤核苷组成的多腺苷酸尾巴［poly（A）尾巴］［图 9-14（c）］。由蛋白质编码基因转录形成的 mRNA 上的 AAUAAA 序列称为多腺苷酸化位点。

（2）内含子的去除和 RNA 剪接

1977 年，一篇名为《腺病毒 2 mRNA 5′端一种令人惊奇的序列排布》的科学研究论文跃入人们的眼帘。一般来说，科学家在公开发表的论文中常用较为保守的字眼，"令人惊奇（amazing）"这一词汇的使用，通常意味着有出人意料的重大发现。Richard Roberts 和 Phillip Sharp 实验室独立发现真核基因（在他们的研究中指感染真核细胞的病毒基因）编码的信息能被分为两种类型的片段——外显子和内含子。如前所述，编码蛋白质的部分是外显子，而分隔外显子的部分是内含子。内含子不仅在蛋白质编码基因中存在，在一些 rRNA 和 tRNA 基因中也有分布。

在转录过程中，当"帽子"结构已被添加而 RNA 还未被运输到细胞质前，内含子即被从初级转录本中去除。内含子去除和外显子连接的过程称为剪接（splicing），就好像录影带或电影胶片能够通过剪开再重新连接来删除某一个片段一样。剪接过程能够把编码区域（即外显子）连在一起，从而使 mRNA 上的编码序列能够和后续要合成的蛋白质序列完全对应起来。

不同物种、不同基因中内含子的数量和大小各不相同。例如，酵母的 6300 个基因中仅有 200 个基因含有内含子，而包括人类在内的哺乳动物的典型基因中都含有内含子。哺乳动物内含子的平均大小约为 2000 个核苷酸，而外显子平均为 200 个核苷酸，因此，在哺乳动物染色体中，编码内含子的 DNA 比例要大于编码外显子的 DNA 比例。一个极端的例子是人的杜氏肌营养不良症基因，这个基因为 $2.5×10^6$bp，有 79 个外显子和 78 个内含子。经过剪接后，79 个外显子形成了一个长 14 000bp 的 mRNA，这也说明内含子实际占据了这个基因的大部分。

（3）可变剪接

讲到这里，读者也许会对基因以外显子和内含子的形式进行组织的意义产生疑惑。在本章开始我们已讨论过人类基因组中的基因数量问题，这个数量（约 21 000 个基因）不到蛔虫基因数量的两倍。但是，人类的蛋白质谱（也称为蛋白质组，见第 10 章）数量超过 70 000 种。这种蛋白质数量超过基因数量的现象暗示，一个基因能够编码超过一种蛋白质的信息。其中一种机制就是可变剪接，即同一个初级转录本通过将不同的外显子剪接在一起而产生不同的 mRNA，继而翻译出不同的蛋白质。不同物种中，可以进行可变剪接的基因比例各不相同，植物中比较少见，而人的基因 70% 以上都可以进行可变剪接。剪接异常会导致物种出现严重的突变。

　　通过可变剪接产生的不同蛋白质通常是相关的，它们可被用于不同类型的细胞或出现在发育的不同阶段。图 9-15 显示了 α-原肌球蛋白基因的初级转录本通过可变剪接产生的各种组合。

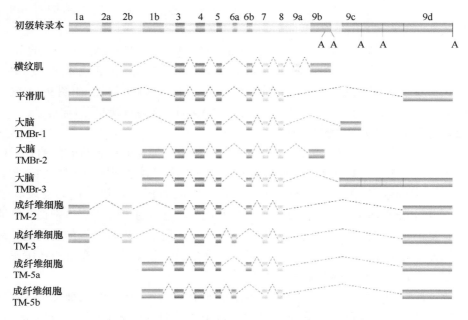

图 9-15　真核生物 mRNA 可变剪接的复杂形式

大鼠 α-原肌球蛋白基因的 pre-mRNA 在不同类型的细胞中被剪接成不同的产物。淡绿色框代表内含子，其他颜色代表外显子。A 代表多腺苷酸化信号。成熟 mRNA 中的虚线代表通过剪接被去除了的区域。TM 代表原肌球蛋白

　　关键点：真核生物 pre-mRNA 在被运输到细胞质中用于指导翻译前需要经过大量的加工，包括：添加一个 5′帽子和 3′ poly（A）尾巴；去除内含子并把外显子连接在一起。通过可变剪接，一个基因可编码超过一种的多肽链。

9.4　内含子的去除和外显子的连接

　　RNA 是一种多功能分子，它参与细胞的多种反应。第 10 章中将介绍功能 RNA 作为核糖体重要组分的作用，在本章中，我们将介绍 RNA 分子在 mRNA 加工和调控中的关键作用。

9.4.1　核内小 RNA

　　继外显子和内含子发现后，科学家就将注意力集中到了 RNA 剪接的机制上。由于内含子必须被准确地剪切掉而外显子也必须准确地连接在一起，因此，科学家

研究的第一步就是比较 pre-mRNA 的序列以寻找内含子和外显子组合的线索。图 9-16 显示了 pre-mRNA 外显子和内含子交界处的序列。剪接反应即发生在交界处。人们发现，在交界处，不同物种的不同基因含有一些几乎相同的特定核苷酸，保守性极高。每一个内含子的两端都会被切开，这些内含子的 5′ 端基本都含有 G、U 核苷，而 3′ 端含有 A、G 核苷，此即 GU-AG 法则（GU-AG rule）。另外一个不变的位点是在 3′ 剪接位点上游 15～45bp 的一个 A 核苷（分支点 A）。在高度保守序列两侧的核苷酸也具有一定的保守性，但保守性较低。在交界区域存在保守序列暗示，可能有某种细胞机器能识别这些序列并在此执行剪接功能。正如在科学研究中经常发生的一样，一个偶然的机会，科学家发现了剪接机器，继而，剪接的机制也被完整地揭示了出来。

图 9-16　内含子剪接相关的保守序列

内含子和外显子的交界处存在保守核苷酸序列。核苷酸下面的数字表示出现频率。最重要的保守序列是内含子 5′ 端的 G、U 核苷和 3′ 端的 A、G 核苷，以及分支点的 A 残基。N 代表任意碱基

　　Joan Steitz 实验室的一项偶然发现导致了剪接机器结构的发现。包括系统性红斑狼疮在内的多种自身免疫性疾病患者能够产生对抗自身蛋白质的抗体。在分析系统性红斑狼疮患者血液样本的过程中，Steitz 和同事鉴定出了能够结合在由小 RNA 分子和蛋白质组成的一种大分子复合物上的抗体。由于这种核糖核蛋白复合物分布在细胞核中，其中的 RNA 组分即被命名为核内小 RNA（snRNA）。这些 snRNA 被发现与剪接交界处的保守序列互补，科学家由此推测 snRNA 可能在剪接反应中发挥特殊的作用。现在，人们已经知道，转录本中的保守核苷酸可以被 5 种核小核糖核蛋白颗粒（small nuclear ribonucleoprotein particle，snRNP）识别。snRNP 是由 5 种 snRNA（U1、U2、U4、U5 和 U6）中的一种分别和蛋白质结合形成的复合物。snRNP 和超过 100 种其他蛋白质一起组成了剪接体，剪接体正是细胞内去除内含子、连接外显子的大型生物机器。图 9-14（b）显示剪接体的组分也可以和 CTD 相互作用。

　　剪接体的组分可以和内含子或外显子的序列结合（图 9-17）。

　　snRNP U1 和 U2 与保守的内含子和外显子序列形成氢键，从而帮助在内含子两端定位剪接位点。然后 snRNP 招募 U4、U5 和 U6 形成剪接体，通过两个连贯步骤催化去除内含子（图 9-17）。第一步连接内含子的末端到分支点 A，形成类似"套索"状的环形结构；第二步释放套索结构并把相邻的两个外显子连接到一起。图 9-18 显示了内含子去除和外显子连接的化学机制。两步反应本质上是保守核苷酸之间的转酯反应，核苷酸 2′ 和 3′ 位点的羟基是关键反应基团。

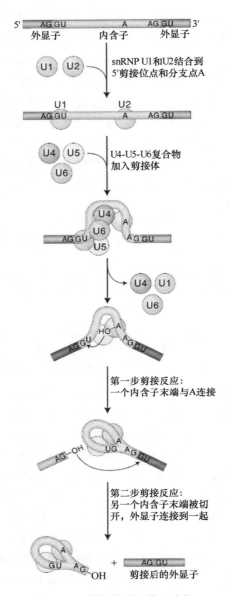

图 9-17　剪接体的组装和功能

剪接体是由一些先后结合在 RNA 上的 snRNP 组成的，它们的结合位置如图所示。snRNP 的排列和定位取决于它们的
snRNA 分子与内含子上的互补序列之间形成的氢键。通过这种方式，参与剪接反应的物质被正确定位，保证了两步剪
接反应的进行

9.4.2　内含子自体剪接

　　RNA 加工的两个特例导致了另一项重大的科学发现，该发现被认为与 DNA 双螺旋结构的解析同等重要。1981 年，Tom Cech 及其同事报道，在试管中，四膜虫的一个 rRNA 初级转录本可以从自身剪切下一段 413nt 的内含子，不需要添加任何其他蛋白质（图 9-19）。然后，一些其他内含子也被发现具有这种特性，称为自剪接内含子。这之前的

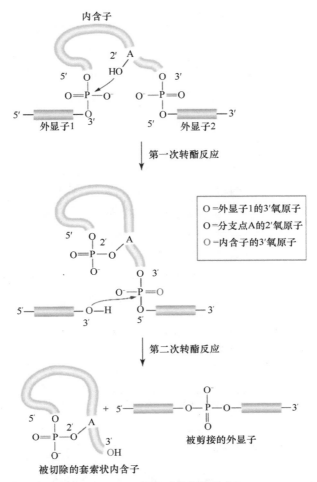

图 9-18　外显子的剪接反应

外显子剪接中发生了两次转酯反应：第一次转酯是将内含子的 5′端与分支点 A 相连；第二次转酯是把两个外显子连接起来

几年，另一位科学家 Sidney Altman 在研究细菌 tRNA 的加工时，鉴定出了一种核糖核蛋白 RNase P，它负责在 pre-tRNA 分子的特定位点切开 RNA，令人惊讶的是，他们发现，RNase P 的催化活性来自这个酶的 RNA 成分而非蛋白质成分。Cech 和 Altman 的研究被认为是里程碑式的发现，因为这是第一次发现除蛋白质以外的生物分子也具有催化活性。这两位科学家因此荣获 1989 年的诺贝尔化学奖。

自剪接内含子的发现也让人们重新审视剪接体中 snRNA 的作用。最新研究表明，内含子的去除是由 snRNA 催化的，而非剪接体中的蛋白质成分。在第 10 章中将介绍，在核糖体中，是 RNA（rRNA）而不是蛋白质成分在蛋白质的合成中发挥核心作用。大量核酶的例子为"RNA 世界"理论提供了坚实的证据，该理论认为 RNA 是地球上第一个细胞的遗传物质，因为只有 RNA 同时具有编码遗传信息和催化生物反应的功能。

关键点：内含子的去除和外显子的连接由 RNA 分子催化。在真核生物中，剪接体中的 snRNA 催化 pre-mRNA 上内含子的去除。一些内含子可以自体剪接，这种情况下，内含子催化了自己的去除。具有催化活性的 RNA 被称为核酶。

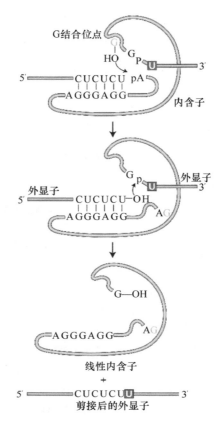

图 9-19　自体剪接

四膜虫的自剪接内含子通过两次转酯反应将自身从 RNA 上剪切下来

9.5　调节和保护真核基因组的小功能 RNA 分子

2002 年，顶级科学杂志《科学》（*Science*）将小 RNA 的发现评为年度突破。这里所说的小 RNA，并不是以前说的 snRNA 或 tRNA 等具有看家功能且组成性合成的小分子 RNA，而是指对细胞发育阶段或环境变化做出反应而合成的其他一些 RNA 分子。这些 RNA 对维持基因组的稳定和调节基因表达具有非常重要的作用。

9.5.1　miRNA 是基因表达重要的调控因子

微 RNA（miRNA）是 1993 年由 Victor Ambros 和同事在研究线虫的 *lin-4* 基因时发现的。*lin-4* 基因突变会产生异常的幼虫，因此，人们推测这个基因编码的蛋白质是幼虫正常发育所必需的。Ambros 小组分离了 *lin-4* 基因，但令人震惊的是，这个基因并不编码蛋白质，它的产物是一个 22nt 和一个 61nt 的小 RNA 分子。他们还发现，22nt 的 RNA 是由大的 61nt 的 RNA 加工而来的，而这个 22nt 的 RNA 可以通过与 mRNA 碱基配对来抑制一些特定基因的表达。

　　这个 *lin-4* 基因的 22nt RNA 产物是庞大的 miRNA 家族的第一个成员。miRNA 已被发现广泛存在于植物基因组和动物基因组，大多数 miRNA 的功能是抑制基因的表达。据估计，植物基因组和动物基因组都含有数以千计的 miRNA 来调控成千上万个基因的表达。和 *lin-4* 基因的产物一样，miRNA 最初也是由 RNA 聚合酶 Ⅱ 转录其基因形成一个长的 RNA 分子，它含有一个双链的茎环结构，在茎部含有一个错配的碱基（图 9-20）。这个 RNA 分子在细胞核中被加工成一个小一点的分子，然后运输到细胞质。在细胞质中，两种具有切割 RNA 能力的生物机器开始发挥作用。一种生物机器叫作小 RNA 成熟酶（Dicer），可识别双链 RNA（dsRNA）分子并把它们剪切成 22nt 的产物；第二种生物机器叫作 RNA 诱导沉默复合体（RNA-induced silencing complex，RISC），它可以结合短的 dsRNA 并把它们解链成具有生物活性的单链 miRNA。结合在 RISC 上的 miRNA 又可以与互补的 mRNA 分子结合，这样，RISC 就可以抑制 mRNA 的信息翻译成蛋白质或者通过去除 poly（A）尾巴而促进 mRNA 的降解。在图 9-20 展示的例子中，*lin-4* miRNA 结合在 *lin-14* 和 *lin-28* mRNA 上来抑制它们的翻译。

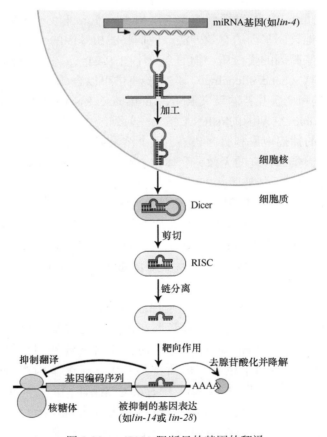

图 9-20　miRNA 阻断目的基因的翻译

miRNA 由 RNA 聚合酶 Ⅱ 合成，RNA 聚合酶 Ⅱ 先合成一个较长的 RNA 分子，经过多个步骤的加工后形成成熟的形式。miRNA 与 RISC 结合，通过抑制互补的 mRNA 翻译或促进 mRNA 降解来发挥其抑制 mRNA 表达的活性

第 15 章和第 16 章将介绍更多 miRNA 的功能。这里需要记住的是，一部分 miRNA 可以与它们所要调控的基因的 RNA 互补，当被调控的基因需要关闭或降低表达时，miRNA 的基因就转录成 RNA，这些 RNA 与被调控基因的 mRNA 结合，干扰蛋白质的翻译或加速其降解。

关键点： miRNA 由长的 RNA 聚合酶 II 的转录本在 Dicer 的作用下加工而来。具有生物活性的单链 miRNA 分子与 RISC 结合并引导它与蛋白质编码基因的 mRNA 的互补序列结合，从而抑制翻译的进行或促进 mRNA 的降解。

9.5.2　siRNA 保障基因组的稳定性

科学家很快又发现了一类不同的 dsRNA 分子，它们可以在翻译前抑制基因的表达。这个发现导致了第二类短 RNA——干扰小 RNA（siRNA）的发现，这类短 RNA 具有与 miRNA 非常不同的来源和功能。siRNA 使产生它的基因沉默，因此，它不被用来调控其他基因，而是用来关闭插入基因组中的一些不需要的基因元件。这些不需要的元件可以是一个感染病毒的基因，也可以是转座子等内部的遗传元件。

1998 年，也就是 miRNA 发现后的 5 年，Andrew Fire 和 Craig Mello 报道在线虫中发现了一种选择性地关闭基因的有效方法，他们将线虫基因的 dsRNA 拷贝注射到线虫胚胎，能够阻断这些基因的蛋白质产物的合成［图 9-21（a）］。这种选择性地关闭基因的方法称为基因沉默（gene silencing）。在实验室中可以合成这种 dsRNA，它由一条有义（编码）RNA 链和一条互补的反义 RNA（antisense RNA）链组成。在 Fire 和 Mello 的实验中，他们把 *unc-22* 基因的 dsRNA 拷贝注射到线虫胚胎，在胚胎长成成体的过程中，观察到了线虫的抽搐现象和肌肉缺陷。这个结果很令人兴奋，因为人们知道 *unc-22* 基因能编码一种肌肉蛋白，它的无效突变体也表现出相同的抽搐现象和肌肉缺陷。这些结果表明，注射的 dsRNA 能够阻止 Unc-22 蛋白的产生。为表彰他们发现了一种新的沉默基因的方法，2006 年授予其诺贝尔生理学或医学奖。

如果将一个基因的 DNA 拷贝插入某个生物的基因组会出现什么情况？在这种实验中，被引入的基因称为转基因（transgene），基因组中含有转基因的生物称为转基因生物或遗传修饰生物（GMO）。1990 年植物学家 Rich Jorgensen 进行了转基因的实验来研究矮牵牛的花朵颜色。

科学研究的一大乐趣就是观察到完全出乎意料的结果，Jorgensen 的研究也遇到了这种情况。他把矮牵牛的一个编码蓝紫色花色素的关键酶基因插入一个正常的有蓝紫色花的矮牵牛植株里［图 9-21（b）］，他预期这种转基因植物的花色应该不会改变，毕竟这种植物拥有两个色素形成所需的基因，一个基因在矮牵牛基因组正常的位点上［称为内源基因；图 9-21（b）中标为色素基因］，另一个引入的转基因在基因组的其他插入位点上。然而，转基因植物并没有表现出紫色花朵，而是呈现出图 9-22 所示的新奇的花色。这个结果完全出乎意料，转基因引发了转基因本身和

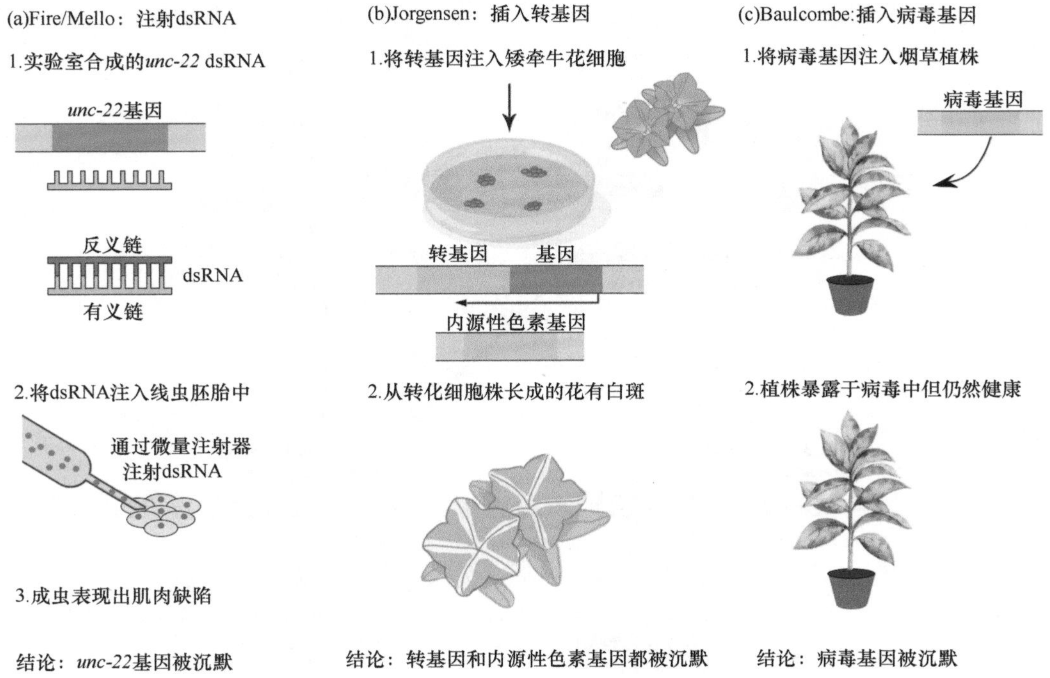

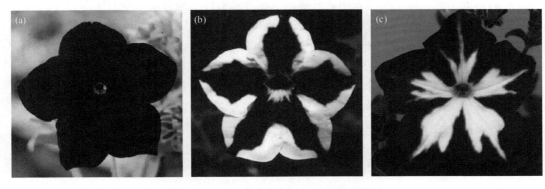

(a)Fire/Mello：注射dsRNA

1.实验室合成的*unc-22* dsRNA

*unc-22*基因

反义链
dsRNA
有义链

2.将dsRNA注入线虫胚胎中

通过微量注射器
注射dsRNA

3.成虫表现出肌肉缺陷

结论：*unc-22*基因被沉默

(b)Jorgensen：插入转基因

1.将转基因注入矮牵牛花细胞

转基因　　基因

内源性色素基因

2.从转化细胞株长成的花有白斑

结论：转基因和内源性色素基因都被沉默

(c)Baulcombe:插入病毒基因

1.将病毒基因注入烟草植株

病毒基因

2.植株暴露于病毒中但仍然健康

结论：病毒基因被沉默

图 9-21　三个实验揭示了基因沉默的主要特性

（a）Fire 和 Mello 证明线虫中 dsRNA 拷贝可选择性地使基因沉默；（b）Jorgensen 发现矮牵牛中的转基因可以沉默花色相关的内源基因；（c）Baulcombe 发现含有病毒基因的烟草植株能对病毒的感染产生抗性，并且会产生与病毒基因互补的 siRNA

内源性色素基因的抑制，导致多数花朵变成了白色花斑甚至白色。这种现象称为共抑制。

图 9-22　矮牵牛的花色证明了共抑制现象

（a）野生型表型；（b）和（c）共抑制表型

　　概括来说，将一个基因的 dsRNA 拷贝或基因本身引入一个物种会导致该基因的沉默。为了理解为什么这些不同的实验导致了相同的结果，科学家假设，这些插入的转基因会导致合成反义 RNA，反义 RNA 会与有义 RNA 互补而形成 dsRNA。由于科学家不能控制转基因插入的位置，一些转基因将会以相反的方向插入相邻基因的末端（图9-23），起始于基因启动子的转录将"通读"转基因而产生一条很长的同时含有基因的有义链和转基因的反义链的"嵌合"RNA。当长 RNA 分子的反义部分与有义 RNA 杂交时就形成了 dsRNA。

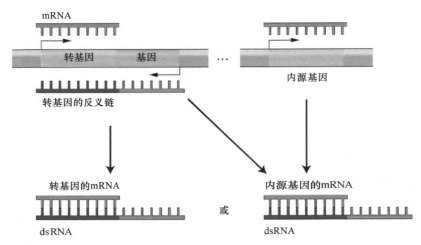

图 9-23　一个转基因形成 dsRNA 的两个途径

如果转基因以相反方向插入一个基因的末端，就会导致 dsRNA 的形成。临近基因转录时会产生反义 RNA，它可以与转基因本身以及内源基因的 mRNA 结合从而形成 dsRNA

因此，dsRNA 是这种基因沉默方式的一个共有特征。显而易见，这个过程的作用并不是用来关闭科学家引入的基因的，那么，细胞中这种基因沉默方式的正常作用是什么呢？一个重要的线索来自另一位植物学家 David Baulcombe 进行的实验，他致力于研究利用生物工程方法表达病毒基因的烟草对后续病毒的感染产生抗性的原因，此实验中，病毒基因被转入烟草基因组 [图 9-21（c）]。这个实验与矮牵牛实验的关键区别在于：烟草基因组本身不含有病毒的基因。烟草实验表明这种基因沉默方式的作用是抑制入侵的病毒基因。

Baulcombe 及同事发现，有且只有抗性植株能够产生大量长 25nt、序列和病毒基因互补的短 RNA 分子。重要的是，这种内源基因产生短 RNA 的现象也已经在线虫和矮牵牛的基因沉默中被发现。现在，人们将与注射 dsRNA 或转基因有关的病毒抵抗和基因沉默过程中产生的短 RNA 分子统称为干扰小 RNA（small interfering RNA，siRNA），将这种通过产生 siRNA 而导致的基因沉默和病毒抵抗现象称为 RNA 干扰（RNA interference，RNAi）。这些短 RNA 分子（长 21~31nt）则根据来源被分为三类：miRNA（21~25nt）、siRNA（21~25nt）和 piwi 相互作用 RNA（piRNA，24~31nt）。由于 piRNA 合成的机制仍在研究中，因此本书重点关注 miRNA 和 siRNA。

9.5.3　siRNA 和 miRNA 具有类似的产生机制

如前所述，siRNA 可以产生于任何来源的基因组 mRNA 的反义拷贝，如内源基因、转基因以及入侵的病毒基因等。不过，反义 RNA 最主要的来源不是物种自身的基因，而是插入基因组的外源 DNA。这样看来，siRNA 更像是免疫系统通过合成 mRNA 的反义 RNA 来去除外源 DNA 的产物。有义 RNA 和反义 RNA 之间互补产生

dsRNA。与 miRNA 的产生途径一样，dsRNA 被 Dicer 识别，切割成短的双链产物并与 RISC 结合（图 9-24），继而被解离为具有生物活性的单链 siRNA，并介导 RISC 和互补的 mRNA 结合以使其降解。与 miRNA 不同的是，siRNA 和 mRNA 之间的

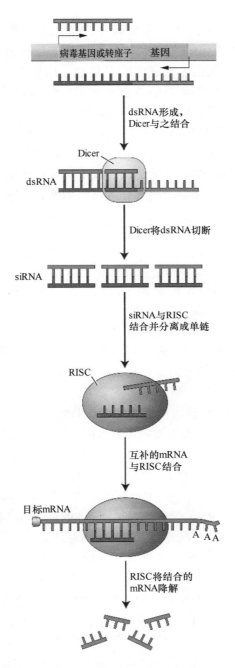

图 9-24　siRNA 降解病毒基因或转座子的 mRNA

在 RNA 干扰途径中，dsRNA 特异性地与 Dicer 结合，后者将 dsRNA 切断。RISC 利用小的 dsRNA 来发现并破坏同源的 mRNA，从而抑制基因的表达

配对是完美的，不存在错配。这是由于 miRNA 和 siRNA 的来源不同：siRNA 来源于同一个基因，而 miRNA 来源于不同的基因。这种不同可能导致不同的后果：miRNA 介导 RISC 抑制 mRNA 的翻译或在翻译时加速 mRNA 的降解，而 siRNA 介导 RISC 直接降解 mRNA。

前面已经提到，siRNA 的产生在防御病毒过程中发挥着重要的作用。不过，siRNA 最重要的作用可能是保护生物体的遗传物质不受外来遗传元件插入的影响。第 11 章中将介绍转座子，它们在包括人类在内的多细胞真核生物基因组中占有很大比重。这些元件可以扩增自己并移动到新的位点，对基因组的完整性产生显著威胁。像科学家引入的转基因一样，转座子移动到新的染色体位点会引发形成 dsRNA 继而产生 siRNA，siRNA 最终会通过阻止转座子扩增所需蛋白质的合成而使转座子部分失活。

关键点：反义 RNA 通常产生于外源 DNA 插入基因组时。Dicer 检测到有义 RNA 和反义 RNA 互补形成的 dsRNA，并把它加工成短 RNA。RISC 结合短 RNA，使其解链形成有生物活性的 siRNA。siRNA 介导 RISC 与 mRNA 互补并使其降解，以此将外源 DNA 的表达沉默。

总　　结

遗传信息不能直接从 DNA 传递到蛋白质，因为在真核生物中，DNA 存在于细胞核而蛋白质在细胞质中合成。信息从 DNA 向蛋白质传递需要一个中介物，这就是 RNA。

RNA 和 DNA 都是核酸，但二者有以下不同：①RNA 通常是单链而不是双螺旋；②RNA 的核苷酸含有的糖是核糖而不是脱氧核糖；③RNA 中以尿嘧啶代替了胸腺嘧啶；④RNA 可作为生物催化剂。

RNA 和 DNA 结构的相似性暗示遗传信息从 DNA 向 RNA 传递依赖于碱基的互补配对。DNA 的模板链被转录成不能被翻译成蛋白质的功能 RNA（如 tRNA 或 rRNA）或能指导蛋白质合成的 mRNA。

在原核生物中，所有类型的 RNA 都是由一种 RNA 聚合酶转录的。这个多亚基酶通过结合在启动子 DNA 上来起始转录。启动子含有位于转录起始位点上游 –35 区和 –10 区的两个保守序列。结合后，RNA 聚合酶局部解开 DNA 双链，掺入与 DNA 模板链互补的核苷酸。RNA 链以 5′→3′ 的方向延伸直到遇见内部或 ρ 因子依赖的终止子，导致 RNA 聚合酶和 RNA 从 DNA 模板上解离下来。由于没有细胞核结构，编码蛋白质的原核生物 RNA 一经转录就会开始翻译。

真核生物有 3 种不同的 RNA 聚合酶，只有 RNA 聚合酶Ⅱ转录 mRNA。从整体来看，真核生物 RNA 合成的起始、延伸和终止阶段与原核生物相似，但是，二者还是存在一些不同。RNA 聚合酶Ⅱ并不直接结合于启动子 DNA，而是与 GTF 结合。GTF 中的一种蛋白质可以识别大多数真核生物启动子中的 TATA 序列。RNA 聚合酶Ⅱ是一个比原核生物的 RNA 聚合酶大得多的分子，它含有多个亚基，不仅可以延伸初级转录本，而且可以和大量加工事件协作以形成成熟的 mRNA。加工事件包括 5′端加帽、去除内含子和连接外显子、3′端剪切以及多腺苷酸化。RNA 聚合酶Ⅱ的 C 端结构域（CTD）定位于新生 RNA 从 RNA 聚合酶中露出头来的位置附近,可促进酶与新生 RNA 的相互作用。RNA 聚合酶Ⅱ即通过 CTD 与 RNA 合成和加工的多个事件相偶联。

过去 20 年的一系列科学发现揭示了多种新的功能 RNA 分子的重要性。人们一度认为 RNA 是一种低等的信使,现在已逐渐认识到,RNA 是一种多功能的、动态的分子,参与多种细胞活动。自剪接内含子的发现证明 RNA 具有蛋白质一样的催化功能。从核酶发现开始,科学界就越来越关注 RNA 的作用。核内小 RNA 是剪接体中的非编码 RNA（non-coding RNA，ncRNA）,它被证明在去除内含子、连接外显子的过程中发挥了催化活性。20 世纪末发现了另外两种功能 RNA 类型——miRNA 和 siRNA,它们与 RNA 诱导沉默复合体（RISC）一起介导抑制（miRNA 机制）或降解（siRNA 机制）互补的 mRNA。

（庞小燕）

练 习 题

一、看图回答问题

1. 指出图 9-7 中基因启动子的位置。

2. 在图 9-10（b）中,写一段能形成发夹结构的序列。

3. 在图 9-16 中,如果将内含子的第一个 G 残基突变为 A,你认为会有什么后果?

4. 比较图 9-17 和图 9-18,评估蛋白质 U1～U6 的功能。

5. 将图 9-17、图 9-18 和图 9-19 进行比较,推测 RNA 能够自体剪接需要什么特性。

6. 图 9-21 展示了导致基因沉默的三种不同情况,这三种情况的共同点是什么?

7. 图 9-23 展示了 dsRNA 如何沉默转基因。如果 dsRNA 也能沉默旁边的细胞基因（深玫红）,将会出现什么情况?

二、基础知识问答

8. 简述在原核生物和真核生物中,RNA 聚合酶催化合成转录本后,RNA 分子还会发生什么反应。

9. 列举三种在转录过程中作用于核酸的蛋白质。

10. σ 因子的主要功能是什么? 在真核生物中是否存在一种蛋白质和 σ 因子类似?

11. 假设你鉴定了一种酵母的突变体,它可以阻止 RNA 转录本 5′端的加帽。但是,令你感到意外的是,所有加帽需要的酶都是正常的。因此,你判断这个突变在 RNA 聚合酶Ⅱ的一个亚基上。哪一个亚基发生了突变,这个突变是如何导致酵母 RNA 加帽失败的?

12. 一个线性质粒仅含有两个基因,这两个基因以相反方向进行转录,每一个都是从末端向质粒中心转录,请画出下述的示意图。

a. 质粒 DNA,标出核苷酸链的 5′端和 3′端。

b. 每个基因的模板链。

c. 转录起始位点的位置。

d. 转录本，标出 5′端和 3′端。

13. 请解释真核生物的 DNA 复制泡和转录泡（指与 RNA 聚合酶结合的 DNA 局部解链区）之间有何相似之处。

14. 下列关于真核生物 mRNA 的描述正确的是：

a. 转录的正确起始需要 σ 因子。

b. 新生 mRNA 的加工可以开始于转录完成前。

c. 加工发生于细胞质中。

d. 转录的终止由茎环结构的利用或 ρ 因子的利用引发。

e. 多个 RNA 可以从一个 DNA 模板同时转录。

15. 一位研究人员正在通过插入 DNA 片段来突变原核细胞，他得到了如下突变。

原始：TTGACAT <u>15～17bp</u> TATAAT

突变：TATAAT <u>15～17bp</u> TTGACAT

a. 这个序列代表什么？

b. 这样一个突变会有什么后果？请解释。

16. 大肠杆菌在实验室中被广泛用于生产其他物种的特定蛋白质。

a. 你分离了一个编码一种代谢酶的酵母基因，并且想在大肠杆菌中表达这种酶，你怀疑酵母的启动子在大肠杆菌中不起作用，为什么？

b. 在用大肠杆菌启动子代替酵母启动子后，你很高兴地检测到了酵母基因的 mRNA，但是这个 mRNA 的长度几乎是酵母中这个 mRNA 分子的两倍，请解释为什么会出现这种情况。

17. 请画一个原核生物的基因和它的 RNA 产物，必须含有启动子、转录起始位点、非转录区，并标上 5′端和 3′端。

18. 请画一个含有两个内含子的真核生物基因和它的 pre-mRNA 产物以及 mRNA 产物，必须含有真核生物基因所具有的特征元件以及加工过程。

19. 什么是自剪接内含子？为什么它们的存在支持了 RNA 在蛋白质之前进化的理论？

20. 抗生素是选择性杀死细菌而不伤害动物的药物。许多抗生素可以选择性地结合一些对细菌的功能起关键作用的特定蛋白质。请解释为什么一些最成功的抗生素的作用靶点是细菌的 RNA 聚合酶。

21. 描述 4 种执行不同功能的 RNA 分子。

三、拓展题

22. 下列数据代表两种不同细菌的双链 DNA 以及体外实验中得到的它们的 RNA 产物的基本组成。

物种	$\dfrac{(A+T)}{(G+C)}$	$\dfrac{(A+U)}{(G+C)}$	$\dfrac{(A+T)}{(U+C)}$
枯草杆菌	1.36	1.30	1.02
大肠杆菌	1.00	0.98	0.80

　　a. 根据上述数据，判断这些物种的 RNA 是由 DNA 的一条链还是两条链拷贝而来。

　　b. 你如何判断这些 RNA 分子是单链还是双链？

　　23.　一个人的基因含有 3 个外显子和 2 个内含子，外显子分别是 456bp、224bp 和 524bp，内含子分别是 2.3kb 和 4.6kb。

　　a. 请画出这个基因，显示启动子、内含子、外显子、转录起始位点和终止位点。

　　b. 这个基因可编码 2 个仅共有 224bp 的 mRNA 分子，原始 mRNA 长 1204nt，新 mRNA 长 2524nt，请用你的示意图解释这一段 DNA 是如何编码这两个转录本的。

　　24.　你在实验室中分离到线虫的一个 mRNA，你怀疑它在胚胎发育中起关键作用。假定你能够将 mRNA 转变为双链 RNA，请设计一个实验测试你的假设。

　　25.　草甘膦是一种能杀死杂草的除草剂，它是孟山都公司的产品 Roundup 的主要成分。草甘膦能抑制莽草酸代谢途径中的一个称为 EPSPS 的酶从而杀死植物，由于动物体内不含有莽草酸途径，因此，这种除草剂被认为是安全的。为了提高除草剂的销售额，孟山都公司的植物遗传学家改造出一些包括玉米在内的能抗草甘膦的农作物。为了做到这一点，科学家就必须在作物中导入一个能够抵抗草甘膦的抑制作用的 EPSPS 基因，然后检测这种转基因植物对草甘膦的抗性。

　　假设你是这些科学家中的一员，你已经成功将具有抗性的 EPSPS 基因转入了玉米染色体，你发现一些转基因植株具有除草剂抗性，而另一些没有抗性。你的导师要求你对为何一些植株染色体上具有转基因但不具备抗性给出一个解释，请你画示意图来说明你的解释。

　　26.　许多人类癌症产生于正常基因突变导致的细胞异常生长（即肿瘤）。突变后能导致癌症的基因称为致癌基因。化疗可以有效治疗多种癌症，它作用于快速分裂的细胞并杀死它们。遗憾的是，化疗有多种副作用，如脱发和呕吐等，这是因为化疗也可以杀死许多快速分裂的正常细胞，如毛囊和胃黏膜细胞。

　　许多科学家和大型制药公司寄希望于开发 RNA 干扰技术来选择性地抑制致命肿瘤中的癌基因。请用通俗的术语解释：基因沉默技术怎样在癌症治疗中发挥作用，这种方法为何会比化疗的副作用少？

　　27.　你认为自体剪接的内含子一般会比剪接体催化的内含子长还是短？为什么？

　　28.　一位科学家将一个植物基因转入了人的染色体，但没有检测到植物基因的转录产物。请运用你所学的知识提出可能的解释，并设计实验验证你的假设。

第 10 章
蛋白质及其合成

学 习 目 标

学习本章后，你将可以掌握如下知识。

· 比较一个基因的序列和它编码的蛋白质序列，理解二者的关系。

· 明确科学家是如何从实验发现来证明遗传密码是不重叠和简并的。

· 理解尽管在所有生物体中翻译具有保守性，但原核生物和真核生物的翻译仍然存在一些重要差别。

· 比较两种功能 RNA 分子——rRNA 和 tRNA 在蛋白质合成中的重要作用。

· 明确是 rRNA，而非核糖体蛋白质在翻译过程中发挥关键作用。

· 比较翻译后加工的不同类型及其作用。

蛋白质的人工定向进化

蛋白质作为中心法则的终产物，是机体中生理生化过程的实现者。科学家惊奇地发现，尽管从微生物到高等生物存在巨大的表型差异，但同种功能蛋白在序列和结构上存在明显的分子进化相关性；蛋白质组成的若干微小差异可能导致蛋白质功能的巨大变化，直至影响生物表型。这样经历上百万年的分子进化过程是否可以在实验室中实现呢？

2018 年的诺贝尔化学奖授予美国科学家 Frances H. Arnold，因为她首先提出了酶分子定向进化的概念，即采用易错 PCR（error-prone PCR）方法，在试管中模拟达尔文进化过程，通过随机突变和重组，构建基因突变库；并按照特定需要给予选择压力，筛选出具有期望特征的蛋白质（酶），实现了分子水平的模拟进化。这一进展不仅发展了生物大分子的进化理论，也为医药、化学、能源、材料等产业提供了新的酶资源。

上海交通大学冯雁教授从酶学、生物信息学和生物物理学等多角度探讨了酶活性、稳定性及底物选择性的复杂关系，发现了系列蛋白酶家族的分子进化规律，揭示了新颖的酶催化和调控机制；并将以蛋白质结构为基础的理性设计和以序列为基础的随机突变相结合，提出了"酶活性中心稳定化"、"活性中心 loop 重塑"、"关键基序导向的定向蛋白质模块组装"等酶生物功能强化的分子设计新策略，成功构建了水解酶、糖苷酶、氨基转移酶等酶家族的超天然功能酶库，获得了功能明显改善的超天然进化酶（图 10-1）。

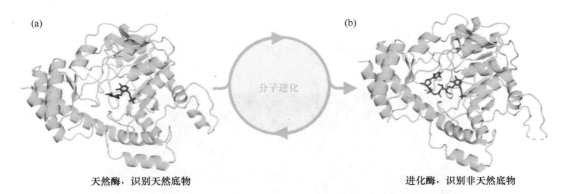

图 10-1　蛋白质分子设计进化塑造超天然酶功能

通过对酶底物识别机制的研究，寻找到酶活性中心与底物作用的关键氨基酸；采用蛋白质分子进化手段对酶分子（a）天然底物（蓝色）结合区域的关键氨基酸残基进行设计进化，突破了酶识别天然底物的限制，获得了可以识别非天然底物（红色）的超天然酶（b）或功能明显改善的进化酶

研究蛋白质进化规律或研究生物大分子起源，将蛋白质家族的序列-结构-功能信息进行系统整合，并通过蛋白质快速合成验证，才能探索生物大分子进化对机体的影响和控制，进而拓宽新功能蛋白的产生路径，开创生物产业新纪元。

引　言

1969 年，时任美国卫生局局长的 William Stewart 在美国国会的一次演讲中说："是时候关上《感染性疾病》这本书了，人类对抗瘟疫的战争已经结束！"在当时，William Stewart 的胜利宣言并不是不理智的夸口。过去的几十年间，脊髓灰质炎、天花和肺结核这三种折磨了人类几个世纪的感染性疾病彻底被消灭。根除肺结核和其他感染性疾病的一个主要因素就是抗生素的发现和广泛使用。抗生素是一大类能够杀死特定病原菌而对动物宿主没有危害的化学物质。青霉素、四环素、氨苄青霉素和氯霉素等抗生素挽救了数以万计的生命。

William Stewart 的胜利宣言有些过早了。世界范围内抗生素的过量使用激发了抗性细菌的进化。美国每年有超过 200 万的住院患者会受到抗生素耐药引起的感染，死亡人数达 90 000 人。抗生素抗性为何发展得如此之快？感染性疾病会再一次成为人类死亡的主要因素吗？科学家是否能够运用他们对抗性机制的了解来发展更耐用的抗生素？

为了回答这些问题，科学家致力于研究抗生素作用的细胞机制。目前正在使用的抗生素有超过一半都是作用于细菌的核糖体，核糖体是原核生物蛋白质合成的场所。科学家运用 X 射线衍射技术成功地观察到细菌的核糖体是由核糖体 RNA（rRNA）和约 50种蛋白质组成的大、小亚基构成。原核生物和真核生物的核糖体非常相似，仅存在一些细微的差别。正是这些细微差别，使得能够作用于细菌核糖体的抗生素不能对真核生物核糖体产生影响。应用这项技术，科学家还成功地观察到了抗生素与核糖体的结合（图10-2）。根据这些研究结果，科学家认为，是细菌 rRNA 和/或核糖体蛋白质的突变导致了抗生素的抗性。药物设计人员正在尝试设计具有能够结合多个邻近位点等新特性的新一代抗生素，这种药物较难进化出抗性，因为需要两个突变的出现，这对细菌来说是一个概率很低的事件。

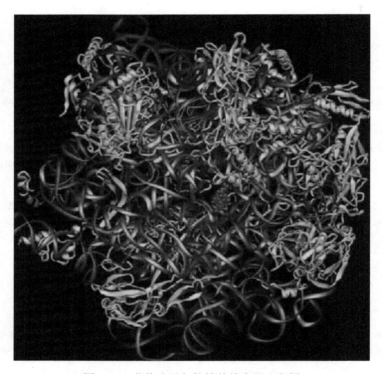

图 10-2　药物分子与核糖体结合阻止翻译

红霉素(红色)阻塞了新合成蛋白质从核糖体中释放的通道。本图是耐辐射球菌50S核糖体亚基的顶部俯视图，蓝色是rRNA，金色是核糖体蛋白质

　　第 8 章和第 9 章介绍了 DNA 如何在一代代间进行拷贝以及 DNA 的特定区域如何合成 RNA，我们可以把这视为遗传信息传递的两个步骤：复制（DNA 合成）和转录（DNA合成其 RNA 拷贝）。本章我们将介绍信息传递的最后步骤——翻译（RNA 指导多肽链的合成）。

　　如前所述，基因转录形成的 RNA 可分为 mRNA 和功能 RNA 两类，本章将介绍两种 RNA 接下来的命运。绝大多数基因编码的 mRNA 都是作为合成蛋白质的一种中介物，而功能 RNA 则以 RNA 的形式发挥活性，它们不被翻译成蛋白质。一些主要类型的功能RNA 在蛋白质合成中发挥重要作用，如 tRNA 和 rRNA。

转运 RNA（tRNA）是将 mRNA 中的三联体核苷酸密码翻译成相应氨基酸的适配器，它携带氨基酸到核糖体。tRNA 是翻译机器的主要组分，一个 tRNA 分子可携带一个氨基酸来翻译任意 mRNA 分子。

核糖体 RNA（rRNA）是核糖体的主要组成部分。核糖体是一个巨型大分子复合物，它将氨基酸组装成蛋白质，由几种类型的 rRNA 和不同的蛋白质组成。与 tRNA 一样，核糖体的功能是通用的，它可被用于翻译任意蛋白质编码基因的 mRNA。

尽管大部分基因可编码出 mRNA，但功能 RNA 仍然占据了整个细胞总 RNA 的大部分。在一个活跃分裂的典型真核细胞中，rRNA 和 tRNA 几乎占总 RNA 的 95%，而 mRNA 仅占 5%。rRNA 和 tRNA 含量高的原因有两个：第一，它们比 mRNA 稳定，可以长时间维持完整结构；第二，由于一个活跃分裂的真核细胞含有成千上万个核糖体，因此，在活跃的真核细胞中，rRNA 和 tRNA 基因的转录占整个细胞核转录的一半以上，在酵母细胞中甚至占到 80%。

翻译机器的组成和翻译的过程在原核生物与真核生物中非常相似，最大的区别是转录和翻译在细胞中发生的场所不同：原核生物中这两个过程发生在同一个区域，而在真核生物中被核膜进行了物理分隔。真核生物 mRNA 在经过广泛的加工后，从细胞核中被输出到细胞质中的核糖体再进行翻译，而在原核生物中，转录和翻译两个过程是偶联的，当 mRNA 的 5′端开始被翻译时，它的其余部分仍然在被转录。

10.1　蛋白质的结构

当一个基因的初级转录本被彻底加工成成熟的 mRNA 分子后，它就可以开始翻译了。我们首先来了解蛋白质的结构。蛋白质是生物体结构和功能的主要决定者，它们严重影响着物种的形状、颜色、大小、行为和生理。由于基因是通过编码的蛋白质起作用的，认识蛋白质的性质就可以更好地认识基因的活动。

蛋白质是由氨基酸单体组成的多聚物，换句话说，蛋白质就是一串氨基酸。由于氨基酸曾被称为肽，因此，氨基酸链有时也被称为肽链。氨基酸的通式如下。

氨基　　　　H　　　　羧基

$$H_2N - C - COOH$$

R

所有的氨基酸都有两个功能基团——氨基和羧基，结合在同一个碳原子（称为 α 碳）上。α 碳上还连接着一个氢原子和一个侧链（也称 R 基）。已知蛋白质中存在 20 种氨基酸，每一种氨基酸的 R 基团各不相同，从而赋予每一种氨基酸独特的性质。侧链可以是从一个氢原子（如甘氨酸）到一个复杂环（如色氨酸）的任何基团。在蛋白质中，氨基酸通过称为肽键的共价键相互连接起来。一个氨基酸的氨基端（—NH₂）和另一个氨基酸的羧基端（—COOH）脱水缩合形成肽键。肽键形成的方式决定了肽链总是存在一个氨基端和一个羧基端 [图 10-3（a）]。

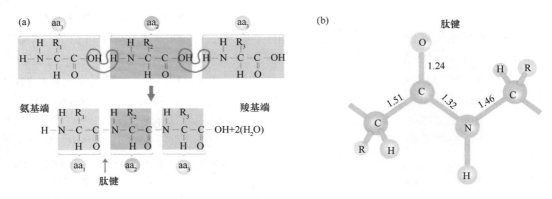

图 10-3　肽键的结构

（a）肽链由氨基酸之间脱水缩合形成的肽键连接而成。aa 代表氨基酸，R_1、R_2、R_3 代表不同氨基酸的 R 基（侧链）。（b）肽键是一种刚性的平面结构，R 基从 C-N 骨架上伸展出去。图中显示了标准键长（Å）

蛋白质具有复杂的四级组装结构，见图 10-4。多肽链上氨基酸的线性序列是蛋白质的一级结构。多肽链局部折叠形成特殊的形状，称为二级结构，每种形状产生于线性序列相互邻近的氨基酸之间的作用力，包括氢键、静电力和范德瓦耳斯力等弱键。最常见的二级结构是 α 螺旋（α helix）和 β 折叠（β sheet）。不同的蛋白质内部可能含有一种或两种二级结构。多肽链的二级结构继续盘绕折叠形成三级结构。一些蛋白质还具有四级结构，这些蛋白质由两个以上独立折叠的多肽链组成，每一条多肽链称为亚基，亚基之间靠弱的化学键连接。不同肽链之间可形成四级连接（如果有两种亚基，则形成异二聚体），同一种肽链之间（形成同型二聚体）也可形成四级连接。血红蛋白就是一种异四聚体，它由 4 个亚基组成，含有 2 种不同的多肽链，每种多肽链有 2 个拷贝，见图 10-4（d）中的绿色和紫色。

许多蛋白质结构致密，称为球蛋白，酶和抗生素都是熟知的球蛋白。线型的蛋白质称为纤维蛋白，是皮肤、头发和肌腱等结构的主要组成。

蛋白质的构象对蛋白质至关重要，特定的构象决定了蛋白质在细胞中的特定功能。一个蛋白质的构象是由它的初级氨基酸序列以及所处的细胞环境决定的，细胞环境可以促进肽链折叠形成高级结构。氨基酸的序列决定了在特定的位置存在能与其他细胞成分结合的 R 基的种类，酶的活性位点就是 R 基精准互作的良好例证。每种酶都含有一个"口袋"一样的适合其底物的活性位点，在活性位点处，特定氨基酸的 R 基被精巧地定位以便与底物相互作用从而催化特定的化学反应。

目前，蛋白质的初级结构如何转换成高级结构的原理还没有完全解析清楚，但是，通过对氨基酸序列的了解，可以预测蛋白质特定区域的功能，例如，一些特征性的氨基酸序列是将蛋白质定位于细胞膜时与细胞膜上的磷脂相接触的位点；另一些序列可以帮助蛋白质与 DNA 结合。与特定功能相关的氨基酸序列或折叠区称为结构域（domain），一个蛋白质可能含有一个或多个分离的结构域。

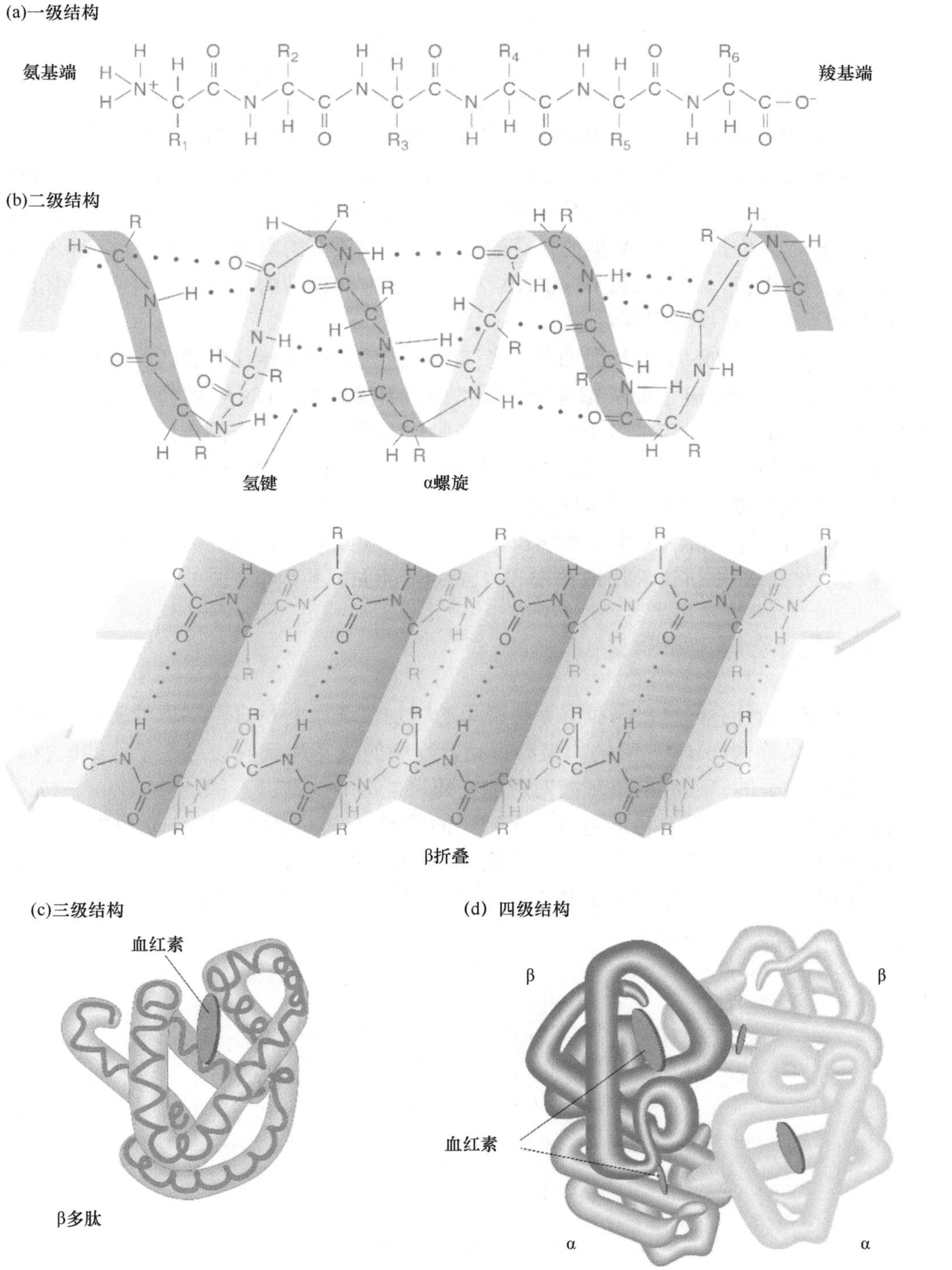

(a)一级结构

氨基端

羧基端

(b)二级结构

氢键　　α螺旋

β折叠

(c)三级结构

血红素

β多肽

(d) 四级结构

β　　　β

血红素

α　　　α

图 10-4　蛋白质有四级的结构

（a）一级结构。（b）二级结构。多肽链可形成螺旋结构（α螺旋）或"Z"形结构（β折叠）。β折叠中两个多肽链区域按相反的极性排列。（c）三级结构。血红素基团是一个非蛋白质的环形结构，中心含有一个铁原子。（d）血红蛋白的四级结构。它由 4 个亚基组成，2 个 α 亚基和 2 个 β 亚基

10.2 遗传密码

Beadle 和 Tatum 的"一个基因一个多肽"假说指出了基因的功能：基因在某种程度上决定了酶的功能，看上去一个基因控制一种酶。这个假说成为了生物学中的经典概念之一，因为它为把遗传学和生物化学的概念与研究技术结合在了一起。1953 年 DNA 的结构被解析，人们推测 DNA 里的核苷酸序列和蛋白质里的氨基酸序列之间应该存在一种线性对应，很快，人们又推测 mRNA 从 5′到 3′方向排列的核苷酸序列应该和蛋白质从 N 端到 C 端的氨基酸序列对应。

如果基因就是 DNA 的片段而且一条 DNA 链就是一串核苷酸的话，那么，核苷酸的序列应该在某种程度上能够指导蛋白质里的氨基酸序列。DNA 序列是如何控制蛋白质序列的？你的脑海中可能马上会浮现出密码比对的现象。一个简单的逻辑就是：如果核苷酸是密码中的"字母"，那么，"字母"的组合就可以形成能代表各种氨基酸的"单词"。首先我们要提出的一个问题是：密码是如何被阅读的？它是重叠的还是不重叠的？另一个问题是：mRNA 中几个字母组成一个单词或密码？哪一种或几种密码代表哪一种氨基酸？下面来讲讲破译遗传密码（genetic code）的故事。

10.2.1 重叠密码与不重叠密码

图 10-5 显示了重叠密码和不重叠密码的区别，选用的是三个字母的密码，也称三联体密码（又称密码子）。密码如果不重叠，连续的氨基酸就应该对应于连续的密码；密码如果是重叠的，连续的氨基酸对应的密码可能会有一些共有的连续碱基，例如，一个密码的最后两个碱基有可能是下一个密码的前两个碱基。因此，对序列 AUUGCUCAG 而言，如果密码不重叠，则三个三联体密码 AUU、GCU 和 CAG 分别编码前三个氨基酸，而如果密码重叠且是两个碱基重叠的话，则是三联体密码 AUU、UUG 和 UGC 编码前三个氨基酸（图 10-5）。

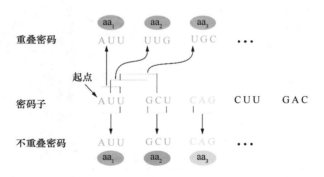

图 10-5　重叠密码和不重叠密码能够翻译成不同的氨基酸序列

这里以三联体密码为例。如果密码重叠，一个核苷酸就会出现在不同密码子中，图中第三个核苷酸 U 就出现在 3 个密码子中。如果三联体密码不重叠，蛋白质以三个核苷酸一组阅读的方式被翻译，一个核苷酸仅出现在一个密码子中。图中第三个核苷酸 U 就只出现在第 1 个密码子中到 1961 年，人们已明确遗传密码是不重叠的。通过突变改变蛋白质的分析发现，一次处理仅会导致蛋白质一个区域的一个氨基酸发生改变，提示密码是不重叠的。如图 10-5 所示，如果密码是重叠的，一个碱基的突变就有可能改变蛋白质中相邻的 3 个氨基酸。

10.2.2　遗传密码中字母的数目

如果 mRNA 分子是从一端向另一端阅读的，那么每一个位置只能是 A、U、G、C 四个不同碱基中的一种，因此，如果编码氨基酸的"单词"的长度是一个字母，那么只能有 4 种"单词"，这样的词汇量不可能成为遗传密码，因为组成细胞中蛋白质的 20 种氨基酸每一种都需要一个密码。如果"单词"是两个字母长，则有 4×4=16 种可能的"单词"，如 AU、CU、CC 等，这个词汇表仍然不够用。

如果"单词"是三个字母长，则会有 4×4×4＝64 种可能，如 AUU、GCG、UGC 等，这样的一个词汇表就可以提供足够的单词来描述氨基酸了。我们可以下这样一个结论，遗传密码必须由至少 3 个核苷酸组成。不过，如果所有的密码都是三联体的，那么可能的密码就会超过 20 种，在本章后续的内容中我们还将回到这个问题进行讨论。

10.2.3　应用抑制子证明三联体密码

证明遗传密码是三联体的可靠证据来自 1961 年 Francis Crick、Sidney Brenner 及其同事报道的一些漂亮的遗传实验，这些实验采用了 T4 噬菌体 r II 位点的突变。T4 噬菌体通常可以寄生于大肠杆菌 B 和 K 两种不同的菌株，但是，r II 基因的突变可改变噬菌体的宿主范围，突变噬菌体仍然可以生长于大肠杆菌 B 菌株却不能在大肠杆菌 K 菌株上生长。这种突变是由一种叫作原黄素的化学物质诱导的，原黄素的作用被认为是在 DNA 中增加或删除单个的核苷酸对。下面的例子说明了原黄素对双链 DNA 的影响。

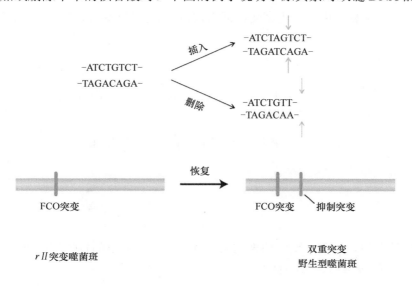

从一个特定的原黄素诱导的突变体（称为 FCO）出发，Crick 和他的同事发现，回复突变能够使突变体在大肠杆菌 K 菌株上生长。对噬菌斑的遗传分析表明，这些回复突变与野生型并不相同，事实上，表型的恢复是由于在 FCO 中的不同位点又引入了第二个突变。第二个突变抑制了原始 FCO 中突变的表达。

	THE	FAT	CAT	ATE	THE	BIG	RAT
删除C:	THE	FAT	ATA	TET	HEB	IGR	AT
			↑				
插入A:	THE	FAT	ATA	ATE	THE	BIG	RAT
			↑				

如何解释这样的结果呢？如果假设基因只从一端开始被阅读，原黄素最初引起的核苷酸的添加或缺失能够导致突变是因为它干扰了正常的阅读机制。如果 mRNA 上每 3 个碱基构成一个密码，那么从 mRNA 的一端开始，第一个三联体碱基构成第一个密码，第二个三联体核苷酸构成第二个密码，以此类推而建立一套"阅读框"。原黄素诱导的 DNA 上单个核苷酸对的增加或删除将会改变这个位点之后的阅读框，导致后续的密码被错误阅读，这种移码突变（frameshift mutation）将会把大多数的遗传信息变成"莫名其妙"。然而，当 DNA 某处具有另一个补偿性的插入或缺失时，正确的阅读框则可以被恢复，只剩下两个突变之间的短片段是"胡言乱语"了。举例如下。

插入核苷酸可以恢复整个句子大部分的意思，从而抑制由于删除核苷酸而产生的后果。

如果我们假设 FCO 突变来源于插入了一个核苷酸，那么第二个抑制突变就应该是删除一个核苷酸。下面用一条假设的 RNA 链进行说明。

1）野生型的信息

<u>CAU</u> <u>CAU</u> <u>CAU</u> <u>CAU</u> <u>CAU</u>

2）rII_a 的信息：由于移码突变，插入位点之后的密码被改变（×）（未受影响的密码标为√）

3）$rII_a rII_b$ 的信息：少数密码是错误的，但后面的阅读框被恢复

Crick 等发现，回复突变的菌株的表型并不完全和真正的野生型菌株相同，这与它们信息中存在的少数错误密码有关。

这里我们假设最初的移码突变是由插入核苷酸造成的，如果我们假设初始的 FCO 突变是由缺失核苷酸造成的，类似的解释也同样成立。有趣的是，把 3 个插入或 3 个缺失组合起来也可以使表型恢复成野生型，这个结果为遗传密码由三联体核苷酸组成提供了第一个直接的实验证据，因为只有当密码是三联体时，3 个插入或 3 个缺失才会自动使 mRNA 中的阅读框恢复正常。

10.2.4 遗传密码的简并性

如前所述，如果由 3 个字母构成一个密码，则可以有 4×4×4＝64 种密码。组成蛋白质的氨基酸有 20 种，就需要 20 种密码，那么，20 种以外的其他密码有什么用途呢？Crick 的工作提示遗传密码是简并的，也就是说，64 种三联体的每一种都具有特定的密码意义，而一些氨基酸可能有至少两种或更多种不同的三联体密码。

上述假说的推理如下。如果蛋白质合成只用 20 种三联体密码，那么其他 44 种就不编码任何氨基酸，是无义的。这种情况下，大多数的移码突变应该会产生无义的密码，从而终止蛋白质的合成，而且移码突变的回复突变也应该很难出现。相反，如果所有的三联体密码都用于编码某种氨基酸，那么突变的密码就只会引起蛋白质中氨基酸的插入/缺失或错误。因此，Crick 认为，多种或者所有的氨基酸都有几种不同碱基组成的密码。这个假设很快就得到了生物化学方面的证实。

关键点：

1）基因中核苷酸的线性序列决定了蛋白质中氨基酸的线性序列。

2）遗传密码是不重叠的。

3）三个碱基（指代核苷酸）编码一个氨基酸，这种三联体核苷酸称为密码子。

4）密码子从一个固定的起点开始被阅读，直到编码序列的末端。目前我们已知密码子是按序被阅读的，因为编码序列上任何位点的单个移码突变都可以改变后续序列的密码。

5）密码子有简并性，一些氨基酸由一个以上的密码子编码。

10.2.5 破解遗传密码

遗传密码的破译是过去 50 年中最令人激动的遗传学发现之一，这大大得益于实验技术的大发展。

一个重要的突破是 mRNA 合成方法的发现。如果将组成 RNA 的核苷酸和一种特殊的酶（多核苷酸磷酸化酶）混合在一起，就可以通过反应形成一条单链的 RNA 分子。与细胞内的转录过程不同，这样的合成反应不需要 DNA 模板，所以核苷酸是随机掺入的。具备了在体外合成 RNA 的能力，就可以人工合成一段特定的 mRNA 序列，然后研究它能编码出哪些氨基酸。第一种合成的 mRNA 仅将尿嘧啶核苷酸与 RNA 合成酶混合，因此产生了…UUUU…［poly（U）］的序列。1961 年，Marshall Nirenberg 和 Heinrich Matthaei 在体外把 poly（U）和大肠杆菌的蛋白质合成机器混合，观察到了蛋白质的形成，并且这种蛋白质的氨基酸组成是多聚苯丙氨酸，因此，三联体 UUU 应该编码苯丙氨酸。Nirenberg 因此项发现而获诺贝尔生理学或医学奖。

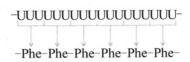

接下来合成含两种核苷酸的重复片段的 mRNA。例如，合成含有序列(AGA)$_n$ 的 mRNA（即一段 AGAAGAAGAAGAAGA 的长序列）来指导蛋白质的体外合成（试管中也含有包括翻译所必需的各种成分的细胞提取物）。科学家进行了大量类似的实验，合成了含有各种不同三联体密码的 RNA 来观察合成的蛋白质的氨基酸序列，运用这种方法，多种遗传密码得以确定。

其他一些实验技术的运用最终将每一种氨基酸都分配了一种或一种以上的密码子。因为密码子具有简并性，所以一些氨基酸被分配了多于一种的密码子。图 10-6 列出了氨基酸及其对应的遗传密码。地球上所有生物都使用这一套遗传密码（但也存在少数例外，如在线粒体基因组中就存在少数几个具有不同意义的遗传密码）。

图 10-6　每种氨基酸的遗传密码

10.2.6　终止密码子

在图 10-6 中你可能已经注意到一些密码子并不编码任何氨基酸，这些密码子称为终止密码子（stop codon），它们可被视为用来打断 DNA 中编码信息的句号或逗号。

终止密码子存在的第一个证据来自 1965 年 Brenner 的 T4 噬菌体的工作。Brenner 分析了控制噬菌体头部蛋白的一个基因的一系列突变体（$m_1 \sim m_6$），发现每一个突变体的头部蛋白都比野生型的多肽链短，他检测了缩短的蛋白质的末端并把它们和野生型的蛋白质进行比较，记录下了每一种突变体缺失的多肽链部分的第一个氨基酸，6 个突变体对应的分别是谷氨酰胺、赖氨酸、谷氨酸、酪氨酸、色氨酸和丝氨酸。这个结果并不能直接得出明确的信息，但 Brenner 发现，这几种氨基酸的特定遗传密码非常相似，更特别的是，这些密码子通过 DNA 上一个核苷酸的突变就可以变成 UAG，因此他假定 UAG 是一个终止密码子，为翻译系统提供蛋白质合成已经完成的信号。

UAG 是第一个被破译的终止密码子，称为琥珀终止子（琥珀是这个密码子的发现者 Bernstein 的姓的英语译意）。存在异常的琥珀终止子的缺陷型突变称为琥珀突变。另外两个终止密码子是 UGA 和 UAA。与琥珀终止子类似，沿用颜色和宝石命名的原则，UGA 被称为蛋白石密码子，UAA 被称为赭石密码子。含有异常的蛋白石密码子或赭石密码子的缺陷型突变则分别叫作蛋白石突变和赭石突变。终止密码子由于不编码任何氨基酸也经常被称为无义密码子。

除了缩短的头部蛋白，Brenner 的噬菌体突变体还有另一个有趣的共同特征：宿主染色体中存在的一个抑制突变（su^-）可导致噬菌体即使在存在 m 突变的情况下也能形成一个正常长度的头部蛋白。在介绍完蛋白质合成的过程后我们还将详细讨论终止密码子和它们的抑制子。

10.3　tRNA：适配器

遗传密码被破译后，科学家就开始研究蛋白质中的氨基酸序列是如何被 mRNA 中的三联体密码编码的。一个早期的模型认为，mRNA 上的密码子可以折叠起来形成 20 个明显的空腔，直接与特定的氨基酸结合。这个模型很快就被否决了。1958 年，Crick 认识到：氨基酸是被一种适配器分子携带到了模板处，这种适配器应该也是一种 RNA 分子；至少需要 20 种适配器，分别对应一种氨基酸。

Crick 推测这种适配器应该含有核苷酸，这可以使它们通过碱基配对与 RNA 模板相连，此外，还需要一种独立的酶来把每一个适配器和相应的氨基酸连接起来。

现在，我们可以确定 Crick 的"适配器假说"大部分是正确的。氨基酸确实是连接在一个适配器（适配器组成了一类特殊的、稳定的 RNA 分子——转运 RNA）上。tRNA 携带氨基酸转移到核糖体，再由核糖体催化氨基酸连接成多肽链。

10.3.1　tRNA 翻译密码

tRNA 的结构保证了 mRNA 密码子和氨基酸之间的特异性。单链的 tRNA 分子具有三叶草构象，由 4 个双螺旋的茎和 3 个单链环状结构组成 [图 10-7（a）]，每个 tRNA 中间的一个环称为反密码子环，它携带一个三联体核苷酸，称为反密码子（anticodon）。反密码子的序列与它携带的氨基酸的密码子互补，这样，通过 RNA 和 RNA 之间的碱基配对就将 tRNA 中的反密码子与 mRNA 中的密码子连接了起来。因为 mRNA 上的密码子是按照 5′到 3′的方向阅读的，因此反密码子则按照 3′到 5′的方向标记。

催化氨基酸连接到 tRNA 上的酶叫作氨酰 tRNA 合成酶（aminoacyl-tRNA synthetase）。细胞中含有 20 种氨酰 tRNA 合成酶，每一种对应 20 种氨基酸中的一种。

一种特定的合成酶把一种氨基酸连接到能识别这种氨基酸的密码子的 tRNA 分子上。为了催化这个反应，氨酰 tRNA 合成酶具备两个结合位点，一个结合氨基酸，另一个结合相应的 tRNA（图 10-8）。氨基酸结合在 tRNA 游离的 3′端，如图 10-7（a）和图 10-8 中所示的丙氨酸。连接了氨基酸的 tRNA 被称为荷载的 tRNA。

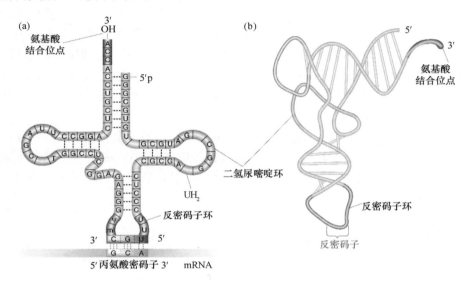

图 10-7　tRNA 的结构

（a）酵母丙氨酸 tRNA 的结构，tRNA 上的反密码子与 mRNA 的密码子结合；（b）酵母丙氨酸 tRNA 的三维结构

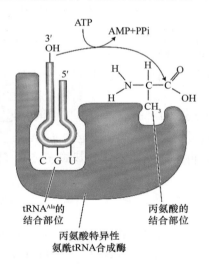

图 10-8　氨酰 tRNA 合成酶将氨基酸结合到相应的 tRNA 上

每一种氨酰 tRNA 合成酶含有结合特定氨基酸和相应 tRNA 的口袋结构，通过这种方式，氨基酸被共价结合到含有相应反密码子的 tRNA 分子上

　　tRNA 分子通常进一步折叠成 L 形构象存在，而不是扁平的三叶草型［图 10-7（b）］。tRNA 的这种三维结构是通过 X 射线衍射技术测定的，这项技术自从被用于推测 DNA 的双螺旋结构以来，经过不断改进，已经可以用来检测核糖体等高度复杂的大分子复合

物的结构。尽管不同的 tRNA 在核苷酸序列组成上不同，但所有的 tRNA 都折叠成了同样的 L 型构象，只是在反密码子环和氨酰基端存在不同，图 10-9 展示了两种重叠在一起的不同 tRNA，它们的结构非常相似。这种结构的保守性提示 tRNA 的构象对于它们的功能非常重要。

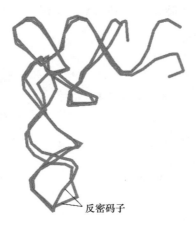

反密码子

图 10-9　两个重叠的 tRNA

当折叠成正确的三维构象后，酵母的谷氨酰胺 tRNA（蓝色）和苯丙氨酸 tRNA（红色）几乎可以完全重叠

　　如果一个错误的氨基酸被共价结合到 tRNA 上会怎样呢？一项有说服力的实验回答了这个问题。实验用到了半胱氨酰-tRNA（tRNA^{Cys}），它是特异性结合半胱氨酸的 tRNA。用氢化镍处理荷载了半胱氨酸的 tRNA，就会将连接在 tRNA 上的半胱氨酸转变成另一种氨基酸——丙氨酸，但并不影响 tRNA。然后进行蛋白质合成。

$$半胱氨酸 - tRNA^{Cys} \xrightarrow{\text{氢化镍}} 丙氨酸 - tRNA^{Cys}$$

　　实验结果显示，氨基酸是"目不识丁"的，它们插入正确的位置只是因为 tRNA 适配器识别 mRNA 密码子，然后将携带着的氨基酸插入正确位置。因此，将正确的氨基酸连接到相应的 tRNA 上是保证蛋白质正确合成的关键步骤，如果连接了错误的氨基酸，则没有办法阻止它插入延伸着的多肽链。

10.3.2　重新审视遗传密码的简并性

　　如图 10-6 所示，一种氨基酸对应的遗传密码的个数从一个（如 UGG 编码色氨酸）到 6 个（如 UCC、UCU、UCA、UCG、AGC 和 AGU 都编码丝氨酸）不等。遗传密码有这种差异的原因目前还不完全清楚，两个因素与此有关。

　　1）大多数的氨基酸可以被几种不同的 tRNA 分子携带至核糖体，每一种 tRNA 含有不同的反密码子，能够和 mRNA 上不同的密码子配对。

　　2）一些荷载的 tRNA 分子能够携带它们特异性的氨基酸到几种密码子中的任意一种，这些 tRNA 可以通过在密码子的 3'端和反密码子的 5'端之间形成一种松散的碱基配对来识别并结合几种可变的密码子，而不仅仅是序列互补的那一种密码子，这种松散的配对称为摆动。

摆动现象就是指反密码子的第三个核苷酸（位于 5′端）可以是两种情况中的一种（图 10-10），它既可以和遗传密码中正常互补的第三个核苷酸形成氢键，也可以和一个不同的核苷酸形成氢键。

"摆动原则"规定了每种核苷酸能或不能与其他核苷酸形成氢键的情况（表 10-1）。表 10-1 中，字母 I 代表次黄嘌呤，它是 tRNA 的反密码子中存在的一种稀有碱基。

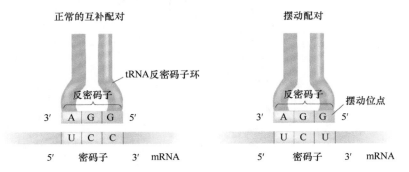

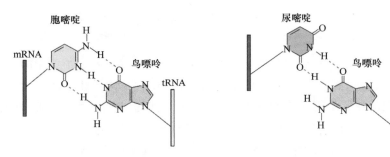

图 10-10　摆动性允许 tRNA 识别两种密码子

反密码子的第 3 个核苷酸（5′端）G 可进入两个摆动位点中的一个，从而和 U 或 C 配对。这种能力意味着一种携带着氨基酸的 tRNA 分子可以识别 mRNA 的两种密码子

表 10-1　摆动原则允许的密码子-反密码子配对

反密码子的 5′端	密码子的 3′端
G	C 或 U
C	仅 G
A	仅 U
U	A 或 G
I	U、C 或 A

关键点：遗传密码具有简并性是因为多数情况下有超过一种的密码子决定同一种氨基酸，另外，一些密码子可以和超过一种反密码子配对（摆动）。

10.4　核　糖　体

当 tRNA 分子和 mRNA 分子与核糖体结合时，蛋白质的合成就开始了。tRNA 和核糖体的任务就是把 mRNA 上核苷酸的序列信息翻译成蛋白质的氨基酸信息。名词"生物机器"是指行使特定细胞功能的多亚基复合物，如复制体就是一种能准确、快速复制 DNA的生物机器。核糖体是蛋白质合成的场所，它比之前所提到的生物机器还要大、还要复杂，因为它需要精准、快速地完成多项任务。因此，可以把核糖体看作一个工厂，里面有许多协调一致的机器。下面就来介绍这个工厂是如何组织来行使它的多项功能的。

　　所有物种的核糖体都含有一个小亚基和一个大亚基，它们都由 RNA（rRNA）和蛋白质组成。核糖体的每一个亚基含有 1～3 种 rRNA 和多达 50 种蛋白质，按照它们在超速离心时的沉降系数来命名。原核生物的小亚基、大亚基分别称为 30S 和 50S，两者结合形成 70S 的颗粒［图 10-11（a）］。真核生物的小亚基、大亚基分别称为 40S 和 60S，完整的核糖体为 80S［图 10-11（b）］。尽管真核生物的核糖体更大，但原核生物和真核生物蛋白质合成的步骤是相似的，这种相似性也提示翻译是一种古老的过程，它起源于原核生物和真核生物共同的祖先。

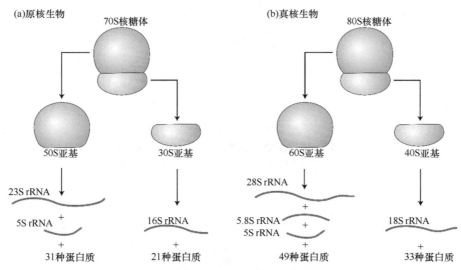

图 10-11　核糖体具有 rRNA 和蛋白质组成的两个亚基
一个核糖体含有大、小两个亚基，每个亚基含有不同长度的 rRNA 和蛋白质

　　核糖体质量的 2/3 源于 rRNA，而蛋白质仅占 1/3，这有点让人感到惊讶。几十年来，人们一直认为 rRNA 的功能是作为核糖体蛋白质正确装配必需的骨架，这种功能听上去是合理的，因为 rRNA 总是通过分子内的碱基配对折叠成稳定的二级结构（图 10-12）。根据这种模型，核糖体中的蛋白质独自执行蛋白质合成的任务。这种观点在 20 世纪 80年代 RNA 的催化功能被发现后发生了改变，科学家现在认为 rRNA 在核糖体蛋白质的帮助下完成了蛋白质合成的主要任务。

10.4.1　核糖体的性质

　　核糖体把蛋白质合成的另外两个主要成员——tRNA 和 mRNA 召集在一起把 mRNA上的核苷酸序列翻译成蛋白质的氨基酸序列。tRNA 分子和 mRNA 分子进入核糖体，使

mRNA 的密码子能够与 tRNA 的反密码子相互作用，图 10-13 展示了核糖体中相互作用的关键位点。核糖体与 mRNA 的结合位点在小亚基内，与 tRNA 的结合位点有 3 个。tRNA 把 30S 亚基和 50S 亚基连接起来，它的反密码子端位于 30S 亚基而氨酰基端（携带氨基酸）位于 50S 亚基。A 位点（氨酰位点）结合一个新来的氨酰-tRNA，它的反密码子与 30S 亚基 A 位点的密码子配对；P 位点（肽酰位点）的 tRNA 结合正在延伸的多肽链，这个结构刚好嵌入 50S 亚基中的一个隧道一样的空腔中；E 位点（退出位点）含有一个脱酰基的 tRNA（指空载的 tRNA），它将从核糖体中释放出去。

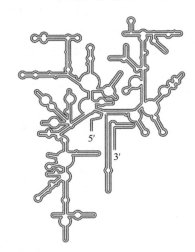

图 10-12　原核生物核糖体小亚基 16S rRNA 的结构

rRNA 通过分子内碱基配对折叠起来形成稳定的二级结构

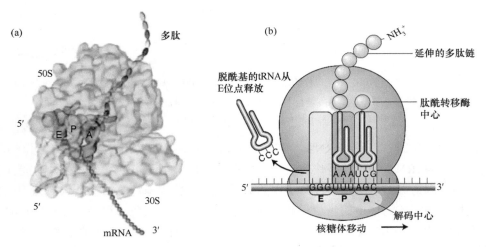

图 10-13　核糖体中相互作用的关键位点

（a）核糖体三维结构的计算机模拟模型；（b）延伸过程中的核糖体的示意模型

　　核糖体中还有两个区域也在蛋白质合成中有重要作用。30S 亚基中的解码中心（decoding center）保证只有携带着能与密码子配对的反密码子的 tRNA 被 A 位点接受；50S 亚基中的肽酰转移酶中心是催化肽键形成的位点。多个实验室特别是 Thomas Steitz、

Venkatraman Ramakrishnan 和 Ada Yonath 的实验室已经应用 X 射线衍射技术在原子水平上解析了核糖体的结构，这三位科学家因此获得了 2009 年的诺贝尔化学奖。他们漂亮的研究结果清楚地显示，解码中心和肽酰转移酶中心都是完全由 rRNA 区域构成的。肽键的形成也由 rRNA 的一个活性位点催化，核糖体的蛋白质仅起辅助作用。可以说，核糖体大亚基可作为一个核酶来催化肽键的形成。

类似的结构研究还显示核糖体的大亚基可以和多种抗生素发生反应。研究鉴定出了抗生素和核糖体接触的位点，这就可以解释为什么特定的抗生素只能使细菌的核糖体失活。例如，大环内酯是包括红霉素、希舒美等常见抗生素在内的一大类结构相似的化合物，这类抗生素可以结合在核糖体大亚基的 23S rRNA 的特定区域，阻塞新生肽链从大亚基中释放出去的退出通道（图 10-2），从而抑制蛋白质的合成。由于原核生物和真核生物 rRNA 的序列存在一些小的不同，大环内酯只抑制细菌的翻译过程。有意思的是，一些病原菌能够进化出对一些抗生素的抗性，它们的核糖体发生的突变能使退出通道变大。通过对抗生素和核糖体结合过程的了解，可以帮助科学家更好地了解核糖体作用的机制以及如何设计新的抗生素使抗性细菌变成敏感菌。这种运用细胞机器的基本知识来发展新的抗生素或其他药物的方法称为基于结构的药物设计。

10.4.2 翻译的起始、延伸和终止

翻译过程可被分为 3 个阶段：起始、延伸和终止。除核糖体、mRNA 和 tRNA 外，还有一些其他的蛋白质也参与了各个阶段。原核生物和真核生物的起始阶段差异较大。延伸和终止过程主要以细菌为例进行介绍，这是近年来翻译研究的焦点。

10.4.2.1 起始

起始阶段的主要任务是将第一个氨酰-tRNA 放置在核糖体的 P 位点，从而建立正确的 mRNA 阅读框。在大多数原核生物和所有的真核生物中，新合成多肽链的第一个氨基酸都是甲硫氨酸，由遗传密码 AUG 编码。携带这个氨基酸的不是 tRNA^{Met} 分子，而是一个称作起始子（initiator）的特殊 tRNA 分子，简写为 tRNA$^{Met}_i$。在细菌中，甲硫氨酸被添加了一个甲酰基，当它与起始子结合后形成 N-甲酰甲硫氨酸（N-甲酰甲硫氨酸上的甲酰基后续又会被去除）。

翻译机器怎样才能知道从哪里开始翻译呢？换句话说，怎样从 mRNA 上众多的 AUG 密码子中挑选出用于起始的 AUG 密码子？大家一定还记得，原核生物和真核生物中，mRNA 在转录起始位点和翻译起始位点之间有一个 5′非翻译区（见图 9-8），这个 5′非翻译区靠近 AUG 起始密码子处的核苷酸序列，在原核生物结合核糖体过程中发挥着关键作用，但在真核生物中却不同。

1. 原核生物翻译的起始

起始密码子的上游有一段称为 SD 序列（Shine-Dalgarno sequence）的特殊序列，它可以和核糖体 30S 亚基中的 16S rRNA 的 3′端配对（图 10-14），通过这种配对将起始密码子正确地放置在 P 位点。mRNA 只能与和大亚基解离的 30S 亚基结合，再一次提醒大

家注意，是 rRNA 在保证核糖体定位于翻译起始的正确位置中发挥了关键作用。

翻译的正确起始需要 3 种蛋白质——IF1、IF2 和 IF3 参与，它们称为起始因子（initiation factor）（图 10-15）。IF3 能保持核糖体 30S 亚基和 50S 亚基的解离状态，IF1

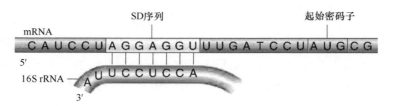

图 10-14　SD 序列

细菌中 16S rRNA 的 3′端与 mRNA 的 SD 序列互补配对，从而将核糖体定位于正确的起始位点 AUG 密码子

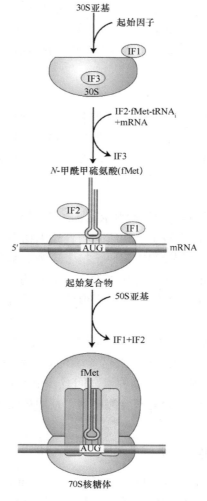

图 10-15　原核生物中的翻译起始

起始因子帮助核糖体装配在翻译起始位点，而在翻译前又解离

和 IF2 保证只有起始 tRNA 进入 P 位点。30S 亚基、mRNA 和起始 tRNA 组成了起始复合物。50S 亚基与起始复合物结合，释放起始因子，从而形成完整的 70S 核糖体。

由于原核生物没有细胞核结构分隔转录和翻译过程，因此，原核生物的翻译起始复合物可以在一个仍在进行转录的 RNA 分子的 5′端的 SD 序列处形成。也就是说，翻译过程在一个 RNA 分子还没有完成转录前就可以开始。

2. 真核生物翻译的起始

真核生物的转录和翻译发生在不同场所。如第 9 章中所讲的，真核生物的 mRNA 在细胞核中转录和加工，然后运输到细胞质进行翻译。当到达细胞质时，mRNA 通常已经覆盖着蛋白质而且由分子内碱基配对形成了双螺旋的区域。为了使 AUG 起始密码子暴露出来，这些二级结构必须在真核起始因子 eIF4A、eIF4B 和 eIF4G 的作用下被去除。起始因子与 mRNA 5′端的帽子结构、核糖体 40S 亚基和起始 tRNA 结合，形成起始复合物。然后起始复合物在 mRNA 上沿着 5′到 3′方向移动，解开碱基配对区域（图 10-16）。

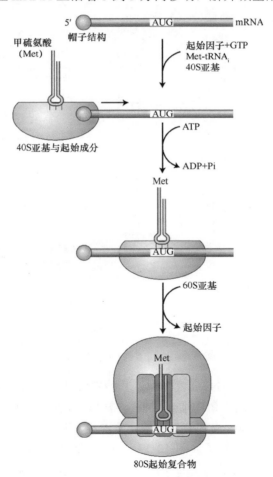

图 10-16 真核生物中的翻译起始

起始复合物形成于 mRNA 的 5′端，然后向 3′端方向扫描寻找起始密码子。与起始密码子识别后即引发完整核糖体的装配和起始因子的解离。ATP 的水解为扫描过程提供能量

同时，起始复合物还会"扫描"暴露出的序列来寻找 AUG 密码子。当 AUG 密码子和起始 tRNA 正确配对后，起始复合物就和 60S 亚基结合形成 80S 的核糖体。与原核生物一样，真核生物的起始因子从核糖体上解离后翻译才能进入延伸阶段。

10.4.2.2　延伸

延伸过程中核糖体装配成一个工厂。mRNA 作为设计蓝图决定相应 tRNA 的运输，每一个 tRNA 上携带着一个氨基酸。氨基酸逐一添加到延伸的肽链末端，脱氨酰的 tRNA 则再去结合另一个氨基酸而实现循环利用。图 10-17 显示了延伸的具体步骤，两种蛋白质——延伸因子（elongation factor，EF）Tu（EF-Tu）和延伸因子 G（EF-G）参与延伸过程。

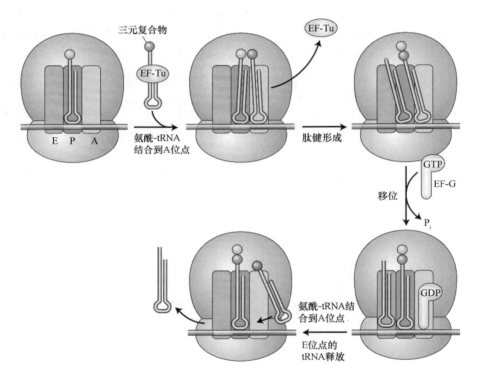

图 10-17　翻译的延伸

氨酰-tRNA 与 EF-Tu 结合形成三元复合物，进入 A 位点。当携带的氨基酸掺入延伸的肽链时，EF-G 就进入 A 位点，将 tRNA 和 mRNA 密码子推到 E 位点和 P 位点

如前所述，氨酰-tRNA 的合成就是把氨基酸共价结合到含有正确反密码子的 tRNA 的 3′端，氨酰-tRNA 在被用于蛋白质合成前，需要先与蛋白质因子 EF-Tu 结合形成三元复合物。当起始 tRNA（连接着甲硫氨酸）位于 P 位点同时 A 位点准备好接受三元复合物时，延伸的循环反应就开始了（图 10-17）。接受 20 种三元复合物中的哪一种是由小亚基解码中心的密码子和反密码子的识别决定的。一旦正确配对，核糖体就会改变构型，使 EF-Tu 离开三元复合物，两个氨酰基末端在大亚基的肽酰转移酶中心被串联起来，将 P 位点的甲硫氨酸转移到 A 位点的氨基酸上，这样就形成了一个肽键。这时候，第二个

蛋白质因子 EF-G 开始发挥作用，它的结构也适合 A 位点。EF-G 进入 A 位点，使位于 A 位点和 P 位点的 tRNA 分别移动到 P 位点和 E 位点，mRNA 沿着核糖体移动，将下一个密码子放置到 A 位点。EF-G 离开核糖体，A 位点开放，等待接受下一个三元复合物。

在下一个循环反应中，A 位点又被一个新的三元复合物充满，而去甲酰 tRNA 从 E 位点退出。随着延伸的继续，肽酰-tRNA 上的氨基酸数目不断增加，最终，不断延伸的肽链的氨基端从 50S 亚基的通道中出现并从核糖体中伸了出来。

10.4.2.3　终止

循环反应持续到进入 A 位点的密码子是三种终止密码子（UGA、UAA 和 UAG）中的一种。没有 tRNA 能够识别这些密码子，但一些称为释放因子（release factor）的蛋白质（细菌中是 RF1、RF2 和 RF3）却可以（图 10-18）。在细菌中，RF1 识别 UAA 和 UAG，RF2 识别 UAA 和 UGA，两种因子都需要 RF3 的辅助。RF1、RF2 和 A 位点的

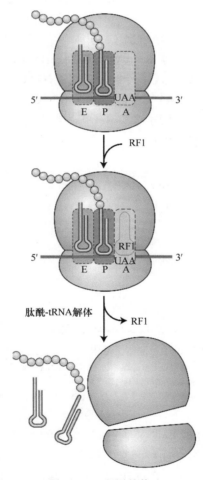

图 10-18　翻译的终止

当释放因子识别了核糖体 A 位点的终止密码子时，翻译就将终止

结合与三元复合物和 A 位点的结合不同。首先，终止密码子是被 RF 的三肽识别的，而不是反密码子；其次，释放因子可进入 30S 亚基的 A 位点，但不参与肽键的形成。终止时一个水分子进入肽酰转移酶中心，导致多肽链从 P 位点的 tRNA 上释放。核糖体的大、小亚基分离，30S 亚基又做好准备迎接下一个新的起始复合物。

关键点：翻译过程由核糖体完成。核糖体沿着 mRNA 从 5′到 3′方向移动。tRNA 分子携带氨基酸到核糖体，它们的反密码子与暴露在核糖体上的 mRNA 的密码子结合。一个新来的氨基酸通过肽键连接在核糖体中正在延伸的多肽链的氨基端。

10.4.3　无义抑制突变

让我们再回到 Brenner 及其同事定义的非常有趣的无义抑制突变话题上来。如前所述，噬菌体的琥珀突变是由终止密码子代替了野生型密码子，但是宿主染色体上的抑制突变却抵消了琥珀突变的影响。下面我们来专门谈谈抑制突变位于哪里以及它是怎样工作的。

这些抑制突变大部分位于 tRNA 的编码基因，可称为 tRNA 抑制子。这些突变改变了特定 tRNA 的反密码子环，使得 tRNA 能够识别 mRNA 的终止密码子。图 10-19 中，琥珀突变是用终止密码子 UAG 替代了野生型密码子，UAG 使蛋白质在此处被提前切断。抑制突变产生了一个特殊的 tRNA^{Tyr}，它含有能识别 UAG 终止密码子的反密码子，因此，在抑制突变体中，tRNA^{Tyr} 与释放因子竞争和 UAG 终止密码子结合。如果酪氨酸被插入，翻译就可以通过这个三联体继续进行。

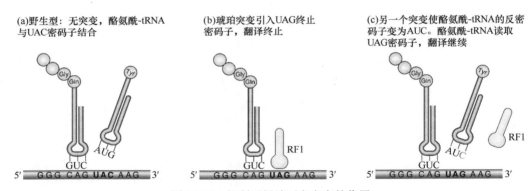

(a)野生型：无突变，酪氨酰-tRNA 与 UAC 密码子结合　(b)琥珀突变引入 UAG 终止密码子，翻译终止　(c)另一个突变使酪氨酰-tRNA 的反密码子变为 AUC。酪氨酰-tRNA 读取 UAG 密码子，翻译继续

图 10-19　抑制子抵消无义突变的作用

一个抑制子使原本因突变而导致的翻译终止得以继续。（a）野生型中，tRNA 读取 UAC 密码子，翻译继续。（b）翻译终止。因为没有 tRNA 能够识别 UAG 密码子，所以翻译机器不能通过终止密码子（UAG）。释放因子可与终止密码子结合，使蛋白质合成结束，多肽链片段被释放。（c）一个抑制突变使酪氨酰-tRNA 的反密码子改变，能够通读 UAG 密码子，多肽链可以继续延伸

那么，tRNA 抑制子（如 tRNA^{Tyr}）能不能与正常的终止信号结合而合成一条异常加长的多肽链呢？目前已经有多个物种的基因组被测序，人们发现 UAA（赭石密码子）这种终止密码子比其他两种终止密码子更多地用于终止蛋白质合成，这也就很好理解含有赭石抑制子的细胞通常比含有琥珀抑制子和蛋白石抑制子的细胞异常现象更严重的事实了。

10.5　蛋白质组

在第 9 章开篇我们就讨论了人类基因组的基因数目（约 21 000 个），这个数目远远低于人体细胞中实际存在的蛋白质数量（超过 100 000 个）。现在我们已经学习了 DNA 中编码的信息怎样被转录成 RNA 及 RNA 又如何被翻译成蛋白质，是时候来重新审视一下这个问题，看看蛋白质多样化的来源是什么了。首先学习一些概念。基因组（genome）是指一个物种的全套遗传物质；转录组（transcriptome）是指一个物种、器官、组织或细胞的全套编码和非编码的转录本；蛋白质组（proteome）是指一个物种、器官、组织或细胞的全套蛋白质。接下来我们将介绍蛋白质组如何通过 pre-mRNA 的可变剪接和蛋白质的翻译后修饰这两个细胞过程而得以丰富壮大。

10.5.1　可变剪接产生蛋白质同型异构体

在第 9 章中已介绍过，pre-mRNA 的可变剪接能够让一个基因编码多个蛋白质。蛋白质通常由不同外显子编码的功能域组成，因此，pre-mRNA 的可变剪接导致合成多个含有不同功能域组合的蛋白质。例如，*FGFR2* 是一个编码成纤维细胞生长因子受体的基因（图 10-20），它的可变剪接形成了两种胞外结构域不同的蛋白质同型异构体，每一种同型异构体可结合不同的生长因子。对于多种存在可变剪接的基因来说，不同的同型异构体产生于不同的组织。

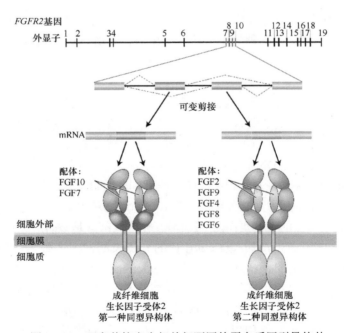

图 10-20　可变剪接产生相关但不同的蛋白质同型异构体

人 *FGFR2* 基因的 pre-mRNA 经过可变剪接形成两种 mRNA，编码出两种可结合不同配体（生长因子）的蛋白质同型异构体。FGF. 成纤维细胞生长因子

10.5.2 翻译后事件

大多数新合成的蛋白质从核糖体中释放出来后是没有功能的，它们需要进行正确折叠，一些氨基酸还需要进行化学修饰。因为蛋白质的折叠和修饰发生在蛋白质合成之后，因此被称为翻译后事件。

1. 细胞中的蛋白质折叠

最重要的翻译后事件是新生蛋白质折叠成正确的三维构象。正确折叠的蛋白质被称为天然构象，而未折叠或错误折叠的蛋白质是非天然构象。蛋白质的结构多种多样，特定的构象是蛋白质维持其酶活性、结合 DNA 的能力及发挥功能的关键。从 20 世纪 50 年代开始人们就知道蛋白质的氨基酸序列决定它们的三维结构，但人们也知道细胞中的水环境不利于大部分蛋白质的正确折叠。一个存在已久的问题就是，正确折叠究竟是怎样完成的？

新生蛋白质在伴侣蛋白的帮助下才能正确折叠。伴侣蛋白是在从细菌到植物和人的所有物种中都存在的一类蛋白质。GroE 伴侣蛋白家族能形成一种大型的多亚基复合物，叫作伴侣蛋白折叠机器。尽管目前准确的机制还未知，但人们普遍认为新合成的、未折叠的蛋白质能够进入折叠机器内的一个空腔，这个腔可以提供一个电中性的微环境，使新生蛋白质在这里成功折叠成天然构象。

2. 氨基酸侧链的翻译后修饰

蛋白质是由 20 种不同的氨基酸组成的多聚体。多种蛋白质的生物化学分析显示，氨基酸的侧链可以共价结合各种分子。翻译结束后，侧链可进行超过 300 种的修饰，最常见的两种翻译后修饰包括磷酸化（phosphorylation）和泛素化（ubiquitination）。

（1）磷酸化

激酶能够把磷酸基团连接到丝氨酸、苏氨酸和酪氨酸的羟基上，但磷酸酶也可以去除这些磷酸基团。由于磷酸基团带负电，它们的结合通常会改变蛋白质的构象。磷酸基团的结合和去除就像一个可逆的开关，控制着大量的细胞事件，如酶活性调节、蛋白质-蛋白质互作和蛋白质-DNA 互作等（图 10-21）。

蛋白质磷酸化的重要性在基因组中激酶编码基因的数目上有所反映。即使是简单如酵母的生物也有几百个激酶基因，拟南芥有超过 1000 个激酶基因。磷酸化重要性的另一个反映是，在典型细胞中发生的大量蛋白质-蛋白质互作绝大部分是被磷酸化反应调控的。

近年来对蛋白质组中蛋白质-蛋白质互作的分析表明，大多数蛋白质都是通过与其他蛋白质互作来发挥作用的。相互作用组（interactome）就是指一个物种、器官、组织或细胞中所有蛋白质之间的相互作用。图 10-22 就是一种展示相互作用组中蛋白质之间相互作用的网络图，研究人员鉴定了 1705 种人体蛋白质之间形成的 3186 种互作关系才绘制出了这张图。这些相互作用仅占人体所有细胞在各种生长状况下的蛋白质-蛋白质互作网络的非常小的一部分。

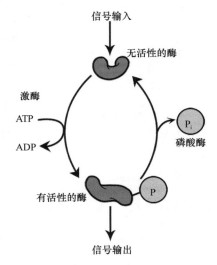

图 10-21　蛋白质的磷酸化和去磷酸化

蛋白质可以通过氨基酸侧链基团的磷酸化而被活化，也可以由于去除了磷酸基团而失活

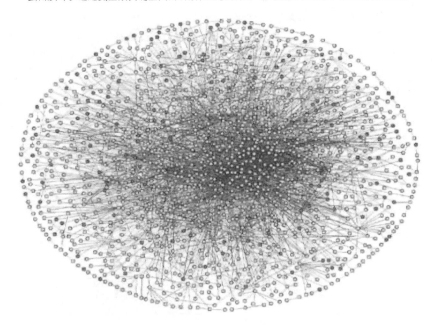

图 10-22　人体相互作用组中的蛋白质间的相互作用

一些蛋白质（圆圈）和其他蛋白质之间相互作用（线条）而形成简单或复杂的蛋白质复合物。这个蛋白质组展示了 1705
种人体蛋白质之间形成的 3186 种互作关系

　　蛋白质互作的生物学意义是什么？在后续内容中你将会看到，蛋白质-蛋白质互作是复制体、剪接体、核糖体等大型生物机器发挥作用的核心。还有一套重要的互作是人体蛋白质和人体病原物蛋白质之间的互作。例如，40 种 Epstein-Barr 病毒（EBV）的蛋白质和 112 种人体蛋白质之间存在 173 种互作关系（图 10-23），对这个互作网络的了解有助于发展针对 EBV 感染导致的单核细胞增多症的新型治疗方法。

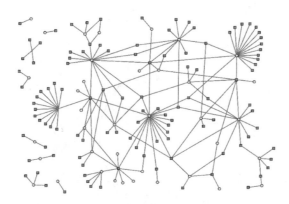

图 10-23　EBV 蛋白与人体蛋白之间的相互作用

40 种 Epstein-Barr 病毒（EBV）蛋白质与 112 种人体蛋白质之间形成了 173 种互作关系。病毒蛋白质用黄色圆圈表示，人体蛋白质用蓝色方块表示。互作关系用红色线条表示

（2）泛素化

翻译后修饰的另一种主要方式却不像磷酸化一样简单，这种修饰通过一种称为 26S 蛋白酶体的生物机器在赖氨酸残基的 ε-氨基上添加成串的多拷贝泛素（ubiquitin）导致蛋白质被降解（图 10-24），称为泛素化。泛素含有 76 个氨基酸，只在真核生物中存在，它在植物和动物中高度保守。泛素化主要导致两大类蛋白的破坏：类似细胞周期调节物的短寿蛋白和已经受损或突变的蛋白质。

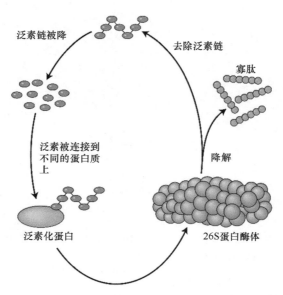

图 10-24　泛素介导的蛋白质降解

泛素首先结合到另一个蛋白质上，然后被蛋白酶体降解。泛素和寡肽可被循环利用

3. 蛋白质寻靶

在真核生物中，所有蛋白质都在细胞质中的核糖体被合成。但是，不同蛋白质最终

的去向不同，一些蛋白质会位于细胞核，另一些蛋白质会位于线粒体，还有些锚定在细胞膜上，有些被分泌出细胞。蛋白质怎样才能知道它们该去向哪里呢？这个看上去很复杂的问题其实有个简单的答案：一个新合成的蛋白质含有一段短序列，能够指引蛋白质来到细胞中正确的场所。例如，一个新合成的膜蛋白或细胞器蛋白在氨基端含有一段短的引导肽，称为信号序列（signal sequence）。对膜蛋白来说，这段 15～25 个氨基酸的序列能引导蛋白质到达内质网腔，在这里信号序列被一种信号肽酶剪切掉（图 10-25）。蛋白质从内质网中出来后就直接去往它的最终目的地。类似的现象也在一些细菌的分泌蛋白中存在。

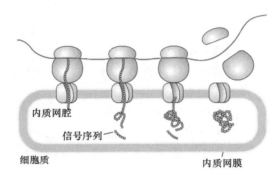

图 10-25　信号序列引导蛋白质的分泌

分泌蛋白有一段富含疏水残基的氨基端序列，这段信号序列与内质网膜上的蛋白质结合，使分泌蛋白的其他部分穿过脂双层。然后信号序列被信号肽酶（未显示）从蛋白质上剪切下来。蛋白质被运往细胞膜，然后被分泌

最终位于细胞核的蛋白质包括 DNA 聚合酶、RNA 聚合酶和转录因子等。这些蛋白的内部嵌入着一些氨基酸序列，称为核定位序列（nuclear localization sequence，NLS），是将蛋白质从细胞质运输到细胞核所必需的。NLS 被细胞质中的受体蛋白识别，引导新合成的蛋白质穿过核孔。一个本身不位于细胞核的蛋白质如果结合了 NLS，也可以进入细胞核。

为什么信号序列在蛋白质到达最终目的地后被剪切掉，而位于蛋白质内部的 NLS 在蛋白质进入细胞核后仍然存在？一个可能的解释是，细胞在有丝分裂时，细胞核会发生崩解，位于细胞核的蛋白质也许会认为它们位于细胞质中，NLS 的存在可以使蛋白质重新定位于有丝分裂产生的子细胞的细胞核中。

关键点：大部分真核生物的蛋白质翻译后必须经过修饰才能有活性。一些翻译后事件，如磷酸化和泛素化，能够修饰氨基酸的侧链，从而诱导蛋白质的活化或降解。还有一些翻译后的机制能够识别蛋白质序列中的特定氨基酸标签，从而将这些蛋白质定位于胞内或胞外需要这种活性的部位。

总　　结

本章介绍了如何将 mRNA 中的核苷酸序列信息翻译成蛋白质中的氨基酸序列。蛋白质比其他生物大分子更多地回答了"我们是谁，我们做什么"的问题，它们是催化 DNA 和 RNA 合成等各种细胞代谢反应的酶，也是遗传信息表达所需的调控因子。蛋白

质作为生物分子的多用途性也表现在它多样化的构象上。在合成后，蛋白质还可以通过添加一些能改变其活性的分子进一步被修饰。

因为蛋白质在生命活动中发挥中心作用，所以，从细菌到人类，遗传密码和翻译机器都高度保守。翻译的主要成分是三种 RNA 分子：tRNA、mRNA 和 rRNA。翻译的准确性取决于将氨基酸共价连接到相应的 tRNA 形成荷载的 tRNA 分子。tRNA 作为适配器在翻译中起重要作用。核糖体相当于一个工厂，mRNA、荷载的 tRNA 以及其他蛋白质因子集中在此进行蛋白质合成。

翻译过程的关键是决定在何处起始。在原核生物中，起始复合物装配在 mRNA 上 AUG 起始密码子（start codon）上游的 SD 序列处；在真核生物中，起始复合物装配在 mRNA 的 5′帽子结构上并向 3′端移动直到识别起始密码子。翻译过程最长的步骤是延伸阶段的循环反应，核糖体沿着 mRNA 移动，暴露出下一个密码子使之与相应的荷载 tRNA 分子结合，从而使氨基酸添加到正在延伸的多肽链上。循环反应持续进行直到遇见终止密码子。释放因子促进翻译的终止。

在过去的几年中，新的图像技术在原子水平揭示了核糖体的结构。借助这些新的工具，人们认识到，核糖体是一个高度动态变化的机器，在接触到 tRNA 或蛋白质时，它可以改变自身的构象。在核糖体中，是 rRNA 分子而非核糖体蛋白质在核糖体的功能中起重要作用。

蛋白质组是一个物种由其遗传物质表达出的全套蛋白质。一个典型的多细胞真核生物含有大约 20 000 个基因，而其蛋白质组可能是这个数字的 10～50 倍。这种差异部分起因于蛋白质的磷酸化和泛素化等翻译后修饰。修饰可以调节蛋白质的活性和稳定性。

（庞小燕）

<h2 align="center">练 习 题</h2>

一、例题

例题 1 利用图 10-6，写出在下述编码序列前插入一个 A 碱基后翻译出的多肽链序列。

Ⓐ
↓
-CGA-UCG-GAA-CCA-CGU-GAU-AAG-CAU-

- Arg - Ser - Glu - Pro - Arg - Asp - Lys - His -

参考答案：由于 A 碱基的插入，阅读框发生了移动，编码出了一套不同的氨基酸（注意由于遇到一个无义密码子，导致链终止）。

-ACG-AUC-GGA-ACC-ACG-UGA-UAA-GCA-
-Thr-Ile-Gly-Thr-Thr-stop

例题 2 DNA 中插入了一个核苷酸，然后又在距此约 20bp 处删除了一个核苷酸，

导致蛋白质序列从 -His-Thr-Glu-Asp-Trp-Leu-His-Gln-Asp- 变为 -His-Asp-Arg-Gly-Leu-Ala-Thr-Ser-Asp-，请问插入了什么核苷酸？删除了什么核苷酸？原始的 mRNA 序列和新的 mRNA 序列各是什么？

　　参考答案：首先我们可以根据原始的蛋白质序列画出可能的 mRNA 序列。

-His – Thr – Glu – Asp – Trp – Leu – His – Gln – Asp

$$-CA^{U}_{C} - ACC - GA^{U}_{A}{}_{G} - GA^{U}_{G}C - UGG - CUC - CA^{U}_{A}{}_{G} - CA^{U}_{A}C - GA^{U}_{G}C$$

（下方还有 UUA/G）

　　由单核苷酸插入导致的蛋白质序列的改变发生在第一个氨基酸（His）之后，我们可以猜测 Thr 密码子变成了一个 Asp 的密码子，这种变化应该是因为在 Thr 密码子前直接插入了一个 G 而导致的（以方框显示），由此改变了阅读框。图示如下。

-CA^U_C - [G] AC-UGA - (G)GA - (U)UG-G - (C)U-UCA- (U)CA ↑ -GA ...

– His – Asp – Arg – Gly – Leu – Ala – Thr – Ser – Asp –

　　另外，由于一个核苷酸的删除必须将最后一个密码子恢复为 Asp，因此，只能将原始的最后一个密码子前面的一个碱基删除，即 A 或 G（以箭头显示）。根据原始的蛋白质序列写出的 mRNA 序列存在多种可能，但是，再根据由于移码而产生的蛋白质序列就可以确定一些核苷酸的组成。在原始序列中可能出现的核苷酸用圆圈显示。仅有少数核苷酸还不能完全确定。

二、看图回答问题

　　1. tRNA 是一类不编码蛋白质的 RNA 分子。根据图 10-7 和图 10-9，请分析 tRNA 序列的重要性。如果 tRNA 的某一个臂的碱基发生了突变，后果会如何？

　　2. 图 10-11 显示了原核生物和真核生物核糖体结构的组成，你认为原核生物的大亚基 rRNA（23S rRNA）可被真核的 28S rRNA 代替吗？为什么？

　　3. 根据图 10-12，请分析 rRNA 二级结构的重要性。

　　4. 在图 10-13 中，从核糖体中冒出来的末端氨基酸是由 mRNA 的 5′端或 3′端编码的吗？

　　5. 在图 10-13（b）中，从 E 位点释放的 tRNA 去向如何？

　　6. 在图 10-18 中，当核糖体完成了一段 mRNA 的翻译后，核糖体的大、小亚基接着将会发生什么？

7. 在图 10-20 中，请预测会影响一种蛋白质同型异构体的合成但并不影响另一种蛋白质同型异构体合成的突变位点。

8. 根据图 10-25，请预测能产生有活性的蛋白质但不能被运输到正确位置的突变位点。

三、基础知识问答

9. a. 运用图 10-6 的密码本完成下表。假定从左向右阅读。

C									DNA 双螺旋
				T	G	A			
C	A			U					转录形成的 mRNA
						G	C	A	适当的 tRNA 反密码子
Trp									插入蛋白质链的氨基酸

b. 标记 DNA 和 RNA 的 5′ 端、3′ 端及蛋白质的氨基端和羧基端。

10. 一段 DNA 序列如下所示。

　　5′ GCTTCCCAA 3′
　　3′ CGAAGGGTT 5′

假定上面一条链是转录的模板链，请你：

a. 画出转录生成的 RNA 链并标记 5′ 端和 3′ 端。

b. 画出相应的氨基酸链，标记氨基端和羧基端。

再假定下面一条链是转录的模板链，重复 a 和 b。

11. 一次突变事件在 DNA 中插入了一对额外的核苷酸，它可能引起什么后果？①不产生任何蛋白质；②产生仅有一个氨基酸发生改变的蛋白质；③产生三个氨基酸发生改变的蛋白质；④产生两个氨基酸发生改变的蛋白质；⑤产生一个在插入点后的大多数氨基酸都发生了变化的蛋白质。

12. 在遗传密码被完全破译之前，人们一度认为遗传信息有可能是重叠阅读的，如序列 GCAUC 可能被读成 GCA CAU AUC。请设计实验验证该想法。

13. 携带异亮氨酸的 tRNA 分子的反密码子是什么？是否有多个答案？

14. a. 遗传密码中有多少种情况是当你仅仅知道遗传密码的前两个核苷酸而不能确定所编码氨基酸的？

b. 有多少种情况是当你知道氨基酸而不能确定遗传密码的前两位核苷酸的？

15. 令 Brenner 推测 UAG 是终止密码子的突变体中的 6 个野生型密码子是什么？

16. 如果一段寡核苷酸含有相同数量的随意放置的腺嘌呤和尿嘧啶，请计算它的三联体密码编码下列氨基酸的比例：①苯丙氨酸；②异亮氨酸；③亮氨酸；④酪氨酸。

17. 你合成了 3 种不同的 mRNA，它们的碱基组成分别按照下列比例：（a）1U : 5C；（b）1A : 1C : 4U；（c）1A : 1C : 1G : 1U。请推测在蛋白质体外合成体系中，这 3 种 mRNA 指导合成的多肽链中氨基酸的种类及比例。

18. 怎么理解"遗传密码是通用的"？这一发现的意义是什么？

19. 一个突变导致异柠檬酸裂解酶失活，这个结果能否证明这个突变发生在异柠檬酸裂解酶的编码基因上？

20. 一个无义抑制子使得不能生长的突变体回复到与野生型表型接近但并未完全一致的状态，请解释这种现象可能的原因。

21. 对于细菌基因的转录，一旦 RNA 聚合酶系统合成部分 mRNA 转录本，核糖体就会装配到 mRNA 并起始翻译。画出这个过程的示意图，标出 mRNA 的 5'端和 3'端、蛋白质的氨基端和羧基端、RNA 聚合酶以及至少一个核糖体。为何真核生物中没有这样的机制？

22. 体外翻译系统指含有翻译所需要的所有组分（核糖体、tRNA 和氨基酸）的细菌细胞提取物，将特定 RNA 分子加入试管即可分析翻译的产物。如果氨基酸是放射性标记的，则 RNA 翻译的蛋白质产物就可以在凝胶中被检测。如果在试管中加入一段真核生物 mRNA，可以产生带放射性标记的蛋白质吗？为什么？

23. 一个含有大肠杆菌核糖体大亚基和酵母核糖体小亚基的嵌合翻译系统能够发挥蛋白质合成的作用吗？为什么？

24. 发生于酶的活性位点的单氨基酸突变可以产生无活性的酶。你认为蛋白质其他什么位置的单氨基酸突变也能导致相同的后果？

25. 请解释为什么红霉素、阿奇霉素等结合在核糖体大亚基上的抗生素不伤害人体。

26. 人体的免疫系统会产生大量的蛋白质以使我们免于病毒和细菌的感染。生物技术公司必须生产大量的免疫蛋白用于检测和出售，因此，科学家就应用细菌细胞或人体细胞培养株来表达这些免疫蛋白。请解释为何从细菌培养物中分离的蛋白质通常是无活性的，而从人体细胞培养物中分离的同种蛋白质就是有活性的。

27. 你认为在组成原核生物和真核生物 DNA 聚合酶与 RNA 聚合酶的蛋白质中存在核定位序列（NLS）吗？为什么？

四、拓展题

28. 大肠杆菌的一个基因编码的蛋白质序列为-Ala-Pro-Try-Ser-Glu-Lys-Cys-His-。你得到了一组不具有酶活性的基因突变体，分离突变体的酶产物后得到以下序列。

突变体 1：-Ala-Pro-Trp-Arg-Glu-Lys-Cys-His-

突变体 2：-Ala-Pro-

突变体 3：-Ala-Pro-Gly-Val-Lys-Asn-Cys-His-

突变体 4：-Ala-Pro-Trp-Phe-Phe-Thr-Cys-His-

每一种突变的分子基础是什么？编码这部分蛋白质的 DNA 序列是什么？

29. 血红蛋白由血红蛋白基因编码。请按照最有可能发生的顺序安排下列事件。

a. 观察到贫血症状。

b. 氧气结合位点的构象发生改变。

c. 转录形成的 mRNA 中出现错误的密码子。

d. 卵细胞（雌配子）受到大剂量的辐射。

e. 血红蛋白基因的 DNA 中出现错误的密码子。

f. 一位妈妈意外地站在了一个正在运行的 X 射线发生器前。

g. 一个孩子死亡。

h. 体内氧气运输能力被严重破坏。

i. 携带着一个错误氨基酸的 tRNA 的反密码子进位。

j. 一个血红蛋白基因的 DNA 上出现核苷酸的置换。

30. 剪接体和核糖体有什么共有的结构特性？这两种结构为什么都支持 RNA 世界理论？

31. 一个双链 DNA 分子可产生一段由 5 个氨基酸组成的多肽链，这段 DNA 的序列如下。

TACATGATCATTTCACGGAATTTCTAGCATGTA
ATGTACTAGTAAAGTGCCTTAAAGATCGTACAT

a. DNA 的哪一条链是模板链？转录方向如何？

b. 标出每一条链的 5′端和 3′端。

c. 如果 DNA 的左侧末端和右侧末端的第二个与第三个三联体之间分别发生倒位，转录的模板链仍然不变，那么产生的多肽链将会多长？

d. 假设下面一条链是转录模板，从左向右转录。请写出 RNA 的碱基序列，标出将第 4 个氨基酸插入新生肽链的 tRNA 的反密码子的 5′端和 3′端，这个氨基酸是什么？

第 11 章

动态的基因组：转座子

学 习 目 标

学习本章后，你将可以掌握如下知识。

- · 了解转座子如何首先在玉米遗传研究中被发现，并在大肠杆菌中首先被分离获得。
- · 了解转座子如何参与抗生素抗性细菌的传播。
- · 类比和对比转座发生的两种主要机制。
- · 解释人类基因组繁荣的机制，人类基因组有 50% 来自转座子。
- · 了解宿主基因组如何抑制某些转座子扩散的机制。
- · 了解转座子免疫宿主抑制的一些机制。

乙型血友病的基因治疗

刘大强、刘二强兄弟俩大概做梦也不会想到，他们后来会因为与普通男孩儿不一样而出名。他俩出生后就遇到了一些麻烦，任何轻微碰撞都会让皮下青紫，甚至血肿，手指扎一根刺也会出血不止。每当遇到这种情况，他们的妈妈就会紧急带他们到医院输血。医生给出的诊断为乙型血友病。他们天生就没有凝血因子IX。乙型血友病是由于编码凝血因子的基因编码区点突变或者是在基因中插入了一个转座子（transposon，Tn）。由于缺乏凝血因子IX，正常的凝血级联反应就不能顺利进行，任何轻微的损伤对他们来说都是致命的。长期输血使他们家一贫如洗。幸运的是，1991 年，他们从北方的家乡来到了上海。他们的家长听说复旦大学遗传学研究所的薛京伦教授（图 11-1）和第二军医大学附属长海医院血液科的医生在联合进行血友病的基因治疗研究，就想方设法找到了薛教授，要求采用新的治疗方法给他们的两个孩子进行治疗。经过批准后，科学家首先从他们的皮下取了一些成纤维细胞在体外培养繁殖，同时把能够产生凝血因子IX的正常重组基因装入病毒载体，再将病毒载体转入培养的成纤维细胞中，使之大量增殖。最后，用胶原包埋这些细胞并种植在兄弟俩的皮下，使之不断产生凝血因子IX。这样，兄弟俩竟然和正常人一样，不再出血了。基因治疗 6 年后，兄弟俩被薛教授及其同事接到了上海，进行了进一步的检查，他们身体状况良好，也没有发现与基因治疗相关的副作用或并发症。血友病的基因治疗取得了成功。这是继美国国立卫生研究院（NIH）采用基因治疗的手段治疗重度联合免疫缺陷病之后的第二种疾病的基因治疗，反映了我国科学家勇于探索、不断攀登的精神。

图 11-1　薛京伦教授在实验室（1990 年）

引　言

实际上，在过去的 30 年中，科学家已经开发出很多新技术，可以提供各种类型的基因治疗，以帮助血友病、重度联合免疫缺陷病（severe combined immunodeficiency disease，SCID）、肿瘤以及其他无法通过手术、药物治愈的各种遗传疾病的患者。

SCID 的基因治疗（gene therapy）是世界上首次针对基因缺陷进行修补完成的治疗方案。美国 NIH 的科学家将正常的腺苷脱氨酶（adenosine deaminase，ADA）基因"移植"到患者淋巴细胞中，从而使这些细胞恢复正常功能。人们开始进行人类基因治疗研究时，科学家在实验室中将反转录病毒（retrovirus）进行改造（"工程化"），这样它就可以将反转录病毒和正常的 ADA 基因重组，并插入到 SCID 患者的淋巴细胞染色体中。在本章中，我们将看到反转录病毒与一种称为反转录转座子（retrotransposon）的移动元件具有许多共同的生物学特性，后者存在于我们的基因组和大多数真核生物的基因组中。研究从酵母等模式生物体中反转录转座子和其他移动元件的行为中获得的知识，为我们构建新一代的基因治疗用的生物载体奠定了雄厚的基础。

自 20 世纪 50 年代芭芭拉·麦克林托克（Barbara McClintock）首次发现转座子以来，人们已经在原核生物和真核生物基因组中找到大量的转座子。它们在染色体结构、基因组大小、基因组重排、新基因生成和基因表达调控等方面扮演着重要的角色。转座子在基因组中从一个基因位点跳跃到另外一个基因位点，可逆地影响下一代个体中该位点基因的表达。而调控转座子活性的一个重要因素就是 DNA 甲基化。Barbara 的同事

Rob Martienssen 领导的小组对转座子在植物世代交替中如何"开启"和"关闭"进行了开拓性的研究工作。Rob 首先以他在博士后研究期间获得的玉米叶色突变体 *hcf106* 为研究材料，发现 *hcf106* 突变体叶片浅绿色条纹的突变是由 Mu 转座子插入引起的。根据 Barbara 的建议，Rob 对比了浅绿色部分和深绿色部分的 DNA 甲基化水平，发现深绿部分比浅绿色部分 DNA 甲基化水平高很多，于是他得到结论：DNA 甲基化的受抑是 *hcf106* 突变体表型产生的原因。随后他们又以双子叶模式植物拟南芥为研究材料，克隆了第一个植物 DNA 甲基化酶 1（DNA methylation 1，DDM 1），在 *ddm1* 突变体中，转座子疯狂跳跃，改变基因表达水平，他们终于通过实验完全证实了 Barbara 晚年提出的"DNA 甲基化可以调控转座子活性"天才般的想法。Rob 在 2018 年 1 月 19 日荣获著名的芭芭拉·麦克林托克奖，他是该奖设立以来的第 5 位获奖者，用于表彰他在转座子、DNA 甲基化和组蛋白修饰领域做出的突出贡献。自 2002 年以来，中国科学院上海植物逆境生物学研究中心的美国科学院院士朱健康通过正向遗传学的方法，巧妙地利用过量表达荧光蛋白和卡那霉素抗性的转基因植株，筛选荧光或抗性缺失的突变体，并对突变体进行再次诱变，筛选荧光或抗性再次获得的回复子，系统解析了植物 RNA 介导的 DNA 甲基化（RNA-directed DNA methylation，RdDM）和植物主动 DNA 去甲基化通路，相关的研究大大促进了人们对转座子在基因表达调控中发挥重要作用的认识。我们将在本章系统介绍转座子的种类、发现过程及监控和逃逸机制的研究进展。

11.1　转座子的种类

对各种微生物、植物和动物基因组的 DNA 序列分析表明，转座元件（transposable element，又称转座子，后文统称为转座子）几乎存在于所有生物体的基因组中。每种转座子均具有其独特的性质，基于它们转座机制可以分为三类（表 11-1）。

表 11-1　根据转座机制对转座子进行的分类

类别	案例	宿主
I．剪切-粘贴转座子	IS 元件（插入序列元件，如 IS50）	细菌
	复合转座子（如 Tn5）	细菌
	Ac/Ds 元件	玉米
	P 元件	果蝇
	hobo 元件	果蝇
	Piggy Bac 元件	蛾
	Sleeping Beauty 元件	三文鱼
II．复制型转座子	*Tn3* 元件	细菌
III．反转录转座子		
A．反转录病毒样元件	*Ty1* 元件	酵母
	Copia 元件	果蝇
	Gypsy 元件	果蝇

续表

类别	案例	宿主
B. 反转座子	*F、G* 元件和 *I* 元件	果蝇
	端粒反转录转座子	果蝇
	LINE（如 *L1* 元件）	人
	SINE（如 *Alu* 元件）	人

第一类是剪切-粘贴转座子。该类转座（transposition）伴随着染色体上的一个元件的剪切和在另外一个位点上的插入。剪切和插入事件由一个元件自身编码的、称为转座酶（transposase）的酶所催化，遗传学家将这种机制称为剪切-粘贴转座（cut-and-paste transposition），因为这个元件在染色体的一个位点上被物理性地切出并粘贴到一个新的位点，甚至可以粘贴到不同的染色体上。

第二类是复制型转座子。转座过程伴随着转座子 DNA 的复制。转座酶介导一个元件和潜在插入位点中间体的互作。在这个中间体中，元件被复制，并被插入到新的位点；一个拷贝仍然留在原来的位点上。由于有了一个元件的净增加，遗传学家称这种机制为复制型转座（replicative transposition）。

第三类是反转录转座子。转座过程以元件作为模板，先转录为 RNA 中间体，再以该 RNA 为模板，在反转录酶（reverse transcriptase）的作用下，催化合成 DNA 分子。这个 DNA 分子被插入到染色体的新的位点。因这个机制与细胞中信息流的一般方向相反，即从 RNA 流向 DNA，故遗传学家将这种转座子称为反转录转座子（retrotransposon）。有些通过这种途径转座的元件与反转录病毒有关，它们又被称为反转录病毒样元件（retrovirus-like element）。属于反转录的其他元件可以简单地称为反转座子（retroposon）。

令人惊讶的是，转座子是迄今为止人类基因组中占比最大的组成成分，占染色体的44%，并且在染色体结构的形成过程中发挥着重要作用。尽管它们如此丰富，但这些元件的遗传作用尚不十分清楚。在本章中，我们将介绍各种类型的可移动元件。表 11-1 根据它们的转座机制将其分类。其中，剪切-粘贴转座子在真核生物和原核生物中都有发现，复制型转座子仅存在于原核生物中，而反转录转座子仅在真核生物中存在。

11.2 玉米基因组中转座子的发现过程

1921 年秋，大学三年级的芭芭拉·麦克林托克（Barbara McClintock）在康奈尔大学农学院选修了唯一一门向本科生开放的研究生课程"遗传学"，当时只有很少同学对遗传学感兴趣，而她却特别好奇，并引起了主讲教师著名的植物遗传学和育种家哈钦森（Hutchison）教授的注意。课程结束后，克劳德打电话问她，要不要选修专为研究生开设的其他遗传学课程。老师的邀请使芭芭拉对遗传学的兴趣更加浓厚，并于大学三年级末，在康奈尔大学植物学系正式注册为研究生，主修细胞学，副修遗传学和动物学。细胞学的染色体和遗传学的交叉研究就成为她研究的方向。

获得博士学位后，芭芭拉在康奈尔大学农学院的试验地里种下了第一畦玉米，开始基因研究，并有许多重要发现，42 岁时她当选为美国国家科学院院士。随后，芭芭拉发现玉米基因组中的某些单基因会跳起舞来，从染色体的一个位点跳到另一个位点，甚至从一条染色体跳到另一条染色体上，并改变了玉米籽粒的颜色。现在我们将这种能跳动的基因称为转座子（transposon）。20 世纪 50 年代，芭芭拉提出了转座子理论，并认为转座是基因表达调控的主要机制之一。当时的科学界没有人接受她的理论，甚至有人嘲笑"她一定是发疯了"。当时的科学界并未认识到转座现象的重要性，致使她的转座子发现被冷落了近 30 年之久。当很多科学家分别在细菌、酵母和病毒中都发现了转座子的存在时，芭芭拉二十多年前的重要发现才又重新回到主流学术界的视野中。1983 年，81 岁高龄的芭芭拉终于获得了早该属于她的诺贝尔生理学或医学奖。

芭芭拉"对生物的情有独钟"是她创造力量的源泉，驱动她一生在生物学世界孜孜以求的主要动力是她对自然科学、生命世界的巨大好奇心。她曾说过，"重要的是培养一种能够发现处在萌芽状态的现象并能对它进行解释的能力""如有异常的话，那必然有其原因，你就得追究"。她终生未嫁，与玉米终生相守，而转座子便是她与玉米"爱的结晶"。

11.2.1　芭芭拉的发现：*Ds* 元件

20 世纪 40 年代，芭芭拉在研究印第安玉米籽粒颜色时有了惊人的发现。玉米共有 10 条染色体，编号根据染色体的大小从 1（最大）编到 10（最小）。芭芭拉发现某些玉米的 9 号染色体非常频繁地在一个特定位点断裂（图 11-2）。她后来确定，该位点的染色体断裂是由两种遗传因素决定的。她命名为解离元件（dissociation element，*Ds*）的一个因子位于断裂位点。这个位点的断裂需要另一种不相关的遗传因子来"激活"，她把第二个因子称为活化因子元件（activator element，*Ac*）。

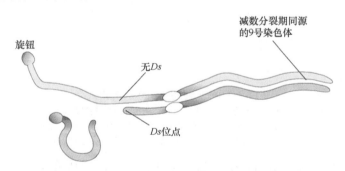

图 11-2　*Ds* 转座子有助于染色体断裂

玉米 9 号染色体由于 *Ds* 转座子的插入引起该位点染色体断裂

芭芭拉因此怀疑 *Ac* 和 *Ds* 就是可移动的遗传因素，因为她无法在染色体上定位 *Ac*。在某些植株中，它在这个位置，在同一品系的其他植株中，它却跑到了其他的位置。让人好奇的是，在 9 号染色体中频繁发生断裂的同样一株玉米，却有着极不相同的表型。更为有趣的是，无色的玉米竟然可以产生含有色素斑块的玉米粒。

图 11-3 比较了染色体断裂植株与其中一株衍生株由 *Ds* 转座子引起的表型差异。对于染色体断裂的植株，在 *Ds* 处或其附近断裂的染色体使其失去了野生型植株中含有的 *C*、*Sh* 和 *Wx* 等位基因。在图 11-3（a）所示的实例中，单细胞染色体发生了断裂，有丝

分裂后产生了大量的突变组织（*c sh wx*）。断裂可以在单个籽粒中多次发生，但是每个组织区域将显示所有三个基因的表达缺失。相反，每个新衍生细胞仅影响单个基因的表达。图 11-3（b）显示了仅影响色素基因 *C* 表达的一种衍生细胞系。在该实例中，着色斑点出现在无色籽粒背景上。尽管以这种奇怪的方式改变了 *C* 的表达，但是 *Sh* 和 *Wx* 的表达是正常的，并且 9 号染色体不会再频繁地断裂。

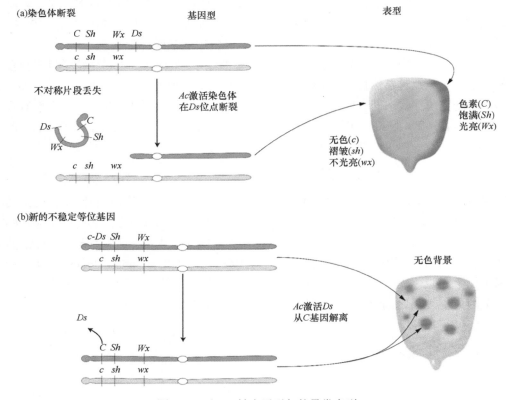

图 11-3　由 *Ds* 转座子引起的异常表型

玉米中新的表型是由 9 号染色体上 *Ds* 转座子的移动产生的。（a）*Ds* 位点的断裂引起染色体片段丢失。同源染色体上的隐性等位基因得以表达，产生无色玉米籽粒。（b）在 *C* 基因（顶部）中插入 *Ds* 会产生无色的玉米籽粒。*Ac* 将 *Ds* 从 *C* 基因中切除的有丝分裂细胞后代会再表达 *C* 基因，产生了斑点表型

　　为了解释新产生细胞系的表型，芭芭拉推测 *Ds* 已经从着丝粒附近的位点移动到靠近端粒末端的 *C* 基因处。在新的位置，*Ds* 阻止 *C* 的表达。*C* 基因的失活解释了籽粒的无色部分，但是如何解释色素斑点的出现？斑点玉米籽粒就是不稳定表型（unstable phenotype）的一个好例子。芭芭拉进一步推测，这种不稳定的表型是由 *C* 基因中的 *Ds* 移动或转座（transposition）引起的。也就是说，籽粒开始发育时，*C* 基因已被插入 *Ds* 突变。然而，籽粒的一些细胞中 *Ds* 从 *C* 基因中解离出来，使得突变表型恢复为野生型，并在原始细胞和其所有有丝分裂后代中产生色素。如果胚发育早期 *Ds* 就离开 *C* 基因，就会形成大的色素斑点（因为有更多的有丝分裂后代），而在籽粒发育后期 *Ds* 才离开 *C* 基因时，会形成小色素斑点。这种由突变表型向野生型的回复正是可移动元件参与调控的线索。

11.2.2　自主元件和非自主元件

Ac 和 *Ds* 之间有什么关系？它们如何与基因和染色体相互作用以产生这些有趣和不寻常的表型？答案来自进一步的遗传分析。图 11-4 显示的是 *Ds*、*Ac* 和色素基因 *C* 之间的相互作用实例。其中，*Ds* 是通过插入 *C* 基因编码区，使 *C* 基因失活的 DNA 片段。携带插入片段的等位基因称为 *c*-突变（*Ds*），或简称为 *c-m*（*Ds*）。具有 *c-m*（*Ds*）和无 *Ac* 的株系杂交会产生无色籽粒，因为 *Ds* 不能移动，它被卡在 *C* 基因中。具有 *c-m*（*Ds*）和 *Ac* 的株系杂交产生的籽粒有色素斑点，因为 *Ac* 在一些细胞中激活 *Ds* 从 *C* 基因解离，恢复了 *C* 基因的功能。丢失的元件被称为从染色体切除（excise）或转座。

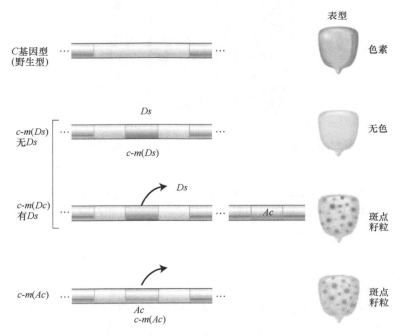

图 11-4　由转座子引起的玉米籽粒表型变化
控制色素合成的 *C* 基因中 *Ds* 或 *Ac* 的插入和切除引起玉米籽粒色素斑点的产生

C 基因中插入 *Ac* 元件的株系也被分离出来了［称为 *c-m*（*Ac*）］。与 *c-m*（*Ds*）等位基因不同，*c-m*（*Ds*）在基因组中含有 *Ac* 时不稳定，*c-m*（*Ac*）总是不稳定的。此外，芭芭拉还发现，在极少数情况下，*Ac* 型的等位基因可以转化为 *Ds* 型的等位基因。这种转变是由于插入的 *Ac* 自发产生了 *Ds*。换句话说，*Ds* 很可能是 *Ac* 本身的不完整变异版本。

芭芭拉和其他遗传学家还发现了其他一些与 *Ac/Ds* 相似的系统，如 *Dotted*（*Dt*，由 Marcus Rhoades 发现）和 *Suppressor/mutator*［*Spm*，由芭芭拉和 Peter Peterson 发现，他们称之为 *Enhancer/Inhibitor*（*En/In*）］。此外，在后面的章节中也可以看到，从细菌、植物和动物中也分离出具有相似遗传行为的元件。

这些元件的共同遗传行为使得遗传学家建议对所有元件进行新的分类。*Ac* 和具有相似遗传特性的元素现在称为自主元件（autonomous element），因为它们不需要其他元件来实现其移动性。类似地，*Ds* 和具有相似遗传特性的元件被称为非自主元件（nonautonomous element）。元件族由一个或多个自主元件和可以移动的非自主元件组成。自主元件编码自身移动所需的信息及调控基因组中不相连的非自主元件的移动。非自主元件不能编码它们自己移动所必需的元件，所以它们不能移动，除非该家族的自主元件存在于基因组中的其他位置。

图 11-5 展示的是玫瑰基因组中转座子效应的一个例子。

图 11-5　玫瑰基因组中转座子效应
马赛克类的嵌合色是由玫瑰中转座子的切除引起的。转座子的插入破坏了色素的产生，
从而产生白色花朵。转座子的切除可恢复色素的产生，从而形成红色花朵

关键点：玉米转座子可以使它们所在的基因失活，导致染色体断裂，并转移到基因组新的位点。自主元件可以独立地执行这些功能；非自主元件只能在基因组其他位点的自主元件的帮助下进行转座。

11.2.3　转座子是否仅存在于玉米中

尽管遗传学家接受了芭芭拉在玉米中发现转座子的事实，但许多人不愿意接受类似元件存在于其他生物基因组中的可能性。它们在所有生物体中的存在意味着基因组本质上是不稳定和动态的。这种观点与同一物种成员的遗传图谱相同的事实不一致。毕竟，如果基因可以通过基因图谱定位到精确的染色体位置，那么这是否暗示它们没有移动？

因为芭芭拉是一位备受尊敬的遗传学家，所以她的结果并没有受到质疑。相反，转座子在其他生物中的存在性仍受众人质疑，他们认为玉米不是一种天然生物：它是一种作物，是人类选择和驯化的产物。直到 20 世纪 60 年代，当第一个转座子从大肠杆菌基因组中被分离出来并在 DNA 序列水平上进行研究时，一些人仍保有该观点。科学家随后从许多生物的基因组中分离出转座子，包括果蝇和酵母。很明显，转座子是大多数生物体基因组的重要组成部分，芭芭拉因其开创性的发现获得了 1983 年的诺贝尔生理学或医学奖。

11.3　原核生物中的转座子

转座子的发现带来了一系列有趣的问题，如这些转座子在 DNA 水平上可能是什么样子？它们如何在基因组中从一个位点移动到另一个位点？所有生物都有转座子吗？所有转座子看起来都相似还是有不同类别的转座子？如果有许多类别的转座子，它们可以共存于一个基因组中吗？基因组中转座子的数量是否因物种而异？因为转座子的分子遗传性质首先是在细菌中被解析的，我们将通过讲述在原核生物中开展的原创性研究来继续这个知识点的阐述。

细菌中有两类转座子：①称为 IS 元件的短序列，它可以自我移动，但不含有除移动所需基因之外的基因；②长序列的转座子，它不仅含有移动所需的基因，还携带其他基因。

11.3.1 细菌的插入序列

插入序列元件（insertion sequence element，IS 元件）是细菌 DNA 的一个片段，它可以从染色体上的一个位置移动到同一染色体上或不同染色体上的不同位置。当 IS 元件出现在基因的中间时，它们会中断编码序列并使该基因的表达失活。由于它们的大小以及在某些情况下 IS 元件中存在转录和翻译终止信号，如果基因位于插入位点的下游，则 IS 元件还可以阻断同一操纵子中其他基因的表达。IS 元件首先在大肠杆菌的半乳糖（gal）操纵子（一个参与半乳糖代谢的三基因簇）中被发现。

离散 IS 元件的发现：科学家在几个大肠杆菌 gal⁻ 突变体中发现 gal 操纵子含有大片段 DNA 插入，从而自然地引出这样一个问题：这些 DNA 片段是随机插入的，还是不同的遗传实体？杂交实验的结果解释了这一疑问。许多不同的插入突变是由一小组插入序列引起的。杂交实验使用的是 λdgal 噬菌体，该噬菌体含有来自几个独立分离获得的带有 gal 操纵子的 gal 突变体。首先分离获得单个噬菌体，然后利用它们的 DNA 在体外合成放射性 RNA。这些 RNA 中只有特定的片段，能与带有大片段 DNA 插入的其他 gal 突变体的 DNA 杂交，却不能与野生型 DNA 杂交。意味着独立分离获得的 gal 突变体含有相同的额外 DNA 片段。这些特定的 RNA 片段还与来自含有 IS 元件插入的其他突变体 DNA 杂交，表明相同的 DNA 片段可以插入细菌染色体的不同位置。

IS 元件的结构：根据 IS 元件的交叉杂交模式，研究者鉴定获得了许多不同的 IS 元件。IS1 序列是从 gal 突变体中鉴定的一个 800bp 片段。IS2 长度为 1350bp。虽然 IS 元件的 DNA 序列不同，但它们有几个共同的特征。例如，所有 IS 元件编码称为转座酶（transposase）的蛋白质，它是 IS 元件从染色体中的一个位点移动到另一个位点所需的酶。此外，所有 IS 元件的头和尾端序列都是其转移所需的反向重复序列（inverted repeat sequence）。IS 元件和其他可移动遗传元件的转座将在本章后面的内容中讨论。

经典的野生型大肠杆菌基因组富含 IS 元件：IS 元件包含 8 个 IS1 拷贝，5 个 IS2 拷贝，以及其他研究较少的 IS 类型的拷贝。相同的 IS 元件具有相同的序列，因此这些位点可能容易发生交叉。例如，致育因子质粒和大肠杆菌染色体之间的重组形成 Hfr 菌株就是位于质粒上的 IS1 元件和位于染色体上的 IS1 元件之间单交换的结果。由于有多个 IS1 元件，因此 F 因子可以在多个位点插入。

关键点：细菌基因组包含称为 IS 元件的 DNA 片段，它可以从染色体上的一个位置转移到同一染色体上或不同染色体上的不同位置。

11.3.2 原核转座子

在第 5 章中，我们学习了 R 质粒（R plasmid），这些质粒带有编码几种抗生素抗性的基因。这些 R 质粒（具有抗性），也称为 R 因子，在细胞接合时快速转移，非常类似于大肠杆菌中的 F 因子。

R 因子是许多类 F 因子研究中第一个被发现的。现已证明 R 因子在细菌中携带许多不同种类的基因。特别值得注意的是，R 因子赋予了细菌对不同抗生素具有抗性的基因。问题在于它们如何获得新的遗传能力？事实证明，耐药基因存在于称为转座子（Tn）的可移动遗传元件上。有两种类型的细菌转座子。复合转座子（composite transposon）含有多种基因，这些基因位于两个几乎相同的反向 IS 元件之间［图 11-6（a）］，形成所谓的反向重复序列。由两种 IS 元件之一编码的转座酶对于催化整个转座子的转移是必需的。Tn10 是一类复合转座子，如图 11-6（a）所示。Tn10 携带一种赋予四环素抗性的抗生素基因，其两侧是两个方向相反的 IS10 元件。构成复合转座子的 IS 元件的反向重复序列如果发生突变，则不能自行转座。

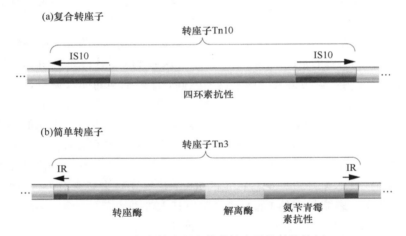

图 11-6　复合转座子和简单转座子的结构特征

（a）Tn10，复合转座子。IS 元件以相反的方向插入，并形成反向重复（IR）。每个 IS 元件都带有一个转座酶，但通常只有一个是功能性的。（b）Tn3，简单转座子。短的"反向重复"不包含转座酶。相反，简单转座子自身编码转座酶。解离酶是一种促进重组和解离共整合的蛋白质（详见后文图 11-9）

细菌的简单转座子（simple transposon）也由侧翼为反向重复序列的基因组成，但这些序列很短（<50bp），并且不编码转座所必需的转座酶。因此，它们的移动性不与 IS 元件关联。相反，简单转座子除了携带细菌基因，还在反向重复序列之间的区域中编码它们自己的转座酶。Tn3 就属于简单转座子，如图 11-6（b）所示。

总而言之，IS 元件是短的移动序列，仅编码那些移动所必需的蛋白质。复合转座子和简单转座子含有额外的基因，赋予细菌细胞新的功能。无论是复合的还是简单的，转座元件通常都被称为转座子，不同的转座子被命名为 Tn1、Tn2、Tn505 等。

转座子可以从质粒跳转到细菌染色体或从一个质粒跳到另一个质粒。通过这种方式产生多重耐药性质粒。图 11-7 是 R 质粒示意图，显示了转座子可以在多个位点整合。

接下来我们将介绍这种转座或移动事件是如何发生的。

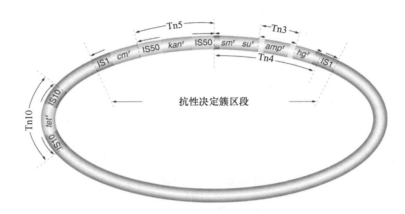

图 11-7　带有多个简单插入和带有耐药基因的复合转座子的质粒示意图
质粒序列为蓝色。显示编码对四环素（*tet*^{r}）、卡那霉素（*kan*^{r}）、链霉素（*sm*^{r}）、磺酰胺（*su*^{r}）、
氨苄青霉素（*amp*^{r}）和汞（*hg*^{r}）的抗性基因。抗性决定簇区段可以作为抗性基因簇移动。
Tn3 包含在 Tn4 内，每个转座子都可以独立转移

关键点：转座子最初被检测为是具有抗药性的可移动遗传元件。IS 元件中许多这样的可移动元件与编码耐药性的基因相邻。该元件通过促进抗性基因从抗性细菌的染色体移动到另一种（易感）细菌中的质粒来促进抗性基因的传播。

11.3.3　转座的机制

如上所述，转座子的移动取决于转座酶的作用。这种酶在转座的两个阶段起着关键作用：从原始位点切除（解离）和插入新位点时。

从原始位点切除：原核生物和真核生物中的大多数转座子采用两种转座机制［复制型转座和保守型（非复制）转座］中的一种进行转移，如图 11-8 所示。在复制转座途径中（如 Tn3 所示），转座事件产生新的转座子拷贝。转移的结果是一个转座子出现在新位点，一个转座子保留在旧位点。在保守转座途径中（如 Tn10 所示），没有复制发生。相反，该转座子从染色体或质粒中切除并整合到新位点。保守转座也被称为"剪切和粘贴"。

1）复制型转座：因为这种机制有点复杂，所以这里将进行详细的描述。如图 11-8 所示，从初始单拷贝产生一个 Tn3 拷贝，共产生两个拷贝的 Tn3。

图 11-9 显示了 Tn3 从一种质粒（供体）到另一种质粒（受体）的转座中间体的细节。在转座期间，供体和受体质粒暂时融合在一起形成双质粒。该中间体的形成由 Tn3 编码的转座酶催化，它在 Tn3 的两端进行单链切割，并在靶序列处交错切割，随后将断裂的自由端连接在一起，形成共整合体（cointegrate）的融合环。转座子在融合过程中发生复制，然后共整合体通过类似重组的方式进行解离，将共整合体转变成两个较小的圆，在每个质粒中留下一个转座子拷贝。结果是一个拷贝保留在原始位点，而另一个拷贝保留在新的基因位点。

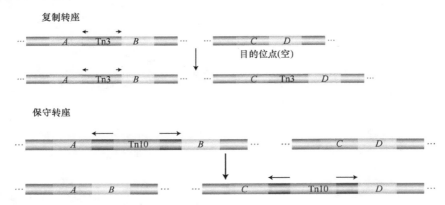

图 11-8　两种转座机制

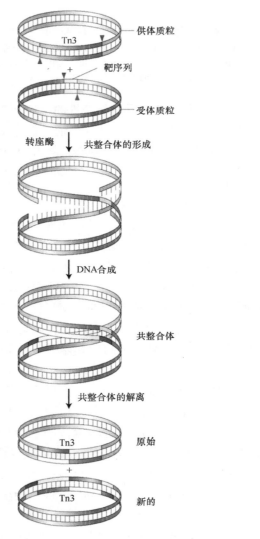

图 11-9　Tn3 的复制型转座

Tn3 的复制转座通过共整合体实现

2）保守型转座（conservative transposition）：一些转座子，如 Tn10，可以从染色体上切除并整合到靶 DNA 中。在这种情况下，转座子的 DNA 不会被复制，并且转座子从原始染色体的位点解离（图 11-8）。与复制转座一样，该反应由转座子编码的转座酶启动，转座酶在转座子的末端切割。然而，与复制型转座相反，转座酶将转座子切割出供体位点，然后在目标位点上进行交错切割，并将转座子插入目标位点。我们将在讨论真核生物转座子（包括 *Ac / Ds* 玉米家族）的转座时更详细地重新讨论这种机制。

插入新位点：我们已经知道转座酶在转座子插入基因中发挥着重要的作用。在插入新位点的第一步，转座酶在靶位点 DNA 中交错切割（与 DNA 的脱氧核糖磷酸骨架中的限制性内切核酸酶催化的交错断裂不同）。图 11-10 显示了插入通用转座子的步骤。在这种情况下，转座酶产生五碱基对交错切割。转座子插入交错切割末端之间，宿主 DNA 修复机制（见第 12 章）利用突出末端的碱基配对来填充每个单链突出端的间隙。于是在原切割位点突出处产生了两个重复的序列，每个长度为 5bp。这些序列称为靶位点重复。事实上，所有转座子（原核生物和真核生物）的两侧都是靶位点重复，表明所有转座子都使用类似于图 11-10 所示的插入机制。不同之处在于重复的长度，特定类型的转座子具有特异长度的靶位点重复，对于某些转座子而言只有两个碱基对。值得重视的是，转座子在其末端具有反向重复，并且反向重复的两侧是靶位点重复——这是一类直接复制。

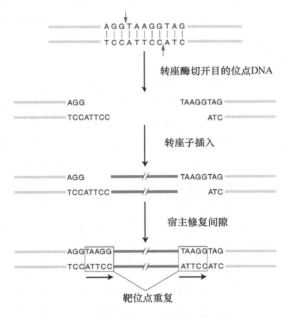

图 11-10　插入元件旁有简短重复序列

一段短 DNA 序列在转座子插入位点发生复制。受体 DNA 在交错站点处被切割（图示为 5bp 的交错切割），导致"5 个碱基对"序列在插入元件两侧产生两个拷贝

关键点：在原核生物中，转座通过至少两种不同的途径发生。一些转座子可以将自身复制到靶位点中，在原始位点仍保留。在其他情况下，转座子直接被切除并重新插入新的位点中。

11.4　真核生物中的转座子

尽管首先在玉米中发现了转座子，但从分子水平上克隆的第一个真核生物转座子是从酵母和果蝇突变体中分离获得的。真核生物转座子分为两类：第 1 类，反转录转座子（class 1 element retrotransposon）；第 2 类，DNA 转座子（class 2 element DNA transposon）。第 1 类被分离的反转录转座子完全不像原核生物 IS 元件和转座子。

11.4.1　第 1 类：反转录转座子

Gerry Fink 实验室是最早使用酵母作为模式生物来研究真核生物基因表达调控的实验室之一。多年来，他和他的同事分离获得了 *HIS4* 基因的数千个突变，该基因编码组氨酸合成途径中的一种酶。

他们分离了超过 1500 个 *HIS4* 自发突变体，发现其中两个突变体表型不稳定。不稳定突变体（又称为假回复子）回复到野生型表型的概率较其他类 *HIS4* 突变体的回复概率高 1000 倍。在表述上，我们可以描述成不稳定突变体从 His^- 回复到 His^+（野生型具有上标加号，而突变体具有上标减号）。与大肠杆菌 *gal* 突变体一样，这些酵母突变体的 *HIS4* 基因中也有大片段的 DNA 插入。分析显示插入片段与酵母中已发现的一类转座子非常相似，该转座子称为 *Ty* 元件（*Ty* element）。事实上，酵母基因组中有大约 35 个称为 *Ty1* 的插入元件拷贝。

令人惊讶的是，从这些等位突变克隆获得的基因元件看起来并不像细菌的 IS 元件或转座子。相反，它们与动物病毒研究中发现的反转录病毒类似。反转录病毒是以双链 DNA 为中间体进行复制的单链 RNA 病毒。通过反转录酶将 RNA 复制成 DNA。复制的双链 DNA 可以整合到宿主染色体中，进一步转录产生 RNA 病毒基因组和蛋白质来形成新病毒颗粒。当反转录病毒基因组的双链 DNA 整合到宿主染色体中时，该 DNA 拷贝称为前病毒（provirus）。典型反转录病毒的生命周期如图 11-11 所示。一些反转录病毒，如小鼠乳腺肿瘤病毒（MMTV）和劳斯肉瘤病毒（Rous sarcoma virus，RSV），是癌性肿瘤诱因。当 MMTV 的 DNA 随机插入基因组时，其旁邻基因的异常表达就会导致癌症。

图 11-12 显示了反转录病毒与从 *HIS4* 突变体分离的 *Ty1* 元件的结构和基因组成的相似性。两者都具有长末端重复（long terminal repeat，LTR）序列，其长度为几百个碱基对。反转录病毒编码至少三种参与病毒复制的蛋白质：*gag*、*pol* 和 *env* 基因的翻译产物。*gag* 编码的蛋白质在 RNA 基因组的成熟中起作用；*pol* 编码最重要的反转录酶；而 *env* 编码围绕病毒的结构蛋白，这种蛋白质是病毒离开细胞感染其他细胞所必需的。有趣的是，*Ty1* 元件含有 *gag* 和 *pol* 基因，但无 *env* 基因。由此可以推测：与反转录病毒一样，*Ty1* 元件被转录成 RNA 转录物，通过反转录酶复制成双链 DNA。然而，与反转录病毒不同，*Ty1* 元件不能离开细胞，因为它们不编码结构蛋白。相反，双链 DNA 拷贝会插回到相同细胞的基因组新位置，图 11-13 显示了这些事件。

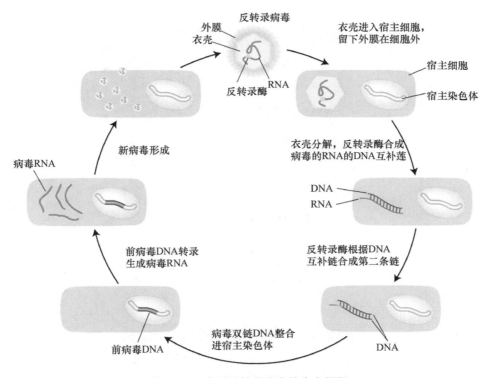

图 11-11　典型反转录病毒的生命周期

典型反转录病毒的 RNA 基因组在宿主细胞内反转录成双链 DNA

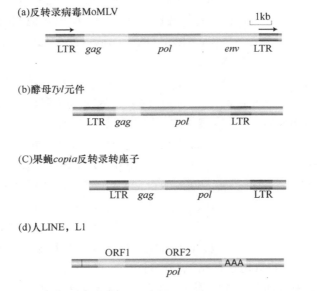

图 11-12　真核生物基因组中反转录转座子和反转录病毒的结构比较

（a）反转录病毒，莫洛尼鼠白血病病毒（MoMLV）。（b）酵母 *Ty1* 元件。（c）果蝇 *copia* 反转录转座子。
（d）人类基因组中的长散在重复序列（LINE）。缩写：LTR，长末端重复；ORF，可读框

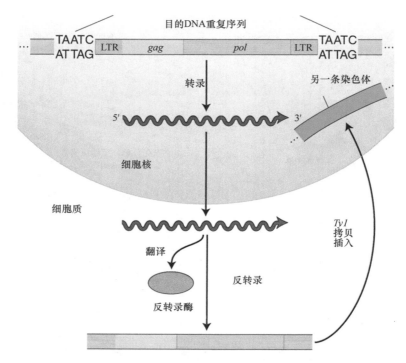

图 11-13   反转录转座子通过 RNA 中间体转座示意图

来自反转录转座子的 RNA 转录物通过反转录转座子编码的反转录酶进行反转录合成 DNA。
双链 DNA 拷贝再插入相同细胞基因组中的新位置

　　1985 年，David Garfinkel、Jef Boeke 和 Gerald Fink 研究表明，与反转录病毒一样，*Ty* 元件的确是通过 RNA 中间体进行转座的。图 11-14 给出了他们的实验设计图，他们对酵母 *Ty1* 元件进行了改造，首先，在元件的一端插入受半乳糖激活的启动子；其次，将另一个酵母基因的内含子引入 *Ty1* 元件的编码区。

　　在培养基中外源添加半乳糖极大地增加了改造 *Ty* 元件的转座频率。这种转座频率增加的结果表明的确是 RNA 参与了转座，因为半乳糖敏感启动子在半乳糖的激活下促进 *Ty* DNA 转录成 RNA，但是，实验的关键结果是研究人员发现内含子已从转座的 *Ty* DNA 中移除。因为内含子仅在 RNA 加工过程中被剪接（见第 9 章），因此，转录的 *Ty* DNA 必然是从 RNA 中间体复制而来的。由此可以得知，RNA 是从原始的 *Ty* 元件转录并被剪接的。剪接的 mRNA 经历反转录回到双链 DNA，然后整合到酵母染色体中。使用反转录酶通过 RNA 中间体转座的转座子称为反转录转座子。它们也被称为 1 类转座子。例如，*Ty1* 的反转录转座子在其末端具有长末端重复，被称为 LTR 类反转录转座子（LTR-retrotransposon），它们用于转座的机制被称为复制和粘贴（copy and paste），从而与经典的 DNA 转座子的剪切和粘贴机制进行区分。

　　多年来在果蝇中分离的几个自发突变也显示含有反转录转座子插入。果蝇的 *copia* 样元件（*copia*-like element）在结构上与 *Ty1* 元件相似，并在果蝇基因组中有 10～100 个插入位点 [图 11-12（c）]。某些经典的果蝇突变就是由插入类似 *copia* 元件和其他元件获得的。例如，白杏仁颜色（white-apricot，*wa*）眼睛突变体是由 *copia* 家族的一个元件插入白色基因位点引起突变的。LTR 类反转录转座子插入植物（包括玉米）基因也被证明有助于该物种的自发突变。

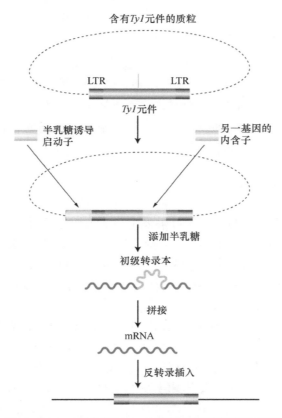

图 11-14　*Ty1* 元件通过 RNA 中间体进行转座的示意图
通过添加内含子和启动子改造后的 *Ty1* 元件，可以被添加的半乳糖激活表达。
内含子序列在反转录之前被剪接

　　在我们结束反转录转座子这一部分内容之前（本章后面的内容仍将讨论到它），有一个问题仍需回答。回想一下，第一个 LTR 类反转录转座子是在一种不稳定的 *His⁻* 酵母菌株中被发现的，该菌株经常回复到 *His⁺*。然而，我们刚刚看到 LTR 类反转录转座子与大多数 DNA 转座子不同，它们在转座时不会被切除。那么，与其他 *His* 等位基因相比，为什么这个等位基因的回复频率增加了 1000 倍呢？答案如图 11-15 所示，*His* 等位基因中的 *Ty1* 元件位于 *His* 基因的启动子区域，在那里它可以阻止基因转录。相反，回复子仅包含单一拷贝的 LTR，称为单长末端重复（solo LTR），这种小得多的插入不会干扰 *His* 基因的转录。solo LTR 是由相同 LTR 之间重组后产生的，这样的重组导致转座子其余部分发生缺失（关于重组的更多信息，参见第 4 章和第 12 章）。solo LTR 在几乎所有真核生物基因组中存在，也暗示了这一事情发生的重要性。酵母基因组中 LTR 的数量是完整 *Ty1* 元件的 5 倍以上。

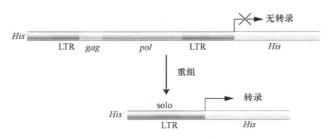

图 11-15 *His*⁺回复子示意图

His⁺回复子包含一个单独的 LTR，它是由 *His* 启动子的两个 LTR 类反转录转座子中相同的 DNA 序列之间发生重组产生的

关键点：通过 RNA 中间体转座的转座子在真核生物中占主导地位。反转录转座子，也称为 1 类转座子，编码反转录酶来产生可以整合到基因组新位点的双链 DNA 拷贝（来自 RNA 中间体）。

11.4.2 第 2 类：DNA 转座子

在真核生物中发现的一些转座子似乎采用与细菌相似的机制进行转座。如图 11-8 所示，对于 IS 元件和转座子而言，插入基因组新位点的实体要么是元件本身，要么是元件的拷贝，以这种方式转座的元件称为 2 类转座子或 DNA 转座子。芭芭拉在玉米中发现的第一个转座子就是 DNA 转座子。然而，在分子水平上发现的第一个 DNA 转座子是果蝇中的 *P* 元件（*P* element）。

在果蝇的所有转座子中，对遗传学家最有吸引力和最有用的是 *P* 元件。全长 *P* 元件类似于细菌的简单转座子，末端是短的（31bp）反向重复序列，它编码单个蛋白质——转座酶来进行移动（图 11-16）。*P* 元件的大小不等，长度为 0.5～2.9kb。这种大小差异是由于存在许多缺陷的 *P* 元件，其中编码转座酶基因的部分已被删除。

图 11-16 *P* 元件的结构

P 元件 2.9kb 的 DNA 序列编码了转座酶。每个元件末端包含了完美的 31bp 反向重复序列

P 元件是由玛格丽特·基德韦尔（Margaret Kidwell）发现的，其研究方向是杂种败育（hybrid dysgenesis），当用来自实验室的黑腹果蝇雌性与来自天然种群的雄性交配时就会发生这种现象。在这样的杂交中，据说实验室来源的品系具有 M 细胞型（M cytotype），天然种群则具有 P 细胞型（P cytotype）。在 M（雌性）×P（雄性）的杂交中，后代展示出一系列令人惊讶的表型，包括不育、高突变率、高频率的染色体畸变和不分离（图 11-17）。这些杂种后代是发育不全的或有生物学缺陷的（因此，描述为杂种败育）。有趣的是，反向杂交，即 P（雌性）×M（雄性）不会产生致病后代。另一个重要的发现是，大部分由败育引起的突变是不稳定的，也就是说，它们以非常高的频率回复到野生型或其他突变等位基因。这种不稳定性通常限于具有 M 细胞型的果蝇品系，接下来我们将解释具体的机制。

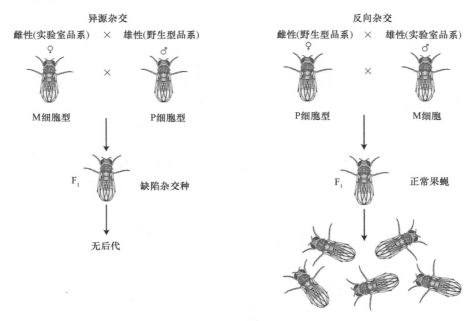

图 11-17　果蝇的杂种败育实验

在杂种败育实验中，来自实验室的雌性和来自野生的雄性之间的杂交产生了有缺陷的 F_1 代

不稳定的果蝇突变体与芭芭拉研究的不稳定玉米突变体具有相似性。研究人员假设，败育突变是由转座子插入特定基因引起的，从而使它们失活。如果推论正确，那么可以通过切除这些插入序列来产生逆转。研究者通过在白色眼睛基因 *white* 突变中分离不稳定的败育突变，来对该假设进行严格的验证。发现大多数突变的确是由转座子插入 *white*$^+$ 基因引起的，该元件即为 *P* 元件，在 P 品系中以每个基因组 30～50 个拷贝存在，但在 M 品系中完全不存在。

为什么 *P* 元件不会引起 P 品系的败育？原因是 *P* 元件转座在 P 品系中被抑制了。起初人们认为是由于 P 品系含有蛋白质抑制因子，而非 M 品系。但这种作用机制很快被推翻，遗传学家现在反而认为 *P* 元件中的所有转座酶基因都在 P 品系中被沉默了。但这些基因在 F_1 代中被激活，如图 11-18 所示。先前已经讨论过基因沉默（见第 9 章和第 15 章），在本章末尾将重新讨论。由于某种原因，大多数实验株没有 *P* 元件，因此沉默机制未被激活。在 M（雌性，无 *P* 元件）×P（雄性，有 *P* 元件）的杂交中，新形成的受精卵中的 *P* 元件处于无沉默的环境中。源自雄性基因组的 *P* 元件可以在整个二倍体基因组中转座，当它们插入基因并引起突变时会产生各种变异。这些分子事件导致了杂种败育的各种表型。然而，P（雌性）×M（雄性）杂交不会导致败育，因为卵细胞质中含有沉默 *P* 元件转座酶所需的成分。

然而，仍有一个有趣的问题没有回答：为什么实验室品系缺乏 *P* 元件，而野生型株系含有 *P* 元件？一种观点认为，大多数现有的实验室株系是近一个世纪前摩尔根和他的学生从野外采集的原始株系衍生而来的，在早期捕获的果蝇中不含有 *P* 元件，而现在捕获的株系却有 *P* 元件传播。这种差异直到再次捕获野生型株系并与实验室株系杂交时才被发现。

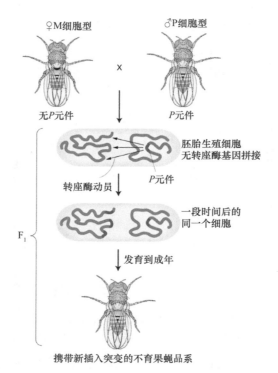

图 11-18 杂种败育由 P 元件插入引起的突变所致

杂种败育的分子基础：带有 P 元件转座酶的雄性果蝇与带有不具功能的 P 元件的雌性果蝇杂交产生的 F$_1$ 代胚胎生殖细胞会发生突变，该突变由 P 元件插入引起。P 元件之所以能移动并引起突变是因为卵细胞不能沉默转座酶基因

虽然我们对 P 元件如何传播没有明确的答案，但很明显，转座子可以在一小部分个体成员中快速传播。从某种程度上来说，P 元件的传播类似于携带抗性基因的转座子向易感细菌群体的传播。

11.4.3 再看玉米转座子

尽管早期遗传学研究首先在玉米中发现转座子是引起不稳定突变的致病因子，但从玉米中分离获得 Ac 元件和 Ds 元件、在细菌和其他真核生物中发现是 Ac 元件和 Ds 元件与 DNA 转座子相关是近 50 年之后的事情。与果蝇 P 元件一样，Ac 元件具有末端反向重复并编码单个蛋白质，即转座酶。非自主元件 Ds 不编码转座酶，因此不能自行转座。当 Ac 元件在基因组中时，其转座酶可以与 Ac 元件或 Ds 元件的两端结合并促进它们的转座（图 11-19）。

如本章前文所述，Ac 和 Ds 属于同一转座子家族成员，玉米中还有其他转座子家族。每个家族都包含一个编码转座酶的自主元件，该转座酶可以移动同一家族中的元件，但不能移动其他家族中的元件，因为转座酶只能绑定到同一家族成员的末端。

尽管一些生物如酵母没有 DNA 转座子，但是从许多植物和动物中分离出了结构与 P 元件和 Ac 元件相似的元件。

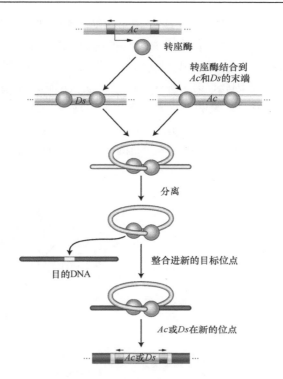

图 11-19　激活转座酶催化自身或 *Ds* 元件切除和整合

玉米的 *Ac* 元件编码一种转座酶，该酶结合其自身或 *Ds* 元件的末端，去除元件，
切割目标位点，并将该元件插入基因组的其他位置

关键点：玉米中第一个已知的转座子是 DNA 转座子，其结构类似于细菌和其他真核生物中的 DNA 转座子。DNA 转座子编码转座酶，该转座酶从染色体切割转座子并催化它在染色体其他位置的重新插入。

11.4.4　DNA 转座子在基因研究中的应用

DNA 转座子是一种有趣的遗传元件，它已经成为遗传学家在不同生物中开展研究的主要应用工具。克隆基因标签和转基因研究中大量地利用它们的移动性。果蝇中 *P* 元件的应用是遗传学家利用真核生物中转座子特性开展研究的最佳案例之一。

P 元件可用于插入产生突变，标记基因的位置，利于基因的克隆。插入基因内的 *P* 元件随机破坏基因，产生具有不同表型的突变体。科学家可以筛选不同的果蝇突变体，并对感兴趣突变表型的基因进行克隆，这些基因带有 *P* 元件标记，该方法称为转座子标签法（transposon tagging）。在克隆突变基因片段后，可以再利用该片段作为探针分离获得正常基因序列。

将 *P* 元件插入基因：Gerald Rubin 和 Allan Spradling 的研究表明，*P* 元件 DNA 可以成为将供体基因转移到受体果蝇株系的有效载体。他们设计了以下实验程序（图 11-20）。假设实验目标是将赋予眼睛颜色的等位基因 *ry*⁺ 转移到果蝇基因组中，受体是玫瑰色（*ry*⁻）纯合突变体。在约 9 个核分裂完成时收集 *ry*⁻ 胚胎，该阶段胚胎是一个多核细胞，注定要形成生殖细胞的细胞核会聚集在一端（注意 P 元件仅在生殖细胞中有活性）。将两种类型的 DNA 注入胚胎中，第一种是带有缺陷 P 元件的细菌质粒，其中插入了 ry^+ 基因。有缺陷的 P 元件类似于玉米 Ds 元件，它不编码转座酶但仍具有结合转座酶并允许转座的末端。这种缺失的元件不能转座，因此，第二种注射的辅助质粒编码转座酶但没有末端重复（它不能转座）。从这些胚胎发育而来的果蝇表型上仍是玫瑰色的突变体，但它们的后代大部分是 ry^+ 果蝇。原位杂交证实 ry^+ 基因与缺失的 P 元件一起插入了其中一个染色体特异位点，没有一例位点出现在 ry 位点，并且这些新的 ry^+ 基因具有稳定的孟德尔遗传特征。

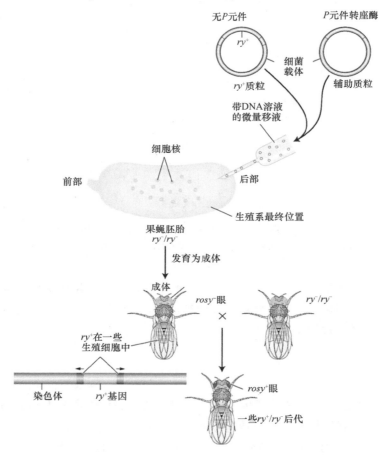

图 11-20　果蝇中 P 元件介导的基因转移

眼睛颜色调控基因 $rosy^+$（ry^+）被构建到带有 P 元件的细胞载体上。同时，使用带有完整 P 元件的辅助质粒。两者同时被注射到 ry^- 胚胎，P 元件于是将 ry^+ 转座到生殖细胞的染色体中

因为 P 元件只能在果蝇中转座，所以这一应用仅限于果蝇。相反，玉米 Ac 元件在许多植物基因组中能够转座，包括拟南芥、莴苣、胡萝卜、水稻和大麦。与 P 元件一样，遗传学家改良了 Ac 元件，用于通过转座子标记来进行基因克隆。于是，芭芭拉发现的第一个转座子 Ac 元件在 50 多年后成为植物遗传学家的重要应用工具。

关键点：DNA 转座子已被科学家以两种重要方式进行改良和应用：①通过转座子标签法创制突变体，该突变体带有分子标签；②作为将外源基因引入染色体的载体。

11.5　动态基因组：远超想象的转座子

转座子首先是通过遗传学研究被发现的。在这些研究中，它们往往是在插入基因位点或在染色体断裂或重排的位点处被发现。转座子 DNA 从不稳定突变体中被分离出来后，科学家可以利用该 DNA 作为分子探针来确定基因组中是否存在更多相关拷贝。所有的研究都发现基因组中始终存在至少几个拷贝，在某些情况下多达几百个拷贝。

科学家对基因组中转座子的流行程度很感兴趣。基因组中是否还有其他不能在实验室研究中造成突变的未知转座子？绝大多数生物中是否存在不适合遗传分析的转座子？或者是换一种角度，那些没有因为转座子诱导产生突变的生物体基因组中是否具有转座子？这些问题让人想起类似的哲学思考，如果一棵树在森林里倒下，但周围没有人看到它，它会发出声音吗？

11.5.1　基因组大小在很大程度上取决于转座子

早在 DNA 测序计划出现之前，科学家就已经使用各种生物化学技术发现 DNA 含量（称为 C 值，C-value）在真核生物中变化很大，并且与生物复杂性无关。例如，蝾螈的基因组是人类基因组的 20 倍，而大麦的基因组是水稻基因组的 10 倍以上。基因组大小与生物复杂性之间缺乏相关性被称为 C 值悖论（C-value paradox）。

大麦和水稻都是禾本科作物，因此，它们的 DNA 含量应该相似。然而，如果基因是多细胞生物基因组中相对恒定的组成部分，那么那些大基因组中额外的 DNA 从何而来？在大量实验结果的基础上，科学家可以明确的是数千甚至数十万次的 DNA 序列重复构成了真核生物基因组的大部分，并且一些基因组包含比其他基因组更多的重复 DNA。

由于近期许多研究对各种生物（包括果蝇、人类、小鼠、拟南芥和水稻）的基因组进行了测序，我们现在知道在高等生物的基因组中存在许多类型的重复序列，有些类似于 DNA 转座子和反转录转座子的重复序列可能是导致植物、酵母和昆虫突变的原因。最值得注意的是，这些序列构成了多细胞真核生物基因组中的大部分 DNA。

基因组大小与基因数量无关，而常与基因组中转座子 DNA 的量相关。大基因组通常拥有较多转座子，而小基因组具有较少转座子。对人类基因组和禾本科植物基因组的比较说明了这一点。在人类基因组中发现的转座子的结构特征总结在表 11-2 中，并将在下一节中论述。

表 11-2　人类基因组中转座子的类型

元件	换位	结构	长度	拷贝数	占比
LINE	自主性	ORF1　ORF2(pol)　AAA	1～5kb	20 000～40 000	21%
SINE	非自住性	AAA	100～300kb	1500 000	13%
DNA 转座子	自主性	转座酶	2～3kb	300 000	3%
	非自住性		80～3 000bp		

关键点：C 值悖论是基因组大小与生物复杂性之间缺乏相关性。基因仅构成多细胞生物基因组的一小部分。基因组大小通常与转座子而不是基因的含量相关。

11.5.2　人类基因组中的转座子

几乎一半的人类基因组来自转座子。这些转座子的绝大多数是两种类型的反转录转座子，称为长散在核元件（long interspersed nuclear element，LINE，又称长散在重复序列）和短散在核元件（short interspersed nuclear element，SINE，又称短散在重复序列）（图 11-21）。在元件编码的反转录酶的帮助下，LINE 像反转录转座子一样移动，但缺乏反转录病毒样元件的一些结构特征，包括 LTR［图 11-12（d）］。SINE 常被描述为非自主 LINE，因为它们具有 LINE 的结构特征，但不编码它们自己的反转录酶。据推测，它们通过由驻留在基因组中的 LINE 编码的反转录酶来移动。

人类基因组中最丰富的 SINE 称为 *Alu* 元件，因它含有 *Alu* 限制性内切核酸酶的靶位点而得名。人类基因组包含超过 100 万个全部和部分 *Alu* 元件，分散在基因之间和内含子中。这些 *Alu* 元件构成 10% 以上的人类基因组。完整的 *Alu* 元件长约 200 个核苷酸，与 7SL RNA（7SL RNA 是一种复合物的一部分，通过该复合物，新合成的多肽通过内质网分泌）非常相似。据推测，*Alu* 序列起源于这些 RNA 分子的反转录产物。

人类基因组中衍生自转座子的 DNA 含量约为编码所有人类蛋白质的 DNA 含量的 20 倍。图 11-21 显示人类基因组中存在的转座子的数量和多样性，以典型人类基因附近的单个 *Alu*、其他 SINE 和 LINE 的位置为例。

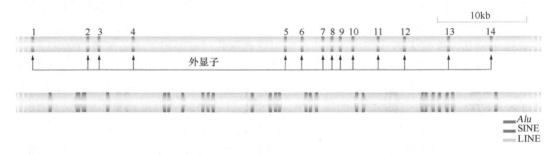

图 11-21　人类基因组包含许多转座子

人类基因（*HGO*）编码 1,2-双加氧酶，含有许多重复元件，其酶活性缺乏会引起尿黑酸尿症。

图上排显示 *HGO* 的外显子。下排显示 *HGO* 的 *Alu*（蓝色）、SINE（紫色）和 LINE（黄色）在序列中的排布信息

人类基因组中的转座子丰度和分布可以说是多细胞生物体的代表。因此，一个显而易见的问题是，植物和动物如何在基因中存在大量插入和移动 DNA 的情况下保持生存与繁殖？首先，在基因功能方面，图 11-21 中所示的所有元件都插入到内含子中。因此，这些基因产生的 mRNA 将不包括来自转座子的任何序列，因为它们将与周围的内含子一起从前体 mRNA 剪接出来。据推测，转座子会同时插入外显子和内含子中，但只有插入内含子时才能在群体中被保留下来，因为它们不太可能引起有害突变，而插入外显子会受到负选择（negative selection）。其次，人类及所有其他多细胞生物在基因组中存在如此多的移动 DNA 还能存活，是因为绝大多数转座子是无效的并且不能移动或增加

拷贝数。基因组中的大多数转座子是在长期演化过程中累积下来的失活突变序列。其他的一些转座子虽然能够移动，但受生物体监管机制的抑制而变得不活跃（见 11.6）。但是，仍有一些活跃的 LINE 和 *Alu* 转座子已经设法逃脱宿主控制并插入在重要基因中，导致几种人类疾病。LINE 的三次单独插入破坏了凝血因子Ⅷ基因，导致甲型血友病的发生。人类基因中至少有 11 个 *Alu* 插入引起多种疾病，包括乙型血友病（插入凝血因子Ⅸ基因）、神经纤维瘤病（插入 *NF1* 基因）和乳腺癌（插入 *BRCA2* 基因）。

人类基因组中因插入 2 类转座子而导致的自发突变的总体频率非常低，占所有已鉴定自发突变的比例不到 0.2%（1/500）。令人惊讶的是，反转录转座子插入占另一种哺乳动物小鼠基因组自发突变的比例达到约 10%。小鼠中这种约 50 倍增加的突变频率很大可能是因为小鼠基因组中这些转座子的活性比人类基因组中高得多。

关键点：人类基因组中含有大量的转座子，其中 LINE 和 SINE 含量最丰富。绝大多数转座子都是古代遗迹，无法再移动或增加拷贝数。一些转座子仍很活跃，它们插入基因中可能导致疾病。

11.5.3　禾本科基因组：广泛存在 LTR 类反转录转座子

如上所述，*C* 值悖论是基因组大小与生物复杂性之间缺乏相关性。为何生物体具有非常相似的基因含量，但基因组的大小却有很大差异？研究人员在禾谷类作物中开展了研究。已有的研究显示，这些谷物基因组大小的差异主要与 LTR 类反转录转座子的数量相关。禾谷类作物是在过去 7000 万年中由共同祖先演化产生的。因此，它们的基因组在基因成分和组织方式上仍然非常相似（称为共线性，synteny；见第 17 章），并且可以直接比较同源区域。这些比较分析表明，相同基因间的物理距离在基因组相对较小的水稻中要短于基因组相对较大的玉米和大麦。在玉米和大麦基因组中，基因被大的反转录转座子簇分开（图 11-22）。

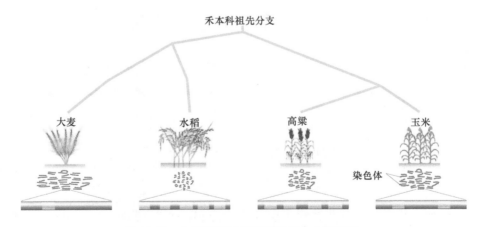

图 11-22　作物转座子导致基因组大小的差异

大麦、水稻、高粱和玉米等作物大约在 7000 万年前由同一祖先演化而来。自那时以来，可移动元件已在每个物种中积累到不同的水平。玉米和大麦的染色体相对较大，其基因组包含大量的 LTR 类反转录转座子。图片底部基因组中的绿色代表反转录转座子簇，黄色代表基因

11.5.4 安全避风港

多细胞生物基因组中丰富的转座子引起一些研究者推测转座子（能够获得非常高拷贝数的那些）已经成功演化出逃避机制，通过不插入宿主基因来防止对宿主的伤害，成功保留下来的转座子插入基因组中所谓的安全避风港（safe haven）位点。对于禾谷类作物而言，新插入的安全避风港位点似乎是其他反转录转座子。另一个安全避风港位点是着丝粒的异染色质，该区域含有很少的基因，但有大量的重复 DNA（有关异染色质的更多信息请参阅第 15 章）。植物和动物中的多种转座子倾向于插入中心异染色质中。

11.5.4.1 小基因组中的安全避风港：靶向插入

与多细胞真核生物的基因组相比，单细胞酵母的基因组非常紧凑，具有间隔紧密的基因和极少的内含子。由于其基因组的近 70% 是外显子，转座子的新插入很可能会破坏编码序列。然而，正如我们在本章前面所见，酵母基因组含有一组称为 *Ty* 元件的 LTR 类反转录转座子。

转座子又如何能够插入几乎没有安全避风港的基因组中？研究人员已经在测序的酵母基因组中鉴定了数百种 *Ty* 元件，并确定它们不是随机分布的。相反，每个 *Ty* 元件家族都插入特定的基因组区域。例如，*Ty3* 家族几乎完全在 tRNA 基因附近插入，它们不干扰 tRNA 产生的位点，并且可能不会伤害它们的宿主。另外，*Ty* 元件已经演化出一种允许它们插入基因组的特定区域机制：一些插入所必需的 Ty 蛋白可以与结合基因组 DNA 的特定酵母蛋白相互作用。例如，Ty3 蛋白是 RNA 聚合酶复合物的亚基，可以识别并结合在 tRNA 启动子上 [图 11-23（a）]。

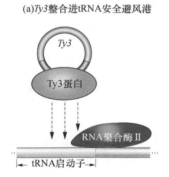

(a)Ty3整合进tRNA安全避风港

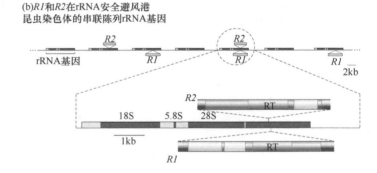

(b)R1和R2在rRNA安全避风港
昆虫染色体的串联陈列rRNA基因

图 11-23 插入在安全避风港的转座子

一些转座子可靶向特定的安全避风港。(a) 酵母的 *Ty3* 反转录转座子插入 tRNA 基因的启动子区。(b) 果蝇 *R1* 和 *R2* 非 LTR 类反转录转座子（LINE）插入位于染色体长串联阵列中的 rRNA 基因中。图中仅显示 *R1* 和 *R2* 的反转录酶（RT）基因

一些转座子优先插入某些序列或基因组区域的能力称为靶向（targeting）。一个经典的例子是节肢动物，包括果蝇在内的 *R1* 元件和 *R2* 元件。*R1* 和 *R2* 属于 LINE 家族，仅插入产生 rRNA 的基因中。在节肢动物中，数百个 rRNA 基因以长串联阵列组织[图 11-23（b）]。由于许多基因编码相同的产物，宿主对 *R1* 和 *R2* 的插入具有耐受性。然而，过多

的 *R1* 和 *R2* 插入可能通过干扰核糖体组装而降低昆虫活力。

11.5.4.2　重新审视基因疗法

本章开始描述了一种名为重度联合免疫缺陷病（SCID）的隐性遗传疾病。由于编码腺苷脱氨酶的基因突变，SCID 患者的免疫系统严重受损。为了纠正这种遗传缺陷，SCID 患者的骨髓细胞被收集并用含有正常腺苷脱氨酶基因的反转录病毒载体进行治疗。然后将治疗后的细胞注回患者体内，大多数患者的免疫系统显著改善。然而，该疗法具有非常严重的副作用：两名患者得了白血病。这两名患者体内的反转录病毒载体插入（整合）一个基因附近，该基因的异常表达与白血病有关。可能的原因是，在这个基因附近插入反转录病毒载体会改变其表达，并间接导致白血病。

显然，如果医生能够控制反转录病毒载体整合到人类基因组中的位置，那么此类基因治疗（gene therapy）相关的严重风险可能会得到控制。我们已经看到 LTR 类反转录转座子和反转录病毒之间存在许多相似之处。希望通过了解酵母中的 *Ty* 靶向机制，我们可以学习如何构建将自身及其携带的基因片段插入到人类基因组安全避风港的反转录病毒载体。

关键点：成功保留下来的转座子可增加拷贝数而不损害其宿主。转座子安全增加拷贝数的一种方法是将新拷贝靶向插入到安全避风港，即基因组中几乎没有基因的区域。

11.6　宿主对转座子移动的调控

遗传分析是一种非常强大的方法，通过筛选突变体和克隆突变基因来解析复杂的生物过程。世界上许多实验室正在使用遗传分析来鉴定负责抑制转座子移动的宿主基因，这也是维持基因组稳定性的方式。

20 世纪 90 年代末，Ron Plasterk 实验室首先使用模式生物秀丽隐杆线虫来研究转座子抑制的机制。实验始于在秀丽隐杆线虫这一模式生物两个不同类型的细胞中观察 *Tc1* 移动性的不同。*Tc1* 是一种 DNA 转座子，与玉米的 *Ac* 元件一样，当它从具有可见表型的基因中被切除时，可导致不稳定的突变表型（图 11-4）。在常见的称为 Bristol 的实验室品系的基因组序列中有 32 个 *Tc1* 元件。值得注意的是，*Tc1* 仅在体细胞而非生殖细胞转座。该观察结果提供给 Ron 的线索是转座在宿主的生殖细胞中被抑制。显然，生殖细胞转座抑制是由生殖细胞中所有 *Tc1* 的转座酶基因沉默引起的。你能否提出一个解释，说明宿主能抑制生殖细胞中的转座而不是体细胞中的转座具有的生物学意义是什么？

Ron 和他的同事于是开始鉴定负责沉默转座酶基因的线虫基因。他们以 *Tc1* 插入 *unc-22* 基因（命名为 *unc-22/Tc1*；图 11-24）的线虫品系为研究材料。该基因也是 Fire 和 Mello 分享诺贝尔生理学或医学奖开展的实验中沉默的基因（见第 9 章）。用显微镜可以轻松观察到野生型线虫在培养皿的琼脂表面上顺利滑动（如图 11-24 中的水平箭头所示），*unc-22/Tc1* 突变体线虫则表现为抽搐运动（如图 11-24 中的垂直箭头所示）。*Tc1* 不能在生殖细胞中转座，但它仍会插入 *unc-22* 基因中并继续破坏其功能。因此，*unc-22/Tc1* 突变体具有代代相传的抽搐运动表型。然而，Ron 及其同事推断，如果灭活抑制因子，该类突变体将允许 *Tc1* 从生殖细胞的 *unc-22/Tc1* 等位基因中切除，并将抽搐运动表型回复为野生型（*unc-22*）。为此，他们对 *unc-22/Tc1* 突变体进行化学诱变，并在显微镜下检查它们的后代，寻找很少的不再抽搐运动的线虫。

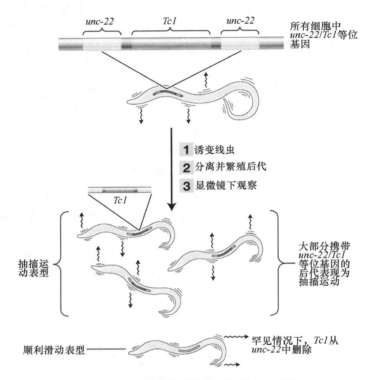

图 11-24　通过突变筛选可抑制转座的基因
调查人员的目标是筛选恢复正常运动的突变体，因为在这些个体中，突变防止了 *Tc1* 从 *unc-22* 基因中发生转座

接下来的遗传分析共筛选鉴定了超过 25 个线虫基因，当它们突变时，允许宿主切除生殖细胞中的 *Tc1*。值得注意的是，这些基因的许多产物是 RNAi 途径的组成部分 [RNA 介导的 DNA 甲基化（RdDM）]，包括在 Dicer 和 RISC 中发现的蛋白质（参见第 9 章、第 13 章和第 15 章）。第 9 章中我们已经讲述，Dicer 与长的双链 RNA（dsRNA）结合并将它们切割成小的 dsRNA 片段。这些片段随后被解开，单链 siRNA 于是可以靶向 RISC 来切割互补的 mRNA（参见图 9-24）。

自此，多年来的研究已经充分解析了线虫生殖细胞转座抑制的调控模式。秀丽隐杆线虫基因组中含有 32 个 *Tc1*，少数转座子会随同旁邻基因发生"通读"转录。因为 *Tc1* 的末端是 54bp 反向重复序列，所以 *Tc1* RNA 会自发形成 dsRNA（图 11-25）。像在大多数真核生物中产生的所有 dsRNA 一样，该 RNA 被 Dicer 识别并最终产生 siRNA，指导 RISC 切割互补的 *Tc1* 转录本。因为所有 *Tc1* RNA 在生殖细胞中被有效切割，所以该转座子编码的转座酶基因被沉默。因为没有转座酶，所以该转座子不能被切除。在假设中，*Tc1* 可以在体细胞中转座是因为 RNAi 不能有效产生，于是就产生了一些转座酶。

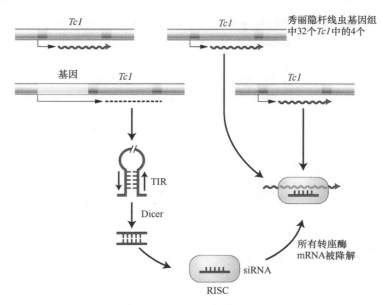

图 11-25　*Tc1* 可以抑制转座

从单个 *Tc1* 产生的 dsRNA 就足以使所有 *Tc1* 转座酶基因沉默，因此抑制生殖细胞中发生转座。
由 *Tc1* dsRNA 产生的 siRNA 与 RISC 结合，靶向所有互补的 RNA 并进行降解。TIR，终端反向重复

　　在过去的十多年中，许多动植物实验室都发现，破坏 RNAi 途径的突变通常会导致其各自基因组中转座子的激活。由于真核生物基因组中转座子的丰富性及它们演化的关联性，有学者推测 RNAi 途径的原本功能就是抑制转座子的移动来维持基因组的稳定性。

　　关键点：真核生物使用 RNAi 抑制其基因组中活性转座子的表达。通过这种方式，插入基因附近的单个转座子转录产生的 dsRNA，将触发基因组中所有转座子拷贝的沉默。

　　下文将着重介绍动物和细菌的基因组监测。

　　RNAi 途径通路类似于雷达系统，如果通路产生了反义 RNA，则宿主能够检测转座子在基因组中的新插入事件。然后宿主通过产生靶向转座酶 mRNA 的 siRNA，使转座酶基因沉默并阻止所有转座子（TE）家族成员的移动来做出响应。最近，另外两类基因组雷达（也称为基因组监测，genome surveillance）也被发现，它们利用不同类别的小的非编码 RNA 来靶向"侵入性"核酸，包括转座子和病毒（见第 5 章）。虽然基因组监控调控机制尚未被完全理解，但是我们在这里的介绍是为了说明它们如何演化出不同的方案来解决相似的生物学问题。

　　动物中的 piRNA：包括果蝇和哺乳动物在内的几种动物的生殖细胞中，活性转座子通过 piRNA 通路被抑制。与 siRNA 一样，piRNA 是与蛋白质复合物相互作用的短单链 RNA（哺乳动物中的长度为 26～30nt；在这种情况下，蛋白质复合物含有 Piwi-Argonaute，其名称来源于此）。一旦相互作用，piRNA 就会指导 Piwi-Argonaute 降解互补的 mRNA（图 11-26）。与 siRNA 不同，piRNA 不是源自图 11-26 中针对 *Tc1* 的双链 RNA 途径。相反，而且非常巧妙的是，动物基因组包含几个长的（通常>100kb）基因座，称为 pi 簇

（pi-cluster），是用来捕获活跃转座子的陷阱。Pi 簇由许多不同转座子的残余物组成，展示了其将活性转座子插入基因位点的历史痕迹。

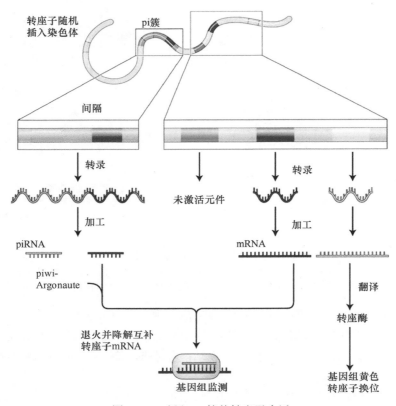

图 11-26　插入 pi 簇使转座子失活
将绿色和粉红色转座子插入基因组的 pi 簇中会引起这两个转座子 mRNA 的降解，
具体过程在正文中有详细描述。相反，在这些转座子随机插入 pi 簇前，黄色的转座子将一直维持其活性

　　宿主基因组监测的第一步是将转座子插入分散在基因组周围的几个 pi 簇位点之一。pi 簇转录产生长 RNA，包括来自新插入转座子的反义 RNA。然后将这些长 RNA 加工成与 Piwi-Argonaute 结合的最终 piRNA，并继续降解从基因组中任何位置转录的转座子衍生的 mRNA。因此，只有当在整个基因组中随机插入的活性转座子恰好插入 pi 簇，并成为基因座的永久部分时，基因组监测系统才能发生识别。

　　细菌中的 CRISPR 衍生的小 RNA（crRNA）：当病毒 DNA 注入细菌时，DNA 通常在噬菌体感染期间侵入细菌（见图 5-22）。现已知道在抗病毒途径中，细菌通过成簇的规律间隔短回文重复序列（clustered regularly interspaced short palindromic repeat，CRISPR）捕获入侵的病毒 DNA 片段（图 11-27），在那里病毒 DNA 被转录成长 RNA，并被加工成短的 crRNA。和 siRNA、piRNA 一样，crRNA 与细菌蛋白质复合物相互作用并引导细菌蛋白质复合物降解来自入侵病毒 DNA 的互补 RNA。

　　pi 簇和 CRISPR 基因座的一个共同特征是转座子或病毒 DNA 片段的新插入导致这些基因座的永久性遗传变异，这些变异可遗传给后代。

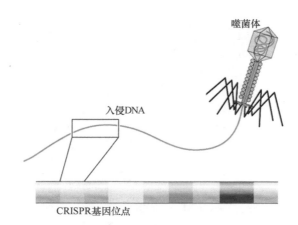

图 11-27　在某些细菌的 CRISPR 基因位点可以获取入侵 DNA

入侵噬菌体的一部分 DNA（蓝色显示）通过未知的机制整合到细菌的 CRISPR 基因位点

关键点：与 siRNA 一样，动物中的 piRNA 和细菌中的 crRNA 与蛋白质复合物相互作用并分别引导它们降解转座子和病毒中的互补序列。这些小的非编码 RNA 起源于捕获入侵 DNA 片段的基因座转录出的长 RNA。

就像通过飞近地面逃避雷达的飞机一样，一些转座子也演化出逃避 RNAi 沉默途径的机制。这些转座子可以获得非常高的拷贝数，证据来自已经系统研究的植物和动物基因组中具有高含量的转座子家族（如人类中的 *Alu*）。

这些转座子如何躲避 RNAi 沉默途径的检测？简短来说，我们并不清楚多数情况下发生了什么。为了理解转座子如何躲避检测，有必要对活性转座的机制开展深入研究。迄今为止，科学家已经发现少量具有高拷贝数的转座子家族仍在活跃地转座。其中最具特色的转座子之一是一种特殊类型的非自主 DNA 转座子，称为微型反向重复转座元件（miniature inverted repeat transposable element，MITE）。与其他非自主元件一样，MITE 可以通过从自主元件中删除转座酶基因而形成。然而，与大多数非自主元件不同，MITE 可以获得非常高的拷贝数，特别是在一些禾本科植物的基因组中，它们的基因组中 MITE 已经扩增到数千份。

水稻的 *mPing* 元件是迄今为止分离的唯一仍在活跃转座的 MITE，由自主 *Ping* 元件通过删除整个转座酶基因而形成（图 11-28）。Susan Wessler 实验室的中国学生蒋宁发现了该元件，该实验室的另一名成员 Ken Naito 研究发现，一些水稻品种中，只有 3～7 份 *Ping* 拷贝和超过 1000 份 *mPing* 拷贝。值得注意的是，这些株系的 *mPing* 拷贝数每代每株增加了近 40 个新插入事件。

与 *mPing* 拷贝数迅速增加的两个相关问题会立即浮现在脑海中。第一个问题是，水稻是如何在这种大规模转座子爆发中存活下来的？为了解决这个问题，Susan 实验室使用新一代测序技术（见第 17 章）来确定水稻基因组中有超过 1700 个 *mPing* 元件的插入位点。令人惊讶的是，他们发现该元件避免插入外显子，从而最大限度地减少插入对水稻基因表达的影响。目前研究人员仍在研究这种偏好插入的潜在机制。

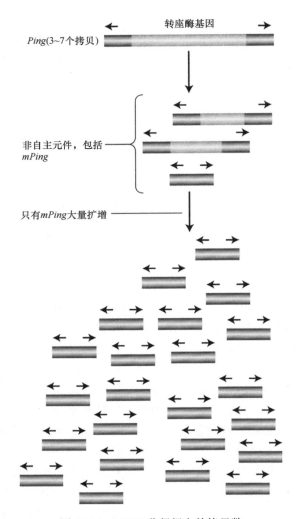

图 11-28 MITE 获得很高的拷贝数

MITE 是非自主 DNA 转座子，因为它们没有编码转座必需的转座酶，其拷贝数非常高。
有活性的 MITE mPing 元件是自主 Ping 元件唯一的删除衍生物，在某些水稻株系中获得了很高的拷贝数

　　第二个问题是，为什么水稻宿主不能抑制 mPing 转座？这个问题也是当前研究的一个热点，其中一个合理的假设是 mPing 可以躲避宿主 RNAi 沉默途径的检测，因为它不包含位于 Ping 元件上转座酶基因的任何部分（图 11-28）。因此，虽然在整个水稻基因组中插入的 mPing 元件的通读转录会产生大量的 dsRNA 和 siRNA，但源自 mPing 的 siRNA 与转座酶基因不共享序列，所以由 mPing 产生的 siRNA 不会诱导针对转座酶基因的沉默机制。相反，转座酶基因将保持活性并将继续催化 mPing 的移动。根据这一假设，只有当更罕见的 Ping 插入产生触发其转座酶基因沉默的 dsRNA 时，mPing 转座才会被抑制。

　　关键点：MITE 是非自主 DNA 转座子，可以获得高拷贝数。虽然 MITE 可以利用自主元件的转座酶，但它们的扩增不会导致转座酶基因的沉默，因此可以躲避宿主抑制。

总　　结

芭芭拉在玉米中发现的转座子是几种不稳定突变产生的原因。*Ds* 属于非自主元件，其转座需要基因组中存在自主元件 *Ac*。

细菌的插入序列（IS）元件是在分子水平上分离的第一个转座子。大肠杆菌中存在许多不同类型的 IS 元件，它们通常以至少几个拷贝的方式存在。复合转座子是侧翼旁邻包含一个或多个基因的 IS 元件，如赋予抗生素抗性的基因。具有抗性基因的转座子可插入质粒中，然后通过转导转移至非抗性细菌。

真核生物中有两类主要的转座子：1 类转座子（反转录转座子）和 2 类转座子（DNA 转座子）。*P* 元件是第一个在分子水平上分离的真核生物 2 类转座子。它是从果蝇杂种败育的不稳定突变体中分离获得的。*P* 元件已被开发为用于将外源 DNA 引入果蝇生殖细胞的载体。

Ac、*Ds* 和 *P* 元件都属于 DNA 转座子，因转座中间体是 DNA 元件本身而得名。自主元件如 *Ac* 编码转座酶，通过结合自主元件和非自主元件的末端来催化从供体位点切除元件，并重新插入到基因组中其他新的靶位点。

反转录转座子在分子水平上首先是从酵母突变体中分离获得的，它们与反转录病毒具有相似性。反转录转座子是 1 类转座子，所有使用 RNA 作为转座中间体的转座子都是如此。

从酵母、果蝇、大肠杆菌和玉米等模式生物中分离的活性转座子是基因组中所有转座子的非常小的部分。包括人类基因组在内的全基因组测序发现一个明显的现象，即几乎一半的人类基因组来源于转座子。尽管具有如此多的转座子，但由于两个因素，真核生物基因组非常稳定，因此转座相对较少。首先，真核生物基因组中的大多数转座子不能移动，因为失活突变阻止正常转座酶和反转录酶的产生。其次，绝大多数剩余转座子的表达被植物和线虫中的 RNAi 途径，以及动物中的 piRNA 途径沉默。转座子的沉默取决于宿主能否检测到有新插入序列的能力，并产生小的非编码 RNA，用来指导蛋白质复合物降解互补转座子编码的 RNA。一些高拷贝数转座子，如 MITE，可能会躲避沉默，因为它们不会触发催化它们转座的转座酶基因的沉默。

（袁　政）

练　习　题

一、例题

例题 1　转座子被称为"跳跃基因"，因为它们可以从一个位置跳到另一个位置，离开了旧基因座并出现在新基因座上。根据我们现在对转座机制的了解，如何理解"跳跃基因"对细菌转座子的适用性？

参考答案：在细菌中，转座通过两种不同的方式发生。保守模式产生真正的基因跳跃，因为在这种情况下，转座子从其原始位置被切除并在新位置插入。另一种模式是复制模式。在该途径中，转座子通过复制到靶 DNA 中而移至新位置，在原始位点留下了转座子的副本。当以复制模式操作时，转座子并不是真正跳跃的基因，因为在原始位点确实保留了复制。

例题 2　根据上面的问题，以及我们现在对转座机制的了解，如何理解"跳跃基因"对人类基因组和大多数其他哺乳动物基因组中绝大多数转座子的适用性？

参考答案：已知哺乳动物基因组中的大多数转座子是反转录转座子。在人类基因组中，两个反转录转座子（LINE 称为 *L1*，SINE 称为 *Alu*）占了整个基因组的 1/3。反转录转座子像细菌转座子一样，不会从原始位点被切除，因此它们并不是真正的跳跃基因。取而代之的是，该转座子充当了 RNA 转录的模板，RNA 可以被反转录酶反转录成双链 cDNA。每个 cDNA 都可能插入到整个基因组的靶位点。请注意，虽然细菌转座子和反转录转座子都没有离开原始位点，但它们各自的转座机制却截然不同。最后，尽管 LTR 类反转录转座子不能被切除，但由于重组产生的单一长末端重复，它们插入的序列可以变得更短。

二、看图回答问题

1. 图 11-3（a）中，如果该株系 9 号染色体上的所有显性标记是纯合的，那么籽粒的表型是什么？

2. 在图 11-4 中，以下内容的遗传基础是什么？

a. 完全着色的籽粒。

b. 未着色籽粒。注意着色和未着色可以由两条不同的通路产生。

3. 在图 11-7 中，请作图解释这种含有多个转座子的 R 质粒的起源。

4. 画出图 11-8 中未显示的反转录转座子的转座模式图。

5. 在图 11-10 中展示转座酶必须在何处切割才能产生 6bp 的靶位点重复，并标示在何处剪切可以生成 4bp 的靶位点重复。

6. 如果图 11-14 中的转座子是其转座酶基因中含有内含子的 DNA 转座子，在转座过程中内含子会被去除吗？证明你的答案。

7. 根据图 11-21 绘制从该基因转录的 pre-mRNA，然后绘制其 mRNA。

三、基础知识问答

8. 多重耐药质粒如何产生。

9. 简要描述如何证明酵母中 *Ty1* 元件的转座是通过 RNA 中间体发生的。

10. 说明果蝇中 *P* 元件的特性如何使这种生物中的基因转移成为可能。

11. 尽管 DNA 转座子在多细胞真核生物的基因组中很丰富，但是 1 类转座子通常占基因组的最大部分，如人类（约 2500Mb）、玉米（约 2500Mb）和大麦（约 5000Mb）的基因组。根据你对 1 类转座子和 2 类转座子的了解，什么独特的转座机制造成它们的数目众多？

12. 如图 11-21 所示，多细胞真核生物的基因通常包含许多转座子。为什么大多数这些转座子都不会影响基因的表达？

13. 什么是安全避风港？在更紧凑的细菌基因组中是否有任何地方可能是插入元件的安全避风港？

14. 诺贝尔奖通常是在真实发现后多年才颁发的。例如，詹姆斯·沃森（James Watson）、弗朗西斯·克里克（Francis Crick）和莫里斯·威尔金斯（Maurice Wilkins）在发现 DNA 的双螺旋结构近十年后，于 1962 年被授予诺贝尔生理学或医学奖。然而，芭芭拉·麦克林托克（Barbara McClintock）在发现玉米转座子后将近 40 年，于 1983 年被授予诺贝尔生理学或医学奖。你认为为什么需要这么长时间才能认识到她发现的意义？

15. 转座酶可以
a. 与 DNA 结合
b. 催化从供体部位切除转座子
c. 催化转座子插入靶位点
d. 上述所有

16. 下列哪些是转座子插入的安全避风港？
a. 内含子
b. 外显子
c. 其他转座子
d. a 和 c 都是正确的

17. 为什么反转录转座子不能像反转录病毒那样从一个细胞移动到另一个细胞？
a. 因为它们不编码 Env 蛋白
b. 因为它们是非自主元件
c. 因为它们需要反转录酶
d. a 和 b 都正确

18. 与反转录转座子不同，DNA 转座子
a. 末端倒置重复
b. 在插入位点生成重复
c. 通过 RNA 中间体转移
d. 在原核生物中找不到

19. 反转录转座子和反转录病毒之间的主要区别是
a. 反转录转座子编码反转录酶
b. 反转录病毒从基因组中的一个位置移动到另一个位置

c. 反转录病毒编码 *env* 基因，使它们可以从一个细胞移动到另一个细胞

d. 以上都不正确

20. 关于反转录酶，以下哪项是正确的？

a. 它是 DNA 转座子移动必需的

b. 它催化从 RNA 合成 DNA

c. 它是反转录转座子转座必需的

d. b 和 c 是正确的

21. 哪种转座子用于将外源 DNA 引入果蝇中？

a. *Ac* 元件

b. *P* 元件

c. *Alu* 元件

d. 复合转座子

22. 玉米基因组比水稻基因组大得多的主要原因是什么？

a. 玉米比水稻具有更多的基因

b. 水稻比玉米具有更多的基因

c. 玉米比水稻具有更多的 DNA 转座子

d. 玉米的反转录转座子比水稻多

23. 为什么在内含子中比在外显子中更经常发现转座子？

a. 因为转座子倾向于插入内含子

b. 因为转座子倾向于插入外显子

c. 因为转座子同时插入外显子和内含子，但会选择性地删除外显子插入

d. 以上都不正确

24. 人类基因组来源于转座子的比例大约是多少？

a. 10%

b. 25%

c. 50%

d. 75%

25. 为什么动植物基因组中拥有如此多的转座子还能繁荣发展？

a. 大多数转座子由于突变而失活

b. 主动转座子被宿主沉默

c. 大多数转座子都插入安全避风港

d. 以上都正确

四、拓展题

26. 转座子插入基因可以改变基因正常的表达模式。在以下情况下，描述对基因表达的可能影响。

a. LINE 插入人类基因的增强子

b. 转座子包含转录阻遏物的结合位点，并在启动子附近插入

c. *Alu* 元件插入人类基因中内含子的 3′ 剪接位点（AG）

d. 插入玉米基因外显子中的 *Ds* 元件切除不完全，在外显子中留下了 3 个碱基对

e. 相同 *Ds* 元件的另一个切除在外显子中留下了 2 个碱基对

f. 插入内含子中间的 *Ds* 元件不能完全切除，并在内含子中留下 5 个碱基对

27. 在整合转座子之前，转座酶在宿主靶 DNA 中进行了交错切割。如果交错的切口位于下面箭头的位置，请画出转座子插入后宿主 DNA 的序列。可用矩形表示转座子。

$$\downarrow$$

AATTTGGCCTAGTACTAATTGGTTGG

TTAAACCGGATCATGATTAACCAACC

$$\uparrow$$

28. 在果蝇中，格林先生发现了一个带有一些异常特征的 *singed* 等位基因（*sn*）。带有与 X 连锁的该等位基因的纯合雌性的鬃毛单生，但它们的头部、胸部和腹部有大量的鬃毛（野生型 *sn*⁺）。当这些果蝇与 *sn* 型雄蝇交配时，某些雌性后代仅具单生鬃毛，而另一些雌性后代中则分别产生数量可变的单生鬃毛和野生型鬃毛，请对这一现象进行解释。

29. 有两种玉米植物：

a. 基因型为 *C/c^m*；*Ac/Ac*⁺，其中 *c^m* 是由 *Ds* 插入引起的不稳定等位基因

b. 基因型为 *C/c^m*，其中 *c^m* 是由 *Ac* 插入引起的不稳定等位基因

在以下条件时，会产生哪种表型？①每株植物与碱基替换突变体 *c/c* 杂交；②a 植物与 b 植物杂交时，会产生什么表型？假设 *Ac* 和 *c* 是不连锁的，染色体断裂频率忽略不计，并且突变 *c/C* 是 *Ac*⁺。

30. 你在健身房遇到了一位科学家朋友，她开始向你介绍她正在实验室研究的小鼠基因。该基因的产物是使毛皮变成棕色所需的酶。该基因称为 *FB*，该酶称为 FB 酶。当 *FB* 被突变并且不能产生 FB 酶时，毛皮是白色的。这位科学家告诉你，她已经从两只棕色毛皮的小鼠中分离出该基因，令人惊讶的是，她发现这两个基因的不同之处在于，其中一个小鼠的 *FB* 基因中存在 250bp 的 SINE（与人的 *Alu* 元件相似），但另一个小鼠的基因中却没有该元件。她不了解为何会有这种差异，特别是考虑到两只小鼠都产生 FB 酶。你能帮助她提出一个假设，解释为什么带有转座子的 *FB* 基因的小鼠仍然能够产生 FB 酶吗？

31. 酵母基因组具有 1 类转座子（*Ty1*、*Ty2* 等），但没有 2 类转座子。请解释在酵母基因组中没有 DNA 转座子的可能原因是什么？

32. 除 *Tc1* 外，秀丽隐杆线虫基因组还包含其他 DNA 转座子家族，如 *Tc2*、*Tc3*、*Tc4* 和 *Tc5*。像 *Tc1* 一样，它们的转座在精细胞中受到抑制，但在体细胞中则没有。预测

一下由于 RNAi 途径的突变，*Tc1* 不再被抑制的突变株中转座子的行为，并证明你的答案。

33. 基于基因沉默的机制，RNAi 途径可利用哪些转座子特征来确保宿主自身的基因不会被沉默？

34. 反转录病毒和反转录转座子之间有何异同？现有的假设认为反转录病毒是从反转录转座子进化而来的。你是否同意这一观点？并证明你的答案。

35. 你已经从人类基因组中分离出了转座子，并确定了其 DNA 序列。如果你只有一台与因特网连接的计算机，你将如何使用该序列确定人类基因组中该转座子的拷贝数？（提示：请参阅第 17 章）

36. 接着上面的问题，你如何确定其他灵长类动物的基因组中是否具有相似的转座子？

37. 在人类基因组的所有基因中，血友病患者的基因具有 *Alu* 插入特征，包括在凝血因子Ⅷ和Ⅸ基因中的多次插入。基于这一事实，你的同事假设 *Alu* 元件倾向于插入这些基因中。你同意这一假设吗？你还能提供什么其他原因来解释这些数据？

38. 如果转座子家族的所有成员都可以被单个家族成员合成的 dsRNA 沉默，那么一个转座子家族（如 *Tc1*）怎么可能在秀丽隐杆线虫基因组中拥有 32 个拷贝而另一个家族（*Tc2*）却只有不超过 5 个拷贝？

39. CRISPR 和 pi 簇基因座如何随时间而发生变化？

第 12 章

突变、修复和重组

学 习 目 标

学习本章后，你将可以掌握如下知识。
· 解释突变的分子基础。
· 对比了解自发突变和诱发突变的起源与结果。
· 描述不同的 DNA 修复机制。
· 解释由 DNA 修复基因突变引起的人类遗传疾病。

生命体遗传物质的传承

自最原始的生命体开始出现在地球上，生命体已进化了 10 亿～20 亿年。生命体进化的根本目的是使其遗传物质能更好地得到传承。为准确传承遗传物质，生命体进化出两大生物事件：一是遗传物质 DNA 分子的复制；二是维持 DNA 分子相对稳定的多个生化机制。在过去 50 年，科学家对真核生物的这两大生物事件进行了广泛和深入的研究，有了多个突破性发现，极大地促进了我们对遗传物质传承的分子机制的理解。

20 世纪 50～80 年代，DNA 复制方面的研究主要集中在原核细胞和真核细胞 DNA 复制叉里的生化反应、确定作用于 DNA 复制叉的酶和蛋白因子（如 DNA 聚合酶、解旋酶、拓扑异构酶、单链结合蛋白、DNA 连接酶等）及阐明它们的生化作用机制。自 20 世纪 70 年代开始一直到现在，DNA 复制的研究主要是阐明真核细胞 DNA 复制的起始机制，这需要解决 3 个问题：阐明 DNA 复制起始位点的结构；确定复制起始蛋白及它们的作用机制（核心研究）；阐明复制起始的严格调控机制。DNA 复制起始，首先要在 DNA 复制起始位点上形成一个复制起始复合物，这个复合物称为复制前复合物（pre-replicative complex，pre-RC）。从 20 世纪 70 年代初至今，历时 50 年的研究，共确定了 5 个 pre-RC 组分，它们分别是 ORC、Sap1/Girdin（Sap1 是裂殖酵母蛋白，Girdin 是 Sap1 在高等真核生物的同源蛋白）、Cdc6、Cdt1 和 MCM。在细胞 G_1 期，这 5 个蛋白因子组装成 pre-RC。ORC 是美国冷泉港 Bruce Stillman 实验室确定的；Sap1/Girdin 是北京大学孔道春实验室确定的；Cdc6、Cdt1 和 MCM 是由多个实验室共同确定的。pre-RC

461

在细胞的 G_1-S 转折期被激活。然后，作用于 DNA 复制叉的蛋白质和酶被募集到 DNA 复制起始位点，起始 DNA 复制 [图 12-1 (a)]。最近，孔道春实验室进一步确定裂殖酵母到人的 DNA 复制起始位点拥有两个特定的必需序列，分别被 ORC 和 Sap1/Girdin 结合。至此，从 20 世纪 60 年代末到现在，经过近 50 年的研究，裂殖酵母到人的 DNA 复制起始位点结构得到最终阐明。

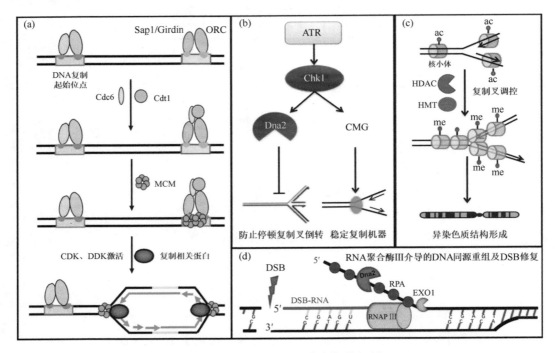

图 12-1　真核细胞 DNA 复制相关机制

（a）真核细胞 DNA 复制起始机制. DNA 复制起始的第一步，是在 DNA 复制起始位点上形成一个复制起始复合物，这个复合物由 ORC、Sap1/Girdin、Cdc6、Cdt1 和 MCM 组装而成。（b）细胞周期检查点调控 Dna2 和 CMG 复制解旋酶等防止停顿复制叉倒转，并稳定复制机器。（c）复制叉调控紧密染色质结构形成，以维持停顿复制叉稳定；同时，该调控机制导致异染色质结构形成。（d）在 DNA 同源重组及同源重组介导的 DNA 双链断裂（DSB）修复生物事件中，RNA 聚合酶III 催化形成的 RNA-DNA 杂交链是一个必需的修复中间体，其生化作用是促进 5'-链末端切割及保护新生成的 3'-ssDNA 单链

CDK. cyclin-dependent kinase，细胞周期蛋白依赖性激酶；DDK. Dbf4-dependent kinase，Dbf4 依赖性激酶；ATR. ataxia telangiectasia and Rad3-related protein，共济失调、毛细血管扩张和 Rad3 相关蛋白；Chk1. checkpoint kinase 1，细胞周期检查点激酶 1；CMG. Cdc45-MCM-GINS complex，CMG 复合物；HMT. histone methyltransferase，组蛋白甲基转移酶；ac. 组蛋白乙酰化修饰；me. 组蛋白甲基化修饰；HDAC. histone deacetylase，组蛋白去乙酰化酶；Dna2. DNA replication ATP-dependent helicase/nuclease 2，DNA 复制 ATP 依赖性解旋酶/核酸酶 2；RPA. replication protein A，复制蛋白 A；EX01. exonuclease 1，核酸外切酶 1；RNAPIII. RNA Polymerase III，RNA 聚合酶III

　　为维持遗传物质 DNA 分子的相对稳定，细胞进化出了两大途径：一是维持 DNA 复制叉的稳定，使得 DNA 复制不被中途停止，并防止基因的广泛突变；二是 DNA 修复，细胞已进化出多条 DNA 损伤修复通路。DNA 复制过程中，复制叉会碰到上百万个复制障碍（人类细胞），使得复制叉停顿下来。停顿的复制叉是不稳定的，容易垮塌，导致 DNA 复制不能完成及基因组的极度不稳定。为了维持停顿复制叉稳定，细胞进化出两条通路：一条称为细胞周期检查点（cell cycle checkpoint），另一条称为复制叉调控

（chromsfork control）。细胞周期检查点调控是 Leland Hartwell 实验室在 1988 年发现的。其中，孔道春实验室发现细胞周期检查点通过调控 Dna2、复制叉解旋酶 CMG（Cdc45-MCM-GINS）等来维持停顿复制叉稳定 [图 12-1（b）]。复制叉调控是北京大学孔道春实验室近期发现的一条新的细胞调控通路。复制叉调控是通过调控染色质结构，在停顿复制叉周围形成紧密的染色质结构，以维持停顿复制叉稳定。复制叉调控还有一个极其重要的生物功能，即促进异染色质形成 [图 12-1（c）]。异染色质组成了染色体的基本结构。正因为有异染色质结构或紧密染色质结构的存在，基因表达水平才可通过表观遗传学（epigenetics）机制得以精准调控，并在器官形成和个体发育中起着决定性作用。

　　DNA 修复对于维持遗传物质 DNA 的稳定起着极其重要的作用。DNA 双链断裂（DNA double-strand break，DSB）是细胞内最严重的一种 DNA 损伤。在真核细胞中，DNA 双链断裂主要通过非同源末端连接和同源重组两种方式进行修复。非同源末端连接是直接将 DNA 断裂末端连接起来的一种修复方式，而同源重组需要先将 DNA 双链断裂末端的 5'-DNA 链进行几千到几万个核苷酸的切除，由此产生 3'-单链 DNA，并以它来入侵同源模板链并进行随后的 DNA 合成和断裂修复。这里一个长期未解决的关键问题是进行 5'-DNA 链有限切割时，3'-DNA 链是如何被保护的？最近，北京大学孔道春实验室解决了此问题。RNA 聚合酶Ⅲ通过在 DNA 双链断裂末端转录，将断裂末端 5'-单链 DNA 翘起从而促使其被 Dna2 核酸酶降解，而 RNA 聚合酶Ⅲ转录形成的 RNA 链与断裂末端 3'-单链 DNA 形成 RNA-DNA 杂交链，该 RNA-DNA 杂交链作为同源重组过程的必需中间体来保护 3'-单链 DNA 免于被降解 [图 12-1（d）]。

引　言

　　遗传变异可以导致疾病发生，呈现一个或多个特定表型改变。遗传变异的产生主要包括两个过程：突变和重组。突变是指基因 DNA 序列发生改变，是进化的来源。在生物体中都有突变的等位基因，其中一些是自发产生的，而另一些是由暴露于环境中的辐射或化学物质所诱发的，通过突变产生的新等位基因将成为重组变异的原料。顾名思义，重组是细胞减数分裂的结果，导致不同的等位基因产生新的组合。做个比喻，突变可以理解为是一张新扑克牌的产生，而重组则是洗牌后产生的不同组合。

　　在细胞环境中，DNA 分子并非绝对稳定：DNA 双螺旋中的每个碱基对均有一定的突变概率。遗传变异涵盖了大量不同类型的变化，小到一个碱基对位置的简单交换，大到整个染色体的缺失。本章着重关注在单个基因内发生的突变，即基因突变。

　　细胞已经进化出了用于识别和修复 DNA 损伤的复杂系统，从而防止大多数突变的发生。我们可以将 DNA 稳定性维持视为 DNA 损伤后产生新突变与及时修复的动态拉锯战。然而，这场战役并不简单，突变为进化提供原动力，因此修复系统必须容忍低水平 DNA 突变的引入，我们可以看到在 DNA 复制和修复过程中实际上可以引入突变，如在破坏性的突变（如双链断裂）发生后，在 DNA 修复系统的作用下可能出现单个基因发生突变。

　　DNA 双链断裂（DNA double-strand break，DSB）是最严重的一类 DNA 损伤，然

而这也是正常细胞减数分裂交叉重组过程的中间步骤。因此，我们可以从两个层面描述突变和重组的相关性：首先，突变和重组是变异的主要来源；其次，DNA 修复和重组机制存在共同特征如相同酶类的参与。因此，我们将首先探索 DNA 修复机制，然后将其与 DNA 重组机制进行比较。

12.1 DNA 点突变及后果

12.1.1 点突变类型

点突变（point mutation）通常是指单个碱基对或少量相邻碱基对的改变。DNA 中主要存在两种类型的点突变：碱基置换和插入/缺失突变（图 12-2）。碱基置换是指突变的碱基对被其他碱基对替代。碱基置换可分为两种亚型：转换（transition）和颠换（transversion）。转换是指突变碱基被相同化学类别的碱基取代：嘌呤被嘌呤取代（从 A 到 G 或从 G 到 A）或嘧啶被嘧啶取代（从 C 到 T 或从 T 到 C）。颠换是指碱基被另一种化学类别的碱基取代：嘧啶被嘌呤取代（从 C 到 A、C 到 G、T 到 A 或 T 到 G）或嘌呤被嘧啶取代（从 A 到 C、A 到 T、G 到 C 或 G 到 T）。在描述 DNA 双链序列变化时，我们必须用相同的相对位置代表碱基对成员。转换的一个例子是 G•C→A•T，颠换的是 G•C→T•A。插入/缺失突变实际上是核苷酸对的插入或缺失，但习惯上称为碱基对插入/缺失。插入/缺失会添加或删除单个碱基对，或者可同时添加或删除多个碱基对，从而产生突变。多碱基对插入/缺失是导致某些人类遗传疾病的原因。

图 12-2 DNA 点突变类型和后果

基因编码区不同类型的点突变对蛋白质功能的影响是不同的。同义突变和错义突变的蛋白质通常仍具有功能

12.1.2 编码区点突变的后果

不同类型的点突变会带来不同的后果。首先看点突变对基因编码区的影响。对于单碱基置换，主要由遗传密码两方面的特性决定：密码子的简并性和终止密码子的存在。根据碱基置换带来的氨基酸改变可以将点突变分为以下几类。

同义突变（synonymous mutation）：突变将氨基酸的一个密码子改变为编码该氨基酸的另一个密码子。这种在外显子中没有改变氨基酸的突变为同义突变，也称为沉默突变。而当碱基改变引起了氨基酸变化，但该变化并不会使蛋白质功能发生改变，这种类型的点突变称为中性突变。

错义突变（missense mutation）：突变导致一个氨基酸的密码子变成另一个氨基酸的密码子。错义突变有时称为非同义突变。

无义突变（nonsense mutation）：突变将一个氨基酸的密码子改变为终止密码子。

同义突变不会改变蛋白质的氨基酸序列。而错义突变和无义突变对蛋白质影响的严重程度因情况而异。错义突变的一种类型是氨基酸被化学结构相似的另一种氨基酸取代，称为保守置换，这种类型的突变基本不会影响蛋白质的正常翻译；另一种类型是氨基酸被化学特性完全不同的氨基酸取代，这种类型的改变更有可能影响蛋白质的结构和功能。无义突变会导致翻译过早终止，因此它们对蛋白质功能具有相当大的影响。无义突变越接近可读框（open reading frame，ORF）的 3′端，所得蛋白质保留生物学活性的概率越高，但大量的无义突变均产生完全无活性的蛋白质产物。

能够使蛋白质失活的单碱基对突变也可以发生在剪接位点，这些位点的点突变可能会导致 mRNA 大片段的插入或缺失（图 12-3），严重影响蛋白质的结构和功能。

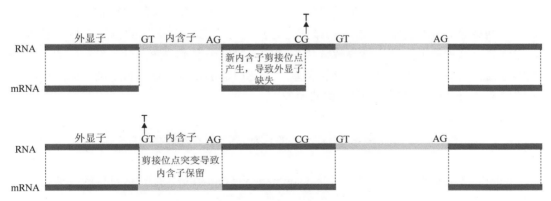

图 12-3　点突变改变 mRNA 剪接的两种情况
一是外显子单碱基对突变产生新的内含子剪接位点，导致外显子缺失；
二是原本的内含子剪接位点发生突变引起内含子保留

与无义突变相同，插入/缺失突变对蛋白质序列产生的影响远远超出突变位点本身。单碱基对的插入或缺失会改变剩余部分的阅读框（从突变碱基对起至新阅读框中的下一个终止密码子止），最终导致突变位点下游翻译的蛋白质的氨基酸序列与原始氨基酸序列无关，这类突变被称为移码突变（frameshift mutation）。由此可以得出，移码突变通常会导致正常蛋白质结构的改变和功能的完全丧失（图 12-4）。

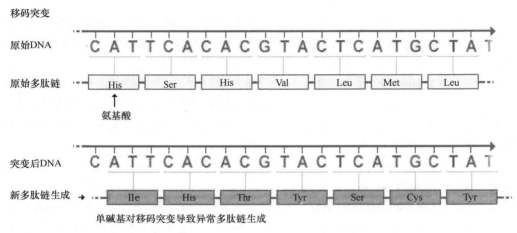

图 12-4　移码突变生成新多肽链

12.1.3　非编码区点突变的后果

在不直接编码蛋白质的基因内含有许多重要的结合位点，在 DNA 水平上，包括 RNA 聚合酶及其相关因子的结合位点及特定转录调节蛋白的结合位点；在 RNA 水平上，包括细菌 mRNA 的核糖体结合位点、真核生物 mRNA 中连接外显子的 5′剪接位点和 3′剪接位点，以及调控翻译并将 mRNA 定位于细胞内特定区域的位点。

与编码区相比，非编码区点突变带来的后果更加难以预测，其功能性后果主要取决于点突变是否破坏（或产生）了重要的结合位点。破坏结合位点的突变有可能通过改变某一时间或某些组织中的表达产物量或通过改变对某些环境信号的应答来调节基因的表达模式。这种调节突变通常只改变蛋白质的产物量，但不改变其分子结构。此外，一些关键结合位点的突变可能会阻断正常基因表达所需的步骤（如 RNA 聚合酶或剪接因子的结合），最终完全破坏基因产物的形成。

12.2　自发突变的分子基础

基因突变会自发产生。自发突变（spontaneous mutation）是天然发生的突变，并且在所有细胞中均会出现。

12.2.1　Luria 和 Delbrück 波动试验

自发突变的起源一直是一个备受关注的话题。遗传学家提出的第一个问题是，自发突变是针对性有选择地发生，还是在大多数人群中以低频率存在？对特定环境因子作用下的野生型细菌突变分析是解析这一重要问题的理想实验系统。

1943 年，Salvador Luria 和 Max Delbrück 进行的一项实验奠定了我们对突变本质认识的基础，并且适用于所有的生物体。当时已知将大肠杆菌涂布在有 T1 噬菌体的培养基平板上，噬菌体很快就会感染并杀死细菌。但在实验中经常会看到抵抗噬菌体的极少数细菌克隆长出，并且这些克隆生长稳定，似乎是真正意义上的抗性突变体。然而，这些抗性突变体是随机自发产生的还是在噬菌体存在的条件下诱导产生的，遗传学家并不清楚。

　　Luria 认为，如果突变是自发产生的，那么突变可能会在不同培养基不同时间发生。在这种情况下，每个平板的抗性菌落数应该显示出高变异性（或者说是"波动"）。据 Luria 介绍，这一观点的灵感来自他看到同事们在当地乡村俱乐部的老虎机上赌博所获得的波动回报。Luria 和 Delbrück 设计的"波动试验"（fluctuation test）如下（图 12-5）：他们在 20 份相同的培养基中分别接种了少量细菌，并分别孵育直至每毫升有 10^8 个细菌。同时，在大体积培养基中接种并孵育出每毫升 10^8 个细菌。将 20 份独立的细菌培养物和从大体积细菌培养物孵育出的 20 份等量细菌培养物分别涂布在有噬菌体存在的平板上培养。结果显示，20 份独立细菌培养物展现出高度变异的抗性菌落数：11 个平板有 0 个抗性菌落，其余 9 个平板分别具有 1 个、1 个、3 个、5 个、5 个、6 个、35 个、64 个和 107 个抗性菌落。来自大体积细菌培养物的 20 个样品在平板间的差异很小，抗性菌落数为 14～26 个。由上述结果可以推断，如果抗性突变体是由噬菌体诱发产生的，那么两组细菌培养物均暴露于噬菌体环境中，独立培养物并没有理由表现出更高的波动性。对这种现象最好的解释是突变是随机发生的：抗性突变发生在早期时，有充足的时间产生抗性子代，而后期发生突变的培养物中抗性菌落数较少（图 12-6）。

　　这一假说也形成了人们对突变的认识：无论是在病毒、细菌还是在真核生物中，突变均会随机发生。凭借此项研究和相关理论的提出，Luria 和 Delbrück 于 1969 年斩获诺贝尔生理学或医学奖。

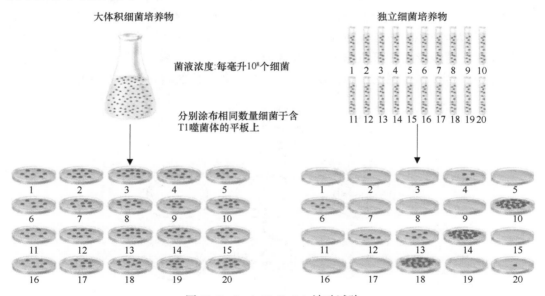

图 12-5　Luria-Delbrück 波动试验

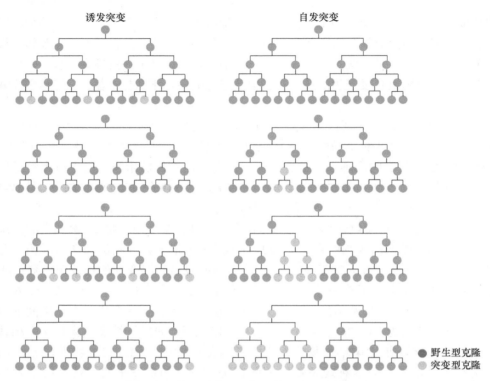

诱发突变　　　　　　　　　　自发突变

● 野生型克隆
○ 突变型克隆

图 12-6　关于耐药细胞起源的两种不同的假设

诱发突变是指当细胞暴露在诱变剂下，随机产生突变；而自发突变的细胞会表现出耐药特性的遗传累积

　　波动试验充分证明了抗性细胞是由环境因子（如噬菌体）选择的，而并不是由环境因子产生的。那么在环境因子选择前，群体中是否已经存在突变体？1952 年，Esther Lederberg 等研究人员设计出影印平板培养法（replica plating）对上述问题加以证实（图 12-7）。首先将菌液接种在不含噬菌体的非选择性培养基上，待克隆形成后，将一块无菌天鹅绒轻轻压在培养基表面，以此实现对非选择性培养基上细菌克隆的"印迹"。随后，将天鹅绒轻压在含有 T1 噬菌体的选择性培养基上。将天鹅绒接触到选择性培养基时，天鹅绒黏附的细胞将以与原始平板菌落相同的相对位置接种到选择性培养

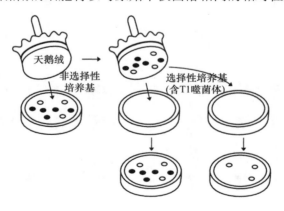

图 12-7　影印平板培养法

基上。与预期相符的是，在选择性培养基上可以观察到少量的抗性突变体菌落。除此之外，研究人员发现多个选择性培养基上的抗性菌落模式完全相同（图 12-8）。如果是在暴露于选择性 T1 噬菌体感染后发生突变的，则每个平板的抗性菌落模式将与突变本身一样随机，因此，突变事件应该发生在暴露于噬菌体感染之前。这些结果再次证实突变始终是随机发生的，并且不是对选择剂的响应。

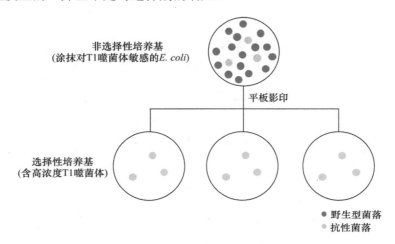

图 12-8　选择性培养基中的抗性菌落出现在相同位置
表明抗性突变是随机自发产生的，并不是对噬菌体的诱发响应，图中黄色克隆为抗性菌落

12.2.2　自发突变的机制

自发突变的发生有多种来源，其中之一是 DNA 复制。尽管 DNA 复制非常精准，但基因组数百万甚至数十亿个碱基对在复制过程中难免会出错。此外，DNA 本身不稳定的分子特性以及细胞所处的环境也会导致自发突变的产生。突变甚至可能是由基因组中其他位置转座子的插入引发的。

12.2.2.1　DNA 复制错误

DNA 复制错误主要包括以下情况：DNA 合成过程中形成非配对碱基对（如 A-C），导致碱基置换（转换或颠换）；碱基对在复制过程中增加或减少，造成移码突变。

在碱基转换突变中，DNA 中的每个碱基都可以以几种互变异构形式中的一种出现，这些互变异构形式可以与错误的碱基配对。当碱基被电离时也会产生错配，并且这种情况的错配比互变异构引起的错配更加频繁。这些错误可以通过细菌 DNA 聚合酶Ⅲ的校正（编辑）功能得以纠正。如果错误未得到校正，则会产生碱基转换突变。目前已知的所有错配均会导致转换突变的发生（嘌呤代替嘌呤或嘧啶代替嘧啶）（图 12-2）。在此过程中，其他 DNA 修复系统也会参与校正，避免 DNA 聚合酶编辑不匹配的碱基。

在碱基颠换突变中（图 12-2），当嘌呤与嘌呤或者嘧啶与嘧啶的错配发生时，通过复制错误产生颠换将变为有效的修复手段。

DNA 复制错误也可能导致移码突变，这种突变将可能导致蛋白质分子结构和功能的巨大改变。

某些类型的 DNA 复制错误也可导致碱基对插入/缺失。当复制过程中重复序列的"滑动错配"使单链区不稳定时，将出现插入/缺失突变，此机制也被称为复制滑动（图 12-9）。当插入/缺失突变发生在蛋白质编码区，并且添加或删去的碱基对数不能被 3（密码子的大小）整除时，这些插入或缺失将产生移码突变。

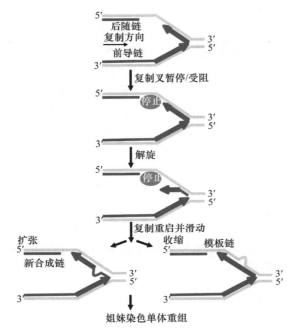

图 12-9　重复序列不稳定导致的复制滑动
复制过程中重复序列的"滑动错配"使单链区不稳定，复制叉暂停/受阻，
引入插入/缺失突变，复制重启会导致 DNA 双链的扩张/收缩

12.2.2.2　DNA 自发性损伤

除了 DNA 复制错误外，DNA 自发性损伤（spontaneous lesion）也可以产生自发突变。

最常见的 DNA 自发性损伤是由脱嘌呤和脱氨基作用引起的，其中脱嘌呤作用（嘌呤的丢失）的发生频率较高。脱嘌呤过程包括打断碱基与脱氧核糖间的糖苷键，随后从 DNA 中去除鸟嘌呤或腺嘌呤残基，DNA 骨架在此过程中保持完整。在 37℃ 条件下，哺乳动物细胞在 20h 的细胞周期中会自发地从其基因组 DNA 中损失约 10 000 个嘌呤。如果这些自发性损伤持续存在，加之无嘌呤位点（apurinic site）在 DNA 复制过程中不能与原始嘌呤互补的碱基配对，将导致严重的遗传变异，此时需要高效的修复系统去除无嘌呤位点（在本章后面会讲到）。脱氨基作用发生在胞嘧啶，胞嘧啶通过脱氨基作用产生尿嘧啶。未修复的尿嘧啶残基将与腺嘌呤配对，导致碱基对 G·C 到 A·T 的转换。

氧化损伤是产生自发突变的第三种类型。活性氧物质如超氧自由基（$\cdot O_2^-$）、过氧化氢（H_2O_2）和羟基自由基（$\cdot OH^-$）是正常有氧代谢的副产物，它们可以对 DNA 及 DNA 前体（如 GTP）造成氧化损伤，导致突变。氧化损伤的突变与许多人类疾病有关。氧化损伤的产物 8-氧代脱氧尿苷（图 12-10）常与腺嘌呤错配，导致高频率的 G•T 颠换；另一种氧化损伤产物胸苷乙二醇会阻断 DNA 复制。

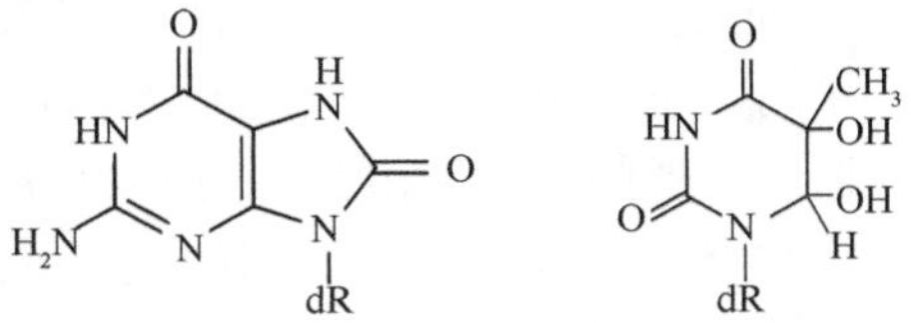

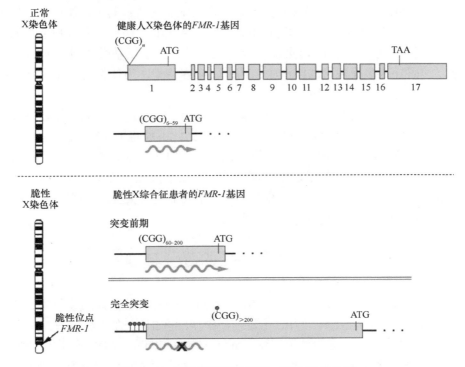

8-氧代脱氧尿苷　　胸苷乙二醇

图 12-10　两种氧化损伤产物

dR：脱氧核糖

12.2.3　人类的自发突变：三核苷酸重复疾病

DNA 序列分析揭示了导致许多人类遗传性疾病的基因突变，其中一些是由碱基置换或单碱基对插入/缺失突变引起的。然而，有些突变相对复杂，如短重复序列的复制异常。

许多遗传疾病的常见致病机制是三碱基对的重复扩增，它们被称为三核苷酸重复（trinucleotide repeat）疾病。脆性 X 综合征是其中的典型，也是遗传性精神障碍最常见的一种，男性发病率接近 1/1500，女性发病率为 1/2500。在细胞学上表现为在 X 染色体的脆性位点发生体外断裂（但这并不会导致疾病表型）。脆性 X 综合征由 *FMR-1* 基因 5′ 非翻译区 CGG 重复数的变化引起（图 12-11）。

图 12-11　三核苷酸重复疾病：脆性 X 综合征

脆性 X 综合征后代的 *FMR-1* 基因中 CGG 重复数高达 200～1300，严重阻碍转录

通常健康人的 X 染色体 *FMR-1* 基因中 CGG 的重复数存在变异，为 6～59，最常见的等位基因包含 29 个重复。经统计证实，未患病的父母和祖父母也能够产生多个脆性 X 综合征后代，在具有该综合征的后代的 *FMR-1* 基因中 CGG 具有庞大的重复数，为 200～1300，并且那些未受累的父母和祖父母也被发现 CGG 重复数增加，但只扩增到 50～200 拷贝。由此可以推断，患者的父母和祖父母的 *FMR-1* 基因已经存在突变，但增加的 CGG 重复数不足以引起该疾病表型，但该基因的突变导致等位基因的不稳定性增加，加剧了扩增频率，最终使得子代获得了能够引发脆性 X 综合征表型的重复数（通常 CGG 的重复数越多，该基因越不稳定）。

这些重复的产生机制是在 DNA 合成过程中发生了复制滑动。然而，脆性 X 综合征患者中异常高的三核苷酸重复突变频率表明，在人类细胞中，若达到约 50 次重复的阈值水平，复制机器便无法保证能够准确完成复制过程，并且可能导致重复数的巨大改变。

其他疾病如亨廷顿病（Huntington disease，HD）也与基因或其调控区域中的三核苷酸 CAG 的重复扩增相关。HD 基因在蛋白质编码区的重复序列的异常扩增将导致亨廷顿病的发生，而疾病的严重程度也由重复序列的异常拷贝数决定。肯尼迪病（也称为脊髓延髓性肌萎缩）是一种遗传性神经系统变性疾病，也是由三核苷酸 CAG 的重复扩增引起的，该重复序列位于雄激素受体基因的编码区。未受影响的人群平均有 19～21 个 CAG 重复，而肯尼迪病患者平均有 46 个重复。

研究发现，三核苷酸重复疾病表型的产生具有一些共同机制。首先，许多这类疾病均表现为神经退行性病变，这意味着神经系统内的细胞死亡；其次，在这些疾病中，多数的三核苷酸重复序列位于基因的可读框内，并且突变的三核苷酸通常是负责编码氨基酸的完整密码子，重复序列的拷贝数变异会直接导致特定氨基酸数目的明显增多，如 CAG 重复编码导致多聚谷氨酰胺产生。因此，很容易理解为什么这些疾病是由以密码子为单位的三核苷酸扩增引发的。

然而，这种解释不适用于所有三核苷酸重复疾病。在脆性 X 综合征中，三核苷酸重复发生在转录起始位点前 *FMR-1* mRNA 的 5′端，因此不能将 *FMR-1* 突变导致的表型异常归因于对蛋白质结构的影响。需要特别注意的是，*FMR-1* 基因突变还伴随着与转录沉默相关的甲基化水平升高。基于以上发现可以提出如下假说：三核苷酸的重复扩增主要通过染色质结构的改变，进而沉默突变基因，属于功能丧失突变。一些脆性 X 综合征患者的 *FMR-1* 基因缺失也为这一假说提供了有力证据。

12.3　诱发突变的分子基础

虽然一些突变是在细胞内自发产生的，但也有一些突变是暴露在某一特定环境后产生的（无论是在实验环境下有意为之还是生活中偶然产生）。在实验室中，暴露于诱变剂（mutagen）产生的突变称为诱发突变（induced mutation），并且该生物体被称为诱变体。诱发突变在被称作诱变剂的作用下产生，诱变剂会显著加快突变发生的速率。

12.3.1 诱发突变的机制

诱变剂可以通过至少三种不同的机制诱发突变：碱基替代、碱基改变和碱基损伤。诱变基因并观察表型后果是遗传学家利用的主要实验策略之一。

12.3.1.1 碱基类似物的掺入

一些化合物与 DNA 中的正常含氮碱基类似，它们偶尔被掺入 DNA 中代替正常碱基，这类化合物被称为碱基类似物（base analog）。碱基被碱基类似物替代后，由于碱基类似物具有与正常碱基不同的配对特性，因此在复制过程中会有错误的碱基插入碱基类似物的相对位置，从而产生突变。起始时碱基类似物原本仅存在于 DNA 的一条链上，但经过 DNA 的复制将导致整个核苷酸对被替换。

2-氨基嘌呤（2-AP）是一种在研究中被广泛应用的碱基类似物。这种腺嘌呤类似物可与胸腺嘧啶结合，也可与胞嘧啶错配（图 12-12）。因此，当 2-AP 掺入 DNA 中与胸腺嘧啶配对时，在随后的 DNA 复制中将与胞嘧啶错配而产生 A•T→G•C 的转换，同样地，当 2-AP 掺入 DNA 中与胞嘧啶发生配对时，则会因与胸腺嘧啶配对而产生 G•C→A•T 的转换。遗传研究表明，2-AP 可以引起几乎完全的转换突变。

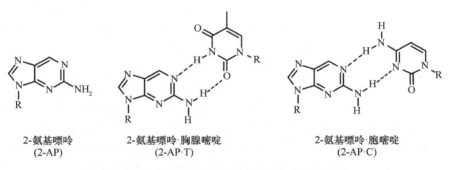

2-氨基嘌呤　　　　2-氨基嘌呤·胸腺嘧啶　　　　2-氨基嘌呤·胞嘧啶
(2-AP)　　　　　　　(2-AP·T)　　　　　　　　　(2-AP·C)

图 12-12　腺嘌呤的碱基类似物——2-氨基嘌呤

12.3.1.2 特异性错配

一些诱变剂不会被整合到 DNA 中，而是通过改变碱基，使其形成特定的错配。某些烷化剂可以通过该途径发挥作用，如甲基磺酸乙酯（EMS）和广泛使用的亚硝基胍（NG）。

这类诱变剂可以将烷基（EMS 中的乙基和 NG 中的甲基）加到 4 个碱基的多个位置。在鸟嘌呤的第 6 位氧上添加烷基基团以产生 *O*-6-烷基鸟嘌呤是产生突变的最佳方案，*O*-6-烷基鸟嘌呤可以与胸腺嘧啶发生错配（图 12-13），并且在下一轮复制时导致 G•C→A•T 的转换。此外，烷化剂也可以修饰 dNTP 中的碱基（N 代表任意碱基），dNTP 是 DNA 合成的前体分子。

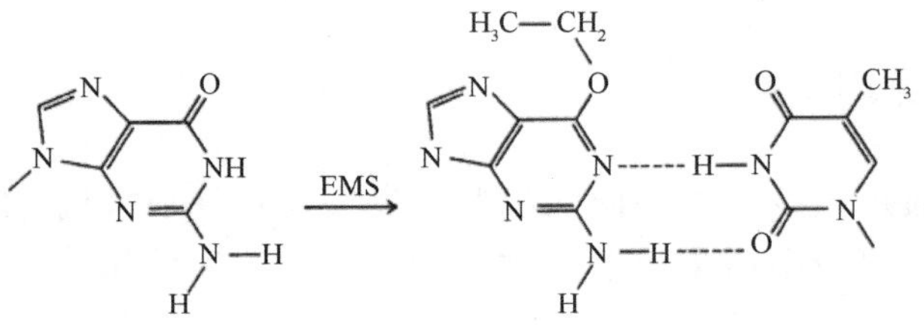

鸟嘌呤　　*O*-6-烷基鸟嘌呤　　胸腺嘧啶

图 12-13　EMS 诱变导致转换突变

12.3.1.3　嵌入剂

嵌入剂（intercalating agent）是另一种重要的 DNA 修饰剂。这类化合物包括二氨基吖啶、吖啶橙和一类称为 ICR 的氮芥类衍生物（图 12-14）。嵌入剂是平面分子，能够模拟碱基自行滑入（或插入）DNA 双螺旋中心的含氮碱基间，从而引起单个核苷酸对的插入/缺失。

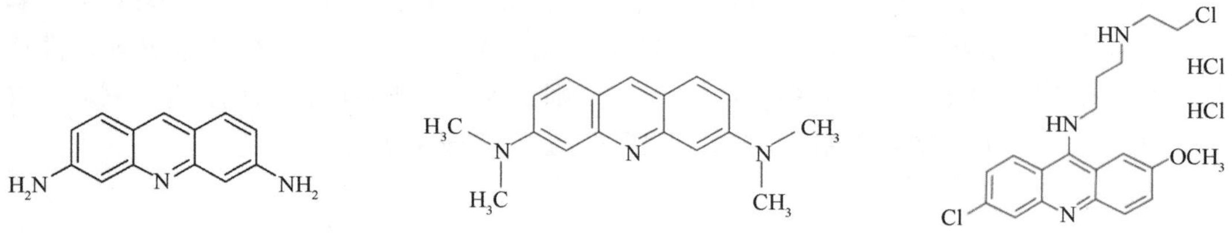

二氨基吖啶　　吖啶橙　　ICR-191

图 12-14　几种嵌入剂的化学结构

12.3.1.4　碱基损伤

大量的诱变剂会损害一个或多个碱基，以破坏特定的碱基配对，其结果是 DNA 复制受阻。DNA 复制受阻可能会进一步产生突变（请参阅本章的碱基切除修复）。

紫外线通常会对大多数生物体中的碱基造成损害。紫外线会使 DNA 产生许多不同类型的改变，称为光产物。这些产物中最可能导致突变的是以下两种：环丁烷嘧啶二聚体（cyclobutane pyrimidine dimer，CPD）和 6-4 光产物（图 12-15）。

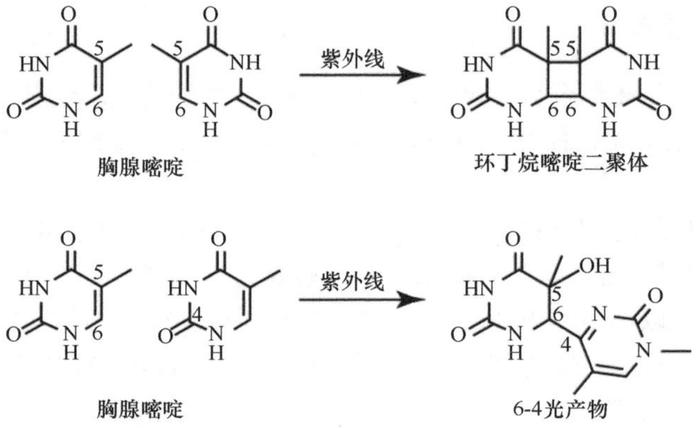

图 12-15　紫外线照射产生的光产物：环丁烷嘧啶二聚体和 6-4 光产物

电离辐射会导致分子的电离和激发，电离产物进而损伤 DNA。由于生物系统处在液态环境中，因此水分子的电离辐射产物损伤能力最强。水分子经电离辐射会形成多种不同类型的活性氧物质，其中对 DNA 碱基最具破坏性的是 $\cdot OH^-$、$\cdot O_2^-$ 和 H_2O_2。电离辐射也可以不通过活性氧物质，直接损害 DNA 碱基。电离辐射可以导致 N-糖苷键断裂，造成无嘌呤位点或无嘧啶位点的形成，引发链断裂。实际上，链断裂是电离辐射具有致死效应的主要原因。

黄曲霉毒素 B_1 是一种强致癌物，附着在鸟嘌呤的 N-7 位置（图 12-16）。这种加成反应产物的形成导致碱基与脱氧核糖间的键断裂，从而释放出碱基并产生无嘌呤位点。黄曲霉毒素 B_1 作为化学致癌物的成员之一，在与 DNA 共价结合后会产生大量的加成产物，其他成员还包括内燃机释放的化合物苯并芘等。尽管有些机制尚不清楚，但可以明确的是这类化合物均会产生诱发突变。

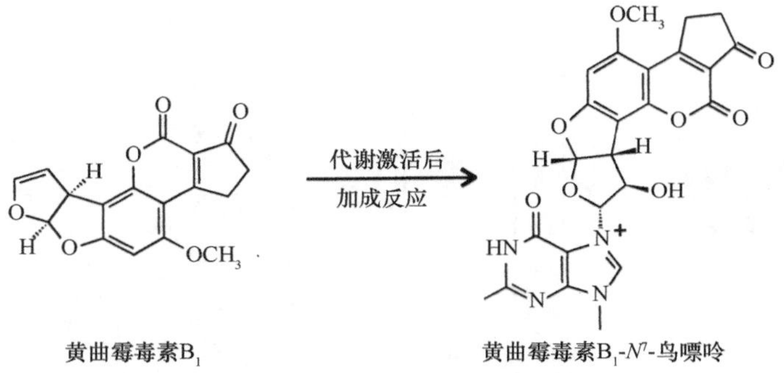

图 12-16 代谢激活后的黄曲霉毒素 B_1 与 DNA 结合，形成黄曲霉毒素 B_1-N^7-鸟嘌呤

12.3.2 评估环境中的 DNA 诱变剂

人类合成了大量化合物，并且很大一部分已经进入商业应用。那么如何对化合物的优点及其对人类健康和生存环境的风险进行准确评估呢？通过高效的筛选技术来大规模评估化合物显得至关重要。

许多化合物是潜在的 DNA 诱变剂（致癌物），因此需要建立模型有效地评估化合物的诱变性。然而，借助小鼠等哺乳动物模型耗时久，且价格昂贵。

20 世纪 70 年代，Bruce Ames 认识到化合物的诱变性与引发突变的能力存在很强的相关性。他推测，利用细菌系统测定突变率来评估化合物的诱变性，可以作为潜在致癌物评定的第一指标。事实上，并非所有致癌物本身都具有诱变性，一些致癌物在体内的代谢产物才是 DNA 诱变剂。通常，这些次级活性代谢物在肝脏中产生，然而将致癌物转变为活性代谢物的酶促反应并不会在细菌中发生。

随后，Ames 意识到可以通过用含有代谢酶的大鼠肝脏提取物处理鼠伤寒沙门氏菌来解决这个问题。鼠伤寒沙门氏菌的特殊菌株具有负责组氨酸合成的突变等位基因，这类菌株在诱变剂作用下可以将某种特定的突变体回复至野生型。例如，TA100 菌株只能通过碱基取代突变恢复为野生型，而 TA1538 和 TA1535 菌株只能通过碱基插入/缺失而导致移码突变，恢复为野生型。

　　将这些菌株用被检测化合物处理后，均匀涂布在组氨酸缺乏的培养基平板上。组氨酸营养缺陷型突变株在组氨酸缺乏的培养基上只能分裂少数几代，形成在显微镜下才能观察到的微菌落；而在化合物处理实验组，一旦被检测化合物诱导菌株发生特定突变，菌株回复至野生型便能够自行合成组氨酸，生长为肉眼可见的菌落。最后，测定每个平板上的菌落数和初始细菌总数用于计算 Ames 试验回复频率。与对照组（含大鼠肝脏提取物和未暴露于化合物的原始突变株）相比，能够生长为菌落的突变株所暴露的化合物可以认为具有诱变性，并且是潜在的致癌物质。因此，Ames 试验是一种能够用于筛选数千种化合物并评估其对健康和环境风险的重要方法，现在仍被用作评估化合物的安全性（图 12-17）。

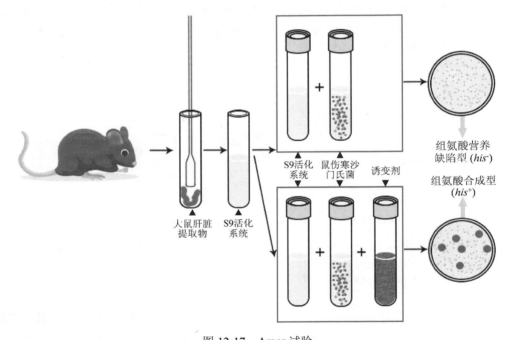

图 12-17　Ames 试验

若被检测化合物具有诱变性，则能够诱发菌株突变回复为组氨酸合成型（his^+），
通过平板菌落数和初始细菌总数的比例即可判定化合物的诱变能力

12.4　DNA 修复机制

　　前文介绍了众多损伤 DNA 的方式，包括来自细胞内部（DNA 复制、活性氧等）和外部环境（紫外线、电离辐射、诱变剂等）的多种因素，那么生命体是如何得以生存并繁荣数十亿年的呢。事实上，从细菌到植物、人类等有机体均能够有效修复 DNA 损伤，其中参与 DNA 损伤修复的蛋白质多达数百种。目前认为，DNA 是生物体内唯一被修复且不可被替代的分子，修复系统的功能障碍是许多人类遗传性疾病的重要原因。

　　DNA 复制过程中 DNA 聚合酶的校正功能是最重要的修复机制，DNA 聚合酶Ⅰ和DNA 聚合酶Ⅲ都能够切除错配碱基。此外，还存在一些其他的 DNA 修复途径。

12.4.1 直接逆转受损 DNA

修复病变最直接的方法是将其逆转，重新产生正常碱基。尽管大多数 DNA 损伤类型不可逆，但存在少数类型可以通过直接逆转完成修复。例如，胸腺嘧啶由紫外线（UV）诱变产生的环丁烷嘧啶二聚体（CPD）（图 12-15），后者可以被光裂合酶修复，该酶与 CPD 结合后将其分裂以再生原始碱基，这种修复机制被称为光复活（图 12-18）。由于光裂合酶需要在波长（λ）大于 300nm 的光照下才能发挥作用，在没有适当波长光照的情况下，需要借助其他途径修复 DNA 损伤。

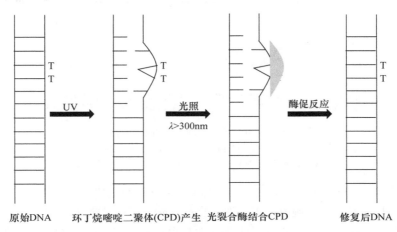

图 12-18 光复活机制

光裂合酶裂解环丁烷嘧啶二聚体以修复这种突变

烷基转移酶也是能够直接逆转 DNA 损伤的酶类，其机制是去除由亚硝基胍和甲基磺酸乙酯等诱变剂添加在 O-6-鸟嘌呤上的烷基（图 12-13）。研究发现，大肠杆菌的 DNA 甲基转移酶通过将甲基从 O-6-甲基鸟嘌呤转移到酶活性位点的半胱氨酸残基来实现 DNA 损伤修复。由于甲基的结合会使酶失活，因此当烷基化水平过高时，会导致该修复系统饱和，无法继续进行损伤修复。

12.4.2 碱基切除修复

碱基互补配对是细胞遗传学的第一原则。细胞内存在一类重要的修复系统，能够利用反向互补配对特性将受损的 DNA 片段恢复至最初的未受损状态，主要是通过切除 DNA 链的单个碱基或较长区段，并将其替换成与模板链互补的核苷酸。与前一部分描述的直接逆转损伤不同的是，这些途径主要通过去除和替换一个或多个碱基实现损伤修复。

除 DNA 聚合酶的校正功能外，碱基切除修复（base excision repair，BER）是 DNA 修复系统中最重要的切除错误或受损碱基的机制。碱基切除修复主要针对单碱基损伤。这种类型的损伤可以由多种原因引起，包括甲基化、脱氨基、氧化和碱基自发缺失等。碱基切除修复的具体过程（图 12-19）如下：首先 DNA 糖基化酶将受损碱基与糖基间的化学键切断，从而释放出受损碱基并产生脱嘌呤嘧啶位点（AP 位点）；随后，AP 核酸内切酶作用于 AP 位点上游，切断受损链；脱氧核糖磷酸二酯酶（dRpase）通过水解相邻的糖-磷酸基团来清除残余骨架，使得 DNA 聚合酶可以与另一条链互补配对生成新的核苷酸链填充间隙；最后，DNA 连接酶将新生成的核苷酸链连接至 DNA 骨架。

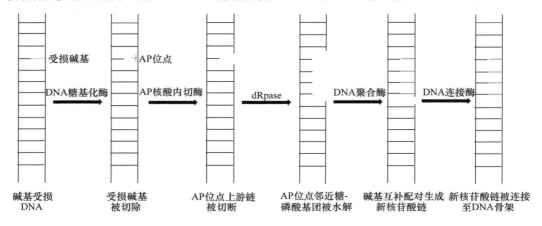

图 12-19　碱基切除修复作用机制

通过 DNA 糖基化酶、AP 核酸内切酶、脱氧核糖磷酸二酯酶（dRpase）、
DNA 聚合酶以及 DNA 连接酶依次完成受损碱基的移除和修复

细胞内存在多种 DNA 糖基化酶，其中尿嘧啶-DNA 糖基化酶负责从 DNA 中去除尿嘧啶。尿嘧啶由胞嘧啶的自发脱氨作用产生，若未被及时修复将导致 C→T 转换。在 DNA 复制过程中腺嘌呤的互补配对碱基是胸腺嘧啶（5-甲基尿嘧啶）而非尿嘧啶，故胞嘧啶脱氨基生成的尿嘧啶会被识别为碱基配对异常，此时机体会启动修复系统并完成碱基切除修复。

12.4.3　核苷酸切除修复

生物体内绝大多数 DNA 损伤都是碱基切除修复系统可以修复的单碱基损伤，然而，这种机制无法消除加合物引起的 DNA 双螺旋结构扭曲，如紫外线照射产生的环丁烷嘧啶二聚体（图 12-15），也无法准确修复多碱基损伤。由于 DNA 聚合酶无法越过这类损伤继续进行 DNA 合成，因此 DNA 复制将被阻断，受阻的复制又可能会导致细胞死亡。同样地，异常或受损的碱基也会阻止转录复合物发挥功能。为解决上述问题，原核生物和真核生物需要借助强大的核苷酸切除修复（nucleotide excision repair，NER）系统，其能够有效解除受阻的复制、转录过程，并完成损伤修复。

NER 是生物体内最复杂的 DNA 修复机制，其修复过程可大致分为 4 个阶段：识别受损碱基；在受损位点组装多蛋白复合物；在受损链损伤部位的上游和下游切除数十个核苷酸（约 30nt）；以未损伤的链为模板，在 DNA 聚合酶的作用下合成新核苷酸链，最后进行新合成链的连接。

前面已经提到，停滞的复制叉和受阻的转录复合物均会激活 NER 系统，因此，根据损伤识别的不同可以将 NER 系统分为两类：全基因组核苷酸切除修复（global genomic nucleotide excision repair，GG-NER）和转录偶联核苷酸切除修复（transcription-coupled nucleotide excision repair，TC-NER）。GG-NER 通过监测基因组 DNA 双螺旋结构的扭曲损伤来阻止突变形成；而 TC-NER 通过移除转录阻滞损伤来确保基因的正确表达。两类 NER 系统除识别损伤的方式不同外，其余修复步骤完全相同（图 12-20）。

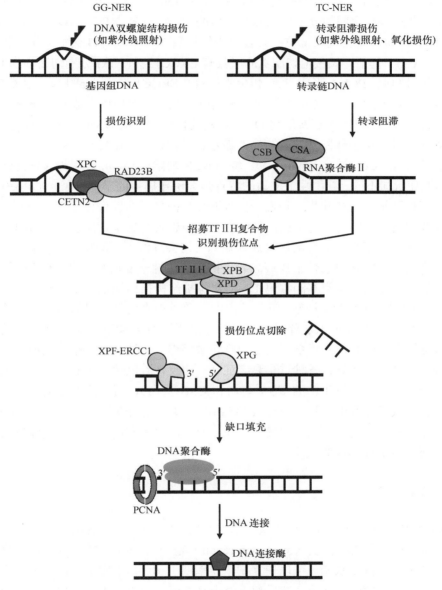

图 12-20　核苷酸切除修复作用机制

当发现基因组的非转录区（GG-NER）或转录区（TC-NER）存在大量加合物或多个受损碱基时，核苷酸切除修复通路会被激活。两种途径分别由不同事件和复合体启动。但两种复合体都会吸引转录因子ⅡH（TFⅡH），并在多蛋白复合物作用下切除碱基，以互补链为模板重新合成 DNA，完成修复。XPC. xeroderma pigmentosum gene group C，着色性干皮病基因组分 C；XPB. 着色性干皮病基因组分 B；XPD. 着色性干皮病基因组分 D；XPF. 着色性干皮病基因组分 F；XPG. 着色性干皮病基因组分 G；RAD23B. RAD23 同源物 B（核苷酸切除修复蛋白）；CETN2. centrin-2，中心体蛋白 2；CSA. Cockayne syndrome type A，科凯恩综合征类型 A；CSB. Cockayne syndrome type B，科凯恩综合征类型 B；PCNA. proliferating cell nuclear antigen，增殖细胞核抗原；ERCC1. excision repair cross-complementation group 1，切除修复交叉互补基因 1

在 NER 系统中，损伤"阅读器"XPC 与 RAD23B 和 CETN2 形成的识别复合物能够在基因组 DNA 分子上持续监测，一旦发现 DNA 双螺旋结构扭曲，XPC 将结合在受损区域，启动 GG-NER；然而，当 RNA 聚合酶复合物被转录链中的损伤阻滞时，CSA 和 CSB 在该位点结合形成识别复合物，启动 TC-NER。损伤被识别后，GG-NER 和 TC-NER 将利用多数相同的分子启动修复损伤的 DNA。首先，XPC-RAD23B 和 CSA/CSB 将招募 TFⅡH 复合物至受损部位；复合物中解旋酶 XPB 和 XPD 会解开螺旋损伤位点附近的 DNA 链；随后，核酸内切酶 XPF（具有 ERCC1）和 XPG 分别切断损伤 DNA 的 5'端和 3'端；切割后 PCNA 形成三聚体环到达 XPF-ERCC1 造成的 5'缺口，招募 DNA 聚合酶，DNA 聚合酶将以互补链为模板，根据碱基互补配对原则合成新的核苷酸填补切割缺口；最后，借助 DNA 连接酶将 DNA 新链连接到相邻的 DNA 上完成修复。

人类的两种常染色体隐性遗传疾病：着色性干皮病（xeroderma pigmentosum，XP）和科凯恩综合征（Cockayne syndrome），均由 NER 缺陷引起，并表现为对紫外线非常敏感，但其他症状却不同。着色性干皮病的特点是会诱导癌症的早期发展，尤其是皮肤癌，有些患者还伴随神经功能缺损。相反，科凯恩综合征患者在发育方面存在障碍，包括侏儒症、耳聋和情感迟钝。换句话说，着色性干皮病患者易患早期癌症，而科凯恩综合征患者会过早衰老。那么，同样的修复途径缺陷为何会导致不同的疾病和症状表现呢？

经研究人员证实，着色性干皮病患者均携带着色性干皮病基因 A～G 组分（*XPA*～*XPG*）中的一种突变，这类基因编码 DNA 双螺旋结构损伤识别分子；而科凯恩综合征患者具有 *CSA* 或 *CSB* 基因突变，该类基因编码负责识别转录停滞的转录复合物。由此可以推断，不同类型 NER 识别分子的突变是导致两种不同 NER 缺陷疾病发生的主要原因。科凯恩综合征患者的修复系统无法识别转录停滞，这种缺陷的结果是细胞趋向于激活细胞凋亡途径，从而导致各种过早衰老症状。相反，着色性干皮病患者含有识别转录停滞的复合物（他们具有正常的 CSA 蛋白和 CSB 蛋白），可以重新启动转录防止细胞死亡。然而，该病患者由于其中一种 XP 蛋白的突变，无法修复 DNA 双螺旋结构损伤，故突变将在患者的细胞中积累。突变的存在，无论是由诱变剂引起的还是修复失败引起的，均会增加患多种癌症的风险。

12.4.4 错配修复

DNA 复制过程中会出现多种错误，错误率约 10^{-5}。DNA 聚合酶的校正功能可以将错误率降至 10^{-7}，而错配修复（mismatch repair）是 DNA 复制过程中除 DNA 聚合酶校正功能外最主要的修复系统，可以使复制错误率低于 10^{-9}。事实上，很多参与错配修复的分子，其结构和功能在细菌、酵母和人类中高度保守，由此可以看出，错配修复是生命体至关重要的损伤修复系统。目前，人们对于错配修复的认识主要来自研究人员对大肠杆菌遗传学和生化机制方面的研究。

如图 12-21 所示，错配修复首先通过 MutS 蛋白识别 DNA 复制产生的错配位点，并将 MutL、MutH 和 UvrD 三种分子招募至受损扭曲的 DNA 双螺旋中，进而启动错配修复系统；随后，错配修复系统的关键分子 MutH 借助其内切酶活性对非配对碱基所在的

DNA 链进行切割。错配修复系统如果没有区分正确和错误碱基的能力，就无法确定切除哪个碱基以防止突变发生。因为复制错误只会发生在新合成的链上，那么错配修复系统是如何区分新旧 DNA 链以准确切除错误碱基的呢？研究表明，DNA 链上的甲基转移的时间差是确定新旧链的关键。DNA 链胞嘧啶在真核生物中多数处于甲基化状态，并且这种表观遗传学修饰可以从 DNA 的模板链传递到子链。大肠杆菌 DNA 同样存在甲基化修饰，但与错配修复相关的是腺嘌呤的甲基化，细菌错配修复系统利用腺嘌呤在复制前后甲基转移的时间差确定新旧 DNA 链，MutH 切割含未甲基化的腺嘌呤上的甲基化位点，这个切点可能与错配碱基相距数百个碱基对。位点被切开后，DNA 解旋酶Ⅱ会结合在切口处，并利用其解旋酶活性解开 DNA 双链；当 MutH 产生的切口在错配位点的 5'端，外切酶 ExoVII 或 RecJ 将发挥 5'至 3'催化活性，完成单链 DNA 切口至错配位点的水解，当未甲基化链切口在 3'端，则由外切酶 ExoI，ExoVII 或 ExoX 负责水解；缺口随后由 DNA 聚合酶Ⅲ合成新的互补配对核苷酸填补，并最终在 DNA 连接酶的作用下完成整个错配修复过程。

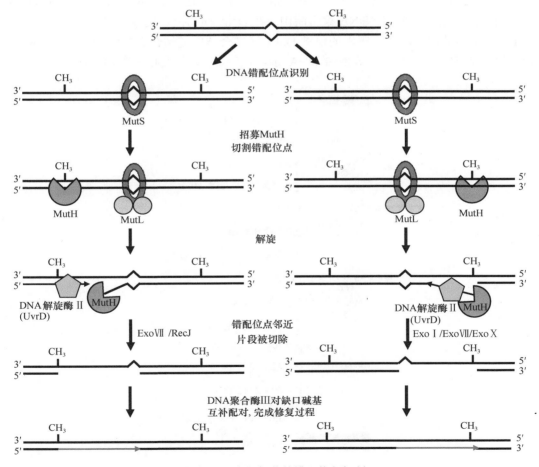

图 12-21　大肠杆菌的错配修复机制

在 DNA 甲基转移酶对新合成的 DNA 链完成甲基转移催化反应前，DNA 会处于半甲基化状态，
因此可以判定 DNA 复制的新旧链。错配修复系统会对甲基化链上发现的错配序列（原始模板）进行必要的修正

12.4.5 跨损伤 DNA 合成

前面介绍到的损伤修复机制要么直接逆转损伤，要么遵循互补配对原则在损伤切除的位置插入正确的碱基，因此修复基本不会出错。然而，一些修复途径本身就是突变的重要来源，在修复过程中也可能带入新的突变，为防止复制叉停滞导致细胞死亡等严重后果，机体进化出了一套应急修复方案。

在原核生物和真核生物中，复制模块可以通过插入非特异性碱基来绕过损伤位点，这种方式称为跨损伤 DNA 合成（translesion DNA synthesis）。在大肠杆菌中，该过程需要激活 SOS 系统。SOS 顾名思义是一种紧急反应，它是机体的一种损伤耐受方式，其目的是允许细胞存在一定程度的突变以避免程序性细胞死亡。

研究人员花了 30 多年时间才弄清楚 SOS 系统如何产生突变。该系统可协助 DNA 聚合酶在停滞的复制叉上绕过损伤位点。以大肠杆菌在紫外线照射下启动 SOS 系统为例（图 12-22）：紫外线照射会诱导 RecA 蛋白的合成，它是 DNA 修复和重组过程的关键参与者；当复制聚合酶（DNA 聚合酶Ⅲ）在 DNA 损伤位点处停滞时，损伤位点附近的 DNA 仍会被解螺旋，暴露出的单链 DNA 区域会被单链结合蛋白结合；接着，RecA 蛋白与单链 DNA 结合并形成蛋白-DNA 细丝，RecA 细丝是这种蛋白质在生物体内的

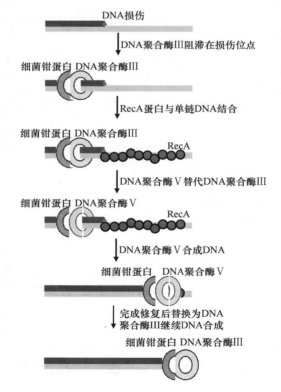

图 12-22　大肠杆菌的跨损伤 DNA 合成修复机制

在 DNA 复制过程中，DNA 聚合酶Ⅲ暂时被 DNA 聚合酶Ⅴ替代，它可以绕过损伤位点完成 DNA 合成，但 DNA 聚合酶Ⅴ容易出错。细菌钳蛋白相当于真核细胞的 PCNA，负责招募 DNA 聚合酶

活性形式。在这种情况下，RecA 细丝诱导并招募 DNA 聚合酶Ⅴ至 DNA 损伤位点，该聚合酶可以绕过复制受损位点继续合成 DNA；完成跨损伤 DNA 合成后，DNA 聚合酶Ⅴ会被 DNA 聚合酶Ⅲ取代，继续进行正常的 DNA 复制。

12.4.6　DNA 双链断裂修复

前文介绍了许多损伤修复系统利用 DNA 双链互补原则进行无偏修复。这类无偏修复主要包括两个特征性步骤：一是从双螺旋 DNA 单链中去除受损碱基以及相邻的核苷酸；二是以另一条链为模板，借助 DNA 聚合酶反向互补合成新的核苷酸链填充切割间隙，至此完成损伤修复。然而，当双螺旋的两条链均被破坏时会发生什么？例如，暴露于 X 射线下通常会导致双螺旋的两条链发生断裂，这种类型的突变称为双链断裂，如果未得到及时修复会引起染色体畸变，导致细胞死亡或癌前病变。

诱导 DNA 双链断裂的因素有很多：体外的电离辐射（X 射线和 γ 射线），以及化疗中使用的类放射性药物如博来霉素等，这类理化刺激会导致体内氧自由基的产生，诱发 DNA 磷酸二酯键断裂；此外，体内代谢产物活性氧簇、V（D）J 重排以及 DNA 复制也会引发双链断裂。

哺乳动物可以通过非同源末端连接（non-homologous end joining，NHEJ）和同源重组（homologous recombination，HR）等方式修复双链断裂的 DNA。这两种修复方式不仅可以保护细胞免受外界因素诱导 DNA 双链断裂引发的细胞死亡和畸变，而且可以维持细胞中基因组的稳定性，在一定程度上防止原癌基因的激活和预防癌症的发生。

12.4.6.1　非同源末端连接

非同源末端连接（NHEJ）是最普遍的 DNA 双链断裂修复机制，可以在哺乳动物细胞的各个时期发挥修复作用。非同源末端连接的修复过程主要包括以下步骤（图 12-23）：

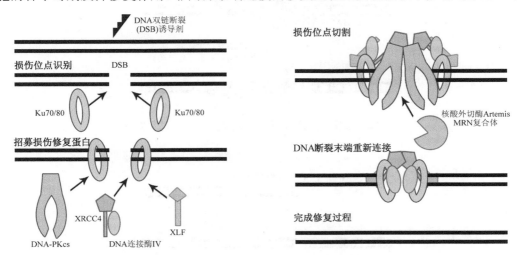

图 12-23　非同源末端连接修复机制

Ku70/80 异二聚体复合物和 DNA 依赖性蛋白激酶催化亚基（DNA-PKcs）结合在断裂位点，进一步招募其他蛋白质对 DNA 末端进行切割、填充并连接缺口。NHEJ 是一种高效的 DSB 修复途径，但产生的 DNA 产物通常包含核苷酸的缺失或插入

首先，与其他修复机制一样，非同源末端连接的第一步也是损伤位点的识别。Ku70/80异二聚体复合物（Ku70/80 heterodimer complex）会初步识别 DNA 双链断裂位置，并招募 DNA 依赖性蛋白激酶催化亚基（DNA-PKcs）形成 DNA 依赖性蛋白激酶全酶（DNA-PK）复合物；随后，DNA-PK 会针对 DNA 末端募集核酸外切酶 Artemis 以及具有核酸内切酶和外切酶活性的 MRN 复合体（MRE11、RAD50、NBS1），产生末端连接所需的 5'-P 端和 3'-OH 端；最终在 DNA-PK 募集的 XRCC4-DNA 连接酶Ⅳ复合体和 XLF（XRCC4-like factor，XRCC4 类似因子）作用下，断裂的 DNA 双链末端重新连接，完成整个修复过程。

12.4.6.2 同源重组

同源重组是酵母细胞 DNA 双链断裂的主要修复方式，仅发生在细胞周期的 S 期到 G_2 期，与非同源末端连接修复相比过程较为复杂（图 12-24）。同源重组修复大致可以分为三步。首先是断裂位点的加工处理，MRN 复合体识别并结合在双链断裂区，并且招募多种修复分子（CtIP 和 BRCA1-BARD1）进入断裂位点。其次是 RAD51 蛋白侵入 DNA 链，这是同源重组修复的关键步骤。RAD51 与细菌 RecA 具有同源性，断裂发生后 RAD51 会与原本结合在 DNA 上的 RPA 蛋白竞争性结合在单链 DNA 上，进而形成存在于 RAD51 中的单链 DNA 核蛋白细丝。最后是霍利迪交叉的形成和解离。DNA 链

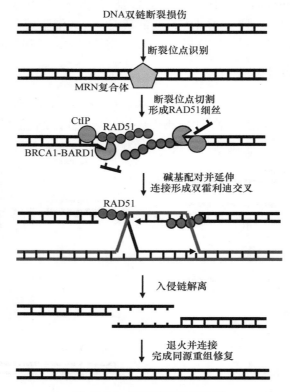

图 12-24 同源重组修复机制

这类方式会在断裂位点的 5'端切除几百个或更多碱基，产生 3'单链 DNA（ssDNA）。
RAD51-ssDNA 在姐妹染色单体（首选）或同源染色体上寻找同源 DNA 模板，完成同源重组修复

以新复制产生的姐妹染色单体上的 DNA 为模板进行碱基配对、延伸、连接形成双霍利迪交叉，经过核酸酶和 DNA 连接酶的处理完成修复。

总　　结

一个基因内的 DNA 改变（点突变）通常蕴含一个或几个碱基对的变化。单碱基对替换可能产生错义密码子或无义（翻译终止）密码子。一个嘌呤被另一个嘌呤取代（或一个嘧啶被另一个嘧啶取代）为转换。嘌呤被嘧啶取代（或嘧啶被嘌呤取代）为颠换。单碱基对的插入/缺失（indel）会产生移码突变。某些含有三核苷酸重复序列的人类基因，特别是那些在神经组织中表达的基因，会由于这些序列的重复扩增而发生突变，进而导致疾病发生。这些基因编码的多肽中单氨基酸重复通常是导致表型改变的原因。

突变作为正常细胞过程（如 DNA 复制或新陈代谢）的副产物，可以自发产生，也可以由诱变辐射或化学物质诱导产生。由于诱变剂的化学特性，其常常会导致一种特定类型的改变。例如，一些诱变剂仅产生 G•C→A•T 转换或仅产生移码突变。

虽然突变是产生多样性的必要条件，但许多突变与遗传性疾病有关，如着色性干皮病。此外，体细胞突变是许多人类癌症的起源。机体通过进化出多条生物学通路来纠正广泛的自发突变和诱发突变。一些通路，如碱基切除修复、核苷酸切除修复与错配修复，通过利用碱基互补的固有信息来实现无错误修复。其他借助跨损伤聚合酶来纠正受损碱基的途径可能会引入 DNA 序列错误。

DNA 双链断裂损伤会导致不稳定的染色体重排，因此纠正双链断裂十分重要。非同源末端连接是一种将断裂的末端重新连接在一起的途径，这样停滞的复制又将不会导致细胞死亡。处于复制过程的细胞，双链断裂可以通过同源重组方式被无错误地修复，该途径利用姐妹染色单体修复断裂的双链 DNA。

数百条程序化的双链断裂起始于非姐妹染色单体间的减数分裂重组。与其他双链断裂损伤一样，减数分裂重组同样需要被快速、有效的处理，以防止细胞死亡和发生癌症等严重后果。其修复机制目前仍在研究中。

基因编辑技术利用工程性核酸酶对基因组进行碱基的插入、删除或替换，基于核酸酶切割后的 DNA 双链断裂修复，最终实现对生物体遗传信息的人为改造。基因编辑的首要步骤是识别 DNA 特定序列，早期基因编辑技术主要包括：类转录激活因子效应物核酸酶（transcription activator-like effector nuclease，TALEN）技术和锌指核酸酶（zinc finger nuclease，ZFN）技术等，成簇的规律间隔短回文重复序列（clustered regularly interspaced short palindromic repeat，CRISPR）技术的兴起是基因编辑技术的重要革新。CRISPR-Cas 源自细菌的适应性免疫系统，其技术原理是借助单链引导 RNA 识别靶标 DNA，并利用 Cas 核酸酶对基因组进行精准切割。除 Cas 核酸酶外，单碱基编辑器、Cas 转座及重组系统和引导编辑器等诸多新型基因编辑工具正被逐步开发和改进。

（尚雪莹　韩泽广）

练 习 题

一、看图回答问题

1. 在图 12-3 中，新的 5′剪接位点出现在可读框内的后果是什么？

2. 在图 12-17 所示的 Ames 试验中，为每个样品添加大鼠肝脏提取物的原因是什么？

3. 根据黄曲霉毒素 B₁ 的作用模式（图 12-16），提出一个场景，解释其在 Ames 试验中的反应（图 12-17）。

4. MutH 蛋白切割新合成的链（图 12-21）。它是如何"识别"这是什么链的？

二、基础知识问答

5. 以下序列描述了什么类型的突变（mRNA）？

野生型　5′AAUCCUUACGGA3′

突变体　5′AAUCCUACGGA3′

6. 通过碱基对替换，密码子 CGG 有哪些可能的同义突变？

7. 密码子 CGG 所有可能的颠换有哪些？哪些颠换将导致错义突变？如何判定？

8. G•C→A•T 转换会引起脯氨酸到组氨酸的错义突变吗？能否引起脯氨酸到丝氨酸的错义突变？

9. 吖啶橙是通过突变产生无效等位基因的诱变剂。为什么它会产生无效等位基因？

10. 如何解释"癌症是遗传病"这一说法？

11. 举例说明 DNA 修复缺陷会导致癌症。

12. 在大肠杆菌的错配修复中，仅校正新合成链中的错配。大肠杆菌如何识别新合成的链？大肠杆菌的错配修复系统具有何种生物学意义？

13. 为什么说非同源末端连接容易出错？

14. 为什么许多通过 Ames 试验检测呈阳性的化学物质被列为致癌物质？

15. 区分以下概念：

a. 转换和颠换

b. 同义突变和中性突变

c. 错义突变和无义突变

d. 移码突变和无义突变

16. 描述两种可能导致突变的 DNA 自发性损伤。

17. 什么是跨损伤聚合酶？它们与复制聚合酶有何不同？它们的特殊功能如何使它们在 DNA 修复中发挥作用？

18. 在已停止分裂的体细胞中有哪些修复系统？

19. 胞嘧啶类似物可以被掺入 DNA 中，与胞嘧啶一样可形成氢键，但它常常异构化为胸腺嘧啶所形成的氢键形式。你认为这种化合物是否具有致突变性，如果是，它会在 DNA 水平上诱导出哪些类型的变化?

20. 图 12-20 中指出了科凯恩综合征患者的突变蛋白质。着色性干皮病患者中哪些蛋白质是突变体? 为何这些不同突变被认为是不同疾病症状的原因?

21. 有两条途径可以修复 DNA 中的双链断裂: 同源重组 (HR) 和非同源末端连接 (NHEJ)。如果说 HR 是一种无差错途径，而 NHEJ 并非总是无差错，为什么真核生物在多数情况下利用的是 NHEJ 途径呢?

22. 哪种修复途径可识别转录过程中的 DNA 损伤? 如果损伤未被修复会怎样?

第 13 章

基因分离和操作

学 习 目 标

学习本章后，你将可以掌握如下知识。

· 用流程图展示克隆法分离和扩增基因的步骤。

· 描述如何使用不同类型的文库来分离和鉴定特定 DNA 分子。

· 比较使用和不使用克隆来扩增 DNA 的方法。

· 使用多种方法分析分离到的 DNA、RNA 和蛋白质。

· 对比实验室中用于动植物基因组操作的不同实验方法。

· 描述分子技术对于理解基因功能的意义。

产前诊断助力优生优育

在早期医学诊断中，一种称为 DNA 印迹法（Southern blotting）的 DNA 检测技术发挥了重要作用。地中海贫血是世界范围内广为流行的遗传性血液病，该病是由于染色体上的珠蛋白编码基因发生突变所致，使珠蛋白肽链合成缺乏或减少。携带一个突变珠蛋白基因的杂合子虽然有血液学和血红蛋白合成的异常，但没有临床症状。当两个地中海贫血杂合子婚配时，有 1/4 的机会生育出携带两个突变珠蛋白基因的地中海贫血重型患儿。因此，产前诊断对防止这类胎儿的出生具有重要意义。

20 世纪 80 年代，一个小名为"上海"的小男孩儿是通过产前基因诊断而降生的幸运儿。"上海"的父母在忍受了失去一个女儿的悲痛后，迫切盼望能生育一个健康的孩子，当"上海"在母亲腹中只有 17 周时，他们来上海请曾溢滔教授（图 13-1）为腹中的胎儿进行产前诊断。通过血液学、血红蛋白和珠蛋白基因分析，确认夫妇俩均是 α-地中海贫血杂合子，经过遗传咨询后，夫妇双方都同意通过羊水胎儿细胞的 DNA 分析对胎儿作产前基因诊断。

从羊水胎儿细胞中抽提 DNA，分别用多种限制性内切核酸酶（restriction endonuclease）进行消化。消化的 DNA 经凝胶电泳（gel electrophoresis），采用 DNA 印迹法转移至硝酸纤维膜上，用标记的含有珠蛋白基因 DNA 序列的探针（probe）进行杂交（hybridization），

图 13-1 中国基因诊断的先驱：中国工程院院士曾溢滔教授

洗膜，做放射自显影。根据父母及家系各成员的临床诊断、亲属关系和限制性酶切位点的多态性分析，研究人员对胎儿进行了诊断。非常幸运的是，羊水细胞 DNA 分析结果显示这个胎儿没有遗传到父母的突变基因。胎儿降生后取脐带血进行 DNA 分析，进一步证实了产前基因诊断无误。父母喜悦万分，即将新生儿取名为"上海"，以示对上海以及曾溢滔教授的感激之情。这一例产前基因诊断的成功，证明基因分离和操作技术具有巨大的科学意义与应用价值，揭开了我国基因工程技术应用于临床实践的新篇章。

引 言

基因是遗传学研究的核心，因此人们需要从基因组中分离出感兴趣的目的基因（或 DNA 片段）用于后续研究。分离并生成足够用来分析的某个基因可能是一项艰巨的任务，因为单个基因是整个基因组极小的一部分。例如，人类基因组包含超过 30 亿个碱基对，而一个基因的编码区平均只有几千个碱基对。那么，科学家是如何像大海捞针般找到一个基因，并将其大量生产以供分析的呢？

许多遗传学研究都是从研究一种性状或一种疾病开始的。如第 2 章所述，我们通过遗传学研究来寻找具有不同表型的突变体，然后通过杂交或家系分析来确定该表型是否由单个基因决定。在第 4 章中讨论了重组作图如何帮助我们在 DNA 水平上定位基因。在本章中，我们继续介绍鉴定目的基因及研究其分子功能的方法。

研究基因功能的第一步是分离 DNA 并复制出足够的量以满足研究需求。就像建筑工人一样，基因工程师也需要工具。我们熟悉的大多数工具箱通常包括锤子、螺丝刀和扳手等工具，这些工具是由人们设计并在工厂制造的。相比之下，基因工程师的工具是从细胞中分离得到的分子。这些工具大多是科学发现的产物，而这些科学研究的最初目的是回答某个生物学问题。直到后来，一些科学家才意识到其中一些分子的潜在实用价值，并将这些分子应用到分离和扩增（amplification）DNA 片段的操作中。我们已经在前几章中介绍了其中的一些分子，在本章中你将看到它们如何成为生物技术革命的基础。

将我们感兴趣的目的基因从基因组中分离出来的一种方法是用"分子剪刀"切割

基因组，并分离出含有该基因的基因组小片段。Werner Arber 首次发现了这些分子剪刀，并因此获得了 1978 年的诺贝尔生理学或医学奖。然而，Arber 并非在寻找精确切割 DNA 的工具。事实上他在试图理解一些细菌对病毒感染具有抵抗力的原因。通过回答这个生物学问题，他发现抗性细菌表达一种之前未知的酶，即限制性内切核酸酶，而这种酶可以在特定的位点切割 DNA。他发现了 *Eco*R I 这个酶，这是第一个商业化的分子剪刀。

另一个例子是，也许没有人可以预测到 DNA 聚合酶，这种由 Arthur Kornberg 首次发现并因此获得 1959 年诺贝尔生理学或医学奖的酶，可以被改造成两种强大的 DNA 分离和分析工具（见第 8 章）。时至今日许多 DNA 测序技术仍依赖于 DNA 聚合酶合成 DNA 的功能。同样，大多数用于分离和扩增不同来源的 DNA 特定区域的方法也依赖于 DNA 聚合酶的活性，这些 DNA 的来源包括犯罪现场以及嵌在琥珀中的化石。

DNA 技术（DNA technology）是特定 DNA 片段的获取、扩增和操作等技术的总称。自 20 世纪 70 年代中期以来，DNA 技术的发展使生物学研究发生了革命性的变化，为分子水平的生物学研究开辟了许多新的领域。基因工程是指 DNA 技术在特定的生物、医学或农业问题中的应用，是生物技术中一个较为成熟的分支。基因组学（genomics）是应用 DNA 技术对细胞核、细胞、有机体或一组相关物种中的核酸进行整体性分析的最终延伸（见第 17 章）。在本章的后半部分，我们将看到 DNA 技术和基因组学技术，以及第 2 章和第 4 章中介绍的方法，如何一起用于分离和鉴定一个基因。

13.1　概述：分离和扩增特定基因片段

如何从整个基因组中分离出特定的 DNA 片段？此外，如何得到足够数量的 DNA 以分析其特征，如核苷酸序列和蛋白质产物？研究人员可以利用 DNA 复制机器（见第 8 章）复制相关的 DNA 片段。这种复制称为扩增，它可以在活的细菌细胞内（体内）或在试管中（体外）进行。

在体内扩增时［图 13-2（a）］，研究人员从含有目的基因的 DNA 样品开始进行研究。这个样品叫作供体 DNA（donor DNA），通常是一个完整的基因组。供体 DNA 片段被插入一个专门设计的质粒或病毒中，它将"携带"并扩增目的基因，因此被称为载体（vector）。首先，供体 DNA 分子被称为限制性内切核酸酶的分子剪刀剪开，它们将染色体中长的 DNA 分子切割成数百或数千个大小合适、易于操作的片段。随后将每个片段插入经酶切的载体染色质中，形成重组 DNA（recombinant DNA）分子。重组 DNA 分子被转移到细菌细胞中，通常每个细胞只吸收一个重组分子。在每个细菌细胞内，重组 DNA 分子在细胞分裂过程中与载体一起扩增。单个细胞通过此过程形成一个由相同细胞组成的克隆，其中每个细胞都含有重组 DNA 分子，因此这种扩增技术被称为 DNA 克隆（DNA cloning）。由于载体中插入了许多 DNA 片段，得到的混合细胞包含了供体生物的整个基因组。下一步是在众多细胞中寻找含量较低的含有目的 DNA 的克隆。

体外法，亦称聚合酶链反应（polymerase chain reaction，PCR），在图 13-2（b）中，研究人员使用 DNA 聚合酶分离和扩增了一个特定的目的基因或 DNA 区域。PCR 通过互补结合于目的 DNA 序列末端的特异性合成的短 DNA 片段（称为引物）"找到"目的 DNA 区域（也称为靶 DNA）。然后，这些引物引导 DNA 聚合酶进行复制，从而靶 DNA 以指数方式大量扩增，并形成分离的 DNA 片段。将 PCR 产物插入质粒（即体内法），可获得更大数量的靶 DNA，从而生成大量重组 DNA 分子。

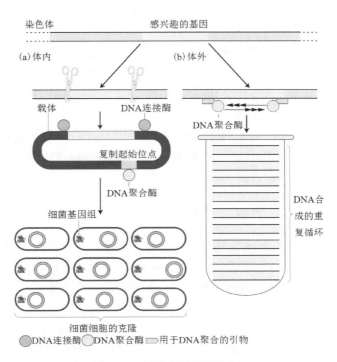

图 13-2　扩增基因的两种方法

两种扩增基因的方法为：（a）体内法，通过细菌的复制体系来扩增含有目的基因的重组 DNA；
（b）体外法，在试管中使用聚合酶链反应进行体外扩增。这两种方法都采用了分子生物学的基本原理：
特定蛋白质（玫红色和橘色）与 DNA 结合的能力以及互补单链核酸片段杂交的能力（试管法中使用的引物）

我们将反复看到 DNA 技术依赖于分子生物学研究的两个基础：①特定蛋白质识别并结合 DNA 双螺旋中特定碱基序列的能力（图 13-2 以玫红色和橘色表示）；②互补的单链 DNA 或 RNA 序列退火形成双链分子的能力（图 13-2 中紫色所示的引物的结合）。

本章的其余部分将探讨扩增 DNA 的一些用途，包括用于基础生物学研究的常规基因分离、人类疾病的基因治疗，以及在农作物体内生成除草剂和杀虫剂等。为了阐述重组 DNA 是如何得到的，我们以人类胰岛素基因的克隆为例来进行说明。胰岛素是一种用于治疗糖尿病的蛋白质激素。糖尿病是由于机体没有产生足够的胰岛素（1 型糖尿病）或细胞无法对胰岛素做出反应（2 型糖尿病）而导致的血糖水平异常升高。轻度的 1 型糖尿病可以通过控制饮食进行治疗，但对于许多患者来说，每天的胰岛素治疗是必要的。直到约 40 年前，牛还是胰岛素蛋白制剂的主要来源。该蛋白是从肉类加工厂屠宰的动物胰腺中提取出来的，并大规模地进行纯化，以消除胰腺提取物中的大部分蛋白质和其他污染物。1982 年第一个重组人胰岛素进入市场。人类胰岛素可以以更纯净的形式、更低廉的成本进行工业规模生产，因为它是利用人胰岛素基因序列，通过重组 DNA 技术在细菌中大量生产的。此外，使用重组人胰岛素没有引入牛病毒或牛胰岛素刺激产生免疫反应的风险。我们将以重组人胰岛素的分离和生产为例，对合成任何重组 DNA 所需的一般步骤进行说明。

13.2　获取重组 DNA 分子

重组 DNA 分子通常含有插入细菌载体中的 DNA 片段。在本节中，你将看到许多由各种供体 DNA 和载体构建的不同类型的重组 DNA 分子。我们首先讨论供体 DNA 的来源。

1）如果实验者想要一组能代表整个生物体基因组的插入片段，那么可以在克隆之前将其基因组 DNA 切为片段。

2）如果目标是分离单个基因，则聚合酶链反应可以用于在体外扩增 DNA 的选定区域。

3）如果研究者只需要基因中不包括内含子的编码序列，则可以合成 mRNA 产物的 DNA 拷贝，也称为 cDNA，并将其插入载体中。

13.2.1　克隆前可将基因组 DNA 切割成小片段

基因组 DNA 直接从被研究生物体的染色体中获得，通常通过研磨新鲜组织和纯化 DNA 来获得。染色体 DNA 可以作为体内法和 PCR 法分离基因的起点。在体内法中，克隆之前需要将基因组 DNA 切割成小片段。如本节稍后部分所述，基因组 DNA 进行 PCR 前无须切割成小片段，因为退火时与其结合的特定短引物可以识别 DNA 聚合酶的起点并指导引物之间的 DNA 复制。

基因组中长的 DNA 分子必须被切成足够小的片段，才能插入载体。大部分切割是使用细菌的限制性内切核酸酶来完成的。这些酶切割特定的 DNA 序列，称为限制性酶切位点，这一特性是限制性内切核酸酶适用于 DNA 操作的关键特征之一。这些酶是内切酶的一种，内切酶指的是能切割 DNA 的核苷酸之间磷酸二酯键的酶。巧妙的是，任何生物的任何 DNA 分子都可能含有限制性内切核酸酶识别位点。因此，一种限制性内切核酸酶可将 DNA 切割成一组由限制性酶切位点决定的限制性酶切片段，并且每次切割都会以相同的形式完成。

一些限制性内切核酸酶的另一个关键特性是在切割后的片段中产生"黏性末端"。让我们看一个例子。来自大肠杆菌（*E. coli*）的限制性内切核酸酶 *Eco*R I 可以识别任何生物体 DNA 中的以下 6 对核苷酸序列：

5′-GAATTC-3′

3′-CTTAAG-5′

这种类型的片段被称为 DNA 回文序列（DNA palindrome），这意味着这两条链有相同的核苷酸序列，但方向相反（从 5′到 3′即可在任何一条链上读取相同的序列）。不同的限制性内切核酸酶可以识别不同的回文序列。有时，在两条反向平行链的切割位置是相同的，则产生了"平末端"。然而，最为常用的限制性内切核酸酶通常产生偏移或交错的切口。*Eco*R I 只在回文序列每个链上的 G 和 A 之间进行切割：

5′-G̲AATTC-3′ $\longrightarrow$ 5′-G   AATTC-3′
3′-CTTAA̲G-5′   3′-CTTAA   G-5′

这些交错切割留下一对末端，且每个末端都有一个相同的四碱基（AATT），这种末端称为"黏性末端"，因为它们是单链，所以可以与其互补序列进行碱基配对（即黏着）。把互补的单链结合在一起，这种配对即为杂交。图 13-3 展示了 *Eco*R I 在一个环状 DNA 分子（如质粒）中进行交错双链切割，这种切割打开了环状结构，由此产生的线性分子有两个黏性末端。其可以与具有相同互补黏性末端的不同 DNA 分子片段杂交。

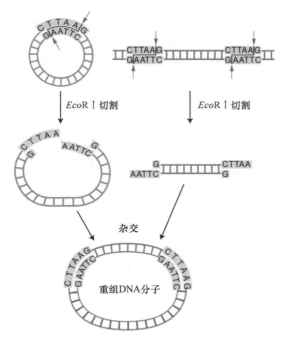

图 13-3　重组 DNA 分子的形成

为了构建一个重组 DNA 分子，使用 *Eco*R I 切割一个带有靶序列的环状 DNA 分子，形成了一个带有单链黏性末端的线性分子。由于互补，其他具有 *Eco*R I 黏性末端的线性分子可以与线性化的环状 DNA 杂交，形成一个重组 DNA 分子

用 *Eco*R I 酶切人类基因组 DNA 可产生约 50 万条片段。在本节后面的部分中将看到科学家如何筛选这些片段，如同大海捞针般从包含目的 DNA 序列的 50 万个片段中找出一个或两个目的片段（在我们的例子中为人类胰岛素基因）。

关键点：基因组 DNA 可以直接用于基因克隆。首先，使用限制性内切核酸酶将 DNA 切割成易操作的合适大小片段，其中许多片段会带有适于构建重组 DNA 分子的单链黏性末端。

13.2.2　聚合酶链反应体外扩增所选的目的 DNA 区域

若今天我们试图克隆人类胰岛素基因，利用人类基因组序列并清楚该基因及其侧翼序列，将会使我们能够使用一种更直接的方法。我们可以简单地用聚合酶链反应（PCR）在体外扩增该基因。PCR 的基本策略如图 13-4 所示。该方法使用多个拷贝的化学合成的短 DNA 引物对，其长度约 20 个碱基，通过设计使每个引物结合到要扩增的基因或

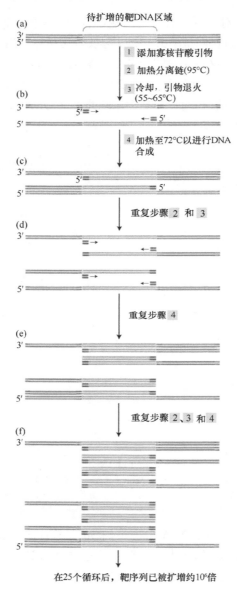

图 13-4　聚合酶链反应

聚合酶链反应快速复制靶 DNA 序列。（a）含有目标序列的双链 DNA。（b）两条选择或合成的引物具有与目标基因两条链 3′端互补结合的序列。通过加热将这些链分开，然后冷却，使两条引物能够退火结合到引物结合部位（两条引物结合至目标序列的两翼）。（c）温度升高后，*Taq* DNA 聚合酶通过在反应混合物中加入的 4 种脱氧核糖核苷三磷酸来合成第一组互补链。由于没有共同的停止信号，最初的两条链具有不同的长度。它们延伸到目标序列的末端，如引物结合位点所描述的那样。（d）两个双链再次被加热，暴露出 4 个引物结合位点。冷却后，两条引物在目标区域的 3′端再次结合到各自的链上。（e）温度升高后，*Taq* DNA 聚合酶合成了 4 条互补链。虽然目前阶段的模板链长度是可变的，但是刚刚从它们合成的 4 条链中有两条正是所需目标序列的长度。合成这一精确长度的片段是因为这些链中的每一条都从目标序列一端的引物结合位点开始，至序列的另一端，直到没有模板为止。（f）多次重复这一过程，则每次产生更多与目标序列相同的双链 DNA 分子

DNA 区域的一端。这两条引物结合在目标序列两端相反的 DNA 链上，其 3′端指向对方。DNA 聚合酶向引物的 3′端添加碱基，复制目标序列。重复聚合过程使产生的双链 DNA 分子的数量呈指数增长。详情见下。

我们从一个包含 DNA 模板、引物、4 种脱氧核糖核苷三磷酸（dNTP，DNA 合成所必需）和耐热 DNA 聚合酶的溶液体系开始。靶 DNA 通过加热变性（95℃），形成单链 DNA 分子。当溶液冷却到 55～65℃时，引物与单链 DNA 分子中的互补序列杂交（称为退火）。将温度提高到 72℃后，耐热 DNA 聚合酶复制引物结合的单链 DNA 片段。*Taq* DNA 聚合酶从水生栖热菌（*Thermus aquaticus*）菌株中分离得到，是一种常用的酶。为了在海底热泉处的极端高温下生存，这种细菌进化出了极端耐热的蛋白质。因此，*Taq* DNA 聚合酶能在变性 DNA 双链的高温下得以保存，而此温度下大多数其他物种的 DNA 聚合酶将会变性并失活。与正常细胞 DNA 复制过程相同，PCR 合成了互补的新链，形成了两个与亲本双链分子相同的双链 DNA 分子。由这 3 个步骤组成的周期可将两条引物之间的片段复制一次。

在两个引物之间的片段复制完成后，两个新的双链再次被热变性以生成单链模板，第二个复制周期在降温并且存在充足组分的条件下开始，并产生 4 个相同的双链。重复的变性、退火和合成循环导致复制的片段呈指数增长。一个典型的循环持续 5min，所以在 2.5h 内就能很容易地达到数十亿倍的放大效果。正如在本节后续内容中展示的，PCR 产物可以克隆至细菌细胞进一步扩增。

PCR 是一种强大的技术，通常当事先知道要扩增的序列时使用，用于分离特定的基因或 DNA 片段。事实上，如果每个引物对应的序列在基因组中只出现一次，并且足够接近，那么唯一能被扩增的 DNA 片段就是这两个引物之间的片段。PCR 是一种非常敏感的技术，在生物学中有着广泛的应用。只要使用特异性的引物，PCR 就可以扩增样本中存在极低拷贝数的目标序列。例如，犯罪调查人员可以从单个头发上残留的毛囊细胞中扩增出人类 DNA 片段。如果调查人员这样做，他们可以使用胰岛素基因在 11 号染色体上的精确位置来设计侧翼引物直接通过 PCR 从上述 DNA 样本中扩增该基因。

说 PCR 已经彻底改变了许多需要进行 DNA 分析的生物学研究并非夸大其词。Kary Mullis 认识到它对科学的重要性，开发出第一个可行的 PCR 方案，并因此于 1993 年被授予诺贝尔化学奖。

关键点：聚合酶链反应（PCR）使用特异性引物在试管中直接分离和扩增 DNA 的特定区域。

13.2.3　cDNA 的合成

真核生物基因的编码区通常被一个或多个内含子所隔断。此外，编码蛋白质的基因通常仅占多细胞真核生物基因组的 5%以下。如前面章节所说，人类胰岛素基因包含两个内含子，这对于使用细菌来合成人类胰岛素是一个问题，因为细菌没有能力将天然基因组中的内含子剪切掉。代替的办法是，我们可以使用胰岛素 mRNA 作为 PCR 的起始材料，因为我们只需要胰岛素的编码序列。故对于高等真核生物中胰岛素和其他蛋白的表达而言，由剪接体去除内含子后的 mRNA 是比基因组 DNA 更实用的模板。通过阅读三联体密码子，mRNA 的序列可以简单地被"翻译"成蛋白质的氨基酸序列。

互补 DNA（complementary DNA，cDNA）是 mRNA 分子的 DNA 版本。由于 RNA 本身不如 DNA 稳定，研究人员通常使用 cDNA 而不是 mRNA。此外，用于 DNA 克隆的酶通常不能操作 RNA，并且目前没有扩增和纯化单个 RNA 分子的常规技术。cDNA 由一种叫作反转录酶的特殊酶通过反转录 mRNA 获得，这种酶最初是从反转录病毒中分离出来的。反转录病毒具有 RNA，其复制成 DNA 并插入宿主染色体中。那么你能想到这种酶为什么叫反转录酶吗？为了获得 cDNA，研究人员首先从大量产生目标蛋白质的组织中纯化 mRNA。胰岛素是在胰腺的 β-胰岛细胞中产生的，所以我们以这个器官作为胰岛素 mRNA 的来源。然后，将纯化的 mRNA 与反转录酶、4 种 dNTP 和一个由聚合 dTTP 残基组成的短引物（称为寡胸腺嘧啶引物，oligo-dT 引物）加入同一个试管体系中。寡核苷酸引物退火结合至被复制的 mRNA 分子的多腺苷酸［poly（A）］尾巴上。以该 mRNA 分子为模板，反转录酶催化从寡核苷酸引物开始的单链 DNA 分子的合成。当它到达 RNA 模板的末端时，反转录酶反向复制并形成一个茎环结构。将 mRNA 通过处理移除后，该茎环结构可以作为 DNA 聚合酶复制双链 DNA 分子的天然引物（图 13-5）。

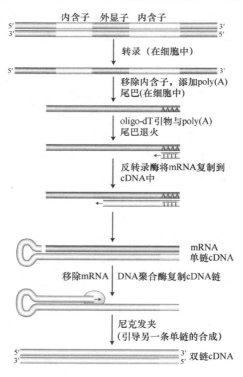

图 13-5　胰岛素 mRNA 合成双链 cDNA

胰岛素基因（及其两个内含子）在胰腺中转录为前体 mRNA。其内含子通过剪接进行去除，并在其 3′端添加 A 残基形成多腺苷酸化 mRNA。在实验室中，从胰岛细胞中分离出 mRNA，寡胸腺嘧啶引物（oligo-dT 引物）与所有 mRNA 的多腺苷酸［poly（A）］尾巴杂交，通过反转录酶从 RNA 模板中初步合成互补 DNA。反转录酶合成一个茎环结构，该茎环结构在 mRNA 链被降解后（用 NaOH 或核糖核酸酶 H 处理），作为合成第二条 cDNA 链的引物。cDNA 3′端能够形成一短的发夹结构，引导自身另一条单链的合成就像基因组 DNA 或 PCR 产物的片段一样，这种双链 cDNA 可以插入重组 DNA 分子中进行进一步扩增，或者用于其他如本章所述的基于 DNA 的实验中。

关键点：mRNA 通常是分离基因的一个较好起点。利用反转录酶将 mRNA 转化为 cDNA 可以分离得到不含内含子的基因拷贝。

13.2.4　连接供体和载体 DNA

如上所述，我们有几种方法从基因组或纯化的 mRNA 中获取人类胰岛素基因。通过这些方法我们可以得到基因组 DNA 片段、PCR 产物或双链 cDNA。接下来是将供体 DNA 插入载体 DNA 中构建重组 DNA 分子。

1. 克隆具有黏性末端的 DNA 片段

回想一下，最初分离出人类胰岛素基因的科学家不知道其基因序列，因此他们需要建立一个人类基因组 DNA 片段库，并从中分离特定的基因。为了合成含有供体基因组 DNA 片段的重组 DNA 分子，供体和载体 DNA 均需要被限制性内切核酸酶消化产生互补黏性末端（图 13-3）。然后将得到的片段混合在一起，使载体和供体 DNA 的黏性末端相互杂交，形成重组分子。图 13-6（a）展示了一个带有单一 *Eco*R I 限制性位点的细菌质粒 DNA，因此用 *Eco*R I 酶切可以将环状 DNA 转化为一个有黏性末端的线性分子。任何其他来源的供体 DNA，如人类 DNA，也可使用 *Eco*R I 处理，从而产生一个带有相同黏性末端的片段。当这两个片段在适当的生理条件下混合时，两个来源的 DNA 片段可以通过它们的黏性末端形成双螺旋进行杂交[图 13-6（b）]。在任何克隆反应中，体系中都有许多线性化的质粒分子，以及许多 *Eco*R I 处理的供体 DNA，其中很小一部分带有目标 DNA。因此，将产生与不同供体片段结合的一系列质粒。在这个阶段，杂交分子间没有共价连接的脱氧核糖磷酸骨架，并且 8

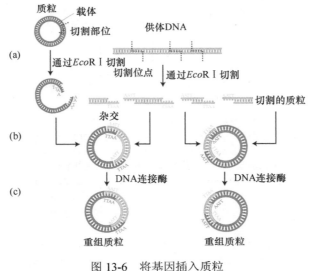

图 13-6　将基因插入质粒

个氢键形成的序列间的结合力不强。通过添加 DNA 连接酶（DNA ligase）可以在连接处产生磷酸二酯键，从而共价地将脱氧核糖磷骨架进行连接 [图 13-6（c）]。

2. 克隆具有平末端的 DNA 片段

了解人类胰岛素基因的序列，有助于我们对该基因的研究，但它使克隆反应变得稍微复杂一些。一些限制性内切核酸酶产生平的末端而不是交错的末端。此外，cDNA 和 PCR 产生的 DNA 片段具有平末端或接近平的末端。虽然所有这些来源的平末端片段仅通过 DNA 连接酶即可被连到载体上，但这是一个非常低效的反应，因为平末端不能黏合在一起。另一种方法是使用特殊设计的 PCR 引物，在其 5'端引入限制性内切核酸酶识别序列（图 13-7）。用限制性内切核酸酶（此处为 EcoR I）对最终的 PCR 产物进行酶切，将得到一个可以插入载体中的具有黏性末端的片段 [图 13-6（b）]。

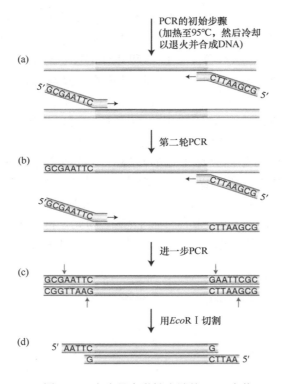

图 13-7　产生具有黏性末端的 PCR 产物

在 PCR 产物的末端引入 EcoR I 识别位点。（a）设计一对 PCR 引物，使它们的 3'端退火结合到目标序列，而它们的 5'端包含限制性内切核酸酶（此处为 EcoR I）识别位点序列。5'端额外引入两个（随机）核苷酸，可以确保限制性内切核酸酶的高效切割。将目标 DNA 变性，引物含有限制性位点的 5'端保持单链状态，而其余的序列退火结合至目标 DNA 并由 DNA 聚合酶延伸。（b）在第二轮 PCR 中（仅展示新合成的 DNA 链），DNA 引物再次退火结合，这一次 DNA 合成产生的双链 DNA 分子和常规 PCR 一样，但这些分子在一端含有限制性位点。（c）第二轮及其后各轮的 PCR 产物在其两端均含有 EcoR I 识别位点。（d）使用 EcoR I 酶切这些产物则得到黏性末端

另一种方法可以在任何双链 DNA 片段（包括 cDNA）上添加黏性末端（图 13-8）。将含有限制性位点的短双链寡核苷酸（称为连接体或适配体）加入含有 cDNA 和 DNA

连接酶的试管中。DNA 连接酶将该连接体连接到 cDNA 链的末端。连接完成后，DNA 与相应的限制性内切核酸酶孵育，从而得到黏性末端以便连接入质粒载体[图 13-6(b)]。请注意，在示例中，扩增的 DNA 和 cDNA 的内部不能存在 EcoR I 酶切位点，否则该位点也将被切割。如果扩增片段中含有 EcoR I 酶切位点，则可以将不存在于扩增片段中的限制性位点的序列添加到引物或连接体中。

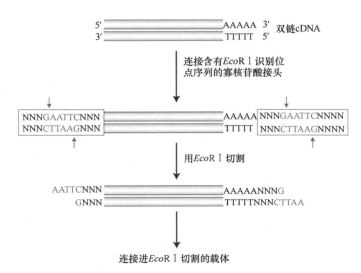

图 13-8　产生具有黏性末端的 cDNA 分子

在 cDNA 分子末端添加 EcoR I 识别位点。cDNA 分子来自图 13-5 中的最后一步。

在 cDNA 分子的两端连接适配体（盒状区域）。这些适配体是短双链寡核苷酸，

包含一个限制性酶切位点（EcoR I 位点以红色字体表示）和两端的随机 DNA 序列（以 N 表示）

关键点：具有相同黏性末端的供体 DNA 和载体 DNA 可以高效地结合并连接。另外，当供体 DNA 为 PCR 产物或合成的 cDNA 时，在插入载体之前需要额外添加黏性末端序列。

13.2.5　在细菌细胞内扩增供体 DNA

重组 DNA 分子的扩增利用了原核生物的遗传过程，如细菌转化、质粒复制和噬菌体生长，这些都在第 5 章中讨论过。图 13-9 展示了供体 DNA 片段的克隆。单个重组载体进入细菌细胞，通过细菌染色体复制的同一体系进行扩增。一个基本的要求是质粒中应存在宿主复制蛋白可以识别的 DNA 复制起始位点（如第 8 章所述）。很快，每个细菌细胞中的每个载体都产生许多拷贝。因此，在扩增后，每个克隆的细菌通常会包含数十亿个插入载体中的单一供体 DNA 的拷贝。这一系列由插入克隆载体中的单个供体 DNA 片段形成的扩增拷贝即为重组 DNA 克隆。供体 DNA 在细菌细胞内的扩增包括以下步骤：①选择克隆载体并引入插入序列（后者详见下一节内容）；②向细菌细胞引入重组 DNA 分子；③回收扩增的重组分子。

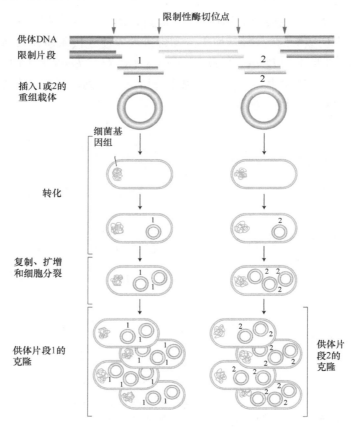

图 13-9　供体 DNA 片段的克隆

限制性内切核酸酶处理供体 DNA 和载体可以将单个片段插入载体中。单个载体进入宿主细菌，通过复制和细胞分裂可以生成大量的供体片段拷贝

13.2.6　克隆载体的选择

为了便于操作，克隆载体必须是小分子，但它们又不尽相同以满足不同实验的需求。为了扩增插入的供体片段，有些载体需要能够在活细胞中进行大量复制。相较而言，另一些载体则设计为同一个细胞中只存在一个插入的供体片段的拷贝，以保持插入 DNA 的完整性。所有载体都必须有方便的限制性酶切位点，以便插入要克隆的 DNA（称为聚合接头或多克隆位点）。在理想情况下，限制性酶切位点在载体中仅出现一次，这样限制性内切核酸酶处理的供体 DNA 片段只能插入载体中的这一个位置。能够快速鉴定并回收所需的重组分子同样十分重要。目前，为满足广泛实验的需要，许多克隆载体已经被开发并使用。以下是克隆载体的一般分类。

1. 质粒载体

正如前面所说，细菌质粒是一种小的环状 DNA 分子，通常独立于细菌染色体进行复制。用于载体的质粒通常携带一个耐药基因，并带有一个用于区分带有或不带有插入 DNA 的基因。这些耐药基因为筛选转入质粒的细菌细胞提供了一种方便的方法：那些在药物处理后仍然存活的细胞就是携带质粒载体的细胞。然而，并不是所有转化细胞中的质粒都含有 DNA 插入物。因此，我们希望能够识别出携带 DNA 插入片段质粒的细菌菌落。一些质粒载体带有一个可以让研究人员鉴定细菌细胞中的质粒是否含有 DNA 片段插入的体系。这种特性是图 13-10 所示的 pUC18 质粒载体的一部分，DNA 插入会破坏质粒中的一个基因（lacZ），该基因编码一种酶（β-半乳糖苷酶），该酶可以降解添加到培养基的化合物 [5-溴-4-氯-3-吲哚-β-D-半乳糖苷（X-gal）] 以产生蓝色色素。因此，含有 DNA 插入质粒的菌落为白色而不是蓝色的（由于它们不产生 β-半乳糖苷酶，因此无法降解 X-gal）。

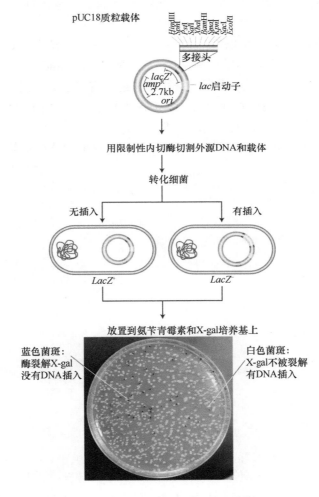

图 13-10　pUC18 质粒载体的使用

pUC18 质粒载体用于 DNA 克隆载体。DNA 片段插入 pUC18 的 lacZ 基因，
因此可以通过 β-半乳糖苷酶失活后无法将人工底物 X-gal 转化为蓝色色素来检测其插入。
多接头中有几个可供选择的限制性位点，可以插入供体 DNA

2. 噬菌体载体

噬菌体载体将插入 DNA 片段"包装"在噬菌体颗粒内部。不同种类的噬菌体载体可以携带不同大小的供体 DNA。λ 噬菌体（在第 5 章和第 14 章中讨论）是长达 15kb 的双链 DNA 的高效克隆载体。λ 噬菌体 DNA 在细菌（大肠杆菌）中的复制和包装并不需要噬菌体基因组的中心部分，因此可以使用限制性内切核酸酶切开噬菌体的基因组并将中心部分去除，然后将去除的中心部分替换为供体 DNA 插入片段。

3. 用于长 DNA 插入片段的载体

标准质粒和 λ 噬菌体载体可接受 10～15kb 的供体 DNA。然而，许多实验要求的插入长度远远超过这个上限。为了满足这些需要，人们设计了使用更复杂的方法将 DNA 转移到宿主细胞中的特殊载体。在每一种情况下，DNA 在进入细菌细胞后均作为大质粒进行复制。

F 黏粒（fosmid）是一种可以携带 35～45kb 插入片段的载体（图 13-11）。它们是人工构建的 λ 噬菌体 DNA 和细菌中一种质粒：F 质粒（F plasmid）DNA 的杂交体（见第 5 章）。fosmid 被包装进 λ 噬菌体颗粒，并作为注射器将这些大片段的重组 DNA 导入受体大肠杆菌细胞中。当它们进入细胞后，这些杂交体就像 λ 噬菌体一样，形成环状分子，以类似于质粒的方式独立于染色体复制。然而，由于 F 因子复制起始位点将质粒的复制与宿主细胞染色体的复制相结合，因此在一个细胞中仅能聚集少量的 fosmid 拷贝。

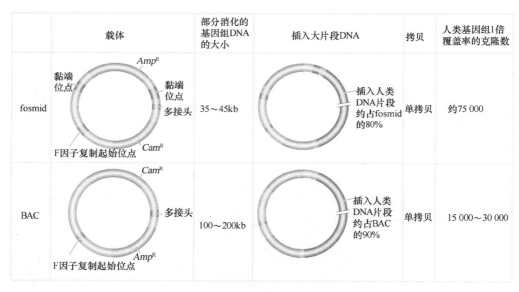

图 13-11　fosmid 和 BAC 载体可以携带大片段 DNA

覆盖 1 倍（1×）人类基因组所需的克隆数是基于 3000Mb（30 亿个碱基对）的基因组大小进行计算的

最常用的能克隆大片段 DNA 至细菌的载体是细菌人工染色体（bacterial artificial chromosome，BAC）。BAC 由 F 质粒衍生而来，虽然载体本身只有 7kb（图 13-11），但它可以携带 100～200kb 的插入片段。将需要克隆的 DNA 插入质粒中，并将这种大的环状重组 DNA 导入细菌。BAC 是大规模基因组测序项目所需要的大克隆的实用载体，这些测序项目包括一些公共项目如人类基因组测序（在第 17 章中讨论）。

关键点：基因工程师的工具箱包含多种克隆载体，它们接受类似质粒的小尺寸插入片段、类似噬菌体的中等大小插入片段及类似 fosmid 和 BAC 的大尺寸插入片段。

4. 将重组 DNA 分子导入细菌细胞

将重组 DNA 分子导入细菌细胞的方法有三种：转化、转导和转染（图 13-12）。

在转化过程中，细菌浸泡在含有重组 DNA 分子的溶液中。由于用于研究的细菌细胞不能吸收像重组质粒这样大的 DNA 分子，因此必须通过在钙溶液中孵育或暴露于高压电脉冲（电穿孔）中，使它们具备"接收"能力（即能够从周围介质中吸收 DNA）。重组 DNA 分子通过膜上的孔进入有接收能力的细胞后，成为质粒染色体[图 13-12（a）]。电穿孔是将大的 DNA（如 BAC）引入细菌细胞的首选方法。

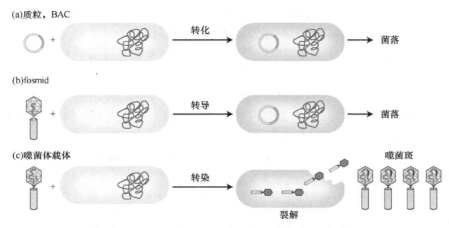

图 13-12　重组 DNA 分子导入宿主细胞的方式

重组 DNA 分子可以通过转化、转导或转染等途径导入细菌细胞中。（a）质粒和 BAC 载体通过 DNA 介导的转化进行传递。（b）某些载体，如 fosmid，可通过噬菌体进行传递（转导）；然而，在进入细菌后它们呈环状并作为大质粒独立复制。（c）噬菌体载体，如 λ 噬菌体感染和裂解细菌，得到一个子代噬菌体的克隆，在噬菌体基因组中均携带相同的重组 DNA 分子

在转导过程中，重组 DNA 分子与噬菌体头、尾蛋白结合，产生一种主要含有非病毒 DNA 的病毒。然后，这些工程噬菌体与细菌混合，将其 DNA 注入细菌细胞，但由于它们不携带噬菌体复制所需的病毒基因，因此无法形成新的噬菌体。fosmid 即通过转导进入细胞［图 13-12（b）］。

与产生质粒和细菌菌落而不是新病毒的转导不同，转染则会产生重组噬菌体颗粒［图 13-12（c）］。通过反复的几轮感染，每个被感染的初始细菌都会形成一个充满噬菌体颗粒的噬菌斑。噬菌斑中的每个噬菌体颗粒不仅含有重组 DNA 分子，而且含有产生新的感染性噬菌体颗粒所需的病毒基因。

回收扩增的重组 DNA 分子：通过收集噬菌体裂解液并分离其所含的 DNA，可以很容易地获得包装在噬菌体颗粒中的重组 DNA。为了获得包装在质粒、fosmid 或 BAC 中的重组 DNA，需要使用化学或机械的方法对细菌进行破碎。重组 DNA 分子可以通过离心、电泳或其他通过大小或形状区分染色体与质粒的筛选技术和大型的细菌染色体分离。

关键点：基因克隆是通过将单个重组载体导入受体细菌细胞，然后以质粒染色体或噬菌体的形式扩增这些分子。

13.2.7　构建基因组和 cDNA 文库

我们已经看到了如何构建和扩增单个重组 DNA 分子，如人类胰岛素 cDNA。如果将这个任务放在 1982 年，那么当时人类胰岛素基因必须从人类基因组片段库中被识别出来。为了确保我们克隆了目的 DNA 片段，必须收集大量的 DNA 片段。例如，从一个基因组中提取出所有的 DNA，将其分割成适合克隆载体大小的片段，然后将每个片段插入不同拷贝的载体中，从而形成一组重组 DNA 分子，这些分子合在一起，代表了整个基因组。然后将这些分子通过转化、转导或转染分别导入细菌受体细胞，并进行大量扩增。由此产生的含有重组 DNA 的细菌或噬菌体被称为基因组文库（genomic library）。如果我们使用的克隆载体平均插入长度为 10kb，并且假设整个基因组的大小为 100 000kb（与线虫的基因组大小相似），那么至少需要 10 000 个独立的重组克隆才能够代表一个基因组的 DNA。为了确保所有基因组序列均被克隆并且包含在一个库中，基因组文库应覆盖基因组的长度至少 5 倍（因此，在我们的例子中，基因组文库中将有 5 万个独立克隆）。这种多倍性可以极大地减小一段序列在文库中没有出现的概率。

类似地，具有代表性的 cDNA 插入片段库需要数万个或数十万个独立的 cDNA 克隆，这些克隆即 cDNA 文库（cDNA library），只代表基因组中的蛋白质编码区。一个完整的 cDNA 文库包括来自不同组织、不同发育阶段或在不同环境条件下生长的生物体的 mRNA 样本。

根据具体情况，我们选择构建基因组文库或者 cDNA 文库。如果我们正在寻找一种在植物或动物特定类型的组织中活跃的特定基因，那么我们应当从该组织的样本中构建一个 cDNA 文库。例如，假设我们想鉴定与胰岛素 mRNA 相对应的 cDNA。胰腺的 β-胰岛细胞是胰岛素最丰富的来源，因此胰腺细胞的 mRNA 是构建胰岛素 cDNA 文库的合适来源，因为这些 mRNA 中应当富集了我们寻找基因的 mRNA。cDNA 文库代表基因组转录区的一个子集，因此它必然比一个完整的基因组文库小。虽然基因组文库更大，但它们确实包含了其原生形式的基因，包括内含子和未转录的调控序列。在某些情况下，我们需要基因组文库克隆一个完整基因或整个基因组。

关键点：分离特定基因克隆的任务从建立基因组文库或 cDNA 文库开始，如果可能的话，文库应当含有富集的目的基因片段。

13.3　使用分子探针分离、鉴定并分析特定目的克隆

使用上面描述的方法构建文库也称为"鸟枪法"克隆，因为实验者克隆了大量的片段样本，并希望其中一个克隆"命中"所需的基因。我们的任务是找到那个特定的克隆。

13.3.1　使用探针找到特定的克隆

一个文库可能包含数十万个克隆 DNA 片段。为了找到研究者感兴趣的重组 DNA 分子，必须对这些大量的片段进行筛选。这样的筛选是通过使用特定的探针来完成的，

特定探针会只找到并标记所需的克隆。有两种类型的探针：①识别 DNA 的探针，②识别特定蛋白质的探针。

1. 识别 DNA 的探针

识别 DNA 的探针的使用原理是碱基互补。两个具有完全或部分互补碱基序列的单链核酸将通过随机碰撞在溶液中"找到"对方。结合之后形成的杂交双链相对较为稳定。这种方法为寻找特定的目的序列提供了一种强有力的手段。使用探针寻找 DNA 需要通过加热使所有分子单链化。加入放射性或化学标记的单链探针，以在诸如文库这样的 DNA 群体中找到其互补的靶序列。小到 15～20bp 的探针可与较大的克隆 DNA 中的特定互补序列杂交。

在文库中识别特定的克隆包含多个步骤。图 13-13 展示了将文库克隆至 fosmid 载体中的步骤。对于质粒或 BAC 文库来说，这些步骤是相似的。对于噬菌体文库来说，我们对噬菌斑进行筛选，而不是菌落。首先，将吸收膜放置在培养基表面，将培养皿上的菌落转移到吸收膜上。取下吸收膜，附着在其表面的菌落在膜上进行裂解，同时 DNA 被变性为单链。随后，将膜浸入含有单链探针的溶液，而这种探针可以特异性结合到寻找的目的 DNA 序列上。一般来说，探针本身就是克隆的 DNA 片段，其序列与所找基因的序列是互补的。探针必须用放射性同位素或荧光染料标记。因此，放射性或荧光标记的位置代表了阳性克隆的位置。对于放射性探针，将薄膜放置在一张 X 射线胶片上，放射性同位素的衰变产生亚原子粒子可以使胶片"曝光"，在靠近放射性同位素的胶片上产生一个黑点。这种曝光的胶片称为放射自显影图（autoradiogram）。如果使用荧光染料作为标签，则膜暴露于适当的光波下以激发染料的荧光，并拍摄该膜的照片以记录荧光染料的位置。

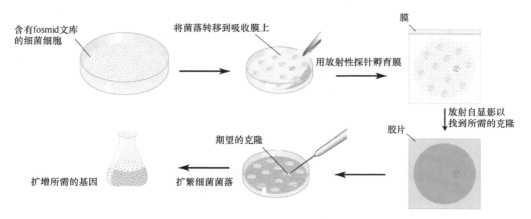

图 13-13　使用 DNA 或 RNA 探针获取感兴趣的克隆

通过探针杂交基因组文库鉴定携带目的基因的克隆，在本图中，通过与目的基因相关的 DNA 或 RNA 得到探针，进而克隆 fosmid 载体中对应的基因。放射性探针与任何含有相应 DNA 序列的重组 DNA 杂交，用放射自显影技术揭示具有该 DNA 克隆的位置。然后可以从培养皿上的相应点中选择所需的克隆，并将其转移到新鲜的细菌宿主中，从而可以获得纯的目的基因

制作探针的 DNA 来自哪里？该 DNA 可以有以下几个来源。

1）可以使用同源基因或相关生物的 cDNA。这种方法基于来自相近共同祖先的生物体将具有相似的 DNA 序列。尽管探针 DNA 和所需克隆的 DNA 可能不完全相同，但它们通常是相似的，这足以使其进行杂交。

2）可以使用目的基因的蛋白质产物。如果部分或全部蛋白质序列已知，我们可以使用遗传密码表（从氨基酸到密码子）反向翻译，推断可能编码它的 DNA 序列，然后设计并合成与该序列相匹配的 DNA 探针。然而，回想一下，遗传密码具有简并性，也就是说，大多数氨基酸都是由多个密码子编码的。因此，理论上存在多种可能的 DNA 序列编码该蛋白质，但这些 DNA 序列中只有一个存在于实际编码该蛋白质的基因中。为了解决这个问题，我们选择一段简并性最小的氨基酸。然后设计一组包含所有编码该氨基酸序列的可能 DNA 序列的混合探针。将这种混合的寡核苷酸"鸡尾酒"用作探针，其中一条正确或非常相似的链将与目的基因杂交。约 20 个核苷酸的寡核苷酸具有足够的特异性，可与文库中唯一的互补 DNA 序列杂交。

2. 识别蛋白质的探针

如果一个基因的蛋白质产物是已知的并且已经得到纯化，那么这个蛋白质就可以用来检测文库中相应基因的克隆。该流程如图 13-14 所示，它需要两个组分。第一，需要

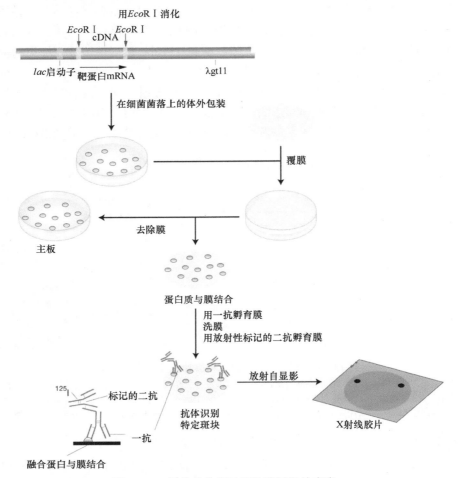

图 13-14　用抗体作探针筛选感兴趣的克隆

为了找到目标克隆，使用特异性抗体对一个用特殊 λ 噬菌体构建的称为 λgt11 的表达文库进行筛选。未结合的抗体从膜上洗掉后，结合的抗体通过放射性二抗进行观察

构建一个表达文库，包含能引导宿主细胞产生蛋白质的表达载体。为了制作表达文库，将 cDNA 插入带有细菌启动子的正确的三联体阅读框中，含有该载体及其插入片段的细胞表达 cDNA 插入片段，翻译成蛋白质。第二，需要一种与目的基因的特定蛋白质结合的抗体（antibody，抗体是动物免疫系统产生的一种蛋白质，它与特定分子具有高度亲和力）。获得的抗体可以用于筛选该蛋白的表达文库。将膜放置在培养基表面，随后膜上附着了每个菌落中的一些细胞，并与其在原始培养皿上的位置保持一致（图 13-14）。然后将印迹膜干燥并浸泡在抗体溶液中，该溶液将与任何含有感兴趣的融合蛋白的菌落印迹结合。阳性克隆由一种与一抗结合的标记二抗所鉴定。通过检测相应的蛋白质，找出抗体识别的表达该蛋白的克隆，这些克隆应当包含所找的 cDNA。

回到人胰岛素的例子，我们可以看到这种探针是如何实际应用的。为了克隆与人胰岛素相对应的 cDNA，首先以胰腺细胞的 mRNA 为模板合成 cDNA。然后将这些 cDNA 分子插入细菌表达载体中，并将这些载体转化至细菌。含有胰岛素 cDNA 的细菌菌落可表达胰岛素。而胰岛素可以通过其与上述胰岛素抗体的结合来鉴定。

13.3.2　通过功能互补寻找特定的克隆

在很多情况下，最初并没有特定基因的探针，但我们可能有一个目的基因上的隐性突变。这个基因可能是细菌或酵母，甚至植物或老鼠中的突变基因。该方法的目的是通过恢复隐性突变所消除的功能来识别含有感兴趣基因的克隆。在实际应用中，我们首先得到一个正常野生型生物体的基因组或者合成一个野生型基因组来源的 cDNA 文库，它们都含有正常的目的基因（突变基因的等位基因）。目的基因是文库所代表的数千种基因中的一种。然而，只有目的基因才有能力互补突变体并恢复其野生型表型。因此，如果能够将该文库引入具有隐性突变的物种中（见 13.6 节），就可以通过其具有的恢复隐性突变所消除的功能的能力来检测文库中的特定克隆，这一过程称为功能互补（functional complementation）或突变回复（mutant rescue）。其流程概要如下：①制作一个包含野生型 a^+ 重组供体 DNA 插入片段的文库；②使用该 DNA 插入片段文库转化隐性突变细胞系 a^-；③从文库中找出具有显性 a^+ 表型的转化细胞克隆；④从得到的细菌或噬菌体克隆中回收 a^+ 基因。

到目前为止，我们仅描述了转化细菌细胞的技术。在本章的后半部分，你将看到 DNA 可以被转化到许多模式生物中，包括酿酒酵母、秀丽隐杆线虫、拟南芥和小鼠。

关键点：通过基因的 DNA 序列或蛋白质产物作为探针，或通过互补突变表型，可从文库中筛选基因。

13.3.3　核酸的 DNA 印迹法和 RNA 印迹法分析

在从一个基因组或一个 cDNA 文库中扩增出目的基因 PCR 产物或筛选到了一个目的克隆后，下一步就是分析更多关于 DNA 的信息。假设你已经从一个表达载体中回收了胰岛素 cDNA，并且想要确定胰岛素基因在基因组中的限制性位点，也许你想看看这些位点在不同的人群中是否存在差异，你可能也想知道胰岛素 mRNA 的大小在不同人群中是否相同，或者你可能需要确定相关生物体的基因组中是否存在类似的基因。在下面的部分中，你将看到这些重要的问题可以通过运用相对简单的技术来回答。在这些技术中，复杂的 DNA 或 RNA 混合物按大小进行区分，然后通过杂交以检测与某些其他 DNA 分子相关的 DNA 分子。

印迹法是最常用的检测混合物中分子的方法，它从运用凝胶电泳分离混合物中的分子这一步开始。将线性 DNA 分子的混合物放入琼脂糖凝胶的样品孔中。将凝胶按照一定方向放置在一个两端加有电压的槽中，使得样品孔位于负极端（带负电），DNA 由于负电荷而向正极端（带正电）迁移。DNA 分子在凝胶中的迁移速度与其大小成反比，琼脂糖起着筛子的作用，小的片段比大的片段更容易、能更快地移动（图 13-15）。因此，不同大小的片段将在凝胶上形成不同的条带。用溴化乙锭对 DNA 进行染色，可使 DNA 在紫外光下显示荧光。混合物中每一个片段的绝对大小可以通过将其迁移距离与已知尺寸的一组标准片段进行比较来确定。如果能够较好地分离这些条带，就可以从凝胶中切割出一条单独的条带，并且可以从凝胶中纯化 DNA 样品。因此，DNA 电泳可以是诊断性的（显示存在的 DNA 片段的大小和相对数量），也可以是制备性的（用于分离特定的 DNA 片段）。

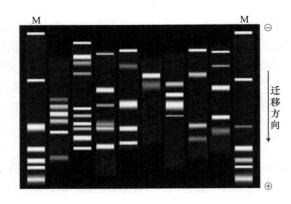

图 13-15 凝胶电泳

不同大小 DNA 片段的混合物在琼脂糖凝胶上电泳分离。样品为 8 个经 *Eco*R I 处理的重组载体。混合物上样至凝胶顶部附近的上样孔中，在电场的影响下，片段从负极向正极移动，所到达的位置取决于其大小。用溴化乙锭染色，在紫外光下拍摄 DNA 条带。字母 M 表示包含标准大小片段的泳道，用于估算 DNA 的长度

限制性内切核酸酶消化的基因组 DNA 通常产生大量的片段，导致电泳中产生连续而非离散的 DNA 条带。使用由 E. M. Southern 开发的称为 DNA 印迹的技术［图 13-16（a）］，可以使用一个探针来识别这种混合物中的一个片段。就像克隆鉴定（图 13-13）一样，这项技术需要在电泳完成后用膜来印迹凝胶从而在膜上留下 DNA 分子的印迹。DNA 必须先变性才能黏附在膜上。然后将膜与标记的探针杂交。放射自显影图或荧光条带的照片可以显示凝胶上任何与探针互补的条带。为了检测胰岛素基因，我们可以将该方法应用于转移至膜上的限制性内切核酸酶处理的人基因组 DNA 中，并以胰岛素 cDNA 为标记探针。

经过一定的改进，DNA 印迹可用于在从凝胶上分离的 RNA 混合物中检测特定的 RNA 分子，这种技术称为 RNA 印迹法或 Northern blotting，因为其可与用于 DNA 分析

的 DNA 印迹技术进行对比。通过电泳进行分离的 RNA 可以是从一个组织或整个生物体中分离出来的总 RNA 样本。在图 13-16（b）所示的例子中，凝胶电泳使用的是从不同植物的种子中分离出来的 RNA。与使用凝胶分离 DNA 不同，RNA 样本不需要消化，因为它是在离散的转录本大小的分子中产生的。将 RNA 凝胶转移至膜上，并以与 DNA 相同的方式使用探针进行检测。RNA 印迹法的一个应用是确定一个特定的基因是在特定的组织中转录，还是在特定的环境条件下转录。另一种应用是确定 mRNA 的大小，以及在紧密相关的植物中能否检测到类似大小的 RNA［图 13-16（b）］。

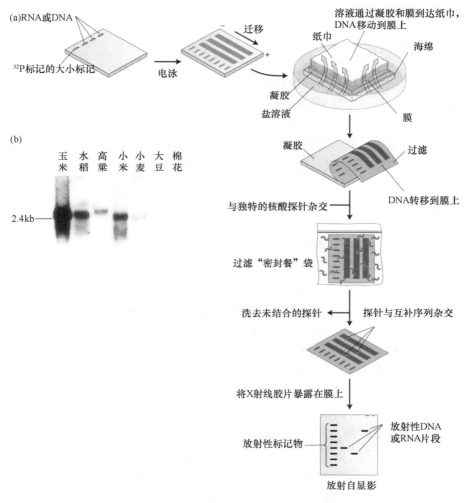

图 13-16　通过电泳和印迹技术寻找特异性的核酸序列

在本例中，一个放射性探针被用于鉴定经凝胶电泳分离的特定核酸。（a）使用琼脂糖凝胶将 RNA 或 DNA 限制性片段进行电泳分离。不同的片段根据各自的大小以不同的速度迁移。该凝胶被放置在缓冲液中，并被一层膜和一叠纸巾覆盖。这些片段被变性为单链，这样它们就能附着在膜上。这些条带通过被纸巾吸收的缓冲液而转移至膜上。然后，取出膜，并与一个放射性标记的单链探针孵育，该探针可以与目标序列互补结合。洗去没有结合的探针，并使用膜曝光 X 射线胶片。由于放射性探针只与其互补的限制性片段杂交，因此胶片只会在这些片段对应的条带处曝光。将这些带与标准条带进行比较，则可以鉴定目标序列的片段数量和大小。当 DNA 被转移到膜上时，这个过程称为 DNA 印迹法，当 RNA 被转移时称为 RNA 印迹法。（b）真实的 RNA 印迹法，使用从不同植物的种子中分离出来的 RNA。使用一个 RNA 探针来识别单个位点的存在。结果表明，玉米与水稻、高粱、小米的亲缘关系比与大豆或棉花的亲缘关系更为密切

在本节关于杂交分析的讨论中，我们从提出关于人类和相关物种中胰岛素基因及其 mRNA 的问题开始。基于上述技术，假设已经有了所需的基因组 DNA 和 RNA 样品，你能设计出 DNA 印迹法和 RNA 印迹法实验来回答这些问题吗？

我们发现克隆的 DNA 作为一种探针，在检测特定克隆、DNA 片段或 RNA 分子中具有广泛的应用。在所有这些情况下，请注意，该技术均运用了核酸与互补序列相互结合的能力。

关键点：检测特定 DNA 或 RNA 的大小依赖于克隆 DNA 探针互补性的重组 DNA 技术，包括识别特定克隆、限制性片段或 mRNA 的印迹和杂交系统。

13.3.4　特定蛋白质的检测

对特定蛋白质的检测通常是以抗体作为探针进行的。抗体是由动物的免疫系统产生的一种蛋白质，它与一种分子有很高的亲和力，如一种特定的蛋白质（作为一种抗原），因为抗体具有与之相匹配的特殊锁钥结构。为了检测蛋白质，从细胞中提取的蛋白质混合物通过电泳分离出不同的蛋白质条带，然后转移至膜上［这是蛋白质印迹法（Western blotting）］。通过将膜与含有抗体的溶液进行孵育来鉴定特定蛋白质在膜上的位置，该抗体是从兔子或其他被注射了该抗原的宿主所产生的。蛋白质的位置通过抗体携带的标签的位置显示。

13.4　检测 DNA 片段的核苷酸序列

在克隆并鉴定或者通过 PCR 扩增了想要的基因后，下一步就是尝试分析它的功能。基因组的终极语言由 A、T、C 和 G 4 种碱基串成。获得 DNA 片段的完整核苷酸序列往往是理解一个基因的结构、功能、与其他基因的关系，或它编码的 RNA 或蛋白质的功能的重要组成部分。事实上，DNA 序列可以用来确定蛋白质的一级结构，因为在大多数情况下，通过翻译 cDNA 分子的核苷酸序列来找到其编码的多肽链的氨基酸序列比直接测序多肽本身要简单得多。在本节中，我们主要关注一些用来读取 DNA 序列的技术。

与重组 DNA 技术和 PCR 技术一样，DNA 测序利用了碱基互补配对原理以及 DNA 复制的基本生物化学原理。人们已经开发了数种测序技术，但其中一种是迄今为止用于大多数 DNA 分子测序的主要方法。虽然它仍然是最常用的较短 DNA 片段的测序技术，但当对整个基因组进行测序时这项技术已经在很大程度上被新的测序技术所取代，详见第 17 章。这种测序技术称为双脱氧测序法（dideoxy sequencing），有时候也因其发明者而被称为桑格测序法（Sanger sequencing）。双脱氧（dideoxy）一词来源于一种特殊修饰的核苷酸，称为双脱氧核苷酸三磷酸（即 ddNTP）。这种修饰的核苷酸是桑格测序技术的关键，因为它能够阻断 DNA 合成。双脱氧核苷酸缺乏 3′-羟基和 2′-羟基［脱氧核苷酸中也没有这种基团（图 13-17）］。为了进行 DNA 合成，DNA 聚合酶必须催化最后一个核苷酸的 3′-羟基与下一个核苷酸的 5′-磷酸基团之间的反应。由于双脱氧核苷酸缺乏 3′-羟基，这一反应无法进行，因此 DNA 合成在核苷酸添加处被阻断。

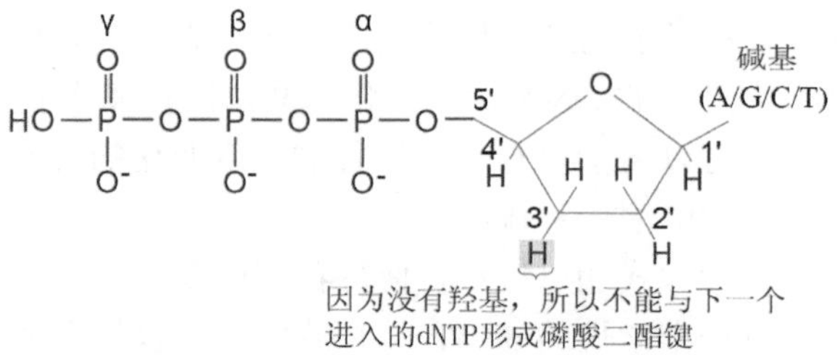

图 13-17　2′, 3′-双脱氧核苷酸的结构

2′, 3′-双脱氧核苷酸用于桑格测序，其核糖上缺失了羟基

　　双脱氧测序的逻辑十分直接。假设我们想对多达 800 个碱基对的 DNA 片段进行测序。该 DNA 片段可以是质粒插入物，也可以是 PCR 产物。首先，我们将这一片段的两条单链进行变性。接下来，我们设计一个 DNA 合成的引物，该引物将与克隆 DNA 片段上的一个位置杂交，然后添加一种特殊的 DNA 聚合酶、正常脱氧核苷酸（dATP、dCTP、dGTP 和 dTTP）的 "混合物"，并添加少量的这 4 种碱基所对应的双脱氧核苷酸（如 ddATP）。DNA 聚合酶随后从引物开始合成互补的 DNA 链，双脱氧核苷酸取代正常脱氧核苷酸结合到延长过程中 DNA 链的任何一个位置都会终止其延长。假设我们要测序的 DNA 片段是

　　　　　　　　5′ ACGGGATAGCTAATTGTTTACCGCCGGAGCCA 3′

随后从互补引物开始合成 DNA：

　　　　　　　　5′ ACGGGATAGCTAATTGTTTACCGCCGGAGCCA 3′

　　　　　　　　　　　　　　　　　　　　　　　　3′ CGGCCTCGGT 5′

　　　　　　　　　　　　　　　　　　　　　←合成 DNA 的方向

例如，使用特殊的添加少量 ddATP 的 DNA 合成混合物，我们就可以得到一组混合的 DNA 片段，这些片段具有相同的起点及不同的终点，因为 ddATP 的插入会中断 DNA 复制但不影响其复制起始过程。被 ddATP 终止的不同 DNA 链看起来像下面的序列列表。（*A 表示双脱氧核苷酸）

5′	ATGGGATAGCTAATTGTTTACCGCCGGAGCCA　　3′	模板 DNA 克隆
3′	CGGCCTCGGT　5′	引物
3′	←　5′	合成 DNA 的方向
3′	*ATGGCGGCCTCGGT　5′	双脱氧片段 1
3′	*AATGGCGGCCTCGGT　5′	双脱氧片段 2
3′	*AAATGGCGGCCTCGGT　5′	双脱氧片段 3
3′	*ACAAATGGCGGCCTCGGT　5′	双脱氧片段 4
3′	*AACAAATGGCGGCCTCGGT　5′	双脱氧片段 5
3′	*ATTAACAAATGGCGGCCTCGGT　5′	双脱氧片段 6
3′	*ATCGATTAACAAATGGCGGCCTCGGT　5′	双脱氧片段 7
3′	*ACCCTATCGATTAACAAATGGCGGCCTCGGT　5′	双脱氧片段 8

　　我们可以分别在 4 个体系中为每种双脱氧核苷酸生产一组这样的片段（分别用 ddATP、ddCTP、ddGTP、ddTTP）。每个 ddNTP 都会产生一组不同的片段序列，同时任

何两个添加了不同双脱氧核苷酸的体系均不会产生相同大小的片段。然后，用凝胶电泳法分离并定位 4 个体系中产生的 DNA 片段。将这些片段在 4 个相邻的聚丙烯酰胺凝胶孔道上进行电泳，该凝胶可以展示仅有一个核苷酸长度变化的 DNA 片段，这些片段可以按照每次增加一个碱基的顺序进行排列。

新合成的链必须以某种方式加以标记，使得我们可以从凝胶上看到它们。这些链通过放射性标记的引物或有一个常规的 dNTP 带有放射性标签从而被标记。荧光标签同样可以达到类似效果，在这种情况下，每个 ddNTP 均携带荧光标签（图 13-18）。

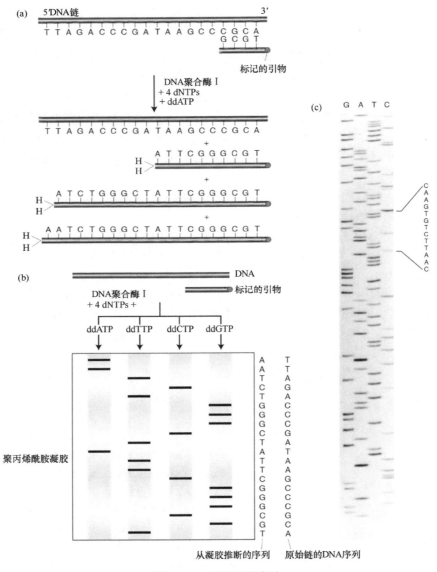

图 13-18 双脱氧测序法

通过将双脱氧核苷酸加入复制 DNA 的核苷酸中，从而高效地对 DNA 进行测序。（a）DNA 从一个标记引物（从载体两侧序列开始）处开始合成。4 种不同双脱氧核苷酸的加入（这里显示了 ddATP）随机终止合成。（b）所产生的片段以电泳的方式进行分离，并进行放射自显影。右边显示推断的序列。（c）桑格测序凝胶

这些双脱氧测序的产物如图 13-18 所示。该结果展示了被标记的 DNA 链按照每次一个碱基的顺序递增其长度，而我们需要做的就是从凝胶上读出 5′到 3′方向合成链的序列。

如果使用不同的荧光染料对 4 种 ddNTP 进行标记，凝胶末端的检测器可以区分每种颜色。这 4 个反应在同一个试管中进行，随后将 4 组混合的 DNA 链一起进行电泳。因此，在相同的时间内，这种设计可以产生 4 倍于单独进行反应所产生的序列。这种思路用于自动 DNA 测序仪的荧光检测。由于有了这些仪器，DNA 测序可以以更大的规模进行，并且通过放大本节所描述的步骤可以获得整个基因组序列。图 13-19 展示了自动 DNA 测序仪上获得的 DNA 序列。每个彩色的峰代表不同大小的 DNA 片段；4 种不同的颜色代表 DNA 的 4 种碱基。自动测序技术在全基因组测序中的应用是第 17 章关注的重点之一。

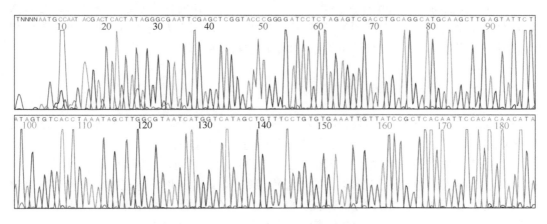

图 13-19 自动 DNA 测序仪上获得的 DNA 序列

使用荧光染料的自动 DNA 测序仪输出的结果。这 4 种颜色中的每一种代表着不同的碱基。字母 N 表示由于峰值太低而无法识别的碱基。请注意，如果这是一个如图 13-18（c）所示的凝胶，则每一个峰均对应于凝胶上的一个暗带，即这些有色峰代表着由测序凝胶得到的同一数据的不同输出结果

关键点：克隆 DNA 片段可以通过鉴定一系列截短的合成 DNA 片段的末端碱基进行测序，每个片段均由于双脱氧核苷酸的结合而在不同位置终止其复制过程。

13.5 比对遗传图谱和物理图谱，分离特定基因

在全基因组测序技术尚未得到开发前，对遗传性疾病如囊性纤维化（cystic fibrosis，CF）或某些癌症的基因进行分子克隆是一项艰巨的任务。在基因组文库中识别克隆基因通常是需要几个实验室共同努力的重大研究项目，这一过程称为定位克隆（positional cloning），其策略是利用遗传位置来分离该性状背后的基因。即使有完整的基因组序列，在确定与该性状相关的基因之前，仍然需要先绘制与基因产物相关的性状图。

在定位克隆的开始，研究人员需要首先绘制特定性状的基因图谱。为了绘制基因图谱，研究人员可以测试该性状与已知位点标记物之间的联系，如第 4 章所述。标记物可能是限制性片段长度多态性（restriction fragment length polymorphism，RFLP）、单核苷

酸多态性（single nucleotide polymorphism，SNP）或其他分子多态性（见第 4 章和第 18 章），也可能是定位良好的染色体断裂点（见第 7 章）。在感兴趣基因的两侧都有标记是最好的，因为这样它们就限定了该基因的可能位置。

请记住，通过这些方法来定位一个基因只能定位该基因在染色体上的"相对位置"，不能直接鉴定该基因。因此，由 SNP 和 RFLP 等分子标记划定的区域通常包含数十万甚至数百万个碱基对，编码许多基因。要确定某一特定性状所对应的基因，研究人员需要对整个目的基因的邻近染色体区域进行分析。在可以获得整个基因组序列的模式生物中，可以简单地从计算机数据库中获得目的基因附近区域的众多基因（见第 17 章）。通过对这些"相邻位置"的基因序列进行分析，可找出最有可能的候选基因。

下面，我们将简要讨论在人类基因组序列获得之前如何使用定位克隆来分离导致人类囊性纤维化的基因（CF 基因）。虽然这项技术不再是识别人类基因所必需的，但它仍然被用于在尚未确定基因组序列的生物体中识别特定的基因。

13.5.1 使用定位克隆鉴定一个人类疾病基因

让我们来看一下确定囊性纤维化基因所使用的方法。当时还没有发现该基因的主要生化缺陷表型，因此它在很大程度上是一个功能待定的基因。

依靠基因图谱的基因筛选可以用于任何生物过程。然而，基因筛选不能用于人类，因为我们不能人为地制造突变体人类。然而，通过对具有该疾病特征的大家族进行系谱分析（见第 2 章），获得的信息有时能够确定引起诸如囊性纤维化等疾病的缺陷基因的位置。研究人员在患有该疾病的家族成员中发现了一个或多个分子标记（染色体异常、已知位置的连锁性状、SNP 等），而其他正常家族成员中没有这些分子标记（见第 4 章中关于分子标记的讨论）。通过对 CF 患者家族的分子标记连锁分析，将 CF 基因定位到 7 号染色体长臂上，位于 7q22 和 7q31.1 之间。CF 基因应当在这个区域内，但在这些分子标记之间存在 1.5cM（图距单位）的染色体，这个巨大的未知区域包含 100 多万个碱基。为了进一步缩小区域，有必要在这一区域内寻找更多的分子标记。分离分子标记的一般方法是识别一个在个体或群体中多态的区域，且该区域的性状与目的性状不同。通过寻找额外的与 CF 基因相关的分子标记，遗传学家将包含 CF 基因的区域缩小到大约 500kb，但这仍然是相当大的距离。

随后研究人员创建了整个区域的物理图谱，即将来自该区域的一组随机克隆按正确的顺序进行排列，这是通过使用一种叫作染色体步移（chromosome walk）的技术来完成的（图 13-20）。其基本原理是使用邻近的分子标记作为探针来识别第二组克隆，这些克隆与分子标记克隆重叠，并且向一个或两个方向（接近目标基因或远离目标基因）延伸。新克隆的末端片段可作为从基因组文库中识别第三组重叠克隆的探针。以这种单调乏味的方式，遗传学家鉴定了含有与 CF 性状紧密相关的分子标记的克隆，并对该克隆进行了测序。有了这个序列，研究人员开始沿着这段 DNA 寻找包含基因和非编码序列的任何基因。

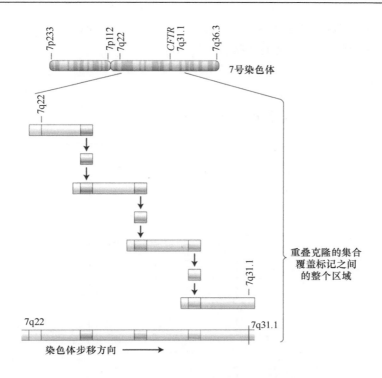

图 13-20　通过染色体步移对克隆进行排序

染色体步移首先从一个真核细胞基因组文库中的重组噬菌体或 BAC 克隆开始。在本例中，使用分子标记 7q22 来探测人类基因组文库。图中只显示了插入的 DNA 片段。然后，将可以结合探针的 DNA 片段用于分离另一个包含真核细胞 DNA 相邻片段的重组噬菌体或 BAC。染色体步移法展示了如何从分子标记 7q22 开始，到位于 CF 基因另一端的标记 7q31.1

在 CF 示例中，通过基因共有的起始和终止信号等显著特征来识别候选基因。比较正常人和 CF 患者的候选基因与 cDNA 序列。在所有分析的 CF 患者中都发现了一个候选基因的突变，但在正常人中没有发现该突变。这一突变是三个连续碱基对的缺失，导致其表达的蛋白质中缺少了苯丙氨酸。还从基因序列预测了蛋白质的三维结构。这种蛋白质在结构上与其他系统中的离子转运蛋白相似，表明转运缺陷是引起 CF 的主要原因。将野生型基因转化至 CF 患者的突变细胞系中，其功能恢复正常，这种表型的"回复"最终证实了所分离的序列确实是 CF 基因。

通过定位克隆还分离出了其他几个人类基因，如与几种遗传病有关的基因，包括亨廷顿病、乳腺癌、维尔纳综合征（见第 8 章）和哮喘等。由于杂交植物相对较为容易操作，定位克隆技术是一种非常有效的用于分离许多参与不同植物生理过程的基因的技术，包括鉴定有助于作物驯化的基因。

13.5.2　使用精细定位鉴定基因

今天，对于任何可以获得基因组序列的生物来说，已经完全不需要通过染色体步移法来寻找目的基因了，但研究人员仍然首先识别与目的基因密切相关的两个分子标记来寻找目的基因（图 13-20）。在图 13-21（a）中，两个初始的侧翼标记被标记为起始标记

1 和起始标记 2。在这两个起始标记之间的间隔中有 7 个已知存在的基因（基因 $A \sim G$）。这些基因中的哪一个与感兴趣的性状有关？

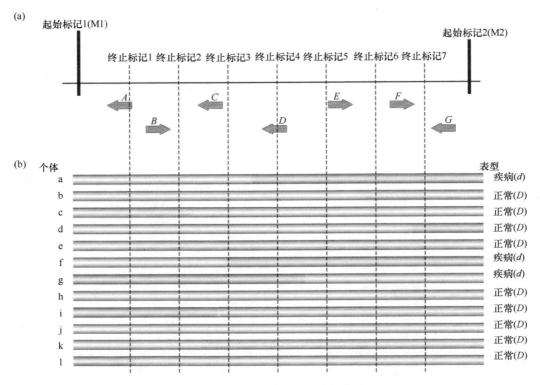

图 13-21　使用精细定位鉴定基因

目前对目的基因的鉴定使用从在线数据库中获得的标记和序列，来确定大量具有、不具有该疾病特征的个体在此 DNA 区域内的基因型。这里所示的个体来自后文图 13-22 中的 F_2 代。目的基因是所有患者共有的等位基因 D。橘色是亲本 1（正常）的纯合显性 D 等位基因；蓝色是亲本 2（疾病，突变体）的纯合隐性 d 等位基因；灰色是杂合子

　　研究人员试图缩小包含目的基因的片段大小。为此，他们从在线基因组序列和标记数据库中选择位于起始标记之间的附加标记。他们必须选择在有性状表型的个体中有一个等位基因的标记，在没有该表型的个体中选择一个不同的等位基因，这些额外的标记称为终止标记，在图 13-21（a）中为终止标记 1～7，目的是找出与目的基因联系最紧密的标记。

　　下一步是寻找在两个起始标记所限定的区域内发生罕见交换事件的个体。通常，起始标记之间相隔大于 1cM。因此，在 100 个后代中，在这样的间隔中平均会发生一次交换事件。由于需要大量的后代，这种精细定位法已成功地应用于许多模式生物（如果蝇和秀丽隐杆线虫），但在植物中尤其成功，因为植物杂交可以产生数百个或数千个子代，人们可以收获并分析这些子代。图 13-22 显示了起始标记 M1 和 M2 之间产生包含重组体的一系列交换后的序列。

　　这些标记的等位基因揭示了这些标记以及同一区域内的基因是从母系还是从父系遗传而来的。在重组体中，一个染色体上的起始标记之间的片段部分来自母系，部分来自父系（图 13-22 中的亲本 2）。在图 13-22 中，这种特征是从父系遗传的一种疾病，在患有这种疾病的个体中，交换事件产生了一个区域，即图 13-21（b）中标为蓝色的部分，这是

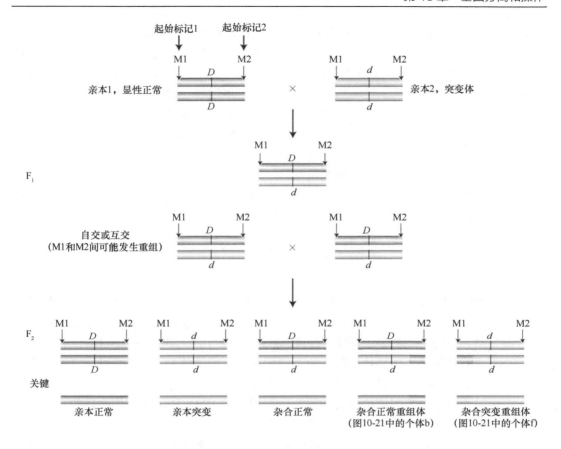

图 13-22　生成用于精细定位的分离群体

现代基因搜寻通常是从具有相反性状的亲本之间的婚配开始的。在示例中，亲本 1 携带野生型等位基因（D）并且具有正常表型，而亲本 2 携带突变等位基因（d），因此患有一种疾病。所有 F_1 代在所有位点均为杂合子，且表型正常。在 F_2 代该疾病性状开始分离。大多数患病子代具有亲本 2 基因型（亲本突变）。罕见突变个体的双亲之一在起始标记 M1 和 M2（杂合突变重组体，右下角）之间的染色体区域经历了一次重组事件

致病基因的纯合子。因此，该基因一定位于所有患病个体基因组的蓝色区域内。对比所有患病个体，可以发现它们唯一共同存在的为蓝色区域，即 D 基因所在的区域。也就是说，D 是存在于基因组中的一个基因，该基因在患病亲本中的等位基因是纯合的。如果家系或研究群体的数量足够大，那么就可能不仅识别所涉及的基因，还可能识别疾病的病变，即控制性状差异的基因内的多态性位点。请注意，此过程既不涉及将 DNA 片段克隆到 BAC 文库中，也不涉及筛选此类的文库。因此，它被称为精细定位（fine mapping），而不是定位克隆。

调查人员仍然必须努力克服许多障碍，才能分离出控制疾病状况或其他性状的基因。首先，他们需要大量的个体作为样本，以确保他们能够识别所有基因之间罕见的交换事件。通常情况下，这意味着需要成千上万的个体。如果没有大量的人群作为样本，研究人员可能只在每隔几个基因中找到交换事件的发生，因此无法确定这些基因中的哪一个是致病基因。例如，如果在图 13-21（b）中只有 a 和 b 个体，那么研究人员就只能将搜索范围缩小到 4 个基因（D、E、F、G）。其次，尽管在线数据库中包含基于 DNA

的标记列表，如 SNP，但并不是所有这些基因都仅存在于特定系谱或具有目的性状的个体中，因此研究人员必须筛选大量标记才能找到合适的等位基因。最后，需要确定该基因的突变等位基因的完整 DNA 序列，以确定致病突变。在大多数情况下，在线基因组序列包含野生型等位基因。突变致病的等位基因可以通过 PCR 从患病个体中扩增出来从而被测序。然后可以从 PCR 产物的 DNA 序列中精确地推断出突变情况。

关键点： 即使可以获得全基因组序列，分离缺陷性疾病致病基因也仍然从绘制疾病性状的基因图谱开始。一旦找到距离相近并位于性状基因两端的标记，研究人员就可以使用精细定位来缩小搜索目的基因的范围。

前几节介绍了彻底改变遗传学的几个基础技术。本章的最后一节将重点介绍这些技术在基因工程中的应用。

13.6 基因工程

重组 DNA 技术使得基因可以作为特异性的核苷酸序列被分离和鉴定。但即使是这样的成就也不是所有故事的结尾。接下来我们将看到，对序列的了解通常是新一轮基因操作的开始。基因一旦被鉴定，我们就可以通过操作这个序列来改变该生物体的基因型。将一个改变的基因导入生物体已经成为基础遗传学研究的核心，并且有着广泛的商业应用。接下来的两个例子分别是：①使山羊分泌含来自真菌的抗生素的奶；②向植物中引入北极鱼类"抗冻"基因使植物更加耐寒。利用重组 DNA 技术改变生物体的基因型和表型的过程称为基因工程，基因工程的实际应用即为生物技术。

转基因可以通过多种技术实现，将外来基因导入真核细胞的方法，包括转化、注射、细菌或病毒感染，以及用基因枪将包被钨或金粒子的 DNA 射入细胞（图 13-23）。转基因进入细胞后，会进入细胞核，它必须通过插入染色体或作为质粒的一部分（仅在少数

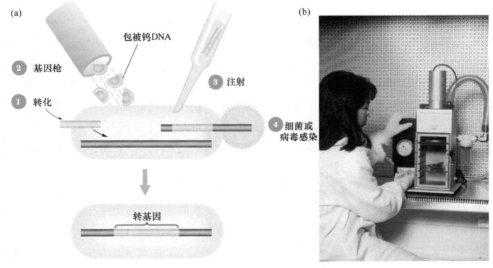

图 13-23　基因导入的方法
（a）将外源 DNA 导入真核细胞的 4 种方法；（b）基因枪

物种中）进行复制，从而成为基因组的一个稳定部分。如果发生插入，转基因可以通过同源重组替代原基因，也可以在基因组的其他位置进行异位（ectopically）插入。来自其他物种的转基因通常使用异位插入的方式。

关键点：转基因可以将新的或经修饰的遗传物质导入真核细胞。

现在我们来看看真菌、植物和动物方面的一些例子。

13.6.1　酿酒酵母中的基因工程

酿酒酵母（*S. cerevisiae*）是容易操作的最复杂的真核模式生物。大多数用于真核生物的基因工程技术都是在酵母中开发的，所以让我们看一下酵母转基因的一般途径。

最简单的酵母载体是酵母整合质粒（YIps），将目的酵母 DNA 插入细菌质粒而得到。转化至酵母细胞中之后，这些质粒将插入酵母染色体中，通常通过单交换或双交换的方式与原位基因发生交换（图 13-24）。结果，要么是整个质粒均插入染色体中，要么是质粒上的等位基因替换目标等位基因。后者是一个基因置换（gene replacement）的例子，在这种情况下，基因工程操作后的基因替代了酵母细胞中的原位基因。基因替换可以用来敲除一个基因，或者用一个突变等位基因替代它的野生型等位基因，或者反过来，用一个野生型等位基因代替一个突变等位基因。这种基因替换可以通过将细胞置于含有等位基因选择标记的培养基上进行检测。

细菌的复制起始位点与真核生物中的不同，所以细菌质粒不能在酵母中复制。因此，这种载体能够产生稳定基因型的唯一途径是将它们整合到酵母染色体中。

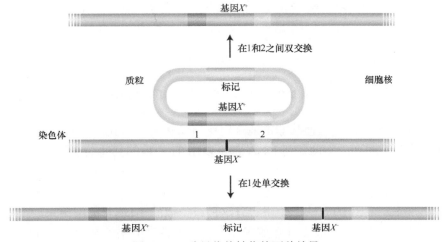

图 13-24　酵母载体转化的两种结果

携带活性等位基因（基因 *X*⁺）的质粒通过同源重组插入携带缺陷等位基因（*X*⁻）的受体酵母菌株中。
结果可能是用 *X*⁺基因替代 *X*⁻基因（上半部分），或者是新、旧等位基因共存（下半部分）。
图中垂直的黑色部位为 *X*⁻基因的突变位点。也可能在位置 2 发生单交换，但本例中没有进行展示

13.6.2　植物中的基因工程

重组 DNA 技术为改良作物品种提供了新的方向。遗传多样性不再仅仅是通过在特

定物种中筛选突变体来实现。DNA 现在可以从其他植物、动物甚至细菌中引入，生成转基因生物（genetically modified organism，GMO）。这项技术为基因组修饰带来了无限的可能。针对这些新的可能性，一部分公众对转基因生物作为食品可能产生的潜在健康问题十分关心。转基因生物是目前由新基因技术引起的复杂的公共卫生、安全、伦理和教育问题的一个方面。

通常用于生产转基因植物的载体来自 Ti 质粒（Ti plasmid），这是一种叫作根癌农杆菌的天然质粒。这种细菌会引起一种称为冠瘿病的植物疾病，感染这种疾病的植株会出现不受控制的生长现象，称为肿瘤或瘿。肿瘤发生的关键是一个大的（200kb）环状 DNA 质粒——Ti（肿瘤诱导）质粒。当细菌感染植物细胞时，Ti 质粒的一部分随机转移并插入宿主的基因组（图 13-25）。插入宿主的 Ti 质粒区域称为 T-DNA，用于转移 DNA。表达 T-DNA 转移酶的基因位于 Ti 质粒上与 T-DNA 区域分离的另外一个区域。

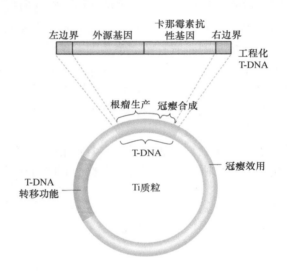

图 13-25　含有 T-DNA 的根癌农杆菌 Ti 质粒的简化示意图

Ti 质粒的这种行为特点使其非常适合用作植物基因工程载体，尤其是插入 T-DNA 边界（24bp 末端）序列之间的任何 DNA 都可以由 Ti 质粒的其他功能基因转移，并插入植物染色体中。因此，科学家能够敲除边界之间的所有 T-DNA 序列（包括致瘤基因），并将其替换为目的基因和选择性标记（如卡那霉素抗性基因）。图 13-26 展示了一种将 T-DNA 导入植物基因组的方法。使用含有这种或类似的 T-DNA 的细菌来感染植物组织切段，如打了孔的叶盘。如果将叶盘放置在含有卡那霉素的培养基上，只有转入 T-DNA 并获得卡那霉素抗性基因的植物细胞才可以继续细胞分裂。转化后的细胞生长成为细胞簇或愈伤组织，可继续诱导形成芽和根。将这些愈伤组织转移到土壤中，在土壤中发育成转基因植物。通常，只有一个拷贝的 T-DNA 可以插入植物基因组中，在减数分裂时它像一个常规的孟德尔等位基因一样发生分离（图 13-27）。该插入片段的存在可以通过筛选转基因组织中的转基因遗传标记或在 DNA 印迹法中用 T-DNA 探针筛选纯化的 DNA 来验证。

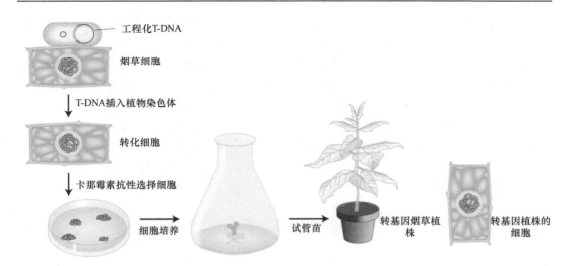

图 13-26　转基因植物产生过程

将 T-DNA 插入植物染色体。将烟草叶盘与含有 T-DNA 的根癌农杆菌孵育后，产生带有 T-DNA 的叶细胞，这些细胞能够在培养基上生长，并能被诱导分化为转基因烟草植株

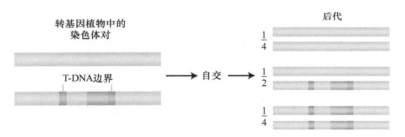

图 13-27　T-DNA 转入模式

插入转基因植物染色体中的任何 T-DNA 区域和插入片段都是以孟德尔遗传模式传递的

　　携带一个外源基因的转基因植物目前已经投入使用，包括携带对某些细菌或真菌病害具有抗性的转基因作物，并且还有更多的转基因作物正在开发中。人们不仅可以对植物本身的性状进行操作，而且像微生物一样，植物也可以作为生产由外源基因编码的蛋白质的"工厂"。

13.6.3　动物中的基因工程

　　目前，许多动物模型系统都采用了转基因技术。我们将重点关注两种被广泛用于基础遗传学研究的模式动物：秀丽隐杆线虫（*Caenorhabditis elegans*）和小鼠（*Mus musculus*）。第 16 章描述了一种常用的改造第三种模式生物——黑腹果蝇（*Drosophila melanogaster*）的方法。目前所介绍的许多技术也可以应用于这些动物系统。

1. 线虫的转基因体系

　　将基因导入线虫的方法很简单：通常将转基因 DNA 以质粒、fosmid 或细菌中其他 DNA 克隆的形式直接注射到生物体。注射方法由该蠕虫的生殖状况决定。蠕虫的性腺是合胞的，这意味着在同一生殖细胞内有许多细胞核。一个合胞细胞占据一个性腺臂的很大一部分，同时另一个合胞细胞占据另一个性腺臂的大部分［图 13-28（a）］。这些细胞核直到减数分裂，也就是当它们开始转化为个体卵子或精子时，才形成单个细胞。将含有 DNA 的溶液注入其中一个性腺臂的合胞区，从而使 100 多个细胞核暴露在待转化的 DNA 中。这些核中有几个会偶然地整合 DNA（记住，核膜在分裂过程中会分解，因此注入 DNA 的细胞质与核质是联通的）。通常转入的 DNA 会形成多拷贝的染色体阵列［图 13-28（b）］，独立存在于染色体外。在较少的情况下，转入的基因以一个多倍体序列整合到染色体的其他位置。不幸的是，原有的 DNA 序列可能会被搅乱，从而使研究人员的工作更加复杂化。

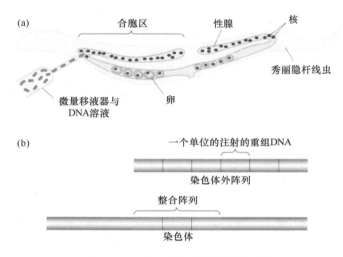

图 13-28　秀丽隐杆线虫转基因过程
通过直接将转基因 DNA 注入性腺来完成线虫的转基因。（a）注射方法；
（b）两种主要的转基因结果：染色体外阵列和整合在异位染色体位置的 DNA 阵列

2. 小鼠的转基因体系

小鼠是哺乳动物遗传学最重要的模式生物。有趣的是，在小鼠中开发的大部分技术都可能适用于人类。主要有两种方式完成小鼠中的转基因，两者各有优缺点：①异位插入，转基因被随机插入基因组中，通常以多拷贝阵列的形式存在；②基因打靶，将转基因序列插入基因组中同源序列的位置，即转入的基因取代了正常的同源基因。

（1）异位插入

将转入的基因插入随机的位置，只需要将细菌克隆的 DNA 注射到受精卵的细胞核中［图 13-29（a）］。将几个经注射的受精卵放置于雌性小鼠的输卵管，部分受精卵则发育成幼鼠。在以后的某个时期，转入的基因被随机到整合细胞核的染色体中。有时，转基因细胞构成生殖细胞的一部分，在这种情况下，经注射的胚胎将发育成一只成年小鼠，且其生殖细胞中含有插入在某个染色体的某个随机位置的转基因［图 13-29（b）］。这些小鼠成熟后，它们的一些后代将在所有细胞中继承该转基因。每个插入点都会有一个多拷贝的插入序列，但是每个序列的位置、大小和结构都会有所不同。这种技术确实引起了一些问题：①随机插入基因的表达模式可能是异常的（称为位置效应，position effect），因为局部染色体环境缺乏该基因的正常调控序列（更多关于位置效应的信息见第 15 章）；② DNA 重排可能发生在多拷贝序列内（本质上是序列发生了突变）。尽管如此，这项技术仍然比基因打靶更有效，也更省力。

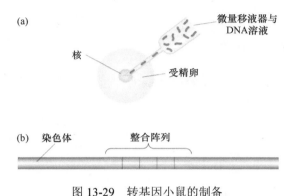

图 13-29　转基因小鼠的制备

将克隆的 DNA 注入受精卵中，插入异位染色体位置，完成小鼠的转基因。

（a）注射方法；（b）典型的异位整合体，在一个阵列中插入多个重组基因拷贝

（2）基因打靶

基因打靶使研究人员能够敲除一个基因或修改它所编码的功能。在一种称为基因替换的应用中，突变等位基因可以在其正常染色体位置上被野生型等位基因替换来进行修复突变。基因替换避免了与异位插入相关的位置效应和 DNA 重排，因为该基因的一个拷贝被插入正常的染色体中。相反的，可以通过无活性基因替代的方式使一个基因失活，这种靶向灭活称为基因敲除（gene knockout）。

小鼠的基因打靶是在体外培养的胚胎干细胞（ES 细胞）中进行的。一般说来，干细胞是一个特定组织或器官中的未分化细胞，它可以不对称地分裂，产生一个后代干细胞，以及一个将分化成终末细胞类型的细胞。ES 细胞是一种特殊的干细胞，可以分化成体内任何类型的细胞，包括生殖细胞。

为了展示基因打靶的过程，我们来看它是如何实现其经典功能之一的，即用失活基因替代正常基因，或基因敲除。这一过程需要三个阶段：①在体外培养 ES 细胞时，使用一个失活基因靶向替代功能基因，从而产生基因敲除的 ES 细胞（图 13-30）；②将含有失活基因的 ES 细胞转移到小鼠胚胎中（图 13-31）；③鉴定并饲养转基因小鼠，得到具有已知基因型的小鼠。

第一阶段：失活基因通过插入一个干扰克隆基因拷贝的 DNA 片段得到。然后将含有失活基因的 DNA 片段注射到 ES 细胞的细胞核中。失活基因插入非同源（异位）位点的概率远远高于同源位点 [图 13-30（b）]，因此下一步是根据需要筛选缺陷基因取代功能基因的细胞。如何选择含有罕见基因替换的 ES 细胞呢？基因工程师可以在插入 DNA 中加入耐药等位基因，这样就可以将替换与异位插入区分开来，如图 13-30（c）所示。

(a)生成基因敲除的ES细胞

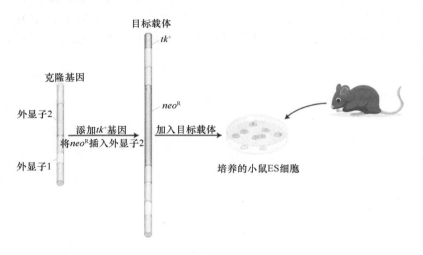

(b)通过同源重组靶向插入载体DNA

(c)选择基因敲除的ES细胞

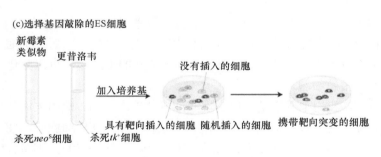

图 13-30　制备基因敲除的细胞

制作在特定基因中含有突变的细胞，也称为靶向突变或基因敲除。(a)在体外修改一个克隆基因的拷贝以得到靶向载体。这里所展示的基因通过将新霉素抗性基因（neo^R）插入该基因的一个蛋白质编码区（外显子 2）而失活，并插入载体中。neo^R 基因随后作为分子标记，证明载体 DNA 插入染色体上。该载体还在一个末端携带第二个标记基因：疱疹 tk 基因。这些是标准标记基因，但也可以用其他标记基因来替代。当完成构建带有双标记的载体后，将其导入从小鼠胚胎分离出来的细胞中。（b）当发生同源重组时（左），载体上的同源区域，连同中间的任何 DNA（但不包括末端的标记），取代原始基因。这一过程十分重要，因为载体序列是检测突变基因存在的有效标记。然而，在许多细胞中，完整的载体（在一端存在额外的标记）发生异位插入（中间）或完全不整合（右）。（c）为了分离携带目标突变的细胞，将所有细胞放入含有所选药物的培养基中，本例中是新霉素类似物（G418）和更昔洛韦（ganciclovir）。G418 对不含 neo^R 基因的细胞是致命的，因此它用于杀死没有插入的细胞（绿色）。同时，更昔洛韦杀死任何携带 tk 基因的细胞，从而消除携带随机插入的细胞（红色）。因此，唯一存活并增殖的细胞是具有靶向插入的细胞（蓝色）

第二阶段：将含有一个失活目的基因（即基因敲除）拷贝的 ES 细胞注射到囊胚期胚胎中，然后植入母体［图 13-31（a）］。一些 ES 细胞可能会被整合到宿主胚胎中，如果发生这种情况，发育出来的小鼠就是嵌合体，即它会包含两种不同品系小鼠的细胞。当嵌合体小鼠成年后，将其与一只正常的小鼠交配。如果嵌合小鼠将 ES 细胞（带有敲除基因）带入生殖细胞，那么产生的一些后代将在其所有细胞中继承该基因敲除。具有杂合敲除基因的子代小鼠随后相互交配，以产生具有纯和敲除等位基因的子代小鼠（如果该基因是必需基因，那么纯合子将是致死的，而从这个杂交中将得不到任何纯合子）［图 13-31（b）］。

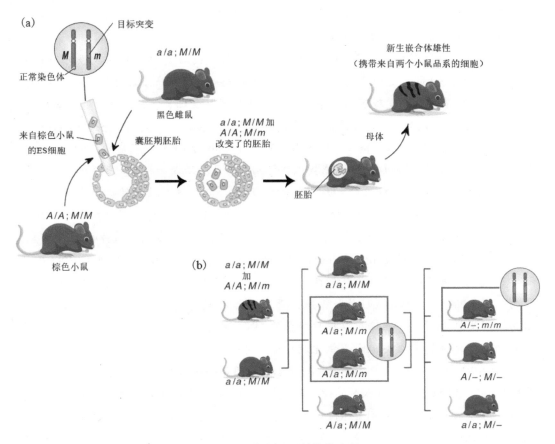

图 13-31　制备基因敲除的小鼠

通过嵌入携带目标突变的 ES 细胞生产基因敲除小鼠。（a）ES 细胞是从豚鼠（棕色）系（A/A）中分离得到的，并经过改造在一条染色体上携带目标突变（m）。ES 细胞随后被插入如图所示的新发育胚胎中。从新生小鼠的毛色即可看出胚胎中 ES 细胞是否存活。因此，通常将 ES 细胞放入在没有 ES 细胞的情况下会发育出黑色毛发的胚胎中。这样的胚胎可以从一个缺乏显性等位基因（a/a）的黑色品系中获得。含有 ES 细胞的胚胎在母体中生长。新生小鼠体表的黑体部分表明 ES 细胞存活和增殖（这类小鼠之所以被称为嵌合体，是因为它们含有两种不同品系小鼠的细胞）。相比之下，纯黑色小鼠表示其 ES 细胞已经死亡，而这些小鼠被排除在外。A 代表棕色；a 代表黑色；m 代表目标突变；M 代表其野生型等位基因。（b）嵌合雄性与黑色（非棕色）雌性交配。后代根据目标突变（内嵌的蓝色）进行筛选。对棕色小鼠基因的检查可以发现这些动物中的哪一种（框住的部分）遗传了目标突变。携带该突变的雄性和雌性相互交配，以产生携带两个拷贝目标基因（内嵌的蓝色）的子代小鼠，该小鼠的功能基因也因此失活。通过直接分析其 DNA 来鉴定这种小鼠（框住的部分）。在本例中，基因敲除导致卷曲尾表型

延伸阅读 13-1：基因编辑

基因编辑是一种利用工程性核酸酶进行基因组编辑的基因工程，其利用工程性核酸酶（或称为"分子剪刀"）在生物体基因组中进行 DNA 的插入、删除或者替换。这些核酸酶可以在基因组中所需位置处产生位点特异性的 DNA 双链断裂（DSB），诱导的双链断裂可通过 NHEJ 或者 HR 进行修复，从而产生靶向突变（即"编辑"）。

NHEJ 和 HR 是目前已知的两种双链断裂修复途径，在所有生物体中都具有重要的功能。NHEJ 使用多种酶直接连接断裂的 DNA 双链末端，相比之下，在 HR 中，同源序列被用作模板，在断裂位点处重新产生缺失的 DNA 序列。这些通路的自然特性构成了基于核酸酶的基因编辑的基础。

限制性内切核酸酶识别并切割 DNA 双链上特定的碱基对组合，故很容易产生 DSB。但这种 DSB 并不是位点特异性的，为了解决这一问题并产生位点特异性的 DSB，迄今为止，科学家已经发现了三种不同类别的工程性核酸酶，分别是锌指核酸酶（zinc finger nuclease，ZFN）、类转录激活因子效应物核酸酶（transcription activator-like effector nuclease，TALEN）和归巢核酸内切酶。ZFN 和 TALEN 技术基于一种非特异性的 DNA 内切酶，这种内切酶可以连接识别锌指和转录激活因子样效应子（transcription activator-like effector，TALE）等肽段的特定 DNA 序列。这些技术的关键是找到一种 DNA 识别位点与切割位点相互分离的内切酶，这种内切酶没有序列识别能力，切割位点是非特异性的，将其连接到序列识别肽便有可能导致非常高的特异性。

CRISPR（clustered regularly interspaced short palindromic repeat）序列于 1987 年被科学家发现，其是指一种成簇且规律间隔的短片段回文重复序列。CRISPR-Cas 系统作为一种 RNA 介导的适应性免疫系统，存在于大约 48% 的细菌和 95% 的古菌中，可以为细菌提供序列特异性保护以抵抗外来的 DNA 甚至 RNA。CRISPR 识别和切断这些外源遗传元件的方式类似于真核生物中的 RNA 干扰。

CRISPR 相关（CRISPR-associated，Cas）基因是一组与 CRISPR 相关的基因。Cas 基因编码可以切割或解开 DNA 的核酸酶或解旋酶，同时 Cas 基因总是位于 CRISPR 序列附近。Cas 蛋白需要一个引导 RNA 来提供正确的序列，称为 crRNA（CRISPR-RNA）。根据 CRISPR 体系中效应蛋白的不同组成，可将 CRISPR-Cas 系统分为两类：I 类 CRISPR 系统利用多个 Cas 蛋白与 crRNA 形成效应复合物；II 类 CRISPR 系统利用单个大 Cas 蛋白与 crRNA 形成效应复合物，如 CRISPR-Cas9 和 CRISPR-Cas12a/Cpf1 系统。

crRNA 包含引导 Cas9 蛋白到达宿主 DNA 正确位点的 RNA 区域，以及与反式激活 CRISPR 来源 RNA（trans-activating CRISPR-derived RNA，tracrRNA，通常呈发夹环形式）结合的区域。tracrRNA 与 crRNA 结合并与 Cas9 形成活性复合物。多个 crRNA 和 tracrRNA 可以组合在一起形成单链引导 RNA（single-guide RNA，sgRNA），sgRNA 可与 Cas9 基因结合，形成质粒并转染到细胞中（图 13-32）。

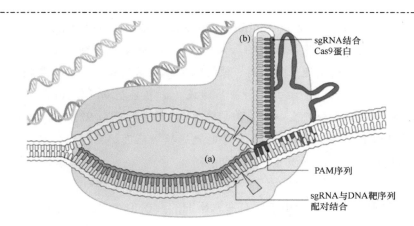

图 13-32　CRISPR-Cas9 结合 DNA 的原理

（a）sgRNA（橘色）根据序列特异性找到 DNA 靶位点（黄色），并与靶序列互补结合，白色部分为非靶位点序列。（b）Cas9（蓝色）在 sgRNA 的指导下进入靶位点附近，识别原间隔邻近基序（protospacer adjacent motif，PAM）序列后对靶位点进行切割

　　CRISPR-Cas 系统作为细菌的一种获得性免疫系统，起到防御外来物质入侵的作用。防卫机制包括 3 个阶段。①适应性阶段：靶标序列的整合；②表达阶段：crRNA 前体（pre-crRNA）被 CRISPR 相关蛋白（Cas6）和/或管家核糖核酸酶（如 RNase Ⅲ）加工成为小 crRNA，最终产生成熟的 crRNA；③干扰阶段：通过识别靶标序列的特定序列，Cas 蛋白、crRNA、靶标序列形成三元复合物，特异性切割外来靶标序列（图 13-33）。

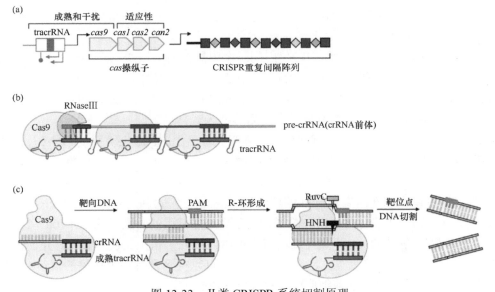

图 13-33　Ⅱ类 CRISPR 系统切割原理

（a）基因组中 CRISPR 位点的结构示意图。（b）tracrRNA：crRNA 共成熟以及 Cas9 共复合物的形成。在 RNase Ⅲ 的帮助下，结合到 Cas9 上的 tracrRNA 与 crRNA 前体（pre-crRNA）互补，剪切后成熟。（c）RNA 指导的靶位点 DNA 的切割，步骤包括成熟的 tracrRNA 与 Cas9 共复合物特异性地靶向目的序列，局部形成 R-环（tracrRNA 与靶位点 DNA 的互补序列互补，非互补序列成环），RuvC 核酸酶结构域（灰色）切割非靶序列 DNA 链，HNH 核酸酶结构域（黑色）切割靶序列 DNA 链，最后通过非同源性末端连接的方式进行修复，靶位点被编辑

2020 年诺贝尔化学奖授予 Jennifer A.Doudna 和 Emmanuelle Charpentier，以表彰她们为基因组编辑方法的发展做出的巨大贡献。CRISPR 基因编辑技术具有巨大的应用潜力，包括生物中的快速基因编辑、便捷的体细胞基因编辑、构建疾病模型以及纠正致病突变。例如，血红蛋白由 4 种亚基组成，由 β-珠蛋白（β-globin，HBB）基因编码，HBB 基因的突变会产生一种异常的球蛋白，即血红蛋白 S（ hemoglobin S，HbS），从而导致镰状细胞贫血，通过 Cas9 介导的无选择性基因编辑技术，我们可以在内源性位点纠正致病突变，从而有望治疗该疾病。

关键点：转基因技术已应用于所有深入研究的真核生物中。这些技术依赖于对受体物种的生殖生物学的深入了解。

总　　结

重组 DNA 是在实验室中构建的，它使得研究人员能够从任何基因组或 mRNA 的 DNA 拷贝（供体 DNA）中扩增和分析 DNA 片段。供体 DNA 有 3 个来源：①限制性内切核酸酶处理的全基因组；②由侧翼引物序列确定的特定 DNA 区的聚合酶链反应（PCR）产物；③mRNA 的 cDNA 拷贝。

PCR 是一种从复杂的 DNA 混合物中直接扩增相对较小的 DNA 序列的有力方法，这种方法不需要宿主细胞或非常多的起始样本。该反应的关键是要得到两条与 DNA 链两端侧翼区域互补的引物。DNA 延伸从这些区域开始。经过多轮的变性、退火和延伸，目的序列呈指数扩增。

为了将供体 DNA 插入载体中，使用同一个限制性内切核酸酶在特定的位点切割供体 DNA 和载体 DNA。载体和供体 DNA 中由酶切产生的黏性末端通过退火结合，随后通过共价键进行连接。也可以先在引物 5′端加入限制性内切核酸酶识别序列，通过 PCR 和酶切得到有黏性末端的 cDNA 分子，随后再插入载体中。

细菌载体的种类丰富多样。载体的选择在很大程度上取决于要克隆的 DNA 片段的大小。质粒用于克隆小的限制性片段、PCR 产物或 cDNA 分子。中等大小的片段，如那些由基因组 DNA 消化产生的片段，可以被克隆到改良的 λ 噬菌体中（用于 10～15kb 的插入片段），也可以克隆到称为 fosmid 的噬菌体-质粒混合载体中（用于 35～45kb 的插入片段）。最后，细菌人工染色体（BAC）通常用于克隆非常大的基因组片段（100～200kb）。

构建的载体-供体 DNA 片段在细菌宿主细胞内独立于宿主染色体存在，并在宿主基因组复制时进行扩增。扩增质粒、噬菌体和 BAC 可以得到含有多个拷贝的重组 DNA 片段的克隆。相反的，每个细菌细胞中只存在一个 fosmid。

通常，找到含有目的基因的一个特定的克隆需要筛选一个完整的基因组文库。基因组文库是连接在同一种载体上的一组克隆，它们共同代表着生物体基因组的所有区域。构成基因组文库的克隆数目取决于：①所研究基因组的大小；②特定克隆载体系统所承载的插入片段大小。类似地，cDNA 文库代表了由某一特定组织或发育阶段在某一生物中产生的总 mRNA 的集合。

标记的单链 DNA 或 RNA 探针对于从复杂的分子混合物（基因组文库或 cDNA 文库）中找到相似或相同的序列非常重要，无论是在 DNA 印迹法还是 RNA 印迹法中均是如此。用于识别克隆或凝胶片段技术的一般原理是，首先在培养皿上形成菌落或噬菌斑的"图像"，或使用凝胶基质在电场中分离核酸；然后将 DNA 或 RNA 变性，并将其与用荧光染料或放射性标签标记的变性探针混合，将未结合的探针洗掉，就可以通过观察其荧光，或观察样品在 X 射线胶片上的曝光图像检测到探针的位置。探针的位置对应于相关 DNA 或 RNA 在原始培养皿或电泳凝胶中的位置。标记抗体是从表达文库（带有 cDNA 插入序列）或蛋白质印迹产生的复杂混合物中寻找特定蛋白质的重要探针。

庞大的基因组资源使人们仅通过基因图谱上的基因位置信息分离出基因变得越来越简单。总的来说，完成这一任务的两个正向遗传学策略是定位克隆和精细定位。随着人类基因组的测序完成和遗传性疾病家族的出现，可以使用精细定位来分离导致人类疾病的突变基因。

转基因是向真核细胞中引入并表达工程 DNA 分子的技术。人们可以用它实现一个新的突变，或者来研究构成基因的调控序列。转基因可以作为染色体外分子存在，也可以被整合到染色体上，其整合根据不同的系统可能是随机（异位）的或者在同源基因的位置。通常，将基因转入细胞内使用何种机制取决于对该生物体生殖生物学的理解。

（林文慧　薛红卫　张燕洁）

练 习 题

一、例题

例题 1　在第 10 章中，我们研究了 tRNA 的分子结构。假设你想克隆一个编码特定 tRNA 的真菌基因。有一个纯化的 tRNA 样品，一个大肠杆菌质粒，该质粒有且仅有一个 $EcoR$ I 切割位点且位于四环素耐药基因（tet^R）上，并且含有氨苄青霉素抗性基因（amp^R）。你怎么克隆你的目的基因？

参考答案：可以使用 tRNA 本身或克隆的 cDNA 拷贝来寻找含有该基因的 DNA。一种方法是用 $EcoR$ I 消化基因组 DNA，然后将其与同样用 $EcoR$ I 处理的质粒混合。将连接产物转化至不含氨苄青霉素和四环素的受体细胞，随后筛选可以在含有氨苄青霉素的培养基上生长的克隆，即成功转化的克隆。在这些带有氨苄青霉素抗性的菌落中，继续筛选失去四环素抗性的菌落。由于四环素基因中存在插入片段，这些菌落失去了四环素抗性，构建文库需要大量的类似菌落。然后用 tRNA 作为探针检测这些克隆，以确认这些克隆包含感兴趣的基因。

或者，你也可以对 $EcoR$ I 酶切的基因组 DNA 进行凝胶电泳，然后使用 tRNA 作为探针来寻找目的基因所在的条带。切出这一区域的凝胶，回收其中的 DNA 并将其克隆至使用 $EcoR$ I 处理的质粒中。然后用 tRNA 对这些克隆进行探测，以寻找含有目的基因的克隆。

例题 2 你已经从酵母中分离到了一个具有亮氨酸合成功能的基因，现在你假设它在大肠杆菌中也具有相似的功能。如何才能使用功能互补/回复突变来验证你的假设？

参考答案：首先，让我们假设目的酵母基因位于 *Eco*RⅠ处理的片段上。你可以使用重组 DNA 技术将这个片段插入一个使用 *Eco*RⅠ酶切过的细菌质粒多克隆位点中，并通过 DNA 连接酶使其重新连接成为环状质粒。这个质粒还应该包含一个选择性抗生素耐药性标记，如 *amp*^R（见图 13-10）。接下来，你需要把这个重组质粒转化到 *leu*⁻大肠杆菌突变体中。然而，由于亮氨酸的生物合成需要 4 个基因，而且你不知道你的酵母基因可能是哪一个，所以你需要在 4 个突变的大肠杆菌菌株中检测功能互补，每一个菌株都突变了其中一个基因（分别为 *leuA*、*leuB*、*leuC* 和 *leuD*）。分别培养 4 株大肠杆菌，并进行转化实验，将相同的重组质粒导入 4 株大肠杆菌中。接下来，将转化子置于含有氨苄青霉素（因此，只有转入质粒的细胞才能生长）且不含亮氨酸的琼脂平板上。如果你在 4 个平板其中之一看到大肠杆菌的菌落，你不仅可以知道分离到一个参与亮氨酸生物合成的酵母基因，而且还可以知道它是哪一个基因（*leuA*、*leuB*、*leuC* 或者 *leuD*）。也就是说，如果酵母基因是 *leuA*，它只会回复 *leuA*⁻的大肠杆菌突变体。

二、看图回答问题

1. 图 13-2 显示在克隆之前可以在体外合成特定的 DNA 片段。在体外合成用于重组 DNA 的 DNA 插入片段的两种方法是什么？

2. 在图 13-5 中，为什么 cDNA 仅由 mRNA 而不是 tRNA 或 rRNA 生成？

3. 重新绘制图 13-7，使其在一端带有 *Eco*RⅠ识别序列，另一端带有 *Xho*Ⅰ识别序列。下面是 *Xho*Ⅰ识别序列。

识别序列：… C T C G A G …

　　　　　　… G A G C T C …

切割后序列：… C　TCGAG …

　　　　　　… GAGCT　C …

4. 重新绘制图 13-8，使得 cDNA 可以插入载体的 *Xho*Ⅰ位点中，而不是插入如图所示的 *Eco*RⅠ位点。

5. 在图 13-11 中，请计算大约需要多少个 BAC 克隆才能覆盖 1 倍的：a. 酵母基因组（12Mb）；b. 大肠杆菌基因组（4.6Mb）；c. 果蝇基因组（130Mb）。

6. 在图 13-15 中，为什么 DNA 会向阳极（正极）迁移？

7. 在图 13-18（a）中，为什么不同长度的 DNA 片段都以 A 残基结束？

8. 大多数高等真核生物（植物和动物）的基因组中存在着数百甚至数千个拷贝的 DNA 序列。在图 13-20 所示的染色体步移过程中，实验者如何知道"步行"到下一个 BAC 或噬菌体的片段是不是重复的？重复 DNA 可以用于染色体步移吗？

9. 重新绘制图 13-24 并标注单交换和双交换的位置。

10. 在图 13-26 中，为什么只有插入 T-DNA 的植物细胞在琼脂平板上生长呢？从一簇细胞中生长出来的转基因植物的所有细胞是否都含有 T-DNA？并对你的答案进行解释。

11. 在图 13-28 中，染色体外 DNA 和 DNA 整合序列有什么区别？后者是异位的吗？是什么独特之处使得合胞区成为注射 DNA 优良之选？

三、基础知识问答

12. 从本章中，列出包含以下选项的所有示例：a. 单链 DNA 杂交；b. 与 DNA 结合并发挥一定作用的蛋白质。

13. 比较"重组"在以下术语中的应用：a. 重组 DNA；b. 重组率。

14. 为什么要用 DNA 连接酶来得到重组 DNA？如果在克隆过程中忘记添加 DNA 连接酶将会产生什么直接后果？

15. 在 PCR 过程中，假设每个循环需要 5min，那么在 1h 内可以完成多少倍的扩增？

16. 通过全基因组测序，单倍体真菌脉孢霉的肌动蛋白基因的位置已经得到确定。如果你有一个生长缓慢的突变体，你怀疑它是一个肌动蛋白突变体，现在你想确认你的假设，那么你会：a. 通过肌动蛋白基因两侧的限制性位点克隆突变基因并测序；b. 用聚合酶链反应扩增突变基因，然后对其进行测序？

17. 你得到了一个你感兴趣的 2kb 突变基因的 DNA 序列，它在三个位置上都有不同的碱基突变并且都在不同的密码子中。一个是沉默突变，另两个是错义突变（它们编码了新的氨基酸）。你如何证明这些变化是真正的突变而不是测序错误（假设测序的准确率约为 99.9%）？

18. 在使用带有真菌基因（在植物中不存在）的 T-DNA 转化植物时，假定的转基因植物不表达转基因的预期表型。你如何证明转入的基因确实存在？你如何证明转基因的表达？

19. 你如何得到一只带有纯合的大鼠生长激素基因的转基因小鼠？

20. 为什么是 cDNA 而不是基因组 DNA 被用于人类胰岛素基因的商业克隆？

21. 用限制性内切核酸酶处理果蝇 DNA 后，将得到的片段插入质粒中，并在大肠杆菌中筛选阳性克隆。使用这种"鸟枪"技术，可以获得基因组文库中每一个果蝇 DNA 序列。

a. 你如何鉴定含有编码肌动蛋白基因的克隆，该蛋白质的氨基酸序列已知？

b. 如何识别编码特定 tRNA 的克隆？

22. 在任何一种经转化的真核细胞（如酿酒酵母）中，如何判断转化 DNA（携带一种环状细菌载体）：

a. 通过单交换还是双交换替换原位基因？

b. 是否异位插入？

23. 在一个强交变脉冲电场下的电泳凝胶中，单倍体真菌粗糙脉孢霉（$n=7$）的 DNA 移动缓慢，但最终形成 7 条带，代表以不同的速度移动、具有不同大小的 DNA 组分。假设这些条带是 7 条染色体。你将如何确认哪条带对应于哪条染色体？

24. 囊性纤维化基因编码的蛋白质含 1480 个氨基酸，然而其基因全长为 250kb。为什么会有这么大的区别呢？

25. 你测序了一段野生型酵母 DNA，其中包含一个基因，但你不知道这是什么基因。因此，你想进一步找出它的突变表型。你将如何使用已经克隆的野生型基因来做到这一点？详细地展示你的实验步骤。

26. 为什么在 PCR 中需要使用一种特殊的 DNA 聚合酶（*Taq* DNA 聚合酶）？

27. 对于以下每一个实验目标，PCR 或基因克隆哪一种更合适，为什么？

a. 从 20 个个体中分离相同的基因。

b. 从同一个个体中分离出 100 个基因。

c. 当你有大鼠的基因片段时，分离出一个小鼠的基因。

28. 在 RNA 印迹法中，电泳是用来分辨哪种生物分子的？用什么类型的探针来识别目标分子？

29. 几乎所有的质粒载体都有一个共同的特性就是聚合接头（也称为多克隆位点）。请解释什么是聚合接头，以及它为什么如此重要。

30. 几乎所有质粒载体共有的第二个特征是选择性标记。请解释这是什么，以及它为什么如此重要。

四、拓展题

31. 原养型通常用来检测转化子的表型。从原养型细胞中提取供体 DNA，这些 DNA 随后被克隆，并将这些克隆置于营养缺陷型受体细胞培养物中。使用基本培养基对受体细胞培养物进行培养，以鉴定成功转化的细胞。你如何设计实验来证明你所得到的克隆是转化子，而不是：

a. 原养型细胞污染了你的受体细胞培养物？

b. 营养缺陷突变的回复突变（最初突变的基因中发生二次突变从而恢复了原养型表型）？

32. 用桑格双脱氧末端终止法对克隆得到 DNA 片段进行测序。下图是测序凝胶放射自显影图片的一部分。

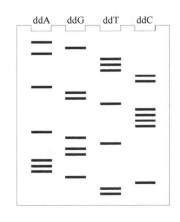

a. 推导由引物合成的 DNA 链的核苷酸序列。标出 5′端和 3′端。

b. 推导作为模板链的 DNA 核苷酸序列。标出 5′端和 3′端。

c. 写出 DNA 双螺旋的核苷酸序列标出 5′端和 3′端。

33. 将编码酪氨酸酶的人类基因 cDNA 克隆进行放射性标记，并用于野生型小鼠 EcoR I 酶切基因组 DNA 的 DNA 印迹法分析。发现三个小鼠 DNA 片段具有放射活性（结合了探针）。当使用白化小鼠进行 DNA 印迹法分析时，没有与探针结合的 DNA 片段。解释这些结果与野生型和突变型小鼠等位基因性质的关系。

34. 通过构建 Ti 质粒将一个目的基因以及相邻的卡那霉素抗性基因转入烟草，得到转基因烟草植株。染色体插入片段的遗传通过检测后代对卡那霉素的抗性来确定。两个植株是通常得到结果的典型代表。当植株 1 与野生型烟草回交时，50%的后代具有卡那霉素抗性，50%的后代对卡那霉素敏感。当植株 2 与野生型回交时，75%的后代具有卡那霉素抗性，25%的后代对卡那霉素敏感。这两个转基因植株之间有什么区别？你估计目的基因的遗传情况是怎样的？

35. 某一家系中的囊性纤维化是由单个核苷酸对的改变所致。此突变破坏了通常在此位置的 EcoR I 限制性位点。你将如何利用这些信息来为这个家庭的成员提供关于他们成为携带者可能性的咨询？请详细说明所需的实验。假设你发现这个家系中的一个女性是携带者，并且她嫁给了一个非该家系的男性，该男性也携带杂合囊性纤维化同源基因，但是，该男性的致病突变是在同一基因的不同位点。你应当如何对这对夫妇解释其孩子患囊性纤维化的风险？

36. 细菌葡糖醛酸酶可将一种叫作 5-溴-4-氯-3-吲哚-β-o-葡萄糖苷酸（X-Gluc）的无色物质转化为一种亮蓝色的靛蓝色素。如果葡糖醛酸酶基因具有植物的启动子，其也能在植物中表达并发挥作用。你如何利用这个基因作为报告基因来找到你刚克隆的植物中的基因通常在哪个组织中是活跃的？（假设 X-Gluc 很容易被植物组织吸收。）

37. 利用 T-DNA 插入卡那霉素抗性基因的 Ti 质粒转化拟南芥植株。筛选出两个具有卡那霉素抗性的克隆（A 和 B），并从两个克隆再生出相应的植株。这些植株可以自花传粉，且结果如下：

植株 A 自交→3/4 子代具有卡那霉素抗性，1/4 子代对卡那霉素敏感

植株 B 自交→15/16 子代具有卡那霉素抗性，1/16 子代对卡那霉素敏感

a. 绘制两个植株的相关染色体。

b. 解释这两种不同的比例。

第14章
细菌及其病毒中的基因表达调控

学 习 目 标

学习本章后，你将可以掌握如下知识。

· 比较基因表达的正负调控，并解释两种机制如何控制 *lac* 操纵子的活性。

· 确定操纵子的反式作用和顺式作用，并预测这些组成的突变对基因表达的影响。

· 比较简单的分子如何引发细菌中不同操纵子的基因表达水平的变化。

· 解释序列特异性 DNA 结合蛋白和 DNA 调节序列在协调控制细菌及噬菌体的多组基因表达中的作用。

细菌通过级联调控系统传递信号和适应环境

链霉菌等原核生物具有较为复杂的形态分化及所伴随的化学分化，形态分化包括孢子萌发及基质菌丝、气生菌丝和孢子丝的形成，而化学分化指的是多种生物活性次级代谢物的形成。同时，为了应对多变的环境胁迫、生态位竞争和利用各种营养物质，原核生物进化出多种响应环境温度、渗透压、营养、种群密度等变化的基因表达调控机制，其中包括最高一级的全局性调控因子，控制整个细胞的遗传、生理、生化水平，次一级的多效性调控因子可同时影响多种表型的变化，而最基层的途径专一性调控因子对特定途径的多个基因的表达进行直接调控，这三种不同层次的调控因子又可以通过级联的方式实施胞外信号的逐级传递。

中国科学院微生物研究所的谭华荣、杨克迁等以链霉菌为模式系统，研究了发育分化中基因的时空表达及其作用的分子机制，以及次级代谢生物合成基因的复杂调控。他们首次发现了与链霉菌分化有关的发育控制启动子；揭示了群体感应因子 AdpA 通过结合启动子区的多个位点对靶基因的转录实施精确的正调控或负调控（图 14-1）；在调控抗生素合成的两类非典型应答调控蛋白（ARR）体系的研究中，发现了内源性抗生素等小分子配体介导的 ARR 调控新机制，在不同抗生素合成途径间起到交互调控作用，并控制着群体感应信号的开启和关闭，这种配体介导的调控方式很可能作为磷酸化的替代机制在细菌中广泛存在。这些重要调节蛋白新功能的揭示，加深了人们对微生物群体感应信号系统的认识，对定向改造链霉菌和提高抗生素合成水平具有重要指导意义。

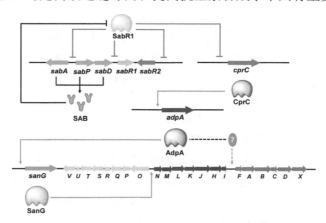

图 14-1　尼可霉素生物合成基因表达的级联调控

丁内酯类信号分子（SAB）借助受体蛋白 SabR1 来实施调控功能。SabR1 通过与启动子区的结合来抑制 *cprC* 等靶基因的转录，而 SAB 的结合将 SabR1 从启动子区解离下来，从而启动 *cprC* 等基因的转录，继而激活群体感应因子基因 *adpA* 的转录，并最终启动尼可霉素生物合成基因的转录及尼可霉素的产生

引　言

1965 年 12 月，法国巴斯德研究所的 François Jacob、Jacques Monod 和 André Lwoff 获得了诺贝尔生理学或医学奖，因为他们发现了基因表达是如何被调控的（图 14-2）。这个奖项是三位优秀科学家通力合作的成果，他们在其有生之年能够获得这样的成就实属不易。

图 14-2　基因表达调控研究先驱者 François Jacob、Jacques Monod 和 André Lwoff

他们于 1965 年获得诺贝尔生理学或医学奖

1940 年，Monod 曾在巴黎的索邦大学做博士生，研究一种名为"酶促适应"的细菌现象，有些人认为他的工作前景黯淡，他工作的动物学实验室的主任说："Jacques

Monod 的研究对于索邦大学毫无意义。"那时 19 岁的 Jacob 是一名想要成为外科医生的医学专业学生，而 Lwoff 是法国巴斯德研究所的资深成员，是微生物生理学系的主任。

随后第二次世界大战爆发，法国被入侵并迅速沦陷，Jacob 加入了"自由法国"组织，并在北非和诺曼底担任医生，直到严重受伤。Monod 在继续工作的同时加入了"法国抵抗运动"组织，但在实验室遭到突袭后，Monod 认为在那里工作太危险，Lwoff 在法国巴斯德研究所为他提供了工作场所。

巴黎解放后，Monod 在法国军队服役，并偶然在 Oswald Avery 及其同事的一篇文章中了解到 DNA 是细菌的遗传物质，这重新点燃了他对遗传学的兴趣，并在战后重新加入了 Lwoff 实验室。同时，Jacob 的伤势太严重，无法从事外科工作。受战争后期引入抗生素的巨大影响的启发，Jacob 最终决定追求科学研究。Jacob 几次想谋得 Lwoff 实验室的职位，但遭到拒绝。Jacob 在 Lwoff 心情不错时做了最后一次尝试。这位资深科学家告诉 Jacob："你知道，我们刚刚发现了原噬菌体的释放。你有兴趣研究噬菌体吗？"Jacob 不知道 Lwoff 在说什么，他结结巴巴地说，"这正是我想要做的"。

至此，三人组合形成，在接下来的 10 年中他们展现的是遗传学史上最具创造性和最富有成效的合作之一，他们的发现在今天的生物学中仍然意义非凡。

Jacob 将他的原噬菌体释放研究和 Monod 所从事的诱导酶合成的研究相关联。Jacob 感受到"一种突然的兴奋与一种难以言说的快乐，两个实验在噬菌体上以及 Pardee 和 Monod 在乳糖系统上完成的工作是相同的！同样的实验，同样的结果！在这两种情况下，一个基因控制着阻遏蛋白的形成，阻遏其他基因的表达，从而阻断了半乳糖苷酶的合成或病毒的增殖。而阻遏蛋白在何处才能立即终止所有的过程？唯一的答案就是 DNA 本身"。

因此，阻遏蛋白通过作用于 DNA 来抑制基因的表达的概念诞生了。假想的阻遏蛋白的分离和生物化学表征则需要很多年。信使 RNA、启动子、操纵子、调控基因、操作子和别构蛋白，这些由 Jacob 和 Monod 提出的概念完全是根据遗传证据推导出来的，这些概念塑造了分子遗传学的未来领域。

曾经分离出第一个阻遏蛋白并由于共同发明 DNA 测序方法被授予诺贝尔化学奖的 Walter Gilbert 对 Jacob 和 Monod 的成果进行了评价："科学中的大多数关键发现是这样的，虽然性质简单，但若没有探索过程中的经验积累，是很难想通的，Jacob 和 Monod 的发现让原本一片黑暗的事情变得非常简单"。

Jacob 和 Monod 阐明了他们对基因表达调控的发现与动物细胞分化和胚胎发育的关系。这两个人曾经打趣说过，"在大肠杆菌中发现的任何理论都适用于大象"。在接下来的三章中，我们将看到这个断言的正确程度。本章以细菌为例，说明基因表达调控的主要形式和机制，重点关注单个调控蛋白和它们所作用的遗传开关。第 15 章将接着介绍真核生物中的基因表达调控，包括更复杂的生化和遗传机器。第 16 章将探讨多细胞动物发育中的遗传调控。我们将看到一系列调控蛋白如何作用于一系列遗传开关，以控制基因的时空表达，并编排身体及其各个部位的构筑。

14.1　基因表达调控

虽然细菌形态简单，但其与更大更复杂的生物体一样需要基因表达调控。主要原因之一是细菌是营养机会主义者。细想细菌如何获得代谢所需的多种重要化合物，如糖、氨基酸和核苷酸。细菌畅游在营养海洋中，它们既可以从环境中获得所需的化合物，也可以通过酶促反应途径来合成。但合成这些化合物也需要消耗能量和细胞资源来产生相应代谢途径中必需的酶。因此，如果可以选择，细菌就会从环境中直接摄取化合物。自然选择倾向于高效过程，避免资源和能源的浪费。考虑到经济因素，只有在缺少其他选择的情况下，即在所处的环境中没有特定的化合物时，细菌才会合成产生该化合物所必需的酶。

细菌已经进化出调控系统，能够将编码产物的表达与监测细菌所处环境中相关化合物的传感系统相耦合。以糖代谢中酶编码基因的表达调控为例，糖分子可被分解用于提供能量，也可用于合成各种有机化合物。但是，细菌可以利用许多不同类型的糖，包括乳糖、葡萄糖、半乳糖和木糖，这些糖进入细胞内需要不同的转运蛋白，而且，需要不同系列的酶来处理不同的糖。如果细胞同时合成所有可能需要的酶，那么相较于分解这些碳源获得的能源和物质，细胞会消耗更多。因此，细胞进化出一定机制，能够在特定时刻关闭或抑制不需要的酶的编码基因的转录，并启动或激活所需酶的编码基因的转录。例如，如果环境中只存在乳糖，细胞就会关闭编码葡萄糖、半乳糖、木糖等其他糖类转运和代谢所需酶的编码基因的转录。相反，大肠杆菌将启动编码乳糖转运和代谢所需酶的编码基因的转录。总之，细胞需要满足两个标准的机制：①必须能够识别激活或抑制相关基因转录的环境条件；②必须能够像开关一样，打开或关闭某个特定基因或某组特定基因的转录。

让我们来预习目前原核生物基因表达调控的模型，然后用一个容易理解的例子——乳糖代谢中的基因表达调控——来详细研究它。我们将重点讨论如何使用经典遗传学和分子生物学工具来剖析这个调控系统。

14.1.1　生物基因表达调控的基础：遗传开关

基因表达调控主要依赖于两种类型的 DNA-蛋白质相互作用。两者都作用于基因转录起始位点附近。

其中一种 DNA-蛋白质相互作用决定了转录的起始位点。参与这种相互作用的 DNA 片段称为启动子（promoter）（第 9.2 节），与该位点结合的蛋白质是 RNA 聚合酶。当 RNA 聚合酶与启动子结合时，转录可从距启动子几个碱基处开始。每个基因必须有一个启动子，否则不能被转录。

另一种类型的 DNA-蛋白质相互作用决定着启动子控制的转录是否发生。靠近启动子的 DNA 片段作为结合位点与称为激活蛋白（activator）和阻遏蛋白（repressor）的序列特异性调节蛋白相结合。在细菌中，大多数阻遏蛋白的结合位点称为操作子

（operator）。对一些基因来说，激活蛋白与其靶 DNA 结合位点的结合是转录开始的必要先决条件，这种情况有时称为正调控（positive regulation），因为结合蛋白的存在是转录所必需的（图 14-3）。对于其他基因，阻止阻遏蛋白与其靶位点的结合是转录起始的必要先决条件，这种情况有时称为负调控（negative regulation），因为没有阻遏蛋白结合时转录才开始。

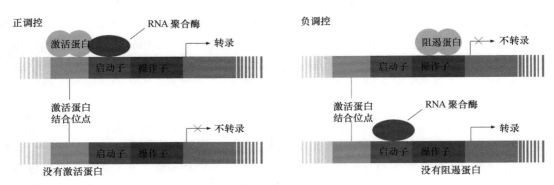

图 14-3　调控蛋白的结合可以激活或阻断基因转录

激活蛋白和阻遏蛋白如何调控转录？通常，结合 DNA 的激活蛋白会牵引 RNA 聚合酶结合到其邻近的启动子上，开始转录。结合 DNA 的阻遏蛋白通常通过物理干扰 RNA 聚合酶与其启动子的结合来阻断转录起始，或通过阻碍 RNA 聚合酶在 DNA 链上的移动来阻断转录过程。这些调节蛋白和它们的结合位点一起构成了遗传开关（genetic switch），控制基因表达随相应的环境条件做出有效变化。

关键点：遗传开关控制基因转录。遗传开关的开和关取决于几种蛋白质与其在 DNA 上的结合位点的相互作用，RNA 聚合酶通过与启动子相互作用起始转录，激活蛋白或阻遏蛋白与启动子邻近区域的位点结合来控制启动子与 RNA 聚合酶的结合。

激活蛋白和阻遏蛋白都必须能够识别什么样的环境条件适合它们发挥作用，并做出相应调控。因此，激活蛋白或阻遏蛋白要想发挥其功能，就必须以两种状态存在：一种可以结合 DNA 靶点，另一种则不能。结合状态必须适合细胞内外环境。对于许多调节蛋白来说，蛋白质三维结构中两个不同位点的相互作用可影响其与 DNA 结合：一个位点是 DNA 结合结构域（DNA-binding domain），另一个位点是别构位点（allosteric site），其作为传感元件可将 DNA 结合结构域设定为有功能或无功能两种状态。别构位点与被称为别构效应物（allosteric effector）的小分子相互作用。

在乳糖代谢中，实际上是一种乳糖异构体（称为异乳糖）作为别构效应物，与抑制乳糖代谢所需基因表达的调控蛋白相结合。通常来说，别构效应物与调控蛋白的别构位点结合可改变调控蛋白的活性。在这个例子中，异乳糖改变了调节蛋白 DNA 结合结构域的形状和结构。一些激活蛋白或阻遏蛋白必须先与其别构效应物结合后，才能与 DNA 结合，另一些则在其别构效应物不存在时才结合 DNA。图 14-4 显示了两个示例。

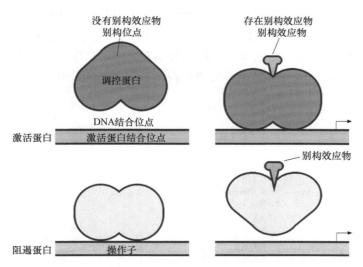

图 14-4　别构效应物影响激活蛋白和阻遏蛋白的 DNA 结合活性

关键点：别构效应物控制激活蛋白或阻遏蛋白与其 DNA 靶点的结合能力。

14.1.2　首次发现 *lac* 调控回路

20 世纪 50 年代，François Jacob 和 Jacques Monod 的开创性工作阐明了乳糖代谢是如何被遗传调控的。让我们在两种条件下考察乳糖操纵子（*lac* 操纵子）调控系统：有乳糖和没有乳糖。图 14-5 是该系统组件的简化示意图。*lac* 操纵子调控系统的元件包括蛋白质编码基因和 DNA 上的 DNA 结合蛋白靶点。

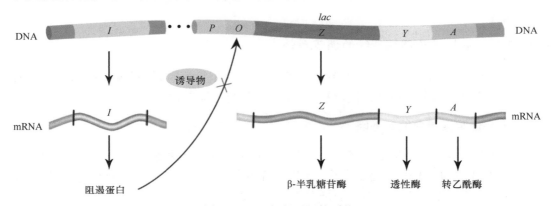

图 14-5　*lac* 操纵子调控系统

基因 Z、Y 和 A 的协同共表达受 I 基因产物的负调控。当诱导物与阻遏蛋白结合时，操纵子完全表达

14.1.2.1　*lac* 结构基因

乳糖代谢需要两种酶：①将乳糖输送到胞内的透性酶；②将乳糖修饰成异乳糖并裂解产生葡萄糖和半乳糖的 β-半乳糖苷酶（图 14-6）。β-半乳糖苷酶和透性酶分别由两个相连的基因 Z 和 Y 编码。第三个相连的基因 A 编码另外一个酶，称为转乙酰酶，其并不

是乳糖代谢所必需的。我们称 Z、Y 和 A 为结构基因（换言之，编码蛋白质的片段），并主要关注基因 Z 和 Y。这三个基因被转录成一个 mRNA 分子，通过调节该 mRNA 的产生来协同这三种酶的合成，也就是说，这三种酶要么同时产生，要么都不产生。这些处于同一表达调控方式下的多个基因称为协同控制基因（coordinately controlled gene）。

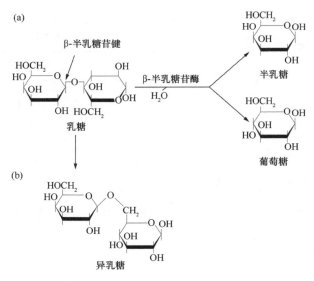

图 14-6　乳糖的代谢
（a）β-半乳糖苷酶将 1 分子水添加到 β-半乳糖苷键中，使乳糖分解成为葡萄糖和半乳糖分子。
（b）该酶还将一小部分乳糖转变为 *lac* 操纵子的诱导物异乳糖

关键点：如果编码蛋白质的多个基因构成单一的转录单元，则这些基因的表达将被协同调控。

14.1.2.2　*lac* 操纵子调控系统的调节元件

lac 操纵子调控系统的关键调节元件包括编码转录调节蛋白的基因，以及 DNA 上的两个结合位点：调节蛋白结合位点和 RNA 聚合酶结合位点。

1. Lac 阻遏蛋白编码基因

第四个基因（除结构基因 Z、Y 和 A 以外）为编码 Lac 阻遏蛋白的 I 基因，因其可以阻断 Z、Y 和 A 基因的表达而得名。I 基因恰巧位于 Z、Y 和 A 基因附近，但这种邻近对其功能并不重要，因为它编码的蛋白质是可以扩散的。

2. *lac* 启动子

启动子（P）是 RNA 聚合酶与 DNA 结合的位点，可启动 *lac* 结构基因（Z、Y 和 A）的转录。

3. *lac* 操作子

操作子（O）是 Lac 阻遏蛋白与 DNA 结合的位点。它位于启动子和 Z 基因之间，靠近多基因 mRNA 的转录起始位点。

14.1.2.3　*lac* 操纵子调控系统的诱导

P、*O*、*Z*、*Y* 和 *A* 基因（图 14-7）一起构成一个操纵子（operon），其定义为编码多基因 mRNA 并包含启动子和调控区域的一段 DNA。编码 Lac 阻遏蛋白的 *I* 基因不属于 *lac* 操纵子，但 Lac 阻遏蛋白与 *lac* 操作子位点之间的相互作用对于正确调控 *lac* 操纵子是至关重要的。Lac 阻遏蛋白具有可识别操作子 DNA 序列的 DNA 结合结构域，也具有能够结合异乳糖或实验中常用的乳糖类似物的别构位点。阻遏蛋白只会紧密结合到受控基因附近 DNA 上的 *O* 位点，而不会结合染色体上的其他序列。阻遏蛋白通过与操作子的结合，阻止了结合在相邻启动子位点的 RNA 聚合酶进行的转录，从而"关闭"了 *lac* 操纵子。

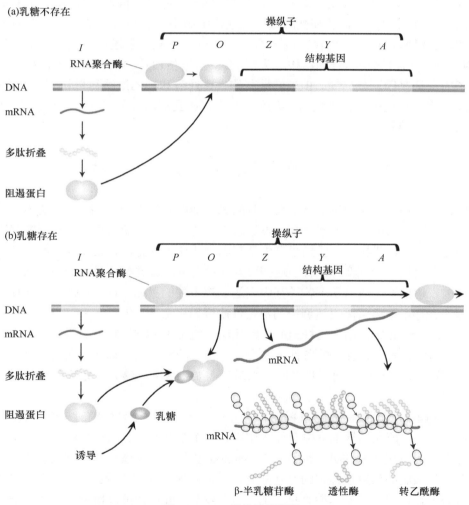

图 14-7　*lac* 操纵子的调控

基因 *I* 不断产生阻遏蛋白。（a）在没有乳糖时，阻遏蛋白与 *O*（操作子）区域结合并阻断转录。（b）乳糖的结合改变了阻遏蛋白的形状，使其不能结合 *O* 并从 DNA 上解离下来。然后 RNA 聚合酶能够转录 *Z*、*Y* 和 *A* 结构基因，从而产生 β-半乳糖苷酶、透性酶和转乙酰酶

当乳糖类似物与阻遏蛋白结合时，蛋白质发生别构转变（allosteric transition），即蛋白质形状发生改变。这种形状的轻微变化继而改变蛋白质的 DNA 结合结构域，使阻遏蛋白与操作子不再具有高亲和力。因此，当阻遏蛋白与异乳糖结合后，阻遏蛋白从 DNA 上解离，使得 RNA 聚合酶进行基因转录，"开启"了 lac 操纵子。阻遏蛋白对异乳糖的应答满足了这种调控系统的一个要求，即乳糖的存在激活了乳糖利用所需的酶的合成。这种对类似 lac 操纵子调控系统阻遏的解除称为诱导（induction）。异乳糖或其类似物可别构失活阻遏蛋白，使得 lac 基因表达，这些物质称为诱导物（inducer）。

我们来总结一下 lac 开关的工作原理。在缺乏诱导物（异乳糖或其结构类似物）的情况下，Lac 阻遏蛋白与 lac 操作子位点结合并通过阻碍 RNA 聚合酶的移动来阻止 lac 操纵子的转录。此时，Lac 阻遏蛋白充当 DNA 的路障。因此，lac 操纵子的所有结构基因（Z、Y 和 A）的转录都被阻遏了，使得细胞中仅有极少量的 β-半乳糖苷酶、透性酶和转乙酰酶。相反，当存在诱导物时，它与每个 Lac 阻遏蛋白亚基的别构位点结合，从而使其与操纵子结合的结构域失活。Lac 阻遏蛋白从 DNA 上解离下来，使得 lac 操纵子的结构基因开始转录，β-半乳糖苷酶、透性酶和转乙酰酶得以协同表达。因此，当细菌细胞的环境中存在乳糖时，细胞会产生代谢乳糖所需的酶。但是不存在乳糖时，资源也不会被浪费。

14.2　lac 操纵子调控系统的发现：负调控

研究基因调节，理想情况下需要三种要素：能够测量 mRNA 和/或表达蛋白质含量的生化方法，可以影响野生型中基因表达水平变化的稳定实验条件，能够影响基因表达水平的遗传突变，即我们需要描述野生型基因表达调控的方法，还需要能够破坏野生型基因表达调控过程的突变株。有了这些要素，我们可以通过单一或组合突变来分析突变株的基因表达情况，从而揭示各种基因表达调控事件的奥秘。Jacob 和 Monod 使用这种经典方法进行了细菌基因表达调控的决定性研究。

Jacob 和 Monod 使用大肠杆菌的乳糖代谢系统（图 14-5）对酶的诱导过程进行了遗传解析，即仅在其底物存在的条件下才会出现特定的酶。多年来这种现象一直可以在细菌中被观察到，但细胞如何能精确地"知道"需要合成哪些酶？特定底物如何诱导特定酶的出现？

在 lac 操纵子调控系统中，乳糖的存在导致细胞产生比不含乳糖时 1000 倍以上的 β-半乳糖苷酶。乳糖在诱导现象中起什么作用？一个想法是，乳糖只是激活了细胞中积累的 β-半乳糖苷酶的前体形式。然而，当 Monod 及其同事在添加诱导物之前或之后追踪添加至生长细胞的放射性标记的氨基酸时，他们发现诱导过程导致新的酶分子的合成，因为新酶中存在放射性氨基酸。早在加入诱导物后 3min 就可以检测到这些新酶分子。此外，乳糖的去除导致新酶合成的突然中止。因此，很明显该细胞具有一个快速有效的机制，用于响应环境信号变化而启动和关闭基因的表达。

14.2.1　基因表达的协同调控

当 Jacob 和 Monod 诱导 β-半乳糖苷酶合成时，他们发现同时还诱导了透性酶的合成，该酶是将乳糖输送到细胞中所必需的。突变体的分析表明，每种酶由不同的基因编码。转乙酰酶（具有非必要的未知功能）也与 β-半乳糖苷酶和透性酶一起被诱导，并且由单独的基因编码。因此，Jacob 和 Monod 确定了三个协同控制基因。重组作图显示基因 Z、Y 和 A 在染色体上紧密连锁。

14.2.2　操纵子和阻遏蛋白的遗传证据

现在我们来看 Jacob 和 Monod 的工作核心：他们如何推导 *lac* 操纵子调控系统中的基因表达调控机制。他们采用了一种经典的遗传方法：检查突变的生理结果。因此，他们获得了 *lac* 操纵子的结构基因和调控元件的突变体。正如我们设想的那样，这些 *lac* 操纵子的不同组分的突变结果差别很大，这为 Jacob 和 Monod 提供了重要线索。

因为异乳糖等天然诱导物会被 β-半乳糖苷酶分解，所以不适合这些实验。由于实验过程中诱导物的浓度会下降，诱导的酶量的测定变得相当复杂。因此 Jacob 和 Monod 使用了异丙基-β-D-硫代半乳糖苷（IPTG；图 14-8）等合成诱导物。IPTG 不会被 β-半乳糖苷酶水解，但能诱导 β-半乳糖苷酶的表达。

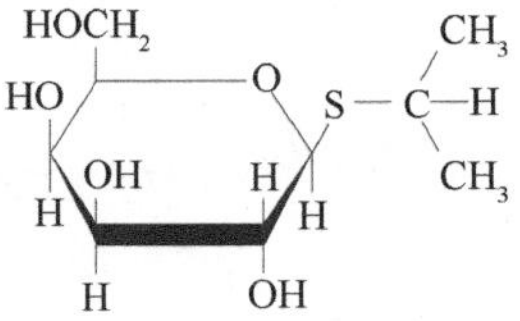

异丙基-β-D-硫代半乳糖苷
(IPTG)

图 14-8　IPTG 可作为 *lac* 操纵子的诱导物

Jacob 和 Monod 发现几种不同类型的突变可以改变 *lac* 操纵子的结构基因的表达。他们对于评估新等位基因之间的相互作用十分感兴趣，如哪些等位基因表现出显性。但要进行这样的测试需要二倍体，而细菌是单倍体。然而，Jacob 和 Monod 通过插入携带基因组中 *lac* 区域的 F′ 因子（参见第 5 章）产生了部分二倍体（partial diploid）细菌。然后，他们构建了选定的 *lac* 突变杂合的菌株。这些部分二倍体使得 Jacob 和 Monod 可以区分调控 DNA 位点（*lac* 操纵子）的突变与调节蛋白（由 I 基因编码的 Lac 阻遏蛋白）的突变。

我们首先考察 β-半乳糖苷酶和透性酶结构基因的突变（分别命名为 Z^- 和 Y^-）并了解 Z^- 和 Y^- 相对于它们各自的野生型等位基因（Z^+ 和 Y^+）是隐性的。例如，尽管表 14-1 中的菌株 2 对于突变型和野生型 Z 等位基因是杂合的，但可以诱导合成 β-半乳糖苷酶（类似于表 14-1 中的野生型单倍体菌株 1）。这表明 Z^+ 等位基因相比 Z^- 显性。

表 14-1　单倍体和部分二倍 *lac* 操纵子突变体中 β-半乳糖苷酶和透性酶的合成

菌株	基因型	β-半乳糖苷酶		透性酶		总结
		不诱导合成	诱导合成	不诱导合成	诱导合成	
1	$O^+Z^+Y^+$	−	+	−	+	野生型是可诱导的
2	$O^+Z^+Y^+/F'$ O^+ZY^+	−	+	−	+	Z^+ 较于 Z 呈显性
3	$O^cZ^+Y^+$	+	+	+	+	O^c 突变是组成型的
4	O^+ZY^+/F' O^cZ^+Y	+	+	−	+	操作子是顺式作用元件

注：细菌在添加和不添加诱导剂 IPTG 的甘油中生长（不存在葡萄糖）。酶的存在以"+"表示，含量低或者没有以"−"表示。所有菌株均为 I^+（均具有完整的乳糖操纵子基因）

　　Jacob 和 Monod 首先鉴定了两类调控突变，称为 O^c 和 I^-。这些突变为组成性突变（constitutive mutation），因为突变导致 *lac* 操纵子结构基因不管诱导物是否存在时均表达。Jacob 和 Monod 根据对 O^c 突变的分析确定了操作子的存在。这些突变使操作子不能与阻遏蛋白结合，损坏了开关，使得操纵子总是"开启"（表 14-1，菌株 3）。重要的是，O^c 突变的组成型效应仅限于与 O^c 突变相同染色体上的 *lac* 结构基因。因此，认为操作子突变体是顺式作用（cis-acting）的，如表 14-1 中菌株 4 的表型。由于野生型透性酶（Y^+）基因对于野生型操作子是顺式作用的，因此透性酶仅在乳糖或其类似物存在时才表达。相反，野生型 β-半乳糖苷酶（Z^+）基因对 O^c 突变操作子是顺式作用的，是组成型表达。顺式作用的这种不寻常的性质表明，操作子是一段仅影响与其相关的结构基因表达的 DNA 片段（图 14-9），只是作为蛋白质结合位点起作用而不编码基因产物。

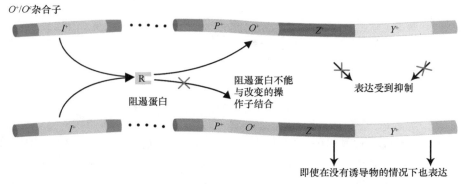

图 14-9　O^+/O^c 杂合子证明了操作子是顺式作用元件

因为阻遏蛋白不能与 O^c 操作子结合，所以与 O^c 操作子相关的 *lac* 结构基因即使在没有诱导物的情况下也表达，而与 O^+ 操纵子相邻的 *lac* 基因表达受到抑制

　　Jacob 和 Monod 做了 I^- 突变的比较遗传实验（表 14-2）。诱导型的野生型 I^+（菌株 1）与 I^- 突变株的比较表明，I^- 突变是组成性突变（菌株 2），即 I^- 突变导致结构基因始终表达。菌株 3 显示 I^+ 的诱导型表型相较于 I^- 的组成型表型呈显性。Jacob 和 Monod 的发现显示由一个拷贝的基因编码的野生型蛋白的量足以调控一个二倍体细胞中两个拷贝的操作子。最值得关注的是，菌株 4 显示 I^+ 基因产物是反式作用（trans-acting）的，这意味着基因产物可以调节所有 *lac* 操纵子的结构基因，无论它们位于相同还是不同的 DNA

分子上。与操作子不同，I 基因与典型的蛋白质编码基因的表现类似。I 基因编码的蛋白质能够在整个细胞内扩散，并对部分二倍体中的两个操作子起作用（图 14-10）。

表 14-2　携带有 I^s 和 I^- 的单倍体与部分二倍体的 β-半乳糖苷酶和透性酶的合成

菌株	基因型	β-半乳糖苷酶		透性酶		总结
		不诱导	诱导	不诱导	诱导	
1	$I^+Z^+Y^+$	−	+	−	+	I^+ 是可诱导的
2	$I^-Z^+Y^+$	+	+	+	+	I^- 突变是组成型的
3	$I^+Z^-Y^+/F'$ $I^-Z^+Y^+$	−	+	−	+	I^+ 相较于 I^- 呈显性
4	$I^-Z^-Y^+/F'$ $I^+Z^+Y^-$	−	+	−	+	I^+ 是反式作用的

注：细菌在含有诱导物 IPTG 的甘油（不存在葡萄糖）中生长。酶的存在以"+"表示；含量低或者没有以"−"表示（所有菌株均为 O^+）

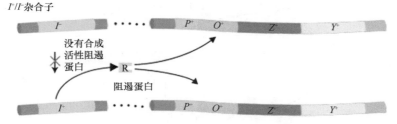

图 14-10　I^- 突变的隐性性状表明阻遏蛋白是反式作用的

尽管 I^- 基因没有合成活性阻遏蛋白，但野生型（I^+）基因提供了有功能的阻遏蛋白，其可与二倍体细胞中的两个操作子结合并阻断 lac 操纵子表达（在缺乏诱导物的情况下）

关键点：操作子突变显示该位点是顺式作用的，即它调节同一 DNA 分子上相邻转录单元的表达。相反，编码阻遏蛋白的基因突变显示该蛋白是反式作用的，也就是说，它可以作用于任何拷贝的目标 DNA。

14.2.3　别构效应的遗传学证据

Jacob 和 Monod 通过分析另一类阻遏蛋白突变来展示别构效应。回想一下，Lac 阻遏蛋白在没有诱导物的情况下抑制 lac 操纵子的转录，但当诱导物存在时允许转录进行。这是通过阻遏蛋白的另一个位点完成的，该别构位点可与诱导物结合，当与诱导物结合时，阻遏蛋白整体结构发生变化，使得 DNA 结合结构域不再起作用。

Jacob 和 Monod 分离出了另一类阻遏突变，称为超阻遏蛋白（I^s）突变，即使在诱导物存在的情况下，I^s 突变也会导致阻遏持续存在（比较表 14-3 中的菌株 2 与诱导型野生型菌株 1）。与 I^- 突变不同，I^s 突变相较于 I^+ 为显性（表 14-3，菌株 3）。Jacob 和 Monod 根据这一关键结果推测 I^s 突变改变了别构位点，使其不再与诱导物结合。因此，即使诱导物存在于细胞中，I^s 编码的阻遏蛋白也持续地结合到操作子上，阻止了 lac 操纵子转录。基于此，我们可以理解为什么 I^s 相较于 I^+ 为显性。突变型 I^s 蛋白即使在诱导物存在、同一细胞中存在 I^+ 编码的阻遏蛋白的条件下，也会与细胞中的两个操作子结合（图 14-11）。

表 14-3　携带不同等位基因突变体与野生型中 β-半乳糖苷酶和透性酶的合成

菌株	基因型	β-半乳糖苷酶（Z）		透性酶（Y）		总结
		不诱导	诱导	不诱导	诱导	
1	$I^+Z^+Y^+$	–	+	–	+	I^+是可诱导的
2	$I^SZ^+Y^+$	–	–	–	–	I^S导致阻遏持续存在
3	$I^SZ^+Y^+/F'$ $I^+Z^+Y^+$	–	–	–	–	I^S相较于I^+呈显性

注：细菌在添加和不添加诱导物 IPTG 的甘油中生长（不存在葡萄糖）。酶的存在以"+"表示；含量低或者没有以"–"表示

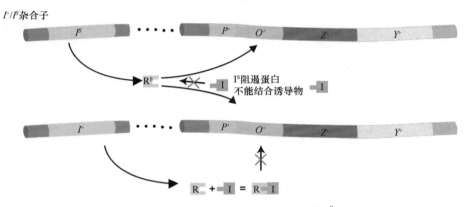

图 14-11　Lac 阻遏蛋白上的别构位点失活导致 I^S 突变显性

在 I^+/I^S 二倍体细胞中，没有 lac 结构基因被转录。I^S 阻遏蛋白缺乏功能性异乳糖结合位点（别构位点），从而未被诱导物失活。因此，即使存在诱导物，I^S 阻遏蛋白也不可逆地结合到细胞内的所有操作子上，从而阻断了 lac 操纵子的转录

14.2.4　*lac* 启动子的遗传分析

突变分析表明，位于阻遏蛋白编码基因 *I* 和操作子 *O* 之间还有一个 *lac* 基因转录的必需元件，该元件称为启动子（*P*），如第 8 章所述，其用作 RNA 聚合酶催化的转录起始位点。如图 14-12 所示，在典型的原核生物启动子中有两个 RNA 聚合酶结合区，即–35 和–10 处的两个高度保守区域。启动子突变是顺式作用的，影响操纵子中所有相邻结构

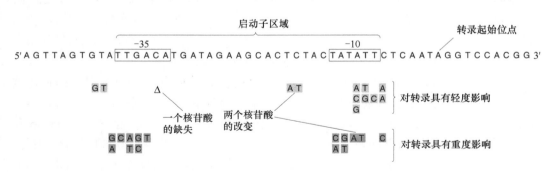

图 14-12　特定 DNA 序列对大肠杆菌基因高效转录的影响

此处仅显示非模板链（请参见图 9-5）。转录将从左至右（5′→3′）进行，mRNA 与所示序列同源。框中的序列在所有大肠杆菌启动子中高度保守，表明它们作为 RNA 聚合酶结合位点，并且与两条链（未显示）结合。这些区域的突变对转录具有轻度（金色）和重度（褐色）影响。突变可以是单个核苷酸或核苷酸对的变化，或者是缺失（Δ）

基因的转录。像操纵子和其他顺式作用元件一样，启动子是 DNA 分子上与蛋白质结合的位点，它们本身不编码蛋白质。

14.2.5　Lac 阻遏蛋白和 *lac* 操纵子的分子表征

通过监测放射性标记的诱导物 IPTG 与纯化的阻遏蛋白的结合，Walter Gilbert 和 Benno Müller-Hill 于 1966 年提供了关于 *lac* 操纵子调控系统的决定性证据。他们首先发现阻遏蛋白由 4 个相同的亚基组成，因此含有 4 个 IPTG（也包含异乳糖）结合位点。其次，他们发现在试管中阻遏蛋白与含有操纵子的 DNA 结合，并在 IPTG 存在下从 DNA 上解离下来（有关阻遏蛋白和其他 DNA 结合蛋白如何起作用的详细描述将在第 14.6 节末尾给出）。

Gilbert 及其同事的研究表明，阻遏蛋白可以保护操纵子区域的碱基免受化学试剂的影响，这使他们能够分离含有操纵子的 DNA 片段并确定其序列。他们将阻遏蛋白结合的操纵子用能够降解 DNA 的 DNA 酶处理，从而能够分离由被阻遏蛋白保护而没有被 DNA 酶降解的一小段 DNA。这些 DNA 短片段可能构成了操纵子序列。每条链的碱基序列得以确定，并且显示每个操纵子突变都发生了序列上的变化（图 14-13）。这些结果显示操纵子是位于结构基因 *Z* 上游的 17～25 个核苷酸长度的特定序列。他们还发现了令人难以置信的阻遏蛋白-操纵子的识别特异性，这种特异性可以被单碱基替换破坏。当确定 *lac* mRNA 中的碱基序列时，5′起始端的前 21 个碱基与 Gilbert 确定的操纵子互补，表明操纵子也同时被转录。

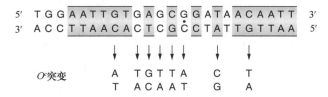

图 14-13　*lac* 操纵子上的 DNA 碱基序列和 8 个 *O^c* 突变相关的碱基变化
两倍旋转对称区域用颜色和对称轴上的点表示

这些实验结果为 Jacob 和 Monod 提出的阻遏蛋白作用机制提供了关键证据。

14.3　*lac* 操纵子的降解物阻遏：正调控

经过漫长的生物进化，*lac* 操纵子的存在能够更好地提高微生物利用能源的效率。作为最大能源利用效率的典范，乳糖代谢酶编码基因表达必须满足以下两个外界条件。

其一是环境中必须含有乳糖。这一条件是合理的，可以理解为如果环境中没有乳糖需要被代谢，细胞不需要产生乳糖代谢酶。细胞通过阻遏蛋白的作用来响应乳糖的存在。

其二是细胞生长环境中没有葡萄糖的存在。因为相比于分解其他糖类，细胞分解葡萄糖能够获得更多的能量。相比于利用乳糖，细胞可以更高效地代谢葡萄糖。因此，如果环境中同时存在乳糖与葡萄糖，细胞进化出的机制将不合成参与乳糖代谢的酶。当葡萄糖存在时，乳糖代谢基因转录受阻遏，被称为分解代谢物阻遏（catabolite repression）（葡萄糖是乳糖的分解产物或降解物）。当葡萄糖存在时，多种类型糖的代谢所需蛋白编码基因的转录都受到阻遏。分解代谢物阻遏是通过激活蛋白起作用的。

14.3.1 *lac* 操纵子调控系统的分解代谢物阻遏的基本原理：选择代谢最优的糖

如果乳糖和葡萄糖同时存在，则 β-半乳糖苷酶只有在葡萄糖耗尽之后才会被诱导。因此，为了保存能量，细胞会选择代谢任何存在的葡萄糖，而不是通过更耗能的过程产生新的代谢机器来代谢乳糖。细菌已经进化出很多机制，保障碳源的优先利用和最优生长。其中一个机制为将乳糖排出细胞，另一个机制是通过分解代谢物来调控操纵子的表达。

研究结果表明，葡萄糖的分解代谢物阻止了乳糖对 *lac* 操纵子的激活，即前面提到的分解代谢物阻遏。分解代谢物是什么目前仍然不清楚。然而，已知葡萄糖代谢产物将会调节细胞内重要成分——环腺苷一磷酸（cyclic adenosine monophosphate，cAMP）的水平。当葡萄糖浓度高时，细胞内 cAMP 水平低。随着葡萄糖浓度降低，细胞内 cAMP 水平相应提高 [图 14-14（a）]。高 cAMP 浓度是激活 *lac* 操纵子的必要条件。由于细胞内 cAMP 的浓度不足以激活 *lac* 操纵子，不能将 ATP 转化为 cAMP 的突变株无法诱导产生 β-半乳糖苷酶。

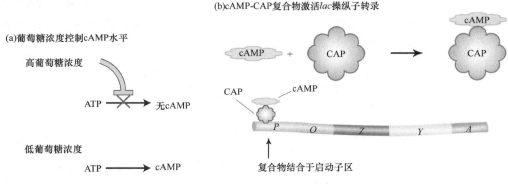

图 14-14 操纵子的分解代谢物控制
（a）只有在低葡萄糖浓度时才形成 cAMP；（b）当有 cAMP 存在时，
其与 CAP 形成复合物，通过与启动子区结合，激活 *lac* 操纵子转录

cAMP 在激活 *lac* 操纵子中的作用是什么？另一套不同的突变株提供了答案。这些突变株能够产生 cAMP，但由于缺乏另一个蛋白——由 *crp* 基因编码的分解代谢物激活蛋白（catabolite activator protein，CAP）而不能激活 Lac 酶的表达。CAP 结合到 *lac* 操纵子的特定 DNA 序列 [CAP 结合位点，见图 14-15（b）]。结合于 DNA 的 CAP 能够直接作用于 RNA 聚合酶，增强其对 *lac* 操纵子启动子区的亲和力。CAP 自身并不能结合到 *lac* 操纵子的 CAP 结合位点。然而，与别构效应物 cAMP 结合后，CAP 能够结合至 CAP 结合位点，并激活 RNA 聚合酶催化的转录 [图 14-14（b）]。当有葡萄糖存在时，CAP 活性被抑制，分解代谢物阻遏系统由此确保只有在葡萄糖极少时才激活 *lac* 操纵子的表达。

关键点：*lac* 操纵子存在另一水平的控制，即使乳糖存在，当有葡萄糖存在时，*lac*

操纵子转录也仍被抑制。别构效应物 cAMP 与 CAP 结合，促进 *lac* 操纵子的诱导表达。然而，高浓度的葡萄糖代谢物抑制 cAMP 产生，从而不能产生 cAMP-CAP 复合物，因此不能激活 *lac* 操纵子。

14.3.2　DNA 靶位点的结构

cAMP-CAP 复合物的 DNA 结合序列不同于 Lac 阻遏蛋白的结合位点（图 14-15）。这些序列的不同是不同调节蛋白 DNA 结合特异性的基础。这些序列有一个共同的特征，也是很多 DNA 结合位点都具有的一个共同特征，即具有双重旋转对称结构，如像图 14-15 那样将 DNA 序列在页面的平面内旋转 180°，被标亮的结合位点的序列是一样的。被标亮的碱基被认为是蛋白质与 DNA 结合的重要位置。这种旋转对称与 DNA 结合蛋白的对称保持一致，很多 DNA 结合蛋白由 2 个或 4 个完全相同的亚基组成。本章后面我们将会讨论一些 DNA 结合蛋白的结构。

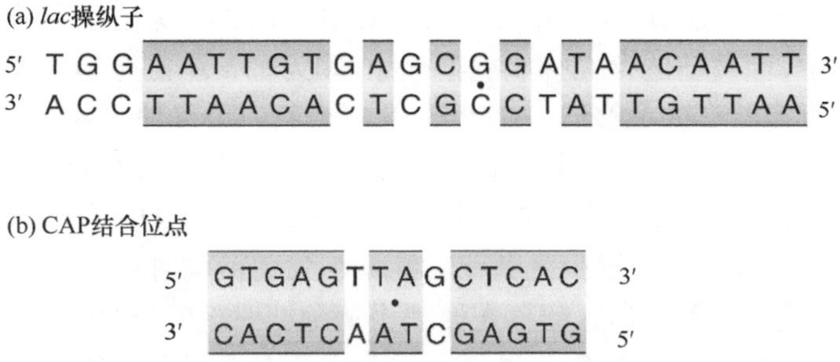

(a) *lac*操纵子
5′ TGGAATTGTGAGCGGATAACAATT 3′
3′ ACCTTAACACTCGCCTATTGTTAA 5′
(b) CAP结合位点
5′ GTGAGTTAGCTCAC 3′
3′ CACTCAATCGAGTG 5′

图 14-15　对称的 DNA 结合位点

（a）阻遏蛋白结合的 *lac* 操作子序列；（b）cAMP-CAP 复合物结合位点。标为彩色的序列为双重旋转对称的序列，标圆点的为对称序列的中心点

cAMP-CAP 复合物与 *lac* 操纵子的结合如何影响 RNA 聚合酶与 *lac* 操纵子启动子区的结合？如图 14-16 所示，当 CAP 与 DNA 结合时，DNA 发生弯曲。DNA 的这种弯曲将有助于 RNA 聚合酶结合于启动子区。另一个证据是 CAP 可以与 RNA 聚合酶直接接触，这对 CAP 的活化作用很重要。CAP 结合位点与 RNA 聚合酶结合位点在 *lac* 操纵子上相邻（图 14-17）。

DNA
−90
−35
−10
5′
3′
CAP
cAMP

(a)　　(b)

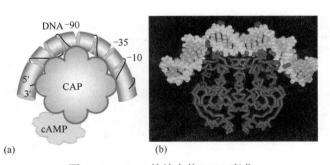

图 14-16　CAP 的结合使 DNA 弯曲

（a）当 CAP 结合于启动子区时，DNA 发生一个大于 90°的弯曲；（b）CAP-DNA 复合体的结构分析图

图 14-17 *lac* 操纵子的调控区域

关键点：归纳 *lac* 操纵子模型，理解为 DNA 结合位点被调节蛋白所占据。结合的具体模式取决于哪些基因被打开或者关闭，以及是激活蛋白还是阻遏蛋白来调控特定的操纵子。

14.3.3 小结

如图 14-18 所示，我们现在可以将 cAMP-CAP 与 RNA 聚合酶结合位点融进 *lac* 操纵子的具体模型中。葡萄糖的存在抑制乳糖代谢，因为葡萄糖的分解代谢物抑制高 cAMP 水平的维持，从而不能形成足够的 cAMP-CAP 复合物，最终使得 RNA 聚合酶不能有效地结合到 *lac* 操纵子的启动子区［图 14-18（a）、（b）］。但即使没有葡萄糖分解代谢物的存在，cAMP-CAP 复合物也能够形成，并且在环境中有乳糖的条件下才能启动 *lac* 操纵子的转录［图 14-18（c）］。在缺少乳糖或者乳糖与葡萄糖同时存在时，单个细胞内仅含有 2～3 分子 β-半乳糖苷酶。当乳糖存在而缺少葡萄糖时，单个细胞中可以有 3000 分子左右的 β-半乳糖苷酶。因此，细胞通过仅在需要或者有用时产生乳糖代谢所需要的酶来保存能量和资源。

(a)葡萄糖存在(cAMP低水平)；没有乳糖；没有*lac* mRNA被转录

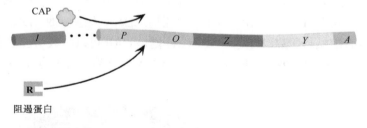

(b)葡萄糖存在(cAMP低水平)；乳糖存在

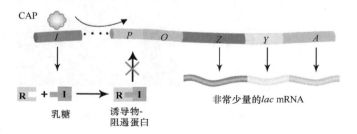

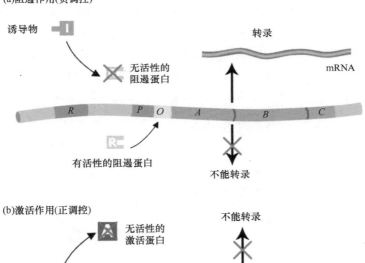

(c)没有葡萄糖(cAMP高水平)；乳糖存在

图 14-18 *lac* 操纵子同时受阻遏蛋白 Lac 的调控（负调控）和 CAP 的调控（正调控）

只有在能够抑制阻遏蛋白的乳糖存在时，在低葡萄糖水平促进正调控的 CAP-cAMP 复合物形成的情况下，大量的 *lac* mRNA 才被转录

　　lac 操纵子的诱导物-阻遏蛋白控制是阻遏的一个例子，也称为负调控，因为基因表达一般被阻断。而 cAMP-CAP 系统是激活的一个例子，也称正调控，因为它一般作为激活基因表达的信号，在这里是 cAMP-CAP 复合物与 CAP 结合位点相结合。图 14-19 概述了这两种调控系统。

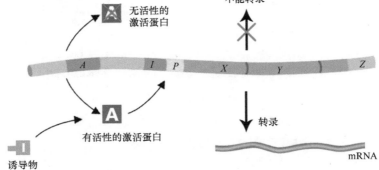

图 14-19 阻遏作用（负调控）和激活作用（正调控）的比较

（a）负调控时，阻遏蛋白（如由 *R* 基因编码）通过结合于 *lac* 操作子来阻遏 *A*、*B*、*C* 基因的转录。（b）正调控时，需要有功能的激活蛋白参与。没有功能的激活蛋白导致基因 *X*、*Y*、*Z* 不表达。小分子能够将没有功能的激活蛋白转变为有功能的激活蛋白，之后结合于 *lac* 操作子的控制区，用 *I* 表示。相对于启动子 *P*，*O* 与 *I* 的位置是被任意画出的，因为在不同操纵子中，它们的位置不同

关键点：*lac* 操纵子由一串参与乳糖代谢的结构基因组成。这些基因由顺式作用的启动子和操作子协同控制。这些区域的活性由调控基因表达的阻遏蛋白和激活蛋白共同决定。

14.4　正负双重调控作用：阿拉伯糖操纵子

与 *lac* 操纵子调控系统类似，细菌的基因表达调控机制从来都不是绝对的正调控或者负调控；相反，正调控和负调控可能同时在同一个操纵子中出现。阿拉伯糖操纵子（*ara* 操纵子）的调控机制表明，单个 DNA 结合蛋白既可以充当阻遏蛋白也可以作为激活蛋白，这与大多数 DNA 结合蛋白只作为单一阻遏蛋白或激活蛋白的基因表达调控机制相悖。

ara 操纵子中的结构基因 *araB*、*araA* 和 *araD* 编码了一系列代谢阿拉伯糖的酶。这三个基因作为一个转录单元被转录成一个 mRNA 分子。图 14-20 是 *ara* 操纵子的图谱。转录在 *araI* 起始子（initiator）区被激活，该区域含有激活蛋白的结合位点，而位于附近的 *araC* 基因编码激活蛋白。当 AraC 与阿拉伯糖结合时，AraC 蛋白会结合到 *araI* 位点，可能通过辅助 RNA 聚合酶结合到启动子区来激活 *ara* 操纵子的转录。此外，在葡萄糖存在时，阻遏 *lac* 操纵子表达的 cAMP-CAP 分解代谢物阻遏系统也会抑制 *ara* 操纵子的表达。

当阿拉伯糖存在时，cAMP-CAP 复合物和 AraC-阿拉伯糖复合物必须结合到 *araI* 位点，才能使 RNA 聚合酶结合到启动子上转录 *ara* 操纵子 [图 14-21（a）]。而在没有阿拉伯糖的情况下，AraC 蛋白呈现出不同的构象，通过同时与 *araI* 和较远距离的 *araO*

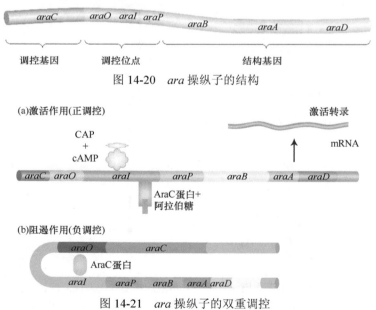

图 14-20　*ara* 操纵子的结构

图 14-21　*ara* 操纵子的双重调控

（a）当阿拉伯糖存在时，为 AraC-阿拉伯糖复合物与 *araI* 位点结合，cAMP-CAP 复合物与 *araI* 邻近的位点结合，这样的结合方式能够激活结构基因 *araB*、*araA* 和 *araD* 的转录。（b）当阿拉伯糖不存在时，AraC 蛋白同时与 *araI* 和 *araO* 位点结合，形成一个 DNA 环，这样的结合方式会阻碍 *ara* 操纵子的转录

位点结合，形成一个环状结构来抑制 *ara* 操纵子的转录 [图 14-21（b）]。因此，AraC 蛋白具有两种构象：一种构象充当了激活蛋白，另一种则充当了阻遏蛋白。操纵子的开/关状态由阿拉伯糖控制。两种构象依赖于别构效应物阿拉伯糖是否与蛋白质结合，从而使其与 *araO* 区域中特定靶位点的结合能力不同。

关键点：操纵子的转录同时受激活作用和阻遏作用调控。调节类似化合物（如糖类）代谢的操纵子的转录可以用完全不同的方式进行调节。

14.5　代谢途径与附加层次的调控水平：弱化

协同控制在细菌中普遍存在。在前面的章节，我们阐述了特殊糖分解途径的调控。事实上，细菌中大多数协同调控的基因是通过操纵子机制进行协同的。在利用简单的无机结构单元合成必需分子的很多途径中，编码酶的基因以操纵子的形式存在，最终形成多基因 mRNA。此外，对于催化顺序已知的途径，在操纵子中结构基因在染色体上的排布顺序与酶在代谢途径中发挥功能的顺序是高度一致的。最具代表性的一致性例子就是大肠杆菌的色氨酸操纵子（图 14-22）。色氨酸操纵子包含 5 个基因（*trpE*、*trpD*、*trpC*、*trpB*、*trpA*），负责编码色氨酸合成所需要的酶。

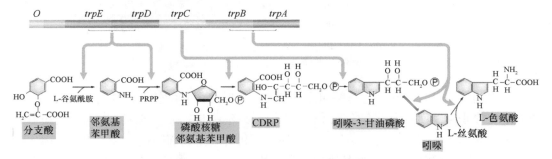

图 14-22　大肠杆菌的色氨酸操纵子及其编码酶的催化反应顺序

基因 *trpD* 与 *trpE* 的产物形成复合体，基因 *trpB* 与 *trpA* 的产物形成复合体，催化特定的反应。色氨酸合成酶是由 *trpB* 与 *trpA* 的产物形成的四聚体酶，可以分两步催化形成色氨酸。PRPP：磷酸核糖焦磷酸。CDRP：邻氨基苯甲酸磷酸脱氧核酮糖

关键点：在细菌中，编码同一代谢途径中的酶的基因通常组成操纵子。

调控色氨酸操纵子和其他氨基酸合成的操纵子转录的有两种机制：一种是对操纵子 mRNA 的全局调控，另一种是精细调控。

色氨酸操纵子的转录水平受到色氨酸的影响。当培养基中缺少色氨酸时，编码色氨酸合成的基因具有很高的转录水平；当色氨酸含量高时，色氨酸操纵子的转录受到抑制。调控色氨酸操纵子转录的一个机制与我们已经知道的乳糖操纵子转录调控机制相似：一个阻遏蛋白结合在操作子上，阻止转录起始。这个阻遏蛋白为 *trpR* 基因编码的 Trp 阻遏蛋白。当培养环境中有足够的色氨酸时，Trp 阻遏蛋白与色氨酸结合，之后才能与操作子结合，关闭操纵子转录。当外界提供充足的色氨酸时，这个简单的机制能够保证细胞不浪费能量来产生色氨酸。在环境中有充足色氨酸时，*trpR* 发生突变的大肠杆菌突变株的色氨酸编码基因仍然可以继续转录，进而合成色

氨酸。

　　在研究这些 *trpR* 突变株时，Charles Yanofsky 发现，当去掉培养基中的色氨酸时，色氨酸操纵子的转录提高了很多倍。这个结果证明，除了 Trp 阻遏蛋白，还存在另外一种转录负调控机制。当环境中色氨酸充足时，mRNA 的量减少，或被弱化，因此这个机制称为弱化作用（attenuation）。不同于之前描述的其他的细菌基因表达调控机制，弱化作用发生在转录起始之后。

　　在弱化作用下降或者被破坏了的突变株中，发现了弱化作用的调控机制。在环境中有充足色氨酸的情况下，突变株仍然可以以最高水平产生 *trp* mRNA。Yanofsky 把这些突变位点定位在 *trp* 操作子与 *trpE* 基因之间被称为前导序列（leader sequence）的区域，其位于 *trp* mRNA 的 5′端、*trpE* 基因第一个密码子之前（图 14-23）。相对于原核生物 mRNA 来说，色氨酸操纵子前导序列的长度异乎寻常，达到 160bp。详细的分析揭示了这些序列如何作为弱化子（attenuator）来控制 *trp* mRNA 的转录。

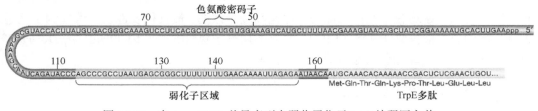

图 14-23　在 *trp* mRNA 前导序列中弱化子位于 *trpE* 编码区之前
在更远的上游区域，碱基 54～59 是前导序列中的两个色氨酸密码子（标为红色）

　　关键的发现是，当缺少色氨酸阻遏蛋白 TrpR 时，色氨酸的存在使得转录在前 140 个碱基处停止；然而，当没有色氨酸存在时，转录继续进行。转录终止与继续的机制包含两个关键因子。其一，*trp* mRNA 的前导序列包含两个相邻的色氨酸密码子，编码一个 14 个氨基酸的短肽。色氨酸是蛋白质中含量最少的氨基酸之一，由单一密码子编码。因此这一对色氨酸密码子的存在不同寻常。其二，*trp* mRNA 前导序列的一部分能够形成茎环结构，这种茎环结构可以在两种构型之间转换，其中一种构型会导致转录的终止［图 14-24（a）］。

　　操纵子的调控逻辑取决于色氨酸的丰度。当色氨酸充足时，有足够的色氨酸氨酰-tRNA 促进 14 个氨基酸的肽链的合成。由于在细菌中转录和翻译同时进行，因此在转录完成之前核糖体就与 mRNA 结合，起始了翻译过程。核糖体与 mRNA 的结合改变了 *trp* mRNA 的构型，有利于转录的终止［片段 3、4 配对，终止转录，图 14-24（b）］。然而，当色氨酸含量很少时，核糖体停滞在色氨酸密码子处，片段 2、3 配对，转录可以继续进行［图 14-24（c）］。

　　生物合成途径中编码酶的其他操纵子具有类似的弱化作用。负责氨基酸合成的操纵子的一个特征是，在 5′端前导序列中存在所要合成的氨基酸的多个密码子。例如，苯丙氨酸操纵子前导序列中含有 7 个苯丙氨酸密码子，组氨酸操纵子前导序列中含有 7 个串联的组氨酸密码子（图 14-25）。

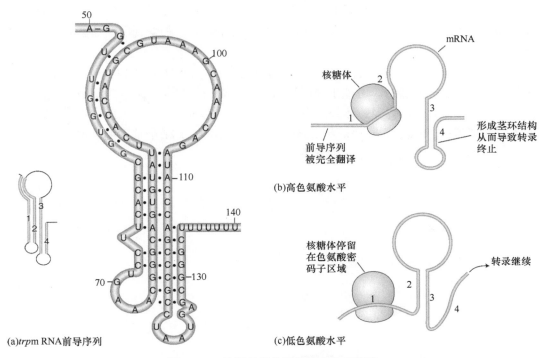

图 14-24 色氨酸操纵子的弱化作用模型

（a）推测的能够终止转录的 *trp* mRNA 前导序列的二级结构。4 个区域可以通过碱基配对形成三种茎环结构，但在特定的时间只有两种区域的碱基配对。因此，区域 2 可以和区域 1 或者区域 3 配对。（b）当色氨酸充足时，*trp* mRNA 的片段 1 已经被翻译。区域 2 进入核糖体（尽管还没有被翻译），此时，区域 3 与 4 配对。这种配对使转录终止。（c）当色氨酸不足时，核糖体停留在片段 1。区域 2 与 3 配对而不是进入核糖体，因此区域 3 与 4 不能配对，转录可以继续进行

(a)*trp*操纵子
Met - Lys - Ala - Ile - Phe - Val - Leu - Lys - Gly - **Trp** - **Trp** - Arg - Thr - Ser - Stop
5′ AUG - AAA - GCA - AUU - UUC - GUA - CUG - AAA - GGU - UGG - UGG - CGC - ACU - UCC - UGA   3′

(b)*phe*操纵子
Met - Lys - His - Ile - Pro - **Phe** - **Phe** - **Phe** - Ala - **Phe** - **Phe** - **Phe** - Thr - **Phe** - Pro - Stop
5′ AUG - AAA - CAC - AUA - CCG - UUU - UUU - UUC - GCA - UUC - UUU - UUU - ACC - UUC - CCC - UGA 3′

(c)*his*操纵子
Met - Thr - Arg - Val - Gln - Phe - Lys - **His** - **His** - **His** - **His** - **His** - **His** - **His** - Pro - Asp
5′ AUG - ACA - CGC - GUU - CAA - UUU - AAA - CAC - CAC - CAU - CAU - CAC - CAU - CAU - CCU - GAC 3′

图 14-25 氨基酸生物合成操纵子的前导序列

（a）色氨酸操纵子（*trp* 操纵子）前导序列被翻译的部分包含两个连续的色氨酸密码子；（b）苯丙氨酸操纵子（*phe* 操纵子）前导序列包含 7 个苯丙氨酸密码子；（c）组氨酸操纵子（*his* 操纵子）前导序列包含 7 个连续的组氨酸密码子

关键点：氨基酸生物合成操纵子的第二级调控为转录的弱化，受到氨基酸丰度与前导序列翻译的调控。

14.6　噬菌体生命周期的多个调控因子及复杂的操纵子

在巴黎的电影院里，François Jacob 认为原噬菌体的诱导机制应该与 β-半乳糖苷酶

合成的诱导机制非常相似。他是对的。在这里，我们将介绍 λ 噬菌体的生命周期是如何被调控的。虽然它的调控比单个操纵子的调控更复杂，但它仍受到现在熟悉的基因表达调控机制的调控。

　　λ 噬菌体是一种温和噬菌体，它具有两种交替的生命周期（图 14-26）。当正常细菌被野生型 λ 噬菌体感染时，可能出现两种情况：①噬菌体复制并最终裂解宿主细菌（裂解周期，lytic cycle）；②噬菌体基因组整合到细菌染色体中，以原噬菌体方式潜伏于细菌中（溶源周期，lysogenic cycle）。在裂解周期，噬菌体的 71 个基因的大部分表达；而在溶源周期，大多数基因处于沉默状态。

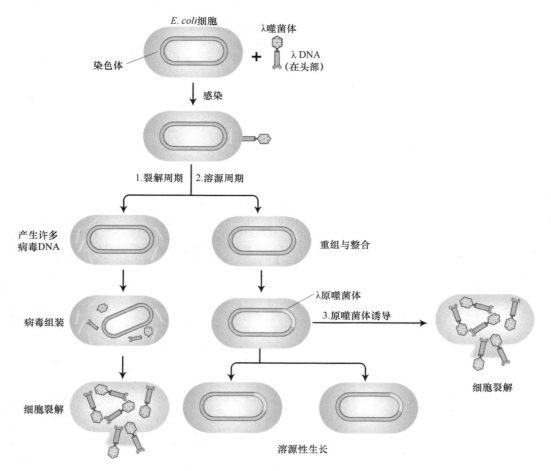

图 14-26　λ 噬菌体的两种生命周期

噬菌体是立即进入裂解周期还是进入溶源周期取决于营养物质是否充足。溶源性病毒把它的基因组插入细菌染色体，在那里它以原噬菌体方式潜伏于细菌中直到条件成熟

　　到底是什么决定了噬菌体进入哪种生命周期？裂解或溶源状态的生理控制取决于宿主细菌中可用的资源。如果细菌内营养丰富，裂解周期是首选，因为有足够的营养来产生许多子代噬菌体。如果细菌内营养有限，则噬菌体会进入溶源周期，噬菌体以原噬菌体状态潜伏在细菌内部，直到细菌内部营养条件改善。Jacob 的研究发现，原噬菌体

可被紫外线诱导进入裂解周期。裂解状态和溶源状态被不同基因表达程序所调控。几种结合 DNA 的调节蛋白和一系列操纵子位点的复杂遗传开关，决定了噬菌体进入哪种生命周期。

就像对 *lac* 和其他调控系统的研究过程一样，突变体的遗传分析为更好地理解 λ 噬菌体遗传开关的组成和运行机制提供了信息。Jacob 使用简单的表型筛选来分离裂解状态或溶源状态有缺陷的突变体。每种类型的突变体都可以通过菌苔上的噬菌斑的外观来识别。当把野生型噬菌体颗粒放到敏感细菌的菌苔上时，会出现细菌感染和裂解的透明区，称为"噬菌斑"。但这些噬菌斑是浑浊的，因为被溶源化的细菌在其中生长（图 14-27）。形成透明噬菌斑的突变噬菌体不能使细胞溶源化。

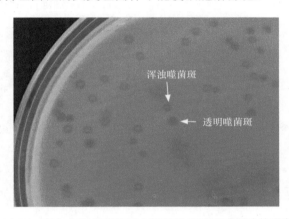

图 14-27　宿主大肠杆菌菌苔上可显现出透明或浑浊的噬菌斑
宿主细胞发生裂解时形成透明噬菌斑；细胞在感染下存活并以溶源菌状态继续生长时形成浑浊噬菌斑

我们首先将重点放在两个基因 *c I* 和 *cro* 以及它们编码的蛋白质上（表 14-4）。*c I* 基因编码一种阻遏蛋白，通常称为 λ 阻遏蛋白，其功能是抑制细菌裂解生长并促进溶源化。*cro* 基因编码阻止溶源化的 Cro 阻遏蛋白，从而允许细菌裂解生长。控制 λ 噬菌体两种生命周期的遗传开关具有两种状态：在溶源周期下，*c I* 基因表达，但 *cro* 基因沉默；而在裂解周期中，*cro* 基因表达，但 *c I* 基因沉默。因此，λ 阻遏蛋白和 Cro 阻遏蛋白之间存在竞争关系。占优势的阻遏蛋白将决定遗传开关的状态和 λ 噬菌体基因组的表达情况。

表 14-4　λ 噬菌体生命周期的主要调控基因

基因	蛋白质	功能
c I	λ 阻遏蛋白	使细菌处于溶源途径
cro	Cro 阻遏蛋白	使细菌处于裂解途径
N	正调控因子	促进 cⅡ、cⅢ表达
c Ⅱ	激活蛋白	促进 c I 表达
cⅢ	蛋白酶抑制剂	促进 cⅡ表达

当 λ 噬菌体感染正常细菌时，λ 阻遏蛋白与 Cro 阻遏蛋白之间的竞争就开始了。竞

争事件发生的顺序是由 λ 噬菌体基因组中的基因排布以及 *c I* 和 *cro* 基因之间的启动子与操作子决定的。长度大约为 50kb 的 λ 噬菌体基因组编码了在 DNA 复制、重组、噬菌体颗粒装配和细胞裂解中起作用的蛋白质（图 14-28）。这些蛋白质以合理的顺序表达：首先复制噬菌体基因组，产生多个拷贝，然后将这些拷贝包装入噬菌体颗粒中，最后裂解宿主细菌，释放噬菌体，并开始感染其他宿主细菌（图 14-26）。噬菌体基因的表达从两个启动子 P_L 和 P_R（相对于基因图谱的左侧和右侧启动子）的转录开始。感染时，RNA 聚合酶在两个启动子上开始转录。通过连锁图（图 14-28）我们看到，从 P_R 开始，*cro* 是第一个转录的基因；从 P_L 开始，*N* 是第一个转录的基因。

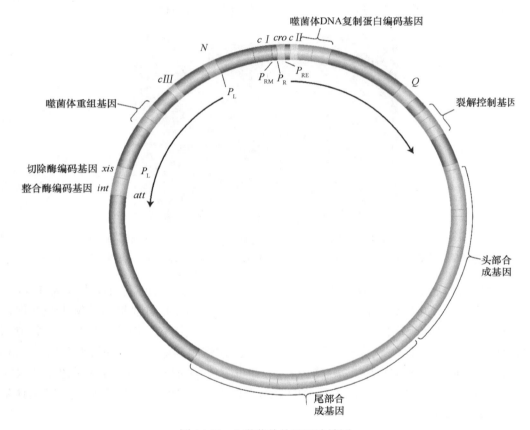

图 14-28　λ 噬菌体的环形连锁图

重组、整合和切除、复制、头尾组装和细胞裂解的基因成簇排列并受协同调控。基因组右侧基因从启动子 P_R 处开始转录，左侧基因从启动子 P_L 处开始转录。在 *cro* 和 *c I* 基因之间操作子上的调控因子的相互作用决定了噬菌体是进入溶源周期还是裂解周期

　　N 基因编码一个正调控因子，但这种蛋白质的机制与我们迄今为止了解的其他调控因子的机制不同。N 蛋白的作用是使 RNA 聚合酶通过可能会导致转录终止的 DNA 区域，继续转录。通过阻止转录终止而起作用的调控蛋白，如 N 蛋白，称为抗终止子（antiterminator）。因此，N 蛋白允许 *cIII* 和其他基因转录到 *N* 的左侧，以及 *c II* 和其他基因转录到 *cro* 右侧。*c II* 基因编码了一个激活蛋白，该蛋白与另一个促进左向转录的启动

子 P_{RE}（阻遏蛋白形成相关启动子）结合，从而激活 cI 基因的转录。由于 cI 基因编码了 λ 阻遏蛋白，这将阻止宿主细菌裂解。

在其余噬菌体基因表达之前，必须做出一个"决定"——是继续表达噬菌体基因并裂解细菌，还是抑制细菌裂解并使细菌溶源化。裂解细菌或使细菌溶源化的决定关键在于 cⅡ 蛋白的活性。cⅡ 蛋白是不稳定的，因为它对能够降解蛋白质的细菌蛋白酶敏感。而这些蛋白酶会对环境因素做出应答：当细胞内营养丰富时它们活性提高，当细胞内营养匮乏时活性降低。

让我们来了解一下细菌细胞内营养丰富和匮乏时，cⅡ 蛋白会发生什么。营养丰富时，cⅡ 蛋白降解并产生少量 λ 阻遏蛋白。从 P_L 和 P_R 开始的基因转录继续，裂解周期占优势。但是，如果营养有限，cⅡ 蛋白活性提高并且产生更多 λ 阻遏蛋白，在这种情况下，从 P_L 和 P_R 开始的基因转录被 λ 阻遏蛋白所抑制，从而进入溶源周期。cⅡ 蛋白还负责激活 int 的转录。int 基因编码溶源状态所需的蛋白质——一种将 λ 噬菌体基因组整合到宿主染色体所需的整合酶。cⅢ 蛋白防止 cⅡ 蛋白降解，所以它也有助于溶源化。

让我们简要回顾一下 λ 噬菌体生命周期中的事件顺序和决定点。

1）宿主 RNA 聚合酶在启动子 P_L 和 P_R 上起始转录，基因 cro 和 N 表达。

2）抗终止子 N 蛋白转录 $cIII$ 基因和重组基因（图 14-28，左侧），以及 cII 基因和其他基因（图 14-28，右侧）。

3）受 cⅢ 蛋白保护的 cⅡ 蛋白通过活化启动子 P_{RE} 上的转录，启动 cⅠ 和 int 表达。

4）如果细菌细胞营养和蛋白酶丰富，则 cⅡ 蛋白被降解，Cro 阻遏蛋白抑制 cⅠ 基因表达，使得裂解周期继续；如果营养和蛋白酶不丰富，则 cⅡ 蛋白活性提高，cⅠ 以高水平转录，Int 蛋白使噬菌体 DNA 整合到细菌染色体，cⅠ（λ 阻遏蛋白）抑制除自身以外的所有基因表达。

14.6.1 遗传开关的分子机制

为了在分子水平上了解 λ 噬菌体是如何选择进入哪种生命周期的，我们来看看 λ 阻遏蛋白和 Cro 阻遏蛋白的活性。O_R 操作子位于编码这两个蛋白质的基因之间，并且包含三个位点 O_{R1}、O_{R2} 和 O_{R3}，并与两个相反的启动子区域重叠：促进裂解基因转录的 P_R 和促进 cI 基因转录的 P_{RM}（用于阻遏蛋白维持）（图 14-28）。回想一下，cI 基因编码 λ 阻遏蛋白。三个操作子位点序列相似但不尽相同，尽管 Cro 和 λ 阻遏蛋白可以与任何一个操作子结合，但它们的亲和力不同：λ 阻遏蛋白与 O_{R1} 具有最高亲和力，而 Cro 阻遏蛋白与 O_{R3} 的亲和力最高。λ 阻遏蛋白与 O_{R1} 的结合会阻断从 P_R 开始的转录，从而阻断裂解周期相关基因的转录。Cro 阻遏蛋白与 O_{R3} 的结合阻断了从 P_{RM} 开始的转录，因此阻断了 cI 基因转录。这样就不会产生 λ 阻遏蛋白，裂解周期相关基因可以继续转录。因此，操作子位点的结合决定了 λ 基因组上基因表达是采取裂解模式还是溶源模式（图 14-29）。

溶源菌形成后通常是稳定的。但溶源菌会被各种环境变化诱导进入裂解周期。紫外线会诱导宿主基因的表达。其中一个宿主基因编码了 RecA 蛋白，该蛋白会刺激 λ 阻遏

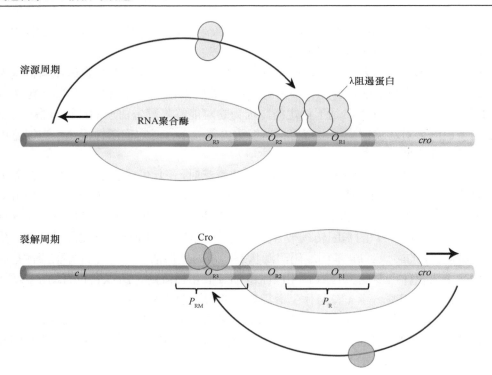

图 14-29　λ 阻遏蛋白和 Cro 蛋白与操作子位点的结合

λ 阻遏蛋白与 O_{R1} 和 O_{R2} 的结合促进溶源化，并阻止了启动子 P_R 的转录。
在诱导或裂解周期中，Cro 与 O_{R3} 的结合阻止了 $c\,I$ 基因的转录

蛋白的降解，破坏溶源状态，从而使噬菌体进入裂解周期。正如 Jacob 和 Monod 推测的，原噬菌体的诱导需要结合 DNA 的阻遏蛋白的释放。紫外线照射在溶源菌诱导中的生理作用是可信的，因为这种类型的辐射损害了宿主 DNA 并对细菌造成胁迫，噬菌体复制并离开受损的细胞，进入另一个合适的宿主细胞。

　　关键点： λ 噬菌体遗传开关说明几个结合 DNA 的调控蛋白，通过几个作用位点，以"级联"机制调控噬菌体中大量基因的表达。就像在 lac、ara、trp 和其他系统中一样，基因表达的可选状态由生理信号决定。

14.6.2　调控蛋白与 DNA 序列特异性结合

　　λ 阻遏蛋白和 Cro 蛋白如何识别不同亲和力的操作子呢？这个问题将我们的注意力引向调控基因转录的基本原理——调控蛋白与特定的 DNA 序列结合。要使单个蛋白质与某些序列结合，而不与其他序列结合，需要蛋白质的氨基酸侧链与 DNA 碱基的化学基团之间的特定相互作用。λ 阻遏蛋白、Cro 蛋白和其他细菌调控蛋白的详细结构研究，揭示了调控蛋白和 DNA 三维结构的相互作用以及特定氨基酸的排列。

　　晶体学分析已经确定了 λ 阻遏蛋白和 Cro 蛋白的 DNA 结合结构域的共同结构特征。两种蛋白质都通过由两个 α 螺旋组成的螺旋-转角-螺旋结构域与 DNA 相互作用。其中，这两个 α 螺旋通过一个短的柔性连接区域连接（图 14-30）。一个螺旋，即识别螺旋，嵌

入 DNA 的大沟。在该位置，螺旋外表面上的氨基酸能够与 DNA 碱基上的化学基团相互作用。识别螺旋中的特定氨基酸决定了蛋白质对特定 DNA 序列的亲和力。

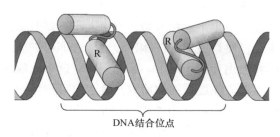

图 14-30　螺旋-转角-螺旋结构域与 DNA 的结合

紫色圆柱体是 α 螺旋。许多调控蛋白以二聚体的形式结合到 DNA 上。在每个单体中，
识别螺旋（R）与 DNA 大沟中的碱基相互作用

　　λ 阻遏蛋白和 Cro 蛋白的识别螺旋具有相似的结构与一些相同的氨基酸残基。识别螺旋中关键氨基酸残基的差异决定了它们结合 DNA 的特性。例如，在 λ 阻遏蛋白和 Cro 蛋白中，谷氨酰胺和丝氨酸侧链与同一个碱基相互作用，而 λ 阻遏蛋白中的丙氨酸残基和 Cro 蛋白中的赖氨酸、天冬酰胺残基与 O_{R1} 和 O_{R3} 中的序列具有不同的亲和力（图 14-31）。

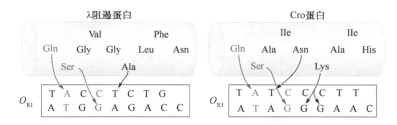

图 14-31　λ 阻遏蛋白和 Cro 蛋白的识别螺旋的氨基酸序列

λ 阻遏蛋白的谷氨酰胺（Gln）、丝氨酸（Ser）和丙氨酸（Ala）残基与 O_{R1} 操作子碱基之间的相互作用决定了结合强度。类似地，Cro 蛋白的谷氨酰胺、丝氨酸、天冬酰胺（Asn）和赖氨酸（Lys）残基结合到 O_{R3} 操作子。图中所示的是被相应的阻遏蛋白单体结合的 DNA 序列，它是被阻遏蛋白二聚体占据的操作子的一半

　　根据 Lac 和 TrpR 阻遏蛋白、AraC 激活蛋白及许多其他蛋白质识别螺旋的一级氨基酸序列来看，它们也通过具有不同特异性的螺旋-转角-螺旋结构域结合 DNA。通常，这些蛋白质的其他结构域是不同的，如结合它们各自别构效应物的结构域。

　　关键点：基因表达调控的生物学特异性是由调控蛋白与 DNA 序列之间的氨基酸-碱基相互作用的化学特异性决定的。

14.7　多样的 σ 因子调控大量基因的表达

　　到目前为止，我们已经看到单个遗传开关如何控制包含多达几十个基因的单个操纵子或两个操纵子的表达。为应对环境变化，某些生理反应需要协调遍布于整个基因组中不连锁基因的表达，以引起显著的生理学甚至形态学变化。对这些过程的分析揭示了细

菌基因表达调控的另一种方式：通过更换 RNA 聚合酶的 σ 因子来控制大量基因的表达。例如，在过去的几十年中，枯草芽孢杆菌的芽孢形成过程已被详细地研究，结果表明其在胁迫条件下会形成非常耐热、耐旱的芽孢。

在芽孢形成早期，细菌发生不对称分裂，产生大小不同且命运不同的两部分，其中体积较小部分即前芽孢，将发育成芽孢；体积较大部分即母细胞，负责孕育发育中的芽孢，当芽孢成熟时裂解释放出芽孢 [图 14-32（a）]。对这个过程进行遗传剖析需要分离获得许多不能产孢的突变体。经过详细的研究，鉴定出可直接调节前芽孢或母细胞中特定基因表达的几种关键调控蛋白，其中 4 种蛋白是可替换的 σ 因子。

回顾细菌中的转录起始，其过程包括 RNA 聚合酶的 σ 亚基与基因启动子的−35 区和−10 区结合，σ 因子在转录开始时从 RNA 聚合酶复合物中解离并被循环利用。在枯草芽孢杆菌中，两个 σ 因子 σ^A 和 σ^H 在营养细胞中有活性。在芽孢形成过程中，另一个 σ 因子 σ^F 在前芽孢中变得活跃，并激活 40 多个基因。一个编码分泌蛋白的基因被 σ^F 激活后，它又会触发无活性 pro-σ^E 的蛋白水解过程。σ^E 是母细胞中一个独特的 σ 因子，是激活母细胞中众多基因所必需的。另外两个 σ 因子 σ^K 和 σ^G 随后在母细胞与前芽孢中分别被激活 [图 14-32（a）]。不同 σ 因子的表达使得单个 RNA 聚合酶可以协调多个操纵子或调节子（regulon）的基因的表达。

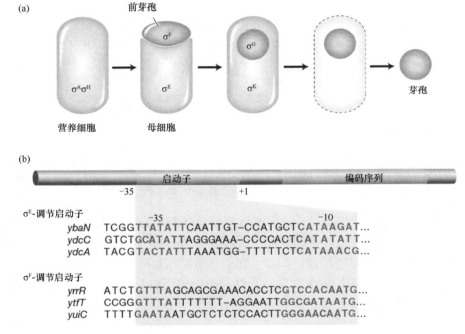

图 14-32　枯草芽孢杆菌中的芽孢形成受 σ 因子的级联调控

（a）在营养细胞中，σ^A 和 σ^H 具有活性。在芽孢开始形成时，σ^F 在前芽孢中有活性，σ^E 在母细胞中有活性。这些 σ 因子分别被 σ^G 和 σ^K 取代，母细胞最终裂解并释放出成熟的芽孢。（b）σ^E 和 σ^F 控制许多基因的表达（在本例中为 ybaN 等），说明了由单个 σ 因子调节大量启动子的三个例子。每个 σ 因子与靶启动子的−35 区和−10 区的结合具有序列特异性

这些可替换的 σ 因子如何控制芽孢形成过程的不同方面？现在可以监测枯草芽孢杆菌在营养生长和芽孢形成期间以及在芽孢的不同区室中每种基因的转录。通过这种方式

已经鉴定出了在芽孢形成过程中被转录激活或抑制的数百个基因。

每个 σ 因子如何控制不同的基因？每个 σ 因子具有与 DNA 序列结合的不同特性。由特定 σ 因子调控的操纵子或个别基因在其启动子的–35 区和–10 区具有特征序列，其只能被某个 σ 因子结合 [图 14-32（b）]。例如，$σ^E$ 至少与 121 个启动子结合（分布在 34 个操纵子和 87 个单个基因内），以调节 250 多个基因的表达。此外，$σ^F$ 至少与 36 个启动子结合以调节 48 个基因。

可替换的 σ 因子在人类病原菌的毒力中也起到重要作用。例如，梭菌属细菌可产生强效毒素，这些毒素会导致肉毒中毒、破伤风和坏疽等严重疾病。最近已发现肉毒梭菌、破伤风梭菌和产气荚膜梭菌的关键毒素基因受相关可替换的 σ 因子控制，σ 因子可识别毒素基因–35 区和–10 区中相似的序列。了解毒素基因表达的调控机制可能会为疾病的预防和治疗提供新手段。

关键点：利用可替换的 σ 因子识别不同启动子序列使得在芽孢形成过程中大量的独立操纵子和非连锁基因可以协调表达。

总　　结

基因表达调控通常由感知环境信号的蛋白质所介导，通过提高或降低特定基因的转录速率来实现。这种调控逻辑很直接。为了使调控正常进行，调控蛋白具有内置传感器，可持续监测细胞状况。这些蛋白质的活性将取决于合适的环境条件。

在细菌及其病毒中，可以通过将基因聚集在染色体上的操纵子中来协调若干结构基因的表达调控，从而将它们转录成多基因 mRNA。协同控制简化了细菌的工作，因为每个操纵子的一组调控位点足以调控操纵子中所有基因的表达。此外，也可以通过离散的 σ 因子来实现协同控制，这些因子可同时调控数十个独立的启动子。

在负调控中，阻遏蛋白通过与操作子区域的结合来阻断转录。以 *lac* 操纵子调控系统为例，在环境中没有合适的糖时，负调控是一种非常直接的关闭基因表达的方式。在正调控中，需要蛋白质因子来激活转录，一些原核生物基因表达就是采用正调控，如分解代谢物阻遏。

许多调节蛋白都同属于具有非常相似 DNA 结合结构域的蛋白质家族，如螺旋-转角-螺旋结构域。调控蛋白的其他部分往往不太相似，如它们的蛋白质-蛋白质相互作用域。基因表达调控的特异性取决于氨基酸侧链和 DNA 碱基上的化学基团之间的相互作用。

（白林泉）

练　习　题

一、例题

这里有 4 个要解决的问题，类似于本章基础知识问答中的第 10 题，旨在测试对操纵子模型的理解。在这里，给出了几个二倍体，需要我们确定基因 Z 和 Y 的产物是不是在有诱导物的情况下产生的。使用一个类似于第 11 题的表格作为你答案的基础，除此之外列标题如下：

基因型	Z基因		Y基因	
	无诱导物	有诱导物	无诱导物	有诱导物

例题 1

$$\frac{I^- P^- O^c Z^+ Y^+}{I^+ P^+ O^+ Z^- Y^-}$$

参考答案：解决这个问题的一种方法是首先分别考虑每条染色体，然后构建一个示意图。下面是这个二倍体的图示：

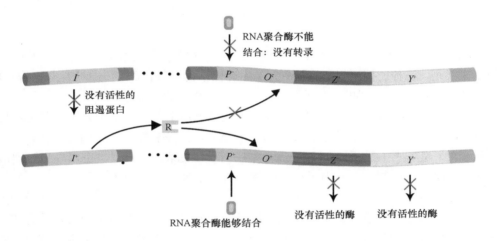

第一条染色体为 P^-，转录被阻断，因此不能从中合成 Lac 酶。第二个染色体（P^+）可以被转录，因此转录是可抑制的（O^+）。然而，与正常的启动子相连接的结构基因是有缺陷的；因此，不能生成有活性的 Z 产物或 Y 产物。添加到表中的符号是"–，–，–，–"。

例题 2

$$\frac{I^+ P^- O^+ Z^+ Y^+}{I^- P^+ O^+ Z^+ Y^-}$$

参考答案：第一条染色体是 P^-，因此不能从它合成酶。第二条染色体是 O^+，所以转录被第一条染色体提供的阻遏蛋白抑制，它可以在细胞质中起反式作用。然而，这条染色体只有 Z 基因是完整的。因此，在没有诱导物的情况下，不产生酶；在诱导物的作用下，只产生 Z 基因产物β-半乳糖苷酶。添加到表中的符号是"–，+，–，–"。

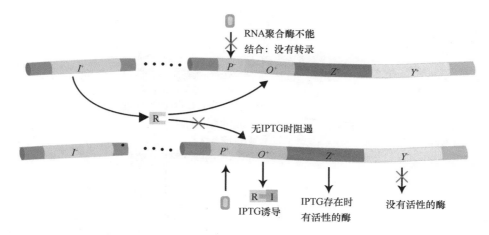

例题3

$$\frac{I^+P^+O^cZ^-Y^+}{I^+P^-O^+Z^+Y^-}$$

参考答案：因为第二条染色体是 P^-，所以我们只需要考虑第一条染色体。这条染色体是 O^c，所以酶是在没有诱导物的情况下产生的，由于 Z 突变，只产生活性透性酶（Y）。添加到表中的符号是"$-$，$-$，$+$，$+$"。

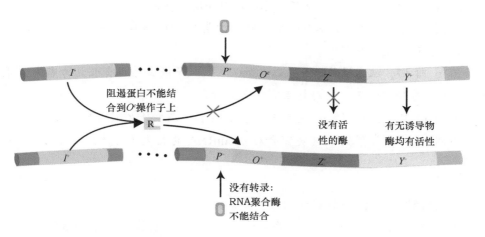

例题4

$$\frac{I^SP^+O^+Z^+Y^-}{I^-P^+O^cZ^-Y^+}$$

参考答案：在 I^S 阻遏蛋白存在的情况下，无论有无诱导物，所有的野生型操纵子都被关闭。因此，第一条染色体不能产生任何酶。然而，第二条染色体有一个可选择的操作子（O^c），无论有无诱导物，都可以产生酶。在 O^c 染色体上只有 Y 基因是野生型，因此只有透性酶能产生。添加到表中的符号是"$-$，$-$，$+$，$+$"。

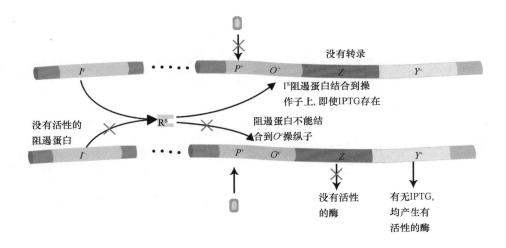

二、看图回答问题

1. 比较图 14-8 中 IPTG 的结构与图 14-6 中半乳糖的结构。为什么能与 Lac 阻遏蛋白结合但是不能被 β-半乳糖苷酶水解？

2. 在图 14-10 中，为什么部分二倍体对于建立 Lac 阻遏蛋白的反式作用特性是必不可少的？在单倍体中，我们能区分顺式作用基因和反式作用基因吗？

3. 在图 14-12 中，为什么启动子突变点会聚集在–10 区和–35 区？哪些蛋白质-DNA 相互作用会被这些突变破坏？

4. 看图 14-17，注意操作子和被转录的 *lac* 操纵子区域之间有很大的重叠。哪些蛋白质与这个重叠序列结合，它对转录有什么影响？

5. 看图 14-22，你预测 *trpA* 突变会对色氨酸水平产生什么影响？

6. 看图 14-22，你预测 *trpA* 突变会对 *trp* mRNA 的表达产生什么影响？

三、基础知识问答

7. 下列哪种分子是 *lac* 操纵子的诱导物：

a. 半乳糖　　b. 葡萄糖　　c. 异乳糖　　d. 异硫氰酸盐　　e. cAMP　　f. 乳糖

8. 解释为什么 *lac* 操纵子调控系统中的 I^- 等位基因通常对 I^+ 等位基因是隐性的，以及为什么 I^+ 等位基因对 I^s 等位基因是隐性的？

9. 我们说 *lac* 操纵子调控系统中的 O^c 突变是顺式作用是什么意思？

10. 下表中的符号 a、b 和 c 分别代表了大肠杆菌 *lac* 操纵子调控系统中的阻遏蛋白基因（I）、操作子区域（O）和 β-半乳糖苷酶基因（Z），不一定按顺序排列。此外，符号在基因型中书写的顺序不一定是 *lac* 操纵子的实际序列。

基因型	无诱导物	有诱导物
$a^-b^+c^+$	+	+
$a^+b^+c^-$	+	+
$a^+b^-c^-$	−	−
$a^+b^-c^+/a^-b^+c^-$	+	+
$a^+b^+c^+/a^-b^-c^-$	−	+
$a^+b^+c^-/a^-b^-c^+$	−	+
$a^-b^+c^+/a^+b^-c^-$	+	+

注：Z 基因有活性表示为"+"，无活性表示为"−"

a. 哪个符号（a、b 或 c）代表 *lac* 基因的 I、O 和 Z？

b. 表中基因符号上角的负号仅表示突变体，但是该系统中的突变表型有指定的突变体命名。使用 *lac* 操纵子的传统基因符号，在表中标示每个基因型。

11. *lac* 操纵子的图谱是 *POXY*。启动子（P）区域是在产生 mRNA 之前，与 RNA 聚合酶结合的转录起始位点。突变的启动子（P^-）显然不能结合 RNA 聚合酶。可以对 P^- 突变的影响做出某些预测。用你对乳糖代谢的调控系统的理解和知识来完成下表。在产生酶的地方插入一个"+"，在不产生酶的地方插入一个"−"。第一个是举例说明。

基因型	β-半乳糖苷酶		透性酶	
	无乳糖	有乳糖	无乳糖	有乳糖
$I^+P^+O^+Z^+/I^+P^+O^+Z^+Y^-$	−	+	−	+
a. $I^+P^+O^cZ^-Y^-/I^+P^+O^+Z^+Y^+$				
b. $I^+P^-O^cZ^+Y^-/I^+P^+O^cZ^+Y^-$				
c. $I^sP^+O^+Z^+Y^-/I^+P^+O^+Z^+Y^+$				
d. $I^sP^+O^+Z^+Y^+/I^+P^+O^+Z^+Y^+$				
e. $I^-P^+O^cZ^+Y^-/I^+P^+O^+Z^+Y^+$				
f. $I^-P^+O^+Z^+Y^+/I^+P^+O^cZ^+Y^-$				
g. $I^+P^+O^+Z^+Y^-/I^+P^+O^+Z^+Y^-$				

12. 解释原核生物转录的负调控和正调控之间的根本区别。举例说明每种调控机制。

13. Y 突变体保留了合成 β-半乳糖苷酶的能力。然而，即使 I 基因仍然完整，在培养基中添加乳糖也不能诱导 β-半乳糖苷酶合成，解释该现象。

14. *lac* 操纵子的调控机制和控制 λ 噬菌体遗传开关的机制有什么相似之处？

15. 比较 *lac* 操纵子和 λ 噬菌体控制区顺式作用位点的排列。

16. 哪一种调节蛋白诱导了 λ 噬菌体的裂解周期基因的表达？

a. cI　　　　　b. Cro　　　　　c. Lac 阻遏蛋白　　　　　d. 乳糖

17. 预测消除蛋白 σ^E 的 DNA 结合活性对枯草芽孢杆菌芽孢形成的影响。

四、拓展题

18. I 基因中一个有趣的突变导致阻遏蛋白与操作子和非操作子 DNA 的结合增加了 110 倍。这些阻遏蛋白呈"反向"诱导曲线，在没有诱导物（IPTG）的情况下允许 β-半乳糖苷酶合成，但在 IPTG 存在的情况下部分抑制了 β-半乳糖苷酶的合成。你怎样解释？（注意，当 IPTG 与阻遏蛋白结合时，它并没有完全破坏操作子与阻遏蛋白的亲和力，而是将亲和力降低至 1% 以下。此外，随着细胞分裂，子链合成产生新的操作子，阻遏蛋白必须沿着 DNA 寻找新的操作子，迅速与非操作子序列结合，并从它们中解离出来。）

19. I 的某些突变消除了操作子与 Lac 阻遏蛋白的结合，但不影响 Lac 阻遏蛋白亚基聚集形成四聚体，即阻遏蛋白的活性形式。这些突变在一定程度上比野生型占优势。你能解释 I'/I^+ 异质二倍体的部分显性 I' 表型吗？

20. 你正在研究大肠杆菌中乳糖操纵子的调控。你分离出 7 个新的独立的突变株，它们缺乏所有三个结构基因的产物。你怀疑其中一些突变是 I^s 突变，其他的突变是为了阻止 RNA 聚合酶与启动子区结合。使用任何你认为必要的单倍体和部分二倍体基因型，描述一组基因型，能让你区分 I 和 P 类的不可诱导突变。

21. 你正在研究一种新的乳糖操纵子调控突变的性质。不管是否存在乳糖，这种被称为 S 的突变都导致 Z、Y 和 A 基因表达的完全抑制。在部分二倍体中的研究结果表明，该突变表型完全显性于野生型。你用 S 突变株对细菌进行诱变处理并获得了能够在乳糖存在的条件下表达 Z、Y 和 A 基因产物的突变株，其中一些突变株的突变位点位于 lac 的操作子区域，而另一些突变位点位于 lac 的阻遏基因区域。基于你对乳糖操纵子的了解，为 S 突变的所有这些特性提供一个分子遗传学解释，包括对"反向突变"所导致的组成型表达的解释。

22. 大肠杆菌中的色氨酸操纵子（trp 操纵子）编码色氨酸生物合成所必需的酶。控制 trp 操纵子的一般机制与 lac 操纵子类似：当阻遏蛋白结合到操作子上时，转录受到抑制；当阻遏蛋白与操作子不结合时，转录正常进行。trp 操纵子的调控与 lac 操纵子的调控有以下不同：trp 操纵子编码的酶在色氨酸存在时不合成，而在缺乏色氨酸时合成。在 trp 操纵子中，阻遏蛋白有两个结合位点：一个与 DNA 结合，另一个与效应分子色氨酸结合。阻遏蛋白必须先与一分子色氨酸结合，才能有效地与 trp 操作子结合。

a. 绘制 trp 操纵子的图谱，指出启动子（P）、操作子（O）和 trp 操纵子的第一个结构基因（$trpA$）。在该图中，指出阻遏蛋白与色氨酸结合后其在 DNA 上结合的位点。

b. $trpR$ 基因编码阻遏蛋白；$trpO$ 为操作子；$trpA$ 编码色氨酸合成酶。$trpR^-$ 突变阻遏蛋白不能与色氨酸结合，突变的 $trpO^-$ 不能与阻遏蛋白结合，$trpA^-$ 突变基因编码的酶完全失活。当色氨酸存在时，下列哪些突变株可以产生活性色氨酸合成酶？当色氨酸不存在时呢？

（1）$R^+O^+A^+$（野生型）

（2）$R^-O^+A^+/R^+O^+A^-$

（3）$R^+O^-A^+/R^+O^+A^-$

23. 测定野生型细胞在不同碳源培养基中产生的β-半乳糖苷酶的活性，在相对单位下，可以发现下列活性水平：

葡萄糖	乳糖	葡萄糖+乳糖
0	100	1

预测当细胞为 $lacI^-$、$lacI^S$、$lacO^+$和 crp^-时，在相似条件下生长，细胞中的β-半乳糖苷酶活性的相对水平。

24. 研究发现，一种λ噬菌体能够在30℃裂解大肠杆菌宿主，而在42℃则不能。在这个噬菌体中，哪些基因可能发生突变？

25. 如果宿主细胞在 Cro 蛋白的 O_R 结合位点发生突变，那么λ噬菌体裂解宿主细胞的能力会发生什么变化？为什么？

26. 将编码芽孢特异性σ因子的基因突变与其调节子中启动子–35区到–10区基因突变的影响进行对比。

a. σ因子基因和单个启动子的功能性突变，哪个会对芽孢形成过程产生更大的影响？

b. 根据图 14-32（b）所示的序列，你认为–35区或–10区的所有点突变都会影响基因表达吗？

第 15 章
真核生物中的基因表达调控

学 习 目 标

学习本章后，你将可以掌握如下知识。

· 比较真核生物和细菌基因表达调控分子机制的异同。
· 解释真核生物如何通过有限的调节蛋白产生许多不同的基因表达模式。
· 论述核染色质在真核生物基因表达调控中的作用。
· 描述表观遗传标记的概念，并讨论它们如何在 DNA 和蛋白质中起作用。
· 比较 RNA 在抑制真核生物基因表达中的作用。

脂酰化修饰广泛存在于组蛋白中并具有重要的调控作用

　　中心法则是生命过程的核心机制，其核心内容是生命的遗传信息储存于 DNA，但要经过转录形成 RNA（信使 RNA）才能指导蛋白质的合成。因此基因表达调控特别是转录调控对生命过程来说就显得尤为重要。在真核细胞中，为了能把很长的 DNA 分子储存于微小的细胞核中，DNA 分子与一类富含碱性氨基酸（如赖氨酸和精氨酸）的被称为组蛋白的小分子蛋白质结合形成折叠程度不同的染色质结构。染色质折叠虽然有助于 DNA 储存和稳定性，但也给转录合成 RNA 造成了很多障碍，而改变染色质折叠程度并促进转录的一个重要机制是对组蛋白进行化学修饰，如乙酰化、甲基化和磷酸化等。在众多种类组蛋白化学修饰中，赖氨酸的乙酰化修饰因其存在的广泛性和重要性长期以来备受关注。这种修饰以代谢中间产物乙酰辅酶 A 为供体，在乙酰转移酶的作用下将乙酰基团转移到赖氨酸的侧链氨上。赖氨酸通常可以通过其侧链氨基与 DNA 结合或者参与蛋白质的相互作用，而乙酰化修饰中和了赖氨酸上的电荷并改变了其性状，使得染色质的结构更加松散，从而促进转录过程。

　　近年来在组蛋白修饰（histone modification）领域的一个重要进展就是发现组蛋白赖氨酸不仅存在乙酰化修饰，还存在一系列类似于乙酰化的短链脂肪酸修饰，如甲酰化、丙酰化、丁酰化、巴豆酰化、琥珀酰化等。这类修饰主要由美国芝加哥大学赵英明教授团队通过质谱分析发现并鉴定，目前统称为脂酰化修饰。与乙酰化修饰一样，酯酰化修饰的共同特点是以相应的脂酰辅酶 A（如丙酰辅酶 A、巴豆酰辅酶 A 等）为酰基供体，在脂酰转移酶的催化下将相应的脂酰基团转移至赖氨酸侧链氨基。由于所有的脂酰辅酶 A 均属于细胞重要代谢通路的中间产物，组蛋白脂酰化修饰的广泛性一方面表明代谢与基因表达调控存在密切关系，另一方面也产生了新的科学问题：这些新型脂酰化修饰是如何被调控的，它们在基因表达调控方面有什么作用？

目前的研究表明，与经典乙酰化一样，组蛋白脂酰化也广泛参与基因表达调控。以图 15-1 中的巴豆酰化为例，美国洛克菲勒大学 Allis 教授实验室体外和细胞研究结果表明，组蛋白巴豆酰化具有比乙酰化更强的促进转录的活性。翁杰敏教授实验室发现组蛋白脱乙酰酶（histone deacetylase，HDAC）家族成员 HDAC1～3 是细胞中主要的去巴豆酰化酶，并通过对 HDAC1 和 HDAC3 的酶活性中心改造，获得了一个具有增强的去巴豆酰化活性但丧失去乙酰化活性的 HDAC1 和 HDAC3 突变体，这样的突变体在细胞中过表达能下调组蛋白巴豆酰化水平，但不影响组蛋白乙酰化水平。重要的是，过表达这样的突变体可以显著降低细胞整体转录水平及许多基因的转录水平，表明巴豆酰化修饰在细胞基因表达的激活过程中具有重要作用。这些工作既证实了脂酰化修饰在基因表达调控中具有重要作用，也为未来阐明脂酰化修饰的生物学功能、分子机制、代谢与生命健康的关系提供了新的视野。

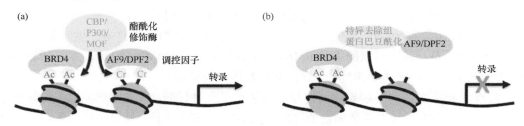

图 15-1　组蛋白巴豆酰化调控基因表达的分子机制

（a）p300/CBP/MOF 既能催化染色质中组蛋白乙酰化也能催化其进行巴豆酰化修饰。调控因子如 BRD4 能特异结合乙酰化的组蛋白，而调控因子如 AF9 和 DPF2 能选择性结合巴豆酰化修饰的组蛋白。这些调控因子能通过结合乙酰化或者巴豆酰化修饰的组蛋白被招募到靶基因，并促进基因表达。（b）如果在细胞中特异表达具有去巴豆酰化修饰活性但丧失去乙酰化活性的组蛋白去乙酰酶突变体 HDAC1-VRPP，则能抑制基因表达，表明组蛋白巴豆酰化修饰在转录激活中具有重要作用。CBP. CREB binding protein 环磷酸腺苷反应元件结合蛋白；MOF. males absent on the first 雄性第一次缺乏；BRD4. bromodomain containing 4 含布罗莫结构域蛋白 4；Ac. Acetylation 乙酰化；Cr. Crotonylation 巴豆酰化；HDAC1-VRPP, histone de-acetylase 1 respondents reported age-based mutant 组蛋白去乙酰化酶 1-基于年龄报告的反应突变；AF9. ALL-1 fusion gene 9：全 1 融合基因 9

引　言

本章将讨论有关真核生物基因表达调控的问题。在第 14 章中，我们已经了解了在细菌中如何由单个激活蛋白或阻遏蛋白来控制遗传开关的活性，以及如何将各个遗传组分组成操纵子这样的遗传单位，或者通过特定因子的活化以实现对基因组的控制。最初人们推测真核生物基因的表达也会采用类似于细菌的基因表达调控模式，然而，在真核生物中，很少发现有类似操纵子的结构。此外，参与真核生物基因表达调控的蛋白质和 DNA 序列数不胜数。通常，很多 DNA 结合蛋白仅作用于某个遗传开关，而每个基因却有很多独立的遗传开关，并且这些遗传开关的调控序列通常距离启动子很远。细菌和真核生物基因表达调控还有一个关键的差异是真核生物基因启动子的激活还受到染色质的控制。真核生物基因表达调控需要大量蛋白质复合物，RNA 聚合酶促进或限制这些复合物与基因启动子的结合。本章将为理解第 16 章的内容奠定基础。

15.1 真核生物的转录调节概述

每种类型真核细胞的生物学特性在很大程度上取决于其表达的蛋白质类型。细胞表达的蛋白质决定了其结构、酶活性、细胞与环境的相互作用以及许多其他生理特性。然而，在细胞生命周期的任何特定时间，其基因组中可编码 RNA 和蛋白质的基因仅有很少的一部分能够表达。在不同的时期，细胞表达的基因产物可能会显著不同，这取决于哪种蛋白质被表达了，也取决于其表达的水平。这种特异性的表达模式是如何产生的呢？

正如人们所预料的那样，如果基因表达的最终产物是蛋白质，则应该可以通过控制 DNA 转录成 RNA，或者 RNA 翻译成蛋白质的过程来实现基因表达的调控。事实上，基因表达调控发生在许多层次上，包括 mRNA 水平（通过改变剪接方式或 mRNA 的稳定性）和翻译后水平（通过蛋白质的修饰）等。真核生物基因表达的调控可分成两大类：转录水平的基因表达调控和转录后基因表达调控。虽然转录水平的基因表达调控是本章主要关注的问题，但转录后基因表达调控却是现在研究的热点。特别是，RNA 在转录后抑制基因表达（称为基因沉默；参见第 9 章）中的作用是当前研究的最热门领域之一。第 9 章介绍了参与基因沉默的三种 RNA——miRNA、ncRNA 和 siRNA。本章后面部分我们将探讨由 miRNA 和 ncRNA 介导的基因表达调控机制。

迄今为止大多数的基因表达调控是在转录水平上进行的，所以本章主要关注转录水平的基因表达调控，其本质是来自细胞外部或细胞内部的分子信号导致调节蛋白特异性地结合到蛋白质编码区外的特定 DNA 位点，从而调节转录速率。这些蛋白质可以直接或间接地辅助 RNA 聚合酶结合到转录起始位点——启动子上，或者通过阻止 RNA 聚合酶的结合来抑制转录。

尽管细菌和真核生物具有很多共同的基因表达调控规则，但其基本机制却存在着一些根本的差异。两者都使用序列特异性 DNA 结合蛋白来调节转录水平。然而，真核生物基因组比较大，其调控范围也比细菌宽广。真核生物基因组结构和功能的复杂性决定了其调控更为复杂，需要更多类型的调节蛋白与更多类型的 DNA 中相邻调控区域的序列相互作用。在染色体的组成上，真核生物 DNA 被包装成核小体，形成染色质，而细菌 DNA 缺乏核小体，是裸露的。在真核生物中，染色质结构是动态的，并且是调控基因表达的基本成分。

一般来说，细菌基因的基本状态是"开启"的。因此，当没有其他调节蛋白与 DNA 结合时，RNA 聚合酶就可直接与启动子结合。在细菌中，阻遏蛋白和调节蛋白的结合会阻断 RNA 聚合酶与启动子的结合，阻止转录起始或减少转录。激活蛋白基本不需要额外的帮助就可促进 RNA 聚合酶与启动子的结合。相反，真核生物中的基因基本上是处于"关闭"状态的。因此，转录起始复合物（包括 RNA 聚合酶Ⅱ和相关的基础转录因子）在其他调节蛋白不存在的情况下不能与启动子结合（图 15-2）。在许多情况下，核小体的形成阻碍了转录起始复合物与启动子的结合。因此，必须改变染色质结构才能激活真核生物的转录，这种改变通常依赖于序列特异性 DNA 和相应调节蛋白的结合。细胞内活化或抑制的基因周围染色质的结构可以非常稳定并遗传到子细胞中。染色质状态的遗传是一种不直接涉及 DNA 序列的遗传形式，这提供了一种表观遗传调控的手段。

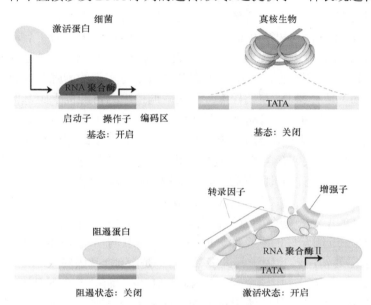

图 15-2　转录调控概况

在细菌中，通常单由 RNA 聚合酶就可以开始转录，除非阻遏蛋白阻断它。然而，在真核生物中，DNA 与核小体的包装阻止了转录，除非有其他调节蛋白存在。这些调节蛋白通过改变核小体密度或位置来暴露启动子序列，它们也可能通过结合 RNA 聚合酶更直接地招募 RNA 聚合酶 II

这一章的重点是理解真核生物转录调控的独特方式。真核生物转录过程以及转录调控过程中与细菌的一些差异在第 9 章中已经提到过了。

1）在细菌中，所有基因都被一种 RNA 聚合酶转录成 RNA，而真核生物中有三种 RNA 聚合酶在起作用。将 DNA 转录成 mRNA 的 RNA 聚合酶 II 是第 9 章的重点，也是本章讨论的唯一 RNA 聚合酶。

2）RNA 转录本在真核生物转录过程中被广泛地修饰，5′端和 3′端被修饰并且内含子被剪切掉。

3）真核生物的 RNA 聚合酶 II 比细菌中的大得多并且更复杂。其中一个更复杂的原因是 RNA 聚合酶 II 必须合成 RNA 并协调真核生物特有的特殊加工。

多细胞真核生物可能有多达 25 000 个基因，比细菌平均基因多数倍。此外，真核生物基因表达模式非常复杂。真核生物基因表达的时间和产生的转录本量存在很大差异。例如，一个基因可能只在发育的某个阶段转录，另一个基因只有当存在病毒感染时才能转录。真核生物中的大多数基因在任何时候都处于关闭状态。单是建立在这些认识的基础上，真核生物基因表达调控就必须能够做到以下几点。

1）确保基因组中大多数基因的表达在任何时候都关闭，同时激活一部分基因。

2）产生数千种基因表达模式。

本章后面将会提到，转录机制已经发展到确保真核生物中的大多数基因不被转录。在考虑基因如何保持无转录活性之前，我们将重点讨论第二点：真核基因如何表现出数量巨大且具有多样性的表达模式？在体内产生如此多种基因表达模式应具有许多组分，包括反式作用的调节蛋白和顺式作用的 DNA 序列。

我们可以根据调节蛋白所结合的 DNA 调节序列将其分为两种。第一种调节蛋白是大型 RNA 聚合酶Ⅱ复合物和第 9 章中了解到的通用转录因子。为了启动转录，这些蛋白质与在基因启动子附近发挥顺式调控作用的启动子近侧元件（promoter-proximal element）的 DNA 序列相互作用。第二种调节蛋白是与相应的增强子结合的转录因子。增强子（enhancer）是一类 DNA 调控序列，这些调控序列可能位于距基因启动子相当远的位置。一般而言，启动子和启动子近侧元件能够与转录因子结合，从而影响许多基因的表达。增强子与转录因子结合后，影响的基因较少。在多细胞真核生物中，增强子一般只能作用于其中的一类或几类细胞。真核生物基因表达在转录水平调控的很多策略则取决于特定的转录因子如何控制通用转录因子活化以及 RNA 聚合酶Ⅱ与启动子的结合。

RNA 聚合酶Ⅱ以最大速率将 DNA 转录成 RNA 时，多个顺式作用元件必须发挥作用。反式作用的 DNA 结合蛋白则需结合到启动子、启动子近侧元件和增强子上。图 15-3 是启动子和启动子近侧元件的示意图。RNA 聚合酶Ⅱ与启动子的结合本身不能产生有效的转录。转录需要通用转录因子与大多数（但不是全部）基因转录起始位点上游 100bp 内启动子近侧元件结合。其中一个元件是 CCAAT 框，而另一个则是更上游的富含 GC 的部分。结合启动子近侧元件的通用转录因子在大多数细胞中表达，因此它们可在任何时候启动转录。这些位点的突变可能会对转录产生巨大影响，也表明了它们的重要性。如果这些启动子近侧元件发生突变，则转录效率必然会降低，如图 15-4 所示。

图 15-3　真核生物基因启动子和启动子近侧元件

在高等真核生物中转录起始位点上游区域含有启动子近侧元件和启动子

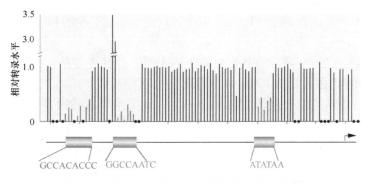

图 15-4　启动子近侧元件是有效转录的必备条件

通过分析整个启动子区域的点突变对转录水平的影响，发现启动子和启动子近侧元件中的点突变可以阻碍 β-珠蛋白基因的转录。每条线的高度表示相对于野生型启动子或启动子近侧元件（1.0）的转录水平。只有在所显示的三个元件内的碱基替换才会改变转录水平。黑点为未经测试的位置

为了调控转录，调节蛋白需具有多个结构域：①识别 DNA 调节序列的结构域（蛋白质的 DNA 结合位点）；②与转录装置的一种或多种蛋白质相互作用的结构域（RNA 聚合酶或与 RNA 聚合酶相关的蛋白质）；③与其他结合到 DNA 附近调节序列上的蛋白质相互作用的结构域，以便其他调节蛋白可以协同作用（synergism）以调节转录；④直接或间接影响染色质开放性的结构域；⑤充当细胞内生理条件传感器的结构域。

目前已经通过生物化学和遗传学方法发现了真核生物基因表达调控机制，特别是对单细胞酿酒酵母（*Saccharomyces cerevisiae*）的研究使遗传学得到了发展。酿酒酵母是可以在葡萄酒酿造、啤酒酿造和烘焙中发挥重要作用的微生物，它已经成为了解真核细胞生物学的模式生物。多年研究已经产生了许多关于真核生物转录调节蛋白如何发挥作用以及如何产生不同细胞类型的一般原理。我们将详细研究两种酵母基因表达调控系统：第一种涉及半乳糖利用途径；第二是交配型的控制。

15.2　酵母 GAL 系统

为了利用细胞外的半乳糖，酵母将其吸收入胞内并转换为葡萄糖进行代谢。酵母基因组的几个基因：*GAL1*、*GAL2*、*GAL7* 和 *GAL10* 编码的酶催化从半乳糖到葡萄糖生化途径的各个步骤（图 15-5）。另外有 3 个基因 *GAL3*、*GAL4* 和 *GAL80* 编码的蛋白质调控了这些酶基因的表达。正如大肠杆菌中的乳糖代谢系统一样，半乳糖的多寡决定了这个生化途径中各个基因的表达水平。在培养基中，如果缺乏半乳糖，则这些 *GAL* 基因将会沉默。但是当半乳糖存在且没有葡萄糖时，*GAL* 基因就会被诱导表达。和乳糖操纵子一样，通过对突变的遗传和分子分析，我们已经清楚地知道了酵母中半乳糖代谢途径中基因表达是如何被调控的。

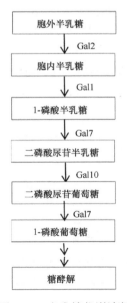

图 15-5　半乳糖代谢途径

半乳糖转变成 1-磷酸葡萄糖的各个步骤。由被 *GAL1*、*GAL2*、*GAL7* 和 *GAL10* 编码的酶催化

　　GAL 基因表达的关键调节蛋白是 Gal4 蛋白，它是 DNA 序列特异结合蛋白。Gal4 可能是真核生物中研究得最清楚的一个转录调节蛋白。通过对它在基因表达调控和活化方面的全面剖析，我们获取了真核生物基因表达调控的一些关键信息。

15.2.1　Gal4 通过活化上游序列调控多个基因的表达

　　在乳糖存在的情况下，*GAL1*、*GAL2*、*GAL7* 和 *GAL10* 基因表达的水平比没有乳糖的时候高 100 多倍。但是，*GAL4* 突变时，它们均保持沉默。这 4 个基因启动子上游不远的区域均有 2 个以上的 Gal4 结合位点。*GAL10* 和 *GAL1* 彼此相邻，却向相反的方向转录。*GAL1* 转录起始位点和 *GAL10* 转录起始位点之间是一个独立的 118bp 的区域，其中含有 4 个 Gal4 结合位点（图 15-6）。每个 Gal4 结合位点长 17bp，可以结合一个 Gal4 二聚体。*GAL2* 和 *GAL7* 基因的上游均有 2 个 Gal4 结合位点。在体内，这些结合位点与基因的活化相关。假如这些位点缺失，即使有乳糖存在，基因也会沉默。这些调控序列

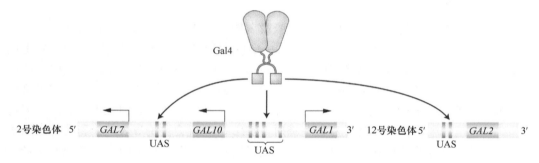

图 15-6　酵母中转录活化蛋白结合到 UAS 上

Gal4 蛋白通过结合到上游激活序列（UAS）上激活靶基因。这些 Gal4 蛋白有两个结构域：DNA 结合结构域（粉色方块）和激活结构域（橘黄色椭圆形）。Gal4 蛋白以二聚体的形式特异性地结合到 *GAL* 基因启动子的上游序列。有些 *GAL* 基因（*GAL1* 和 *GAL10*）是相邻的，有些分布于其他染色体上。*GAL1* 和 *GAL10* 之间的 USA 具有 4 个 Gal4 结合位点

属于增强子。增强子与真核生物基因的启动子位于同一条染色体上。由于 Gal4 活化的增强子位于所调控的基因上游（5′），故命名为上游激活序列（upstream activating sequence，UAS）。

　　关键点：序列特异性 DNA 结合蛋白与靶基因启动子之外区域的结合是真核生物转录调控的一个共同特征。

延伸阅读 15-1：模式生物——酵母

　　酿酒酵母或出芽酵母近年来已成为首要的真核生物遗传系统。人类使用酵母的历史已经有几百年，因为它是啤酒、葡萄酒和面包发酵的重要组成部分。酵母的许多特征使其成为理想的模式生物。作为一种单细胞真核生物，它可以在琼脂平板上生长，酵母的生命周期仅为 90min，其中大多数可以在液体培养基中培养。它还具有非常紧

凑的基因组，DNA 的长度大约只有 12Mb（与人类近 3000Mb 比较），其中含有大约 6000 个基因，分布在 16 条染色体上。它是第一个进行基因组测序的真核生物。

　　酵母的生命周期使得其在实验室研究中应用非常灵活。它的细胞可以以二倍体或单倍体形式生长，在这两种情况下，母细胞产生含有相同子细胞的芽（图 15-7）。二倍体细胞或者通过出芽继续生长或者被诱导经历减数分裂，这产生了 4 个单倍体孢子，在一个子囊（也称为四分体）中结合在一起。相反交配型的单倍体孢子（a 或 α）将融合并形成二倍体。相同交配型的孢子将通过出芽继续生长（图 15-8）。

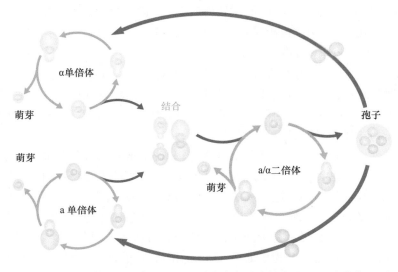

图 15-7　面包酵母的生命周期，核等位基因 *MATa* 和 *MATα* 决定交配型

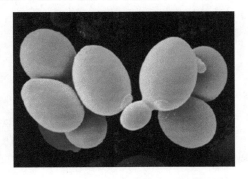

图 15-8　出芽酵母细胞的电子显微照片

　　因为易于进行正向和反向突变分析，酵母被称为真核生物中的"大肠杆菌"。为了使用正向遗传学方法分离突变体，可以将单倍体细胞进行诱变（如用 X 射线）并在平板上筛选突变表型。通常，首先将细胞铺在适合所有细胞生长的富培养基上，然后将来自该主平板的菌落复制到含有选择性培养基或特殊生长条件的复制板上，来完成这个筛选过程（参见第 12 章）。例如，温度敏感的突变体将在允许温度下在主板上生

长，但在限制温度下不会在复制板上生长。比较主板和复制板上的菌落将筛选出温度敏感的突变体。使用反向遗传学，科学家还可以用突变型（在试管中合成）取代任何已知或未知功能的酵母基因，以了解基因产物的性质。

15.2.2　Gal4 蛋白具有 DNA 结合功能区和转录激活功能区

Gal4 与 UAS 结合后，基因表达如何被诱导？Gal4 蛋白的一个特殊结构域——激活结构域（activation domain）——是调节转录活性所必需的。因此，Gal4 蛋白至少有两个结构域：一个用于 DNA 结合，另一个用于激活转录。已经发现的类似模块化结构也是其他 DNA 结合转录因子的共同特征。

Gal4 蛋白的模块化结构可以通过一系列简单的实验得到证明。通过测试突变形式的蛋白质，其部分结构已经被删除或融合了其他蛋白，研究人员可以确定部分结构对于蛋白质特定功能是不是必需的。为了进行这些研究，实验者需要借助一种简单的方法来测定由 GAL 基因编码的酶的表达。

一般通过使用表达水平易于测量的报告基因（reporter gene）来监测 GAL 基因和其他靶向转录因子的表达。在报告基因表达体的结构中，报告基因与控制目的基因表达的调控序列相连。报告基因的表达反映了目的调节元件的活性。通常，报告基因是大肠杆菌的 lacZ 基因。LacZ 是一种有效的报告基因，因为它的活性产物很容易测定。另一种常见的报告基因是编码水母绿色荧光蛋白（GFP）的基因。顾名思义，报告蛋白的浓度很容易通过其辐射量来测量。为了研究 GAL 基因表达的调控，将这些报告基因之一的编码区和启动子置于 GAL 基因的 UAS 下游。然后报告基因表达量就成为了细胞中 Gal4 活性的读数 ［图 15-9（a）］。

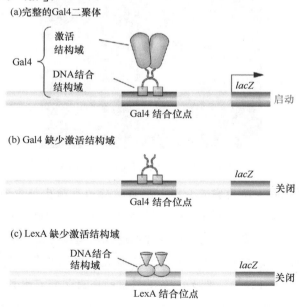

(a) 完整的 Gal4 二聚体

(b) Gal4 缺少激活结构域

(c) LexA 缺少激活结构域

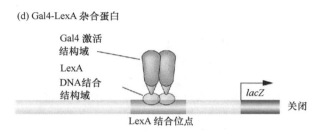

(d) Gal4-LexA 杂合蛋白

图 15-9　模块化的转录激活蛋白

转录激活蛋白可含多个结构域。(a) Gal4 蛋白具有两个结构域并且形成二聚体。(b) 实验去除激活结构域表明 DNA 结合不足以激活转录。(c) 同样，细菌 LexA 蛋白不能激活其转录，但是，当与 Gal4 激活结构域融合（d）时，通过 LexA 结合位点可以激活转录

当酵母中表达缺少激活结构域的 Gal4 蛋白时，UAS 的结合位点被占据，但没有激活转录［图 15-9（b）］。当缺乏激活结构域的其他调节蛋白，如细菌阻遏蛋白 LexA 在带有其各自结合位点的报告基因的细胞中表达时也是如此。当 Gal4 蛋白的激活结构域嫁接到 LexA 蛋白的 DNA 结合结构域时，结果更有趣：杂合蛋白可以激活 LexA 结合位点的转录［图 15-9（d）］。进一步的"结构域交换"实验已经揭示 Gal4 蛋白的转录激活功能位于长度 50～100 个氨基酸的两个小区域中。这两个区域形成一个可分离的激活结构域，帮助招募启动子转录所需元件。这种高度模块化的活性调节结构域的排列在很多转录因子中均有发现。

关键点：许多真核生物转录调节蛋白是模块化蛋白，可分为 DNA 结合、激活或抑制以及与其他蛋白质相互作用的结构域。

15.2.3　Gal4 的活性受到生理性调节

Gal4 如何在半乳糖的存在下变得活跃？分析 *GAL80* 和 *GAL3* 基因的突变成为关键线索。在 *GAL80* 的突变体中，即使在不存在半乳糖的情况下，*GAL* 结构基因也是有活性的。该结果表明 Gal80 蛋白的正常功能是以某种方式抑制 *GAL* 基因表达。相反，在 *GAL3* 突变体中，*GAL* 结构基因在半乳糖的存在下不活跃，表明 Gal3 通常促进 *GAL* 基因的表达。

广泛的生化分析显示 Gal80 蛋白以高亲和力与 Gal4 蛋白结合并直接抑制 Gal4 的活性。具体而言，Gal80 结合 Gal4 激活结构域中的一个区域，抑制其促进靶基因转录的能力。Gal80 蛋白是持续表达的，所以除非被停止表达，否则它总会抑制 *GAL* 结构基因的转录。当存在半乳糖时，Gal3 蛋白的作用是通过抑制 Gal80 使 *GAL* 结构基因得到释放。

因此 Gal3 既是感应器又是诱导器。当 Gal3 结合半乳糖和 ATP 时，它发生变构，促进其本身与 Gal80 的结合，这又导致 Gal80 释放 Gal4，然后 Gal4 能够与其他转录因子和 RNA 聚合酶 II 相互作用以激活靶基因的转录。因此，Gal3、Gal80 和 Gal4 都是转录开关的一部分，其状态取决于是否存在半乳糖（图 15-10）。在这个转录开关中，转录调节因子与 DNA 的结合不是生理调控的步骤（就像在 *lac* 操纵子和 λ 噬菌体中那样），相反，激活结构域的活性会受到调节。

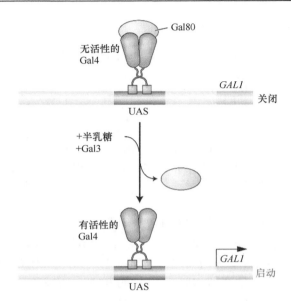

图 15-10　转录激活蛋白可以被诱导物活化

Gal4 活性受 Gal80 蛋白调节。在没有半乳糖的情况下，尽管 Gal4 蛋白可以结合 *GAL1* 靶基因上游的位点，但 Gal4 蛋白无活性。Gal4 活性受到 Gal80 蛋白结合的抑制（上图）。在存在半乳糖和 Gal3 蛋白的情况下，Gal80 发生构象变化并释放，从而允许 Gal4 激活结构域激活靶基因转录（下图）

关键点： 真核生物转录调节蛋白的活性通常受其与其他蛋白质相互作用的调控。

15.2.4　Gal4 在大多数真核生物中的作用

除了在酵母细胞中发挥作用，Gal4 已被证明还能在昆虫细胞、人类细胞和许多其他真核生物中激活转录。这种多功能性表明，Gal4 活性调节这样的生物化学机制和基因激活机制在广泛的真核生物中是常见的，并且在酵母中显示的特征通常也存在于其他真核生物中，反之亦然。此外，由于其多功能性，Gal4 及其 UAS 已成为在基因分析中用于在各种模型系统中操纵基因表达和功能的有力工具。

关键点： Gal4 以及其他真核生物转录调节因子在各种真核生物中发挥功能的能力表明，真核生物通常具有共同的转录调控机制。

15.2.5　激活因子招募转录机器

在细菌中，激活因子通常通过直接与 DNA 聚合酶和 RNA 聚合酶相互作用来刺激转录。在真核生物中，激活因子通常间接工作。真核生物激活因子通过两种主要机制将 RNA 聚合酶 II 招募到基因启动子。首先，激活因子可以与转录起始中起作用的蛋白质复合物的亚基相互作用，然后将它们招募到启动子上。其次，激活因子可以招募修饰染色质结构的蛋白质，使 RNA 聚合酶 II 和其他蛋白质可以接近 DNA。包括 Gal4 在内的许多激活因子都有激活作用。我们将首先阐述转录起始复合物的招募情况。

回顾第 9 章，真核生物转录过程中有很多蛋白质参与。这些蛋白质是在基因启动子上组装的转录机器内各种亚复合物的一部分。一个亚复合物转录因子ⅡD（TFⅡD）通过 TATA 结合蛋白（TBP，参见图 9-13）与真核启动子的 TATA 框结合。Gal4 激活基因表达的一种方式是激活结构域与 TBP 结合。进一步通过这种结合作用来招募 TFⅡD 复合物，然后将 RNA 聚合酶Ⅱ招募到启动子中（图 15-11）。Gal4 和 TBP 之间的这种相互作用的强度与 Gal4 作为激活因子的效力相关。

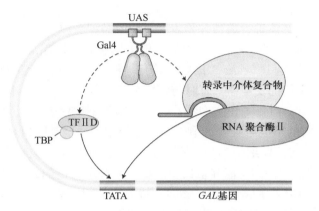

图 15-11 转录激活因子招募转录机器

Gal4 招募转录机器机制：Gal4 蛋白及许多其他转录激活因子与多种蛋白质复合物结合，包括此处所示的 TFⅡD 和转录中介体复合物（虚线箭头），将 RNA 聚合酶Ⅱ招募到基因启动子。这些相互作用通过远离基因启动子的结合位点促进基因活化

Gal4 激活基因表达的第二种方式是通过与中介体复合物（mediator complex）相互作用，该复合物是一种大型多蛋白复合物，其又与 RNA 聚合酶Ⅱ直接相互作用以将其招募至基因启动子上。这种蛋白质复合物是辅激活物（co-activator）的其中一种，该术语应用于蛋白质或蛋白质复合物，辅激活物通过转录因子促进基因活化，但其本身不是转录机制的一部分，也不是 DNA 结合蛋白。

转录因子与上游 DNA 序列结合并和以直接或间接方式结合在启动子上的蛋白质相互作用的能力有助于解释如何从更远处的调控序列刺激转录（图 15-11）。

关键点：真核生物转录激活因子通常通过将转录机器的一部分招募到基因启动子中来起作用。

15.2.6 酵母交配型的控制：基因组合相互作用

到目前为止，我们在本章集中讨论了单个基因或一个通路中的几个基因的调控。在多细胞生物体中，不同类型的细胞间存在数百个基因的差异表达。因此，在形成特定细胞类型时必须协调基因组的表达或抑制。在真核生物中，细胞类型调控最好理解的例子之一是酵母中交配型的调节。这一调控体系由遗传学、分子生物学和生物化学共同解析。交配型是理解多细胞动物中基因表达调控的优秀模型。

酿酒酵母可以分为 a、α 和 a/α 三种不同细胞类型。a 和 α 细胞是单倍体，每条染色体仅含有一个拷贝。a/α 细胞是二倍体，包含每条染色体的两个拷贝。虽然两种单倍体细胞不能通过显微镜观察来区分，但可以通过许多特定的细胞特征，主要是它们的交配型加以区分（参见延伸阅读 15-1：模式生物：酵母）。α 细胞仅与 a 细胞配对，并且 a 细胞仅与 α 细胞配对。α 细胞分泌称为 α 因子的寡肽信息素或性激素，以逮捕细胞周期中的 a 细胞。同样，一个 a 细胞分泌称为 a 因子的信息素，逮捕 α 细胞。两种细胞都参与的逮捕对于成功交配是必需的。二倍体 a/α 细胞不交配，它比 α 和 a 细胞都大，并且对交配激素没有反应。

对交配缺陷的突变体进行遗传分析表明，细胞类型受单个遗传位点控制，即交配型基因座 MAT。MAT 基因座有两个等位基因：单倍体 a 细胞具有 MATa 等位基因，单倍体 α 细胞具有 MATα 等位基因。a/α 二倍体也具有等位基因。尽管交配型受基因表达调控，但某些菌株会改变它们的交配型，有时与细胞分裂一样频繁。我们将在本章后面研究细胞交配型切换的基础，但首先让我们看看每种细胞类型如何表达正确的基因组。我们将看到 DNA 结合蛋白的不同组合会调节不同细胞类型的特定基因组合的表达。

MAT 基因座如何控制细胞类型？不能交配的突变体的遗传分析已经鉴定出许多与 MAT 基因座分开的结构基因，但其蛋白质产物是交配所必需的。一组结构基因（α-特异性基因）仅在 α 细胞类型中表达，另一组（a-特异性基因）仅在 a 细胞类型中表达。MAT 基因座控制这些结构基因中的哪一组在特定的细胞类型中表达。MATa 等位基因导致 a 细胞的结构基因被表达，而 MATα 等位基因导致 α 细胞的结构基因被表达。这两个等位基因激活不同的基因组，因为它们编码不同的调节蛋白。此外，不是由 MAT 基因座编码的调节蛋白，称为 MCM1，在调节细胞类型中起关键作用。

最简单的情况是 a 细胞类型［图 15-12（a）］。MATa 基因座编码单个调节蛋白 a1。然而，a1 对单倍体细胞没有影响，只在二倍体细胞中有效。在单倍体细胞中，调节蛋白 MCM1 通过与特定基因启动子内的调节序列结合来起始 a 细胞所需的结构基因的表达。

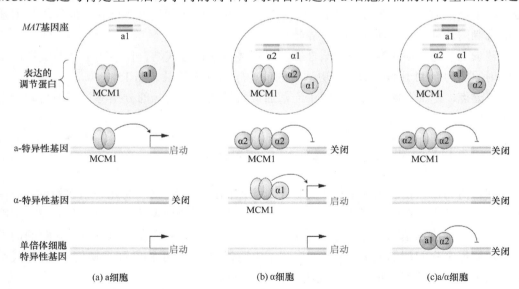

图 15-12　调节蛋白的不同组合调控细胞的类型

酵母中细胞类型特异性基因表达的调控。酿酒酵母的 3 种细胞类型由调节蛋白 a1、α1 和 α2 决定，调节不同的靶基因。MCM1 蛋白在这 3 种细胞类型中起作用并与 α1 和 α2 相互作用

在 α 细胞中，α-特异性基因必须被转录，但此外，必须防止 MCM1 蛋白激活 a-特异性基因。*MATα* 等位基因的 DNA 序列编码两种蛋白质——α1 和 α2，由不同的转录单位产生。这两种蛋白质在细胞中具有不同的调节作用，这可以通过分析它们在体外的 DNA 结合特性来证明［图 15-12（b）］。α1 蛋白是 α-特异性基因表达的激活因子，与 MCM1 蛋白一起与控制几个 α-特异性基因的离散 DNA 序列结合。α2 蛋白抑制 a-特异性基因的转录，作为二聚体与 MCM1 结合，位于 a-特异性基因上游，并充当阻遏蛋白。

在二倍体酵母细胞中，每个 *MAT* 基因座编码的调节蛋白都会表达［图 15-12（c）］。所有参与细胞交配的结构基因都被关闭，就像单独的一组单倍体细胞特异性基因一样，这些基因只在单倍体细胞中表达，而不在二倍体细胞中表达。这是如何发生的？由 *MATa* 编码的 a1 蛋白最终有一部分发挥作用。a1 蛋白可与存在的一些 α2 蛋白结合并改变其结合特异性，使得 a1-α2 复合物不与特异性基因结合。相反，a1-α2 复合物结合在单倍体特异性基因上游的不同序列上。然后，在二倍体细胞中，α2 蛋白以两种形式存在：①作为抑制 a-特异性基因的 α2-MCM1 复合体；②与抑制单倍体细胞特异性基因表达的 a1 形成蛋白质复合物。此外，a1-α2 复合物还抑制 α1 基因的表达，因此不再启动 α-特异性基因的表达。不同的结合伴侣确定哪些特定的 DNA 序列被结合以及哪些基因受含 α2 的复合物的调节。通过相同转录因子与不同结合伴侣的相互作用来调节不同的靶基因表达，是多细胞真核生物中不同细胞类型可以产生不同基因表达模式的主要原因。

关键点：在酵母和多细胞真核生物中，细胞类型特异性基因表达模式受相互作用的转录因子组合的控制。

15.3　动态染色质

真核生物中影响基因转录的第二种机制是改变基因表达调控序列周围的局部染色质结构。为了充分了解该机制，我们需要首先了解染色质结构，然后考虑如何改变它们，以及它们被改变后如何影响基因表达。

激活因子对转录机器的招募在真核生物和细菌中有相似之处，主要区别在于转录机器中相互作用蛋白的数量。事实上，30 年前，许多生物学家认为真核生物基因表达调控只是在细菌中发现的生化机制更复杂的版本。然而，当生物学家考虑了真核生物中基因组 DNA 装配的影响后，这种观点发生了巨大变化。

与真核生物 DNA 相比，细菌 DNA 相对"裸露"，使其易于被 RNA 聚合酶接触。相反，真核生物染色体被包装成染色质，其由 DNA 和蛋白质（主要是组蛋白）组成。染色质的基本单位是核小体，其含有约 150bp 的 DNA，围绕核心组蛋白包裹 1.7 圈（图 15-13）。核小体核心包含 8 个组蛋白，4 种组蛋白各两个亚基：组蛋白 2A、2B、3 和 4（分别称为 H2A、H2B、H3 和 H4），核小体的核心由两个二聚体的 H2A 和 H2B 及四聚体的 H3 和 H4 组成。围绕核小体核心的是接头组蛋白 H1，其可将核小体压缩成高级结构，从而进一步浓缩 DNA。

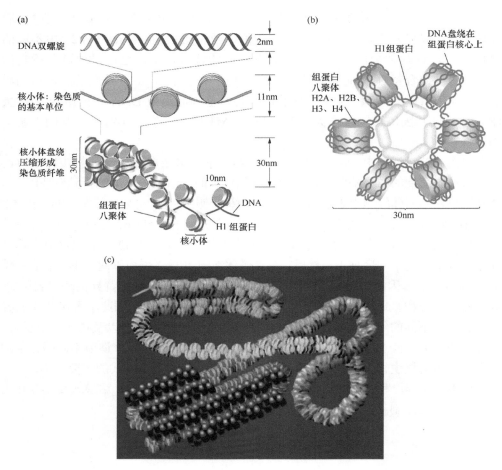

图 15-13　染色质的结构

（a）压缩和去压缩状态的核小体。（b）核小体卷曲链的端视图。（c）随着染色体延长染色质结构的变化。压缩程度最低的
染色质（常染色质）显示为黄色，中等压缩染色质区域呈橙色和蓝色，被特殊蛋白质（紫色）包被的异染色质呈红色

　　真核生物 DNA 包装到染色质中意味着大部分 DNA 不易被调节蛋白和转录因子接近。因此，除非被抑制，原核基因通常是可接近的并且"开启"的；除非被激活，真核基因通常是不可接近的并且"关闭"的。因此，染色质结构的修饰是许多真核生物的一个显著特征，包括基因表达调控（本章讨论）、DNA 复制（第 8 章）和 DNA 修复（第 12 章）。有 3 种主要的机制可以改变染色质结构：①沿着 DNA 移动核小体，也称为染色质重塑（chromatin remodeling）；②核小体核心中的组蛋白修饰；③用组蛋白变体替换核小体中的常见组蛋白。

15.3.1　染色质重塑蛋白和基因激活

　　改变染色质结构的一种方法可能就是简单地沿着 DNA 移动组蛋白八聚体。20 世纪 80 年代开发了生物化学技术，使研究人员能够确定核小体所在的位置及其周围特定的基因。在这些研究中，染色质被从基因开放的组织或细胞中分离出来，并与来自相同基因被关闭的组织的染色质进行比较。对大多数基因分析的结果是核小体位置改变，特别是在基因的调控区域。因此，包裹在核小体中的 DNA 区域会发生变化，换言之，在不同的细胞类型以及生物体的生命周期中核小体会沿着 DNA 移动。当启动子和侧翼序列被卷入核小体时，转录受到抑制，这阻止了 RNA 聚合酶 II 启动转录。因此，转录的激活需要将核小体推离启动子。相反，当基因启动转录被抑制时，核小体转移到抑制转录的位置。核小体位置的改变称为染色质重塑。已知染色质重塑是真核基因表达的组成部分，并且在确定其基础机制和调节蛋白参与方面正在取得重大进展。在这里，针对酵母的基因研究再次成为关键。

　　酵母中两个看似不相关的遗传突变筛选实验都发现了同一个基因，它的产物在染色质重塑中起关键作用。在这两种情况下，用试剂处理酵母细胞都会发生突变。在一个筛选实验中，筛选出不能在蔗糖上生长良好的细胞（不发生糖酵解的突变体，*snf*）。在另一个筛选实验中，筛选诱变的酵母细胞突变体，这些突变体在它们的交配型转换时是有缺陷的（开关突变体，*swi*；参见第 15.5 节）。在每个筛选实验中回收了不同基因座的许多突变体，但发现一个突变体基因会引起两种表型。*swi2/snf2* 基因座上的突变体（开关探针）既不能有效利用蔗糖也不能转换交配型。

　　利用蔗糖的能力和转换交配型的能力之间有什么联系？Swi2-Snf2 蛋白被纯化研究并被发现是一个称为 SWI-SNF 复合物的大型多基因复合体的一部分，如果提供 ATP 作为能量，SWI-SNF 复合物可以在试管测定中重新定位核小体（图 15-14）。在一些情况下，

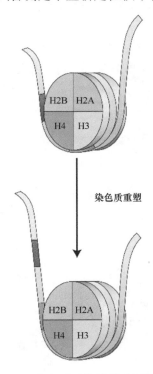

图 15-14　染色质重塑暴露了调控序列点

组蛋白八聚体在响应染色质重塑活性（如 SWI-SNF 复合物的活性）时滑动，在这种情况下暴露标记为红色的 DNA
（关于如何将 SWI-SNF 复合物招募到特定的 DNA 区域，请参见后文图 15-21）

多亚基 SWI-SNF 复合物通过移动覆盖 TATA 序列的核小体来激活转录，该复合物就是用这种方式促进 RNA 聚合酶Ⅱ与 DNA 序列的结合。因此 SWI-SNF 复合物是共激活因子。

Gal4 还与 SWI-SNF 复合物结合并将其招募至活化的启动子。含有缺陷型 SWI-SNF 复合物的酵母菌株表现出 Gal4 活性水平降低。为什么激活因子可能使用多种激活机制？目前至少有两个原因可以解释。首先是目标启动子在细胞周期的某些阶段或某些细胞类型中可能变得不易接近。例如，当染色质在有丝分裂期间浓缩得更紧时，基因便不易接近。在那个阶段，Gal4 必须招募染色质重塑复合物，而在其他时候，可能不需要使用该复合物。其次是许多转录因子在组合体中起协同作用以控制基因表达。这种组合协同作用的结果是，当多个转录因子共同作用时，染色质重塑复合物和转录机器更有效地被招募。

关键点：染色质是动态的，核小体在染色体上的位置不是固定的。染色质重塑改变了核小体的密度或位置，并且染色质重塑是真核基因表达调控的组成部分。

15.3.2　组蛋白的修饰

如上所述，大多数核小体含有一个组蛋白八聚体核心，该核心由 H2A 和 H2B 构成的两个二聚体以及 H3 和 H4 构成的四聚体组成。已知组蛋白是自然界中最保守的蛋白质，组蛋白在从酵母到植物再到动物的所有真核生物中几乎都是相同的。过去，这种保守使人们认为，组蛋白只能用于将 DNA 打包进细胞核内，参与不了更加复杂的事情。然而，回想一下，只有 4 个碱基的 DNA 也曾被认为是一个太简单的分子，不可能携带地球上所有生物的基因蓝图。

图 15-15（a）显示了核小体结构模型。值得注意的是，组蛋白被组织成核心八聚体，其一些氨基酸末端与周围 DNA 的磷酸骨架形成静电接触。这些突出的末端称为组蛋白尾。

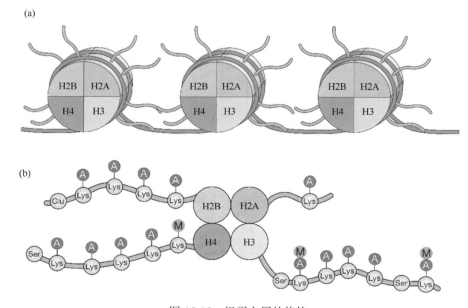

图 15-15　组蛋白尾的修饰

（a）组蛋白尾从核小体核心凸出；（b）组蛋白尾修饰的例子

自 20 世纪 60 年代初以来，人们就已经知道组蛋白尾的特定碱性氨基酸残基（赖氨酸和精氨酸）可通过连接乙酰基和甲基形成共价修饰［图 15-15（b）］。这些反应是在组蛋白翻译后发生的，甚至在组蛋白被整合到核小体后发生，称为翻译后修饰（post-translational modification，PTM）。

除了已提及的乙酰基和甲基，还有其他各种各样的分子用于组蛋白的修饰，目前已知有至少 150 种不同的组蛋白修饰，包括磷酸化、泛素化和腺苷二磷酸（ADP）核糖基化。组蛋白尾的共价修饰组成了组蛋白密码（histone code）。科学家创造了"组蛋白密码"的表达方式，因为组蛋白尾的共价修饰让人联想到遗传密码。对于组蛋白密码，信息存储在组蛋白修饰模式中，而不是核苷酸序列中。目前已知有超过 150 种组蛋白修饰，这也意味着有很多可能的信息储存模式。科学家才刚刚开始破译组蛋白修饰对染色质结构和转录调控的影响。所有生物体中的代码可能不会以完全相同的方式解释，这就更增加了其复杂性。

乙酰化是被研究得最清楚的组蛋白修饰之一。图 15-16 所示的反应是可逆的，这意味着乙酰基可以通过组蛋白乙酰转移酶（histone acetyltransferase，HAT）加入，也可以通过组蛋白脱乙酰酶（histone deacetylase，HDAC）从相同的组蛋白残基上除去。

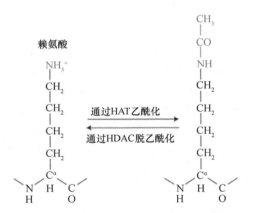

图 15-16　组蛋白的乙酰化和脱乙酰化

有证据表明，与活性基因的核小体相关的组蛋白富含乙酰基（称为高乙酰化），而与失活基因的核小体相关的组蛋白是未乙酰化的（低乙酰化）。HAT 本身很难分离。当最终把它分离出来并推断出其蛋白质序列时，发现它是一种称为 GCN5 的酵母转录激活因子的直系同源物（意思是它由不同生物中的相同基因编码）。它与某些基因表达调控区域的 DNA 结合，并通过乙酰化附近的组蛋白来激活转录。现在认为，转录激活因子招募的许多蛋白复合物是具有 HAT 活性的。

组蛋白乙酰化如何改变染色质结构，并在该过程中促进基因表达的变化呢？将乙酰基添加到组蛋白残基可以中和赖氨酸残基的正电荷，并减少组蛋白尾与携带负电荷的 DNA 主链的相互作用。由于相邻核小体之间以及核小体与相邻 DNA 之间的静电相互作用降低，会形成更加开放的染色质（图 15-17）。另外，组蛋白乙酰化与其他组蛋白修饰会一起影响调节蛋白与 DNA 的结合。调节蛋白可以参与几种直接或间接增加转录起始频率的过程之一。

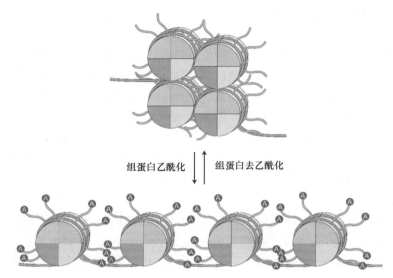

图 15-17　组蛋白尾的乙酰化导致染色质结构的变化

组蛋白尾部赖氨酸的乙酰化打开染色质，使 DNA 暴露于调节转录的活跃的蛋白质中

像其他组蛋白修饰一样，乙酰化是可逆的，并且 HDAC 在基因转录抑制中起关键作用。例如，在存在半乳糖和葡萄糖的情况下，Mig1 蛋白阻止了 *GAL* 基因的激活。Mig1 是一种序列特异性 DNA 结合抑制子，能与 *GAL1* 基因的 UAS 和启动子之间的一个位点结合（图 15-18）。Mig1 招募一个称为 Tup1 的蛋白质复合物，后者含有组蛋白脱乙酰酶并抑制基因转录。Tup1 是辅阻遏物（corepressor）的一个例子，它促进基因转录抑制，但本身不是 DNA 结合抑制子。Tup1 也被其他酵母抑制因子如 MATα2 招募，并且在所有真核生物中都发现了该复合物的对应物。

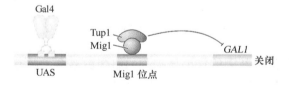

图 15-18　组蛋白的乙酰化可以关闭基因转录

当葡萄糖存在时，*GAL1* 转录受到 Mig1 蛋白的抑制，无论 UAS 上是否存在 Gal4。Mig1 与 *GAL1* 基因的 UAS 和启动子之间的位点结合，并招募 Tup1，Tup1 可以招募组蛋白脱乙酰酶，从而将基因转录关闭

15.3.3　组蛋白甲基化可以激活或抑制基因表达

甲基化是组蛋白尾部精氨酸和赖氨酸残基的另一种翻译后修饰，可导致染色质和基因表达发生改变。组蛋白甲基转移酶（histone methyltransferase，HMTase）可以在组蛋白 H3 尾部的特定氨基酸上添加 1 个、2 个或 3 个甲基（图 15-19）。

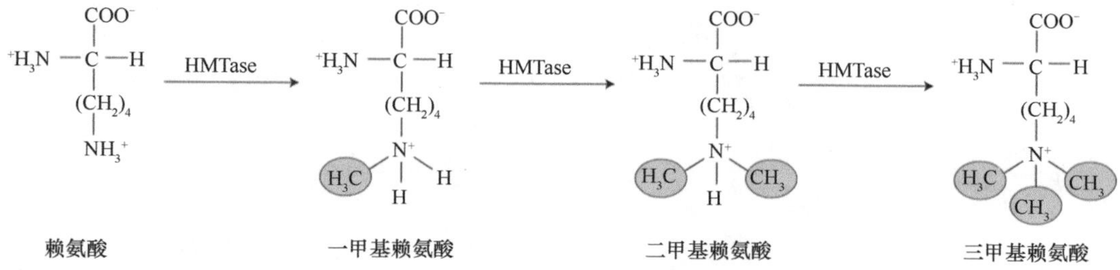

图 15-19　组蛋白的甲基化反应示例

赖氨酸简写为"K"。如此，组蛋白 H3 的第 9 赖氨酸的这些翻译后修饰则分别记为 H3K9me1、H3K9me2 和 H3K9me3。

与乙酰化可以激活基因表达不同，添加甲基基团可以激活基因表达，也可以抑制基因表达。如前所述，赖氨酸乙酰化可以抵消组蛋白的正电荷，减少核小体与 DNA 之间的互作，打开染色质，进而激活基因表达。但是，特定赖氨酸残基的甲基化并不影响电荷，而是为一些蛋白质创造结合位点，这些蛋白质根据修饰后的残基激活或抑制基因表达。例如，组蛋白 H3 第 4 赖氨酸残基［H3K4（me）］与基因表达的激活相关，富集在转录起始位点附近。而当 H3K9 或 H3K27 被甲基化时，则会有非常不同的结果。这些与基因表达抑制和紧实的染色质相关的修饰将在本章后面详细讨论。

关键点：组蛋白的翻译后修饰与基因表达的激活和抑制有关。组蛋白乙酰化直接降低染色质密度并激活基因表达，而特定氨基酸的甲基化可以为激活或抑制基因表达的蛋白质提供新的结合位点。

15.3.4　组蛋白修饰和染色质结构的遗传

染色质结构的一个重要特征是可以被遗传，这类遗传称为表观遗传（epigenetic inheritance），其定义为染色质状态从一代细胞向下一代的遗传。这类遗传意味着，在 DNA 复制的过程中，DNA 序列和染色质状态均被忠实地传递给下一代细胞。然而，与 DNA 序列不同的是，染色质状态可以在细胞周期及连续细胞分裂代中发生改变。前面章节提到，原核生物 DNA 复制由复制体（包含两个 DNA 聚合酶Ⅲ全酶和辅助蛋白）在复制叉处进行（图 8-21）。在真核生物中，染色质的复制意味着复制体不仅要复制母本链的核苷酸序列，而且必须拆解母本链的核小体并在子链中重新组装。在此过程中，原核小体中的组蛋白在子链上随机分布，并有新的组蛋白被复制体添加到子链上。随机分布在子链上的旧组蛋白作为指导新组蛋白修饰的模板。这样，带有修饰尾部的旧组蛋白和尾部未经修饰的新组蛋白就被组装到核小体中，在两条子链中，新组蛋白与旧组蛋白的修饰直接相关（图 15-20）。旧组蛋白携带的修饰部分负责表观遗传。这些旧修饰因为可以引导新组蛋白的修饰而被称为表观遗传标记（epigenetic mark）。

关键点：真核生物复制体除执行原核生物复制体的所有功能以外，还需要拆卸并重新组装称为核小体的蛋白质-DNA 复合物。

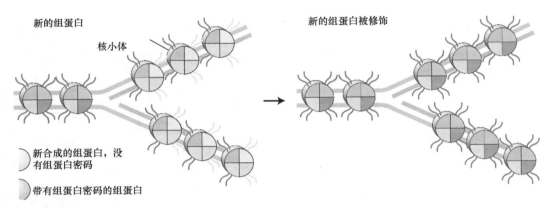

新的组蛋白

核小体

新合成的组蛋白，没
有组蛋白密码

带有组蛋白密码的组蛋白

新的组蛋白被修饰

图 15-20　染色质状态的遗传

在复制时，带有组蛋白密码的旧组蛋白（深浅不同的紫色都代表旧组蛋白）被随机分配到子链上，在子链上指导邻近新组
装的组蛋白（橘色）进行编码，然后一起组成完整的核小体

15.3.5　组蛋白变体

与在 DNA 复制期间添加的常见组蛋白（也称为共有组蛋白）不同，真核生物还具有其他组蛋白，称为组蛋白变体（histone variant），其可以代替已经组装成核小体的共有组蛋白。例如，组蛋白 H2 的两个变体称为 H2A.Z 和 H2A.X，H3 的一个变体称为CENP-A。鉴于组蛋白可以以多种方式进行修饰，为什么有必要用一个变体替换一个组蛋白？虽然科学家刚刚开始了解组蛋白变体的不同作用，但目前达成了一个共同认知：组蛋白变体提供了一种通过用另一种组蛋白替换一个组蛋白密码来快速改变染色质的方法。例如，CENP-A 取代了着丝粒染色质中的 H3，它的存在被认为可以定义着丝粒功能。

15.3.6　DNA 甲基化：影响染色质结构的另一个表观遗传标志

在大多数（非全部）真核生物中存在着另一种重要的表观遗传标志。该标记不是一种组蛋白上的修饰，而是复制后在 DNA 残基上添加甲基基团。DNA 甲基转移酶通常将甲基基团添加到特定胞嘧啶残基的 5 位碳原子上（图 15-21）。

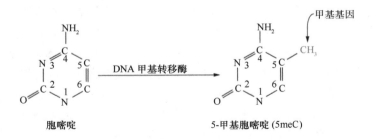

胞嘧啶　　　　　　　　　　　　5-甲基胞嘧啶 (5meC)

图 15-21　胞嘧啶的甲基化

在哺乳动物中，甲基基团一般被添加到 CG 二核苷酸的胞嘧啶上。这种甲基化模式

被称为对称的甲基化，因为甲基基团在相同背景下的两条链上均出现：$\begin{matrix} C^*G \\ GC^* \end{matrix}$

在哺乳动物中，相当多的胞嘧啶残基处于甲基化状态：全基因组内 70%～80%的 CG 二核苷酸是甲基化了的。有趣的是，未甲基化的 CG 二核苷酸往往在基因启动子上聚集成簇。这些区域称为 CpG 岛（CpG island），其中"p"表示磷酸二酯键。因此胞嘧啶甲基化与不活跃的基因组区域相关。

和组蛋白修饰一样，DNA 甲基化标记也可以在细胞代间被稳定传递。DNA 甲基化的遗传比组蛋白修饰的遗传更好理解。半保留复制产生的 DNA 双螺旋中，仅有模板链含有甲基化修饰。这种仅有一条链含有甲基化修饰的 DNA 分子称为半甲基化（hemimethylation）的 DNA。DNA 甲基转移酶与这些半甲基化的底物具有很强的亲和力，能够在模板链甲基化模式的引导下将甲基基团添加到未甲基化的子链上（图 15-22）。读者将在本章后面部分看到，由于 DNA 甲基化比组蛋白修饰更加稳定，它通常与某一物种终生保持非活跃状态的基因组区域相关。这些区域将在本章后面部分进行讨论。

关键点：染色质状态可以在细胞代间传递，因为存在一种机制使相关表观遗传标记随着 DNA 一同复制。通过这种方式，组蛋白修饰中固有的信息和现有的 DNA 甲基化模式有助于 DNA 复制和有丝分裂前存在的局部染色质结构。相反，组蛋白变体可在不依赖复制的途径中快速改变染色质。

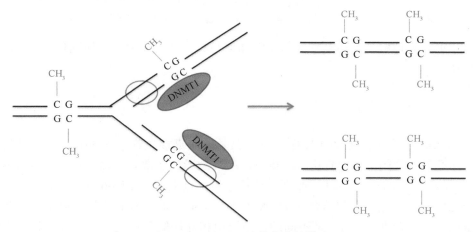

图 15-22　DNA 甲基化的遗传模式
DNA 复制后，半甲基化的 CG 二核苷酸残基变成全甲基化
DNMT1：DNA 甲基转移酶 1

15.4　染色质环境中的基因激活

真核生物的基因转录必须在生物体的生命周期内开启和关闭。为了理解真核生物如何在其一生中调控基因，就有必要了解转录激活过程中染色质是如何变化的。此外，复杂器官的发育需要转录水平能在广泛的活动范围内进行调节。这种调节机制更像是一个控制音箱发出声音的变阻器，而不是一个通断开关：一个基因可能会产生取决于转录水平的任何

数量的蛋白质，而不是要么产生很多，要么不产生。在真核生物中，通过将结合位点聚集成增强子，可以在染色质环境中精确调节转录水平。几个不同转录因子或几个相同转录因子可能会与相邻的转录调控位点结合。这些因子与距离合适的位点结合导致激活转录的放大或超加和作用。当实际综合效果大于累加效果时，则称为协同作用（synergism）。

多种调节蛋白与增强子中多个结合位点的结合可催化增强体（enhancesome）的形成，增强体是协同激活转录的大型蛋白质复合物。在图 15-23 中，可以看到结构蛋白如何弯曲 DNA 以促进其他 DNA 结合蛋白之间的协作。在增强体作用的这种模式中，只有当所有蛋白质以正确的方式存在并相互接触时，转录才被激活至非常高的水平。

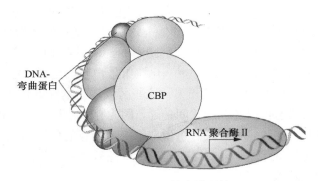

图 15-23　β-干扰素增强体

转录因子招募一种共激活因子（CBP），它可以结合转录因子和 RNA 聚合酶 II，启动转录

为了更好地理解增强体是什么以及它如何与其他顺式作用元件协同作用，我们来看一个具体的例子。

15.4.1　β-干扰素增强体

编码抗病毒蛋白干扰素的人类 β-干扰素基因是真核生物中被研究得最透彻的基因之一。它通常被关闭，但受到病毒感染时，就被激活到非常高的转录水平。激活该基因的关键是将转录因子组装到 TATA 框和转录起始位点上游约 100bp 处的增强体中。β-干扰素增强体的调节蛋白全部结合在 DNA 双螺旋的同一面。双螺旋另一侧结合的是几种结构蛋白，它们弯曲 DNA，使不同的调节蛋白相互接触并形成活化的复合物。当所有调节蛋白结合并正确地相互作用时，它们会形成"着陆点"，即蛋白质 CBP 的高亲和力结合位点，CBP 也是一个可以招募转录机器的共激活因子。巨大的 CBP 还含有内在的组蛋白乙酰化酶活性，可以修饰核小体并促进高水平的转录。

虽然在图 15-23 中没有核小体出现在 β-干扰素基因的启动子上，但是增强体实际上被两个核小体包围，在图 15-24 中被称为 nuc 1 和 nuc 2。其中 nuc 2 跨越了 TATA 框和转录起始位点。GCN5 是另一个共激活因子，可以结合并乙酰化两个核小体。在乙酰化之后，激活的转录因子会招募共激活因子 CBP、RNA 聚合酶 II 全酶以及 SWI-SNF 染色质重塑复合物。然后 SWI-SNF 将核小体轻微移出 TATA 框 37bp，使得 TATA 框可接近 TATA 结合蛋白（TBP）并允许启动转录。

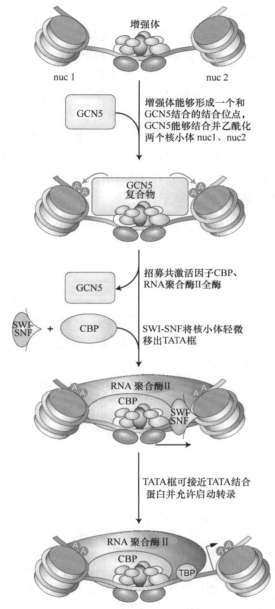

图 15-24　增强体招募染色质重塑复合物

β-干扰素增强体通过招募 SWI-SNF 复合物来移动核小体而发挥作用

　　相互作用有助于解释一些关于增强子的令人困惑的发现。例如，它们解释了为什么突变任何一个转录因子或结合位点会极大地降低增强子的活性。它们还解释了增强子与结合位点之间距离的重要性。此外，增强子不需要靠近转录的起始位置，如图 15-24 所示。增强子的一个特点是，它们位于距离启动子（大于 50kb）很远的位置时，也可以激活转录。

15.4.2 增强子阻断绝缘子

一种调节元件,如增强子,可以作用于成千上万的碱基对,干扰附近基因表达的调节。为了防止这种混乱的激活,在进化中出现了称为增强子阻断绝缘子(enhancer-blocking insulator)的调节元件。当增强子阻断绝缘子处在增强子和启动子之间时,其可以阻止增强子在启动子上激活转录。这样的绝缘子对其他启动子的激活没有影响,其他的启动子不会通过绝缘子与它们的增强子分离(图 15-25)。已经提出了几种模型来解释为什么只有处在增强子和启动子之间的增强子阻断绝缘子才能抑制增强子的活性。许多模型(例如图 15-26 所示),提出 DNA 被弯曲成一个一个的将活性基因包含其中的环。根据这个模型,增强子阻断绝缘子的作用是将一个启动子移动到一个新的环中,在那里增强子被屏蔽了。

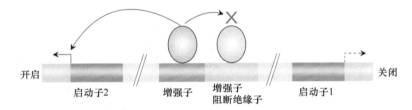

图 15-25 增强子阻断绝缘子防止基因被激活

增强子阻断绝缘子在增强子和启动子之间时可防止基因被激活

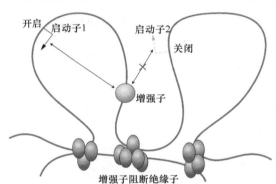

图 15-26 增强子阻断绝缘子的可能工作机制

增强子阻断绝缘子产生新的环路,将启动子与增强子分开

本章后面会讲到,增强子阻断绝缘子是基因组印记(genomic imprinting)的基本组成部分。

15.5 染色质环境中长期的基因失活

正如本章开始所述,真核生物基因组中的大多数基因在生命周期中处于不活跃状态。这引出了将在本节讨论的两个问题。首先,为什么生物体的基因总是处于不活跃状态?其次,生物如何使基因在整个生命周期内处于不活跃状态?

对于了解基因长期维持失活状态的机制,酵母交配型相互转换的控制成了最有用的模型之一。第 15.2 节介绍了酵母交配型基因座的组成部分。这里继续关注交配型转换的机制，这种机制需要每个酵母细胞在其基因组的其他地方维持 *a* 基因或者 *α* 基因的不活跃拷贝。

15.5.1　交配型转换和基因沉默

单倍体酵母细胞可以改变它们的交配型，有时可能一个细胞周期就能转变一次。通过这样的途径，一个单倍体交配型为 a 的酵母细胞可以形成一群既有 a 又有 α 的细胞，它们可以交配成二倍体 a/α 细胞。在面临营养不足之类的危机时，二倍体细胞可以减数分裂，产生 4 个单倍体孢子。这一行为可以让它们更好地幸存下来，因为孢子可以比单倍体细胞更好地适应不利的环境。

对特定的不能转换或不能接合（它们是不育的）的突变体进行基因分析是了解交配型转换的重要手段。突变主要发生在几个特定的位置，包括 *HO*、*HMRa* 和 *HMLα* 基因。进一步的研究证实，*HO* 基因编码了一种可以切割 DNA 的核酸内切酶，这个酶用来起始转换。同时也发现了 *HMRa*、*HMLα* 基因和 *MAT* 基因在同一条染色体上，*MAT* 基因座包括了 *MATa* 和 *MATα* 等位基因盒，但各自都不表达。*HMR* 和 *HML* 基因位点也是"沉默"的基因盒。第 9 章讲过，dsRNA 靶向 RISC 来破坏互补的 RNA 是基因沉默的一种形式，这是一种转录后基因沉默（post-transcriptional gene silencing）。相反，*HMRa* 和 *HMLα* 基因不能被转录，这是转录基因沉默（transcriptional gene silencing）的例子。

交配型转换最让研究者感兴趣的有两个事件：①细胞是怎样转换它们的交配型的，②为什么 *HMRa* 和 *HMLα* 基因要在转录水平保持沉默。转换中最关键的是 HO 核酸内切酶，它能通过在 *MAT* 座位产生双链断裂（见第 12 章）来起始转换。交配型转换发生在两个未表达基因座之一的 DNA 片段与 *MAT* 基因座之间，这导致了 *MAT* 作为基因盒被 *HMRa* 或 *HMLα* 替代，进而造成交配型转换为 *MATα* 或 *MATa*，取决于二者哪一个被重组，具体机制见图 15-27。插入的盒子实际上是 *HMRa* 和 *HMLα* 位点的拷贝。通过这样的方式，交配型的转换是可逆的，因为 a 或 α 盒子的形成总是在 *HMRa* 和 *HMLα* 位点，并且不会丢失。因此，交配型的转换是那些需要在整个生命进程都被沉默的基因的一个例子。在本章后面的部分会讲到，基因的长期沉默也会在人类和所有的哺乳动物中发生。

第二个问题是进行基因沉默的机制。为什么基因在 *HMRa* 和 *HMLα* 盒子中不表达。通常情况下这些盒子处的基因是沉默的。然而在 SIR（沉默信息调控因子）突变体中，沉默是失效的，a 和 α 信息都表达，导致突变体不育。这也就意味着，在正常的没有突变的酵母中，*HMRa* 和 *HMLα* 基因是能够表达的，但由于 Sir 蛋白的作用，它们并没有表达。Sir2、Sir3 和 Sir4 蛋白形成一个复合体，在基因沉默中起着重要作用。Sir2 是一个组蛋白脱乙酰酶，可以促进染色质的凝缩，有助于将 *HMRa* 和 *HMLα* 锁定在无法转录的染色质域。

基因沉默是一个与基因抑制十分不同的过程：沉默是一个位置效应，依赖于遗传信息所在的领域。例如，一个正常激活的基因插入 *HMR* 和 *HML* 位点后会被沉默。后面果蝇位置效应花斑部分中会涉及更多关于位置效应的知识。

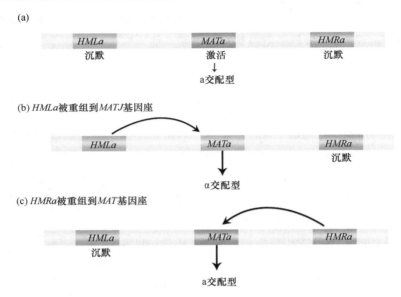

图 15-27　交配型转换受到 DNA 盒重组的调控

酿酒酵母 3 号染色体编码三个交配型位点，但仅 *MAT* 基因座上的基因表达，*HML* 编码 α 基因的沉默盒，*HMR* 编码 a 基因的沉默盒。复制沉默盒和插入通过在 MAT 基因座重组而转换交配型

15.5.2　异染色质和常染色质的比较

为什么像 *HMRa* 和 *HMLα* 这种长期基因沉默是一种有别于基因抑制的过程呢？要弄清楚这点，首先要知道染色质结构在整个染色体上并不是统一的，一些染色体区域高度凝缩，称为异染色质（heterochromatin）；其他区域凝缩程度变弱，称为常染色质（euchromatin）[图 15-13（c）]。染色质凝缩的改变发生在细胞周期中。细胞染色质进入减数分裂时会变得高度凝缩，同时染色体排成一排，准备细胞分裂。细胞分裂后，形成异染色质的区域依然凝缩，尤其是在着丝粒和端粒的附近 [称为结构性异染色质（constitutive heterochromatin）]，然而常染色质会变得更加疏松。从 β-干扰素的例子中可以看出（见图 15-21），活性基因的染色质状态会随着发育阶段或环境条件而改变。异染色质和常染色质的主要区别在于前者基因较少，而后者有着丰富的基因。这里又出现了一个问题，异染色质中的如果不是基因那会是什么？大部分真核生物基因组是由不编码蛋白质或结构 RNA 的重复序列组成的（详见第 17 章）。因此，异染色质中紧密包装的核小体形成一个紧密的结构，这个结构导致调节蛋白无法结合，基因活性降低。相反，在常染色质中，核小体拥有更大的空间，因此它是一个可以转录的结构。

关键点：真核生物的染色质并不是均一的。和松弛的常染色质相比，高度凝缩的异染色质只有很少的基因、更低的重组率。

15.5.3　果蝇位置效应花斑揭示基因组邻域

早在交配型位点沉默发现之前，遗传学家 Hermann Muller 在研究果蝇时发现了一个有趣的基因学现象：染色体上存在染色体邻域，其可以沉默染色体邻近区域的基因。在这些实验中，通过 X 射线照射引起果蝇生殖细胞突变，再筛选出有特殊突变表型的后代。一种在 X 染色体尖端附近的白色基因突变，会导致后代由野生型红眼突变为白眼。一些后代甚至有着白色和红色花斑的表型。细胞学检验发现在这些突变体果蝇中出现了染色体重排现象：在 X 染色体中包含白眼基因的一段序列发生了倒位（染色体的倒位和重排在第 7 章中已经详细讨论过了）（图 15-28）。在果蝇的这种染色体重排中，原本定位在 X 染色体常染色质区域的白色基因，出现在接近着丝粒的异染色质中。在一些细胞中，异染色质可以"扩散"到邻近的常染色质，并且沉默白眼基因。果蝇眼睛中的白色斑块来自单个细胞的后代，其中白色基因已被沉默，并在之后的细胞分裂中保持沉默。相比之下，红色斑块来自异染色质未扩散到白色基因的细胞，因此该基因在其后代中保持活跃。

单个生物体眼睛中的红色和白色斑块，显著地表明了表观遗传沉默的两种功能。首先基因的表达被抑制是由于位置效应而不是 DNA 突变。此外，表观遗传沉默可以被遗传到子代细胞。

后来在果蝇和酵母的研究中发现，许多活化的基因在被重定位到异染色质的邻域（往往靠近着丝粒和端粒）后，会以这种镶嵌的模式被沉默。因此异染色质传播到常染色质并且沉默基因的能力是很多生物共有的特征，这个现象称为位置效应花斑。这也为染色质结构可以调控基因的表达提供了有力的证据，所以染色质的结构也可以决定相同DNA 序列的基因被激活还是沉默。

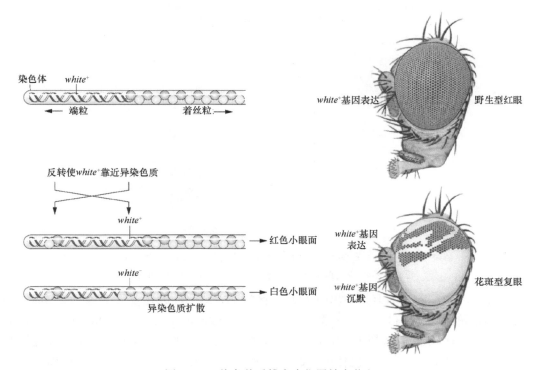

图 15-28　染色体重排产生位置效应花斑

染色体位置转变：野生型白眼等位基因靠近异染色质。通过传播异染色质沉默等位基因。无论等位基因是否沉默，白眼型都将替代野生型

关键点：在异染色质邻域重排的活化基因可以通过异染色质传播到基因上导致该基因的沉默。

15.5.4 对位置效应花斑的基因组学分析揭示了异染色质形成所需要的蛋白质

遗传学家根据推测，位置效应花斑（Position-effect variegation）可以用于鉴别形成异染色质所需要的蛋白质。为了达到这个目的，他们分离了抑制或促进斑驳现象的另一个位置的突变（图 15-29）。当斑驳抑制基因［称为 *Su(var)*］突变时，会减少异染色质的传播，就意味着这些基因的野生型产物也是染色质传播所需要的。实际上，*Su(var)* 等位基因已经被认为是研究建立和维持无活性异染色质状态相关蛋白的科学家的宝库。在这些筛选确定的 50 多种果蝇基因产物中，异染色质蛋白 1（HP1）曾被报道与异染色质端粒和着丝粒有关。因此，编码 HP1 的基因突变后会和抑制子产生类似的表型就说得通了，因为 HP1 蛋白与异染色质高级结构的形成有关。

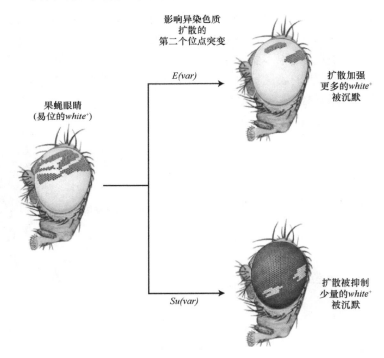

图 15-29 有些基因产物可以增强或抑制异染色质的传递
通过突变可以鉴定抑制 *Su(var)* 或增强 *E(var)* 的位置效应花斑的基因

为什么 HP1 蛋白可以结合特定的 DNA 区域呢？这一问题在发现了另一个 *Su（var）* 基因所编码的组蛋白 H3 甲基转移酶（histone H3 methyltransferase 或 HMTase）后有了答案，这种酶可以在组蛋白 H3 尾部 9 号赖氨酸位点甲基化。H3K9me 与基因表达的抑制有关［图 15-15（b）］，染色体可以通过这种修饰途径，结合 HP1 蛋白，进而形成异染色质。HP1 和 HMTase 在不同种群中存在，可以看出其具有一定的保守性。

我们已经看到，激活转录的区域与那些组蛋白尾高乙酰化的核小体有关，像 GCN5

这样的转录激活因子则有组蛋白乙酰转移酶活性。正如已经讨论过的，乙酰基团也可以通过组蛋白脱乙酰酶（histone deacetylase，HDAC）从组蛋白中移除。类似地，由已在 H3K9 上甲基化并与 HP1 蛋白结合的核小体组成的染色质，包含与异染色质相关的表观遗传标记。科学家现在能够分离异染色质和常染色质并分析它们组蛋白修饰和结合蛋白之间的差异。其中用到的技术是染色质免疫沉淀（chromatin immunoprecipitation，ChIP），会在第 17 章中讲解。

图 15-30 说明在没有任何障碍的情况下，异染色质可能会在某些细胞中扩散到邻近地区并沉默基因，而在其他细胞中则不然。这可能是果蝇的白眼基因被转移到与染色体末端相关的异染色质邻域时发生的情况。但是，异染色质在激活基因区的传播对一个有机体来说可能是灾难性的，因为活化的基因被转化为异染色质时，它们就会被沉默。为了避免这场潜在的灾难，基因组包含了一种叫作屏障绝缘子（barrier insulator）的 DNA 元件，通过创造一个不利于异染色质形成的局部环境来阻止异染色质的传播。例如，屏障绝缘子可以结合组蛋白乙酰转移酶，这样可以确保相邻的组蛋白被超乙酰化。在图 15-31 中，展示了一种屏障绝缘子如何"保护"一个常染色质区域不被转化为异染色质的模型。

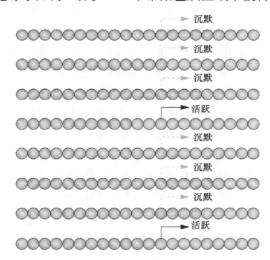

图 15-30　异染色质在某些细胞中可以传递，但在另一些细胞中不可以

在 4 个基因相同的二倍体细胞中，异染色质扩散到某些染色体基因边缘，从而敲除该基因，而在其他染色体则不会敲除该基因。异染色质和常染色质分别用橙色和绿色球表示

图 15-31　屏障绝缘子阻止了异染色质的传递

在该模型中，屏障绝缘子补充组蛋白乙酰转移酶（HAT）这类酶活性，促进常染色质形成。字母"M"代表甲基化，字母"A"代表乙酰化

关键点：通过分离果蝇位置效应花斑被抑制或增强的突变个体，鉴定了 HP1 和 HMTase 这些异染色质形成所需的关键蛋白质。

15.6 基因或染色体的性别特异性沉默

到目前为止，我们已经讨论了在一个物种的所有成员中开放的（疏松的）或不开放的（致密的）染色体域。这一节将讲述哺乳动物中两种广泛存在的遗传现象，它们依赖于个体的性别。在这些情况下，特定的基因甚至整条染色体在整个生命进程中都被沉默了。然而，与先前的例子不同的是，这些基因或染色体只在雄性或雌性中被沉默，而不是同时被沉默。

15.6.1 基因组印记解释了一些不寻常的遗传模式

20 年前，在哺乳动物中发现了基因组印记现象。在基因组印记中，某些常染色体基因具有不同寻常的遗传模式。例如，*Igf2* 等位基因只有在遗传来自父本小鼠基因的情况下才会在小鼠中表达，这是一个母系印记（maternal imprinting）的例子，因为从母本那里得到的基因拷贝是不活跃的。相反，也存在只有在母本遗传的情况下，才会表达小鼠 *H19* 等位基因，*H19* 是父系印记（paternal imprinting）的一个例子，因为父本的拷贝是不活跃的。亲本印记的结果是，即使这个细胞中有两个基因，印记基因表达的方式也好像细胞中只有一种基因一样。重要的是，在印记基因的 DNA 序列中没有观察到任何变化，即在后代中，相同的基因可以是活跃的或不活跃的，这取决于它是遗传自父本还是母本。这就代表了一种表观遗传现象。

如果一个基因的活性与 DNA 序列无关，那么基因组印记是如何实现的呢？答案是，在配子发育过程中，在一个性别的印记基因表达调控区域中，甲基基团被添加到 DNA 中。我们之前看到，在整个生命周期中被关闭基因的 DNA 通常是高度甲基化的。然而，DNA 甲基化只是与基因长期失活相关的几个表观遗传标记之一，其他标记还包括特定的组蛋白氨基酸的甲基化，包括 H3K27me1。

小鼠的 *Igf2* 和 *H19* 基因在分子水平上的基因印记是如何生效的呢？这两个基因位于小鼠 7 号染色体上的一簇印记基因中。在小鼠体内有大约 100 个印记基因，大多数是在由 3～11 个基因组成的基因簇中发现的（人类拥有和小鼠一样的大部分相同的聚集基因）。在所有的情况中，每一个印记基因的拷贝都有一种特定的 DNA 甲基化模式。对于 *Igf2-H19* 基因簇来说，两个基因之间存在特定的在雄性生殖细胞中甲基化、在雌性生殖细胞中不甲基化的 DNA 区域（图 15-32），这个区域称为印记控制区域（imprinting control region，ICR）。因此，ICR 的甲基化会导致 *Igf2* 处于激活状态而使 *H19* 处于失活状态，甲基化缺失会导致相反的结果。

甲基化如何控制这两个基因中的哪一个是活化的呢？甲基化对转录所需的蛋白质结合有着阻碍作用。只有未甲基化（雌性）的 ICR 可以结合一种叫作 CTCF 的调节蛋白。当 CTCF 与 ICR 结合时，CTCF 作为增强子屏障绝缘子，阻止增强子激活 *Igf2* 转录。然

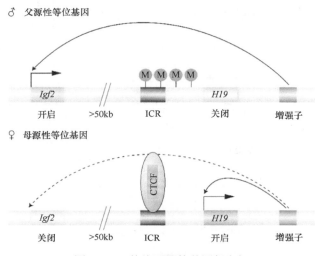

图 15-32　绝缘子调控基因组印记

小鼠的基因组印记。印记控制区域（ICR）在雌配子中是未甲基化的，可以结合 CTCF（CCCTC 结合因子）二聚体，形成一种绝缘子，阻止 Igf2 增强子的激活。雄性生殖细胞中 ICR 的甲基化（M）阻止了 CTCF 与 ICR 的结合，但也阻止了其他蛋白质与 H19 启动子的结合

而，雌性的增强子仍然可以激活 H19 转录。在雄性中，CTCF 不能与 ICR 结合，增强子可以激活 Igf2 转录（增强子可以在很远的距离发挥作用）。然而，增强子不能激活 H19 转录，因为甲基化的区域已经延伸到了 H19 的启动子区域。甲基化的启动子不能结合 H19 转录所需的蛋白质。

因此，我们看到了一个增强绝缘子（在本例中是 CTCF 结合到 ICR 的一部分）如何阻止增强子激活一个远距离基因（在本例中是 Igf2）。此外，我们还看到，CTCF 结合位点仅在从雄性亲本遗传的染色体中被甲基化。CTCF 结合位点的甲基化阻止了 CTCF 在雄性中与 ICR 的结合，并允许增强子激活 Igf2 转录。

请注意，亲本的印记会极大地影响系谱分析。因为从一个亲本那里继承的等位基因是失活的，从另一个亲本那里继承的等位基因的突变看起来是显性的，而事实上，突变等位基因之所以表现出显性，是因为这两个等位基因中只有一个是活跃的。图 15-33 显示了遗传自雄性亲本或雌性亲本的一个印记基因的突变是如何在生物体上产生不同表型的。

基因组印记需要多步来完成（图 15-34）。受精后不久，哺乳动物就会留出可发育成生殖细胞的细胞。在生殖细胞形成之前，印记就被擦掉了。因为没有 DNA 甲基化的显著标记，在此阶段这些基因被认为是具有相同的表观遗传标记。当这些原始的生殖细胞成为成熟的配子时，印记基因就会得到特定于性别的标记，这将决定该基因在受精后是活跃还是沉默。

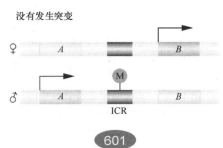

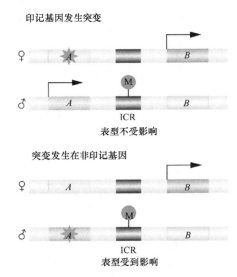

图 15-33 印记基因的特殊遗传方式

基因 *A* 中的一个突变（用一个橙色星形表示）如果遗传自雄性，则不会产生任何影响。
M. 甲基化；ICR. 印记控制区域

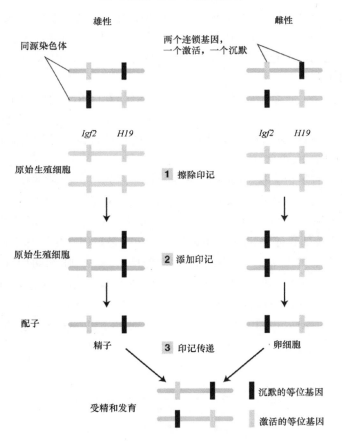

图 15-34 基因组印记需要的步骤

Igf2 和 *H19* 如何在雄性和雌性中产生不同的印记

15.6.2　克隆羊多莉以及其他克隆的哺乳动物中的情况

许多人认为哺乳动物的基因组印记需要父系和母系的生殖细胞共同参与胚胎发育，也就是说，雄性和雌性配子包含不同的印记基因子集，因此两性的生殖细胞都必须参与，胚胎才能拥有完整的活性印记基因。但是为什么，克隆羊多莉，或者说更近些年的克隆猪、克隆猫、克隆狗、克隆奶牛等这些克隆物种均起源于单个体细胞核，并且能够存活甚至茁壮成长？毕竟，即使是单印记基因的突变也可能使生物体死亡，或者导致严重的疾病。

在这一点上，科学家不能理解为什么这些克隆的哺乳动物会取得如此的成功。然而，除了这些试验成功的报道外，已知在所有测试的物种中，克隆技术的效率是极其低下的。对于大多数试验，一个成功的克隆试验是罕见的事件，可能需要成百上千次尝试。可能的解释是：大多数克隆的胚胎无法发育成存活的个体，这证明了在真核生物中基因表达调控存在表观遗传机制。了解生物体内所有基因的完整 DNA 序列，仅仅是理解这些真核生物基因如何被调控的第一步。

15.6.3　沉默一条完整的染色体：X 染色体失活

X 染色体激活的表观遗传现象已经引起科学家数十年的兴趣。在第 7 章中已经讲述了基因拷贝数如何影响生物体的表型。现在，读者只需要知道由基因产生的转录本的数量通常与在细胞中基因的拷贝数成比例。二倍体哺乳动物在其常染色体上每个基因具有两个拷贝，对于绝大多数基因而言，两个等位基因均有表达。因此，在所有的个体中，这些基因均产生相同数量的转录本，与两个等位基因的拷贝数是成比例的。

然而，也存在特例。雄性和雌性中 X 染色体和 Y 染色体的数量不同，雌性哺乳动物拥有两条 X 染色体，而雄性只有一条 X 染色体。哺乳动物 X 染色体通常包含 1000 个左右的基因。如果没有一套机制去纠正这种不平衡，那么雌性个体与雄性个体相比，具有两倍和 X 染色体有关的基因数量，同样也会产生两倍的这些基因的转录本（Y 染色体的缺失对雌性几乎影响不大，因为这个染色体只有非常少量的基因且只对于雄性发育是必需的）。因此从这个方面来说，我们认为：雌性与雄性相比，产生了两倍剂量的转录本。

这种剂量不平衡现象是由剂量补偿（dosage compensation）过程所纠正的，剂量补偿使得雌性中两份 X 染色体上的大多数基因产物与雄性中单份剂量的 X 染色体基因数量是一致的。在哺乳动物中，剂量补偿是通过在每个细胞发育早期随机失活其中一条 X 染色体实现的。这种抑制状态随后遗传给所有的子代细胞（在生殖细胞系中，卵子形成时第二条 X 染色体被重新激活）。这条失活的染色体称为巴氏小体（Barr body），在细胞核中可以观察到颜色暗淡、高度浓缩的异染色质结构。

X 染色体失活是表观遗传的一个例子。首先，失活的 X 染色体（Xi）上的大多数基因被沉默，这条染色体具有与异染色质相关的表观遗传标记，包括 H3K9 的甲基化、组蛋白的低乙酰化（hypoacetylation）以及 DNA 的超甲基化。其次，在这些细胞的子代细胞中失活的染色体上大部分基因仍然保持失活状态，但是 DNA 本身是没有变化的。

完整有功能的 X 染色体是如何转变成异染色质的是当前研究的热点。这个转变过程在小鼠模型中已经得到很好的阐释。小鼠中 X 染色体失活与人类女性体细胞中的 X 染色体失活具有许多相似特征。两者均在 X 染色体上存在一个基因座，称为 X-失活中心（缩写为 Xic），产生一段 17kb 的非编码 RNA（ncRNA；见 9.1 节），称为 Xist。在雌性小鼠胚胎发育早期，Xist 从其中一条染色体上转录而来的。当 Xist 特定结合于染色体的中央区域时，产生 Xist 的染色体就会失活，导致异染色质的形成。目前还不清楚 Xist 如何定位于该染色体上，也不知道 Xist 如何触发染色体转变形成异染色质。

图 15-35 展示了一个非编码 RNA（ncRNA）的转录影响 Xi 的染色质结构的模型。根据这个模型，ncRNA 是通过 RNA 聚合酶 II 催化转录而来的，一些蛋白质特异地结合在 ncRNA 上，催化能够起始异染色质形成的组蛋白修饰。这样，ncRNA 作为连接者，将染色质修饰蛋白招募于转录 ncRNA 的 X 染色体上。

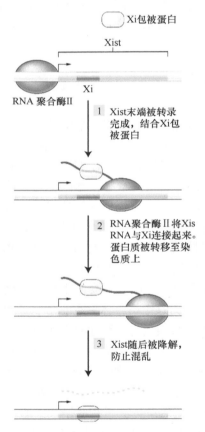

图 15-35　X 染色体失活的模型
Xist 顺式结合使 X 染色体整体失活的蛋白质，从而形成异染色质的

关键点： 对于大多数二倍体生物，两个等位基因是独立表达的。基因组印记和 X 染色体失活发生在只有单等位基因表达的情况下。在基因组印记和 X 染色体失活中，表观遗传机制分别沉默单个染色体基因座和染色体的其中一份拷贝。

Xist 是近年来发现的功能 RNA 的一个例子（详见 9.1.3 节）。功能 RNA 不能编码蛋白质，然而这些 RNA 有助于揭示 RNA 和 RNA 以及 RNA 和 DNA 的互补作用。本节讨论的功能 RNA 包含特定的序列，能够指导蛋白质或者蛋白质复合物靶定在能行使其特定蛋白质功能的细胞区域。例如，Xist 能够指导蛋白质结合于其中的一条 X 染色体上，参与形成异染色质。

在第 9 章中已经介绍过 siRNA 和 miRNA 这两类功能 RNA 分子。本部分将详细讨论 miRNA 如何参与真核生物基因表达的调控。siRNA 的功能已经在第 9 章中详细讨论过了。

miRNA 是通过 RNA 聚合酶 II 催化合成的，较长的 RNA 随后被切割成小片段（约22nt）的、有生物活性的 miRNA。生物体包含上百种 miRNA，能够调节上千种基因表达。大约有 1/3 的 miRNA 会形成集群，转录形成单一转录本，随后加工形成许多 miRNA。然而，大约有 1/4 的 miRNA 是由经过内含子剪切的转录本加工而来。miRNA 加工的最后一步在细胞质中进行。

在第 9 章，我们知道了活化的单链 miRNA 如何与 RNA 诱导沉默复合体（RISC）结合，并且与 miRNA 互补的 mRNA 杂交。特别是，miRNA 的结合区由 22nt miRNA 中的第 2～8 位的核苷酸（称为种子区）组成。种子区的核苷酸结合于正在被核小体翻译的 mRNA 的 3′UTR。miRNA-RISC 复合物已知具有抑制翻译的作用，但是其准确的作用机制目前仍有待研究。其抑制翻译的过程可能包括抑制翻译的起始、延伸或者是多腺苷酸尾巴［poly（A）尾巴］的移除，这些情况均会加快 mRNA 的降解（图 15-36）。

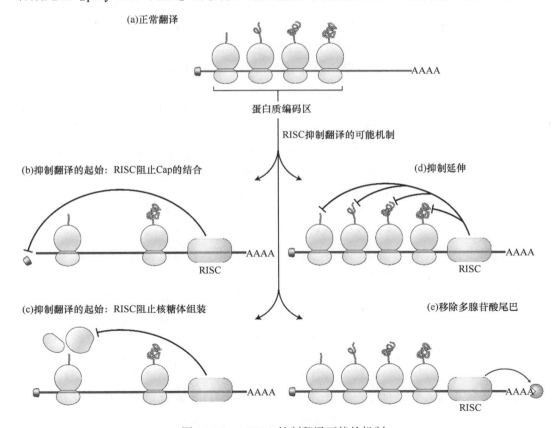

图 15-36　miRNA 抑制翻译可能的机制

虽然 miRNA 几乎在 30 年前就已经被发现，但科学家仅仅开始研究真核生物基因表达中 miRNA 的调控程度和复杂性。在哺乳动物中，与 miRNA 种子区互补的序列存在于上百个基因的 3'UTR 中。因此，某些基因的 3'UTR 包含与许多 miRNA 互补的序列，同时许多 miRNA 也包含与许多基因 3'UTR 互补的序列。因此，一个基因可能会被许多 miRNA 抑制，一种 miRNA 可能能够抑制许多基因。细菌的许多基因整合形成操纵子结构，允许对单个性状（例如利用乳糖的能力）做出贡献的基因进行协同调控。考虑到大多数真核生物基因并没有形成操纵子结构，可能的解释是，一种 miRNA 能够调控多个基因的翻译后修饰，这种现象正好证实了高等生物具有协同调控基因表达的能力。

总　　结

真核生物基因表达调控的许多方面与细菌操纵子调控相似。两者均依赖于反式作用蛋白质特定结合于 DNA 分子上的顺式调控靶序列来实现转录水平调控。这些调节蛋白通过控制 RNA 聚合酶与基因启动子的结合，从而决定了基因的转录水平。

真核生物转录调控主要有 3 个明显的特征。第一，真核生物基因具有增强子。增强子是一种顺式作用元件，有时处于距启动子线性距离较远的位置。许多基因具有多个增强子。第二，与细菌操纵子相比，这些增强子能够被更多的转录因子结合。多细胞的真核生物必须产生上千种有相当多数量调节蛋白（转录因子）参与的基因表达模式，其通过转录因子间的相互作用来调控基因表达。增强体（enhancesome）是多个调节蛋白组成的复合体，以合作和协作的方式，通过招募 RNA 聚合酶 II 于转录起始位点，来实现高水平转录。第三，真核生物基因存在于染色质中。基因的激活和抑制需要染色质水平上的特定修饰。在典型的真核生物基因组中，在任何一个时间，大部分基因都是被关闭的。通过核小体与染色质紧密结合，防止 RNA 聚合酶 II 与 DNA 的结合，从而使得基因被维持在转录非激活状态。组蛋白尾巴（histone tail）的翻译后修饰模式，能够指导核小体的位置以及染色质凝缩程度。组蛋白修饰是表观遗传的标志，可以被转录因子改变，并往往伴随着胞嘧啶的甲基化。这些因子结合于调控区域，招募蛋白质复合体，酶促修饰邻近的核小体。通过 ATP 水解产生的能量，这些巨大的多亚基蛋白质复合体能够移动核小体并重塑染色质。

DNA 复制忠实地复制 DNA 序列以及染色质结构，将遗传物质从亲代传递给子代。新形成的细胞继承了遗传信息（DNA 的脱氧核苷酸序列）以及表观遗传信息（包括组蛋白密码以及 DNA 甲基化模式）。

表观遗传现象的存在，如基因组印记和 X 染色体失活等，论证了真核生物基因的沉默可以不需要 DNA 序列的改变。另一种表观遗传现象——位置效应花斑，揭示了抑制性异染色质结构域的存在，这种结构域与高度浓缩的核小体相关并且含有少量基因。屏障绝缘子（barrier insulator）通过防止常染色质向异染色质的转变，来维持基因组的完整性。

科学家越来越重视功能 RNA（如 ncRNA 和 miRNA）在真核生物基因表达调控中的作用。这些 RNA 促使蛋白质复合体在细胞中靶向其互补的 DNA 或者 RNA。对于某些 RNA（如 Xist），在转录中所起的作用可能是帮助 RNA 连接到蛋白质特异性结合并改变其结构的染色体区域中。与之相反，当结合有miRNA的RISC靶向互补的基因3′UTR时，mRNA 的翻译就会被抑制。

（于　明　庞小燕）

练 习 题

一、看图回答问题

1. 在图 15-4 中，某种突变引起了 β-珠蛋白基因相对转录水平下降。那么这些突变位于哪里以及它们如何对转录起作用？

2. 基于图 15-6 的信息，Gal4 如何同时调节 4 种不同的 *GAL* 基因？并与乳糖抑制子调节三种基因的机制比较。

3. 在任何一项试验中，为了了解改变某种参数的影响，设置对照是必需的。在图 15-9 中，哪一个图示说明了激活结构域是模块化的且是可交换的？

4. 如图 15-12 所示，比较 MCM1 蛋白在不同酵母细胞中所起的作用。a-特异性基因在不同的细胞类型中是如何被差异控制的？

5. 在图 15-13（c）中，在染色体什么位置，你很有可能发现具有最多 H1 组蛋白的蛋白质？

6. 图 15-14 和图 15-24 有什么概念上的联系？

7. 在图 15-24 中，在增强体形成之前，TATA 框位于什么位置？

8. 相信你已经具有了不可思议的技能，能够从图 15-29 所示的果蝇复眼中分离到白色和红色的组织块，继而从这些组织块中提取 mRNA。运用你在第 13 章所掌握的 DNA 技术，设计一个试验，去探究所得到的 mRNA 是由红色组织中的白色基因转录出来的，还是由白色组织中的白色基因转录出来的，又或者是两者都有。如果有需要的话，你可以得到放射性的白色基因的 DNA。

9. 在图 15-31 中，请提供一个生化机制，解释为什么 HP1 只能结合在屏障绝缘子左边的 DNA 上。相似的，为什么 HMTase 只能结合在屏障绝缘子左边的 DNA 上。

10. 参考图 15-33，如果在基因 *B* 中存在突变，请画出相应的结果。

二、基础知识问答

11. 从真核生物中激活基因表达的反式作用因子以及在细菌中对应的相关因子激活表达，你能找到什么相似点？请举例。

12. 从基因激活的角度，比较细菌和真核生物中 DNA 基因基态有什么区别（见图 15-2）？

13. 在如下的突变情况下，预测以及解释，只有半乳糖存在时，突变对 *GAL1* 基因转录的影响。

a. 在 *GAL1* UAS 元件中删除一个 Gal4 结合位点。

b. 在 *GAL1* UAS 元件中删除所有 4 个 Gal4 结合位点。

c. 删除 *GAL1* 上游的 Mig1 结合位点。

d. 删除 Gal4 激活结构域。

e. 删除 *GAL80* 基因。

f. 删除 *GAL1* 启动子。

g. 删除 *GAL3* 基因。

14. 在半乳糖和葡萄糖存在下，*GAL1* 基因的激活是如何被抑制的？

15. 在基因调节中，组蛋白的去乙酰化以及乙酰化有什么影响？

16. 分离到一种不能转换交配型的 α 型酵母。其有可能携带哪种突变？

17. 在 α 型细胞中，α1 和 α2 蛋白调节什么基因？

18. 什么是 Sir 蛋白？*SIR* 基因的突变如何影响交配型基因，即 HMLa 和 HMRa 的表达？

19. 表观遗传是什么意思？这种遗传的两个例子是什么？

20. 增强体是什么？为什么在增强体中任意一个蛋白的突变都可能会严重降低转录效率？

21. 通常一个基因的删除导致隐性突变。解释一种印记基因的突变如何成为主导的突变。

22. 相同的 miRNA 对位于不同染色体上两种不同基因的表达有何影响？

23. 有什么机制可以解释表观遗传信息的遗传现象？

24. 细菌和真核生物基因表达调控的根本性区别是什么？

25. 为什么说真核生物的基因表达调控具有多种相互作用的特征？

26. 下列哪句话关于组蛋白的表述是正确的？

a. 组蛋白是蛋白质，其序列在所有真核生物中是高度保守的。

b. 组蛋白是核小体的组成部分。

c. a 和 b 的表述都是正确的。

d. 上述表述没有一个是正确的。

27. 核小体

a. 由 DNA 和蛋白质组成。

b. 对于 DNA/染色体缩合是重要的。

c. 对于真核生物基因表达的正确调控是必不可少的。

d. 上述所有的表述都是正确的。

28. 染色体中形成异染色质的区域

a. 包含高度表达的基因。

b. 包含少许基因。

c. 与核仁相联系。

d. 在原核生物中能够形成异染色质的区域很多。

29. 剂量补偿是必不可少的，因为

a. 基因组的某些区域包含更多的基因。

b. 邻近异染色质区域的基因倾向于被沉默。

c. 无论是位于基因的上游还是下游，增强子都可以激活转录。

d. 雌性中 X 染色体上基因的数量是雄性的两倍。

30. 下述哪种关于原核生物染色质的表述是正确的？

a. 细菌的染色体不能形成染色质。

b. 位于细胞核中。

c. 位于细胞质中。

d. 与真核生物的染色质相似。

31. 下列哪些关于图 15-28 斑驳眼色表型的表述是正确的？

a. 白色区域中白色基因是激活的，红色区域中白色基因是抑制的。

b. 白色区域中白色基因是抑制的，红色区域中白色基因是激活的。

c. 由于异染色质的扩散，白色区域中白色基因是抑制的。

d、b 和 c 的表述都是正确的。

32. 下述哪个是表观遗传标记？

a. 组蛋白尾巴上碱性氨基酸的甲基化。

b. DNA 上胞嘧啶的甲基化。

c. 组蛋白尾巴上氨基酸的乙酰化。

d. 上述都是表观遗传标记。

三、拓展题

33. 当三个转录因子（TFA、TFB 和 TFC）相互作用时，招募共激活因子 CRX，*YFG* 基因（你感兴趣的基因）就被转录。TFA、TFB、TFC 和 CRX 以及它们的结合位点，共同组成了一个增强体结构，距离转录起始位点 10kb。请画出图示，你认为增强体是如何招募 RNA 聚合酶到 *YFG* 启动子位置的。

34. 在问题 33 中，其中一个转录因子的突变导致了 *YFG* 基因转录的急剧减少。请画出突变后各因子间的相互作用图示。

35. 在问题 33 中，请图示结合位点的突变对其中一个转录因子的影响。

36. 无效等位基因（突变的基因）无法产生蛋白质产物。这是一种遗传变化。然而，表观遗传沉默的基因同样也无法产生蛋白质产物。试验如何证明：基因沉默是由突变引起的还是表观遗传引起的？

37. 表观遗传标记是什么？哪些与异染色质有关？为什么表观遗传标记被认为决定了染色质的结构？

38. 你快递收到 4 种酵母以及附加说明。附加说明中提到：每种酵母均有单拷贝的转基因 A。你培养了这 4 种酵母，发现只有其中三种能够表达转基因 A 的蛋白质产物。进一步分析揭示了转基因 A 分别位于这 4 种酵母基因组的不同位置。请提供一个假说去解释这个结果。

39. 你希望找出两种基因 c-fos 和 globin 与转录响应相关的顺式作用元件。在成纤维细胞生长因子（FGF）的作用下，c-fos 基因转录被激活，而在皮质醇（Cort）的作用下，c-fos 基因转录被抑制。另外，globin 基因的转录不受 FGF 或者 Cort 的影响，但是受促红细胞生成素（EPO）的影响。为了找出与转录响应相关的顺式调控 DNA 的元件，你使用了 c-fos 和 globin 基因的克隆以及两种基因的杂交结合体（融合基因），如下图所示。字母 A 代表完整的 c-fos 基因，字母 D 代表完整的 globin 基因。字母 B 和 C 代表两种基因的不同融合方式。两种基因的外显子（E）和内含子（I）顺序标记。例如，E3（f）代表 c-fos 基因的第三个外显子，I2（g）代表 globin 基因的第二个内含子（这些标注有助于你得出答案）。黑色箭头标注了转录起始位点，红色箭头标注了多腺苷酸化位点。

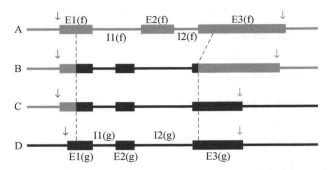

你成功将这 4 种基因克隆同时引入体外培养的细胞中，然后用 3 种因子（FGF、Cort 和 EPO）分别刺激这些细胞。接着从这些细胞中提取 RNA，进行电泳分析得到如下的结果。

这些细胞的转录本水平对应于不同的处理条件，如图所示。这些电泳条带的强弱，与特定克隆的细胞产生的转录本成比例（没有出现条带的区域代表对应的转录本水平很低，难以检测到）。

a. DNA 元件的哪个区域允许 FGF 对基因的激活效应？解释你的答案。

b. DNA 元件的哪个区域允许 Cort 对基因的抑制效应？解释你的答案。

c. DNA 元件的哪个区域允许 EPO 对基因的诱导效应？解释你的答案。

40. 使用图 15-29 所示的实验系统，遗传学家能够在白色基因和异染色质间插入一个屏障绝缘子。那么转基因的果蝇眼睛表型最有可能是：

a. 全白。因为屏障绝缘子会抑制异染色质的扩散。

b. 全红。因为屏障绝缘子会抑制异染色质的扩散。

c. 仍旧是色彩斑斓。因为屏障绝缘子无法阻止异染色质的扩散。

d. 仍旧是色彩斑斓。因为屏障绝缘子在果蝇中无法工作。

41. 下述哪个是翻译后基因抑制的例子？

a. 从基因转录而来的 RNA 量减少是由于 DNA 被甲基化了。

b. RNA 量减少是由于其被快速降解。

c. 蛋白质量减少是由于 miRNA 的作用。

d. b 和 c 的表述均是正确的。

第 16 章
发育的遗传调控

学 习 目 标

学习本章后，你将可以掌握如下知识。

· 将作用于发育的遗传工具箱成员与其他基因区分开来，并解释如何识别它们。

· 将发育过程中调控基因表达的时空顺序与其所产生的表型相关联。

· 解释在发育过程中产生空间限制的基因表达模式的例子。

· 将遗传工具箱成员的生化功能与它们对动物身体或身体部位发育的影响联系起来。

· 在不同动物中鉴定遗传工具箱的同源成分。

克隆猴的诞生——灵长类遗传学平台的突破

许多模式动物，如线虫、果蝇、小鼠等用于发育遗传学研究。但许多人类高级生理活动相关发育过程和疾病机制，并不能用低等动物进行模拟。因此，非人灵长类动物模型成为生命科学研究、人类疾病模拟和药物实验所必需。但是由于非人灵长类，如猴子，具有性成熟周期长、后代繁殖率低等特征，建立遗传背景均一化的群体，从而开展发育遗传学研究非常艰难。

2018 年初，中国科学院上海生命科学研究院神经科学研究所的孙强团队，攻克了克隆灵长类动物这一世界难题，首次成功以体细胞克隆出了两只猕猴（图 16-1）。该项成果以封面文章发表于生物学顶尖学术期刊 *Cell* 上。中国科学家利用猕猴胎儿的体细胞作为细胞核的来源，共向 21 只母猴载体移植了 79 个克隆胚胎，其中 6 只成功怀孕，最终生下体细胞克隆猴"中中"和"华华"，它们现在寄养在上海野生动物园内。

早在 20 多年前，利用体细胞核移植（somatic cell nuclear transfer，SCNT）技术的克隆羊就已诞生。之后数年内，小鼠、猪、牛、马、狗、猫等动物被成功克隆，但是，体细胞克隆猴一直没有成功。以体细胞克隆灵长类之所以异常艰难，在很大程度上是因为灵长类动物的核移植成功率很低。一方面，灵长类的卵细胞极为敏感，哪怕

图 16-1　克隆猴中中（a）和华华（b）

是极轻微挤压都可能导致其异常分裂，卵母细胞不透明，去核操作非常困难。另一方面，移植后的灵长类体细胞核基因组重编程难以启动。针对这两方面的问题，孙强团队进行了技术攻关。一是多年持之以恒勤学苦练高超的显微操作技术，能在 10s 内对卵母细胞进行细胞去核操作，在 15s 之内将体细胞核注入卵母细胞，因为操作越快，卵细胞受损就越小；二是在借鉴国际同行研究的基础上，大胆创新出一个催化体细胞核基因组重编程的配方。10 多年前，一个日本研究团队发现一种组蛋白脱乙酰酶抑制剂曲古柳菌素 A（TSA）能提高核移植效率。之后，美国华裔科学家张毅发现一种去甲基化酶 Kdm4d/4a，可以大大提升核移植后的体细胞核基因组重编程效率。孙强团队则将 TSA 和 Kdm4d/4a 结合起来，并摸索出两者的理想浓度组合，把体细胞核基因组重编程效率提高到原来的 10 倍以上。因此，克隆猴是站在前人肩膀上的成果，是世界科技融合发展的结晶。

　　孙强团队的技术突破，为以猴子为中心建立动物模型开创了契机。近年出现的 CRISPR/Cas9 技术，为单基因遗传病的治疗提供了可能。利用灵长类的受精卵进行基因编辑，已经有成功的尝试。但受制于它的技术特性，这种基因编辑的灵长类后代中嵌合体比例比较高，也容易产生脱靶效应，通过自身繁殖获得后代的周期非常长，无法获得大量遗传背景均一性高的群体用于科学研究。那么，结合 CRISPR/Cas9 基因编辑技术和体细胞克隆技术，可以先使用体细胞在体外进行有效地基因编辑，准确地筛选基因型相同的体细胞，然后用核移植方法产生基因型完全相同的大批胚胎，用母猴载体孕育出一批遗传背景相同的猴群，这使得批量制备人类疾病动物模型成为可能！孙强教授团队的突破，将大大推动我国在灵长类疾病动物模型构建、药物筛选等方面的研究发展，还能在一定程度上解决灵长类动物使用的伦理问题。

引　言

　　生物界的所有现象，很少有比从一个单细胞受精卵发育成为一个复杂的动物这样一个现象，更能激发起人们的敬畏之心。在这一惊人的演变过程中，有种看不见的力量组织细胞团的分裂，以形成不同特征的头部、尾部、各种附属组织以及许多器官。遗传学家摩尔根也不免被这一绚丽现象所吸引：一个发育中的透明受精卵是这个世界上最迷人的个体之一，它每小时所发生的连续形态改变，虽然形式简单却让我们感到困惑，它本身到处呈现的几何图案都难以用数学模型来展现……这一大自然现象的盛宴在情感和艺术方面对人们都有着不可抗拒的吸引力。

然而，尽管受精卵发育这一现象有着自身的魅力，但几十年来生物学家被发育过程中生物形态如何建成这一问题所困扰。摩尔根同样也说过：如果有一天我们理解了围绕胚胎学的一些谜团，我们一定是借助了其他一些方式，而非简单地描述短暂的过程。

在经历 19 世纪 10～20 年代的全盛时期之后，胚胎学的研究经历了漫长的发展停滞期。但是最终这一低潮状态被一群遗传学家打破了，他们采用传统的摩尔根式遗传学研究模式——以黑腹果蝇为遗传模型。

理解动物形态发生的一个重要催化剂来源于一个"怪物"——身体结构出现巨大改变的突变黑腹果蝇（图 16-2）。在早期果蝇遗传学研究中，稀有突变一般是自发出现，或者作为其他实验副产品而产生。1915 年，摩尔根的学生 Calvin Bridges 分离到一只突变的黑腹果蝇，该突变黑腹果蝇原本细小的平衡棒转变为类似前翅的大翅。他将该突变命名为 *bithorax*。在 *bithorax* 突变中的结构转变称为同源异形（homeotic，意思是相同或相似）突变，因为身体的一个部分（平衡棒）转变为类似的另一部分（前翅）结构［图16-2（b）］。随后，在黑腹果蝇中又发现了另外几个同源异形突变，如著名的 *Antennapedia* 触角足突变，该突变导致在原本产生触角的地方形成了足［图 16-2（c）］。

一旦人们能够利用分子生物学工具弄清同源异形基因编码的产物，以及它们如何对整个身体部位的发育产生强大影响，同源异形基因激发的强大效应就可能造就胚胎学的一场革命。令人称奇的是，这些奇怪的果蝇基因已成为研究整个动物王国的一个"通行证"，这些基因的同源基因被发现在几乎所有动物中都扮演相似的角色。

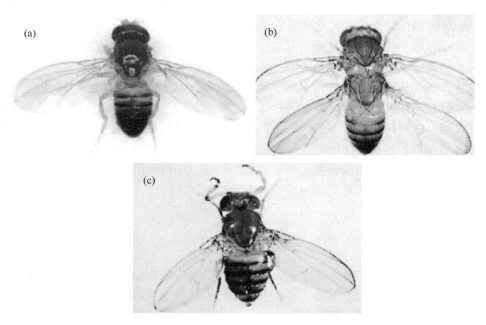

图 16-2　黑腹果蝇（*Drosophila melanogaster*）的同源异形突变

在同源置换的突变体当中，一部分的身体结构属性变换成另一节身体结构。（a）正常果蝇在第二胸节有一对前翅，在第三胸节有一对平衡棒。（b）*Ultrabithorax* 基因的三重突变体。Ubx（Ultrabithorax）在后胸节的功能丧失，导致在平衡棒的位置发育成前翅。（c）*Antennapedia* 突变体当中触角被转换成足部结构

动植物的发育生物学研究是一个很庞大且不断发展的学科。因此，我们在本章不对胚胎学进行讨论，而是聚焦基本概念，阐明动物发育的遗传调控规律。我们将会探索基因组如何编码和构建复杂结构信息。与细菌或者单细胞真核生物的基因表达调控相比，多细胞动物躯体形成和躯体发育模式的遗传调控，本质上是一种三维空间和时间上展开的基因表达调控。我们还会看到发育遗传调控的原理，与在第 14 章和第 15 章中呈现的细菌与单细胞真核生物的基因表达调控原理存在相似性。

16.1　发育的遗传研究方法

几十年来，胚胎发育的研究主要涉及对胚胎、细胞和组织的物理操作。已建立的几个关于胚胎发育特性的主要概念，是通过实验将一个胚胎的一个部位移植到该胚胎的另一个部位来建立的。例如，将一个发育中的两栖动物胚胎的一个部位移植到受体胚胎的另一个部位，发现能够诱导周围组织形成第二个完整的体轴［图 16-3（a）］；与之类似，将一个发育中的鸡胚肢芽的后部移植到前部能够诱导产生多余的指（趾），但是其极性与正常指（趾）相反［图 16-3（b）］。这些两栖动物胚胎和鸡胚肢芽用于移植的部位称为组织者（organizer），因为它们具有控制周围组织发育的强大能力。组织者内部的细胞被公认能够产生形态发生素（morphogen），该物质能够以浓度依赖的方式诱导周围组织的各种反应。

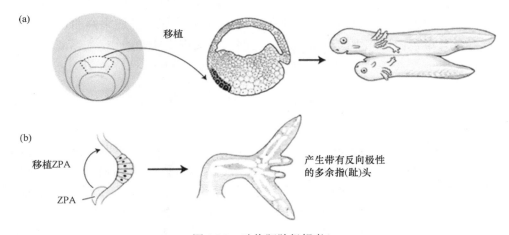

图 16-3　动物胚胎组织者

组织器官的移植在早期胚胎学的研究中发挥中心作用，它证明了胚胎组织的远程组织者活性。（a）斯皮尔曼（Spermann）器官移植实验：将早期两栖动物胚胎的囊胚背部唇口周围的组织细胞，移植到胚胎腹部时能形成第二个体轴和胚胎。（b）发育中的鸡胚肢芽，其后部的极性活性区（zone of polarizing activity，ZPA）能决定肢芽的前后轴极性。把 ZPA 细胞移植到肢芽前部，能形成极性相反的多余指（趾）头

尽管这些实验结果令人惊艳并极具吸引力，但在 19 世纪上半叶发现组织者和形态发生素后，对其本质的进一步理解进展便停滞了。对于引起这些发育活动的生物大分子，不可能采用生化手段来分离它们。胚胎细胞产生上千种物质，包括蛋白质、糖脂、激素等，形态发生素可以是其中任何一种形式的分子，且含量极低。因此，在整个细胞产物

里寻找形态发生素就如同大海捞针。

新遗传方法的出现打破了分子胚胎学研究方法上的长期停滞，主要为系统性地分离具有不同缺陷的发育突变体，并对其基因编码产物进行鉴定和研究。与利用其他方法如生化方法相比，利用这种遗传方法研究发育具有很多优点。第一，遗传学家不需要知道有多少分子或者有哪些分子参与了这一过程；第二，基因产物的量不再是一个障碍，所有基因都可以突变，无论其编码产物的量是多少；第三，遗传方法能够揭示其他生化或者生物鉴定无法揭示的现象。

从遗传角度来看，关于发育过程中的基因数目、属性和功能有 4 个重要问题：①哪些基因对于发育调控比较重要？②这些基因在动物的什么部位、什么时间发挥作用？③这些基因的表达如何被调节？④基因产物通过何种机制来影响发育？

为了回答这些问题，研究人员需要设计策略来鉴定、归类和分析发育的调控基因。在生物发育的遗传分析过程中，首要要考虑的是用什么模式生物来研究。在数百万现存物种中，黑腹果蝇成为研究动物发育的主要模式生物，是因为它容易饲养，生命周期短，具有几十年的细胞遗传学和经典遗传学分析的实验优势。秀丽隐杆线虫同样具有吸引力，尤其是它简单的构造和被充分研究的细胞系。在脊椎动物中，靶基因敲除技术的发展使实验小鼠得到了更加系统性的遗传研究。斑马鱼近来成为受喜爱的模式生物，主要是由于其透明的胚胎和遗传研究方面的进展。在植物界，拟南芥在揭示植物发育的根本机制方面发挥着和果蝇类似的重要作用。

通过系统性靶向遗传分析以及比较基因组学研究，科学家开发了用于研究不同物种身体部位和细胞类型发育的大部分遗传工具。本章首先聚焦黑腹果蝇的遗传工具箱，因为它是发育遗传调控知识的主要来源，它的发现促进了其他动物，包括人类遗传工具的发现。

16.2　果蝇发育的遗传工具箱

果蝇基因组通常包括 13 000～22 000 个基因，其中一些基因编码的蛋白质产物在所有体细胞的基础过程（如细胞代谢和大分子的生物合成过程）中发挥作用，这些基因通常被称作持家基因（housekeeping gene）。另一些基因编码的蛋白质，则在各种器官、组织和细胞中执行特定的任务，如球蛋白在氧气运输、抗体蛋白在调节免疫方面的作用。我们主要对那些与器官和组织形成、细胞特化相关的系列基因感兴趣，这些基因被称作发育的遗传工具箱（genetic toolkit），它们决定整个躯体设计，以及躯体体节的数量、属性和模式。

延伸阅读 16-1：模式生物——果蝇

➤ **早期果蝇发育的突变分析**

模式形成受遗传控制的观点最早起源于果蝇的研究。对于研究者来说，果蝇的发育是一个金矿，可以同时利用遗传和分子技术来解决发育过程中的问题。

　　果蝇对于我们理解基本的动物躯体设计具有重要作用。其中一个重要原因就是突变体躯体设计的异常很容易从幼虫的外骨骼上鉴别出来，幼虫的外骨骼是非细胞结构，由几丁质的多糖大分子物质组成，几丁质由胚胎的表皮细胞分泌形成，每个外骨骼都由表皮细胞或者紧邻外骨骼下方的细胞形成。由于外骨骼精细的毛发模式、缺口以及其他结构，其成为许多表皮细胞的命运指示器，从而提供许多标志。尤其是，从前到后、从背部到腹部存在很多不同的解剖结构。此外，虽然胚胎发育至幼虫阶段的所有养分都预存于受精卵内，但突变体胚胎在从前到后、从背部到腹部细胞命运显著改变的情况下，仍然能够发育至胚胎形成的最后阶段，在约 1 天内生产出突变体幼虫。突变体幼虫的外骨骼镜像反映了表皮细胞亚群的突变命运，可依据此结果鉴定出值得进一步分析的基因。

　　果蝇发育至身体成熟模式需要超过 1 周的时间，在胚胎形成期保留一小部分细胞在幼虫期增殖，在蛹期分化成为成熟的结构（图 16-4）。这些保留的细胞主要包括成虫盘（imaginal disc），成虫盘的器官芽能够在每个体节产生特定的附属器官和组织，如足、翅、眼睛和触角；成虫盘易于基因敲除从而用于基因表达分析。

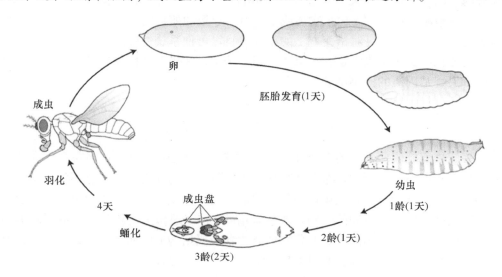

图 16-4　果蝇的发育概览

果蝇胚胎发育 1 天形成幼虫，然后经过一系列的生长阶段，其间成虫盘和其他器官的前体细胞进行增殖，这些结构在蛹化期间分化，然后成虫又开始孵化，开始另一个生殖周期

　　研究人员很容易在分子水平上克隆和鉴定那些影响果蝇躯体设计的基因。克隆基因的分析通常能为对应的蛋白质产物分析提供有价值的信息，通过与公共数据库中的蛋白质序列相比对，可以找出与该基因编码的多肽序列最为相近的蛋白质。此外，研究人员还可以在空间和时间上对 mRNA 进行表达模式的研究，利用免疫组化标记的

单链 DNA 与 mRNA 互补来进行 RNA 的原位杂交。利用组化标记的抗体和某蛋白质特异性结合，则可以对该蛋白质的空间和时间表达模式进行研究。

➤ **利用一种模式生物中的知识来加快其他生物发育基因的发现**

在果蝇基因组中已经发现了大量的同源框基因（homeobox gene），可以根据这些基因内部 DNA 序列的相似性来寻找同源框基因家族的其他成员。这一分析方式依赖 DNA 的碱基互补配对。针对这一目的，DNA 杂交控制在适度严格的条件下进行，在这样的条件下，杂交链间可能存在碱基的错配，但不会破坏邻近碱基对的氢键。一些同源框基因探索工作在果蝇基因组内部进行，以期寻找到更多的家族成员。将从其他动物获得的 DNA 经过限制性内切核酸酶消化后，与同位素标记的果蝇 DNA 探针进行 DNA 印迹。利用这一方法在其他动物包括人和鼠中发现了同源框基因。的确，这是一个非常强大的方法，能够从你感兴趣的有机体里找出几乎所有基因的同源基因（homologous gene）。如今，同源基因鉴定的经典方法是利用计算机来比较基因组序列。

果蝇的遗传工具箱基因，一般是在果蝇突变后所产生的畸形和变异中被发现的。两种来源的基因突变贡献了大部分遗传工具箱的知识，第一种来源于实验室群体的自发突变，第二种来源于诱变剂（化学物质或者辐射）导致的随机突变，诱变大大增加了基因组基因受损的频率。通过对诱变方法的精致改良，可使系统性筛选突变体成为可能，利用这些突变已经鉴定出果蝇遗传工具箱的很多成员。这些工具箱成员可能仅有几百个基因，仅占果蝇基因组的一小部分。

16.2.1 根据发育功能对基因进行分类

对突变体实施遗传筛查的首要任务就是挑选出感兴趣的基因，许多突变体在杂合子或者纯合子状态下是致死的，因为这些突变体导致的产物缺失使得细胞不能存活。最有趣的突变当数在胚胎期或者成年期引起缺陷的突变。事实证明，根据突变表型的性质，将突变影响的基因分成不同的类别是非常有用的。许多遗传工具箱基因根据其功能不同来分类，包括控制身体部位（如不同的体节或者附属结构）的属性、身体部位（如器官和附属结构）的数量和发育、细胞类型的特化，以及主要体轴（前后轴、背腹轴）的极性与结构等。

我们将会从研究控制体节和附属结构的属性基因开始，进行果蝇遗传工具箱基因的介绍。这么安排是出于历史和概念上的双重原因，控制体节和附属结构的属性基因是第一批被鉴定的遗传工具箱基因，随后在对这些基因本质的发现过程中，不仅对这些基因产物如何发挥作用有了更深入的了解，而且对大部分动物的遗传工具箱基因包含的内容和作用也有了更深刻的理解。它们令人惊讶的突变表型表明它们是动物全身性发育调控的基因。这些基因的研究能够激发我们探索更多控制动物发育的遗传工具箱基因的兴趣。

16.2.2　同源异形基因和体节属性

　　动物中最吸引人的畸形往往是一个正常的身体部位被另一个部位代替，这样的同源异形突变在自然界的很多物种中都存在，如锯蝇在触角的位置形成一只足，青蛙在颈椎的位置形成胸椎（图 16-5）。然而，在很多自然发生的突变中一对双边结构中通常只有一个发生变异，在果蝇的同源异形突变中一对双边结构的两个都发生了变异，前者的变异不可遗传，但后者的变异可以代代相传。

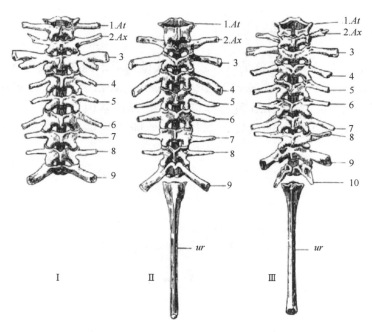

図 16-5　同源异形突变，身体的一个部位可以被另一个部位替换

19 世纪晚期绘制的同源异形突变的模式图——青蛙的同源异形突变，这是对自然界中同源异形突变的最早研究成果。标本Ⅰ. 在脊柱的顶部多出一部分额外的结构；标本Ⅱ. 正常的样本；标本Ⅲ. 有一组额外的椎体。图中 *At* 是 *Atlas* 的缩写，表示第一颈椎，又称寰锥；*Ax* 是 *Axis* 的缩写，表示第二颈椎，又称枢椎；*ur* 是 *urostyle* 的缩写，表示尾杆骨。阿拉伯数字表示椎体从头到尾的排列序号

　　同源异形突变的科学魅力源于三个属性：第一，一个单一基因突变能够如此显著地改变一个发育通路本身就非常神奇；第二，突变体中形成的结构像极了身体另一个良好发育的部件，这一点很引人注目；第三，同源异形突变改变了有序重复结构（serially reiterated structure）的属性。昆虫和其他动物的身体由许多重复的相似结构组成，如同安排有序的建筑模块，前翅和后翅、体节、触须、足以及口器都由一系列重复结构组成，同源异形突变改变了这些身体部位的属性。

　　一个突变可导致本该发挥作用的同源异形基因的功能缺失，或者引起本不发挥作用的同源异形基因获得某种功能。例如，在发育的后翅中 *Ubx* 基因促进后翅的发育并抑制前翅的发育。该基因缺失后，后翅转变成前翅，显性 *Ubx* 过表达突变后前

翅转变成后翅。同样的，显性 *Antp* 基因功能获得后触须转变成足。同源异形突变除了能够转变四肢，还能转变体节的属性，使成年个体或幼虫的一个体节与身体的另一体节结构相似。

尽管同源异形基因最早是在成年果蝇的自发突变中被发现的，但它们在果蝇的整个发育过程中都是必需的。研究人员通过对同源异形基因的系统寻找鉴定出了 8 个位点，现在被称作 *Hox* 基因簇，它们影响果蝇体节和四肢的属性。通常来说，任何 *Hox* 基因的完全缺失对于果蝇早期发育都是致死的，成年果蝇的杂合子显性突变能够存活，因为野生型等位基因能够为发育的果蝇提供正常的功能。

16.2.3 *Hox* 基因的组织和表达

Hox 基因的一个显著特征就是以成簇的形式排列于果蝇 3 号染色体的两个基因复合体（gene complex）中：*Bithorax* 复合体和 *Antennapedia* 复合体。*Bithorax* 复合体包含 3 个 *Hox* 基因，*Antennapedia* 复合体包含 5 个 *Hox* 基因，而且，这些基因在复合体中的顺序以及在染色体上的位置，都与它们影响的从头部到尾部的部位属性一致（图 16-6）。

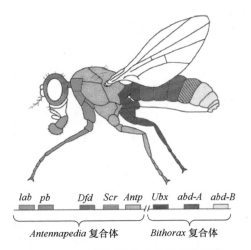

图 16-6　*Hox* 基因调控成体部位的属性

果蝇的 *Hox* 基因簇。8 个 *Hox* 基因调控成体部位属性。不同颜色代表了不同 *Hox* 基因突变影响的身体区段和结构的属性

通过对基因的分子鉴定，已经阐明了 *Hox* 基因复合体的结构和 *Hox* 基因突变表型之间的关系。对包含每个 *Hox* 基因位点的 DNA 序列的克隆，为分析该基因在发育动物中的表达位置提供了途径。基因的空间表达和调控对于理解发育的遗传控制很重要。技术的发展使得 *Hox* 基因和其他遗传工具箱基因及其蛋白质产物表达的可视化成为可能（图 16-7），这对于理解基因的结构、基因功能与突变表型之间的关系具有重要作用。

在胚胎或者其他组织中，用于观察基因表达的两大主要技术为：①通过原位杂交观察表达的 mRNA 转录本；②通过免疫组化的方法观察蛋白质的表达。每种技术都依赖于获得代表性的成熟 mRNA 转录本和蛋白质的 cDNA 克隆。

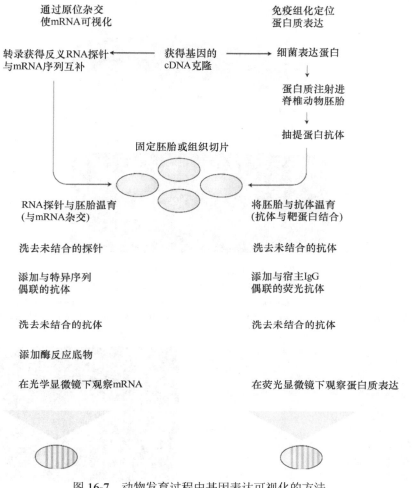

图 16-7 动物发育过程中基因表达可视化的方法

对基因表达进行可视化分析的两种方法：基于 RNA 探针与 mRNA 互补的原位杂交技术；利用免疫组化进行蛋白质定位的技术。每种方法的步骤如上所示。基因表达谱可以通过酶联反应的产物、有色底物或带荧光基团的探针进行可视化定位

在发育的胚胎中，*Hox* 基因在空间限定的区域内表达，有时这些区域会有重叠。这些基因在幼虫和蛹的组织中也有表达，这些组织将会产生成熟个体的身体部位。

Hox 基因的表达谱一般与基因突变受影响的部位相对应。例如，图 16-8 中深蓝色部分代表 *Ubx*（Ultrabithorax）基因表达部位。该 *Hox* 基因在胸廓后部以及胚胎腹部的大部分体节表达。这些体节的发育随 *Ubx* 的突变而改变。*Ubx* 在发育的后翅中也有表达（图 16-9），在发育的前翅中无表达，那么可以推测 *Ubx* 促进后翅的发育，抑制前翅的发育。

将 *Hox* 基因在决定结构属性方面的作用，与控制结构形成的作用区分开来很重要。在所有 *Hox* 基因缺失的情况下，体节依然能够形成，但它们属性都相同；肢端也能够形成，但它们都具有触须的属性；同样，翅也能形成，但都具有后翅的属性。其他基因也能够控制体节、肢端和翅的形成，这在后面会讲述。首先，我们必须弄清 *Hox* 基因是如何影响果蝇发育的。

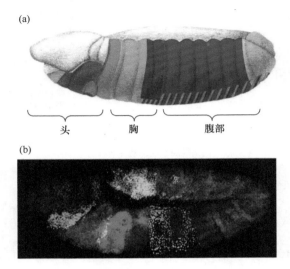

图 16-8　*Hox* 基因在果蝇胚胎的表达

（a）彩色示意图显示了 8 个 *Hox* 基因在胚胎中的表达区域。（b）通过原位杂交方法，显示了其中的 7 个 *Hox* 基因的表达谱。各个基因的代表颜色：*Labial*（青绿色）、*Deformed*（淡紫色）、*Sexcombs reduced*（绿色）、*Antennapedia*（橙色）、*Ultrabithorax*（深蓝色）、*Abdominal-A*（红色）及 *Abdominal-B*（黄色）。头部的 *proboscipedia*（b）没有显示。胚胎为折叠状，所以尾部（黄色）呈现在中间上部

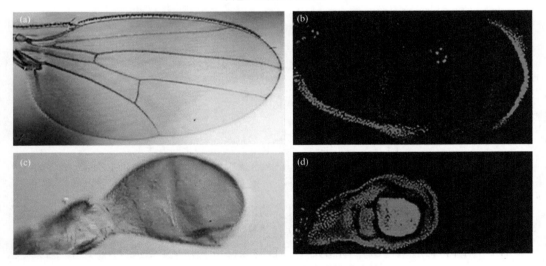

图 16-9　*Hox* 基因在其影响的结构中表达

Hox 基因的表达范例。（a）成年果蝇的翅。（b）Ubx 蛋白不在成虫盘中将要发育成前翅的细胞团表达。表达 Ubx 蛋白的细胞被标记为绿色，该细胞群体不会形成翅。（c）成年果蝇的后翅。（d）成虫盘中将要发育成后翅的所有细胞都高表达 Ubx 蛋白

16.2.4　同源异形框

　　由于 *Hox* 基因在决定整个体节和其他身体组织的属性方面影响巨大，人们对它们所编码的蛋白质功能尤为感兴趣。Edward Lewis 作为一位研究 *Hox* 基因的先驱者，很早就提出观点，认为 *Bithorax* 复合体基因的成簇排列表明这些多重位点起源于同一个祖先基因的串联重复。这一想法引领研究者们寻找 *Hox* 基因的 DNA 序列相似性。研究者们发

现来源于两个复合体的全部 8 个 *Hox* 基因相似度很高，以致能够相互间杂交，而这种杂交是由每个基因上一小段长 180bp 序列导致的，由于这一小段序列出现在 *Hox* 基因上，因此这段序列称作同源异形框（homeobox），该同源异形框编码一个包含 60 个氨基酸的蛋白结构域，叫作同源异形域（homeodomain），Hox 蛋白之间同源异形域的氨基酸序列高度相似（图 16-10）。

图 16-10　Hox 蛋白的同源异形域

8 个果蝇 *Hox* 基因编码一个含 60 个氨基酸的保守蛋白结构域，即同源异形域，它包含 3 个 α 螺旋。螺旋 2 和 3 形成一个螺旋-转角-螺旋结构域，该结构域与 Lac 抑制子、Cro 抑制子，以及其他 DNA 结合蛋白的结构相似。Hox 蛋白之间保守的氨基酸标记为黄色，差异的氨基酸标记为红色，部分保守或相似的氨基酸标记为蓝色或绿色

令人兴奋的是，在每个 Hox 蛋白中都发现了一个共同的蛋白结构域，进一步的同源结构分析揭示它形成了一个螺旋-转角-螺旋结构域，该结构域在 Lac 抑制子、λ 抑制子、Cro 抑制子以及酵母杂交型位点的 α2 和 a1 调节蛋白中都比较常见，这种相似性立即表明（随后被证实）Hox 蛋白是序列特异性 DNA 结合蛋白，它们通过控制发育体节和肢端的基因表达来发挥它们的作用，这些特别的基因产物通过结合到其他基因的调节元件来激活或者抑制它们的表达。很多其他工具基因都是如此，大部分这些基因通过编码转录因子来调控其他基因的表达。

稍后我们会探究 Hox 蛋白和其他工具蛋白如何协调发育过程中的基因表达。我们首先来介绍一个更加重大的发现，该发现揭示了我们从果蝇 *Hox* 基因学习到的知识对于动物王国具有普遍的暗示。

16.2.5　*Hox* 基因簇控制大多数动物的发育

当同源异形框在果蝇 *Hox* 基因中被发现时，科学家提出了一个问题，即 *Hox* 基因特征是这些突变果蝇基因的特例（图 16-11），还是普遍分布于其他昆虫或者体节动物中？为了探索这一问题，研究者在其他昆虫、蚯蚓、青蛙、牛甚至人类基因组中进行了搜索，在这些动物的基因组中发现了很多同源异形框基因。

不同物种间同源异形框序列的相似性令人震惊，在同源异形域的 60 个氨基酸中，一些小鼠和青蛙的 Hox 蛋白与果蝇 Hox 蛋白有 59 个氨基酸相一致（图 16-12）。鉴于这些动物间的巨大进化距离，即分离于 5 亿年前，它们之间序列相似程度表明存在强大的进化压力来维持同源异性域的序列保守性。

生物学家完全没有料到整个动物王国具有同源异形框的 *Hox* 基因。为什么不同动物会拥有同样的调控基因目前还不清楚。生物学家在研究 *Hox* 基因在其他动物中的类似部

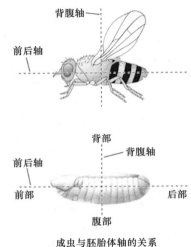

图 16-11　果蝇成虫与胚胎体轴的关系

果蝇 Dfd	PKRQRTAYTRHQILELEKEFHYNRYLTRRRRIEIAHTLVLSERQIKIWFQNRRMKWKKDN	KLPNTKNVR
两栖动物 HoxB4	TKRSRTAYTRQQVLELEKEFHFNRYLTRRRRIEIAHSLGLTERQIKIWFQNRRMKWKKDN	RLPNTKTRS
小鼠 HoxB4	PKRSRTAYTRQQVLELEKEFHYNRYLTRRRRVEIAHALCLSERQIKIWFQNRRMKWKKDH	KLPNTKIRS
人 HoxB4	PKRSRTAYTRQQVLELEKEFHYNRYLTRRRRVEIAHALCLSERQIKIWFQNRRMKWKKDH	KLPNTKIRS
鸡 HoxB4	PKRSRTAYTRQQVLELEKEFHYNRYLTRRRRVEIAHSLCLSERQIKIWFQNRRMKWKKDH	KLPNTKIRS
青蛙 HoxB4	AKRSRTAYTRQQVLELEKEFHYNRYLTRRRRVEIAHTLRLSERQIKIWFQNRRMKWKKDH	KLPNTKIKS
河豚 HoxB4	PKRSRTAYTRQQVLELEKEFHYNRYLTRRRRVEIAHTLCLSERQIKIWFQNRRMKWKKDH	KLPNTKVRS
斑马鱼 HoxB4	AKRSRTAYTRQQVLELEKEFHYNRYLTRRRRVEIAHTLRLSERQIKIWFQNRRMKWKKDH	KLPNTKIKS

图 16-12　果蝇与脊椎动物的 Hox 蛋白具有很大的同源性

果蝇 Deformed（Dfd）蛋白中的同源异形域与脊椎动物中 4 个 Hox 蛋白序列高度保守。保守的氨基酸序列显示为黄色，变异的氨基酸序列标记为红色，部分保守的氨基酸为蓝色。同源异形框的 C 端高度保守氨基酸标记为绿色

位表达时被检测结果再次震惊。在脊椎动物，如实验小鼠中，Hox 基因也是成簇聚集在分别位于 4 条染色体的 4 个大的复合体中，每个簇包含 9～11 个 Hox 基因，总共有 39 个 Hox 基因。而且，小鼠中 Hox 基因复合体的基因顺序，和果蝇中相对应的同源性最高的 Hox 基因复合体中的基因顺序一致 [图 16-13（a）]。这种时空对应性表明昆虫和脊椎动物的 Hox 基因复合体是相关联的，一些形式的 Hox 基因复合体存在于它们遥远的共同祖先中，小鼠中的 4 个 Hox 基因复合体是脊椎动物祖先完整 Hox 基因复合体（或许是整条染色体）的复制。

为什么差别巨大的动物间这组基因会相同？它们高度保守的共同起源表明 Hox 基因在大部分动物的发育中发挥一些基础性作用。分析 Hox 基因在不同动物中的表达，该作用就一目了然了。在脊椎动物胚胎中，相邻的 Hox 基因同样按前后轴向在相邻或者部分重叠的区域表达，而且，复合体中 Hox 基因的排序，与它们表达的身体部位顺序相对应 [图 16-13（b）]。

脊椎动物中 Hox 基因表达谱表明，它们也与身体部位的属性决定相关，随后的 Hox 基因突变体分析证实了这一猜想。例如，Hoxa11 和 Hoxd11 基因的突变导致骶椎同源异变成腰椎（图 16-14）。因此，和果蝇中相同，脊椎动物中 Hox 基因的缺失或获得会引起连续重复结构的属性发生转换，这些变异在几个种属，包括哺乳动物、鸟类、两栖类和鱼类中都得到了验证。不仅如此，研究显示 Hox 基因簇也能够控制其他昆虫的模式形成，

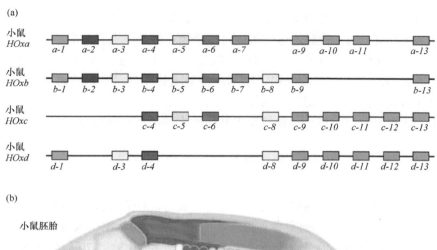

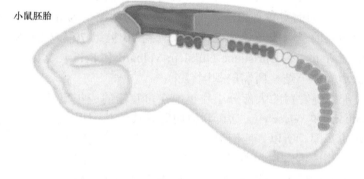

图 16-13 *Hox* 基因的排列顺序等同于它们对应表达的身体部位排序

如同果蝇一样，脊椎动物中的 *Hox* 基因也是成簇组织并沿前后轴表达。（a）在小鼠基因组当中，4 大簇共 39 个 *Hox* 基因，分布于 4 条不同的染色体上。不是每个 *Hox* 基因都被复制到了新的基因复合体当中，部分基因在进化当中丢失了。（b）*Hox* 基因在沿小鼠胚胎的前后轴向上在不同的区域表达。不同颜色区域对应于（a）图中相应颜色的 *Hox* 基因

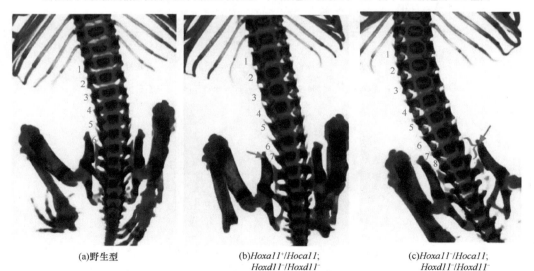

(a)野生型　　　(b)*Hoxa11*⁺/*Hoca11*;　　　(c)*Hoxa11*⁻/*Hoca11*;
　　　　　　　　　Hoxd11⁻/*Hoxd11*⁻　　　　　*Hoxd11*⁻/*Hoxd11*⁻

图 16-14 *Hox11* 基因突变影响的脊柱结构

受 *Hox11* 基因调控的脊柱不同区段的形态结构。（a）在野生型小鼠当中，骶椎之前有 6 个腰椎骨（红色数字）。（b）在缺失后部发挥作用的 *Hoxd11* 基因，保留一个 *Hoxa11* 等位基因的时候，小鼠具有 7 个腰椎骨，丢失 1 个骶椎骨。（c）在 *Hoxd11* 和 *Hoxa11* 基因都缺失的时候，小鼠出现 8 个腰椎骨，而丢失 2 个骶椎骨

在环节动物、软体动物、线虫类、各种节肢动物、原始脊索动物、扁形动物和其他动物的前后轴区域都有分布。因此，尽管两侧对称动物在解剖学上有诸多不同，但它们的身体主体轴区域，拥有一个或多个 *Hox* 基因簇已成为一个普遍的基本特征。的确，从 *Hox* 基因研究所获得的令人吃惊的规律，暗示大多数遗传工具箱基因普遍存在于不同动物中，这一预测后来被证明是遗传工具箱基因的一个总趋势。

现在，让我们看看遗传工具箱清单上其他的工具，观察还有什么其他规律出现。

16.3　整体工具箱清单

Hox 基因或许是遗传工具箱里最广为人知的成员，但是它们依然只是发育成具有恰当数目、形状、大小以及种类的身体部位所需的一个更大的调控基因群体的一个小部分，我们对于遗传工具箱的其他基因成员还知之甚少。直到 20 世纪 70 年代末 80 年代初，在德国 Max Plank 研究所工作的 Christiane Nüsslein-Volhard 和 Eric F. Wieschaus 才着手寻找果蝇胚胎和幼虫形成体节结构所需的基因。

在他们之前，关于果蝇发育的大部分工作集中在可存活的成年果蝇表型上，而不是胚胎上。Nüsslein-Volhard 和 Wieschaus 意识到他们所寻找的基因很可能对于胚胎或者幼虫来说是纯合子致死的基因。所以，他们提出一个计划来寻找受精卵所需要的基因。他们开发了一些方法用于筛选鉴定那些卵子中携带的基因产物，它们是在受精卵基因组激活以前能够发挥功能的那些成分。这些基因对于形成适当的胚胎模式是需要的。那些卵子中的基因产物大部分来源于雌性，被称作母系效应基因（maternal-effect gene）（图 16-15），严格的母系效应基因的突变表型依赖于雌性的基因型。

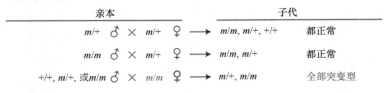

图 16-15　母系效应基因与合子（zygote）基因效应所需的遗传工具箱基因的遗传筛选
图示为鉴定一个基因的产物是在受精卵中还是在卵子中发挥作用的遗传筛选方法。子代的表型要么依赖于母系效应基因（上图），要么依赖于子代合子基因（下图）。*m*，突变型；+，野生型

在这些筛查中，筛选出了有助于幼虫体节数目和类型产生的基因，有利于分化出 3 个组织层（外胚层、中胚层和内胚层）的基因，促进动物解剖学上的精细模式形成的基

因。基因筛查的力量在于其全基因组的系统性覆盖，研究人员利用化学诱变使果蝇的每条染色体（除了第四条小的染色体）都产生突变，从而鉴定出果蝇身体构建所需的大部分基因。由于 Christiane Nüsslein-Volhard、Eric F. Wieschaus 和 Edward B. Lewis 开拓性的工作，他们被共同授予 1995 年诺贝尔生理学或医学奖。

新鉴定的突变体最显著的特征就是它们在胚胎构建或者形态建成中显示出非常明显但又不同的缺陷，例如，死亡的幼虫并不是一具没有形态的尸体，而是呈现出特定的显著形态建成缺陷。果蝇幼虫身体有多种特征，它的数目、位置或者模式都可以作为标志来对突变体的畸形进行诊断或者分类。每个基因位点都可通过该基因所影响的体轴，以及该基因突变后所引起的缺陷类型来进行归类。遗传杂交可以显示该位点是在卵母细胞中活跃的还是在受精卵中活跃的。每类基因——从那些在胚胎较大区域产生影响的基因到那些在有限区域内产生影响的基因，代表了胚胎躯体模式逐步完善过程的不同阶段。

对于任何工具基因，在理解基因功能方面三类信息很重要：①突变类型；②基因表达谱；③基因产物的本质。在广泛研究了几十个基因后，我们得到了一个关于体轴如何建立和分化为体节或者胚层的相对详细的一个图谱。

16.3.1　前后轴和背腹轴

在果蝇前后轴的正常构建中需要几十个基因，根据这些基因在胚胎模式中的影响范围，将其分为 3 类。

第一类基因建立了前后轴，由母系效应基因构成，这类基因的其中一个重要成员是 *Bicoid* 基因（图 16-16），母本 *Bicoid* 基因突变的胚胎头部区域缺失，显示该基因对于头部区域的发育是必需的。

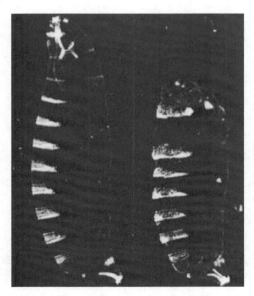

图 16-16　*Bicoid* 基因突变后果蝇头部不能发育

母系效应基因 *Bicoid*（*Bcd*）影响幼虫的头部发育。此显微照片显示果蝇幼虫硬化的外骨骼结构。图中高密度结构如体节的齿状带显示为白色。左图为正常的幼虫。右图为 *Bcd* 纯合突变的雌性幼虫。头部和前胸结构缺失

第二类属于受精卵活化基因，对胚胎的体节发育是必需的，具体包括 3 种基因。①裂隙基因（gap gene），这些基因影响体节间的连接块，裂隙基因的突变导致体节之间出现大的缺口（图 16-17 左）。②成对规则基因（pair rule gene），以每两个体节区段为一个周期发挥作用。成对规则基因突变会导致每对体节部分缺失，但不同成对规则基因影响每个体节区段的不同位置。例如，偶数成对规则基因影响一个体节区段边界，奇数成对规则基因影响互补的那个体节区段边界（图 16-17 中）。③体节极性基因（segment-polarity gene），该基因影响每个体节的模式形成，这类基因的突变表现出体节的极性和数目的缺陷（图 16-17 右）。

第三类基因决定每个体节的命运，包括已经讨论过的 *Hox* 基因，*Hox* 基因突变不影响体节的数目，但它们改变一个或更多体节的外形。

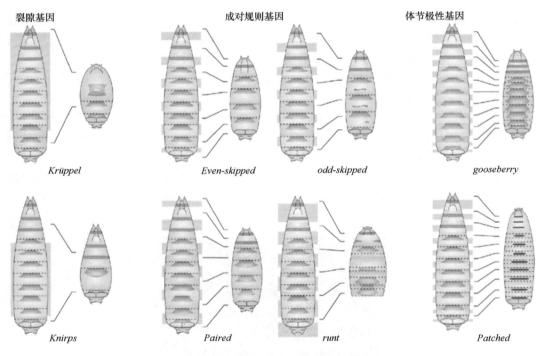

图 16-17　体节基因突变导致体节部分丧失

果蝇体节基因突变体群。这些图片显示了代表性的裂隙基因、成对规则基因和体节极性基因突变体。这里的红色梯形就是图 16-16 中的外骨骼致密带。每个体节的边界用虚线标记，左边是野生型幼虫，右边是特定突变体形成的模式。野生型中橙色阴影区显示突变体中缺失或受影响的区域

16.3.2　工具基因的表达

为了弄清基因和突变表型之间的关系，我们必须了解基因表达模式的时空定位，以及基因产物的本质。已经证实工具基因的表达模式恰好对应于它们的表型，因为这些基因通常精确地与突变体中身体发生改变的部位相关。每个基因表达的区域可以映射到沿胚胎体轴的一个具体坐标上：母系效应蛋白 Bicoid 以梯度模式从早期胚胎的头端开始表

达，在突变体中，胚胎的头部缺失［图 16-18（a）］，类似的，裂隙蛋白在对应于未来体节部位的细胞群中表达。在各个裂隙基因突变体中，其相应的体节部位缺失［图 16-18（b）］；成对规则蛋白以显著的条纹状模式表达：每 2 个体节表达 1 个横向条纹，总共 7 个横向条纹覆盖 14 个未来的体节（条纹的位置和周期性对应于幼虫突变体的周期性缺陷），如图 16-18（c）所示。许多体节极性基因和蛋白在每个体节的条纹细胞中表达，总共 14 条条纹对应于 14 个体节［图 16-18（d）］。值得注意的是，随着发育的进行，基因表达的区域逐渐变得更加精确：基因首先在大的区域（裂隙基因）表达，然后在 3～4 个细胞宽度的条纹区域（成对规则基因）表达，最后在 1～2 个细胞宽度的条纹区域（体节极性基因）表达。

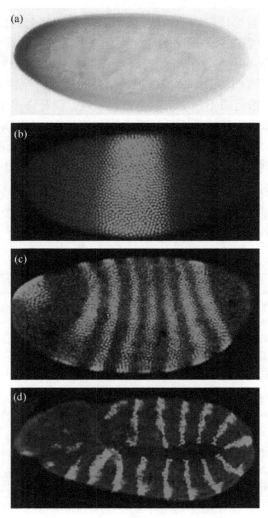

图 16-18　前后轴结构蛋白的表达

工具基因的表达模式对应于它们的表型。利用抗体对果蝇胚胎染色，（a）Bicoid 蛋白，（b）Krüppel 裂隙蛋白，（c）Hairy 成对规则蛋白，（d）Engrailed 体节极性蛋白。免疫酶法染成棕色（a），免疫荧光染成绿色（b～d）。每一种蛋白被定位到胚胎的核区，它们被相应的基因突变影响

工具基因除了具有空间表达模式，它们随着时间的表达顺序也很有逻辑性。母系效应蛋白 Bicoid 出现在受精卵裂隙蛋白之前，而受精卵裂隙蛋白出现在 7 条纹表达模式的成对规则蛋白之前，成对规则蛋白又出现在 14 条纹表达模式的体节极性蛋白之前。胚胎内基因表达的顺序和表达区域的逐步精确表明身体的构建是一个逐步的过程，首先形成身体的主要分隔，然后建立精细的分隔直到一个细小的模式建立。基因发挥作用的顺序表明，一套基因的表达控制随后的一套基因表达。

该时空调控过程确定存在，其中一个证据来自一个工具基因的突变对另一个工具基因表达的影响。例如，在 Bicoid 基因突变的雌性果蝇所产的胚胎中，几个裂隙蛋白的表达改变了，成对规则基因和体节极性基因的表达也都发生了变化。这一结果表明 Bicoid 蛋白在某种程度上（直接或间接）影响裂隙基因的表达。

另一条线索来自对蛋白质产物的检测。对 Bicoid 蛋白序列的检测发现它包含一个同源域，该同源域和 Hox 蛋白相关但又不同。因此，Bicoid 蛋白具有与 DNA 结合的转录因子的特性。每个裂隙基因、每个成对规则基因和几个体节极性基因以及所有的 Hox 基因都编码转录因子。这些转录因子中包括最知名的序列特异性 DNA 结合蛋白家族的代表。因此，尽管这些蛋白质不归属于哪个特定家族，但是许多早期发挥作用的工具蛋白的确是转录因子。那些不是转录因子的蛋白质一般是构成信号通路的成分（表 16-1），这些信号通路，如图 16-19 所示，介导细胞间的信号通路，信号通路的信号输出一般导致基因的活化或者抑制。因此，大多数工具蛋白直接（作为转录因子）或者间接（作为信号通路的成分）影响基因的表达。

对前后轴适用的这一原则同样适用于背腹轴，背腹轴同样被进一步划分为几个区域，几个母系效应基因，如 Dorsal，对于胚胎从背部到腹部不同位置的这些区域的建立

表 16-1 果蝇前后轴基因功能描述

基因符号	基因名称	蛋白质功能	在早期发育中的作用
Hb-z	Hunchback-zygotic	转录因子——锌指蛋白	裂隙基因
Kr	Krüppel	转录因子——锌指蛋白	裂隙基因
Kni	Knirps	转录因子——类固醇受体蛋白	裂隙基因
Eve	Even-skipped	转录因子——同源域蛋白	成对规则基因
Ftz	Fushi tarazu	转录因子——同源域蛋白	成对规则基因
Opa	odd-paired	转录因子——锌指蛋白	成对规则基因
Prd	Paired	转录因子——PHOX 蛋白	成对规则基因
En	Engrailed	转录因子——同源域蛋白	体节极性基因
Wg	Wingless	WNT 信号蛋白	体节极性基因
Hh	Hedgehog	WNT 信号蛋白	体节极性基因
Ptc	Patched	跨膜蛋白	体节极性基因
Lab	Labial	转录因子——同源域蛋白	体节识别基因
Dfd	Deformed	转录因子——同源域蛋白	体节识别基因
Antp	Antennapedia	转录因子——同源域蛋白	体节识别基因
Ubx	Ultrabithorax	转录因子——同源域蛋白	体节识别基因

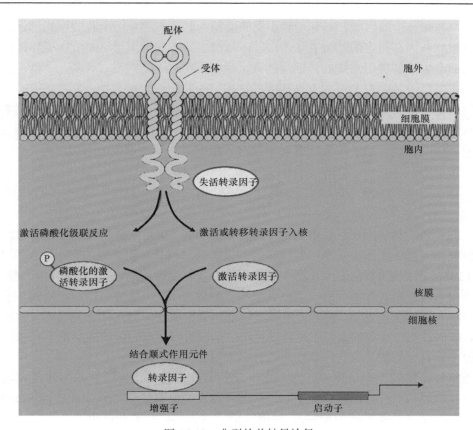

图 16-19　典型的单转导途径

大部分信号通路的作用机制是相似的，但蛋白成分和信号转导机制不同。当配体结合到膜受体时，膜内蛋白释放或激活。受体的激活经常导致非活化的转录因子的修饰，随后被修饰的转录因子转移到核内，结合到 DNA 序列的顺式作用元件上或与 DNA 结合蛋白相结合，从而调节靶基因的转录水平

是必要的。*Dorsal* 的突变呈现背部化表型，缺失腹部结构。大量受精卵活化的基因对于背腹轴的进一步划分是必要的。

　　母系效应基因 *Dorsal* 的产物是一个转录因子——Dorsal 蛋白，该蛋白沿背腹轴梯度表达 [图 16-20（a）]，在腹部细胞中堆积水平最高，这样的梯度建立了不同背腹浓度的

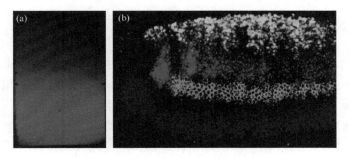

图 16-20　腹背轴结构基因的表达

特异的背腹轴基因的表达对应于未来的特异组织层。（a）母系来源的 Dorsal 蛋白呈梯度表达，最高浓度出现在腹部的细胞核中（图片的底部）。（b）原位杂交显示 4 个背腹轴基因的表达。该侧视图显示了 *decapentaplegic*（黄色）、*muscle segment homeobox*（红色）、*intermediate neuroblasts defective*（绿色）和 *ventral neuroblasts defective*（蓝色）等基因的表达区域

亚区域，在每一个亚区域，都有一套不同的受精卵基因表达，用于背腹模式的建立。这几套受精卵基因在指定的区域表达，这些区域产生特定的组织层，如中胚层和神经外胚层［能够产生腹部神经系统的外胚层部分，图 16-20（b）］。

其实发育的基因控制根本上是基因表达在空间和时间上的调控。工具基因的开启和关闭如何建立动物形态？在发育过程中它是如何精心安排的？为了回答这些问题，我们将会从细节上检测果蝇工具蛋白和基因间的相互作用。我们将要研究的控制果蝇胚胎工具基因表达的机制，已经成为研究动物发育过程中基因表达调控的通用模式。

16.4 发育过程中基因表达的空间调节

我们看到工具基因在胚胎中表达参照特定的坐标，但是发育过程中胚胎的空间坐标是如何被作为指令传递给基因，并以精确的模式开启或者关闭基因的呢？如在第 14 章和第 15 章中所描述的，在细菌和简单真核生物中基因表达调控，是通过序列特异性 DNA 结合蛋白作用在顺式作用元件（如操纵子和上游激活序列）上完成的；类似的，发育过程中基因表达的空间控制，大部分是通过转录因子和顺式作用元件之间的相互作用来实现的。然而，在三维多细胞胚胎发育过程中，基因的时空表达调控需要更多转录因子结合到更多数目和更加复杂的顺式作用元件上来发挥作用。

当定位胚胎的一个位置时，必须以一定的调控信息将该位置同相邻的区域区分开来。当我们勾勒一个三维球状胚胎时，必须详细说明位置信息（positional information），以表明其经度（沿前后轴的位置）、纬度（沿背腹轴的位置）和高度或者深度（在胚层中的位置）。我们将会用三个例子来说明定义基因表达定位的一般原则，这些例子应该被看作控制果蝇和其他动物发育的复杂基因相互作用的几个代表。发育是一个连续的过程，在此过程中，基因活动的每个模式都有前述的因果基础，整个过程包括成千上万的调控作用和结果输出。

我们会集中关注一些基因连接，这些基因连接位于构成基本体轴网络的不同层级上，以及一些关键节点上，这些节点基因整合多重调节信号输入，然后以简单的基因表达信号输出进行应答。

16.4.1 母系效应蛋白梯度和基因激活

Bicoid 蛋白是一个由母系来源 mRNA 翻译来的含同源域的转录因子，沉积于卵子中，定位于卵子的前极。由于早期果蝇胚胎是一个多核体，所有的核都位于一个细胞质内，缺乏细胞膜来阻止蛋白分子的扩散，Bicoid 蛋白能够在细胞质中扩散，扩散建立了一个蛋白浓度梯度（图 16-21）：Bicoid 蛋白浓度在胚胎前端最高，随着到前端的距离增加而浓度逐渐下降，超过胚胎中部以后 Bicoid 蛋白浓度只有很低的水平；该浓度梯度提供了沿前后轴的位置信息，高浓度意味着前部，低浓度意味着中部，等等。因此，确定一个基因在沿体轴的某个位点被激活的方法是将基因表达与蛋白浓度水平相联系，裂隙蛋白就是很好的例子，它必须在沿体轴的特定区域被激活。

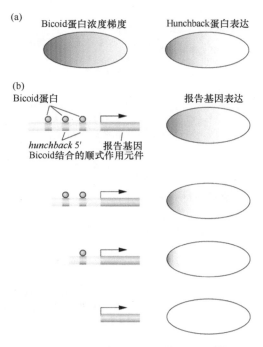

图 16-21　裂隙基因被特异性的母系蛋白活化

Bicoid 蛋白激活受精卵中 *hunchback* 基因的表达。（a）Bicoid 蛋白沿前后轴呈梯度表达。*hunchback* 裂隙基因在受精卵前部表达。（b）Bicoid 蛋白结合在 *hunchback* 基因 5′端的三个位点。当把这个 5′端 DNA 序列置于报告基因的上游时，报告基因的表达就再现了 *hunchback* 基因的表达模式（上部右侧）。逐步去掉 Bicoid 蛋白的一个、两个、三个结合位点就会导致报告基因的表达减少乃至消失。这些结果显示 *hunchback* 基因的表达模式和表达水平由 Bicoid 蛋白结合到 *hunchback* 基因的顺式作用元件来控制

　　几个受精卵基因，包括裂隙基因，受不同水平 Bicoid 蛋白的调节。例如，*hunchback* 基因是一个裂隙基因，在胚胎的前半部分被激活，激活主要通过 Bicoid 蛋白直接结合到 *hunchback* 基因 5′端的三个位点来实现。Bicoid 蛋白协同结合到这些位点，即一个 Bicoid 蛋白分子结合到其中一个位点后，促进了其他 Bicoid 蛋白分子结合到附近的其他位点。

　　体内实验显示 *hunchback* 基因的激活依赖于 Bicoid 蛋白浓度梯度，这些测试需要将基因顺式作用元件连接到一个报告基因（一个酶编码基因，如 *LacZ* 基因或者水母的绿色荧光蛋白基因）上，将该 DNA 载体导入果蝇生殖细胞系，然后监测转基因果蝇胚胎后代的报告基因表达情况（图 16-22）。野生型的 *hunchback* 基因 5′端足以驱动胚胎前半部分报告基因的表达，重要的是，删除顺式作用元件的 Bicoid 结合位点后，报告基因的表达下调或者完全不表达。Bicoid 蛋白需要不止结合一个位点来给报告基因建立清晰的表达边界，表明 Bicoid 蛋白需要一个浓度阈值来结合多个位点才能激活基因的表达。在 Bicoid 蛋白浓度较低的位点，一个只有少量结合位点的裂隙基因不会被激活。

　　在每个裂隙基因的顺式作用元件上，Bicoid 蛋白结合位点的排列顺序不同，每个位点对于 Bicoid 蛋白具有不同的亲和力，因此，由于 Bicoid 蛋白水平不同，以及其他转录因子的浓度梯度不同，使得每个裂隙基因在胚胎的独特的不同区域表达。在背腹轴的模式形成中也发现了相似的规律：顺式作用元件包含有 Dorsal 和其他背腹轴的转录因子不同组合的结合位点，因此，基因沿背腹轴的不同区域被激活。

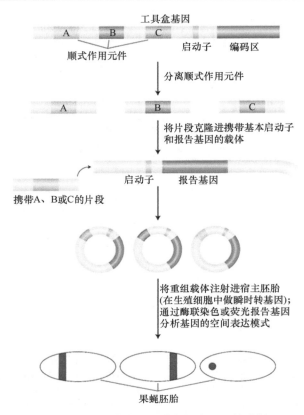

图 16-22　顺式作用元件与报告基因的分析

工具盒基因的位点（如 *hunchback*）通常含有多个独立的顺式作用元件，控制该基因在不同的发育时间和地点的表达（图中 A、B、C）。这些元件根据它们的作用被鉴定，当它们以顺式形式被置于报告基因上，并插回宿主基因组时，来调控报告基因的表达模式、表达时间或表达水平或同时调控这三者。本例中每个元件能驱动果蝇胚胎中不同模式的基因表达。多数报告基因编码容易观察的酶或荧光蛋白

16.4.2　条纹刻画和裂隙蛋白信息的整合

　　每个成对规则基因在 7 个条纹区域的表达，是关于胚胎和未来成年动物节律性组织的最早线索。这些节律性模式是如何从之前无节律性信息中产生的呢？在对成对规则基因机制分析之前，人们提出了几个模式来解释条纹的形成，这些理论都视 7 个条纹是对等同信息输入的同时应答结果。然而，一些主要成对规则基因实际是一次产生一个条纹。对于条纹产生的探讨，强调了动物发育基因空间调控的重要概念，即独立基因的不同顺式作用元件都被独立调控。

　　一个关键的发现是在 7 个条纹区域表达的偶数成对规则基因和毛状成对规则基因都被独立调控。以偶数成对规则基因 *Eve* 条纹 2 基因的表达为例［图 16-23（a）］，该条纹位于 *hunchback* 基因表达的广泛区域，同时位于两个裂隙蛋白 Giant 和 Krüppel 表达区域的边缘［图 16-23（b）］。因此，在未来 *Eve* 条纹 2 区域，将会有大量 Hunchback 蛋白及少量 Giant 和 Krüppel 蛋白，同时也会有一定浓度的母系效应蛋白 Bicoid，胚胎的其他条纹不会以相同比例表达这些蛋白，*Eve* 条纹 2 的形成受到一个特定顺式作用元

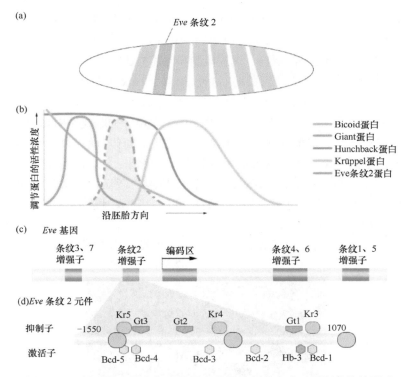

图 16-23　母系效应蛋白与裂隙蛋白共同控制单个成对规则条纹的形成

基因成对规则条纹的调节：独立的顺式作用元件的整合控制。（a）对 *Eve* 条纹 2 基因顺式作用元件的调节控制早期胚胎表达 *Eve* 的第二条条纹的产生，这仅是表达 *Eve* 的 7 条条纹的其中一条。（b）条纹会在 Bicoid 蛋白和 Hunchback 蛋白表达范围内形成，位于 Giant 蛋白和 Krüppel 裂隙蛋白的边缘。蛋白 Bcd 和 Hb 激活条纹的形成，Gt 和 Kr 则抑制条纹形成。（c）　*Eve* 条纹 2 基因顺式作用元件是 *Eve* 基因顺式作用元件的 7 个成员中的一个，7 个成员调节 *Eve* 基因在不同部位的表达。顺式调控元件位于 *Eve* 转录单位上游的 1～1.7kb 处。（d）在 *Eve* 条纹 2 基因顺式作用元件中，每个转录因子都有几个结合位点（抑制子位于元件上方，激活子位于下方）。这种联合作用的最终结果表现为狭窄的 *Eve* 条带

件——增强子的调控，该增强子包含这 4 个蛋白的大量结合位点［图 16-23（c）］。对于 *Eve* 条纹 2 的顺式作用元件的进一步分析发现，这一简单条纹的位置受到 4 个无节律性分布的转录因子（包括一个母系效应蛋白和 3 个裂隙蛋白）的综合调控。

　　Eve 2 的顺式作用元件包含母性效应蛋白 Bicoid 蛋白、Hunchback 蛋白、Giant 蛋白和 Kruppel 裂隙蛋白的多个结合位点［图 16-23（d）］。通过对不同组合结合位点的突变分析发现，Bicoid 蛋白、Hunchback 蛋白能够在一个广泛的区域激活 *Eve* stripe 2 基因的表达，Giant 蛋白和 Krüppel 裂隙蛋白是抑制子，将条纹限定在几个细胞宽度的清晰边界内。作为一个遗传开关，*Eve* stripe 2 基因整合了多个调节蛋白的活性来形成一个胚胎中 3～4 个细胞宽度的一条条纹。

　　全部 7 个偶数条纹基因的节律性表达模式，是不同信息输入结合各自顺式作用元件的结果的总和。其他条纹基因的增强子组合了不同蛋白结合位点。

16.4.3　不同体节的形成：*Hox* 信息输入的整合

　　母系效应蛋白、裂隙蛋白、成对规则蛋白与体节极性蛋白的组合和序列作用建立了胚

胎和幼虫的基本躯体计划，并划分基本的体节。Hox 蛋白如何建立不同的体节属性呢？这一过程有两个方面，首先，*Hox* 基因在前后轴的不同区域表达，*Hox* 基因表达在很大程度上被区段蛋白调控，尤其是裂隙蛋白，调控机制和此前描述的 *hunchback* 和 *Eve* stripe 2 类似，*Hox* 基因表达调控在这里我们不做深入讨论。第二个 Hox 蛋白体节调控机制是通过 Hox 蛋白调节靶基因。我们将会分析一个例子，这个例子很好地阐述了果蝇体节主要是如何通过整合许多输入信息而实施调控的，这种整合是由一个单一的顺式作用元件介导的。

果蝇具有成对的足、口器和触角，每个结构都从不同体节的 20 个细胞左右的细胞群体发育而来，不同的结构由头胸部的不同体节发育而来。然而，腹部是没有四肢的，这些结构发育的第一信号就是小细胞群体中调控基因的激活，该调控基因叫作四肢基因，*Distal-less*（*Dll*）的表达标志着四肢发育的开始，该基因是 *Hox* 基因的一个主要靶基因，它的功能对于这些四肢远端部分的发育是必要的，表达 *Distal-less* 基因的一小群细胞出现在几个头部体节和三个胸部体节，但在腹部没有出现［图 16-24（a）］。

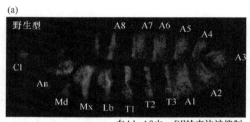

在A1~A8中，*Dll* 的表达被抑制

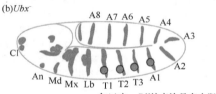

在A1中，*Dll* 的表达具有去阻遏效应

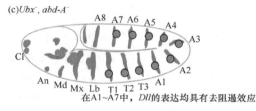

在A1~A7中，*Dll* 的表达均具有去阻遏效应

图 16-24　Hox 蛋白抑制腹部附属器官的形成

腹部无肢是由 *Hox* 基因控制的。(a) *Distal-less*（*Dll*）基因（红色）的表达显示了未来附属器官的位置，*Ultrabithorax* 基因（紫色）的表达显示了腹部 1~7 的位置，*engrailed* 基因（蓝色）的表达显示了后部体节的位置。(b) 图示 *Ubx⁻* 胚胎中 *Dll* 的表达在体节 A1 中被解除抑制。(c) 图示 *Ubx⁻*，*abd-A⁻* 胚胎中 *Dll* 的表达（红色圆圈）在前 7 个腹部体节中被解除抑制。Ultrabithorax，Ubx；abdominal-A，abd-A

Distal-less 基因如何限定在较前端的体节表达？这是通过抑制其在腹部的表达实现的。几个证据已经表明 *Distal-less* 基因表达被两个 Hox 蛋白抑制——Ultrabithorax 和 Abdominal A 蛋白，它们以和两个区段蛋白协作的形式发挥作用。如图 16-8 所示，*Ultrabithorax* 在腹部 1~7 表达，*Abdominal-A* 则在腹部 2~7 表达，和 *Ultrabithorax* 表

达范围相比，除了第 1 个体节外全部重叠。在 *Ultrabithorax* 突变胚胎中，*Distal-less* 基因表达蔓延至腹部第 1 体节 [图 16-24（b）]，在 *Ultrabithorax*/*Abdominal A* 双突变胚胎中，*Distal-less* 基因表达延伸至腹部的 1～7 体节 [图 16-24（c）]，表明这两个蛋白都能够抑制腹部 *Distal-less* 基因的表达。

　　调控胚胎 *Distal-less*（*Dll*）基因表达的顺式作用元件已经被鉴定和精确分析 [图 16-25（a）]。它包含 Hox 蛋白的两个结合位点，如果这两个位点被突变，那么 Hox 蛋白就不能与之结合，*Distal-less* 基因的表达在腹部就会被解除抑制 [图 16-25（b）]。

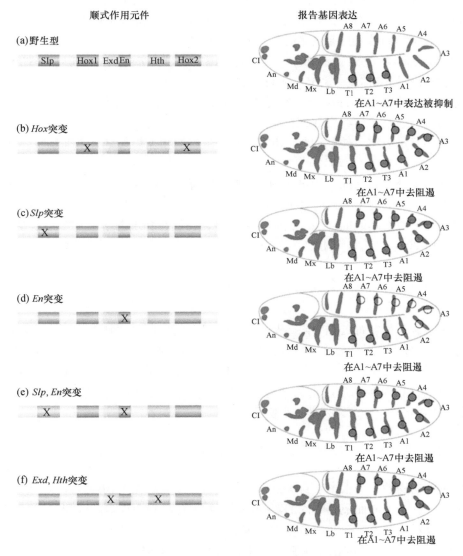

图 16-25　Hox 蛋白和体节极性蛋白控制肢体的定位

Hox 蛋白和体节极性蛋白通过顺式作用元件进行转录调控的整合。（a）左侧：*Dll* 基因顺式作用元件通过一套转录因子抑制 *Dll* 在腹部的表达。右侧：在野生型胚胎中 *Dll* 基因表达至胸部而不在腹部（红色）。（b）～（f）结合位点的突变显示在腹部中解除 *Dll* 表达抑制后的各种表达谱。结合位点有：*Slp*. Sloppy-paired；*Hox1*/*Hox2*. Ultrabithorax /Abdominal-A；*Exd*. Extradenticle；*En*. Engrailed；*Hth*. Homothorax

其他几个蛋白与 Hox 蛋白合作抑制 *Distal-less* 基因表达，其中两个蛋白是由体节极性基因 *Sloppy-paired*（*Slp*）和 *engrailed*（*En*）编码的，Sloppy-paired 蛋白和 Engrailed 蛋白以条纹的形式表达，分别标志着每个体节的前部和后部组分，每个蛋白同样结合到 *Distal-less* 基因的顺式作用元件。当顺式作用元件的 Sloppy-paired 蛋白结合位点被突变后，腹部体节前部组分的报告基因表达就被解除抑制 [图 16-25（c）]。当 Engrailed 蛋白结合位点被突变后，每个腹部体节后部组分的报告基因表达就被解除抑制 [图 16-25（d）]。当这两个蛋白的结合位点同时被突变后，腹部每个体节报告基因的表达都被解除抑制，就如同 Hox 蛋白结合位点被突变一样 [图 16-25（e）]。另外两个蛋白，Extradenticle 和 Homothorax，在每个体节广泛表达，它们也能够结合到 *Distal-less* 基因的顺式作用元件上，对于其腹部的转录抑制也是必需的 [图 16-25（f）]。

因此，综合来说，Hox 蛋白和 4 个其他转录因子结合到 *Distal-less* 跨度为 57bp 的序列上，共同发挥作用来抑制 *Distal-less* 的表达，进而抑制腹部四肢的形成。对于 *Distal-less* 表达的抑制清晰地表明了 Hox 蛋白如何调节体节的属性和体节的数目，同时也很好地阐明了不同调节因子是如何组合性调节顺式作用元件的。在这个例子当中，Hox 蛋白结合位点的出现还不足以完成转录抑制，还需要几个蛋白的相互协作来完全抑制腹部基因的表达。

尽管在本部分没有仔细介绍进化的多样性，但每个基因的一套多重独立的顺式作用元件的出现，暗示了进化模式的复杂性，尤其是这些元件的调节只允许改变基因表达的一个方面，而不改变基因的功能。基因调节的进化在发育和形态学上发挥了重要作用，我们将会在第 20 章讨论这个主题。

16.5　发育过程中基因表达的转录后调节

尽管转录调节是发育过程中限定基因产物在某一特定区域表达的主要方式，但这不是唯一方式。RNA 选择性剪接，以及蛋白质和 microRNA 对 mRNA 的翻译调节也对基因调节有贡献。在每个例子中，剪接因子、mRNA 结合蛋白或者 miRNA 识别 RNA 形式的调节序列，控制蛋白质产物的结构、总量或者蛋白质产物产生的位置。我们会对 RNA 水平的每个调节方式都列举一个例子。

16.5.1　果蝇的 RNA 选择性剪接和性别决定

有性生殖动物的一个根本发育关键节点就是性别决定。在动物中，许多组织的发育因动物个体的性别不同而遵循不同的路径，研究发现在果蝇中许多基因能够控制性别决定，主要通过对具有性别改变或者性别模糊的突变体表型的分析得出。

Doublesex（*Dsx*）基因在控制躯干（非生殖系）组织的性别属性方面起主导作用，*dsx* 基因的突变致使雌性和雄性果蝇发育成介于二者之间的中性个体，失去了雄性和雌性组织的显著差异。尽管 *dsx* 功能在两种性别中都需要，但不同性别的个体在同样的部位产生不同的基因产物。在雄性中，产物是一个特定的较长的剪接体 Dsx^M，它包含一

个独特的 150 个氨基酸组成的 C 端。在雌性特定的剪接体 Dsx^F 中没有这一结构，取而代之的是一个包含独特的 30 个氨基酸序列的 C 端。这两种形式的 Dsx 蛋白都是结合相同 DNA 序列的 DNA 结合转录因子。然而，二者的活性不同，Dsx^F 在雌性中激活特定的靶基因，Dsx^M 在雄性中抑制这些靶基因。

Dsx 蛋白不同形式的剪接体，是由初级 *dsx* RNA 转录本经过不同的剪接产生的。因此，在本例中，一定是对剪接位点的选择进行了调控，从而产生了编码不同蛋白质的成熟 mRNA。通过对产生性别影响表型的突变体研究，研究人员鉴定了影响 Dsx 蛋白表达和性别决定的多个遗传因子。

一个关键的调节因子是 *transformer*（*tra*）基因的产物。然而，*tra* 的缺失突变对雄性没有影响，雌性果蝇缺失 *tra* 后转变为雄性表型。Tra 蛋白是一个影响 *dsx* RNA 转录本可变剪接的因子。当 Tra 蛋白存在时，一个包含 *dsx* 基因 4 号外显子但不包含 5 号和6 号外显子的剪接体产生，该剪接体形成成熟的 *dsx*^{F} 转录本（图 16-26）。雄性果蝇缺失Tra 蛋白，所以这种剪切形式不会发生，所形成的 *dsx*^{M} 转录本包含 5 号和 6 号外显子，不包含 4 号外显子。

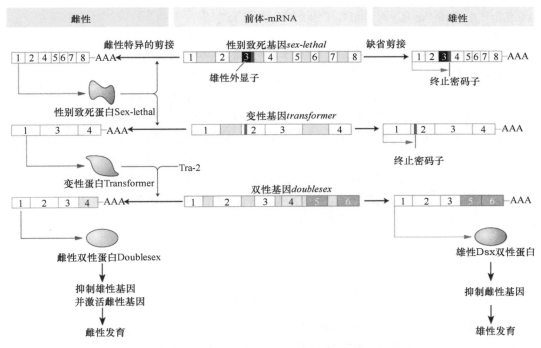

图 16-26　果蝇 RNA 的不同剪接形式调控了性别决定

3 个果蝇性别决定基因 mRNA 前体的选择性剪接。左侧显示为雌性决定，右侧显示为雄性决定。中间的为 mRNA 前体，其在两性中是一致的。在雄性 *sex-lethal* 和 *transformer* mRNA 中有终止密码子终止翻译。而在雌性中这些序列会被剪切。

随后 Transformer（Tra）和 Tra-2 蛋白能够剪切雌性中的 *doublesex* mRNA 前体，从而产生雌性特异的 Dsx 蛋白

Tra 蛋白解释了 Dsx 的可变形式是如何表达的，但 Tra 蛋白自身的表达是如何调节从而在雌雄果蝇中实现区分的？Tra RNA 本身是被可变剪接的，在雌性果蝇中，存在一个性别致死基因编码的剪接因子，该剪接因子结合到 Tra RNA 上，阻碍剪切的发生，否

则剪切时会形成包含一个具有终止密码子的转录本。在雄性果蝇中，由于该终止密码子的存在，不会形成 Tra 蛋白。

性别致死蛋白的产生反过来受到 RNA 剪切和改变转录水平的因子的双重调节。*Sxl* 的转录水平被 X 染色体上的激活子和常染色体上的抑制子调控。在雌性果蝇中，*Sxl* 激活占主导地位，Sxl 蛋白形成，它调节 Tra RNA 的剪切，从而反馈调节 *Sxl* RNA 自身的剪切。在雌性果蝇中，终止密码子被剪切，因此，Sxl 蛋白的形成得以继续。然而，在雄性果蝇中不存在 Sxl 蛋白，在未剪切的 *Sxl* RNA 转录本中，终止密码子仍然存在，Sxl 蛋白不能产生。

果蝇中的性别特异性 RNA 剪切级联，阐明了性染色体基因型导致不同形式调节蛋白在一种性别中表达而在另一性别中不表达。有趣的是，性别决定的基因调节在动物物种间差别很大，因为性别基因型能通过不同的途径导致调控基因的差异表达。然而与 Dsx 相关的蛋白，的确在多种动物包括人类的性别决定中起到作用。因此，尽管造成转录因子差异表达的方式有很多，但拥有类似蛋白的蛋白家族似乎是很多性别分化的基础。

16.5.2　线虫的 mRNA 翻译和细胞谱系调节

在许多动物物种中，胚胎的早期发育包括细胞或者细胞群被隔成不同的细胞谱系，每个细胞谱系将会形成成年期不同的组织。在秀丽隐杆线虫中，研究人员已经对该细胞谱系决定过程有了深入理解。成年秀丽隐杆线虫包含约 1000 个体细胞（其中 1/3 是神经细胞），性腺中有相似数目的生殖细胞。秀丽隐杆线虫构造简单、繁殖快、身体透明，是研究胚胎发育的得力模式生物。英国剑桥医学研究所分子生物学实验室的 John E. Sulston 经过一系列的仔细研究，绘制出了秀丽隐杆线虫的所有细胞谱系图谱，对那些影响或者延长细胞谱系的突变进行了系统的基因筛查，为细胞系命运决定的遗传控制提供了大量信息，秀丽隐杆线虫在弄清 RNA 水平的转录后调控方面的作用尤其重要，在这里，我们将会介绍两种机制：①通过 mRNA 结合蛋白来控制翻译；②miRNA 控制基因表达。

延伸阅读 16-2：模式生物——秀丽隐杆线虫

➤ **秀丽隐杆线虫：研究细胞谱系和命运决定的模板**

在过去 30 年，对秀丽隐杆线虫的研究（图 16-27），大大推进了我们对细胞谱系遗传调控机制的理解。秀丽隐杆线虫透明而简单的结构，使得 Sydney Brenner 提出把它作为一种模式生物。成年秀丽隐杆线虫包含约 1000 个体细胞，以 John E. Sulston 为代表的科学家，已经对形成秀丽隐杆线虫的全部体细胞谱系进行了精细定位。

一些线虫的细胞谱系决定，如外阴细胞系的决定，是研究发育过程中诱导性相互作用的关键模式。细胞命运决定过程中，细胞间的信号诱导细胞命运转变和器官形成（图 16-28）。通过海量的遗传筛选已经发现了外阴形成过程中参与信号发射和信号转导的多种成分。

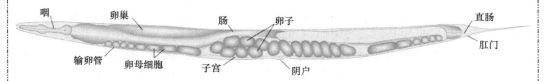

图 16-27 雌雄同体成年线虫中的各种器官示意图

(a) 从第1、2、3个细胞衍生的组织

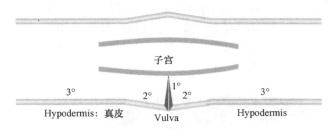

(b) 细胞谱系树

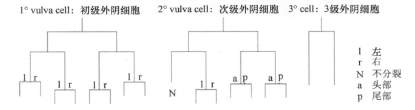

图 16-28 外阴细胞系的产生

（a）外阴的解剖结构由初级细胞、次级细胞和三级细胞占据。(b) 细胞分裂模式的差异决定了这三种细胞系

一些胚胎和幼虫细胞，尤其是那些形成神经细胞的祖细胞，通过细胞分裂产生 2 个子代细胞，其中一个细胞会进行程序性凋亡。由 Robert Horvitz 领导的科学家团队，通过对影响程序性凋亡的异常突变体筛选，发现了许多与多数动物细胞程序性凋亡信号通路共同的组分。Sydney Brenner、John E. Sulston 和 H. Robert Horvitz 由于在线虫当中的开拓性研究，分享了 2002 年的诺贝尔生理学或医学奖。

16.5.2.1 早期胚胎的翻译控制

首先，我们来看看一个细胞谱系是如何开始形成的。在两次细胞分裂后，线虫胚胎拥有 4 个细胞，叫作分裂球，每个细胞都将会开始一个不同的细胞谱系，这些分离的细胞谱系的子代细胞将会具有不同的细胞命运。在这一阶段，4 个分裂球的蛋白已经出现差异。根据我们所了解的知识，许多这些蛋白是工具蛋白，能够决定在子代细胞中哪些基因会表达。令人吃惊的是，编码一些线虫工具蛋白的 mRNA 在早期胚胎的所有细胞中都有表达。然而，在一个特定的细胞中，这些 mRNA 中只有一部分被翻译成蛋白质。因此，在线虫胚胎中，转录后调控对于早期细胞命运的决定起到重要作用。在首次细胞分裂中，受精卵的极性导致调节分子进入特定的胚胎细胞。例如，*glp-1* 基因编码一个膜受体蛋白（与果蝇和其他动物中的 Notch 受体相关），尽管 *glp-1* mRNA 在四细胞分裂球阶段的所有细胞中都有表达，但 GLP-1 蛋白仅在两个前部细胞 ABa 和 ABp 中被翻译[图 16-29（a）]。GLP-1 在特定位点的表达对于决定独特的细胞命运很重要，在四细胞分裂球阶段 *glp-1* 功能缺失突变改变了 ABa 和 Abp 子代细胞的命运。

GLP-1 在前部细胞表达，是由于其在后部细胞的翻译被抑制，GLP-1 的翻译需要 *glp-1* 的序列，具体来说是一个由 60 个核苷酸组成的空间控制区（SCR）。通过将由报告基因转录而来的 mRNA 与 SCR 的不同可变剪接体相连接，可使 SCR 的重要性得以体现。该区域的缺失或者重要位点的突变会引起报告基因在早期胚胎的 4 个分裂球中都有表达[图 16-29（b）]。

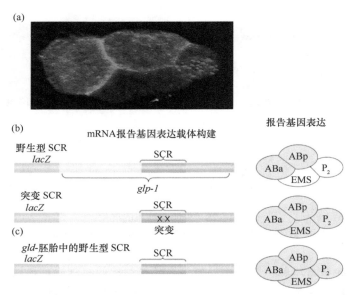

图 16-29　线虫胚胎早期发育中的翻译调节和细胞系决定

（a）在线虫胚胎四细胞阶段，GLP-1 蛋白只在两个前部细胞中（亮绿色）表达，而在后部的细胞中，*glp-1* mRNA 的翻译由 GLD-1d 蛋白调节。（b）把 *LacZ* 报告基因融合进 *glp-1* 的 3′ UTR，发现其在线虫胚胎四细胞阶段的 ABa 和 ABp 细胞（右侧，阴影区）表达。 空间控制区（SCR）GLD-1 结合位点的突变导致 EMS 和 P₂ 细胞系中的翻译激活。（c）在 gld-突变体当中，野生型 SCR 也没有 GLD-1 蛋白的结合，导致 EMS 和 P2 细胞系的翻译被激活

根据我们所掌握的转录调控知识，我们猜测可能有一个或更多个蛋白结合 SCR 区域来抑制 *glp-1* mRNA 的翻译。为了鉴定出这些抑制蛋白，研究人员分离了结合到 SCR 的蛋白质，其中 GLD-1 蛋白特异性结合到 SCR 区域，而且，GLD-1 在后部的分裂球中含量较高，而恰恰就在该部位 *glp-1* 的表达被抑制了[图 16-29（c）]。最后，通过 RNA 干扰的方式抑制 GLD-1 表达后，GLP-1 在后部的分裂球中也表达了，这一证据表明 GLD-1 是调控 *glp-1* 表达的一个转录抑制蛋白。GLP-1 翻译的空间调节仅仅是发育中翻

译调节或者被 GLD-1 调节的一个例子，在胚胎和生殖细胞系中许多其他的 mRNA 也在翻译水平上被调控，GLD-1 也结合到其他靶 mRNA 上。

16.5.2.2　在线虫和其他物种中 miRNA 调控发育的时序性

发育是一个在时间和空间上有序展开的过程。事件何时发生和在哪里发生同样重要。线虫异时基因（heterochronic gene）的突变是观察发育时序性调控的来源。这些基因的突变改变了细胞命运决定活动的时间点，使得这些活动重复发生或者不发生。对于异时基因产物的进一步研究，使人们发现了一个从未预料到的通过 miRNA 来调控基因表达的机制。

let-7 基因编码的 RNA 产物（miRNA）就是这一类调控分子的首批成员之一，它调节从晚期幼虫到成虫的细胞命运转变 [图 16-30（a）]。例如，在 *let-7* 突变体中，在成虫阶段幼虫的细胞命运被不断重复，成熟延迟；相反，增加的 *let-7* 基因剂量引起幼虫阶段成虫细胞的早熟。

let-7 基因不编码蛋白质，而是编码一个由 22 个核苷酸组成的短暂的成熟 RNA——miRNA，该 RNA 由大约 70 个核苷酸组成的前体 RNA 加工形成。成熟的 miRNA 与多种发育调控基因的 3′ UTR 序列互补，miRNA 与这些序列结合后阻止这些基因转录本的翻译。其中一个靶基因是 *lin-41*，它同样影响幼虫到成虫的转变，*lin-41* 突变导致成熟细胞命运的提早决定，表明 *let-7* 过表达效应至少部分是由 *lin-41* 表达效应造成的，*let-7* miRNA 通过几个非完全互补位点与 *lin-41* RNA 结合 [图 16-30（b）]。

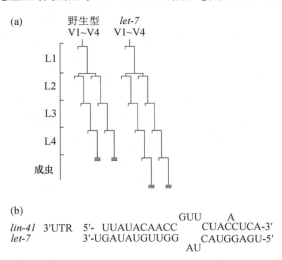

图 16-30　miRNA 控制发育的进程

通常，秀丽隐杆线虫经过 4 个幼虫阶段（L1～L4）后发育成熟。此图概述了表皮细胞系在幼虫 L4 期的发育情况。V1～V4. ventral midline cell, 腹部中线细胞，阿拉伯数字表示体节。(a) *let-7* 基因突变使线虫的 L4 期到成虫期延迟。(b) *let-7* 基因编码一种与 *lin-41* mRNA 3′UTR 互补的 miRNA

在线虫发育中发挥作用的 miRNA 远不止 *let-7* 基因一个，目前已经鉴定出上百个 miRNA，许多靶基因受到 miRNA 的调节。而且，该类调节型 RNA 的发现促使在其他基因组中搜寻此类基因。总的来说，在动物基因组包括人类基因组中已经检测到几百个候选 miRNA。

令人相当吃惊的是，*let-7* miRNA 在果蝇、海鞘、软体动物、环节动物以及脊椎动物（包括人类）的基因组中广泛保守，*lin-41* 基因同样保守，有证据表明 *let-7- lin-41* 相互作用同样调节其他物种发育过程的时序性。

最近，发现了 miRNA 调节发育基因表达机制，以及 miRNA 基因库所调控的系列靶基因。这类调节分子在发育生物学和生理学上的作用使遗传学家及生物学家非常兴奋，它们的出现开创了一个充满活力、快速发展的新领域。

16.6　从果蝇到手指、羽毛：个体工具基因的多重作用

我们已经了解工具基因和调节 RNA 在发育过程中扮演多重角色。例如，前面提到的 Ultrabithorax 蛋白抑制果蝇腹部肢端的形成，从而促进果蝇胸部后翅的发育；Sloppy-paired 蛋白和 Engrailed 蛋白参与了基本体节的构建，并且和 Hox 蛋白协作抑制肢端的形成。这些仅仅是工具基因在果蝇发育全过程中的一部分作用。大部分工具基因不止在一个时间和一个地点发挥作用，还可能影响幼虫或者成虫结构的发育或模式形成。那些调节基因表达的工具基因可能直接调控上百个不同基因的表达，一个独立工具基因（或者 RNA）通常在不同的环境具有不同的功能，这也是工具箱类似基因功能很多样化的原因，就如同一个木匠的工具箱，一套普通的工具可以打造许多构件。

为了更加形象地阐明这一规则，我们将观察一个工具蛋白在许多脊椎动物特征包括人类特征形成中的作用。这个工具蛋白就是果蝇 *Hedgehog* 基因在脊椎动物中的同源基因所翻译的蛋白，*Hedgehog* 基因首先由 Nüsslein-Volhard 和 Wieschaus 发现，为一个体节极性基因，它编码由果蝇细胞分泌的一个信号通路蛋白。

随着新证据的不断出现，工具基因在不同动物种类中变得很常见。果蝇工具基因如 *hedgehog* 的发现和鉴定，已经成为鉴定其他物种，尤其是脊椎动物工具基因的一个常用跳板。根据序列相似性克隆同源基因，曾经是搜寻脊椎动物工具基因的一个快速方法。这一策略运用到 *hedgehog* 基因上，显示了运用同源法发现重要基因的优点。目前已经从斑马鱼、小鼠、鸡及人类中分离了不同的 *hedgehog* 同源基因，基于果蝇基因命名法的原则，脊椎动物中的 3 个同源基因分别叫作 *Sonic hedgehog*（*Shh*）、*Indian hedgehog*、*Desert hedgehog*。

鉴定这些基因在发育过程中潜在作用的一个早期手段就是检测它们在何处表达。*Sonic hedgehog* 被发现在鸡胚和其他脊椎动物发育过程中的几个部位表达，非常有趣的是它在发育肢芽的后部表达 ［图 16-31（a）］。早在几十年前人们就已经知道该部位的肢芽是极性活性区（zone of polarizing activity，ZPA），因为它是负责建立肢端以及指（趾）头前后极的主导者。为了检测 *Shh* 是否在 ZPA 功能上起作用，Cliff Tabin 和他在哈佛医学院的同事将 Shh 蛋白在正在发育的鸡肢芽前部区域表达，他们观察到了和移植 ZPA 同样的效应，即产生相反极性的多余指（趾）［图 16-31（b）］。他们的结果强有力地证明了 Shh 是长期寻找的 ZPA 产生的形态发生素（morphogen）。

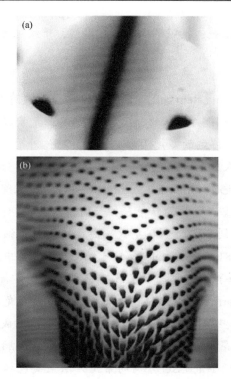

图 16-31　*Sonic hedgehog*（Shh）工具箱基因具有多重功能

Shh 基因在鸡胚的不同部位表达，包括两个发育肢芽的极性活性区和神经管（a），以及发育的羽毛芽（b）。
图中原位杂交显示 *Shh* mRNA

在鸡和其他脊椎动物中 Shh 蛋白还以其他有趣的模式表达。例如，Shh 在正在发育的羽毛芽中表达，起到建立羽毛形成的模式（pattern）和极性（polarity）的作用，Shh 还在脊椎动物胚胎正在发育的神经管中表达，表达的区域叫作基板（floor plate），随后的实验显示来自基板细胞的 Shh 信号对于大脑半球的分割，以及正在发育的眼睛分割为左右两边起到重要作用。当对小鼠进行突变使其 *Shh* 功能缺失时，大脑半球和眼部区域无法分开，所产生的胚胎是一个独眼巨人样，只有一个位于中间的眼睛和一个简单的前脑（它同样缺乏肢端结构）。

Shh 基因出色和多样化的作用，是工具基因在发育的不同部位和不同时间发挥作用的一个突出例子。Shh 信号通路的结果在每种情况下是不一样的，在正在发育的肢端，Shh 信号通路会诱导一套基因的表达；而在羽毛芽中诱导另外一套基因表达，在基板中则诱导另外一套基因表达。不同的细胞类型和组织是如何对同样的信号通路分子产生不同反应的？Shh 信号通路产生的效应取决于同时发挥作用的其他工具基因所提供的遗传背景。

延伸阅读 16-3：干细胞的特征

干细胞是一类能自我更新并具有分化潜能的未分化细胞。干细胞体外培养时形态上具有共同特征，如细胞为卵圆形或圆形，核质比大。按照发生学来源，干细胞可分为胚胎干细胞和成体干细胞；按照不同的分化潜能，干细胞可分为全能干细胞、多能干细胞和单能干细胞。

1. 胚胎干细胞

胚胎干细胞（embryonic stem cell，ESC）存在于胚胎发育初期，是从早期胚胎（囊胚期胚胎）或原始性腺中分离出来的一类细胞。ESC 是囊胚期内细胞团（inner cell mass，ICM）经体外培养得到的多能干细胞，它具有体外培养无限增殖、自我更新和多向分化的特性。通常人胚胎干细胞的来源主要有：分离自选择性流产得到的人类胚胎组织中的原始生殖细胞（primordial germ cell，PGC）、医院治疗不孕不育的夫妇剩余的胚胎，以及使用志愿者捐献的精子和卵子由体外授精产生的人类胚胎等。

ESC 的研究可追溯到 20 世纪 50 年代，由于畸胎瘤干细胞的发现，开始了 ESC 的生物学研究历程。1981 年，Evans 等第一次从小鼠胚胎中成功分离了"多能性细胞"，并将此细胞建系培养。他们揭示了该细胞具有自我更新和定向分化成超过 200 种成体细胞的潜能。Martin 以小鼠囊胚为实验材料，使用免疫外科手术法剥离、去除滋养外胚层细胞，获得 ICM，将其培养在饲养层小鼠胚成纤维细胞（STO）细胞上，使用的培养基为小鼠 PSA-1 条件培养基，得到小鼠胚胎干细胞（mESC），ESC 也是 Martin 首先定义的。小鼠 ESC 分离的常用方法主要包括以下几种：全胚培养法、ICM 培养法、延迟着床法、离散卵裂球法和 PGC 培养法。人 ESC 的常用分离方法有：机械剥离法、激光解剖法、免疫外科手术法和显微解剖法。ESC 形态特征类似于早期胚胎细胞，即细胞核质比高，有一个或多个突出的核仁。在抑制剂存在的条件下体外培养可使 ESC 大量扩增，快速增殖，增殖一代时间为 18～24h。ESC 是一种具有高度分化潜能的细胞，可以分化成原肠胚期的 3 个胚层（图 16-32）。将 ESC 进行同源动物的皮下注射，可以形成由不同组织细胞构成的畸胎瘤；将 ESC 注射进囊胚内，可以与囊胚完整融合，再把囊胚植入假孕受体鼠，可最终获得嵌合体小鼠，注入的 ESC 可参与嵌合体小鼠所有种类细胞的形成，包括生殖细胞在内，可进行种系间传递。

ESC 是再生医学研究领域中重要的种子细胞之一，与其他干细胞相比具有更低的免疫原性。ESC 不仅在医学领域具有重要的应用前景，它的应用几乎可以涉及生命科学的各个领域。关键的研究领域包括：药物研究、发育机制研究、作为细胞替代治疗新来源和新药研发。ESC 给生命科学和医学研究领域带来了诸多方便，应用前景广阔，但在临床应用方面仍有许多急需解决的问题，随着科学研究的不断深入，ESC 必将在科学研究和临床上得到更广泛的应用。

2. 诱导多能干细胞

在 Gurdon 等利用核移植技术获得小蝌蚪与英国科学家 Wilmut 等通过克隆技术获得克隆羊多莉之后，日本科学家山中伸弥等利用反转录病毒将 4 个转录因子（Oct4、

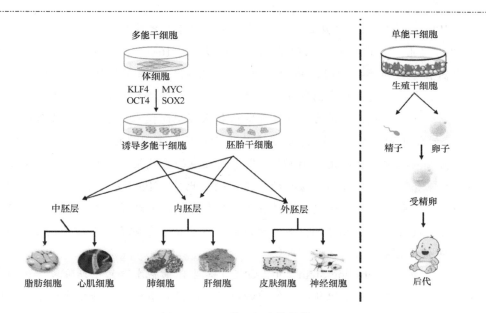

图 16-32　几种干细胞的比较

胚胎干细胞（ESC）、诱导多能干细胞（iPSC）和生殖干细胞（GSC：精原干细胞和雌性生殖干细胞）的特征及功能

Sox2、c-Myc 和 Klf4）转入小鼠胎儿或成年 MEF 小鼠胚胎成纤维细胞中，成功将其转变为诱导多能干细胞（induced pluripotent stem cell，iPSC）。该技术使用患者自身的细胞，得到了具有边界清晰、细胞核较大、核质比高且碱性磷酸酶染色呈阳性特征的 iPSC，将其注射到免疫缺陷小鼠的皮下或肌内可形成畸胎瘤。2009 年，中国科学家周琪等通过四倍体补偿技术获得 iPSC 来源的小鼠，说明 iPSC 具有与 ESC 相似的多能性。随后多位科学家利用体细胞重编程技术，分别获得了大鼠、人、牛和猪的 iPSC。虽然不同重编程体系的效率有所提升，但是诱导过程中细胞出现遗传或表观遗传的异常，这些异常降低了 iPSC 的质量，大大限制了它们在临床上的应用。随后在遵循重编程过程中染色质动态变化规律的基础上，从"开"和"关"的角度出发，结合基因表达谱分析，科学家开发出由 7 个转录因子（Sall4、Esrrb、Nanog、Glsi1、Jdp2、Kdm2b 和 Mkk6）组成的新型高效重编程因子混合剂，可快速将 MEF 小鼠胚胎成纤维细胞重编程为 iPSC。

　　然而，使用整合到细胞基因组中的病毒获得的 iPSC 存在致肿瘤的风险。为了解决这一问题，研究者改良了遗传方法，获得了具有降低潜在风险的 iPSC。例如，通过在 4 个重编程因子（Oct4、Sox2、Klf4 和 c-Myc）的 C 端引入一个精氨酸聚合体蛋白转导结构域，将重组重编程蛋白导入细胞中，可以获得较为安全的 iPSC。此外，利用小分子化合物，如 VPA、CHIR99021、616452、强内心百乐明（tranylcypromine）、FSK 与 DZNep，可以诱导 MEF 小鼠胚胎成纤维细胞转变为 iPSC。另外，临床级的 iPSC 也被开发出来了，可以在无动物源性的培养条件下分化为具有功能的细胞。因此，临床级的 iPSC 或许是未来临床试验或治疗以及药物筛选的最有价值的来源。

iPSC 可形成不同功能的细胞类型和类器官（图 16-32），如神经元、心肌细胞以及脑类器官等，为疾病治疗、药物筛选以及机制研究提供了体外模型。随着研究的不断深入，直接重编程和基因靶向技术的结合可用于疾病模型动物的治疗。例如，针对镰状细胞贫血小鼠模型，结合直接重编程和基因靶向技术，可以纠正模型小鼠的缺陷。这些动物实验表明，人 iPSC 也具有应用于人类再生医学的潜力。2017~2019 年，日本政府相继批准开展利用人 iPSC 分化得到相应细胞或组织治疗老年性黄斑变性、心力衰竭、脊髓损伤以及帕金森病的临床试验。此外，iPSC 也可用于动物生物技术，如利用猴、猪和犬等动物模型，获得遗传疾病患者缺乏的酶等，在未来可对濒危动物的保存起重要作用。由此可见，多能干细胞在再生医学等方面有着重要的应用前景。

3. 生殖干细胞

生殖干细胞（germline stem cell，GSC）是生殖细胞发育的早期阶段。生殖干细胞属于成体干细胞，它不但具有干细胞的特性，而且具有传递遗传信息的能力，即生殖细胞特性。生殖干细胞包括精原干细胞（spermatogonial stem cell，SSC）和雌性生殖干细胞（female germline stem cell，FGSC）两种类型。生殖干细胞的自我更新和分化对生物体的繁殖具有重要意义。

SSC 既可以通过自我更新产生新的精原干细胞，也可以持续分化产生精子，从而维持雄性整个生命过程中的精子发生。SSC 的数量非常少，仅占睾丸生殖细胞的 0.02%~0.03%。SSC 的自我更新主要由胶质细胞源性神经营养因子（glial cell linederived neurotrophic factor，GDNF）和成纤维细胞生长因子 2（fibroblast growth factor 2，FGF2）介导的 SSC 自我更新机制介导。在 SSC 自我更新中起重要作用的转录因子还有 Bcl6b、Plzf、Pou3fl、Egr2、Foxo1、Etv5、Id4 和 TAF4b 等。

相对于 SSC，FGSC 发现比较晚，因为传统的观点认为出生后哺乳动物卵巢中卵母细胞的数目不再增加，只会不断减少。然而，2009 年上海交通大学吴际教授实验室率先从出生后 5 天和成年小鼠的卵巢中分离出 FGSC。在体外合适的培养条件下，FGSC 能长期自我更新，移植至不孕小鼠卵巢内能发育成功能卵母细胞（图 16-32）。该发现揭示了出生后小鼠卵巢中存在 FGSC，吴际等提出了"成年哺乳动物 FGSC"这一概念。随后，国内外其他团队均纷纷报道 FGSC 的存在并阐明其功能，在小鼠、大鼠、猪、羊和人卵巢中均发现了 FGSC 的存在，这意味着出生后卵子发生现象普遍存在于雌性哺乳动物和女性中。

FGSC 定位于卵巢皮质近表面，类似于 SSC，具有产生成熟配子的能力。FGSC 为圆形或卵圆形，有较大的细胞核，而细胞质相对较少。细胞饱满透亮，具有很强的折光性，并且与 SSC 有着非常相似的生长方式。FGSC 的分离方法除机械力剪切外，主要利用两步酶（胶原酶和胰酶）消化法，而经两步酶消化法得到的细胞悬液，经

MVH（或 Fragilis）磁珠分选（magnetic activated cell sorter，MACS）或流式分选（fluorescence activated cell sorter，FACS）以及体外去除卵母细胞后得到 FGSC。稳定的培养体系对体外维持 FGSC 的增殖与特性非常关键。基础培养基、饲养层、细胞因子对 FGSC 的体外培养至关重要。FGSC 培养常用的细胞因子包括：GDNF、白血病抑制因子（leukemia inhibitory factor，LIF）、FGF2、表皮生长因子（epidermal growth factor，EGF），在这些因子中，GDNF 是生殖干细胞增殖的关键因子。

FGSC 的鉴定基于 SSC 和其他干细胞的相关研究，主要利用形态学、基因表达谱和功能分析。有趣的是，新分离的 FGSC 和 SSC 具有相似的形态学特征，包括细胞呈圆形或卵圆形、有较大的细胞核，而细胞质较少，细胞形态饱满透亮，折光性强。FGSC 和 SSC 的生长方式也非常相似。大多数 FGSC 在培养时呈现典型的葡萄状方式生长。FGSC 表达生殖细胞标志基因（*MVH*、*Fraggilis*、*Blimp-1*、*Dazl* 和 *Stella*）而不表达多能性相关基因（*Nanog*、*SSEA-1*、和 *Sox2*）。而且长期培养的 FGSC 保持正常的核型（40，XX）、碱性磷酸酶活性和雌性印迹。随着研究的不断深入，关于 FGSC 自我更新的研究取得了很大的进展，研究人员鉴定了一系列影响 FGSC 自我更新的基因和信号通路，如 Stpbc、Akt1、Akt3、PI3K-AKT、Hippo、Notch 等信号通路，并发现 FGSC 利用 DNA 甲基化抑制体细胞发育基因的表达来维持其特性。

细胞分化是 FGSC 的重要特征，Zou 等研究发现体外培养的成年哺乳动物 FGSC 移植于卵巢后可进入卵子发生途径，对雌性哺乳动物生育力维持和卵巢功能修复起重要作用。Lu 等研究发现 FGSC 移植能使因化疗而不孕的雌性小鼠获得生育能力。Guo 等研究发现出生后小鼠卵巢生殖干细胞在生理状态下亦具有增殖活性。Erler 等发现内源性的 FGSC 激活能产生卵母细胞并介导卵巢再生。

FGSC 的应用主要包括女性不孕症与卵巢疾病治疗、生育力保持、利用 FGSC 提高卵母细胞质量、构建基因编辑动物模型等。

16.7　发育与疾病

在果蝇、脊椎动物和人类中遗传工具箱基因的发现，对于人类疾病尤其是出生缺陷和癌症的遗传基础的研究有着深刻的影响。大量遗传工具箱基因突变被证实影响人的发育和健康，我们将介绍几个例子来阐明在模式动物中理解基因的功能和调节是如何影响对人类生物学理解的。

16.7.1　多指（趾）畸形

人类常见的一个综合征是手或者脚形成局部多余的或者互补的指（趾），这种情况叫作多指（趾）畸形（图 16-33）。大约每 10 000 个出生人口里就有 5～17 个患者，在非常严重的病例中，手和脚同时出现多指（趾）。多指（趾）症广泛存在于脊椎动物包括猫、鸡、小鼠和其他物种中。

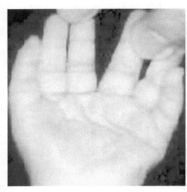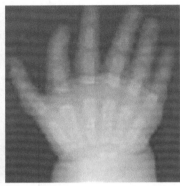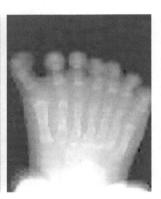

图 16-33　人的多指（趾）

Shh 基因突变导致多指（趾）症患者每只手有 6 个手指，每只脚有 7 个脚趾

Shh 影响指（趾）模式形成的发现使得遗传学家在多指（趾）人类和其他物种中检测 *Shh* 基因是否改变。事实上，某些多指（趾）突变是由 *Shh* 基因突变造成的，重要的是，这些突变并非发生在基因的编码区，而是位于距离编码区较远的顺式作用元件区域，这些元件调控正在发育的肢芽中 *Shh* 的表达。多指（趾）的产生是由于在肢芽末端原本不表达 *Shh* 的部位表达了 *Shh*，顺式作用元件的突变与编码区突变相比有两个重要的特性：首先，因为它们影响顺式作用元件，所以表型通常是显性的；其次，可能只有一个顺式作用元件受到影响，其余基因的功能都正常，多指（趾）症除了多指（趾）并没有其他的发育问题。然而，*Shh* 编码区突变就不同了，这是我们下一节要讨论的内容。

16.7.2　前脑无裂畸形

人类 Shh 编码区的突变已经被鉴定出来了，Shh 蛋白编码区突变的结果与一种叫作前脑无裂畸形的综合征相关，缺陷表现在脑的大小、鼻子的发育以及其他中线结构处，这些在人类中观察到的缺陷似乎没有小鼠中 *Shh* 纯合突变产生的发育缺陷严重。的确，临床中的儿童患者都是杂合突变，一个正常 *Shh* 基因拷贝似乎不足以维持正常的中线部位结构的发育（该基因是半不饱和型）。人类胚胎纯合 *Shh* 基因突变因为缺陷严重而很可能胎死腹中。

前脑无裂畸形并不是全部都由 *Shh* 基因突变引起的，Shh 蛋白是一个信号转导途径的配体。正如所料，该信号通路上其他因子的编码基因发生突变也会影响 Shh 信号通路的效率，也与前脑无裂畸形相关。人类 Shh 信号通路的几个组分最初是作为果蝇 Shh 信号通路的同源组分而被发现的，再一次表明遗传工具箱的保守性以及此模式系统对于生物医学研究的重要借鉴意义。

16.7.3　癌症作为一个发育疾病

在长寿的动物，如人类和其他哺乳动物中，发育并不是在出生时或青春期结束后就停止了。在成年期，组织和各种类型的细胞不断更新。许多器官的维持依赖于对一群细胞的生长和分化的调控，这群细胞将取代被丢弃或者死亡的细胞。组织和器官的维持一般由信号通路调控，这些信号通路中的一些组分的编码基因发生先天的或自发的突变后，会破坏组织的维持以及细胞增殖的调控。不受控制的细胞增殖是癌症的一个特征。因此，这种过度增殖的结果就会导致癌症的发生，癌症也是一种发育疾病，是一种正常发育过程发生扭曲的产物。

一些与人类几种类型癌症相关的基因，和动物遗传工具箱基因是共享的。例如，编码 Hedgehog 信号通路受体的 *Patched* 基因，它的突变除了导致遗传性发育异常如多指（趾）和前脑无裂畸形，还与多种癌症的发生相关。在 30%～40% 的显性遗传病——肋骨分叉-基底细胞痣-颌骨囊肿综合征患者中都具有 *Patched* 基因突变，这些患者极易发展成一种皮肤癌叫作基底细胞癌，这也极大地增加了髓母细胞瘤的发生概率，其是一种非常致命的脑癌。越来越多的癌症与信号通路的破坏相关，这些信号通路最早是在对果蝇模式突变基因的系统筛查中被发现的（表 16-2）。

表 16-2　一些遗传工具箱基因具有致癌作用

信号通路	信号通路组分		癌症类型
	果蝇基因	哺乳动物基因	
Wingless	*Armadillo*	*β-catenin*	结肠癌和皮肤癌
	D.TCF	*TLF*	结肠癌
Hedgehog	*Cubitus interruptus*	*Gli1*	基底细胞癌
	Patched	*Patched*	基底细胞癌和髓母细胞瘤
	Smoothened	*Smoothened*	基底细胞癌
Notch	*Notch*	*hNotch1*	白血病和淋巴癌
EGF 受体	*Torpedo*	*C-erbB-2*	乳腺癌和结肠癌
Deacpentaplegic/TGF-β	*Medea*	*DPC4*	胰腺癌和结肠癌
Toll	*Dorsal*	*NF-κB*	淋巴癌
其他	*Extradenticle*	*Pbx1*	急性前 B 细胞白血病

信号通路基因的突变与人类癌症之间联系的发现极大地促进了癌症生物学的研究和新疗法的发展。例如，30% 的杂合子小鼠 *Patched* 基因的靶向突变会形成髓母细胞瘤。因此，这些小鼠成为人类疾病生物学和治疗测试平台的一个优秀模型。许多最新的、正在使用的抗癌药事实上都是靶向特定类型肿瘤的信号通路蛋白组分。

平心而言，就算是最乐观和最有远见的研究人员也没有预料到果蝇遗传工具箱的发现会对理解人类发育和疾病产生如此深远的影响。但在如今的基础遗传学研究中，如此巨大而且超出预估的红利变得很常见。基于遗传工程的药物、用于诊断和治疗的单克隆抗体、司法 DNA 鉴定，这些看似不相关的检测却有着相同的源头。

总　　结

在第 14 章中，我们提到 Jacques Monod 和 François Jacob 的妙语总结"在大肠杆菌中的规律同样适用于大象"。现在我们已经观察到线虫、果蝇、小鼠和大象的发育调控过程,这个原理仍然是正确的吗?如果 Monod 和 Jacob 指的是序列特异的调节蛋白调控基因转录这一原理,我们已经看到细菌 Lac 抑制子和果蝇 Hox 蛋白的确以相似的形式发挥作用,而且,它们的 DNA 结合蛋白具有相似的模块。Monod 和 Jacob 的根本观点是关于细菌生理中基因转录的核心调控作用,以及他们预期这一调控作用对复杂多细胞生物体的细胞分化和发育也适用。他们的这一观点已在动物发育遗传调控的多个方面被证实是正确的。

然而,单细胞和多细胞真核生物中的许多特征在细菌及其病毒中都没有。遗传学家和分子生物学家在真核生物中发现了内含子、RNA 可变剪接、远端和多重顺式作用元件、染色质、miRNA 的功能等。尽管如此,发育的基因调控最核心的仍然是基因表达的差异调控。

本章概述了在果蝇和其他动物模型中基因表达与发育调控的逻辑和机制。我们集中介绍了在发育过程中的动物遗传工具箱基因,以及构成躯体计划的主要特征的调控,这些躯体计划包括体轴、体节和体节属性。尽管我们仅在部分物种中深入研究了数量有限的调控机制,但这些调控逻辑和机制的相似性,使我们总结出一些关于发育基因调控的一般原则。

1)尽管动物在外观和解剖结构上存在巨大差异,但它们拥有相同的一套控制发育的工具基因,这些工具基因是整个基因组的一小部分,大部分工具基因是调控转录因子和信号通路的组分。独立的工具基因通常具有多重功能,影响不同结构在不同阶段的发育。

2)生长中的胚胎和它的躯体部分的发育是一个时空上有序发生的进程。工具基因的表达划分了胚胎内的不同区域,然后在胚胎体轴方向再逐步进行精细划分。

3)基因表达的特定空间模式是组合调控的结果。基因表达的每个模式基于一个先前的基础,新表达模式的产生都是由先前模式的组合信号输入产生的。在本章提到的例子里,成对规则基因条纹的定位和肢端调控基因在特定体节的表达,都需要通过顺式作用元件,整合多种正向和反向调节输入信号来完成。

RNA 水平的转录后调控增加了基因表达调控的另一层特异性,RNA 可变剪接以及通过蛋白质和 miRNA 的翻译后调控,同样对工具基因表达的时空特异性调控起到作用。

组合调控对于工具基因功能的特异性和多样性是关键的。关于特异性,组合机制为基因表达限定在不同的细胞群体提供了途径,主要通过使用非特定细胞或组织类型的信号输入来完成。因此,工具基因在不同背景下的作用就很不同。多样性和组合机制为基因表达模式的无限多样性提供了途径。

4)顺式作用元件的模块性使得工具基因的表达和功能具有独立的时空特性,如原核生物和简单真核生物的操纵子与 UAS 作为基因表达生理调控的开关而发挥作用。工具基因的顺式作用元件则作为基因时空表达调控的开关。工具基因的显著特征是多种独立顺式作用元件的出现,这些顺式作用元件在发育的不同空间区域和不同阶段调控基因的表达。基因表达的独立时空调控特性使得独立的工具基因在不同背景中具有不同但特异性的功能。从这个角度来看,仅根据编码的蛋白质(或 miRNA)来描述特定工具基因的功能是不够的，或者说是不准确的，因为该基因产物的功能通常依赖于它所表达的背景。

（郭熙志）

练 习 题

一、例题

例题 1　Bcd 基因是一个母系效应基因，为果蝇前部发育所需。一个母系杂合缺失仅含一个拷贝的 Bcd 基因。利用 p 组件通过转化向基因组中插入克隆的 bcd⁺ 基因，从而获得具有额外 bcd⁺ 基因的雌性果蝇。果蝇的早期胚胎发育过程中形成一个压痕叫作头沟，与纵向的前后轴大致垂直。在只有一个单拷贝 bcd⁺ 的雌性果蝇后代中，头沟的位置非常接近最前端，大约位于身体前部 1/6 的位置。而在正常野生型二倍体果蝇（有两个拷贝的 bcd⁺ 基因）后代中，头沟的位置更靠后，大约位于胚胎长度前 1/5 的位置。拥有三个拷贝 Bcd⁺ 的雌性果蝇后代，头沟位置比野生型果蝇后代更加靠后。随着更多基因剂量的增加，头沟位置越来越靠后，当雌性果蝇的拷贝数达到 6 个时，头沟位于胚胎前后轴中部位置。从 Bcd 基因对于头尾模式形成的作用角度，解释头沟形成对于 bcd⁺ 基因的剂量依赖效应。

参考答案：胚胎的前后部位决定是由 Bicoid 蛋白的浓度梯度控制的。头沟发育依赖精确的 Bicoid 浓度，随着 Bcd⁺ 基因剂量（相对应的 Bicoid 蛋白浓度）的降低，头沟向身体前部转移，随着剂量的增加，头沟向身体后部转移。

二、看图回答问题

1. 在图 16-3 中，胚胎组织的特定区域移植到新的部位并发育。这些特殊的区域叫什么？它们产生的物质是什么？

2. 图 16-7 介绍了在动物发育过程中观察基因表达的两种不同方法，哪种方法能够检测一个蛋白质在细胞中的定位？

3. 图 16-9 阐述了在发育中的翅膀和平衡棒中 Hox 蛋白的表达。Hox 蛋白表达的位置与蛋白质缺失后产生的表型之间的关系是什么？

4. 在图 16-13 中，脊椎动物中 Hox 基因控制序列重复结构一致性的证据是什么？

5. 如图 16-17 所示，一个成对规则基因和体节极性基因的根本区别是什么？

6. 在表 16-1 中，控制模式形成的蛋白质的最普遍功能是什么？为什么会如此？

7. 在图 16-23 中，哪个裂隙蛋白调节 Eve 条纹 2 的尾部和边界？描述它在分子层面如何发挥作用。

8. 如图 16-25 所示，有多少转录因子调控 Dll 基因的表达部位？

9. 如图 16-31 所示，*Sonic hedgehog* 基因在发育中的小鸡的多个部位表达。同样的，Shh 蛋白在每个组织中都表达吗？如果是，这些组织如何发育成不同的结构？如果不是，不同的 Shh 蛋白是如何产生的？

三、基础知识问答

10. 对于一个果蝇遗传学家而言，*Engrailed*、*Even-skipped*、*hunchback* 和 *Antennapedia* 是什么？它们之间有何不同？

11. 描述早期果蝇胚胎中 *Eve* 基因的表达谱。

12. 比较同源异形基因与成对规则基因的功能差异。

13. 当一个胚胎为裂隙基因 *Kr* 的纯合突变时，成对规则基因 *ftz* 的第四和第五条纹不能正常形成。当裂隙基因 *kni* 突变时，成对规则基因 *ftz* 的第五和第六条纹不能正常形成。解释这些关于体节数在胚胎中是如何建立的。

14. 哺乳动物的一些 *Hox* 基因表现出与昆虫的某个 *Hox* 基因更相似。描述一个实验方法使你能够在活的果蝇的功能测试中阐明该发现。

15. 三个同源异形域蛋白 Abd-B、Abd-A 和 Ubx 由果蝇 *Bithorax* 复合物内的基因编码。在野生型胚胎中，*Abd-B* 基因在后腹部表达，*Abd-A* 在中腹部表达，*Ubx* 在前腹部和后胸部表达。当 *Abd-B* 基因被敲除时，*Abd-A* 在中腹部和后腹部都有表达。当 *Abd-A* 被敲除时，*Ubx* 在后胸部、前腹部和中腹部都表达。当 *Ubx* 被敲除时，*Abd-A* 和 *Abd-B* 的表达部位不改变。当 *Abd-A* 和 *Abd-B* 同时被敲除时，*Ubx* 在前胸和胚胎后部都有表达。从裂隙基因控制同源基因的最初表达模式角度考虑，解释这些发现。

16. 什么遗传测试能够让你判断一个基因是合子发育所需的或者它有无母系效应？

17. 考虑到果蝇中前后轴和背腹轴的形成，我们注意到，对于 *bcd* 这样的突变，纯合突变的母本都会产生体节缺陷的突变后代，无论后代自身是 *bcd*⁺/*bcd* 还是 *bcd*/*bcd*。而其他一些母系致死突变则不同，这些致死突变表型能够被从父本获得的野生型等位基因回救。换言之，对于这些可被拯救的母系效应致死因子，*mut*⁺/*mut* 动物是正常的，而 *mut*/*mut* 动物具有突变缺陷。解释可被拯救和不能被拯救母系效应致死突变之间的区别。

18. 假设你分离了一个影响果蝇胚胎前后轴类型的突变，发育中的突变幼虫的体节每隔一段出现缺失。

a. 你会考虑该突变是一个裂隙基因、一个成对规则基因、一个体节极性基因或者一个体节属性基因中的一个突变吗？

b. 你克隆了一段包含 4 个基因的 DNA 片段，你如何利用在野生型胚胎中这 4 个基因 mRNA 的空间表达谱来鉴定出哪个基因可能发生了突变？

c. 假设你已鉴定出候选基因，如果你在一个裂隙基因 *Krüppel* 纯合突变的胚胎中检测到该候选基因 mRNA 的空间表达谱，你觉得你能看到一个正常的表达谱吗？请解释。

19. Bicoid 蛋白浓度梯度如何形成？

20. 在一个 *Bicoid* 纯合突变的雌性胚胎中，哪类基因表达是异常的？

a. 裂隙基因

b. 成对规则基因

c. 体节极性基因

d. *Hox* 基因

四、拓展题

21 *eyeless* 基因为果蝇眼睛形成所需，它编码一个同源异形域。

a. 你预测 Eyeless 蛋白的生化功能是什么？

b. 你预测在发育过程中 *eyeless* 基因在哪些部位表达？你如何证明你的预测？

c. 小鼠的小眼基因和人类的无虹膜基因编码的蛋白质与果蝇的 Eyeless 蛋白具有高度相似性，它们因为影响眼睛发育而得名。设计一个实验验证小鼠和人类的该基因在功能上与果蝇的 *eyeless* 基因是否一致。

22. X 基因在小鼠的脑、心脏和肺都有表达。影响这三个组织中 X 基因功能的突变位于该基因编码区 5′ 端的三个不同区域（A、B 和 C）。

a. 解释这些突变的本质。

b. 绘制一个与前述信息相一致的 X 基因位置图谱。

c. 你如何测试 A、B 和 C 三个区域的功能。

23. 为什么小鼠 *Sonic hedgehog* 基因的突变为显性并且可存活？为什么编码区突变引起缺陷的范围更大？

24. 出现在果蝇双性别基因中的一个突变抑制 Tra 结合到 *dsx* RNA 转录本上，这一突变对于雄性 Dsx 蛋白表达的影响是什么？对于雌性的影响又如何？

25. 你分离了一个线虫的 *glp-1* 突变，该突变导致编码空间控制区的 DNA 片段丢失。在一个杂合突变的四细胞胚胎中 GLP-1 蛋白表达类型是什么？在纯合突变中又是如何？

26. 评价 Monod 和 Jacob 的"在大肠杆菌中发现的任何理论都适用于大象"论述的正确性。

27. 比较动物 Hox 蛋白和 Lac 抑制子的结构与作用机制，它们在哪些方面相似？

第17章

基因组与基因组学

学 习 目 标

学习本章后，你将可以掌握如下知识。

· 描述如何获得生命体完整 DNA 序列信息，掌握其测序、分析、组装的完整策略。

· 掌握基因组 DNA 的功能单元，阐明其生物信息学分析和分子生物学实验鉴定方法。

· 了解基因组在精准医学中的作用。

· 了解如何通过比较基因组学研究揭示不同种属间的基因差异。

· 了解如何通过基因序列信息获得特定基因功能的反向遗传学研究策略。

"塔克拉玛干最后的守望者"生存之谜

目前，野生双峰驼（*Camelus bactrianus ferus*，图 17-1）数量不足 1000 头，其栖息地缩小到目前塔克拉玛干沙漠边缘的罗布泊戈壁和阿尔金山北麓等几处狭小的干旱地区，被誉为"塔克拉玛干最后的守望者"，其珍贵程度不亚于大熊猫。

图 17-1　生存在极端寒冷与干旱气候中的野生双峰驼

20 世纪末，基因组学（genomics）研究的兴起，为全面考查生物的遗传特性提供了解决方案。2012 年，由上海交通大学农业与生物学院孟和教授领衔，内蒙古农业大学、中国科学院上海生命科学研究院、南开大学等 33 个研究单位组成项目组，对一头 8 岁的雄性野生双峰驼及一头 6 岁的雄性家养阿拉善双峰驼进行全基因组序列测定和系统分析。结果表明，双峰驼全基因组大小为 2.38Gb，共编码 20 821 个基因；系统进化分析显示，双峰驼与牛遗传关系最近；与牛相比，双峰驼糖类与脂类相关的能量代谢基因处于加速进化状态，特别是胰岛素通路及脂肪代谢因子相关基因的适应性进化，可能可以解释双峰驼高胰岛素抗性，以及在沙漠中脂肪存储及使用的特性；与野生双峰驼相比，在人工选择的情况下，家养双峰驼嗅觉相关的基因杂合率显著降低，而野生双峰驼则保持着嗅觉基因较高的杂合率，可能使其在恶劣环境下采食特性保持了丰富性，更有利于其生存。对全基因组的分析还发现双峰驼细胞色素 P450 超家族中的 CYP2J 的编码基因有 11 个拷贝，远高于其他哺乳动物，而由 CYP2J 参与代谢的产物能显著舒张血管、调节血压，可能解释了双峰驼在只饮用盐碱水的情况下仍能保持血压正常。通过基因组分析也解释了双峰驼抗体具有天然单重链的原因。

双峰驼全基因组图谱的成功绘制和破译，为解释其在极端环境下生存能力的分子机制提供了重要参考，并对野生骆驼保护和家养骆驼品种改良起到重要的指导和积极的推动作用。

引　言

基因组（genome）一词是 1920 年德国汉堡大学 Hans Winkles 博士由基因（gene）和染色体（chromosome）组合而成的，意为染色体上的全部基因，泛指一个有机生命体、病毒或细胞器的全部遗传物质。从细胞遗传学角度来看，基因组是指单倍体细胞中包括编码序列和非编码序列在内的所有 DNA。而基因组学（genomics）的一般定义是研究基因组的科学，最先于 1986 年由美国约翰•霍普金斯大学的遗传学家 Victor McKusick 提出。基因组学以测序和生物信息学（bioinformatics）分析为主要技术手段，以生物体内基因组的全部基因为研究对象，从整体水平上探索全基因组在生命活动中的作用和内外环境响应机制。

"生命是序列的（life is of sequence）"，生物体遗传特性的所有信息都蕴藏在 DNA 的核苷酸序列中。基因组学，从全基因组的整体水平而不是单个基因水平，研究生命体这一具有自身组织和装配特性的复杂系统，认识生命活动的规律，因此更接近生物的本质和全貌。

传统的遗传学研究往往首先筛选影响某些可观察表型的突变体，并且通过这些突变体的表征鉴定引发表型的基因，进而研究其相关 DNA、RNA 和蛋白质的序列及功能。相反，以生物体完整 DNA 序列为基础的基因组学研究既可以从表型到基因，也可以从基因到表型展开双向研究。基因组序列信息研究揭示了许多未从经典突变分析中检测到的基因，而通过这些以前未鉴定的基因，遗传学家可以系统地研究其作用和功能。现在，基因组和基因组学分析已广泛应用于生物学研究的各个方面。从进化的角度来看，基因组学提供了生物在地质时期如何分化和适应的详细图谱；在人类遗传学中，基因组学提供了新的方法来定位导致许多遗传疾病的基因；模式生物的基因组学研究加速了基因鉴定、基因功能分析和基因组非编码元件的表征；全面分析所有基因产物的生理、病理作用正在推动临床医学和精准医学的飞速发展。

基因组学研究主要包括两方面：以全基因组测序为目标的结构基因组学（structural genomics）和以基因功能鉴定为目标的功能基因组学（functional genomics）。人类基因组计划（Human Genome Project，HGP）是结构基因组学的代表，已经揭示了包含 30 亿个碱基对的 DNA 序列信息。在此基础上，提出了以下问题：人类基因组包含多少个基因？它们是如何分布的？基因组的哪些部分是编码序列？基因组的哪些部分是调控序列？人类的基因组与其他动物的基因组有何相似之处？如何阅读在完整基因组序列中加密的信息？等等。

从 20 世纪 90 年代开始，基因组学相关进展令人震惊。1995 年，流感嗜血杆菌的基因组（1.8Mb）是第一个被测序的存活生物的基因组；1996 年获得了酿酒酵母的基因组（12Mb）；1998 年获得了秀丽隐杆线虫的基因组（100Mb）；2000 年获得了黑腹果蝇（*Drosophila melanogaster*）的基因组（180Mb）；2001 年获得了人类基因组（3000Mb）的草图；还有 2005 年绘制了我们最亲密的近亲黑猩猩的基因组草图。到 2013 年底，已破译了近 27 000 种细菌基因组的序列，以及超过 6600 种真核生物（包括真菌、植物和动物）的基因组序列。

毫不夸张地说，基因组学已经彻底改变了基因分析的方式，并开辟了新的研究途径。到目前为止，大多数遗传分析都采用正向分析遗传和生物过程的方法。也就是说，首先要筛选可能影响某些可观察表型的突变体，然后对这些突变体进行表征，最终可以鉴定出基因，并鉴定出 DNA、RNA 和蛋白质序列和功能。如果拥有生物体基因组的整个 DNA 序列，遗传学家就可以在两个方向上工作：从表型到基因，或从基因到表型。基因组序列揭示了许多经典突变分析未检测到的基因。遗传学家现在可以利用反向遗传学（reverse genetics）系统地研究这些以前未鉴定的基因的作用。而且，缺乏可观察表型的突变体已不再是对生物体进行基因研究的障碍。实验分析的前沿已经远远超出了数量有限的长期探索的模式生物的范围。

在人类遗传学中，基因组学提供了新的方法来定位导致许多遗传疾病的基因。人们期待已久的基因组学将影响临床医学的理想现在已经成为现实。1964 年，常州市第一人民医院吴松寒医生收治了两例因过量服用中草药木通导致急性肾衰竭的患者，首次报道了含马兜铃酸的植物可能会对肾健康产生威胁。之后国内外相继报道类似病例。除对肾功能造成严重影响外，有研究发现马兜铃酸还会导致尿路上皮癌，2012 年国际癌症研究机构（International Agency for Research on Cancer，IARC）将马兜铃酸及含马兜铃酸的植物列为 I 类致癌物。近年来，马兜铃酸与肝癌的关系引发热议，尤其我国是"肝癌大国"，每年约有 46 万新患者，占全世界新发肝癌患者的 55%，肝癌的发生是否与马兜铃酸有关还没有定论。

黄曲霉毒素 B_1 是公认的肝癌致癌物，诱导基因产生 C（胞嘧啶）>A（腺嘌呤）/G（鸟嘌呤）>T（胸腺嘧啶）的特征突变。2012 年，上海交通大学韩泽广教授带领团队对

10 例肝癌样本进行外显子组测序（exome sequencing），共发现 300 多个基因发生突变。经统计，除 5 例样本存在黄曲霉毒素 B₁ 有关的 C>A/G>T 特征突变谱外，在另 4 例样本中检测到新的 A>T/T>A 特征突变谱。在当时 A>T/T>A 特征突变谱还未被定义。2013 年，新加坡、中国和美国的研究人员报道在马兜铃酸暴露的尿路上皮癌患者的基因组数据中发现 A>T/T>A 特征突变谱，证实这一突变特征为马兜铃酸指纹。这一重要发现更加坚定了韩泽广教授团队继续深入探究并回答马兜铃酸是否会导致肝癌这一科学问题。经过 4 年的努力，研究人员建立了马兜铃酸诱导小鼠肝癌模型，发现马兜铃酸的确会直接导致小鼠肝癌的发生：单独使用多种剂量马兜铃酸均可引起小鼠肝癌（注射后 9～12 个月发生），并且马兜铃酸剂量越大，引起肝癌的时间越短，肿瘤越大。此外，在肝癌患者和小鼠肝脏内均检测到马兜铃酸-DNA 加合物：62 例患者肝组织样本中有 16 例（26%）存在马兜铃酸-DNA 加合物，说明肝癌患者存在马兜铃酸暴露；在注射马兜铃酸 12 个月后，小鼠肝脏内的加合物仍然存在，说明一旦有马兜铃酸暴露，马兜铃酸就会对基因组 DNA 造成持续损伤，显著增加肝癌发病风险。最终，研究人员借助外显子组测序技术发现，肝癌患者和小鼠基因组均具有典型的 A>T/T>A 特征突变谱，并导致了关键癌基因 *Hras*（Q61L，CAA>CTA）激活突变；中国肝癌患者有较大比例（26%）出现典型 A>T/T>A 特征突变谱,可引起多个重要肿瘤相关基因突变,尤其特异性地引起 *TP53* 和 *JAK1* 一些位点突变（图 17-2）。至此，研究人员提出马兜铃酸这类具有遗传毒性的化学致癌物，能够通过与基因组 DNA 结合形成加合物，诱导基因产生突变，导致肿瘤发生概率大大增加，是人类肝癌主要危险因素之一。

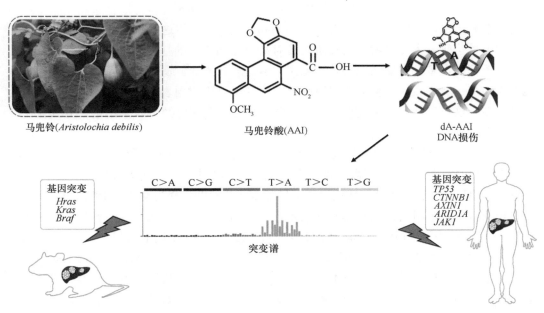

图 17-2　马兜铃酸导致肝癌的基本分子遗传学机制

图中 dA 是腺嘌呤脱氧核糖核苷酸，马兜铃酸是在 DNA 的腺嘌呤上发生加合反应

在不远的将来，基因组序列就会成为患者病历的标准组成部分，成为临床医生的重

要参考。对模式生物及其亲缘生物基因组序列的研究大大加快了基因鉴定、基因功能分析和基因组非编码元件表征的速度。对所有基因产物的生理作用进行全面的全基因组范围分析的新技术正在推动系统生物学等新领域的发展。此外，从进化的角度来看，基因组学提供了相关生物在各个地质时期如何演化和适应的详细视图。

DNA 序列是了解基因组及其组成部分的结构、功能和进化的基因组分析的起点。在本章中，我们将重点介绍基因组分析的三个主要方面。

生物信息学，对整个基因组信息内容的分析，此信息包括基因和基因产物的数量与类型，以及 DNA 和 RNA 上结合位点的位置、数量和类型，这些结合位点允许在正确的时间和地点产生功能性产物。

比较基因组学（comparative genomics），比较近缘物种的基因组，以提供进化视野；比较正常组织和病变组织的基因组，为理解疾病病理机制和寻找新疗法提供依据。

功能基因组学，包括反向遗传学在内的多种方法的使用，以了解生物过程中基因和蛋白质的功能。

17.1 基因组学革命

自 20 世纪 70 年代以来，随着重组 DNA 技术的发展，研究人员通常一次可以对一个基因进行克隆和序列分析，然后就能根据经典的突变分析方法发现该基因的功能。然而，从经典遗传图谱的基因座上分离编码基因以确定其序列的步骤耗时耗力。到了 20 世纪 80 年代，很多科学家意识到组成大的研究团队可以齐心协力地克隆和测序所选生物的整个基因组，然后通过基因组计划（genome project）将这些克隆和序列以公开资源的形式提供给研究人员参考。当科研人员对某个已知序列的基因产生兴趣时，他们只需要找出该基因在基因组图谱上的位置即可对其进行比对、同源性分析及功能预测。与从头克隆和从头测序相比，基于基因组图谱的研究可以更快地表征一个基因，但在当时的情况下完成这一工作可能要花费数年的时间。现在，人们已经可以采用这种方式在所有的模式生物上进行基因分析。

人类基因组计划彻底改变了人类遗传学。人类基因组序列的分析以及对患者及其亲属基因组序列的测定，可极大地帮助我们确定致病基因。同样，比较正常组织和患病组织（如肿瘤）中的基因序列，为理解疾病过程提供了重要的帮助，并为新疗法指明了道路。

获得整个基因组所需的基本测序技术已经在 20 世纪 80 年代实现（请参阅第 13 章），但是，对复杂基因组进行测序是一个工程项目。20 世纪 80 年代末期和 90 年代的基因组学是由大型研究中心发展起来的，这些研究中心可以将这些基本技术集成到工业级生产线中。这些中心开发了机器人技术和自动化技术，以执行组装复杂生物序列所需的数千个克隆步骤和数百万个测序反应。同样重要的是，信息技术的进步有助于对数据结果进行分析。

基因组测序的最初成功掀起了创新浪潮，这些创新带来了更快、更便宜的测序技术。现在，新技术可以在一个工作日内在一台仪器上获得超过 1000 亿个碱基序列。这个数字与获得第一个人类基因组序列的早期仪器相比，通量增加了约 100 000 倍，即一台机器一天就能完成过去一个研究中心数月完成的测序任务。

在信息技术的帮助下，研究人员开发出针对整个基因组进行实验的方法，而不是一次只对一个基因进行实验。基因组学还证明了收集大规模数据集以解决特定研究问题的价值。在本章中，我们将了解基因组学如何加速了解突变、重组和进化的动态过程。在本章的最后部分，我们将探讨基因组学推动基础遗传学和应用遗传学研究的一些方式。

关键点：表征整个基因组是理解生物的生理和发育过程所有遗传信息的基础，也是发现新的基因（如在人类遗传疾病中具有作用的基因）的基础。

17.2　获取基因组序列

当人们到达一个新的地方，首先要做的就是了解地形、绘制地图。对探险家、地理学家、海洋学家和天文学家来说，这种做法是必需的，对遗传学家来说，同样如此。遗传学家使用多种图谱来探索基因组的奥秘。最有力的例子就是基于等位基因的遗传模式绘制的连锁图和基于微观可见特征（如重排断裂点）位置绘制的细胞遗传学图谱。

最高分辨率的图谱是基因组的完整 DNA 序列，即 DNA 双螺旋的完整核苷酸序列。由于获得基因组的完整序列是生物学中一项前所未见的繁重工作，因此必须使用新策略，这些策略均基于自动化。

17.2.1　获得基因组序列的策略

获得基因组序列的方法是：①将基因组的 DNA 分子打碎成数以万计的随机小片段；②读取每个小片段的核苷酸序列；③通过计算找到序列相同的小片段之间的重叠；④继续重叠更大的片段，直到所有小片段都连接在一起（图 17-3）。这样，就会组装出基因组的完整序列。

为什么这个过程需要自动化？让我们考虑一下人类基因组，它包含大约 3×10^9 bp 的 DNA 或约 30 亿个碱基对（3000 兆碱基对= 3Gb）。假设我们可以从 24 条人类染色体（X 染色体、Y 染色体和 22 条常染色体）中纯化出完整的 DNA，将这 24 个 DNA 样品分别放入测序仪中，然后从一端直接读取到另一端来获取序列，那么获得完整的序列就像读一本包含 24 章的书一样简单，尽管一本这样长的书有 30 亿个字符（大约 3000 部小说）。不幸的是，能够通读这么长的 DNA 序列的测序仪是不存在的。

全自动的 DNA 测序技术是一门最新的技术。全自动测序技术基于桑格双脱氧末端终止法（在第 13 章中进行了讨论），在此基础上，还采用了多种化学和光学检测的方法。现有的方法在获得的 DNA 序列长度、每秒确定的碱基数和原始精度方面略有不同。根据研究目的的不同，在分析大型个体基因组序列或比较不同个体或物种的基因组序列时，需要选择一种可以综合速度、成本和准确性等各方面的方法。

各种测序方法每一个测序反应获得序列字母字符串的长度为 100～5000 个碱基。与单条染色体的 DNA 序列相比，这样的长度太短了。例如，单次读取的包含 300 个碱基的片段仅占人类最长染色体（约 3×10^8 bp）的 0.0001%，而仅占整个人类基因组的

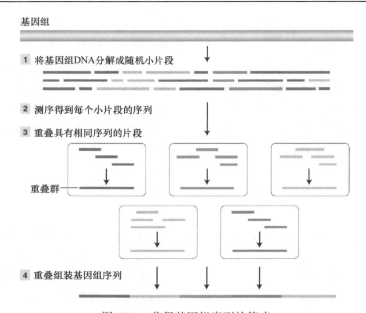

基因组

1 将基因组DNA分解成随机小片段

2 测序得到每个小片段的序列

3 重叠具有相同序列的片段

重叠群

4 重叠组装基因组序列

图 17-3 获得基因组序列的策略

为获得基因组的序列，DNA 被切割成小的片段并测序。测序所得的序列以已知序列为标准，
以重叠群的形式逐步组装成全基因组序列

0.000 01%。因此，基因组测序面临的一个主要挑战是序列装配问题，即将所有单个反应构建为基因组中 DNA 共有序列（consensus sequence）。

当我们从另一个视角来看待这些数字时，问题可能就比较严重了。与任何一种实验方法一样，全自动测序仪并不能提供完全准确的序列读长（read）。其实，与旧方法相比，更新的高通量测序技术产生错误的频率更高。错误率可能从小于 1%到高达 10%，具体取决于所用技术。因此，为了确保准确性，基因组计划通常会获得基因组中每个碱基对的许多独立序列读长，通过多重覆盖确保序列读取中的偶然错误不会使共有序列产生新的错误。

假设平均测序反应得到的 DNA 序列读长约为 100 个碱基，而人类基因组有 30 亿个碱基对，那么需要 3 亿个独立反应才能使每个碱基的平均覆盖率达到 10 倍。但是，并非所有序列都被均等地覆盖，因此所需的读取次数更多，要跟踪的信息量是巨大的。因此，基因组测序还需要自动化和信息技术方面的许多进步。

基因组测序的目标是什么？首先，我们努力从一个物种的单独有机体中获得一个一致的 DNA 序列，该序列可真实和准确地表示该有机体的基因组；然后，该序列将作为该物种的参考序列。我们现在知道，一个物种内不同个体之间，甚至单个二倍体个体内的母本和父本基因组之间的 DNA 序列都有许多差异。因此，没有一个基因组序列真正代表整个物种的基因组。尽管如此，基因组序列还是可以作为与其他序列进行比较的标准或参考，可以对其进行分析以确定 DNA 内的编码信息。

像书面手稿一样，基因组测序的精度范围从草稿质量（有大致轮廓，但有印刷错误、语法错误、空白、需要重新排列的部分等）到终稿质量（错误率很低）。在以下各节中，我们将研究产生草图和最终基因组序列装配的策略和方法。

17.2.2 全基因组测序

当前用于获取和组装基因组序列的一般策略称为全基因组测序（whole genome sequencing，WGS）。该方法通过将长染色质分成许多 DNA 短片段而确定各个片段组成的基因组 DNA 序列。迄今为止，获得大多数基因组序列的全基因组测序有两种方法，它们之间的根本区别在于如何获得和准备用于测序的 DNA 短片段以及所采用的测序方法。第一种方法依赖于微生物细胞中 DNA 的克隆，并采用了桑格双脱氧末端终止法，是用于测序第一个人类基因组的方法，我们将这种方法称为"传统 WGS"。第二种方法通常是采用新技术进行测序的无细胞方法，并且具有极高的通量（指每单位时间每台机器的读取次数），我们将这种方法称为"二代 WGS"。

17.2.2.1　传统 WGS

传统 WGS 从构建基因组文库（genomic library）开始，该文库是这些 DNA 短片段的集合，代表了整个基因组。这种文库中的 DNA 短片段已插入许多类型的辅助 DNA（如质粒、修饰的细菌、病毒或人工染色体）中，并在微生物（通常是细菌或酵母）中繁殖。这些带有文库片段的辅助 DNA 称为载体（vector）。

为了生成基因组文库，研究人员首先使用了限制性内切核酸酶切割纯化的基因组 DNA。有些酶的酶切位点很多，而有些酶的酶切位点较少。因此研究人员可以选择性地将 DNA 切割成较长或很短的片段。酶切后的 DNA 片段的两端都有短的 DNA 单链，辅助 DNA 也用限制性内切核酸酶切割，其末端与基因组 DNA 片段的末端互补，然后可以将每个片段连接至辅助 DNA 分子上。为了覆盖整个基因组，需要将基因组 DNA 的多个拷贝切成片段。通过这种方式，产生了数千个到数百万个不同的片段载体重组分子。

通过将重组分子引入细菌细胞来构建重组 DNA 文库。每个细胞吸收一个重组分子。然后每个重组分子在其宿主细胞的正常生长和分裂过程中复制，从而产生许多插入片段的相同拷贝，用于分析片段的 DNA 序列。由于每个重组分子都是从单个细胞扩增出来的，因此每个细胞形成一个克隆（有关 DNA 克隆的更多详细信息请参见第 13 章）。这样产生的克隆文库称为全基因组文库。因为序列读取是从全基因组文库中随机选择的克隆中获得的，所以没有任何关于这些克隆在基因组中位置的信息。

接下来，对来自全基因组文库克隆中的基因组片段进行测序。因为克隆插入物的序列是未知的（并且是测序的目标），所以测序引物是基于载体 DNA 的已知序列。这些引物用于指引测序反应进入插入片段。因此，可以对基因组插入片段一端或两端的短区域进行测序（图 17-4）。测序输出的是大量基因组短片段 DNA 序列的集合，通过匹配重叠的共有序列，将这些序列组装成覆盖整个基因组的共有序列。重叠序列被组装为序列重叠群（sequence contig）（图 17-3）。

17.2.2.2　二代 WGS

二代 WGS 的目标与传统 WGS 的目标相同，即获得大量可重叠成序列重叠群的 DNA

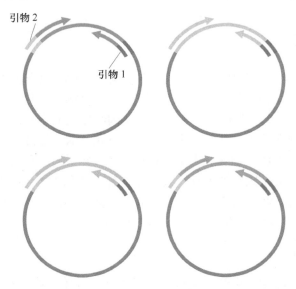

图 17-4　通过载体上的已知引物引导插入序列的测序
将序列插入载体，使用载体两端已知引物，指引测序反应进入插入片段

序列，但是所使用的方法与传统 WGS 在很多方面都有所不同。市面上有几种不同的系统用于二代 WGS，尽管这些测序的方法、化学反应和机器设计有所不同，但每个系统都采用了三种可显著提高产量的策略：①DNA 分子可在无细胞的反应体系中被测序，无须在微生物宿主中形成克隆；②在每次机器运行的过程中，可以分离出数百万计的单独 DNA 片段并进行测序；③先进的流体处理技术、图像识别软件使检测极小反应体积的测序产物成为可能。

由于基因组测序技术的发展日新月异，因此我们不描述每个二代系统。但是，我们将讨论一种广泛使用的利用这些策略的方法。454 是罗氏生命科学公司（Roche Life Science Corporation）开发的二代系统之一。该系统充分表明了遗传学家怎样实现高通量。454 测序可以分为三个步骤。

首先，基因组文库中的 DNA 分子被扩增成许多拷贝。不像传统 WGS 那样通过生长菌落而扩增，二代 WGS 基因组文库中的单个 DNA 分子被固定在一个珠子上，通过聚合酶链反应（polymerase chain reaction，PCR）扩增成许多拷贝，这样每个珠子附着许多相同的 DNA 片段。

其次，将每个珠子通过微流控系统单独分配到容纳测序反应的芯片上体积非常小的孔中（图 17-5）。

最后，使用焦磷酸测序对每个珠子上附着的 DNA 片段测序（图 17-6）。将 DNA 聚合酶和引物添加到孔中以引发互补 DNA 链的合成。4 种脱氧核苷酸 dATP、dGTP、dTTP 和 dCTP 分别以特定顺序依次流过所有孔。当添加的是与给定孔中模板链中下一个碱基互补的核苷酸时，将其掺入，反应释放出焦磷酸分子。同时也存在两种酶，即硫酸化酶和萤光素酶，可将焦磷酸信号转换为光信号（图 17-6），由特殊的摄像头检测。重复该反应至少 100 个循环，并整合所有循环中每个孔的信号，以生成每个孔的序列读长。

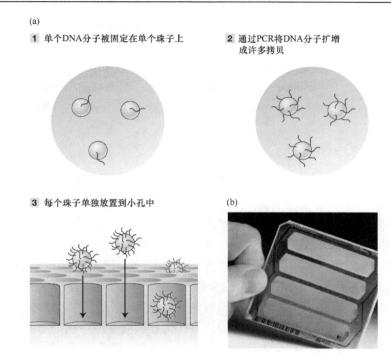

图 17-5 在芯片单孔中发生的焦磷酸测序（pyrosequencing）

（a）在 454 测序系统中，在制备的微小珠子上 PCR 扩增 DNA 用于测序。（b）在芯片上排列的小孔中进行焦磷酸测序。多孔的芯片和一个很小的反应体积使 DNA 的测序成本相当低

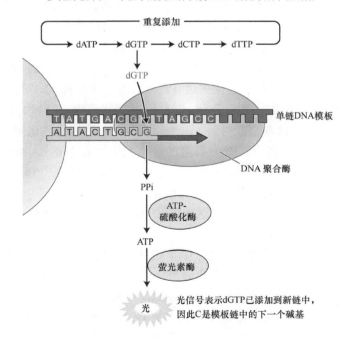

图 17-6 基于检测合成反应的焦磷酸测序

在焦磷酸测序过程中，有序地添加了核苷酸以形成单链模板的互补链，并对其进行了退火。该反应是在 DNA 聚合酶、ATP 硫酸化酶和萤光素酶存在的情况下进行的。通过 DNA 聚合酶掺入生长链中的每个核苷酸，释放出一个焦磷酸分子（PPi），并通过硫酸化酶转化为 ATP。萤光素酶催化产生萤光素，该反应利用了硫酸化酶产生的 ATP

其他广泛使用的平台，如 Illumina 系统和 Pacific Bioscience 系统，通过不同方式检测 DNA 的序列。Illumina 系统检测单个荧光标记的 dNTP 的掺入，而 Pacific Bioscience 系统检测被掺入单个固定 DNA 分子中的碱基。与 454 系统相比，Illumina 系统产生的短读长更多，而 Pacific Bioscience 系统具有比其他任何系统更长的单个读长的优势，但出错率更高。每种方法都是高通量的，可以同时运行数十万个至超过 100 万个反应。

17.2.3 基因组组装

无论使用哪种方法获得原始序列，挑战都在于将重叠群组装成整个基因组序列。该过程的难度在很大程度上取决于基因组的大小和复杂性。

例如，典型的细菌基因组 DNA 大小只有几兆碱基对，其基因组相对容易组装。细菌 DNA 本质上是单拷贝 DNA，没有重复序列。因此，从细菌基因组读取的任何给定 DNA 序列都将来自该基因组中的一个唯一位置。由于这些特性，细菌基因组内的重叠群通常可以以相对直接的方式组装成代表大部分或全部基因组 DNA 序列的较大重叠群。

对于真核生物，基因组装配的重要障碍是真核生物基因组存在大量重复序列，其中一些是串联排列的，而另一些则是分散的。为什么它们对基因组测序有阻碍？因为一个 DNA 测序读长可能适配于基因组中的许多地方，通常，串联重复序列总长大于一次读取的最大序列的长度。在这种情况下，分散的重复元素可能导致来自不同染色体或同一染色体不同部分的读长错误地排列在一起。

关键点：真核生物基因组包括各种重复的 DNA 片段，这些片段很难按顺序组装。

全基因组测序产生具有许多重复序列的复杂基因组的草图。例如，黑腹果蝇（*D. melanogaster*）的基因组最初是通过传统 WGS 方法测序的。该项目开始于对不同大小（2kb、10kb、150kb）基因组克隆文库的测序，从基因组克隆插入物的两端获得序列读长，并通过与细菌传统 WGS 相同的模式进行比对。通过这种模式，可以识别重叠序列，并按顺序放置克隆，从而产生序列重叠群，即基因组这些单拷贝序列的共有序列。但是，与细菌情况不同，黑腹果蝇重叠群遇到了一个重复的 DNA 片段，这阻止了重叠群毫无歧义地组装成整个基因组。唯一序列重叠群的平均大小约为 150kb。最大的挑战是如何以正确的顺序和方向将成千上万个这样的唯一序列重叠群组装在一起。

解决此问题的方法是在同一克隆中插入相邻重叠群的相对末端并进行序列读取，获得的这些读长称为配对末端读长。通过这一方法可以找到跨两个序列重叠群之间缺口的配对末端序列（图 17-7）。

配对末端读长中插入片段的一端是一个重叠群的一部分，而另一端是另一个重叠群的一部分，因此插入片段必须跨越两个重叠群之间的间隙，并且两个重叠群显然彼此靠近。由于每个克隆的大小都是已知的（也就是说，它来自一个包含大小一致的基因组插入物的文库，无论是 2kb、100kb 还是 150kb 的文库），因此最终读长之间的距离也可知。此外，通过使用配对末端读长比对两个重叠群的序列，可以自动确定两个重叠群的相对方向。以这种方式连接在一起的序列重叠群的集合称为支架［有时也称为超重叠群（supercontig）］。由于果蝇大多数重复序列较大（3~8kb），并且间隔较宽（大约每 150kb

重复一次），因此基于配对末端读长的组装技术在产生正确组装的单拷贝 DNA 序列中非常有效。图 17-8 给出了这种方法的逻辑摘要。

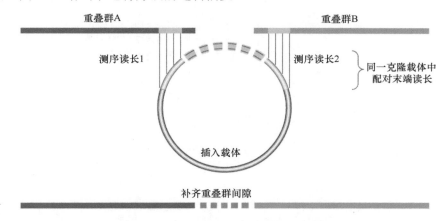

图 17-7 成对的末端序列可以将两个测序反应的重叠群合并在一起

可以使用成对的末端序列将两个测序反应的重叠群合并成一个单一的、有序的和定向的支架

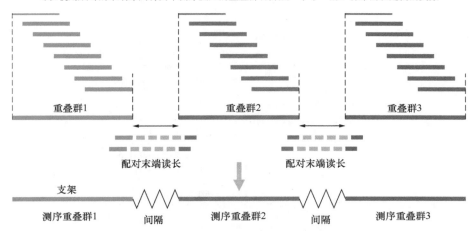

图 17-8 全基因组测序组装的策略

在全基因组测序中，首先使用唯一序列重叠来构建重叠群。然后使用配对末端读长来消除跨距和有序排列，并将重叠群定向为较大的单元（称为支架）

二代 WGS 同样存在重复序列和缺口的问题。由于二代 WGS 文库的构建方法与传统 WGS 不同，因此二代 WGS 研究人员必须设计一种无须在载体中构建基因组文库即可弥合这些缺口的方法。一种解决方案是建立所需大小的环化基因组 DNA 片段文库，通过在基因组 DNA 片段两侧连接接头序列形成环化 DNA 片段。这些环状分子的剪切以及包含接头的片段的扩增和测序产生的配对末端读长与传统基因组文库插入片段的测序结果相当（图 17-9）。

在传统和二代 WGS 的组装过程中仍然会有缺口。必须使用针对各个缺口的特定程序来填充序列组合中的缺失数据。如果缺口短，则可以通过使用装配末端的已知序列作为引物来扩增和分析其间的基因组序列，从而填补缺失的片段。如果缺口较长，则可以尝试将缺失的序列分离并克隆到载体中，然后对插入片段进行测序。

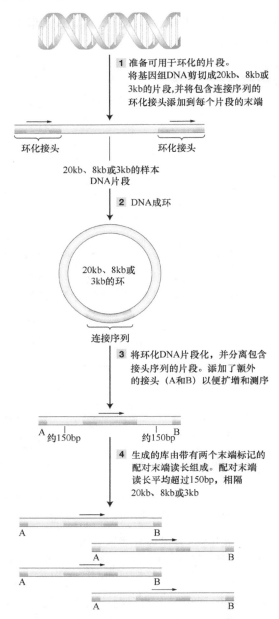

图 17-9 配对末端读长可以通过循环扩增产生

无须基因组文库的构建，即可产生用于高通量测序的配对末端读长。本图基于德国罗氏
生命科学公司 454 系统的配对末端方案

基因组是按"草稿"标准还是"成品"标准测序往往需要通过成本效益进行判断。创建草稿相对简单、便宜，但是很难得到完整的序列。

17.2.4 单分子测序

单分子测序（single molecule sequencing）通常被称为第三代测序技术。单分子实时

（single molecule real time，SMRT）测序是目前主流的第三代测序技术，由美国太平洋生物科学公司推出。它的基本原理是监测不同荧光标记碱基参与的 DNA 聚合酶链反应过程，从而判断 DNA 碱基序列。每一个反应池中只有一条 DNA 模板，因此称为单分子测序。聚合酶链反应过程连续不间断，非常类似于细胞中真实的 DNA 聚合酶链反应过程，因此称为实时测序。

　　SMRT 测序具有 3 个技术核心：一是，SMRT 测序所用的 DNA 聚合酶是从人体内分离并经过改造获得的，这种酶具有恒温扩增的特点，不像普通的 DNA 聚合酶那样会涉及变性和复性过程，目前测序反应速度为 2～3bp/s。二是，SMRT 测序技术的测序反应过程在被称为零模波导（zero-mode waveguide，ZMW）孔的独立空间内进行，每个测序反应之间互不干扰，有效地降低了背景信号。三是，SMRT 测序的荧光基团标记在碱基的磷酸基团上，DNA 在合成过程中，会自然地释放焦磷酸，这个时候标记在磷酸基团上的荧光会随着焦磷酸的释放而释放，因此 SMRT 测序是个连续的合成反应过程（图 17-10）。

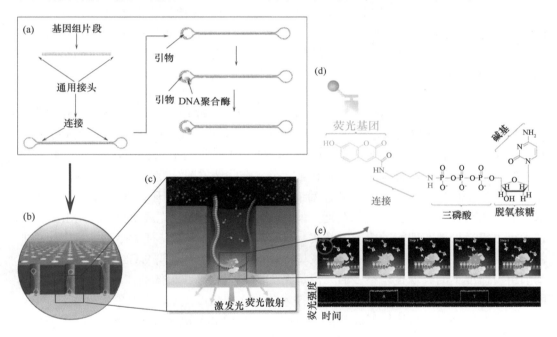

图 17-10　SMRT 测序的原理及流程

恒温扩增的 DNA 聚合酶、只容纳单分子的反应池（ZMW 孔）、碱基磷酸基团上的荧光标记，是 3 个技术核心。（a）PacBio 建库：① DNA 片段化；② 两端加上哑铃状接头；③ 与引物杂交；④ 连接 DNA 聚合酶。（b）① 连接 DNA 聚合酶的 DNA 模板随机落入测序芯片上的零模波导（ZMW）孔内；② DNA 聚合酶被锚定在 ZMW 孔底部。（c）① 激发光从玻璃底板射入 ZMW 孔；② 带有荧光基团的 dNTP 被激光激发荧光散射，信号被底部的相机收集。（d）荧光标记的三磷酸脱氧核苷酸。（e）① 4 种 dNTP 携带不同的荧光基团；② 从芯片玻璃底往上发射的激光在 ZMW 孔径处发生衍射，仅能照射 ZMW 孔底部区域。一个 dNTP 与 DNA 聚合酶反应时，会长时间停留在荧光激发区域，产生的光脉冲被记录下来，根据记录的波长和峰值识别该碱基；③ 随机扩散的 dNTP 因在激发区域停留时间较短，容易作为背景噪声被区分开。当存在甲基化之类的碱基修饰时，相邻碱基在 DNA 聚合酶上的反应时间变长，可通过测定相邻碱基的测序时长检测碱基修饰；④ 持续重复以上过程合成新的互补碱基

　　SMRT 测序有着非常鲜明的技术特点和优势：一是超长反应读长，平均反应读长可以超过 10kb，最长可达 100kb；二是高准确度，SMRT 测序产生的误差是随机的，而非

系统误差，增加覆盖度则测序准确率可以很快提高，达到 QV40（准确率 99.99%）或者 QV50（准确率 99.999%）水平；三是测序的均一性好，受碱基偏好性的影响较小；四是检测的是原始 DNA，无须 PCR 扩增，能够保持 DNA 天然状态，测序的同时可以获得表观遗传信息。

SMRT 测序目前最新的测序试剂可以实现平均反应读长大于 10kb，有一半以上的反应读长超过 20kb，最长可达 100kb。超长反应读长这个特性在实际应用中非常有用，一般有两种方法：一种方法是构建尽可能长的插入片段文库，以获得长的序列，有助于拼接和组装，通过对多个反应读长进行比对，获得一致性的长读长，这种方式在全基因组测序和组装、大片段结构变异检测方面经常使用；另外一种方法是构建较小的插入片段文库（这是 SMRT 测序独有的方式），DNA 聚合酶可以绕着这个目标片段进行多圈测序，最终通过同一个片段内不同反应获得的短读长（subread）间进行比对获得一致性读长，这种方式在检测稀有突变、稀有转录本、16S 微生物群落构成等方面用得较多。

我们知道，二代 WGS 的准确率为 QV30～QV50，因为检测的不是原始 DNA，需要 PCR 扩增，所以存在系统误差。而三代测序是单分子测序，无需 PCR 过程，它的碱基错误率是由随机误差导致的，可以通过增加覆盖度来纠正。SMRT 测序的单碱基测序准确率在 89%左右。随着覆盖度的增加，测序准确率快速增加，理论上超过 20 倍覆盖度就可以达到 QV40 水平。

SMRT 测序技术可以不受碱基组成（如高 GC/AT 含量）的影响，在基因组覆盖度上均一性良好。例如，与人的自闭症相关的一段基因，同时对其进行长读长的 SMRT 测序和二代 WGS 测序，SMRT 测序表现出更佳的测序均一性，而二代 WGS 受到 PCR 扩增的限制，均一性较差，有些地方数据高度冗余，有些地方覆盖度低，无法获得 GC 含量超过 85%区域的序列。又如，与急性髓细胞性白血病相关的基因，AT 含量高达 94%，基于 PCR 的二代 WGS 技术无法测通，即使测到一部分也无法完成拼接，而 SMRT 测序技术可以很轻松地实现均一覆盖。其实，具有高 GC/AT 含量特征的序列在基因组中非常常见。当 GC 含量在 50%左右，即碱基比较平衡的时候，二代 WGS 和 SMRT 测序在基因组覆盖度上的表现是差不多的。但是在 GC 含量很高和很低的情况下，二代 WGS 所呈现的覆盖度就很低，而 SMRT 测序技术的测序覆盖度受 GC 含量的影响非常小。

SMRT 测序可以直接检测碱基修饰信息。由于 SMRT 测序技术无须 PCR 扩增，检测的是原始的 DNA，因此保留了碱基修饰信息。根据合成过程中酶动力学特征，通过智能脉冲解码（intelligent pulse decoding，IPD）来判断碱基修饰信息。例如，发生甲基化的腺嘌呤，由于碱基修饰造成的空间位阻，胸腺嘧啶掺入并合成时停留的时间较长，在脉冲图谱上表现出来的是该碱基与相邻碱基的间距较长；而没有发生修饰的碱基，碱基掺入并合成的时间较短，相邻碱基之间的间距较小。SMRT 测序技术就是利用这种酶动力学反应特征来判断碱基修饰。

另外一种单分子测序的方法叫作纳米孔测序技术（nanopore sequencing technology），其原理是将蛋白质纳米孔固定在一层浸泡于电生理溶液中的电阻膜上，通过施加电压使离子电流通过纳米孔。遗传物质 DNA 或 RNA 分子被一个特制的马达蛋白牵引穿过纳米孔时会对电流产生干扰，此时电信号会随着通过纳米孔的碱基不同而发生特征性的改变,通过对该信号进行实时分析,可以确定正在通过该孔的 DNA 或 RNA 链的碱基序列。纳米孔发挥了一个读取器的作用。

纳米孔测序技术能够直接实时分析任意长度的 DNA 或 RNA 片段。其读长长度与制备的样本中 DNA 或 RNA 的长度直接相关,不受测序仪器的限制。用户可以根据实验选择适当的制备方法。与其他技术不同的是,纳米孔测序的数据结果可以在检测的同时进行实时传输,立即用于解读和分析(图 17-11)。

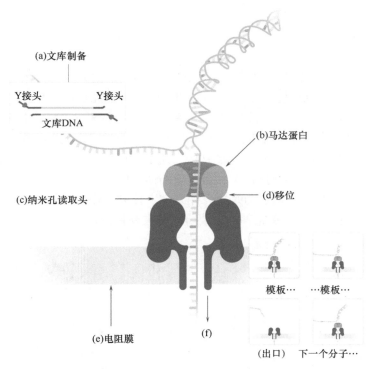

图 17-11　纳米孔测序工作原理

纳米孔能处理任意长度的 DNA 或 RNA 片段(如>2Mb 的 DNA 片段和>20kb 的 RNA 片段)。用户可以通过所使用的文库制备方案来控制片段长度。(a) 文库制备:片段的两端添加测序接头和马达蛋白;(b) 马达蛋白通过纳米孔控制 DNA 或 RNA 链的位置移动,一旦 DNA 或 RNA 通过,马达蛋白即分离,并且纳米孔准备好接受下一个片段;(c) 纳米孔读取头:DNA 或 RNA 片段通过纳米孔,位移过程中电流的波动可用于确定 DNA 或 RNA 序列;(d) 移位:模板链和互补链都携带马达蛋白,因此两条链都可以移动至纳米孔;(e) 为确保信号清晰,通过电阻膜让所有电流必须通过纳米孔;(f) 每个碱基通过纳米孔时会产生不同的电压

纳米孔测序可解析复杂的基因组区域,包括重复区域和结构变异,并且能获得更完整的基因组信息。通过选择 PCR、杂交捕获或基于 CRISPR/Cas9 等的富集策略,可对特定基因或感兴趣区域进行靶向测序。通过测序整个基因(包括外显子、内含子和启动子),可能在单条读长序列中挖掘到隐藏的变异。通过 DNA 和 RNA 直接测序,可在全长 RNA 读长序列中研究异构体、剪接变体和融合转录本,且能够在鉴定 DNA 核苷酸序列的同时检测表观遗传修饰,同时消除 PCR 带来的偏好性。纳米孔测序最快只需 10min 即可完成,通过实时分析可更快速地获得测序结果。

17.3　生物信息学：基因组序列的意义

　　基因组序列是高度加密的代码，包含用于构建和运行生命体的原始信息。对基因组信息内容的研究称为生物信息学。我们远不能像阅读书本那样从头到尾阅读这些信息。即使我们知道哪些三联体密码编码蛋白质中的哪些氨基酸，但是仅通过简单地阅读仍无法辨认出基因组中包含的海量信息。

17.3.1　DNA 信息的内容

　　DNA 包含的信息通常被认为是所有基因产物（包括蛋白质和 RNA）的总和。但是，基因组的信息内容比这更复杂，还包含不同蛋白质和 RNA 的结合位点。许多蛋白质与位于 DNA 上的位点结合，还有许多蛋白质和 RNA 与位于 mRNA 上的位点结合（图17-12）。这些位点的序列和相对位置允许基因在适当的时间、适当的组织中正确转录、剪接和翻译。调节蛋白结合位点决定了基因表达的时间、地点和水平。例如，在真核生物的 RNA 水平上，参与剪接的 RNA 和蛋白质的结合位点位置将决定内含子被去除的剪接位点。基因组中的信息可以认为是所有序列加上控制其作用时间和位置的结合位点的总和。随着基因组草图的不断完善，后续研究的主要目的是鉴定基因组所有功能元件，此过程称为注释（annotation）。

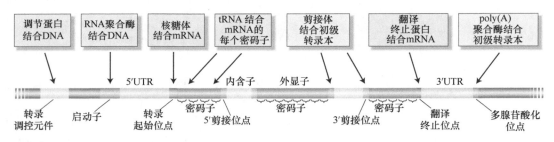

图 17-12　包括结合位点的基因组信息
可以将 DNA 中的基因视为蛋白质和 RNA 的一系列结合位点

17.3.2　从基因组序列推导蛋白质编码基因

　　由于细胞中存在的蛋白质在很大程度上决定了细胞形态和生理特性，因此基因组分析和注释的首要任务之一就是试图确定生物体基因组编码的所有多肽的清单，此清单称为生物体的蛋白质组（proteome）。为了确定多肽列表，必须推导基因组编码的每个 mRNA 的序列。由于内含子存在剪接，这一任务在以内含子为特征的多细胞真核生物中尤其具有挑战性。在人类中，一个基因平均约有 10 个外显子。此外，许多基因存在多种不同的外显子选择性剪接，即同一编码基因某些外显子包含在某些版本的成熟 mRNA 中，而其他版本的成熟 mRNA 中则不包含。不同的剪接方式使 mRNA 可以编码很多同源但氨基酸序列不同的多肽。即使我们有很多完全测序的基因和 mRNA 的例子，我们仍不能仅从 DNA

序列中高度准确地鉴定 5′和 3′剪接位点，选择性剪接也使外显子的预测更容易出错。由于这些原因，推测真核生物中编码多肽的清单是一个重大的挑战。

17.3.2.1　可读框检测

产生多肽列表的主要方法是对基因组序列进行计算分析来预测 mRNA 和多肽序列，这是生物信息学的重要组成部分。该过程是寻找具有基因特征的序列。这些特征包括适当的序列大小，去除可能的内含子后由有义密码子组成，适当的 5′端和 3′端序列（如起始密码子和终止密码子）。具有这些基因特征的序列称为可读框（open reading frame，ORF）。为了找到候选 ORF，计算机程序会扫描两条链上的 DNA 序列。

17.3.2.2　cDNA 序列的直接证据

鉴定 ORF 和外显子的另一种方法是对 mRNA 进行分析。首先合成与 mRNA 序列互补的 DNA 分子文库，即 cDNA 文库（请参见第 13 章）。建立 cDNA 文库需要在载体中克隆和扩增这些 cDNA 分子。但是，新的测序技术允许对短 cDNA 分子进行直接测序而无需克隆步骤［简称 RNA 测序（RNA-seq）］。无论采用哪种方法，互补的 DNA 序列在两个方面都非常有价值。首先，它们是基因组特定表达片段的直接证据；其次，由于 cDNA 与成熟的 mRNA 互补，因此 cDNA 已删除了内含子，这极大地促进了基因外显子和内含子的鉴定（图 17-13）。

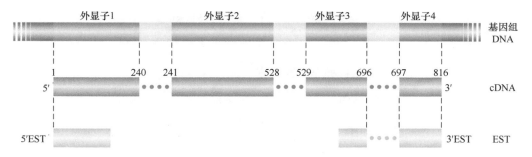

图 17-13　cDNA 与表达序列标签（EST）搜寻基因组中的外显子或基因

序列完全互补的 DNA（cDNA）、表达序列标签（expressed sequence tag，EST）与基因组 DNA 进行比对。虚线表示对齐区域；对于 cDNA，这些区域是该基因的外显子。cDNA 或 EST 片段之间的点指示基因组 DNA 中与 cDNA 或 EST 不对齐的区域，这些区域是内含子的位置。cDNA 线上方的数字表示 cDNA 序列的碱基坐标，其中碱基 1 是 5′端最末碱基，碱基 816 是 3′端最末碱基。对于 EST，仅从相应 cDNA 的每个末端（5′端和 3′端）获得短的序列读长。这些序列读长建立了转录本的边界，但它们并不能提供有关转录本内部结构的信息，除非跨内含子的 EST 序列是正确的

cDNA 及其对应的基因组序列的比对清楚地描绘了外显子，因此内含子显示为落在外显子之间的区域。在组装的 cDNA 序列中，ORF 从起始密码子到终止密码子应该是连续的。因此，cDNA 序列可以极大地帮助鉴定正确的 ORF，包括起始密码子和终止密码子。全长 cDNA 被用作证明已识别转录本序列（包括外显子及其在基因组中的位置）的金标准证据。

除全长 cDNA 序列外，还有许多 cDNA 数据集，仅对其 5′端或 3′端或两者完成测序。这些短的 cDNA 序列读长称为表达序列标签（expressed sequence tag，EST）。表达序列

标签可以与基因组 DNA 比对，从而用于确定转录本的 5′端和 3′端，即用于确定转录本的边界，如图 17-13 所示。

17.3.2.3　结合位点的预测

正如已经讨论过的，一个基因由一段编码转录本的 DNA 片段以及决定何时、何地以及多少转录本的调控信号组成。反过来，该转录本具有确定其剪接成 mRNA 以及将该 mRNA 翻译为多肽所需的信号（图 17-14）。现在有"基因发现"计算机程序，可用于搜索或预测启动子、转录起始位点、3′剪接位点、5′剪接位点以及基因组 DNA 中起始密码子等各种结合位点的序列。这些预测基于此类已知序列的共有特征，但并不完美。

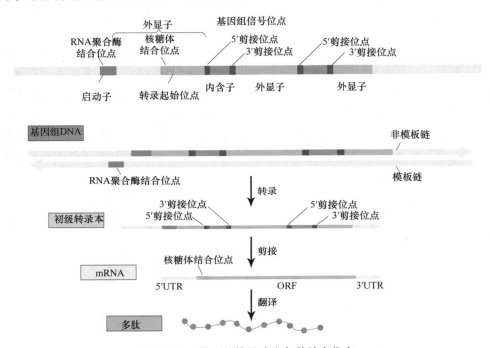

图 17-14　基因组搜寻确定各种结合位点

真核生物遗传信息从基因传递至多肽链。注意与蛋白质复合物结合的 DNA 和 RNA 结合位点会引发转录、剪接和翻译

17.3.2.4　使用多肽和 DNA 的相似性

由于生物具有共同的祖先，因此它们也具有许多具有相似序列的基因。在其他生物中，特别是在密切相关的生物中，一个基因可能具有序列相似甚至高度保守的"亲戚"。通常可以通过与已经发现的所有其他基因序列进行比较来验证通过前述技术预测的候选基因。候选基因序列作为"查询序列"提交给包含所有已知基因序列记录的公共数据库，此过程称为 BLAST 搜索。该序列可以是核苷酸序列（BLASTn 搜索）或翻译的氨基酸序列（BLASTp 搜索）。计算机将扫描数据库，并从最接近的匹配项开始，返回完整或部分"匹配"的列表。如果候选序列与先前从另一生物中鉴定出的基因序列非常相似，则这种相似性就强烈提示该候选基因是真实基因。不太接近的匹配也仍然有用，如只有 35%的氨基酸相同但这些氨基酸在相同的位置，则提示两个蛋白质可能具有共同的

三维结构。

　　BLAST 搜索也以许多其他方式被使用，但最终目标是找到有关某些已识别兴趣序列的更多信息。

17.3.2.5　基于密码子偏好的预测

　　回顾第 10 章，氨基酸的三联体密码具有简并性，即大多数氨基酸是由两个或多个密码子编码的。单个氨基酸的多个密码子称为同义密码子。在给定的物种中，并非所有氨基酸的同义密码子都以相同的频率使用。相反，某些密码子在 mRNA 中（同样在编码它们的 DNA 中）出现的频率更高。例如，在黑腹果蝇中，半胱氨酸的两个密码子中，UGC 的使用频率为 73%，而 UGU 的使用频率为 27%。而在其他生物中，这种"密码子偏好"模式非常不同。密码子偏好产生的原因被认为是由于与不同物种中与这些密码子互补的 tRNA 的相对丰度不同。如果预测的 ORF 的密码子使用偏好与该物种的已知密码子使用偏好相匹配，则此匹配可证明预测的 ORF 是真实的。

17.3.2.6　各种方法结合使用

　　图 17-15 总结了如何组合不同的信息源以实现最佳的 mRNA 和基因预测。这些不同种类的证据是互补的，可以相互交叉验证。例如，可以从与 5′和 3′ EST 结合的基因组 DNA 区域内蛋白质相似性的证据来推断基因的结构。即使没有 cDNA 序列或没有氨基酸序列的证据，预测也可能是有用的。例如，结合位点预测程序可以提出假设的 ORF，并且适当的密码子偏好将成为佐证。

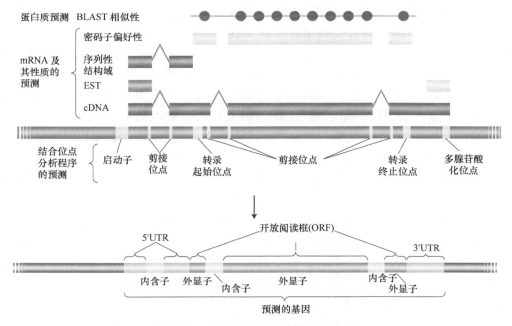

图 17-15　预测基因的多种证据的整合

基因产物证据会以不同的形式呈现和整合：cDNA、EST、BLAST 相似性匹配、密码子偏好和基序匹配，
以进行基因预测。特定基因组 DNA 序列存在多种证据则基因产物预测的准确性就更大

关键点：基于基因组 DNA 序列对编码基因的预测取决于对 cDNA 序列、结合位点、多肽和 DNA 相似性和密码子偏好性等信息的整合。

下面，让我们从对基因组整体结构的第一印象以及已测序的少数物种基因组来进行深入思考。我们将从自己开始，通过单独观察人类基因组，我们可以学到什么？然后，我们将通过将人类基因组与其他基因组进行比较来了解可以学到的知识。

17.4 人类基因组的结构

在描述人类基因组的整体结构时，我们必须首先面对其重复结构。人类基因组中相当一部分（约占 45%）是重复的。这种重复的 DNA 大部分是由转座子的拷贝组成的。另外，即使在剩余的单拷贝 DNA 中，也有一部分序列可能来自古老的转座子，而这些古老的转座子现在是固定的，并且已经积累了随机突变，从而导致它们与祖先的转座子在序列上有所不同。因此，人类基因组的大部分似乎是由遗传"搭便车者"组成的。

人类基因组中只有一小部分编码多肽，即只有不到 3% 的人类基因组是编码 mRNA 的外显子，而这些外显子序列中不到一半（占总基因组 DNA 的 1% 多一点）编码蛋白质。外显子通常很小（约 150bp）；而内含子往往较大，部分内含子超过 1000bp，有些甚至超过了 100 000bp，内含子还可以在同一基因的不同位置被剪接。选择性剪接在 mRNA 和多肽序列中产生相当大的多样性。基于目前的研究结果，至少 60% 的人类蛋白质编码基因可能具有两个以上的剪接异构体。因此，虽然人类基因组中蛋白质编码基因数量少，但由基因组编码的蛋白质数量却比编码基因的数量大好几倍。

人类基因组中的编码基因数量并不容易确定。在人类基因组草图中，预测存在 30 000～40 000 个蛋白质编码基因。然而，这些基因和基因组的复杂结构使得注释变得非常困难。初步预测的蛋白质编码基因中有超过 19 000 个假基因（pseudogene），它们具有 ORF 或部分 ORF，因此在结构上看起来是基因，但由于某些起源或突变而无功能或无活性。已加工假基因（processed pseudogene）是从 RNA 反转录并随机插入基因组的 DNA 序列，90% 以上的人类假基因属于这种类型。大约 900 个假基因可能是常规基因突变而来，它们在进化过程中获得了一个或多个破坏 ORF 的突变。由于注释中的挑战逐步被克服，人类基因组中预测的基因数量稳步下降。最近的预测是大约有 21 000 个蛋白质编码基因。

人类基因组的注释随着染色体序列一个接一个地完成测序而发展。这些序列随后成为寻找候选基因的基础。来自人类染色体的基因示例如图 17-16 所示。随着新数据的获得，此类数据将不断被修订。可以在许多网站上查看基因预测的当前状态，尤其是在美国和欧洲的公共 DNA 数据库中。这些预测是目前对已测序物种中蛋白质编码基因的最佳推断，并且这些工作仍在进行中。

到目前为止，讨论仅集中在基因组的蛋白质编码区域。由于遗传密码的简并性和通用性，以及从 mRNA 合成 cDNA 的能力，对 ORF 和外显子的检测比对功能性非编码序列的检测容易得多。如前所述，只有不到 3% 的人类基因组是编码 mRNA 的外显子，而

图 17-16　人类 20 号染色体的部分序列图谱

在人类 20 号染色体上已鉴定出许多编码基因。在框内的最上面显示了染色质图谱坐标；
中间显示了基因的标识符；底部显示了描绘基因密度和不同 DNA 特性的图形

少于一半的外显子序列（占总基因组 DNA 的 1%多一点）编码蛋白质。因此，超过 98%
的基因组不编码蛋白质。我们如何识别基因组的其他部分功能呢？

　　内含子、5′非翻译区和 3′非翻译区很容易通过基因转录本的注释来注释，而基因启
动子通常通过与转录单位和 EST 的接近来识别。但是，仅通过检查 DNA 序列无法识别
其他调节序列（如增强子），并且编码各种 RNA（如 microRNA、siRNA、长链非编码
RNA）的其他序列需要对其转录本进行检测和注释。尽管在人类分子遗传学研究过程中
发现了许多这样的非编码元件，但研究潜在的大量此类元件需要更系统的方法。因此启
动了 DNA 元件百科全书（Encyclopedia of DNA Elements，ENCODE）计划项目，其宏
伟目标是识别人类基因组中的所有功能性元件。

　　这项大规模的协作工作采用了多种技术来检测可能参与基因转录调控的序列以及
所有转录区域。由于预期此类序列仅在单个或部分细胞类型中具有活性，因此研究人员
研究了 147 种人类细胞。通过寻找与转录因子结合的相关区域，ENCODE 项目预测约
有 500 000 个与已知基因相关的潜在增强子。该项目还检测了 80%的人类基因组产生的
转录本。

　　ENCODE 计划包括基因组中非常庞大的部分。毕竟，如上所述，基因组中只有略
高于 1%的是编码序列。但是，转录本的产生并不一定意味着该转录本有生物学功能。
这些转录本中有一部分可能是细胞中的"噪声"，这部分转录本没有生物学功能，但也
没有危害。还有一种可能性就是，这些转录本在基因表达调控过程中或者 RNA 的稳定
性中存在着我们目前还不知道的功能。在没有附加数据的情况下将功能归因于序列并不
合理，那么可以使用哪些类型的附加数据来解决功能问题呢？

　　序列进化的保守性已被证明是生物学功能的良好指标。进化过程中出现的突变部分
被自然选择所淘汰，其余序列在进化过程中得到保留。定位潜在功能性非编码元素的一
种方法是寻找保守序列，这些序列在数百万年的进化中并没有太大变化。例如，我们可
以在少数几个物种中搜索长度适中的高度保守序列，或者在更大数量的物种中搜索具有
较长的、保守度较低的序列。对人类、大鼠和小鼠基因组的比较鉴定了保守元件。绝对
保守元件是在三个物种中完全一致的序列，对 3 个物种基因组的搜索发现了绝对保守的
5000 多个 100bp 以上的序列和 481 个 200bp 以上的序列。尽管其中许多元件都位于基因

欠缺的地区，但它们多数集中在对发育有重要作用的调控基因附近。大多数高度保守的非编码元件可能主要参与调节哺乳动物和其他脊椎动物发育的遗传工具箱的表达（请参阅第 16 章）。

如何验证这种保守元件在基因表达调控中的作用？我们可以使用报告基因（reporter gene）（参见第 15.2.2 节）以及与前面各章中讨论的转录顺式作用元件相同的方式测试这些元件。研究人员将候选调控序列置于启动子和报告基因附近，并将报告基因引入宿主物种中，图 17-17 中显示了一个这样的例子。距离人类 *ISL1* 基因 3′端 488kb 存在一个在哺乳动物、鸡和青蛙中高度保守的元件，*ISL1* 基因编码了运动神经元分化所需的蛋白质。将该元件置于启动子和 β-半乳糖苷酶（*lacZ*）报告基因的上游，并将该构建体注射到小鼠受精卵细胞核中。然后可以看到报告蛋白沿小鼠胚胎脊髓和头部表达，就像运动神经元分布的位置一样（图 17-17）。这一表达模式的一致性强烈提示了该保守元件位于 *ISL1* 基因的调控区。根据序列保守性和已报道的元件相邻分子的功能、活性，很可能会鉴定出成千上万的人类非编码调控元件。

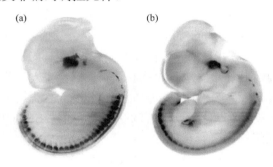

图 17-17　基因表达调控保守元件的功能测试

在人类基因组的一个超保守元件中鉴定了一个转录顺式作用元件。这个保守元件位于人 *ISL1* 基因附近，与报告基因连接并被注入受精卵中。基因表达的区域被染成深蓝色或黑色。（a）在妊娠第 11.5 天时，转基因小鼠的头部和脊髓中表达了报告基因。此表达模式与妊娠第 11.5 天时小鼠 *ISL1* 基因表达的模式（b）相对应。这项实验演示了如何识别功能性非编码元件并在模式生物中进行测试

关键点：与编码序列相比，基因组的功能性非编码元件很难识别，并且需要比较和实验证据的组合来验证。

17.5　人类与其他物种的比较基因组学

从根本上讲，许多基因组学研究都需要一种比较方法。例如，我们对人类蛋白质功能的大部分了解都基于对模式生物蛋白质功能的分析。通过基因组学解决的许多问题都是通过比较实现的。

比较基因组学还具有揭示物种如何分化的潜力。物种通过 DNA 序列的变化而进化并使性状发生改变。因此，基因组包含物种进化史的记录。对物种基因组的比较可以揭示特定谱系特有的事件，这些事件可能会导致生理、行为或解剖结构的差异。例如，此类事件可能包括单个基因或基因组的获得和丢失。在这里，我们将探讨比较基因组学的基本原理，并观察一些比较基因组学揭示人与其他物种之间相似和不同之处的例子。

17.5.1　系统发育推断

比较不同物种基因组的第一步是确定要比较的物种。为了使比较有意义，了解要比较的物种之间的进化关系至关重要。一个群体的进化被称为系统发育（phylogeny）。系统发育学非常有用，因为它使我们能够推断物种的基因组如何随时间而变化。

第二步是鉴定最密切相关的基因，称为同源基因。同源基因可以通过它们的 DNA 序列和它们编码蛋白质的氨基酸序列的相似性来识别。在这里重要的是要区分两类同源基因。一类同源基因是不同物种中相同遗传位点的基因，这些基因本来可以从一个共同祖先那里继承而来，称为直系同源基因（orthologous gene）。此外，许多同源基因属于在进化过程中数目已经扩大（或收缩）的家族，这些同源基因在同一生物中处于不同的基因座，它们是在基因组内的基因被复制时产生的，与基因组中的基因复制事件相关的基因称为旁系同源基因（paralogous gene）。基因家族的历史可以很好地揭示一个群体的进化历史。

例如，假设我们想知道哺乳动物基因组在整个历史上是如何进化的？哺乳动物是否已经获得了一些独特的基因？生活方式不同的哺乳动物是否拥有不同的基因集？以及哺乳动物祖先中存在的基因的命运如何？

幸运的是，我们现在有一个庞大且不断扩展的哺乳动物基因组序列集可以进行比较，其中包括哺乳动物 3 个主要分支的代表：单孔目（如鸭嘴兽）、有袋动物（例如小袋鼠、负鼠）和兽类（如人类、狗、猫、小鼠）。这些群体之间的关系，以及这些群体中的某些成员与其他羊膜脊椎动物之间的关系如图 17-18 所示。

为了了解系统发育的重要性以及如何利用它们，我们考虑了鸭嘴兽的基因组。单孔目与其他哺乳动物的不同之处在于它们产卵。对鸭嘴兽基因组的检查表明，它含有一个编码卵黄蛋白生成素的基因。对有袋动物和兽类基因组的分析表明它们没有这种功能性基因。鸭嘴兽中存在卵黄蛋白生成素而其他哺乳动物没有的原因有两种：①卵黄蛋白生成素是鸭嘴兽新进化出来的；②卵黄蛋白生成素存在于单孔目、有袋动物和兽类的共同祖先中，但是随后在有袋动物和兽类的进化过程中丢失了。在这两种可能中，进化的方向是相反的。

鸭嘴兽和另一种哺乳动物之间的简单成对比较不能区分这两种可能。为此，首先我们必须推断出鸭嘴兽、有袋动物和兽类的最后一个共同祖先是否可能存在卵黄蛋白生成素。我们通过在整个哺乳动物群之外的分类群中检查是否存在卵黄蛋白生成素来进行这种系统发育推断，这被称为进化外群推断。实际上，在鸡中存在 3 个同源的卵黄蛋白生成素编码基因。接下来，我们考虑鸡与哺乳动物的关系。鸡属于羊膜动物的另一个主要分支。查看图 17-18 中的进化树，我们可以解释两次独立进化（分别在鸭嘴兽谱系和鸡谱系中）或仅一次进化的结果——鸡和鸭嘴兽存在共同祖先（通过进化树可以发现这将是所有脊椎动物的共同祖先），随后有袋动物和兽类中卵黄蛋白生成素编码基因丢失。

我们如何从这些可能的进化方向中做出判断？在研究诸如基因产生之类的偶发事件时，进化生物学家倾向于依赖简约性（parsimony）原理，即倾向于最简单的解释，涉

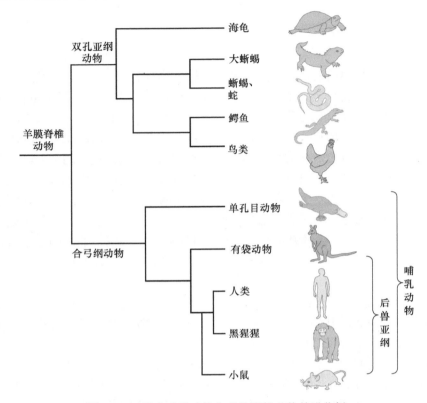

图 17-18　现存哺乳动物和其他脊椎动物的进化树

进化树描述了哺乳动物（单孔目动物、有袋类和兽类）3 大主要群体与其他羊膜脊椎动物（包括鸟类和各种爬行动物）之间的进化关系。通过将基因的存在或不存在映射到已知进化树上的特定组，可以推断特定谱系的进化方向（增益或损失）

及最少的进化变化。因此，对于哺乳动物卵黄蛋白生成素编码基因进化模式的一个优选解释是，这种蛋白和相应的基因存在于某些产卵的羊膜动物祖先中，并保留在产卵的鸭嘴兽中，在非产卵的哺乳动物中丢失了。

　　事实证明，还有另外一个非常有说服力的证据支持这一推断。尽管对兽类基因组的检查没有发现任何完整的功能性卵黄蛋白生成素编码基因，但在人类和狗的基因组中，在鸭嘴兽和鸡的卵黄蛋白生成素编码基因同一位置上可检测到卵黄蛋白生成素编码基因的相似序列（图 17-19）。这些序列是我们产卵祖先的基因遗物。随着哺乳动物祖先远离产卵，卵黄蛋白生成素编码基因序列的自然选择变得轻松，以至于它们在几千万年的进化突变中几乎被侵蚀掉了。我们的基因组包含许多曾经在祖先中起作用的基因遗物，正如我们将在本节再次看到的那样，这些假基因的存在反映了人类生物学与祖先生物学的差异。

　　当然，进化也与新特性的获得有关。例如，泌乳是所有哺乳动物的共同特征。编码乳汁中酪蛋白的基因家族是哺乳动物独有的，并且在哺乳动物（包括鸭嘴兽）基因组中紧密地聚集在一起。简短地看一下哺乳动物的基因组就可以知道，哺乳动物确实具有其他物种没有的一些基因，某些基因是所有哺乳动物共享的，某些基因的存在与否与哺乳动物的生活方式有关。

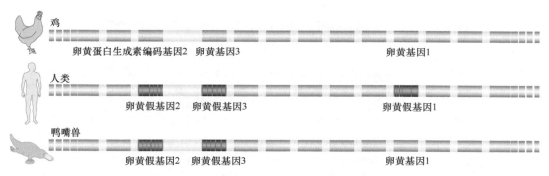

图 17-19　人类基因组中显现的产卵祖先的遗迹

鸡 8 号染色体和人类 1 号染色体以及鸭嘴兽中的基因以相同的顺序（框）串联排列。鸡的基因组具有 3 个编码卵黄蛋白生成素的基因，鸭嘴兽具有一个功能基因和两个假基因，而人类则仅有以片段形式存在的卵黄蛋白生成素编码基因的部分残留

关键点：要确定在进化过程中哪些基因组元件被获得或丢失，就需要了解该物种的系统进化学知识。基因的存在与否通常与生物的生活方式相关。

让我们看一些更多的例子，这些例子阐明了人类基因组的进化历史，以及人类与其他哺乳动物的区别和相似之处。

17.5.2　小鼠和人类的比较基因组学

小鼠基因组的序列对于理解人类基因组特别有帮助，这是基于小鼠作为模式生物，其悠久的研究历史累积的广泛经典遗传学知识，以及小鼠与人类的进化关系。小鼠和人类大约在 7500 万年前开始分化为两个进化分支，漫长的时间足以使基因组中大约每两个核苷酸出现一次突变。因此，小鼠和人类基因组共有的序列可能表明共有的功能。

同源基因被识别出来是因为它们具有相似的 DNA 序列。对小鼠基因组的分析表明，它所包含的蛋白质编码基因的数量与人类基因组中蛋白质编码基因的数量相似。对小鼠基因组的进一步检查表明，所有小鼠编码基因中至少有 99%在人类基因组中具有某些同源基因，而所有人类蛋白质编码基因中至少有 99%在小鼠基因组中具有某些同源基因。因此，小鼠和人类基因组编码的蛋白质种类基本相同。此外，所有小鼠和人类蛋白质编码基因中约有 80%是明显可识别的直系同源基因。

基因组之间的相似性比较远远超出了蛋白质编码基因的范围，可以扩展到整个基因组。可以将超过 90%的小鼠基因组和人类基因组划分为保守的同义区域，其中大小不同的区域中的基因顺序与它们在这两个物种的最近祖先中的顺序相同。这个同义性在关联两个基因组的图谱方面非常有帮助。例如，人类 17 号染色体与小鼠 11 号染色体是直系同源的。尽管在人类染色体中已经发生了广泛的染色体内重排，但小鼠和人类染色体中还是共有 23 个超过 100kb 的共线性序列片段（图 17-20）。

关键点：小鼠和人类基因组包含相似的基因集，通常以相似的顺序排列。

小鼠和人类基因组之间存在一些可检测到的差异。在与视力有关的一个基因家族中，人类拥有一种视蛋白旁系同源物。这种视蛋白的存在使人类拥有了三色视觉，因此

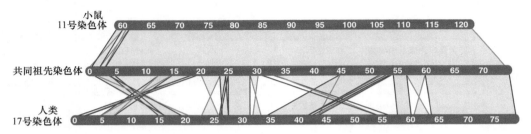

图 17-20　小鼠与人类基因组具有较大的同源基因的共线性区域

人类 17 号染色体与小鼠 11 号染色体具有同义关系。在人类 17 号染色体、小鼠 11 号染色体和推断为它们最后共同祖先的染色体（通过分析其他哺乳动物基因组重建）中，可以看到大小为 100kb 或更大的大型保守共线性区域。直接对应的区域用浅紫色表示；倒置的区域用绿色表示。染色体大小以兆碱基对（Mb）表示

我们可以感知整个可见光光谱中的颜色（紫色、蓝色、绿色、红色），而小鼠则不能。但是，人类基因组中存在这种旁系同源物而小鼠不存在并不能单独告诉我们它是在人类谱系中获得的还是在小鼠谱系中丢失的。对其他灵长类和非灵长类哺乳动物基因组的分析表明，旧大陆的灵长类，如黑猩猩、大猩猩和疣猴都有这类视蛋白编码基因，但所有非灵长类哺乳动物都缺乏此基因。我们可以从视蛋白编码基因的系统发育中推断出它是在旧大陆灵长类动物（包括人类）的祖先中进化而来的。

另外，小鼠基因组包含更多具有功能性拷贝的某些基因，这反映了其生活方式。小鼠大约有 1400 个涉及嗅觉的基因，这是其基因组中最大的单一功能基因类别。狗也有大量的嗅觉基因。这对于该物种的生活方式当然是有意义的。小鼠和狗在很大程度上依赖于它们的嗅觉，它们遇到的气味与人类遇到的气味不同。与小鼠和狗相比，人类嗅觉基因明显逊色。人类有很多嗅觉基因，但其中很大一部分是带有失活突变的假基因。例如，在一类称为 *V1r* 的嗅觉基因中，小鼠大约有 160 个功能基因，但是在人类基因组的 200 多个 *V1r* 基因中只有 5 个具有功能。

尽管如此，鉴于小鼠和人类解剖结构和行为的巨大差异，基因含量的上述差异相对较小。小鼠和人类基因组的总体相似性与从控制不同分类单元发育的遗传工具箱所获得的结果相对应（请参阅第 16 章），即包含相似基因的基因组可以产生巨大的表型差异。通过将人类的基因组与人类最近的近亲黑猩猩的基因组进行比较，也可以说明这一主题。

17.5.3　黑猩猩和人类的比较基因组学

在 500 万～600 万年前黑猩猩和人类拥有共同祖先。自那时以来，遗传差异开始通过每种谱系中发生的突变积累。基因组测序表明，黑猩猩与人类基因组之间存在约 3500 万个单核苷酸差异，相当于约 1.06% 的差异度。此外，大约存在 500 万次插入和缺失，长度范围从单个核苷酸到超过 15kb，总共贡献了约 90Mb 的差异 DNA 序列（约占整个基因组的 3%）。大多数插入或缺失都位于编码区域之外。

总体而言，人类和黑猩猩基因组编码的蛋白质极为相似。所有直系同源蛋白中有 29% 的序列相同，大多数蛋白质只有大约两个氨基酸的差异。在功能基因组中，黑猩猩和人类之间存在一些可检测到的差异。在两者共同祖先中起作用的大约 80 个基因由于

缺失或突变的积累，在人类中不再起作用，可能会导致人类和黑猩猩的生理差异。

除了特定基因的变化，单个谱系中染色体片段的重复也导致了基因组差异。人类基因组中的 170 多个基因和黑猩猩基因组中的 90 多个基因以较大的重复片段存在。与所有单核苷酸突变的总和相比，这些重复造成的总基因组差异更大。但是，它们是否促成主要的表型差异尚不清楚。

当然，物种之间的所有遗传差异都源于物种基因组内部的差异。人类基因组测序以及更快、更便宜的高通量测序方法的出现为人类遗传变异的详细分析打开了方便之门。

17.6　比较基因组学和人类医学

人类（智人）起源于约 20 万年前的非洲。大约在 60 000 年前人类离开那里，迁徙到世界各地，最终人类的足迹遍布五大洲。这些人在全球不同地区遇到不同的气候，采用不同的饮食并与不同的病原体做斗争。人类近期的进化史大部分都记录在人类基因组中，同样，使个体或群体或多或少容易患病的遗传差异也记录在我们的基因组中。

总体而言，任何两个不相关的人类个体其基因组有 99.9% 是相同的，但这仅存的 0.1% 的差异仍有 300 万个碱基对。当今我们面临的挑战是，要弄清楚在这些有差异的碱基对中哪些与人类的生理、发育以及疾病有着密切的关系。

第一个人类基因组序列的获得为更快、更低成本地分析其他个体基因组打开了大门。原因是，以已知的基因组序列为参考，可以更容易对其他个体的原始序列进行比对分析，并设计比较基因组学的研究方法。

在比较人类个体基因组的过程中出现的第一个也是最大的一个惊喜是：人类不仅在 0.1% 碱基对上存在差异，而且在单个基因的部分、整体或一组基因的拷贝数上也存在差异。这些拷贝数变异（copy number variation，CNV）包括通过重复和复制增加拷贝数以及通过删除减少拷贝数。在任何两个不相关的个体之间，可能有 1000 个或更多长度超过 500bp 的 DNA 片段在拷贝数上存在差异。

这种拷贝数差异如何在人类进化和疾病发生中发挥作用是非常令人关注的。有一种情况是拷贝数的增加似乎为了适应饮食，如高淀粉饮食者就比传统低淀粉饮食者的平均唾液淀粉酶（一种分解淀粉的酶）基因拷贝数多。在其他情况下，拷贝数变异也与多种综合征有关，如自闭症。

17.6.1　外显子组和个性化基因组学

测序技术的进步已使基因组测序的成本从 2000 年的约 3 亿美元，降低到 2008 年的 100 万美元，到 2013 年的约 5000 美元，到 2021 年的 500 美元左右。但是对于许多大规模研究而言，这一花费仍然高昂而令人却步。对于某些应用来说，只对部分基因组进行测序会更实用、更经济，而且也能提供同样多的信息。例如，许多致病突变发生在编码序列中，于是便设计了针对个体所有外显子进行测序的外显子组策略。

外显子组测序（exome sequencing）的策略包括生成丰富外显子序列的基因组 DNA

库（图 17-21）。通过以下方法制备 DNA：①将基因组 DNA 剪切成短的单链片段；②将单链片段与外显子区域互补的生物素标记探针杂交并纯化生物素标记的双链；③扩增富含外显子的双链；④对富含外显子的双链进行测序。这样，测序目标就缩减到 30～60Mb，而不是全基因组总序列的 3000Mb。

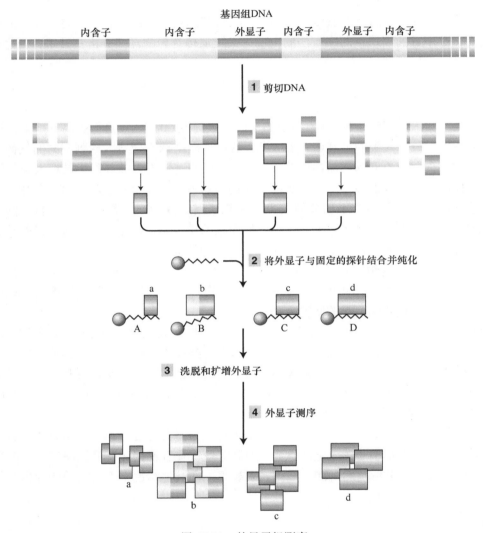

图 17-21　外显子组测序

为了仅对基因组的全部外显子进行测序，将基因组 DNA 片段化并变性，然后将含外显子的片段与生物素标记的探针杂交，纯化包含退火探针的双链体，并进行测序

　　截至 2013 年底，已对超过 100 000 个人类个体的外显子组进行了测序，目前每个外显子组测序的成本仅为 300 美元左右。外显子组测序的一项重要功能就是识别新发的突变（在亲本中均不存在的突变）。这种突变正是导致许多自发性遗传疾病出现的原因，而这些疾病的起源已经不能被传统的遗传学研究所揭示。因此，外显子组测序现在已经成为一种迅速普及的临床诊断方法。

就像外显子组测序可以用来识别个体之间的遗传差异一样，它也可以用来识别正常细胞和异常细胞（如癌细胞）之间的差异。癌症是一种遗传疾病，其中基因突变的组合通常会导致细胞生长抑制功能的丧失和新陈代谢功能的异常。了解特定癌症或癌症亚群的常见基因变化，不仅有助于进一步加深我们对癌症的认识，而且在很大程度有望促进对癌症的诊断和治疗。世界各地的研究人员正在合作创建一个癌症基因组图谱，该图谱汇集了我们对与许多癌症相关的基因突变不断研究的成果（更多信息请参见 https://www.genome.gov/Funded-Programs-Projects/Cancer-Genome-Atlas）。

快速分析生物基因组的比较基因组学研究也影响着医学的其他方面。下面我们将看一个这样的例子。

17.6.2　非致病性和致病性大肠杆菌的比较基因组学

大肠杆菌大量存在于我们的口腔和肠道中，通常是一种良性共生体。由于它在遗传学研究中的核心作用，是最早完成基因组测序的细菌之一。大肠杆菌基因组大小约为 4.6Mb，包含约 4400 个基因。然而，称它为大肠杆菌基因组确实是不准确的。因为测序的第一个大肠杆菌是来自普通实验室的大肠杆菌菌株 K-12。除此之外，还有许多其他的大肠杆菌菌株，其中有几种对人类健康很重要。

1982 年，在美国多个州暴发了一场可以归咎于食用未煮熟碎牛肉的人类疾病。最终大肠杆菌 O157∶H7 菌株被确定为罪魁祸首。事实上，在美国每年估计有 75 000 例大肠杆菌感染病例。虽然大多数人会从感染中康复，但仍有一小部分人病情会发展甚至可能危及生命。

为了了解这种致病性的遗传基础，人们对大肠杆菌 O157∶H7 菌株的基因组进行了测序。发现 O157∶H7 和 K-12 菌株都有一个包含 3574 个蛋白质编码基因的主干，两种菌株基因序列同源性为 98.4%，与人类和黑猩猩序列同源性相当。大约 25% 的大肠杆菌同源序列编码相同的蛋白质，这点与人类和黑猩猩大概有 29% 的同源序列编码相同的蛋白质相似。

尽管不同种类大肠杆菌的蛋白质具有许多相似之处，但它们的基因组和蛋白质组仍存在着巨大差异。大肠杆菌 O157∶H7 菌株基因组包含 5416 个基因，而大肠杆菌 K-12 菌株基因组包含 4405 个基因。大肠杆菌 O157∶H7 菌株基因组包含在 K-12 菌株基因组中找不到的 1387 个基因，而 K-12 菌株基因组包含在 O157∶H7 菌株基因组中找不到的 528 个基因。基因组图谱的比较表明，这两种菌株共有的主干上散布着 K-12 菌株或 O157∶H7 菌株特异的基因岛（图 17-22）。

在大肠杆菌 O157∶H7 菌株特异的 1387 个基因中，有部分基因可能编码毒力因子，这些毒力因子包括毒素、细胞侵袭蛋白、黏附蛋白和毒素分泌系统；此外，另有部分基因编码细菌营养物质的转运、耐药性还有其在不同宿主中生存所需要的代谢活性物质。上述基因大多数在测序之前是未知的，如果研究人员仅依靠大肠杆菌 K-12 菌株作为所有大肠杆菌指南，那么今天人们也不会知道这些基因的存在。

同一物种的两个成员之间令人惊讶的多样性说明了基因组动态进化的可能性。一般

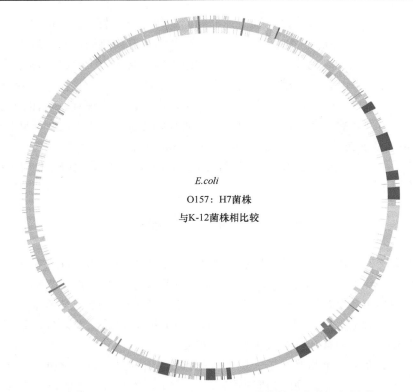

图 17-22　大肠杆菌 K-12 和 O157：H7 菌株的环状基因组图谱

圆圈描绘了每个菌株特异性序列的分布。两种菌株共有的主干以蓝色显示。O157：H7 特异性序列以红色显示，K-12 特异性序列以绿色显示，O157：H7-和 K-12 特异性序列在同一位置的用黄褐色显示，高突变序列以紫色显示

认为，大肠杆菌菌株中的大多数新基因是从病毒和其他细菌的基因组水平转移而引入的（请参阅第 5 章），同时基因缺失也会导致基因组差异的进化。其他具有致病性的大肠杆菌菌株也表现出许多不同于与其非致病性菌株的基因序列。鉴定这些可能直接导致疾病的基因为人类了解、预防和治疗传染病开辟了新途径。

17.7　功能基因组学和反向遗传学

在过去的几十年中，遗传学家一直在研究单个基因产物的表达和相互作用。随着基因组学的到来，我们有机会通过使用全基因组方法，系统地、同时地在以前没有建立过实验模型的物种中研究大多数或所有基因产物。除基因组外，其他总体数据集也很重要。

17.7.1　功能基因组学

在"基因组"一词的示例之后，研究人员创造了许多术语来描述他们正在研究的其他总体数据集，包括：转录组（所有 RNA 转录本的序列和表达方式）、蛋白质组（所有蛋白质的序列和表达方式）、相互作用组（蛋白质和 DNA 片段之间，蛋白质和 RNA 片段之间，以及蛋白质之间的物理相互作用的完整集合），等等。研究基因产物的功能、

表达和相互作用的这种全局方法称为功能基因组学。

在本节中，我们将重点放在获取功能基因组学数据集的一些全局技术上。

17.7.1.1　使用微阵列研究转录组

假设我们要回答这个问题，即在特定条件下特定细胞中有哪些基因活跃？这里的特定条件可能是发育的一个或多个阶段，也可能是病原体或激素的存在与否。活跃的基因会被转录成 RNA，因此细胞中存在的 RNA 转录本可以告诉我们哪些基因是活跃的。在这里，用于检测 RNA 转录本的为 DNA 芯片。

DNA 芯片是将 DNA 样本布置为一系列微观斑点，这些斑点结合在玻璃载体上，而玻璃载体的大小相当于显微镜盖玻片的大小。这样显示的一组 DNA 称为微阵列（microarray）。典型的微阵列类型包含代表基因组中大多数或所有基因的寡核苷酸（图 17-23）。由于在单次实验中同时检测所有基因的 RNA 转录本，微阵列为分子遗传学提供了强大动力。让我们更详细地了解此过程。

将微阵列暴露于两组 cDNA 探针，一组用作对照的探针和另一组代表特定条件的探针。对照组可以是从在典型条件下生长的特定类型细胞中提取的 RNA 分子总集合制成；第二组探针可能是从在某些实验条件下生长的细胞中提取的 RNA 制成。荧光标记物附着在探针上，并且探针与微阵列杂交。探针分子与微阵列的相对结合通过在显微环境下自动监测荧光标记物实现。以这种方式，鉴定了在给定实验条件下表达水平升高或降低的基因转录本。类似地，可以鉴定在给定细胞类型或给定发育阶段有活性的基因。

想要了解在给定的发育阶段、在特定细胞类型或在各种环境条件下哪些基因是有活性的，可以鉴定出可能响应特定调控输入的基因表达谱。此外，基因表达谱可以描绘正常细胞和患病细胞之间的差异。通过鉴定因突变或病原体而表达改变的基因，研究人员可能能够设计出新的疾病治疗策略。

17.7.1.2　使用双杂交系统研究蛋白质-蛋白质相互作用组

蛋白质最重要的活性之一是它们与其他蛋白质能相互作用。由于任何细胞中都有大量蛋白质，因此生物学家寻求系统地研究细胞中单个蛋白质的所有相互作用的方法。研究相互作用组的最常用方法之一是在酵母细胞中使用一种工程系统，即酵母双杂交系统（yeast two-hybrid system），该系统可检测两种蛋白质之间的物理相互作用。测试的基础是酵母 *GAL4* 基因编码的转录激活因子（参见第 15 章）。

回想一下，该蛋白质具有两个结构域：①与转录起始位点结合的 DNA 结合结构域；②激活转录但自身不能与 DNA 结合的激活结构域。因此，两个结构域必须非常接近以便激活转录。酵母双杂交系统的策略是分离由 *GAL4* 编码的转录激活因子的两个结构域，每个结构域都连接到不同的蛋白质。如果两种蛋白质未发生相互作用，则无法激活报告基因。如果两种蛋白质相互作用，它们将把两个结构域结合在一起，转录激活因子将激活报告基因的转录。

该方案如何实施呢？*GAL4* 基因的 2 个结构域被分别克隆入两个质粒，一个质粒包

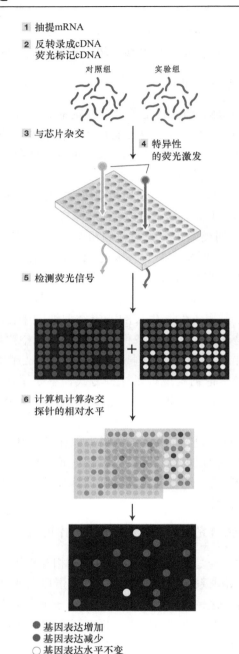

1 抽提mRNA

2 反转录成cDNA
荧光标记cDNA

对照组　　实验组

3 与芯片杂交

4 特异性
的荧光激发

5 检测荧光信号

6 计算机计算杂交
探针的相对水平

● 基因表达增加
● 基因表达减少
○ 基因表达水平不变

图 17-23　微阵列可以检测基因表达的差异

微阵列分析的关键步骤是：①从细胞或组织中提取 mRNA；②合成荧光染料标记的 cDNA 探针；③杂交至微阵列；④检测杂交探针的荧光信号；⑤图像分析杂交探针的相对水平，相对水平显示了在分析条件下表达增加或减少的基因

含编码 DNA 结合结构域的部分，另一个质粒包含编码激活结构域的部分。在包含编码 DNA 结合结构域的质粒上，将一个拟研究的蛋白质的编码基因所编码的剪接在 DNA 结合结构域的旁边，所编码的融合蛋白起着"诱饵"的作用。在另一个包含编码激活结构域的质粒上，在激活结构域旁剪接另一个要研究的蛋白质的编码基因，所编码的融合蛋

白被称为"靶标"（图 17-24）。然后将两个质粒导入同一酵母细胞中，使单倍体细胞含有诱饵和靶标质粒。最后一步是检测由 Gal4 调节的报告基因，这将证明诱饵和靶标是否相互结合。酵母双杂交系统可以自动化，从而在整个蛋白质组中寻找蛋白质相互作用。

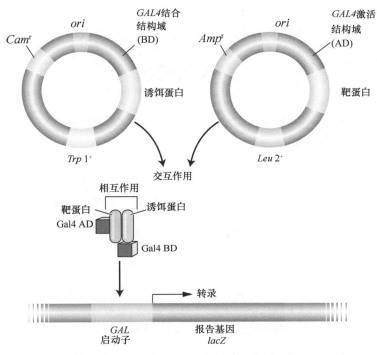

图 17-24　用酵母双杂交系统研究蛋白质之间的相互作用

该系统使用诱饵蛋白和靶蛋白的结合来恢复 Gal4 蛋白的功能，Gal4 蛋白激活了报告基因的转录。*Cam*、*Trp* 和 *Leu* 是选择系统的组成部分，用于在细胞之间移动质粒。报告基因是 *lacZ* 位于酵母染色体上（以绿色显示）

17.7.1.3　使用染色质免疫沉淀研究蛋白质与 DNA 的相互作用

蛋白质与 DNA 的特异性序列结合对于正确的基因表达至关重要。例如，调节蛋白与细菌或真核生物中的启动子结合并激活或抑制转录（参见第 14、15 和 16 章）。就真核生物而言，染色质的基本单位核小体包含缠绕在组蛋白周围的 DNA。翻译后修饰的组蛋白通常决定了哪些调节蛋白可以结合 DNA 以及在何处结合（见第 15 章）。研究人员已开发出多种技术，使其能够分离出染色质的特定区域，以便分析 DNA 及其相关结合蛋白。最广泛使用的方法称为染色质免疫沉淀（chromatin immunoprecipitation，ChIP），见图 17-25。

假设我们从酵母中分离出一个基因，并怀疑它编码一种与 DNA 结合的蛋白质。我们想知道这种蛋白质是否与 DNA 结合，以及与酵母何种 DNA 序列结合。解决这个问题的一种方法是首先用一种将蛋白质交联到 DNA 的化学试剂处理酵母细胞。这样，在染色质分离时，与 DNA 结合的蛋白质将通过后续处理保持结合状态。下一步是将染色质切分成小片段。为了将包含蛋白质-DNA 复合物的片段与其他片段分开，需使用与蛋白质发生特异性反应的抗体。将抗体添加到混合物中，从而形成可以纯化的免疫复合物。

1 蛋白质与DNA交联

2 将染色质切为小片段

3 加入目标蛋白的抗体并纯化　　　　**4 解交联以分离DNA和蛋白质**

抗体

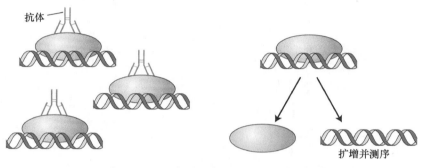

扩增并测序

图 17-25　染色质免疫沉淀的步骤

ChIP 是在特定染色质区域内分离 DNA 及其相关结合蛋白的技术，因此可以将两者一起分析

解交联后，可以分析结合在免疫复合物中的 DNA。与蛋白质结合的 DNA 可以直接测序，也可以通过 PCR 扩增成许多拷贝再测序。

如在第 15 章中所见，调节蛋白通常通过与几个启动子区域结合来同时激活许多基因的转录。ChIP 的一种扩展技术被称为 ChIP 芯片，旨在识别基因组中调节蛋白的多个结合位点。在这一方法中，与调节蛋白结合的所有基因组区域被免疫沉淀。然后，在解交联后对 DNA 片段进行标记，并将其作为探针与包含研究物种完整基因组序列的微阵列芯片反应。

17.7.2　反向遗传学

从微阵列实验和蛋白质相互作用筛选获得的数据提示基因组和蛋白质组内部的相互作用，但是它们不足以对体内的基因功能和相互作用得出可靠的结论。例如，发现某些基因的表达在某些癌症中丢失并不能证明二者的因果关系。建立基因或遗传元件功能的金标准是破坏其功能并了解天然条件下的表型。研究人员现在可以使用多种方法基于基因序列来破坏特定基因的功能，这些方法称为反向遗传学。反向遗传学分析从已知分子（DNA 序列、mRNA 或蛋白质）开始，然后尝试破坏该分子以评估正常基因产物在生物体中的作用。已有多种反向遗传学的方法，并且有新技术在不断开发和完善中。一种方法是将随机突变引入基因组，然后通过鉴定基因中突变的分子来找到感兴趣的基因。第二种方法是进行定向诱变，直接在目标基因中产生突变。第三种方法是创建效果与突变表型相当的表型，通常是用干扰基因 mRNA 转录本的试剂进行处理。

每种方法都有其优势。随机诱变是公认的方法，但需要对所有突变进行一次筛选，才能找到包含目的基因的突变。定向诱变也可能是劳动密集型的，但是，在获得定向突变后，其表征更为简单。创建表型可能非常有效，尤其是当针对特定模式生物开发了工具库时。我们将考虑每种方法的示例。

17.7.2.1　随机诱变的反向遗传学

反向遗传学的随机诱变采用与正向遗传学相同的通用诱变剂：化学试剂、放射线或可转座遗传元件，但是不需要从基因组中筛选出表现特定表型的突变。实际上，反向遗传学可以通过以下两种通用方法之一来研究所关注的基因。

一种方法是关注基因的图谱位置。仅保留编码基因所在的基因组区域中的突变，以进行进一步的详细分子分析。因此，在这种方法中，必须对突变进行定位。直接的方法是将新的突变体与含有目的基因已知缺失或突变的突变体杂交，形成新的突变体与已知突变体的杂交体。仅将具有突变表型（显示缺乏互补）的后代保存用于研究。

另一种方法是，在诱变的基因组中鉴定目的基因，并检查突变的存在。例如，如果诱变剂引起小的缺失，那么在 PCR 扩增基因片段后，可以比较来自亲本和诱变基因组的基因，寻找其中目的基因减小的诱变基因组。同样，由于易位元素插入会增加其大小，因此可以很容易地检测到它们。凭借快速、相对便宜地对模式生物的整个基因组进行测序的能力，人们还可以搜索单碱基对取代。通过这些方式，可以有效地筛选出包含随机突变的基因，并识别研究人员感兴趣的突变。

17.7.2.2　定向诱变的反向遗传学

在整个 20 世纪的大部分时间里，研究人员都认为将突变定向到特定基因是遗传学技术无法实现的。但是，现在已有几种这样的技术可用。基因在个体中失活后，遗传学家可以评估表现出该基因功能线索的表型。虽然最初使用模式生物的遗传学技术开发了针对基因突变的工具，但新技术正在实现对非模式生物基因的破坏和操纵。

基因特异性诱变通常需要用该基因的突变形式替换整个基因的野生型拷贝。突变的基因通过类似于同源重组的机制插入染色体，用突变体替代正常序列（图 17-26）。该方法可用于靶向基因敲除，其中无效等位基因取代野生型拷贝。在大肠杆菌和酿酒酵母中，已应用这一技术使基因组中的每个基因突变以确定其生物学功能。

关键点：有针对性地诱变是获得特定基因突变最精确的手段，现在可以在包括小鼠和果蝇在内的多种模式生物中进行实践。

17.7.2.3　创建表型的反向遗传学

使基因本身失活的优势在于，突变会从一代传到下一代。因此，一旦获得突变，就可以随时使用一系列的突变体进行未来的研究。

过去 20 年左右最令人兴奋的发现之一就是发现了一种广泛的机制，其自然功能似乎是保护细胞免受外来 DNA 的侵害。这种机制被称为 RNA 干扰（RNA interference，

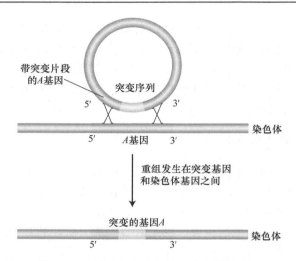

图 17-26　使用定向诱变技术确定基因功能

靶向基因置换的基本分子事件。一种含有突变形式的基因被引入细胞。突变基因和正常染色体基因之间的重组产生了掺入了异常区段的重组染色体基因

RNAi），见图 8-23。RNAi 通过如下方式实现：针对正在研究基因的序列设计、制备双链 RNA，并将其引入细胞中（图 17-27）。然后，RNA 诱导沉默复合体降解与双链 RNA 互补的天然 mRNA 或抑制天然 mRNA 翻译。最终结果是持续数小时或数天的 mRNA 编码的蛋白质水平大大降低，从而使该基因的表达无效。该技术已广泛应用于多种模式生物，如秀丽隐杆线虫、果蝇、斑马鱼和几种植物。

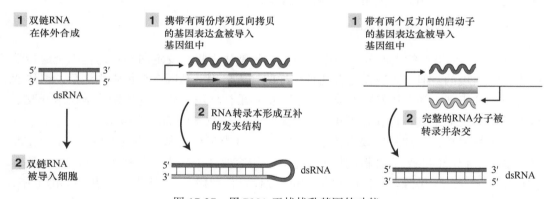

图 17-27　用 RNA 干扰扰乱基因的功能

构建和导入双链 RNA（dsRNA）的三种方法。dsRNA 将诱发 RNAi，降解与 dsRNA 中序列匹配的 mRNA

　　RNAi 强大之处是它可以应用于非模式生物。首先，可以通过比较基因组学鉴定目标靶基因。然后产生双链 RNA 序列以靶向抑制特异性靶基因。例如，该技术已应用于携带疟原虫的冈比亚按蚊。使用这些技术，科学家可以更好地了解与此类物种医学或经济效应有关的生物学机制，以及控制疟原虫复杂生命周期（部分在蚊子宿主内部，部分在人体内部）的基因，从而揭示了控制世界上最常见的传染病的新方法。

　　关键点：基于 RNAi 的方法可在不改变 DNA 序列的情况下（通常称为"拟表型"）提供一般性的干扰特定基因功能的方法。

17.7.3　非模式生物的功能基因组学

我们对突变和表型分析的大部分研究都集中在模式生物上。许多遗传学家当前关注的焦点是这些技术的广泛应用，包括对人类社会产生负面影响的物种，如寄生虫、疾病携带者或农业害虫。经典遗传学技术不适用于大多数此类物种，但是可以通过转基因的插入和表型的产生来评估特定基因的作用。

图 17-28 显示了转基因插入甲虫的过程。可以使用类似于生产转基因果蝇的方法生产转基因甲虫。但是，需要一些方法来鉴定转基因是否成功。因此，该技术可以使用在野生型中表达的报告基因。最初从水母中分离出来的绿色荧光蛋白（green fluorescent protein，GFP）基因是该技术使用的报告基因。在果蝇中，转基因作为转座子的一部分被插入，编码转座酶的辅助质粒有助于带有转基因的转座子的插入。图 17-28 显示了由增强子元件驱动的 GFP 转基因的使用，该元件驱动基因在昆虫眼中表达。此方法也已

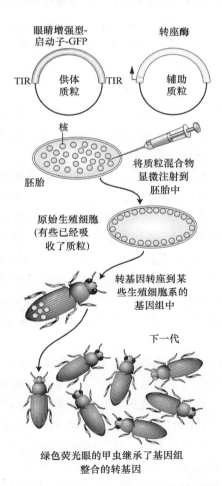

图 17-28　非模式生物转基因的插入和表型的产生
图示表达绿色荧光蛋白的转基因甲虫的构建。TIR，终端反向重复

有效地用于在埃及伊蚊（可携带黄热病和登革热的蚊子种类）、赤锥虫和蚕蛾中表达 GFP（图 17-29）。通常，GFP 转基因仅用作实验的遗传标记，通过同时插入的 RNAi 构建体或其他转基因操纵基因功能。

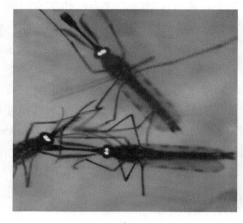

图 17-29　表达 GFP 的非模式生物转基因昆虫

图示在某些非模式生物昆虫的眼睛中表达绿色荧光蛋白的转基因实例。埃及伊蚊（左图）和蚕蛾（右图）

总　结

　　基因组分析采用遗传学分析的方法，并将其应用于全局数据集，以实现对整个基因组进行定位和测序，以及对所有转录本和蛋白质进行表征的目标。基因组技术需要对大量实验材料进行快速处理，而这取决于广泛的自动化。

　　基因组准确序列获取的关键问题是进行短序列读取，并通过序列同一性将它们相互关联，以建立整个基因组的共有序列。通过比对来自不同序列读长的重叠序列可以获得整个基因组。可以直接针对细菌或古菌基因组完成此操作，因为在此类生物体中，几乎没有 DNA 片段存在一个以上的拷贝。而在动植物的复杂基因组充满了重复序列，这些重复序列干扰精确的序列重叠群产生。通过使用配对末端读长在全基因组测序中解决了该问题。

　　基因组图谱可提供基因组的原始加密文本。生物信息学的工作是解释这些加密信息。使用计算机技术对基因产物进行分析，识别 ORF 和非编码 RNA，然后将这些结果进行转录本结构（cDNA 序列）、蛋白质相似性和特征性序列等分析，并与实验证据相结合。

　　进行基因组分析和注释最有效的方法之一是与相关物种的基因组进行比较。物种间序列的保守性是鉴定许多动植物复杂基因组中功能序列的可靠指南。比较基因组学还可以揭示基因组在进化过程中如何发生变化，以及这些变化如何引起物种的生理、解剖结构或行为差异。人类基因组的比较加速了罕见疾病基因突变的发现。在细菌基因组学中，对致病性和非致病性菌株的比较显示，二者致病性基因的含量存在许多差异。

　　功能基因组学试图理解基因组作为一个整体的工作原理。其中转录组和相互作用组是两个关键要素，转录组是基因组产生的所有转录本的集合，而相互作用组是相互作用的基因产物和其他分子的集合，它们共同使细胞得以产生并发挥功能。不能进行经典突变的单个基因和基因产物的功能可以通过反向遗传学（通过靶向突变或创建表型）进行检测。

（齐颖新　谢亦麟　赵明珠）

练 习 题

一、例题

例题 1　你想研究小鼠嗅觉系统的发育。已知，感觉特定气味的细胞位于小鼠鼻腔内壁。描述一些使用反向遗传学研究嗅觉的方法。

参考答案：有许多方法可以使用。对于反向遗传学，可能希望识别在鼻腔内壁中表达的候选基因。有了功能基因组学技术，可以分离、纯化鼻腔内壁细胞中的 RNA，并将其作为探针与含有小鼠所有已知序列的芯片杂交来完成这种鉴定。例如，可以首先选择在鼻腔内壁表达而在小鼠其他组织不表达的 mRNA 作为嗅觉相关的重要候选基因。或者，可以选择那些编码与嗅觉相关蛋白质的基因作为候选基因。无论选择哪种方法，下一步都是对编码每个目标 mRNA 或蛋白质的基因进行定向敲除，或使用 RNA 干扰尝试创建候选基因的功能丧失表型。

二、看图回答问题

1. 根据图 17-3，为什么要测序的 DNA 片段必须重叠才能获得基因组序列？

2. 填补基因组草图的空白是一项重大挑战。根据图 17-7，是否可以从大小为 2kb 片段库中通过配对末端读长填补 10kb 的缺口？

3. 在图 17-12 中，如何确定密码子的位置？

4. 图 17-13 对表达序列标签（EST）与基因组 DNA 序列进行了比对。EST 对基因组注释有何帮助？

5. 图 17-13 对 cDNA 序列与基因组 DNA 序列进行了比对。cDNA 序列对基因组注释有何帮助？cDNA 对细菌和真核生物基因组注释哪个更重要？

6. 根据图 17-17 和保守元件的特征，如果构建 *ISL1* 保守元件的大鼠直系同源基因的报告基因，并将此构建体注入小鼠受精卵中，在发育中的胚胎检查该基因的表达，你将观察到什么？

7. 图 17-20 显示了小鼠 11 号染色体和人类 17 号染色体的同义区域。这些同义区域揭示了小鼠和人类最后一个共同祖先的基因组有哪些？

8. 在图 17-21 中，哪个关键步骤可实现外显子组测序并将其与全基因组测序区分开？

9. 图 17-22 比较了两种大肠杆菌菌株的基因组。如果再比较第三种菌株，你分析第三种菌株的基因组将更多地包含图 17-22 中所示的蓝色、黄褐色还是红色区域？解释你的理由。

10. 图 17-24 描绘了基于 Gal4 的酵母双杂交系统。为什么与 *GAL4* DNA 结合结构域融合的诱饵蛋白不能激活报告基因的表达？

三、基础知识问答

11. 新发现一个新的细菌物种，描述对其进行基因组测序的策略。

12. 克隆插入物的末端测序读取是基因组测序的常规部分。如何获得克隆插入物的中心部分？

13. 重叠群（contig）和支架（caffolds）有什么区别？

14. 怀疑两个特定的序列重叠群相邻，但可能被重复的 DNA 隔开。为了尝试连接它们，用两个重叠群的末端序列设计引物以尝试弥合缺口。这种方法合理吗？在什么情况下不起作用？

15. 克隆含有蛋白质编码基因的 DNA 片段进行放射性标记，并用于与染色体的原位杂交。在不同染色体的 5 个区域观察到放射性。这个结果可能吗？如何解释？

16. 在原位杂交实验中，某个 DNA 片段仅与正常男孩儿的 X 染色体结合。但是，在患有杜氏肌营养不良（X 连锁隐性疾病）的男孩中，它与 X 染色体和常染色体结合。解释原因。此 DNA 片段可用于分离杜氏肌营养不良的致病基因吗？

17. 在寻找特定疾病致病基因的基因组分析中，发现一个候选基因具有单碱基对取代，导致氨基酸的非同义变化。为确定致病基因，你需要完成哪些检测？

18. 细菌操作子是 DNA 结合位点吗？

19. 某种大小为 2kb 的 cDNA 与总大小为 30kb 的 8 个基因组片段杂交，并且在这 8 个片段中有两个大小均为 2kb 的片段中有 EST。对这些结果给出一个可能的解释。

20. 将测序获得的果蝇 DNA 片段用于 BLAST 搜索。最佳（最接近）的匹配是来自脉孢菌 *Neurospora* 的激酶编码基因。这种匹配是否意味着果蝇 DNA 序列中包含一个编码激酶的基因？

21. 在杂交测试中，以某个基因 *A* 为探针，将其与含有基因 *M* 和 *N* 的两个克隆杂交，出现了阳性结果。当使用基因 *M* 为探针时，它与含有基因 *A*、*S* 和 *Q* 的 3 个克隆杂交，出现了阳性结果。基因 *N* 仅与 *A* 显示阳性杂交。对这些结果进行初步的解释。

22. 你从果蝇基因组的基因组克隆中读取了以下序列：

读长 1：TGGCCGTGATGGGCAGTTCCGGTG

读长 2：TTCCGGTGCCGGAAAGA

读长 3：CTATCCGGGCGAACTTTTGGCCG

读长 4：CGTGATGGGCAGTTCCGGTG

读长 5：TTGGCCGTGATGGGCAGTT

读长 6：CGAACTTTTGGCCGTGATGGGCAGTTCC

使用这 6 个序列读长创建果蝇基因组这一部分的序列重叠群。

23. 有时 cDNA 会变成"嵌合体"，即两个不同的 mRNA 的 cDNA 拷贝意外地在同一克隆中彼此相邻插入。你怀疑秀丽隐杆线虫的 cDNA 克隆就是这种嵌合体，因为 cDNA 插入序列预测了具有两个结构域的蛋白质，而这是在同一蛋白质中通常无法观察到的。你将如何利用整个基因组序列来评估该 cDNA 克隆是不是嵌合体？

24. 浏览人类基因组序列时，你确定了一个具有明显编码基因特征的 DNA 序列，但是存在两个碱基对的缺失，破坏了可读框。

a. 如何确定缺失是确实发生的还是测序错误？

b. 你发现在黑猩猩基因组中存在该缺失突变的同源基因，但黑猩猩基因可读框是完整的。考虑到以下进化树，你可以得出什么结论？该突变在人类进化中是何时发生的？

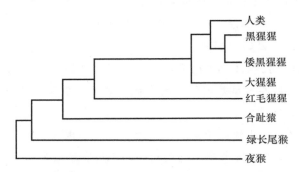

25. 浏览黑猩猩基因组时，你发现它有一个特定基因具有 3 个同源物，而人类只有两个。

a. 这一现象有哪两种可能的解释？

b. 如何区分这两种可能性？

26. 鸭嘴兽是少数有毒的哺乳动物之一。雄性鸭嘴兽的后足有刺骨，可以通过刺骨传递毒液蛋白。查看图 17-18 中的进化树，你将如何确定毒液蛋白是不是鸭嘴兽特有的？

27. 你已经对鼠伤寒沙门氏菌的基因组进行了测序，并且正在使用 BLAST 分析来鉴定鼠伤寒沙门氏菌基因组编码的蛋白质，并比较其与大肠杆菌已知蛋白质的相似性。你在大肠杆菌中发现了一种与鼠伤寒沙门氏菌中完全相同的蛋白质。比较鼠伤寒沙门氏菌和大肠杆菌编码该蛋白质的基因序列时，发现它们的核苷酸序列只有 87% 相同。

a. 解释这个观察结果。

b. 这些观察结果告诉你关于核苷酸与蛋白质相似性搜索在鉴定相关基因中的优点是什么？

28. 要通过 RNAi 抑制基因，你需要什么信息？需要靶基因在基因组图谱上的位置吗？

29. 创建表型的目的是什么？

30. 正向遗传学和反向遗传学有什么区别？

31. 为什么外显子组测序无法识别所有的致病突变？

四、拓展题

32. 从智人基因组克隆中读取以下序列：

读长 1：ATGCGATCTGTGAGAGGAGAGATCTTTA

读长 2：AACAAAAATGTTGTTATTTTTATTTCAGATG

读长 3：TTCAGATGCGATCTGTGAGCCGAG

读长 4：TGTCTGCCATTCTTAAAAACAAAAATGT

读长 5：TGTTATTTTTATTTCAGATGCGA

读长 6：AACAAAAATGTTGTTATT

a. 使用这 6 个序列读长来创建智人基因组此部分的序列重叠群。

b. 在所有可能的阅读框中翻译序列重叠群。

c. 到美国国家生物技术信息中心（NCBI）的 BLAST 页面，看看是否可以通过比较分析确定该序列为某个基因的一部分。

33. 人类不同个体基因组彼此之间有超过 99% 的核苷酸相同。由于人类基因组的高度相似性，这些相同区域在人类基因组草图中被忽略了。在本章讨论的技术中，哪些可以用于识别出这些重复区域？

34. 人类基因组中的一些外显子很小（小于 75bp）。因为这些序列太短，无法可靠地使用 ORF 识别或密码子偏好来确定这些短小的 DNA 序列是否确实可以编码 mRNA 和多肽，所以很难识别此类"微外显子"。可以使用哪些遗传学技术来评估给定的小于 75bp 区域是否构成外显子？

35. 通过对小鼠基因组的 BLAST 分析，你预测得到一组小鼠基因，这些基因编码的蛋白质序列与已知的真核生物翻译起始因子相似。你对这些基因的功能丧失突变引起的相关表型感兴趣。

a. 你将使用正向遗传学还是反向遗传学方法来识别这些突变？

b. 简要概述你可以使用的两种不同的方法寻找其中一个基因功能丧失的表型。

36. 酿酒酵母的整个基因组已经被测序，基于测序结果可以预测基因组中的所有可读框（ORF，具有适当翻译起始和终止信号的基因序列）。这些 ORF 中的一些是以前已知的具有确定功能的基因。但是，其余为功能未知的阅读框（URF）。为了推论 URF 的可能功能，你正在通过体外敲除技术将它们系统地转化为无效等位基因。结果如下：15% 的 URF 被敲除后具有致死性，25% 的 URF 被敲除后表现出形态改变、营养改变等突变表型，60% 的 URF 被敲除后没有表现可检测到的突变表型，即类似于野生型。解释这一结果的可能的分子遗传机制，在可能的情况下举一些例子。

37. 大肠杆菌的 CFT073 菌株可导致尿路感染和尿毒症。根据非病原性 K-12 菌株和肠出血性 O157：H7 菌株之间的差异，

a. 你是否可以预测在 K-12 菌株和 CFT073 菌株之间存在明显的基因组差异？

b. 你是否可以预测在 O157 ：H7 菌株和 CFT073 菌株之间存在明显的基因组差异？

c. 如何解释不同菌株的基因组差异？

d. 如何测试菌株特异性基因的功能？

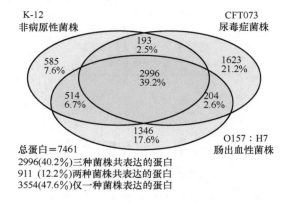

第 18 章

群体遗传学

《群体遗传学导论》的出版及其对群体遗传学发展的影响

谈起群体遗传学，我们就必须提到英国的数学家哈迪（Hardy）及德国医生温伯格（Weinberg）。20 世纪初，他们共同证明了孟德尔遗传是随机交配下维持遗传多样性的原因，并提出了哈迪-温伯格平衡（Hardy-Weinberg equilibrium），揭示了群体基因频率和基因型频率的遗传规律，为品系繁育和杂交育种提供了理论依据。20 世纪 20～30 年代，R. Fisher、J. B. Haldane 和 S. Wright 结合孟德尔经典遗传学和达尔文进化论，创立了"群体遗传学"这一全新的学科。

李景均是我国著名的遗传学家，他年轻时在美国康奈尔大学农学院学习植物育种及遗传，并于 1940 年获博士学位，辗转回国后于广西大学农学院任职，抗日战争胜利后任北京大学农学院农学系主任，时年 34 岁，是当时北京大学最年轻的系主任。

1948 年李景均撰写的英文版《群体遗传学导论》在北京大学出版（图 18-1）。《群体遗传学导论》是一部首次向全球学术界介绍群体遗传学的论著，一经面世就被学术界公认为名著，它对人类群体遗传学的普及做出了不可磨灭的贡献，是中国现代科技史上迄今为止极少数在中国出版，但在西方相关领域产生重大影响的著作。

对自己编写的《群体遗传学导论》，李景均自己评价说，"一半来自自己的脑子，一

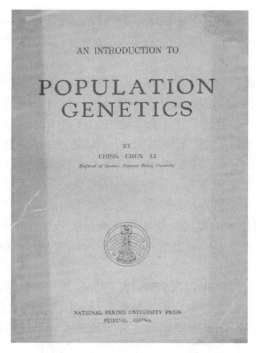

图 18-1　李景均编写的著作《群体遗传学导论》

半基于在成都时抄写的文章"。这本书的取材编排独具匠心，语言通俗易懂，没有过多采用高深的数学公式。除了群体遗传学基础理论，还介绍了人类遗传学中经常用到的分离分析方法，穿插了人类遗传学研究面临的实际问题。1998 年李景均荣获美国人类遗传学会颁发的杰出教育奖。

引　言

　　1992 年春节刚过，甘肃省陇南市西和县马元乡富沟村的富某家里却发生了一死一伤的惨案，犯罪嫌疑人沈六斤于当日潜逃。2013 年沈六斤在新疆被抓获，并被判处死缓。在服刑期间，沈六斤提出申诉，称自己叫方未社。经司法部门鉴定，申诉人的血液 DNA 与沈六斤亲属的不一致，比对结果支持方某为申诉人的生物学父亲。2016 年甘肃省高级人民法院据此做出再审判决，认为在押人不是沈六斤，而是方未社，撤销原审判决，宣判申诉人无罪。历时 25 年，在 DNA 证据的帮助下，无罪之人终于洗清了冤屈。在洗冤沈六斤和其他被错误定罪的犯罪嫌疑人过程中使用的 DNA 分析技术，就是依赖于你在本章中将要学到的群体遗传分析。

　　群体遗传学的原理是当今社会面临的许多问题的核心。一对夫妇生一个患有基因病的孩子的风险有多大？动植物育种实验是否会导致农场里遗传多样性的丧失，这种多样性的丧失会让人类面临食物供应危机吗？随着人口的不断增长，野生动物逐渐迁徙到地球上越来越小的区域，它们能够避免近亲交配继续生存吗？群体遗传学原理也是理解很多历史和进化问题的基础。世界上不同区域的人种之间有什么关联？随着人类迁移到全球各地并适应不同环境和生活方式，人类基因组会如何变化？群体和物种随着时间推移如何进化？

群体（population）是指同一物种个体构成的集合。群体遗传学（population genetics）分析了群体中遗传变异的数量和分布情况，以及形成这种变异的影响因素。群体遗传学起源于 20 世纪早期，当时遗传学家正开始研究怎样将孟德尔遗传定律扩展，去理解整个生物群体中的遗传变异。孟德尔遗传定律是在控制杂交和谱系已知的情况下，揭示了基因是如何从亲代传递到子代的，但是这些定律不足以解释在自然群体中基因从一代到下一代的传递，因为并不是所有的个体都能产生后代，而且不是所有的后代都能存活。遗传学家在研究群体遗传学原理早期阶段，能够用于检测基因变异的工具十分有限。基于近四十年 DNA 检测技术的发展，遗传学家现在能够直接观察到个体基因组中 DNA 序列的差异，并且能够在许多物种中检测大样本个体的差异，这些对于我们理解群体中的遗传变异具有重要意义。

在这一章中，会涉及基因库的概念，以及遗传学家是如何估计群体中等位基因和基因型频率的。接下来，我们会研究交配系统对群体基因型频率的影响。我们还会讨论遗传学家如何利用基于 DNA 的技术来检测变异。然后我们会讨论调节群体中基因变异水平的影响因素。最后，我们会着眼于一些个案研究，包括将群体遗传学应用到社会热门话题中。

18.1 遗 传 变 异

群体遗传学的方法可以用来分析生物群 DNA 序列的任何可变或多态性位点。过去，遗传学家缺乏可以直接观察个体 DNA 序列差异的分子生物学工具，因此大多数的群体遗传分析都是基于蛋白质或者表型的差异。例如，控制人类 ABO 血型的 ABO 糖基转移酶基因所编码蛋白质的差异，可以通过抗体探针来进行检测。通过蛋白质的差异，研究者可以推断出个体之间的基因序列差异。过去 40 年中，DNA 测序、DNA 微阵列和 PCR（见第 13 章）等新技术的开发让遗传学家可以直接观察到 DNA 序列的差异。因此，群体遗传分析不再局限于 ABO 糖基转移酶基因等一小部分基因，而是扩展到了基因组中的每一个核苷酸。

在群体遗传学中，基因组中的一个单元被称为基因座（locus），它可以是单个核苷酸的位点，也可以是一连串的多个核苷酸。个体间在某个基因座上最简单的变异形式，就是单个核苷酸位点上的核苷酸差异，可能是腺苷酸、胞苷酸、鸟苷酸或者胸腺苷酸，这种形式的变异称为单核苷酸多态性（single nucleotide polymorphism，SNP），它是人类群体遗传学中研究最为广泛的变异类型（图 18-2；见第 4 章）。群体遗传学还大量使用了微卫星标记（microsatellite DNA）基因座（见第 4 章），这些基因座包含了多次重复的短序列基序，一般长度为 2～6 个碱基对，在不同等位基因中重复次数不同。例如，某个基因座中存在两个碱基对的基序 AG，可能会在一个等位基因（AGAGAGAGAG）中重复 5 次，而在另一个等位基因（AGAGAG）中重复三次（图 18-2）。

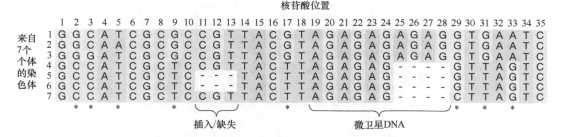

图 18-2　同源 DNA 序列中的变异

DNA 比对序列中存在的变异，7 条染色体来自不同的个体。星号标示了 SNP 的位置。
插入/缺失（插入或缺失一串核苷酸对）以及微卫星 DNA 的位置也进行了标示

18.1.1　单核苷酸多态性

单核苷酸多态性（SNP）是大多数基因组中最常见的多态性类型。大多数 SNP 只有两种等位基因，如 A 和 C。如果 SNP 的最小等位基因频率约为 5%或者更高，那么就被认为是人群中的常见 SNP（common SNP）。如果 SNP 的最小等位基因频率小于 5%，则为罕见 SNP（rare SNP）。在人类基因组中，每 300～1000bp 就会有一个常见 SNP。其中，罕见 SNP 的数量更多。

SNP 存在于基因的各个位置，包括外显子、内含子和调控区域。位于蛋白质编码区域的 SNP 可以分为三种：不同的等位基因编码同种氨基酸称为同义（synonymous）SNP；两个等位基因编码不同氨基酸称为非同义（nonsynonymous）SNP；若其中一种等位基因编码终止子则称为无义（nonsense）SNP。因此，有时 SNP 的存在可能会与蛋白质功能和表型的改变相关联。位于编码序列之外的 SNP 称为非编码 SNP（noncoding SNP，ncSNP）。若非编码 SNP 不影响基因的功能和表型，则被称为沉默（silent）SNP。沉默 SNP 在群体遗传学中十分有用，可将其作为标记来研究有关群体遗传进化的问题，如群体间的基因流。

为了研究群体中的 SNP，我们首先需要确定基因组中哪些核苷酸位点是可变的，即 SNP 构成。因此，第一步就是发现 SNP。通过对一个物种中小样本个体进行基因组测序，然后进行序列比对从而发现 SNP。例如，人类基因组中 SNP 的发现，开始于对检测组合（discovery panel）成员的基因组进行部分测序，这个检测组合由来自世界各地的 48 个人组成。通过比较这 48 个人的部分基因组序列，最初鉴定了超过 100 万个可变的核苷酸位点——SNP。

一旦发现了 SNP，就可以确定群体中不同个体在每个 SNP 位点的基因型（等位基因组成）。在解决这一问题时广泛应用了微阵列技术（图 18-3）。SNP 分析中使用的微阵列包含数以千计与已知 SNP 互补的探针。生物技术专家已经开发出几种不同的利用微阵列来检测 SNP 的方法。其中一种方法是将个体的 DNA 进行荧光标记后与微阵列杂交，微阵列上的每个点代表一个 SNP，红色荧光代表一种纯合子，绿色荧光代表另一种纯合子，黄色荧光代表杂合子（图 18-3）。自动化技术已经使得整个流程被优化，可以实现大规模的快速基因分型（例如，A/A 和 A/C）或者基因型分配。

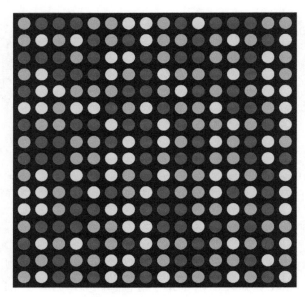

图 18-3　用于检测 SNP 的微阵列

图中展示了用于扫描单个个体基因组的微阵列的一小部分。每个点代表一个 SNP 位点，红色和绿色代表纯合子，
黄色代表杂合子

18.1.2　微卫星 DNA

微卫星 DNA 能够成为群体遗传分析中的强效基因座有以下几个原因。第一，和 SNP 不同，每个微卫星 DNA 中通常有很多等位基因（20 个或者更多），而每个 SNP 通常只有两个等位基因，最多不会超过 4 个。第二，微卫星 DNA 的突变率很高。每代中每个位点的突变率通常在 $10^{-4} \sim 10^{-3}$，而 SNP 每代中每个位点的突变率则在 $10^{-9} \sim 10^{-8}$。高突变率就意味着更高的变异水平：每个基因座中的等位基因越多，任何两个个体之间拥有不同基因型的可能性就越大。第三，大部分基因组中都有丰富的微卫星 DNA。人类基因组中就有超过百万个微卫星 DNA。

在大多数生物的基因组中都有微卫星 DNA，它们可能存在于外显子、内含子、调控区域和非功能性 DNA 序列中。在某些基因的编码序列中有三核苷酸重复序列的微卫星 DNA，能够编码成串的单个氨基酸。导致亨廷顿病的基因（见第 12 章）包含 CAG 的重复序列，能够编码一串谷氨酰胺。个体如果携带编码超过 30 个谷氨酰胺的等位基因，就更容易患这种疾病。但是通常情况下，大多数的微卫星 DNA 都位于非编码区，重复序列拷贝数的不同不会引起表型差异。

从基因组中发现微卫星 DNA 主要有两种方法。如果能够获得一种生物的完整基因组序列，我们只需要用计算机就能很容易找到微卫星 DNA。对于未知基因组序列的物种（大多数非模式生物），就需要进行大量的实验去发现微卫星 DNA。通常，先创建一个基因组文库，然后用探针在文库中搜索感兴趣的基序（例如，AG 重复序列），并确定所选克隆的 DNA 序列来识别微卫星 DNA 及其侧翼序列。第 17 章中讨论了这种工作的分子生物学方法。

一旦测定了一个微卫星 DNA 及其侧翼序列，就可以对群体中一组个体的 DNA 样本进行分析，确定出每个个体携带的重复序列拷贝数。在分析过程中，需要设计与侧翼序列互补配对的寡核苷酸引物，用于 PCR 实验。如果引物带有荧光标记，那么从 DNA 测序仪上就能得到 PCR 产物的大小（图 18-4）。产物的大小能够显示出一个微卫星 DNA 等位基因中重复序列的拷贝数。例如，如果一个微卫星 DNA 等位基因中含有 7 个 AG 重复序列，那么它的 PCR 产物会比含有 3 个 AG 重复序列等位基因的 PCR 产物长 8bp。杂合子会有两种不同大小的产物。由于 PCR 设计，PCR 产物的大小和等位基因中重复序列的计数都可以自动化进行，因此可以相对较快地确定大样本中大量微卫星 DNA 的基因型。

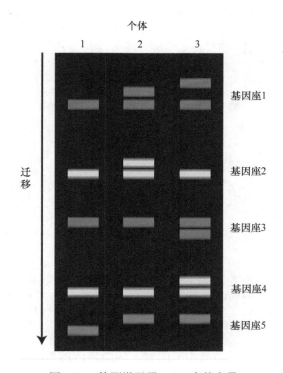

图 18-4　检测微卫星 DNA 中的变异

图为绘制了 5 个微卫星 DNA 基因座的凝胶图。3 条垂直的凝胶跑道对应 3 个个体。注意在基因 1 有 3 个等位基因，个体 2 和 3 在这个基因座上都是杂合子

18.1.3　单倍型

对于群体遗传学中的某些问题，把连锁位点的基因型作为一个整体而不是单独来考虑更有意义。遗传学家用单倍型（haplotype）来描述位于同一同源染色体上多个基因座上等位基因的组合。在每个要研究的基因座上，拥有相同等位基因的两条同源染色体具有相同的单倍型。如果两条染色体在任何一个所研究的基因座上基因型不同，那么它们就具有不同的单倍型。如果 A 基因座上的 A 和 a 等位基因与 B 基因座上的 B 和 b 等位基因连锁，那么这两个位点所在的染色体片段就有 4 种可能的单倍型：

A	*B*
A	*b*
a	*B*
a	*b*

图 18-5 展示了一个更复杂，但更真实存在的例子。在图 18-5（a）中，有 7 个染色体片段但是只有 6 种单倍型，因为染色体片段 5 和 6 具有相同的单倍型（E）。

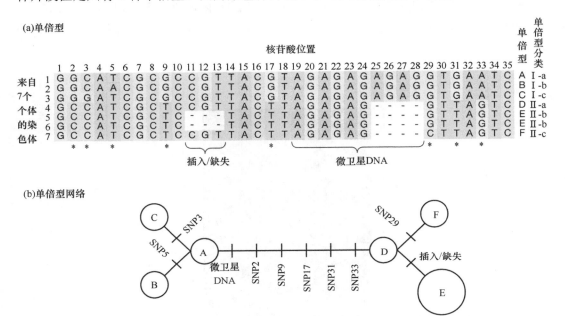

图 18-5　展示单倍型之间关系的单倍型网络

（a）在来自不同个体的 7 条染色体的 DNA 比对序列中，一共有 6 种单倍型（A～F）。星号标示了 SNP 的位置。（b）单倍型网络将这 6 种单倍型连接起来，展示了它们之间的关系。每个圆圈代表其中一种单倍型。分支上标示有基因座，其两端的两种单倍型在这些基因座上存在不同

在群体遗传学中，单倍型常被用来研究实际距离近的基因座。例如，单个基因中的可变核苷酸位点可以用来确定该基因的单倍型。然而，当某一区域重组很少或者没有的时候，单倍型的概念就可以用于更大的范围，甚至可以应用到整条染色上如人类的 Y 染色体。最后，有时候对单倍型进行分类更有用。正如图 18-5（a）所示，有两类主要的单倍型（Ⅰ和Ⅱ），它们在 5 个核苷酸位点和一个微卫星 DNA 上存在不同。然而，每一类又包含几种亚型。单倍型网络（haplotype network）展示了不同单倍型之间的关系，将每个突变放在其中一个分支上 [图 18-5（b）]。

单倍型分析能够让我们深入了解到什么呢？群体遗传学家通过研究亚洲男性的 Y 染色体，发现了一种非常普遍的单倍型叫作"星簇"单倍型。通常，大多数男性拥有罕见 Y 染色体单倍型，但是 8% 的亚洲男性却有"星簇"单倍型。利用已知的突变率，研究者估算出这一常见单倍型出现在 700～1300 年前（在本章后面，我们会讨论突变率及其在群体遗传学中的应用）。这一单倍型在我国内蒙古最常见，表明其可能发源于内蒙

古。研究者推断"星簇"单倍型可以追溯到 1000 年前一位内蒙古男性身上。值得注意的是，现在这种单倍型的分布，和 800 年前成吉思汗时期我国元代的地理边界一致。由此看来，拥有这种单倍型的现代男性可能是成吉思汗（或者他的男性家族亲属）的后代。

18.1.4　人类基因组单倍型图谱计划

过去 20 年中，人类群体遗传学的重大进展就是人类基因组单倍型图谱（HapMap）的构建。来自世界各地的科学家小组，测定了上千名能够代表我们人种多样性的个体，对几十万个 SNP 和微卫星 DNA 进行基因分型，结果构建了一个十分详细的人种差异图谱。数据在几个网页上对公众免费开放，免费网页包括人类基因组单倍体型图计划（https://www.genome.gov/27528684/1000-genomes-project）和人类基因组多样性计划（https: //hagsc.org/hgdp/）。在这一章，我们会用这些数据来展示群体遗传学的原理。构建基因组单倍型图谱最初在人类中开展，随后又拓展到其他几个物种，包括果蝇、小鼠、拟南芥、水稻和玉米。

18.1.5　其他来源和形式的变异

除了 SNP 和微卫星 DNA，群体染色体上 DNA 序列的任何变异都可适用于群体遗传分析。能够被分析的变异包括倒位、易位、缺失或重复等。另外一个常见的变异类型是插入/缺失（见第 12 章）。相较于其他等位基因，这种类型的多态性位点可能会增添或者缺失一个或多个核苷酸。在图 18-2 中，与其他 5 个片段不同，染色体片段 5 和 6 有三个碱基对的缺失。和微卫星 DNA 不同，插入/缺失位点没有重复序列，如 AGAGAGAG。

到目前为止，我们对 SNP 和微卫星 DNA 的讨论集中在核基因组。然而，有趣的基因变异也存在于真核生物的线粒体和叶绿体基因组中。这些细胞器基因组中都有 SNP 和微卫星 DNA。由于线粒体和叶绿体基因组通常都是母系遗传，对它们的分析可以用来追踪母系历史。1987 年，一项人类线粒体谱系的重要研究追踪了人类线粒体 DNA 单倍型的历史，确定了所有现代人的线粒体基因组可追溯到大约 150 000 年前一位非洲女性身上，大众媒体称她为"线粒体夏娃"。这项线粒体 DNA 研究是第一次全面的遗传分析，表明所有的现代人都来源于非洲。

关键点：基因组中有多种多样适合用来进行群体遗传分析的变异。SNP 和微卫星 DNA 是两个在群体遗传学中最常被研究的多态性类型。高通量技术能够测定上万个体中几十万个多态性位点。

18.2　基因库概念与哈迪-温伯格定律

基因库是研究群体遗传变异的基本概念。我们可以把基因库（gene pool）定义为在某一时刻群体中所有繁殖个体所包含的全部基因。例如，图 18-6 展示了一个 16 只青蛙的群体，每只青蛙的常染色体基因座 A 上都带有两个等位基因。通过简单的计数，我们

基因型	A/A	A/a	a/a
数量	5	8	3
等位基因	A	a	
数量	18	14	

图 18-6　青蛙基因库

发现有 5 只 A/A 纯合子、8 只 A/a 杂合子和 3 只 a/a 纯合子。群体的大小是 16，通常用字母 N 来表示，在这个二倍体群体中共有 32 个或 2N 个等位基因。用这样一组简单的数字，我们就已经描述了关于 A 基因座的基因库。

通常，群体遗传学家关注的不是群体中不同基因型的绝对数量，而是基因型频率（genotype frequency）（延伸阅读 18-1）。我们可以简单地将 A/A 个体的总数除以群体个体总数（N）来计算 A/A 的基因型频率，结果为 5/16=0.31。同理，A/a 杂合子的基因型频率为 8/16=0.50，a/a 纯合子的基因型频率为 3/16=0.19。因为这些都是频率，所以它们的总和为 1。频率是比绝对数量更实用的量度，因为群体遗传学家很难去研究群体中的每一个个体。相反，群体遗传学家会从群体中抽取随机或者无偏的样本，然后用该样本来推断整个群体的基因型频率。

如果我们计算的是等位基因频率（allele frequency）而不是基因型频率，那么我们可以对这个青蛙的基因库进行更简单的描述。在图 18-6 中，32 个等位基因中有 18 个为 A，所以 A 的频率为 $\frac{A}{A+a}=\frac{18}{18+14}$ 18/32=0.56。等位基因 A 的频率通常用字母 p 表示，在本例中 p=0.56。等位基因 a 的频率用字母 q 表示，本例中 q=14/32=0.44。同样，因为它们都是频率，所以总和为 1：p+q=0.56+0.44=1。我们现在只需要用 p 和 q 两个数字就描述了青蛙的基因库。

延伸阅读 18-1：计算基因型频率

　　一个有两个等位基因 A 和 a 的基因座，将 3 种基因型 A/A、A/a 和 a/a 的频率依次定义为 $f_{A/A}$、$f_{A/a}$ 和 $f_{a/a}$。我们可以用这些基因型频率计算基因频率：p 是等位基因 A 的频率，q 是等位基因 a 的频率。因为每个 A/A 纯合子只含有 A，每个 A/a 杂合子一半等位基因是 A，所以 A 基因在群体中的总频率 p 为

$$p = f_{A/A} + 1/2f_{A/a}$$

同样的，等位基因 a 的频率 q 为

$$q = f_{a/a} + 1/2 f_{A/a}$$

因此，

$$p + q = f_{A/A} + f_{A/a} + f_{a/a} = 1.0$$

以及

$$q = 1 - p$$

　　如果有两个以上不同的等位基因，某基因的频率就是其纯合子的频率加含有该基因全部杂合子频率之和。

　　关键点：基因库是学习群体遗传变异的基本概念：它是在某一时刻群体中所有繁殖个体的等位基因总和。我们可以用基因型频率和等位基因频率来描述群体中的变异。

　　如上所述，群体遗传学的一个重要目标就是了解自然群体中基因上下代之间的传递。在本节，我们会关注它的作用原理。我们要研究如何利用基因库中的基因频率来预测下一代的基因型频率。

　　基因库中一个基因的频率等于从基因库中随机挑选一个基因来形成卵细胞或精子时，该基因被选中的概率。知道了这一点，我们就能计算下一代青蛙中 A/A 纯合子的概率。如果我们进入青蛙基因库（图 18-6）中挑选第一个基因，选中 A 的概率为 $p=0.56$，我们选中的第二个基因也是 A 的概率同样是 $p=0.56$。这两个概率的乘积为 $p^2=0.3136$，就是下一代青蛙中 A/A 纯合子的概率。同理，下一代中 a/a 基因型青蛙的概率是 $q^2=0.44 \times 0.44 = 0.1936$。形成杂合子有两种方式。我们先选概率为 p 的 A 等位基因，再选概率为 q 的 a 等位基因，或者先选 a 再选 A。因此，下一代青蛙中 A/a 杂合子的概率为 $pq+qp=2pq=0.4928$。总的来说，基因型频率（f）为

$$f_{A/A} = p^2$$
$$f_{a/a} = q^2$$
$$f_{A/a} = 2pq$$

　　最后，预料之中，A/A、A/a 和 a/a 的概率之和为 1.0：

$$p^2 + 2pq + q^2 = 1.0$$

　　这个简单的等式就是哈迪-温伯格定律（Hardy-Weinberg law），它是群体遗传学理论基础的一部分。

　　进入基因库选择一个基因的过程叫作基因库抽样（sampling）。因为任何一个对基因有贡献的个体，都能产生很多个带有相同等位基因的卵细胞或者精子，所以从基因库中抽样也存在偶然性。有些拷贝可能碰巧被选中不止一次，有些可能从来没有被选中过。稍后在本章中，我们会研究这些基因库抽样的特性久而久之会如何导致基因库的变化。

　　我们用哈迪-温伯格定律通过当代的基因频率来计算下一代的基因型频率。我们也可以用哈迪-温伯格定律通过基因型频率来计算这一代的基因频率。例如，眼皮肤白化病 OCA2 型通常由 *OCA2* 基因突变产生，该基因编码黑素小体膜上的转运蛋白，此型疾

病患者随年龄增长色素增加，故该病又称不完全性白化病（图 18-7）。OCA2 型在非洲人中发病率较高，在非洲的一些族群中，患有这种疾病的个体频率高达 1/1100。我们可以用哈迪-温伯格定律来计算基因频率：

$$f_{a/a} = q^2 = 1/1100 = 0.0009$$

所以，

$$q = \sqrt{0.0009} = 0.03$$
$$p = 1 - q = 0.97$$

利用基因频率，我们就可以计算群体中杂合子的频率：

$$2pq = 2 \times 0.97 \times 0.03 = 0.06$$

最后的数字预示着这个群体中有 6%的杂合子，或者说 OCA2 隐性基因的携带者频率为 6%。

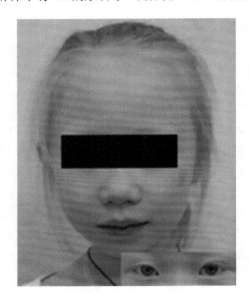

图 18-7　中国汉族眼皮肤白化病患儿
患有眼皮肤白化病的中国汉族患儿皮肤白色，毛发黄色，虹膜蓝色或者浅褐色，有眼球震颤。
该疾病是由 OCA2 基因突变导致的

当我们使用哈迪-温伯格定律计算基因频率或者基因型频率的时候，我们做了一些重要的假设。

第一，我们假设对于所要研究的群体中携带致病基因的个体是随机交配的。偏离随机交配则违背了这个假设，就不适合使用哈迪-温伯格定律了。例如，表型相似的个体倾向于彼此交配就违背了哈迪-温伯格定律。如果白化病患者之间婚配频率高于与非白化病患者婚配的频率，那么哈迪-温伯格定律就高估了隐性基因的频率。

第二，如果某种基因型生存力低，导致拥有这种基因型的个体在基因型频率计数之前就死亡了，那么基因频率的估计也会不准确。

第三，应用哈迪-温伯格定律时，群体不能被分成部分或者完全遗传隔离的亚群。如果存在独立的亚群，等位基因在不同亚群中的频率就会不同，则用总的群体基因型数量就不能准确估计总体的等位基因频率。

第四，哈迪-温伯格定律严格意义上只适用于无限大的群体。对于有限的群体，由于从基因库中抽样来产生下一代存在偶然性，通过哈迪-温伯格定律来推断频率会存在偏差。

我们已经知道如何使用哈迪-温伯格定律和 F_0 代的基因频率（t_0），通过在基因库中随机抽样产生卵细胞和精子来计算 F_1 代的基因型频率（t_1）。同样地，根据预测的 F_1 代的基因型频率可以依次计算 F_2 代的基因频率（t_2）。在该原理下，F_2 代的基因频率和 F_1 代的保持一致。在哈迪-温伯格定律下，当一个无限大的群体随机抽样产生卵细胞和精子时，基因频率或者基因型频率在上下代之间不会发生改变。因此，从哈迪-温伯格定律中学到的重要一点就是，在大的群体中，基因在上下代之间传递时，遗传变异既不会产生也不会被破坏。遵循这一原则的群体就被认为处于哈迪-温伯格平衡期望值（Hardy- Weinberg equilibrium）（表 18-1）。

表 18-1　哈迪-温伯格平衡的群体在世代传递中基因型频率和基因频率

世代基因频率	基因型频率			基因频率	
	A/A	A/a	a/a	A	a
t_0	0.64	0.32	0.04	0.8	0.2
t_1	0.64	0.32	0.04	0.8	0.2
.	.	.	.	.	.
.	.	.	.	.	.
t_n	0.64	0.32	0.04	0.8	0.2

下面是关于哈迪-温伯格定律的另外几个要点。

1）对于任何一个低频率的等位基因，很少发现有其纯合个体。如果等位基因 a 频率为 1/1000（$q=0.001$），100 万个个体中才会有一个该等位基因的纯合子（q^2）。因此，与实际患有遗传病的个体相比，导致遗传病的隐性基因在更多个体中以杂合状态存在。

2）哈迪-温伯格定律同样适用于一个基因座上有多于两个等位基因的情况。如果有 n 个等位基因 A_1，A_2，$\cdots$，A_n，其频率分别为 p_1，p_2，$\cdots$，p_n，所有频率之和等于 1.0。每种纯合子的基因型频率就是基因频率的平方，不同种类的杂合子的频率则为两倍的两个等位基因频率之积。表 18-2 给出了一个例子，$p_1=0.5$，$p_2=0.3$，$p_3=0.2$。

3）哈迪-温伯格定律也适用于 X 连锁的基因座。雄性是 X 连锁基因的半合子，也就是雄性带有这些基因的单一拷贝。因此，对于雄性中 X 连锁的基因，基因型频率就等于基因频率。对于雌性，X 连锁基因的基因型频率遵循正常的哈迪-温伯格期平衡望值。

表 18-2　三等位基因的基因型频率计算

基因型	期望值	频率
A_1A_1	p_1^2	0.25
A_2A_2	p_2^2	0.09
A_3A_3	p_3^2	0.04
A_1A_2	$2p_1p_2$	0.30
A_1A_3	$2p_1p_3$	0.20
A_2A_3	$2p_2p_3$	0.12
总和		1.00

注：此基因座有三个等位基因 A_1、A_2 和 A_3，基因频率依次为 0.5、0.3 和 0.2

男性型脱发是 X 连锁的性状（图 18-8）。雄激素受体（androgen receptor，AR）基因是与男性发育相关的 X 连锁基因。有一个叫 *Eur-H1* 的 AR 基因单倍型和脱发具有很强的相关性。男性型脱发在欧洲很常见，*Eur-H1* 单倍型频率为 0.71，意味着 71% 的欧洲男性都携带此单倍型。利用哈迪-温伯格定律，我们可以计算出 50% 的欧洲女性是 *Eur-H1* 纯合个体，41% 为杂合个体。脱发的遗传机制十分复杂，受到多个基因影响，所以并不是所有 *Eur-H1* 单倍型的男性都会脱发。

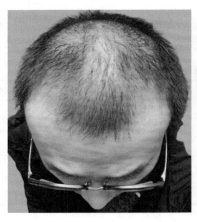

图 18-8　男性型脱发

X 染色体关联性状，图示一位 27 岁男性

4）我们可以用卡方检验来检测观察到的某个基因座的基因型频率是否符合哈迪-温伯格预测。例如，人类主要组织相容性复合体（major histocompatibility complex，MHC）中的白细胞抗原基因 *HLA-DQA1*。MHC 是位于 6 号染色体上在免疫系统中发挥功能的基因簇。表 18-2 中有来自意大利托斯卡纳区的 84 个居民在 *HLA-DQA1* 等位基因中 rs9272426 SNP 位点的基因型频率。这个 SNP 位点有 *A* 和 *G* 等位基因。根据表 18-2 中的基因型频率，我们可以计算出基因频率：$f(A)=p=0.53$，$f(G)=q=0.47$。接下来，我们可以计算哈迪-温伯格平衡下的预期基因型频率：$p^2 = 0.281$，$2pq = 0.498$，$q^2 = 0.221$。将预期的基因型频率与样本量（$N=84$）相乘，得到预期的每种基因型的个体数。现在我们可以计算出卡方统计量为 8.29。根据表 18-3，在零假设下，观测数据符合哈迪-温伯

表 18-3　意大利托斯卡纳人 MHC 的 *HLA-DQA1* 等位基因中 rs9272426 SNP 位点的基因型频率

项目	基因型			总和
	A/A	*A/G*	*G/G*	
观察值	17	55	12	84
观察频率	0.202	0.655	0.14	1
期望频率	0.281	0.498	0.221	1
期望值	23.574	41.851	18.6	84
(观察值−期望值)^2/期望值	1.833	4.131	2.34	8.29

数据来源：人类基因组单倍体型图计划（https://www.genome.gov/27528684/1000-genomes-project）

格预测的概率为 $P<0.005$，自由度为 1〔自由度为 1 是因为我们有三种基因型，使用了数据中的两个数字（N 和 p）来计算预测值（自由度为 3–2=1）。我们不需要用到 q，因为 $q=1-p$〕。这一分析使我们很怀疑托斯卡纳人不符合哈迪-温伯格定律关于 *HLA-DQA1* 基因的期望值。在关于交配系统的 18.3 节和自然选择的 18.5 节，我们会对 MHC 的群体遗传学进行更深入的探讨。

哈迪-温伯格定律是群体遗传学基础的一部分。它适用于无限大并且随机交配的理想状态下的群体。它也假定所有基因型具有同样适合度，即它们具有相同的生存能力和成功繁殖的能力。但是，实际的群体往往是偏离了理想状态的群体。在本章的其余部分，我们会检验如非随机交配、有限群体大小、不同基因型具有不同适合度等因素是如何导致偏离哈迪-温伯格期望值的。我们也会研究如何修正哈迪-温伯格定律来补偿这些因素。

关键点：哈迪-温伯格定律描述了基因频率和基因型频率之间的关系。这条定律告诉我们，基因在上下代之间传递时，遗传变异既不会产生也不会被破坏。哈迪-温伯格定律只严格适用于无限大并且进行随机交配的群体。

18.3　交　配　系　统

随机交配是哈迪-温伯格定律的一个重要假设。在选择配偶时，如果群体中所有个体被选择的概率是相同的，那么就满足随机交配的假设。然而，如果有亲缘关系的、邻近的或者表型相似的个体比随机个体之间更容易交配，那么就偏离了随机交配的假设。非随机交配的群体在某些或者全部基因上就不能表现出精确的哈迪-温伯格基因型频率。选型交配、地理隔离和近亲婚配是违背随机交配假设的三种交配偏好。

18.3.1　选型交配

个体根据与自身相似来选择配偶就是选型交配。同型交配（positive assortative mating）是指表型相似的个体交配，例如，高的个体优先和其他高的个体婚配，矮的个体优先和其他矮的个体婚配。在这些情况下，控制身高的基因就不遵循哈迪-温伯格定律。因此，我们可能会在"高个子"婚配组合的后代中看到过多的"高个子"基因纯合子，以及在"矮个子"婚配组合的后代中看到过多的"矮个子"基因纯合子。这就是存在于人类中的关于身高的同型交配。

异型交配（negative assortative mating）或者非选型交配（disassortative mating）是指表型不相似的个体交配，即异型相吸。异型交配的一个例子就是芸薹属植物（花椰菜及其亲缘种）的 *S* 基因座。在 *S* 基因座上有很多等位基因：*S1*、*S2*、*S3* 等。植物的柱头不能接受带有其自身两个等位基因中任意一个的花粉（图 18-9）。例如，*S1/S2* 杂合子的柱头不允许带有 *S1* 或 *S2* 基因的花粉粒萌发并使胚珠受精，然而带有 *S3* 或者 *S4* 基因的花粉粒就可以。这种机制阻碍了自体受精，从而促进了异花授粉。*S* 基因座违背了哈迪-温伯格定律，因为其不能形成 *S* 基因的纯合基因型。

(a)花粉管抑制

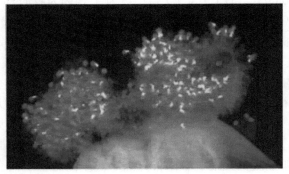

(b)花粉管生长

图 18-9　芸薹属植物自交不亲和导致异型交配

（a）自花授粉的 *S1/S2* 柱头没有花粉管生长；（b）*S1/S2* 基因型的柱头接受来自 *S3/S4* 杂合子的花粉进行异花授粉，有花粉管生长

异型交配的第二个例子是主要组织相容性复合体（major histocompatibility complex，MHC），它能够影响脊椎动物的配偶选择。MHC 影响大鼠和小鼠的体味，为配偶选择提供了基础。在著名的"汗味 T 恤衫实验"中，研究者要求一组男性穿两天 T 恤衫。然后让一组女性来闻 T 恤衫的味道并评估它们带来的"愉悦感"，女性更喜欢与自身 MHC 单倍型不同的男性的气味。来自人类基因组单倍型图谱计划的数据恰巧已经证实，美国夫妇的 MHC 杂合性显著高于预期。MHC 在我们对病原体的免疫应答中具有重要作用，杂合子对病原体抵抗力更强。因此，如果我们在 MHC 基因型上是异型交配，我们的后代就会受益。这种机制可以解释为什么我们之前所讨论的 MHC 基因 *HLA-DQA1* 中的 SNP 位点在托斯卡纳人中不遵循哈迪-温伯格定律。回顾表 18-2，你会发现杂合子比预期的多，55 对比 42。托斯卡纳人在这个 SNP 位点上似乎进行的是异型交配。

18.3.2　地理隔离

另一种配偶选择的偏好起因于个体之间的地理距离。相较于在大陆另外一端的同物种成员，个体更倾向于和邻近的个体交配，即个体会表现出地理隔离（geographical isolation）。因此，位于不同湖泊的鱼或者大陆不同区域的松树，它们之间的基因频率和基因型频率往往不同。表现出这种遗传变异的物种或者群体被认为存在群体结构

（population structure）或群体分层。一个物种可以被划分为一系列亚群，如不同池塘中的青蛙或者不同城市中的人。

如果一个物种具有群体结构，则该物种中纯合子的比例将会比哈迪-温伯格定律下的期望值更高。假设，分布在美国堪萨斯州的野生向日葵，等位基因 A 的频率从堪萨斯城附近的 0.9 变化到印第安纳州埃尔克哈特附近的 0.1（图 18-10）。我们从这两个城市各自取了 100 个向日葵的样本，加上从位于堪萨斯州中部的哈钦森取的 100 个样本，计算了基因频率。每个城市代表一个亚群。在任何一个城市中，哈迪-温伯格定律都适用。例如，在埃尔克哈特，预期会有 $Nq^2 = 100 \times (0.9)^2 = 81$ 个 a/a 纯合子，和我们观测到的一致。然而，在整个堪萨斯州中，预期会有 $Nq^2 = 300 \times (0.5)^2 = 75$ 个 a/a 纯合子，但我们观测到了 107 个。由于群体结构，纯合向日葵实际上比预期要多（表 18-4）。

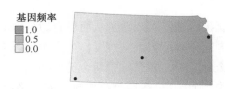

基因频率
1.0
0.5
0.0

图 18-10　基因频率呈现梯度变化

假设的野生向日葵的基因频率在美国堪萨斯州的变化

表 18-4　不同地区野生向日葵的基因型计数和等位基因频率计算

项目	个体数				p	q
	N	A/A	A/a	a/a		
堪萨斯城	100	81	18	1	0.9	0.1
哈钦森	100	25	50	25	0.5	0.5
埃尔克哈特	100	1	18	81	0.1	0.9
堪萨斯州范围（观察值）	300	107	86	107	0.5	0.5
堪萨斯州范围（预期值）	300	75	150	75	—	—

举一个关于人类群体结构的真实例子。在非洲，杜菲血型的 FY^{null} 等位基因呈现为从西非和北非的低频率，到南非的中等频率，再到中非的高频率的梯度变化。这个等位基因在非洲以外很罕见。由于这种梯度变化，我们不能直接用非洲的总体基因频率代入哈迪-温伯格定律去计算基因型频率。在本章后面和第 20 章中，我们会讨论 FY^{null} 和疟疾之间的关系。

关键点：选型交配和地理隔离违背了哈迪-温伯格平衡，导致基因型频率偏离哈迪-温伯格期望值。

18.3.3　近亲婚配

第三种婚配偏好是近亲婚配（inbreeding，又称近交），或者说具有亲缘关系的个体之间的婚配。早在有害隐性基因被大众广泛知晓之前，在一些社会群体中就发现某些疾病如失语、失聪或失明，在近亲结婚的子女中更常见。如我们所见，近亲结婚的后代患遗传病的风险更高。

近亲婚配的后代与非近亲婚配的后代相比，在任何基因座上都更容易成为纯合子。所以，他们也更容易成为有害隐性基因的纯合子。

近亲交配会导致后代活力和繁殖力下降，这种现象称为近交衰退（inbreeding depression）。然而，近亲交配也有优势。许多植物是高度自花授粉和近亲交配形成的，包括模式植物拟南芥，谷类作物水稻和小麦。因为大多数植物在同一个体上具有雄性和雌性两种生殖器官，所以自花授粉比远交更容易实现。自花授粉另外一个优势是，当单个种子传播到新的地方，由种子长成的植物就可以将其自身作为配偶，从而能够由单个种子建立一个新的群体。最后，如果一个植物体在不同基因座中包含着有益的等位基因组合，那么近交就能保留这种组合。在自交植物中，这些优势的益处远超过近交衰退的代价。

18.3.3.1 近交系数

近交增加了个体成为有害隐性基因纯合子从而患有遗传病的风险。风险率取决于两个因素：①群体中该有害基因的频率；②近交程度。为了衡量近交程度，遗传学家定义了近交系数（inbreeding coefficient，F），即个体中两个等位基因来自共同祖先的同一拷贝的概率。我们首先思考如何用系谱计算 F，然后检验如何用 F 来确定隐性遗传疾病的发病风险。

一个简单的家系，半同胞即拥有一个共同父母的个体之间进行婚配［图 18-11（a）］。图中，B 和 C 是半同胞，他们有共同的母亲 A 和不同的父亲；B 和 C 有一个女儿 I。注意从 I 到 B 和 A 再通过 C 回到 I 有一个闭环。系谱中存在闭环告诉我们 I 是近亲婚配的后代。A 的两个基因拷贝是蓝色和粉色的：蓝色的来自 A 的父亲，粉色的来自她的母亲。如图所示，I 同时从她父亲（B）和母亲（C）那里遗传了粉色拷贝。由于 I 的两个基因拷贝都来自她祖母的同一拷贝，她的两个拷贝为血缘同源（identical by descent，IBD）。推广来说，如果个体的一个基因的两个拷贝来自其祖先的同一拷贝，那这两个拷贝就是

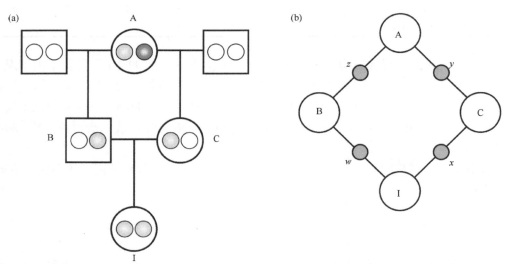

图 18-11　系谱展示了血缘同源基因

（a）以标准形式绘制的半同胞婚配系谱。小彩色球代表一个基因的单个拷贝。对于个体 A，粉色和蓝色的拷贝分别代表了她从母亲和父亲继承的基因的拷贝。（b）以简化形式绘制的半同胞婚配系谱用于近交分析。只绘制了连接亲本和子代的线，并且包含了只在"闭合近交环"的个体。w、x、y 和 z 是等位基因从亲本传到子代的标志

血缘同源的。我们想要一种能够计算 I 的两个等位基因是 IBD 的概率的方法。这个概率就是 I 的近交系数，用符号 F_I 表示。

首先，因为我们只对追溯 IBD 等位基因的路径感兴趣，可以将系谱简化成只包含闭环中的个体并且仍然遵循 IBD 基因的传递［图 18-11（b）］。同时，因为个体的性别并不重要，我们将两种性别都用圆圈表示。每次婚配所传递的基因用 w、x、y 和 z 表示。用 "～" 表示 IBD。若想计算 w 和 x 是 IBD 的概率，首先需要计算 x 和 y 是 IBD 的概率是多少，或者用符号表示，$P(x \sim y)$ 是多少？这相当于 C 把从 A 遗传的拷贝传递给 I 的概率，它等于 1/2，即 $P(x \sim y)=1/2$。同样，B 把从 A 遗传的拷贝传递给 I 的概率也是 1/2，即 $P(w \sim z)=1/2$。

现在我们需要计算 z 和 y 是 IBD 的概率。有两种方式 z 和 y 能成为 IBD。第一种方式就是当 z 和 y 是同一拷贝纯合子（都为粉色或者都为蓝色）时，它们为 IBD 的概率为 1/2，因为有 1/4 的概率它们都为蓝色，1/4 的概率它们都为粉色。第二种方式中，虽然 z 和 y 为不同拷贝（一个为粉色，一个为蓝色），但 A 本身是近交后代，即 A 的两个基因拷贝（粉色和蓝色）互为 IBD。A 的两个拷贝是 IBD 的概率就是 A 的近交系数 F_A。z 和 y 是不同拷贝（一个为粉色，一个为蓝色）的概率是 1/2。所以，z 和 y 是不同拷贝并且是 IBD 的概率是 1/2 乘以近交系数（F_A）得到 $1/2F_A$。综上，z 和 y 是 IBD 的概率为它们是同一拷贝的概率（1/2）加上它们是不同拷贝且是 IBD 的概率（$1/2 F_A$）。用符号表示：

$$P(z \sim y) = \frac{1}{2} + \frac{1}{2} F_A$$

$P(x \sim y)$、$P(w \sim z)$ 和 $P(z \sim y)$ 是独立的概率，所以我们可以用乘法定律将它们全部相乘得到：

$$F_I = P(x \sim y) \times P(w \sim z) \times P(z \sim y) = \frac{1}{2} \times \frac{1}{2} \times \left(\frac{1}{2} + \frac{1}{2} F_A \right) = \left(\frac{1}{2} \right)^3 (1 + F_A)$$

在分析近交系时，如果 F_A 的值已知，我们可以把它代入上面的等式。另外，如果没有信息表明 A 是近交后代，我们可以假设在当前示例中 F_A 为 0，如果我们假设 F_A 为 0，那么：

$$F_I = \left(\frac{1}{2} \right)^3 = \frac{1}{8}$$

这个计算告诉我们半同胞婚配的后代是拥有至少 1/8 血缘同源基因的纯合子。如果 F_A 大于 0，则 F_I 会大于 1/8。计算其他近交系数 F 的一般公式见延伸阅读 18-2。

延伸阅读 18-2：从系谱中计算近交系数

在正文中，我们得到半同胞婚配后的近交系数（F_I）为

$$F_I = \left(\frac{1}{2} \right)^3 (1 + F_A)$$

F_A 是祖先的近交系数。这个表达式包括 $(1/2)^3$。在图 18-11 中，你会看到在近

交环中有三个个体，不算I。从系谱计算近交系数的一般等式为

$$F_I = \left(\frac{1}{2}\right)^n \left(1 + F_A\right)$$

n是近交环中除去I的个体数。在另外一个家系中，I的祖父母是半同胞：

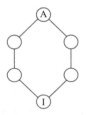

在近交环中除了I有5个个体，如果我们假设祖先不是近交后代（$F_A=0$），那么：

$$F_I = \left(\frac{1}{2}\right)^5 \left(1 + F_A\right) = 0.03125$$

在一些系谱中，有不止一个近交环。在一个家系中，I是全同胞婚配的后代：

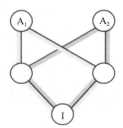

对于有多个近交环的系谱，你可以计算全部环路的贡献和，F_A是给定环路的祖先A的近交系数：

$$F_I = \sum_{\text{loops}} \left(\frac{1}{2}\right)^n \left(1 + F_A\right)$$

因此，对于I是全同胞婚配后代的家系，我们得到：

$$F_I = \left(\frac{1}{2}\right)^3 \left(1 + F_{A_1}\right) + \left(\frac{1}{2}\right)^3 \left(1 + F_{A_2}\right) = \frac{1}{4}$$

假设所有祖先的近交系数都为0。

当群体中存在近亲婚配时，就违背了哈迪-温伯格平衡中的随机交配假设。然而，哈迪-温伯格平衡可以被修正，通过使用群体平均近交系数F，来校正对不同程度近亲婚配预测的基因型频率。修正的哈迪-温伯格基因型频率为

$$f_{A/A} = p^2 + pqF$$
$$f_{A/a} = 2pq - 2pqF$$
$$f_{a/a} = q^2 + pqF$$

这些修正后的哈迪-温伯格基因型频率具有直观意义，显示出近亲婚配如何降低了 $2pqF$ 的杂合子频率，并将 pqF 加到每个纯合子的基因型频率中。用这些修正的哈迪-温伯格等式，你还会注意到如果不存在近亲婚配（$F=0$），你又会重新得到标准的哈迪-温伯格基因型频率，并且如果是完全近交（$F=1$），则 $f_{A/A}=p$，$f_{a/a}=q$。

近亲婚配会导致后代患有隐性遗传病的风险增加多少呢？表 18-5 展示了一些不同近交系的近交系数和不同隐性等位基因频率（q）的隐性纯合子预测数。当 $q=0.01$ 时，堂表兄妹近亲婚配的隐性纯合子后代数约是非近亲婚配后代的 7 倍（7.19/1.0）。当 $q=0.005$ 时，风险上升至 13 倍（3.36/0.25），当 $q=0.001$ 时，为 63 倍（0.63/0.01）。可见罕见等位基因的风险程度急剧上升。兄弟姐妹和亲子代婚配风险最高：当 $q=0.001$ 时，与不相关个体婚配相比，他们显示出约 250 倍（2.51/0.01）的更高风险。

表 18-5　对于不同的基因频率，1000 个个体中隐性纯合子的数量

婚配	F	$q=0.01$	$q=0.005$	$q=0.001$
非近亲婚配后代	0.0	1.00	0.25	0.01
亲代-子代或同胞	1/4	25.75	12.69	2.51
同母或同父个体	1/8	13.38	6.47	1.26
直系堂表兄妹	1/16	7.19	3.36	0.63
旁系堂表兄妹	1/64	2.55	1.03	0.17

近亲婚配对人类群体遗传病频率的影响见图 18-12。与非近亲婚配后代的子女相比，堂表兄妹近亲婚配的子女患病频率要高出 2 倍。历史记录表明，早在遗传学领域存在之前，近亲婚配的风险就已经被充分了解了。

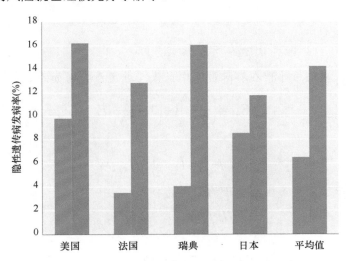

图 18-12　近亲婚配导致隐性遗传病发病率升高
非近亲婚配后代（蓝柱）及堂表兄妹近亲婚配后代（红柱）的隐性遗传病发病率

18.3.3.2　群体大小对近交的影响

群体大小是影响群体近交水平的主要因素。相比于大群体，小群体中更容易出现有

亲缘关系的个体。这种现象可以在小的人类群体中看到，如只有不到300个人的南大西洋特里斯坦-达库尼亚群岛。

群体大小对群体总体近交水平的影响可通过 F 来衡量。假定一个群体世代为 t 且近交系数为 F_t。为了产生下一代（$t+1$ 代）的个体，我们从基因库中选取了第一个基因。假定群体大小为 N。在选择了第一个基因之后，我们选取第二个基因恰好和第一个基因是同一拷贝的概率为 $1/2N$，这个个体的近交系数为 1.0。我们选取的第二个基因和第一个基因是不同拷贝的概率为 $1-1/2N$，产生的个体的近交系数则为 F_t，它是初始群体在世代 t 的平均近交系数。下一代的近交水平是这两种可能结果之和：

$$F_{t+1} = \left(\frac{1}{2N}\right)1 + \left(1 - \frac{1}{2N}\right)F_t$$

这个等式告诉我们，随着时间推移，F 会因种群的增加而增大。当 N 较大时，F 随时间缓慢增加。当 N 较小时，F 随时间迅速增加。例如，假设初始群体的 F_t 为 0.1，N=10 000，则 F_{t+1} 为 0.100 05，只是一个稍高的值。然后通过用 F_{t+1} 替换右侧的 F_t，用这个等式来计算 F_{t+2}。当 N= 10、F_t = 0.1 时，F_{t+1}=0.145，F_{t+2} 为 0.188。在延伸阅读 18-3 中进一步探索了群体大小对群体近亲婚配的影响。

近亲婚配增加的结果是，正像同代表亲婚配的后代一样，小群体中的个体更有可能成为有害基因的纯合子。这种影响常见于居住在局限范围中的隔离群体。例如，一种导致个体有 6 根手指的侏儒症，在美国总体人群中的频率只有 1/60 000，但在有 13 000 名阿米什人（美国基督新教再洗礼派门诺会信徒）中，发生频率超过 1/200。

关键点：近亲婚配增加了群体中纯合子的频率，并且会导致隐性遗传病的频率升高。近交系数（F）是个体中两个等位基因来自共同祖先的同一拷贝的概率。

延伸阅读 18-3：有限群体中的近亲婚配

在正文中，我们推导出在有限群体中世代间近交系数增加的公式：

$$F_{t+1} = \left(\frac{1}{2N}\right)1 + \left(1 - \frac{1}{2N}\right)F_t$$

也可以写成：

$$(1 - F_{t+1}) = \left(1 - \frac{1}{2N}\right)(1 - F_t)$$

我们也展示了近交产生杂合子的频率的公式：

$$H = f_{A/a} = 2pq - 2pqF$$

也可以写成：

$$(1 - F) = H / 2pq$$

结合这两个等式，我们得到：

$$H_{t+1} / 2pq = \left(1 - \frac{1}{2N}\right)H_t / 2pq$$

然后，

$$H_{t+1} = \left(1 - \frac{1}{2N}\right)H_t$$

因此，对于每一代，杂合度会降低（1 − 1/2N）。H 经过 t 代之后会降低到：

$$H_t = \left(1 - \frac{1}{2N}\right)^t H_0$$

t 代之后 F 的改变量为

$$F_t = 1 - \left(1 - \frac{1}{2N}\right)^t (1 - F_0)$$

正如图 18-13 所示，在有限群体中近交系数会随时间增加，即使初始群体中并不存在近交。

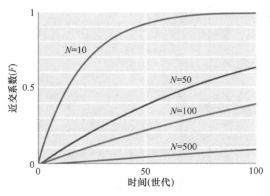

图 18-13　几个不同大小群体的近交系数随时间的延长而增加

18.4　遗传变异的统计量化

为了研究群体中遗传变异的数量和分布，我们需要一些方法来量化变异。为了描述如何量化变异，我们将要使用到人类葡萄糖-6-磷酸脱氢酶（glucose-6-phosphate dehydrogenase，G6PD）的数据。G6PD 基因是 X 连锁基因，编码了一种在糖酵解中具有催化作用的酶。G6PD 基因的野生型等位基因（B）具有全酶活性。第二种等位基因 A^- 导致酶活性大大降低，携带这种等位基因的个体患有溶血性贫血。然而，这种等位基因也使携带者患严重疟疾的风险降低了 50%。在疟疾流行的非洲地区，A^- 等位基因频率接近 20%，尽管它在其他地区不存在或者是罕见的。另外一个等位基因（A^+）仅导致轻度的酶活性降低。和携带 A^- 等位基因的个体不同，只携带 A^+ 或 B 等位基因的个体不会患有溶血性贫血。

图 18-14 展示了对来自世界各地 47 名男性长 5102bp 的 G6PD 基因片段的测序结果，发现了 18 个 SNP 位点。剩下的 5084 个位点是固定的（fixed），或者不变的：对于每一个这种位点，在全部样本中只有单一的等位基因（核苷酸）。通过仅对男性取样，我们

个体	起源	等位基因	1	2	3	4	5	6	7	8	9	10	11	12	13	14	15	16	17	18	单倍型
			A	G	A	C	C	G	C	C	C	C	C	G	G	C	T	C	A	C	
1	南非人	A^-	G	A	G	·	G	·	·	T	·	T	·	·	·	·	C	·	G	·	1
2	中非人	A^-	G	A	G	·	G	·	·	T	·	T	·	·	·	·	C	·	G	·	1
3	中非人	A^-	G	A	G	·	G	·	·	T	·	T	·	·	·	·	C	·	G	·	1
4	非裔美国人	A^-	G	A	G	·	G	·	·	T	·	T	·	·	·	·	C	·	G	·	1
5	非裔美国人	A^-	G	A	G	·	G	·	·	T	·	T	·	·	·	·	C	·	G	·	1
6	中非人	A^-	G	A	G	·	G	·	·	T	·	T	·	·	·	·	C	·	G	·	1
7	中非人	A^+	G	·	G	·	·	·	·	·	·	T	·	·	·	·	C	·	G	·	2
8	中非人	A^+	G	·	G	·	·	·	·	·	·	T	·	·	·	·	C	·	G	·	2
9	中非人	B	·	·	·	·	·	·	·	·	·	·	·	·	·	·	C	·	G	·	3
10	南非人	B	·	·	·	·	·	·	·	·	·	·	·	·	A	·	C	T	G	·	4
11	南非人	B	·	·	·	·	·	·	·	·	·	·	·	·	A	·	C	T	G	·	4
12	南非人	B	·	·	·	T	·	·	·	·	·	·	·	·	·	·	C	T	G	·	5
13	南非人	B	·	·	·	·	·	·	·	·	·	·	·	·	·	·	C	T	G	·	6
14	南非人	B	·	·	·	·	·	·	·	·	·	·	·	T	·	A	C	·	G	·	7
15	中非人	B	·	·	·	·	·	·	·	·	·	·	·	·	·	T	C	·	G	·	8
16	欧洲人	B	·	·	·	·	·	·	·	·	·	·	·	·	·	T	C	·	G	·	8
17	欧洲人	B	·	·	·	·	·	·	·	·	·	·	·	·	·	T	C	·	G	·	8
18	欧洲人	B	·	·	·	·	·	·	·	·	·	·	·	·	·	T	C	·	G	·	8
19	西南亚人	B	·	·	·	·	·	·	·	·	·	·	·	·	·	·	C	·	G	·	3
20	东亚人	B	·	·	·	·	·	·	·	·	·	·	·	·	·	·	C	·	G	·	3
21	美国原住民	B	·	·	·	·	·	A	T	·	·	·	·	·	·	·	·	·	·	·	9
22	南非人	B	·	·	·	·	·	·	·	·	·	·	·	·	·	·	·	·	·	·	10
23	美国原住民	B	·	·	·	·	·	·	·	·	·	·	·	·	·	·	·	·	·	·	10
24	美国原住民	B	·	·	·	·	·	·	·	·	·	·	·	·	·	·	·	·	·	·	10
25	美国原住民	B	·	·	·	·	·	·	·	·	·	·	·	·	·	·	·	·	·	·	10
26	美国原住民	B	·	·	·	·	·	·	·	·	·	·	·	·	·	·	·	·	·	·	10
27	美国原住民	B	·	·	·	·	·	·	·	·	·	·	·	·	·	·	·	·	·	·	10
28	美国原住民	B	·	·	·	·	·	·	·	·	·	·	·	·	·	·	·	·	·	·	10
29	美国原住民	B	·	·	·	·	·	·	·	·	·	·	·	·	·	·	·	·	·	·	10
30	美国原住民	B	·	·	·	·	·	·	·	·	·	·	·	·	·	·	·	·	·	·	10
31	美国原住民	B	·	·	·	·	·	·	·	·	·	·	·	·	·	·	·	·	·	·	10
32	欧洲人	B	·	·	·	·	·	·	·	·	·	·	·	·	·	·	·	·	·	·	10
33	欧洲人	B	·	·	·	·	·	·	·	·	·	·	·	·	·	·	·	·	·	·	10
34	欧洲人	B	·	·	·	·	·	·	·	·	·	·	·	·	·	·	·	·	·	·	10
35	欧洲人	B	·	·	·	·	·	·	·	·	·	·	·	·	·	·	·	·	·	·	10
36	欧洲人	B	·	·	·	·	·	·	·	·	·	·	·	·	·	·	·	·	·	·	10
37	欧洲人	B	·	·	·	·	·	·	·	·	·	·	·	·	·	·	·	·	·	·	10
38	西南亚人	B	·	·	·	·	·	·	·	·	·	·	·	·	·	·	·	·	·	·	10
39	东亚人	B	·	·	·	·	·	·	·	·	·	·	·	·	·	·	·	·	·	·	10
40	东亚人	B	·	·	·	·	·	·	·	·	·	·	·	·	·	·	·	·	·	·	10
41	东亚人	B	·	·	·	·	·	·	·	·	·	·	·	·	·	·	·	·	·	·	10
42	东亚人	B	·	·	·	·	·	·	·	·	·	·	·	·	·	·	·	·	·	·	10
43	东亚人	B	·	·	·	·	·	·	·	·	·	·	·	·	·	·	·	·	·	·	10
44	东亚人	B	·	·	·	·	·	·	·	·	·	·	·	·	·	·	·	·	·	·	10
45	东亚人	B	·	·	·	·	·	·	·	·	·	·	·	·	·	·	·	·	·	·	10
46	太平洋岛国居民	B	·	·	·	·	·	·	·	·	T	·	·	·	·	·	·	·	·	·	11
47	东亚人	B	·	·	·	·	·	·	·	·	·	·	·	·	·	·	·	·	·	T	12

图 18-14　来自世界各地的 47 名男性样本的 5102bp G6PD 基因中存在的核苷酸变异

图中只展示了 18 个单核苷酸变异位点。每个序列都展示了功能等位基因（A^-、A^+或 B）。SNP2 是非同义 SNP，其中缬氨酸突变为甲硫氨酸，是导致与 A^-基因相关的酶活性差异的基础。SNP3 是非同义 SNP，导致天冬酰胺变为天冬氨酸

发现每个个体仅有一个等位基因和一个单倍型，因为这个基因是 X 连锁的。在图 18-14 中，A^+等位基因与 B 等位基因在 SNP3 只有一个氨基酸不同（天冬氨酸取代天冬酰胺）。A^-等位基因和 B 等位基因有两处氨基酸不同：既有 A^+等位基因中存在的"天冬氨酸取代天冬酰胺"，又在 SNP2 存在第二处不同（甲硫氨酸取代缬氨酸）。

　　我们该如何量化在 G6PD 基因中的变异呢？一个简单的量度就是多态性或者分离位点（segregating site，用 S 表示）的数量。对于 G6PD 的数据，总样本的 S 为 18（SNP 位点数），其中 14 个位点用于非洲人样本分析，7 个位点用于其他样本分析。尽管非洲人样本较少，但是他们拥有两倍的分离位点。另外一个简单的量度就是单倍型数（number of haplotype，用 NH 表示）。非洲人样本的 NH 为 9，非非洲人样本的 NH 为 6。同样，非洲人样本有更多的变异。S 和 NH 作为量度的一个缺点是我们观测到的值在很大程度上依赖于样本大小。如果一个样本中有更多的个体，那么 S 和 NH 就会易于增加。例如，图 18-14 中有 16 名非洲人，而非非洲人有 31 名。虽然非洲人的 S 是非非洲人的两倍，但如果非洲人和非非洲人的人数相等（31 人），则差距可能会更大。

　　我们可以用基因频率代替 S 和 NH，它不受样本大小差异的影响。对于 G6PD 的数据，B、A^- 和 A^+ 的全球基因频率依次为 0.83、0.13 和 0.04。然而，你会注意到 A^- 在非洲以外的基因频率为 0.0，在非洲人样本中为 0.38，这是一个很大的差异。我们可以用基因频率来计算一个叫作基因多样性（gene diversity，GD）的统计量，它是从基因库中随机选取出两个不同等位基因的概率。选取两个不同等位基因的概率等于 1 减去一个基因座上每个位点都为两个相同等位基因的概率之和。因此：

$$GD = 1 - \sum p_i^2$$
$$= 1 - (p_1^2 + p_2^2 + p_3^2 + \cdots + p_n^2)$$

其中，p_i 是第 i 个等位基因的频率，$\sum$ 是求和符号，意味着要将 1～n 个等位基因的所有观测值 p 的平方相加。GD 的值为 0～1。当有大量大致等频基因存在的情况下，它将接近 1。只有当存在单个频率为 0.99 或者更高频率的常见等位基因时，它才接近 0。表 18-6 表明非洲人的 G6PD 基因多样性更高，例如图 18-14 中 G6PD 基因 SNP2 的核苷酸多样性高达 0.47，而非非洲人只有 B 等位基因，故该位点的多样性为 0。

表 18-6　人类葡糖-6-磷酸脱氢酶（G6PD）基因多样性数据

项目	总样本	非洲人（含非裔美国人）	非非洲人
样本大小	47	16	31
分离位点数	18	14	7
单倍型数	12	9	6
图 18-14 中 SNP2 的核苷酸多样性	0.22	0.47	0.00
核苷酸多样性	0.0006	0.0008	0.0002

　　GD 的值等于哈迪-温伯格平衡下杂合子的预期比例。然而，杂合度（heterozygosity，H）的概念只能适用于二倍体，对男性中 X 连锁的位点不适用。因此，从概念上来说基因多样性更具优越性，即便二倍体在哈迪-温伯格平衡时它的数值与 H 相同。

　　单个核苷酸位点的基因多样性也可以计算。它是对一个基因中所有核苷酸位点进行平均，在这种情况下称为核苷酸多样性（nucleotide diversity）。由于来自一个物种的基因，其任何两个拷贝中的绝大多数核苷酸通常是相同的，因此基因的核苷酸多样性值通常很小。对于 G6PD，它只有 18 个 SNP 位点，然而不变位点有 5084 个。G6PD 整个基因序列的平均核苷酸多样性在非洲人中为 0.0008，在非非洲人中为 0.0002，样本总体为 0.0006。

这些值告诉我们在 G6PD 基因中，与非非洲人相比，非洲人拥有 4 倍的核苷酸多样性。

图 18-15 展示了多种生物中的核苷酸多样性水平。单细胞真核生物核苷酸多样性最高，接下来是植物和无脊椎动物。脊椎动物是核苷酸多样性最低的群体，然而，大多数脊椎动物还是拥有很多核苷酸多样性的。对于人类来说，核苷酸多样性大约为 0.001，意味着随机选两条人类染色体，1000 个碱基对中就有 1 个是不同的。人类基因组中约有 30 亿个碱基对，对于非近亲婚配的个体来说，从其母亲遗传的一组染色体与从父亲遗传的染色体之间总共有 300 万个碱基对（或核苷酸）的差异。

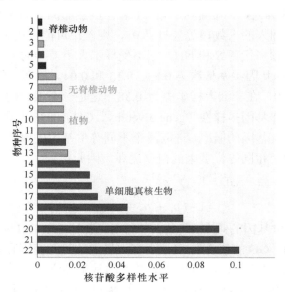

图 18-15　多种生物的核苷酸多样性

一些生物在同义和沉默位点的核苷酸多样性水平：（1）小家鼠；（2）人类；（3）水稻；（4）恶性疟原虫；（5）红鳍东方鲀；（6）紫海胆；（7）冈比亚按蚊；（8）玻璃海鞘；（9）拟南芥；（10）秀丽隐杆线虫；（11）玉米；（12）兔脑原虫；（13）黑腹果蝇；（14）硕大利什曼原虫；（15）布氏锥虫；（16）弓形虫；（17）蓝氏贾第鞭毛虫；（18）粗糙链孢霉菌；（19）盘状细胞黏菌；（20）酿酒酵母；（21）小球隐孢子虫；（22）新型隐球菌

关键点：生物群体往往有丰富的遗传变异，可以用不同的统计量来量化，以比较不同群体间和物种间的变异水平。

18.5　遗传变异调控

影响群体中遗传变异数量调控的因素是什么？新的等位基因是如何进入基因库的？什么因素导致了等位基因从基因库中被移除？遗传变异怎样重新组合形成新的等位基因组合？这些问题的答案是理解进化过程的核心。在本节，我们要研究突变、迁移、重组、遗传漂变（随机）和选择在群体遗传组成中的作用。

18.5.1　新等位基因进入群体：突变和迁移

突变是所有遗传变异的本源。在第 12 章中，我们讨论了小范围突变的分子机制，如点突变、插入/缺失以及微卫星 DNA 中重复单元数量的改变。群体遗传学家特别感兴趣的是突变率（mutation rate），它是在同一代中一个等位基因拷贝变成另外一种等位基因的概率。突变率通常用希腊字母 μ 表示。正如我们接下来将要看到的，如果我们知道了突变率和两条序列间差异核苷酸的数量，就可以估计这两条序列是多久之前产生差异的。

遗传学家怎样估计突变率呢？遗传学家可以从一个纯合个体开始，追踪由其后代形成的系谱中的几个世代。然后他们可以将初始个体的 DNA 序列与几个世代的后代 DNA 序列进行比较，记录已经发生的新突变。每代每个基因组中观测到的突变数就是突变率的估计值。因为我们所要寻找的是相对罕见的现象，所以发现很少的几个 SNP 突变就需要对数以亿计的核苷酸进行测序。2009 年，利用这种方法估计出人类部分 Y 染色体的 SNP 突变率为 3.0×10^{-8}/碱基对/世代，大约每 3000 万个碱基对中存在一个突变。如果推算到整个人类基因组（约 30 亿个碱基对），我们每个人会分别从父母遗传 100 个新突变。幸运的是，绝大多数的突变都不是有害的，因为它们发生在基因组的非关键区域。

表 18-7 列举了几种生物中 SNP 和微卫星 DNA 的突变率。SNP 突变率比微卫星 DNA 突变率低几个数量级。微卫星 DNA 的高突变率和多变异使其在群体遗传学和 DNA 取证中起到重要作用。单细胞生物中 SNP 每代的突变率低于大型多细胞生物。这种差异至少可以部分地用每代细胞分裂的数量来解释。人类从合子到配子的过程中，大约有 200 次细胞分裂，而大肠杆菌只有一次。如果将人类的突变率除以 200，那么人类每个细胞分裂的突变率与大肠杆菌是十分接近的。

表 18-7　几种生物中 SNP 和微卫星 DNA 的突变率

物种	SNP 突变率（/碱基对/世代）	微卫星 DNA 突变率
拟南芥	7×10^{-9}	9×10^{-4}
玉米	3×10^{-8}	8×10^{-4}
大肠杆菌	5×10^{-10}	——
酵母	5×10^{-10}	4×10^{-5}
秀丽隐杆线虫	3×10^{-9}	4×10^{-3}
果蝇	4×10^{-9}	9×10^{-6}
小鼠	4×10^{-9}	3×10^{-4}
人类	3×10^{-8}	6×10^{-4}

注：微卫星 DNA 的突变率仅包括二核苷酸或者三核苷酸重复

除了突变，其他唯一能够使新变异进入群体的方法是迁移（migration）或者基因流（gene flow），即个体（或者配子）在群体间的移动。大多数物种被分成一组小的局部群体或者亚群。海洋、溪流或者山脉等物理障碍会降低亚群之间的基因流，尽管有这些障碍，但一定程度的基因流通常还是会发生。在亚群中，一个个体有机会和其他任何一个异性成员进行交配。然而，除非存在迁移，否则来自不同亚群的个体之间无法交配。

隔离的亚群随着各自积累其独特的突变会逐渐分化。基因流限制了亚群之间的遗传分化，而迁移的结果就是遗传混合（genetic admixture），表现为当个体有来自多个亚群的祖先时会产生基因混合，这种现象常见于人类群体。在南非已经观察到这种现象，那里有来自世界各地的移民者。如图 18-16 所示，拥有混合祖先的南非人的基因组十分复杂，包括部分来自南非的土著居民，以及来自西非、欧洲、印度、东亚的移民者。

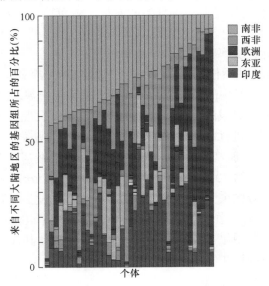

图 18-16　来自南非的 39 名拥有混合祖先的人的遗传混合

每个柱子代表一个人的基因组，不同颜色代表其世界不同地区的祖先提供的基因组，对超过 800 个微卫星 DNA 和 500 个插入/缺失位点进行群体遗传分析后，发现在来自世界各地的近 4000 人中，其中 39 名具有南非混合祖先

关键点：突变是所有遗传变异的来源。通过来自同一物种的另一群体的基因流、迁移可以增加群体的遗传变异。

18.5.2　重组和连锁不平衡

重组是形成群体遗传变异的关键力量。在重组中，既不会获得也不会丢失等位基因，而是创造出新的单倍型。假设连锁的基因座 A 和 B，在 t_0 代，群体中只有两种单倍型 AB 和 ab。假设此群体中的一个个体是这两种单倍型的杂合子：

$$\frac{A \qquad\qquad B}{a \qquad\qquad b}$$

如果这个个体发生了交换，那么就形成了 Ab 和 aB 两种新单倍型的配子，并传给 t_1 代。

$$\underline{A \qquad\qquad b} \qquad\qquad \underline{a \qquad\qquad B}$$

因此，重组可以通过产生新单倍型的方式产生变异。新的单倍型可能具有改变蛋白质功能的独特性质。例如，假设一个单倍型中蛋白质的氨基酸变体能够将蛋白酶活性提高两倍，另一个单倍型中蛋白质的氨基酸变体也能将蛋白酶活性提高两倍。将这两种变体重组就能产生一种具有 4 倍活性的蛋白质。

假设有两种等位基因的两个基因座 A 和 B，其等位基因 A、a、B 和 b 的基因频率依

次为 p_A、p_a、p_B 和 p_b。4 种单倍型 AB、Ab、aB 和 ab 的观测频率为 P_{AB}、P_{ab}、P_{aB} 和 P_{ab}。我们预期的这 4 种单倍型的频率为多少呢？如果两个基因座上的等位基因之间是随机结合的，那么任何一种单倍型的频率就是组成这种单倍型的两个等位基因频率之积：

$$P_{AB} = p_A \times p_B$$
$$P_{Ab} = p_A \times p_b$$
$$P_{aB} = p_a \times p_B$$
$$P_{ab} = p_a \times p_b$$

例如，假设每个等位基因的频率都是 0.5，即 $p_A = p_a = p_B = p_b = 0.5$。当我们从基因库中抽样时，选到有 A 等位基因染色体的概率是 0.5。如果基因座 A 和基因座 B 上的等位基因是随机结合的，那么选到有 B 等位基因染色体的概率也是 0.5。因此，我们选到的染色体是 AB 单倍型的概率为

$$P_{AB} = p_A \times p_B = 0.5 \times 0.5 = 0.25$$

如果两个基因座上的等位基因是随机结合的，那么这两个基因座就处于连锁平衡（linkage equilibrium）。在这种情况下，观测值和预期值就是相同的。图 18-17（a）示意了两个基因座处于连锁平衡的情况。

如果两个基因座上的等位基因是非随机结合的，那么它们处于连锁不平衡（linkage disequilibrium，LD）。在这种情况下，第一个基因座中的特定基因与第二个基因座中的特定基因相关程度比期望值高。图 18-17（b）示意了两个基因座完全连锁不平衡的例子。A 基因总是和 B 基因连锁，a 基因总是与 b 基因连锁。不存在 Ab 或者 aB 单倍型的染色体。在这种情况下，观测值和期望值是不同的。

我们可以将两个基因座之间的连锁不平衡程度量化为：单倍型频率观测值与假定两个基因座上等位基因是随机结合的期望值之差（D）。如果每个基因座都有两个等位基因，则：

$$D = P_{AB} - p_A p_B$$

在图 18-17（a）中，$D=0$，因为不存在连锁不平衡，在图 18-17（b）中，$D=0.25$，大于 0，意味着存在连锁不平衡。

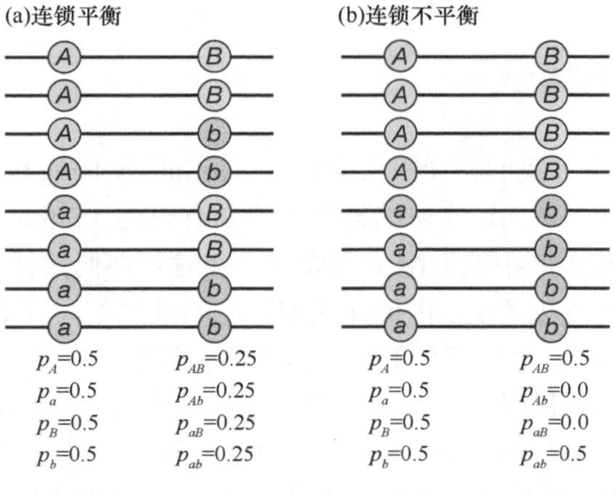

图 18-17　两个基因座（A 和 B）的连锁平衡（a）和连锁不平衡（b）

连锁不平衡是怎样产生的呢？每当一个基因座上产生新突变时，突变出现在单条特定染色体上，因此它立刻与该染色体上任意相近基因座上的特定基因产生关联。假设一个只有 AB 和 Ab 两个单倍型的群体，如果一条染色体上的 A 基因座产生了一个新突变（a），并且 B 基因座上原本就有 b 基因，那么一种新的 ab 单倍型就形成了。这种新的 ab 单倍型在群体中的频率会随时间延长而升高。群体中的其他染色体会有 AB 或者 Ab 单倍型，但不会有染色体是 aB 单倍型。因此，这个基因座就是连锁不平衡的。当一个亚群中只有 AB 单倍型而另一个亚群中只有 ab 单倍型时，迁移也会导致连锁不平衡。亚群之间的任何迁移个体都会使它迁移到的亚群产生连锁不平衡。

两个基因座之间的连锁不平衡程度会随时间延长而下降，因为它们之间的交换机会随着时间的增加而增加，从而使等位基因之间更容易发生随机结合。连锁不平衡下降的速率取决于交换的频率。产生后代的配子中的两个基因座之间的重组频率就是重组率（recombination frequency，RF）的估计值，在群体遗传学中用小写字母 r 表示。如果 D_0 是当代两个基因座的连锁不平衡值，那么下一代的连锁不平衡值（D_1）可以用以下等式得到：

$$D_1 = D_0(1 - r)$$

即以 D 来衡量的连锁不平衡值以（$1-r$）/代的速率下降。当 r 很小时，D 随时间延长而缓慢下降。当 r 为最大值 0.5 时，D 每代下降 1/2。

由于连锁不平衡衰减是时间和重组率的函数，群体遗传学家可以用突变及其相邻基因座的连锁不平衡程度来估算群体中首次发生该突变的时间。较早的突变和相邻基因座几乎不存在连锁不平衡，而近期的突变与相邻基因座存在很强的连锁不平衡。如果你再看图 18-14，会发现 G6PD 基因中的 SNP2 与邻近的 SNP 间存在相当大的连锁不平衡。SNP2 编码的氨基酸在 A^- 基因中由缬氨酸变为甲硫氨酸，对疟疾具有抵抗性。群体遗传学家利用 G6PD 基因的连锁不平衡估算出 A^- 基因大约出现在 10 000 年前。在那之前，疟疾在非洲并不流行。因此，A^- 基因是随机突变产生的，但因为它能防止疟疾，所以在群体中得以保留。

关键点：连锁不平衡是单个单倍型中产生新的突变的结果。连锁不平衡由于重组会随时间延长而衰减。

18.5.3 遗传漂变和群体大小

哈迪-温伯格定律告诉我们在无限大的群体（infinitely large population）中代与代之间的基因频率保持不变。然而，实际的群体大小是有限的（finite）而不是无限的。在有限的群体中，由于从基因库中选取配子形成下一代时存在偶然性（抽样误差），因此基因频率在代与代之间会发生改变。由抽样误差造成的世代基因频率改变叫作随机遗传漂变（random genetic drift），又称遗传漂变，或者简称漂变。

举一个简单而极端的例子，一个在 t_0 代只有一个杂合子（A/a）的群体（$N=1$），我们允许其进行自交。在这种情况下，基因库中有 A 和 a 两个等位基因，基因频率都为 0.5（$p = q$）。在下一代 t_1 中群体大小保持不变，$N=1$。在 t_1 代基因频率变为（"漂变"）

$p = 1$，$q = 0$ 的概率是多少呢？即群体中只固定有 A 一个等位基因从而只有单个的 A/A 纯合个体的概率是多少？由于 $N=1$，我们只需要从基因库中选取两个配子来形成新个体。选到两个 A 基因的概率为 $p^2 = 0.5^2 = 0.25$。因此，这个群体有 25%的可能性"漂变"远离最初的基因频率，只经过一代就固定只有 A 基因了。

如果我们把群体大小改为 $N=2$，初始基因频率仍为 $p = q = 0.5$ 时结果如何呢？只有当群体是由两个 A/A 个体组成时，下一代的基因频率才会变为 $p = 1$，$q = 0$。为此，我们需要选取 4 个 A 基因，每个基因频率都是 $p = 0.5$，因此下一代中 $p = 1$，$q = 0$ 的概率是 $p^4 = (0.5)^4 = 0.0625$，刚刚超过 6%。因此，与 $N=1$ 的群体相比，$N=2$ 的群体更难漂变为只固定有 A 基因的群体。更普遍地，经过一代就使群体漂变为只固定有 A 基因的概率为 p^{2N}，因此群体（N）越大，这种概率就越小。据此我们知道遗传漂变在大群体中作用较弱。

遗传漂变是指任何由抽样误差引起的基因频率改变，不仅仅是某个基因的丢失或者固定。在一个 $N=500$、两个基因频率为 $p = q = 0.5$ 的群体中，有 500 个 A 基因和 500 个 a 基因。如果下一代中有 501 个 A 基因（$p = 0.501$）和 499 个 a 基因（$q = 0.499$），那么就认为发生了遗传漂变，即使它的漂变程度很轻。延伸阅读 18-4 中给出了在当代基因频率已知的情况下，计算下一代中能够观测到特定数量的某个基因的概率的一般公式。

当漂变发生在有限群体中时，我们可以计算不同结果的概率，但不能准确预测将要发生的具体结果。这个过程就像掷骰子一样。任何一个基因座，每代都可能继续发生漂变，直到一个基因被固定。同时，在特定群体中，从 t_0 代到 t_1 代，A 基因的频率可能会升高，但紧接着从 t_1 代到 t_2 代就降低了。总结来说，漂变并不是朝着某个基因丢失或者固定的特定方向一直进行的。

延伸阅读 18-4：漂变导致基因频率改变

考虑一个有 N 个二倍体个体的群体，A 基因座上两个等位基因 A 和 a 的频率分别为 p 和 q。群体中随机交配，每代的群体大小保持不变（N）。当从基因库中抽样产生下一代时，由于存在抽样误差，选取的 A 基因的准确数字不能严格地被预测。然而，可以用二项式公式计算选取特定拷贝数的 A 基因的概率。k 是 A 基因的特定拷贝数。选取 k 个拷贝的概率是

$$\text{Prob}(k) = \left(\frac{2N!}{k!(2N-k)!}\right) p^k q^{(2N-k)}$$

如果我们设定 $N=10$，$p = q = 0.5$，那么选取 10 个 A 基因拷贝的概率为

$$\text{Prob}(10) = \left(\frac{20!}{10!(20-10)!}\right) 0.5^{10} 0.5^{(20-10)} = 0.176$$

因此，下一代中 A 和 a 基因的频率与原代相同的概率只有 17.6%。我们可以用这个公式对任何一个 k 值进行计算，得到如下的概率分布图（图 18-18）。

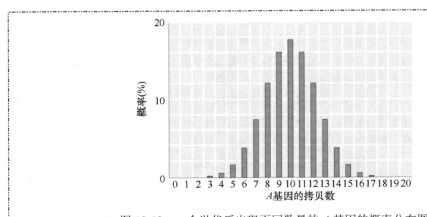

图 18-18 一个世代后出现不同数量的 A 基因的概率分布图

当 k=10 时，不发生漂变的可能性最高为 17.6%。然而，其他所有的结果都包含部分漂变，所以群体会发生部分漂变的概率为 82.4%

图 18-19（a）和图 18-19（b）展示了对 6 个 N=10 和 N=500 的群体实施的计算机模拟随机实验（掷骰子）。每个群体初始的两个等位基因 A 和 a 频率为 p = q = 0.5，随机实验进行 30 代。第一，要注意从一代到下一代的随机性。例如，图 18-19（a）中黄线代表的群体 A 基因频率在上下代间来回波动，在 16 代时达到最低 p = 0.15，在 30 代时又弹回到 p = 0.75。第二，不论 N=10 还是 N=500，都不存在两个轨迹完全相同的群体。漂变是一个随机过程，除非 N 很小，否则我们不可能在很多代中观测到结果完全相同的两个不同群体。第三，当 N=10 时，6 个实验中有 4 个群体在 20 代前 A 基因的频变就固定了（p = 1 或 p = 0）。然而，当 N=500 时，即使经过了 30 代，6 个实验群体中也都依然保留有两个基因。

除了群体大小，一个基因的命运还由其在群体中的频率决定。具体来说，一个基因在将来漂变为固定基因的概率等于它在当代的基因频率。一个基因频率为 0.5 的基因有 50% 的概率会在将来的群体中固定或丢失。你可以在图 18-19（c）中看到基因频率对此基因命运的影响。在 10 个初始基因频率为 p = 0.1 的群体中，8 个群体中 A 基因丢失，1 个群体中 A 基因固定，还有 1 个群体在 30 代后依然保留有两个基因。这十分接近当 p = 0.1 时 A 基因有 10% 的概率被固定的期望值。

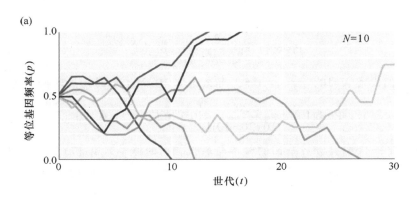

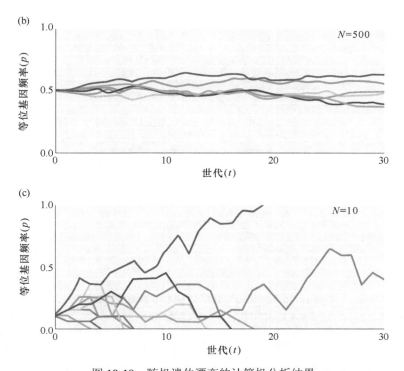

图 18-19　随机遗传漂变的计算机分析结果

各种彩色线条代表了 30 代群体的变化。(a) N=10, p=q=0.5；(b) N=500, p=q=0.5；(c) N=10, p=0.1, q=0.9

基因频率等于其固定概率的事实意味着大多数新产生的突变会因为漂变最终从群体中丢失。基因库中新突变的初始频率为 $\dfrac{1}{2N}$，如果有一个适当大的 N 值，如 10 000，那么一个新突变最终被固定的概率极小：$1/2N = 1/20\,000 = 5 \times 10^{-5}$。新突变最终会从群体中丢失的概率为

$$\frac{2N-1}{2N}=1-\frac{1}{2N}$$

在大群体中接近 1。在样本大小为 10 000 的群体中概率为 0.999 95。

图 18-20（a）是群体中新突变命运的图示。x 轴代表时间，y 轴代表基因拷贝数。灰线代表了大多数新突变的命运。它们产生并且很快就从群体中丢失了。彩线代表着极少数能够最终固定的"幸运"新突变。从群体遗传学理论可以看出，一个幸运的突变最终固定需要的平均时间为 $4N$ 代。图 18-20（b）展示的群体大小是图 18-20（a）中群体的 1/2。因此，"幸运"新突变固定的时间也缩短了 1/2。

漂变带来的一个重大后果是：通过这一随机过程，轻度有害的基因可能会被固定，或者有利基因会丢失。假如现在群体中某一个个体出现了一个新基因，携带此基因的个体拥有更强的免疫系统。这个个体能够将此有利基因传递给它的后代，但是这些后代可能会由于被闪电击中等随机事件在繁殖之前就死亡，或者如果携带这个基因的个体是杂合子，它可能偶然地只将不太有利的基因传递给后代。

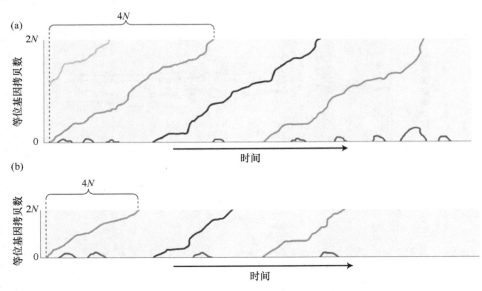

图 18-20　遗传漂变随时间使得少数突变被固定

（a）在遗传漂变的作用下，群体中新突变随时间产生、丢失以及最终固定的过程。灰线代表了大多数新突变的命运，产生后经过很少几代就从群体中丢失了。彩线代表了少数"幸运"新突变的频率持续升高直到被固定。（b）群体大小是（a）中群体的 1/2。在此群体中，4N 代缩短了 1/2，"幸运"新突变也固定得更快

　　在计算遗传漂变下不同结果的概率时，我们会假设携带 A 和 a 基因的个体的生存力与繁殖力没有差别，即 A/A、A/a 和 a/a 个体的生存和繁殖能力相同。在这种情况下，A 和 a 互称为中性等位基因（neutral allele）。由漂变引起的中性等位基因频率随时间的变化称为中性进化（neutral evolution）。中性进化过程是分子钟的基础，即新出现的等位基因变体替换原有等位基因的速率在长时间内是恒定的（延伸阅读 18-5）。中性进化与达尔文进化论不同，我们会在本章的下一节及第 20 章对达尔文进化论进行讨论。

延伸阅读 18-5：分子钟

　　随着物种的分化，因突变产生的个体间 DNA 序列差异，会在其所在的群体中逐渐趋于固定。序列分化的频率是多少呢？要回答这个问题，首先考虑一个处于 t_0 代的群体。在 t_1 代将会产生的突变数是基因库中的序列基因拷贝数（2N）乘以它们的突变率（μ），即 $2N\mu$。如果突变为中性的，那么它通过漂变最终被固定的概率为 1/（2N）。因此每一代中，有 $2N\mu$ 个新突变进入基因库，有 1/（2N）的概率会被固定。这两个数的乘积就是序列进化的速率（k）：

$$k = 2N\mu \times \frac{1}{2N} = \mu$$

　　k 值称为替换率，等于中性突变的突变率。如果突变率随时间保持不变，那么替换率就会像时钟一样有规律地"滴答"，即分子钟（molecular clock）。

考虑 A 和 B 两个物种及其祖先。我们将 d（分化）定义为：自 A 和 B 从其祖先分化以来，在一个基因 DNA 序列的核苷酸位点中发生的中性替代数。

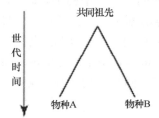

d 的期望值为替换率（k）与两倍的替换累积的代数（$2t$）之间的乘积。由于从同一祖先分化出两个世系，因此需要乘以 2。我们得到：

$$d = 2tk$$

等式也可以写成：

$$t = \frac{d}{2k}$$

如果 d 和 k 已知，就可以计算两个物种分化的时间。很多生物的每代 SNP 突变率（μ）是已知的（表 18-5），它等于中性突变的替换率（k）。我们可以对两个物种的一个或多个基因进行测序，确定其有差异的沉默（中性）核苷酸位点比例，然后用这个比例来估算 d。因此，我们可以用分子钟来计算自两条序列（两个物种）分化以来的时间。人类和黑猩猩相比，在编码序列的同义位点大约有 0.018 的碱基差异。人类的 SNP 突变率为 3×10^{-8}/碱基对/世代，世代时间大约是 20 年。利用这些值和上述等式，估计人类和黑猩猩的分化时间为 600 万年前。这些计算都假设替换是中性的并且替换率随时间恒定不变。

到目前为止，我们一直考虑的是上下代间群体大小保持不变情况下的漂变。事实上，群体大小通常会随时间而缩小或扩大。例如，当群体中相对较少数量的个体迁移到新地点并建立新群体时，一个更小型的新群体就立刻形成了。新群体中的迁移者或者"奠基者"可能不会携带原群体中所有的等位基因，或者它们可能携带了相同的等位基因但基因频率不同。从原群体中随机抽样来创建新群体导致的遗传漂变称为奠基者效应（founder effect）。人类历史上众多奠基者效应发生在 15 000～30 000 年以前的冰河时期，那时人类穿过白令陆桥从亚洲到达美洲。因此，美洲原住民的遗传多样性低于世界上其他地区的人群（图 18-21）。

群体大小也可能在单一位置上发生变化。当在某一时期内，可能是一代或者连续几代，群体的大小持续收缩，这一现象称为瓶颈效应（bottleneck effect）。自然群体中的瓶颈效应是由环境波动造成的，如食物供应减少或捕食者的增加。灰狼、美洲野牛、秃鹰、加利福尼亚秃鹫、鸣鹤和多种鲸鱼就是一些常见的例子，由于人类狩猎和栖息地被入侵，它们都经历了瓶颈效应。瓶颈效应期间的群体大小缩减增加了群体中的遗传漂变。如本章前文所述，群体近交水平也取决于群体大小。因此，瓶颈效应也会导致近交水平的上升。

加利福尼亚秃鹫是瓶颈效应的一个典型例子。此物种曾经分布广泛，但在 20 世纪 80 年代锐减到只有 14 只被圈养的繁殖群体。现在此群体已经有 400 多个个体，但其基因组平均杂合度在首次瓶颈效应期间下降了 8%。此外，在存活的个体中，致死性侏儒症的有害隐性基因频率为 9%，可能是由于瓶颈效应前群体中较低频率的漂变。为了解决这些问题，保护生物学家会安排圈养动物进行交配以尽量减少进一步的近亲交配，从群体中清除有害基因。

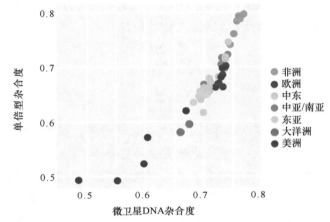

图 18-21　不同群体具有不同的遗传多样性

单倍型杂合度与微卫星 DNA 杂合度图显示了不同地理区域人群的遗传多样性。
由于奠基者效应，美洲原住民的遗传多样性最低

延伸阅读 18-6 中讨论了作物驯化过程中的典型瓶颈效应。此瓶颈效应解释了为什么作物比其野生型祖先的遗传多样性小得多。

延伸阅读 18-6：驯化瓶颈效应

10 000 年以前，分布于全世界的人类祖先都以狩猎野生动物和采集野果为食。10 000 年以后，人类社会开始发展农业。人们把当地野生植物培育成作物并且驯养了野生动物。一些在当时被驯化的主要作物包括中东的小麦、亚洲的水稻、非洲的高粱和墨西哥的玉米。

当第一批农民从野外采集种子开始驯化时，他们就创造出了一个野生基因库样本，该样本只拥有在野外环境中存在的遗传变异的一部分。驯化群体经历了一次瓶颈效应。因此，驯化动植物通常比其野生祖先具有较少的遗传变异（图 18-22）。

以作物改良为目的的现代科学植物育种导致了第二次瓶颈效应。通过从传统作物品种的基因库中取样，现代植物育种学家创造出了具有高产、适合机械收割加工等商

业价值的优良品种。因此，优良现代品种比传统品种的遗传多样性更低。

　　然而，驯化和改良造成的遗传变异减少可能会构成新的威胁。由于每个基因座上的等位基因较少，作物在抗病基因中的等位基因总数较少，对新病原体有更高的易感性。为了降低易感性，育种工作者将现代品种和野生亲本（或传统品种）进行杂交，从而将极为重要的等位基因重新引入现代品种。

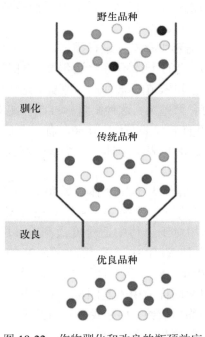

图 18-22　作物驯化和改良的瓶颈效应

彩色点代表不同等位基因

　　关键点：群体大小是影响群体遗传变异的关键因素。遗传漂变在小群体中相较于大群体作用更强。一个等位基因在群体中被固定（或丢失）的概率是其在群体中的基因频率及群体大小的函数。大多数新的中性突变由于遗传漂变最终会从群体中丢失。

18.5.4　选择

　　到目前为止，我们已经研究过新等位基因如何通过突变和迁移进入群体，以及这些等位基因如何通过遗传漂变在群体中被固定（或丢失）。但是突变、迁移以及遗传漂变不能解释生物的适应性，即能够使生物更好地适应其生存环境的形态和生理特征。为了解释适应性特征的来源，达尔文于 1859 年在极具历史意义的《物种起源》一书中提出适应性来自于"自然选择"。在本节中，我们会研究自然选择在调节群体遗传变异中的作用。稍后在第 20 章中，我们会探讨更长时期内自然选择对基因和性状的影响。

我们将自然选择（natural selection）定义为：在这一过程中，拥有特定遗传性状的个体比其他缺少这些性状的个体更容易生存和繁殖。正如达尔文所概述的，自然选择是这样进行的。自然环境中每代会产生多于最终能够生存和繁殖的后代。自然界中存在着能够产生新的可遗传的形态或变体的机制（突变）。拥有一些特定性状变体的个体更容易生存和繁殖。拥有能够提高其生存和繁殖能力性状的个体会把这些性状传递给后代。这些性状在群体中的频率会随时间而升高。因此，由于环境（自然）有利于（选择）那些能够提高生存和繁殖能力的性状，群体会随着时间而改变（演化）。这就是依据自然选择的达尔文演化理论。

达尔文演化通常使用"适者生存"来进行描述。这个词可能会造成误解。身体强壮、抗病并且寿命长但是没有后代的个体不符合达尔文的理论是错误的。达尔文适合度（Darwinian fitness）是指生存和繁殖的能力。一种衡量达尔文适合度的标准就是个体的后代数，同时兼顾了生存力和繁殖力，这种衡量标准叫作绝对适合度（absolute fitness），用大写字母 W 表示。对于没有后代的个体，$W=0$，有一个后代的个体，$W=1$，有两个后代的个体，$W=2$，以此类推。W 也表示个体在一个基因座上对基因库有贡献的等位基因数量。

但是绝对适合度混淆了群体大小和个体间繁殖力的差异。群体遗传学家最初感兴趣的是后者，所以他们用了另一种量度——相对适合度（relative fitness）（用小写字母 w 表示），指一个个体相对于群体中适合度最高个体的繁殖几率。如果个体 X 有两个后代，适合度最高的个体 Y 有 10 个后代，那么 X 的相对适合度为 $w=2/10=0.2$。Y 的相对适合度为 $w=10/10=1$。Y 向下一代每贡献 10 个等位基因，X 将贡献 2 个。

适用于个体的适合度概念同样适用于基因型。A/A 基因型的绝对适合度（$W_{A/A}$）为拥有此基因型个体产生的平均后代数。如果我们知道某个基因座上所有基因型的绝对适合度，就可以计算每种基因型的相对适合度。

当不同基因型拥有不同适合度，即自然选择发挥作用时，基因频率是如何随时间变化的呢？下例是群体中 A 基因座上三种基因型的适合度和基因型频率。本例中，A 是有利的显性基因，因为 A/A 和 A/a 个体的适合度相同，并且高于 a/a 个体。我们假定此群体遵循哈迪-温伯格定律，$p = 0.1$，$q = 0.9$。

	A/A	A/a	a/a
平均后代数（W）	10	10	5
相对适合度（w）	1.0	1.0	0.5
基因型频率	0.01	0.18	0.81

每种基因型对基因库的相对贡献由其相对适合度和频率的乘积决定。相对适合度和频率越高的基因型，贡献越大。

基因型	A/A	A/a	a/a	总计
相对贡献	$1 \times 0.01 = 0.01$	$1 \times 0.18 = 0.18$	$0.5 \times 0.81 = 0.405$	0.595

相对贡献总和不等于 1，所以我们需要重新将三个数值都除以其总和（0.595）来得到每种基因型对基因库贡献的预期频率。

基因型	A/A	A/a	a/a	总计
基因型频率	0.02	0.30	0.68	1.0

利用这些预期的基因型频率和哈迪-温伯格定律，我们可以计算出下一代的基因频率：

$$p' = 0.02 + \left(\frac{1}{2} \times 0.30\right) = 0.17$$

$$q' = 0.68 + \left(\frac{1}{2} \times 0.30\right) = 0.83$$

p' 和 p 的差值 $\Delta p = p' - p = 0.17 - 0.1 = 0.07$，所以我们可以得出结论：由于自然选择，$A$ 基因在下一代中频率升高了 7%。延伸阅读 18-7 展示了由自然选择引起的基因频率随时间变化的标准方程式。

延伸阅读 18-7：选择对基因频率的影响

因为某些基因型相较于其他基因型向基因库贡献了更多的基因，所以选择会导致世代间基因频率发生改变。在选择作用下预测下一代基因频率的方程式中，基因型频率和绝对适合度表示如下：

基因型	A/A	A/a	a/a
基因型频率	p^2	$2pq$	q^2
绝对适合度	$W_{A/A}$	$W_{A/a}$	$W_{a/a}$

给定基因型的一个个体所贡献等位基因的均值等于基因型频率乘以绝对适合度。如果 N 是群体大小，则给定基因型的所有个体贡献的等位基因总数是一个个体所贡献等位基因的均值的 N 倍：

均值	$p^2 W_{A/A}$	$2pq W_{A/a}$	$q^2 W_{a/a}$
总数	$N(p^2)W_{A/A}$	$N(2pq)W_{A/a}$	$N(q^2)W_{a/a}$

因此，基因库中将有：

$$A\text{ 基因数} = N(p^2)W_{A/A} + \frac{1}{2}\left[N(2pq)W_{A/a}\right]$$

$$a\text{ 基因数} = N(q^2)W_{a/a} + \frac{1}{2}\left[N(2pq)W_{A/a}\right]$$

群体平均适合度为：

$$\overline{W} = p^2 W_{A/A} + 2pq W_{A/a} + q^2 W_{a/a}$$

$\overline{W}$ 是一个个体贡献给基因库的平均基因数量。$N\overline{W}$ 是基因库的基因总数。

我们现在可以计算下一代基因库中 A 基因频率：

$$p' = \frac{Np^2 W_{A/A} + Npq W_{A/a}}{N\overline{W}}$$

方程式可简化为：

$$p' = p\frac{pW_{A/A} + qW_{A/a}}{\overline{W}}$$

注意，$pW_{A/A} + qW_{A/a}$ 叫作基因适合度或者 A 基因平均适合度（W_A）：

$$W_A = pW_{A/A} + qW_{A/a}$$

从哈迪-温伯格定律可知，若所有 A 基因的比例 p 存在于与另一个 A 基因形成的纯合子中，则适合度为 $W_{A/A}$；若所有 A 基因的比例 q 存在于和 a 形成的杂合子中，则适合度为 $W_{A/a}$，将 W_A 替换进上述方程式，得到：

$$p' = p\frac{W_A}{\overline{W}}$$

这个方程式可用于计算下一代中 A 的频率，还可以递归地用于观察 p 随时间的变化。

尽管我们是用绝对适合度推导出这些方程的，但通常我们对群体大小并不感兴趣，因此使用带有相对适合度的方程：

$$\overline{w} = p^2 w_{A/A} + 2pq w_{A/a} + q^2 w_{a/a}$$

$$w_A = pw_{A/A} + qw_{A/a}$$

$$p' = p\frac{w_A}{\overline{w}}$$

最终，我们可以将世代间基因频率的变化表示如下：

$$\Delta p = p' - p = p\frac{w_A}{\overline{w}} - p$$

$$= \frac{p(w_A - \overline{w})}{\overline{w}}$$

$\overline{w}$ 表示群体的平均相对适合度，是 A 和 a 的基因适合度 w_A 和 w_a 的均值：

$$\overline{w} = pw_A + qw_a$$

将 $\overline{w}$ 的此种表达方式带入计算 Δp 的公式中，同时 $q = 1 - p$，得到：

$$\Delta p = \frac{pq(w_A - w_a)}{\overline{w}}$$

我们可以递归地完成这个过程，利用第一代的基因频率计算第二代的基因频率，利用第二代的计算第三代的，以此类推。如果以用代数衡量的时间（t）对 p 进行作图，可以得到在自然选择作用下基因频率变化的速率图。图 18-23 同时展示了有利的显性等位基因和隐性等位基因的变化。显性等位基因在一开始迅速上升，但随后趋于稳定，缓慢地接近固定。有利的显性等位基因处于高频率时，不利的隐性等位基因主要出现在杂合子中，很少以低适合度的纯合子存在，所以自然选择不能将其从群体中清除。有利的隐性等位基因作用方式相反，起初由于高适合度 a/a 纯合子很少，其频率缓慢上升，但随后迅速上升直至被固定。由于杂合子适合度低，不利的显性等位基因可以最终从群体中被清除。

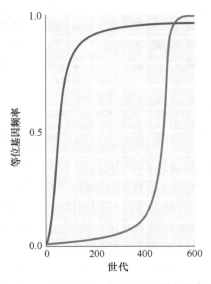

图 18-23　自然选择下等位基因频率的变化

在自然选择作用下，有利的显性等位基因（红色）和有利的隐性等位基因（蓝色）经过 600 代的等位基因频率变化

　　自然选择可以通过几种不同的方式发挥作用。我们讨论过的定向选择（directional selection），能够使一个基因的频率沿一个方向改变，直到该基因被固定或丢失。定向选择可以是正选择也可以是纯化选择。正选择（positive selection）使得新产生的、有利的突变或基因频率升高。这种选择在新适应性特征产生时发挥作用。当有利等位基因被固定时就发生了选择性清除。定向选择也可以从群体中清除有害突变。这种选择方式叫作净化选择（purifying selection），它防止已有的适应性特征减少或丢失。选择并不总是朝着一个基因固定或丢失的方向进行。如果杂合子比任何一种纯合子的适合度高，那么自然选择将有利于两者在群体中的保留。这种情况下，此基因座处于平衡选择（balancing selection），自然选择会使群体移动到保留两个等位基因的平衡点（见第 20 章）。

　　不同的选择方式会在群体中的目标基因座附近的 DNA 序列上留下不同的特征。例如，可以通过正选择对遗传多样性和连锁不平衡的影响，在 DNA 序列中对其进行检测。图 18-24 展示了正选择前后的单倍型图。在选择前的单倍型图中，框出的区域有很多多态性位点和单倍型。然而，在选择之后，此区域仅剩一个单倍型并且没有多态性位点。当选择作用于目标位点（用红色表示）后，目标及邻近位点在重组打破第一次发生有利突变的单倍型之前趋向于固定，结果导致目标位点附近的多样性较低，连锁不平衡增加。距离目标位点越远，发生重组的机会越多，因此多样性逐渐恢复。

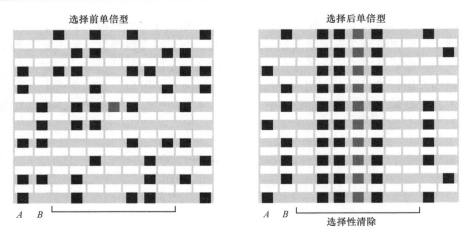

图 18-24　群体中单倍型在一个有利基因（红色）被固定前和后的图示

一共有 11 个基因座。基因座上有两个等位基因（红色和灰色）是选择的目标。每个基因座上有两个等位基因（黑色和灰色）与目标基因座连锁。经过选择，目标位点和一些邻近位点被固定

图 18-25 展示了人类 *SLC24A5* 基因附近区域的多样性。此基因影响皮肤中黑色素的沉积。当人们从非洲迁移到欧洲时，对 *SLC24A5* 的选择性净化导致该基因的多样性丧失。因此，欧洲人中此基因只有单个等位基因和单倍型。在欧洲这个被选择的基因会产生更浅的肤色。向任何方向逐渐远离此基因，欧洲人群中的单倍型数都会增加，因为重组打破了 *SLC24A5* 和远距离位点间的连锁不平衡。人们需要通过皮肤吸收紫外线来合成维生素 D。在赤道地区，人们暴露在高强度紫外线下，即使高色素沉着的皮肤也能合成维生素 D。离赤道越远，人们暴露在越弱的紫外线下，在这些地区颜色越浅的皮肤越能促进维生素 D 的合成。

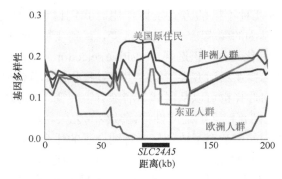

图 18-25　在欧洲，选择性清除导致 *SLC24A5* 基因多样性丧失

人类 15 号染色体上一段围绕 *SLC24A5* 基因的 200kb 的片段在人类不同群体中的基因多样性

表 18-8 列举了一些现代人中存在自然选择的基因。这些基因中的一组能够增强病原体抵抗性，*G6PD*、*FY*^null 和 *Hb* 基因能帮助人类抵抗疟疾。图 18-10（b）显示在中非 *FY*^null 基因频率最高。中非也是疟疾流行率最高的地区，表明在选择压力最大的区域，选择已经使 *FY*^null 基因达到最高的频率。近期，医学遗传学家揭示出 *CCR5*（趋化因子受体 5）基因有能够抵抗艾滋病的等位基因（*CCR5-Δ32*）。这个基因现在就是自然选择的结果，只要存在病原体，自然选择就会继续在人类群体中发挥作用。

表 18-8　在特定人群中一些基因为自然选择提供证据

基因	假定特征	人群
EDA2R（胞外凝血素 A2 受体基因）	男性型脱发	欧洲人
EDAR（胞外凝血素 A 受体基因）	毛发形态	东亚人
FY^null（杜菲抗原基因）	抗疟疾	非洲人
G6PD（葡糖-6-磷酸脱氢酶基因）	抗疟疾	非洲人
Hb（血红蛋白基因）	抗疟疾	非洲人
KITLG（KIT 配体基因）	皮肤色素沉积	东亚人和欧洲人
LARGE（糖基转移酶基因）	抗拉沙热	非洲人
LCT（乳糖酶基因）	乳糖酶存留；成年人能够消化乳糖的能力	非洲人和欧洲人
LPR（瘦素受体基因）	膳食脂肪加工	东亚人
MC1R（黑皮质素受体 1 基因）	毛发和皮肤色素沉积	东亚人
MHC（主要组织相容性复合体基因）	传染性疾病抵抗力	多人群
OCA2（眼皮肤白化病基因）	皮肤色素沉积和眼睛颜色	非洲人
PPARD（过氧化物酶体增殖物激活受体 δ 基因）	膳食脂肪加工	欧洲人
SI（蔗糖酶-异麦芽糖酶基因）	蔗糖代谢	东亚人
SLC24A5（溶质载体家族 24 基因）	皮肤色素沉积	欧洲人和西亚人
TYRP1（酪氨酸酶相关蛋白 1 基因）	皮肤色素沉积	欧洲人

表 18-8 中另外一组被自然选择的基因可以使人们适应区域性饮食。10 000 年以前，所有的人类都是狩猎-采集者。如今，大多数人转向农业食物，但是饮食仍存在地区差异。在北欧和非洲部分地区，乳制品是日常饮食的重要组成部分。在大多数群体中，消化乳糖的乳糖酶在儿童时期表达但成年后就不再表达。但在成年人喝牛奶的欧洲和非洲部分地区，由于自然选择，在成年期也能表达乳糖酶的特殊乳糖酶等位基因频率升高。表 18-6 包括一些生理适应气候的基因，包括调控皮肤色素沉积的基因，如上面提到的 SLC24A5。

定向选择会导致目标基因座附近区域的遗传多样性丧失，相反，平衡选择可以通过随机遗传漂变防止遗传多样性的丧失，从而使得基因组中存在异常高遗传多样性的区域。位于 6 号染色体上的主要组织相容性复合体（major histocompatibility complex，MHC）基因周围是一个高遗传多样性区域。图 18-26 显示出 MHC 基因中 SNP 的数量显著上升。这个复合体包括参与免疫系统识别并响应病原体的人类白细胞抗原基因。平衡选择是用来解释 MHC 高遗传多样性的一种假设。因为杂合子有两个等位基因，能抵抗更多类型的病原体，所以杂合子更适应环境变化。

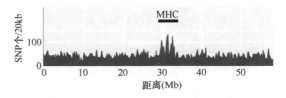

图 18-26　平衡选择导致的高度遗传多样性区域

人类 6 号染色体短臂上 20kb 的片段中分离位点（S）或 SNP 的数量。在 MHC 基因座有一个高遗传多样性的峰

最后，除了自然，其他作用也能进行选择。人类在驯化和改良动植物过程中就进行了选择。这种选择方式称为人工选择（artificial selection）。在这种情况下，拥有人类偏好性状的个体会比拥有非偏好性状的个体向基因库贡献更多基因。产生有利性状的基因在群体中的频率会随时间升高。很多品种的狗、奶牛以及各种各样的花园蔬菜和谷类作物都是人工选择的产物。

关键点：自然选择能够使群体中基因座上的有利等位基因被固定或者保持多种等位基因。自然选择通过改变目标位点附近遗传多样性的方式在基因组中留下特征。群体遗传学家已经在人类中发现许多自然选择的目标基因。

18.5.5 突变和漂变之间的平衡

我们已经单独讨论过调节群体中变异的作用因素。现在来看一下具有相反作用的突变和漂变，前者增加变异，后者将变异移出群体。当这两个因素处于平衡时，群体就达到了平衡，丢失和获得的变异相等。我们用杂合度（heterozygosity，H）衡量变异。群体接近固定单个等位基因时 H 接近 0（低变异），当有很多相同频率的基因时 H 接近 1（高变异）。

将 $\hat{H}$ 作为 H 的平衡值。为了计算 $\hat{H}$，我们从两个数学方程式开始：一个是 H 的变化与群体大小的关系（漂变），一个是 H 的变化与突变率的关系，二者相等求解得到 $\hat{H}$。

首先，我们需要一个方程式来计算代际变异（H）随种群规模（漂变）的变化而下降。在讨论近交时，延伸阅读 18-3 中给出了这样一个方程式：

$$H' = \left(1 - \frac{1}{2N}\right)H$$

这个方程式既适用于近交，也适用于漂变带来的影响。从这个方程式可以看出世代间由漂变导致的 H 的变化为

$$\Delta H = H - H' = \frac{1}{2N}H$$

其次，我们需要一个用 H 衡量由突变导致的世代间变异增加的方程式。任何新突变都会增加杂合度，并以与群体中纯合子频率成正比的速率（2μ）将其转化为杂合子（1–H）。2 是必需的，因为二倍体中有两个等位基因可能突变，所以由突变引起的世代间 H 的变化为

$$\Delta H = 2\mu(1 - H)$$

当群体达到平衡时，由漂变导致丧失的杂合度等于通过突变获得的。因此，我们得到：

$$\frac{1}{2N}\hat{H} = 2\mu(1 - \hat{H})$$

也可以写成：

$$\hat{H} = \frac{4N\mu}{4N\mu + 1}$$

这个方程式给出了平衡值 $\hat{H}$，此时漂变丢失和突变增加的变异达到平衡。但这个方

程式只适用于中性变异，即我们假定选择不起作用，且每次新突变都只会产生一个新等位基因。

当我们已经估计了两个变量并想得到第三个时，就可以用到这个方程式。例如，非编码区的 SNP（核苷酸水平的 H）大多数都是中性的，在人类中约为 0.0013，人类的 SNP 突变率为 $3×10^{-8}$/碱基对/世代（表 18-5）。用这些值和上述方程式计算 N，得到一个有 10 498 人的人类群体大小估计值。这个估计值远低于现在的约 72 亿人。为什么会这样？因为这是平衡值的估计。现代人类是一个年轻的群体，只有 150 000 岁。在过去 150 000 年中，人口在全球范围内急剧增长，但是突变是一个缓慢的过程，所以遗传多样性并没有跟上，人类群体依然处于非平衡状态。10 498 的群体大小代表了对人类历史规模的估计，或者说是大约 150 000 年前繁殖个体的数量。

18.5.6　突变和选择的平衡

当由突变引入的新基因与由自然选择将其移除达到平衡时，基因频率也可能达到稳定的平衡。这种平衡或许能够解释遗传疾病以低频多态性在人类群体中存在的持久性。新的有害突变不断自发地产生。这些突变可能是完全隐性或者部分显性的。虽然选择可以将它们从群体中移除，但是它们的产生和移除仍是平衡的。

首先以一个最简单的例子开始：当突变和选择达到平衡时，一个有害隐性等位基因的频率是多少。为此，用选择系数（selection coefficient，s）来代表相对适合度，即某基因型的选择不利性（或适合度下降）：

$$W_{A/A} \quad W_{A/a} \quad w_{a/a}$$
$$1 \qquad 1 \qquad 1-s$$

如延伸阅读 18-8 所示，计算有害隐性等位基因平衡频率的方程式为

$$\hat{q} = \sqrt{\frac{\mu}{s}}$$

这个方程式说明平衡时的频率由 μ/s 决定。当 A 变为 a 的突变率增大、选择不利性降低时，有害隐性等位基因的平衡频率（$\hat{q}$）会升高。例如，一个从频率为 $\mu = 10^{-6}$ 的野生型基因突变产生的隐性致死基因（$s=1$），其平衡频率为 10^{-3}。

延伸阅读 18-8：选择和突变的平衡

如果 q 是有害隐性等位基因 a 的频率，$p=1-q$ 是正常基因 A 的频率，那么由突变率 μ 导致的基因频率变化为：

$$\Delta q_{\text{mut}} = \mu p$$

在 a 为有害隐性等位基因的情况下，一个简单表达基因型适合度的方法是 $w_{A/A} = w_{A/a} = 1.0$ 以及 $w_{a/a} = 1-s$，s 是选择系数，即选择作用下降低的适合度。我们现在可以在方程式中将这些适合度替换为基因频率（见延伸阅读 18-7），得到：

$$\Delta q_{\text{sel}} = \frac{-pq(sq)}{1 - sq^2} = \frac{-spq^2}{1 - sq^2}$$

平衡意味着由突变引起的基因频率升高值完全等于由选择引起的基因频率下降值，因此：

$$\mu \hat{p} = \frac{-s\hat{p}\hat{q}^2}{1 - s\hat{q}^2}$$

有害隐性等位基因的平衡频率（$\hat{q}$）会非常小，所以 $1 - s\hat{q}^2 \approx 1$，在平衡时：

$$\mu \hat{p} = -s\hat{p}\hat{q}^2$$

$$\hat{q} = \sqrt{\frac{\mu}{s}}$$

假定一个部分显性有害等位基因的选择和突变平衡，即在杂合子中有害等位基因的影响与纯合子相同。我们将 h 定义为有害等位基因的显性程度。当 $h=1$ 时，有害等位基因是完全显性的，当 $h=0$ 时，有害等位基因是完全隐性的。那么，适合度为：

$W_{A/A}$	$W_{A/a}$	$w_{a/a}$
1	$1 - hs$	$1 - s$

a 是部分显性有害等位基因。引出一个类似于延伸阅读 18-8 中给出的方程式：

$$\hat{q} = \frac{\mu}{hs}$$

例如，$\mu = 10^{-6}$ 并且致死基因不是完全隐性的，但是会导致杂合子的适合度下降 5%（$s = 1.0$，$h = 0.05$），则：

$$\hat{q} = \frac{\mu}{hs} = 2 \times 10^{-5}$$

这个结果比上述完全隐性的例子平衡频率小两个数量级。一般来说，我们可以预期有害的完全隐性的基因比部分显性基因频率高，因为隐性基因在杂合子中受到保护。

关键点：群体中的遗传变异数量代表了相反作用因素的平衡：突变和迁移增加新变异，而漂变和选择移除了变异。平衡选择也有助于维持群体变异。因为这些过程，所以基因频率能达到平衡，这也解释了群体为什么通常会保持高水平的遗传变异。

18.6 群体遗传学在生物学和社会中的应用

群体遗传学原理以很多方式影响着我们的生活。在第 19 章中，你会看到群体遗传学是如何利用本章中提到的连锁不平衡等概念，在寻找人类疾病风险基因中发挥重要作用的。在本章的最后一节，我们将从如下四个领域，探讨如何应用群体遗传学的原理去解决影响现代社会的问题。

18.6.1　保护遗传学

保护遗传学家在试图挽救濒危野生物种时，动物园管理员在试图维持圈养动物的小群体时，通常都会进行群体遗传学分析。上文中，我们讨论了瓶颈效应如何导致加利福尼亚秃鹫遗传变异的丢失和致死性侏儒症基因频率的增加。瓶颈效应还可能增加群体中的近交水平，导致由近交衰退引起的适合度下降。然而这个问题很复杂，因为近交并不总是和适合度下降有关。近交有时候能够帮助从群体中清除有害隐性等位基因。净化选择在清除有害隐性等位基因方面更有效，因为隐性纯合子在近交群体中更广泛存在。因此，保护生物学家思考他们是应该尝试将遗传多样性最大化、近交最小化，还是有意使动物园群体进行近交来清除有害等位基因。

为了解决这个问题，研究人员寻找了在动物园群体中成功清除有害等位基因的证据。把近交衰退定义为 δ，w_f 定义为近交个体的适合度，w_o 定义为非近交个体的适合度。当近交引起适合度下降时 δ 为正值，近交引起适合度上升时 δ 为负值。研究者计算了包括 88 个物种的 119 个动物园群体的 δ，他们在 14 个群体中找到了证明清除提高了适合度（δ 为负值）的证据。不过，有意使动物园动物近交是否可取目前还不清楚。尽管 119 个群体中有 14 个群体提高了适合度，但是大多数群体近交时适合度是下降的。因此，如果从一个小的动物园群体开始，有意使动物近交，那么最有可能出现的结果是适合度下降。

18.6.2　计算疾病风险

在第 2 章中，我们学习了如何在系谱中发现遗传疾病的基因及如何计算一对夫妇生出患病后代的风险，群体遗传学的原理能够帮助我们进一步拓展分析视角（见如下两个例子）。

囊性纤维化的致病基因在高加索人中频率为 0.025。在下图一个高加索家庭的系谱中，个体 II-2 有同代患有囊性纤维化的表兄弟 II-1。II-2 与无亲缘关系的高加索人 II-3 结婚，并计划生一个孩子。孩子（III-1）患有囊性纤维化的概率是多少呢？

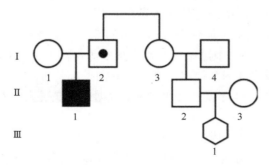

II-2 的外祖父母其中一人必定是囊性纤维化致病基因携带者。我们利用第 2 章中已经熟知的方法，计算 III-1 通过其父亲 II-2 遗传祖父母代的囊性纤维化致病基因

的概率。祖父或祖母将此致病基因遗传给Ⅰ-3 的概率为 1/2。Ⅰ-3 将其遗传给Ⅱ-2 以及Ⅱ-2 将其遗传给Ⅲ-1 的概率都为 1/2。所以Ⅲ-1 从Ⅱ-2 遗传这个囊性纤维化致病基因的概率为$(1/2)^3 = 1/8$。我们现在可以拓展这个计算来确定Ⅲ-1 从其母亲Ⅱ-3 遗传这个基因的概率。个体Ⅱ-3 未患有囊性纤维化，但是我们不确定她是不是携带者。如果群体中此致病基因的频率（q）为 0.025，那么一个未患病个体如Ⅱ-3 是携带者的概率为 $2pq/(1 - q^2) = 0.049$。如果Ⅱ-3 是携带者，那么她有 1/2 的概率将这个致病基因传递给Ⅲ-1。

这些都是独立概率，因此我们可以使用乘法定律。Ⅲ-1 会患囊性纤维化的概率为

$$\frac{1}{8} \times \frac{1}{2} \times 0.049 = 0.003$$

高加索人囊性纤维化的发病率为 $p^2 = (0.025)^2 = 0.000\,625$。因此，有同代患囊性纤维化表亲的个体比一般人群生出患病后代的风险高 $0.003/0.000\,625 = 4.8$ 倍。

另外一个应用群体遗传学评估疾病风险的例子是镰状细胞贫血，为隐性遗传病，患病率为 0.25%，在非裔美国人中每 400 人有 1 人患病（见第 6 章）。应用哈迪-温伯格定律，我们估计致病基因（Hb^S）的频率为 0.05。非裔美洲人同代表亲生出患病后代的概率期望值是多少呢？利用延伸阅读 18-2 中的方法，计算出同代表亲结婚其子代的近交系数（F）为 1/16。在关于近交的前面章节中，我们知道当近交存在时纯合子的频率升高，如下方程式所示：

$$f_{a/a} = q^2 + pqF$$

利用这个方程式，得到：

$$f\left(Hb^s/Hb^s\right) = (0.05)^2 + (0.05 \times 0.95) \times \frac{1}{16} = 0.0055$$

说明同代表亲结婚比无血缘关系个体结婚生出患病孩子的风险高 2.2 倍。

18.6.3　DNA 取证

犯罪嫌疑人会在犯罪现场以血液、精液、毛发甚至烟头唾液中口腔细胞的方式留下 DNA 证据。聚合酶链反应使法医能够扩增极少量的 DNA，确定留下样本的个体的基因型。如果犯罪现场留下的 DNA 与嫌疑人匹配，那么他们"可能"是同一人。这里的关键词是"可能"，这就是群体遗传学发挥作用的地方。具体过程如下。

假设两个微卫星 DNA 基因座，每个都有很多等位基因 $A_1, A_2, \cdots, A_n$ 及 $B_1, B_2, \cdots, B_n$。法医确定犯罪现场的 DNA 样本及嫌疑人基因型都是 $A_3/A_8\ B_1/B_7$。他们就确定证据和嫌疑人之间"匹配"。匹配就能证明 DNA 证据来自嫌疑人吗？它能证明嫌疑人就在犯罪现场吗？

群体遗传学家解决这种问题的方法是检验特定的假设：证据来自除嫌疑人以外的某个人。此假设被统计学家称为"零假设"，或者说除非证据表明其发生概率极低，否则假设为真。为了进行检验，在假设留下证据的人和嫌疑人是不同个体的条件下，计算出观察到证据与嫌疑人之间匹配的概率。用符号表示为：概率（匹配 | 不同个体）。"|"

意为"假设"。如果概率很小,我们就可以拒绝零假设,考虑接受备择假设:证据是由嫌疑人留下的。我们从未正式证明是嫌疑人留下的证据,因为这里可能有另外的备择假设,如证据是由嫌疑人的同卵双生子留下的。

为了计算观察到的证据与嫌疑人匹配,但证据来自另外一个人的概率,我们需要知道群体中该微卫星 DNA 的频率。

$$A_4 \quad 0.03$$
$$A_6 \quad 0.05$$
$$B_1 \quad 0.01$$
$$B_7 \quad 0.12$$

概率(匹配 | 不同个体)和证据来自一个随机选取的个体的概率相同。我们可以用上述的基因频率来计算此概率。首先,我们假设符合哈迪-温伯格定律,计算在第一个基因座是 A_4/A_6 并且第二个基因座是 B_1/B_7 的概率:

$$\text{Prob}(A_4/A_6) = 2pq = 2×0.03×0.05=0.003$$
$$\text{Prob}(B_1/B_7) = 2×0.01×0.12=0.0024$$

将这两个概率结合,我们需要再作一个假设。假设两个基因座之间是独立的,即两个基因座处于连锁平衡。有了这个假设,我们就可以对独立事件运用乘法定律(见第 2 章),确定出:

$$\text{概率(匹配 | 不同个体)} = \text{Prob}(A_4/A_6) × \text{Prob}(B_1/B_7) = 7.2×10^{-6}$$

因此,在零假设下证据来自非嫌疑人的概率为 $7.2 × 10^{-6}$,即 100 万个人中大约有 7 个人。这是一个小概率,所以在这种情况下零假设似乎不可能发生。然而,如果概率(匹配 | 不同个体)为 0.1,那么群体中 10%的个体都是匹配的,可能会留下证据。这种情况下,我们就不能拒绝零假设了。

两个微卫星 DNA 不能提供很强的辨别力,所以通常可以使用一组 13 个微卫星 DNA。微卫星 DNA 基因座通常有大量的等位基因(10~20 个或者更多),因此,13 个微卫星 DNA 的可能基因型数量是天文数字。每个基因座有 10 个等位基因,每个基因座就有 55 种可能的基因型,13 个基因座就有 55^{13} 即 $4.2×10^{22}$ 种可能的基因型。美国联邦调查局还建了一个叫作 DNA 联合索引系统(Combined DNA Index System,CODIS)的数据库,其包含了这些基因座上不同等位基因在群体中的频率,包括针对不同种族和地区的数据。

18.6.4　搜索你的 DNA 同伴

在本章中,我们回顾了群体遗传学的基本原理,研究了其在人类遗传学中的许多应用。基础群体遗传学理论已经存在 100 多年了,但在过去的 20 年中,基于 DNA 的高通量个体基因分型技术的发展才使得人类群体之间和人群中复杂的变异模式成为焦点。它不仅能够揭示人类从非洲到全球各地繁衍的许多细节,还使遗传学家深刻理解了自然选择和遗传漂变等因素。

未来会怎样?很快,人类基因组测序可能只需要花比一辆新自行车多一点的钱。

一个大学生可能在去听音乐会的路上，用咽拭子末端刮一下他的口腔内壁并将样本放到售货亭中，几周后，他就可以在网站上查看自己的基因组序列，并将其与朋友和亲戚的基因组进行比较，了解自己的祖先。正如我们在下一章中将看到的，我们通过基因型来预测一个人的疾病风险、才能及其他特征的能力正在提高。从某种程度上说，一个人的音乐品味或者对极限运动的热爱都有遗传基础，一个人在理论上能够搜索到有相似爱好的 DNA 同伴。虽然 DNA 技术和群体遗传学理论已经成熟，然而，还存在一些社会和伦理问题有待解决。信息如何能够保密？一个人对他自身序列的认知应该有什么限制？政府应该在每个人出生时测定其基因序列吗？医疗保险提供者能够要求他们的客户提供基因组序列信息吗？对科学的进一步理解有助于回答这些问题。

总　　结

群体遗传学试图去理解支配和影响群体中遗传变异数量与遗传变异随时间而改变的规律。基因库的概念提供了一个模型，用于理解在整个群体中遗传变异在上下代间的传递。基础群体遗传学理论从一个理想化的群体开始，即群体无限大并且进行随机交配。在这样一个群体中，哈迪-温伯格定律定义了基因库中等位基因频率和群体中基因型频率之间的关系。

实际群体通常会或大或小程度地偏离哈迪-温伯格平衡模型。其中一类偏差来自于非随机或选型交配。如果个体倾向于和有相似表型的个体交配，那么与哈迪-温伯格平衡期望值相比，就会出现过多的控制此表型基因的纯合子。当个体相较于预期更频繁地和亲属交配时，在整个基因座中就会有过多的纯合子，群体成为近交系。

即使一个物种的本地群体符合哈迪-温伯格平衡期望值，这些群体也易于同远离地区的群体发生隔离。因此，一个物种通常由一系列存在遗传差异的亚群组成，即物种显示出群体遗传结构。

有几个因素能够增加群体的新变异，或者从群体中移除已有的变异。突变是所有遗传变异的来源。群体遗传学家已经对群体中新突变产生的速率做出了合理的精确估计。迁移也会给群体带来新变异，产生一些遗传混合的个体，它们有来自多个群体的祖先。遗传重组通过重组基因形成新单倍型也能增加群体的变异。

有两个控制群体遗传变异命运的因素。第一，遗传漂变在小群体中作用很强而在大群体中作用较弱。第二，自然选择使得群体中基因频率随时间而改变，增加适合度的等位基因频率升高并被逐渐固定，降低适合度的有害等位基因会从群体中被移除。

群体遗传学的基本目标就是理解交配系统、突变、迁移、重组、遗传漂变和自然选择对群体中遗传变异数量与分布的相对贡献。在本章中，我们已经了解群体遗传学研究如何发展基础理论并采集大量数据来实现这个目标。目前，我们对人类自身的群体遗传学研究已经十分详细了。

最后，群体遗传学的方法和结果都展示了演化的过程，并且在当今社会面临的问题中有实际应用。群体遗传学理论在拯救濒危物种、识别犯罪者、动植物育种和一对夫妇会生出有疾病儿童的风险评估中起到重要作用。

（贺　光　陆　青）

练 习 题

一、例题

例题 1　大约 70% 的高加索人都有化合物苯硫脲的尝味能力，其余人没有。这种化合物的尝味能力由显性基因 T 决定，不能尝味的能力由隐性基因 t 决定。如果假设群体处于哈迪-温伯格平衡，则此群体的基因型频率和基因频率为多少？

参考答案：因为 70% 是尝味者（T/T 和 T/t），所以 30% 一定是非尝味者（t/t）。隐性纯合子频率等于 q^2，为了计算 q，我们直接取 0.30 的平方根：

$$q = \sqrt{0.30} = 0.55$$

因为 $p+q=1$，可以得到 $p=1-q=1-0.55=0.45$

现在可以计算：

$$T/T \text{ 的频率 } p^2 = (0.45)^2 = 0.20$$
$$T/t \text{ 的频率 } 2pq = 2×0.45×0.55 = 0.50$$
$$t/t \text{ 的频率 } q^2 = 0.3$$

例题 2　在一个果蝇实验大群体中，经计算，隐性表型的相对适合度为 0.90，隐性基因的突变率为 $5×10^{-5}$。如果群体能达到平衡，预测基因频率是多少？

参考答案：突变和选择在相反的方向发挥作用，因此预期能达到平衡。这种平衡可以用公式来描述：

$$\hat{q} = \sqrt{\frac{\mu}{s}}$$

此题中，

$$\mu = 5 \times 10^{-5}, \quad s = 1 - w = 1 - 0.9 = 0.1$$

因此，

$$\hat{q} = \sqrt{\frac{5 \times 10^{-5}}{0.1}} = 0.022$$
$$\hat{p} = 1 - 0.022 = 0.978$$

例题 3　在动物园中创建了一个有 50 只角海鹦的群体，经过了 30 代。

a. 如果奠基者的近交系数为 0（$F=0.0$），那么现在群体近交系数的预测值是多少？

b. 对于一个在野生动物中频率为 0.001 的有害致病基因，野生群体和目前动物园群体中被感染的纯合子的频率预测值是多少？

参考答案：a. 在延伸阅读 18-3 中，我们知道近交会随用世代表示的时间（t）以关于群体大小（N）的函数增加，按照以下方程式计算：

$$F_t = 1 - \left(1 - \frac{1}{2N}\right)^t (1 - F_0)$$

将 $N=50$，$t=30$，$F_0=0$ 代入，得到：

$$F_{30} = 1 - \left(1 - \frac{1}{2 \times 50}\right)^{30} (1 - 0) = 0.26$$

b. 如果野生动物中隐性致病基因频率（q）为 0.001，运用哈迪-温伯格定律，我们可以预测野生群体中被感染的纯合子的频率为 $q^2 = 10^{-6}$。对于动物园群体，由于近交，纯合子的频率会更高，按照以下方程式计算：

$$f_{a/a} = q^2 + pqF$$

将 $q = 0.001$，$p = 0.999$ 和 $F = 0.26$ 代入，得到

$$f_{a/a} = 10^{-6} + (0.001 \times 0.999 \times 0.26) = 2.61 \times 10^{-4}$$

将 2.61×10^{-4} 与 10^{-6} 相比，表明当前动物园群体中受感染的纯合子频率预测值是野生群体的 261 倍。

例题 4 在刑事审判中，检察官提供了来自美国联邦调查局 DNA 联合索引系统中 3 个微卫星 DNA 基因座的基因型。他提出来自犯罪现场的 DNA 样本和来自嫌疑人的 DNA 样本在 3 个微卫星 DNA 上具有相同的基因型 FGA_1/FGA_4、$TPOX_1/TPOX_3$、VWA_2/VWA_7，他还展示了嫌疑人的等位基因在一般人群中的频率（见下表）。假设罪犯和嫌疑人不是同一人，DNA 证据的基因型能够与嫌疑人匹配的概率是多少？在计算这个概率时你作了什么假设？

等位基因	频率
FGA_1	0.30
FGA_4	0.26
$TPOX_1$	0.32
$TPOX_3$	0.65
VWA_2	0.23
VWA_7	0.59

参考答案： 假设罪犯和嫌疑人不是同一个人，DNA 证据的基因型能够与嫌疑人匹配的概率等于随机从群体中选择一个人和 DNA 证据具有相同基因型的概率。随机选择一个人是 FGA_1/FGA_4 的概率为 $FGA_1/FGA_4 = 2pq = 2 \times 0.30 \times 0.26 = 0.156$，同样 $TPOX_1/TPOX_3 = 0.416$，$VWA_2/VWA_7 = 0.2714$。利用乘法定律，群体中随机个体是 FGA_1/FGA_4、$TPOX_1/TPOX_3$、VWA_2/VWA_7 基因型的概率为 $0.156 \times 0.416 \times 0.2714 = 0.0176$。在计算此概率时，我们假设群体处于哈迪-温伯格平衡，并且涉及的三个基因座处于连锁平衡。

二、看图回答问题

1. 图 18-4 中哪个个体杂合基因座最多？哪个最少？

2. 假设图 18-5（a）中的 7 条染色体代表来自某个群体的染色体随机样本。

a. 单独计算插入/缺失位点、微卫星 DNA 基因座和位点 3 的 SNP 的基因多样性（GD）。

b. 如果序列缩短了，你只有 24 个位点中 1 个位点的数据，这里会有多少种单倍型？

c. 计算位点 29 和位点 33 的 SNP 之间的连锁不平衡值（D）。

3. 图 18-12 中，日本的"无关"（蓝色）柱要高于法国。这告诉你什么？

4. 图 18-14 中，一些个体有特有的 SNP 等位基因，如 SNP4 的 T 基因仅在个体 12 中存在。你能找到两个分别有两个特有 SNP 位点的个体吗？

5. 据图 18-21，中东地区的人与东亚地区的人相比，杂合度更高还是更低？为什么会这样？

三、基础知识问答

6. 什么因素能够改变群体中的基因频率？

7. 使用哈迪-温伯格定律从基因频率估算基因型频率时做出了什么假设？

8. 在小鼠群体中，A 基因座上有两个等位基因（A_1 和 A_2）。实验表明，在这个群体中，有 384 只基因型为 A_1/A_1 的小鼠，210 只为 A_1/A_2，260 只为 A_2/A_2。群体中两个等位基因频率是多少？

9. 在黑腹果蝇的自然群体中，乙醇脱氢酶基因有两个等位基因 F（fast）和 S（slow），基因频率分别为 0.75 和 0.25。从此群体中选取 480 只果蝇样本，在哈迪-温伯格平衡下，预测观察到的每种基因型的个体数是多少？

10. 在一个随机交配的实验室果蝇群体中，4% 的果蝇身体为黑色（由常染色体隐性基因 b 编码），96% 的果蝇身体为褐色（野生型，由 B 编码）。如果假设此群体处于哈迪-温伯格平衡，B 和 b 的基因频率以及 B/B 和 B/b 的基因型频率是多少？

11. 在一个甲虫群体中，你发现亮翅对暗翅比例为 3∶1。这个比例能证明亮翅基因是显性吗（假设两种翅是由同一基因的两个等位基因控制的）？如果不能，它能证明什么？你如何解释这种情况？

12. 囊性纤维化是常染色体隐性遗传病，在欧洲血统的人中经常发生。在俄亥俄州的阿米什地区，医学研究人员发现在活产儿中有 1/569 患有囊性纤维化。利用哈迪-温伯格定律，估计阿米什群体中致病基因携带者的概率。

13. 3 种基因型的相对适合度为：$w_{A/A} = 1.0$、$w_{A/a} = 1.0$、$w_{a/a} = 0.7$。

a. 如果群体初始基因频率 $p=0.5$，那么下一代中 p 值为多少？

b. 如果 A 突变为 a 的频率为 2×10^{-5}，那么预期的平衡基因频率为多少？

14. 假设 A/A 和 A/a 个体具有同等繁殖力。如果群体中有 0.1% 的 a/a 个体，A 变

为 a 的突变率为 10^{-5}，a/a 个体所受的选择压力是多少？假设等位基因频率处于平衡值。

15. 当一个基因座上的基因在适合度上表现为半显性时，杂合子的相对适合度处于两种纯合子之间。例如，在 A 基因座上是半显性的基因型可能会有这 3 种相对适合度：$w_{A/A} = 1.0$、$w_{A/a} = 0.9$、$w_{a/a} = 0.8$。

　　a. 改变其中一个适合度使 a/a 变为有害隐性基因。

　　b. 改变其中一个适合度使 A/A 变为有利显性基因。

16. 如果人类 X 连锁隐性遗传病的隐性等位基因频率为 0.02，那么群体中患有此病的个体比例是多少？假设群体中男女比例为 50 : 50。

17. 红绿色盲是人类 X 连锁隐性遗传病，由编码感光蛋白之一的视蛋白基因突变引起。如果群体中突变基因频率为 0.08，那么女性携带者的比例是多少？假设群体中男女比例为 50 : 50。

18. 新的中性突变在大群体还是小群体中更容易被固定？

19. 很显然近交能够降低适合度。你能解释一下原因吗？

20. 在一个有 50 000 个二倍体个体的群体中，一个新的中性突变能够最终被固定的概率是多少？它最终从群体中丢失的概率又是多少？

21. 群体中近交导致偏离哈迪-温伯格期望值，因此存在比预期更多的纯合子。一个有频率为 0.04 的罕见有害基因的基因座，在近交系数为 $F=0.0$ 和 $F=0.125$ 的情况下，群体中有害基因纯合子的频率为多少？

22. 镰状细胞贫血是由 β 血红蛋白中一个氨基酸替换引起的常染色体隐性遗传病。替换背后的 DNA 突变是一个 SNP 位点上编码谷氨酸的 GAG 密码子突变为编码缬氨酸的 GTG 密码子。在非裔美洲人中其发病率为 1/400。有 GTG 密码子的 β 血红蛋白基因频率在非裔美洲人中是多少？

23. 你从一个物种的 10 个个体的高度保守基因片段中得到 10 条长度为 100bp 的 DNA 序列样本。10 条序列几乎完全一致，然而，每条序列都带有一个在其他序列中不存在的独有 SNP 位点。这个序列样本的核苷酸多样性是多少？

四、拓展题

24. 图 18-14 展示了 G6PD 基因在世界各地人群中的单倍型数据。

　　a. 画出这些单倍型的单倍型网络。在分支上标明两个单倍型间不同的 SNP。

　　b. 哪种单倍型和其他单倍型关系最密切？

　　c. 这种单倍型在哪些大陆上存在？

　　d. 数一下你画的单倍型网络上 SNP 的数量，在单倍型 1 和 12 之间有多少差异 SNP？

25. 图 18-11 展示了半同胞婚配的后代系谱。

　　a. 如果图 18-11 中共同祖先 A 的近交系数为 1/2，I 的近交系数是多少？

　　b. 如果图 18-11 中 I 的近交系数为 1/8，共同祖先 A 的近交系数是多少？

26. 假设基因型频率如下表所示的 10 个群体：

群体	A/A	A/a	a/a
1	1.0	0.0	0.0
2	0.0	1.0	0.0
3	0.0	0.0	1.0
4	0.50	0.25	0.25
5	0.25	0.25	0.50
6	0.25	0.50	0.25
7	0.33	0.33	0.33
8	0.04	0.32	0.64
9	0.64	0.32	0.04
10	0.986 049	0.013 902	0.000 049

a. 哪个群体处于哈迪-温伯格平衡？

b. 每个群体中的 p 和 q 是多少？

c. 在群体 10 中，A 变为 a 的突变率为 5×10^{-6}/碱基对/世代，如果群体处于平衡状态，a/a 基因型个体的适合度为多少？

d. 在群体 6 中，a 基因是有害的，A 基因是不完全显性的，因此 A/A 个体适合度最高，A/a 个体适合度为 0.8，a/a 个体适合度为 0.6。如果不发生突变，下一代中 p 和 q 为多少？

27. β血红蛋白基因在 rs334 位点正常为 A 碱基，参与组成成人 Hb^A 型血红蛋白，若突变为 T 碱基，则表现为镰状细胞贫血患者的血红蛋白 Hb^S。在尼日利亚一个村庄的 571 名居民中，发现有 440 名居民为 A/A，129 名为 A/T，2 名为 T/T。采用卡方检验来确定这些观测的基因型频率是否符合哈迪-温伯格期望值。

28. 一个群体在两个基因座上有如下配子频率：AB=0.4、Ab=0.1、aB=0.1、ab=0.4。如果群体中进行随机交配，并且达到连锁平衡，两个基因座都是杂合子的频率预期值为多少？

29. 两种棕榈树在长 5000bp 的 DNA 片段中存在 50bp 的差异被认为是中性的。这些物种的突变率为 5×10^{-6}/碱基对/世代。这些物种的世代时间为 5 年。估计自这些物种拥有共同祖先以来的时间。

30. 人类的色盲症是由 X 连锁的隐性基因引起的。在大的随机交配群体中，有 10% 的男性都是色盲。有 1000 个人的代表性小组从这个群体中迁移到南太平洋小岛上，那里已经有 1000 名居民，有 30% 的男性为色盲。假设哈迪-温伯格平衡全部适用（在迁移前的两个原始群体和刚发生迁移的混合群体），在移民者刚刚到达后的一代中，预期的色盲男女的比例是多少？

31. 利用系谱图，计算后代的近交系数（F）：（a）亲子代交配；（b）同代表亲交配；（c）姑姑-侄子或叔叔-侄女婚配；（d）雌雄同体自交。

32. 有 50 名男性和 50 名女性在遥远的岛上建立了群体。经过 50 代随机婚配后，在大陆上某隐性性状频率为 1/500 的情况下，在此群体中隐性性状的频率是多少？假设经过 50 代之后群体大小保持不变，性状对适合度没有影响。

33. 图 18-24 展示了来自一个群体选择性清除之前的 10 个单倍型和另外 10 个经过此染色体区域选择性清除后若干代的单倍型。每个单倍型中有 11 个基因座，包括一个红色的基因，是选择的目标基因。在图中，两个基因座标为 A 和 B。这些基因座每个都有两个等位基因：一个是黑色一个是灰色。计算 A 和 B 之间的连锁不平衡值（D），包括清除前和清除后。选择性清除对连锁不平衡产生了什么影响？

34. 连锁基因座 A 和 B 之间的重组率（r）为 0.10。在一个群体中，我们观察到如下单倍型频率：

基因型	频率
AB	0.40
aB	0.10
Ab	0.10
ab	0.40

a. 在当代中连锁不平衡值 D 为多少？

b. 下一代中 D 为多少？

c. 下一代中 Ab 单倍型的预期频率为多少？

d. 使用计算机电子表格软件，绘制 10 代以上 D 的下降曲线图。

35. 基因 B 是一个常染色体有害显性基因，受影响个体的频率为 4×10^{-6}。这些个体繁殖力是正常个体的 30%。估计突变率 μ，（b 突变为有害基因 B）。假设基因频率都处于平衡值。

36. 当突变率为 3×10^{-8} 时，在一个包括 50 000 个个体的群体中一个 SNP 的平衡杂合度为多少？

37. 在当代群体中，B 基因座上有基因频率依次为 0.95 和 0.05 的两个等位基因 B 和 b。此基因座上的基因型适合度为 $w_{B/B} = 1.0$、$w_{B/b} = 1.0$、$w_{b/b} = 0.0$。

a. 两代之后 b 的基因频率为多少？

b. 如果适合度为 $w_{B/B} = 1.0$、$w_{B/b} = 0.0$、$w_{b/b} = 0.0$，两代后 b 的基因频率为多少？

c. 解释此题 a、b 两部分中 b 基因频率存在差异的原因。

38. 在人类中，sd 基因纯合时会导致婴儿期致死。每年有 100 000 名新生儿因 Sd 基因纯合致死。Sd 变为 sd 的突变率为 2×10^{-4}。在此突变率下，能够解释观察到的基因频率的杂合子适合度为多少？指定 Sd/Sd 纯合子的相对适合度为 1.0。假设 sd 基因频率在群体中处于平衡。

39. 如果我们将群体中有害隐性基因的全部选择损失定义为每个受影响个体损失的

适合度（s）乘以受影响个体的频率（q^2），那么全部选择损失=sq^2。

　　a. 假设一个群体中有害隐性基因的突变和选择处于平衡，s=0.5，$\mu = 10^{-5}$。基因的平衡频率为多少？全部选择损失为多少？

　　b. 假设用 X 射线照射群体中的个体，突变率变为 2 倍。新基因的平衡频率为多少？新的全部选择损失为多少？

　　c. 如果不改变突变频率，但是将选择系数降为 0.3，平衡频率和全部选择损失会发生什么变化？

　　40. 平衡选择能维持一个基因座的遗传多样性，因为杂合子比纯合子具有更高的适合度。在这种选择下，群体基因频率达到 0~1 的某个平衡点。假设基因频率依次为 p 和 q 的两个等位基因 A 和 a 的基因座，相对基因型适合度如下所示，

基因型	A/A	A/a	a/a
相对适合度	1−s	1	1−g

s 和 g 是两种纯合子的选择不利性。

　　a. 平衡时，A 基因的平均适合度（w_A）等于 a 基因的平均适合度（w_a）（见延伸阅读 18-7）。列出 A 基因频率的方程式。

　　b. 利用你刚刚推导出的公式，计算当 s=0.2、g=0.8 时 $\hat{q}$ 的值。

第 19 章

复杂性状的遗传机制

学 习 目 标

学习本章后，你将可以掌握如下知识。

· 对于任何特定的性状，通过数据分析确定一个群体中的变异多少归因于遗传因素，多少归因于环境因素。

· 用亲代的表型信息预测子代的表型。

· 确定有多少基因对性状的遗传变异有贡献。

· 鉴定群体数量性状相关的特异性基因。

全基因组关联分析推进我国精准医学发展

常见复杂疾病是遗传因素和环境因素相互作用的结果。近年来，常见疾病或数量性状的遗传分析常常通过全基因组关联分析（genome-wide association study，GWAS）来识别相关的常见变异。目前，各国科学家已经通过 GWAS 策略鉴定了许多新的疾病易感基因或位点，为疾病诊断和风险预测提供了科学依据，也为寻找药物研发和临床干预的潜在靶点提供了线索，从而为实施精准医疗和复杂疾病的个性化诊治奠定了科学基础，图 19-1 为贺林等发表的文章，记载了 GWAS 在中国精准医学发展中的作用。

Journal of Genetics and Genomics

Volume 43, Issue 8, 20 August 2016, Pages 477-479

Views

GWAS promotes precision medicine in China

Liangdan Sun, Xuejun Zhang ☒, Lin He ☒

图 19-1　贺林等推动了中国精准医学的发展

近年来，在中国人群中开展的 GWAS 研究数量显著增加。迄今为止，中国科学家已经对 50 余种人类疾病（包括传染病、神经系统疾病、自身免疫性疾病、眼疾病、癌症、代谢性疾病、皮肤复杂疾病和心血管疾病等）及 30 多个数量性状开展了 GWAS 研究。这些研究揭示了一些中国人群特有的疾病易感基因或位点，也凸显了中国不同族群之间存在遗传异质性。由于基因-基因和基因-环境的相互作用以及罕见变异的存在，单凭 GWAS 研究并不足以解释和/或预测复杂疾病的发病风险，疾病易感基因或位点精细定位（fine mapping）分析及功能研究将是后 GWAS 时代研究的重点。

GWAS 是识别复杂疾病易感基因或位点的一种有效研究策略，为实现和优化疾病个体化的诊断、预后和治疗奠定了坚实的基础，促进了人类遗传学和基因组学研究的发展。整合遗传学、表观遗传学、转录组学、蛋白质组学和代谢组学以及疾病中间临床表型，以推进 GWAS 研究，将有助于认识疾病病因，进一步推动中国精准医学的发展。

引　言

观察任何种族的男性或女性，你会发现他们的身高几乎都有一个特定的范围，有的矮，有的高，有的中等。詹世钗，出生于清代道光年间，安徽省婺源县浙源乡虹关村人（今属江西）。图 19-2 的照片于 1880 年左右摄于香港，据传当时世人称詹世钗身高竟有十尺三寸（约 3.43m）。这一数据有夸大嫌疑，且其身高缺乏医学证明，但据澳华历史博物馆资料记载他的身高应超过 240cm。人们注意到，在一些家庭中，父母和他们的成年子女都是高个子，而在其他家庭中，父母和成年子女都很矮。这样表明，基因在决定身高的过程中起着一定的作用，但是人们并不像孟德尔的豌豆植株那样，把身高清楚地划分为高和矮两类，因为事实上身高这一类性状在群体中是连续性分布的，它们是可遗传的，但并不遵循孟德尔定律。

在一定范围内连续变化，而非单纯地服从孟德尔定律的性状（如身高），被称为数量性状（quantitative trait）或复杂性状（complex trait）。复杂性状更加常用，因为这种性状的变异受到一系列"复杂"的遗传因素和环境因素的控制。你有多高，部分是由你从父母那里遗传下来的基因决定的，部分取决于环境因素，如儿童期的营养状况。将遗传因素和环境因素对个体表型的影响进行分离是一个巨大的挑战，但是遗传学家有一套强有力的工具来解决它。

在 20 世纪初期，当孟德尔定律被重新发现时，关于这些定律是否适用于连续性状的争论就出现了。有研究发现，连续性状与遗传密切相关，如高个子的父母往往有高个子的子女。然而，生物学家并未找到证据可以证明这些特性遵循孟德尔定律。于是，一些生物测定学家得出孟德尔式遗传无法控制连续性状的结论。孟德尔主义的一些追随者认为：连续变异是不重要的，在研究遗传性状时是可以忽略的。直到 1920 年，多因素假说（multifactorial hypothesis）的形成解决了这一争论。这一假说认为：连续性状受到多个孟德尔遗传性基因位点组合的共同控制，每个基因座和不同环境因素对性状的影响都是微小的。多因素假说将数量性状引入孟德尔遗传学研究领域。

虽然多因素假说为连续变异提供了一个合理的解释，但经典孟德尔遗传分析不足以研究复杂性状。对于复杂性状，如果后代不能被划分成具有可预测比例的类别，那么孟德尔方法就几乎没有用武之地了。针对这一问题，遗传学家开发了一套用于复杂性状分

图 19-2　数量性状的极端情况

詹世钗，19 世纪我国清代人，有"中国巨人"之称。此照片 1880 年左右摄于香港，世人称詹世钗身高竟有十尺三寸（约 3.19m）

析的数学模型和统计方法。通过这些分析方法，遗传学家在理解复杂性状方面取得了长足的进步。发展和应用这些方法来理解复杂性状，被称为数量遗传学（quantitative genetics），是遗传学的一个重要分支领域。

数量遗传学领域的核心是定义复杂性状的遗传结构（genetic structure）。遗传结构是影响某性状的所有遗传因素的总体描述。它包括影响某性状的基因数量和每个基因的相对贡献。有些基因可能对性状的影响很大，而其他基因可能影响很小。我们将在本章中看到，遗传结构是一个特定群体的属性，并且可以在一个物种的群体中变化。例如，人类的单纯性收缩期高血压的遗传结构在不同的人群中是不同的。这是因为不同的等位基因在不同的人群中发生分离，而且不同的人群经历的环境也不同。因此，不同人群的性状就有不同的遗传结构。

理解复杂性状的遗传机制是 21 世纪遗传学家面临的最重要的挑战之一。复杂性状在医学和农业遗传学中也具有极其重要的地位。对于人类来说，高血压、体重、抑郁症易感性、血清胆固醇水平和罹患癌症或其他疾病的风险都是复杂性状；对于作物而言，产量、抗病性、耐干旱能力、肥料吸收效率，甚至它的风味都是复杂性状；对于牲畜，奶牛产奶量、肉牛肌肉质量、猪产仔数、鸡产蛋数也都是复杂性状。复杂性状如此重要，但我们对其遗传机制的了解却远不如对简单遗传性状，如对囊性纤维化或镰状细胞贫血的遗传机制的了解。

在本章中，我们将探讨复杂性状的遗传机制。首先我们将回顾一些基本的统计概念。接下来，我们将展示细胞内基因的作用与我们观察到的在整个生物体水平上的表型的数学模型。我们将使用这个模型来展示数量遗传学家如何对群体的表型变异进行划分：多少源于遗传因素，多少源于环境因素。我们将回顾植物和动物育种学家所使用的方法，他们是如何通过亲代表型来预测子代表型的。最后，我们将展示如何使用统计分析和分子标记方法的组合，来识别控制数量性状的特定基因。

19.1　数量性状定义

为了研究数量性状的遗传机制，我们需要一些基本的统计工具。在本节中，我们将引入平均值，可以用来描述组间差异；方差，用来量化组间差异。我们还将讨论正态分布，这是理解群体数量性状的关键。在讨论统计工具之前，我们先学习一下群体中可能出现的不同类型的复杂性状变异相关概念。

19.1.1　性状与遗传类型

连续性状（continuous trait）是指在一个连续的范围内，可能呈现出的无限多种状态的性状。人类的身高就是一个很好的例子。人的身高大多处于 140～230cm，图 19-2 所示为数量性状的极端情况，"中国巨人"詹世钗身高超过 3m。如果我们能够精确地测量身高，那么高度的可能是无限的。例如，一个人可能是 170cm、170.2cm 或 170.0002cm。连续性状通常具有复杂遗传（complex inheritance）机制，涉及多个遗传因素和环境因素。

对于某些性状，一个群体中的多个个体可以被分成离散的群体或不同的类别。这种性状称为分类性状（categorical trait）。如第 2 章所示，紫色/白色的花朵，豌豆的长茎/短茎。分类性状通常表现为简单遗传（simple inheritance），杂交后代遵循标准孟德尔比例，如单个基因的 3∶1 或两个基因的 9∶3∶3∶1。因为只有一个或两个基因参与，环境因素几乎没有或完全没有影响到表型，这里的遗传机制是简单的。

但是，包括许多人类疾病在内的一些分类性状并不符合简单遗传。在医学遗传学中，个体可以分为"受疾病影响"和"不受疾病影响"两类。例如，个体可能有或没有 2 型糖尿病。然而，2 型糖尿病并不遵循简单的孟德尔定律，也不产生孟德尔比例的家系。相反，存在多种遗传因素和环境因素将会增加个体罹患该疾病的风险。如果某个体现存多个风险因子，累加的风险超过一定的阈值，就会罹患这种疾病。2 型糖尿病是一种被称为阈值性状（threshold trait）的分类性状，该疾病有着复杂的遗传机制。

另一种类型的性状是可计数的数量性状，即计数性状（meristic trait），具有一系列离散的值。例如，鸟的窝卵数，一只鸟能产下 1 个、2 个、3 个或更多个蛋，但它不能产 2.49 个蛋。可计数的数量性状是定量的，但它们局限于某些离散值。它们不会呈现出一系列连续的取值。可计数的数量性状通常也有复杂的遗传机制。

数量遗传学家试图了解由遗传因素和环境因素共同导致的复杂性状的遗传机制，即分别研究分类性状、可计数的数量性状或连续性状。因此，复杂性状往往用来指代连续性状或数量性状，因为它包括所有与数量遗传学有关的数量性状。任何存在变异的生物现象都可能表现出复杂的遗传机制，都可以作为一个复杂性状来研究。因此，结构的大小和形状、酶动力学、mRNA 水平、昼夜节律和鸟鸣都可以被视为复杂性状。

19.1.2 平均值

当数量遗传学家研究性状的遗传机制时，他们研究的是一个特定群体中的个体或群体（population）。例如，我们可能会对中国上海成年男性身高的遗传机制感兴趣。我们基于"群体"来定义一个共享特征，如年龄、性别、种族或地理来源等。由于在上海有超过 1000 万名成年男子，采集他们每个人的身高将是一项艰巨的任务。因此，数量遗传学家通常只研究特定群体的子集或进行随机抽样（random sampling）。抽样应随机进行，以便让 1000 万名以上男性中的每一个人都有相等的机会被纳入抽样样本中。如果抽样样本符合上述标准，那么我们就可以通过随机抽样的测量结果去推断整个群体。

以上海男性的身高为例，我们可以使用平均值（mean 或 average）来描述该性状。我们随机从人群中抽取 100 名男性，测量他们的身高。有些人可能身高 166cm，有些人可能身高 172cm，以此类推。为了计算平均值，我们简单地对所有的单个测量值求和，并将其除以样本量（n），该例中样本量是 100。对于表 19-1 中的数据，计算结果是 170cm。由于样本是随机选取的，因此我们可以推断，上海男性群体的平均身高是 170cm。

表 19-1　中国上海 100 名男性身高的模拟数据

身高（cm）	计次	频率×身高
156	1	1.56
157	2	3.14
158	1	1.58
159	2	3.18
160	1	1.6
161	1	1.61
162	2	3.24
164	7	11.48
165	7	11.55
166	1	1.66
167	6	10.02
168	9	15.12
169	7	11.83
170	9	15.3
171	5	8.55
172	5	8.6
173	6	10.38
174	5	8.7
175	6	10.5
176	3	5.28
177	4	7.08
178	2	3.56
179	2	3.58
180	2	3.6

续表

身高（cm）	计次	频率×身高
181	2	3.62
184	2	3.68
合计	100	170

注：表中最右列表头中的"频率"为对应身高个体在 100 名男性中的频率

　　身高是一个随机变量，这意味着它可以取不同的值，当我们从群体中随机选择某个人时，我们观察到的值是由偶然因素控制的。随机变量通常用字母 X 表示。在 $n=100$ 的样本中，可以得到 100 个实际观察值。我们可以将平均值用公式表达为

$$\bar{X} = \frac{1}{n}\sum_{i=1}^{n} X_i$$

式中，$\bar{X}$ 表示随机抽样样本平均值，大写希腊字母 $\sum$ 是求和符号，表示将 n 个实际观察值 X 从 1 直到 n 相加（通常，出现在 $\sum$ 上面的 n 和 $\sum$ 下面的 $i=1$ 为了简化会被省略）；X_i 表示第 i 个样本的实际观察值。

　　但是，随机抽样的平均值（$\bar{X}$）并不就等于群体的真实平均值。要了解上海男性身高的真实平均值，我们需要确定每一个男性个体的身高。群体真正的身高平均值由希腊字母 μ 表示，所以随机抽样和群体的平均值由不同的符号表示。

　　这里还有另一种非常有用的计算平均值的方法。用数据集中每一类的 X 值，与数据集中该类的观测频率相乘，公式表达为

$$\bar{X} = \sum_{i=1}^{k} f_i X_i$$

式中，f_i 是第 i 类的观测频率；X_i 是第 i 类的实际观察值，总共有 k 类。对于表 19-1 中的数据，100 个人中的某一个人（$f=0.01$）身高 156cm，某两个人（$f=0.02$）身高 157cm，以此类推，那么样本平均值可以这样计算：

$$\bar{X} = （0.01×156）+（0.02×157）+\cdots+（0.02×184）=170$$

　　平均值可以用来描述群体间的差异。例如，生活在上海市区的男性平均身高 170cm，而生活在上海农村的男性平均身高 166cm。这些值是通过来自市区和农村两个生活地区的随机抽样计算得出的。就上海城乡男性身高差异的原因，数量遗传学家可能会提出这样一个问题：这种差异是来源于营养、健康保障还是其他环境因素的差异？在本章的后面，我们将看到数量遗传学家如何将遗传与环境的贡献区分开来。

　　最后，这里给出了另一个可以用来定义平均值的符号。随机变量 X 的平均值是该随机变量的期望值。期望值用 E 来表示，我们用 $E(X)$ 表示"X 的期望值"，公式表达为：

$$E(X) = \bar{X}$$

我们将在本章多处使用该期望值符号。

19.1.3　方差

除了平均值外，我们还需要一个可以定义被测人口中存在着多少变异的度量值。我们将每个身高类别的计数和频率进行了可视化表示。图 19-3 为来自上海的 100 名男性身高数据的可视化图表。X 轴显示不同的身高类别，Y 轴表示每个类别的计数和频率。在这个图中，男性身高每相差 4cm 分为一组，如身高为 155～158cm 的男性被分为一组。这种类型的图形称为频率直方图（frequency histogram）。如果这些数值紧密聚集在平均值附近，则身高变化较小，如果这些数值沿 X 轴散落分布，则身高变化较大。

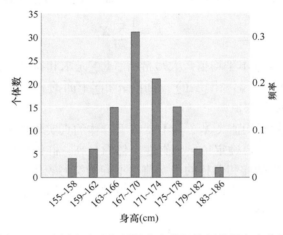

图 19-3　中国上海成年男性身高模拟数据的频率直方图

我们可以使用统计量方差（variance）来量化群体的变异大小。方差可以衡量一个群体中的个体偏离群体平均值的程度。如果随机抽样中的 100 名男性的身高都接近平均值，那么方差就很小。如果他们的身高都与平均值相差很大，那么方差就会很大。

方差是偏差（deviation）平均值的程度，因此可以从数学上定义偏差。如果知道随机变量 X 的平均值，就可以通过将每个实际观察值减去 $\bar{X}$ 来计算每个个体与平均值的偏差。一般用小写 x 表示偏差：

$$x = X - \bar{X}$$

有些个体的 X 值高于平均值，则偏差为正；有些个体的 X 值低于平均值，则偏差为负。对于整个群体而言，x 的期望值是 0，即 $E(x)=0$。

为了定义群体中 X 的变化量，我们使用方差，也就是数据与平均数之差平方和的平均数。首先，计算偏差平方的总和（简写为平方和），公式为：

$$平方和 = \sum_i (X_i - \bar{X})^2$$

$$= \sum_i (x_i)^2$$

由于负偏差平方为正，正负偏差都将对平方和产生正值的贡献。方差是偏差平方的平均值（或平方和除以 n）。符号化后，群体方差表示为

$$V_X = \frac{1}{n}\sum_i (X_i - \bar{X})^2$$

$$= \frac{1}{n}\sum_i (x_i)^2$$

式中，V_X 表示 X 的方差。有时群体方差用 σ^2 表示。在统计学上，群体方差（σ^2）和随机抽样方差（S^2）也有区别。后者是将平方和除以 $n-1$ 而不是 n，这是因为要校正由小样本量引起的偏差。为了简单起见，我们将在本章中使用群体方差和上述公式。

关于方差，需要理解几个要点：①方差度量的是相对于平均值的离散程度。当方差较大时，个体值与平均值的距离较远；当方差较小时，个体值更接近平均值。②方差用平方单位度量，如果用厘米（cm）度量人的身高，则其方差的单位是平方厘米（cm^2）。③方差取值范围在 0 到正无穷。④方差等于偏差平方（x^2）的期望值，即 $E(x^2)$。

数量性状的方差用平方单位度量。这些平方单位具有理想的数学性质，我们将在后面提到，然而，它们并没有直观的意义。如果度量的单位是千克（kg），那么方差的单位是平方千克（kg^2），这没有明确的含义。因此，实际上常常应用另一个用于统计偏离人口平均值程度的标准差（standard deviation，σ），即方差的平方根：$\sigma = \sqrt{\sigma^2}$。

标准差和性状本身的单位相同，所以其意义更为直观。在下面的性状描述中，我们将使用标准差。

19.1.4　正态分布

即使你从未上过统计学课程，你也可能听说过正态分布（normal distribution），更为流行的说法是"正态分布曲线"。正态分布在生物学中极为常见，特别是数量遗传学，因为许多生物学性状的频率分布近似于正态分布，因此遗传学家可以利用正态分布的特征来描述数量性状的分布特点，并进一步剖析其内在的遗传学机制。

正态分布是与图 19-3 所示频率直方图相似的连续频率分布，适用于连续性状。如上所述，连续性状可以呈现无限数量的取值，如一个人可能身高 170cm、170.2cm 170.002cm 等。对于这样的性状，用曲线表示不同特征值的期望频率比用直方图更好。对于正态分布，曲线的形状由两个因素决定：平均值和标准差。

图 19-4 所示为美国疾病控制和预防中心收集的 660 名美国女性的身高数据。频率直方图显示了典型的"钟形曲线"形状，峰值接近平均值 164.4cm，非平均值分布在平均值附近［图 19-4（a）］。我们可以用平均值和标准差来拟合形成正态分布曲线，曲线的形状由正态概率密度函数决定，函数由平均值和标准差的取值决定。正态分布使我们能够预测实际观察值落在平均值附近一定区间内的百分比［图 19-4（b）］。如果用标准差衡量 X 轴上的距离，那么 68.2%的实际观察值会落在平均值的 1 个标准差（σ）以内，而 95.5%的实际观察值会落在 2 个标准差以内。对于美国女性的身高数据，68%（449

名女性）在平均值两侧 1 个标准差内，96%（633 名女性）在平均值两侧 2 个标准差内。这些值与基于正态分布曲线得到的 **68.2%** 和 **95.5%** 的预测值非常接近。

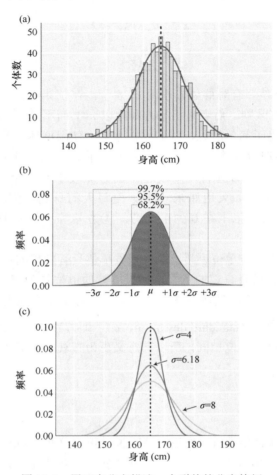

图 19-4　用正态分布描述一个群体的分布特征

（a）美国成年女性身高的频率直方图。红线表示用这些数据的均值 164.4cm 和标准差 6.18cm 拟合的正态分布曲线。（b）美国女性身高落在距离平均值左右不同标准差范围内的百分比。（c）有着同样平均值（164.4cm）但是有不同标准差的正态分布曲线的形状

　　如果我们知道一个性状的平均值和标准差，就可以预测这个性状的群体正态分布曲线形状，甚至预测抽样时观察到某些值的可能性大小。例如，如果美国女性的平均身高是 164.4cm，标准差是 6.18cm，那么就可以预测，只有 2% 的女性身高超过 177cm。如图 19-4（c）所示，如果标准差更大（如标准差为 8），那么曲线将更平坦，落到 177cm 以上的曲线下面积占有更大的百分比。然而，平均值大于 2σ 的可能性仍然只有 2%，即身高超过 180.4cm 的女性比例为 2%。

　　关键点：复杂性状不遵循标准的孟德尔规律。复杂性状可能是非连续性状，如是否患病；也可能是连续性状，如人类身高。研究复杂性状遗传机制的数量遗传学家使用多种基础的统计工具，包括平均值、方差和正态分布曲线。

19.2　数量性状的一个简单的基因模型

数学模型是一个复杂现象的简化表示。举例说明，我们把一个桶放置在一个水龙头下面，将桶中水的体积作为在水龙头下桶放置时间的函数：体积=函数（时间）。我们可以构造一个更详细的模型，将水从水龙头流出的速率包含进来：体积=函数（速率×时间）。数学模型允许我们用影响一个现象的变量对其进行描述，然后再使用该模型来预测某现象在不同变量取值下的状态。在这一节中，我们将讲述数量遗传学家用来研究复杂性状的数学模型。

19.2.1　遗传因素和环境因素的方差

现在我们来研究如何分解一个表型的遗传因素和环境因素贡献比例，我们用中国篮球运动员姚明的身高来举例说明。姚明身高 226cm。没错，姚明比上海地区普通人高出 56cm。姚明的身高是他的基因型和他所生长的环境共同作用的结果，那么如何分解遗传因素和环境因素对姚明身高的独立贡献呢？

首先，我们定义一个可以应用于任何数量性状的简单数学模型。个体的性状值（X）可以用其所在群体在遗传因素（g）和环境因素（e）作用下的平均值与偏差表示。

$$X = \overline{X} + g + e$$

式中，g 和 e 分别表示遗传偏差和环境偏差。对于姚明来说，他的身高可以表示为：上海男性身高的平均值（170cm）加上他特定的遗传偏差和环境偏差（$g+e$=56cm）。我们可以通过在方程左右两边减去 $\overline{X}$ 来简化上述方程。

$$x = g + e$$

式中，x 代表个体的表型偏差。对于姚明来说，$x = g+e = 56$。

那么，我们如何确定姚明的 g 值和 e 值呢？假设我们有克隆的姚明（克隆是基因相同的个体），并将这些克隆（多名新生儿）随机分配给上海的多个家庭。21 年后，我们找到这群克隆姚明，测量他们的身高，并确定他们的平均身高是 212cm。在克隆姚明所处的多个环境中，e 的期望值为 0。在一些家庭中，克隆体获得正性环境影响（$+e$），而其他克隆体获得负性环境影响（$-e$）。总体而言，$E(e)$=0。因此，该克隆系的平均值减去群体的平均值等于姚明的基因型偏差，即 g = 212–170 = 42（cm）。

在他异于常人的 56cm 的表型偏差中，另外的 14cm 取决于真正的姚明成长环境 e 的特异性。将这些值代入上面的等式中，我们得到 226 = 170+42+14。

我们的结论是，姚明的特殊身高主要是由于特殊的遗传因素，但成长环境也增加了他的身高。

虽然在我们的虚构实验中克隆姚明是无法实现的，但许多植物和一些动物是能够克隆出来的。例如，可以使用"插枝"产生多个遗传上相同的植物个体；还有一种创造基因相同的个体的方法是生产自交系（inbred line）或自交菌株（inbred strain）（见延伸阅读 19-1）。所有这些菌株的个体在遗传背景上是完全相同的，因为它们完全自交于共同父母或父母系。通过使用克隆或自交系，遗传学家可以在随机分配的环境中培育克隆来估计遗传和环境分别对某个性状的贡献程度。

延伸阅读 19-1：自交系

自交系是一种植物或动物的特定品系，通过多个世代自交或近亲交配，使其大部分基因组变得纯合（或成为近交系）。自花授粉可用于大多数两性花植物。在这个过程中，只有一个种子被培育成一个后续世代。例如，在玉米中，其中一株玉米被选出进行自花授粉。然后，在下一代中的一株玉米又被选出进行自花授粉。在第三代也是如此。假设最开始的植株是杂合的（A/a）；那么自交后将产生 1/2 杂合子和 1/2 纯合子（$1/4\ A/A + 1/4\ a/a$）。在基因组所有的杂合位点中，在第一个子代自交之后，只有 1/2 仍然是杂合的；两代之后，1/4 为杂合；三代之后，1/8 杂合；以此类推。在第 n 代，

$$\text{Het}_n = \frac{1}{2^n}\text{Het}_0$$

式中，Het_n 是第 n 代杂合子的比例，Het_0 是第 0 代的比例。

当自交不能实现的时候，虽然同胞交配比较慢，但其也会达到同样的目的。表 19-2 显示了 n 代自交和同胞交配后余留的杂合度。

表 19-2　n 代自交和同胞交配后余留的杂合度

世代	自交杂合度	同胞交配后杂合度
0	1.000	1.000
1	0.500	0.750
2	0.250	0.625
3	0.125	0.500
4	0.062 5	0.406
5	0.031 25	0.338
10	0.000 977	0.114
20	0.95×10^6	0.014
⋮	⋮	⋮
n	$\text{Het}_n = \frac{1}{2}\text{Het}_{n-1}$	$\text{Het}_n = \frac{1}{2}\text{Het}_{n-1} + \frac{1}{4}\text{Het}_{n-2}$

自交系不仅在数量遗传学中非常重要的，在经典遗传学上也是如此。遗传学家已经为不同的模式生物培育了许多近交系，包括果蝇、小鼠、线虫、酵母、拟南芥和玉米。如果使用近交系进行实验，那么人们能够控制实施不同实验的个体有相同的基因。因此，实验观察到的任何差异都不会归因于实验个体之间的遗传背景差异。

表 19-3 中的例子（实验Ⅰ）显示了在三种不同环境中生长的 10 个玉米自交系的模拟数据，并对种植天数和植物第一次脱落花粉的时间进行了评分，总平均值为 70。环境 1 中的所有株系的平均值为 68，即比总平均值少 2，因此环境 1 的 e 为 -2。三个环境中

的 A 系的平均值是 64，即比总平均值小 6，所以 A 系的 g 是–6。得到这两个值，就可以将环境 1 中 A 系的表型表示为 62 =70+（–6）+（–2）。

表 19-3　两个实验中 10 个玉米自交系花粉脱落天数的模拟数据

实验 I										
自交系	A	B	C	D	E	F	G	H	I	J	平均值
环境 1	62	64	66	66	68	68	70	70	72	74	68
环境 2	64	66	68	68	70	70	72	72	74	76	70
环境 3	66	68	70	70	72	72	74	74	76	78	72
平均值	64	66	68	68	70	70	72	72	74	76	70

实验 II										
自交系	A	B	C	D	E	F	G	H	I	J	平均值
环境 4	58	60	62	62	64	64	66	66	68	70	64
环境 5	64	66	68	68	70	70	72	72	74	76	70
环境 6	70	72	74	74	76	76	78	78	80	82	76
平均值	64	66	68	68	70	70	72	72	74	76	70

同样地，我们可以为其他 9 个自交系做类似的计算，那么将得到每个环境中的所有表型分布分别由遗传因素和环境因素各自导致整体平均值偏离程度的完整描述。

19.2.2　遗传方差和环境方差

我们可以用简单的模型 $x=g+e$ 进一步解释数量性状的方差。回想一下，方差是一种度量个体偏离群体平均值程度的方法。在该模型下，性状方差可以分解为遗传方差和环境方差：

$$V_x = V_g + V_e$$

这个简单的公式告诉我们，性状或表型方差（V_x）是两个组分的总和，即遗传方差（V_g）和环境方差（V_e）。如延伸阅读 19-2 所示，该公式的成立依赖于一个重要的假设，即基因型和环境因素是不相关的，也就是说它们是各自独立的。如果将最佳基因型的个体置于最坏的环境中，或者在最佳环境中培育基因型最差的个体，则该公式给出的结果会不准确。我们将在本章后面讨论这个重要的假设。

延伸阅读 19-2：遗传方差和环境方差

为了更好地理解公式 $V_x = V_g + V_e$，我们需要引入一个新的统计学概念——协方差（covariance）。协方差能够度量不同性状之间的相互作用。对于两个随机变量 X 和 Y，它们的协方差是

$$\text{COV}_{X,Y} = \frac{1}{n}\sum_i (X_i - \bar{X})(Y_i - \bar{Y})$$

$$= \frac{1}{n}\sum_i (x_i y_i)$$

式中，x 和 y 是正文中所描述的 X 和 Y 距它们各自平均值的偏差。$(X_i - \bar{X})(Y_i - \bar{Y})$ 或 $x_i y_i$ 称为交叉乘积。将所有的交叉乘积求和除以 n 可以得到协方差。协方差是交叉乘积的平均值或期望值 $E(xy)$，协方差可以从负无穷大到正无穷大。如果 X 和 Y 的变化趋势一致，即 X 大于自身的期望值，Y 也大于自身的期望值，则协方差为正。如果 X 和 Y 的变化趋势不一致，则协方差为负。如果 X 和 Y 之间没有关联，则协方差为 0。对于独立特征，协方差为 0。

在正文中，我们知道方差是偏差（实际值与期望值）平方的期望值：

$$V_X = E(x^2)$$

由于表型偏差（x）是遗传偏差（g）和环境偏差（e）之和，可以把 x 替换为（$g+e$），得到：

$$V_X = E[(g + e)^2]$$
$$= E[(g^2 + e^2 + 2ge)]$$
$$= E(g^2) + E(e^2) + E(2ge)$$

第一项 $[E(g^2)]$ 是遗传方差（genetic variance），中间项是环境方差（environmental variance）$[E(e^2)]$，最后一项是两者乘积的 2 倍。

在可控性实验中，不同基因型的个体被随机放置于不同环境之中。换句话说，基因型和环境是独立的。如果基因型和环境相互独立，那么两者之间的协方差 $E(ge)=0$，方程可以化简为：

$$V_X = E(g^2) + E(e^2)$$
$$= V_g + V_e$$

因此，表型方差是由群体中不同基因型和个体所处的不同环境而引起的方差的总和。

我们可以使用表 19-3 实验 I 中的数据来研究方差公式。若计算三种环境中 10 个自交系的 30 种表型值的方差，则 V_X=14.67 天；若计算 10 个自交系平均值的方差，则 V_g=12 天；若计算三种环境平均值的方差，则 V_e=2.67 天。因此，表型方差（14.67）等于遗传方差（12）加上环境方差（2.67），因为基因型和环境不相关，所以该公式适用于这些数据。

如果我们计算表 19-3 实验 I 中数据的标准差，我们会发现表型标准差（3.83）不是遗传（3.46）和环境（1.63）标准差的总和，因为方差可能存在不同的来源。下面，我们将学习数量性状方差的这种性质是如何帮助我们对遗传方差和环境方差进行拆分的。

如果基因型和环境存在相关性，会发生什么变化呢？假设我们知道 9 匹纯种马在比赛中赛跑时间的遗传偏差（g），也知道驯马师训练对赛跑时间产生的环境偏差（e）。假设除了训练因素，没有其他环境的影响。这组纯种马赛跑时间的平均值是 123s。若我们把最好的马匹分配给最好的驯马师，最差的马匹分配给最差的驯马师，这样就构造了一个马匹（基因型）和驯马师（环境）的非随机关系。

表 19-4 显示了这个假想实验的数据，结果发现 V_X（6.67）不等于 V_g（2.22）和 V_e（1.33）之和，这是因为实际上基因型和环境相关，而违背了公式 $V_X=V_g+V_e$ 的假设。因此，该公式只适用于基因型和环境不相关的情况。

表 19-4　9 组赛马比赛成绩均值的遗传偏差（g）和环境偏差（e）模拟

马	种群均值	g	驯马师	e	x	X
1	123	−2	Lucien	−2	−4	119
2	123	−2	Horatio	−1	−3	120
3	123	−1	Mike	−1	−2	121
4	123	−1	Carl	0	−1	122
5	123	0	Charlie	0	0	123
6	123	1	Bob	0	1	124
7	123	1	Albert	1	2	125
8	123	2	Fred	1	3	126
9	123	2	Jim	2	4	127
平均值（s）	123	0		0	0	123
方差（s²）		2.22		1.33	6.67	6.67

19.2.3　变量间的相关性

如果基因型和环境是相关的，那么 $V_x=V_g+V_e$ 公式并不适用。相反，只有基因型和环境不相关或相互独立时，这个公式才适用。相关性（correlation）是指两个变量之间存在关系。相关性对于数量遗传学来说是一个非常重要的概念。

我们通过构造散点图可以实现两个变量之间相关程度的可视化。图 19-5 所示为两个变量在不同强度相关性条件下的散点图，利用成年男性双生子身高模拟数据绘制而成。图 19-5（a）表现的是完美的相关性，如果双生子中的一个与另一个身高完全相同，我们将看到这种结果。图 19-5（b）显示出较强但不完全的相关性，在这种情况下，当双生子中的一个是矮个子时，另一个往往也是矮个子；当一个是高个子时，另一个往往也是高个子。图 19-5（c）表现的是双生子中的一个与另一个的身高无相关性，即双生子中一个的身高相对于另一个的身高是随机的。在下一节中，我们将看到真正的双生子数据，它的可视化看起来接近图 19-5（b）。

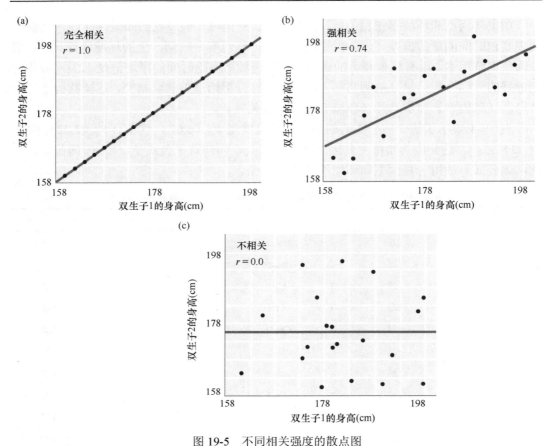

图 19-5　不同相关强度的散点图

完全相关（a）、强相关（b）和不相关（c）的散点图。红线应该是拟合曲线，它的斜率是相关系数（r）

统计学中有一个对相关性进行度量的统计量：相关系数（correlation coefficient）用 r 表示，即两个变量之间相关性的度量值。相关系数与协方差有关，在延伸阅读 19-2 中有介绍，它在–1 和 1 之间取值。如果我们用 X 表示一个随机变量，用 Y 表示另一个随机变量，则 X 和 Y 之间的相关系数是

$$r_{X,Y} = \frac{\text{COV}_{X,Y}}{\sqrt{V_X V_Y}}$$

式中，$\text{COV}_{X,Y}$ 是取值在–1 和 1 之间的协方差。相关系数的展开方程是

$$r_{X,Y} = \frac{\frac{1}{n}\sum (X_i - \bar{X})(Y_i - \bar{Y})}{\sqrt{\sum (X_i - \bar{X})^2 \sum (Y_i - \bar{Y})^2}}$$

该方程很烦琐，在实际应用中，相关系数的计算是借助于计算机来完成的。对于两个完全相关的变量，$r=1$，一个变量变大，另一个也随之变大，或者 $r=-1$，一个变大，另一个随之变小。对于完全独立的两个变量，$r=0$。

图 19-5 所示的相关系数：图（a）中，$r=1.0$，代表完美的正相关，图（b）中，$r=0.74$，代表相关性较强，图（c）中，$r=0.0$，代表没有相关性（X 和 Y 相互独立）。每个图上红线的斜率等于相关系数，可视化了相关性的强度。

请使用表 19-4 中的数据来构造散点图并计算相关系数，建议用计算机和电子表格软件来完成。将遗传偏差（g）作为 x 轴，环境偏差（e）作为 y 轴。然后计算 g 和 e 之间的相关系数，散点图与图 19-5（b）相似，相关系数为 0.90。当最好的马被分配给最好的驯马师时，由于遗传因素和环境因素之间存在相关性，因此不能用 $V_x=V_g+V_e$ 计算。

关键点：一个性状的个体表型偏差可以用其偏离群体平均值的程度表示。个体的表型偏差（x）由两部分组成——遗传偏差（g）和环境偏差（e）。克隆或自交系实验能够将个体的表型分解为遗传因素组分和环境因素组分。

基于遗传和环境相互独立的假设，群体中某个表型的方差（V_x）能够分解为遗传方差（V_g）和环境方差（V_e）。

19.3　广义遗传率：先天与后天

遗传学研究中有一个关键问题：一个群体中有多少突变是由遗传因素导致的，又有多少突变是由环境因素导致的？大众媒体经常将其描述成"先天与后天"，那么，先天（遗传）因素与后天（环境）因素到底有什么区别呢？对这类问题的回答具有重要的实际意义。如果高血压只是单纯由生活习惯（环境）所致，那么改变饮食或者运动习惯就能够完全治愈该疾病。但是，如果高血压主要由遗传（先天）因素决定，那么就应该推荐药物治疗。

数量遗传学家开发了多种用于评估复杂性状的变异与遗传或环境之间关系的工具。在本章结尾，我们会讨论这些估计方法背后的假设原理以及这些方法的局限性。

首先，我们将广义遗传率（broad-sense heritability，H^2）定义为群体中遗传变异占表型总变异的百分比。在数学公式中，将其写成遗传方差与总体方差的比：

$$H^2 = \frac{V_g}{V_X}$$

广义遗传率是 H 的平方，因为它是两个以平方为单位的方差的比。H^2 取值在 0 和 1 之间。当一个群体中的所有变异都归因于环境变异而无遗传变异时，H^2 为 0。当群体中的所有变异都由遗传因素引起时，则 V_g 等于 V_x，H^2 等于 1。H^2 被称为"广义遗传率"，因为它包含了几种基因对变异贡献的不同方式。例如，有些变异归因于个别基因的单独贡献。此外，遗传变异还可以通过基因的共同作用、基因互作或基因的上位效应产生。

在 19.2 节中，我们展示了在自交系或无性系中如何计算遗传变异和环境变异。在表 19-3（实验 I）玉米自交系花粉脱落天数的例子中，我们发现 V_g 为 12（天^2），V_X 为 14.67（天^2）。利用这些数值，可以计算出该性状的广义遗传率为 $\frac{12.0}{14.67}$ =0.82（82%）。通过对

H^2 的学习，我们知道大部分变异归因于遗传因素，少部分变异归因于环境因素。因此，可以得出结论，花粉脱落天数是玉米的高遗传率性状。

表 19-3 实验Ⅱ的数据显示，基因型与实验Ⅰ完全相同。然而，在本实验中，实验对象处于更极端的环境中。如果计算实验Ⅱ的自交系的均方差，V_g 就应该和实验Ⅰ一样是 12（天^2），因为两个实验中的基因型相同，则遗传变异也应相同。实际上，在计算实验Ⅱ中不同环境的方差（V_e）时，结果是 24（天^2），比实验Ⅰ（2.67）中的 V_e 大得多，是因为极端环境条件下环境差异会变大。最后，当计算实验Ⅱ的 H^2 时，我们得到：

$$H^2 = \frac{V_g}{V_g + V_e} = \frac{12}{12 + 24} = 0.33$$

实验Ⅱ的 H^2 更接近 0 而不是 1。因此，可以得出结论，花粉脱落天数在玉米中不是一个高遗传率性状。

同一组玉米自交系在不同环境中的不同广义遗传率的估计结果提示：广义遗传率是由遗传因素引起的表型变异（V_X）的比例。由于 $V_X = V_g + V_e$，随着 V_e 增大，V_g 对 V_X 的影响就会降低，H^2 也将下降。同样，如果环境因素导致的变异持续降低，V_g 对 V_X 的影响就会上升，H^2 也将上升。H^2 是一个可变指标，一个研究的结论可能并不适用于另一个研究。

我们该如何计算人类性状的遗传率？虽然没有人类的自交系，但是我们却有基因相同的个体——同卵双生子（图 19-6）。多数情况下，同卵双生子在同一家庭中长大，因此经历了相似的环境。当相同基因型的（isogenic）个体经历了相同的环境时，假设基因因素和环境因素是独立的遗传模型就不再成立。因此，为了估计人类性状的遗传率，我们需要的是在出生后随即被分离，并被无关的养父母抚养长大的同卵双生子。

图 19-6　一对同卵双生子，她们的遗传基础相同

在同卵双生子的研究中，估计 H^2 的方程相对简单，如延伸阅读 19-2 所示，可以利用协方差来计算。被分开抚养的同卵双生子之间的协方差等于遗传方差（V_g），如延伸

阅读 19-3 所示。

因此，可以将协方差作为分子，将性状方差（V_x）作为分母来估计人类性状的 H^2：

$$H^2 = \frac{\text{COV}_{X',X''}}{V_X}$$

以上就是计算公式。每一对同卵双生子中，其中一名的特征值为 X'，另一名的特征值为 X''。假设有 N 组同卵双生子，那么 N 组同卵双生子的特征值表示为 $X_1'X_1''$，$X_2'X_2''$，$\cdots$，$X_N'X_N''$。

假设对 5 组同卵双生子做智商检测，结果如下。

组别	同卵双生子	
	X'	X''
1	100	110
2	125	118
3	97	90
4	92	104
5	86	89

利用这些数据和延伸阅读 19-2 的协方差公式，可以计算出 $\text{COV}_{X',\,X''}$ =119.2 分^2。利用方差公式，计算可得 V_x = 154.3 分^2。因此，可以得到：

$$H^2 = \frac{119.2\text{分}^2}{154.3\text{分}^2} = 0.77$$

分子和分母中的度量"分^2"抵消了，只剩下一个无量纲的度量值，即遗传变异占总变异的比例。

数量遗传学家开发了多种利用相关系数估计遗传率的方法。延伸阅读 19-3 中补充了一些利用双生子数据估计 H^2 的细节，包括刚刚使用的公式推导过程，也对 $\text{COV}_{X',X''}/V_x$ 比值与相关系数之间的关系进行了讨论。同卵双生子共享 100% 的基因，而兄弟、姐妹和异卵双生子共享 50% 的基因。不同类型的亲属之间的相关性可以根据他们所共享的基因的比例而定，这样就可以评估遗传因素和环境因素对性状变异的影响。

延伸阅读 19-3：通过人类双生子研究估计遗传率

如果有多组分开抚养的同卵双生子，我们如何计算不同性状的 H^2？若用 X' 表示双生子中一个的特征值，X'' 表示另一个，则多组（n）同卵双生子表示为 $X_1'X_1''$，$X_2'X_2''$，$\cdots$，$X_n'X_n''$，则一对同卵双生子的表型偏差（遗传偏差和环境偏差之和）分别表示为：

$$x'=g+e', \quad x''=g+e''$$

式中，x' 是同卵双生子之一的偏差，x'' 为另一个的偏差。注意，g 是相同的，因为这对同卵双生子有同样的遗传背景，但 e' 和 e'' 不同，因为这对双生子在不同的家庭环境中长大。用如下公式表示同卵双生子之间的协方差。在延伸阅读 19-2 中，我们知道协方差是交叉乘积 $E(xy)$ 的平均值或期望值。用 x' 和 x'' 代替 x 和 y，得到：

$$\text{COV}_{X',X''} = E(x'x'')$$

可以用（$g+e'$）代替 x'，（$g+e''$）代替 x''，得到：

$$\begin{aligned}
\text{COV}_{X',X''} &= E[(g+e')(g+e'')] \\
&= E(g^2 + ge' + ge'' + e'e'') \\
&= E(g^2) + E(ge') + E(ge'') + E(e'e'')
\end{aligned}$$

在我们的模型中，双生子是被随机分配给不同家庭的，因此对于 X' 和 X'' 来说，环境因素之间不存在相关性。所以，两环境因素［$E(e'e'')$］的协方差为 0。同样，由于双生子的家庭分配是随机的，双生子的遗传偏差（g）与被分配的家庭之间没有相关性，即 $E(ge')$ 和 $E(ge'')$ 也是 0。因此，双生子之间的协方差方程简化为

$$\text{COV}_{X',X''} = E(g^2) = V_g$$

换言之，同卵双生子的协方差等于遗传方差。如果有足够多组分开抚养的同卵双生子，就可以利用同卵双生子之间的协方差来估计一个性状在一般人群中的遗传方差。若将该方差除以表型方差，则得到 H^2 的估计值：

$$H^2 = \frac{\text{COV}_{X',X''}}{V_x}$$

这个方程本质上是同卵双生子之间的相关系数。在大样本中，同卵双生子中一个的 X' 和另一个的 X'' 的方差是相同的。因此，可以将等式的分母写为

$$r_{X',X''} = \frac{\text{COV}_{X',X''}}{\sqrt{V_{X'}V_{X''}}} = H^2$$

我们可以看到 H^2 等于同卵双生子之间的相关系数。

在过去的 100 年间，科学家利用双生子展开了非常广泛的遗传学研究，表 19-5 列举了部分研究结果。通过这些研究，人们已经了解了许多人类遗传变异的知识。遗传因素对许多性状，如体质、生理、个性魅力、精神疾病等，都有贡献。像头发和眼睛颜色这样的性状，是由基因控制的生长、发育过程的表现。以此类推，遗传因素对人类的方方面面均具有重要影响。

表 19-5　通过同卵双生子研究确定的人类一些性状的广义遗传率

性状	H^2
物理属性	
身高	0.88
胸围	0.61
腰围	0.25
指纹箕形纹	0.97
原发性高血压	0.64
心率	0.49
精神属性	
智商	0.69
空间处理速度	0.36
信息获取速度	0.2
信息处理速度	0.56
人格属性	
外向性	0.54
责任心	0.49
神经质	0.48
积极情绪	0.5
成人反社会行为	0.41
精神障碍	
自闭症	0.9
精神分裂症	0.8
重度抑郁症	0.37
焦虑性障碍	0.3
酗酒	0.5～0.6

　　双生子研究和基于此的遗传率估计很容易被过度解读或误解，如下几个要点一定要牢记。第一，H^2 是特定环境下群体的属性。因此，H^2 的估计在不同群体和不同环境中结果均不同。这在之前的玉米自交系花粉脱落天数的研究中也有所体现。第二，在既往的群体研究中，双生子在出生时被分开，而后在不同的家庭中长大。且研究者优先选择经济、情感稳定的家庭。因而相比一般群体，该研究对象的 V_e 变小，H^2 的估计值也会偏大。所以，文献报道中的群体遗传率估计可能会导致低估环境因素的重要性，或高估遗传因素的重要性。第三，对于双生子来说，出生前的影响可能是基因型和环境因素共同作用的结果。正如我们之前提到的赛马和训练师的实验，这样的相关性违背了我们的模型，会使 H^2 的结果偏高。第四，广义遗传率无法解释不同群组之间的差异。表 19-5 显示某些人类性状的广义遗传率可以高达 0.97。然而，高遗传率并不能解释有着不同身高的群体归因于遗传还是环境。例如，当代荷兰男性平均身高为 184cm，而在 1800 年前后，荷兰男性的平均身高约为 168cm，两组群体平均身高相差 16cm。荷兰男性人群

基因库在那段时期很可能没有发生明显的变化，因此遗传学无法解释当前人口和 200 多年前的人口身高之间巨大差异产生的原因。相反，健康和营养的改善是更可能的原因。因此，即使身高是高度遗传性状，但过去和现在的荷兰人在身高上的巨大差异也表明，这种差异是环境因素改变导致的。

关键点：广义遗传率（H^2）是遗传方差（V_g）和表型方差（V_X）的比值。H^2 提供了一个群体内个体的差异归因于遗传因素或环境因素的度量。H^2 估计只适用于特定环境下的特定群体。H^2 不能用于解释群体间的性状平均值。

19.4 狭义遗传率：预测子代表型

广义遗传率可以告诉我们，一个群体的变异有多大比例是由遗传因素引起的。广义遗传率反映了群体中个体由遗传变异决定的表型变异。然而，即使通过广义遗传率定义出群体中存在的遗传变异，它也不能以可预测的方式传递给下一代。在这一节中，我们将探讨遗传变异存在的两种形式：加性变异和显性（非加性）变异。从亲代传递到子代的加性变异是可预测的，而显性变异则不能。我们还将定义另一种形式的遗传率，称为狭义遗传率（narrow-sense heritability），即表型方差中加性方差所占的比例。狭义遗传率能够度量个体的遗传结构对其子代表型的影响程度。

基因作用（gene action）是指基因座上等位基因间的相互作用，其作用的不同模式是理解狭义遗传率的核心。假设一个控制植物花朵数的基因座 B，该基因座具有两个等位基因 B_1 和 B_2，产生 3 种基因型——B_1/B_1、B_1/B_2 和 B_2/B_2。如图 19-7（a）所示，B_1/B_1 基因型植物有 1 朵花，B_1/B_2 植物有 2 朵花，B_2/B_2 植物有 3 朵花。在这样的情况下，当杂合子的特征值在两类纯合子的特征值中间时，基因作用被定义为加性（additive），即加性作用（additive action）。在图 19-7（b）中，杂合子有 3 朵花，和 B_2/B_2 纯合子相同。此处，等位基因 B_2 相对等位基因 B_1 是显性的。在这种情况下，基因作用被定义为显性（dominant），即显性作用（dominant action），我们也可以将该基因作用定义为等位基因 B_1 相对等位基因 B_2 是隐性的。基因作用不一定是纯加性的或完全显性的，也可以是部分显性（partial dominance）。例如，如果 B_1/B_2 杂合子平均有 2.5 朵花，那么等位基因 B_2 是部分显性。

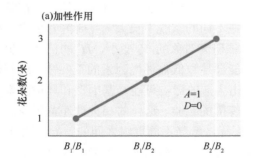
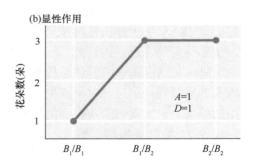

图 19-7　加性作用和显性作用的区别

基因座 B 的基因型（x 轴）及其表型（y 轴），基因调节每株植物的花朵数量

19.4.1 基因作用和基因变异传递

我们通过一个简单的例子来说明基因作用模式如何影响狭义遗传率。假设一个植物育种家想改善一种植物，使每株植物开更多的花。花朵数由 B 基因座控制，有 B_1 和 B_2 两个等位基因，如图 19-7（a）所示，等位基因 B_1 和 B_2 的频率均为 0.5，B_1/B_1、B_1/B_2、B_2/B_2 的基因型频率分别为 0.25、0.50 和 0.25。B_1/B_1 植物有 1 朵花，B_1/B_2 植物有 2 朵花，B_2/B_2 植物有 3 朵花。那么，每株植物平均花朵数为 2（我们可以用每个类别的基因型频率乘以该类值的加和来计算平均值）。

由于杂合子表现为两类纯合子的中间表型，故该基因作用是加性的。若无环境因素影响，则花朵数仅由基因型决定，那么 $H^2=1$。如果植物育种家选择 3 朵花植株（B_2/B_2），交配育种后产生的所有子代都是 B_2B_2，子代中平均每株植物的花朵数为 3。当基因作用是完全加性，且没有环境影响时，表型完全遗传。植物育种家所做的选择是完美的，如表 19-6 所示。

表 19-6 加性作用下不同基因型的平均值贡献度

基因型	频率	性状值（花朵数）	平均值贡献度（频率×性状值）
B_1/B_1	0.25	1	0.25
B_1/B_2	0.50	2	1
B_2/B_2	0.25	3	0.75
			平均值=2

图 19-7（b）中，等位基因 B_2 相对 B_1 显性。在这种情况下，杂合子 B_1B_2 花朵数为 3。等位基因 B_1 和 B_2 的频率均为 0.5，B_1/B_1、B_1/B_2 和 B_2/B_2 的基因型频率分别为 0.25、0.50 和 0.25。同样，环境因素对个体间的差异没有贡献，因此 $H^2=1$。初始种群平均单株花朵数为 2.5。

如果植物育种家选择一组 3 朵花植物，将会有 2/3 的 B_1/B_2 和 1/3 的 B_2/B_2。当与选出的植物杂交时，子代中将有 2/3×2/3=0.44 的杂交子代，其中 1/4 的子代是 B_1/B_1，表现为 1 朵花。其余的子代将是 B_1/B_2 或 B_2/B_2，表现为 3 朵花。虽然其亲代的平均值为 2.5，但子代的总体平均值却为 2.78。因此，当存在显性作用时，表型并不能完全遗传。植物育种家所做的选择工作并不完美，因为个体之间的某些差异是由于基因的显性作用产生的，如表 19-7 所示。

表 19-7 显性作用下不同基因型的平均值贡献度

基因型	频率	性状值（花朵数）	平均值贡献度（频率×性状值）
B_1/B_1	0.25	1	0.25
B_1/B_2	0.50	3	1.5
B_2/B_2	0.25	3	0.75
			平均值=2.5

综上所述，当存在显性作用时，不能通过亲本表型来严格预测子代的表型，因为亲本世代个体间的某些差异（变异）是由等位基因间的显性作用所致。由于亲代向子代传递等位基因而不是基因型，这些显性作用不会传递给子代。

19.4.2 加性和显性的影响

如上所述，加性作用基因所控制的性状的筛选与显性作用基因所控制的性状完全不同。因此，遗传学家需要量化显性和加性的程度。在这一节中，我们将展示如何做到这一点。以控制植物花朵数的基因座 B 为例（图 19-7）。加性效应（additive effect，A）是指用一个显性等位基因 B_2 替换另一个隐性等位基因 B_1 时引起表型发生变化的度量。计算公式为两个纯合子间的差值除以 2。在图 19-7（a）中，如果 B_1/B_1 基因型的性状值为 1，B_2/B_2 基因型的性状值为 3，则

$$A = \frac{X_{B_2B_2} - X_{B_1B_1}}{2} = \frac{3-1}{2} = 1$$

显性效应（dominance effect，D）是杂合子（B_1/B_2）与两类纯合子的平均值的差值。如图 19-7（b）所示，如果 B_1/B_1 基因型的性状值为 1，B_1/B_2 基因型的性状值为 3，B_2/B_2 基因型的性状值为 3，那么：

$$D = X_{B_1B_2} - \left(\frac{X_{B_2B_2} + X_{B_1B_1}}{2} \right) = 3 - 2 = 1$$

计算图 19-7（a）中所描述的情况，则 $D=0$，即不存在显性作用。

D 与 A 的比值（D/A）能够度量显性作用的程度。在图 19-7（a）中，$D/A=0$，表示纯加性或无显性。在图 19-7（b）中，$D/A=1$，表示完全显性。当 D/A 为 –1 时，表现为完全隐性（显性和隐性之间的区别取决于表型是如何编码的，是人为决定的）。$0<D/A<1$，代表部分显性；$D/A<0$ 和 $D/A>-1$，则表示部分隐性。

下面是一个计算单个基因位点上加性效应和显性效应的例子。三棘刺鱼（*Gasterosteus aculeatus*）有来自海洋种群的长腹鳍棘群体（腹鳍棘有防御和捕食作用），也有居住在淡水湖底附近的种群，淡水种群起源于海洋种群祖先，淡水种群的腹鳍棘大幅缩短 [图 19-8（a）]。海洋和淡水环境之间的捕食行为的变化能够解释淡水环境中腹鳍棘的缩短（见第 20 章）。

Pitx1 是决定腹鳍棘长度的基因之一。该基因编码调节脊椎动物腹鳍发育的转录因子，调控腹鳍棘的生长。斯坦福大学的学者测量了三棘刺鱼 F_2 群体的腹鳍棘长度，将其划分为海洋种群（*Pitx1* 长等位基因 *l*）和淡水种群（*Pitx1* 短等位基因 *s*）。下表为三种基因型腹鳍棘长度的平均值（将鱼体长作为单位长度）：

s/s	*s/l*	*l/l*
0.068	0.132	0.148

利用前文公式，我们可以计算加性效应和显性效应。加性效应 A=（0.148 − 0.068）/2 =0.04，或体长的 4%。

$$显性效应\ D=0.132 - [（0.148 + 0.068 ）/2] = 0.024$$

$$D/A = 0.024/0.04 = 0.6$$

该比值（0.6）表明 *Pitx1* 的长等位基因（*l*）对短等位基因（*s*）存在部分显性。

以洞穴鱼（*Astyanax mexicanus*）及其表亲 [图 19-8（b）] 为例，计算基因组中影响

(a)

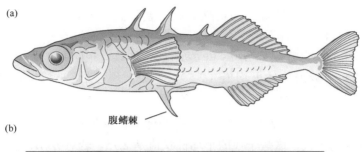

腹鳍棘

(b)

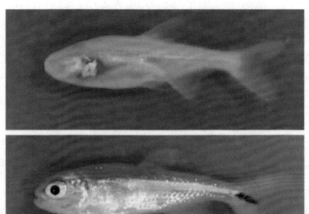

图 19-8　鱼的腹鳍棘和眼睛的有无

（a）三棘刺鱼（*Gasterosteus aculeatus*）；（b）洞穴鱼（*Astyanax mexicanus*）（上图）及其近海种群表亲（下图）

某性状的所有基因的平均加性和显性效应。洞穴种群的眼睛高度退化（直径小），在黑暗洞穴中定居的种群不需要良好的视觉，因此减少眼睛大小，对洞穴种群可能是有利进化。

汉堡大学的学者测量了洞穴种群和近海种群及二者杂交产生的 F_1 代杂合子的平均眼直径（mm）如下：

洞穴种群	F_1代	近海种群
2.10	5.09	7.05

利用前文公式，我们计算出 $A=2.48$，$D=0.52$，$D/A=0.21$。在这种情况下，尽管其表亲的基因表现出轻度显性，但是基因作用更接近纯加性状态。

关键点：当杂合子的特征值为两类纯合子的平均值时，基因作用被称为加性。杂合子表现出的任何偏离两类纯合子平均值的情况都表明存在某个基因位点的显性作用。加性效应（A）和显性效应（D）影响及其比值（D/A）提供了量化基因作用模式的方法。

19.4.3　加性和显性模型

在上述基因座 B 和花朵数的例子中，若存在显性作用，则不能通过亲代表型准确预测子代表型；若仅存在加性效应，则能够准确预测。因此，当预测子代的表型时，需要将加性效应、显性效应的贡献分离。要做到这一点，需将 19.2 节介绍的简单模型修改为 $x = g + e$。

在图 19-7（b）中，基因型 B_1/B_2 和 B_2/B_2 的个体具有相同的 3 朵花表型。如果从它们的特征值（3）中减去总体平均值（2.5），就会发现它们有相同的遗传偏差（g）：$g_{B_1B_2} = g_{B_2B_2} = 0.5$。

为了计算其子代的平均表型，若对 B_1/B_2 个体进行自花授粉，将得到 1/4 B_1/B_1、1/2 B_1/B_2 和 1/4 B_2/B_2 的子代，这些子代的平均性状值是 2.75。若对 B_2/B_2 进行自花授粉，子代均是 B_2/B_2，其平均性状值为 3。如下表所示。

	B_1/B_1	B_1/B_2	B_2/B_2
性状值	1	3	3
遗传偏差（g）	−1.5	0.5	0.5
加性偏差（a）	−1	0	1
显性偏差（d）	−0.5	0.5	−0.5

尽管 B_1/B_2 和 B_2/B_2 个体的遗传偏差（g）与性状值相同，但由于它们表型产生的基础不同，相同的 g 和性状值却不会产生相同的子代。显性效应（D）决定了 B_1/B_2 个体的表型，而 B_2/B_2 个体的表型不涉及显性效应。

通过引入加性和显性贡献，可以将简单模型（$x = g + e$）扩展。遗传偏差（g）是两个组分的总和：①向子代传递的加性效应，即加性偏差（a）；②不向子代传递的显性效应，即显性偏差（d）。我们简化模型，将这两个组分做如下分解：

$$x = g + e$$

$$x = a + d + e$$

加性偏差能够以可预测的方式从亲代传到子代。显性偏差则无法从亲代传到子代，因为新的基因型和新的等位基因之间的相互作用是每一代新产生的。

图 19-7（b）所示的例子显示了遗传偏差是如何分解为加性偏差和显性偏差的。

遗传偏差（g）是从每个基因型的性状值中减去总体平均值（2.5），每个遗传偏差通过其他方法分解为加性偏差（a）和显性偏差（d）。这些公式包括加性效应（A）和显性效应（D）以及群体中等位基因 B_1 和 B_2 的频率。注意：$a + d = g$。加性偏差（a）和显性偏差（d）取决于等位基因频率，若某子代从一个亲本中接收到的是等位基因 B_1，那么它的表型将取决于从另一亲本中接受的是等位基因 B_1 还是 B_2，故而最终取决于群体中等位基因的频率。

加性偏差（a）在动植物育种中具有重要意义。加性偏差就是育种值（breeding value），或个体由于加性效应产生的部分偏差，即传递给子代的部分。因此，若想增加每株植物的花多数，则 B_2/B_2 个体具有最高的育种值。动物育种人员会估算动物个体基因组的育种值，这些估计可以决定动物的经济价值。

我们已经将遗传偏差（g）分解为加性偏差（a）和显性偏差（d）。用类似于延伸阅读 19-2 所描述的代数方法，也可以将遗传方差划分为加性方差和显性方差：

$$V_g = V_a + V_d$$

式中，V_a 是加性方差，V_d 是显性方差。V_a 是加性偏差的方差，或育种值的方差，是亲代遗传给子代的遗传方差的一部分。最后，我们可以将这些项在本章前面所提出的表型方差的方程中进行替换：

$$V_x = V_g + V_e$$

$$\swarrow\searrow$$

$$V_x = V_a + V_d + V_e$$

式中，V_e 是环境方差。该方程假设加性组分和显性组分与环境效应无关。这种假设在实验中是成立的，因为个体是被随机分配到不同环境中的。

至此，我们已经描述了具有遗传、环境、加性和显性偏差及方差的模型。在数量遗传学中，模型会变得更加复杂，扩展成含有因素互作的形式。如果一个因素改变影响了另一个因素，那么就存在相互作用。延伸阅读 19-4 简要回顾了相互作用是如何被引入数量遗传学模型的。

关键点：个体相对群体平均值的遗传偏差（g）由两部分组成：加性偏差（a）和显性偏差（d）。加性偏差也叫作育种值，代表了个体会传递给子代表型的部分。

群体性状的遗传方差（V_g）可以被分解成加性方差（V_a）和显性方差（V_d）。加性方差是遗传方差中个体会传递给子代的部分。

延伸阅读 19-4：相互作用效应

我们将性状分解为遗传偏差和环境偏差的简单模型 $x=g+e$，假设不存在遗传-环境相互作用，则该公式定义的基因型之间的差异不会随着环境因素改变而改变。换言之，只有当不同基因型的表型受到环境变化影响时，才会存在基因型-环境相互作用。举例说明，假设两个具有不同基因型的自交系 IL1 和 IL2 放在两个环境 E1 和 E2 中培育，可以用下图表示这两个环境下两个自交系的性状。图中显示了两个或多个环境中不同基因型的特征值的模式，称为反应范式。

如果不存在相互作用，不同环境下的自交系有相同的性状值，如左图所示。

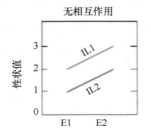
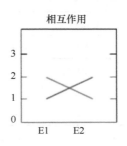

不存在相互作用时，两个环境因素的自交系间的差异都是1，所以两个环境下的差异平均值也是1。

环境1：IL1 - IL2 = 2 - 1 = 1

环境2：IL1 - IL2 = 3 - 2 = 1

总体平均值的差异表明，这些自交系的遗传基础是不同的。两种环境因素的平均值IL1为2.5，IL2为1.5。

右图显示了基因型与环境之间存在相互作用的情况。IL1在环境E1中表现良好，但在环境E2中较差。IL2正好相反。在环境E1中，两个自交系特征值的差异是1，而在环境E2中则为−1。

环境1：IL1 - IL2 = 2 - 1 = 1

环境2：IL1 - IL2 = 1 - 2 = −1

两种环境中的自交系平均值的差异是0，所以如果只看总体平均值，我们可能会错误地推断这些自交系是遗传等价的。

该简单模型可以加入基因型-环境（$g*e$）项扩展为：

$$x = g + e + g \times e$$

和

$$V_x = V_g + V_e + V_{g \times e}$$

式中，$V_{g \times e}$是基因型-环境相互作用的变异。如果交互项不包含在模型中，则存在一个没有基因型-环境相互作用的隐含假设。

不同基因的等位基因之间也可能发生相互作用。这种相互作用称为上位效应。我们来看看上位效应如何影响数量性状的变异。

假设两个基因座：A（等位基因A_1和A_2）和B（等位基因B_1和B_2）。下面左侧表格展示了A和B之间没有相互作用的情况。首先看A_1/A_1；B_1/B_1基因型，无论哪种情况下等位基因A_2替代等位基因A_1，不管基因座B的基因型如何，性状值均上升1。当在B基因座做等位基因替代时也是如此。A基因座上的等位基因的效应与B基因座的等位基因无关，反之亦然。这种模式下，不存在相互作用或上位效应。

	无相互作用				有相互作用		
	B_1/B_1	B_1/B_2	B_2/B_2		B_1/B_1	B_1/B_2	B_2/B_2
A_1/A_1	0	1	2	A_1/A_1	0	1	2
A_1/A_2	1	2	3	A_1/A_2	0	1	3
A_2/A_2	2	3	4	A_2/A_2	0	1	4

再观察右侧的表格，从 A_1/A_1；B_1/B_1 基因型开始，用 A_2 等位基因替代 A_1 等位基因，只有当 B 基因座的基因型为 B_2/B_2 时，才会对性状产生影响。A 基因座上等位基因的效应依赖于 B 基因座上等位基因的效应，即基因之间存在相互作用或上位效应。

遗传模型可以扩展为包括上位效应或交互作用项（i）：

$$x = a+d+i+e$$

和

$$V_X=V_a+V_d+V_i+V_e$$

式中，V_i 是交互作用或上位效应的变异。

如果交互项不包含在模型中，那么就有一个基因作用独立的隐含假设，即不存在上位效应。相互作用方差（V_i）与显性方差一样，不会从亲本传递到后代，因为新的基因型会在每一代之间形成新的上位关系。

19.4.4　狭义遗传率的计算

现在我们可以定义狭义遗传率了，用 h^2 表示，代表加性方差占表型方差的比例：

$$h^2 = \frac{V_a}{V_X} = \frac{V_a}{V_a + V_d + V_e}$$

狭义遗传率定义了群体中个体变异传递给子代的程度。狭义遗传率是植物和动物育种家感兴趣的遗传率，因为它能预测选育后某个性状应答的好坏程度。

要估计 h^2，先要计算 V_a，我们采用类似于证明 V_g 的代数和逻辑方法，使用同卵双生子之间的协方差去估计 V_a（见延伸阅读 19-3），即利用亲代和子代之间的协方差去估计加性方差，即该协方差为加性方差的一半：

$$\mathrm{COV}_{P,O} = \frac{1}{2}V_a$$

P 表示亲代（parent），O 表示子代（offspring）。由于子代只从亲代遗传了一半的基因，将这个公式与 h^2 的计算公式结合起来，可以得到：

$$h^2 = \frac{V_a}{V_X} = \frac{2\mathrm{COV}_{P,O}}{V_X}$$

若利用亲代和子代之间的协方差来估计 V_a，还需要在实验中控制环境因素。这是个难题，因为亲代和子代肯定成长于不同环境中，这可以用半同胞之间的协方差来估计，实验中的个体可能在同一环境中同时成长，且半同胞家系共享 1/4 的基因，所以 V_a 等于 1/4 乘以半同胞之间的协方差。

若将 h^2 的公式与 H^2 的公式（见延伸阅读 19-3）进行比较，会发现这两者都涉及协方差与方差的比值。本章前面介绍的相关系数也是协方差与方差的比值，因此可以利用亲属之间的相关性来推断性状遗传的程度。

　　某中学以班级为单位的调查中，每个学生提交自己和同性别父母的身高，制作数据电子表格，分别计算亲代（父亲或母亲）和子代（学生）之间的协方差。然后用两倍协方差除以表型方差估算 h^2。对于分母表型方差（V_X），可以用亲代的方差分别计算（男女学生要分开计算）。

　　通常，人类身高的狭义遗传率约为 0.8，这意味着从亲代到子代约 80%的变异是加性的或可传递的。若前述调查中某个班级计算得到的 h^2 并非 0.8，可能的原因如下：①该班级人数较少，采样误差会影响 h^2 估计的准确性；②实验具有非随机性，如果父母在养育孩子的过程中，重新构建出自身所经历的成长促进型或成长限制型的家庭环境，那么亲代及其子代的成长环境将存在相关性，这种环境相关性违背了分析的假设条件；③该班级学生小群体对于狭义遗传率 0.8 的大群体来说不具有代表性。

　　图 19-9 为男女学生及其父母身高数据的散点图。学生的身高和同性别父母之间有着明显的相关性，母亲和女儿身高的狭义遗传率估值为 0.86，父亲和儿子身高的狭义遗传率估值为 0.82，均接近 0.8（即从孩子出生时与父母分开，在收养家庭长大的研究中得到的 h^2）。

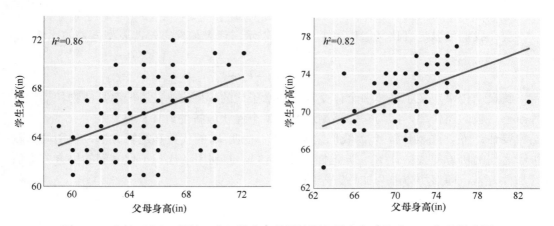

图 19-9　女性（左）、男性（右）学生和其同性别父母身高［英寸（in）］的散点图
该图显示出了学生身高和其父母身高之间的正相关性。对角线的斜率等于相关系数

　　关于狭义遗传率的要点如下。第一，当 h^2=1.0（V_a=V_X）时，子代的表型预期值和亲代的实际观察值相等。按照狭义遗传率，群体所有的变异是加性的及可遗传的。第二，当 h^2=0.0（V_a=0）时，子代任何表型的预期值都为群体平均值。群体中的所有变异都是由显性效应或环境因素造成的，因此它不可能传递给子代。第三，与广义遗传率（H^2）一样，狭义遗传率是特定环境和群体的属性。一种环境条件下群体的 h^2 估计值，对其他环境下的另一个群体可能没有任何意义。

　　狭义遗传率是动植物育种和进化过程中的重要概念。对育种人员来说，狭义遗传率表明哪些性状可以通过人工选择来改进。对于进化生物学家来说，狭义遗传率提示群体应对环境改变的自然选择将产生怎样的变化。表 19-8 列举了几个物种一些性状的狭义遗传率。

表 19-8 几个物种一些性状的狭义遗传率

性状	h^2（%）
农业种	
牛体重	65
奶牛产奶量	35
猪背膘厚	70
猪产仔数	5
鸡体重	55
鸡卵重	50
自然种	
达尔文雀鸟的喙长	65
脊胸长蝽飞行时间	20
金银花株高	8
马鹿繁殖力	46
蜻蜓寿命	15

19.4.5 预测子代表型

为了有效地提高作物和家畜的农业经济性状，育种家需要根据亲代表型预测子代表型，育种家利用狭义遗传率的知识来实现上述目标。一个个体相对群体平均值的表型偏差（x）是加性偏差、显性偏差和环境偏差的总和：

$$x=a+d+e$$

加性部分就是传递给子代的部分。若母亲的表型偏差是 x'，父亲的表型偏差是 x''，则父母的显性偏差（d' 和 d''）不会传给子代，因为新的基因型和新的显性互作在每一代重新产生。同样的，亲代环境偏差（e' 和 e''）也不会传给子代。

母亲   父亲

$$x'=a'+d'+e' \qquad x''=a''+d''+e''$$

子代

$$x_o=\frac{a'+a''}{2}=\bar{a}_p$$

亲代只传递给了子代加性偏差（a' 和 a''），因此可以用亲代的加性偏差均值（$\bar{a}_p$）估计子代的表型偏差（x_o）。

此外，为了预测子代的表型，需要了解亲本的加性偏差。我们无法直接观察到亲本的加性偏差，但可以估计它们。个体的加性偏差是其表型偏差的可遗传部分，即

$$\hat{a}=h^2x$$

式中，$\hat{a}$ 表示加性偏差或育种的估计值。因此，可以用表型偏差均值的 h^2 来估计亲代的

加性偏差均值，即子代表型偏差的估值($\hat{x}_o$)：

$$\hat{x}_o = h^2\left(\frac{x' + x''}{2}\right)$$

或

$$\hat{x}_o = h^2\overline{x}_p$$

子代会有其自身的显性偏差和环境偏差，这些是无法预测的。由于它们是偏差，只要子代足够多，该值就会为 0。

例题：冰岛羊因其羊毛的质量而备受赞誉。在特定的群体中，成年绵羊平均每年生产 6 磅[1]羊毛。每年产生 6.5 磅羊毛的公羊与一只每年产生 7 磅羊毛的母羊交配。该群体产羊毛的狭义遗传率为 0.4。预测子代的羊毛产量是多少？

首先，通过从表型值中减去群体平均值来计算亲代的表型偏差：

公羊	6.5 − 6.0=0.5
母羊	7.0 − 6.0=1.0
父代均值($\overline{x}_p$)	(0.5+1.0)/2 = 0.75

现在通过 h^2 乘 $\overline{x}_p$ 计算 $\hat{x}_o$，子代表型偏差的估计值为 0.4×0.75=0.3。

最后，将群体平均值（6）加到子代的预测表型偏差（0.3）上，获得预测结果：每年产 6.3 磅羊毛。

结果似乎是令人惊讶的，预测出来子代比任何一个亲代产生的羊毛都要少。对于有着中等狭义遗传率 0.4 的性状，这是一个可预期的结果。由显性和环境因素决定的大多数亲代（60%）的优越性能无法传递给子代。如果狭义遗传率为 1，那么子代的预测值将介于亲代之间。如果狭义遗传率为 0，那么子代的预测值将在群体平均值之上，因为所有的变异都是由非遗传因素造成的。

19.4.6 复杂性状的筛选

通过筛选性状，植物育种家在过去的 1 万年间，把一系列野生植物转化成了我们今天所喜爱的水果、蔬菜、谷类和香料作物。同样，动物育种者应用筛选驯化了许多野生物种，把狼变成狗，丛林飞禽变成鸡，野猪变成家猪。

筛选是一个只将特定的有利于子代的特征纳入基因库（参见第 18 章和第 20 章）的过程。人类应用筛选提高作物或牲畜品质的过程称为人工选择，以区别于自然选择。

举一个人工选择的例子，维生素原 A 是维生素 A 生物合成的前体，维生素 A 是眼睛保持健康和免疫系统保持良好运作的重要营养成分。植物是人类获取维生素原 A 的一个重要来源，但是世界上许多地区的人们饮食中的维生素原 A 含量太少。为了解决这个问题，一位植物育种家设法提高了拉丁美洲部分地区玉米的维生素原 A 含量，因为该地区维生素原 A 的缺乏十分常见。目前，该地区玉米群体每克籽粒产生 1.25μg 维生素原

---

① 1 磅=0.453 592kg。

A，群体方差为 0.06μg²（图 19-10）。为了提高种群数量，育种家选择了一组每克籽粒产 1.5μg 以上维生素原 A 的玉米。选择出的玉米每克籽粒维生素原 A 的平均值为 1.63μg，育种家随机交配选出的玉米，收获子代以繁育下一代，子代平均每克籽粒产 1.44μg 维生素原 A。

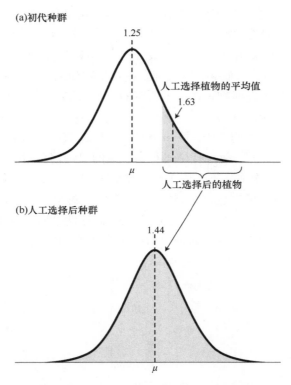

(a)初代种群

1.25

人工选择植物的平均值

1.63

μ

人工选择后的植物

(b)人工选择后种群

1.44

μ

图 19-10　人工选择可以改变种群平均值

初代（a）及人工选择后的第一代（b）玉米籽粒维生素原 A 的性状分布。初代种群玉米每克籽粒维生素原 A 的平均值为 1.25μg，子代玉米每克籽粒维生素原 A 的平均值为 1.44μg

如果在进行人工选择实验之前不知道一个性状的狭义遗传率，则采用下列实验来做估计。以玉米籽粒中维生素原 A 为例，下列等式：

$$\hat{x}_o = h^2 \overline{x}_p$$

改写为：

$$h^2 = \frac{\hat{x}_o}{\overline{x}_p}$$

$\overline{x}_p$ 是从群体平均值得出的亲代（被人工选择的）的平均偏差，也称为选择差（selection differential，S），是指被筛选组与群体平均值的差值。在本例中，

$$\overline{x}_p = 1.63 - 1.25 = 0.38$$

$\hat{x}_o$ 是子代与群体平均值的平均偏差。这就是所谓的选择应答（selection response，R），即子代和群体平均值的差值。

$$\hat{x}_o = 1.44 - 1.25 = 0.19$$

现在我们可以计算该群体这一性状的狭义遗传率：

$$h^2 = \frac{R}{S} = \frac{\hat{x}_o}{\overline{x}_p} = \frac{0.19}{0.38} = 0.5$$

该运算的基本逻辑是用选择应答来代表选择差的可遗传或加性部分。

在 20 世纪，数量遗传学家进行了大量类似的筛选实验。这些实验通常要做许多世代，被称为长期筛选研究。在每一代中，最好的个体被选出来产生子代。这样的研究已经在重要的经济物种如玉米、牲畜，以及许多模式生物如果蝇、小鼠和线虫中获得成功。长期筛选研究表明，几乎任何物种在几乎所有的性状筛选中都能做出应答。这说明群体有着丰富的加性遗传变异池。

在两个长期筛选研究的例子中，第一个研究在超过 100 代的果蝇中进行筛选以增加其飞行速度［图 19-11（a）］。每一代中飞行最快速的果蝇都会被挑选出产生下一代。在 100 代果蝇中，群体的平均飞行速度从 2cm/s 增加到 170cm/s，通过筛选所获得的增益即使在 100 代之后也没有表现出衰退的迹象。第二个研究对小鼠进行转轮跑筛选［图 19-11（b）］，仅 10 代后，平均每日转轮数就增加了 75%。这两个研究以及许多类似的研究都证明了人工选择的巨大力量，以及物种中的加性遗传变异池的深度。

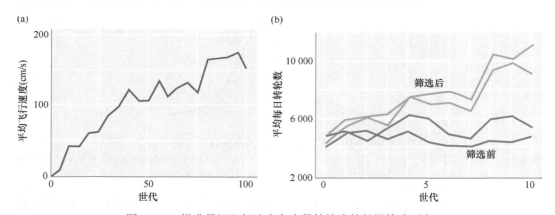

图 19-11　提升果蝇飞行速度和小鼠转轮跑的长期筛选研究
（a）提升果蝇飞行速度的筛选。速度通过果蝇在风管中逆风向光源飞行测定。（b）增加小鼠每日转轮跑的筛选

关键点：狭义遗传率（h^2）是表型方差中属于加性影响的部分，狭义遗传率度量了一个群体可预测地传递给子代的变异。有两种 h^2 估值方法：①亲代和子代的相关性；②选择应答和选择差的比值。h^2 估值在动植物育种中十分重要，因为它代表了一个性状对于选育的应答程度。

19.5　已知家系群体的 QTL 定位

控制数量性状（或复杂性状）变异的基因称为数量性状基因座（quantitative trait locus，QTL）。我们感兴趣的是 QTL 的等位基因突变，它通常对表型产生相对较小的、定量的影响。

如图 19-12 所示，通过观察一个 QTL 中每种基因型的频率分布，将 QTL 等位基因的贡献可视化到性状值上。该 QTL 为 B，基因型分别为 B/B、B/b、b/b。B/B 个体具有较高的性状值，B/b 个体具有中等的性状值，而 b/b 个体具有较小的性状值。但是它们的分布存在重叠，我们不能以孟德尔分离比、简单地通过观察个体的表型来确定和分离基因型。在图 19-12 中，具有中等性状值的个体可以是 B/B、B/b 或 b/b。

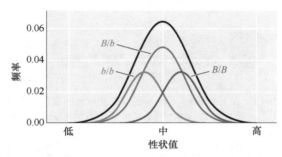

图 19-12　某复杂性状 B 基因座的基因型频率分布

频率分布图展示了基因座 B 不同基因型的频率分布情况，以及群体（黑色曲线）的分布情况

由于 QTL 的这种特性，我们需要确定它们在基因组中位置，并表征它们对性状变异的影响，这种分析方式称为 QTL 定位（QTL mapping）。在过去的 30 年中，QTL 定位已经彻底改变了我们对数量性状遗传的理解。在 QTL 定位方面的开拓性工作是用番茄和玉米等作物进行的。不过，现在它已被广泛应用于模式生物，如小鼠、果蝇和拟南芥。近年来，进化生物学家正利用 QTL 定位研究群体数量性状遗传。

QTL 定位的基本思想是用与 QTL 关联的标记位点（SNP 或微卫星 DNA）识别基因组中 QTL 的位置。下面是该方法具体的工作原理：假设在两个近交系亲本中，用高性状值亲本（P_1）和低性状值亲本（P_2）杂交。F_1 与 P_1 回交，产生亲本等位基因分离的 BC_1 群体。标记位点可以明确地区分每个 BC_1 个体的 P_1 纯合子或杂合子。如果存在与标记位点相关联的 QTL，那么在标记位点处，P_1 纯合子个体的平均性状值会不同于杂合子个体的平均性状值。基于此，可以推断 QTL 位于标记位点附近。

19.5.1　基本方法

QTL 定位有多种实验设计方案。假设我们有两个不同的自交系番茄，其果实质量不同，Beefmaster 的果实质量为 230g，Sungold 的果实质量为 10g（图 19-13）。通过两个品系杂交产生 F_1 代，再将 F_1 与 Beefmaster 回交，产生 BC_1 代。首先，将数百个 BC_1 个体培育成熟后，对每个果实的质量进行测量。其次，从每个 BC_1 作物中提取 DNA。我们使用这些 DNA 样本来确定每个植物在一组标记位点（SNP 或微卫星 DNA）上的基因型，这些标记位点分布在全部染色体上，这使得每 5~10cM 就有一个标记位点。

该过程中，我们将获得数百个 BC_1 个体及 100 个以上分布在整个基因组上的标记位点的数据集。表 19-9 展示了数据集的一部分，仅 20 个 BC_1 个体和 5 个连接在一条染色

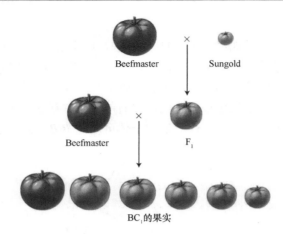

图 19-13　在 Beefmaster 和 Sungold 番茄间回交的育种方案

在 BC₁ 代，果实尺寸取值在一个连续的范围内

表 19-9　Beefmaster 和 Sungold 两个番茄自交系回交后群体的果实质量和标记位点的模拟数据

植株	果实质量（g）	标记位点				
		$M1$	$M2$	$M3$	$M4$	$M5$
Beefmaster	230	B/B	B/B	B/B	B/B	B/B
Sungold	10	S/S	S/S	S/S	S/S	S/S
BC₁-001	183	B/B	B/B	B/B	B/S	B/S
BC₁-002	176	B/S	B/S	B/B	B/B	B/B
BC₁-003	170	B/B	B/S	B/S	B/S	B/S
BC₁-004	185	B/B	B/B	B/B	B/S	B/S
BC₁-005	182	B/B	B/B	B/B	B/B	B/B
BC₁-006	170	B/S	B/S	B/S	B/S	B/B
BC₁-007	170	B/B	B/S	B/S	B/S	B/S
BC₁-008	174	B/S	B/S	B/S	B/S	B/S
BC₁-009	171	B/S	B/S	B/S	B/B	B/B
BC₁-010	180	B/S	B/S	B/B	B/B	B/B
BC₁-011	185	B/S	B/B	B/B	B/S	B/S
BC₁-012	169	B/S	B/S	B/S	B/S	B/S
BC₁-013	165	B/B	B/B	B/S	B/S	B/S
BC₁-014	181	B/S	B/S	B/B	B/B	B/S
BC₁-015	169	B/S	B/S	B/S	B/B	B/B
BC₁-016	182	B/B	B/B	B/B	B/S	B/S
BC₁-017	179	B/S	B/S	B/B	B/B	B/B
BC₁-018	182	B/S	B/B	B/B	B/B	B/B
BC₁-019	168	B/S	B/S	B/S	B/B	B/B
BC₁-020	173	B/B	B/B	B/B	B/B	B/B
B/B 平均值（g）	—	176.3	179.6	180.7	176.1	175.0
B/S 平均值（g）	—	175.3	173.1	169.6	175.3	176.4
总体平均值（g）	175.7					

体上的标记位点。对于每一株 BC_1，记录其果实质量和标记位点的基因型。你会注意到，BC_1 的特征值在两个亲本特征值之间，但更接近 Beefmaster 的值，因为 BC_1 的回交亲本是 Beefmaster。此外，由于这是回交群体，每个标记位点的基因型要么相对 Beefmaster 等位基因纯合（B/B），要么杂合（B/S）。在表 19-9 中，可以看到 BC_1 代 F_1 亲本减数分裂期间发生的标记位点之间的交换位置。例如，标记位点 M3 和 M4 之间的交换使得 BC_1-001 染色体重组。

BC_1 群体果实的平均质量为 175.7g。我们也可以计算每个标记位点上两种基因型的平均值，如表 19-9 所示。对于标记位点 M1，基因型 B/B（176.3g）和 B/S（175.3g）与总体平均值（175.7）非常接近，则可判断标记 M1 附近不存在对果实重量产生影响的 QTL。对于标记 M3，基因型 B/B（180.7）和 B/S（169.6）与总体平均值（175.7）差值很大，所以我们有理由认为在标记 M3 附近存在对果实重量产生影响的 QTL。此外，如果在 *M3* 附近存在影响果实质量的 QTL，则 *B/B* 比 *B/S* 的果实更重。这说明从小果实番茄品系 Sungold 继承了等位基因 *S* 的植株比从 Beefmaster 继承了等位基因 *B* 的植株的果实小。

图 19-14 所示的是标记位点附近的 QTL 不同基因型频率分布情况。基因型 *B/B* 和

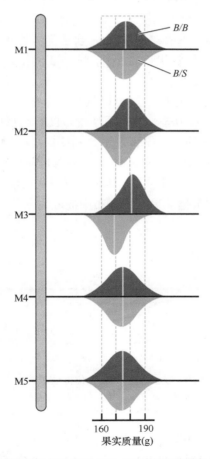

图 19-14　标记位点附近的 QTL 不同基因型频率分布情况

番茄染色体在标记位点 M1～M5 处的片段。在每个标记位点处，展示了 Beefmaster 和 Sungold 杂交后的 BC_1 群体果实质量的频率分布。标记处 Beefmaster 纯合子（*B/B*）的分布为红色；灰色是杂合子（*B/S*）。黄线是每个分布的平均值

B/S 植株的表型数据被转化为基因型频率，因此我们可以看到性状值的分布。在标记位点 M1 处，分布完全重叠，并且 B/B 和 B/S 分布非常相似。说明 B/B 和 B/S 具有相同的分布模式。在标记位点 M3 处，分布仅部分重叠，且 B/B 和 B/S 分布差异很明显，这说明 B/B 和 B/S 的分布模式不同，若出现此种情况，我们可以说 QTL 在 M3 附近。

如图 19-14 所示，B/B 和 B/S 在某些标记位点上的特征均值几乎相同，而在其他标记位点处完全不同，到底如何确定 QTL 位于某个标记位点附近呢？回答这个问题的统计学细节超出了本节的范围。不过，我们可以回顾一下统计方法背后的基本逻辑。统计分析包括：标记位点附近存在 QTL 的观察数据概率（对于所有的植物，其果实质量和标记位点的基因型）和标记位点附近没有 QTL 的观察数据概率。这两个概率的比例被称为"优势"：

$$优势 = \frac{可能性（数据值|QLT）}{可能性（数据值|没有QLT）}$$

垂直线"｜"是"给定"的意思，"可能性（数据|QLT）"的意思是"在给定条件是存在 QTL 的情况下，观测到数据的概率"。若在给定存在 QTL 的情况下，数据概率为 0.1，给定不存在 QTL 的条件下概率为 0.001，那么优势为 0.1/0.001=100，即有 100/1 的概率存在 QTL。研究人员一般将优势的 $\log_{10}$ 或 Lod 值作为报告项。因此，如果优势为 100，则记为 $\log_{10} 100$ 或 Lod 值为 2。

如果在标记位点附近存在 QTL，则可以从两个分布中提取数据：B/B 分布和 B/S 分布。每个分布都有其平均值和方差。如果不存在 QTL，则从单分布中提取数据，其平均值和方差即为整个 BC_1 群体的平均值和方差。在图 19-14 的标记位点 M1 处，B/B 和 B/S 的分布几乎相同。因此，有很高的可能性是，数据是从单分布中提取的。在标记位点 M3 处，B/B 和 B/S 的分布是完全不同的。因此，有很大可能是 B/B 植物观测数据从一种分布中提取，B/S 植物观测数据从另一种分布中提取。

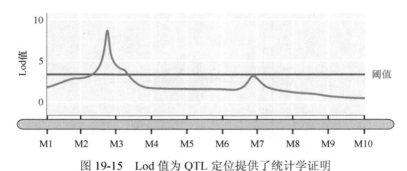

图 19-15　Lod 值为 QTL 定位提供了统计学证明

10 个标记位点的某条染色体 QTL 定位实验的 Lod 值作图。蓝色的线表示每个位点处的 Lod 值。在 Lod 值超过阈值的地方，统计学上可以证明存在 QTL

除了在已知基因型的标记位点上检测 QTL 外，还可以计算标记位点间的 Lod 值，这可以通过侧翼标记的基因型来推断标记位点之间的基因型来实现。例如，在表 19-9 中，BC_1-001 在标记位点 M1 和 M2 处是 B/B，因此在两标记位点之间的任何位点都是 B/B 的概率很高。BC_1-003 在标记位点 M1 处为 B/B，M2 处为 B/S，因此在两标记位点之间，植株可能介于 *B/B* 或 *B/S* 之间。当计算标记位点之间的 Lod 值时，概率方程包含了这种不确定性。

Lod 值可以按照染色体区段分别计算，如图 19-15 中的蓝色线所示，通常表现为一些不同高度的峰值和相对平缓的曲线。峰值代表可能存在的 QTL，但多高的峰值可以认为存在 QTL？如第 3 章和第 18 章所讨论的，我们可以设置一个统计阈值来拒绝"零假设"。此处，零假设是"在染色体的特定位置上没有 QTL"。Lod 值越高，发生零假设的概率越低。设置 Lod 值阈值有不同的方法。当 Lod 值超过阈值时，我们拒绝零假设，接受该标记位点存在 QTL 的备择假设。在图 19-15 中，Lod 值超过标记位点 M3 附近的阈值（红线）。我们认为 QTL 位于 M3 附近。

除了回交群体，QTL 定位还可以用 F$_2$ 群体和其他育种设计来完成。用 F$_2$ 群体的优点是可以获得三种 QTL 基因型的平均性状值估计：纯合亲本 1、纯合亲本 2 和杂合子。利用这些数据，可以得到如本章前面所讨论的 QTL 的加性效应（*A*）和显性效应（*D*）的估计。因此，QTL 定位使我们能够了解每个 QTL 的显性作用或加性作用。

举例说明：假设我们研究了 Beefmaster 和 Sungold 杂交番茄的 F$_2$ 群体，并鉴定出两个果实质量的 QTL。表 19-10 为不同 QTL 上不同基因型的平均果实质量。

表 19-10　不同 QTL 上不同基因型的平均果实质量

基因座	果实重量（g）			效应	
	B/B	*B/S*	*S/S*	*A*	*D*
QTL1	180	170	160	10	0
QTL2	200	185	110	45	30

我们可以使用果实质量计算这些 QTL 的加性效应和显性效应。QTL1 是纯加性的（*D*=0），而 QTL2 具有较大的显性效应。此外，QTL2 的加性效应是 QTL1 的 4 倍以上（45∶10）。

从 QTL 定位中我们可以学到什么？利用 QTL 定位设计，遗传学家可以估计：①影响性状的 QTL 数量；②这些 QTL 在基因组中的位置；③每个 QTL 的效应大小；④QTL 的基因作用模式（显性与加性）；⑤一个 QTL 是否影响另一个 QTL（上位效应）。换言之，人们可以对性状的遗传结构进行十分完整的描述。

从不同物种的 QTL 定位研究中，我们已经了解了许多关于遗传结构的知识。下面举两例进行说明。第一个研究中，玉米开花时间是一个经典的数量（连续）性状。开花时间是玉米育种的关键因素，因为玉米必须在生长季结束前开花和成熟。加拿大的玉米最好在种植后 45 天内开花，而来自墨西哥的玉米开花需要 120 天或更长时间。QTL 定位表明，玉米开花时间的遗传结构涉及 50 个以上的基因。某实验结果如图 19-16（a）所示，这些结果表明存在 15 个 QTL。玉米开花时间的 QTL 效应较小，在 QTL 上，一个等位基因代替另一个等位基因只引起一天或更少的开花时间的变化。因此，热带和温带的玉米开花时间的差异涉及许多 QTL。

第二个研究中许多疾病易感性状的 QTL 是用小鼠定位的。人类的疾病易感基因通常在小鼠上有着真实的反应。图 19-16（b）显示了小鼠骨密度（bone mineral density，

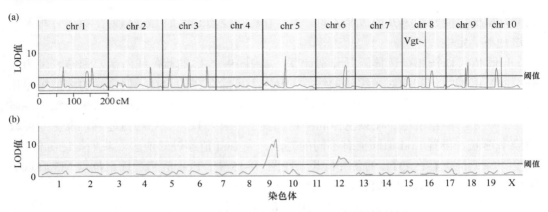

图 19-16　利用 QTL 定位确定玉米和小鼠的数量性状

（a）玉米开花时间的 QTL 扫描结果，显示 8 号染色体上的 Vgt 基因处存在 Lod 峰值；图中 chr 为染色体，其后的数字为染色体编号。（b）小鼠骨密度的 QTL 扫描结果

BMD）QTL 扫描结果，骨密度是骨质疏松的特征值。该结果定位了两个 QTL，一个在 9 号染色体上，一个在 12 号染色体上。通过类似的研究，研究人员已经在小鼠中证实了超过 80 个可能的骨质疏松易感 QTL。研究人员对许多其他疾病也进行了类似的研究。

19.5.2　从 QTL 到基因

QTL 定位不能准确鉴定 QTL 单一基因。在最理想的情况下，QTL 定位的分辨率为 1～10cM，该区域可能包含 100 个或更多基因。从 QTL 定位深入到单个基因，需要另外的实验实现 QTL 精细定位。为了实现这个目标，研究人员创造了一组同类系（homozygous stocks 或 homozygous lines），每一个品系的 QTL 附近存在交换。某些品系在 QTL 附近不同，但在其基因组的其余部分是相同的（同源的），即同类系或近等基因系（congenic line 或 nearly isogenic lines）。有相同基因背景的 QTL 是分离的关键，因为在同源系之间只有 QTL 区域是不同的。因此，同源系的使用消除了多个 QTL 同时分离引发的复杂性。

用上述的番茄果实质量举例说明，图 19-17 显示了一组同源系的染色体区域。顶部标注了基因（*flc*，*arf4*，…），红色（Beefmaster 基因型）与黄色（Sungold 基因型）的交界是每个交叉的位置。右侧标注了携带这些重组染色体的同源系的平均果实质量。如图 19-17 所示，所有具有 *kin1* 等位基因（激酶基因）的 Beefmaster 果实质量均约为 180g，而具有 *kin1* 等位基因的 Sungold 果实质量约为 170g，进一步的统计检验证实该 QTL 基因是 *kin1*。

表 19-11 列举了在不同物种中已经被证实了的影响其数量性状变异的上百种基因或 QTL 的一小部分。表 19-11 中包括玉米开花时间的 *Vgt* 基因，即图 19-16（a）中所示的 Lod 值的峰值之一。生物基因组中的大多数（而非全部）基因都会对群体数量变异起到作用。

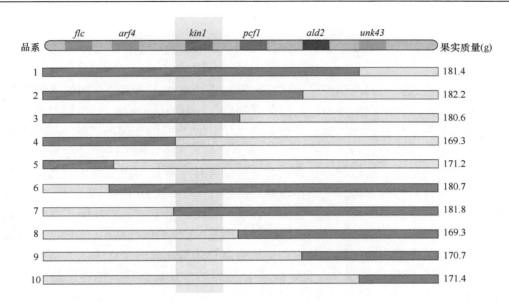

图 19-17　用于单个基因精细定位的重组染色体

图示一组 10 个同类系番茄的染色体片段，存在果实质量 QTL 分布重叠。红色染色体片段来源于 Beefmaster 品系，黄色片段来源于 Sungold 品系。品系间的果实质量差异使得我们有可能基于该 QTL 鉴定出 *kin1* 基因

表 19-11　通过 QTL 定位首次鉴定的影响数量性状变异的基因

生物体	性状	基因	基因功能
酵母	高温生长	*RHO2*	谷胱甘肽过氧化物酶
拟南芥	开花时间	*CRY2*	隐花色素
玉米	分枝	*Tb1*	转录因子
玉米	开花时间	*Vgt*	转录因子
水稻	光周期敏感性	*Hd1*	转录因子
水稻	光周期敏感性	*CK2α*	酪蛋白激酶 α 亚基
番茄	果实含糖量	*Brix-2-5*	蔗糖酶
番茄	果实质量	*Fw2.2*	细胞信号转导
果蝇	鬃毛数	*Scabrous*	分泌糖蛋白
牛	产奶量	*DGAT1*	甘油二酯酰基转移酶
小鼠	结肠癌	*Mom1*	甘油二酯酰基转移酶
小鼠	1 型糖尿病	*I-Aβ*	抑癌基因组织相容性抗原的修饰剂
人	哮喘	*ADAM33*	金属蛋白酶结构域
人	阿尔茨海默病	*ApoE*	载脂蛋白
人	1 型糖尿病	*HLA-DQA*	MHC II 类表面糖蛋白

　　关键点：数量性状基因座（quantitative trait locus，QTL）定位是一种确定控制数量性状或复杂性状变异基因在基因组中位置的方法。QTL 定位在分子标记和它们的性状值上评估受控杂交后代的基因型。如果标记位点处不同的基因型对应不同的性状均值，那么就有证据说明 QTL 在该位点附近。一旦在基因组上确定了一个包含 QTL 的区域，就可以用同源系去定位 QTL。

19.6 随机交配群体的关联定位

近年来，研究人员已经确定了自闭症、糖尿病、高血压或其他疾病的易感基因，这些基因大多数是利用我们将要讨论的关联定位（association mapping）鉴定的。关联定位是基于随机交配群体中的标记位点和 QTL 之间的自发的连锁不平衡（见第 18 章），从而在基因组中寻找 QTL 的方法。由于它涉及连锁不平衡，该方法也被称为连锁不平衡定位。研究人员经常用这种方法直接鉴定控制群体中个体间表型差异的特定基因。

关联定位背后的基本思想已经存在并应用了几十年，以 20 世纪 90 年代人类 *ApoE* 基因为例，该基因涉及脂蛋白（脂蛋白复合物）代谢。由于 *ApoE* 在脂蛋白代谢中的作用，其被认为是导致心血管疾病和动脉脂肪（脂质）沉积的候选基因（candidate gene）。研究人员研究了携带 *ApoE* 等位基因与罹患心血管疾病之间的统计关联，发现该基因的 *ε4* 等位基因与疾病的关联性：携带 *ε4* 等位基因的个体比携带其他等位基因的个体患病的风险高出 42%。虽然这类研究较为高效，但它需要预先知道影响该性状的候选基因。

在过去的 20 年中，基因组技术的进步催生了大规模的关联定位应用，特别是得益于全基因组 SNP 图谱和高通量基因分型技术的发展。这些技术能对成千上万人的数以万计的 SNP 进行计算（见第 18 章）。关联定位现在通常用于扫描整个基因组中对数量性状变异有贡献的基因，这种类型的研究称为全基因组关联分析（genome-wide association study，GWAS）。GWAS 研究的一个主要优点是不需要候选基因，因为基因组中的每一个基因都会被扫描到。

关联定位相比于 QTL 定位有如下优点：首先，因其作用于随机交配群体，不需要控制交配或已知亲子关系的家系。其次，同时检测整个基因组的所有等位基因。在 QTL 定位研究中，因为只有两个亲本（上述例子中的 Beefmaster 和 Sungold 番茄），所以只比较了两个等位基因。通过关联定位，群体中所有的等位基因会同时被检测。最后，关联定位可以实现 QTL 上基因的直接鉴定，而不需要后续的精细定位。这种方法是可行的，因为影响性状的任何基因中的 SNP 都比其他基因中的 SNP 显示出更强的与性状的关联性。

19.6.1 基本方法

基因变异是如何在群体中遗传的呢？在第 18 章中，我们讨论了连锁不平衡（LD），即两个位点处非随机性关联的等位基因。图 19-18 显示了在 18 个不同个体的染色体样本中的 LD。邻近的 SNP（或其他多态性）倾向于存在强 LD，而那些彼此远离的则处于弱 LD 或不平衡状态。当然，基因组也具有重组热点，这也是交换的高频点。重组热点破坏了连锁不平衡，使其两端的 SNP 处于平衡。未被重组热点分离的 SNP 形成强连锁的 SNP 单倍型块。

假设图 19-18 所示的 SNP8 是基因中导致表型差异的 SNP，基因型 A/A 的个体与基因型 A/G 或 G/G 的个体表型不同。SNP8 可以通过引起氨基酸变异或影响基因表达来影响表型。SNP8 或任何可以直接影响表型的 SNP 称为功能性 SNP。由于 SNP8 与单倍型块中的其他 SNP（SNP6、SNP7、SNP9 和 SNP10）强连锁不平衡，这些 SNP 中的任何一个都可以作为功能性 SNP 的代表。在 SNP7 处为 T/T 的个体与 SNP8 处为 A/A 个体的表型相同，因为 SNP7 和 SNP8 处于连锁不平衡。当 SNP 基因型相关（处于连锁不平衡）时，其性状值相关联。基于上述理论，GWAS 研究不需要调查所有功能性 SNP，只需调查每个单倍型块的 SNP。

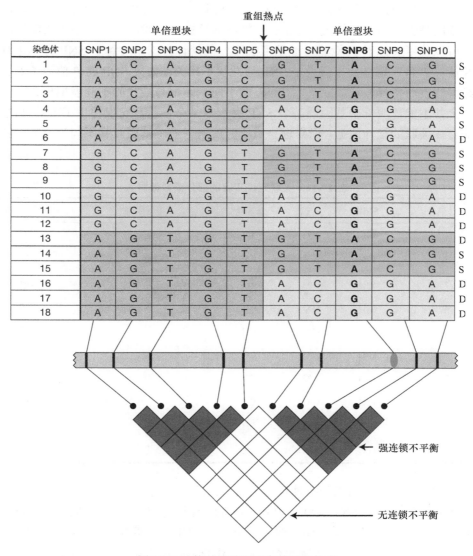

图 19-18　扰乱连锁不平衡的重组热点

上图为 18 个个体一条染色体片段上 SNP 和单倍型分布图。常出现的单倍型之间通过重组热点（不同颜色代表不同单倍型区域）划分区域（低重组区域）。最右列的 S 和 D 来自本章文后的问题 4。SNP8（粗体）控制性状值的差异。下图中你可以通过颜色注释判断两个 SNP 是否存在连锁不平衡，每一行的方块代表标记相交。在一个单倍型块中，SNP 表现出强连锁不平衡。不同单倍型块的 SNP 表现出弱连锁不平衡或不存在连锁不平衡

　　为了对人类疾病进行 GWAS 研究，我们需要检测 2000 例 2 型糖尿病患者。同时，我们还要选择 2000 名与之匹配的正常对照。抽取这 4000 名参与者的血液样本，以便从中提取他们的 DNA。利用该 DNA 样本可以对分布于全基因组的 300 000 个 SNP 进行分型。我们需要足够数目的 SNP，以便基因组中的每个单倍型块都可以由一个或多个 SNP 标记（图 19-18）。通过这些步骤得到的数据集将是巨大的——由 4000 名个体中的 300 000 个 SNP 组成——总共有 12 亿个数据点。表 19-12 显示了这样一个数据集的一小部分。

　　一旦收集好数据，研究人员将对每个 SNP 进行统计分析，以确定其等位基因和随机状态相比是否与糖尿病相关。对于类似糖尿病这样"受影响"或"不受影响"的分类特征，可以使用类似于 χ^2 检验（参见第 3 章）的统计方法。对每个 SNP 分别进行统计检验并计算 P 值。这里的零假设是 SNP 与性状不相关。如果 SNP 的 P 值小于 0.05，那么拒绝零假设而备择假设成立，即 SNP 的不同基因型与性状的不同表型相关。关联定位实际上并不能证明一个基因或某个 SNP 会影响某个性状，它仅提供了 SNP 与性状之间可能存在关联的统计证据，仍需进一步研究疾病中易感基因及其不同等位基因的分子特征。

表 19-12　关联定位实验的部分模拟数据集

个体编号	SNP1	SNP2	SNP3	2 型糖尿病	身高（cm）
1	C/C	A/G	T/T	是	173
2	C/C	A/A	C/C	是	170
3	C/G	G/G	T/T	否	183
4	C/G	G/G	C/T	否	180
5	C/C	G/G	C/T	否	173
6	G/G	A/G	C/T	是	178
7	G/G	A/G	C/T	否	163
8	C/G	G/G	C/T	否	168
9	C/G	A/G	C/T	是	165
10	G/G	A/A	C/C	是	157

　　图 19-19（a）所示为犬类身体尺寸关联定位的研究结果。沿染色体（x 轴）绘制的每个点代表身体尺寸与 SNP 关联的 P 值（y 轴）。使用逆尺度绘制 P 值，即纵坐标越大，P 值越小。在 15 号染色体上，阈值线之上有一簇 SNP，表明没有关联的零假设被拒绝，这些 SNP 支持备择假设，即影响犬类身体尺寸的基因位于该处。15 号染色体上的强峰包含了胰岛素样生长因子 1（insulin-like growth factor 1，IGF1）基因相关的 SNP，该基因编码哺乳动物幼年时期生长的相关激素。这一基因是小型犬和大型犬之间身体尺寸差异的主要贡献者［图 19-19（b）］。

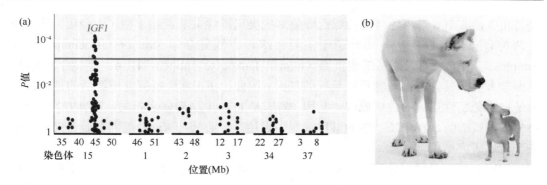

图 19-19 关联定位寻找犬类身体尺寸基因

（a）犬类身体尺寸关联定位实验结果。图中每个点代表一个 SNP 和身体尺寸间关联检测的 P 值。
阈值（红线）之上的点代表在统计学上显著相关。（b）小型犬和大型犬示例

19.6.2 GWAS、基因、疾病和遗传率

过去的 20 年中开展了大量的 GWAS 研究，研究者从中获得了很多关于人类和其他物种的遗传变异，其中一个 GWAS 研究分析了 17 000 个样本的 500 000 个 SNP 以搜索疾病易感基因。图 19-20 所示为 SNP 与几种常见疾病之间关联的 P 值，绿点代表

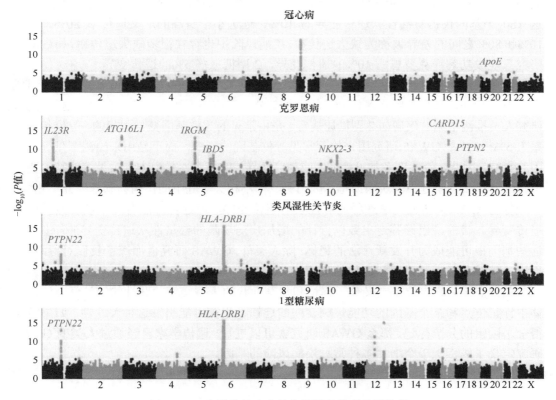

图 19-20 人类常见疾病的全基因组关联分析结果

人类 23 条染色体从左到右排布。y 轴是疾病和每个 SNP 间关联性的统计学测试的 $-\log_{10}$（P 值）。
显著性测试结果用绿点表示。本次分析定义的基因用红字标注

显著相关，其中 6 号染色体上的绿点峰值对应类风湿性关节炎和 1 型（青少年）糖尿病这两种自身免疫性疾病。该峰位于主要组织相容性复合体（major histocompatibility complex，MHC）的人类白细胞抗原（human leukocyte antigen，HLA）基因上，MHC是调节人类和其他脊椎动物免疫反应的基因。因此，在正常免疫应答中激活的基因被认为是自身免疫性疾病的致病原因。基因 *PTPN22* 也与 1 型糖尿病相关。*PTPN22* 编码蛋白酪氨酸磷酸酶，在免疫系统的淋巴细胞中表达。冠心病与 *ApoE* 基因有显著关联，验证了前述研究结果。

GWAS 研究已经鉴定了几十种疾病中超过 300 个风险基因，且其数目仍正在持续增长。这些数据引领了个体基因组学（personal genomics）的新时代，即每个人都可以扫描自己的基因组来确定自身基因型以及疾病可能产生的风险。虽然这是一门相对年轻的科学，但它可能识别出某些疾病风险高 10 倍的个体，进而为其在患病前制订预防措施，并促使其改变有可能增加疾病风险的生活方式（环境因素）。某些公司提供如阿尔茨海默病等特定疾病的"基因测试试剂盒"，但是生物伦理学家表示担忧：如果没有医学专业人士的建议，消费者无法准确地看待测试结果。

由于人类的身高是一个经典的数量性状，数量遗传学家对该性状的 GWAS 研究具有极大的兴趣。GWAS 研究已经鉴定了超过 180 个影响身高的基因。正如许多基因所控制的特性一样，这些基因中的每一个都有微小的加性效应。然而，令人困惑的结果是，这 180 个基因仅占身高性状遗传变异的 10%，远远小于身高的广义遗传率 80%。上述10%和80%之间的差异被称为缺失遗传率。疾病风险中也存在很多缺失遗传率，如 GWAS 研究只能成功解释克罗恩病 10%的遗传变异，2 型糖尿病 5%的遗传变异。

许多遗传学家对此感到惊讶：为什么 GWAS 研究了 10 000 多人的覆盖整个基因组成千上万个 SNP，却只能解释遗传变异的一小部分。目前还不清楚为什么会出现这种情况，研究人员推测常见的疾病如 2 型糖尿病等，是由常见的等位基因变异引起的，等位基因频率为 5%～95%。GWAS 研究用来检测常见等位基因的影响，而不是用来检测罕见等位基因的影响。因此，倘若许多常见疾病（或高度变异）的易感性是由大量罕见等位基因变异引起的，那么某家庭中的疾病易感基因与另一个不相关家庭中的疾病易感基因并不相同。

尽管 GWAS 研究无法解释所有性状的遗传变异，但这种方法有助于理解数量性状遗传变异。目前，已经鉴定出数以百计的增加疾病风险的数量性状遗传变异的新基因，这些基因很可能成为开发新疗法的靶标。除人类外，GWAS 研究也加深了我们对拟南芥、果蝇、酵母和玉米数量性状遗传的认识。

关键点：关联定位是定义分子标记和复杂性状的表型突变关联性的统计学方法。群体中标记位点和某个基因的功能性突变间的连锁不平衡可能引发这种关联性。如果能获得全基因组的分子标记，那么 GWAS 研究就可以进行。遗传学家已经通过人类的 GWAS研究定义了成百上千个增加多种常见疾病风险的基因。

总　　结

数量遗传学家研究的遗传性状，受到遗传因素和环境因素共同影响，且不以简单孟德尔比例分离。复杂性状可以是分类性状、阈值性状、计数（分子学）性状或连续可变性状。任何我们不能直接从表型中推断基因型的性状都是数量遗传学要分析的目标。

一个性状的遗传结构能够完整地描述影响性状的基因数量及其对表型的相对贡献、环境因素对表型的贡献、基因间相互作用和基因与环境相互作用。为了破解复杂性状的遗传结构，数量遗传学家建立了一个简单的数学模型，该模型将个体的表型分解为：由遗传因素（g）引起的差异，由环境因素（e）引起的差异。

某群体成员间的性状差异可以用方差来统计。方差衡量了个体偏离群体平均值的程度。性状的方差可分解为两部分：由遗传因素引起的（遗传方差），由环境因素引起的（环境方差）。将性状方差分解为遗传方差和环境方差的一个关键假设是遗传因素和环境因素是不相关的或独立的。

某群体的某一性状的变异程度通过该性状的广义遗传率（H^2）来衡量。H^2是遗传方差与表型方差的比值。广义遗传率反映了群体中个体的表型差异由遗传差异决定的部分。人类广义遗传率研究揭示了许多受遗传因素影响的性状，包括物理属性、情绪功能、人格特征、精神障碍甚至社会态度。

亲代把基因而不是基因型传递给子代。每一代每个位点等位基因会重新产生新的显性互作。为了将这一现象纳入数量变异的数学模型，可以将遗传偏差（g）分解为加性偏差（a）和显性偏差（d）。只有加性偏差是从亲代传递到子代的，它代表了表型的狭义遗传部分。一个群体方差的加性部分是变异的可遗传部分。狭义遗传率（h^2）是加性方差与表型方差的比值。狭义遗传率决定了个体的表型在多大程度上由亲代传递的基因来决定。

狭义遗传率是了解某性状对选择性育种或自然选择做出何等反应的基础。动植物育种人员通过他们感兴趣的性状的狭义遗传率来制订动植物改良计划。狭义遗传率用于预测后代表型，估计育种群体个体成员的育种值。

复杂性状背后的遗传位点称为数量性状基因座，简称 QTL。有两种实验方法来表征 QTL 并确定它们在基因组中的位置。第一，QTL 定位，寻找标记位点的基因型和已知家系群体（如 BC_1 群体）性状值之间的统计相关性。QTL 定位提供了控制性状的基因数目的估计，QTL 上的等位基因表现出加性作用或显性作用，以及每个 QTL 对性状具有或小或大的影响。第二，关联定位，寻找标记位点的基因型和随机交配群体性状值之间的统计相关性。研究人员通过关联分析定位 QTL 的基因。全基因组关联分析（GWAS）研究中需用到覆盖全基因组的标记。

在医学、农业和进化生物学中，大多数重要的性状显示出复杂的遗传机制，如人类疾病风险、大豆产量、奶牛产奶量，以及全世界各种植物、动物和微生物种类的表型差异。数量遗传分析是理解这些关键性状遗传基础的前提。

（贺　光　陆　青）

练 习 题

一、例题

例题 1 100 只肉鸡的平均体重为 700g，标准差为 100g，假设性状值服从正态分布。

a. 预计有多少只鸡体重超过 700g？

b. 预计有多少只鸡体重超过 900g？

c. 如果 H^2 是 1，这个群体的遗传方差是多少？

参考答案：a. 由于正态分布以平均值为轴对称，群体的50%有高于平均值的特征值，而剩下50%的特征值低于平均值。在这种情况下，100只鸡中有50只体重超过700g。

b. 900g 大于平均值的 2 个标准差。在正态分布下，群体的 95.5%将落在平均值左右 2 个标准差的范围内，剩下的 4.5%落在超过平均值左右 2 个标准差外。在这 4.5%中，一半（2.25%）比平均值小 2 个标准差，而另一半（2.25%）比平均值大 2 个标准差。因此，我们预计 100 只鸡中约有 2.25%（大约 2 只鸡）的体重超过 900g。

c. 当 H^2 是 1 时，所有的变异都来自遗传。我们知道标准差是 100，而方差是标准差的平方。

$$方差=\sigma^2$$

因此，遗传方差为 $100^2=10\,000$（g^2）。

例题 2 两个豆科植物的自交系进行杂交。在 F_1 代中，豆重的方差为 $15g^2$。F_1 自交形成的 F_2 中，豆重的方差为 $61g^2$。估算本实验中 F_2 群体豆重的广义遗传率。

参考答案：解题关键是认识到 F_1 群体中的所有变异必定是环境变异，因为所有个体都具有相同的基因型。此外，F_2 方差必定存在环境变异和遗传变异，因为 F_1 中所有的杂合子的基因将在 F_2 中分离，从而得到与豆重有关的不同基因型阵列。因此，我们可以估计

$$V_e=15g^2$$
$$V_g+V_e=61g^2$$

因此

$$V_g=61-15=46g^2$$

广义遗传率为：$H^2=46/61=0.75$（75%）。

例题 3 在面粉甲虫的实验群体中，体长表现为平均值为 6mm 的连续分布。一组体长平均值为 9mm 的雌性和雄性被取出进行杂交。子代的体长平均值为 7.2mm。通过这些数据，计算该群体体长的狭义遗传率。

参考答案：选择差（S）为 9-6=3mm，选择应答（R）为 7.2-6=1.2mm，因此狭义遗传率为

$$h^2 = \frac{R}{S} = \frac{1.2}{3.0} = 0.4(40\%)$$

例题 4　一个基于分别抚养冰岛同卵双生子的研究报道显示，人类身高的广义遗传率为 0.5。另一个基于亲代-子代相关性的美国研究显示，人类身高的狭义遗传率为 0.8。为什么这些结果似乎截然不同？如何解释该结果？

参考答案：广义遗传率是总遗传方差（V_g）与表型方差（V_x）的比值。总遗传方差包括加性方差（V_a）和显性方差（V_d）。

$$H^2 = \frac{V_g}{V_X} = \frac{V_a + V_d}{V_X}$$

狭义遗传率是加性方差（V_a）与表型方差的（V_x）的比值。

$$h^2 = \frac{V_a}{V_X}$$

因此，当所有其他变量相等时，H^2 应大于或等于 h^2。当 V_d 为 0 时，它将等于 h^2。h^2 应该永远不会大于 H^2。然而，这两个研究报道分别来自冰岛和美国的不同群体。遗传率的估计仅适用于测量某个环境中的群体。在一个群体中做出的估计可能不同于另一个群体，因为这两个群体可能在不同的基因上表现出不同等位基因的分离，并且两个群体经历的环境也不同。

二、看图回答问题

1. 图 19-11 显示了人工选择前后的性状分布。性状变异是否因筛选而发生变化？请解释。

2. 图 19-12 显示了三种基因型的预期分布，如果位点 B 是影响性状值的 QTL，回答如下问题。

a. 如图所示的显性效应/加性效应（D/A）值是多少？

b. 如果位点 B 对性状值没有影响，如何重新绘制该图？

c. 如果 $D/A=1$，B 位点的不同基因型的曲线沿 x 轴如何变化？

3. 图 19-17 显示了 QTL 精细定位的实验结果。如果每一品系的平均果实质量如下，那么哪一个基因会涉及果实质量的控制？

品系	果实质量（g）
1	181.4
2	169.3
3	170.7
4	171.2
5	171.4
6	182.2
7	180.6
8	180.7
9	181.8
10	169.3

4. 图 19-18 显示了一组单倍型。假设这些是来自 18 个单倍体酵母菌株的染色体片段的单倍型。在图的右侧，S 和 D 指示菌株在高温（40℃）下存活（S）还是死亡（D）。使用 χ^2 检验（见第 3 章）和表 3-2，SNP1 或 SNP6 是否与生长表型相关？请解释理由。

5. 图 19-19（a）显示出了犬类染色体的 P 值（点图）。每个 P 值是 SNP 与身体尺寸之间关联性统计检验的结果。除了 $IGF1$ 附近存在成簇的 P 值降低，还有其他的染色体区域上存在 SNP 和身体尺寸之间的显著性关联吗？请解释理由。

三、基础知识问答

6. 请说出群体连续性状和不连续性状的区别，并分别举例。

7. 多因素假说的中心假设是什么？

8. 下表显示了果蝇种群刚毛数量的分布情况。计算这些数据的平均值、方差和标准差。

刚毛数	个体数
1	1
2	4
3	7
4	31
5	56
6	17
7	4

9. 假设美国人的平均智商约为 100，标准差为 15。在某些检测标准中，智商 145 以上的人被认为是天才。预测一下，智商为 145 以上的人所占的百分比是多少？在一个 3 亿人口的国家，预计有多少人是天才？

10. 在美国成年女性样本中，身高平均值为 164.4cm，标准差为 6.2cm。高于平均值 2 个标准差的女性定义为非常高，低于平均值 2 个标准差以上的则定义为非常矮。女性身高符合正态分布。

a. 非常高和非常矮的女性身高是多少？

b. 在 10 000 名女性群体中，多少人可能非常高，多少人可能非常矮？

11. 一名豆类育种者正在培育平均豆荚数为 50、方差为 10 豆荚^{2}的种群。已知广义遗传率为 0.8。通过这些信息，育种者能确保该筛选种群的下一代每株植株豆荚数都增加吗？

12. 下表是 60 头母猪的每窝仔猪数。平均每窝仔猪数是多少？每窝至少有 12 头仔猪的相对频率是多少？

窝数	每窝仔猪数
1	6
3	7
7	8
12	9
18	10
20	11
17	12
14	13
6	14
2	15

13. 一名蛋鸡育种者正在培育月均产蛋 28 个、方差 5 个^{2}的种群。已知狭义遗传率为 0.8。通过上述信息，育种者能确保该筛选种群的下一代每只蛋鸡的产蛋数都增加吗?

a. 不能，筛选总是有风险的，育种者永远不会知道结果如何。

b. 不能，育种者需要知道广义遗传率才能知道结果。

c. 能，因为狭义遗传率接近 1（0.8），那么预期筛选可能使下一代的产蛋数增加。

d. 能，因为方差大于 0。

e. c 和 d 都正确。

14. 在一个甜豌豆群体中，每荚豌豆数的狭义遗传率为 0.5。每荚豌豆数平均值为 6.2。植物育种者选择了每荚豌豆数为 6.8 的一株植株，并与每荚豌豆数为 8 的植株杂交。该杂交后代中，每荚豌豆数是多少?

15. QTL 定位和 GWAS 研究是用于识别影响复杂性状基因的两种不同方法。对于下列中的每一项，选择其属于适用 QTL 定位、GWAS 研究还是两者都可。

描述	QTL 定位	GWAS 研究	均可
该方法要求实验者在不同菌株之间进行杂交以产生定位用群体			
该方法能够扫描全基因组，找到某性状的 QTL			
该方法通常能够鉴定代表 QTL 的特殊基因			
该方法通常从随机交配群体中抽取大量个体，但这些个体在所研究的性状上存在变异			
该方法通常测试两个等位基因，而这两个等位基因在定位用群体的双亲之间存在差异			

四、拓展题

16. 在一群牛中，测量了 3 个连续性状，方差如下表所示。

方差	性状		
	小腿长	颈长	脂肪含量
表型	310.2	730.4	106
环境因素	248.1	292.2	53
加性作用	46.5	73	42.4
显性作用	15.6	365.2	10.6

a. 计算每个性状的广义遗传率和狭义遗传率。

b. 在该研究动物群体中，哪个性状对选择反应最好？为什么？

c. 现有一个减少畜群中平均脂肪含量的项目。目前脂肪含量平均值为 10.5%。将平均脂肪含量为 6.5% 的动物作为亲代进行杂交产生子代。子代的脂肪含量是多少？

17. 勇地雀（*Geospiza fortis*）喙长的狭义遗传率估计值为 0.79。喙长与勇地雀进食大粒种子的能力相关。种群的喙长平均值是 9.6mm。一只喙长 10.8mm 的雄性与一只喙长 9.8mm 的雌性交配。对其子代来说，喙长的期望值是多少？

18. 两个实验小鼠的自交系进行交配。F_1（在所有位点上具有相同的基因型）的成年鼠体重的方差为 $3g^2$。F_1 自交产生 F_2，其成年鼠体重的方差为 $16g^2$。估算本实验中 F_2 群体成年鼠体重的广义遗传率（F_1 和 F_2 的饲养环境相同）。

19. 下表显示了在同一自交系中投喂不同饲料的 100 只小鼠的体重。对于一只重 27g 的小鼠来说，它的体重有多少是受遗传影响，有多少是受投喂饲料（环境）影响（除饲料外，小鼠在相同环境下饲养）？

小鼠数目（只）	体重（g）
5	21
13	22
18	23
21	24
22	25
16	26
5	27

20. 下表是 10 组分开抚养的同卵双生子的总血清胆固醇（mg/dl）。试计算：总体平均值、总体方差、同卵双生子间的协方差、广义遗传率（H^2）。

双生子 1	双生子 2
228	222
186	152
204	220
142	185
226	210
217	190
207	226
185	213
179	159
170	129

21.　下表是 10 对成年女性双生子的身高(cm)。计算双生姐妹身高之间的相关系数(r)。

双生子 1	双生子 2
158	163
156	150
172	173
156	154
160	163
159	153
170	174
177	174
165	168
172	165

22. 100 只同基因母鸡组成种群 A，并且在统一的环境中饲养。其产蛋的平均质量为 52g，方差为 $3.5g^2$。100 只遗传变异的母鸡组成种群 B，产蛋的平均质量为 52g，方差为 $21g^2$。B 和 A 的饲养环境相同。鸡蛋质量的环境方差 (V_e) 是多少？遗传方差呢？种群 B 的广义遗传率是多少？

23.　一个玉米群体的平均株高为 180cm。该群体株高的狭义遗传率为 0.5。育种者选择比群体株高平均高 10cm 的植株来培育下一代，并且育种者应用该选择水平筛选了 8 个世代。8 代后的植株平均株高是多少？假设 h^2 始终为 0.5，V_e 在实验过程中不改变。

24.　实验室饲养的黑腹果蝇种群的平均翅长为 0.55mm，波动范围在 0.35~0.65。遗传学家选择翅长为 0.42mm 的雌性与翅长为 0.56mm 的雄性交配。

　　a. 如果翅长的狭义遗传率为 1，预期子代翅长是多少？

b. 如果翅长的狭义遗传率为 0，预期子代翅长是多少？

25. 不同种类的蟋蟀有不同的叫声，它们通过这些叫声进行配偶识别。研究人员将两种夏威夷蟋蟀（*Laupala paranigra* 和 *L. kohalensis*）进行杂交——可以通过脉冲率（每秒的脉冲数）区分它们的叫声。然后，对该杂交系 F$_2$ 代群体作 QTL 定位。6 个常染色体 QTL 被检测出来。F$_2$ 代每个 QTL 三种基因型的性状平均值（脉冲率）如下表所示，其中 *P* 表示 *L. paranigra* 的等位基因，*K* 表示 *L. kohalensis* 的等位基因。

QTL	P/P	P/K	K/K
1	1.54	1.89	2.10
2	1.75	1.87	1.94
3	1.72	1.88	1.92
4	1.70	1.82	2.02
5	1.67	1.80	2.13
6	1.57	1.88	2.19

a. 计算 6 个 QTL 中每一个的加性效应（*A*）、显性效应（*D*）以及 *D*/*A*。

b. 这些 QTL 中哪一个显示出最大的显性效应？

c. 这些 QTL 中哪一个具有最大的加性效应？

d. *L. kohalensis* 的平均脉冲率为 3.72，*L. paranigra* 的平均脉冲率为 0.71。6 个 QTL 使得 *L. kohalensis* 的等位基因比 *L. paranigra* 的等位基因赋予子代更高的脉冲率吗？

26. 对于性染色体，雌性蟋蟀是 XX，雄性蟋蟀是 XO，只有一个 X 染色体但没有 Y 染色体。控制脉冲率的 QTL 能在蟋蟀 X 染色体上定位吗？如果只有雄性蟋蟀鸣叫，那么 X 染色体 QTL 的显性作用能被估计吗？

27. GWAS 研究揭示了基因标记位点处基因型与复杂性状之间的统计相关性。GWAS 研究能证明基因中的等位基因变异会导致性状的变异吗？如果不能，哪些实验可以证明群体中基因的等位基因变异会导致性状的变异？

28. *OCA2*（*ocular albinism-2*）基因和 *MC1R*（*melanocortin-1-receptor*）基因都参与人类皮肤细胞黑色素的代谢。为了测试这些基因的变异是否会引起日照敏感，提升皮肤癌的相关风险，需进行关联分析研究。一个来自冰岛的含 1000 人的样本分为暴露在阳光下时会晒黑还是晒伤（不晒黑）的皮肤类型。对参与者的每个基因进行 SNP 检测（rs795174 和 rs180507）。下表显示了每个类别的人数。

类别	*OCA2*（rs795174）			*MC1R*（rs180507）		
	A/A	A/G	G/G	C/C	C/T	T/T
晒伤	245	56	1	193	89	21
晒黑	555	134	9	448	231	19

a. 冰岛人群体晒黑和晒伤表型的频率是多少？

b. 每个位点（SNP）的等位基因频率是多少？

c. 通过 χ^2 检验（见第 3 章）和表 3-2，测试零假设：这些 SNP 和日照敏感皮肤之间没有关联。是否每个 SNP 都证明了存在关联？

d. 如果你发现了基因和性状之间存在关联，那么基因作用的模式是什么？

e. 如果 P 值大于 0.05，这能证明基因对日照敏感没有影响吗？为什么？

第 20 章
基因和性状的进化

学 习 目 标

学习本章后，你将可以掌握如下知识。

· 通过自然选择来识别和解释进化的基本要素。

· 描述通过自然选择进化而来的性状和基因的例子。

· 将中性分子进化与适应过程进行对比。

· 区分 DNA 和蛋白质序列中正选择与纯化选择的特征。

· 掌握蛋白质累积选择的对比实验和统计分析。

· 阐明调控序列在形态性状进化中起关键作用的基本原理。

· 评估基因复制在新蛋白质功能起源中的作用。

人类起源之争

人到底是从哪里来的？达尔文的进化论指出人类从古猿进化而来，而唯心论者则认为是神创造了人类。《世界通史》对人类起源问题解释得很含糊，因为关于人类起源之谜，学术界仍存在争议：人类起源基因说更先进，还是考古说更有力？现代人到底是起源于非洲还是多地区平行发展？

人类的起源与现代人的起源其实是两个不同的概念，人类起源于非洲在目前学术界并无太大争议，而关于现代人的起源则一直是两种学说并立，即多地区起源说和非洲起源说。

复旦大学金力教授等通过人类 Y 染色体的遗传特性来研究人类起源，证明所有现代人均起源于非洲（图 20-1）。由于气候等原因，人类的祖先至少三次走出撒哈拉沙漠，走出非洲，走向世界各地。人类在迁徙的过程中，寻找适合居住的环境生存下来，并聚集在一起。

研究人类的起源或研究人类文明的起源，基因发现与考古实证相结合才更有说服力，只有这样，才能更好地了解生命的历程，破解生命的奥秘！

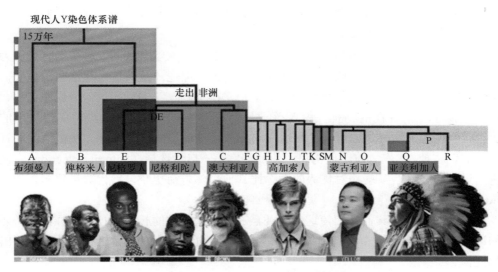

图 20-1　通过 Y 染色体的变异可以追溯家族的起源

Y 染色体由于其单倍体特性和群体特异性分布，成为分子人类学研究的有力工具。利用 Y 染色体可以很好地解析种族的
起源、民族的分化、家族的传承。图中字母 A 到 R 为人类 Y 染色体单倍群树状分支结构

引　言

查理·罗伯特·达尔文（Charles Robert Darwin）（1809—1882）于 1835 年抵达加拉帕戈斯群岛，进入了原定为期两年的航行中的第四年。人们可能认为，这些岛屿如今与达尔文的名字密不可分，是这位年轻的博物学家的天堂。事实远非如此。达尔文发现这些岛屿非常热，黑色火山岩在烈日下炙烤。他在日记中写道，这些矮小的树木几乎没有生命迹象……植物的气味也令人不愉快……海滩上的黑色熔岩有最恶心、笨拙的大型（体长 2～3 英尺①）蜥蜴经常出没……这里肯定会成为它们居住的栖息地。除了蜥蜴和乌龟，岛上的动物很少，没什么深刻印象。他迫不及待地要离开这个地方。这位 26 岁的探险家不知道他在加拉帕戈斯群岛的 5 周会激发出一系列激进的想法，大约 24 年后，他的《物种起源》（1859 年）出版，这本书改变了人们对世界的看法。

离开群岛几个月后，在返回英国的最后一段航程中，达尔文第一次顿悟。他开始整理近 5 年探索的笔记。他的计划是回到英国让专家来指导他研究所收集的化石、植物、动物和岩石。在谈到他对加拉帕戈斯群岛鸟类的观察时，他回顾说，他在 3 个不同的岛屿上发现了不同形式的嘲鸫（mockingbird）。1835 年，达尔文的大多数老师和许多科学机构都普遍认为物种是由上帝以其目前的形态特别创造的，不可改变，并被安置在最适合它们的生境中。那么，为什么在如此相似的岛屿上会有略微不同的鸟类呢?达尔文在他的鸟类学笔记本中写道：

当我看到这些岛屿只拥有少量的动物时，这些鸟类虽然在结构上略有不同，但它们在自然界中的位置相同。

---

① 1 英尺=0.3048m。

　　如果这些说法没有什么根据的话，那么群岛的动物学将是非常值得研究的，因为这样的事实会破坏物种的稳定性。

　　达尔文的观点是物种可能会改变，这不是他在剑桥大学学到的，这在当时被认为是异端。虽然达尔文决定把这些危险的想法留给自己，但他还是被这个想法吸引住了。回到英国后，他写了一系列关于物种变化的笔记。在不到一年的时间里，他说服自己，物种自然起源于先前存在的物种，就像孩子是由父母生出的和父母是由祖父母生出的一样。然后他思考了物种是如何改变和适应它们的特殊环境的。1838 年，就在他的航行结束两年后，在他 30 岁之前，他构思了他的答案——自然选择（natural selection）。在这个竞争过程中，具有某些相对优势的个体比其他个体寿命更长，后代数量更多，转而又继承了这种优势。

　　达尔文知道要让其他人相信这两种观点——祖先物种的起源和自然选择，他需要更多的证据。在接下来的 20 年里，他从植物学、动物学、胚胎学和化石记录中整理出所有的证据。

　　他从帮助整理和鉴定标本的专家那里得到了重要信息。鸟类学家 John Gould 向达尔文指出，这位年轻的博物学家认为来自加拉帕戈斯群岛的黑鸟、蜡嘴雀和雀类实际上是 12 种（现在被认为是 13 种）全新的不同种类的地雀（图 20-2）。加拉帕戈斯群岛物种，虽然很明显是雀类，但在觅食行为和与其食物来源相对应的喙形状上表现出巨大差异。例如，植食树雀用它沉重的喙来吃水果和叶子，食虫雀有一个吃大昆虫的尖嘴，最引人注目的是拟鸳树雀用它的喙抓住一根树枝，来探测树上的洞从而获取昆虫。

　　达尔文由此推断，这种物种的多样性一定是源于原始的雀鸟种群，它们来自南美洲大陆的加拉帕戈斯群岛并居住在这些岛屿上。最初迁移的后代扩散到不同的岛屿，形成了不同的种群，最终形成了不同的物种。

　　这些雀类说明了适应的过程，在此过程中，一个物种的特征被修饰以适应它们生活的环境。达尔文对这个过程提供了一个层面的解释——自然选择，但他无法解释这些性状是如何变化的，也不能解释它们是如何随时间变化的，因为他不了解遗传的机制。理解适应的遗传基础一直是进化生物学的长期目标之一。

　　迈向这一目标的第一步是，在达尔文去世 20 年后，孟德尔关于基因存在的研究被重新发现。另一个关键进展是，半个世纪后遗传的分子基础和遗传密码被破译。几十年来，生物学家都知道物种和性状是通过 DNA 序列的变化而进化的。然而，阐明 DNA 序列在生理或形态进化中的特定变化是相当大的技术挑战。分子遗传学、发育遗传学和比较基因组学的研究进展揭示了基因、性状和生物多样性进化背后的多种机制。

　　进化研究是一门庞大而不断扩展的学科。因此，我们不全面概述进化分析的各个方面。在本章中，我们将研究性状变异和进化的分子遗传机制，以及生物体对环境的适应。首先我们要仔细研究一般的进化过程，然后专注于特定的例子，其中种群或物种之间表型差异的遗传和分子基础已经被确定。所有的例子都集中在一个基因控制的相对简单性状的进化上。这些相对简单的例子足以说明 DNA 水平上的基本进化过程，以及基因的进化影响性状的获得、丢失和修饰的各种方式。

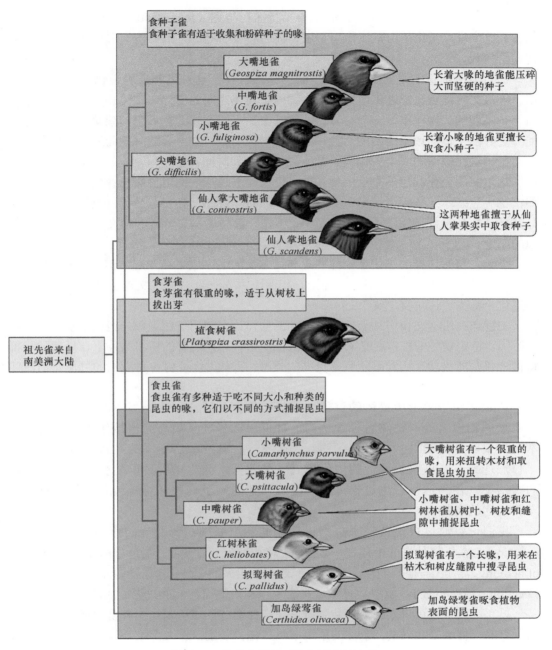

图 20-2　物种多样性可能与适应性有关

20.1　自然选择的进化

现代进化理论与达尔文的名字密不可分，许多人认为达尔文自己首先提出了生物进化的概念，但事实并非如此。在达尔文历史性的航行之前，生命随时间而改变的观点在科学界流传了几十年。最大的问题是，生命是如何变化的？对一些人来说，这可解释为上帝的一系列特殊创造。但对于让-巴蒂斯特·拉马克（Jean-Baptiste Lamarck，1744—1829）等来说，变化是由直接作用于生物体的环境引起的，生物体一生中获得的变化会传递给后代。

达尔文所提供的是对进化过程机制的详细解释，这种机制准确地包含了遗传的作用。达尔文的自然选择进化理论始于物种内生物体之间的变异。一代又一代的个体在性质上是不同的。物种作为一个整体的进化是由于不同个体的存活率和繁殖率不同。适应能力更好的个体会留下更多的后代，因此，物种的相对频率会随时间而变化。由此，达尔文提出进化改变的三个关键因素是变异、选择和时间。

达尔文的著作和思想是众所周知的，但他并不是唯一提出自然选择概念的人。艾尔弗雷德·拉塞尔·华莱士（Alfred Russel Wallace，1823—1913）是一位英国人，他在亚马孙丛林和马来群岛探险了 12 年，1858 年在一篇与达尔文合著的论文中得出了非常相似的结论。

今天，自然选择的进化理论往往只与达尔文的名字联系在一起，但在当时的时代，这个理论被公认为达尔文-华莱士理论。华莱士本人一直对达尔文表示敬意，并将新兴的进化论称为"达尔文主义"。

关键点：达尔文和华莱士提出了一种新的理论来阐明进化现象。他们了解到，在特定时间，特定物种的种群包括具有不同特征的个体。在现有的环境条件下，后代的种群将包含那些能成功存活和繁殖频率更高的类型。因此，物种内各种类型的频率将随时间的推移而改变。

达尔文和华莱士所描述的进化过程与植物育种者或动物饲养者改良家畜的过程有明显的相似之处。植物育种者从当前种群中选择产量最高的植株作为下一代的亲本。如果高产量的性状是可遗传的，那么下一代就应该有更高的产量。达尔文选用"自然选择"一词来描述他的进化模式并非偶然，因为不同种群的变异表现出不同的繁殖率。作为这一野生进化过程的模式，他想到了育种者对连续几代栽培植物和家养动物的选择。

我们可以通过自然选择来总结进化论的三个原则：①变异的原则（principle of variation），在任何种群的个体中，形态、生理和行为都有变异；②遗传的原则（principle of heredity），后代与他们的双亲相似多于他们不相关的个体；③选择的原则（principle of selection），在特定的环境中，有些形式的生存和繁殖比其他形式更能成功。

只有在有一些可供选择的变化情况下，选择的过程才可以产生种群组成的改变，如果所有的个体都是相同的，个体的繁殖率没有任何差别，那么无论个体的繁殖率有多极端，都不会改变种群的组成。此外，如果繁殖率的差异要改变种群的组成，那么这种差异必须在某种程度上是可遗传的。如果种群中的大型动物比小型动物有更多的后代，但它们的后代并不比小型动物的平均数量多，那么种群组成就不会一代又一代地发生变化。最后，如果所有的变异类型都留下相同数量的后代，那么可以预期种群数量将保持不变。

关键点：变异、遗传和选择的原则必须适用于通过变异机制发生的进化。

可遗传变异为一个物种内的连续变化和新物种的增殖提供了原料。这些变化（如

第 18 章讨论的）是突变引起的新的遗传变异的起源，通过选择和遗传漂变，改变了种群内等位基因频率，由于选择压力不同或遗传漂变而导致不同种群的差异，以及由于迁移导致种群间的变异减少（图 20-3）。从这些基本机制中可以得出一套关于种群组成变化的原理。这些群体遗传学原理的应用为进化论提供了一个进化的遗传理论。

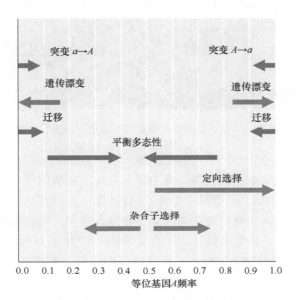

图 20-3　不同进化力对等位基因频率的影响
蓝色箭头显示种群内变异增加的趋势；红色箭头显示种群内变异减少的趋势

关键点：进化，即种群或物种随时间的变化，是通过种群遗传机制将种群内个体间的遗传变异转化为种群间在时间和空间上的遗传差异的。

20.2　自然选择在行动：一个典型的案例

在《物种起源》发表近一个多世纪以来，没有一个自然选择的例子得到了充分阐明，即在已知自然选择动因的情况下，可以衡量对不同物种基因型的影响，确定变异的遗传和分子基础，并充分了解所涉及的基因或蛋白质的生理作用。

在遗传密码被破译之前，20 世纪 50 年代，第一个关于分子变异的"综合"自然选择的例子被阐明了。这项开拓性的工作揭示了自然选择对人类的作用。今天，它仍然是任何物种通过自然选择进化的最详细和最重要的例子之一。

这个故事始于 Tony Allison，一位肯尼亚出生的牛津医学院学生，他在肯尼亚部落中从事血型研究。他进行的血液测试之一是镰状细胞，即在暴露于还原剂乙硫醇钠或放置几天后形成镰刀状的红细胞（图 20-4）。这种畸形的细胞是镰状细胞贫血的标志，镰状细胞贫血是 1910 年首次描述的疾病。这些细胞通过阻塞血管引起病理并发症，导致早期死亡。

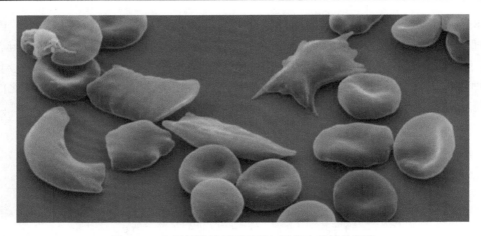

图 20-4　电子显微镜显示正常红细胞中的镰状细胞

1949 年，就在 Allison 进入这一领域的那一年，Linus Pauling 的研究小组证明，与未患病个体的血红蛋白（血红蛋白 A，或 Hb^A）相比，镰状细胞贫血患者血液中的血红蛋白（血红蛋白 S，或 Hb^S）带有异常电荷。这是第一次证明一种与复杂疾病有关的分子异常。当时人们普遍认为镰状细胞基因携带者是杂合子，因此 Hb^A 基因和 Hb^S 基因混合在一起（记为 AS），而病患个体是 Hb^S 等位基因（记为 SS）的纯合子。

Allison 采集了从肯尼亚不同地域基库尤族（Kikuy）、苏巴（Suba）、卢奥族（Luo）和其他部落收集的血液样本。虽然他没有看到部落之间 ABO 血型或 MN 血型之间有什么特别显著的关联，但他检测到 Hb^S 有明显不同的频率。生活在干旱的肯尼亚中部或高地的部落中的 Hb^S 的频率不到 1%，在生活在海岸或维多利亚湖附近的部落的 Hb^S 的频率往往超过 10%，在一些地方接近 40%（表 20-1）。

表 20-1　肯尼亚几个部落的 Hb^S 频率

族	隶属族群关系	地区	Hb^S（%）
卢奥族（Luo）	尼罗特	基苏木（维多利亚湖）	25.7
苏巴（Suba）	班图	鲁辛加岛	27.7
基库尤族（Kikuyu）	班图	内罗毕	0.4

等位基因频率令人惊讶的两个问题：首先，由于镰状细胞贫血通常是致命的，为什么 Hb^S 的频率如此之高？其次，由于地区之间距离相对较短，为什么 Hb^S 的频率在某些地方很高而在其他地方却不高？

Allison 对肯尼亚的地形、部落和热带疾病的熟悉使他做出了关键的解释。他意识到 Hb^S 等位基因在疟疾高发的低洼潮湿地区的频率很高，在内罗毕周围高海拔地区几乎没有。由蚊子携带、引起疟疾的恶性疟原虫（*Plasmodium falciparum*）寄生在红细胞内（图 20-5）。蚊子和这种疾病在撒哈拉以南非洲的低洼潮湿地区，靠近蚊子繁殖的水域普遍存在。Allison 推测，通过改变红细胞，Hb^S 等位基因可能会对疟疾感染产生某种程度的抗性。

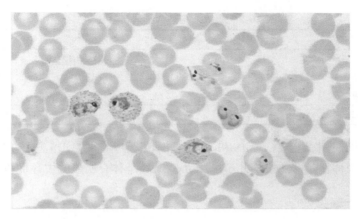

图 20-5　恶性疟原虫感染者的血液涂片
用吉姆萨染色法处理红细胞样本，发现细胞内的寄生虫（紫色）

20.2.1 Hb^S 的选择优势

为了验证这一想法，Allison 对东非地区的 Hb^S 频率进行了更大规模的调查，包括乌干达、坦桑尼亚和肯尼亚。他调查了来自 30 多个不同部落的约 5000 人。他再次发现，在疟疾流行的地区，Hb^S 的频率最高可达 40%，而在没有疟疾的地区，Hb^S 的频率低至 0。

这一关联表明 Hb^S 等位基因可能会影响恶性疟原虫水平，因此 Allison 还研究了杂合子 AS 儿童与野生型 AA 儿童血液中恶性疟原虫的密度。在对近 300 名儿童的研究中，他发现 AS 儿童的疟疾发病率（27.9%）确实低于 AA 儿童（45.7%），恶性疟原虫密度在 AS 儿童血液中也较低。结果表明，由于 AS 儿童疟疾的发病率和严重程度较低，因此 AS 杂合子在疟疾流行地区具有选择性优势。

AS 杂合子的优势在 SS 纯合子所遭受的疾病中尤为突出。Allison 写道：

在任何人群中镰状细胞个体的比例，将是两个因素之间平衡的结果：疟疾的严重程度，往往会增加该基因的频率，以及死于镰状细胞贫血的个体中镰状细胞基因的消除率……从遗传学的角度来说，这是一种平衡多态性（balanced polymorphism），杂合子比任何纯合子都有优势。

换句话说，镰状细胞突变在疟疾存在的地区处于平衡选择（balancing selection）状态（见第18章）。作用于 AS 个体的正选择与易感疟疾的 AA 个体和死于镰状细胞贫血的 SS 个体之间的自然选择是平衡的。

AS 个体有多少优势？这可以通过检测人群中 Hb^S 等位基因的频率来计算，还可以研究这些频率与哈迪-温伯格（Hardy-Weinberg）方程假设的频率有何不同（见第 18 章）。一项对 12 387 名西非人进行的大规模调查显示，Hb^S 等位基因频率（q）为 0.123。哈迪-温伯格方程计算出的频率，纯合子表型频率比较低，杂合子表型频率比较高（表 20-2）。如果假设 AS 杂合子的适合度为 1.00，那么其他基因型的相对适合度可以从这些差异中估算出来。AS 杂合子的相对适合度为 1.00/0.88=1.136，这相当于约 14% 的选择优势。

表 20-2　镰状细胞杂合子适合度优势

基因型	观察表型频率	预期表型频率	观察/预期比率	W（相对适合度）	选择优势
SS	29	187.4	0.155	$0.155/1.12 = 0.14$	
AS	2 993	2 672.4	1.12	$1.12/1.12 = 1.00$	**$1.00/0.88 = 1.136$**
AA	9 365	9 527.2	0.983	$0.983/1.12 = 0.88$	
合计	12 387	12 387			

这种选择优势在肯尼亚 AA、AS 和 SS 儿童的长期生存研究中得到了充分的证明。这些研究发现，AS 个体在生命的最初几年里比 AA 和 SS 个体有明显的生存优势（图 20-6）。

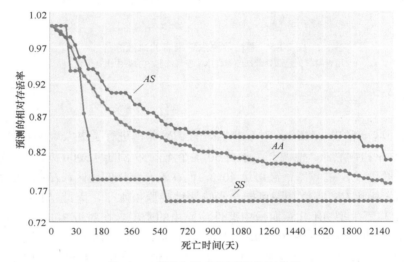

图 20-6　镰状细胞基因型的生存分析

图中为大约 1000 名基苏木（Kisumu）儿童从出生到死亡的相对存活率。镰状细胞杂合子在 2～16 个月的总体存活率上有显著优势

关键点：镰状细胞血红蛋白等位基因 Hb^S 在疟疾流行区的选择处于平衡状态，在生命的最初几年中，杂合子具有很大的生存优势。

20.2.2　Hb^S 的分子起源

在 Allison 的发现之后，人们对 Hb^S 和 Hb^A 之间差异的分子基础有着浓厚的兴趣。蛋白质测序确定 Hb^S 与 Hb^A 仅有一个氨基酸不同，即缬氨酸取代了谷氨酸。这种单一的氨基酸变化改变了血红蛋白的电荷，并使其在红细胞内聚集成长棒状结构。在遗传密码被破译并开发出 DNA 测序方法之后，Hb^S 就被确定为由编码血红蛋白中 β-珠蛋白亚基第六个氨基酸的谷氨酸密码子中的一个点突变（CTC→CAC）引起。

有趣的是，Allison 还注意到，在非洲以外地区镰状细胞贫血的发病率很高，包括意大利、希腊和印度。其他血型标记没有表明这些群体之间有很强的遗传关系。相反，Allison 观察到，这些地区也是疟疾发病率较高的地区。Hb^S 频率与疟疾发病率之间的相关性不仅存在于东非，还存在于非洲大陆、南欧和印度次大陆。Allison 推断出不同区域

的 Hb^S 等位基因是独立产生的，而不是通过迁移传播的。的确，随着 DNA 基因分型工具的出现，很明显 Hb^S 突变是在 5 个不同的单倍型中独立产生的，然后在特定区域增加到高频率。基于疟疾人群有限的遗传多样性，人们认为 Hb^S 的突变只是在过去的几千年出现的，那时随着农业的出现，人们开始在水域周围生活。

关键点：镰状细胞血红蛋白等位基因 Hb^S 突变在抗疟疾方面的作用是第一个被阐明的自然选择的例子，证实了选择可以度量不同基因型的相对适合度，确定了功能变异的遗传和分子基础。

Hb^S 在抗疟疾方面的作用说明了进化的三个重要方面。

1）进化能够而且确实会自我重复。Hb^S 突变的多重独立起源和扩展说明，只要有足够的种群规模和时间，相同的突变就会出现并反复传播。现在已经知道许多其他的例子，关于适应性突变进化的精确、独立重复，我们将在本章中看到更多的例子。

2）适合度是相对的、有条件的。突变是有利的还是不利的，或者两者都不是，在很大程度上取决于环境条件。在没有疟疾的情况下，Hb^S 是罕见和被忽视的。在疟疾存在的地方，尽管环境对 SS 纯合子是不利的，但它仍能达到较高的频率。在非裔美国人中，Hb^S 的频率在下降，因为在北美没有疟疾的情况下对该等位基因进行了选择。

3）自然选择作用于任何可能的变异，但并不是最佳的方式。Hb^S 的突变虽然可以预防疟疾，但也会导致危及生命的疾病。在疟疾流行的地区，全世界有超过 40% 的人口生活在那里，抗击疟疾抵消了镰状细胞突变的有害影响极为重要。

20.3　分子进化：中性理论

达尔文和华莱士认为进化论在很大程度上是"自然选择带来的生物体的变化"。事实上，这就是大多数人认为"进化"的含义。然而，在达尔文理论的一个世纪之后，随着分子生物学家开始面对蛋白质和 DNA 水平上的进化，他们遇到并发现了进化过程中的另一个维度，即中性分子进化，并不涉及自然选择。理解中性分子进化对于了解基因随时间的变化是至关重要的。

20.3.1　中性理论的发展

在 20 世纪 50 年代和 60 年代早期，生物学家研究出了一些方法，使他们能够确定蛋白质的氨基酸序列。这些新方法使人们可以掌握进化的基本基础。然而，随着来自不同物种的蛋白质序列被破译，出现了一个悖论。例如，珠蛋白和细胞色素 c 的序列通常在任何两个物种之间有多个氨基酸的不同，而且由于它们从一个共同祖先分化出来，这一数字会随着时间的推移而增加（图 20-7）。然而，这些蛋白质在不同物种中的功能是相同的，如血红蛋白携带和递送氧到组织，细胞色素 c 在细胞呼吸过程中穿梭运送电子。

当时的难题是，物种间的氨基酸取代是否反映了蛋白质功能的变化和对选择条件的适应。生物化学家 Linus Pauling 和 Emile Zuckerkandl 不这么认为。他们观察到许多取代都是一个氨基酸取代另一个具有相似性质的氨基酸。他们的结论是，大多数氨基酸取代

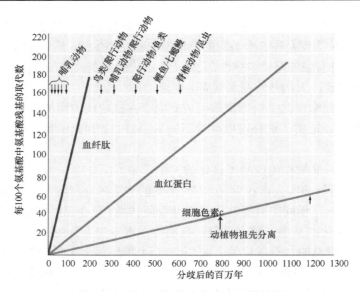

图 20-7　蛋白质依据突变率表现的差异

在脊椎动物进化过程中，氨基酸取代的数量随着时间的变化差异开始显现。3 种蛋白质——血纤肽、
血红蛋白和细胞色素 c——在取代率上不同，因为它们的氨基酸取代比例不同，是选择中性的

是"中性的"或"几乎中性的"，没有改变蛋白质的任何功能。

这一推论最初遭到许多进化生物学家的反对，他们当时认为所有的进化都是自然选择和适应的结果。古生物学家 George Gaylord Simpson 认为，如果完全中性的基因或等位基因存在，那么它们就一定很罕见。因此，对于进化生物学家来说，蛋白质以一种有规律但非适应性的方式变化，似乎是极不可能的。

Zuckerkandl 和 Pauling 断言，生物之间的相似性或差异不需要在蛋白质水平上反映出来，即分子变化和可见变化不一定是相互联系或成比例的。

这场争论通过大量的实验数据和遗传密码的破译得以平息。因为多个密码子编码相同的氨基酸，所以一个突变的改变，如 CAG 到 CAC，不会改变编码的氨基酸。可以在DNA 水平上存在对蛋白质序列没有影响的变异，因此存在中性等位基因。但对群体遗传学而言，更重要的是由 Motoo Kimura、Jack L. King 和 Thomas Jukes 提出的"分子进化的中性理论"。他们提出，大多数但不是全部，固定的突变是中性的或近乎中性的，物种之间在这些 DNA 位点上的任何差异都是通过随机遗传漂变进化而来的。

"中性理论"标志着一直以自然选择为指导的进化概念发生深刻转变。此外，它还提供了一个假设，即果没有其他因素（如自然选择）干预，DNA 应如何随时间而变化。

关键点： 分子进化中性理论认为物种间 DNA 或氨基酸替换的大多数突变在功能上是中性的或接近中性的，并通过随机遗传漂变来固定。中性理论提供了一个基准预期，当自然选择不存在时，DNA 应该如何随时间而变化。

20.3.2　中性取代率

正如在第 18 章（见延伸阅读 18-5）中所看到的，我们可以计算出随着时间的推移，

DNA 序列中性变化的预期速率。如果 N 是每代每一个基因拷贝的一个位点的新突变率，那么含 N 个二倍体个体的群体中出现的新突变的绝对数是 $2N\mu$。新的突变受到随机遗传漂变的影响：大多数基因会从种群中消失，而少数基因会被固定并取代原来的等位基因。如果一个新出现的突变是中性的，由于随机遗传漂变，那么它将取代先前的等位基因的概率为 $1/$（$2N$）。每一个 $2N\mu$ 新突变将出现在一个群体中，最终替代该群体的概率为 $1/$（$2N$）。因此，绝对取代率 K 是突变率乘以任意一种突变最终被随机遗传漂变所取代的概率：

$$K = \text{中性取代率} = 2N\mu \times 1/（2N） = \mu$$

也就是说，我们预计，在每一代的种群中都会有 μ 的取代，这完全是由中性突变的随机遗传漂变造成的。

关键点：在进化过程中，由中性突变的随机遗传漂变导致 DNA 取代率等于这些等位基因的突变率 μ。

20.3.3　DNA 纯化选择的特征

当对分子变化的度量偏离了中性变化的预期时，这是一个重要的信号——一个选择干预的信号。这一信号可能表明，选择有利于某些特定的改变或拒绝了其他的改变。我们已经看到，在 Hb^S 突变的案例中，自然选择在疟原虫存在的情况下有利于突变，但在没有疟疾的情况下则拒绝突变。事实上自然选择对 DNA 最普遍的影响是保存基因的功能和序列。

所有种类的 DNA 序列，包括外显子、内含子、调控序列和基因之间的序列，都显示出种群内和物种之间的核苷酸多样性。中性取代的恒定速率预测，如果两个物种之间核苷酸的差异数是根据它们与一个共同祖先的分歧时间绘制的，则结果应该是斜率等于 μ 的直线。

也就是说，进化应该按照一个速率为 μ 的滴答作响的分子钟（molecular clock）来进行。图 20-8 显示了 β-珠蛋白基因的分布，图中所示与 5 亿年来核苷酸替换是中性的

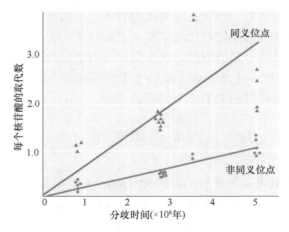

图 20-8　同义位点突变率高于非同义位点
β-珠蛋白基因同义位点的核苷酸差异量大于非同义位点的差异量

说法是一致的。图中显示了两种中性核苷酸取代图：①同义取代（synonymous substitution），即一个核苷酸取代另一个核苷酸，氨基酸没有改变；②非同义取代（nonsynonymous substitution），即一个核苷酸取代另一个核苷酸，导致氨基酸改变。图20-8 显示了非同义取代的斜率远低于同义取代，这意味着中性非同义取代的取代率比中性同义取代的取代率低得多。

这一结果正是我们在自然选择下所预期的结果。导致氨基酸取代的突变比同义取代更容易产生有害影响，因为同义取代不会改变蛋白质。有害变异将通过纯化选择（purifying selection）从种群中被去除（见第 18 章）。非同义取代与同义取代的比例低于预期是纯化选择的标志。值得注意的是，这些观察并未表明同义取代对氨基酸没有选择性的限制；相反，平均而言这些限制不会对氨基酸有很大影响进而导致突变。虽然同义取代对氨基酸序列没有影响，但会改变该序列的 mRNA，因此可能会影响 mRNA 的稳定性或 mRNA 的翻译效率。

纯化选择是自然选择中最普遍但常被忽视的方面。正如达尔文所言，"拒绝有害的变异"是普遍存在的。纯化选择解释了为什么我们发现许多蛋白质序列在漫长的进化过程中没有变化或几乎没有变化。例如，有几十种基因存在于几乎所有生命领域——古菌、细菌、真菌、植物和动物，它们编码的蛋白质序列在 30 亿年的进化过程中非常保守。为了保存这样的序列，数以千万计的个体在数十亿个个体中随机出现的变异被一次又一次地选择排除。

关键点：纯化选择是自然选择的一个普遍特性，它减少了遗传变异，并在数亿年的时间内保存了 DNA 和蛋白质序列。

中性理论的另一个预测是，不同的蛋白质会有不同的时钟频率，因为某些蛋白质的代谢功能对其氨基酸序列的变化更为敏感。每种氨基酸产生变异的蛋白质的中性突变率都较低，因为与更能耐受取代的蛋白质相比，其突变是中性的比例较小。图 20-8 显示了血纤肽、血红蛋白和细胞色素 c 的时钟频率比较。血纤肽具有更高比例的中性突变是合理的，因为血纤肽只是一种非代谢安全的捕获物，被血纤蛋白原切断以激活凝血反应。目前还不清楚为什么血红蛋白对氨基酸变化的敏感性不如细胞色素 c。

关键点：蛋白质序列的中性进化速率取决于蛋白质功能对氨基酸变化的敏感性。

通过纯化选择和基因序列的中性进化来保护基因序列是进化过程的两个关键方面，但它们都不能解释适应性的起源。在本章接下来的两部分中，我们将举例说明遗传变化与性状变化和生物体多样性相关的几个例子。

20.4　功能改变的累积选择和多步骤途径

由于如此多的序列进化是中性的，因此 DNA 的变化量与编码蛋白质功能的变化量（如果有的话）之间没有简单的关系。在一种极端的情况下，如果那些被取代的氨基酸保持了酶的三维结构，则几乎蛋白质的全部氨基酸序列都可以被取代，同时保持原来的功能。

相反，一种酶的功能可以通过一个氨基酸的取代而改变。铜绿蝇（*Lucilia cuprina*）

已经对广泛使用的有机磷杀虫剂产生了抗性。Richard Newcombe、Peter Campbell 和他们的同事发现，这种抗性是羧酸酯酶［将羧基酯（R-COO-R）分解成醇和羧酸盐］的甘氨酸被天冬氨酸取代的结果。这种突变导致羧酸酯酶活性完全丧失，并被酯酶活性［将任何酯（R-O-R）分解成酸和醇］取代。分子的三维模型表明，替换的蛋白质能够在有机磷的附着点附近与水分子结合。水分子然后与有机磷发生反应，分解成两部分。

关键点：DNA 在进化过程中序列发生了多少变化和功能发生了多少变化之间没有成比例的关系。

选择在昆虫羧酸酯酶和杀虫剂抗性的进化中起着重要的作用。然而，在许多情况下，有更多的氨基酸取代物能改变蛋白质功能，并通过反复的突变和选择而积累，即累积选择（cumulative selection）。累积选择能够驱动分子功能发生更大的变化的能力是在自然选择的进化过程中最不被重视的方面之一，原因是选择在每一个多重取代中的作用更难以确定。

关键点：累积选择可以驱动进化中的分子固定许多变异。

为了了解选择在多重取代情况下的作用，主要采取了两种方法：实验分析和统计方法。我们首先说明前者。

20.4.1　进化中的多步骤路径

在从一种表型状态到另一种表型状态的进化过程中，当突变发生在多个位点时，这些突变可能会出现多种顺序，每个顺序都代表了进化可能通过遗传空间的不同路径。这种进化的多步骤路径称为适应性步行（adaptive walk）。

假设原始表型和进化形式之间的差异是 A、B、C、D 和 E 五个位点突变的结果。这些突变可能在进化过程中发生的顺序有很多种。首先，A 位点可能已被固定在群体中，然后是 D、C、E，最后是 B。其次，固定的顺序可能是 E、D、A、B、C。对于 5 个位点，有 5×4×3×2×1=120 种可能的顺序。理解进化的两个重要问题是：有多少可供选择的进化路径是可能的？每种路径的概率是多少？

Daniel Weinreich 和他的同事在研究大肠杆菌对抗生素抗性的演化过程中，详细描述了这样一组通过遗传空间的适应性步行。通过在细菌 β-内酰胺酶基因的不同位点积累 5 个突变，获得对抗生素头孢噻肟的抗性。其中 4 个突变导致氨基酸变化，第五个是非编码突变。当所有 5 种突变都出现时，抑制细菌生长所需的最低抗生素浓度增加了 100 000 倍。实验人员首先检测了某一特定位点的突变所产生的抗性，在另外 4 个位点上有 $2^4=16$ 种可能的突变体和非突变体的组合。在大多数组合中，但不是全部，一个位点的突变体比其他 4 个位点的突变体抗性更强。例如，无论其他 4 个位点的突变或非突变状态如何，G238S 位点的突变体均表现出显著的抗性（表 20-3）。非编码位点 g4205a 的突变在 8 种组合中具有显著的抗性，在 6 种组合中抗性变化可以忽略不计，在 2 种组合中抗性降低。新突变的适合度优势或劣势依赖于之前已经修复的突变，这就是实验者所称的符号上位效应（sign epistasis）。

表 20-3　突变的适合度效应对大肠杆菌早期突变的依赖性

突变*	平均突变效应的等位基因数			平均比例增加
	正	负	可忽略	
g4205a	8	2	6	1.4
A42G	12	0	4	5.9
E104K	15	1	0	9.7
M182T	8	3	5	2.8
G238S	16	0	0	1.0×10^3

*导致抗生素抗性的突变是由它们的核苷酸或氨基酸位置来确定的。在其他 4 个位点的 16 种可能的等位基因组合中，突变的正效应、负效应或中性效应随着突变在指定位点的适合度的平均比例增加而显示出来

　　Weinreich 和他的同事在一个接一个地添加突变点的时间顺序中，检测了每个阶段的抗性。如果 120 种可能的顺序中的一种突变没有带来更高的抗性，那么推测进化路径就会终止，因为没有既有利于突变又不利于突变的选择。他们发现，在突变史上的 120 种可能的路径中，只有 18 种在每个突变步骤中提供了更多的抗性。因此，102/120=85% 的可能突变路径的最大抗性无法通过自然选择进化。最后，我们假设，在一个不断进化出抗性的种群中，沿着特定路径突变的可能性与每一步增加的抗性程度成正比。在这种假设下，18 个可获得的路径中仅有 10 个占细菌对抗生素的抗性进化案例的 90%（图 20-9）。

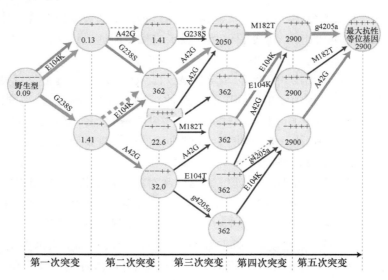

图 20-9　抗生素抗性的适应性步行

野生型对抗生素头孢噻肟最大抗性的 10 个最可能轨迹的突变步骤。每个圈代表一个等位基因，它们的特征由 5 个 "+" 或 "−" 的字符串表示，分别对应于突变 g4205a、A42G、E104K、M182T 和 G238S 的存在与否。数字表示头孢噻肟抗程度，单位为 mg/ml。每个有益突变的相对概率以箭头的颜色和宽度来表示：绿色宽，最高；蓝色中，中等；紫色窄，低；橙色非常窄，最低

　　关键点：突变发生的顺序对于确定进化的路径以及自然选择是否会真正达到最有利的状态至关重要。由于突变的发生顺序是随机的，即使个别突变发生，也可能无法获得

许多有利的表型。

因此，决定种群进化路径的一个关键因素是突变过程的随机性。当最初的遗传变异被等位基因的选择性固定和随机固定耗尽后，突变产生的新变异可能是进一步进化的根源。这种进一步进化的特定方向取决于发生的特定突变和它们出现的时间顺序。

Holly Wichman 及其同事进行了一项选择实验，非常清楚地说明了这种适应性步行的历史偶然性。他们迫使噬菌体 φX174 在高温下繁殖，并在宿主鼠伤寒沙门氏菌中代替其正常宿主大肠杆菌。他们建立了两个独立的噬菌体选择系，分别标记为 TX 和 ID，将它们暴露在相同的条件下，并保持分开。两者在新宿主中都进化出在高温下繁殖的能力。这两个品系之中的一个品系，在大肠杆菌中繁殖的能力仍然存在，但在另一个品系中，这种能力已经丧失。

噬菌体只有 11 个基因，所以实验者能够记录所有这些基因的 DNA 和它们在选择过程中编码的蛋白质的连续取代。选择系 TX 有 15 个 DNA 改变，位于 6 个不同的基因中；在选择系 ID 中，有 14 个改变位于 4 个不同的基因中。在 7 种情况下，两个选择系的变化是相同的，包括一个大的缺失，但是即使是这些相同的变化也以不同的顺序出现在每个选择系上（表 20-4）。例如，DNA 位点 1533 的改变，导致异亮氨酸取代苏氨酸，这是选择系 ID 的第 3 个变化，是 TX 的第 14 个变化。

表 20-4　两种 φX 174 噬菌体选择系 TX 和 ID 在适应过程中的分子取代

序号	TX 位点	氨基酸取代	ID 位点	氨基酸取代
1	782	E72, T → I	2167	F388, H → Q
2	1727	F242, L → F	1613	F204, T → S
3	2085	F361, A → V	1533[6]	F177, T → I
4	319	C63, V → F	1460	F153, Q → E
5	2973	H15, G → S	1300	F99, 沉默
6	323	C64, D → G	1305[3]	F101, G → D
7	4110[3]	A44, H → Y	1308	F102, Y → C
8	1025	F8, E → K	4110[1]	A44, H → Y
9	3166[7]	H79, A → V	4637	A219, 沉默
10	5185	A402, T → M	965-91[4]	缺失
11	1305[2]	F101, G → D	5365[5]	A462, M → T
12	965-91[4]	缺失	4168[7]	A63, Q → R
13	5365[5]	A462, M → T	3166[2]	H79, A → V
14	1533[1]	F177, T → I	1809	F269, K → R
15	4168[6]	A63, Q → R		

注：这两个噬菌体选择系中的每一个都出现了相应的变化。表中列出了核苷酸的位置、受影响的蛋白质，以及氨基酸的残基数和氨基酸取代的性质。平行变化以黑体显示，上标表示其他噬菌体中这些变化的顺序

因此，最初完全相同的病毒的进化过程取决于累积选择过程中任何特定时间的突变。将这种情况与镰状细胞等位基因 Hb^S 的重复起源进行对比：在这种情况下，相同的突变出现并传播了 5 次。显然，在某些情况下，有许多分子"解决方案"的选择性条件，而在其他情况下只有一个或非常少。

关键点：在相同的自然选择条件下，两个种群可能会产生相同或两种不同的基因组合，这是自然选择的直接结果。

进化路径的实验剖析是非常耗时和高成本的。此外，对于实验人员来说，在适应性步行的种群中构建每一种可能的基因型，或者试图度量许多野生生物的相对适合度通常是不切实际的。抗生素抗性和病毒宿主的例子在实验室里是容易对细菌和病毒进行基因工程与适合度度量的。在其他情况下，研究人员也已经设计了统计方法来揭示选择作用于 DNA 和蛋白质序列的特征。

20.4.2 DNA 序列正选择的特征

分子钟的论证表明，在进化过程中发生的大多数核苷酸取代都是中性的，但它没有告诉我们有多少分子进化是由正选择驱动的适应性变化。检测蛋白质自适应进化的一种方法是将物种内的同义和非同义核苷酸多态性与物种间的同义和非同义核苷酸变化进行比较。如果所有的突变都是中性的，那么一个物种内的非同义核苷酸多态性与同义核苷酸多态性的比例应该和物种间的非同义核苷酸取代率相同。另外，如果物种间的氨基酸改变是由正选择所驱动的，那么物种之间就应该有过多的非同义核苷酸改变。

John McDonald 和 Martin Kreitman 开发了一种检测 DNA 序列正选择的试验。这个试验涉及几个合乎逻辑但简单的步骤。

1）一个 DNA 序列是从两个物种的不同个体或菌株中获得的。可取每个物种的 10 个或更多 DNA 序列。然后将物种间的固定核苷酸差异分为非同义（a）和同义（b）。

2）将每个物种内个体之间的核苷酸差异（多态性）列表，并将其分为导致氨基酸变化的差异（下表中 c 为非同义核苷酸多态性）或不改变氨基酸的差异（同义核苷酸多态性，下表中为 d）。

	物种间核苷酸差异	多态性
非同义	a	c
同义	b	d
比例	a/b	c/d

3）如果物种间的差异纯粹是随机遗传漂变的结果，那么我们期望 a/b 等于 c/d。如果存在选择性差异，则存在过多固定的非同义核苷酸差异，因此 a/b 应该大于 c/d。

表 20-5 显示了这一原理在果蝇 3 种密切相关的醇脱氢酶基因中的应用。显然，物种之间的氨基酸取代量超过了预期水平。因此，我们认为酶中的一些氨基酸取代物是由自然选择驱动的适应性变化。

表 20-5　3 种果蝇醇脱氢酶同义和非同义核苷酸多态性及物种差异

	物种间核苷酸差异	多态性
非同义	7	2
同义	17	42
比例	7∶17	2∶42

20.5　形 态 演 化

　　生物形态变化是进化特征中最明显、最有趣的类别之一。例如，在动物中，身体部位的数量、种类、大小、形状和颜色都有很大的差异。由于成体是胚胎发育的产物，形态的变化必然是发育过程中发生变化的结果。理解发育的遗传控制方面的最新进展（见第 16 章）使研究人员能够研究动物形态进化的遗传和分子基础。我们将看到动物形态的一些巨大变化具有相对简单的遗传和分子基础，而由许多工具箱基因控制的性状的进化涉及的分子机制与我们迄今所研究的那些分子机制有所不同。我们将分别研究编码取代、基因失活和调控序列进化导致形态差异的情况。

20.5.1　色素调节蛋白的编码取代

　　一些最引人注目的和最容易理解的形态差异的例子是动物的体色。哺乳动物的皮毛、鸟类的羽毛、鱼鳞和昆虫翅膀的颜色搭配具有惊人的多样化。研究人员在了解颜色形成的遗传调控及其在物种内部和物种间颜色差异演化中的作用方面取得了很大进展。

　　在亚利桑那州西南部的皮纳卡特（Pinacate）地区，深色的岩石露出地面的岩层被浅色的砂质花岗岩所包围（图 20-10）。岩袋鼠（*Chaetodipus intermedius*）栖息在皮纳卡特地区和其他岩石地区的西南部。在熔岩露出地面的岩层上发现的岩袋鼠通常是深色的，而在砂质花岗岩周围地区或沙漠地面上发现的岩袋鼠通常是浅色的（图 20-11）。野外研究表明，皮毛颜色和环境的颜色匹配可以保护岩袋鼠不被捕食者发现。

　　例如，岩袋鼠的黑化——在一个种群或物种中出现的一种黑色形态。黑化是目前动物最常见的表型变异之一。皮毛的深色是由于黑色素的大量沉积，黑色素是动物王国中最广泛的色素。在哺乳动物中，黑色素细胞（表皮和毛囊的色素细胞）产生两种类型的黑色素：真黑素，形成黑色或棕色色素；棕黑素，形成黄色或红色色素。真黑素和棕黑素的相对含量受几个基因产物的控制。两种关键的蛋白质是黑素皮质激素受体 1（MC1R）和刺鼠蛋白（agouti protein）。在毛发生长周期中，α-促黑素（α-MSH）与 MC1R 结合，从而诱导产生色素的酶。刺鼠蛋白阻断了 MC1R 的激活，抑制了真黑素的产生。

　　Michael Nachman 和他的同事检测了浅色和深色岩袋鼠 *mc1r* 基因的序列。他们发现，在深色岩袋鼠中，*mc1r* 基因存在 4 个突变，导致 MC1R 蛋白在 4 个氨基酸残基上与浅色鼠相应的蛋白质存在差异。生物化学研究的结果表明，这种突变导致 MC1R 蛋白具有

图 20-10　皮那卡特沙漠色彩的比较

皮纳卡特沙漠中的熔岩流形成了黑色岩石的露头，与砂质基质相邻

图 20-11　岩袋鼠色素的变化

来自亚利桑那州皮纳卡特地区砂质和暗熔岩背景上的浅色和深色岩袋鼠

组成性活性（在任何时候都是活性的），避开了 agouti 蛋白对 MC1R 活性的调控。事实上，在所有野生动物和驯化的脊椎动物中，*mc1r* 的突变都与黑化有关。其中许多突变改变了 MC1R 蛋白相同部分的残基，并且在某些物种中独自地发生了相同的突变（图 20-12）。

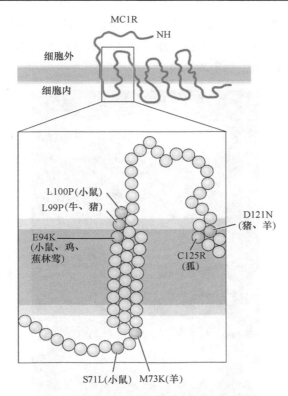

图 20-12 MC1R 蛋白部分氨基酸取代簇

氨基酸取代（橙色圈）与黑化在不同物种的位置略有不同，但位于 MC1R 蛋白的同一部分。
图的上部显示了 MC1R 蛋白的一般拓扑结构。图的下部放大了取代位置所在的区域

从很多方面来说，我们可以把这些深色的岩袋鼠想象成达尔文雀的翻版，而岩浆露出地面的岩层上则是由加拉帕戈斯群岛的火山活动产生的新的"岛屿"栖息地。岩袋鼠的沙色似乎是祖先的类型，类似于聚居于加拉帕戈斯群岛的祖先雀鸟。不易被捕食者发现的优势导致毛色发生自然选择，而岩袋鼠迁移到熔岩岛导致了一个有利于黑色岩石背景的等位基因的传播，而该基因在砂质背景下受到选择。*mc1r* 基因的新突变对适应不断变化的环境至关重要。

岩袋鼠黑化的进化说明了适应性如何取决于生物体的生存条件。新的黑色突变在熔岩露出的岩石上是有利的，但是在砂质地形上的祖先种群中是不利的。

关键点：新变种的相对适合度取决于直接选择条件。在一个种群中有益的突变在另一个种群中可能是有害的。

20.5.2 基因失活

长期以来人们注意到穴居动物常常是失明和没有颜色的。达尔文在《物种起源》中指出，在斯洛文尼亚的卡尔尼奥拉和美国肯塔基州洞穴中生活着有几种不同种类的失明的动物。眼睛功能的丧失可以归因于废退。

许多生活在洞穴中的鱼失去了眼睛和体色，而与这些物种属于同一科或同一目的在

水面栖息的物种则有眼睛、有体色。例如，无眼睛、无体色的墨西哥脂鲤（*Astyanax mexicanus*）和彩色的脂鲤属于同一目。墨西哥大约有 30 个洞穴鱼类种群已经失去了它们水面栖息近缘种群的体色（图 20-13）。

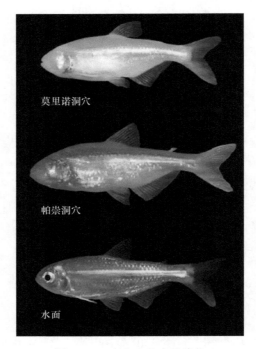

图 20-13　盲鱼白化病的演化

Astyanax mexicanus 的表面形态看起来很正常，但是像墨西哥莫里诺（Molino）和帕崇（Pachón）的洞穴种群已经反复演化出失明和白化

　　遗传学研究表明，帕崇洞穴鱼类种群中的白化是由单一隐性突变引起的。此外，莫里诺洞穴的个体和帕崇洞穴的个体之间的杂交只产生白化后代，表明这两个种群中的白化是由相同的遗传位点造成的。为了确定鱼类中导致白化的基因，研究人员研究了鱼的几种色素沉着位点的基因型，这些位点已知能引起小鼠或人白化病。他们发现其中一个基因 *Oca2* 被定位到白化位点。他们还发现，*Oca2* 位点的基因型与 F_2 代白化表型之间存在着完全的关联，F_2 代是莫里诺和莫里诺/水面 F_1 代或帕崇和帕崇/水面 F_1 代的回交。

　　对 *Oca2* 基因的进一步检测表明，帕崇种群是纯合子，其缺失从内含子延伸到外显子的大部分，莫里诺种群是缺失了不同外显子的纯合子。功能分析表明，*Oca2* 基因的每一个缺失都会导致 *Oca2* 功能的丧失。

　　对两个洞穴种群不同的 *Oca2* 基因的鉴定表明，白化在两个洞穴种群中分别进化。也有证据表明，第三个洞穴种群携带第三个独特的 *Oca2* 突变。我们知道其他脊椎动物的白化可以通过其他基因的突变而进化。*Oca2* 基因反复失活的原因是什么？有两种可能的解释。第一，*Oca2* 突变除了导致色素和视力丧失，似乎没有造成严重的附带缺陷。一些其他色素沉着基因突变时，会导致鱼类生存能力的急剧下降。这显现出 *Oca2* 突变的影响，*Oca2* 突变的影响似乎没有多效性，并且对整体适应性的影响比其他鱼类色素形成基因突变的影响要小。第二，*Oca2* 基因座非常大，在人类中约为 345kb，包含 24 个外显子，它为破坏基因功能的随机突变提供了一个非常大的靶点，因此 *Oca2* 基因比较小的基因座更容易发生突变。

基因功能的丧失并不是我们在考虑进化时通常考虑的问题。但基因失活肯定是我们应该预测的，当选择条件改变，或者种群或物种改变它们的栖息地或生活方式时，某些基因功能就不再是必需的了。

关键点：当栖息地或生活方式的改变放松了对性状和潜在基因功能的自然选择时，可能发生基因失活突变并升高频率。

20.5.3 调控序列进化

如上所述，基因进化的一个主要限制因素是，改变蛋白质功能的编码区突变有可能引起有害的作用。这些影响可以通过基因调控序列中的突变来规避，这些突变在基因调控和身体形态的进化中起着重要作用。

到目前为止，在我们所观察到的体色进化的例子中，整个动物的皮毛或鳞片都发生了变化。纯黑色或完全无色素的体色进化可以通过色素形成基因的突变产生。然而，许多配色方案往往由两种或更多种颜色在某些空间模式中构成。在这种情况下，色素沉着基因必须在动物体的不同区域表达不同的颜色。在不同的种群或物种中，色素沉着基因的调控必须通过某种机制进化，而这种机制不会破坏色素沉着蛋白的功能。

果蝇显示出广泛的蝇体和翅标记的多样性。常见的模式是在雄蝇翅肩附近有一个黑斑（图 20-14）。黑斑的产生需要合成黑色素的酶，这种色素和岩袋鼠的黑色素是一样的。在黑腹果蝇（*Drosophila melanogaster*）中已经研究出了许多控制黑色素合成途径的基因。一个基因被命名为 *yellow*，因为该基因的突变会导致蝇体的深色区域出现黄色或褐色。*yellow* 基因在不同黑色素模式的形成中起着核心作用。在有斑点的物种中，Yellow 蛋白在产生黑斑的翅细胞中表达水平较高，而在无斑点的物种中，Yellow 蛋白在整个翅肩表达量较低 [图 20-15（a）]。

斑点物种和无斑点物种之间的 Yellow 蛋白表达差异可能是由两种物种对 *yellow* 基因的调控方式不同所致。两种可能的机制中的任何一种或两种都可能起作用：物种在调

图 20-14　果蝇翅上的斑点

雄性黑腹果蝇（*Drosophila melanogaster*）翅没有斑点（左），而雄性果蝇 *Drosophila biarmipes*（右）则有在求偶仪式中显示的翅上黑色斑点。这种简单的形态差异是由色素形成基因调控的差异所致

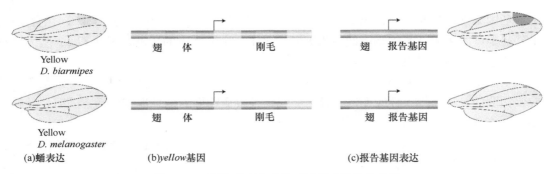

图 20-15　调控序列的变化可以影响进化的差异

基因调控和形态学的进化是由顺式调控序列的进化所致。(a) 在有斑点的果蝇中，Yellow 蛋白在产生大量黑色素的细胞中高水平表达。(b) 果蝇的 *yellow* 位点包含几个散在的顺式作用元件（橙红色），它们控制蝇体不同部位 *yellow* 的转录。外显子用金黄色表示。箭头表示基因转录的起始点和方向。(c) 果蝇 *D. biarmipes* 翅的调控元件驱动报告基因在发育中的翅以斑点模式表达，而无斑点果蝇 *D. melanogaster* 的同源元件不驱动报告基因表达斑点模式。翅的顺式作用元件的活性差异表明，顺式作用元件功能的改变是这两个物种之间 Yellow 表达和色素形成差异的原因

控 *yellow* 基因的转录因子的空间分布上可能有所不同（即 *yellow* 基因的反式作用元件的改变），或者它们在控制 *yellow* 基因调控方式的顺式作用元件上可能有所不同。为了研究其中的机制，研究人员将不同物种的 *yellow* 顺式作用元件放置在报告基因的上游，并将它们导入黑腹果蝇体内，检测其活性。

　　yellow 基因是由一系列单独的顺式作用元件调控的，该元件调控不同的组织和细胞类型以及不同发育时期的基因转录［图 20-15（b）］。这些调控序列包括控制幼虫口器、蛹胸腹部和发育中的翅肩的转录的序列。研究发现，来自无翅斑物种的顺式调控元件驱动报告基因在翅肩低水平表达，而与之相对应的有翅斑物种的调控元件在翅肩附近的位点驱动报告基因高水平表达［图 20-15（c）］。这些观察结果表明，顺式作用元件序列和功能的改变是导致 *yellow* 调控序列的变化和翅斑形成的原因。研究表明，翅斑物种的顺式作用元件已经获得了转录因子的结合位点，这些转录因子在翅斑形成中驱动高水平的基因转录。

　　因此，顺式作用元件的演化在果蝇身体形态的进化中起着至关重要的作用。根据工具箱基因编码区突变的结果，可以最好地解释为是调控序列位置的改变而不是基因本身位置的改变。在这种情况下，*yellow* 基因是高度多效性的：它对许多结构的色素沉着和神经系统的功能都是必需的。改变 Yellow 蛋白活性的编码区突变会改变所有组织中的 Yellow 活性，这可能会对适合度产生负面影响。然而，由于单个顺式作用元件通常只影响基因表达的一个方面，因此这些序列的突变提供了一种机制，可以改变基因表达的一个方面，同时保留蛋白质产物在其他发育过程中的作用。

　　关键点：顺式作用元件的进化在基因表达的进化中起着关键作用。它们在发育过程中规避了具有多种作用的基因编码序列突变的影响。

20.5.3.1　调控序列的进化导致性状丢失

　　形态特征的丢失或获得是顺式作用元件适应性变化的结果。如果一个性状没有选择

的压力来维持，它可能会随着时间的推移而丢失。但有些丢失是有益的，因为它们有助于生活方式的改变。例如，脊椎动物（如蛇、蜥蜴、鲸鱼和海牛）已经多次失去后肢，因为这些生物适应了不同的生境和活动方式。顺式作用元件的进化改变也与这些剧烈变化有关。

四足脊椎动物后肢的进化前身是鱼的腹鳍。在密切相关的鱼类种群中，腹鳍的解剖结构产生了显著差异。在北美洲的许多湖泊中，三棘鱼在两种地方出现，一种是开阔水域，有完整腹鳍棘，另一种是浅水，底栖，腹鳍棘明显缩小。在开阔的水域中，长的腹鳍棘有助于保护鱼不被较大的捕食者吞食。但在浅水环境，这些腹鳍棘是一种负担，因为它们可以被以幼鱼为食的蜻蜓幼虫抓住［图 20-16（a），图 20-16（b）］。

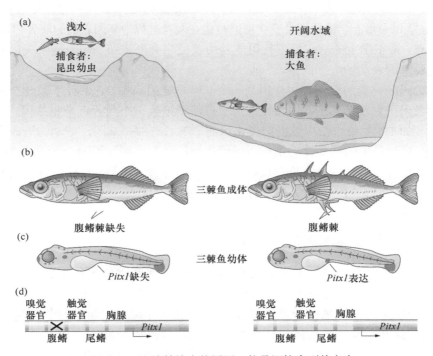

图 20-16　腹鳍棘缺失的原因可能是调控序列的突变

Pitx1 顺式作用元件的缺失是三棘鱼腹鳍棘适应性进化的基础。(a) 一种三棘鱼生活在浅水区，另一种生活在开阔水域。(b) 浅水形态相对于开阔水域形态（右）腹鳍棘减少（左）。(c) 这种减少是由于在三棘鱼幼体发育过程中，腹鳍芽中 *Pitx1* 基因（橙色）的选择性表达缺失（比较左右三棘鱼幼体）。(d) *Pitx1* 表达的缺失是由于腹鳍特有的 *Pitx1* 基因增强子的突变（"✕"标记突变增强子）。*Pitx1* 基因的其他增强子在鱼的两种形态中都没有受到影响，功能相似。*Pitx1* 基因控制鱼体内其他部位的基因表达

自从上一个冰川期冰川衰退以来，腹鳍棘形态的差异在过去的1万年中不断演化，许多单独的湖泊被腹鳍棘长的大洋刺鱼占据，腹鳍棘缩小的形态独立进化了数次。因为这些鱼有如此紧密的亲缘关系并在实验室里进行种间杂交，所以遗传学家可以绘制与腹鳍棘缩小有关的基因图谱。斯坦福大学的 David Kingsley 小组和英属哥伦比亚大学的 Dolph Schluter 小组将与腹鳍棘差异有关的一个主要因子定位到 *Pitx1*基因，该基因编码转录因子。与大多数其他发育工具箱基因一样，*Pitx1*基因在鱼类发育中有几种不同的功能。然而，在腹鳍棘缩小的三棘鱼中，它的表达从鱼类发育中的胚胎区域丢失，产生腹

鳍芽和棘（图20-16）。

两种类型之间腹鳍棘形态的差异定位到 *Pitx1* 位点上，并与基因表达的缺失相关，表明 *Pitx1* 调控序列的改变是导致表型差异的原因。与大多数多效性工具箱基因一样，*Pitx1* 基因在发育中的鱼类不同部位的表达是由不同的顺式作用元件控制的。Frank Chan 和他的同事证明，在多个独立的腹鳍棘减少鱼类种群中，调控 *Pitx1* 表达的元件在发育的腹鳍棘中已经被大量缺失突变所失活［图 20-16（c），图 20-16（d）］。此外，还观察到，相对于其他邻近序列，控制腹鳍棘表达的顺式作用元件杂合性降低。这一观察结果表明等位基因的缺失与通过自然选择导致底栖的腹鳍棘缩小是一致的。

因此，这些发现进一步说明了调控序列的突变是如何避免工具箱基因编码区突变的多效性作用的，以及形态学的适应性变化可能是由在发育过程中基因表达的缺失和获得所致。

关键点：形态学上的适应性变化可能是由调控序列失活和基因表达缺失以及调控序列的修饰和基因表达的增加所致。

避免编码区突变的潜在有害作用是一个非常重要的因素，它解释了为什么进化会产生新的转录因子来发挥作用，这些转录因子可能调控数十个到数百个靶基因。转录因子编码序列（如 DNA 结合结构域）的变化可能影响所有的靶基因，对动物造成灾难性后果。对具有多种功能的高效性的蛋白质编码序列的限制，解释了 Hox 蛋白的 DNA 结合结构域和其他许多转录因子在进化过程中的极其保守性。但是，尽管这些蛋白质的生化功能受到限制，但它们的调控方式却存在差异。*Hox* 和其他工具箱基因表达模式的演变在机体形态演化中起着重要作用。

20.5.3.2　人类的调控序列进化

调控序列进化不只局限于影响发育的基因。任何基因的表达水平、时间或空间模式都可能在种群内发生变化或在物种间产生差异。例如，如前所述（见第 18 章），达菲（*Duffy*）血型位点上的等位基因频率在人类群体存在很大差异。*Duffy* 基因座（*Fy*）编码多个细胞间信号蛋白受体的糖蛋白。在撒哈拉以南的非洲，大多数土著居民携带 Fy^{null} 等位基因。携带这种等位基因的个体在红细胞中不表达 Duffy 糖蛋白，但这种蛋白质仍然在其他类型的细胞中产生。如何以及为什么这些人的红细胞缺乏 Duffy 糖蛋白？

在红细胞上缺乏 Duffy 糖蛋白表达的分子解释是 *Duffy* 基因启动子区在–46 位出现了点突变。这种突变位于一种红细胞特有的转录因子 GATA1 的结合位点（图 20-17）。该位点的突变使 *Duffy* 基因增强子的活性消失。

进化的解释表明，非洲人红细胞缺乏 Duffy 糖蛋白的表达是自然选择的结果，有利于抵抗疟疾感染。间日疟原虫（*Plasmodium vivax*）是世界上大多数热带和亚热带地区第二大流行的疟疾寄生虫，但目前在撒哈拉以南非洲地区没有这种寄生虫。这种寄生虫通过与 Duffy 蛋白结合而进入红细胞和红细胞前体（图 20-17）。在非洲，Fy^{null} 纯合子的高频率阻止了间日疟原虫在那里的流行。此外，如果我们假设间日疟原虫过去在非洲很常见，那么就会选择 Fy^{null} 等位基因。

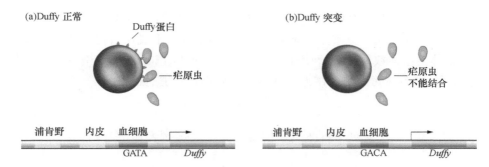

图 20-17　调控序列的突变增加了疟疾的抗性

人类 *Duffy* 基因增强子的调控序列突变与对疟疾的抗性有关。(a) Duffy 蛋白（深蓝色）主要在血管内皮细胞和小脑的浦肯野细胞上表达。(b) 由于血细胞增强子的突变（GATA 序列突变为 GACA），大部分西非人的红细胞上缺乏 Duffy 表达。由于 Duffy 蛋白是间日疟原虫（橙色）受体的一部分，具有调控序列突变的个体对疟原虫感染具有抵抗力，但在身体其他部位具有正常的 Duffy 表达

　　大部分人类亚群的红细胞表面完全没有 Duffy 蛋白，这就引出了 Duffy 蛋白是否具有任何必要的功能的问题，因为 Duffy 蛋白显然是可有可无的。但并非所有的个体都缺乏 Duffy 蛋白表达。这种蛋白在血管内皮细胞和小脑的浦肯野细胞上表达。正如翅斑果蝇中 Yellow 蛋白表达和三棘鱼的 Pitx 蛋白表达的进化一样，*Fy* 位点的突变使得基因表达的一个方面（在红细胞中）发生改变，而不会干扰其他基因表达（图 20-17）。

　　对编码和调控序列的修饰是进化的常见方式。它们说明了在没有基因数量改变的物种中多样性是如何产生的。然而，大规模的突变可以而且确实发生在 DNA 中，导致基因数量的扩增，而这种扩增为进化提供了原料。

20.6　新基因的起源和蛋白质功能

　　进化不仅仅是在功能确定的位点上用一个等位基因替换另一个等位基因。大部分编码蛋白质的基因和编码 RNA 的基因属于基因家族（gene family），这些基因通常在序列上和生化功能上都是相关的。例如，在小鼠中有超过 1000 个基因编码与结构相关的嗅觉受体，还有 3 个结构相关视蛋白基因，它们编码人类色觉所必需的蛋白质。在这样的家族中，这些功能已经进化，使其具有新的功能。这些新功能可能是现有功能的扩展。在上面的例子中，小鼠体内出现了新的受体，能够检测环境中的新的化学物质，或者在人类及其旧大陆灵长类亲属中，出现了能够检测其他哺乳动物不能检测到的光波长的新视蛋白。在其他情况下，新基因家族的进化可能导致全新的功能，开辟新的生活方式，如在极地鱼类中获得抗冻蛋白。在这里我们会问，新基因来自哪里？新基因的命运是什么？新的蛋白质功能是如何进化的？

20.6.1　基因数目的扩增

　　有几种遗传机制可以扩增基因或部分基因的数量。大规模地扩增基因数目的过程是

多倍体的形成，即具有两个以上染色体组的个体。多倍体是整个基因组复制的结果。多倍体在植物中比在动物中更常见（见第 7 章），多倍体的形成在植物的进化中起着重要作用。单倍体染色体数目在双子叶植物中的分布如图 20-18 所示。在染色体数目大约为 12 的情况下，偶数比奇数更为常见，这是多倍体频繁发生的结果。

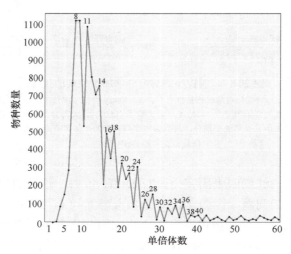

图 20-18　双子叶植物单倍体染色体数目的分布
一般情况下偶数的染色体多于奇数染色体

第二种增加基因数目的机制是基因重复（gene duplication）。在减数分裂过程中 DNA 的错误复制会导致 DNA 片段重复。重复片段的长度可以从一个或两个核苷酸到含有几十个甚至上百个基因的染色体片段。对人类基因组变异的详细分析表明，人类个体通常携带小的重复，从而导致基因拷贝数的变异。

第三种增加基因数目的机制是转座（transposition）。当转座子被转座到基因组的另一部分时，它可能携带额外的宿主遗传物质，并将基因组某个部分的拷贝插入另一个位置（见第 11 章）。

第四种可以增加基因数目的机制是反转录转座（retrotransposition）。许多动物基因组含有类似于反转录病毒的基因元件（见第 11 章），编码反转录酶。反转录转座子本身约占人类基因组的 40%。宿主基因组 mRNA 转录本偶尔被反转录成 cDNA 并插入基因组中，产生无内含子的基因重复。

20.6.2　重复基因的命运

人们曾经认为，祖先的功能是由原始基因提供的，重复基因本质上是多余的基因元件，可以自由地进化出新的功能［称为新功能化（neofunctionalization）］，这将是一种共同的命运。然而，对基因组和群体遗传学的详细分析使人们更好地理解了新重复基因的另一种命运，新功能的进化只是其中一个途径。

为了简单起见，让我们考虑一个重复事件，它导致基因的整个编码区和调节区的重

复 [图 20-19 (a)]。这种重复可以产生许多不同的结果。最简单的结果是，携带重复基因的等位基因在上升到任何显著频率之前就从种群中丢失了，许多新突变的命运也是如此（见第 18 章）。但是接下来让我们考虑更有趣的场景：假设重复存活下来，并且在重复的基因对中开始产生新的突变。请记住，原始的基因和重复的基因最初是精确的拷贝，因此是冗余的。一旦出现新的突变，就有几种可能的命运。

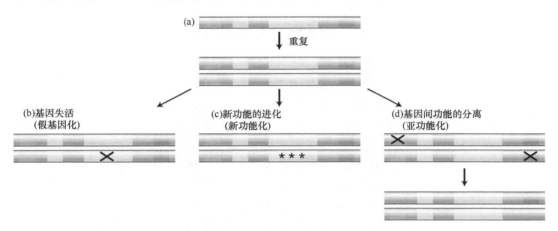

图 20-19　重复基因的不同命运

（a）基因的重复。橙色、黄色和粉色框表示顺式作用元件；淡绿色框表示编码区；蓝色表示非编码区。重复后可能有几种不同的命运：（b）编码区中的任何失活突变都将使该重复变成假基因，然后对剩余的同源物进行纯化选择；（c）突变可能会改变蛋白质的功能，并可能有利于正选择（新功能化）；（d）突变可能影响两个重复的子功能，而且只要这两个同源物共同提供祖先功能，不同的亚功能就可能被保留，从而导致两个互补位点的进化（亚功能化）

1）在任意重复的编码区中都可能发生失活突变。这种失活的类似物称为假基因（pseudogene），通常不被自然选择。因此，它将积累更多的突变，并通过随机遗传漂变进化，而自然选择将维持类似的功能 [图 20-19 (b)]。

2）突变可能会导致重复基因的调控失活，或改变编码蛋白质的活性。这些等位基因随后可能受到正选择，并获得新功能 [图 20-19 (c)]。

3）如果祖先基因具有多个功能和多个调节元件，就像大多数工具箱基因一样，第三种可能的结果是最初的突变在每个重复中都会使一个调节元件失活或改变。最初的基因功能现在被划分为两个相互互补重复基因。为了保持祖先的功能，自然选择将保持两个基因编码区的完整性，沿着这条复制和突变路径产生互补旁系同源的位点，称为亚功能化（subfunctionalization）[图 20-19 (d)]。

在人类珠蛋白基因进化的历史中，可以看到一些重复基因的替代命运。从鱼类祖先到产卵的陆生羊膜动物，再到胎盘哺乳动物，人类谱系的进化需要组织氧合的一系列创新，包括具有新调控模式的额外珠蛋白基因的进化，以及具有独特的氧结合特性的血红蛋白的进化。

成人血红蛋白是由两个 α 链和两个 β 链组成的四聚体，每条链都结合血红素分子。编码成人 α 链的基因位于 16 号染色体上，编码 β 链的基因位于 11 号染色体上。这两个链的氨基酸序列约 49% 相同，这种相似性反映了它们在进化过程中的共同起源，即起源于一个祖先的珠蛋白基因。α 链基因位于 16 号染色体上的 5 个相关基因簇（α 和 ζ）中，而 β 链基因位于 11 号染色体（ε、β、δ 和 γ）上的 6 个相关基因簇中（图 20-20）。每个基因簇均包含一个假基因、Ψ_{α} 和 Ψ_b，它们积累了随机的、失活的突变。

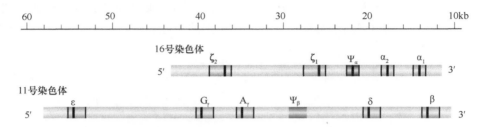

图 20-20　有些血红蛋白基因的重复进化成没有功能的假基因（ψ_{α} 和 ψ_{β}）

人类 16 号染色体上 α-珠蛋白家族基因和 11 号染色体上 β-珠蛋白家族基因的分布。基因结构由黑条（外显子）和彩色条（内含子）显示

每个基因簇都包含已经进化出不同的表达谱、不同功能或两者兼而有之的基因。最令人感兴趣的是这两个 γ 基因。这些基因在胎儿发育的最后 7 个月中表达，产生胎儿血红蛋白（又称血红蛋白 F），它由两条 α 链和两条 γ 链组成。与成人血红蛋白相比，胎儿血红蛋白对氧的亲和力更强，成人血红蛋白允许胎儿通过胎盘从母体中获取氧。胎儿出生时，高达 95% 的血红蛋白是胎儿型，然后成人的 β 基因取代了 γ 基因的表达，产生 β 珠蛋白和少量 δ 珠蛋白。在发育过程中，珠蛋白链的出现顺序是由一组复杂的顺式作用元件调控的，并且保持每条染色体上的基因顺序。

γ 基因仅限于胎盘类哺乳动物。它们独特的发育调控和蛋白质产物意味着这些重复的基因在功能上进化出了差异，这有助于胎盘哺乳动物生活方式的进化。有趣的是，已知这些基因的调控变异会导致胎儿血红蛋白的表达持续到儿童期和成年期。这些自然发生的变异似乎通过抑制产生 Hb^S 的水平来减轻镰状细胞贫血的严重程度。镰状细胞贫血的一种普遍治疗策略是使用药物刺激胎儿血红蛋白表达的重新激活。

总　　结

自然选择进化理论解释了生物种群中发生的变化，是种群中不同变异体相对频率变化的结果。如果一个物种内没有某种性状的变异，就不会有进化。此外，这种变异必须受到遗传差异的影响。如果差异不是遗传的，它们就不能进化，因为变异体的繁殖优势不会跨越世代。在基因组内产生变异的突变过程是随机的，但筛选出有利和不利变异的选择过程不是随机的，理解这一点至关重要。

在 DNA 和蛋白质水平上进化的研究已经改变了我们对进化过程的理解。在我们有能力在分子水平上研究进化之前，没有迹象表明进化实际上是遗传漂变而不是自然选择的结果。大量的分子进化似乎是将一个蛋白质序列取代为另一个同等功能的蛋白质序列。中性进化盛行的证据之一是，在某些分子（如血红蛋白）中两个不同物种之间的氨基酸差异与它们在进化过程中与同一祖先发生分歧后的世代数成正比。如果差异的选择依赖于环境的特定变化，我们就不会期望具有恒定变化率的分子钟存在。

序列进化很多都是中性的。因此 DNA 序列的变化量与编码蛋白质功能的变化量之间没有简单的关系。一些蛋白质功能可以通过单一氨基酸取代而改变，而另一些则需要通过累积选择而产生一系列的替换。即使在自然选择的条件相同的情况下，这种多步骤适应性步行也可能遵循不同的路径。这是因为在任何特定时刻，任何种群可利用的路径取决于突变的偶然发生，而这些突变在不同种群中可能不会以相同的顺序出现。此外，之前所采取的步骤可能会影响到一个新的突变是有利的、不利的还是中性的。

在分子遗传学出现之前，不可能知道独立的进化事件是否会多次引起相同的适应。我们现在认识到，通过同一基因的自我重复确实能够产生与进化相似的结果。例如，在某些脊椎动物中，相同基因的突变导致了黑化和白化的独立发生，或者在不同的三棘鱼种群中导致了腹鳍棘的丧失。当镰状细胞突变导致对疟疾的适应性抗性时，进化可以通过改变完全相同的核苷酸来自我重复。

编码序列进化的一个重要制约因素是突变的潜在有害作用。如果一个蛋白质在不同的组织中具有多种功能，就像许多参与调控发育过程的基因一样，编码序列的突变可能会影响所有功能并降低适合度。编码序列突变的潜在多效性可以通过非编码序列中的突变来规避。这些序列中的突变可能会选择性地改变基因在一个组织或身体部分的表达，而不会改变其他部位的基因表达。顺式作用元件的进化是形态特征进化和控制发育的工具箱基因表达的核心。

新的蛋白质功能通常是通过基因重复和随后的突变而产生的。新 DNA 的产生可能是由于整个基因组的重复（多倍性），是植物中常见的现象，或通过单个基因或一系列基因重复的各种机制产生。重复基因的命运在很大程度上取决于复制后获得的突变的性质。可能的命运是一个重复的失活、两个重复之间的功能分离，或者新功能的增加。

总的来说，遗传进化受历史偶然性和机遇的制约，也受到生物体在一个不断变化的世界中生存和繁殖的必要性的制约。"适者生存"是一种有条件的状态，随地球和生境的变化而变化。

（赵耕春）

练　习　题

一、例题

例题　两种密切相关的细菌定位在两个不同的电泳检测等位基因位点上，这些等位基因编码一种参与分解营养的酶。你如何通过实验来测试酶序列的差异是否会导致功能和适合度的差异？

参考答案：为了测试这些酶是否具有不同的功能特性，我们可以设计体外和体内实验。如果底物和酶的性质是已知的，就可以从每个物种纯化该酶，直接测定其功能是否有差异。或者，一个间接的测试是每个物种是否在酶分解的特定营养物上生长得很好。

理想情况下，为了度量适合度差异，可以将一个物种的酶编码区替换为另一个物种的酶编码区，反之亦然。然后，在相同的营养培养基上比较每种野生型和转基因菌株的生长情况，以生长作为适合度的指标。如果转基因菌株和野生菌株的相对适合度存在差异，那么在自然选择下，这两种酶就有可能发生分歧。如果没有，那么很可能酶的进化是中性的，或者选择的效果太小，无法通过实验来度量。

二、看图回答问题

1. 在图 20-6 中，随着年龄的增长，*AS* 和 *AA* 基因型的相对存活率下降。为这个观察提供一个可能的解释。

2. 检查图 20-8，解释为什么非同义位点的进化速率更低。你认为这只适用于珠蛋白基因还是适用于大多数基因？

3. 从表 20-3 中，你是否预期非编码序列突变 g4205a 在编码序列突变 G238S 之前或之后被定位到对抗生素头孢噻肟产生抗性的细菌群中？至少给出两个答案。

4. 检查表 20-4，你认为在第三个进化的病毒序列中，在选择过程中固定的突变顺序是什么？突变是否会以与 TX 或 ID 选择系相同的顺序固定？

5. 检查表 20-5，如果观察到物种的非同义核苷酸差异是 1 而不是 7，对 McDonald-Kreitman 测试结果的解释会有什么不同？

6. 使用图 20-17，解释 *Duffy* 基因的 GATA 序列突变如何增强对间日疟原虫感染的抗性。

7. 在图 20-18 中，多倍体的形成在植物进化中起到重要作用的证据是什么？

三、基础知识问答

8. 自然选择进化论的三个原则是什么？

9. 为什么分子进化的中性理论是一个革命性的想法？

10. 你预测珠蛋白假基因中同义取代和非同义取代的相对比例是多少？

11. *AS* 杂合子是否可以完全抵抗疟疾感染？解释你的答案的证据。

四、拓展题

12. 除了 Tony Allison 以外，其他研究人员进行的调查发现，肯尼亚和乌干达部落的 Hb^S 频率存在很大差异。这些研究人员提供了不同于 Allison 提出的疟疾连锁的解释。为下面的假设提供一个反驳或实验检验：

a. 某些部落的突变率较高。

b. 由于各部落之间的遗传混合程度较低，因此该等位基因在某些部落中通过近亲繁殖而上升到较高的频率。

13. 一个等位基因进化出 6 种不同的突变有多少潜在的进化途径？ 7 种不同的突变呢？ 10 种不同的突变呢？

14. *MC1R* 基因影响人类的皮肤和头发颜色。该基因在欧洲和亚洲人群中至少有 13 个多态性，其中 10 个是非同义的。在非洲人中，至少有 5 个基因多态性，没有一个是非同义的。非洲人和非非洲人 *MC1R* 差异的一个可能解释是什么？

15. 视蛋白检测眼睛感光细胞中的光，是彩色视觉所必需的。夜间活动的枭猴、丛猴和地下盲鼹鼠有不同的视蛋白基因突变，导致视蛋白失去功能。解释为什么这三个物种都能耐受这个在大多数其他哺乳动物中起作用的基因突变。

16. 脊椎动物（如蛇、蜥蜴、海牛、鲸鱼）已经多次完全或部分地无肢体进化。你认为无肢体发育过程中出现的突变是工具箱基因的编码序列还是非编码序列？为什么？

17. 一些没有斑点翅的果蝇是从有斑点的祖先进化而来的。你能预测色素形成基因的编码序列或非编码序列改变会导致斑点的丢失吗？

18. 有人称"进化会自我重复"。这种说法的证据是什么？

a. *Hb^S* 等位基因的分析

b. 细菌中抗生素抗性的分析

c. 实验选择噬菌体 φX174 的分析

d. 洞穴鱼 *Oca2* 突变分析

e. 三棘鱼 *Pitx1* 位点的分析

19. 自然选择包括"拒绝有害改变"的分子证据是什么？

20. 新基因重复的 3 种不同命运是什么？

21. 基因重复是人类血红蛋白 α 和 β 基因家族来源的证据是什么？

22. 对两个密切相关物种的基因进行测序研究，会产生以下不同的位点：

同义多态性	50
非同义多态性	20
同义物种差异	18
非同义物种差异	2

这个结果支持基因的中性进化吗？它是否支持氨基酸的适应性取代？你对这些观察结果有什么解释？

23. 在人类的 X 染色体上有两个编码视蛋白视觉色素的基因彼此相邻，这两个基因对绿色和红色波长的光敏感。它们编码的蛋白质有 96% 相同。非灵长类哺乳动物只有一个基因编码一种对红/绿光敏感的视蛋白。

a. 解释人类 X 染色体上存在的两种视蛋白基因。

b. 你将如何进一步验证你的解释，并指出在进化史上第二个基因是什么时候出现的?

24. 大约 9% 的白人男性是色盲,无法区分红色和绿色物体。

a. 提供一个色盲的遗传模型。

b. 解释为什么以及色盲如何在这个群体中达到 9% 的频率。

第 21 章

癌症的分子遗传学

学 习 目 标

学习本章后，你将可以掌握如下知识。

· 理解癌症是一种由基因变异导致的疾病。

· 描述原癌基因的致癌机制。

· 列举重要的肿瘤抑制基因，并明确其分子结构和作用机制。

· 阐述癌症发生的遗传途径。

癌细胞可以"改邪归正"

急性早幼粒细胞白血病（acute promyelocytic leukemia，APL）曾是白血病中最为凶险的一种，直到 20 世纪 80 年代，全球范围内仍无有效治疗手段。1978 年，上海瑞金医院血液科的王振义医生（图 21-1）重返临床，他将自己的全部精力倾注在攻克 APL 这

图 21-1　血液学专家王振义

中国工程院院士、上海交通大学医学院附属瑞金医院终身教授

一人类医学难题上。基于长期积累的临床经验以及国内外基础研究发现，治愈 APL 只能通过两条途径：一是使用传统的化疗手段杀死白血病细胞，但化疗药物强烈的毒性作用始终无法避免；二是将恶性增殖的白血病细胞"改邪归正"，使其诱导分化为正常的血液细胞。已有研究表明小鼠白血病细胞能被二甲基亚砜诱导分化，并且有体外实验证实 13-顺式维甲酸（13 顺 RA）及全反式维甲酸（ATRA）均可诱导人类髓系白血病细胞株 HL-60 和 U937 以及 APL 细胞向正常细胞逆转。王振义医生决心寻找一种救治 APL 患者的临床治疗方案。

经过数年的潜心研究，王振义医生率领研究小组证实，全反式维甲酸可以在体内将 APL 细胞诱导分化为成熟细胞。1986 年，王振义医生用独创的全反式维甲酸诱导分化疗法成功救治了首例 APL 患者——一名年仅 5 岁的小女孩，创造了医学史上的奇迹。同年，24 位 APL 患者接受治疗并得到好转。而以王振义医生的全反式维甲酸诱导分化疗法为基础的白血病治疗方案被国际血液学界誉为"上海方案"。

经过长期的临床观察发现，部分 APL 患者在接受全反式维甲酸诱导分化疗法数月后会出现复发和耐药性，因此全反式维甲酸"单兵作战"策略需要被进一步优化。在时任上海血液学研究所所长王振义院士的引领下，陈竺教授率领团队与哈尔滨医科大学的张亭栋教授展开合作，验证并发现了三氧化二砷（俗称"砒霜"）对于 APL 具有明显疗效，并深入揭示了其分子作用机制。为进一步提高 APL 治愈率，陈竺教授首次提出"协同靶向治疗"方法，使用全反式维甲酸和三氧化二砷两药联合治疗 APL，患者的五年生存率达到了 90% 以上，APL 成为临床上第一种可以被完全治愈的白血病。两药联用治疗方案得到了国内外学者的一致认可，成为目前国际上治疗 APL 的标准方案。张亭栋和王振义因此荣获 2020 年未来科学大奖的"生命科学奖"。

引　言

癌症是一类基因变异导致的疾病，随着全球人口寿命延长和年龄增长，癌症正成为一个严重的公共卫生问题。自 20 世纪 90 年代，我国的老龄化进程加快，预计到 2040 年，65 岁及以上老年人口占总人口的比例将超过 20%。同时，老年人口高龄化趋势日益明显，80 岁及以上高龄老年人正以每年 5% 的速度增加，到 2040 年将增加到 7400 多万人。可以预见，21 世纪前期将是我国人口老龄化发展最快的时期。此外，随着我国工业化和城市化进程的加快，城市污染、工作压力和不良生活习惯等已成为癌症年轻化的主要诱因，我国的癌症负担将持续增加。

根据国家癌症中心发布的一组最新全国癌症统计数据，2016 年我国癌症新发病例 406.4 万例，平均每天超过 1 万人被确诊为癌症，每分钟有 7.8 人确诊。我国的癌症发病率和死亡率表现出性别和地区特征。男性癌症发病率（207.03/10 万）高于女性（168.14/10 万），城市癌症发病率（189.70/10 万）高于农村（176.20/10 万）。对于不同癌症类型，肺癌仍是男性发病率最高的癌症（49.78/10 万），其次是肝癌（26.65/10 万）和胃癌（25.14/10 万）；女性最常见的癌症为乳腺癌（29.05/10 万），其次是肺癌（23.70/10 万）和甲状腺癌（15.81/10 万）。2016 年我国癌症死亡人数约 241.4 万人，男性癌症死亡率

（138.14/10 万）明显高于女性（73.95/10 万），城市癌症死亡率（106.1/10 万）高于农村（102.8/10 万），但无论城市还是农村，癌症均位于我国居民死亡原因的首位。中国医学科学院陈万青教授团队开展的中美两国癌症数据研究显示，2022 年我国癌症新发病例数预计达 482 万例。肺癌和乳腺癌仍分别是我国男性和女性发病率最高的癌症。人群中胃癌、肝癌和食道癌的发病率较往年下降，而结直肠癌发病率呈上升趋势。2022 年我国癌症死亡病例数预计将达 321 万例。致癌因素主要包括吸烟、饮酒、饮食不均衡、代谢性疾病、环境中的诱变剂以及病原体感染等。近年来，国家卫生健康委员会相关部门大力宣传控烟，倡导健康生活方式，同时加大疫苗接种力度，开展癌症的早期筛查，并提出规范化诊疗方案。然而，我国依然面临着癌症患者数量庞大、癌症发病率和死亡率持续上升、患者五年生存率低等严峻现状。

21.1　癌症：一种基因变异性疾病

目前，癌症发病率不断上升，世界上每年有 1400 多万新发癌症病例，约有 880 万人死于癌症。什么原因导致它的发生以及扩散？为什么有些癌症发生呈现家族性的规律？是否可能是遗传？环境因素是否诱导癌症的发生？近年来，关于癌症的基础生物学研究十分热门。尽管很多细节还不清楚，但目前研究已得出癌症是由遗传错误导致的这一重要结论。在某些情况下，这些遗传错误是由环境因素诱发的，如饮食、暴晒、有毒化学物质等。重要基因发生突变即可引发癌症。这些突变能够使生化过程出现异常并导致不可控制的细胞分裂。由于没有生长调控，癌细胞便无休止地分裂并不断堆积形成肿瘤。当细胞从肿瘤中脱离并侵入周围组织中时，就演变为恶性肿瘤（malignant tumor）。细胞不侵入周围组织的肿瘤是良性肿瘤（benign tumor）。恶性肿瘤会扩散到全身形成继发性肿瘤（secondary tumor），这个过程叫作转移（metastasis）。不管良性肿瘤还是恶性肿瘤，研究人员现在能够确定这种细胞控制的丧失是由遗传缺陷产生的，控制细胞生长和分裂的基因发生了突变。

21.1.1　癌症的多种形式

癌症能在身体的不同组织出现，一些恶性生长，一些缓慢生长。有些类型的癌症能够被合适的治疗所控制，而其他的则不能。肺癌是最常见的癌症，吸烟是导致肺癌发生的主要致病因素。乳腺癌和前列腺癌也比较常见。

最常见的癌症多起源于那些分裂旺盛的细胞，如肠道、肺和前列腺的上皮细胞。不常见的癌症通常发生在那些不常分裂的组织，如肌肉或者神经细胞。

尽管癌症的死亡率非常高，但是许多癌症的检测和治疗方法都已取得长足进步。分子遗传学技术使科学家加深了对癌症的认知，也使他们能设计治疗癌症的新策略。毫无疑问对于癌症基础研究的大力投入是值得的。

用于实验研究的癌细胞能从切除的癌组织中分离获取。在适当的营养条件下，分离出的癌细胞能够体外培养，有些细胞可永生化。癌细胞也能够通过将正常细胞经过药物处理诱导获得。辐射、化学致畸物和某些类型的病毒能不可逆转地转化正常细胞，这些物质称为致癌物（carcinogen）。

所有癌细胞的一个共性是不受控制地生长。体外培养的正常细胞通常会在培养皿表面形成一层单细胞层。而癌细胞则会无限制地生长，在培养皿表面堆积形成细胞团。这些不受控制的细胞堆积是因为癌细胞对于抑制细胞分裂的化学信号没有响应，且它们彼此之间不能形成稳定的连接。

体外培养的癌细胞中明显的细胞外部异常与细胞内部异常紧密相关。癌细胞通常没有正常的细胞骨架，它们能合成异常的蛋白质并且暴露在细胞表面，它们的染色体数目也常常呈现非整倍性。

21.1.2 癌症与细胞周期

细胞周期（cell cycle）分为三部分，即细胞生长期、DNA 合成期和分裂期。细胞周期的长度以及每一时期持续的长度是由内部和外部化学信号所控制的。不同阶段间的过渡转换需要整合特异的化学信号以及对这些信号的精确应答。如果这些信号没有被正确地侦测到或者没有正确地应答，细胞就可能癌变。

目前认为，细胞周期不同时期（G_1、S、G_2 和 M）之间的转换受细胞周期检查点调控。细胞周期检查点是一种阻止细胞进入下一个阶段的机制，直到 DNA 完全合成或者 DNA 损伤（DNA damage）完全修复。只有通过了细胞周期检查点的检测，细胞才能进入下一个阶段。在细胞周期中扮演重要角色的两个蛋白质是细胞周期蛋白（cyclin）和周期蛋白依赖性激酶（cyclin-dependent kinase，CDK）。cyclin 和 CDK 复合物的形成使细胞进入下一个时期。

CDK是细胞周期机制的催化激活成分，这些蛋白通过转移磷酸基团调控着其他蛋白的活性。然而CDK磷酸化活性依赖cyclin，cyclin能通过形成cyclin/CDK复合物使CDK行使其功能。当cyclin不存在时，复合物则不能形成，CDK也就无活性。因此细胞周期调控依赖cyclin/CDK复合物的形成和降解。

细胞周期中一个重要的检查点在 G_1 中期，即细胞周期 G_1 期检查点（*START*）（图 21-2）。在这个检查点细胞接收到来自细胞内和细胞外的信号，决定是否进入 S 期。这个检查点受与 CDK4 偶联的 D 型 cyclin（cyclin D）调控。如果细胞在 cyclin D/CDK4 复合物的驱使下通过了 *START* 检查点，那么细胞就开始进入下一轮 DNA 合成期。抑制蛋白能在 G_1 后期发现问题，如营养缺乏或者 DNA 损伤，并能抑制 cyclin/CDK 复合物而阻止细胞进入 S 期。若没有发现问题，cyclin D/CDK4 复合物就能使细胞在 G_1 期结束后进入 S 期，从而开始 DNA 复制，准备分裂。

在癌细胞中，细胞周期检查点通常不受调控，这种不受调控的 cyclin/CDK 复合物浓度由遗传缺陷造成。例如，编码 cyclin 或 CDK 的基因突变，对 cyclin/CDK 复合物响应的蛋白质发生突变，或者是调控这些复合物的基因发生了突变，这些遗传缺陷均能导致细胞周期失控，从而导致癌症的发生。

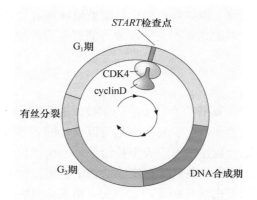

图 21-2　哺乳动物细胞周期 *START* 检查点

检查点通过与否取决于 cyclin D/CDK4 复合物的活性

　　START 检查点功能失效的细胞尤其容易癌变。*START* 检查点控制细胞进入 S 期，若细胞 DNA 出现了损伤，延迟进入 S 期并进行修复非常必要，否则，损伤的 DNA 将会被复制并传给新生子代细胞。正常细胞周期会在 *START* 检查点程序化地停止，以确保在 DNA 复制前损伤被修复。相反，*START* 检查点出现问题时，细胞未修复损伤 DNA 就进入了 S 期。经过一系列细胞周期后，未修复的 DNA 经过复制会产生并积累突变，从而使细胞周期失去控制。*START* 检查点失效的细胞克隆因此演变成恶性肿瘤。

21.1.3　癌症与程序性细胞死亡

　　在许多动物中，多余的细胞会启动自身所携带的程序性细胞死亡程序而被清除。这种程序性细胞死亡（programmed cell death）最先在秀丽隐杆线虫（*Caenorhabditis elegans*）中被发现。在线虫发育中，从受精卵开始，经大约 10 个细胞周期会丢失其中的一些细胞。Robert Horvitz 和他的同事通过遗传分析发现，在某些基因突变品系的秀丽隐杆线虫中这些细胞的丢失并不发生。因此，程序性细胞死亡是动物正常发育中的一部分，受到遗传控制。许多脊椎动物手和足的发育过程中，手指和脚趾之间的细胞必须死亡，否则，手指或脚趾会融合。因此，动物的程序性细胞死亡是一种重要且普遍的现象。没有程序性细胞死亡，器官的形成和正常功能都会被多余的细胞阻碍。

　　程序性细胞死亡也是一种防御癌症发生的重要机制。如果一个异常复制的细胞死亡，它就不能发展成危险性的肿瘤。因此，程序性细胞死亡是生物对付不受控制的细胞分裂的一个重要机制。

　　程序性细胞死亡称为细胞凋亡（apoptosis）。触发细胞凋亡的原因目前还不完全清楚，目前已知胱天蛋白酶（caspase）家族在细胞凋亡中起重要作用。caspase 通过裂解肽键清除其他蛋白，酶解后的靶蛋白就会失活。caspase 能够攻击多种蛋白质，包括组成核孔复合物内层的核纤层蛋白和几种细胞骨架蛋白。这些蛋白的裂解使得细胞丧失完整性，染色质变成碎片，细胞质形成空泡，并且开始萎缩。细胞通常被免疫系统的"清道夫"

巨噬细胞所吞噬而瓦解清除。假如细胞凋亡机制被破坏或者失效，原本应该凋亡的细胞就会幸存而增殖，这样的细胞如果不受控制地分裂就有可能形成肿瘤。

21.1.4　癌症的遗传基础

人们对于癌症的认识主要借助于分子遗传学技术的开发和应用，大量研究已证实癌症是由遗传变异导致的。第一，癌症的状态是可以遗传的。当体外培养癌细胞时，它们的后代仍是癌细胞，细胞分裂使癌细胞表型传给了每一个子代细胞。这个现象表明癌症具有遗传基础。第二，已证实一些病毒在实验动物中能诱导肿瘤的形成。病毒诱导的癌症表明病毒基因所编码的蛋白质与癌症产生有关。第三，癌症能被一些引起突变的药物所诱导。已证实致突变化合物和电离辐射在实验动物中能够诱导癌症的发生。另外，大量流行病学资料显示这些物质是人类癌症发生的原因。第四，已知某些癌症的发生具有家族性的倾向。例如，眼癌（视网膜母细胞瘤）是一种很罕见的可遗传性癌症，一些特殊类型的直肠癌是受显性基因控制的遗传病，这些受遗传调控的癌症发生具有不完全的外显率并具有一定的可变性。第五，一些类型的癌症如白血病与特定染色体的易位有关。总而言之，这些观察都表明癌症是由遗传变异所导致的，所有的癌症可能都有遗传基础，或是遗传突变，或是人体细胞中获得性突变。

20 世纪 80 年代，当第一次用分子遗传学技术研究癌症时，研究人员发现在这些癌症患者中确实能检测到特定的遗传缺陷。通常是多个遗传错误使一个正常细胞转化为癌细胞。癌症研究者已经鉴定出了两大类基因，当这些基因突变时，正常细胞可以转化为癌细胞。其中一类基因突变促使细胞分裂，称为癌基因（oncogene）；另一类基因突变使细胞分裂失去控制，称为肿瘤抑制基因（tumor suppressor gene）。

21.2　癌　基　因

许多癌症伴随着某些基因的过表达或者突变蛋白产物的异常活性。癌基因包括一大类在细胞生化活性调控中起重要作用的基因例如调控细胞分裂的基因。这些基因最先在那些能诱导脊椎动物宿主发生肿瘤的 RNA 病毒基因组中被发现。后来，从果蝇到人类基因组中也发现了与这些病毒癌基因相对应的基因。

21.2.1　诱导肿瘤的反转录病毒和病毒癌基因

关于癌症遗传基础的重要观点来自诱导肿瘤的病毒研究。许多致癌病毒的基因组是 RNA 而不是 DNA。这些病毒进入宿主细胞后，以其 RNA 作为模板反转录合成互补的 DNA，然后插入宿主细胞的染色体中。以 RNA 为模板合成 DNA 所需要的酶是反转录酶。由于这些病毒有与正常遗传信息流从 DNA 到 RNA 相反的过程，生物学家将其称为反转录病毒（retrovirus）。

肿瘤诱导病毒最先于 1910 年被 Peyton Rous 发现。该病毒能引起一种特殊的肿瘤，是一种鸡结缔组织的肉瘤，此后这一病毒被称为劳斯肉瘤病毒。研究表明，反转录病毒的 RNA 基因组中包含 4 个基因：*gag*，编码病毒的衣壳蛋白；*pol*，编码反转录酶；*env*，编码病毒包装蛋白；*v-src*，编码一个插入宿主细胞质膜的蛋白激酶，这种激酶的特点是能磷酸化其他蛋白质。在病毒含有的 4 种基因中，只有 *v-src* 基因具有诱导形成肿瘤的能力。*v-src* 基因敲除的病毒具有侵染性但是不能诱导肿瘤形成。这些像 *v-src* 一样能够诱导癌症的基因被为癌基因。

目前，在诱导肿瘤的反转录病毒研究中已经发现了至少 20 种病毒癌基因，常命名为 *v-onc*（表 21-1）。有些癌基因编码细胞生长因子。例如，*v-sis* 是一种来自猿肉瘤病毒的癌基因，其编码血小板源性生长因子（platelet-derived growth factor，PDGF）。PDGF 通常由血小板产生，可以促使伤口愈合，刺激伤口细胞的生长。携带 *v-sis* 基因的猿肉瘤病毒能够诱导猴子肿瘤发生，也能使培养的细胞转化为癌细胞状态，通过产生大量的 PDGF，导致细胞不受控制地生长。

表 21-1 反转录病毒癌基因

癌基因	病毒	宿主	基因产物
v-abl	Abelson 啮齿类白血病病毒	小鼠	酪氨酸激酶
v-erbA	禽类成红细胞增多症病毒	鸡	甲状腺激素受体类似物
v-erbB	禽类成红细胞增多症病毒	鸡	表皮生长因子受体（EGFR）
v-fes	ST 猫肉瘤病毒	猫	酪氨酸激酶
v-fgr	Gardner-Rasheed 猫肉瘤病毒	猫	酪氨酸激酶
v-fms	McDonough 猫肉瘤病毒	猫	集落刺激因子 1 受体（CSF-1R）类似物
v-fos	FJB 骨肉瘤病毒	小鼠	转录激活蛋白
v-fps	Fuginami 肉瘤病毒	鸡	酪氨酸激酶
v-jun	禽类肉瘤病毒 17	鸡	转录激活蛋白
v-mil（*mht*）	MH2 病毒	鸡	丝氨酸/苏氨酸激酶
v-mos	Moloney 肉瘤病毒	小鼠	丝氨酸/苏氨酸激酶
v-myb	禽类成髓细胞瘤病毒	鸡	转录因子
v-myc	MC29 髓细胞组织增生病毒	鸡	转录因子
v-raf	3611 啮齿类肉瘤病毒	小鼠	丝氨酸/苏氨酸激酶
v-H-ras	Harvey 啮齿类肉瘤病毒	大鼠	GTP 结合蛋白
v-K-ras	Kristen 啮齿类肉瘤病毒	大鼠	GTP 结合蛋白
v-rel	网状内皮组织增生病毒	火鸡	转录因子
v-ros	UR II 禽类肉瘤病毒	鸡	酪氨酸激酶
v-sis	猿肉瘤病毒	猴	血小板源性生长因子（PDGF）
v-src	劳斯肉瘤病毒	鸡	酪氨酸激酶
v-yes	Y73 肉瘤病毒	鸡	酪氨酸激酶

一些病毒癌基因编码生长因子或激素受体样蛋白。例如，来源于禽类成红细胞增多症病毒的 *v-erbB* 编码的蛋白质与细胞表皮生长因子受体（epidermal growth factor receptor，EGFR）相似；来源于 McDonough 猫肉瘤病毒的 *v-fms* 编码的蛋白质与集落刺激因子 1 受

体（CSF-1R）相似。这些病毒癌基因所编码的生长因子受体都是跨膜蛋白，具有胞外的生长因子结合域和胞内的蛋白激酶结构域。胞内蛋白激酶结构域能够磷酸化下游靶蛋白的特定氨基酸，通常是酪氨酸。

许多病毒癌基因如 *v-src* 编码一种不跨膜的酪氨酸激酶。这些蛋白位于细胞膜内表面，发挥磷酸化功能。*v-ras* 癌基因编码 GTP 结合蛋白，其类似宿主细胞 G 蛋白，在调节 cAMP 水平中发挥重要作用。

一些病毒癌基因编码的蛋白质具有明显的转录因子功能。*v-jun*、*v-fos* 和 *v-myc* 由不同的反转录病毒携带，所编码的蛋白质与宿主细胞 DNA 结合蛋白和转录因子类似。

每一种病毒癌基因所编码的蛋白质理论上能调控宿主细胞的生物活性及基因表达。除了细胞生长和分裂相关的基因，一些病毒编码蛋白可能作为刺激某种细胞活动的信号分子；一些可能作为受体接收这些信号或者作为从细胞膜传递信号至细胞核内的信号传递物质；一些癌基因编码的蛋白质可能作为转录因子刺激基因转录。

21.2.2 病毒癌基因的细胞同源基因：原癌基因

病毒癌基因编码的蛋白质与宿主细胞内有重要调控功能的蛋白质分子结构相似，一些宿主细胞同源物的鉴定是通过分离筛选病毒癌基因而获得的。例如，*v-src* 基因的细胞同源物是通过筛选未感染鸡细胞的基因组文库而获得的。这种筛选以 *v-src* 基因作为探针去检测宿主细胞基因组，通过筛选出的克隆分析发现鸡细胞包含一个 *v-src* 类似基因。然而，这个宿主基因与整合的肉瘤病毒没有关系，它与 *v-src* 基因有很大不同，具有内含子（图 21-3）。事实上，鸡 *v-src* 基因的同源基因 *c-src* 有 11 个内含子，而 *v-src* 基

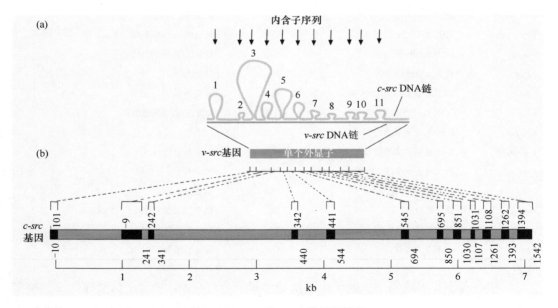

图 21-3 *v-src* 和 *c-src* 的基因结构

（a）内含子丢失的 *v-src* 基因。（b）具有 11 个内含子的 *c-src* 基因（蓝色方块为内含子，黑色方块为外显子）

因没有内含子。这个发现表明，*v-src* 基因可能从正常细胞基因 *c-src* 进化而来，但伴随着内含子的丢失。

病毒癌基因的细胞同源基因称为原癌基因（proto-oncogene），也称正常细胞癌基因，缩写为 *c-onc*。*v-src* 细胞同源基因也因此写为 *c-src*。这两个基因的编码序列非常相似，仅 18 个核苷酸不同；*v-src* 编码含 526 个氨基酸的蛋白质，*c-src* 编码含 533 个氨基酸的蛋白质。以 *v-onc* 作为探针，已经筛选分离出了许多其他物种包括人细胞 *c-onc* 基因。这些细胞原癌基因在结构上表现出极大的保守性。例如，从果蝇到脊椎动物所携带的细胞原癌基因如 *c-abl*、*c-erbB*、*c-fps*、*c-raf*、*c-ras* 和 *c-myb* 编码的蛋白结构非常相似。来自不同物种的原癌基因相似性表明它们编码的蛋白质具有重要的细胞功能。

为什么 *c-onc* 有内含子而 *v-onc* 没有？最有可能的答案是 *v-onc* 起源于 *c-onc*，通过将成熟的宿主细胞 *c-onc* mRNA 插入反转录病毒的基因组中，包装有重组分子的病毒颗粒在感染细胞时产生 *c-onc* 基因。在感染阶段，重组 RNA 反转录为 DNA，然后整合到宿主细胞染色体中。在许多情况下，原癌基因的获得常伴随着一些病毒遗传物质的丢失。由于这些丢失的物质是病毒复制必需的，因此这些含原癌基因的病毒仅仅在辅助病毒存在的情况下才能繁殖。

为什么 *v-onc* 诱导肿瘤，而正常的 *c-onc* 却不能？这可能与一些情况有关。病毒癌基因 *v-onc* 可能比细胞原癌基因 *c-onc* 产生更多的蛋白质产物，可能与插入的病毒基因组 *v-onc* 被增强子激活转录有关。例如，在鸡的癌细胞中，*v-src* 基因比 *c-src* 基因多产生 100 多倍的酪氨酸激酶，极其过量的酪氨酸激酶明显扰乱了控制细胞分裂的精细信号机制，从而触发不受控制的细胞分裂。一些 *v-onc* 基因可能通过在不恰当的时间表达癌蛋白从而诱发肿瘤，也可能与 *v-onc* 基因不同突变体所编码的蛋白质活性有关。

21.2.3　突变细胞的原癌基因和癌症

c-onc 的产物在调控细胞活动中扮演重要角色。因此，这些基因的突变能够扰乱细胞的生化平衡并使其向癌症转化。许多类型的癌症研究证明，细胞原癌基因突变与癌症发生密切相关。

c-onc 突变与癌症之间的关系最先来自人膀胱癌研究。与膀胱癌有关的 *c-onc* 突变由 Robert Weinberg 和他的同事通过转染实验鉴定（图 21-4）。首先从癌组织中抽提 DNA 并打成片段，然后将这些片段连接到细菌 DNA 作为分子标记。标记的 DNA 片段转导或转染至培养的细胞中，以检测其能否将细胞转化为癌细胞。这种转化能够通过在软琼脂板上培养观察是否形成团块或斑块予以鉴定。如果能，将进一步测试该 DNA 片段诱导癌症的能力。经过几次测试，Weinberg 研究团队从膀胱癌组织中分离出了一个 DNA 片段，其能够转化正常细胞为癌细胞。该 DNA 片段携带有 *c-H-ras* 原癌基因的一个等位基因，即 Harvey 啮齿类肉瘤病毒中癌基因的同源物。DNA 序列分析表明，该基因的第 12 个密码子发生了突变，缬氨酸替换了正常 c-H-Ras 蛋白相同位置的甘氨酸。

目前，已初步认识这种突变是如何导致癌症的。与病毒癌基因不同，突变的 *c-H-ras* 原癌基因并不合成异常大量的蛋白质。第 12 个密码子位置的缬氨酸替换成甘氨酸导致突变蛋白稳定结合 GTP 而不被水解，持续保持活化状态，刺激细胞不受控制地分裂（图 21-5）。

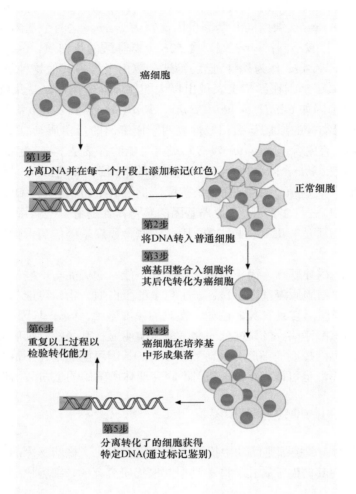

图 21-4　通过转染实验鉴定 DNA 片段将正常细胞转化成癌细胞的能力

目前研究人员已在多种肿瘤类型中检测到 c-H-ras（斜体）原癌基因突变体，包括肺癌、结肠癌、乳腺癌、前列腺癌和膀胱癌等上皮细胞癌，以及神经母细胞瘤（神经细胞肿瘤）、纤维肉瘤（结缔组织肿瘤）、畸胎瘤（包含不同胚胎细胞类型的肿瘤）等。在这些肿瘤中，*c-H-ras* 突变体包含了 3 个位置（12、59、61）的氨基酸改变，每一个突变都破坏 Ras 蛋白活性调节能力，导致 Ras 蛋白信号持续激活，进而刺激细胞不断生长和分裂。在这些癌症中，可以仅一个 *c-H-ras* 基因拷贝发生突变，单个突变的等位基因引发癌症的能力呈现显性。*c-H-ras* 和其他一些细胞原癌基因的致癌突变是细胞生长失控的显性激活因子。

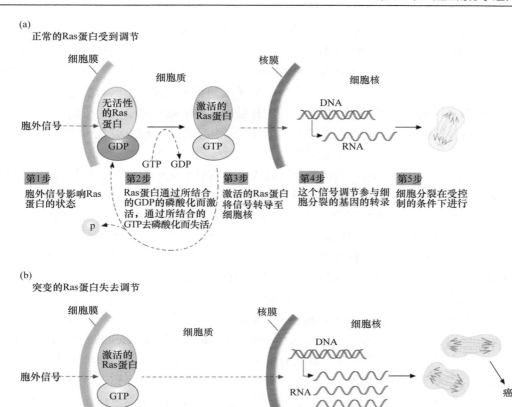

图 21-5　Ras 蛋白信号和癌症

（a）*ras* 基因编码的 Ras 蛋白是具有与 GTP 或 GDP 结合活性的膜蛋白。正常情况下，Ras 蛋白结合 GDP 处于无活性状态，当受到胞外信号如生长因子等刺激时，Ras 蛋白结合 GTP 转为活性形式。被激活的 Ras 将信号传递至细胞核，进而诱导参与细胞分裂的基因表达。由于这种信号转导是间断且受调控的，细胞分裂以可控的方式发生。（b）突变的 Ras 蛋白多处在活化状态，使得激活信号被持续传递至细胞核内，最终导致细胞分裂失去控制，这是癌症的标志特征

　　细胞原癌基因的显性激活突变很少通过生殖细胞遗传，而是在体细胞分裂过程中随机发生。因为人的一生中的细胞分裂数量是巨大的，超过 10^{16} 次，有成千上万的潜在原癌基因突变发生，如果每一个突变都作为不受控制细胞生长的显性激活因子，那么理论上肿瘤的发生将很难避免。然而，许多人都能长寿而不患癌症。对于这个悖论的解释是，一个原癌基因突变本身并不能诱导癌症，但是当几个不同生长调控基因都发生了突变后，细胞不能代偿多个突变的影响，其生长就会变得不受控制从而向癌症转化。许多癌细胞至少有一个这样的有害突变发生在细胞原癌基因中，因此，这类基因在人类癌症发生中扮演重要角色。

21.2.4　染色体易位与癌症

　　首先介绍一下我国首例染色体易位致病基因的克隆过程。1986 年，陈赛娟教授被学

校派往巴黎第七大学攻读细胞遗传学博士学位，师从国际著名细胞遗传学家洛朗·贝尔杰，自此白血病研究成为陈赛娟教授一生追求的事业。她凭借对科研的痴情与不懈探索，在国际上首次克隆出白血病 bcr 基因长达 94kb 的区域，并揭示出白血病费城染色体（Ph 染色体）形成的分子模型，实现了白血病研究领域的重大突破。声名赫奕之时，陈赛娟教授毅然放弃国外优越的科研、生活条件选择回国，在上海血液学研究所创建分子生物学与细胞遗传学实验室，并以王振义院士的全反式维甲酸诱导分化疗法治疗 APL 为切入点，开展白血病的发病机制和靶向治疗研究。

1990 年，一位 APL 患者在接受全反式维甲酸诱导分化治疗后并未见好转，陈赛娟教授对这一意料之外的结果非常困惑并决心探明原因。历经一年多的潜心研究后发现，该名患者细胞内存在染色体易位 t（11；17）（q23；q21），位于 11 号染色体的新基因与 17 号染色体的维甲酸受体 α 基因（RARα）发生融合，之后陈赛娟教授在体外成功克隆出该基因，将其命名为早幼粒细胞白血病锌指基因（PLZF），实现了我国在人类疾病基因克隆领域零的突破，为白血病治疗提供了新思路和新靶点。

某些类型的癌症与染色体易位（chromosomal translocation）有关。例如，慢性髓细胞性白血病（chronic myelogenous leukemia，CML）与 22 号染色体的异常有关。这种异常的染色体首先在美国费城被发现，因此也称为费城染色体（Philadelphia chromosome）。最初研究人员认为 22 号染色体长臂仅有一个缺失突变，然而，随后用分子遗传学技术分析发现，费城染色体是由 9 号和 22 号染色体之间发生易位所导致。在费城染色体易位中，9 号染色体长臂的末端连接到了 22 号染色体上，而 22 号染色体长臂的末梢连接到了 9 号染色体上（图 21-6）。9 号染色体发生易位的位置是在 c-abl 原癌基因上，其编码酪氨酸激酶，22 号染色体发生易位位置的基因是 bcr。通过易位，bcr 和 c-abl 基因连接在一起，产生了一个融合基因，其多肽产物氨基端是 Bcr 蛋白，羧基端是 c-Abl 蛋白。现在还不完全清楚为什么这个融合蛋白能够引起白血病，有研究分析可能的原因是其包含了 c-Abl 蛋白的酪氨酸激酶活性，该激酶活性在正常细胞中是被严格控制的，但在产生融合蛋白的细胞中失去控制。在这种情况下，c-Abl 蛋白酪氨酸激酶功能由于 bcr/c-abl 基因融合而持续被激活，因此这种基因融合是 c-Abl 蛋白酪氨酸激酶功能的显性激活因子。c-Abl 蛋白酪氨酸激酶活性的失调导致一些靶蛋白如细胞周期蛋白异常磷酸化。这些靶蛋白的磷酸化能够引发细胞不受控制地生长和分裂。

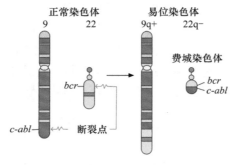

图 21-6　费城染色体的相互易位与慢性髓细胞性白血病有关

9 号染色体的 c-abl 基因与 22 号染色体 bcr 基因发生易位融合

伯基特淋巴瘤（Burkitt lymphoma）是另一种与易位有关的肿瘤。这种易位发生在 8 号染色体和其他三个染色体（2 号、14 号、22 号）之间，包括编码免疫球蛋白（即抗体）的基因。8 号与 14 号染色体的易位最常见（图 21-7），位于 8 号染色体长臂的 *c-myc* 原癌基因易位到 14 号染色体长臂的免疫球蛋白重链基因（*IGH*）上。结果由 t（8；14）易位导致 *IGH/c-myc* 融合基因产生，使原来表达免疫球蛋白重链的免疫 B 细胞也过量表达 *c-myc* 原癌基因。*c-myc* 基因编码促进细胞分裂的转录因子，*IGH/c-myc* 融合基因所导致的 *c-myc* 过量表达促进肿瘤发生。

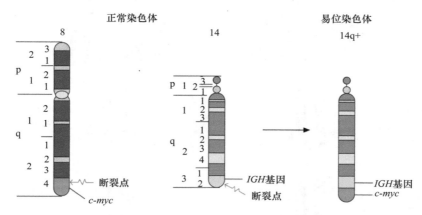

图 21-7　t（8；14）易位参与伯基特淋巴瘤的发生

易位的 14 号染色体上（14q+）携带着 *c-myc* 原癌基因和免疫球蛋白重链基因（*IGH*）

21.3　肿瘤抑制基因

正常等位基因如 *c-ras* 和 *c-myc* 表达调控细胞周期的蛋白质，当这些基因过量表达时，它们产生的蛋白质是显性激活因子，细胞将会发生癌变。但是一些肿瘤癌变过程常需要其他基因突变，这些基因通常负责限制正常细胞生长，被称作抑癌基因，也常称为肿瘤抑制基因。许多癌症涉及这些基因的失活。

21.3.1　遗传的肿瘤和 Knudson 二次打击假说

许多肿瘤抑制基因最先是通过分析罕见肿瘤时被发现的，这些罕见肿瘤常常遵循显性遗传模式。这种肿瘤易感性是肿瘤抑制基因的功能缺失性杂合突变导致的，当体细胞发生二次突变时肿瘤发生，此时突变敲除了野生型肿瘤抑制基因的等位基因。因此，肿瘤的发生需要肿瘤抑制基因等位基因两次功能缺失突变，即肿瘤抑制基因两个拷贝每个都发生一次突变。

1971 年，Alfred Knudson 在研究一种罕见并且可遗传的视网膜母细胞瘤时提出了二次打击假说（two-hit hypothesis）。这种眼癌的发病率是 5/100 000。家系分析表明大约 40%的病例包含一个遗传突变，携带该突变的个体预期会发展成为癌症。另外的 60%病例无法追溯到特定的遗传突变，非遗传的案例属于散发。根据统计分析，Knudson 认为遗传的和散发的视网膜母细胞瘤发生是因为特定基因的两个拷贝失活（图 21-8）。在遗传的病例中，一个等位基因失活突变通过生殖细胞传递，另一个等位基因则在眼发育过程中发生体细胞突变。在散发病例中，等位基因两次失活突变均发生在眼体细胞发育过程中。因此，无论哪一种视网膜母细胞瘤，都需要两次突变导致抑制眼肿瘤形成的基因功能失活。

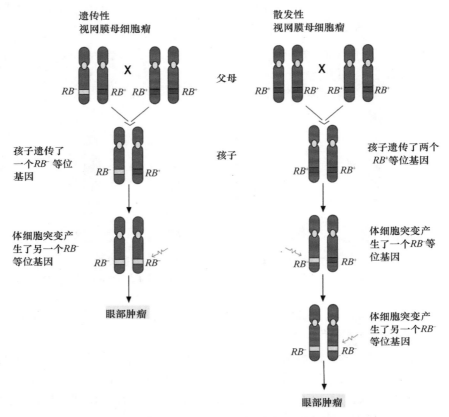

图 21-8　Knudson 的假说解释了视网膜母细胞瘤的遗传和散发病例
两个无义突变可导致 *RB* 基因功能的丧失

随后的研究证明了 Knudson 二次打击假说。首先，研究发现视网膜母细胞瘤病例与 13 号染色体长臂的一段缺失有关，这段缺失区域含有 *RB* 基因，其通常能抑制视网膜母细胞瘤。研究人员根据精细的细胞遗传图谱确定了 *RB* 基因位于染色体 13q14.2 区域，并通过克隆技术分离出该基因，进而确定了 *RB* 基因的序列、结构和表达模式。在癌组织中可以检测到 *RB* 基因突变，因此认为 *RB* 基因是视网膜母细胞瘤的致病候选基因。通过细胞培养实验发现野生型 *RB* 等位基因的 cDNA 能够逆转癌细胞特性，证实 *RB* 基因编码的蛋白具有肿瘤抑制活性。RB 蛋白在细胞内普遍表达，并与调控细胞周期的转录因子家族相互作用。

Knudson 二次打击假说被应用于其他的遗传性肿瘤，包括肾母细胞瘤（Wilms tumor）、利-弗劳梅尼综合征（Li-Fraumeni syndrome）、神经纤维瘤、希佩尔-林道病（von

Hippel-Lindau disease）、结肠癌和乳腺癌等（表 21-2）。这些肿瘤病例包含不同的肿瘤抑制基因。例如，肾母细胞瘤是泌尿系统癌症，相关的肿瘤抑制基因 *WT1* 位于 11 号染色体短臂；1 型神经纤维瘤是一种良性肿瘤和皮肤损坏性疾病，它的肿瘤抑制基因 *NF1* 位于 17 号染色体长臂；家族性腺瘤性息肉病（familial adenomatous polyposis，FAP）可发展成结直肠肿瘤，相关的肿瘤抑制基因 *APC* 位于 5 号染色体长臂。这三种疾病罕见但具有遗传性，可在部分病例中检测到相关肿瘤抑制基因的遗传突变。

表 21-2　遗传性癌症综合征

综合征	原发肿瘤	基因	染色体定位	推测的蛋白质功能
家族性视网膜母细胞瘤	视网膜母细胞瘤	*RB*	13q14.3	细胞周期与转录调节
利-弗劳梅尼综合征	肉瘤、乳腺癌	*TP53*	17p13.1	转录因子
家族性腺瘤性息肉病（FAP）	直肠癌	*APC*	5q21	β-联蛋白的调节
遗传性非息肉病性结直肠癌（HNPCC）	直肠癌	*MSH2*	2p16	DNA 错配修复
		MLH1	3p21	
		PMS1	2q32	
		PMS2	7p22	
1 型神经纤维瘤	神经纤维瘤	*NF1*	17q11.2	Ras 介导的信号通路调节
2 型神经纤维瘤	听觉神经瘤、脑膜瘤	*NF2*	22q12.2	连接膜蛋白与细胞骨架
肾母细胞瘤	肾母细胞瘤	*WT1*	11p13	转录阻遏物
1 型家族性乳腺癌	乳腺癌	*BRCA1*	17q21	DNA 修复
2 型家族性乳腺癌	乳腺癌	*BRCA2*	13q12	DNA 修复
希佩尔-林道病	肾癌	*VHL*	3p25	转录延伸的调节
家族性黑色素瘤	黑色素瘤	*p16*	9p21	CDK 抑制剂
共济失调毛细血管扩张症	淋巴瘤	*ATM*	11q22	DNA 修复
布卢姆综合征（Bloom syndrome）	实体瘤	*BLM*	15q26.1	DNA 解旋酶

21.3.2　肿瘤抑制蛋白的细胞功能

1% 的癌症是可遗传的，目前超过 20 种不同的遗传性肿瘤综合征相关致病基因已被鉴定，研究表明，几乎所有的疾病都存在肿瘤抑制基因缺陷，而不是原癌基因突变。这些肿瘤抑制基因编码的蛋白质参与细胞过程的方方面面，包括细胞分裂、分化、凋亡和 DNA 修复等。下面我们介绍一些肿瘤抑制蛋白的作用。

21.3.2.1　pRB 蛋白

最近研究发现 RB 肿瘤抑制蛋白在细胞周期调控中发挥重要作用。尽管研究发现 *RB* 基因除与视网膜母细胞瘤相关外，该基因突变也与其他类型的癌症如小细胞肺癌、骨癌、膀胱癌、宫颈癌和前列腺癌等有关。与人 *RB* 基因同源的小鼠基因缺失突变后会导致发育早期胚胎死亡，表明 *RB* 基因产物对于维持生命体至关重要。

　　RB 基因编码一个 105kDa 的细胞核内蛋白，也称为 pRB，参与细胞周期调控。研究人员在哺乳动物基因组中发现了两个与 *RB* 同源的基因，分别编码 p107 和 p130（都以分子量命名），它们可能都在细胞周期调控中发挥重要作用，但目前没有发现人类肿瘤有这两个基因的失活突变。小鼠同源基因的缺失突变并没有表现出表型异常，然而这两个同源基因同时缺失突变则导致小鼠在出生后很快死亡。因此，RB 蛋白家族成员 p107 和 p130 同样参与重要的细胞进程。

　　分子和生化分析阐明了 pRB 在细胞周期调控中的作用（图 21-9）。在 G$_1$ 期的早期，pRB 结合 E2F 蛋白，后者属于控制细胞进入细胞周期的 E2F 转录因子家族。当 E2F 转录因子结合 pRB 时，它们不能结合靶基因的特异启动子序列，使得这些靶基因编码的细胞周期因子不能产生，DNA 合成和细胞分裂停止。G$_1$ 期晚期，pRB 被 cyclin/CDK 复合物作用而磷酸化，随后 pRB 释放结合的 E2F 转录因子，这些释放的 E2F 转录因子能够结合启动子而激活它的靶基因，靶基因编码的蛋白质能够促使细胞进入 S 期，而后开始有丝分裂。有丝分裂后，子代细胞 pRB 呈去磷酸化状态，这样子代细胞进入新的细胞周期的静息期。

　　这个有序又有节奏的细胞周期进程在癌细胞中是被打乱的。不仅视网膜母细胞瘤，其他许多类型的癌症 *RB* 基因也均为双拷贝失活，突变方式包括缺失突变和使得结合转

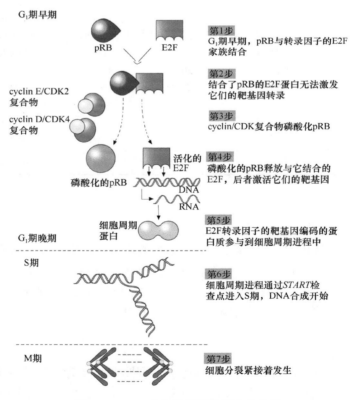

图 21-9　pRB 在细胞周期进程中的作用

pRB 通过与 E2F 转录因子互作，负性调节细胞停滞在 G$_1$ 期，当 pRB 被 cyclin/CDK 复合物磷酸化时能够快速释放 E2F 转录因子，使其激活下游靶基因转录，编码的蛋白质负责协助细胞通过 *START* 检查点进入 S 期

录因子 E2F 能力丧失的其他突变类型。pRB 结合这些转录因子能力的缺失使后者能激活它们的靶基因，由此驱动细胞开始 DNA 合成和细胞分裂，也就是细胞分裂过程的刹车失灵了。当这个刹车失灵时，细胞就倾向于快速进入细胞周期。假如其他的细胞周期刹车装置同时失灵，那么细胞就会无休止地分裂从而形成肿瘤。

21.3.2.2　p53

肿瘤抑制蛋白 p53（分子质量 53kDa）是在研究一种 DNA 病毒诱导肿瘤的作用时被发现的。这个蛋白质由肿瘤抑制基因 *TP53* 编码。*TP53* 遗传突变与利-弗劳梅尼综合征有关，属于常染色体显性遗传，以并发多种类型癌症为主要特征。事实上，*TP53* 基因的两个拷贝的体细胞突变与多种癌症相关，这种基因突变在大多数人类肿瘤中均有发现。p53 功能的丧失是癌症发生的重要一步。

p53 是由 393 个氨基酸组成的转录因子，含有 3 个结构域：N 端转录激活结构域（TAD）、中间的 DNA 结合结构域（DBD）和 C 端寡聚结构域（OD）[图 21-10（a）]。

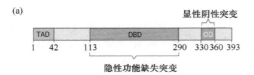

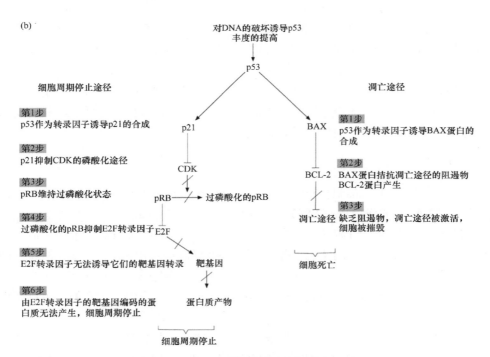

图 21-10　p53 的结构和其在 DNA 损伤中的作用

（a）p53 的核心结构域。TAD. 转录激活结构域；DBD. DNA 结合结构域；OD. 寡聚结构域。（b）p53 在 DNA 损伤应答中的作用，如图所示有两种途径。→表示促进或定向改变，如蛋白质合成或磷酸化，蛋白质催化反应或一个基因表达；——表示负性调节，如蛋白质合成受阻或活性被抑制，信号通路被阻断；╫或╪表示促进或负性调节被阻断

失活的 p53 突变大多数位于 DBD 区域，这些突变显然损伤或者破坏了 p53 结合靶基因中特定 DNA 序列的能力，进而阻止这些下游基因的转录激活。因此，DBD 突变属于典型的隐性功能缺失突变。一些突变也发现在 OD 区，带有这些突变的 p53 与野生型 p53 二聚化，并阻止野生型 p53 转录激活功能。因此，p53 OD 区突变具有显性负调控效应。

p53 在细胞压力应答中也发挥重要作用 [图 21-10 (b)]。正常细胞 p53 水平很低，但是当细胞经 DNA 损伤如辐射处理后，p53 水平就会显著升高。这种对 DNA 损伤的应答是通过减少 p53 降解而实现的。当 DNA 损伤时，p53 被磷酸化，变成一种稳定且有活性的 p53 形式。一旦 p53 被激活，它就可以促进那些阻止细胞分裂的基因转录如 p21，使细胞周期处于停滞状态，从而允许损伤的 DNA 被修复。如果 DNA 损伤严重，p53 可激活细胞凋亡相关基因如 BAX 基因。

阻止细胞分裂的一个重要因子是 p21，由 p53 转录激活。p21 是 cyclin/CDK 复合物的抑制子。当 p21 被合成用来应对细胞 DNA 损伤压力时，cyclin/CDK 复合物也被抑制，细胞分裂停止，这时损伤的 DNA 能够被修复。因此，p53 对于细胞分裂来说起到刹车作用，这个刹车使得细胞保持遗传完整性。那些缺乏 p53 功能的细胞就没有这个刹车功能，因此 p53 失活也是癌症发生的重要环节。

在应对细胞应激时，p53 也能够引发受损细胞的程序性死亡即凋亡，而不是对细胞损伤进行精心修复。p53 介导的凋亡还没有完全清楚。一种机制是由 BAX 基因编码的蛋白质产物所参与的。BAX 蛋白是 BCL-2 蛋白的拮抗物，促进细胞凋亡，而 BCL-2 蛋白能抑制细胞凋亡。当 BAX 基因被 p53 转录活化后，该蛋白质产物与 BCL-2 蛋白形成异二聚体，抑制 BCL-2 蛋白抗凋亡功能，而较多的 BAX 形成同源二聚体，随后激活细胞凋亡途径。

但令人奇怪的是，在胚胎发生期 p53 似乎没有起到重要的作用。TP53 基因敲除的纯合子小鼠发育正常，但随着年龄的增长，小鼠出现肿瘤。因此，虽然 p53 具有重要作用，但 p53 似乎并不影响胚胎发育过程。

21.3.2.3 pAPC 蛋白

pAPC 蛋白是在研究结肠腺瘤性息肉病（adenomatous polyposis coli，APC）中被发现的。这个 310kDa 的蛋白质有 2843 个氨基酸 [图 21-11 (a)]，可调控结肠上皮细胞的增殖与分化。虽然调节机制尚不完全清楚，但研究表明，当 pAPC 功能丢失时，结肠上皮细胞保持在一个不分化的状态。随着这些细胞继续分裂，结肠上皮可形成良性肿瘤，称为"息肉"或"腺瘤"，这种情况见于一种罕见的常染色体显性遗传病，称为家族性腺瘤性息肉病（familial adenomatous polyposis，FAP）。在西方国家，它的发生频率大约是 1/7000。

FAP 患者在青少年时就发生多个腺瘤。虽然腺瘤起初是良性的，但很可能发展为恶性肿瘤。在美国，携带 FAP 突变体的恶性结肠癌患者平均年龄为 42 岁，这是一个相对较早的年龄。携带 FAP 杂合突变的肠道中会发生多发腺瘤，因为他们携带的野生型 APC 等位基因在肠上皮细胞的自然再生过程中会多次突变。当这种变异多次发生后，细胞失去合成功能性 pAPC 蛋白的能力。这种蛋白质的缺失会使细胞分裂过程不受限制。

　　在机制上，pAPC 蛋白通过与细胞内 β-联蛋白（β-catenin）结合来调节细胞分裂。β-联蛋白也会与其他蛋白质如转录因子结合，激活促细胞分裂的基因表达［图 21-11（b）］。信号诱导的细胞增殖对于肠上皮再生是一个必要的过程，因为肠上皮每天失去大量的细胞，如人类大约有 10^{11} 个细胞丢失，丢失的细胞必须由细胞分裂所产生的新鲜细胞替代。正常情况下，成熟上皮细胞会失去分裂能力。细胞从分裂到不分裂状态的转化是由成熟上皮细胞不接受额外的细胞信号刺激所致。在没有信号的情况下，pAPC 蛋白

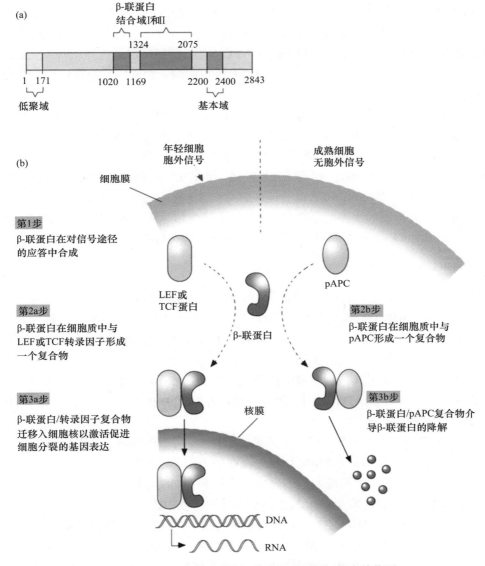

图 21-11　pAPC 的结构和其在细胞周期调控中的作用

（a）pAPC 的核心结构域，数字表示氨基酸在多肽链的位置。（b）pAPC 通过与 β-联蛋白互作影响细胞周期进程，β-联蛋白能够激活 LEF 或 TCF 转录因子，进而促进细胞分裂相关的下游靶基因转录。年轻（低分化）细胞中，细胞外信号会激活 β-联蛋白-LEF/TCF 转录因子复合物，刺激细胞分裂，而在成熟细胞中，pAPC 通过与 β-联蛋白互作，阻止其作用于转录因子，抑制细胞分裂。LEF. 淋系增强子结合因子；TCF. T 细胞因子

和 β-联蛋白在细胞质中形成复合物，并介导 β-联蛋白降解。在成熟上皮细胞中，由于 pAPC 蛋白使 β-联蛋白维持在低水平，β-联蛋白不会激活转录以刺激细胞分裂。当 pAPC 蛋白变异时，细胞失去控制 β-联蛋白的能力，因此 β-联蛋白活性增高，促进细胞保持分裂的活力，并且 pAPC 蛋白变异细胞无法分化为成熟上皮细胞，导致肠道内肿瘤形成。因此，正常 pAPC 蛋白在抑制肿瘤形成过程中发挥重要作用。

21.3.2.4　hMSH2 蛋白

hMSH2 是在细菌和酵母中发现的 DNA 修复蛋白 MutS 的人类同源蛋白，本部分内容以遗传性非息肉病性结直肠癌（hereditary nonpolyposis colorectal cancer, HNPCC）研究为例，阐述 hMSH2 与人类癌症的关系。HNPCC 是一种显性常染色体疾病，发病率约为 1/500。与 FAP 不同，HNPCC 的特征是伴有少数腺瘤，由其中一个腺瘤逐渐演变为恶性肿瘤。

研究人员发现 HNPCC 癌细胞存在普遍的遗传不稳定性，其中涉及 *hMSH2* 基因突变。在这些细胞中，贯穿整个基因组的二核苷酸和三核苷酸微卫星重复序列的拷贝数变化明显，其中细菌 *MutS* 基因的人类同源基因 *hMSH2* 位于 2 号染色体短臂上，此前连锁分析认为这条染色体与 HNPCC 相关。分析发现，hMSH2 在部分 HNPCC 患者切除的肿瘤中活性丧失。因此，hMSH2 功能丧失与在 HNPCC 观察到的全基因组不稳定性有着因果关系。进一步分析证明了生殖系统存在 hMSH2 突变体。除了 *hMSH2*，在 HNPCC 病例中也检测到其他 DNA 错配修复基因如 *MLH1*、*MSH6*、*PMS1* 和 *PMS2* 的突变。

21.3.2.5　BRCA1 和 BRCA2

BRCA1 和 *BRCA2* 是在遗传性乳腺癌和卵巢癌中被发现的突变肿瘤抑制基因，分别位于 17 号和 13 号染色体，基因序列于 1994 年和 1995 年被研究人员先后破解。两个基因编码的蛋白质分子量都很大，pBRCA1 为 220 kDa，pBRCA2 为 384 kDa。细胞和生化研究结果显示，两个分子均定位在细胞核内，并都具有转录激活结构域。同时，两个分子均包含可以直接作用于其他蛋白质的结构域，例如，作用于真核生物中与细菌 DNA 修复蛋白 RecA 同源的 pRAD51 分子。因此，pBRCA1 和 pBRCA2 可能是人类细胞 DNA 损伤修复系统中的重要分子。

BRCA1 和 BRCA2 在细胞中起着十分重要的作用。两个小鼠同源基因中的任何一个发生突变都会导致在胚胎形成时早期死亡。现在仍不明确变异的 BRCA1 和 BRCA2 在致癌过程中扮演的角色，有可能与它们丧失细胞监测和 DNA 损伤修复能力有关。

在美国，7% 的乳腺癌病例和 10% 的卵巢癌病例可以归因于 *BRCA1* 和 *BRCA2* 基因突变。*BRCA1* 或 *BRCA2* 基因突变的人群致癌倾向明显，呈现显性等位基因遗传特征，具有高外显率。两种基因突变的携带者患乳腺癌和卵巢癌的概率比正常人群高 10～25 倍。此外，两种基因突变的携带者患结肠癌或前列腺癌的风险也会增大。科学家也发现，尽管 *BRCA1* 和 *BRCA2* 存在变异，但外显表型不明显，呈现变异钝化。

21.4 癌症发生的遗传途径

体细胞原癌基因和肿瘤抑制基因突变的积累导致癌症发生。在大多数癌症病例中，恶性肿瘤的发生并不是某一个原癌基因激活或者某一个肿瘤抑制基因的失活所致。肿瘤的发生、生长以及转移通常有数个不同基因突变。因此，癌症的遗传学途径是多样的、复杂的。

在不同类型的肿瘤发生及发展过程中，我们都可以看到癌症的多样性和复杂性。例如，患者大肠良性肿瘤发生是因为 *APC* 基因的失活突变。然而，这些良性肿瘤恶化为致命的癌症则还需要其他一些基因突变 [图 21-12（a）]。*APC* 基因的失活突变异常肠上皮组织导致，从而诱导了肿瘤的发生。这些异常肠上皮组织包括发育不良的细胞，这些细胞有不正常的形状以及增大的细胞核，它们可能会长成早期腺瘤。如果这些腺瘤原癌基因 *K-ras* 突变被激活，这个腺瘤将增殖和生长。位于 18 号染色体长臂上的几个肿瘤抑制基因中的任何一个失活突变都可能导致腺瘤进一步恶化，17 号染色体上 *TP53*

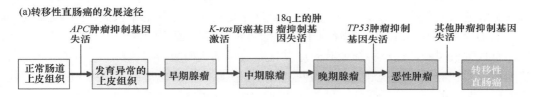

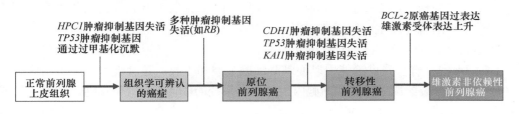

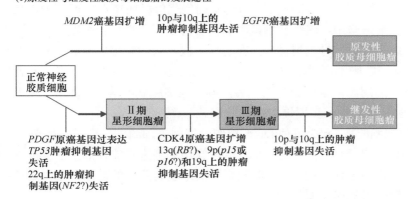

图 21-12 癌症发生的遗传途径

肿瘤抑制基因的失活突变可能会导致一个迅速生长肿瘤的出现。额外的肿瘤抑制基因突变可能使癌细胞分离并入侵其他组织。因此，不少于 7 个独立的突变（包括 *APC* 基因的 2 个失活突变，*K-ras* 基因的 1 个激活突变，18 号染色体上的 1 个抑癌基因的 2 个失活突变，以及 *TP53* 基因的 2 个失活突变）是肠癌发展所必需的，该癌症转移到身体其他部位可能还需要更多的突变。

前列腺癌的遗传机制也被研究得较为清楚［图 21-12（b）］。*HPC1* 是前列腺癌遗传基因，位于 1 号染色体长臂上，其突变被证明与前列腺癌起始有关。其他定位于 13 号、16 号、17 号和 18 号染色体的肿瘤抑制基因的突变将使前列腺肿瘤转变为能够转移的癌症，而且原癌基因 *BCL-2* 过量表达将使得这些癌症患者对雄激素阻断治疗法产生耐受，疗效不佳。雄激素阻断治疗法是治疗前列腺癌的一种标准方法，前列腺上皮细胞的增殖需要类固醇类雄激素刺激，如果没有雄激素，这些细胞将凋亡。然而，前列腺癌细胞可以在没有雄激素存在的条件下存活下来，可能与 *BCL-2* 基因过表达抑制了细胞凋亡途径有关。前列腺癌一旦进入不依赖雄激素的阶段，其发展往往致命。

胶质母细胞瘤是一种由神经胶质细胞发展而来的肿瘤［图 21-12（c）］。原发性胶质母细胞瘤通常发生在年长患者中，肿瘤生长非常迅速，并且死亡率极高。继发性胶质母细胞瘤通常发生在儿童或者年轻人中，肿瘤可以从恶性程度较低的星形细胞瘤发展而来，而且生长缓慢，这一特征使其较原发性胶质母细胞瘤更容易治疗。已经有两种原癌基因被证实在胶质母细胞瘤发生中发挥着作用。在原发性胶质母细胞瘤中 *EGFR* 基因往往扩增、表达过量，而在继发性胶质母细胞瘤中 *PDGF* 基因表达过量。多种肿瘤抑制基因如 *TP53*、*RB* 以及 *NF2* 突变也被证实在胶质母细胞瘤形成中发挥着作用，而且主要作用于从星形细胞瘤发展为胶质母细胞瘤的过程。另外，还有一些未鉴定出的肿瘤抑制基因也在胶质母细胞瘤发生中发挥着作用。

Douglas Hanahan 和 Robert Weinberg 提出了癌症的 10 个特征标志（图 21-13）。

1）癌细胞具有自我供给能力以便刺激细胞分裂和生长。这种能力产生于细胞外因子（促使细胞分裂的因子）或者细胞内信号途径系统的任何部分（可以通过传递信号或者相关蛋白翻译使其活化）的变化。在极端情况下，细胞本身分泌生长因子实现自我供给（自分泌途径），这样形成的正向反馈循环体系不断地刺激细胞分裂。

2）癌细胞能够逃避生长抑制。细胞分裂由一系列生化信号所驱动，而其他的信号则抑制细胞分裂。在正常细胞中，这些互相抵消的信号可以平衡地调控细胞生长。而癌细胞生长不受调控，因为刺激信号占据优势。在恶化阶段，癌细胞丧失了对抑制生长信号的应答。例如，肠腺瘤细胞不再对转化生长因子β（TGF-β）产生应答，后者在正常时能够阻止细胞进入细胞周期。当这个刹车失灵后，肠腺瘤细胞就会从 G_1 期进入 S 期，开始复制 DNA 和细胞分裂，进一步发展为恶性肿瘤。

3）癌细胞能抵抗细胞凋亡。p53 可使 DNA 损伤的细胞进入凋亡轨道，从而被清除。当 p53 出现突变时，这条自杀途径行不通，含 DNA 损伤的细胞就能存活，这样的细胞可能增殖且产生更加异常的子代细胞，而 DNA 损伤的细胞有癌变的倾向。这种逃避细胞凋亡的能力是恶性癌症发生的重要特征。

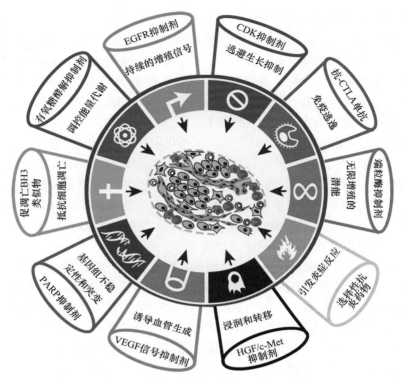

图 21-13　癌症的十大特征和对应的治疗策略

根据不同的癌症特征、分子靶点和作用模式，已有大量抗癌药物被开发并获批准用于特定类型的癌症治疗

CTLA4. 细胞毒性 T 淋巴细胞相关抗原 4; PARP. 聚(ADP-核糖)聚合酶; VEGF. 血管内皮生长因子; HGF/c-Met. 肝细胞生长因子/间充质-上皮转化因子

4）癌细胞具有无限增殖潜能。正常的细胞分裂次数不超过 60～70 次。这个限制来自 DNA 每次复制后染色体末端的 DNA 会丢失。末端丢失的积累使得每个细胞的 DNA 复制能力有限。那些超过复制极限的细胞就会变得基因组不稳定而凋亡。但癌细胞能够超越这种限制，并且修补丢失的 DNA。它们通过增强端粒酶活性而实现，端粒酶能在染色体末端添加 DNA 序列而减少其磨损。当细胞获得无限增殖能力后，它们也就可以永生化。

5）癌细胞能够诱导血管生成。任何复杂的多细胞生物的组织都需要血管系统来运输营养物质。在人类和其他脊椎动物中，循环系统可实现这项功能。癌前细胞不能从循环系统中汲取营养。然而，当血管侵入这些细胞组织后，肿瘤就能够得到滋养，这个过程称为血管生成（angiogenesis）。因此，肿瘤恶化的一个重要步骤就是血管生成。目前已知许多因子可诱导或者抑制血管生成，在正常的组织中，这些因子保持平衡，血管能够正常生长；而在癌组织中，那些刺激血管生成的因子占据了优势。一旦新生毛细血管长进肿瘤，肿瘤就可获得可靠的滋养，然后开始生长，威胁机体的生命。

6）癌细胞具有浸润和转移能力。超过 90%的患者死于癌症转移。癌细胞从肿瘤脱离进入血管，随血流迁移到其他部位，并形成新的肿瘤。在这个过程中，癌细胞形态发生了显著变化。当形态发生改变后，次级肿瘤就有可能形成。转移的癌症是非常难以控制并根除的。因此肿瘤转移是癌症中最危险的一步。

7）基因组不稳定性和突变是癌细胞固有的重要特征。上述癌细胞获得的多个特征在很大程度上取决于癌细胞基因组发生的改变。基因组不稳定性（genomic instability）和突变赋予某些细胞亚克隆选择性优势，使其在局部组织环境中无限增殖并稳定遗传。同时，癌细胞会通过提高其对诱变剂等的敏感性，从而加快基因突变的速率。因此，多步骤肿瘤进展可以理解为多克隆进化的过程。

8）癌细胞会引发炎症反应。肿瘤的生长不仅取决于癌细胞的遗传改变，还取决于基质、血管、浸润炎症细胞等肿瘤微环境（tumor microenvironment）的改变。在肿瘤发展的早期阶段炎症反应尤为明显，炎症反应通过向肿瘤微环境释放多种生长因子、修饰酶类和诱导信号等促进癌细胞增殖、抑制细胞凋亡、促进血管生成以及癌细胞的浸润和转移。同时，炎性细胞可以释放化学物质，特别是活性氧（ROS），从而加快癌细胞的突变，加速其向高度恶化状态的遗传进化。

9）癌细胞能够调控能量代谢。正常细胞在缺氧状态下才会利用低效的糖酵解，而癌细胞即便在氧气充足的情况下，也主要依赖糖酵解方式获取能量，被称为有氧糖酵解（aerobic glycolysis）。但多数癌细胞仍需借助活性较高的线粒体代谢以获得细胞增殖所需的氨基酸（天冬氨酸）、脂类和核苷酸。在快速增长的肿瘤中，癌细胞能够通过激活肿瘤缺氧诱导因子（HIF）从而增强糖酵解酶活性，减少细胞对线粒体呼吸及氧气的依赖，提高癌细胞血管生成和浸润能力。

10）癌细胞具有免疫逃逸能力。机体的固有免疫与获得性免疫系统能够识别恶变细胞，并特异性地清除"异己"，从而抵御肿瘤的发生发展。然而在一些情况下，癌细胞能够通过多种机制逃避机体的免疫监视。在肿瘤发生初期，癌细胞数量较少，且多数癌细胞的抗原免疫原性很弱，不足以诱发抗肿瘤免疫应答。同时，癌细胞能够利用唾液黏多糖或凝聚系统将其表面抗原覆盖。此外，癌细胞能够分泌免疫抑制因子，如转化生长因子β（TGF-β）、白细胞介素-6（IL-6）和前列腺素E（PGE2）等，抑制人体对癌细胞的杀伤，从而逃避免疫系统攻击。

总　　结

大量研究表明基因突变是癌症发生并恶化的基础。突变的积累、整个染色体或者染色体片段丢失等遗传不稳定性会增加肿瘤风险。基因变异一旦使细胞分裂失去控制，将导致肿瘤的发生。

细胞在增殖过程会受到多重机制的调节，以确保DNA被准确复制以及损伤被及时修复。例如，细胞周期不同时期的检查点调控，当检查点功能出现障碍，错误的遗传信息将被传递至子代细胞，造成基因变异的积累，进而引起肿瘤发生；细胞凋亡是机体防御肿瘤发生的另一重要机制，负责清除冗余的细胞群体，当参与凋亡过程的调控因子失活，幸存的异常细胞会持续增殖，最终可能演变为肿瘤。

随着分子遗传学技术的发展，研究人员发现基因变异引发的癌症具有遗传的可能，这些基因变异或是遗传突变，或是体细胞获得性突变。根据变异基因在诱导肿瘤发生中扮演的角色，可将其分为两大类：原癌基因和肿瘤抑制基因。原癌基因的显性激活突变一般不随生殖细胞遗传，而是在体细胞中随机产生；而肿瘤抑制基因的功能缺失性突变往往是杂合遗传性突变，其等位基因失活将导致癌症发生。此外，某些类型的癌症与染色体易位有关。

　　癌症的发生通常不是单一突变基因作用的结果，因此其遗传学途径具有多样性和复杂性，探究不同类型癌症的发展途径是找寻特异、有效治疗靶点的关键思路。同时，癌细胞具有一些特征性标志，包括能量自我供给、逃避生长抑制、抵抗细胞凋亡和诱导血管生成，具有无限增殖潜能、浸润、转移和免疫逃逸能力，以及基因组不稳定性、易突变、引发炎症反应、调控能量代谢等特点。随着对癌症特征性分子机制更深入的解析，或许在不久的将来，能够迎来广谱抗癌药物的问世。

　　由于基因突变在癌症发生中发挥重要作用，因此那些增加突变概率的因素与癌症发生紧密相关。许多国家开展了致突变和致癌物的研究，当这些致癌因素确定后，公共卫生部门就会制定相关措施来减少人们接触这些物质。人类的一些行为如抽烟、暴晒、摄取含低纤维的油脂性食物等也会增加罹患癌症的风险。目前，人们对癌症发生、发展的认识已取得了很大进步，将来，我们可以期待开发出更有效的预防、诊断和治疗癌症的策略、方法和药物。

（尚雪莹　韩泽广）

练 习 题

1. 为什么说癌症是一种基因变异导致的疾病？

2. 参与细胞周期调控的分子主要有哪些？请简述其调控机制。

3. 请简要介绍细胞周期检查点及其作用方式。在癌细胞中，该检查点是否能够正常发挥调控作用？

4. 请简述细胞凋亡过程。

5. 肿瘤诱导病毒最先于 1910 年被 Peyton Rous 发现。该病毒能引起一种特殊的肿瘤，是一种鸡结缔组织的肉瘤，此后就被称为劳斯鸡肉瘤病毒。该反转录病毒的基因组包括哪些基因，其作用分别是什么？

6. *v-onc* 与 *c-onc* 基因结构有何差异？其产生差异的原因是什么？

7. 请简述 *v-onc* 能够诱导肿瘤，而正常的 *c-onc* 却不能诱导肿瘤产生的原因。

8. 如图 21-5 所示，请解释 *c-H-ras* 突变如何导致癌症发生？

9. 请简述一种由染色质易位导致的癌症。

10. Knudson 二次打击假说的主要内容是什么？该假说是如何被证实的？

11. 请简述 pRB 的分子结构及其如何参与细胞周期调控过程。

12. 肿瘤抑制蛋白 p53 的分子结构和其在 DNA 损伤中的作用机制是什么？

13. 如图 21-11 所示，pAPC 蛋白是如何与细胞内 β-联蛋白（β-catenin）相互作用并调节细胞增殖过程的？

14. 请分别简述原发性与继发性胶质母细胞瘤的发生发展途径。

15. Douglas Hanahan 和 Robert Weinberg 提出的癌症的特征标志有哪些？

参 考 文 献

戴一凡, 邱信芳, 薛京伦, 等. 1990. 带有人XI因子 cDNA 的反转录病毒载体的构建及其在血友病 B 患者皮肤成纤维细胞中的高效转移和表达. 中国科学(B 辑), (12): 1284-1292.

郭平仲. 1993. 群体遗传学导论. 北京: 农业出版社.

李辉, 金力. 2015. Y 染色体与东亚族群的演化. 上海: 上海科学技术出版社.

李进波, 万丙良, 夏明元, 等. 2011. 抗褐飞虱水稻品种的培育及其抗性表现. 应用昆虫学报, 48(5): 1348-1353.

孙敏. 2017. 为了穷人的科学: 袁隆平和他的水稻家族. 中国经济报告, (12): 111-113.

谈家桢, 赵功民. 2002. 中国遗传学史. 上海: 上海科技教育出版社.

王培林, 傅松滨. 2016. 医学遗传学. 4 版. 北京: 科学出版社.

杨进. 2013. 复杂疾病的遗传分析. 北京: 科学出版社.

袁志发. 2011. 群体遗传学、进化与熵. 北京: 科学出版社.

袁志发, 常智杰, 郭满才, 等. 2015. 数量性状遗传分析. 北京: 科学出版社.

曾凡一, 曾溢滔. 2019. 中国遗传学的春天——纪念中国遗传学会成立 40 周年. 遗传, 41(1): 1-7.

郑荣寿, 孙可欣, 张思维, 等. 2019. 中国恶性肿瘤流行情况分析. 中华肿瘤杂志, 41(1): 19-28.

Li C C. 1981. 群体遗传学. 吴仲贤译. 北京: 农业出版社.

Beall C M, Cavalleri G L, Deng L B, et al. 2010. Natural selection on EPAS1 (HIF2 alpha) associated with low hemoglobin concentration in Tibetan highlanders. Proceedings of the National Academy of Sciences of the United States of America, 107(25): 11459-11464.

Casillas S, Barbadilla A. 2017. Molecular Population Genetics. Genetics, 205(3): 1003-1035.

Chen K, Arnold F H. 1993. Tuning the activity of an enzyme for unusual environments: sequential random mutagenesis of subtilisin E for catalysis in dimethylformamide. Proceedings of the National Academy of Sciences of the United States of America, 90(12): 5618-5622.

Chen K, Huang X Y, Kan S B J, et al. 2018. Enzymatic construction of highly strained carbocycles. Science, 360(6384): 71-75.

Chen S C. 1928. Transparency and mottling, a case of mendelian inheritance in the goldfish *Carassius auratus*. Genetics, 13(5): 434-452.

Cheng X Y, Wu Y Y, Guo J P, et al. 2013. A rice lectin receptor-like kinase that is involved in innate immune responses also contributes to seed germination. Plant Journal, 76(4): 687-698.

Dai C, Xue H W. 2010. Rice *early flowering1*, a CKI, phosphorylates DELLA protein SLR1 to negatively regulate gibberellin signalling. EMBO Journal, 29(11): 1916-1927.

Du B, Zhang W L, Liu B F, et al. 2009. Identification and characterization of *Bph14*, a gene conferring resistance to brown planthopper in rice. Proceedings of the National Academy of Sciences of the United States of America, 106(52): 22163-22168.

Gao B, Gu J Z, She C W, et al. 2001. Mutations in *IHH*, encoding Indian hedgehog, cause brachydactyly type A-1. Nature Genetics, 28(4): 386-388.

Gao B, Hu J X, Stricker S, et al. 2009. A mutation in *Ihh* that causes digit abnormalities alters its signalling capacity and range. Nature, 458(7242): 1196-1200.

Goodwin S, McPherson J D, McCombie W R. 2016. Coming of age: ten years of next-generation sequencing technologies. Nature Reviews Genetics, 17(6): 333-351.

Gou L T, Dai P, Yang J H, et al. 2014. Pachytene piRNAs instruct massive mRNA elimination during late spermiogenesis. Cell Research, 24(6): 680-700.

Gou L T, Kang J Y, Dai P, et al. 2017. Ubiquitination-deficient mutations in human piwi cause male infertility by impairing histone-to-protamine exchange during spermiogenesis. Cell, 169(6): 1090-1104.

Griggiths A J F, Wessler S R, Carroll S B, et al. 2015. Introduction to Genetic Analysis. 11th Edition. New York: W.H. Freeman.

Guo J P, Xu C X, Wu D, et al. 2018. *Bph6* encodes an exocyst-localized protein and confers broad resistance to planthoppers in rice. Nature Genetics, 50(2): 297-306.

Hahn M. 2018. Molecular Population Genetics. Oxford: Oxford University Press.

Hamilton M B. 2009. Population Genetics. Chichester and Hoboken: Wiley-Blackwell.

Hanahan D, Weinberg R A. 2011. Hallmarks of cancer: the next generation. Cell, 144(5): 646-674.

Hartl D, Clark A. 2006. Principles of Population Genetics. Oxford: Oxford University Press.

Heong K, Hardy B. 2009. Planthoppers: New Threats to the Sustainability of Intensive Rice Production Systems in Asia. Los Baños (Philippines): International Rice Research Institute: 460.

Hoque M A, Zhang Y, Chen L Q, et al. 2017. Stepwise loop insertion strategy for active site remodeling to generate novel enzyme functions. Acs Chemical Biology, 12(5): 1188-1193.

Hu L, Wu Y, Wu D, et al. 2017. The coiled-coil and nucleotide binding domains of BROWN PLANTHOPPER RESISTANCE14 function in signaling and resistance against planthopper in rice. Plant Cell, 29(12): 3157-3185.

Huang G Q, Liang W Q, Sturrock C J, et al. 2018. Rice actin binding protein RMD controls crown root angle in response to external phosphate. Nature Communications, 9(1): 2346.

Ingram C J E, Elamin M F, Mulcare C A, et al. 2007. A novel polymorphism associated with lactose tolerance in Africa: multiple causes for lactase persistence? Human Genetics, 120(6): 779-788.

International HapMap Consortium. 2003. The International HapMap Project. Nature, 426(6968): 789-796.

Jain M, Olsen H E, Paten B, et al. 2016. The Oxford Nanopore MinION: delivery of nanopore sequencing to the genomics community. Genome Biology, 17(1): 239.

Jiang N, Bao Z R, Zhang X Y, et al. 2003. An active DNA transposon family in rice. Nature, 421(6919): 163-167.

Jirimutu, Wang Z, Ding G H, et al. 2012. Genome sequences of wild and domestic bactrian camels. Nature Communications, 3: 1202.

Kong A, Frigge M L, Masson G, et al. 2012. Rate of *de novo* mutations and the importance of father's age to disease risk. Nature, 488(7412): 471-475.

Levene M J, Korlach J, Turner S W, et al. 2003. Zero-mode waveguides for single-molecule analysis at high concentrations. Science, 299(5607): 682-686.

Li C C. 1948. An Introduction to Population Genetics. Peiping: National Peking University Press.

Li Q L, Zhao X, Zhang W W, et al. 2019. Reliable multiplex sequencing with rare index mis-assignment on DNB-based NGS platform. Bmc Genomics, 20(1): 215.

Liu S J, Hua Y, Wang J N, et al. 2021a. RNA polymerase Ⅲ is required for the repair of DNA double-strand breaks by homologous recombination. Cell, 184(5): 1314-1329.

Liu X G, Wei W, Liu Y T, et al. 2017. MOF as an evolutionarily conserved histone crotonyltransferase and transcriptional activation by histone acetyltransferase-deficient and crotonyltransferase-competent CBP/p300. Cell Discovery, 3: 17016.

Liu Y, Wang L, Xu X, et al. 2021b. The intra-S phase checkpoint directly regulates replication elongation to preserve the integrity of stalled replisomes. Proceedings of the National Academy of Sciences of the United States of America, 118(24): e2019183118.

Lynch M, Walsh B. 1998. Genetics and Analysis of Quantitative Traits. Oxford: Oxford University Press.

Mardis E R. 2008. Next-generation DNA sequencing methods. Annual Review of Genomics and Human Genetics, 9(9): 387-402.

Mills M C, Barban N, Tropf F C. 2020. An Introduction to Statistical Genetic Data Analysis. London: The MIT Press.

Mutasa-Gottgens E, Hedden P. 2009. Gibberellin as a factor in floral regulatory networks. Journal of Experimental Botany, 60(7): 1979-1989.

Okazaki A, Yamazaki S, Inoue I, et al. 2021. Population genetics: past, present, and future. Hum Genet, 140(2): 231-240.

Pan Y Y, Liu G, Yang H H, et al. 2009. The pleiotropic regulator AdpA-L directly controls the pathway-specific activator of nikkomycin biosynthesis in *Streptomyces ansochromogenes*. Molecular Microbiology, 72(3): 710-723.

Sabari B R, Tang Z Y, Huang H, et al. 2015. Intracellular crotonyl-CoA stimulates transcription through p300-catalyzed histone crotonylation. Molecular Cell, 58(2): 203-215.

Sabari B R, Zhang D, Allis C D, et al. 2017. Metabolic regulation of gene expression through histone acylations. Nature Reviews Molecular Cell Biology, 18(2): 90-101.

Shangguan X X, Zhang J, Liu B F, et al. 2018. A mucin-like protein of planthopper is required for feeding and induces immunity response in plants. Plant Physiology, 176(1): 552-565.

Shi S J, Wang H Y, Nie L Y, et al. 2021. *Bph30* confers resistance to brown planthopper by fortifying sclerenchyma in rice leaf sheaths. Molecular Plant, 14(10): 1714-1732.

Song Y, Li G, Nowak J, et al. 2019. The rice actin-binding protein RMD regulates light-dependent shoot gravitropism. Plant Physiology, 181(2): 630-644.

St Hilaire C, Ziegler S G, Markello T C, et al. 2011. *NT5E* mutations and arterial calcifications. New England Journal of Medicine, 364(5): 432-442.

Sun L, Zhang X, He L. 2016G. WAS promotes precision medicine in China. J Genet Genomics, 43(8): 477-479.

Sunstad D P, Simmons M J. 2012. Principles of Genetics. Sixth Edition. Hoboken, Hoboken: John Wiley & Sons, Inc.

Tan M J, Luo H, Lee S, et al. 2011. Identification of 67 histone marks and histone lysine crotonylation as a new type of histone modification. Cell, 146(6): 1016-1028.

Walsh B, Lynch M. 2018. Evolution and Selection of Quantitative Traits. Oxford: Oxford University Press.

Wang W X, Zhang J H, Liu X, et al. 2018. Identification of a butenolide signaling system that regulates nikkomycin biosynthesis in *Streptomyces*. Journal of Biological Chemistry, 293(52): 20029-20040.

Wei W, Liu X G, Chen J W, et al. 2017. Class I histone deacetylases are major histone decrotonylases: evidence for critical and broad function of histone crotonylation in transcription. Cell Research, 27(7): 898-915.

Wu R, Ma C, Casella G. 2007. Statistical Genetics of Quantitative Traits: Linkage, Maps and QTL. Berlin: Springer.

Xie Y, An J, Yang G Y, et al. 2014. Enhanced enzyme kinetic stability by increasing rigidity within the active site. Journal of Biological Chemistry, 289(11): 7994-8006.

Xue W Y, Xing Y Z, Weng X Y, et al. 2008. Natural variation in *Ghd7* is an important regulator of heading date and yield potential in rice. Nature Genetics, 40(6): 761-767.

Zeng Y T, Huang S Z. 1985. Alpha-globin gene organisation and prenatal diagnosis of alpha-thalassaemia in Chinese. Lancet, 1(8424): 304-307.

Zhang Z, Zhang Y, Tan H X, et al. 2011. *RICE MORPHOLOGY DETERMINANT* encodes the type II formin FH5 and regulates rice morphogenesis. Plant Cell, 23(2): 681-700.

Zhao Y, Huang J, Wang Z Z, et al. 2016. Allelic diversity in an NLR gene *BPH9* enables rice to combat planthopper variation. Proceedings of the National Academy of Sciences of the United States of America, 113(45): 12850-12855.

Zhou X F, He X Y, Liang J D, et al. 2005. A novel DNA modification by sulphur. Molecular Microbiology, 57(5): 1428-1438.

Zhou X L, Gao L, Yang G Y, et al. 2015. Design of hyperthermophilic lipase chimeras by key motif-directed recombination. Chembiochem, 16(3): 455-462.